DELIUS KLASING

Wartung und Reparatur

Matthew Coombs

KTM

1290 Super Duke R/GT

Behandelte Modelle:

Super Duke 1290 R	1301 cm³	2014 bis 2019
Super Duke 1290 GT	1301 cm³	2016 bis 2021

DELIUS KLASING VERLAG

Die englische Originalausgabe mit dem Titel
»KTM 1290 Super Duke, Service and Repair manual«
erschien 2020 bei Haynes Publishing

Bibliografische Information der Deutschen Nationalbibliothek
Die Deutsche Nationalbibliothek verzeichnet diese Publikation
in der Deutschen Nationalbibliografie; detaillierte bibliografische
Daten sind im Internet über http://dnb.dnb.de abrufbar.

1. Auflage
ISBN 978-3-667-12361-9
Die Rechte für die deutsche Ausgabe liegen beim
Verlag Delius Klasing & Co. KG, Bielefeld.

Übertragen und bearbeitet von Udo Stünkel
Umschlaggestaltung: Jörg Weusthoff, Weusthoff & Reiche Design, Köln
Satz: feschart print- und webdesign, Michaela Röhler, Leopoldshöhe
Gesamtherstellung: COULEURS Print & More GmbH, Köln
Printed in Estonia 2022

Delius Klasing Verlag, Siekerwall 21, D - 33602 Bielefeld
Tel.: 0521/559-0, Fax: 0521/559-115
E-Mail: info@delius-klasing.de
www.delius-klasing.de

MIX
Aus verantwortungsvollen Quellen
FSC® C129413

Inhalt

Die Zukunft ist Orange

von Julian Ryder

Die Geschichte der Firma KTM begann 1934, als Hans Trunkenpolz in der oberösterreichischen Kleinstadt Mattighofen eine Schlosserwerkstatt gründete, aus der ab 1937 auch DKW-Motorräder und ein Jahr darauf Opel-Automobile verkauft wurden. Anfang der 1950er-Jahre wurde mit einem aus dem nahegelegenen Rotax-Werk in Gunskirchen stammenden 98-cm³-Motor (Sachs-Lizenz) das erste Motorrad namens KTM R 100 fertiggestellt. Die Firma hieß zunächst »Kraftfahrzeuge Trunkenpolz Mattighofen«, erst 1955 wurde dank des neuen Kompagnons Ernst Kronreif die Firma »KTM Motorfahrzeugbau KG Kronreif & Trunkenpolz Mattighofen« gegründet. Man konzentrierte sich auf den Bau kleiner Motorräder mit Triebwerken von Puch oder Fichtel & Sachs. Bekannt wurden die 125er-Modelle *Tarzan, Mustang* und *Tourist*, hinzu kamen Mopeds wie das *Pony* und der 50er-Roller *Mecky*. 1964 entstand das erste Sportmoped namens *Comet*, von dem es später auch eine *Grand-Prix-RS*-Version geben sollte. In den 1960er-Jahren begann KTM zudem mit dem Bau von Fahrrädern.

Bereits 1954 nahmen die ersten 125er KTMs erfolgreich an der Internationalen Alpenfahrt teil, ein Jahr darauf erfolgte der Einstieg in den Straßenrennsport sowie den Geländesport, wo bei den Internationalen Sechstagerennen gestartet wurde.

Ab 1968 exportierte KTM seine Motorräder auch in die USA, zehn Jahre später lag der Exportanteil bereits bei 72 Prozent. Bei der Entwicklung von Geländemaschinen führte KTM regelmäßig Innovationen ein. So gehörten die Mattighofer 1981 zu den ersten, die wassergekühlte Motoren einsetzten, fünf Jahre später wurden die ersten Motocross-Maschinen mit Scheibenbremsen hinten und vorn präsentiert. Auch bei hydraulisch betätigten Kupplungen und progressiven Stoßdämpfern ohne Umlenkung waren die Österreicher der Konkurrenz voraus. 1984 und 1985 konnte Heinz Kinigadner die Motocross-Weltmeisterschaft für KTM gewinnen.

Dennoch ging es nicht nur aufwärts. 1988 wurde die Produktion vorübergehend eingestellt und die bürgenden Banken teilten das Unternehmen 1992 in vier Firmen auf, die jeweils für Motorräder, Wasserkühler, Fahrräder und den Werkzeugbau zuständig waren. Der Unternehmensretter Stefan Pierer übernahm die Motorrad-Abteilung und führte sie aus der Krise – und aus dem Schlamm auf den Asphalt: 1994 wurde die Duke 620 vorgestellt, die als Supermoto noch deutliche Anleihen seiner Offroad-Vorfahren zeigte. In den folgenden Jahren wurden der niederländische Fahrwerkspezialist White Power (WP) (1995) und der schwedische Geländemaschinen-Hersteller Husaberg

Die erste Generation der Super Duke R – hier als Sondermodell von 2016

aufgekauft (1998). Ab 2003 arbeitete KTM mit dem amerikanischen ATV- und Motorradhersteller Polaris zusammen. In diesem Jahr wurde auch die erste KTM mit mehr als einem Zylinder vorgestellt: die 950 Adventure, deren V-2-Motor zwei Jahre später als 990er auch in der ersten Super Duke erschien. 2008 stand das spektakulär gestaltete Superbike RC8 bei den Händlern, fand jedoch keinen Nachfolger, sondern wurde ab 2015 vom Sport-Tourer 1290 Super Duke GT abgelöst. 2013 bekam KTM von BMW die Marke Husqvarna Motorcycles quasi geschenkt und baute diese mit eigenen Motoren und extravagantem Design neu auf. Herzöge (Dukes) gibt es heute von 125 bis 690 cm³ mit Einzylindermotoren, mit 790er und 890er-Paralleltwins und mit 1300er-V-Twins, dazu kommen Reise-Enduros (Adventure/Super Adventure) von 620 bis 1300 cm³ und weiterhin Sport-Enduros, Supermotos und Motocross-Maschinen mit Zwei- und Viertaktmotoren von 50 bis 500 cm³. Die Rallye Dakar konnte KTM von 2001 bis 2019 ununterbrochen gewinnen (2008 wurde als Ersatz-Veranstaltung die Mitteleuropa-Rallye ausgetragen, doch auch bei dieser gingen neben dem Gesamtsieg neun der ersten zehn Plätze an KTM-Fahrer.

Im Straßenrennsport ist KTM ebenfalls seit längerem aktiv. Bereits 2004 konnte der spätere MotoGP-Weltmeister Casey Stoner einen Sieg bei den 125ern einfahren. Zwei Jahre später wurden die ersten Siege in der 250-cm³-Klasse eingefahren und 2012 holte sich Sandro Cortese den Weltmeistertitel in der Moto3-Klasse (250 cm³). Maverick Viñales gewann den Titel 2013, der Südafrikaner Brad Binder war 2016 dran und 2020 wurde erneut ein Spanier, diesmal Albert Arenas, Weltmeister auf der 250er-KTM. Seit 2017 ist KTM auch im MotoGP aktiv und unter anderem Miguel Oliveira konnte bereits einige Rennen gewinnen. 2019 wurde KTM zum (stückzahlmäßig) größten Motorradhersteller außerhalb Asiens (nur wenn Motorroller und Mopeds mitgezählt werden, baut Piaggio mehr Fahrzeuge). Dahinter folgen Harley-Davidson und BMW.

Auch in Deutschland liegt KTM mit 22 600 verkauften Fahrzeugen in der Hersteller-Rangliste knapp auf dem vierten Platz (BMW führt mit 27 750). Diese Zahl beeindruckt vor allem angesichts der gerade einmal 4280 neu zugelassenen Maschinen zehn Jahre zuvor. Bis Ende 2020 wurden hierzulande fast 11 000 Super Dukes der beiden Versionen R und GT auf die Straße gebracht.

KTM Super Duke 1290

Für ein Unternehmen, das in der jetzigen Form erst seit 1991 existiert und bis 1994 kein Straßenmotorrad im Programm hatte, stellen die Ein- und Zweizylinder-Dukes bemerkenswerte Ergebnisse dar. Der Weg vom Motocross-Bike zu hubraumstarken Sport- und Reisemaschinen kann auf einem Markt, der von BMW, Ducati und den japanischen Herstellern beherrscht wird, lang und steinig sein. KTM überlebte nicht nur, sondern blühte regelrecht auf. Auf einem von zahlreichen Problemen geplagten Weltmarkt konnten die Mattighofer ihren Umsatz mit einer schmalen, aber klug gebündelten Palette aus Einzylindern, Paralleltwins und V-Twins gewaltig steigern – und das alles aus einer einzigen ursprünglichen Idee.

Die erste Duke (ohne Super!) war ein Supermoto-Einzylinder mit 609 cm³ Hubraum, der noch stark auf der Erfahrung mit Motocross- und Sportenduro-Maschinen basierte. Andere Firmen hatten sich hierin schon versucht (z. B. Gilera mit der Nordwest 600), waren aber nicht sehr erfolgreich. Die Duke funktionierte und gab KTM das Vertrauen, in einen V-Twin zu investieren – im Grunde zwei um 75° versetzte Einzylinder mit gemeinsamem Kurbelgehäuse. Erstmals 1997 erschienen hiermit wieder eine Art Supermoto und ein Abenteuer-Sportmotorrad – wenig überraschend *Adventure* genannt. Auch dank der Dakar-Erfolge wurden diese Reise-Enduros für KTM zu ähnlichen Erfolgen wie die GS-Reihe für BMW.

Überraschender hingegen (und völlig unvorhergesehen) waren die Erfolge der V2-Dukes – jetzt Super Duke gekannt. Auf den ersten Blick irritierten die Maschinen mit ihrem Gitterrohr-

Der Sport-Tourer Super Duke GT

rahmen, den kantigen Anbauteilen mit zahllosen ‚gebrochenen Linien' und einer extrem aggressiven Optik. Sie sahen nicht wie Sportmaschinen aus, konnten es abseits der Rennstrecke aber mit allen Supersportlern problemlos aufnehmen.
KTM wendete einen weiteren cleveren Trick an. Mithilfe der werkseigenen Designabteilung von Gerald Kiska wurden verschiedene Modelle mit dem V-Twin gebaut, die trotz vieler Gleichteile deutlich unterschiedliche Marktsegmente ansprachen. So gilt die Basis-Super Duke als ‚Naked Street Bike', als kantige Maschine, von der man annehmen konnte, dass sie ein sehr begrenztes Repertoire haben würde – schließlich (wie beispielsweise die Suzuki Bandit vor ihr) jedoch einen beträchtlichen Kundenstamm gefunden hat, von dessen Existenz niemand etwas ahnte. Für ein solch kompromissloses Motorrad war sie äußerst vielseitig einsetzbar (konnte also nicht nur Wheelies).
Die Vertrauenswürdigkeit der Super Duke wurde durch KTMs sportliche Erfolge auf Asphaltstrecken weiter gesteigert. Die Qualität wichtiger Komponenten – Federelemente von WP, Bremsen von Brembo und Elektronik von Bosch und Keihin – unterstrich die Erwartungen, die Kunden jetzt an die Marke stellten.
2016 änderte KTM erneut einige wenige Komponenten der Super Duke, um den Ableger GT als Sport-Tourer vorzustellen. Gleichzeitig wurde die originale R zu einer noch kantigeren Höchstleistungsmaschine. Die GT bekam ein etwas längeres Rahmenheck, einen größeren Tank, eine überraschend wirksame geteilte Verkleidung und ein »semiaktives« Fahrwerk. Sogar Koffer wurden angeboten – und die sahen nicht einmal unpassend aus. Im folgenden Jahr wurde das Fahrwerk der R aufgewertet, der Motor erreichte die EURO 4 und zum ausgefeilten Elektronikpaket gehörten ein Kurven-ABS und eine Traktionskontrolle von Bosch. Zwei sehr unterschiedliche Motorräder mit überraschend wenigen Unterschieden. Die Super Duke R wurde für 2020 grundlegend überarbeitet, sodass diese Modelle nicht mehr in diesem Buch behandelt werden können; die Super Duke GT wurde zumindest bis 2021 ohne größere Änderungen weitergebaut.

Die Super Duke R von 2019

Danksagung

Wir danken der Firma Fowlers Motorcycles aus Bristol, England, die uns die Maschinen für dieses Handbuch zur Verfügung gestellt hat. Außerdem möchten wir uns bei der Cooper-Avon Reifen Company für die Unterstützung und technische Beratung zum Thema Reifen sowie der NGK Spark Plugs (UK) Ltd. bedanken, die uns beim Thema Zündkerzen weiter geholfen hat. Danke auch an Draper Tools Ltd. für die Unterstützung mit verschiedenen Werkzeugen.
Die Einleitung wurde von Julian Ryder geschrieben. Die KTM Sportmotorcycles GmbH hat uns Modellfotos zur Verfügung gestellt.

Über dieses Handbuch

Der Sinn dieses Buches ist es, Ihnen dabei zu helfen, mit Ihrem Motorrad viel Freude zu haben. Diese Hilfe kann auf verschiedenen Wegen geschehen: Sie können entscheiden, welche Arbeiten erledigt werden müssen und was Sie davon selbst ausführen können; Ihnen werden Informationen zur Instandhaltung und Pflege Ihrer Maschine gegeben; es werden Ihnen Diagnosen und Reparatur-Reihenfolgen angeboten, um Störungen zu beseitigen.
Wir wünschen uns, dass Sie mit diesem Handbuch viele Arbeiten selber erledigen können. Bei vielen simplen Arbeiten kann es einfacher sein, sie selber auszuführen, als einen Werkstatt-Termin auszumachen und das Motorrad zum Händler zu bringen und wieder abzuholen. Noch wichtiger ist, dass man schon viel Geld sparen kann, wenn man auch nur einige Vorarbeiten erledigt – noch mehr, wenn man alle Reparaturen selber erledigt. Ebenfalls ein wichtiger Punkt ist das gute Gefühl, das entsteht, wenn man eine Arbeit erfolgreich zu Ende gebracht hat.
Angaben für die rechte oder linke Seite beziehen sich – soweit nicht anders angegeben – auf die Fahrtrichtung.

Wir sind stets sehr um die Richtigkeit der Informationen in allen unseren Büchern bemüht, doch es kommt immer wieder vor, dass Motorradhersteller während der Produktion technische Veränderungen vornehmen, von denen wir nichts wissen. Autor und Verlag können deshalb keine Verantwortung für fehlende oder falsche Informationen übernehmen, die dem Kunden Schaden oder Verletzungen zugefügt haben.

Identifikationsnummern

Rahmen- und Motornummern

Die Rahmennummer (Fahrzeug-Identifizierungsnummer – FIN) ist auf der rechten Seite des Lenkkopfes eingeschlagen und findet sich wieder auf dem Typenschild links am Lenkkopf oder Rahmen (siehe Abbildungen). Die Motornummer ist rechts in das Motorgehäuse eingeprägt (siehe Abbildung). Die FIN steht in den Fahrzeugpapieren. Um der Polizei das Wiederfinden einer gestohlenen Maschine zu erleichtern, sollte man sich auch die möglicherweise von der Rahmennummer abweichende Motornummer notieren.

Den Modellnamen 1290 Super Duke tragen alle Maschinen, es folgt entweder R (Racer) oder GT (Gran Turismo), um die Varianten zu unterscheiden. Da auch während der Produktionszeit kleine Änderungen vorgenommen wurden, muss ggf. der in der FIN enthaltene Modelljahr-Buchstabe beachtet werden (siehe Abbildung).

Achtung: Das Modelljahr muss weder mit dem Jahr der Erstzulassung noch dem tatsächlichen Baujahr übereinstimmen!

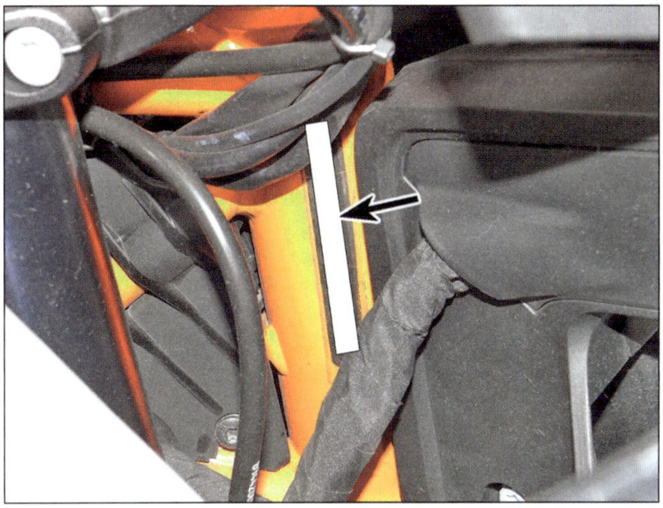

Die Rahmennummer ist rechts in den Lenkkopf eingeschlagen …

… und auf dem Typenschild angegeben.

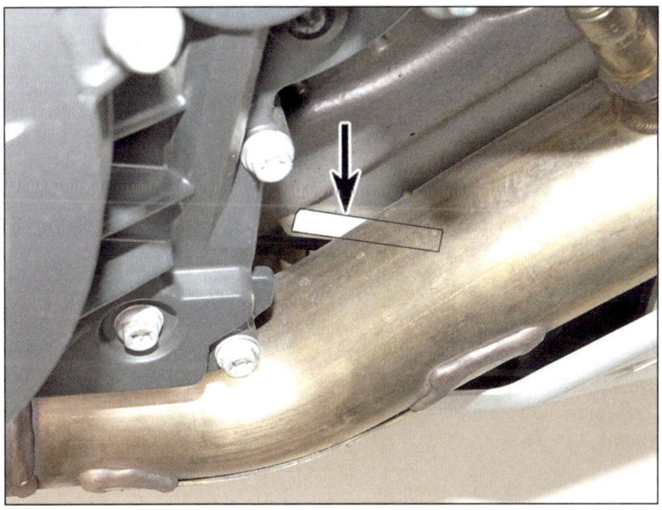

Die Motornummer ist rechts in das Motorgehäuse eingeprägt.

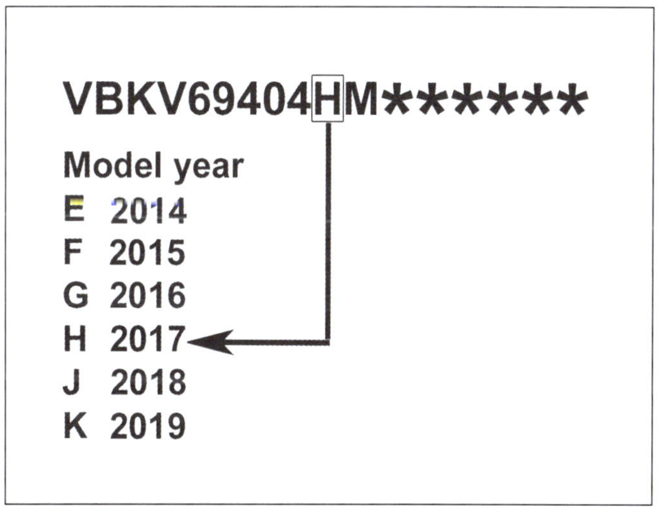

Der Modelljahr-Buchstabe innerhalb der FIN

Ersatzteilkauf

Sobald Sie alle Identifikationsnummern gefunden haben, sollten diese zur Erleichterung beim Ersatzteilkauf notiert werden. Da der Hersteller technische Daten, Teile und Ausführungen auch während der laufenden Produktion ändert, ist das Bereithalten der Nummern die sicherste Methode, die richtigen Teile zu erhalten.

Wenn möglich, sollten immer die defekten Teile mitgebracht werden, um sie mit den Neuteilen zu vergleichen. Auf dem Weg vom Hersteller zum Teileregal des Händlers gibt es viele Möglichkeiten, Nummern zu verwechseln oder falsch zu notieren.

Die zwei Quellen neuer Ersatzteile für Ihr Motorrad – der Zubehörhandel und der Vertrags-

händler – unterscheiden sich in den Teilen, die sie bereithalten. Während der KTM-Vertragshändler jedes aufgelistete Einzelteil Ihrer Maschine besorgen kann, bietet der Zubehörhandel zumeist nur normale Verschleißteile wie Ketten- oder Dichtungssätze sowie Tuningteile wie Stoßdämpfer und Auspuffanlagen an.
Oftmals ist es möglich, von darauf spezialisierten Geschäften Gebrauchtteile zu kaufen, die grob gesagt etwa die Hälfte von Neuteilen kosten. Dafür weiß man nie genau, was man erhält. Auch hier sollten zum Vergleich immer die defekten Teile mitgebracht werden.
Unabhängig davon, ob Sie neue, gebrauchte oder überholte Teile kaufen wollen, sollten Sie sich immer an jemanden wenden, der sich auf KTM-Ersatzteile spezialisiert hat.

Modellentwicklung

Die KTM 1290 Super Duke R wurde 2014 eingeführt, zwei Jahre später folgte die GT-Variante. Jeweils zwei obenliegende Nockenwellen werden durch die Kurbelwelle von Ketten angetrieben (beim vorderen Zylinder links, beim hinteren rechts) und öffnen per Schlepphebel vier Ventile.
Die Motorschmierung erfolgt per Dreirotor-Pumpe nach dem Trockensumpf-Prinzip und der Öltank ist vorn ins Motorgehäuse integriert. Ein Ölkühler rechts am Motor unterstützt die Kühlwirkung.
Das von einer elektronischen Einspritzanlage aufbereitete Benzin/Luft-Gemisch gelangt durch ein Doppel-Drosselklappengehäuse mit jeweils 56 mm Innendurchmesser und den jeweils zwei Einlassventilen in die Brennräume, das Abgas wird durch ebenfalls je zwei Auslassventile in die Zwei-in-Eins-Auspuffanlage entlassen; diese beinhaltet zwei Lambdasonden und einen Katalysator. Das Motorsteuergerät überwacht sowohl die Einspritzung wie auch die Zündung.
Eine hydraulisch betätigte Mehrscheiben-Nasskupplung überträgt die Kraft auf ein Sechsganggetriebe. Der Antrieb des Hinterrads erfolgt über eine Dichtringkette.
Der Motor ist als tragendes Teil in einem Gitterrohrrahmen aus Stahl aufgehängt.
Die Vorderradfederung wird von einer ölgedämpften Upsidedown-Gabel von WP übernommen, deren Innenrohre 48 mm Durchmesser aufweisen. Beim R-Modell kann an einem Gabelholm die Druckdämpfung und am anderen die Zugdämpfung eingestellt werden; bei GT-Modellen übernimmt eine »semiaktive« Steuerung diese Aufgaben. Das Hinterrad wird von einer aus Leichtmetall gegossenen Einarmschwinge geführt, die sich direkt gegen einen Mono-Stoßdämpfer abstützt, der bei R-Modellen in der Druck- und Zugdämpfung sowie der Federvorspannung einstellbar ist; bei GT-Modellen übernimmt wieder die semiaktive Steuerung diese Aufgaben.
Vorn verzögern zwei auf 320 mm große Bremsscheiben wirkende Vierkolben-Bremssättel, während das Hinterrad mit einem Zweikolben-Bremssattel und einer 240 mm großen Bremsscheibe kontrolliert wird. Alle Modelle sind mit einem zweistufigen ABS ausgerüstet.
2016 wurde das R-Modell in einer Sonder-Edition mit geänderten Farben, orangefarbenen Rädern und Wave-Bremsscheiben angeboten.
2017 erhielten die R-Modelle einige Neuerungen, um dem Motorrad sowohl eine sportlichere Note zu geben, als auch die Abgasnorm EURO 4 zu erfüllen. Hierzu gehörten ein neu positionierter Lenker, ein sogenanntes Kurven-ABS, ein Rennstrecken-Modus mit ‚Traktionskontrolle' und dank Titan-Einlassventilen, kürzeren Ansaugtrakten und einer Auspuffklappen-Steuerung auch mehr Motorleistung. Ein Funkschlüssel-System, ein neues TFT-Display, LED-Scheinwerfer mit Tagfahrlicht und geänderte Tankverkleidungen sorgten an der Front für eine neue Optik. Viele dieser Komponenten wurden 2019 am GT-Modell übernommen.

Maße und Gewicht

Radstand	1482 mm
Sitzhöhe (unbelastet)	835 mm
Bodenfreiheit (unbelastet)	141 mm
Trockengewicht (ohne Benzin)	
R-Modell bis 2016	189 kg
R-Modell ab 2017	203 kg
GT-Modell bis 2018	213 kg
GT-Modell ab 2019	216 kg
Maximales Gesamtgewicht (Tank voll, Fahrer, Beifahrer, Gepäck)	
R-Modell bis 2016	406 kg
R-Modell ab 2017	418 kg
GT-Modell bis 2018	456 kg
GT-Modell ab 2019	459 kg

Motor

Typ	Wassergekühlter Viertakt-V2 (»LC8«) mit 75° Zylinderwinkel
Hubraum	1301 cm^3
Bohrung	108 mm
Hub	71 mm
Verdichtungsverhältnis	
R-Modell bis 2016	13,2 : 1
GT-Modell bis 2018	13,1 : 1
alle späteren Modelle	13,6 : 1
Schmiersystem	Trockensumpfschmierung mit Dreirotor-Pumpe
Kupplung	Mehrscheiben-Nasskupplung

Getriebe	6 Gänge in konstantem Eingriff
Ventiltrieb	Jeweils zwei obenliegende Nockenwellen (DOHC) mit Steuerketten, je zwei Einlassventile und zwei Auslassventile (per Schlepphebel gesteuert)
Kraftstoffsystem	Elektronische Keihin-Einspritzung mit elektrisch aktivierten Drosselklappen (56 mm) (»Ride by Wire«)
Zündsystem	CDI-Transistorzündung mit elektronischer Frühverstellung, zwei Zündkerzen je Zylinder

Fahrwerk

Rahmen	Stahl-Gitterrohrrahmen
Lenkkopfwinkel und Nachlauf	24,9°, 107 mm
Tankinhalt (einschl. Reserve)	
R-Modelle	18,0 Liter
GT-Modelle	23,0 Liter
Adventure Sports	24,2 Liter
Tank-Reserve	ca. 3,5 Liter
Vorderradfederung	
Typ	Upsidedown-Gabel (WP), 43 mm Tauchrohrdurchmesser
Federweg	125 mm
Einstellmöglichkeiten	
R-Modelle	Zugstufe (rechts), Druckstufe (links)
GT-Modelle	Semi-aktiv (elektronisch)
Hinterradfederung	
Typ	Aluminium-Einarmschwinge, Mono-Stoßdämpfer (WP)
Federweg (an Achse)	156 mm
Einstellmöglichkeiten	
R-Modelle	Federvorspannung, Zugstufe, Druckstufe
GT-Modelle	Semi-aktiv (elektronisch)
Räder	Leichtmetall-Gussräder, vorn und hinten 17 Zoll
Reifen	
Vorderrad	120/70 ZR 17 M/C 58W
Hinterrad	190/55 ZR 17 M/C 75W
Vorderradbremse	2 schwimmend gelagerte Bremsscheiben (320 mm) mit Vierkolben-Festsätteln (Brembo M 50)
Hinterradbremse	Bremsscheibe (240 mm) mit Zweikolben-Bremssattel (Brembo)
ABS	
R-Modelle bis 2016	Bosch 9ME mit Traktionsregelung
R-Modelle ab 2017, alle GT-Modelle	Bosch Motorrad Stabilitätskontrolle (MSC), Kurven-ABS und Traktionsregelung

Lage der Komponenten

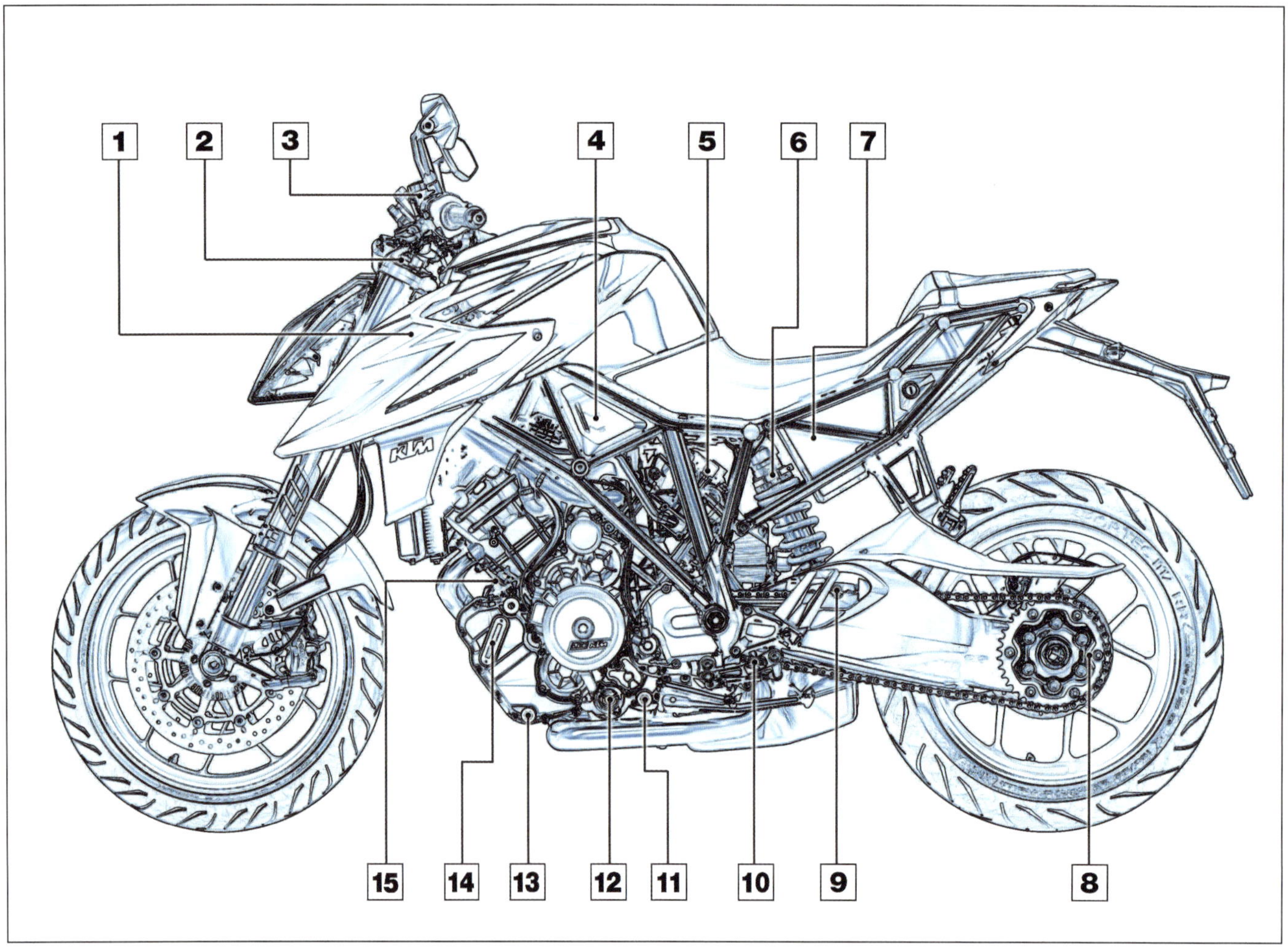

Lage der Baugruppen beim R-Modell – linke Seite

1 Typenschild
2 Druckstufen-Einsteller der Gabel
3 Kupplungs-Ausgleichsbehälter
4 Kühlmittelausgleichsbehälter
5 Zündkerzen des hinteren Zylinders
6 Federvorspannungs-Einsteller des Stoßdämpfers
7 Batterie
8 Antriebsketten-Spanner
9 Antriebsketten-Gleitschutz oben auf Schwinge
10 Antriebsketten-Gleitschutz unten an Schwinge
11 Motoröl-Ablassschraube (Motor)
12 Motorölfilter
13 Motoröl-Ablassschraube (Öltank)
14 Ölpegel-Schauglas
15 Motoröl-Einfülldeckel

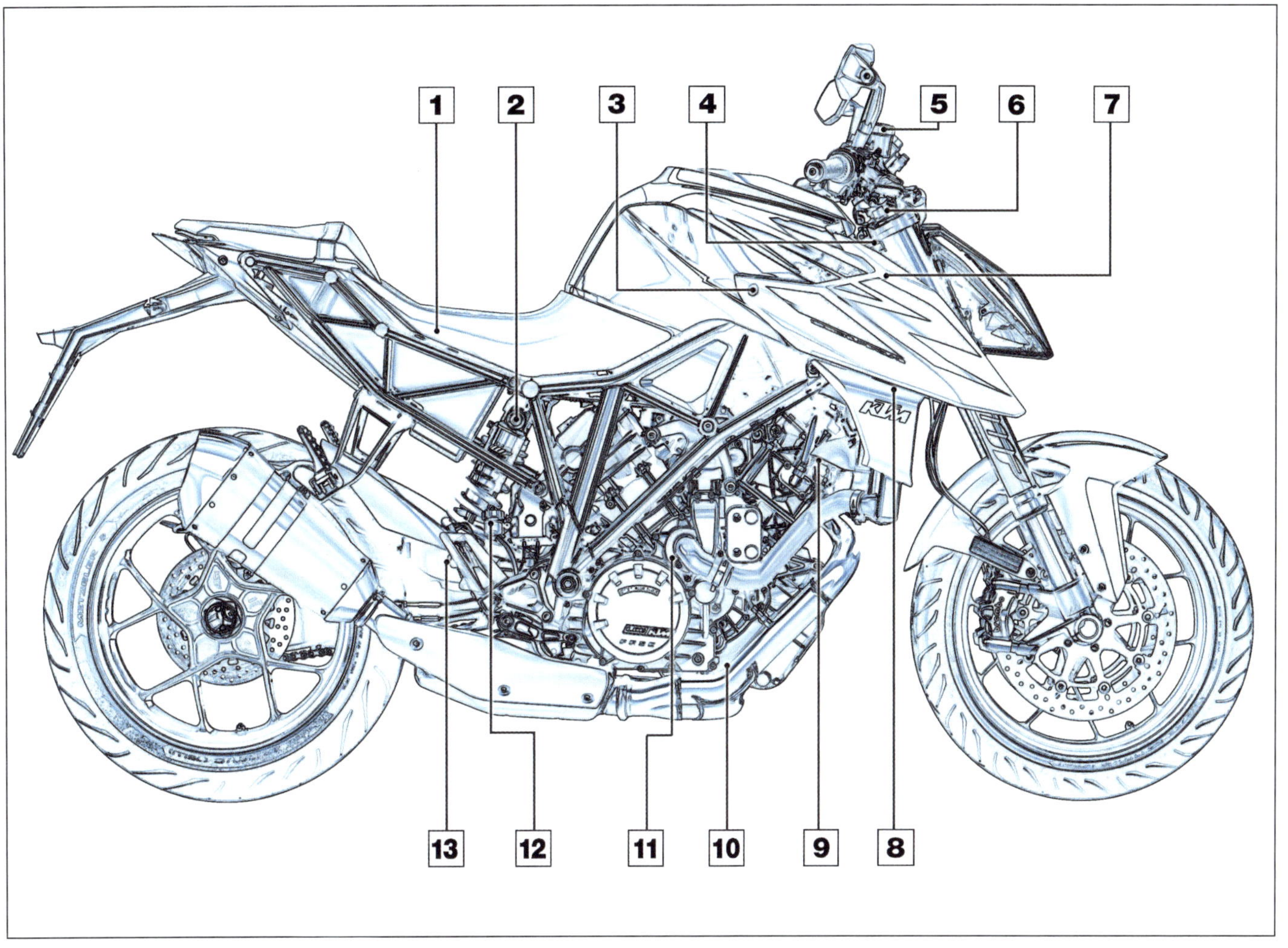

Lage der Baugruppen beim R-Modell – rechte Seite

1 Sicherungen
2 Druckstufen-Einsteller des Stoßdämpfers
3 Luftfilter
4 Lenkkopflager-Einsteller
5 Handbremsen-Ausgleichsbehälter
6 Zugstufen-Einsteller der Gabel
7 Rahmennummer
8 Kühlerdeckel (Druckventil)
9 Zündkerzen des vorderen Zylinders
10 Motornummer
11 Kühlmittel-Ablassschraube
12 Fußbremsen-Ausgleichsbehälter
13 Zugstufen-Einsteller des Stoßdämpfers

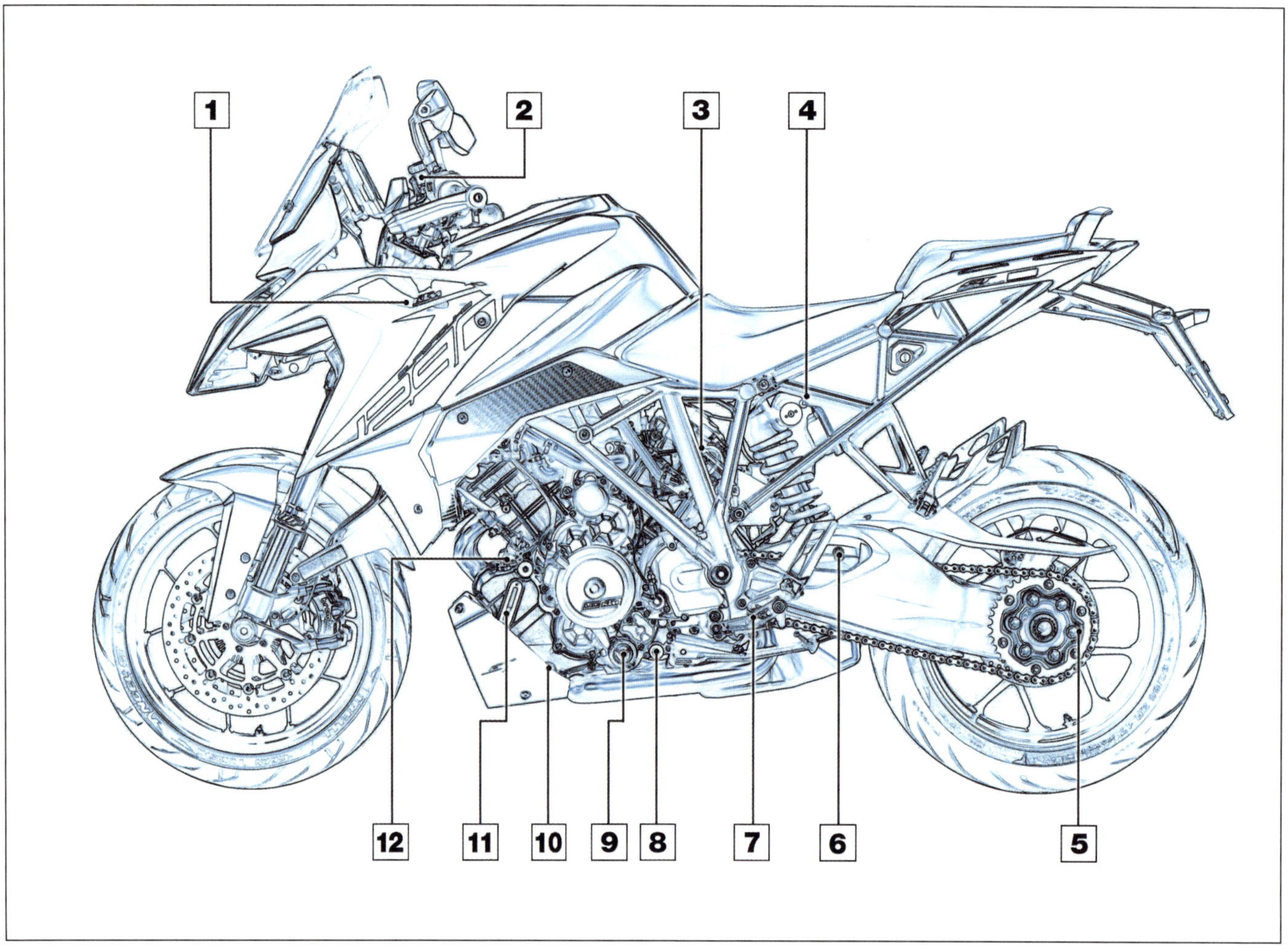

Lage der Baugruppen beim GT-Modell – linke Seite

1 Typenschild
2 Kupplungs-Ausgleichsbehälter
3 Zündkerzen des hinteren Zylinders
4 Batterie
5 Antriebsketten-Spanner
6 Antriebsketten-Gleitschutz oben auf Schwinge
7 Antriebsketten-Gleitschutz unten an Schwinge
8 Motoröl-Ablassschraube (Motor)
9 Motorölfilter
10 Motoröl-Ablassschraube (Öltank)
11 Ölpegel-Schauglas
12 Motoröl-Einfülldeckel

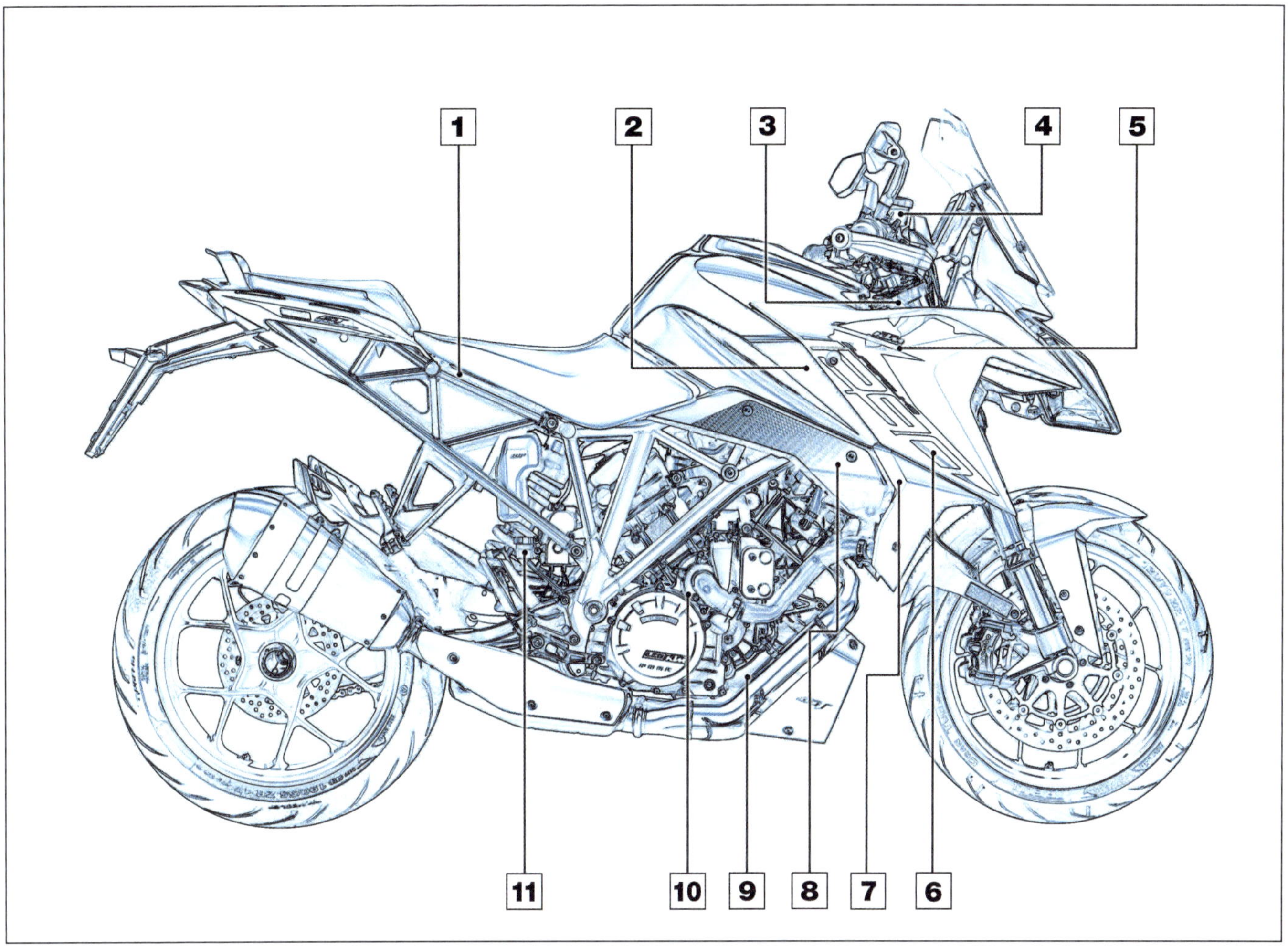

Lage der Baugruppen beim GT-Modell – rechte Seite

1 Sicherungen
2 Luftfilter
3 Lenkkopflager-Einsteller
4 Handbremsen-Ausgleichsbehälter
5 Rahmennummer
6 Kühlerdeckel (Druckventil)
7 Kühlmittelausgleichsbehälter
8 Zündkerzen des vorderen Zylinders
9 Motornummer
10 Kühlmittel-Ablassschraube
11 Fußbremsen-Ausgleichsbehälter

Sicherheit geht vor!

Professionelle Mechaniker haben während ihrer Ausbildung viel über Arbeitssicherheit gelernt. Doch auch der Enthusiast sollte sich bei seinen Tätigkeiten die Zeit nehmen, um sicherzustellen, dass er sich nicht unnötig in Gefahr begibt. Eine kurze Unachtsamkeit kann genauso zu einem Unfall führen wie die Nichtbeachtung simpler Vorsichtsmaßnahmen.

Es gibt unendlich viele Möglichkeiten, einen Unfall herbeizuführen – und es kann hier keine umfassende Liste aller Gefahren wiedergegeben werden; vielmehr soll auf das Risiko hingewiesen und auf eine sichere Herangehensweise an alle Arbeiten am Motorrad aufmerksam gemacht werden.

Asbest

• Verschiedene Reibmaterialien, Isolierungen und Dichtungen (z. B. Brems- und Kupplungsbeläge, Kopfdichtungen, Hitzeschilde, usw.) können Asbest enthalten. Absolute Vorsicht ist beim Einatmen des Staubs solcher Teile geboten, da dieser äußerst gesundheitsschädlich ist. Im Zweifelsfall sollte man immer davon ausgehen, dass Asbest enthalten ist.

Feuer

• Denken Sie immer daran, dass Benzin leicht entzündbar ist. Rauchen Sie niemals bei der Arbeit am Fahrzeug und lassen Sie keine offenen Flammen in die Nähe kommen. Hiermit ist das Feuerrisiko jedoch noch nicht gebannt, denn Funken durch einen elektrischen Kurzschluss, das Aneinanderschlagen zweier Metallteile, der unbedachte Einsatz von Werkzeugen oder die statische Aufladung des Körpers oder der Kleidung können in geschlossenen Räumen Benzindämpfe entzünden, die sich zu einem hochexplosiven Gemisch entwickelt haben. Verwenden Sie Benzin niemals als Reinigungsmittel, sondern benutzen Sie ungefährlichere Lösungsmittel.

• Trennen Sie vor jeder Arbeit am Kraftstoff- oder Zündsystem den Masseanschluss (–) von der Batterie. Lassen Sie niemals Benzin auf den heißen Motor oder Auspuff tropfen.

• Es wird empfohlen, in der Garage oder der Werkstatt einen für brennende Flüssigkeiten geeigneten Feuerlöscher griffbereit zu halten. Löschen Sie niemals brennendes Benzin oder unter Strom stehende Teile mit Wasser!

Dämpfe

• Manche Dämpfe sind hochgiftig und können schnell zur Bewusstlosigkeit oder gar zum Tod führen, wenn sie in einer bestimmten Konzentration eingeatmet werden. Benzindämpfe gehören genauso dazu wie Dämpfe von Lösungsmitteln wie Trichlorethylen. Sämtlicher Umgang mit solch flüchtigen Stoffen darf nur in gut belüfteten Bereichen geschehen.

• Bei der Verwendung von Reinigungs- oder Lösungsmitteln müssen stets sorgfältig die Anwendungshinweise durchgelesen werden. Benutzen Sie niemals Stoffe aus unbeschrifteten Behältern und mischen Sie niemals verschiedene an sich harmlose Lösungsmittel – sie können giftige Dämpfe freisetzen.

• Lassen Sie niemals einen Verbrennungsmotor in geschlossenen Räumen laufen. Auspuffgase enthalten Kohlenmonoxid, das extrem giftig ist. Wenn ein Motor gestartet werden muss, hat dies möglichst im Freien zu geschehen, zumindest ist die Maschine so hinzustellen, dass der Auspuff nach draußen zeigt.

Batterie

• Setzen Sie die Batterie nie offenem Feuer oder Funken aus, da sie immer etwas Wasserstoff abgibt, der hochexplosiv ist.

• Trennen Sie vor der Arbeit am Kraftstoff- oder Zündsystem den Masse-Anschluss (–) von der Batterie – außer, die Stromzufuhr wird ausdrücklich verlangt.

• Lockern Sie beim Laden der Batterie die Einfüllstopfen. Laden Sie die Batterie nicht mit einer zu hohen Rate, da sie hierdurch beschädigt wird.

• Seien Sie beim Auffüllen, Reinigen und Tragen der Batterie vorsichtig. Die Batteriesäure ist auch im verdünnten Zustand stark ätzend. Haut- und Augenkontakt muss durch das Tragen von Gummihandschuhen und einer Schutzbrille mit Gesichtsschutz vermieden werden. Muss die Batteriesäure selber vorbereitet werden, darf nur die Säure langsam dem Wasser zugefügt werden – kippen Sie niemals das Wasser in die Säure!

Elektrizität

• Beim Einsatz von Elektrowerkzeugen, Lampen usw. muss immer ein korrekter Stromanschluss und ggf. Masseanschluss sichergestellt sein. Verwenden Sie keine Elektrogeräte in feuchter Umgebung oder in der Nähe von Benzin oder Benzindämpfen. Achten Sie darauf, dass alle Geräte und das Stromnetz den Sicherheitsstandards entsprechen.

• Einen starken Stromschlag kann man beim Berühren bestimmter Teile der elektrischen Anlage bekommen, so zum Beispiel beim Anfassen der Zündkabel bei laufendem oder durchgedrehtem Motor – und besonders, wenn Bauteile feucht sind oder eine defekte Isolierung haben. Bei elektronischen Zündanlagen kann die Zündspannung lebensgefährlich sein!

Niemals ...

✘ den Motor starten, ohne geprüft zu haben, dass sich das Getriebe im Leerlauf befindet.

✘ plötzlich den Deckel eines heißen Kühlsystems entfernen, sondern ihn mit Lappen abdecken und langsam den Druck ablassen, um sich nicht durch austretendes Kühlmittel zu verbrühen.

✘ aus einem heißen Motor Öl ablassen, sondern ihn erst etwas abkühlen lassen, um sich nicht zu verbrennen.

✘ Teile eines heißen Motors oder Auspuffs anfassen, um sich nicht zu verbrennen.

✘ Bremsflüssigkeit oder Kühlmittel auf Lack oder Kunststoffteile gelangen lassen.

✘ giftige Flüssigkeiten wie Benzin, Bremsflüssigkeit oder Frostschutzmittel mit dem Mund ansaugen oder auf die Haut gelangen lassen.

✘ Staub einatmen, der gesundheitsschädlich sein kann (siehe oben unter Asbest).

✘ Öl oder Fett auf dem Boden belassen, sondern es aufwischen, bevor jemand darauf ausrutscht.

✘ verschlissene Werkzeuge benutzen, da man damit abrutschen und sich verletzen kann.

✘ schwere Dinge wie Motoren allein heben, sondern einen Assistenten zu Hilfe holen.

✘ in Zeitnot arbeiten oder die Arbeit auf gefährlichen Wegen abkürzen.

✘ Kindern oder Tieren ermöglichen, sich in der Nähe eines unbeobachteten Fahrzeugs aufzuhalten.

✘ einen Reifen über den erlaubten Maximaldruck aufpumpen. Abgesehen von der Überlastung der Karkasse kann er in Extremfällen platzen.

Stets ...

✔ dafür sorgen, dass die Maschine sicher steht. Besonders wichtig ist dies, wenn die Maschine für den Ausbau eines Rades oder einer Radaufhängung aufgebockt wird.

✔ festsitzende Schrauben oder Muttern vorsichtig lockern. An einem Schlüssel zu ziehen ist immer besser als ihn zu drücken, damit man beim Abrutschen nicht auf die Maschine stößt.

✔ beim Einsatz von Bohrern, Schleifern und anderen Maschinen eine Schutzbrille tragen.

✔ beim Arbeiten in schmutzigen Bereichen die Hände mit Schutzcreme versehen, die nicht nur vor Infektionen schützt, sondern auch das Reinigen erleichtert. Längerer Kontakt mit Motoröl kann ein Gesundheitsrisiko sein. Passen Sie auf, dass die Hände durch die Creme nicht rutschig werden.

✔ Kleidungsstücke wie Ärmel, Halstücher oder lange Haare außerhalb des Arbeitsbereichs beweglicher Teile halten.

✔ Schmuck und Uhren vor der Arbeit – besonders an elektrischen Bauteilen – ablegen.

✔ den Arbeitsbereich sauber und geordnet halten, um nicht über herumliegende Teile zu fallen.

✔ beim Zusammendrücken von Federn für den Aus- oder Einbau vorsichtig sein. Spannen und Entspannen Sie Federn nur mit geeigneten Werkzeugen, die die Feder nicht plötzlich wegspringen lassen.

✔ aufpassen, dass Hebevorrichtungen genügend Tragkraft für die zu verrichtende Arbeit haben.

✔ jemanden regelmäßig die Arbeit kontrollieren lassen, wenn man allein am Fahrzeug arbeitet.

✔ die Arbeit in einer logischen Reihenfolge ausführen und anschließend prüfen, ob alles korrekt montiert und gesichert ist.

✔ daran denken, dass die Sicherheit des Fahrzeugs auch Ihre eigene Sicherheit und die anderer bedeutet. Bei jedem Zweifel muss professioneller Rat eingeholt werden.

• Da man sich trotz des Befolgens dieser Hinweise verletzen kann, muss dafür gesorgt werden, dass immer jemand (nötigenfalls per Telefon) erreichbar ist, der einem zu Hilfe kommen kann.

Kapitel 1
Einstellungs- und Wartungsarbeiten

Inhalt (in alphabetischer Reihenfolge, die Zahlen geben die Nummerierung in den grauen Feldern wieder)

Schwierigkeitsgrade

Leicht. Für Anfänger mit wenig Erfahrung geeignet.	**Relativ leicht.** Für Anfänger mit etwas Erfahrung geeignet.	**Relativ schwierig.** Geeignet für geübte Selbstschrauber.	**Schwer.** Geeignet für Selbstschrauber mit viel Erfahrung.	**Sehr schwer.** Geeignet für Experten und Profis.

Technische Daten

Motor

Zündkerzen-Typ	
R-Modelle bis 2016	
Primär-Zündkerzen	NGK LKAR9BI-9
Sekundär-Zündkerzen	NGK LMAR7A-9
R-Modelle ab 2017 und alle GT-Modelle	
Primär-Zündkerzen	NGK LKAR9BI-10
Sekundär-Zündkerzen	NGK LMAR7DI-10
Zündkerzen-Elektrodenabstand	
R-Modelle bis 2016	0,9 mm
R-Modelle ab 2017 und alle GT-Modelle	1,0 mm
Standgasdrehzahl	
R-Modelle bis 2016	1300 bis 1500/min
R-Modelle ab 2017	1400 bis 1600/min
GT-Modelle bis 2016	1250 bis 1450/min
GT-Modelle ab 2019	1350 bis 1550/min
Ventilspiel (bei **kaltem** Motor)	
Einlassventile	0,10 bis 0,15 mm
Auslassventile	0,25 bis 0,30 mm

Fahrwerk

Antriebsketten-Durchhang	siehe Sektion 3
Antriebsketten-Streckgrenze	272 mm
Reifendruck	siehe Sektion 21

Schmiermittel und Flüssigkeiten

Kraftstoff	Bleifreier Otto-Kraftstoff mit mindestens 95 Oktan
Motoröl-Typ	Vollsynthetisches Motorradöl, API-Klasse SL oder höher, JASO T 903 MA oder MA2 (KTM empfiehlt *Motorex Power Synt 4T*)

Motoröl-Viskosität	
über 0 °C	SAE 10W/50
unter 0 °C	SAE 5W/40
Motoröl-Füllmenge	
R-Modelle bis 2016	3,6 Liter
R-Modelle ab 2017 und alle GT-Modelle	3,5 Liter
Kühlflüssigkeit-Typ	50% destilliertes Wasser und 50% Ethylen-Glykol mit Korrosionsschutz für Aluminium-Motoren (KTM empfiehlt *Motorex M3.0*-Kühlmittel)
Kühlflüssigkeit-Füllmenge	3,2 Liter
Gabelöl	SAE 4W-Gabelöl
Bremsflüssigkeit	DOT 4 oder DOT 5.1 (**niemals** DOT 5!)
Antriebskette	Für Dichtringe verträgliches Kettenspray (KTM empfiehlt *Motorex Chainlube Road Strong*)

Anzugsdrehmomente	**Nm**
Antriebskettenspanner-Klemmschraube	70
Gabelbrücken-Klemmschrauben (obere Brücke)	
R-Modelle bis 2016	15
R-Modelle ab 2017 und alle GT-Modelle	18
Lenker-Klemmschrauben	20
Lenkschaft-Klemmschraube – R-Modelle ab 2017 und alle GT-Modelle	20
Lenkschaftschraube	
R-Modelle bis 2016	50
R-Modelle ab 2017 und alle GT-Modelle	18
Kühlsystem-Ablassschraube	10
Kühlsystem-Entlüftungsschraube	10
Kurbelwellen-Zugang in Lichtmaschinendeckel	8
Motoröl-Ablassschrauben	20
Ölfilterdeckel-Schrauben	6
Zündkerzen	
Primär-Zündkerzen	18
Sekundär-Zündkerzen	11

1 Checks vor Fahrtantritt

1 Die folgenden Kontrollen dauern nicht lange und können Probleme anzeigen, die ansonsten ernsthafte Folgen haben können. Auch in der Bedienungsanleitung findet sich eine entsprechende Checkliste.

Motoröl-, Kühlmittel- und Bremsflüssigkeits-Pegel

2 Kontrollieren Sie den Motorölpegel (siehe Sektion 11), den Kühlmittel-Pegel (siehe Sektion 14) und die Bremsflüssigkeits-Pegel (siehe Sektion 4). Schauen Sie am Motor, an den Bremsen und unter der Maschine nach, ob Flüssigkeiten ausgetreten sind. Die Ursachen und Gründe aller Flüssigkeitsverluste müssen vor Fahrtantritt gefunden und behoben werden. Prüfen Sie bei einem niedrigen Bremsflüssigkeitspegel, ob dieser auf stark verschlissene Bremsbeläge zurückzuführen ist (siehe Sektion 5).

Reifen

3 Kontrollieren Sie den Luftdruck (siehe Sektion 21).
4 Überprüfen Sie die Reifen auf Einschnitte, Risse und eingedrungene Teile.
5 Behalten Sie den Reifenverschleiß im Auge und ersetzen Sie einen verschlissenen Reifen rechtzeitig (siehe Sektion 21).

Bremsen

6 Prüfen Sie, ob sich der Bremshebel und das Bremspedal sanft bewegen lassen und kein schwammiges Gefühl erzeugen oder zu viel Leerweg aufweisen.
7 Behalten Sie den Bremsbelag-Verschleiß im Auge und ersetzen Sie verschlissenen Beläge rechtzeitig (siehe Sektion 5).

Federung und Lenkung

8 Prüfen Sie, ob die Vorderrad- und Hinterradfederung sanft arbeitet und nicht klemmt (siehe Sektion 19).
9 Prüfen Sie, ob sich die Lenkung sanft und spielfrei von Anschlag zu Anschlag bewegen lässt.

Antriebskette

10 Prüfen Sie, ob die Kette verschmutzt und/oder trocken ist, und reinigen und/oder schmieren Sie sie (siehe Sektion 3).
11 Prüfen Sie den Kettendurchhang und stellen Sie ihn nötigenfalls ein (siehe Sektion 3).

Beleuchtung und Blinker

12 Prüfen Sie, ob alle Scheinwerfer-, Rücklicht-, Bremslicht-, Kennzeichenbeleuchtungs-, Instrumenten- und Blinkerlampen korrekt funktionieren.
13 Prüfen Sie, ob die Hupe funktioniert.

Bedienelemente

14 Prüfen Sie, ob sich der Gasgriff sanft drehen lässt und selbstständig wieder zurückschnappt.
15 Prüfen Sie, ob sich der Kupplungshebel und der Schalthebel sanft bewegen lassen.

Sicherheit

16 Prüfen Sie, ob der eingeklappte Seitenständer sicher von seinen Federn am Motorrad gehalten wird.

17 Prüfen Sie, ob Gepäck gut gesichert ist.
18 Prüfen Sie die Einstellung der Rückspiegel.

Kraftstoff

19 Prüfen Sie den Kraftstoffpegel (er muss wenigstens bis zur nächsten Tankstelle reichen). Falls es nach Benzin riecht oder Kraftstoff austritt, muss die Ursache unverzüglich gefunden und behoben werden.
20 Achten Sie darauf, bleifreies Super-Benzin mit mindestens 95 Oktan zu tanken.

2 Wartungsplan

Anmerkung: *Die Entscheidung, wo und wann man mit den Routinekontrollen anfangen soll, hängt von verschieden Faktoren ab. Wenn die Garantieperiode der Maschine gerade abgelaufen ist und bisherige Inspektionen von einer Werkstatt vorgenommen wurden, kann mit der nächsten Routinekontrolle bis zum nächsten vorgeschriebenen Kilometerstand oder Zeitablauf gewartet werden. Wenn Sie die Maschine schon einige Zeit haben, aber schon lange keine Inspektion haben machen lassen, sollten Sie mit dem nächsten Intervall beginnen und einige zusätzliche Kontrollen vornehmen, um sicherzugehen, dass nichts Wichtiges übersehen wurde. Wenn Sie gerade eine große Motor-Überholung erledigt haben, sollten Sie die Service-Intervalle von Anfang an beginnen. Wenn Sie eine gebrauchte Maschine erworben haben und über ihre Geschichte und Wartung nichts wissen, sollten Sie sich für eine Komplettkontrolle aller Punkte entscheiden und dann mit den normalen Intervallen weitermachen. Wichtige Wartungshinweise sind oft auf Aufklebern vermerkt, die am Motorrad angebracht sind. Wenn diese Informationen sich von denen in diesem Buch angegeben unterscheiden, richten Sie sich nach denen am Motorrad.*

Inspektionsanzeige: *Nach einer umfangreichen Wartung kann die Inspektionsanzeige im Cockpit zurückgesetzt werden, um die nächste große Wartung anzuzeigen. Beachten Sie die Hinweise in der Bedienungsanleitung Ihres Motorrads, um ins Einstellungs-Menü (Setting) zu gelangen. Halten Sie am linken Lenkerschalter die Knöpfe mit den nach oben und unten zeigenden Pfeilen gedrückt, bis das ‚Service'-Menü erscheint. Arbeiten Sie sich mit dem SET-Knopf durch die Einstellungen für Distanz und Zeit und drücken Sie den RETURN-Knopf, um das Menü wieder zu verlassen. Schalten Sie die Zündung ab und warten Sie 30 Sekunden, bevor Sie sie wieder anschalten – die Inspektionsanzeige sollte jetzt erloschen sein.*

Nach den ersten 1000 km

Anmerkung: *Normalerweise wird die Erstinspektion nach 1000 km durch eine KTM-Werkstatt durchgeführt. Danach werden alle Inspektionen nach den im Plan vorgesehenen Intervallen vorgenommen.*

Alle 1000 km

- ☐ Kontrolle, Einstellung, Reinigung und Schmieren der Antriebskette (Sektion 3)

Alle 15000 km oder 12 Monate

- ☐ Kontrolle der Motorentlüftung (Sektion 5)
- ☐ Kontrolle der Bremsbeläge auf Verschleiß (Sektion 5)
- ☐ Kontrolle des Bremssystems und der Bremslichtschalter (Sektion 4 und 6)
- ☐ Kontrolle der Kupplung und Reinigung der Öldüse (Sektion 7)
- ☐ Kontrolle des Kraftstoffsystems und seiner Schläuche (Sektion 8)
- ☐ Kontrolle der Standgasdrehzahl (Sektion 9)
- ☐ Kontrolle des Drosselklappensystems (Sektion 10)
- ☐ Wechsel des Motoröls und des Ölfilters, Reinigung des Ölsiebs (Sektion 12)
- ☐ Kontrolle des Kühlsystems (Sektion 14)
- ☐ Austausch des Luftfilters (Sektion 16)
- ☐ Kontrolle der Scheinwerfereinstellung (Sektion 17)
- ☐ Kontrolle des Seitenständers und des Sicherheitsstromkreises (Sektion 18)
- ☐ Kontrolle der Federelemente (Sektion 19)
- ☐ Kontrolle und ggf. Einstellung der Lenkkopflager (Sektion 20)
- ☐ Schmieren des Kupplungs- und Bremshebels, des Bremspedals und Ständerzapfens (Sektion 22)
- ☐ Festigkeitsprüfung aller Muttern und Schrauben (Sektion 23)

Alle 30000 km

Neben den Punkten der 15000 km-Inspektion müssen folgende Aufgaben durchgeführt werden:

- ☐ Kontrolle und ggf. Einstellung des Ventilspiels (Sektion 24)
- ☐ Austausch der Zündkerzen (Sektion 25)
- ☐ Kontrolle des Motorentlüftungs-Schlauchs (Sektion 26)
- ☐ Kontrolle des Sekundärluftsystems und ggf. der Verdunstungsregelung (Sektion 26)

Alle 2 Jahre

- ☐ Wechsel der Bremsflüssigkeit (Sektion 6)
- ☐ Wechsel der Kupplungsflüssigkeit (Sektion 7)

Alle 4 Jahre

- ☐ Wechsel des Kühlmittels (Sektion 15)

Ohne Wartungsintervalle

- ☐ Kontrolle der Batterie (Sektion 27)
- ☐ Wechsel des Gabelöls (Sektion 19)
- ☐ Nachschmieren der Schwingenlager (Sektion 19)
- ☐ Nachschmieren der Lenkkopflager (Sektion 20)

3.2a Mit dieser im Fachhandel erhältlichen Klemme kann das Vorderrad blockiert werden.

3.2b Schieben Sie eine Metallstange durch die Hinterachse, ...

3.2c ... um das Heck mit einem Montageständer anheben zu können.

3.2d Der rechts größere Durchmesser der Achse muss mit einer Hülse ausgeglichen werden, um das Motorrad senkrecht abstützen zu können.

3 Antriebskette und Kettenräder

Kontrolle

1 Eine vernachlässigte Antriebskette wird nur ein kurzes Leben haben und ebenfalls schnell das Motorritzel und das Kettenblatt zerstören. Weil die Kette mit zunehmendem Verschleiß länger wird, muss ihr Durchhang gelegentlich nachgestellt werden. Eine regelmäßige Einstellung und Schmierung garantiert eine maximale Lebensdauer aller Komponenten.

2 Sichern Sie den gegen den Lenker gezogenen Bremshebel, um das Vorderrad zu blockieren. Stützen Sie das Motorrad hinten mit einem Montageständer ab (siehe Abbildungen). Das Getriebe muss sich im Leerlauf befinden und die Zündung abgeschaltet sein.

3 Beachten Sie die am Ketten-Gleitschutz angebrachten Markierungen. Drücken Sie den oberen Kettentrum hoch, sodass der untere Trum gespannt ist, und beachten Sie die Ausrichtung der Ketten-Oberseite zu den zwei Linien (siehe Abbildung) – sie sollte sich zwischen ihnen befinden. Da Ketten selten gleichmäßig verschleißen, muss das Hinterrad gedreht werden, sodass ein anderer Bereich der Kette gemessen werden kann. Wiederholen Sie dies mehrmals über die gesamte Kettenlänge und markieren Sie die straffste Stelle – falls die Kette hier nicht an die untere Linie heranreicht, ist sie zu stramm eingestellt; lässt

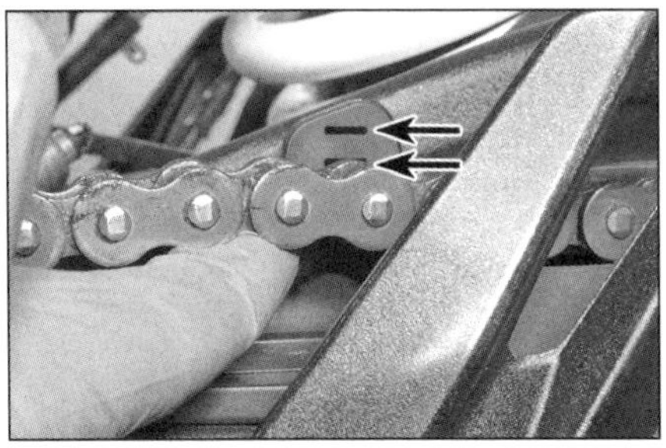

3.3 Die Oberseite des angehobenen oberen Kettentrums muss zwischen den zwei Linien liegen.

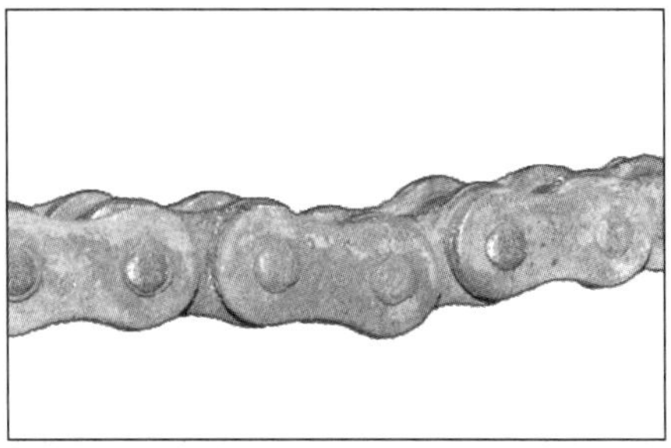

3.4 Bei einer schlecht gewarteten Kette können die Kettenglieder verklemmt sein.

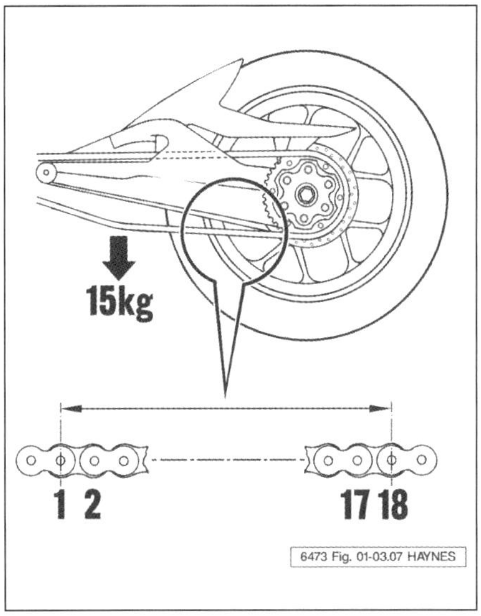

3.7 Ermittlung der Ketten-Längung

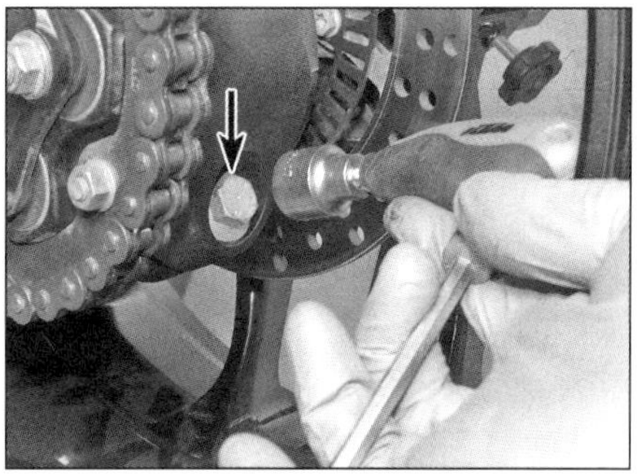
3.9 Die Klemmschraube des Radnaben-Exzenters kann mit Bordwerkzeug gelockert werden.

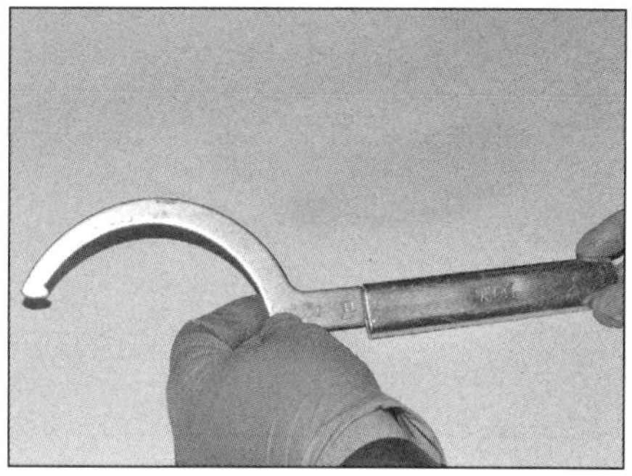
3.10a Verbinden Sie den Hakenschlüssel aus dem Bordwerkzeug mit dem Griff ...

sie sich über die obere Linie anheben, ist sie zu locker. Weil der Kettentrieb einem gewissen Verschleiß unterliegt, muss der Durchhang gelegentlich eingestellt werden (siehe unten).

Achtung: Mit einer zu sehr gespannten Kette zu fahren führt ebenso zu Beschädigungen wie mit einer zu lockeren Kette.

4 In Fällen mangelnder Schmierung können Korrosion und Abrieb bewirken, dass die Glieder sich nicht mehr frei bewegen können – was bei den Messungen eine stramme Kette vortäuschen kann (siehe Abbildung). Markieren Sie die Stelle, reinigen Sie den Bereich, führen Sie eine kurze Probefahrt durch und wiederholen Sie die Messung.

5 Falls die Kette nach der Probefahrt immer noch klemmt oder lose Bolzen oder beschädigt Rollen aufweist, muss dringend eine neue eingebaut werden (siehe Kapitel 6). Eine verrostete, verklemmte oder verschlissene Kette beschädigt Kettenräder und sogar Getriebewellenlager, schluckt Leistung, erhöht den Verbrauch und kann reißen – was zu schweren Beschädigungen oder gar Verletzungen und einem Sturz führen kann. Bei jedem Zweifel muss daher die Kette (und wahrscheinlich auch die Kettenräder) ersetzt werden.

6 Kontrollieren Sie die gesamte Kette auf beschädigte Rollen sowie lockere Laschen und Bolzen und fehlende X-Ringe. Erneuern Sie die Kette gegebenenfalls sofort.

7 Um zu prüfen, ob die Kette ihre Streckgrenze erreicht hat, muss in der Mitte des unteren Trums ein Gewicht von 15 kg angehängt werden. Messen Sie nun zwischen dem Gewicht und dem hinteren Kettenblatt die Länge über 18 Glieder (von der Mitte des ersten Bolzens bis zur Mitte des 18. Bolzens) (siehe Abbildung). Drehen Sie das Hinterrad, um an mehreren Stellen messen zu können und ermitteln Sie einen Mittelwert – dieser darf nicht über 272 mm liegen, andernfalls muss eine neue Kette montiert werden (siehe Kapitel 6, Sektion 20).

Anmerkung: *Montieren Sie niemals eine neue Kette auf verschlissene Kettenräder und benutzen Sie niemals die alte Kette weiter, wenn Sie neue Kettenräder montiert haben – ersetzen Sie immer die Kette und beide Kettenräder als Satz.*

Einstellung

8 Drehen Sie das angehobene Hinterrad so, dass der strammste Bereich der Kette in der Mitte des oberen Trums liegt.

9 Lockern Sie die Klemmschraube des Radnaben-Exzenters (siehe Abbildung).

10 Setzen Sie den im Bordwerkzeug enthaltenen Hakenschlüssel samt Griff an den Nuten des Exzenters an (siehe Abbildungen) und verdrehen Sie diesen, bis der Durchhang des oberen Kettentrums innerhalb der Markierungen liegt (siehe Abbildung und Abbildung 3.3) – zum Verringern des Durchhangs muss der Exzenter von links betrachtet im Uhrzeigersinn verdreht werden; zum Vergrößern des Durchhangs entsprechend nach links.

3.10b ... und setzen Sie ihn an den Nuten des Exzenters an.

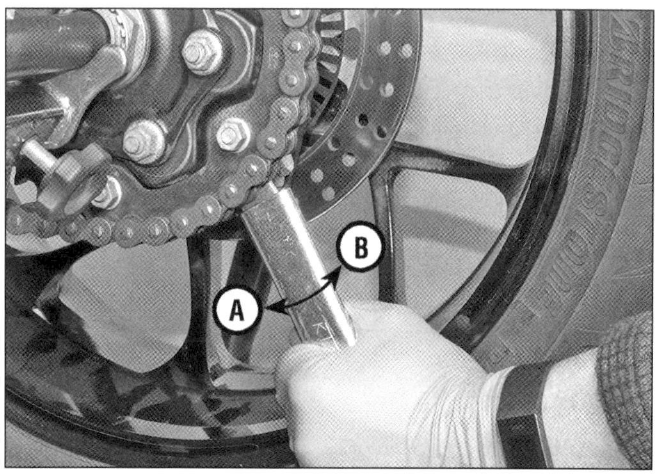

3.10c Verdrehen Sie den Exzenter im Uhrzeigersinn, um den Kettendurchhang zu verringern (A) – oder nach links, um ihn zu vergrößern (B).

3.12 **Zubehörhandel sind spezielle Bürsten für die Kettenreinigung erhältlich.**

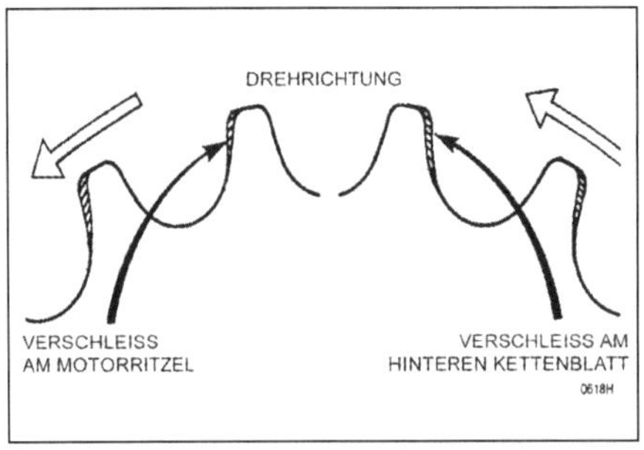

3.14 Kontrollieren Sie die Motorritzel- und Kettenblattzähne in den gezeigten Bereichen auf Verschleiß.

3.15a Die Ketten-Bolzen müssen im Ausschnitt der oberen Gleitschiene sichtbar sein.

3.15b An der unteren Gleitschiene müssen die Ketten-Rollen auf dem Mittelsteg laufen. Gleitschienen-Schraube (Pfeil)

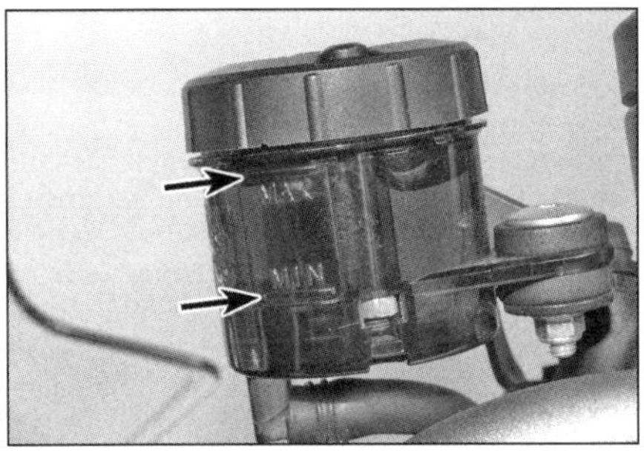

4.4a Der Bremsflüssigkeitspegel der Vorderradbremse ist durch den transparenten Behälter sichtbar und muss sich zwischen den MIN- und MAX-Markierung befinden.

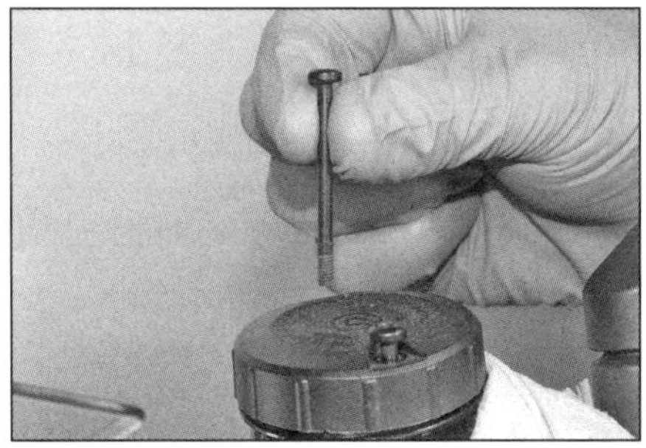

4.4b Falls der Pegel nahe oder unter der MIN-Markierung liegt, sollte der Behälter mit Lappen umlegt werden. Lösen Sie dann die Schrauben des Deckels und entnehmen Sie diesen samt Manschette.

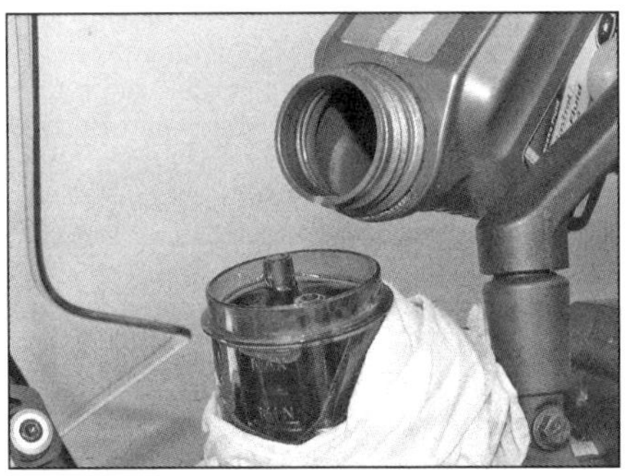

4.4c Füllen Sie frische Bremsflüssigkeit bis zur MAX-Markierung auf – nicht darüber hinaus.

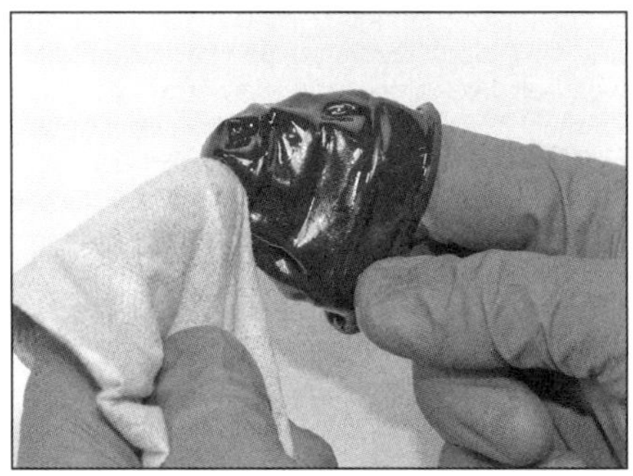

4.4d Befreien Sie die Manschette aus dem Deckel und reinigen Sie sie sorgfältig.

11 Nachdem der korrekte Durchhang eingestellt ist, wird die Klemmschraube des Radnaben-Exzenters mit 70 Nm angezogen (Abbildung 3.9). Drehen Sie das Hinterrad, um die Einstellung zu überprüfen.

Reinigen und Schmieren

Anmerkung: *Falls ein automatisches Kettenschmiersystem (z. B. von Scottoiler) verwendet wird, muss kein weiterer Schmierstoff von Hand aufgetragen werden.*

Anmerkung: *Die beste Zeit zum Schmieren der Kette ist direkt nach der Fahrt, wenn sie warm ist. Der Schmierstoff dringt dann besser zwischen die Glieder als im kalten Zustand.*

12 Reinigen Sie die Kette nötigenfalls mit einem speziellen Reinigungsspray oder waschen Sie sie mit einer speziellen Bürste in Petroleum oder anderem Lösungsmittel, das nicht die Dichtringe angreift (siehe Abbildung). Wischen Sie das Reinigungsmittel ab und lassen Sie die Kette trocknen – ggf. mithilfe von Druckluft. Eine extrem verschmutzte Kette sollte demontiert und in Reinigungsmittel »eingeweicht« werden (siehe Kapitel 6, Sektion 20).

Achtung: Benutzen Sie kein Benzin, Lösungsmittel oder andere Reinigungsmittel, welche die O-Ringe in der Kette angreifen können. Benutzen Sie keinen Dampfstrahler. Der Reinigungsprozess soll nicht länger als zehn Minuten dauern, da sonst die Dichtringe beschädigt werden können.

13 Tragen Sie den Ketten-Schmierstoff möglichst von der Innenseite der Kette her auf die Stellen auf, wo sich die Laschen überlappen, nicht in die Mitte der Rollen. Schützen Sie beim Aufsprühen den Reifen mit einem Stück Pappe.

Anmerkung: *KTM empfiehlt die Verwendung von* Motorex Chainlube Road Strong *oder andere O- oder X-Ring verträglichem Kettensprays. Notfalls kann auch SAE 80 oder 90 Getriebeöl verwendet werden. Lassen Sie das Öl in Ruhe einziehen und ggf. vorhandenes Lösungsmittel verdunsten.*

Praxis TiPP ***Tragen Sie den Schmierstoff auf der Oberseite des unteren Kettentrums auf, damit ihn die Fliehkräfte während der Fahrt in die gesamte Kette drücken. Lassen Sie den Schmierstoff einige Minuten einwirken, bevor überschüssiges Öl mit einem Lappen abgewischt wird.***

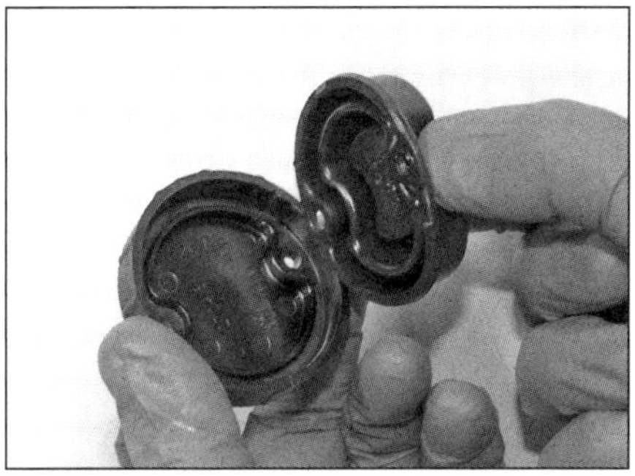

4.4e Installieren Sie die korrekt zusammengefaltete Manschette wieder in den Deckel, ...

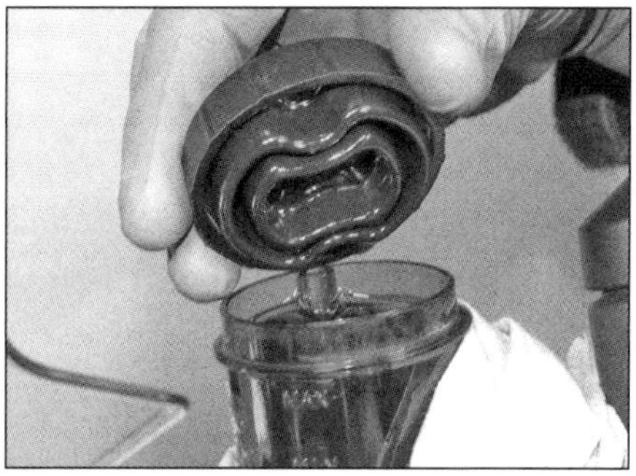

4.4f ... setzen Sie diesen auf und sichern Sie ihn mit den sorgfältig angezogenen Schrauben.

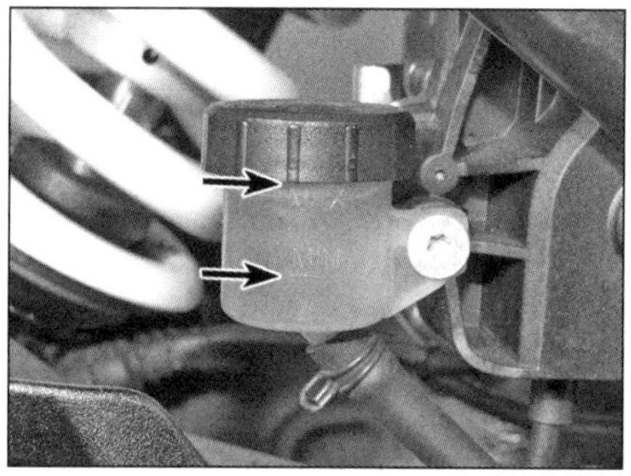

4.5a Der Bremsflüssigkeitspegel der Hinterradbremse ist durch den transparenten Behälter sichtbar und muss sich zwischen den MIN- und MAX-Markierung befinden.

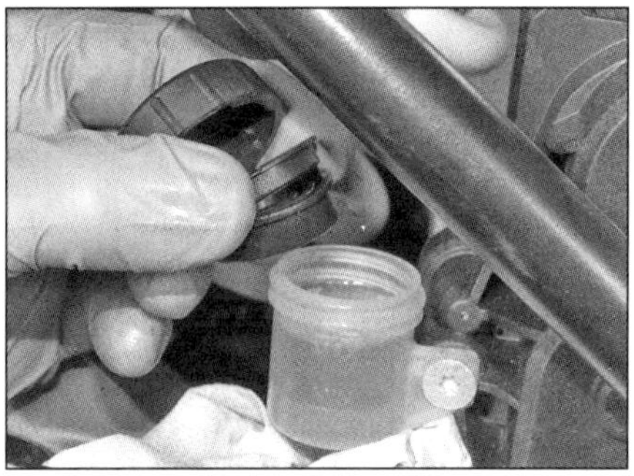

4.5b Falls der Pegel nahe oder unter der MIN-Markierung liegt, sollte der Behälter mit Lappen umlegt werden. Schrauben Sie dann den Deckel ab und entnehmen Sie ihn samt Platte und Manschette.

4.5c Füllen Sie frische Bremsflüssigkeit bis zur MAX-Markierung auf – nicht darüber hinaus.

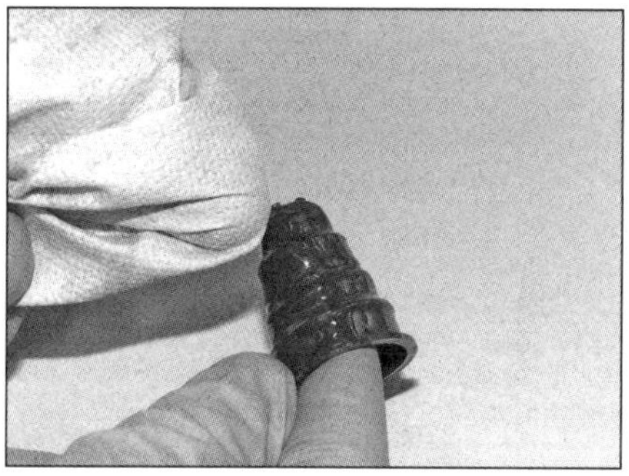

4.5d Reinigen Sie die Manschette mit einem Tuch und installieren Sie sie samt Platte und Deckel (Abbildung 4.5b).

Warnung: Das Schmiermittel darf nicht auf den Reifen oder die Bremsscheibe geraten. Reinigen Sie kontaminierte Bereiche sorgfältig mit Bremsenreiniger, bevor Sie mit dem Motorrad fahren.

Kettenrad-Verschleiß

14 Demontieren Sie den Motorritzeldeckel (siehe Kapitel 6, Sektion 21). Überprüfen Sie die Zähne des Ritzels und des hinteren Kettenblatts auf Verschleiß (siehe Abbildung). Wenn die Kettenräder verschlissen sind, müssen sie zusammen mit der Kette ausgetauscht werden.

15 Inspizieren Sie die an der Schwinge sitzende Ketten-Gleitschienen auf übermäßigen Verschleiß und Beschädigungen. An der Haupt-Gleitschiene oben an der Schwinge müssen die Bolzen der Kette im ausgeschnittenen Halbkreis sichtbar sein (siehe Abbildung) – falls die Bolzen unterhalb des Ausschnitts liegen, ist die Schiene verschlissen und muss ersetzt werden (siehe Kapitel 5, Sektion 13). An der unteren Gleitschiene müssen die Ketten-Rollen auf dem Mittelsteg laufen – die Laschen dürfen also nicht die Grundplatte der Schiene berühren (siehe Abbildung) – andernfalls muss auch diese Gleitschiene ersetzt werden.

4 Bremsflüssigkeit – Pegel-Kontrolle und Auffüllen

Warnung: Bremsflüssigkeit kann zu Augenverletzungen führen und Lackoberflächen angreifen, bewahren Sie deshalb beim Umgang hiermit größte Sorgfalt. Beim Eingießen sollten gefährdete Teile mit Lappen verdeckt sein. Verwenden Sie ausschließlich Hydraulikflüssigkeit der Typen DOT 4 oder DOT 5.1, aber NIEMALS den (rötlich eingefärbten) Typ DOT 5 auf Silikonbasis! Benutzen Sie keine Bremsflüssigkeit, die längere Zeit offen gestanden hat, da sie Feuchtigkeit aus der Luft absorbiert, was zu einem gefährlichen Verlust an Bremswirkung führen kann.

1 Der Flüssigkeitsstand in beiden Bremsausgleichsbehältern nimmt mit zunehmendem Verschleiß der Bremsbeläge ab – prüfen Sie diese bei niedrigem Pegel (siehe Sektion 5) und ersetzen Sie sie nötigenfalls (siehe Kapitel 6, Sektion 2 oder 6). Durch den Einbau neuer Bremsbeläge steigt der Pegel im Ausgleichsbehälter wieder an; füllen Sie ihn ggf. bis zur MAX-Markierung auf – aber nicht darüber hinaus.

2 Falls ein Ausgleichsbehälter wiederholt nachgefüllt werden muss, ist dies ein Indiz für ein Leck im Hydrauliksystem, das sofort repariert werden muss (siehe Kapitel 6). 1

3 Prüfen Sie die Funktion beider Bremsen, bevor Sie mit der Maschine fahren. Wenn Luftblasen im System sind (schwammiges Gefühl im Hebel oder Pedal), muss es entlüftet werden (siehe Kapitel 6, Sektion 11).

4 Der Bremsflüssigkeitspegel der Vorderradbremse ist durch den transparenten Behälter rechts am Lenker sichtbar – drehen Sie den Lenker so, dass der Behälter möglichst waagerecht steht. Der Pegel muss sich zwischen den MIN- und MAX-Markierung befinden – füllen Sie ggf. nach (siehe Abbildungen).

5 Der Bremsflüssigkeitspegel der Hinterradbremse befindet sich rechts am Motorrad – stützen Sie dies mit einem Montageständer senkrecht ab (Abbildung 3.2b). Der Pegel muss sich zwischen den MIN- und MAX-Markierung befinden – füllen Sie ggf. nach (siehe Abbildungen).

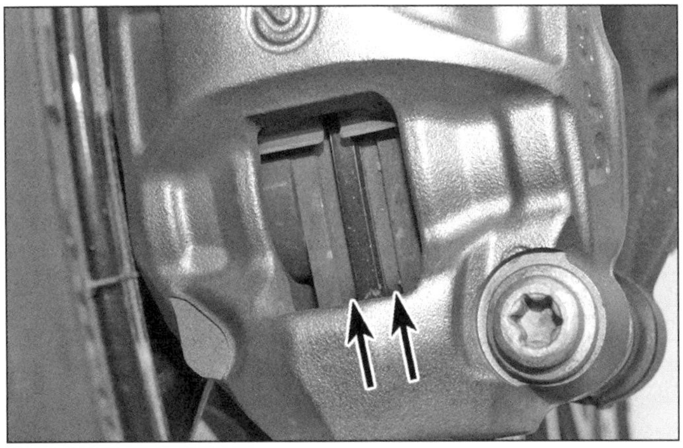

5.1 Die Stärke des Belagmaterials lässt sich leicht durch den Ausschnitt im Vorderrad-Bremssattel erkennen.

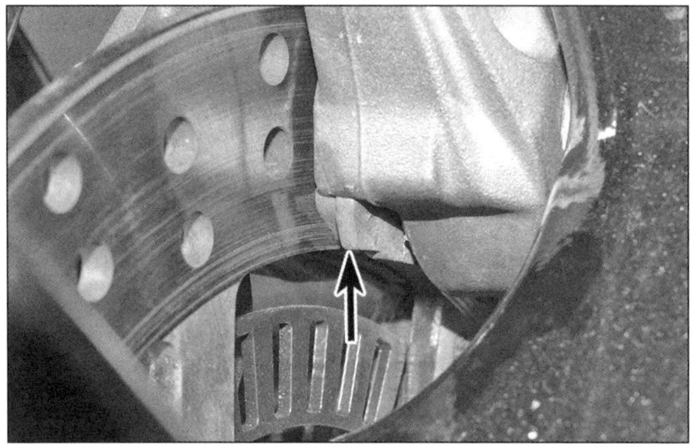

5.2 Prüfen Sie, wie nahe die umgebogene Ecke der Bremsbelag-Trägerplatte der Bremsscheibe kommt.

5 Bremsbeläge
Verschleißkontrolle

1 Die originalen Vorderrad-Bremsbeläge sind nicht mit Verschleißanzeigen ausgerüstet, doch die Stärke des Belagmaterials lässt sich leicht durch den Ausschnitt im Bremssattel erkennen (siehe Abbildung). KTM schreibt eine Mindeststärke von 1 mm vor – liegt auch nur ein Belag darunter, müssen alle vier Bremsbeläge beider Vorderradbremsen ausgetauscht werden.

2 Die originalen Vorderrad-Bremsbeläge sind mit an einer Ecke umgebogenen Trägerplatten ausgerüstet (siehe Abbildung) – sobald sich die Ecke der Bremsscheibe nähert, müssen die Beläge ausgetauscht werden. Lassen Sie nicht die Trägerplatte die Bremsscheibe berühren! Falls der Verschleiß aufgrund von Schmutzablagerungen nicht genau geprüft werden, muss der Bremssattel für die Kontrolle demontiert werden (siehe Kapitel 6, Sektion 6). KTM schreibt eine Mindeststärke von 1 mm vor – liegt auch nur ein Belag darunter, müssen beide Bremsbeläge der Hinterradbremsen ausgetauscht werden.

3 Prüfen Sie an den Vorderrad-Bremsbelägen auch, ob sie ungleichmäßig oder unterschiedlich stark verschleißen; prüfen Sie die Hinterrad-Bremsbeläge auf unterschiedlich starken Verschleiß – all dies weist auf klemmende Kolben hin, sodass der Bremssattel kontrolliert, gereinigt und nötigenfalls überholt werden muss (siehe Kapitel 6, Sektion 2).

4 Bei jedem Zweifel über die Stärke des Belagmaterials oder falls die Beläge für eine Kontrolle gereinigt werden sollen, müssen sie ausgebaut werden (siehe Kapitel 6). Kontrollieren Sie bei stark verschlissenen Bremsbelägen auch die Bremsscheibe(n) (siehe Kapitel 6, Sektion 4 oder 8).

6 Bremssystem
Kontrolle

1 Eine routinemäßige Gesamtkontrolle des Bremssystems stellt sicher, dass jedes Problem erkannt und behoben ist, bevor die Sicherheit des Fahrers aufs Spiel gesetzt wird.

2 Kontrollieren Sie den Bremshebel und das Pedal auf lockeren Sitz, Schwergängigkeit, übermäßiges Spiel, Verzug und andere Schäden. Ersetzen Sie alle schadhaften Teile (siehe Kapitel 5). Reinigen und schmieren Sie die Gelenke des Hebels und des Pedals, um Schwergängigkeit zu verhindern (siehe Sektion 22). Falls am Hebel oder Pedal ein schwammiges Gefühl festgestellt wird, muss die entsprechende Bremse entlüftet werden (siehe Kapitel 6, Sektion 11).

3 Demontieren Sie den Tank (siehe Kapitel 4, Sektion 2). Kontrollieren Sie alle Bremsleitungs-Anschlüsse an den Bremszylindern, den Bremssätteln und dem ABS-Modulator sowie beim **R-Modell ab 2017** an der unteren Gabelbrücke sowie am Schlauchanschluss der Schwinge auf Undichtigkeiten und Beschädigungen (siehe Abbildungen). Prüfen Sie zunächst, ob die Anschlussschraube mit 25 Nm angezogen ist oder die Mutter des Schlauchanschlusses fest sitzt. Falls am Schrauben-Anschluss weiterhin Bremsflüssigkeit austritt, müssen neue Dichtscheiben installiert werden (siehe Kapitel 6). Falls an den Geberzylindern oder den Bremssätteln Flüssigkeit austritt, müssen sie überholt oder ersetzt werden (siehe Kapitel 6). Kontrollieren Sie auch die Bremsschläuche über die gesamte Länge auf Knicke, Risse und abgeriebene Stellen.

4 Prüfen Sie, ob das Bremslicht beim Betätigen der Handbremse oder Fußbremse leuchtet. Keiner der Bremslichtschalter ist einstellbar – kontrollieren Sie ggf. seine Funktion (siehe Kapitel 8, Sektion 14).

5 Der Handbremshebel ist mit einem Weitenversteller ausgerüstet, um seinen Abstand zum Gasgriff anzupassen. Verdrehen Sie den

6.3a Kontrollieren Sie alle Bremsschläuche und ihre Anschlüsse an den Bremssätteln und Geberzylindern,

6.3b ... dem Modulator (gezeigt am GT-Modell) ...

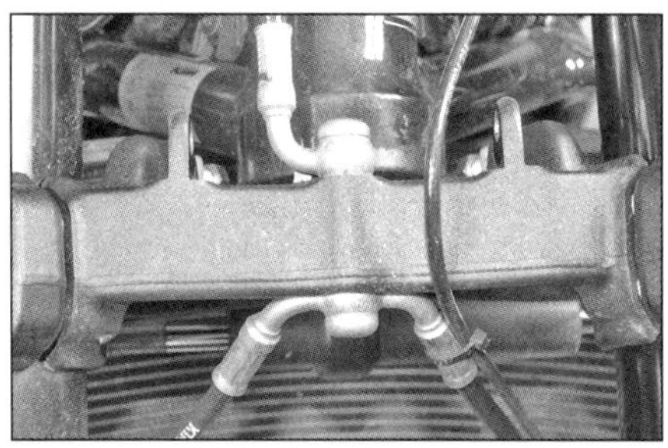

6.3c ... sowie bei späteren R-Modellen die Verbindungen an der unteren Gabelbrücke ...

6.3d ... und den Schlauchanschluss an der Schwinge.

6.5 Handbremshebel-Weitenversteller

6.6a Lockern Sie die Kontermutter (Pfeil) und verdrehen Sie die Druckstange, um die Pedalhöhe zu verändern.

6.6b Lösen Sie die Schraube des Fußstücks, setzen Sie es wie gewünscht an und ziehen Sie die Schraube wieder an.

Einsteller im Uhrzeigersinn, um den Abstand des Hebels zum Lenker zu vergrößern, und entsprechend nach links, um ihn zu verringern (siehe Abbildung).

6 Die Höhe des Bremspedals kann geringfügig individuell angepasst werden. Lockern Sie hierzu die Kontermutter der Druckstange und drehen Sie diese, bis das Pedal die gewünschte Höhe erreicht hat (siehe Abbildung); ziehen Sie die Kontermutter anschließend wieder an. Beachten Sie, dass das untere Ende der Druckstange mindestens fünf Umdrehungen im Kugelgelenk stecken muss. Auch die Position des Fußstücks kann geändert werden, um die effektive Pedal-Länge einzurichten – es gibt drei Positionen. Lösen Sie die Schraube des Fußstücks, setzen Sie es wie gewünscht an und ziehen Sie die Schraube wieder an (siehe Abbildung). Die gleichen Einstellungen können am Schalthebel vorgenommen werden (siehe Kapitel 5, Sektion 3).

Bremsflüssigkeitswechsel

7 Die Bremsflüssigkeit muss bei jeder Zerlegung oder Überholung einer Bremsenkomponente sowie spätestens nach zwei Jahren erneuert werden (siehe Kapitel 6, Sektion 11). Stellen Sie sicher, dass sämtliche alte Bremsflüssigkeit aus dem System gepumpt wird. Kontrollieren Sie den Pegel im Ausgleichsbehälter und testen Sie die Bremsen vor der ersten Fahrt.

7 Kupplung

Allgemeine Kontrollen

1 Die hydraulische Kupplungsbetätigung ist nicht einstellbar.

2 Inspizieren Sie den Schlauch und seine Anschlüsse am Geberzylinder und am Ausrückzylinder auf Risse und Undichtigkeiten (siehe Abbildung) – prüfen Sie, ob die undichte Anschlussschraube mit 25 Nm angezogen ist, tauschen Sie nötigenfalls die Dichtscheibe(n) und/oder ersetzen Sie beschädigte Teile (siehe Kapitel 2, Sektion 16).

3 Prüfen Sie die Funktion der Kupplung. Wenn sich das Getriebe schwer schalten lässt oder die Kupplung nicht korrekt trennt, wird wahrscheinlich Luft in die Hydraulik eingedrungen sein, sodass sie entlüftet werden muss – die Prozedur ist in Kapitel 2, Sektion 16 beschrieben. Falls sich der Kupplungshebel schwergängig anfühlt, muss der Geberzylinder kontrolliert werden (siehe Kapitel 2, Sektion 16). Reinigen Sie das Kupplungshebel-Gelenk, kontrollieren und schmieren Sie es (siehe Kapitel 5, Sektion 5).

4 Der Kupplungshebel ist mit einem Weitenversteller ausgerüstet, um seinen Abstand zum Lenker anzupassen. Verdrehen Sie den Einsteller im Uhrzeigersinn, um den Abstand des Hebels zum Lenker zu vergrößern, und entsprechend nach links, um ihn zu verringern (siehe Abbildung).

Kupplungs-Öldüse

5 Demontieren Sie den Motorritzel-Deckel (siehe Kapitel 6, Sektion 2).

6 Lösen Sie den Öldüsen-Stopfen, beachten Sie den O-Ring und schrauben Sie die Düse heraus (siehe Abbildung). Kontrollieren Sie den Zustand des O-Rings und ersetzen Sie ihn nötigenfalls.

7 Reinigen Sie die Öldüse mit Lösungsmittel und blasen Sie sie mit Druckluft aus.

7.2 Kupplungsschlauch-Anschluss am Ausrückzylinder

7.4 Kupplungshebel-Weitenversteller

7.6 Stopfen der Kupplungs-Öldüse

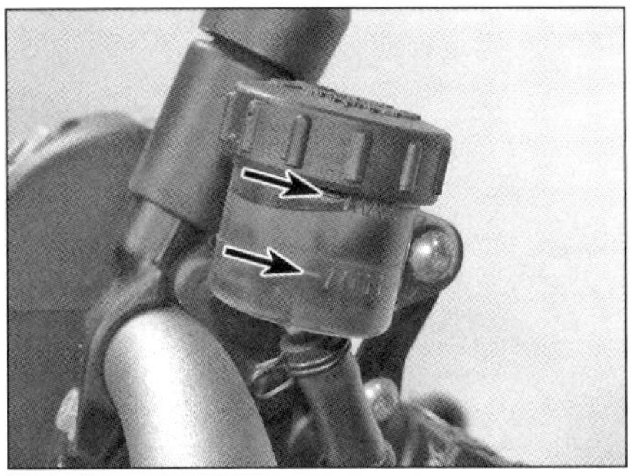

7.12a Der Hydraulikflüssigkeitspegel der Kupplung ist durch den transparenten Behälter sichtbar und muss sich zwischen den MIN- und MAX-Markierung befinden.

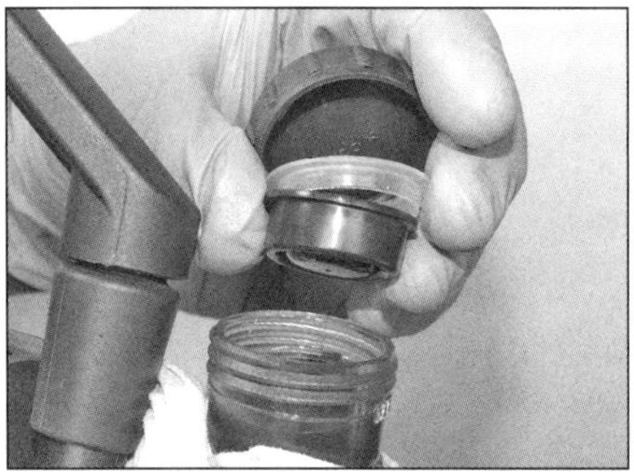

7.12b Falls der Pegel nahe oder unter der MIN-Markierung liegt, sollte der Behälter mit Lappen umlegt werden. Schrauben Sie dann den Deckel ab und entnehmen Sie diesen samt Platte und Manschette.

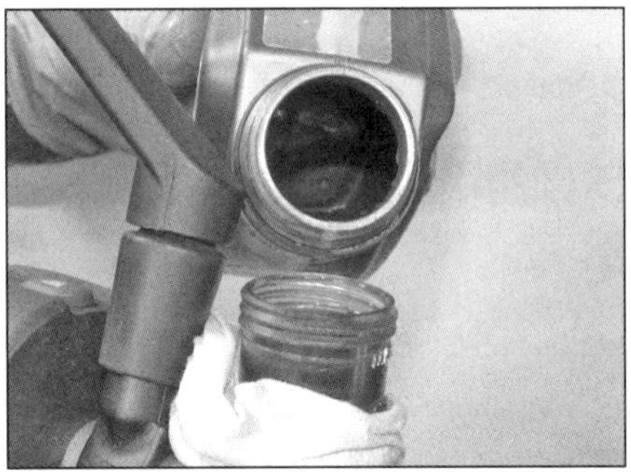

7.12c Füllen Sie frische Bremsflüssigkeit bis zur MAX-Markierung auf – nicht darüber hinaus.

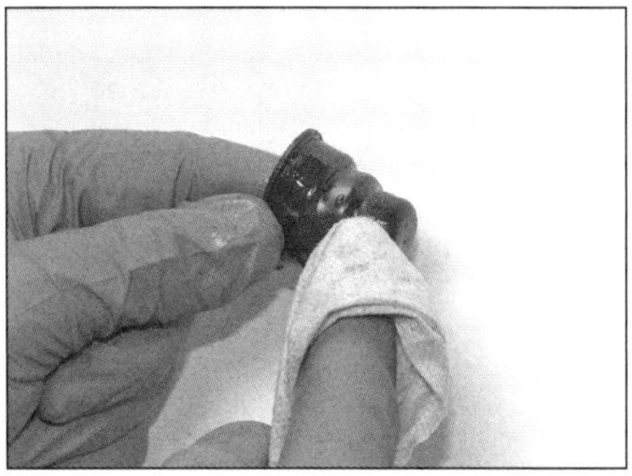

7.12d Reinigen Sie die Manschette mit einem Tuch und installieren Sie sie samt Platte und Deckel (Abbildung 7.12b).

8 Installieren Sie die Düse, den mit dem (ggf. neuen) O-Ring ausgerüsteten Stopfen und den Motorritzel-Deckel.

Hydraulikflüssigkeit

Kontrolle und Nachfüllen

Warnung: Hydraulikflüssigkeit kann zu Augenverletzungen führen und Lackoberflächen angreifen, bewahren Sie deshalb beim Umgang hiermit größte Sorgfalt. Beim Eingießen sollten gefährdete Teile mit Lappen verdeckt sein. Verwenden Sie ausschließlich Bremsflüssigkeit der Typen DOT 4 oder DOT 5.1, aber NIEMALS den (rötlich eingefärbten Typ DOT 5 auf Silikonbasis! Benutzen Sie keine Bremsflüssigkeit, die längere Zeit offen gestanden hat, da sie Feuchtigkeit aus der Luft absorbiert, was die Betätigung der Kupplung beeinflussen kann.

9 Der Flüssigkeitsstand im Kupplungs-Ausgleichsbehälter steigt mit zunehmendem Verschleiß der Kupplungsbeläge leicht an.

10 Falls der Pegel stetig absinkt und der Ausgleichsbehälter wiederholt nachgefüllt werden muss, ist dies ein Indiz für ein Leck im Hydrauliksystem. Kontrollieren Sie die Schlauchanschlüsse am Geberzylinder und Ausrückzylinder auf Undichtigkeiten und reparieren Sie Defekte unverzüglich (siehe Kapitel 2, Sektion 16).

11 Prüfen Sie die Funktion der Kupplung, bevor Sie mit der Maschine fahren. Wenn Luftblasen im System sind (schwammiges Gefühl im Hebel), muss es entlüftet werden (siehe Kapitel 2, Sektion 16).

12 Der Kupplungs-Ausgleichsbehälter sitzt links am Lenker – drehen Sie den Lenker so, dass der Behälter möglichst waagerecht steht. Der Pegel muss sich zwischen den MIN- und MAX-Markierung befinden – füllen Sie ggf. nach (siehe Abbildungen).

Kupplungsflüssigkeitswechsel

13 Die Kupplungsflüssigkeit muss bei jeder Zerlegung oder Überholung einer Kupplungskomponente sowie spätestens nach zwei Jahren erneuert werden (siehe Kapitel 2, Sektion 16). Stellen Sie sicher, dass sämtliche alte Hydraulikflüssigkeit aus dem System gepumpt wird. Kontrollieren Sie den Pegel im Ausgleichsbehälter und testen Sie die Kupplung vor der ersten Fahrt.

8 Kraftstoffsystem

Warnung: Benzin ist sehr leicht entzündbar. Treffen Sie deshalb besondere Vorsichtsmaßnahmen, wenn Sie am Kraftstoffsystem arbeiten. Rauchen Sie nicht und lassen Sie keine offenen Flammen oder Glühbirnen in die Nähe. Arbeiten Sie nicht in Garagen, in denen ein Gasheizgerät läuft. Sollte Benzin auf die Haut geraten, muss die Stelle sofort mit Wasser und Seife abgewaschen werden. Tragen Sie bei Tätigkeiten an der Kraftstoffanlage immer eine Schutzbrille und stellen Sie einen Feuerlöscher, der für brennende Flüssigkeiten ausgelegt ist, bereit – vergewissern Sie sich, wie er zu benutzen ist.

1 Heben Sie **beim R-Modell** den Tank an und stützen Sie ihn ab (siehe Kapitel 4, Sektion 2). Demontieren Sie **beim GT-Modell** die Tankblenden und für einen besseren Zugang auch die Tankspoiler (siehe Kapitel 7, Sektion 3), entfernen Sie außerdem die Tankdeckel-Verkleidung (siehe Kapitel 4, Sektion 2).

2 Überprüfen Sie die Unterseite des Tanks sowie die Zulauf-, Überlauf-, Belüftungs- und Unterdruckschläuche sowie die Benzinhähne auf Anzeichen von Undichtigkeit, Porosität und Beschädigungen (siehe Abbildungen). Benzinschläuche werden mit der Zeit spröde

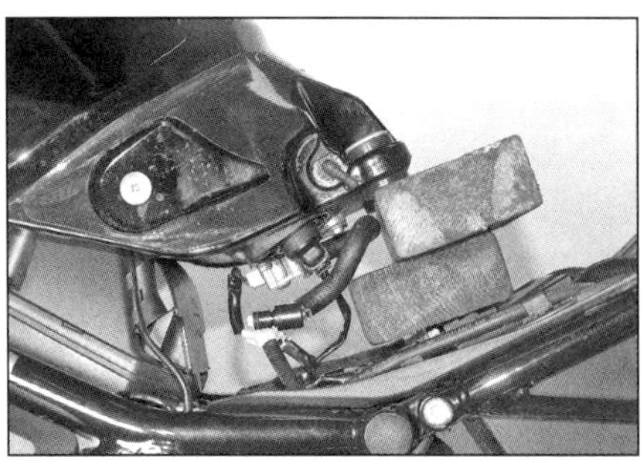

8.2a Kraftstoffschlauch- und Benzinpumpen/Tankanzeige-Sensor-Anschlüsse am R-Modell

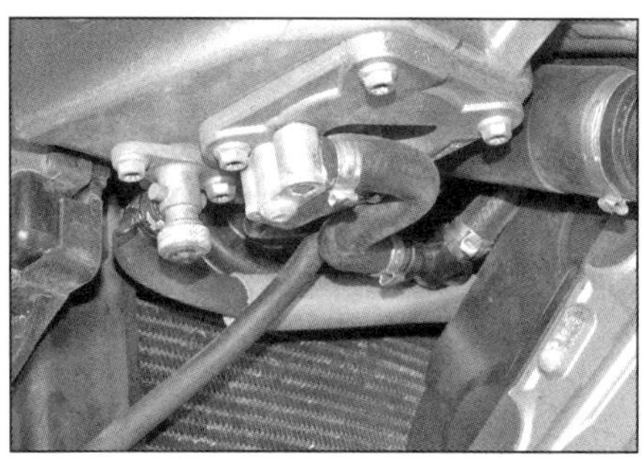

8.2b Kraftstoffschlauch, Benzinpumpe und Benzinhahn links am GT-Tank – der Pegelsensor und der andere Benzinhahn sitzen rechts.

11.6 Der Ölpegel muss nach einigen Minuten Motorlauf im oberen Bereich des Schauglases stehen.

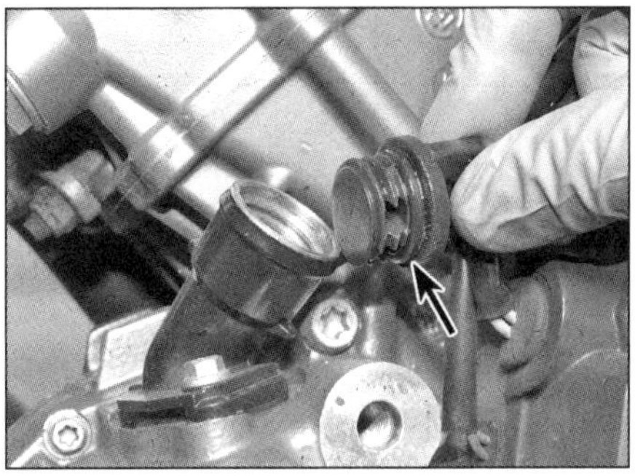

11.7 Drehen Sie den Öleinfülldeckel heraus – der O-Ring muss in Ordnung sein.

11.8 Füllen Sie das korrekte Motor auf, bis der Pegel nahe des oberen Schauglas-Randes steht.

und härten aus, sie müssen deshalb gelegentlich ausgewechselt werden (siehe Kapitel 4).

3 Kontrollieren Sie die Dichtfläche der Benzinpumpen/Tanksensor-Platte und **beim GT-Modell** auch die der Benzinhähne zum Tank (Abbildungen 8.2a und b). Falls die Dichtung der Benzinpumpe leckt, muss zunächst geprüft werden, ob die Schrauben korrekt angezogen sind (Benzinpumpe: 6 Nm). Hilft ein Nachziehen nicht, muss die Pumpe oder der Sensor ausgebaut und mit neuen O-Ringen versehen werden (siehe Kapitel 4, Sektion 10 oder 11).

4 Inspizieren Sie die Verbindungen zwischen dem Einspritzdüsen-Halter, den Einspritzdüsen und dem Drosselklappengehäuse – falls Lecks auftreten, müssen die Einspritzdüsen demontiert und mit neuen O-Ringen ausgerüstet werden (siehe Kapitel 4, Sektion 5).

5 Der Austausch des Kraftstofffilters gehört nicht zu den regelmäßigen Wartungsarbeiten. kann jedoch eine Beeinträchtigung der Kraftstoffversorgung nicht auf andere Ursachen zurückzuführen sein, sollten das Ansaugsieb und der Filter der Pumpe kontrolliert werden – hierfür muss sie ausgebaut und zerlegt werden (siehe Kapitel 4, Sektion 10). Der Filter ist mit anderen Komponenten als Kit erhältlich.

9 Standgasdrehzahl

1 Bringen Sie den Motor auf Betriebstemperatur und kontrollieren Sie die Standgasdrehzahl – beachten Sie die entsprechenden Angaben in den technischen Daten.

2 Die Standgasdrehzahl wird vom Motorsteuergerät elektronisch überwacht.

3 Falls ein Fehler auftritt, wird durch die Motorsteuerungs-Warnleuchte (Motor-Symbol) auf einen gespeicherten Fehlercode hingewiesen (siehe Kapitel 4, Sektion 6).

4 Läuft der Motor trotz nicht aufleuchtender Warnlampe mit einer falschen Standgasdrehzahl, müssen die Zündkerzen (Sektion 25), die Luftfilter (Sektion 16) und das Ventilspiel (Sektion 24) kontrolliert werden.

5 Kontrollieren Sie als Nächstes die Ansauggummis zwischen den Drosselklappengehäusen und dem Zylinderkopf auf lockere Schellen und Risse im Gummi – hierdurch kann Nebenluft angesaugt und das Gemisch abgemagert werden.

6 Falls keine Probleme festgestellt werden, muss die Standgasdrehzahl in einer KTM-Werkstatt mit einem Diagnosegerät kontrolliert und ggf. justiert werden.

10 Drosselklappensteuerung

1 Der Gasgriff muss sich in allen Lenkerstellungen sanft bis zum Anschlag drehen lassen und beim Loslassen in seine Grundposition zurückkehren. Falls der Gasgriff klemmt, muss er samt Sensor demontiert (siehe Kapitel 4, Sektion 7) und kontrolliert werden.

2 Falls ein Fehler auftritt, wird durch die Motorsteuerungs-Warnleuchte (Motor-Symbol) auf einen gespeicherten Fehlercode hingewiesen (siehe Kapitel 4, Sektion 6).

11 Motoröl
Pegel-Kontrolle und Auffüllen

1 Ein geringer Ölverbrauch ist auch bei einem gut gewarteten und nicht verschlissenen Motor normal; er hängt unter anderem von der Fahrweise ab. Der Ölpegel muss daher auch zwischen zwei Ölwechseln kontrolliert und nötigenfalls angehoben werden.

2 Füllen Sie nur von KTM freigegebenes Motorrad-Öl auf – beachten Sie die Hinweise in den technischen Daten. Verwenden Sie niemals Leichtlauföle für Automobile – diese enthalten Additive, die Ölbadkupplungen möglicherweise durchrutschen lassen.

Ölpegel-Kontrolle

3 Der Ölpegel wird am länglichen Schauglas links am Öltank (vorn am Motor) kontrolliert (Abbildung 1.6) – wischen Sie zunächst nötigenfalls das Glas sauber.

4 Starten Sie den Motor und lassen Sie ihn drei bis fünf Minuten laufen.

Achtung: Starten Sie den Motor nicht in geschlossenen Räumen!

5 Schalten Sie den Motor ab und geben Sie dem Motoröl eine Minute Zeit, um sich zu stabilisieren. Stellen Sie das Motorrad aufrecht hin.

6 Kontrollieren Sie den Ölpegel im Schauglas (siehe Abbildung) – er muss im oberen Bereich stehen – der Tank darf aber nicht vollständig gefüllt sein.

Anmerkung: *Falls regelmäßig Öl nachgefüllt werden muss, sollten die Gründe des Ölverlustes gefunden werden. Sind keine Anzeichen von Lecks an Verbindungen und Dichtungen festzustellen, wird das Öl vom Motor verbrannt (siehe Fehlersuche).*

Motoröl auffüllen

7 Falls der Ölpegel nahe dem unteren Schauglas-Rand steht, muss der Deckel aus dem Tank geschraubt werden – beachten Sie den O-Ring.

8 Füllen Sie das korrekte Motoröl – beachten Sie die Hinweise in den technischen Daten – auf, bis der Pegel nahe des oberen Schauglas-Randes steht (siehe Abbildung). Füllen Sie nicht zu viel Öl auf!

9 Achten Sie auf den korrekten Sitz des O-Rings und drehen Sie den Öleinfülldeckel in den Öltank (Abbildung 11.7).

12 Motoröl und Ölfilter
Austausch

1 Ein regelmäßiger Öl- und Filterwechsel ist die wichtigste Wartungsarbeit für den Erhalt eines Motorrades. Das Öl ist nicht nur zur Schmierung der Motorinnereien, der Kupplung und des Getriebes da, sondern auch zum Kühlen, Reinigen, Abdichten und den Oberflä-

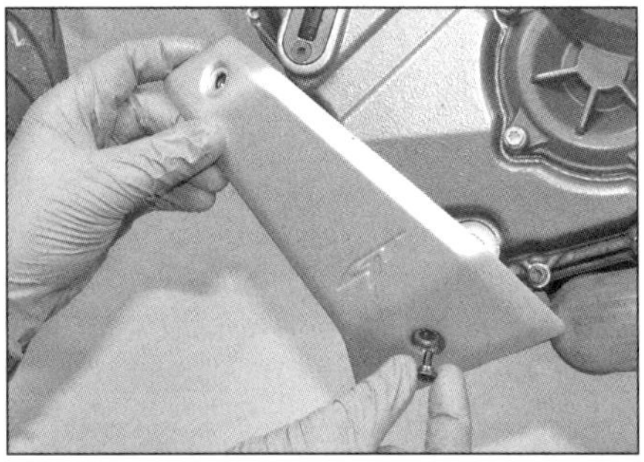

12.4 Demontieren Sie beim GT-Modell die linke Blende des Motorspoilers.

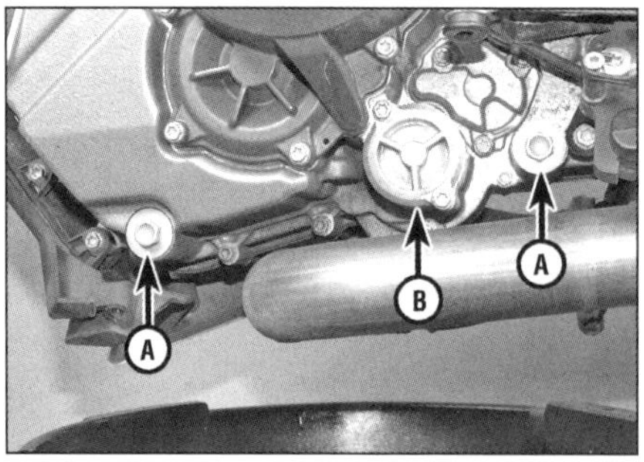

12.5 Ölablassschrauben (A) und Ölfilterdeckel (B)

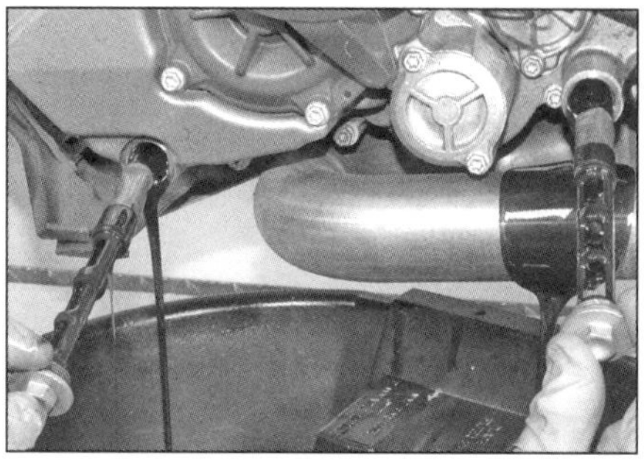

12.7 Lösen Sie beide Ölablassschrauben und lassen Sie das Motoröl vollständig in den Behälter ablaufen.

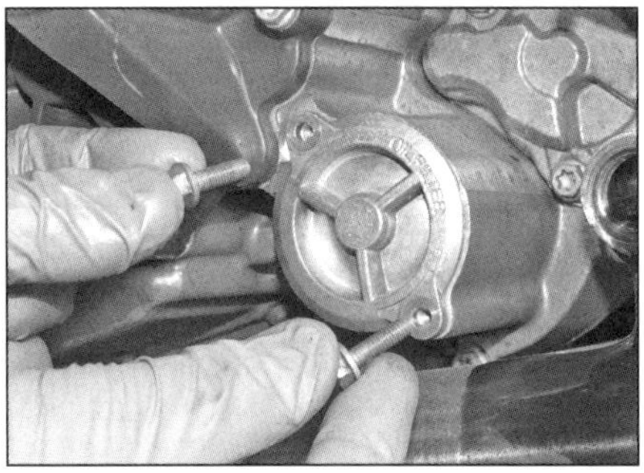

12.8a Lösen Sie die zwei Schrauben ...

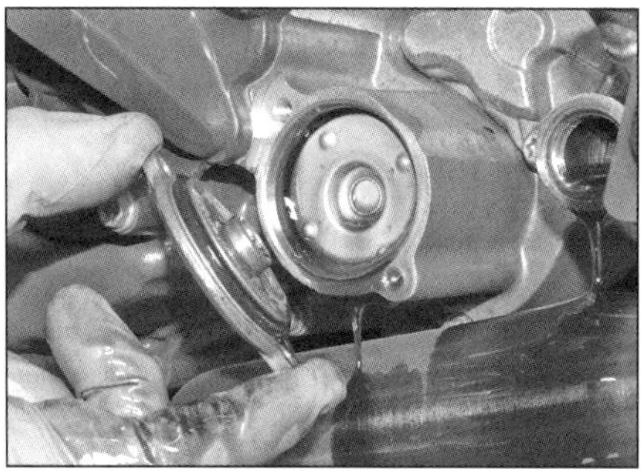

12.8b ... und entnehmen Sie den Deckel.

12.8c Ziehen Sie den Ölfilter aus dem Gehäuse.

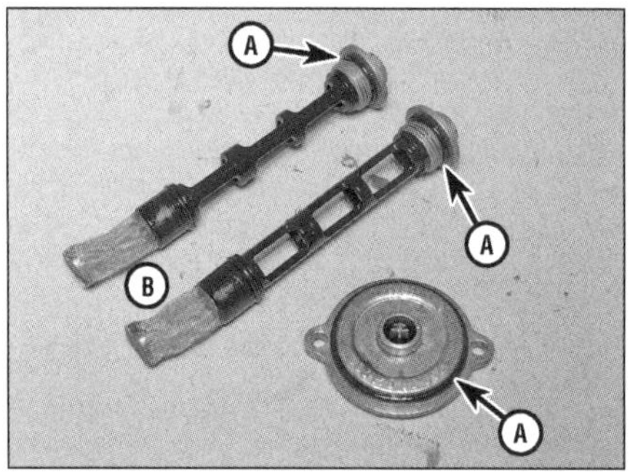

12.9 Kontrollieren Sie die O-Ringe (A) und Siebe (B).

chenschutz. Aufgrund dieser Anforderungen trägt das Motoröl einen hohen Grad an Verantwortung für die Funktion des Motors und muss deshalb spätestens nach 15 000 km samt Filter ersetzt werden.

2 Ein Ölfilter-Kit enthält neben dem neuen Filter zwei Ablassschrauben (samt Magnete und Siebe) sowie alle erforderlichen O-Ringe; alle Teile sind aber auch einzeln erhältlich.

Warnung: Seien Sie beim Ablassen des Motoröls vorsichtig – der Auspuff, der Motor und das Öl selbst sind heiß und man kann sich schwere Verbrennungen zuziehen!

3 Stellen Sie das Motorrad auf einer ebenen Fläche auf den Seitenständer.

4 Lösen Sie **beim GT-Modell** die Schrauben der linken Motorspoiler-Blende und entnehmen Sie diese (siehe Abbildung).

5 Wärmen Sie den Motor zunächst auf, damit das Öl besser abfließen kann. Der Motor ist links mit zwei magnetischen Ablassschrauben (die vordere sitzt im Öltank) ausgerüstet, dazwischen sitzt der Ölfilter hinter dem runden mit zwei Schrauben gesicherten Deckel (siehe Abbildung).

6 Stellen Sie einen geeigneten Auffangbehälter (mit über 4 Liter Fassungsvermögen) so unter den Motor, dass das Öl aus beiden Ablassbohrungen und aus dem Filtergehäuse darin ablaufen kann. Drehen Sie den Einfülldeckel aus dem Öltank – einmal um ihn zu belüften und zum anderen als Erinnerung daran, dass sich kein Öl im Motor befindet (Abbildung 11.7).

7 Lösen Sie beide Ölablassschrauben und lassen Sie das Motoröl vollständig in den Behälter ablaufen (siehe Abbildung).

8 Demontieren Sie den Ölfilterdeckel und ziehen Sie mit einer Zange den Ölfilter heraus. Lassen Sie das Öl aus dem Gehäuse ablaufen (siehe Abbildungen).

9 Reinigen Sie die O-Ringe der Ablassschrauben und des Ölfilterdeckels, um sie zu kontrollieren (siehe Abbildung) – im Ölfilter-Kit sind Neuteile enthalten. Reinigen Sie die Siebe beider Ablassschrauben und kontrollieren Sie sie auf Risse. Befreien Sie die Magneten von Metall-Ablagerungen. Reinigen Sie die Kontaktflächen des Filterdeckels, der Ablassschrauben und des Motorgehäuses bzw. Öltanks. Wischen Sie den Auspuffkrümmer sauber.

Praxis TiPP ***Um einen übermäßigen Verschleiß im Motor zu ermitteln, sollte man das ablaufende Öl durch ein Sieb in den Behälter fließen lassen, sodass Fremdkörper herausgefiltert werden. Falls sich im Öl kleine Metallbrocken oder Splitter finden, läuft in Ihrem Motor etwas entschieden falsch, und die Maschine muss zur Inspektion und Reparatur zerlegt werden. Metallischer Schimmer im Öl weist bei einem neuen oder überholten Motor darauf hin, dass die Komponenten eingefahren wurden – bei einem eigentlich bereits eingefahrenen Motor zeigt er Schmierprobleme an. Wenn Sie faserartiges Material vorfinden, weist das auf extremen Kupplungsverschleiß hin.***

10 Schieben Sie den neuen Filter mit der zuvor eingeölten Gummidichtung voran in sein Gehäuse und über das darin sitzende Rohr (siehe Abbildung). Achten Sie auf den korrekten Sitz des O-Rings am Deckel, schmieren Sie ihn mit Öl und setzen Sie den Deckel an. Installieren Sie die Schrauben und ziehen Sie sie mit 6 Nm an (siehe Abbildung).

11 Achten Sie auf den korrekten Sitz der O-Ringe an den Ablassschrauben, schmieren Sie sie mit Öl und ziehen Sie die Schrauben mit

12.10a Drücken Sie den Filter vollständig auf das Rohr in seinem Gehäuse ...

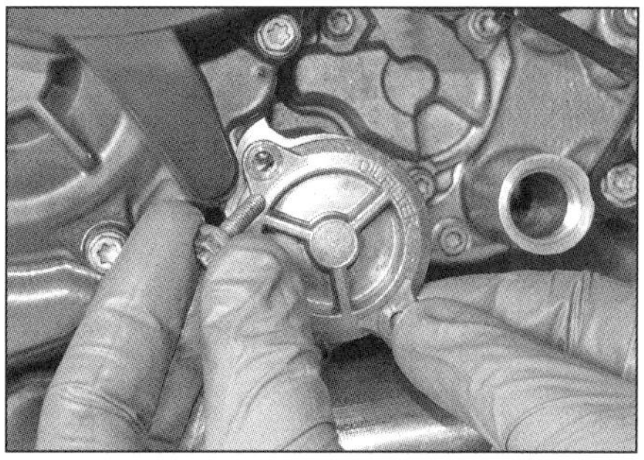

12.10b ... und installieren Sie den Deckel.

12.11 Installieren Sie die mit den O-Ringen ausgerüsteten Ablassschrauben und ziehen Sie sie mit 20 Nm an.

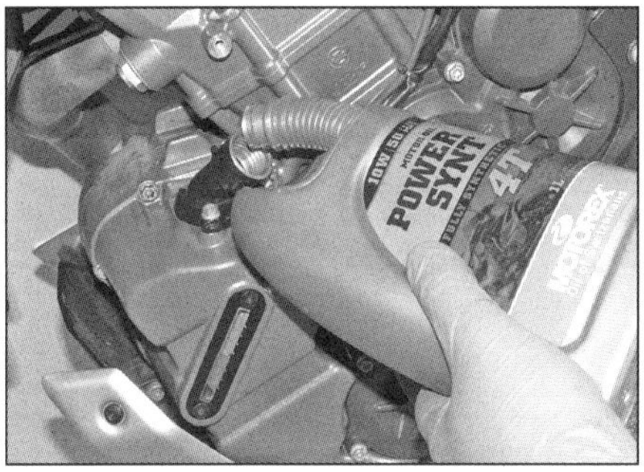

12.12 Füllen Sie ca. 3 Liter Motoröl in den Öltank.

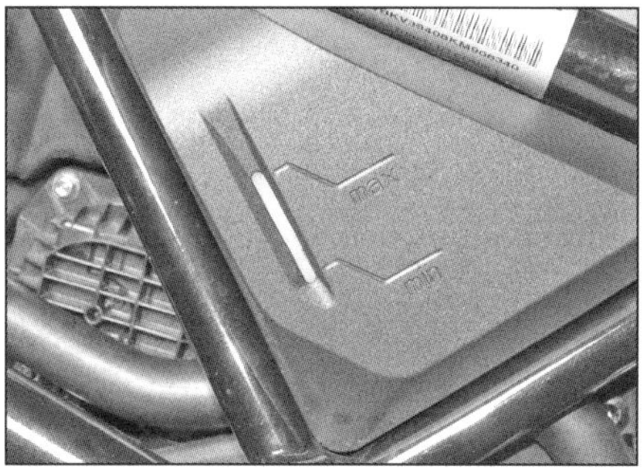

13.3 Der Kühlmittelpegel muss zwischen MIN und MAX an der Ausgleichsbehälter-Abdeckung liegen – R-Modell

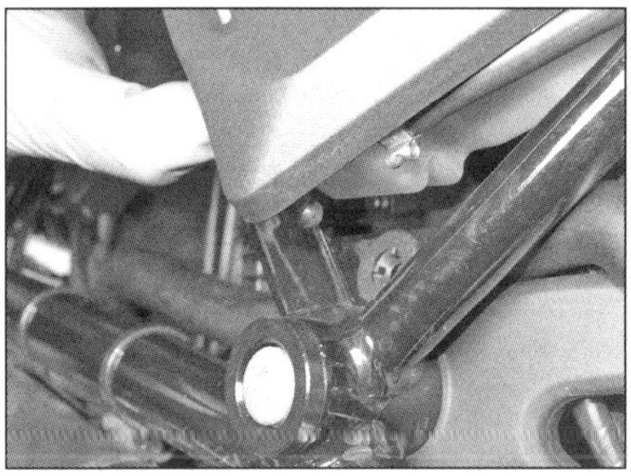

13.4a Ziehen Sie den unteren Zapfen der Abdeckung vorsichtig aus der Gummiöse ...

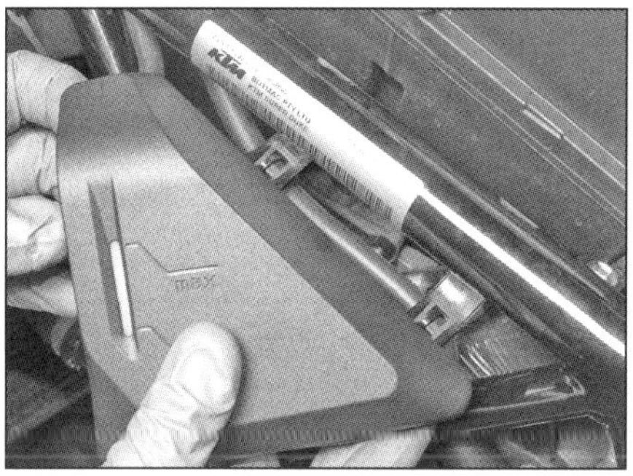

13.4b ... und hängen Sie sie oben am Rahmen aus.

20 Nm an (siehe Abbildung) – zu festes Anziehen würde die Gewinde im Motorgehäuse und/oder Öltank beschädigen.

12 Füllen Sie ca. 3 Liter des vorgeschriebenen Motoröls durch die Einfüllöffnung in den Öltank (siehe Abbildung) und installieren Sie den Einfülldeckel (Abbildung 11.7).

13 Starten Sie den Motor und lassen Sie eine Minute laufen – die Öldruck-Kontrolllampe muss nach einigen Sekunden erlöschen. Schalten Sie den Motor ab, warten Sie eine Minute, lösen Sie den Einfülldeckel und füllen Sie das restliche Öl auf, um den Pegel bis kurz unter den oberen Rand des Schauglases zu bringen (Abbildung 11.6). Kontrollieren Sie den O-Ring des Einfülldeckels und installieren Sie diesen. Starten Sie den Motor erneut und kontrollieren Sie noch einmal den Ölpegel.

14 Kontrollieren Sie die Bereiche um die Ablassschrauben und den Ölfilterdeckel auf Undichtigkeiten.

15 Montieren Sie **beim GT-Modell** die linke Motorspoiler-Blende (Abbildung 12.4).

16 Das alte Motoröl kann nicht mehr verwendet werden und sollte in einen auslaufsicheren Behälter gefüllt werden. Jeder Händler, der technische Öle verkauft, ist auch dazu verpflichtet, entsprechende Mengen Altöl zurückzunehmen und zur fachgerechten Entsorgung oder zum Recycling zu bringen. Lassen Sie nie Altöl in die Kanalisation gelangen oder im Boden versickern! Ein entleerter Ölfilter darf zwar im Hausmüll entsorgt werden, sollte jedoch zusammen mit dem Altöl beim Händler oder dem Sondermüll abgegeben werden.

13 Kühlsystem
Pegel-Kontrolle und Auffüllen

1 Es ist wichtig, Frostschutz ganzjährig zu verwenden und nicht nur im Winter. Füllen Sie bei gesunkenem Pegel nicht nur Wasser auf, um die Flüssigkeit nicht zu verdünnen. Das Kühlmittel muss aus einem Teil destilliertem Wasser und einem Teil Ethylen-Glykol mit silikatfreiem Korrosionsschutz bestehen. Im Fachhandel sind fertig gemischte Kühlmittel erhältlich – KTM empfiehlt *Motorex M3.0*. Niemals darf silikatfreies Kühlmittel mit anorganischem Kühlmittel gemischt werden.

Warnung: Entfernen Sie NICHT den Überdruckdeckel am Kühlerstutzen, um Flüssigkeit aufzufüllen. Das Nachfüllen erfolgt über den Ausgleichsbehälter. Lagern Sie Kühlflüssigkeit NICHT in offenen Behältern, da giftige Gase entweichen können.

2 Der Kühlmittelpegel muss bei **kaltem** Motor kontrolliert werden. Stützen Sie das Motorrad auf einer ebenen Fläche senkrecht ab.

Achtung: Falls der Ausgleichsbehälter leer ist, muss der Pegel im Wasserkühler kontrolliert und sowohl dieser als auch der Behälter aufgefüllt werden. Falls der Pegel im Kühler zu niedrig steht, muss das Kühlsystem beim Auffüllen entlüftet werden (siehe Sektionen 14 und 15).

R-Modell

3 Der Kühlmittel-Ausgleichsbehälter befindet sich links unter dem Kraftstofftank. Der Pegel kann durch den Schlitz der Abdeckung kontrolliert werden – er muss zwischen MIN und MAX liegen (siehe Abbildung).

4 Falls der Pegel zu niedrig ist, muss die Abdeckung samt Behälter aus ihren Aufnahmen befreit werden (siehe Abbildungen).

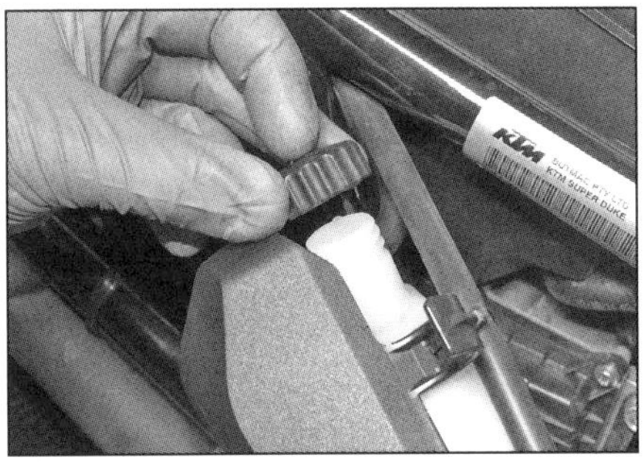

13.5a Schrauben Sie den Deckel vom Ausgleichsbehälter ...

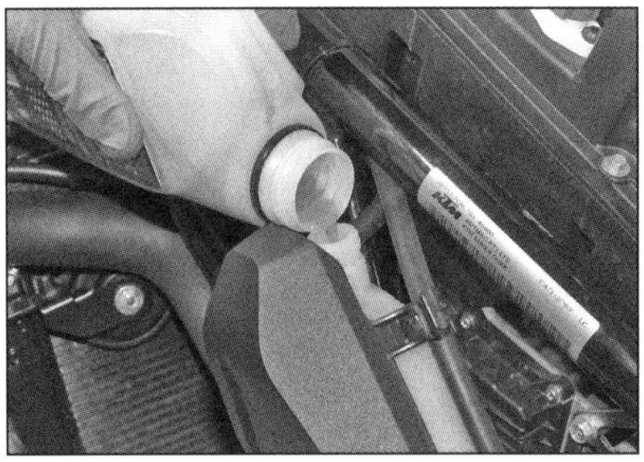

13.5b ... und füllen Sie Kühlmittel bis zur MAX-Markierung auf.

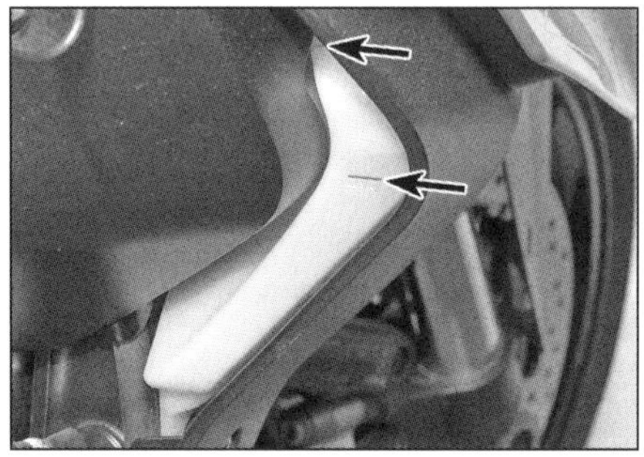

13.7 Der Kühlmittelpegel muss zwischen MIN und MAX am Ausgleichsbehälter liegen – GT-Modell

5 Schrauben Sie den Deckel vom Ausgleichsbehälter, füllen Sie Kühlmittel bis zur MAX-Markierung auf und verschließen Sie den Behälter wieder (siehe Abbildungen).
6 Hängen Sie die Abdeckung samt Behälter oben am Rahmen ein und drücken Sie den unteren Zapfen in seine Öse (Abbildungen 13.4b und a).

GT-Modell

7 Der Kühlmittel-Ausgleichsbehälter befindet sich rechts hinter dem Kraftstofftank. Der Pegel kann durch den halb transparenten Behälter kontrolliert werden – er muss zwischen MIN und MAX liegen (siehe Abbildung). Falls Kühlmittel aufgefüllt werden muss, ist die rechte Tankabdeckung zu demontieren (siehe Kapitel 7, Sektion 3).
8 Schrauben Sie den Deckel vom Ausgleichsbehälter, füllen Sie Kühlmittel bis zur MAX-Markierung auf und verschließen Sie den Behälter wieder (siehe Abbildungen). Montieren Sie die Tankabdeckung.

14 Kühlsystem
Kontrollen

Warnung: Der Motor muss zunächst vollständig abgekühlt sein.

1 Demontieren Sie die Tankspoiler (siehe Kapitel 7).
2 Prüfen Sie jeden Gummischlauch auf der ganzen Länge. Achten Sie auf Risse, Scheuerstellen und andere Beschädigungen. Drücken Sie alle Schläuche an verschiedenen Stellen von Hand zusammen, um zu erkennen, ob sie spröde oder ausgehärtet sind (siehe Abbildung) – sie müssen sich griffig und glatt anfühlen und nach dem Lösen in ihre alte Form zurückkehren. Wenn sie spröde oder verhärtet sind, müssen sie ersetzt werden (siehe Kapitel 3, Sektion 8).
3 Kontrollieren Sie sämtliche Schlauchanschlüsse des Kühlsystems an der Pumpe, rechts am Motor und an den Thermostatgehäusen (siehe Abbildung). Falls Lecks entdeckt werden, müssen die Schlauchschelle(n) und/oder Pumpendeckel- oder Thermostatdeckel-Schrauben sorgfältig angezogen werden. Nötigenfalls muss die Pumpe oder der Thermostatdeckel demontiert und mit neuen Dichtungen ausgerüstet werden (siehe Kapitel 3, Sektion 6 oder 4).
4 Inspizieren Sie die Wasserkühler auf Undichtigkeiten und andere Schäden. Lecks am Kühler hinterlassen verräterische Ablagerungen verdunsteter Kühlflüssigkeit. Der Kühler muss in diesem Fall unverzüglich von einem Fachbetrieb repariert oder ausgetauscht werden (siehe Kapitel 3, Sektion 5).

13.8a Schrauben Sie den Deckel vom Ausgleichsbehälter ...

Achtung: Versuchen Sie nicht, einen Kühler mit chemischen Dichtmitteln zu reparieren.

5 Kontrollieren Sie die Lamellen des Wasserkühlers auf getrockneten Matsch, Schmutz und Insekten. Hiermit setzt sich der Kühler zu und die Luft kann nicht mehr hindurchströmen. Demontieren Sie gegebenenfalls den Kühler (siehe Kapitel 3, Sektion 5) und reinigen Sie ihn mit Wasser oder mit von der Innenseite her vorsichtig eingesetzter Druckluft. Sind Lamellen verbogen, können sie vorsichtig mit einem kleinen Schraubendreher wieder gerichtet werden. Falls ein größerer Bereich (mehr als 20 Prozent) der Kühlerlamellen beschädigt ist besteht die Gefahr, dass der Motor überhitzt – ersetzen Sie den Kühler nötigenfalls.

13.8b ... und füllen Sie Kühlmittel bis zur MAX-Markierung auf.

Warnung: Demontieren Sie bei heißem Motor nicht den Kühlerdeckel. Bedecken Sie im Zweifel den Deckel mit dicken Lappen und drehen Sie ihn langsam gegen den Uhrzeigersinn. Warten Sie bei zischenden Geräuschen, bis der Druck abgebaut ist. Drehen Sie den Deckel erst dann weiter, bis er entnommen werden kann.

6 Lösen Sie den Kühlerdeckel, wie in der Warnung beschrieben (siehe Abbildung).
7 Kontrollieren Sie den Zustand des Kühlmittels. Wenn es rostfarben ist oder starke Ablagerungen sichtbar sind, muss es abgelassen und das System gespült und neu befüllt werden (siehe Sektion 15). Kontrollieren Sie den Frostschutzgehalt des Kühlmittels möglichst mit einem Frostschutz-Hydrometer – ein fünfzigprozentiges Frostschutz-Gemisch muss eine Dichte von 1,084 (bei 5 °C) bis 1,074 (bei 25 °C) aufweisen. Zu wenig Frostschutzmittel (Dichte unter 1,07 bzw. 1,06) führt zu unzureichendem Schutz gegen Frost- und Korrosionsschäden, zu viel verringert hingegen die Kühlwirkung der Flüssigkeit. Zeigt das Hydrometer unkorrekte Werte, muss das Kühlsystem entleert, gespült und neu aufgefüllt werden (siehe Sektion 15).
8 Ohne ein korrekt funktionierendes Überdruckventil im Kühlerdeckel kann das Kühlsystem nicht korrekt arbeiten. Kontrollieren Sie die Ventildichtung auf Risse und andere Schä-

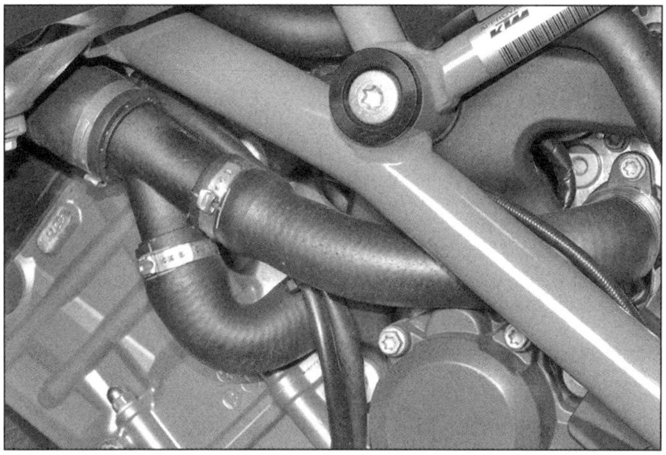

14.2 Kontrollieren Sie alle Kühlerschläuche ...

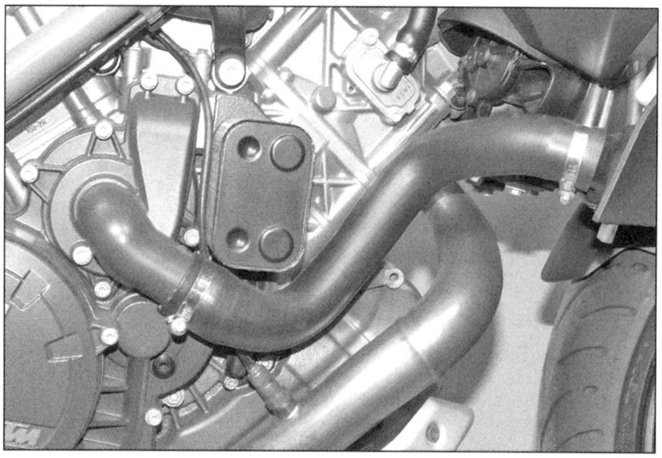

14.3 ... und die Schlauchanschlüsse an der Pumpe.

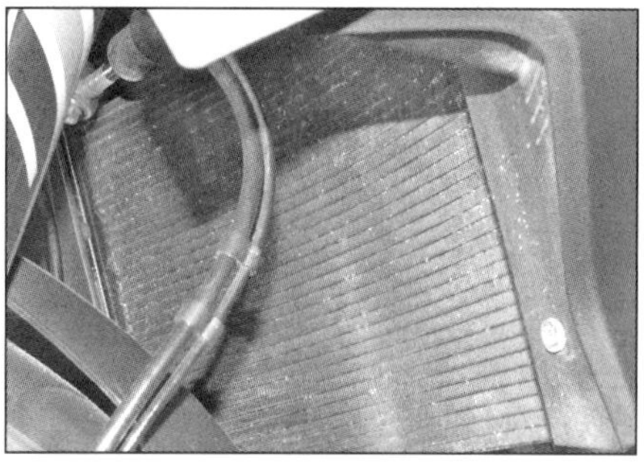

14.5 Kontrollieren Sie die Kühlerlamellen und biegen Sie sie nötigenfalls gerade.

14.6 Entfernen Sie den Kühlerdeckel.

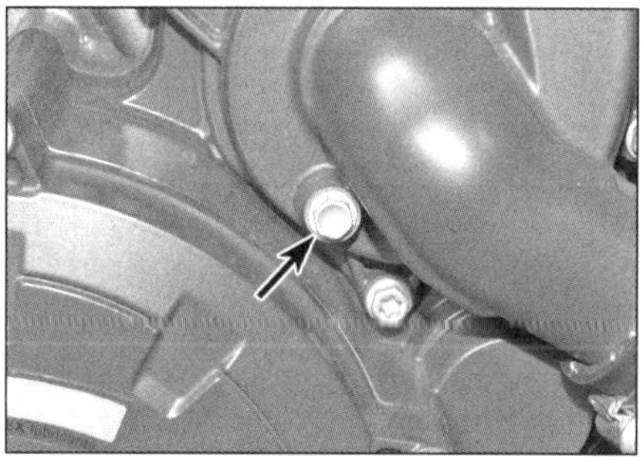

15.5a Lösen Sie die Schraube ...

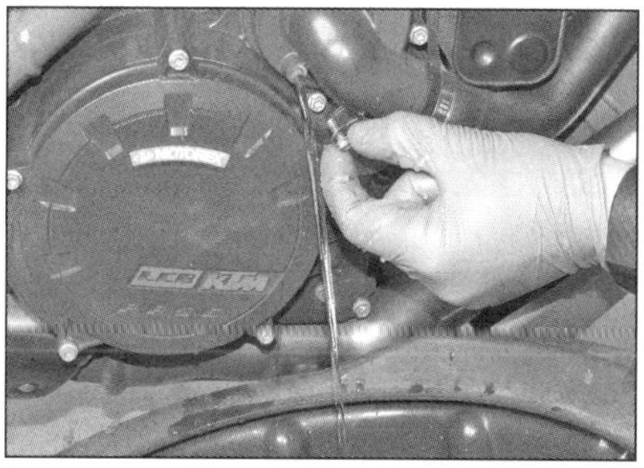

15.5b ... und lassen Sie das Kühlmittel ablaufen.

den. Falls das Kühlsystem stetig Flüssigkeit verliert und/oder der Motor überhitzt, aber keine Undichtigkeiten auffindbar sind, muss das Ventil bei Zweifel über seinen Zustand von einer KTM-Werkstatt getestet oder prophylaktisch ausgetauscht werden – ein neuer Kühlerdeckel ist nicht teuer.

9 Installieren Sie das Druckventil. Starten Sie den Motor und bringen Sie ihn auf Betriebstemperatur. Kontrollieren Sie erneut die Dichtigkeit des Kühlsystems. Wenn die Kühltemperatur stark ansteigt, müssen die hinten am Kühler sitzenden Ventilatoren automatisch einsetzen, bis die Temperatur wieder auf einen normalen Wert abgesunken ist. Bei anderen Ergebnissen müssen der Schalter, die Ventilatoren und der entsprechende Stromkreis kontrolliert werden (siehe Kapitel 3, Sektion 2).

10 Montieren Sie die Tankspoiler (siehe Kapitel 7).

15 Kühlmittel
Austausch

1 Das Kühlsystem enthält 3,2 Liter Kühlmittel – beschaffen Sie entweder eine entsprechende vorgemischte Menge oder mischen Sie selbst welches aus destilliertem Wasser und Konzentrat (siehe Sektion 13, Schritt 1).

Warnung: Der Motor muss abgekühlt sein, bevor das Kühlmittel ausgetauscht werden kann. Frostschutzmittel darf nicht mit der Haut oder Lackoberflächen in Berührung kommen. Wischen Sie Spritzer unverzüglich mit reichlich Wasser ab. Frostschutz kann giftige Gase freisetzen, wenn es in offenen Behältern gelagert oder auf den Boden verschüttet wird. Kinder und Tiere können durch den süßen Geschmack irritiert werden und das Mittel trinken. Frostschutzmittel ist brennbar und darf daher nicht in der Nähe offener Flammen gelagert werden. Fragen Sie Ihren Fachhändler, wo Sie altes Frostschutzmittel entsorgen können.

2 Stützen Sie das Motorrad auf einer ebenen Fläche hinten mit einem Montageständer senkrecht ab und sichern Sie ggf. die Handbremse (Abbildungen 3.2a, b, c und d).

Ablassen

3 Demontieren Sie die Tankspoiler (siehe Kapitel 7).

4 Drehen Sie den Kühlerdeckel ab (Abbildung 14.6) – falls beim Lösen ein Zischen zu hören ist, befindet sich noch Druck im System und es muss gewartet werden, bis er entwichen ist.

5 Stellen Sie einen geeigneten Behälter unter die Wasserpumpe rechts am Motor und lösen Sie deren Ablassschraube, um das Kühlmittel vollständig ablaufen zu lassen – anfangs wird es mit Druck herausschießen, sodass der Behälter entsprechend gehalten werden muss (siehe Abbildungen). Später muss auf jeden Fall eine neue Dichtscheibe verwendet werden.

6 Befreien Sie **beim R-Modell** den Ausgleichsbehälter aus seinen Aufnahmen (Abbil-

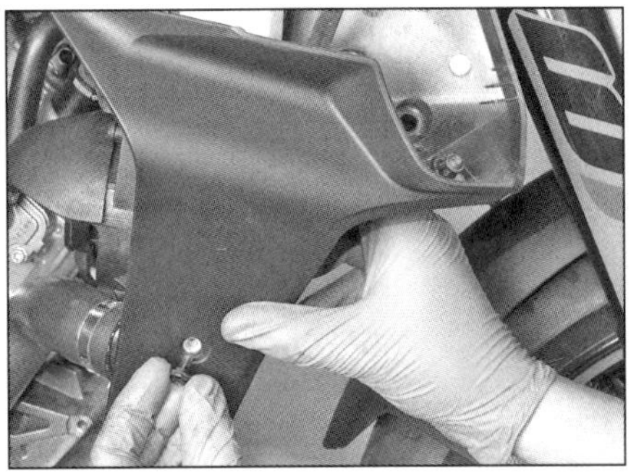

15.7a Lösen Sie die Schraube, um die untere Kühler-Abdeckung zu entnehmen – der Ausgleichsbehälter sitzt unten auf dem Gewindestutzen.

15.7b Lösen Sie die obere Schraube, um dem Behälter zu befreien, ...

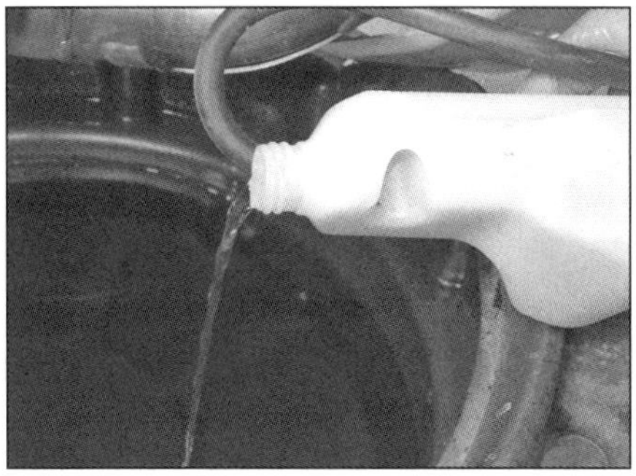

15.7c ... und gießen Sie das darin befindliche Kühlmittel in den Sammelbehälter.

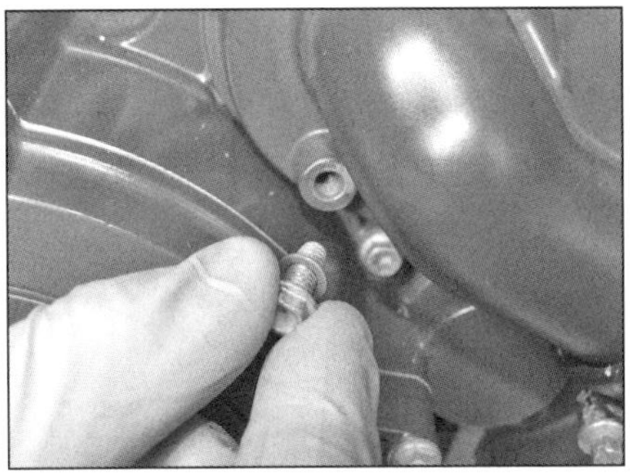

15.10 Installieren Sie die Ablassschraube mit einer neuen Dichtscheibe.

15.11a Entlüftungsschraube links oben im Kühler

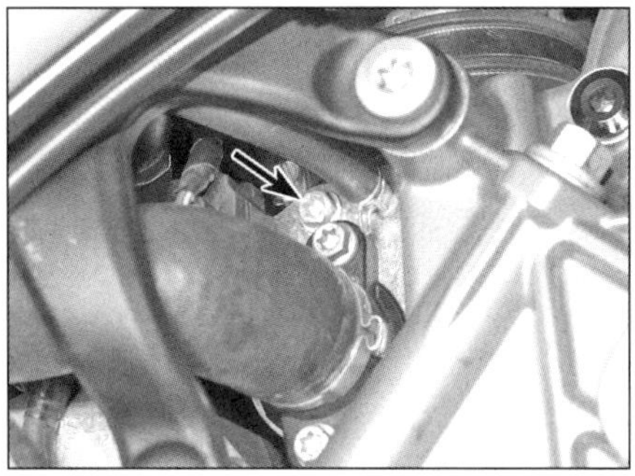

15.11b Entlüftungsschrauben im vorderen ...

dungen 13.4a und b), öffnen Sie seinen Deckel (Abbildung 13.5a) und gießen Sie das darin befindliche Kühlmittel in den Behälter. Wischen Sie Spritzer auf.

7 Befreien Sie **beim GT-Modell** den Ausgleichsbehälter aus seiner Aufnahme (siehe Abbildungen), öffnen Sie seinen Deckel und gießen Sie das darin befindliche Kühlmittel in den Behälter.

Spülen

8 Spülen Sie das Kühlsystem mithilfe eines in den Kühlerstutzen gesteckten Gartenschlauchs durch. Spülen Sie so lange, bis an der Ablaufbohrung klares Wasser austritt. Werden viele Rostpartikel herausgespült, müssen die Wasserkühler demontiert (siehe Kapitel 3, Sektion 5) und professionell gereinigt werden. Spülen Sie auch den Ausgleichsbehälter durch.

Auffüllen

9 Installieren Sie **beim GT-Modell** den Ausgleichsbehälter und die untere Kühler-Abdeckung (Abbildungen 15.7b und a).

10 Installieren Sie die Ablassschraube mit einer neuen Dichtscheibe unten in die Wasserpumpe und ziehen Sie sie mit 10 Nm an (siehe Abbildung).

11 Drehen Sie die Entlüftungsschrauben links oben aus dem Kühler und aus den Zylinderköpfen (siehe Abbildungen) – beim Einbau werden neue Dichtscheiben benötigt.

12 Laut KTM muss zum Auffüllen des Kühlsystems das Vorderrad einen halben Meter angehoben werden. Heben Sie die Maschine nur vorn an, wenn sie dabei absolut sicher abgestützt werden kann. Wir haben das Kühlsystem bei waagerecht stehendem Motorrad mit der folgenden Prozedur erfolgreich aufgefüllt:

13 Füllen Sie langsam das korrekte Kühlmittel (siehe Sektion 13, Schritt 1) in den Kühlerstutzen, um die Bildung von Luftblasen zu minimieren (siehe Abbildung). Kneten Sie die Kühlerschläuche, um Luftblasen herauszudrücken, und füllen Sie so lange Kühlmittel auf, bis es aus den Entlüftungsbohrungen der Zylinderköpfe blasenfrei austritt. Installieren Sie die Entlüftungsschrauben mit neuen Dichtungen und ziehen Sie sie mit 10 Nm an. Füllen Sie weiter Kühlmittel auf und kneten Sie die Schläuche, bis das Mittel auch aus der Entlüftungsbohrung des Kühlers blasenfrei austritt. Installieren Sie auch diese Entlüftungsschraube mit neuen Dichtungen und ziehen Sie sie mit 10 Nm an. Füllen Sie jetzt den Kühler vollständig auf. Falls das Motorrad vorn um 50 cm angehoben ist, wird der Kühlerdeckel installiert, das Motorrad abgesenkt und der Deckel wieder entfernt. Füllen Sie den Ausgleichsbehälter bis zur Max-Markierung auf und installieren Sie den Deckel.

15.11c ... und hinteren Zylinderkopf

15.13 Füllen Sie das Kühlsystem wie beschrieben auf.

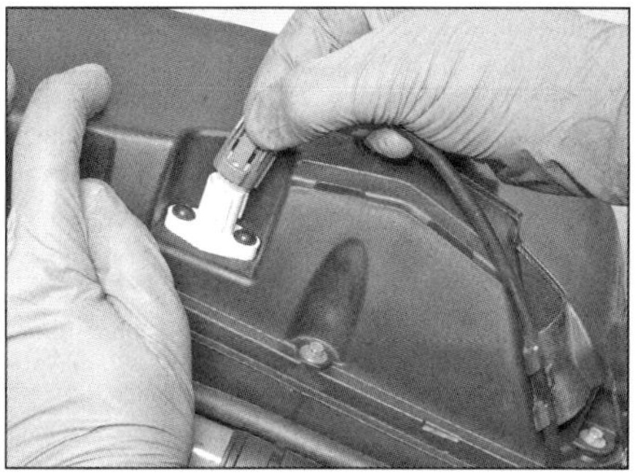

16.2 Trennen Sie den Stecker des Ansauglufttemperatursensors und befreien Sie sein Kabel.

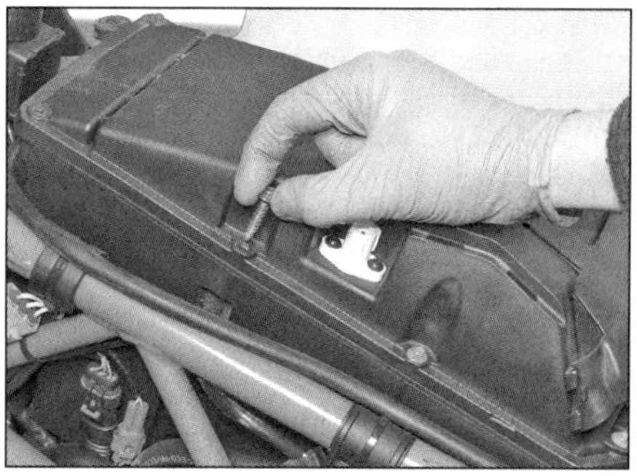

16.3a Lösen Sie die Schrauben, ...

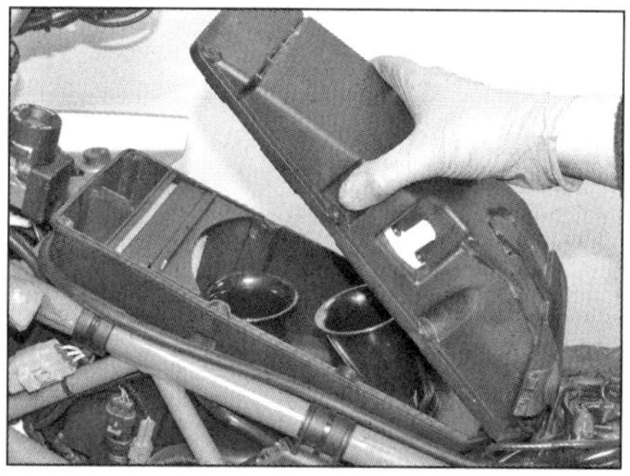

16.3b ... heben Sie den Luftfilterdeckel an ...

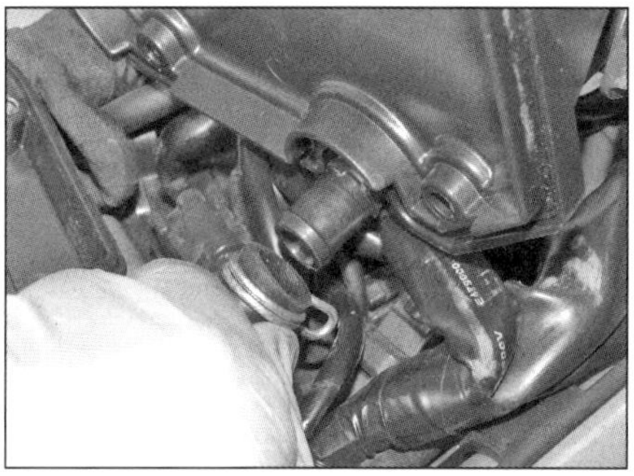

16.3c ... und trennen Sie den Motorentlüftungsschlauch.

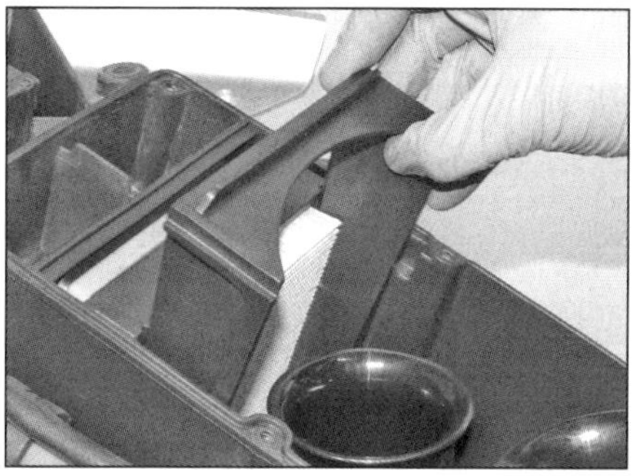

16.4a Entfernen Sie die Klemme, ...

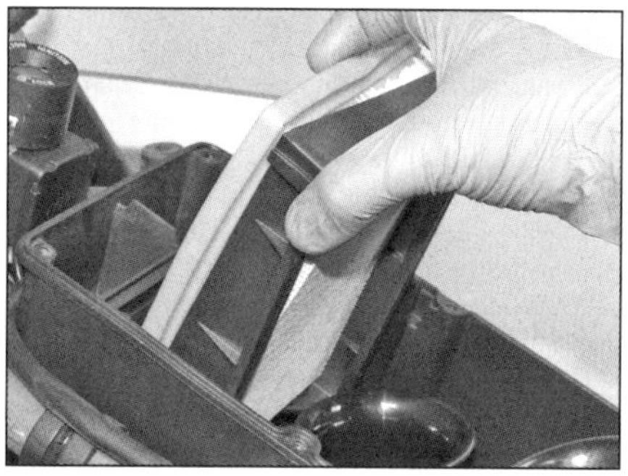

16.4b ... heben Sie den Halter heraus und entnehmen Sie das Filterelement.

Installieren Sie **beim R-Modell** den Ausgleichsbehälter (siehe Sektion 13).

Anmerkung: *Bedenken Sie, dass 3,2 Liter Kühlmittel ins Kühlsystem passen – und diese Menge auch nahezu eingefüllt werden muss (nach dem Ablassen verbleiben geringe Mengen im Kühlsystem). Falls deutlich weniger Kühlmittel aufgefüllt werden konnte, wird Luft im System sein, die erst nach dem Start des Motors austritt, und das System anfangs immer wieder kontrolliert und aufgefüllt werden muss.*

14 Starten Sie den Motor und lassen Sie ihn zwei bis drei Minuten laufen. Geben Sie dann drei- bis viermal kurz Gas, sodass die Drehzahl auf etwa 4000/min steigt. Schalten Sie den Motor dann aus – sämtliche im System gefangenen Luftblasen sollten jetzt bis in den Kühlerstutzen gestiegen sein, sodass der Pegel gefallen ist.
15 Warten Sie ein paar Minuten, entfernen Sie das Druckventil und kontrollieren Sie den Pegel im Stutzen sowie im Ausgleichsbehälter. Füllen Sie den Kühler nötigenfalls erneut bis zur Basis des Stutzens auf und installieren Sie den Kühlerdeckel. Füllen Sie nötigenfalls auch den Ausgleichsbehälter auf (siehe Sektion 13).
16 Starten Sie den Motor erneut und bringen Sie ihn auf Betriebstemperatur. Schalten Sie den Motor ab, lassen Sie ihn abkühlen und entfernen Sie den Kühlerdeckel (siehe Warnung oben). Prüfen Sie, ob der Kühlmittelpegel weiterhin im Einfüllstutzen steht – füllen Sie nötigenfalls etwas nach. Installieren Sie den Kühlerdeckel wieder.
17 Kontrollieren Sie den Pegel im Ausgleichsbehälter und füllen Sie auch hier nötigenfalls Kühlmittel nach.
18 Kontrollieren Sie das Kühlsystem auf Undichtigkeiten.
19 Montieren Sie die Tankspoiler (siehe Kapitel 7).
20 Entsorgen Sie die alte Kühlflüssigkeit im Fachhandel oder beim Sondermüll (siehe Warnung zu Beginn dieser Sektion).

16 Luftfilter

Anmerkung: *Falls der Luftfilter im Zug einer Inspektion ersetzt werden soll, bei der auch das Ventilspiel kontrolliert und die Zündkerzen erneuert werden, sollten diese beiden Tätigkeiten nach dem Ausbau des alten Luftfilters und vor dem Einbau des Neuteils erledigt werden, da hierfür das Luftfiltergehäuse demontiert werden muss.*

1 Demontieren Sie den Kraftstofftank (siehe Kapitel 4, Sektion 2).
2 Trennen Sie den Stecker des Ansauglufttemperatursensors und befreien Sie sein Kabel (siehe Abbildung).
3 Lösen Sie die Schrauben des Luftfilterdeckels, heben Sie diesen an und trennen Sie den Schlauch der Motorentlüftung (siehe Abbildungen).
4 Heben Sie das Klemmstück heraus, befreien Sie den Filter-Halter und entnehmen Sie das Luftfilterelement (siehe Abbildungen).
5 Reinigen Sie das Luftfiltergehäuse.
6 Falls der Luftfilter zwischen den Wechselintervallen gereinigt werden soll, muss er auf einer harten Oberfläche ausgeklopft werden, um Schmutz und zwischen den Lamellen sitzende Insekten zu lockern, dann kann er von der Rückseite her mit Druckluft ausgeblasen werden. Keinesfalls darf das Filterelement mit Reinigungsmitteln behandelt werden!
7 Installieren Sie das neue Filterelement in den Halter und schieben Sie diesen mit der breiteren Seite nach unten ins Luftfiltergehäuse (Abbildung 16.4b). Installieren Sie die Filterklemme mit der schmalen Seite nach unten (Abbildung 16.4a).
8 Prüfen Sie, ob der Motorentlüftungsschlauch sauber und frei ist. Verbinden Sie den Schlauch, setzen Sie den Luftfilterdeckel auf und sichern Sie ihn mit den Schrauben (Abbildungen 16.3c, b und a).
9 Verbinden Sie den Stecker des Ansauglufttemperatursensors und sichern Sie sein Kabel (Abbildung 16.2).

10 Montieren Sie den Kraftstofftank (siehe Kapitel 4, Sektion 2).

11 Das Luftfiltergehäuse ist mit einem Ablaufschlauch ausgerüstet, in dem sich eingedrungenes Wasser ansammelt (siehe Abbildung). Entfernen Sie den Stopfen unten aus dem Schlauch und lassen Sie angesammelte Flüssigkeit in ein Haushaltstuch ablaufen, das dann entsorgt werden kann.

17 Scheinwerfereinstellung

Anmerkung: *Ein schlecht eingestellter Scheinwerfer blendet den Gegenverkehr und/oder leuchtet die Fahrbahn nicht korrekt aus. Bei der Hauptuntersuchung wird die Einstellung der Leuchtweite kontrolliert.*

1 Der Lichtstrahl des Scheinwerfers kann vertikal eingestellt werden. Vor Beginn müssen der Reifendruck und die Federvorspannung des Stoßdämpfers geprüft werden. Einstellungen sollten möglichst mit halb gefülltem Tank und einem auf der Maschine sitzenden Assistenten auf einer ebenen Fläche vorgenommen werden. Wird vorzugsweise zu zweit gefahren, muss eine weitere Person auf dem Rücksitz platz nehmen.

2 Beim R-Modell bis 2016 wird die Einstellschraube rechts am Scheinwerfer (siehe Abbildung) mit einem Kreuzschlitz-Schraubendreher (aus dem Bordwerkzeug) im Uhrzeigersinn gedreht, um den Lichtstrahl anzuheben – und links herum, um ihn abzusenken.

3 Beim GT-Modell bis 2018 kann der Einstellknopf rechts hinten am Scheinwerfer von Hand verdreht werden (siehe Abbildung) – im Uhrzeigersinn, um den Lichtstrahl anzuheben – und links herum, um ihn abzusenken.

4 Beim R-Modell ab 2017 und GT-Modell ab 2019 wird die Einstellschraube vorn oben im Scheinwerfer (siehe Abbildung) mit einem Kreuzschlitz-Schraubendreher (aus dem Bordwerkzeug) im Uhrzeigersinn gedreht, um den Lichtstrahl anzuheben – und links herum, um ihn abzusenken.

5 Bei **GT-Modellen** kann auch die Höhe des Kurvenlichts eingestellt werden (siehe Abbildung). Drehen Sie die Schraube der jeweiligen Lampe im Uhrzeigersinn, um den Lichtstrahl anzuheben – und links herum, um ihn abzusenken.

18 Ständer und Sicherheitsstromkreis

Seitenständer

1 Der Ständer muss während der Fahrt sicher von seinen Federn oben gehalten werden. Eine ermüdete oder gebrochene Feder muss umgehend durch ein Neuteil ersetzt werden – kontrollieren Sie die Federn (siehe Abbildung) und tauschen Sie nötigenfalls beide Federn aus.

2 Das Ständer-Gelenk muss regelmäßig geschmiert werden (siehe Sektion 22) – es muss sich sanft und spielfrei bewegen lassen.

3 Kontrollieren Sie den Ständer und seine Halterung auf Risse und andere Schäden. Ein beschädigter Ständer darf geschweißt werden.

Sicherheitsstromkreis

4 Der Sicherheitsstromkreis soll davor schützen, mit ausgeklapptem Ständer loszufahren. Prüfen Sie seine Funktion wie folgt:

- Schalten Sie die Zündung ein, den Killschalter auf RUN und das Getriebe in den Leerlauf. Klappen Sie den Ständer ein und starten Sie den Motor. Ziehen Sie die Kupplung und legen Sie einen Gang ein. Halten Sie die Kupplung gezogen und klappen Sie den Ständer aus – der Motor muss ausgehen.
- Schalten Sie das Getriebe in den Leerlauf, klappen Sie den Ständer aus und starten Sie den Motor. Ziehen Sie die Kupplung und legen Sie einen Gang ein – der Motor muss ausgehen.
- Bei ausgeklapptem Ständer darf sich der Motor nur starten lassen, wenn im Getriebe der Leerlauf eingelegt ist.
- Bei eingeklapptem Ständer und eingelegtem Gang darf sich der Motor nur starten lassen, wenn die Kupplung gezogen ist.

5 Bei anderen Ergebnissen müssen der Seitenständerschalter, der Gangsensor und der Kupplungsschalter sowie der gesamte Stromkreis kontrolliert werden (siehe Kapitel 8).

19 Federelemente

1 Alle Elemente der Federung müssen sich in gutem Zustand befinden, um die Sicherheit des Fahrers zu gewährleisten. Lockere, verschlissene oder beschädigte Komponenten

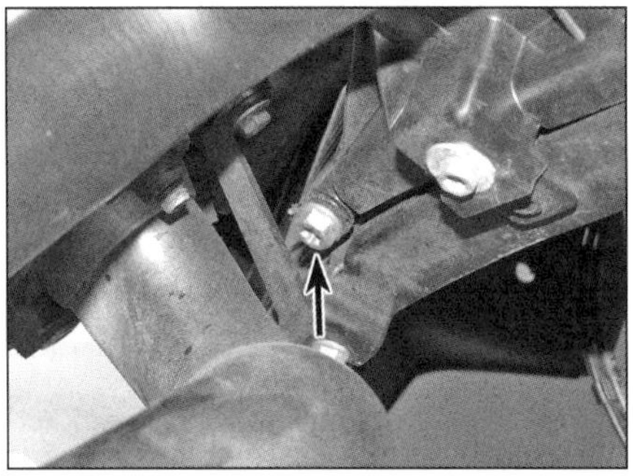

16.11 Der Ablaufschlauch ist hinter dem Wasserkühler verlegt. Entfernen Sie den Stopfen (Pfeil), um ihn zu entleeren.

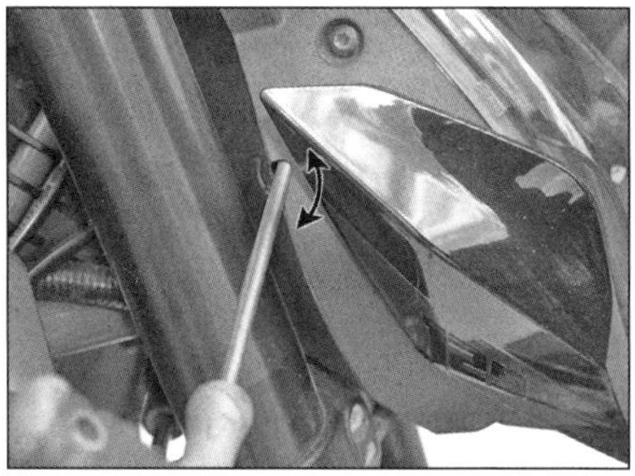

17.2 Die Kreuzschlitzschraube zur Höhenverstellung sitzt beim R-Modell bis 2016 in der Bohrung rechts im Scheinwerfer

17.3 Einstellknopf zur Lichtstrahl-Höhenverstellung beim GT-Modell bis 2018

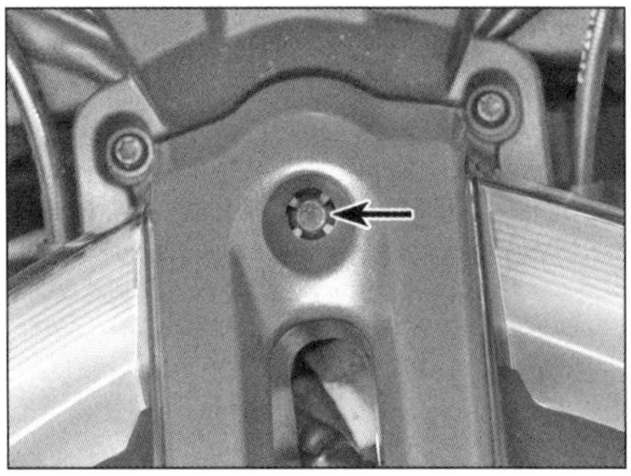

17.4 Einstellschraube zur Lichtstrahl-Höhenverstellung beim R-Modell ab 2017 und GT-Modell ab 2019

17.5 Die Kurvenlicht-Einstellschrauben sind von hinten zugänglich.

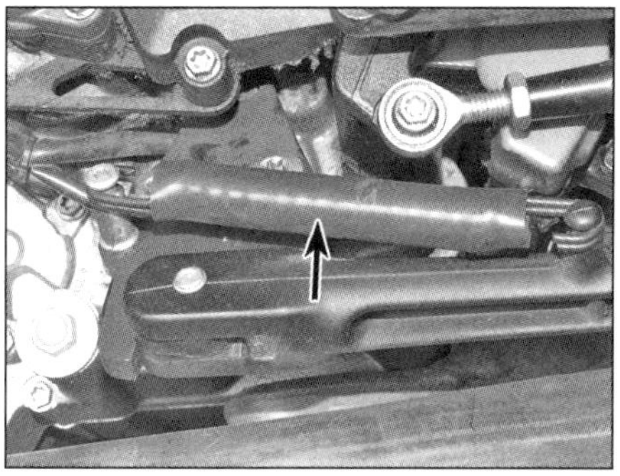

18.1 Kontrollieren Sie die Seitenständer-Federn.

19.3 Drücken Sie die Gabel zusammen, um ihre Funktion zu testen.

19.4a Kontrollieren Sie das Tauchrohr auf Beschädigungen und Korrosion und den Dichtring auf ausgetretenes Öl.

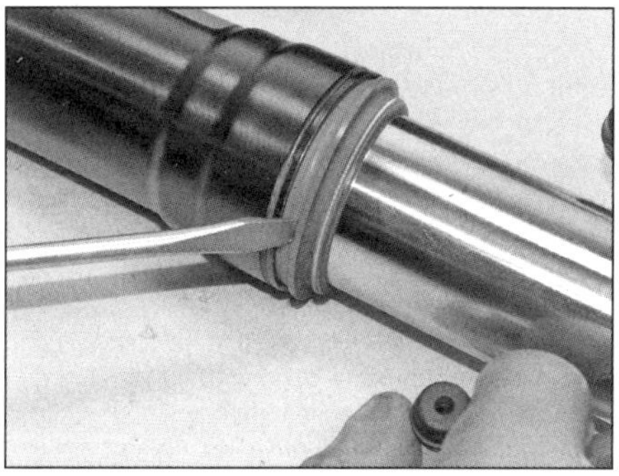

19.4b Hebeln Sie vorsichtig die Staubdichtung aus dem Standrohr, um den darunter liegenden Bereich zu kontrollieren – hier gezeigt beim ausgebauten Gabelholm.

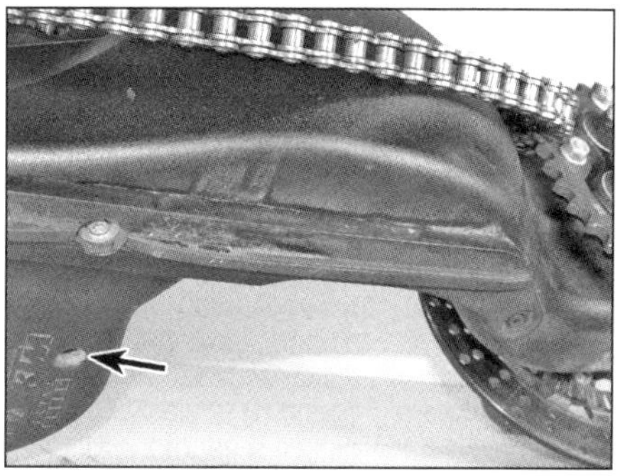

19.6 Die Ablaufbohrung unten an der Schwinge muss frei sein.

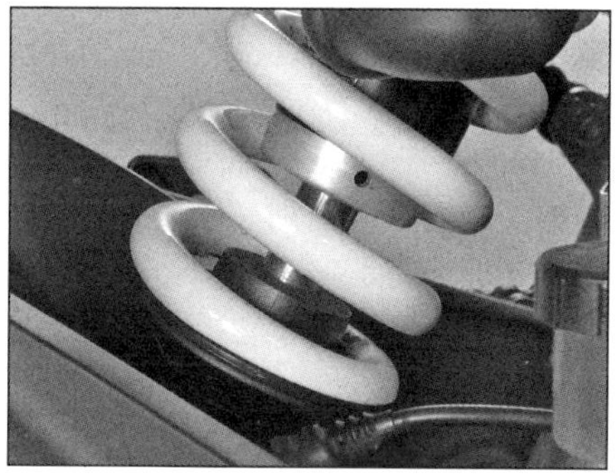

19.7 Kontrollieren Sie die Dämpferstange auf ausgetretenes Öl.

vermindern die Stabilität und die Kontrolle über die Maschine.

2 Kontrollieren Sie **beim R-Modell,** ob die Gabel und der Stoßdämpfer den Anforderungen entsprechend eingestellt sind (siehe Kapitel 5, Sektion 14).

Vorderradfederung

Kontrolle

3 Stellen Sie sich neben die Maschine und drücken Sie mit betätigter Bremse den Lenker mehrmals nach unten (siehe Abbildung). Klemmt die Gabel oder federt sie nicht weich ein und aus, sollte sie demontiert und begutachtet werden (siehe Kapitel 5, Sektion 7); nötigenfalls muss sie überholt werden (siehe Kapitel 5, Sektion 8).

4 Inspizieren Sie die Oberflächen der (inneren) Tauchrohre auf Kratzer, Korrosion und kleine Pickel, die zu vorzeitigem Ausfall der Dichtringe führen können (siehe Abbildung). Hebeln Sie mit einem Schraubendreher vorsichtig die Staubkappe unten aus dem Standrohr (siehe Abbildung) und inspizieren Sie die Tauchrohre im Bereich der Dichtringe – sämtliche Riefen, Ausbrüche und aufgeblühte Korrosion lassen diese rasch verschleißen. Bei übermäßiger Beschädigung oder Undichtigkeiten müssen die Rohre ersetzt werden (siehe Kapitel 5, Sektion 8). Kleine Roststellen können mit einem feinen Schleifstein entfernt werden. Fachbetriebe sind in der Lage, eine neue Hartchromschicht aufzutragen. Falls an den Dichtringen Öl austritt, müssen sie ersetzt werden (siehe Kapitel 5, Sektion 8).

5 Prüfen Sie die Festigkeit aller Schrauben und Muttern der Federelemente – beachten Sie dazu die Anzugswerte in Kapitel 5.

Hinterradfederung

Kontrolle

6 Kontrollieren Sie, ob die Ablaufbohrung unten an der Schwinge (unterhalb der Stoßdämpfer-Aufnahme) frei ist (siehe Abbildung) – andernfalls kann eingedrungenes Wasser nicht abfließen und den Stoßdämpfer korrodieren lassen.

7 Kontrollieren Sie den Stoßdämpfer auf Undichtigkeit und fest sitzende Aufnahmen (siehe Abbildung). Wenn ein Leck festgestellt wurde, muss der Dämpfer von einem auf WP-Federelemente spezialisierten Fachbetrieb kontrolliert und gegebenenfalls überholt oder ersetzt werden (siehe Kapitel 5, Sektion 12).

8 Lassen Sie einen Assistenten das Motorrad halten und drücken einige Male das Heck herunter (siehe Abbildung) – es muss sich ohne Klemmen frei auf und ab bewegen können. Wenn hier irgendwelche Ungleichmäßigkeiten gefühlt werden, muss das fehlerhafte Teil identifiziert und kontrolliert werden (siehe Kapitel 5). Das Problem kann am Stoßdämpfer, an seinen Aufnahmen oder an der Schwingenlagerung liegen.

9 Stützen Sie das Motorrad mit einer geeigneten Vorrichtung ab, sodass das Hinterrad nicht den Boden berührt. Greifen Sie die Schwinge und drücken Sie sie seitlich hin und her. Hinten sollten keine erkennbaren Bewegungen festzustellen sein.

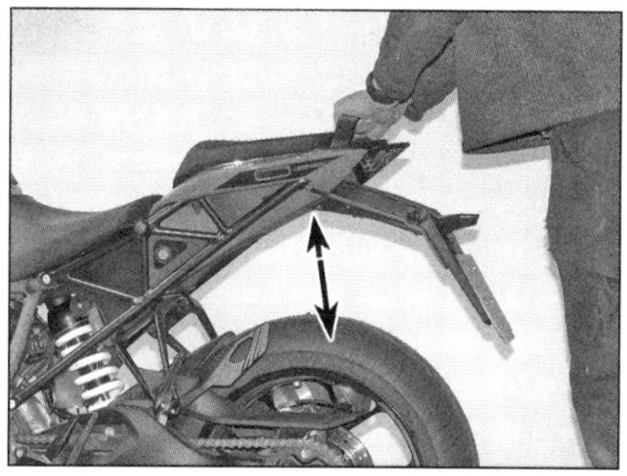

19.8 Prüfen Sie die Funktion der Hinterradfederung.

20.3 **Lenkungsdämpfer-Schraube an der unteren Gabelbrücke**

20.5 **Kontrolle des Lenkkopflagerspiels**

10 Als Nächstes wird das Hinterrad nach oben gezogen. Es darf kein erkennbarer Weg festzustellen sein, bis der Stoßdämpfer zu arbeiten beginnt (siehe Abbildung).

11 Bei leichtem Spiel oder leichtem Klicken müssen alle Befestigungen der Hinterradfederung und des Stoßdämpfers auf Festigkeit und richtige Anzugsdrehmomente überprüft werden (siehe Kapitel 5, Sektion 12 und 13). Wiederholen Sie die Kontrolle anschließend – immer noch vorhandenes Spiel oder Geräusche weisen auf ein verschlissenes Stoßdämpfer- oder Schwingenlager hin. Identifizieren Sie die schadhafte Komponente und ersetzen Sie sie (siehe Kapitel 5).

12 Falls nicht eines der Lager die Ursache für das Spiel oder Geräusche ist, kann ein interner Defekt des Stoßdämpfers vorliegen – lassen Sie ihn von einem auf WP-Federelemente spezialisierten Fachbetrieb kontrollieren und gegebenenfalls überholen oder ersetzen Sie ihn durch ein Neuteil (siehe Kapitel 5, Sektion 12).

Vorderradgabel

Ölwechsel

13 Obwohl für den Wechsel des Gabelöls keine Intervalle vorgegeben sind, muss bedacht werden, dass das Öl mit der Zeit schlechter wird und seine dämpfenden Eigenschaften verliert. Details zum Ausbau der Gabelrohre und dem Wechsel des Öls sind in Kapitel 5, Sektion 7 beschrieben – die Gabel muss für den Ölwechsel nicht vollständig zerlegt werden.

19.10 Prüfen Sie, ob die Stoßdämpfer-Aufnahmen Spiel aufweisen.

Schwingenlager

Schmieren

14 Das Fett in den Lagern der Schwinge wird mit der Zeit ausgewaschen oder es verhärtet, sodass Schmutz und Wasser eindringen können. Obwohl für das Nachschmieren keine Intervalle vorgegeben sind, sollten die Lager nach einer längeren Laufzeit neu geschmiert werden – dies gilt besonders, wenn das Motorrad oft bei Feuchtigkeit gefahren wird.

15 Zum Schmieren der Lager muss die Schwinge ausgebaut werden – Details finden sich in Kapitel 5, Sektion 13.

20 Lenkkopflager

Lagerspiel

Kontrolle und Einstellung

1 Die an diesen Motorrädern verwendeten Kugellager können sich auch im normalen Betrieb eindrücken und lockern oder rau laufen. In Extremfällen können verschlissene oder lockere Lenkkopflager gefährliches Lenkerflattern verursachen. Zu fest angezogene Lager sorgen für ein schlechtes Fahrverhalten.

Kontrolle

2 Stützen Sie das Motorrad mithilfe einer geeigneten Vorrichtung so ab, dass das Vorderrad nicht den Boden berührt (z. B. einem Montageständer am Heck und Hölzern unter dem Motor). Sorgen Sie für eine sichere Abstützung.

3 Lösen Sie die Schraube, die den Lenkungsdämpfer an der unteren Gabelbrücke sichert (siehe Abbildung).

4 Stellen Sie das Vorderrad geradeaus und bewegen Sie den Lenker ganz langsam hin und her. Falls das Lager Druckstellen hat, rau läuft oder zu fest eingestellt ist, ist das dadurch zu spüren, dass der Lenker sich nicht weich und frei bewegen lässt. Stellen Sie das Vorderrad erneut geradeaus und klopfen Sie es vorn zu einer Seite – es muss unter seinem Eigengewicht bis zu Anschlag »fallen« und dadurch anzeigen, dass die Lenkkopflager nicht zu fest angezogen sind (berücksichtigen Sie den Widerstand durch Hydraulikschläuche und Kabel). Wiederholen Sie diese Prüfung zur anderen Seite.

5 Greifen Sie als Nächstes unten an die Gabel und versuchen Sie sie vorwärts und rückwärts zu bewegen (siehe Abbildung). Jede Lockerung des Lenkkopflagers kann man durch die Bewegung der Gabel erfühlen. Wenn Lagerspiel festgestellt wird, muss der Lenkkopf wie unten beschrieben nachgestellt werden.

> **Praxis TiPP** ***Verwechseln Sie nicht irgendeine Bewegung des Motorrades auf dem Ständer mit Lagerspiel. Drücken und ziehen Sie nicht zu stark – eine leichte Bewegung reicht völlig aus. Spiel in der Gabel kann auch durch verschlissene Gleitbuchsen in den Standrohren entstehen. Verwechseln Sie dieses Spiel nicht mit dem Lenkkopflagerspiel.***

6 Soweit keine Einstellung nötig ist, muss der Lenkungsdämpfer wieder mit der unteren Gabelbrücke verbunden werden (Abbildung 20.3).

Einstellung

R-Modell bis 2016

7 Bedecken Sie den Tank zum Schutz mit mehreren Lappen.

8 Demontieren Sie die Instrumente (siehe Kapitel 8, Sektion 15).

9 Notieren Sie die Ausrichtung des Lenkers in seiner Klemme. Demontieren Sie die Klemme und legen Sie den Lenker vorn auf Lappen ab; sichern Sie ihn ggf. mit Kabelbindern (Abbildungen 20.20c und d).

10 Lockern Sie die Gabelholm-Klemmschrauben der oberen Gabelbrücke (Abbildung 20.21).

11 Schützen Sie die Lenkschaftschraube mit einer Lage Isolierband und lockern Sie sie (Ab-

20.12 Der Hakenschlüssel wird an den Bohrungen des Einstellrings angesetzt.

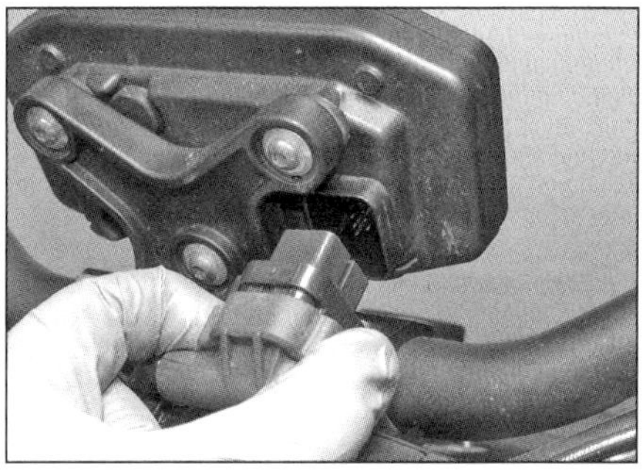

20.19a Trennen Sie den Instrumentenstecker, ...

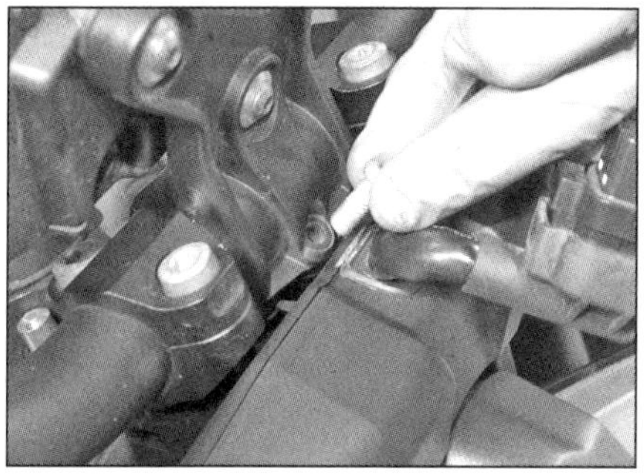

20.19b ... schwenken Sie die Instrumente hoch, lösen Sie die Klemmschraube ...

20.19c ... und entnehmen Sie das Klemmstück sowie die Instrumente.

20.20a Trennen Sie die Stecker der Fahrwerksteuerung.

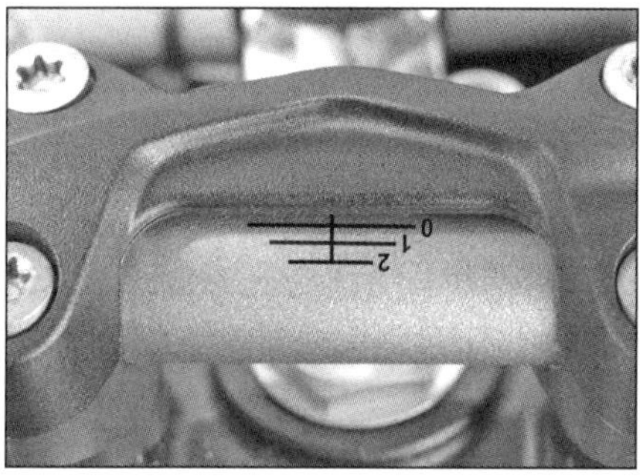

20.20b Beachten Sie die Ausricht-Markierungen des Lenkers.

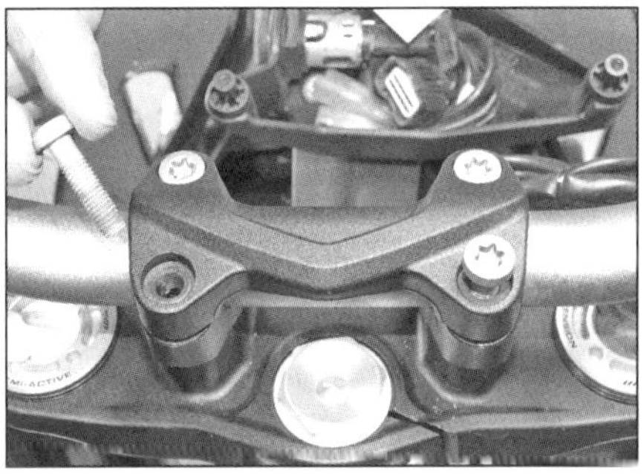

20.20c Lösen Sie die Lenker-Klemmschrauben ...

20.20d ... und sichern Sie den Lenker abseits des Arbeitsbereichs auf Lappen.

20.21 Klemmschraube der oberen Gabelbrücke

bildungen 20.23a und b). Heben Sie die Gabelbrücke ein kleines Stück an.

12 Lockern Sie mit einem Hakenschlüssel den Einstellring etwas, bis er keinen Druck mehr aufbaut. Ziehen Sie den Ring wieder an, bis kein Spiel mehr vorhanden ist, die Lenkung sich aber noch frei bewegen lässt (Schritt 4) (siehe Abbildung). KTM gibt keinen Anzugswert für den Einstellring an, aber falls ein passender Adapter für den Ring vorhanden ist, kann er mit 10 Nm angezogen und dann um 60° gelockert werden – beachten Sie dennoch das Gefühl für Spiel- und Bewegungsfreiheit.

Achtung: Achten Sie sorgfältig darauf, beim Einstellen auf die Lager keinen hohen Druck auszuüben – dieses führt zu vorzeitigen Lagerschäden.

13 Falls sich die Lager nicht korrekt einstellen lassen, müssen der Lenkschaft demontiert und die Lenkkopflager kontrolliert werden (siehe Kapitel 5, Sektion 9).

14 Drücken oder klopfen Sie die obere Gabelbrücke auf und ziehen Sie ihre Klemmschrauben mit 50 Nm an. Ziehen Sie dann die Lenkschaftschraube mit 15 Nm an.

15 Legen Sie den Lenker in seine Halter, setzen Sie das Klemmstück auf, drehen Sie die Schrauben locker ein und richten Sie den Lenker wie beim Ausbau notiert aus. Ziehen Sie nun zunächst die vorderen und dann die hinteren Schrauben mit 20 Nm an.

16 Kontrollieren Sie erneut das Lenkkopflagerspiel und justieren Sie es nötigenfalls nach.

17 Verbinden Sie den Lenkungsdämpfer mit der unteren Gabelbrücke (Abbildung 20.3).

R-Modell ab 2017 und alle GT-Modelle

18 Bedecken Sie den Tank zum Schutz mit mehreren Lappen.

19 Demontieren Sie **beim R-Modell** die Instrumente samt Klemmstück (siehe Abbildungen).

20 Demontieren Sie **beim GT-Modell** die Instrumente (siehe Kapitel 8, Sektion 15). Trennen Sie oben an den Gabelholmen die Kabelstecker (siehe Abbildung). Notieren Sie die Ausrichtung des Lenkers in seiner Klemmung, demontieren Sie diese und legen Sie den Lenker vorn auf Lappen ab; sichern Sie ihn ggf. mit Kabelbindern (siehe Abbildungen).

21 Lockern Sie links und rechts die Klemmschrauben der oberen Gabelbrücke (siehe Abbildung).

20.22 Lösen Sie die Lenkschaft-Klemmschraube.

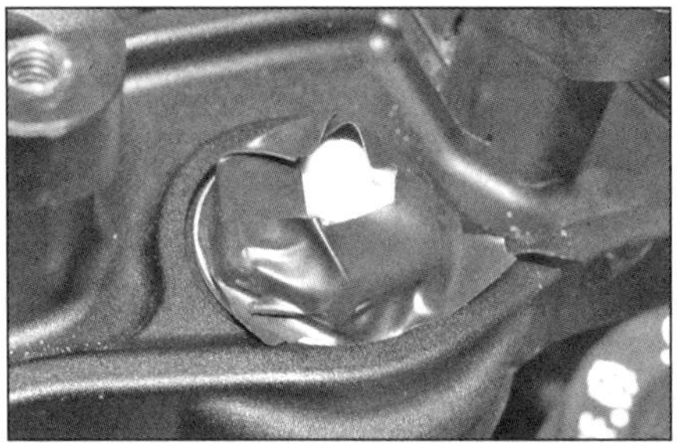

20.23a Schützen Sie die Mutter mit Isolierband vor Einkerbungen durch den Steckschlüssel.

20.23b Lockern Sie die Mutter etwas ...

22 Lösen Sie die Lenkschaft-Klemmschraube (siehe Abbildung). Klopfen Sie die Gabelbrücke sanft mit einem Plastik- oder Gummihammer ab, um sie zu entspannen.
23 Schützen Sie die Lenkschaftschraube mit einer Lage Isolierband und lockern Sie sie, bis sie keinen Druck mehr aufbaut, und ziehen Sie sie dann mit 18 Nm (oder nach Gefühl an (siehe Abbildungen) – Ziel ist es, die Lager unter sehr leichten Druck zu setzen, sodass jegliches Spiel beseitigt ist (Schritt 5), die Lenkung sich aber noch frei bewegen lässt (Schritt 4).

Achtung: Achten Sie sorgfältig darauf, beim Einstellen auf die Lager keinen hohen Druck auszuüben – dieses führt zu vorzeitigen Lagerschäden.

24 Falls sich die Lager nicht korrekt einstellen lassen, müssen der Lenkschaft demontiert und die Lenkkopflager kontrolliert werden (siehe Kapitel 5, Sektion 9).
25 Ziehen Sie die Lenkschaft-Klemmschraube mit 18 Nm an (Abbildung 20.21).
26 Reinigen Sie die Gewinde der Gabelbrücken-Klemmschrauben, tragen Sie frische Sicherungspaste (z. B. *Loctite 243)* auf und ziehen Sie sie mit 20 Nm an (Abbildung 20.22).
27 Montieren Sie **beim R-Modell** die Instrumente (Abbildungen 20.19c, b und a).
28 Legen Sie **beim GT-Modell** den Lenker in seine Halter, setzen Sie das Klemmstück auf, drehen Sie die Schrauben locker ein und richten Sie den Lenker wie beim Ausbau notiert aus (Abbildungen 20.20c und b). Ziehen Sie nun zunächst die vorderen und dann die hinteren Schrauben mit 20 Nm an.
29 Kontrollieren Sie erneut das Lenkkopflagerspiel und justieren Sie es nötigenfalls nach.
30 Verbinden Sie den Lenkungsdämpfer mit der unteren Gabelbrücke (Abbildung 20.3).
31 Montieren Sie **beim GT-Modell** die Instrumente (siehe Kapitel 8, Sektion 15).
32 Verbinden Sie **beim GT-Modell** die Stecker der Fahrwerksteuerung (Abbildung 20.20a).

Schmieren

33 Mit der Zeit altert das Fett der Lenkkopflager und härtet aus, sodass Schmutz und Wasser eindringen können.

20.23c ... und ziehen Sie sie mit 18 Nm an.

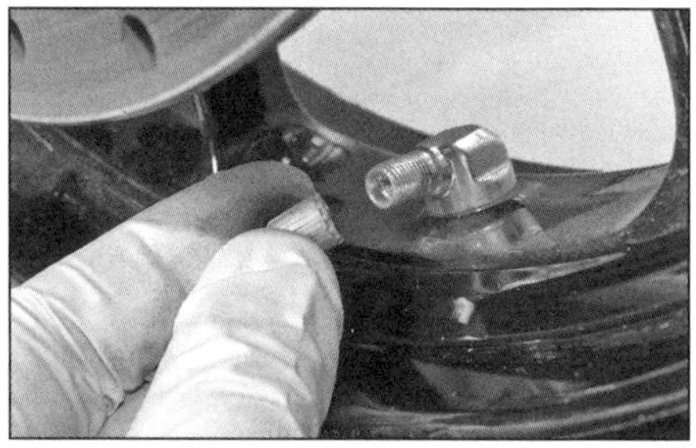

21.5a Schrauben Sie die Ventilkappe ab ...

21.5b ... und prüfen Sie den Luftdruck bei KALTEM Reifen.

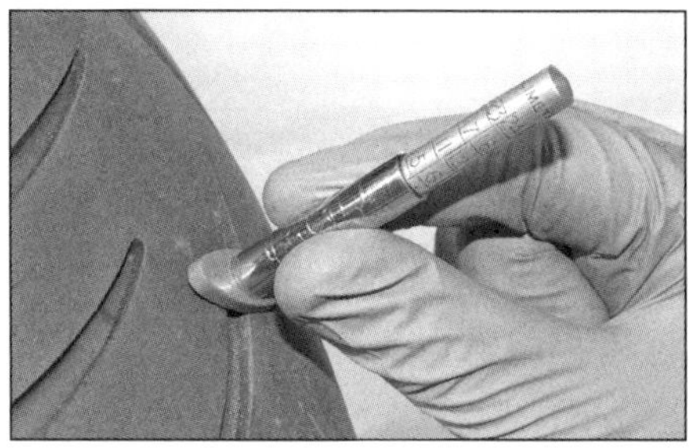

21.9 Messen Sie die Profiltiefe an der am stärksten verschlissenen Stelle des Reifens.

34 KTM empfiehlt, die Lenkkopflager gelegentlich zu zerlegen, zu reinigen und nachzufetten (siehe Kapitel 5, Sektion 9).

21 Reifen, Räder und Radlager

Reifen

1 Der Luftdruck in den Reifen kann sich durch Temperaturwechsel täglich ändern; genauso kann er durch kleinste Lecks im Reifen, dem Ventil oder dessen Dichtung oder an der Kontaktfläche zur Felge langsam sinken. Kontrollieren Sie daher regelmäßig den Druck – möglichst vor jeder Fahrt.
2 Durch den korrekten Luftdruck wird eine gute Kombination aus Fahrkomfort, Traktion und Haltbarkeit der Reifen sichergestellt; falscher Druck kann zu erhöhtem Reifenverschleiß und unsicherem Fahrverhalten führen; sehr geringer Druck lässt den Reifen auf der Felge verrutschen oder gar abspringen.
3 Der Reifendruck muss bei kalten Reifen kontrolliert werden – also nicht direkt nach der Fahrt. Der Druck steigt mit zunehmender Temperatur.
4 Achten Sie darauf, dass die Ventilkappe immer fest sitzt. Falls nach dem Abschrauben der Kappe Luft austritt, wird wahrscheinlich das Ventil locker sein. Beim Reifenhändler sind in die Ventilkappe integrierte Ventilausdreher erhältlich, mit denen die Festigkeit kontrolliert werden kann.
5 Drehen Sie die Ventilkappe ab und prüfen Sie den Luftdruck mit einem akkuraten Messgerät (siehe Abbildungen). Beachten Sie die Hinweise in der Tabelle und pumpen Sie den/die Reifen entweder auf oder lassen Sie Luft ab. Die Luftdruck-Werte finden sich auch auf einem Aufkleber am Rahmenheck.

R-Modell bis 2016, alle GT-Modelle

	Vorn	Hinten
Alle Belastungen	2,5 bar	2,9 bar

R-Modelle ab 2017

	Vorn	Hinten
Nur Fahrer	2,5 bar	2,5 bar
mit Beifahrer/Gepäck	2,5 bar	2,9 bar

6 Kontrollieren Sie beide Reifen sorgfältig auf Risse, Einschnitte, eingedrungene Nägel, Scherben oder andere Dinge sowie starken Verschleiß. Das Fahren mit stark verschlissenen Reifen ist extrem gefährlich, weil die Traktion und das Fahrverhalten deutlich schlechter werden.
7 Im Gummi steckende Steine, Scherben und Nägel müssen entfernt werden, damit sie nicht komplett eindringen und für einen Plattfuß sorgen.
8 Wenn eine Beschädigung offensichtlich ist oder ungewöhnlich hoher Druckverlust auftritt, muss unverzüglich Rat bei einem Reifenhändler gesucht werden.

Reifenprofiltiefe

9 Zurzeit muss ein Reifen laut Gesetz eine Mindestprofiltiefe von 1,6 mm aufweisen. KTM empfiehlt, Reifen bereits bei 2 mm Profiltiefe zu wechseln (siehe Abbildung).
10 Viele heutige Reifen besitzen Profiltiefen-Indikatoren, auf die an den Flanken mit Dreiecken oder der Bezeichnung TWI hingewiesen wird (siehe Abbildung). Diese Indikatoren müssen nicht den gesetzlich vorgeschriebenen 1,6 mm entsprechen! Ermitteln Sie die Profiltiefe an der am stärksten verschlissenen Stelle des Reifens – die Polizei wird es bei einer Kontrolle ebenso tun. Ersetzen Sie einen abgefahrenen Reifen – dies erhöht die Sicherheit und schützt vor Strafe.

Räder

11 Gussräder sind zwar nahezu wartungsfrei, doch sollten sie regelmäßig gereinigt und auf Brüche und andere Beschädigungen untersucht werden. Kontrollieren Sie ebenfalls den Rundlauf und die Ausrichtung der Räder (siehe Kapitel 6). Versuchen Sie nicht, Gussräder zu reparieren, bei geringen Schäden kann ein Spezialbetrieb zurate gezogen werden – ansonsten sind sie zu erneuern. Achten Sie auf den festen Sitz aller vorhandenen Auswuchtgewichte an der Felge; ist ein Gewicht abgefallen, muss das Rad von einem Fachbetrieb neu ausgewuchtet werden.

Radlager

Anmerkung: *Vermeiden Sie es, einen Hochdruckreiniger direkt auf die Radnabe zu richten. Das Wasser kann in die Lagerdichtungen eindringen, das Fett auswaschen und zu Korrosion führen, sodass das Lager zerstört wird.*

12 Radlager verschleißen mit der Zeit und müssen daher regelmäßig kontrolliert werden, bevor sich die Fahreigenschaften der Maschine erheblich verschlechtern.
13 Stützen Sie das Motorrad auf einer geeigneten Vorrichtung ab, sodass das zu kontrollierende Rad nicht den Boden berührt.
14 Kontrollieren Sie durch Ziehen und Drücken der Räder, ob irgendein Spiel in den Lagern festzustellen ist (siehe Abbildung). Schwenken Sie zur Kontrolle des Vorderrades die Lenkung gegen einen Anschlag, damit man das Rad dagegen drücken kann. Drehen Sie außerdem das Rad und prüfen Sie, ob es sich sanft und geräuschlos dreht.

Anmerkung: *Die Bremsen und der Endantrieb können Geräusche und Widerstand hervorrufen – verwechseln Sie dies nicht mit den Radlagern.*

15 Falls in der Radnabe Spiel festgestellt wurde oder das Rad sich nicht sanft dreht (und dies nicht auf eine schleifende Bremse oder den Antrieb zurückzuführen ist), muss das Rad ausgebaut und die Lager auf Verschleiß oder Beschädigung kontrolliert werden (siehe Kapitel 6, Sektion 18). Im Zweifel sind die Lager zu ersetzen.

Antriebs-Dämpfergummis

16 Stützen Sie das Motorrad hinten mit einem Montageständer ab und blockieren Sie die Handbremse. Lassen Sie einen Assistenten die Fußbremse betätigen und prüfen Sie, ob zwischen dem Kettenblatt-Mitnehmer und der Radnabe Drehspiel besteht, das auf verschlissene Dämpfergummis hinweist. Demontieren Sie ggf. das Rad und tauschen Sie die Gummis aus (siehe Kapitel 6, Sektion 22).

22 Schmier-Hinweise

1 Da die Bedienungselemente und andere Komponenten des Motorrades ständig den Unbilden des Wetters ausgesetzt sind, müssen sie regelmäßig geschmiert werden, um eine problemlose Funktion sicherzustellen.
2 Die Gelenke des Kupplungs- und Bremshebels, der Fußrasten, des Bremspedals, des Schalthebels und des Ständers müssen regelmäßig geschmiert werden, Je nach Art des Schmierstoffes kann es das Beste sein, die Komponenten vorher zu zerlegen, um die wichtigsten Stellen zu erreichen (siehe Kapitel 5). Wenn Sprühöl verwendet wird, reicht es, die Verbindungsstellen zu schmieren, es kriecht dann von alleine an die Stellen, wo die Reibung auftritt (allerdings empfiehlt es sich, die Teile zu zerlegen, um sie zu reinigen und von Korrosion zu befreien).
3 Bei der Verwendung von Motoröl und dünnem Fett sollte auf Sparsamkeit geachtet werden, da Schmutz daran haften bleibt, der die Funktion der Bedienungselemente nach kurzer Zeit stark beeinträchtigen kann.

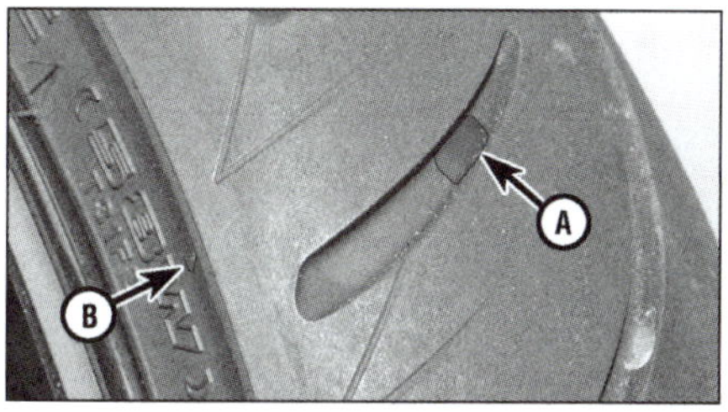

21.10 Sobald der Reifen bis zur erhabenen Stelle im Profil (A) abgefahren ist – angezeigt durch eine Markierung an der Flanke (B), ist laut Hersteller die Verschleißgrenze erreicht. Diese muss nicht mit den gesetzlichen Vorschriften übereinstimmen!

Anmerkung: *Ein alternatives Schmiermittel für Hebel-Gelenke ist Trockenfilm, der unter verschiedenen Namen im Fachhandel erhältlich ist.*

23 Muttern und Schrauben

1 Da sich durch die Vibrationen des Motorrades Befestigungen lockern können, sollten alle Muttern, Schrauben und Bolzen regelmäßig auf Festigkeit kontrolliert werden.
2 Beachten Sie besonders die folgenden Befestigungen – Details finden sich in den entsprechenden Kapiteln:

- Bremssattel- und Geberzylinder-Befestigungsschrauben
- Bremsleitungs-Anschlussschrauben und Entlüftungsventile
- Bremsscheibenschrauben
- Auspuffbefestigungen
- Motoröl-Ablassschrauben und Ölfilterdeckel-Schrauben
- Motorhalterungen
- Hebel- und Pedalbolzen
- Lenker-Befestigungen
- Fußrastenträger-Befestigungen
- Seitenständer- und Ständerträger-Schrauben
- Stoßdämpferbefestigungen
- Schwingenbolzen-Mutter
- Gabelbrücken-Klemmschrauben (oben und unten)
- Lenkschafschraube – R-Modell bis 2016
- Lenkschaft-Klemmschraube – R-Modell ab 2017 und alle GT-Modelle

21.14 Kontrollieren Sie die Radlager auf Spiel.

24.4 Drehen Sie links den Kurbelwellenstopfen heraus und kontrollieren Sie seinen O-Ring.

24.6a Drehen Sie die Kurbelwelle vorwärts, ...

24.6b ... bis die Markierungen an den Nockenwellenritzeln des hinteren Zylinders wie gezeigt stehen.

24.7 Führen Sie ein Fühlerlehrenblatt der korrekten Stärke zwischen Nockenwelle und Schlepphebel der Ventile des hinteren Zylinders ein.

24.8 Drehen Sie die Kurbelwelle um 435° vorwärts, bis die Markierungen an den Nockenwellenritzeln des vorderen Zylinders wie gezeigt stehen.

24.9 Führen Sie ein Fühlerlehrenblatt der korrekten Stärke zwischen Nockenwelle und Schlepphebel der Ventile des vorderen Zylinders ein.

- Vorderachsenschraube
- Hinterradmutter*
- Kettenblattträger-Mutter*
- Ritzelmutter und Kettenblattmuttern
- Kettenspanner-Klemmschraube

** Muttern sind mit Clips gesichert*

3 Es ist immer sinnvoll, einen Drehmomentschlüssel zu benutzen und sich an die Drehmomentangaben am Anfang dieses und anderer Kapitel zu halten.

24 Ventilspiel

Spezialwerkzeug: *Für diese Arbeit wird ein Fühlerlehren-Set benötigt (Abbildung 24.9).*

Anmerkung: *Weil der Austausch der Zündkerzen im Wartungsplan mit der Ventilspiel-Kontrolle zusammenfällt, sollten sie vor der Montage des Ventildeckels ersetzt werden (siehe Sektion 25).*

Kontrolle

1 Der Motor muss für die Ventilspielkontrolle völlig abgekühlt sein – am besten lässt man ihn über Nacht stehen.

2 Demontieren Sie den Ventildeckel (siehe Kapitel 2, Sektion 6). Schrauben Sie die Primär-Zündkerzen heraus (siehe Sektion 25).

3 Fertigen Sie eine Skizze mit den Positionen aller Ventile an, um das gemessene Spiel einzutragen. Beim vorderen Zylinder 1 liegen die Auslassventile vorn und die Einlassventile hinten – beim hinteren Zylinder liegen die Einlassventile vorn und die Auslassventile hinten.

4 Drehen Sie links den Kurbelwellenstopfen aus dem Lichtmaschinendeckel (siehe Abbildung) – kontrollieren Sie seinen O-Ring und ersetzen Sie ihn nötigenfalls.

5 Für die Kontrolle des Ventilspiels muss der Motor in verschiedene Positionen gedreht werden, sodass der zu prüfende Zylinder im oberen Totpunkt (OT) des Verdichtungstakts steht und alle Ventile geschlossen ist. Setzen Sie dazu am Lichtmaschinenrotor-Bolzen einen Steckschlüssel an und drehen Sie die Kurbelwelle **ausschließlich vorwärts** (gegen den Uhrzeigersinn) (Abbildung 24.6a).

6 Drehen Sie die Kurbelwelle, bis am hinteren Zylinder die Lochmarkierungen der Nockenwellen-Kettenräder zueinander zeigen und bündig zur Zylinderkopf-Dichtfläche liegen (siehe Abbildungen).

7 In dieser Position können alle Ventile des hinteren Zylinders kontrolliert werden – beachten Sie deren unterschiedliche Werte: Führen Sie also ein Fühlerlehrenblatt der Stärke 0,12 bis 0,13 mm (Mittelwert der Toleranzvorgaben von 0,1 bis 0,15 mm) zwischen Nockenwelle und Schlepphebel der Einlassventile (vorn) ein und prüfen Sie dabei, ob es sich wie durch ein dickes Buch ziehen lässt (siehe Abbildung). Ist das Spiel zu groß oder zu klein, muss mithilfe anderer Stärken das tatsächliche Ventilspiel ermittelt werden. Notieren Sie das ermittelte Ventilspiel. Wiederholen Sie die Messung mit einem Blatt der Stärke 0,27 oder 0,28 mm an den (hinteren) Auslassventilen.

8 Drehen Sie die Kurbelwelle 435° gegen den Uhrzeigersinn, bis am vorderen Zylinder die Lochmarkierungen der Nockenwellen-Kettenräder zueinander zeigen und bündig zur Zylinderkopf-Dichtfläche liegen (siehe Abbildung).

9 Jetzt steht der vordere Zylinder im Verdichtungs-OT und die Ventile können wie in Schritt 7 beschrieben vermessen werden – hier befinden sich die Auslassventile vorn und die Einlassventile hinten (siehe Abbildung). Notieren Sie auch hier die gemessenen Werte.

10 Nachdem die Werte aller Ventile ermittelt worden ist, kann jetzt abgelesen werden, ob es irgendwo außerhalb der Toleranzen ist und eingestellt werden muss (Schritte 11 bis 17) – andernfalls kann mit Schritt 18 fortgefahren werden.

Ventilspiel-Einstellung

11 Falls an einem oder mehreren Ventilen eine Einstellung nötig wird, muss das Plättchen (»Shim«) zwischen Schlepphebel und Ventil gegen ein passendes ausgetauscht werden, sodass das Ventilspiel wieder korrekt wird. Hierzu muss die entsprechende Nockenwelle ausgebaut werden (siehe Kapitel 2, Sektion 8). Legen Sie Lappen über die Zündkerzenbohrungen und den Steuerkettenschacht, damit keine Shims in den Motor fallen können.

12 Heben Sie den Schlepphebel des entsprechenden Ventils an und befreien Sie mit einem Magneten (siehe Abbildungen) oder einem mit Fett versehenen Schraubendreher (an dem er kleben bleiben soll) oder einer Zange den Shim vom Ventil – passen Sie auf, dass er nicht in den Motor fällt.

13 Messen Sie mithilfe einer Bügelmessschraube die Stärke des vorhandenen Shims (siehe Abbildung) – sie sollte auch auf dessen

Oberseite markiert sein. Ein beispielsweise mit »275« markierter Shim hat eine Stärke von 2,75 mm. Ist keine Markierung sichtbar – und um sicherzugehen, dass das Plättchen nicht verschlissen ist – sollte es auf jeden Fall nachgemessen werden.

14 Zur Berechnung des erforderlichen Shims wird die Formel a = (b – c) + d angewendet, bei der a die benötigte Shim-Stärke, b das gemessene Ventilspiel, c das vorgegebene Ventilspiel und d die vorhandene Shim-Stärke ist. Ein Beispiel:

- Das gemessene Ventilspiel eines Auslassventils beträgt 0,32 mm, als ist b = 0.32
- Das vorgegebene Ventilspiel des Auslassventils beträgt 0,25 bis 0,30 mm, der Mittelwert also 0,275 mm, also ist c = 0,275
- Die Stärke des vorhandenen Shims beträgt (zum Beispiel) 2,55 mm, also ist d = 2,55
- Daraus errechnet sich: a = 0,32 – 0,275 + 2,55, also ist a = 2,595. Der nächste erhältliche Shim hat die Stärke 2,60 mm (Schritt 15).

Anmerkung: *Falls der benötigte Shim größer als 3,30 mm sein müsste, sitzt das Ventil wahrscheinlich aufgrund von Ölkohle-Ablagerungen nicht korrekt im Zylinderkopf – reinigen Sie es und seinen Sitz (siehe Kapitel 2, Sektion 10).*

15 KTM bietet Shims von 2,00 bis 3,30 mm in Abstufungen von 0,05 mm an. Die Stärke des Shims ist auf einer Seite eingeätzt. Besorgen Sie sich das passende (oder nächste) Ersatz-Plättchen und legen Sie es mit der Markierung nach unten in den Federteller des Ventils (Abbildung 24.12b).

16 Prüfen Sie, ob der Shim korrekt sitzt, und schmieren Sie den Schleppleben mit Motoröl, bevor Sie ihn herunterschwenken (Abbildung 24.12a). Wiederholen Sie den Prozess bei allen anderen infrage kommenden Ventilen. Montieren Sie anschließend die Nockenwelle(n) (siehe Kapitel 2, Sektion 8).

17 Drehen Sie die Kurbelwelle einige Umdrehungen gegen den Uhrzeigersinn (vorwärts), damit sich die Shims setzen. Kontrollieren Sie erneut das Ventilspiel.

Einbau

18 Installieren Sie die Zündkerzen (siehe Anmerkung am Anfang der Sektion) (siehe Sektion 25) und den Ventildeckel (siehe Kapitel 2, Sektion 6).

19 Rüsten Sie den Kurbelwellenstopfen ggf. mit einem neuen O-Ring aus (Abbildung 24.4), ölen Sie diesen und ziehen Sie den Stopfen mit 8 Nm an.

24.12a Heben Sie den Schlepphebel an ...

24.12b ... und befreien Sie den Shim.

24.13 Messen Sie die Stärke des Shims mithilfe einer Bügelmessschraube nach.

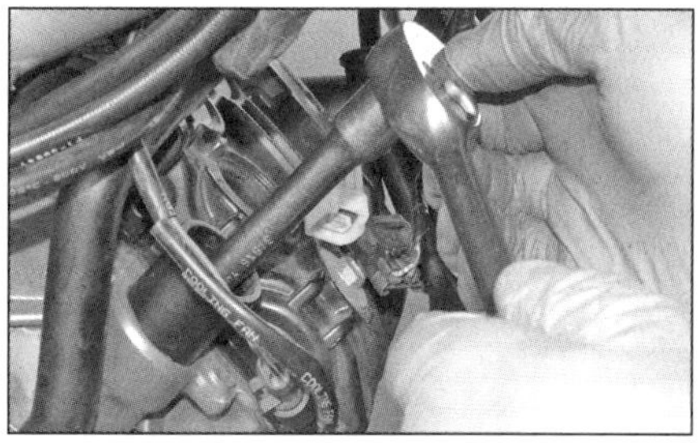

25.4a Schrauben Sie die Zündkerze aus dem Zylinderkopf (gezeigt an der Sekundär-Zündkerze des vorderen Zylinders), ...

25.4b ... mit dem in den Kerzenschlüssel integrierten Gummiring lässt sie sich herausheben.

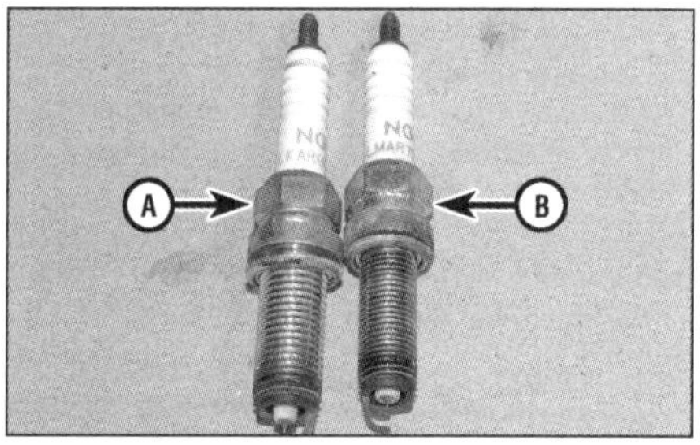

25.4c Primär-Zündkerze (A), Sekundär-Zündkerze (B)

25 Zündkerzen

Spezialwerkzeug: *Zur Ermittlung des Kontaktabstands wird eine Drahtlehre benötigt (Abbildung 25.7b).*

Anmerkung: *Die Primär-Zündkerzen aller Modelle sind mit einer Iridium-Mittelelektrode ausgerüstet, beim R-Modell ab 2017 und allen GT-Modellen gilt dies auch für die Sekundär-Zündkerzen. Diese Zündkerzen dürfen nicht wie konventionelle Ausführungen behandelt oder durch solche ersetzt werden. Die Sekundär-Zündkerzen von R-Modellen bis 2016 sind konventionell aufgebaut.*

1 Jeder Zylinder ist mit zwei Zündkerzen ausgerüstet: einer zentralen im Zylinderkopf sitzenden Primär-Zündkerze und einer seitlich eingeschraubten Sekundär-Zündkerze – rechts beim vorderen Zylinder und links beim hinteren.

2 Demontieren Sie die Zündspulen (Kerzenstecker) (siehe Kapitel 4, Sektion 18).

3 Blasen Sie die Zündkerzenschächte möglichst mit Druckluft aus, damit kein Schmutz in den Brennraum fällt.

4 Verwenden Sie zum Ausbau möglichst einen langen 14er-Zündkerzen-Steckschlüssel samt Verlängerung, um die Zündkerzen aus den Zylinderköpfen zu schrauben – beachten Sie deren unterschiedlichen Längen und Gewindedurchmesser (siehe Abbildungen). Legen Sie die Kerzen entsprechend ihrer Einbaupositionen und Zugehörigkeit ab.

5 Vergleichen Sie Ihre Zündkerzen mit den farbigen Zündkerzenbildern auf der Innenseite des Rückumschlags dieses Buches. Falls anormale Zustände festgestellt werden, sollten deren Ursachen herausgefunden werden. Kontrollieren Sie das Gewinde, den Dichtring und den Keramik-Isolator der Zündkerze auf Brüche und andere Beschädigungen.

Praxis TiPP ***Zündkerzen können für viele Symptome verantwortlich sein: Schlechtes Anspringen, ungleichmäßiges Standgas, Fehlzündungen, hoher Verbrauch, mangelnde Leistung, usw. Ein Kerzenwechsel bewirkt hier oft Wunder.***

6 KTM schreibt vor, die Zündkerzen ungeachtet ihres Zustands alle 30.000 km zu erneuern.

7 Begutachten Sie die Spitze der Iridium-Mittelelektrode – falls sie abgerundet ist, muss die Zündkerze ersetzt werden (siehe Abbildung). Ermitteln Sie den Abstand der Mittelelektrode zur Masseelektrode **ausschließlich** mit einer entsprechenden Drahtlehre – mit einer Fühlerlehre kann die Mittelelektrode leicht beschädigt werden. Der Abstand **beim R-Modell bis 2016** muss 0,9 mm betragen, **bei allen anderen Modellen** sind es 1,0 mm. Falls sich der Draht locker hindurchschieben lässt, ist der Abstand zu groß und die Masseelektrode muss vorsichtig nachgebogen werden (siehe Abbildung) – beschädigen Sie dabei nicht die Mittelelektrode! Klopfen Sie die Zündkerze nicht auf die Masseelektrode, um den Abstand zu verringern.

8 Stecken Sie die Zündkerze in den Kerzenschlüssel, um sie damit zu installieren. Alternativ gibt es spezielle Zündkerzen-Einbauwerkzeuge, aber auch ein passender Schlauch kann hilfreich sein. Da der Zylinderkopf aus Aluminium besteht, muss bei diesem weichen Material sehr auf Beschädigung der Kerzengewinde geachtet werden. Drehen Sie deshalb die Kerze möglichst weit per Hand in den Motor und ziehen Sie sie anschließend an. Falls ein Drehmomentschlüssel vorhanden ist, sollten die Primär-Zündkerzen mit 18 Nm und die Sekundär-Zündkerzen mit 11 Nm angezogen werden; ansonsten werden neue Zündkerzen nach dem Aufsetzen des Dichtrings eine halbe Umdrehung angezogen, alte Kerzen werden eine achtel bis viertel Umdrehung festgezogen – zu festes Anziehen kann schnell das Gewinde ausreißen lassen.

9 Stecken Sie die Zündspulen/Kerzenstecker auf – sie müssen vollständig einrasten (siehe Kapitel 4, Sektion 18).

Praxis TiPP ***Ausgerissene Kerzengewinde können mit Gewindeeinsätzen wieder repariert werden. Beachten Sie sich hierzu die* Werkzeug- und Werkstatt-Tipps *im Anhang dieses Buchs.***

26 Emissionsregelung

Motorentlüftungsschlauch

1 Kontrollieren Sie den vom Ventildeckel des hinteren Zylinders zum Luftfiltergehäuse verlegten Schlauch auf lockere Anschlüsse, Risse und andere Schäden und ersetzen Sie ihn nötigenfalls (siehe Abbildung).

Sekundärluftsystem

2 Um im Abgas den Anteil unverbrannter Kohlenwasserstoffe zu reduzieren, sind alle Modelle mit einem Sekundärluftsystem ausgerüstet, das aus einem Abschaltventil (unten am Luftfiltergehäuse) Zungenventilen (rechts am vorderen Zylinderkopf, links am hinteren) und Verbindungsschläuchen zwischen ihnen und zum Luftfiltergehäuse besteht. Das Abschaltventil wird vom Motorsteuergerät (EECU) aktiviert.

3 Unter normalen Betriebsbedingungen lässt das Ventil gefilterte Frischluft durch die Zungenventile in die Auslasskanäle des Zylinderkopfs strömen, wo sie sich mit den Abgasen vermischt und bisher unverbrannte Partikel verbrennen lässt. Hierdurch wird ein Großteil des vorhandenen Kohlenwasserstoffs und Kohlenmonoxids in relativ harmloses Kohlendioxid und Wasser umgewandelt. Die Zungenventile im Zylinderkopf verhindern das Zurückströmen der Abgase in den Luftfilter.

4 Das System ist nicht einstellbar und erfordert nur wenig Wartung. Für den Zugang muss das Luftfiltergehäuse demontiert werden (siehe Kapitel 4, Sektion 3).

5 Die Schläuche des Sekundärluftsystems dürfen nicht geknickt, gequetscht oder spröde sein, zudem müssen sie an beiden Enden sicher verbunden sein (siehe Abbildung). Ersetzen Sie alle zweifelhaften Schläuche und korrodierte oder ermüdete Federklemmen.

6 Für weitere Informationen und falls im System ein Fehler vermutet wird, müssen die Hinweise in Kapitel 4, Sektion 14 beachtet werden.

Verdunstungsregelung

7 Dieses bei einigen Modellen eingebaute System sorgt bei abgeschaltetem Motor dafür, dass keine Benzindämpfe aus dem Tank in die Atmosphäre entweichen, indem sie in einem Behälter gespeichert und nach dem Start des Motors in die Drosselklappengehäuse geleitet werden. Inspizieren Sie alle Schläuche und das Rückschlagventil auf Knicke, Risse und andere Schäden. Alle Schläuche müssen vollständig aufgeschoben und mit Schellen gesichert sein. Ersetzen Sie schadhafte Teile. Der Sammelbehälter darf keine Risse oder anderen Schäden aufweisen. Für weitere Informationen und falls im System ein Fehler vermutet wird, müssen die Hinweise in Kapitel 4, Sektion 16 beachtet werden.

27 Batterie

1 Alle Modelle sind mit »wartungsfreien« Blei-säure-Batterien ausgerüstet, deren Gehäuse versiegelt sind und nicht geöffnet werden dürfen.

Achtung: Versuche, die Verschlusskappen zu öffnen, zerstört die Batterie!

2 Die einzige mögliche Wartungsarbeit liegt darin, die Sauberkeit und Festigkeit der Batteriepole sowie die Unversehrtheit des Batteriegehäuses sicherzustellen. Weitere Details sind in Kapitel 8, Sektion 3 beschrieben.

Achtung: Arbeiten an der Batterie müssen mit größter Sorgfalt erfolgen. Die Batteriesäure ist stark ätzend und beim Laden können explosive Gase entweichen!

3 Falls das Motorrad nicht regelmäßig gefahren wird, sollte die Batterie vom Bordnetz getrennt und alle 4 bis 6 Wochen geladen werden (siehe Kapitel 8, Sektion 4).

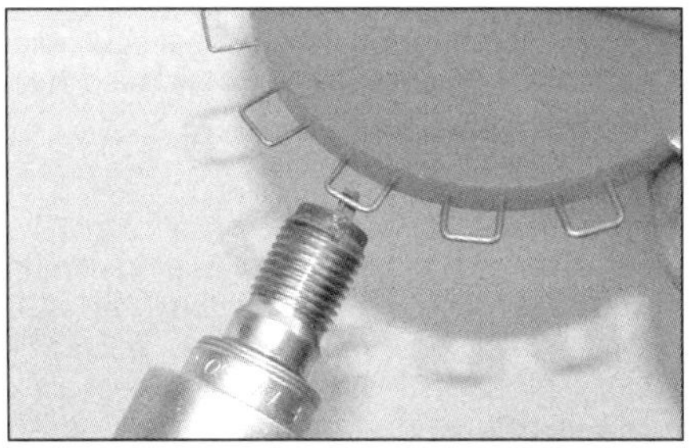

25.7a Ermitteln Sie den Kontaktabstand ausschließlich mit einer Drahtlehre.

25.7b Biegen Sie die Masseelektrode nötigenfalls vorsichtig nach.

26.1 Motorentlüftungsschlauch

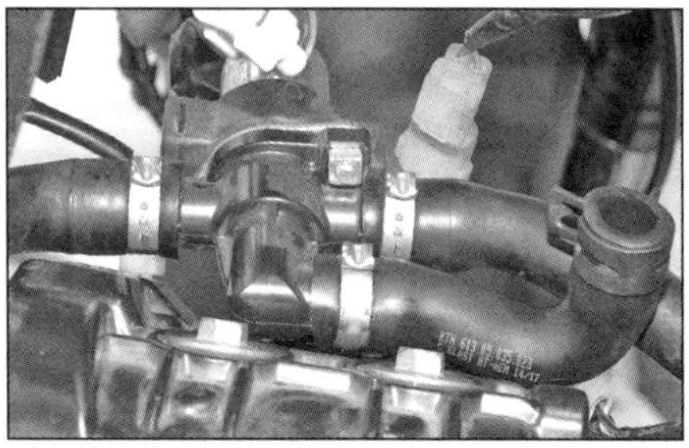

26.5 Sekundärluft-Abschaltventil und Schläuche

Kapitel 2
Motor, Kupplung und Getriebe

Inhalt (in alphabetischer Reihenfolge, die Zahlen geben die Nummerierung in den grauen Feldern wieder)

Schwierigkeitsgrade

Leicht. Für Anfänger mit wenig Erfahrung geeignet.	**Relativ leicht.** Für Anfänger mit etwas Erfahrung geeignet.	**Relativ schwierig.** Geeignet für geübte Selbstschrauber.	**Schwer.** Geeignet für Selbstschrauber mit viel Erfahrung.	**Sehr schwer.** Geeignet für Experten und Profis.

Technische Daten

Allgemeines

Typ	Viertakt-V2-Motor »LC8«, 75° Zylinderwinkel
Hubraum	1301 cm³
Bohrung	108 mm
Hub	71 mm
Verdichtungsverhältnis	
R-Modell bis 2016	13,2 : 1
GT-Modell bis 2018	13,1 : 1
alle späteren Modelle	13,6 : 1
Schmiersystem	Trockensumpfschmierung mit Dreirotor-Pumpe
Kupplung	Mehrscheiben-Nasskupplung
Getriebe	6 Gänge in konstantem Eingriff
Ventiltrieb	Jeweils zwei obenliegende Nockenwellen (DOHC) mit Steuerketten, je zwei Einlassventile und zwei Auslassventile (per Schlepphebel gesteuert)

Nockenwellen

Nockenwellen-Lagerspiel	
Standard	0,020 bis 0,054 mm
Verschleißgrenze	0,065 mm (max.)
Nockenwellenhalter – Innendurchmesser	24,000 bis 24,021 mm

Zylinderkopf

Verzug an Dichtfläche zu Zylinder	0,05 mm (max.)

Ventile, Führungen und Federn

Ventilspiel (bei kaltem Motor)
- Einlassventile .... 0,10 bis 0,15 mm
- Auslassventile .... 0,25 bis 0,30 mm

Ventilschaftdurchmesser
- alle R-Modelle, GT-Modelle ab 2019
  - Einlassventile .... 5,966 bis 5,980 mm
  - Auslassventile .... 5,956 bis 5,970 mm
- GT-Modelle bis 2018
  - Ein- und Auslassventile .... 5,89 bis 5,97 mm

Ventilführungs-Innendurchmesser (alle Modelle, Ein- und Auslassventile)
- Standard .... 6,004 bis 6,016 mm
- Verschleißgrenze .... 6,15 mm (max.)

Ventilsitz-Breite
- Einlassventile
  - Standard .... 0,9 mm
  - Verschleißgrenze .... 1,5 mm (max.)
- Auslassventile
  - Standard .... 1,0 mm
  - Verschleißgrenze .... 2,0 mm (max.)

Ventilteller-Verzug
- R-Modelle bis 2016 .... 0,03 mm
- R-Modelle ab 2017, alle GT-Modelle .... 0,1 mm

Ventilfedern – freie Länge
- Standard .... 42,7 mm
- Verschleißgrenze
  - Alle R-Modelle, GT-Modelle ab 2019 .... 42,0 mm (min.)
  - GT-Modelle bis 2018 .... 41,8 mm (min.)

Kupplung

Kupplungshydraulik-Flüssigkeit .... DOT 4 oder DOT 5.1 (NIEMALS DOT 5!)

Belagscheiben – Anzahl 10

Stahlscheiben – Anzahl 9

Kupplungsscheibenpaket – Gesamtstärke
- Neu .... 47,2 bis 48,0 mm
- Verschleißgrenze .... 46,0 mm (min.)

Belagmaterial-Stärke .... 0,5 mm (min.)

Kupplungsfedern – freie Länge
- R-Modelle bis 2016 .... 43,5 mm (min.)
- GT-Modelle bis 2018 .... 45,7 mm (min.)
- R-Modelle ab 2017, GT-Modelle ab 2019 .... 45,8 mm (min.)

Schmiersystem

Öldruck (Motor warm)
- alle Modelle bis 2016 .... 2,0 bis 4,8 bar bei Standgas
- alle Modelle ab 2017 .... 1,8 bis 4,5 bar bei Standgas

Ölpumpen-Spiel
- zwischen Innenrotorspitze und Außenrotor .... 0,10 bis 0,25 mm
- zwischen Außenrotor und Gehäuse .... 0,20 bis 0,4 mm
- Axialspiel .... 0,04 bis 0,25 mm

Druckregler-Feder – freie Länge .... 39,0 mm

Zylinderbohrungen

Durchmesser
- Größe 1 .... 108,00 bis 108,012 mm
- Größe 2 .... 108,013 bis 108,025 mm

Zylinderkompression .... siehe Sektion 3

Verzug der Dichtfläche zum Zylinderkopf .... 0,05 mm (max.)

Kurbelwelle und Hauptlager

Hauptlagerzapfen-Durchmesser .... 52,965 bis 52,995 mm

Hauptlager-Spiel
- Standard .... 0,025 bis 0,055 mm
- Verschleißgrenze .... 0,10 mm (max.)

Außenlagerzapfen-Durchmesser .... 27,985 bis 28.000 mm

Außenlager-Spiel	
Standard	0,03 bis 0,07 mm
Verschleißgrenze	0,09 mm (max.)

Kolben

Durchmesser (6 mm über unterem Rand, 90° zum Kolbenbolzen)	
R-Modell bis 2016	
Größe 1	107,96 bis 107,99 mm
Größe 2	107,97 bis 108,00 mm
R-Modell ab 2017, alle GT-Modelle	
Größe 1	107,94 bis 107,95 mm
Größe 2	107,95 bis 107,96 mm
Spiel zwischen Kolben und Zylinder	
R-Modell bis 2016	
Größe 1 (Standard)	0,012 bis 0,042 mm
Größe 2 (Standard)	0,012 bis 0,052 mm
Verschleißgrenze	0,10 mm (max.)
R-Modell ab 2017, alle GT-Modelle	
Größe 1 (Standard)	0,050 bis 0,072 mm
Größe 2 (Standard)	0,053 bis 0,075 mm
Verschleißgrenze	0,11 mm (max.)
Kolbenbolzen-Durchmesser	19,995 bis 20,000 mm
Kolbenbolzen-Bohrung im Kolben	
R-Modell bis 2016	20,01 bis 20,02 mm
R-Modell ab 2017, alle GT-Modelle	20,004 bis 20,008 mm

Kolbenringe

Stoßspiel (eingebaut)	
Oberer Kompressionsring	0,5 mm
2. Kompressionsring und Ölabstreifring	0,6 mm
Spiel in Ringnuten	
Kompressionsringe	0,08 mm
Ölabstreifring	0,06 mm

Pleuelstangen und Pleuelfußlager

Oberes Pleuelauge – Innendurchmesser	20,007 bis 20.013 mm
Pleuelfuß-Breite	20,95 bis 21,00 mm
Pleuelfuß-Axialspiel	
Standard	0,15 bis 0,3 mm
Verschleißgrenze	0,40 mm (max.)
Hubzapfen-Durchmesser	41,978 bis 42,011 mm
Pleuelfuß-Radialspiel	
Standard	0,03 bis 0,06 mm
Verschleißgrenze	0,08 mm (max.)

Getriebe

Getriebe-Untersetzung (Anzahl der Zähne)	
Primäruntersetzung	1,900 zu 1 (76/40)
Enduntersetzung	2,714 zu 1 (38/17)
1. Gang	2,917 zu 1 (35/12)
2. Gang	2,133 zu 1 (32/15)
3. Gang	1,666 zu 1 (30/18)
4. Gang	1,350 zu 1 (27/20)
5. Gang	1,125 zu 1 (27/24)
6. Gang	0,961 zu 1 (26/27)
Getriebewellen-Axialspiel	0,05 bis 0,15 mm

Schaltmechanismus

Schaltgabeln – Stärke der Gabel-Enden	4,85 bis 4,95 mm
Schaltgabelnut-Breite in Zahnrad	5,3 bis 5,4 mm
Schaltgabel-Spiel in Nut	
Standard	0,35 bis 0,55 mm
Verschleißgrenze	0,7 mm (max.)

Anzugsdrehmomente

	Nm
Kupplungsausrückzylinder-Schrauben	10
Kupplungsdeckel-Schrauben (innerer und äußerer Deckel)	10
Kupplungsfederplatten-Schrauben	12
Kupplungsmutter	120
Kupplungsschlauch-Anschlussschraube	25
Kurbelwellen-Zugang in Lichtmaschinendeckel	8
Lichtmaschinendeckel-Schrauben	10
Lichtmaschinenrotor-Bolzen	115
Motorgehäuseschrauben	
M6-Schrauben	10
M8-Schrauben	18
Motorhalterungs-Schrauben	45
Nockenwellenhalter-Schrauben	
M6-Schrauben	10
M8-Schrauben	18
Ölkühler-Schrauben	
M6-Schrauben	10
M8-Schrauben	15
Ölpumpendeckel-Schrauben	10
Pleuelfußschrauben	
Schritt 1	25
Schritt 2	30
Schritt 3	um 90° weiter
Primärtriebrad-Mutter	130
Schaltarretierung-Schraube	10
Schaltgestänge-Schrauben	
M6-Schraube (innen)	10
M8-Schraube (außen)	18
Schaltstern-Schraube	18
Schaltwellenpositionssensor-Schrauben	6
Schlepphebelwellen-Stopfen	15
Schwingenbolzen-Mutter	130
Seitenständer – Schrauben des inneren Trägers	
M8-Schrauben	25
M10-Schrauben	45
Steuerkettenführungs-Schrauben (oben)	10
Steuerketten-Spanner- und Führungsschienen-Schrauben	15
Steuerkettenspanners-Stopfen	25
Steuerkettenspannerstopfen-Schraube	10
Ventildeckelschrauben	10
Zylinderkopfmuttern (M6)	9
Zylinderkopfschrauben (M11)	
Schritt 1	15
Schritt 2	30
Schritt 3	um 90° weiter
Schritt 4	um 90° weiter

1 Allgemeine Informationen

1 In den Zylinderköpfen des wassergekühlten Zweizylinder-V-Motors (75° Zylinderwinkel) werden je vier Ventile über zwei obenliegende Nockenwellen und Schlepphebel betätigt. Die Nockenwellen des vorderen Zylinders werden links per Kette von der Kurbelwelle angetrieben; die Steuerkette des rechten Zylinders befindet sich rechts. Das aus Leichtmetall bestehende Motorgehäuse ist vertikal geteilt.

2 Der Motor wird über ein Trockensumpfsystem mit drei über die Kupplung per Zahnräder angetriebenen Zahnringpumpen geschmiert. Das Schmiersystem beinhaltet an jeder der zwei Ablassschrauben ein Sieb, ein in der Ölpumpe sitzendes Überdruckventil, einen Ölfilter-Einsatz, einen Öldruckschalter, einen Ölkühler und einen ins Motorgehäuse integrierten Öltank.

3 Die rechts am Kupplungsdeckel sitzende Kühlmittelpumpe wird über das rechte Steuerkettenritzel angetrieben.

4 Auf dem linken Kurbelwellenstumpf sitzt die Lichtmaschine, dahinter befindet sich der Anlasserfreilauf. Außen am Lichtmaschinenrotor sitzt der Zündauslöser, der Kurbelwellensensor befindet sich am Motorgehäuse.

5 Vor und hinter der Kurbelwelle liegende Ausgleichswellen sollen Motorvibrationen eliminieren – die vordere Welle wird links von der Kurbelwelle angetrieben, die hintere ist in das rechte Steuerkettenrad integriert.

6 Der rechts an der Kurbelwelle sitzende Zahnrad-Primärtrieb leitet die Kraft zur hydraulisch betätigten und im Ölbad laufenden Mehrscheibenkupplung weiter. Hinter der Kupplung sitzt ein Sechsgang-Getriebe mit konstantem Eingriff. Der Antrieb des Hinterrades erfolgt über Kettenräder und eine Dichtringkette.

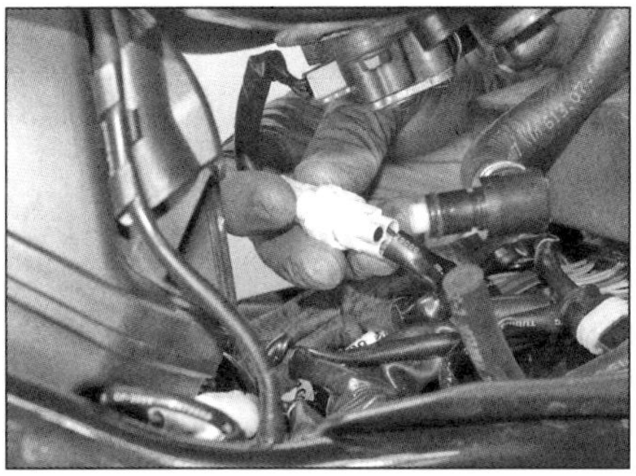

3.5a Benzinpumpenstecker beim R-Modell

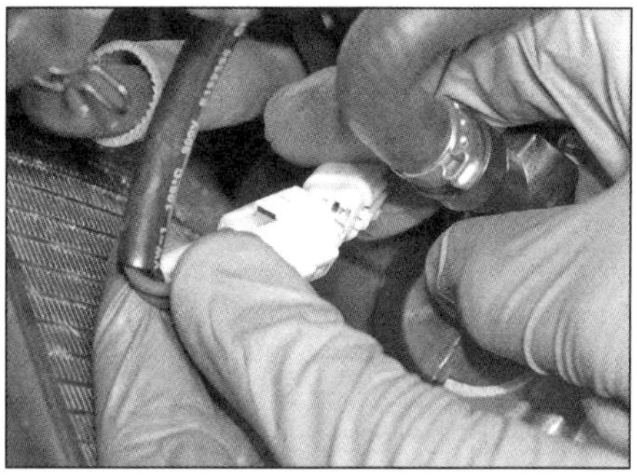

3.5b Benzinpumpenstecker beim GT-Modell

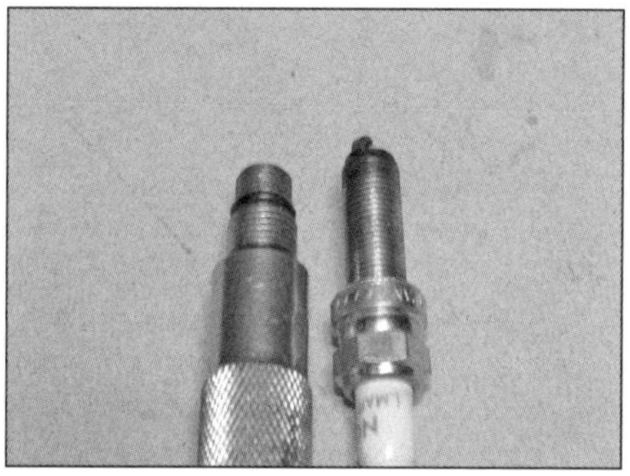

3.6a Wählen Sie den zur Zündkerze passenden Adapter aus, ...

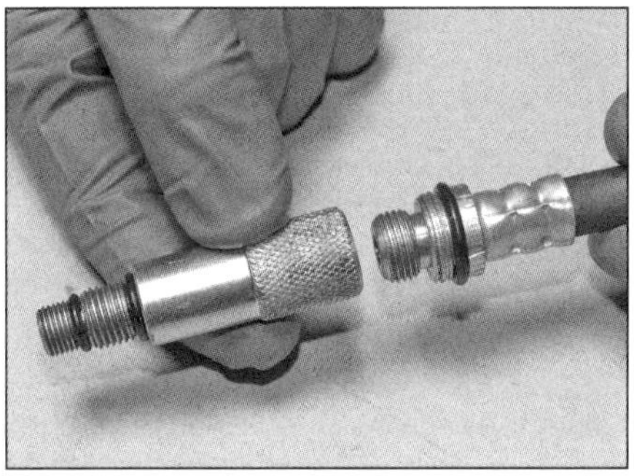

3.6b ... verbinden Sie ihn mit dem Schlauch ...

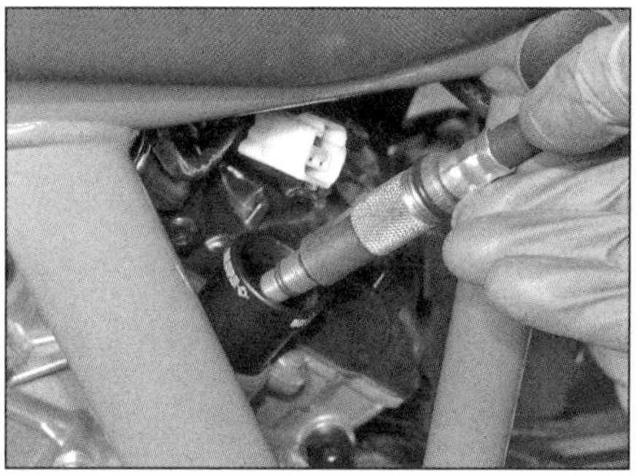

3.6c ... und drehen Sie ihn in die Sekundär-Zündkerzenbohrung.

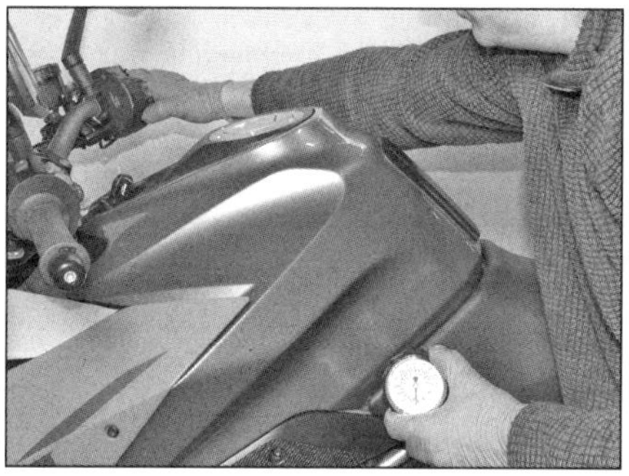

3.7 Ermitteln der Zylinderkompression

2 Motorbauteile Zugang

Arbeiten, die bei eingebautem Motor möglich sind:

1 Die unten aufgelisteten Komponenten und Teile können demontiert werden, ohne dass der Motor aus dem Rahmen gebaut werden muss. Wenn jedoch mehrere dieser Arbeiten zugleich ausgeführt werden müssen, empfiehlt es sich, den Motor dafür auszubauen.

- Ventildeckel
- Steuerkettenspanner
- Nockenwellen
- Steuerketten samt Spanner- und Führungsschienen
- Vorderer Zylinderkopf
- Vorderer Zylinder und Kolben
- Kupplung
- Öldruckpumpe mit Druckregler
- Ölsaugpumpe (links)
- Primärtriebrad
- Schaltmechanismus
- Lichtmaschine und Anlasserfreilauf
- Ausgleichswellen
- Anlasser
- Wasserpumpe

Arbeiten, die den Ausbau des Motors erfordern:

2 Für den Zugang zu den Komponenten des hinteren Zylinders muss der Motor aus dem Rahmen genommen werden. Die Gehäusehälften müssen für den Zugang zu folgenden Baugruppen getrennt werden:

- Kurbelwelle und Lager
- Pleuel und Pleuelfußlager
- Getriebewellen
- Schaltwalze und -Gabeln
- mittlere Ölsaugpumpe

3 Motor Verschleißbestimmung

Zylinderkompressionstest

Spezialwerkzeug: *Für diese Arbeit wird ein Kompressionsprüfer mit einem Adapter für die M10 x 1-Zündkerzengewinde der Sekundär-Zündkerzen benötigt. Je nach Ergebnis des ersten Tests kann es nötig werden, für weitere Kontrollen eine Öl-Spritzflasche zu beschaffen.*

1 Geringe Motorleistung, Auspuffqualm, starker Ölverbrauch und schlechtes Startverhalten können die Folge mangelnder Kompression sein. Diese kann unter anderem durch undichte Ventile, eine leckende Zylinderkopfdichtung sowie Verschleiß an Kolben, den Kolbenringen und Zylinderbohrungen hervorgerufen werden. Eine Kompressionsprüfung kann helfen, die Ursache zu finden; zudem lassen sich damit übermäßige Kohleablagerungen ermitteln. Ein spezieller Druckverlust-Tester (fragen Sie Ihren KTM-Händler) kann helfen, die Gründe einzugrenzen.

2 Vor dem Durchführen des Tests muss sichergestellt werden, dass das Ventilspiel in Ordnung ist (siehe Kapitel 1, Sektion 24). Die Batterie muss vollständig geladen sein.

3 Starten Sie den Motor, lassen Sie ihn Betriebstemperatur erreichen, schalten Sie ihn dann ab.

4 Demontieren Sie den Wasserkühler (siehe Kapitel 3, Sektion 5) – die Schläuche können daran verbleiben und das Kühlsystem muss nicht entleert werden. Entfernen Sie aus beiden Zylindern die Sekundär-Zündkerzen (siehe Kapitel 1, Sektion 25).

5 Heben Sie beim **R-Modell** den Tank an und stützen Sie ihn ab (siehe Kapitel 4, Sektion 2). Demontieren Sie **beim GT-Modell** links am Tank den Spoiler (siehe Kapitel 7, Sektion 3). Trennen Sie bei allen Modellen den Benzinpumpenstecker (siehe Abbildungen).

6 Prüfen Sie, ob der Adapter des Kompressionsprüfers das gleiche Gewinde wie die Zündkerze hat, und drehen Sie ihn in den zu prüfenden Zylinder (siehe Abbildungen).

7 Schalten Sie die Zündung ein und den Killschalter auf RUN, legen Sie im Getriebe den Leerlauf ein, öffnen Sie vollständig den Gasgriff und drehen Sie den Motor mit dem Anlasser solange durch, bis sich das Messgerät nach ein paar Kurbelwellenumdrehungen auf einen Wert stabilisiert, der den maximalen Druck angibt (siehe Abbildung). Notieren Sie den gemessenen Wert und wiederholen Sie die Messungen am anderen Zylinder.

4.2a Mit einem solchen Haken kann die Vorderradbremse blockiert werden.

4.2b Stützen unter dem Rahmen geben dem Motorrad sicheren Halt, Hölzer schützen vor Kratzern.

4.2c Unterlegen Sie das Hinterrad mit einem Holz, ohne dadurch den Stoßdämpfer zu komprimieren.

8 KTM macht zur Zylinderkompression keine Angaben, aber jeder Zylinder muss mindestens 11 bar liefern und der Unterschied zwischen ihnen darf nicht mehr als 2 bar betragen.
9 Liegt der Zylinderdruck eines Zylinders unter 11 bar, kann dies an Verschleiß an der Zylinderbohrung, den Kolbenringen oder dem Kolben liegen, außerdem an einer defekten Zylinderkopfdichtung, lockeren Zylinderkopfschrauben oder undichten Ventilen. Um die Ursache näher einzugrenzen, wird etwas Motoröl durch die Zündkerzenbohrung in den Brennraum gespritzt, um die Kolbenringe gegen den Zylinder abzudichten, dann wird der Kompressionstest wiederholt – liegt das Ergebnis deutlich höher, sind der Zylinder, der Kolben und/oder die Ringe verschlissen. Bleibt die Kompression niedrig, wird wahrscheinlich eine defekte Zylinderkopfdichtung oder ein undichtes Ventil der Grund sein, bei extrem niedrigen Werten sind aber auch ein Loch im Kolben oder ein gebrochener Kolbenring mögliche Gründe.
10 Deutlich höhere Drücke (über 14 bar) sind dank sauber verbrennender moderner Kraftstoffe unwahrscheinlich, würden allerdings auf massive Ölkohleablagerungen im Brennraum hinweisen. In diesem Fall muss der Zylinderkopf demontiert werden, um die Ablagerungen vom Kolben, aus dem Kopf und von den Ventilen entfernen zu können (siehe Sektion 9).

Druckverlust-Test

11 Ein Druckverlust-Test ähnelt einer Kompressionsprüfung, gibt aber auch Hinweise darauf, wie viel Druck durch Lecks verloren geht. Viele Werkstätten ziehen einen Druckverlust-Test gegenüber einer Kompressionsprüfung vor, da hierdurch gezielter auf Probleme hingewiesen wird, sodass nach einer Zerlegung leichter gegen die Ursachen vorgegangen werden kann. Die erforderliche Ausrüstung ist allerdings teurer als ein Kompressionsprüfer, zudem wird eine Druckluftquelle benötigt. Richten Sie sich bei der Durchführung des Tests ggf. nach der Bedienungsanleitung des Prüfgeräts – oder lassen Sie ihn von einer entsprechend ausgerüsteten Fachwerkstatt durchführen.
12 Ein Druckverlust-Test kann zusammen mit einer Kompressionsprüfung durchgeführt werden, um andere Probleme zu diagnostizieren – darunter schadhafte Komponenten des Ventiltriebs, unkorrekte Steuerzeiten oder Defekte am Zünd- und Einspritzsystem.

Öldruck-Kontrolle

Spezialwerkzeug: *Für diesen Test muss ein M10 x 1-Adapter in den Sitz der Schraube des vorderen Steuerkettenspanners installiert werden – KTM bietet ihn unter der Teilenummer 77329006000 an. Ein Öldruckprüfer wird daran per Schlauch angeschlossen – diese Teile sind bei KTM unter der Nummer 61029094000 erhältlich, können aber auch als Alternativen im Fachhandel beschafft werden.*

13 Besteht irgendein Zweifel über die Funktion des Schmiersystems, muss eine Öldruck-Kontrolle durchgeführt werden. Dieser Check liefert auch nützliche Informationen über den Verschleiß im Motor.
14 Beim Einschalten der Zündung muss die Öldruck-Kontrolllampe aufleuchten – und beim Starten des Motors erlöschen. Falls die Lampe bei laufendem Motor weiter leuchtet oder aufzuleuchten beginnt, wurde zu niedriger Öldruck festgestellt und der Motor muss unverzüglich abgeschaltet werden, um eine Ölpegel-Kontrolle durchzuführen (siehe Kapitel 1, Sektion 11). Soweit der Pegel in Ordnung ist, muss das Öl abgelassen werden (siehe Kapitel 1, Sektion 12), um die Siebe und den Ölfilter auf Verstopfung zu überprüfen (siehe Sektion 19). Kontrollieren Sie das abgelassene Öl auf Schlammbildung, was seine Fließfähigkeit behindert. Eine aufleuchtende Öldrucklampe kann auch auf einen elektrischen Defekt zurückzuführen sein – prüfen Sie die Funktion des Öldruckschalters, der Warnlampe und des Stromkreises (siehe Kapitel 8, Sektion 16). Soweit alles in Ordnung zu sein scheint, werden Motoröl aufgefüllt (siehe Kapitel 1, Sektion 12) und eine Öldruckprüfung durchgeführt.
15 Für eine Öldruck-Kontrolle werden die oben beschriebenen Spezialwerkzeuge benötigt.
16 Lösen Sie die Schraube in der Mitte des vorderen Steuerkettenspanners – beachten Sie ihren O-Ring (Abbildung 7.1a). Installieren Sie den Adapter samt Schlauch und Messuhr.
17 Bringen Sie den Motor auf Betriebstemperatur und lassen Sie ihn mit Standgas laufen – der Öldruck muss dabei ca. 2 bis 4,5 bar betragen.
18 Falls der Druck deutlich darunter liegt, können der Ölfilter oder ein Sieb blockiert sein, das Öl die falsche Viskosität haben (zu dünnes Öl) oder hoher Motorverschleiß vorliegen; beginnen Sie die Überprüfung mit dem Ablassen des Motoröls (siehe Kapitel 1, Sektion 12), um den Filter und die Siebe zu überprüfen. Kontrollieren Sie dann die Ölpumpe und das Überdruckventil (siehe Sektion 22). Soweit bis hierher alles in Ordnung ist und alle Ölkanäle frei sind, muss der Motor zerlegt werden, um das Spiel aller Gleitlager zu überprüfen und den Motor ggf. grundlegend zu überholen.
19 Falls der Öldruck zu hoch ist, kann das Überdruckventil im geschlossenen Zustand klemmen oder eine falsche Ölviskosität (Öl zu dickflüssig) verwendet worden sein.
20 Ist der Druck in Ordnung, müssen – soweit noch nicht erledigt – der Öldruckschalter, der Warnlampe und der Stromkreis überprüft werden (siehe Kapitel 8, Sektion 16).
21 Schalten Sie den Motor ab und lassen Sie ihn abkühlen. Demontieren Sie den Öldruckprüfer samt Adapter, installieren Sie die Steuerkettenspanner-Schraube samt O-Ring und ziehen Sie sie mit 10 Nm an.

⚠ ***Warnung: Passen Sie bei der Demontage des Adapters auf, sich nicht die Hände an der heißen Auspuffanlage oder dem Motor zu verbrennen!***

22 Kontrollieren Sie den Ölpegel (siehe Kapitel 1, Sektion 11).

4 Motor
Ausbau und Einbau

⚠ ***Warnung: Der Motor ist sehr schwer. Der Ein- und Ausbau des Motors sollte immer mit der Hilfe mindestens eines Assistenten ausgeführt werden. Ein herunterfallender oder abrutschender Motor kann zu Verletzungen führen und Beschädigungen zur Folge haben. Um das Gewicht des Motors vor dem Aus-***

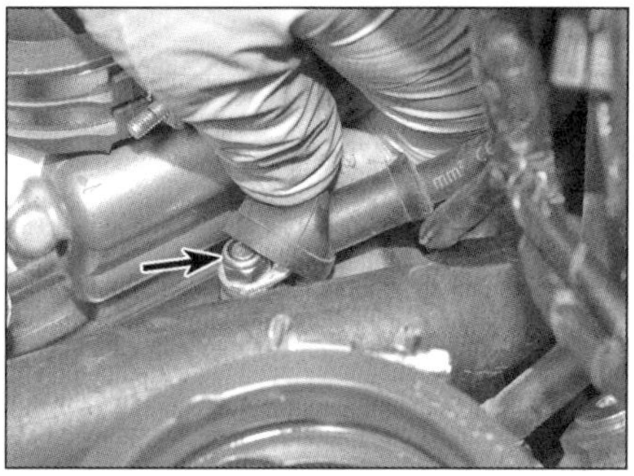

4.9a Ziehen Sie am Anlasser die Gummikappe ab, lösen Sie die Mutter und befreien Sie das Haupt-Stromkabel.

4.9b Massekabel-Schrauben am Anlasser

4.10 Verdunstungsregelungs-Schläuche

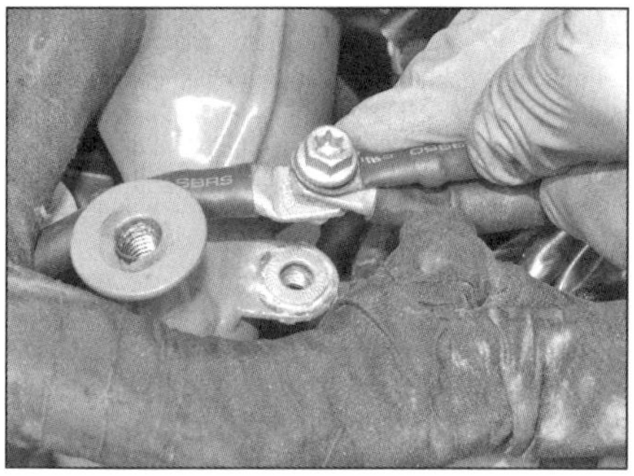

4.11 Lösen Sie die Schraube und befreien Sie die Massekabel.

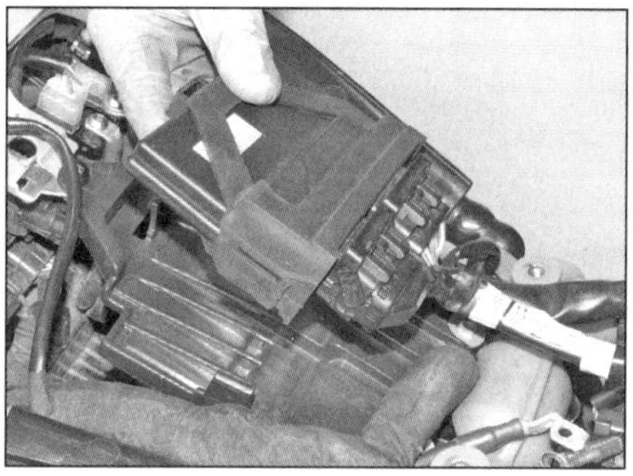

4.12a Heben Sie das Motorsteuergerät aus seiner Aufnahme und platzieren Sie es beiseite.

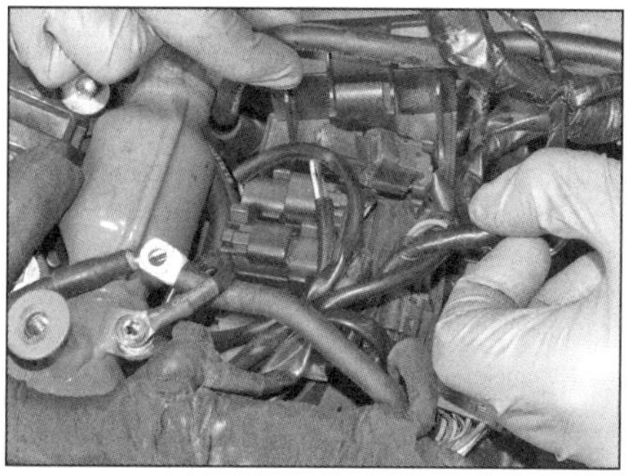

4.12b Befreien Sie alle Kabel, Stecker und Schläuche oben ...

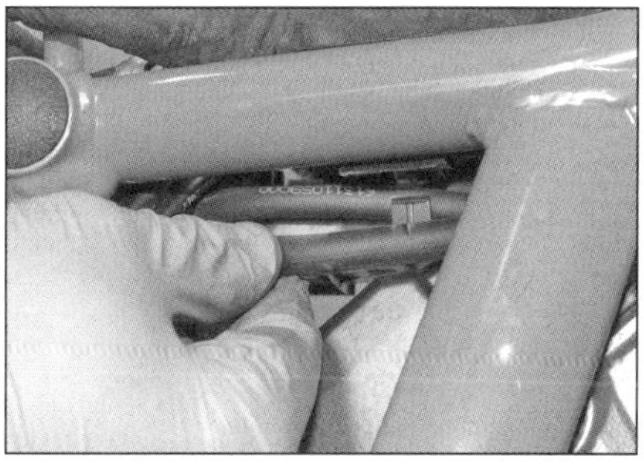

4.12c ... und an der Seite des Halters, ...

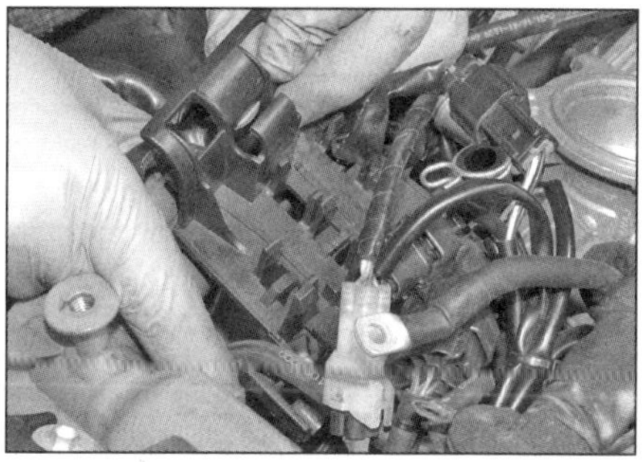

4.12d ... und diesen zu entfernen.

bau zu reduzieren, sollten gut zugängliche Komponenten wie die Kupplung, die Lichtmaschine und der Anlasser demontiert werden (siehe Sektion 2).

Ausbau

1 Demontieren Sie die Auspuffanlage (siehe Kapitel 4, Sektion 12).

2 Stützen Sie das Motorrad auf einer ebenen Fläche mit geeigneten Hilfsmitteln aufrecht ab – ein Montageständer für die Hinterachse kann nur zum Anheben, aber nicht zum Abstützen verwendet werden, da die Schwinge aus dem Motor befreit werden muss. Ziehen Sie den Bremshebel mit einem Gummiband oder einem speziellen Haken gegen den Lenker, damit die Maschine nicht nach vorne rollen kann (siehe Abbildungen). Die Arbeit kann erleichtert werden, wenn das Motorrad mithilfe einer Rampe oder Bühne auf eine bessere Höhe gebracht wird. Das Motorrad muss sicher stehen und darf nicht nach vorne überkippen (beachten Sie die *Werkzeug- und Werkstatt-Tipps* im Anhang).

3 Trennen Sie die Batterie vom Stromnetz (siehe Kapitel 8, Sektion 3).

4 Lassen Sie das Motoröl und das Kühlmittel ab und demontieren Sie nötigenfalls den Ölfilter (siehe Kapitel 1, Sektion 12 und 15).

5 Demontieren Sie den Kraftstofftank, das Luftfiltergehäuse und das Drosselklappengehäuse (siehe Kapitel 4, Sektionen 2, 3 und 4). Verstopfen Sie die Ansaugstutzen mit sauberen Lappen, um keine Fremdkörper eindringen zu lassen.

6 Demontieren Sie **beim GT-Modell** den Motorspoiler (siehe Kapitel 7, Sektion 3).

7 Falls der Motor – speziell an seinen Aufhängungen – verschmutzt ist, muss er zuerst gründlich gereinigt werden. Hierdurch wird nicht nur die Arbeit erleichtert, sondern auch ausgeschlossen, dass abfallender Schmutz hineingeraten kann.

8 Demontieren Sie den Kühler samt seiner Haupt-Schläuche – merken Sie sich die Verlegung (siehe Kapitel 3, Sektion 5).

9 Befreien Sie das Haupt-Stromkabel vom Anlasser und lösen Sie dessen Schrauben, um die Massekabel zu trennen (siehe Abbildungen).

10 Demontieren Sie das Sekundärluftsystem-Regelventil samt seiner Schläuche und Zungenventildeckel (siehe Kapitel 4, Sektion 14). Trennen Sie bei Modellen mit Verdunstungsregelung dessen Schläuche von den Stutzen rechts an den Zylinderköpfen (siehe Abbildung).

11 Lösen Sie die Massekabel vom Rahmen (siehe Abbildung).

12 Befreien Sie **beim GT-Modell** das Motorsteuergerät und lassen Sie es an der Seite herunterhängen. Befreien Sie dann die Stecker und Schläuche vom Halter und entfernen Sie diesen (siehe Abbildungen). Positionieren Sie das Steuergerät wieder an seinem Platz.

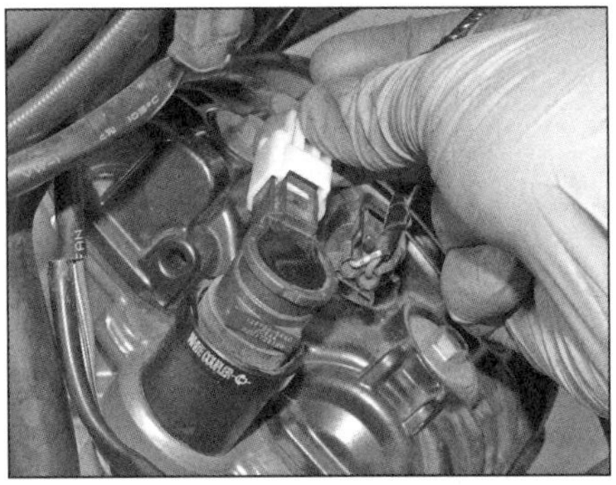

4.13a Trennen Sie die Kabelstecker aller Zündspulen/Kerzenstecker ...

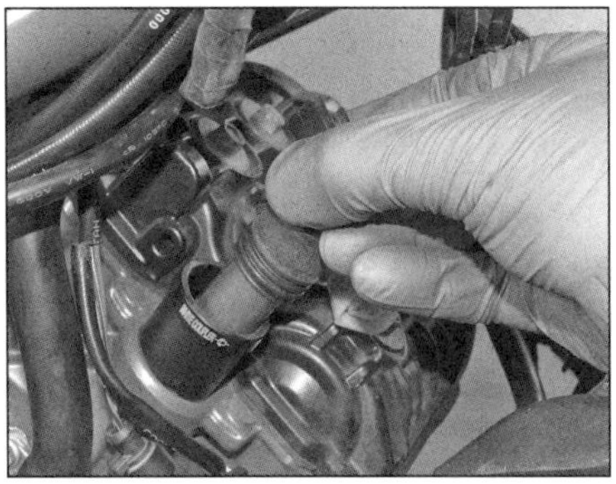

4.13b ... und ziehen Sie diese drehend aus den Zündkerzenkanälen.

4.14a Stecker des Kühlmittel-Temperatursensors

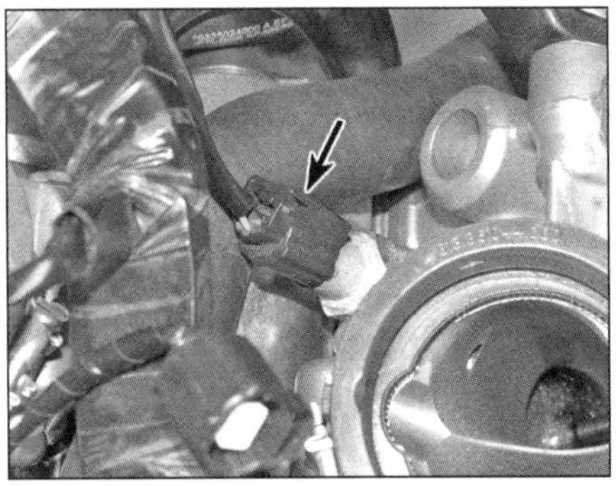

4.14b Stecker des Öldruckschalters

4.17a Lösen Sie die zwei Schrauben ...

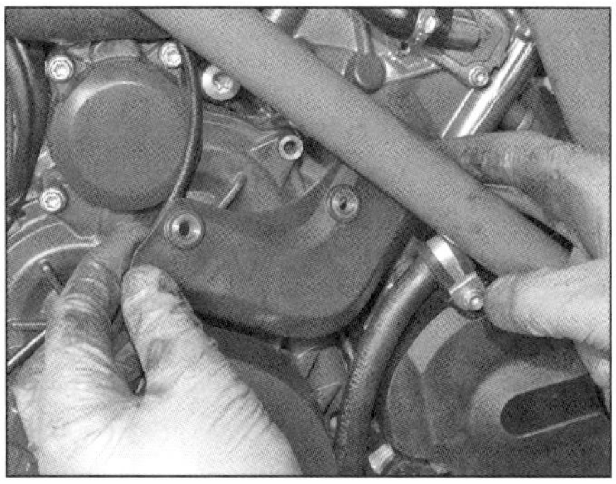

4.17b ... und entnehmen Sie die Verkabelungs-Blende.

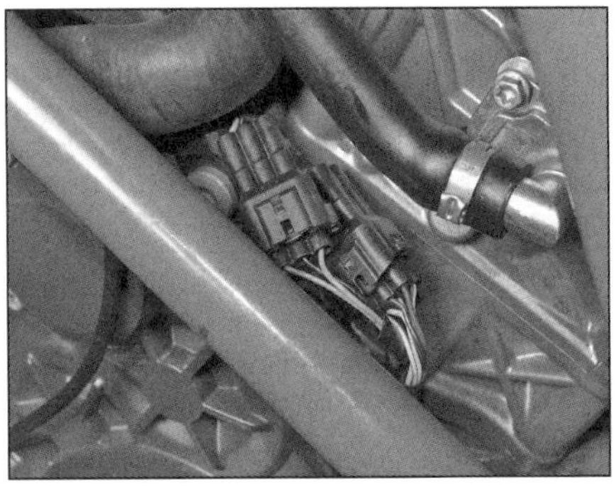

4.17c Trennen Sie die zwei Stecker.

4.17d Öffnen Sie die Kabelbinder und merken Sie sich die Verlegung der Kabel.

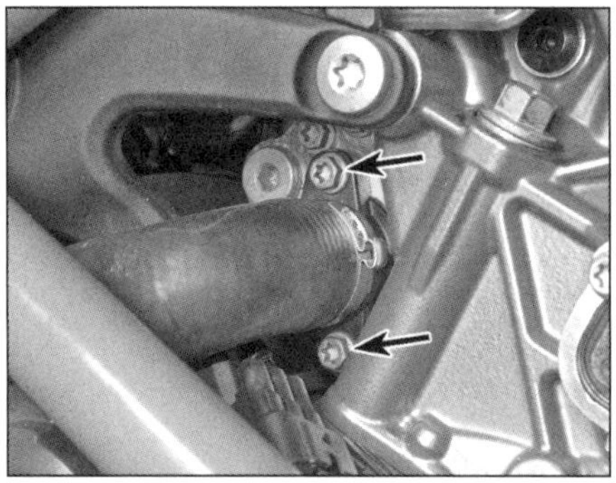

4.17e Lösen Sie die Schrauben der Thermostatabdeckung, ...

13 Trennen Sie die Kabelstecker aller Zündspulen/Kerzenstecker, reinigen Sie deren Oberseiten und ziehen Sie sie drehend aus den Zündkerzenkanälen (siehe Abbildungen). Beachten Sie, dass die Stecker der Primärzündspulen schwarz sind, wogegen diejenigen der Sekundärzündspulen weiß sind.

14 Trennen Sie die Stecker des Kühlmittel-Temperatursensors und des Öldruckschalters (siehe Abbildungen).

15 Demontieren Sie den Motorritzel-Deckel und das Ritzel (siehe Kapitel 6, Sektion 21) – folgen Sie den entsprechenden Schritten, um nicht die Antriebskette öffnen zu müssen.

16 Befreien Sie das Schaltgestänge vom Hebel am Motor und entfernen Sie den Hebel (siehe Kapitel 5, Sektion 3) – folgen Sie den entsprechenden Schritten, um nicht den Schalthebel entfernen zu müssen.

17 Demontieren Sie die Verkabelungs-Blende (siehe Abbildungen). Trennen Sie die Stecker des Seitenständerschalters und den Gangsensors, befreien Sie die Kabel aus allen Befestigungen und führen Sie zum Schalter und Sensor herunter - merken Sie sich ihre Verlegung (siehe Abbildungen). Lösen Sie die Schrauben der Thermostatabdeckung, befreien Sie diese und führen Sie die kabelbaumseitigen Stecker zwischen dem Kühlerschlauch und dem Motorträger hindurch (siehe Abbildungen). Setzen Sie die Thermostatabdeckung wieder an den Zylinderkopf und sichern Sie sie mit den Schrauben.

18 Demontieren Sie die gesamte Seitenständer-Baugruppe (siehe Abbildung).

19 Trennen Sie die Stecker der Lichtmaschine, des Ölpegelsensors und des Kurbelwellensensors (siehe Abbildung). Befreien Sie die Kabel aus allen Befestigungen, merken Sie sich ihre Verlegung und führen Sie sie nach unten heraus.

20 Befreien Sie **beim R-Modell ab 2017 und allen GT-Modellen** den Schaltwellensensor und verlagern Sie ihn beiseite (siehe Abbildung).

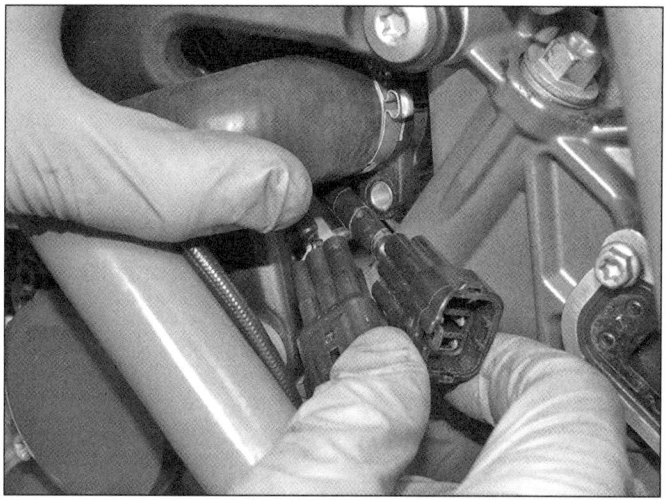

4.17f ... befreien Sie diese und führen Sie die kabelbaumseitigen Stecker zwischen Kühlerschlauch und Motorträger hindurch.

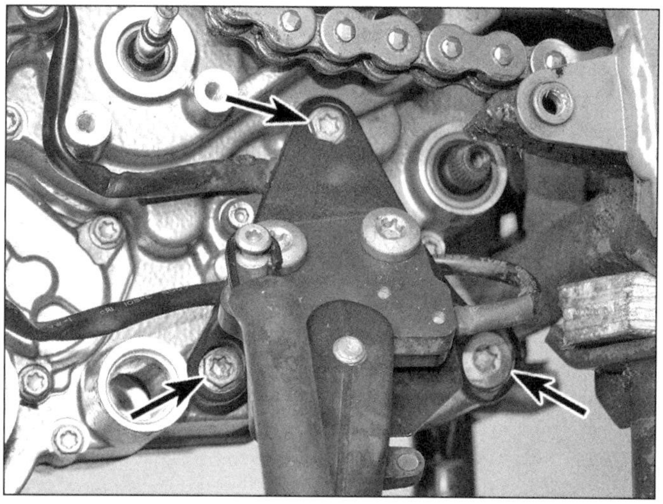

4.18 Lösen Sie die drei Schrauben des inneren Seitenständer-Trägers und entnehmen Sie die Ständer-Baugruppe.

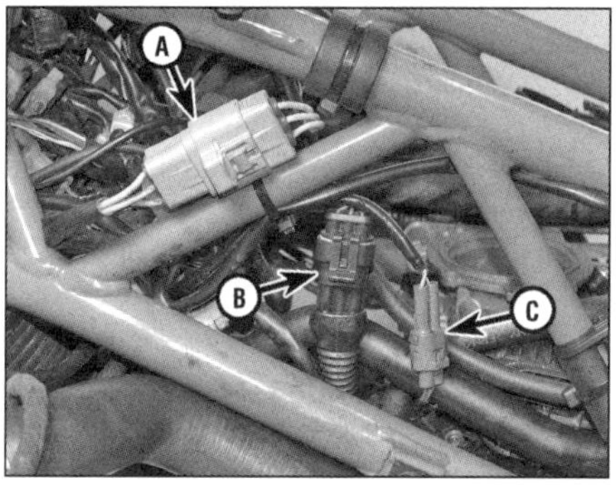

4.19 Stecker der Lichtmaschine (A), des Ölpegelsensors (B) und des Kurbelwellensensors (C)

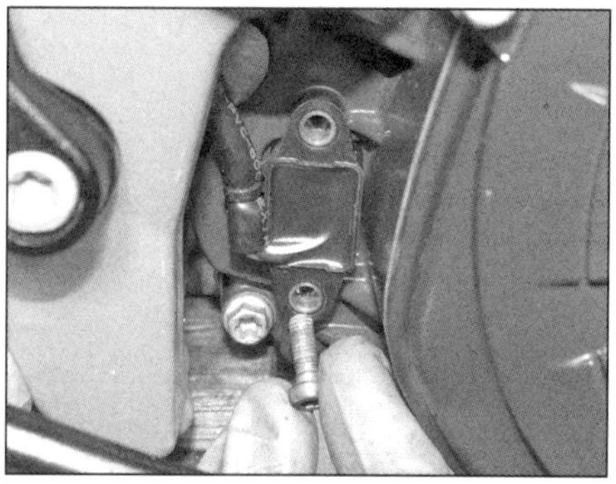

4.20 Lösen sie die zwei Schrauben des Schaltwellensensors und befreien Sie diesen aus dem Arbeitsbereich.

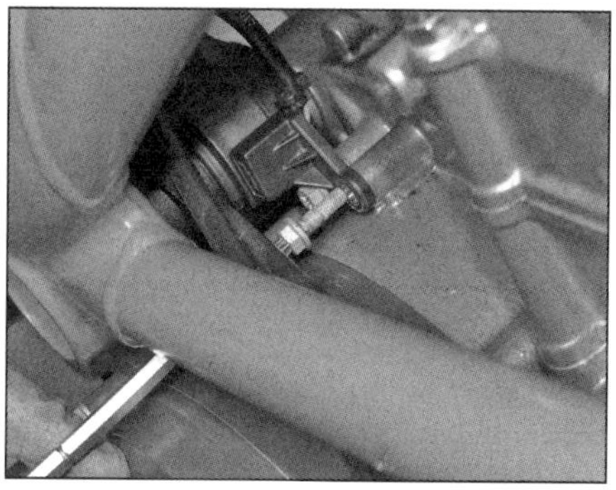

4.21a Lösen Sie die zwei Schrauben ...

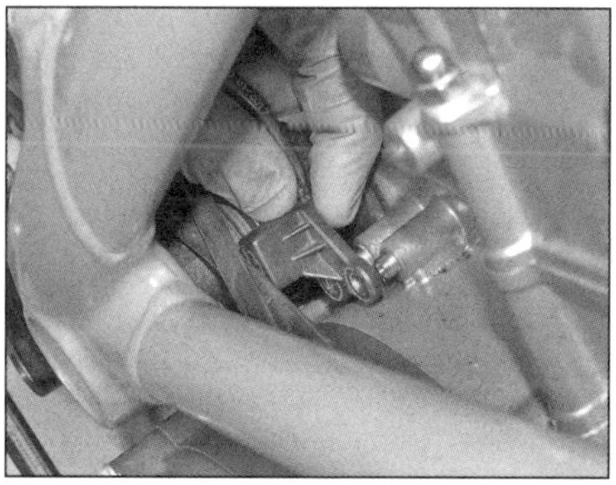

4.21b ... und befreien Sie den Schwingen-Positionssensor aus dem Arbeitsbereich.

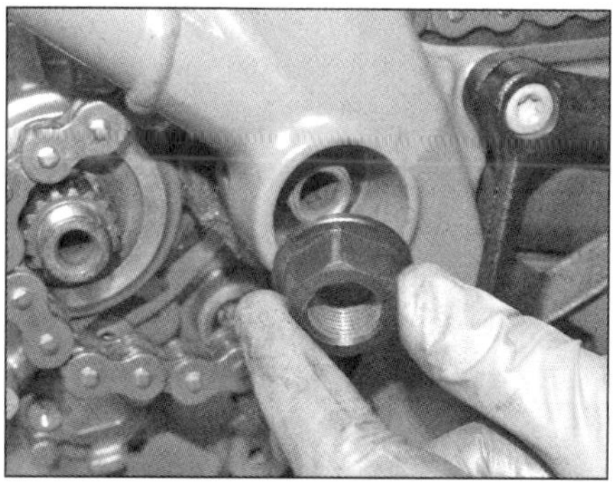

4.23a Lösen Sie die Mutter des Schwingenbolzens und drücken Sie diesen hinein, ...

4.23b ... um ihn rechts so weit herauszuziehen, dass der Motor frei ist, die Schwinge aber noch gestützt wird.

21 Demontieren Sie **beim GT-Modell** den Schwingen-Positionssensor und verlagern Sie ihn beiseite (siehe Abbildungen).

22 Stellen Sie jetzt eine mechanische oder hydraulische Hebevorrichtung unter den Motor und legen Sie ein Holz darauf, um das Motorgehäuse nicht zu beschädigen. Der Heber muss mittig positioniert sein, sodass der Motor nicht seitlich herunterfällt, nachdem der letzte Bolzen gelöst wurde. Der Heber soll lediglich das Gewicht des Motors aufnehmen (aber nicht das Motorrad anheben), damit keine Belastung auf die Motorbolzen ausgeübt wird und sie leicht herausgezogen werden können.

23 Lösen Sie die Mutter des Schwingenbolzens, drücken Sie den Bolzen von links durch und ziehen Sie ihn rechts so weit heraus, dass er nur noch die rechte Seite Schwinge trägt (siehe Abbildungen) – nach dem Ausbau des Motors kann er wieder eingeschoben werden, um die Schwinge vollständig zu halten.

4.24 Befreien Sie die Antriebskette von der Getriebewelle.

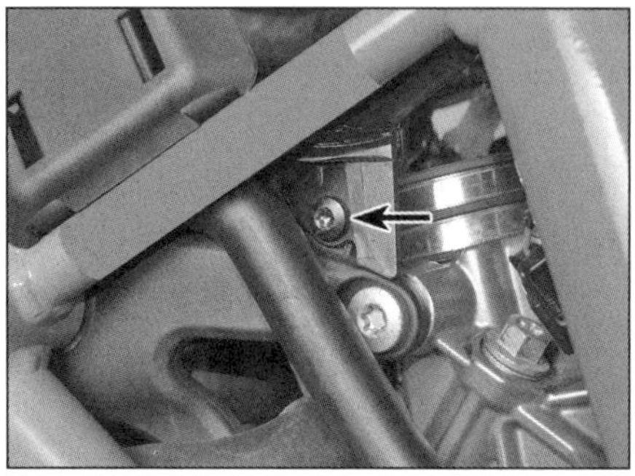

4.25a Lösen Sie die Schraube der Kabelbaumhalter am linken ...

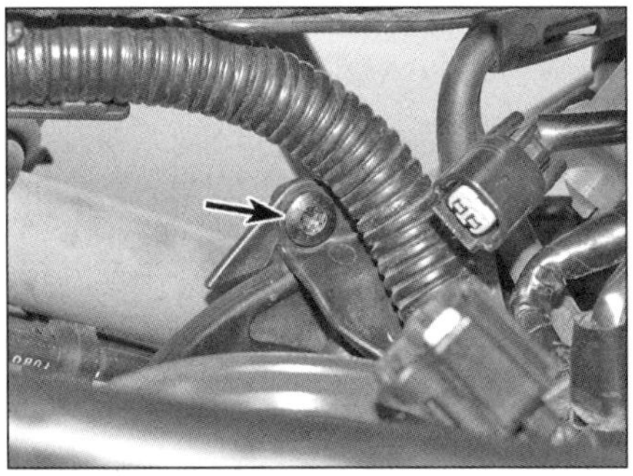

4.25b ... und am rechten Motorträger.

4.26 Hinterer unterer Motorbolzen am R-Modell bis 2016 (hier mit montiertem Auspuff)

24 Ziehen Sie die Antriebskette nach vorn, bis sie von der Getriebeausgangswelle befreit werden kann (siehe Abbildung). Lassen Sie sie vorn über der Schwinge herunterhängen.
25 Lösen Sie an allen Motorträgern die Schraube des Kabelbaumhalters (siehe Abbildungen). Prüfen Sie, ob alle relevanten Kabel und Schläuche getrennt und befreit sind.
26 Lösen Sie **beim R-Modell bis 2016** hinten rechts am Motor den unteren Motorbolzen (siehe Abbildung).
27 Der Motor muss sicher abgestützt sein und von einem Assistenten gehalten werden (beachten Sie den Warnhinweis am Anfang dieser Sektion). Lösen Sie nun an beiden Seiten des Rahmens die oberen Motorbolzen und ziehen Sie sie samt Scheiben heraus (siehe Abbildungen).
28 Verlagern Sie den Motor nach vorn, um ihn aus der Schwinge zu befreien, senken Sie ihn dann ab und manövrieren Sie ihn nach links aus dem Rahmen heraus (siehe Abbildung).
29 Schieben Sie den Schwingenbolzen wieder ein, damit er die Schwinge im Rahmen sichert.

Einbau

30 Ziehen Sie den Schwingenbolzen so weit nach rechts, dass er nicht den Einbau des Motors behindert, aber noch die rechte Seite der Schwinge trägt (siehe Abbildung) – ziehen Sie ihn nicht vollständig heraus.
31 Reinigen Sie die Gewinde der Motorbolzen und tragen Sie frische Sicherungspaste (z. B. Loctite 243) auf.
32 Manövrieren Sie den Motor mithilfe eines Assistenten von links im Rahmen in Position, kontrollieren Sie dabei, ob alle Kabel, Bowdenzüge usw. korrekt verlegt sind und nicht eingeklemmt werden (Abbildung 4.28). Heben Sie ihn mit der Vorrichtung an, sodass die oberen Bolzen samt Scheiben handfest installiert werden können (siehe Abbildung sowie Abbildungen 4.27a und b). Heben Sie den Motor hinten an, legen Sie die Antriebskette um die Getriebewelle und richten Sie die Schwingen-Aufnahme zum Rahmen aus, sodass der Schwingenbolzen eingeschoben werden kann (Abbildungen 4.24 und 4.23b). Die Abflachungen des Bolzenkopfs müssen zu denen im Rahmen ausgerichtet werden (siehe Abbildung).
33 Drehen Sie **beim R-Modell bis 2016** hinten rechts den unteren Motorbolzen handfest ein (Abbildung 4.26).
34 Versehen Sie das Gewinde der Schwingenbolzen-Mutter mit etwas Fett, drehen Sie sie auf und ziehen Sie sie mit 130 Nm an (Abbildung 4.23a).
35 Ziehen Sie alle Motorbolzen mit 45 Nm an.
36 Entfernen Sie die Motor-Abstützung.
37 Der Rest des Einbaus entspricht der umgekehrten Ausbaureihenfolge – beachten Sie dabei folgende Punkte:

- Reinigen Sie die Gewinde der Schrauben des inneren Seitenständer-Trägers und tragen Sie frische Sicherungspaste (z. B. Loctite 243) auf. Installieren Sie alle Schrauben zunächst handfest und ziehen Sie dann zuerst die M8-Schrauben mit 25 Nm und anschließend die M10-Schraube mit 45 Nm an.

4.27a Lösen Sie rechts ...

4.27b ... und links die oberen Motorbolzen.

4.28 Befreien Sie den Motor wie beschrieben aus dem Rahmen.

4.30 Der Bolzen muss die Schwinge halten, darf aber nicht innen herausragen.

4.32a Heben Sie den Motor an und installieren Sie an beiden Seiten die oberen Motorbolzen.

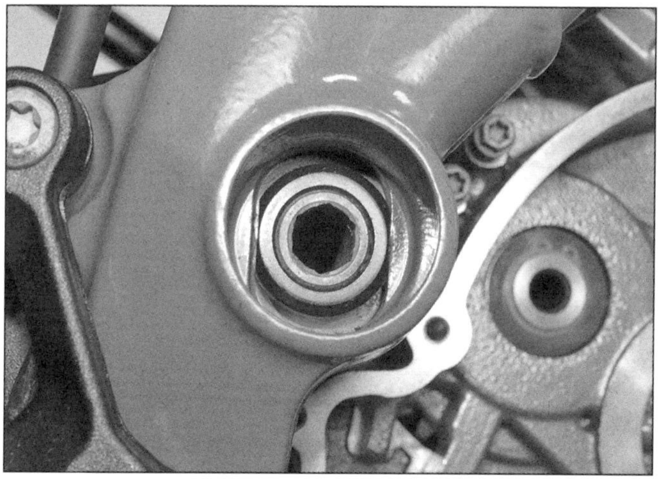

4.32b Richten Sie den Bolzenkopf zu den Abflachungen im Rahmen aus, um den Bolzen verdrehsicher und vollständig einschieben zu können.

- Alle Kabel, Bowdenzüge und Schläuche müssen korrekt verlegt und angeschlossen sowie gesichert werden.
- Rüsten Sie alle Auspuff-Anschlüsse mit neuen Dichtungen aus.
- Füllen Sie den Motor mit den korrekten Mengen Motoröl und Kühlmittel auf (siehe Kapitel 1, Sektion 12 und 15).
- Stellen Sie den Durchhang der Antriebskette ein (siehe Kapitel 1, Sektion 3).
- Starten Sie den Motor und prüfen Sie alles auf Dichtigkeit.

5 Motorüberholung
Allgemeine Informationen

1 Vor einer Überholung müssen alle zugehörigen Arbeitsschritte durchgelesen werden, damit man sich einen Überblick über den Umfang und die Anforderungen der Tätigkeit machen kann. Eine Motorüberholung ist nicht besonders schwierig, dafür aber zeitaufwendig. Prüfen Sie die Verfügbarkeit aller notwendigen Teile und sorgen Sie dafür, dass alle notwendigen Spezialwerkzeuge zugänglich sind.

2 Die meisten Arbeiten können mit der normalen Werkstatt-Ausrüstung durchgeführt werden, doch zur Verschleißermittlung werden zahlreiche Präzisions-Messgeräte benötigt – beachten Sie dazu die Hinweise im Anhang.

3 Um den überholten Motor möglichst problemlos und lange betreiben zu können, muss alles äußerst sorgfältig in einer absolut sauberen Umgebung zusammengebaut werden.

Zerlegen

4 Vor dem Zerlegen des Motors muss dieser ordentlich gereinigt und äußerlich entfettet werden. Hiermit wird einer Verschmutzung der Motorinnereien vorgebeugt und außerdem ein leichteres und sauberes Arbeiten ermöglicht. Mit einem schwer entflammbaren Lösungsmittel (Petroleum) oder besser noch einem speziellen Maschinen-Entfettungsmittel und alten Pinseln oder Zahnbürsten werden die verschiedenen Ecken und Winkel gereinigt. Passen Sie auf, dass kein Lösungsmittel oder Wasser an elektrische Teile oder in die Ein- und Auslasskanäle gerät.

⚠ ***Warnung: Die Verwendung von Benzin als Reinigungsmittel sollte aufgrund des hohen Entzündungsrisikos vermieden werden.***

5 Schaffen Sie für den gereinigten und getrockneten Motor ausreichend Platz auf einer sauberen Arbeitsfläche – möglichst einer stabilen Werkbank –, damit alle demontierten

2

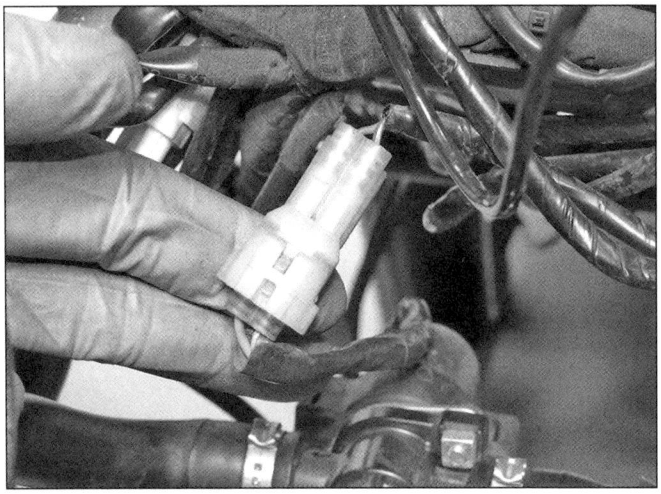

6.3 Stecker des Sekundärluftsystem-Regelventils

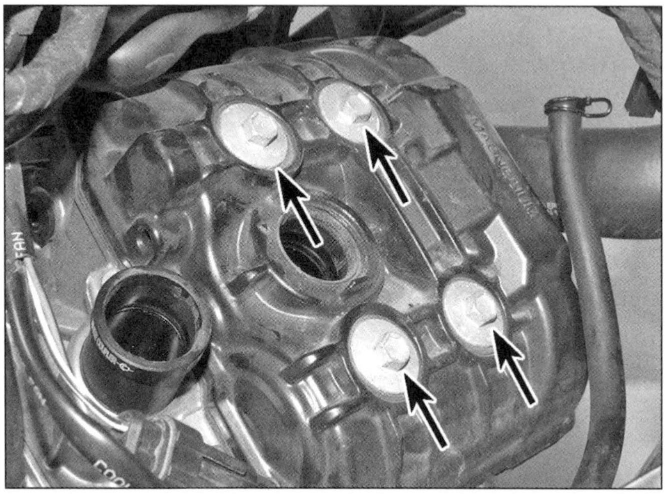

6.4a Ventildeckel-Schrauben

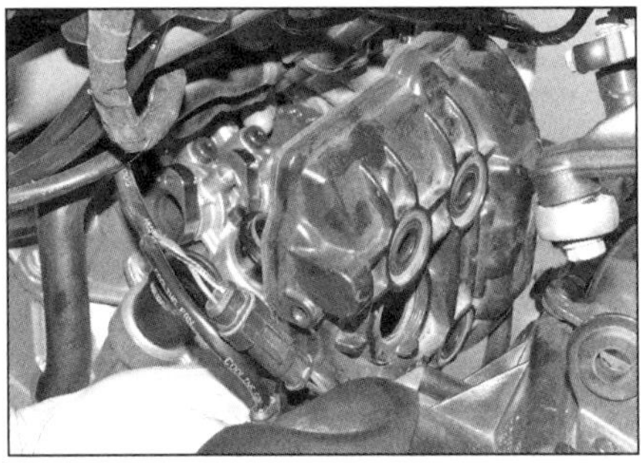

6.4b Demontage des vorderen Ventildeckels

6.4c Demontage des hinteren Ventildeckels

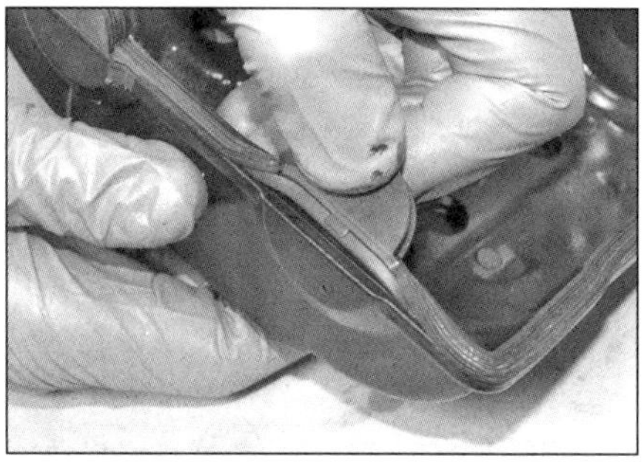

6.7a Drücken Sie die Ventildeckeldichtung rundherum in die Nut des Deckels.

Baugruppen bearbeitet werden können. Halten Sie eine Ansammlung von Behältern und Plastiktüten bereit, damit zusammengehörige Einzelteile in übersichtlichen Gruppen gelagert werden können. Papier und Stift sollten für Notizen und Markierungen ebenso vorhanden sein wie ein Vorrat an sauberen und saugfähigen Lappen.

6 Lesen Sie vor Arbeitsbeginn die entsprechende Sektion vollständig durch, um einen Überblick zu erhalten. Beachten Sie, dass bei der Zerlegung der verschiedenen Motorkomponenten nur selten große Kraftanstrengung nötig ist – außer dies ist extra erwähnt. Das Überprüfen des vorgeschriebenen Anzugdrehmoments einer bestimmten Schraube zeigt an, wie fest sie sitzt und wie viel Kraft zum Lösen gebraucht wird. In vielen Fällen, in denen sich Teile hartnäckig weigern, auseinanderzugehen, liegt ein unkorrekter Versuch der Demontage vor. Bei jedem Zweifel sollte im Text nachgelesen werden. Sprühen Sie korrodierte Verbindungen mit Kriechöl ein und lassen Sie es einige Stunden einwirken.

7 Beim Zerlegen des Motors müssen im Motor zusammenarbeitende »Paare« zusammengehalten werden (Kolben mit Ringen und Pleuel, Zahnräder, Ventile mit ihren Komponenten usw.). Diese Paare dürfen nur als Einheit erneuert oder wiederverwendet werden. Es ist hilfreich, eine große Pappe entsprechend des Aufbaus des Motors zu markieren, sodass die Teile darauf entsprechend ihrer Positionen im Motor verteilt werden können.

8 Die Zerlegung der Motor/Getriebe-Einheit sollte nach der folgenden generellen Reihenfolge und unter Berücksichtigung der entsprechenden Sektionen vorgenommen werden:

- Demontieren Sie die Ventildeckel.
- Demontieren Sie die Zylinderköpfe.
- Demontieren Sie die Zylinder und Kolben.
- Demontieren Sie den Lichtmaschinenrotor, den Anlasserfreilauf, den Drehmomentbegrenzer und das Zwischenrad.
- Demontieren Sie die Kupplung.
- Demontieren Sie die Steuerketten samt Antriebsräder und Schienen.
- Demontieren Sie das Primärtriebrad.
- Demontieren Sie den Schaltmechanismus.
- Demontieren Sie die Ausgleichswelle und ihr Antriebsrad.
- Demontieren Sie die Öl-Druckpumpe und die linke Öl-Saugpumpe.
- Trennen Sie die Motorgehäusehälften.
- Demontieren Sie die mittlere Öl-Saugpumpe.
- Demontieren Sie die Schaltwalze und die Schaltgabeln sowie die Getriebewellen.
- Demontieren Sie die Kurbelwelle.

Zusammenbau

9 Der Zusammenbau des Motors erfolgt in der umgekehrten Demontage-Reihenfolge.

6 Ventildeckel

Ausbau

1 Demontieren Sie das Luftfiltergehäuse (siehe Kapitel 4, Sektion 3).

2 Demontieren Sie die Zündspulen (Kerzenstecker) (siehe Kapitel 4, Sektion 18).

3 Trennen Sie den Stecker des Sekundärluftsystem-Regelventils und verlagern Sie das Ventil aus dem Arbeitsbereich (siehe Abbildung).

4 Lösen Sie die vier Ventildeckel-Schrauben und heben Sie den Ventildeckel vom Zylinderkopf (siehe Abbildungen) – falls er klemmt, muss er rundherum mit einem Kunststoffhammer oder Holzstück gelockert werden. Versuchen Sie nicht, den Deckel mit Gewalt abzuheben!

5 Entfernen Sie die Dichtscheiben der Schrauben, die Ventildeckel-Gummidichtung und den

6.7b Legen Sie die Dichtung auf die Zündkerzenkanal-Hülse.

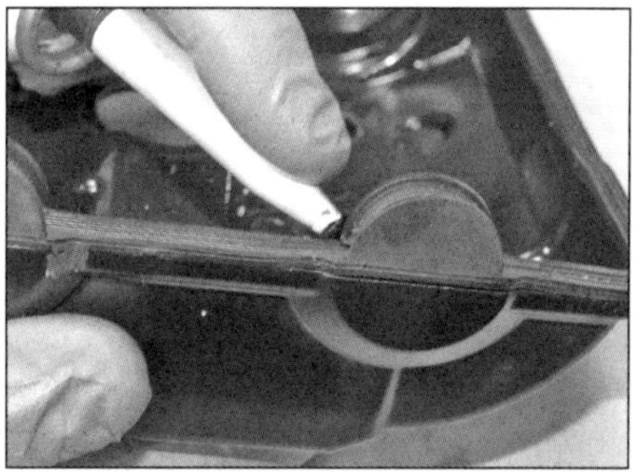

6.7c Tragen Sie an den Ecken der Dichtungs-Halbkreise etwas Dichtmasse auf.

6.8a Achten Sie auf den korrekten Sitz der Ventildeckeldichtung.

6.8b Legen Sie die Scheiben richtig herum auf ...

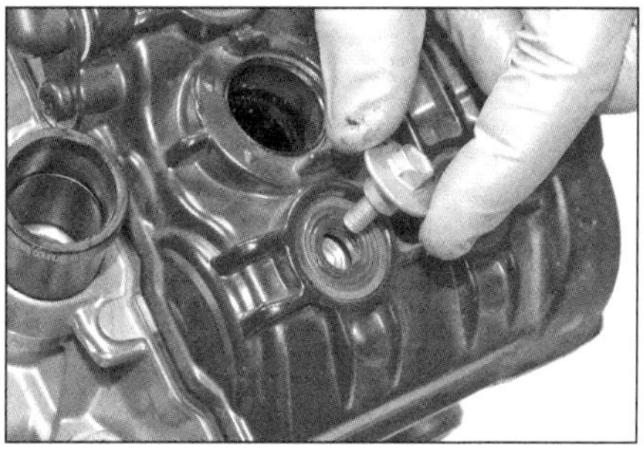

6.8c ... und ziehen Sie die Ventildeckelschrauben mit 10 Nm an.

7.1a Lösen Sie die Schraube ...

7.1b ... und den Verschlussstopfen des Steuerkettenspanners.

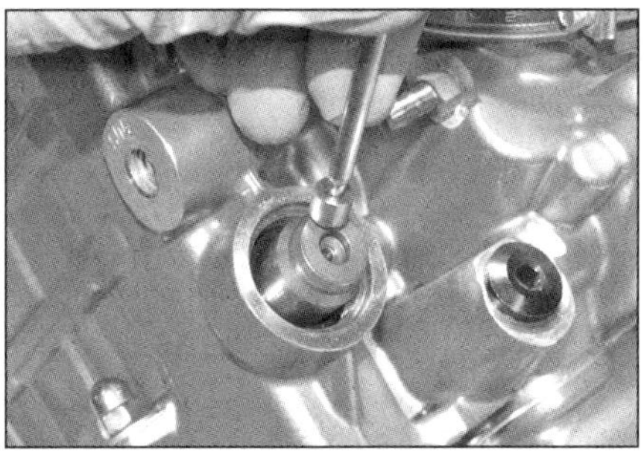

7.2a Ziehen Sie den Spanner z. B. mit einem Magneten heraus ...

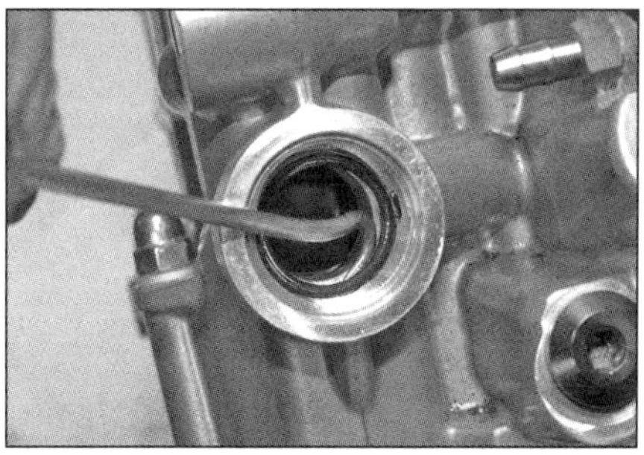

7.2b ... und entfernen Sie seinen O-Ring – hier aus dem Zylinderkopf.

Dichtring des Zündkerzenkanals (Abbildungen 6.8b sowie 6.7b und a) – alle Dichtungen können wiederverwendet werden, soweit sie in Ordnung sind, ansonsten müssen sie als Set beschafft werden (einzelne Dichtungen sind also nicht erhältlich).

Einbau

6 Wählen Sie den korrekten Ventildeckel aus – derjenige des hinteren Zylinders ist mit einem Stutzen für den Motorentlüftungsschlauch ausgerüstet (Abbildung 6.4c).

7 Reinigen Sie den Deckel und die Dichtfläche des Zylinderkopfs mit Lösungsmittel. Drücken Sie die Ventildeckeldichtung rundherum in die Nut des Deckels und sichern Sie sie dort nötigenfalls mit etwas Fett (siehe Abbildung). Legen Sie die Dichtung auf die Zündkerzenkanal-Hülse (siehe Abbildung). Tragen Sie an den Ecken der Dichtungs-Halbkreise etwas Dichtmasse auf (z. B. Loctite 5910) (siehe Abbildung).

8 Setzen Sie den Deckel auf – die Dichtung darf nicht verrutschen und ihre Halbkreise müssen korrekt in ihre Sitze greifen (siehe Abbildung). Legen Sie die Dichtscheiben auf, installieren Sie die Schrauben und ziehen Sie schrittweise mit 10 Nm an (siehe Abbildungen).

9 Positionieren Sie das Sekundärluftsystem-Regelventil und verbinden Sie seinen Stecker (Abbildung 6.3).

10 Installieren Sie die verbliebenen Komponenten in der umgekehrten Ausbaureihenfolge.

7 Steuerkettenspanner

Anmerkung: *Der Steuerkettenspanner des vorderen Zylinders sitzt links vorn im Zylinderkopf; derjenige des hinteren Zylinders rechts vorn. Die Steuerkette kann bei demontiertem Kettenspanner nicht auf den Kettenrädern überspringen.*

1 Lösen Sie die Schraube in der Mitte der Verschlussschraube und drehen Sie dann diese aus dem Zylinderkopf (siehe Abbildungen) – beide O-Ringe müssen beim Einbau durch Neuteile ersetzt werden.

2 Ziehen Sie den Kettenspanner aus dem Zylinderkopf (siehe Abbildung) – der O-Ring (am Spanner oder im Zylinderkopf) muss beim Einbau durch ein Neuteil ersetzt werden (siehe Abbildung).

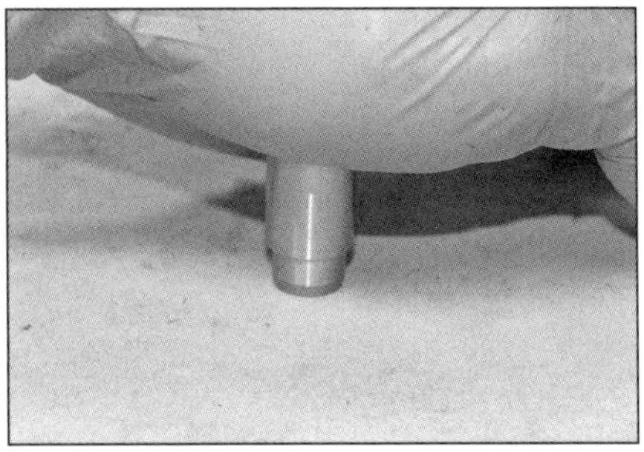

7.4a Drücken Sie das Spannergehäuse vollständig über den Kolben herunter ...

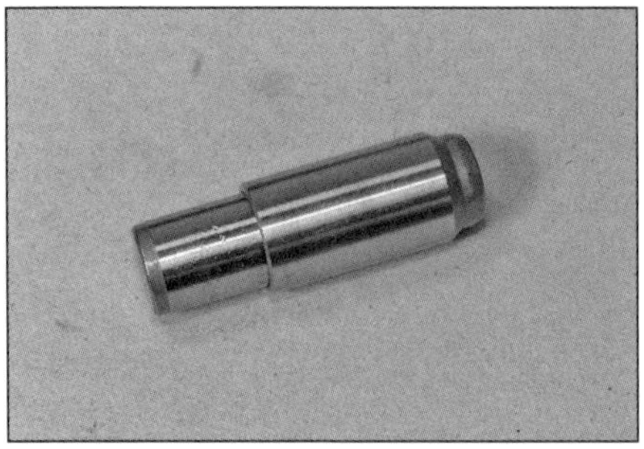

7.4b ... und lassen Sie es los – der Kolben muss sich wieder herausschieben.

7.5a Legen Sie die Scheiben neben den Kolben und drücken Sie das Spannergehäuse bis auf sie herunter.

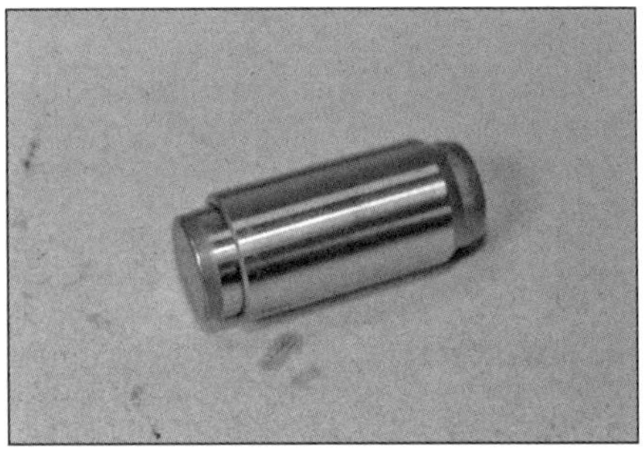

7.5b Der Kolben muss jetzt in der eingezogenen Position einrasten und darf nur ca. 3 mm herausragen.

7.7a Rüsten Sie die Verschlussschraube mit einem neuen O-Ring aus.

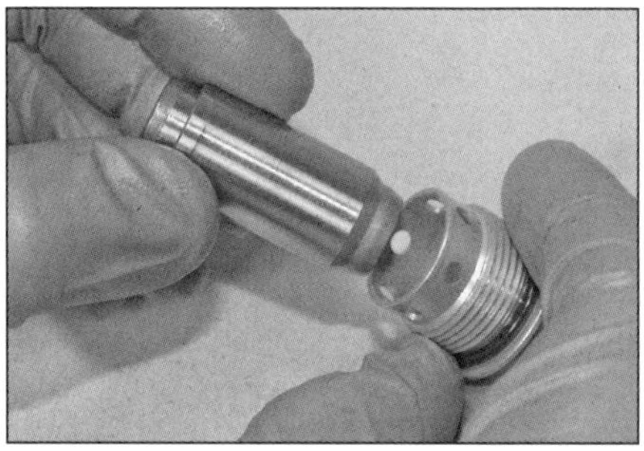

7.7b Stecken Sie den Spanner mit dem Kolben nach außen zeigend in die Verschlussschraube.

7.7c Rüsten Sie das Spannergehäuse mit einem neuen O-Ring aus.

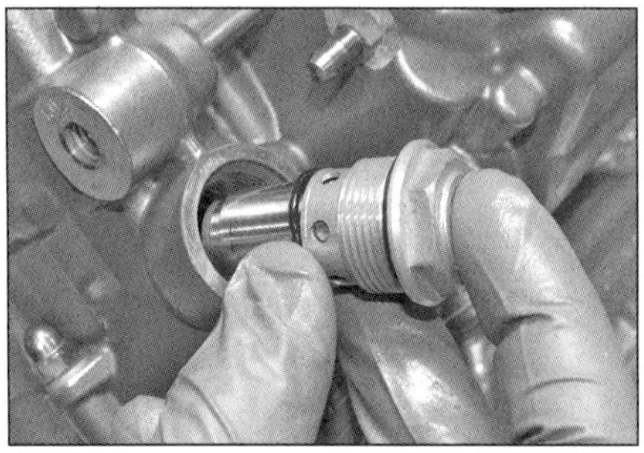

7.8 Installieren Sie die Kettenspanner-Baugruppe in den Zylinderkopf.

7.9 Drücken Sie das Werkzeug kräftig ein, um den Spannerkolben zu lösen und gegen die Spannerschiene drücken zu lassen.

Kontrolle und Zurücksetzen

3 Falls der alte Kettenspanner wieder installiert werden soll, muss er zuvor kontrolliert und wie folgt zurückgesetzt werden.

4 Stellen Sie den Spanner mit dem Kolben nach unten auf die Werkbank und drücken Sie sein Gehäuse fest herunter, bis es auf der Arbeitsfläche aufsetzt, lassen Sie es dann los – der Spanner muss sich vollständig entspannen (siehe Abbildungen).

5 Beschaffen Sie zwei 2,0 bis 2,5 mm starke Scheiben, stellen Sie den Kettenspanner wieder auf den Kolben, legen Sie die Scheiben daneben und drücken Sie das Gehäuse bis auf die Scheiben herunter (siehe Abbildung). Jetzt muss die Arretierung einrasten und den Kolben am vollständigen Herausschieben hindern, sodass er nur noch ca. 3 mm herausragt. Der Kettenspanner kann jetzt eingebaut werden (siehe Abbildung).

Einbau

Spezialwerkzeug: *Zum Auslösen des Kolbens nach dem Einbau des Kettenspanners wird das KTM-Werkzeug mit der Teilenummer 61229021000 oder eine geeignete Alternative benötigt, es können auch ein 8 mm starker Dorn und ein Stück Holz verwendet werden (siehe Schritt 10).*

6 Der Kettenspanner muss korrekt zurückgesetzt werden, sodass der Kolben nur noch ca. 3 mm herausragt (siehe Schritt 5) (Abbildung 7.5b).

7 Rüsten Sie die Verschlussschraube mit einem neuen O-Ring aus und stecken Sie den Spanner mit dem Kolben nach außen zeigend hinein, rüsten Sie das Spannergehäuse dann mit einem neuen O-Ring aus (siehe Abbildungen).

8 Installieren Sie die Kettenspanner-Baugruppe in den Zylinderkopf und ziehen die Verschlussschraube mit 25 Nm an (siehe Abbildung).

9 Verwenden Sie entweder das KTM-Spezialwerkzeug (siehe oben) oder eine 8 mm starke Metallstange (Dorn) und ein Stück Holz (zum Schutz der Hand), um den Kolben fest einzudrücken und ihn aus der Arretierung zu befreien – er wird sich fühlbar eindrücken lassen (siehe Abbildung). Installieren Sie die mit einem neuen O-Ring ausgerüstete Schraube und ziehen Sie sie mit 10 Nm an (Abbildung 7.1a).

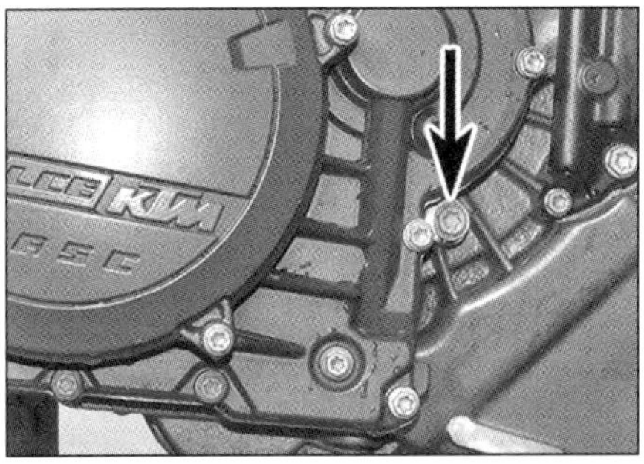

8.1a Lösen Sie die Verschlussschraube und entfernen Sie sie samt Dichtscheibe.

8.1b Hier wird die Kurbelwelle mit einem 6-mm-Dorn blockiert.

8.4a Schrauben Sie den Stopfen aus dem Lichtmaschinendeckel – beachten Sie seinen O-Ring.

8 Nockenwellen und Schlepphebel

1 An der Kurbelwelle befinden sich keine Steuerzeitenmarkierungen, lediglich die Nockenwellen sind mit Markierungen versehen, die anzeigen, wann sich der entsprechende Zylinder im oberen Totpunkt des Verdichtungstakts befindet. In der Kurbelwelle befinden sich Vertiefungen, in die eine Arretierung gesteckt werden kann, um sie bei korrekt positionierten Nockenwellen zu blockieren. Hierzu kann das KTM-Spezialwerkzeug 61229015000 oder ein 6 mm starker Dorn verwendet werden. Drehen Sie die Verschlussschraube aus dem Motorgehäuse (siehe Abbildung) – die Vertiefungen lassen sich beim Drehen der Kurbelwelle erkennen. Sobald die Nockenwellen korrekt ausgerichtet sind (siehe Schritt 4), kann die Arretierung eingeschoben und geprüft werden, ob die Kurbelwelle blockiert ist. Falls sich das KTM-Werkzeug oder einer ebenfalls einschraubbare Alternative nicht vollständig einschieben lässt, ist die Kurbelwelle nicht exakt positioniert, sodass sie leicht hin und her gedreht werden muss, bis sich das Werkzeug vollständig einschieben lässt (siehe Abbildung).

Ausbau

2 Demontieren Sie den oder die Ventildeckel (siehe Sektion 6) und die Sekundär-Zündkerzen (siehe Kapitel 1, Sektion 25). Legen Sie Lappen über die Zündkerzenbohrungen und den Steuerkettenschacht, damit nichts in den Motor fallen kann.

3 Die Kurbelwelle muss zunächst so gedreht werden, dass der entsprechende Kolben im oberen Totpunkt (OT) des Verdichtungstakts steht, also alle Ventile geschlossen sind. Falls zur Einstellung des Ventilspiels Nockenwellen aus beiden Zylinderköpfen demontiert werden müssen, sind zuerst diejenigen des hinteren Zylinders aus- und auch wieder einzubauen, bevor mit dem vorderen Zylinder weitergemacht wird. Falls aus anderen Gründen die Nockenwellen beider Zylinderköpfe demontiert werden sollen, ist mit den des hinteren zu beginnen.

4 Schrauben Sie den mittig im Lichtmaschinendeckel sitzenden Stopfen heraus, um Zugang zur Kurbelwelle zu erhalten (siehe Abbildung). Drehen Sie mit einem am Rotorbolzen angesetzten Steckschlüssel die Kurbelwelle **ausschließlich** gegen den Uhrzeigersinn (links herum), bis die Markierungen an den Kettenrädern der auszubauenden Nockenwellen zueinander zeigen und zur Dichtfläche des Zylinderkopfs fluchten (siehe Abbildungen). Installieren Sie die Kurbelwellen-Arretierung (siehe Schritt 1). Bringen Sie oben (12-Uhr-Position) am Rotorbolzen eine Markierung (z. B. ein »H« für hinten) an, wenn der hintere Zylinder im OT steht (oder ein »V« für den vorderen Zylinder) – so kann nach der Demontage aller Nockenwellen sichergestellt werden, dass auch eine zwischendurch verdrehte Kurbelwelle wieder korrekt positioniert und arretiert werden kann.

5 Beim hinteren Zylinder liegt die Einlass-Nockenwelle vorn und ist bei Modellen bis 2016 mit ›EH‹ (Einlass Hinten) bzw. bei Modellen ab 2017 mit ›INRE‹ (Intake Rear) markiert; die hinten liegende Auslass-Nockenwelle entsprechend mit ›AH‹ (Auslass Hinten) oder ›EXRE‹ (Exhaust Rear) (siehe Abbildung). Beim vorderen Zylinder liegt die Einlass-Nockenwelle hinten und ist bei Modellen bis 2016 mit ›EV‹ (Einlass Vorn) bzw. bei Modellen ab 2017 mit ›INFR‹ (Intake Front) markiert; die vorn liegende Auslass-Nockenwelle entsprechend mit ›AV‹ (Auslass Vorn) oder ›EXFR‹ (Exhaust Front).

8.4b Drehen Sie die Kurbelwelle ausschließlich gegen den Uhrzeigersinn.

8.4c Die Nockenwellen-Kettenräder im hinteren Zylinderkopf müssen zueinander und zur Dichtfläche ausgerichtet sein.

8.4d Die Nockenwellen-Kettenräder im vorderen Zylinderkopf müssen zueinander und zur Dichtfläche ausgerichtet sein.

8.5 Markierungen an den Nockenwellen-Kettenrädern bei Modellen ab 2017

6 Demontieren Sie den Steuerkettenspanner des entsprechenden Zylinders (siehe Sektion 7).

7 Ziehen Sie die Hülse aus dem Primärzündkerzenkanal und entfernen Sie den O-Ring aus dem Zylinderkopf (siehe Abbildungen).

8 Demontieren Sie nötigenfalls die obere Steuerkettenführung – sie kann auch zusammen mit dem Nockenwellen-Lagerdeckel ausgebaut werden.

9 Lösen Sie schrittweise und über Kreuz die Schrauben des Nockenwellen-Lagerdeckels (siehe Abbildung). Entfernen Sie die Schrauben und heben Sie den Lagerdeckel ab (Abbildungen 8.35c und b) – falls die Passstifte locker sind, müssen sie sichergestellt werden (Abbildung 8.35a). Markieren Sie den Nockenwellen-Lagerdeckel, um ihn wieder seinem Zylinderkopf zuordnen zu können – bei der von uns fotografierten Maschine war der hintere Lagerdeckel mit ›4809‹ markiert, während der vordere die Ziffern ›4908‹ trug; die Zylinderköpfe trugen die gleichen Nummern (beide Teile sind nur gemeinsam erhältlich); außerdem war der hintere Zylinderkopf mit ›RE‹ (Rear) und der vordere mit ›FR‹ (Front) markiert (Abbildungen 8.4c und d).

10 Beim hinteren Zylinderkopf muss zuerst die (vordere) Einlass-Nockenwelle ausgebaut werden, dann die (hintere) Auslass-Nockenwelle (Abbildungen 8.33c und a); beim vorderen Zylinderkopf muss zuerst die (vordere) Auslass-Nockenwelle ausgebaut werden, dann die (hintere) Einlass-Nockenwelle. Beachten Sie beim hinteren Zylinderkopf das in der Einlass-Nockenwelle steckende Winkelstück der Motorentlüftung (Abbildung 8.31). Der Zentrifugen-Konus in der Nockenwelle kann nötigenfalls entfernt werden, sollte aber generell samt O-Ring darin verbleiben (Abbildungen 8.5) – eine neue Nockenwelle wird mit Konus und O-Ring ausgeliefert.

11 Sichern Sie die Steuerkette mit Draht oder einem Kabelbinder vor dem Verschwinden im Kettenschacht.

12 Falls die Ventilspiel-Einstellplättchen (»Shims«) entfernt werden sollen, müssen sie in einem geeigneten Behälter (z. B. einem Eierkarton) abgelegt werden, wo ihre Position (vorderer oder hinterer Zylinder, Einlass oder Auslass, links oder rechts) markiert werden kann; alternativ können auch entsprechend markierte Plastikbeutel verwendet werden.

13 Heben Sie den Schlepphebel des entsprechenden Ventils an und befreien Sie mit einem Magneten (siehe Abbildungen) oder einem mit Fett versehenen Schraubendreher (an dem er kleben bleiben soll) oder einer Zange den Shim vom Ventil – passen Sie auf, dass er nicht in den Motor fällt. Legen Sie den Shim entsprechend seiner Einbaulage ab.

14 Falls die Schlepphebel demontiert werden sollen, müssen die Verschlussschrauben ihrer

8.7a Ziehen Sie die Hülse heraus ...

8.7b ... und befreien Sie den O-Ring.

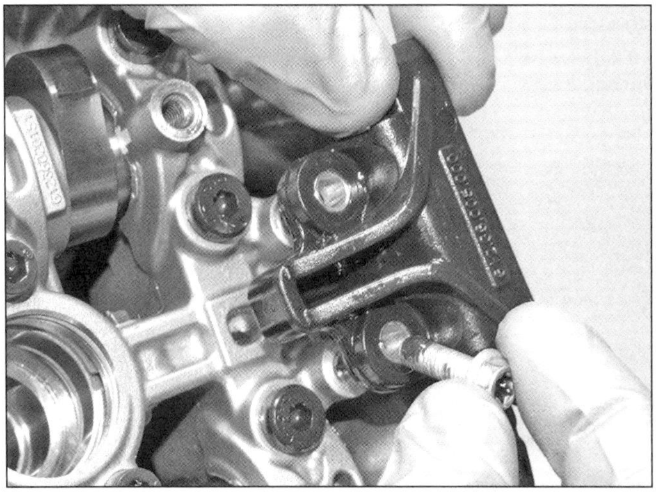

8.8 Lösen Sie ggf. die Schrauben der oberen Steuerkettenführung, um diese zu entfernen.

8.9 Lösen Sie die Schrauben des Nockenwellen-Lagerdeckels schrittweise und über Kreuz.

8.13a Heben Sie den Schlepphebel an …

8.13b … und entnehmen Sie den Shim vom Ventil.

8.14a Drehen Sie die Verschlussschraube der Schlepphebelachse heraus – beachten Sie den O-Ring.

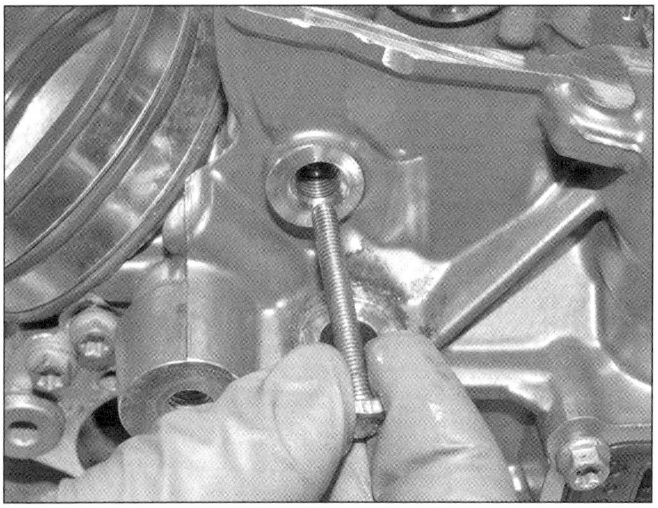

8.14b Drehen Sie eine M5-Schraube in die Achse, …

Achsel aus dem Zylinderkopf geschraubt werden – ihre O-Ringe müssen später erneuert werden. Drehen Sie eine M5-Schraube in die Achse, um sie damit herauszuziehen, und entnehmen Sie dabei die Schlepphebel – lagern Sie alle Teile so, dass sie später wieder an ihre originalen Positionen installiert werden können (siehe Abbildungen).

8.14c … um sie herauszuziehen und den inneren …

8.14d … sowie den äußeren Schlepphebel zu entnehmen.

15 Nach dem Ausbau der Nockenwellen darf die Kurbelwelle nicht mehr gedreht werden, da sich dabei die Steuerkette verklemmen kann. Legen Sie Lappen über die Zündkerzenkanäle und den Kettenschacht, damit nichts hineinfallen kann.

16 Falls die Nockenwellen des hinteren Zylinders ausgebaut sind und nun diejenigen des vorderen Zylinders demontiert werden sollen, muss die Kurbelwellen-Arretierung entfernt und die Steuerkette des hinteren Zylinders straff gehalten werden, dann kann die Kurbelwelle um 435° vorwärts gedreht werden, bis die Steuerzeitenmarkierungen wie in Abbildung 8.4d fluchten und die Arretierung wieder installiert werden kann. Demontieren Sie dann die Nockenwellen des vorderen Zylinders, wie in den Schritte 6 bis 11 beschrieben – auch hier wird zuerst die hintere Nockenwelle entfernt.

Kontrolle

17 Reinigen Sie die Nockenwellen und ihren Lagerdeckel, blasen Sie dessen Ölbohrungen mit Druckluft aus (siehe Abbildung).

18 Begutachten Sie die Lagergleitflächen des Zylinderkopfes und der Lagerdeckel sowie der Nockenwelle (siehe Abbildung). Achten Sie auf Kerben, tiefe Riefen und Anzeichen von Abblätterungen (die zu Ausbrüchen führen können. Falls Schäden oder starker Verschleiß festgestellt wird, muss wahrscheinlich der gesamte Zylinderkopf samt Lagerdeckeln ersetzt werden, da keine Einzelteile erhältlich sind. Kontrollieren Sie, ob alle Ölkanäle frei sind.

19 Kontrollieren Sie die Nocken und Schlepphebel auf Anlassfarben durch Überhitzung (blaue Verfärbung), Kerben, Absplitterungen, Pitting und Risse. Bei Beschädigungen oder starkem Verschleiß muss die Nockenwelle ersetzt werden.

> **Praxis TiPP**
> ***Wechseln Sie zu den Werkzeug- und Werkstatt-Tipps im Anhang, um mehr über die Benutzung von Messinstrumenten zu erfahren.***

20 Kontrollieren Sie als Nächstes mithilfe von Quetschmessstreifen, die unter dem Namen »Plastigauge« bekannt sind, das Lagerspiel der Nockenwellen eines Zylinders. Reinigen Sie zunächst die Wellen sowie Lagerflächen im Zylinderkopf und dem Deckel mit sauberen Lappen. Legen Sie die Nockenwellen dann so in den Zylinderkopf, dass die Lochmarkierungen der Ritzel zueinander zeigen und bündig zur Dichtfläche ausgerichtet sind (Abbildungen 8.33a, b, c, d und e) – in dieser Position werden beim Anziehen der Lagerdeckel-Schrauben keine Ventile geöffnet und es besteht nur geringes Risiko, dass sich die Wellen dreht und Messergebnisse verfälscht werden.

21 Schneiden Sie die Quetschmessstreifen zu und legen Sie sie parallel zur Wellenlinie auf die Gleitflächen der Welle (Abbildung 27.12). Die Lagerdeckel-Passstifte müssen installiert sein (Abbildung 8.35a), setzen Sie dann den Deckel auf und ziehen Sie die Schrauben wie in Schritt 35 beschrieben an – hierbei dürfen die Nockenwellen nicht gedreht werden, da dabei die Messstreifen beschädigt würden; wiederholen Sie die Messung nötigenfalls.

22 Lockern Sie die Lagerdeckel-Schrauben nun schrittweise und über Kreuz (Abbildung 8.9) und heben Sie den Lagerdeckel ab.

23 Um das Lagerspiel ermitteln zu können, müssen die gequetschten Plastikstreifen jedes Lagers an ihrer breitesten Stelle gemessen und mit der auf ihrer Verpackung gedruckten Skala verglichen werden (Abbildung 27.14). Vergleichen Sie das Ergebnis mit den Angaben in den technischen Daten – falls das Lagerspiel über 0,054 mm liegt, weist dies auf Verschleiß hin; bei 0,065 mm ist definitiv die Verschleißgrenze erreicht. Entfernen Sie die Messstreifen-Reste – dies sollte mit den Fingernägeln möglich sein. Ersetzen Sie schadhafte Teile, aber beachten Sie zunächst den *Praxis-Tipp*:

> **Praxis TiPP**
> ***Es gibt Fachbetriebe, die in der Lage sind, verschlissene Gleitflächen Material aufzuschweißen und entsprechend zu schleifen, um sie wieder auf Sollmaß zu bringen – vergleichen Sie die Kosten für diese Arbeit mit dem Preis eines neuen Zylinderkopfes!***

24 Außer bei Ölmangel sollte die Steuerkette nur sehr geringen Verschleiß aufweisen. Falls die Kette sich übermäßig gelängt hat (und daher nicht korrekt spannen lässt) oder klemmende Glieder aufweist, muss sie durch ein Neuteil ersetzt werden (siehe Sektion 19).

25 Kontrollieren Sie die Steuerkettenritzel der Nockenwellen und der Kurbelwelle (dessen Zugang ist in Sektion 19 beschrieben). Falls sie Hinweise auf Verschleiß, Risse oder andere Schäden aufweisen, müssen sie zusammen mit der Steuerkette ersetzt werden; bei extremem Verschleiß muss der Motor für eine genaue Begutachtung zerlegt werden.

26 Begutachten Sie die Steuerketten-Führungs- und Spannerschiene (siehe Sektion 9).

27 Kontrollieren Sie die Gleitflächen und Bohrungen der Schlepphebel sowie deren Sitze auf den Achsen – schieben Sie die Hebel auf, um zu prüfen, ob sie spielfrei gelagert sind (andernfalls müssen neue Komponenten installiert werden).

Einbau

Anmerkung: *Wenn die Kurbelwelle (nach dem Entfernen der Arretierung) gedreht werden muss, sind alle lockeren Steuerketten straff zu halten, damit sie nicht verklemmen.*

28 Für den Einbau der Nockenwellen muss der entsprechende Zylinder im Verdichtungs-OT stehen und die Kurbelwelle arretiert sein (Schritte 1 und 4). Falls nur die Nockenwellen eines Zylinderkopfs entfernt wurden, sollte dieser Zylinder bereits so positioniert und alles arretiert sein. Falls die Nockenwellen beider Zylinderköpfe – und diejenigen des vorderen zuletzt – entfernt wurden, sollte der vordere Zylinder bereits so positioniert und alles arretiert sein; installieren Sie dann diese Nockenwellen zuerst und drehen Sie dann die Kurbelwelle um 285° vorwärts, sodass der hintere Zylinder im Verdichtungs-OT steht und dessen Nockenwellen

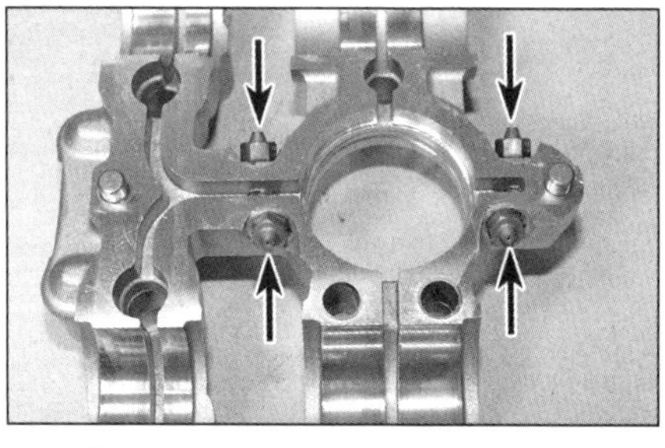

8.17 Öldüsen im Nockenwellen-Lagerdeckel

8.18 Begutachten Sie alle Lagerflächen auf Verschleiß.

8.31 Schieben Sie das Winkelstück links in die Einlassnockenwelle des hinteren Zylinderkopfs.

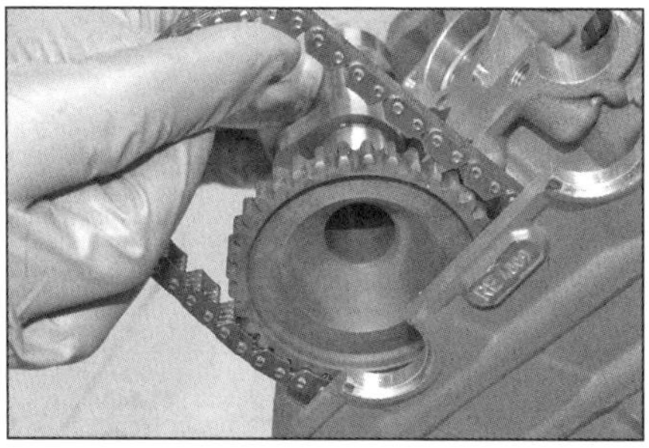

8.33a Legen Sie die hinten stramm gehaltene Steuerkette über das Ritzel ...

8.33b ... der wie gezeigt ausgerichteten Auslass-Nockenwelle.

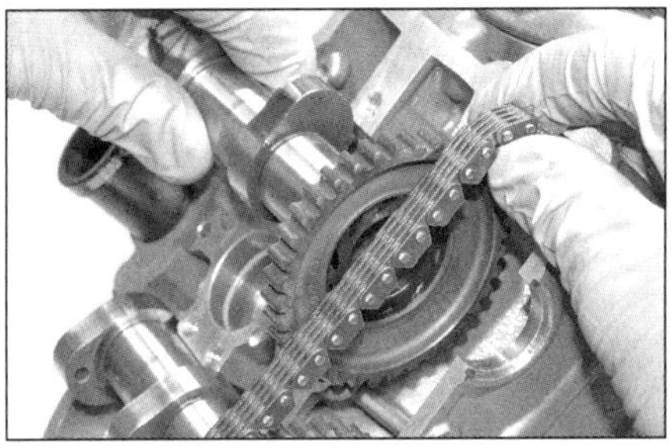

8.33c Legen Sie die hinten stramm gehaltene Steuerkette über das Ritzel der Einlass-Nockenwelle, ...

8.33d ... achten Sie auf das korrekt sitzende Winkelstück der Motorentlüftung ...

8.33e ... und prüfen Sie, ob die Lochmarkierungen beider Ritzel bündig zur Dichtfläche zueinander zeigen.

eingebaut werden können. Falls weitere Arbeiten am Motor erledigt wurden und dieser wieder zusammengebaut wird, sollte der zu bearbeitende Zylinder nach dem Aufsetzen des Zylinders samt Kolben und des Zylinderkopfs im Verdichtungs-OT steht und auch dessen Nockenwellen eingebaut werden, bevor mit dem anderen Zylinder fortgefahren wird. Falls beide Zylinderköpfe ohne Nockenwellen montiert sind und die Position der Kurbelwelle unklar ist, und zudem keine Markierungen am Rotorbolzen angebracht wurden (Schritt 4), wird die Kurbelwelle vorwärts gedreht, bis in der Arretierbohrung eine der Vertiefungen sichtbar ist. Stecken Sie nun einen Schraubendreher durch einen der Zündkerzen-Kanäle jedes Zylinderkopfs – dort, wo er sich weniger tief einführen lässt, steht der Kolben im OT. Um die exakte OT-Position einzustellen, wird der Schraubendreher gehalten und die Kurbelwelle langsam vor- und zurückgedreht, bis der höchste Punkt festgestellt wird. Führen Sie jetzt die Kurbelwellen-Arretierung ein und installieren Sie die Nockenwellen dieses Zylinders. Wenn der hintere Zylinder im OT steht (und mit eingebauten Nockenwellen im Verdichtungs-OT), wird die Kurbelwelle anschließend um 435° vorwärts gedreht, sodass auch der vordere Zylinder im OT steht (und mit eingebauten Nockenwellen im Verdichtungs-OT). Wurde zuerst am vorderen Zylinder gearbeitet, muss die Kurbelwelle entsprechend um 285° vorwärts gedreht werden.

29 Installieren Sie die mit Öl geschmierten Schlepphebel und ihre Achsen in die beim Ausbau notierten Positionen; schieben Sie die Achsen dabei durch beide Schlepphebel (Abbildungen 8.14d und c). Entfernen Sie die M5-Schraube aus der jeweiligen Achse, rüsten Sie die Verschlussschrauben mit neuen O-Ringen aus und ziehen Sie sie mit 15 Nm an (Abbildungen 8.14b und a).

30 Schwenken Sie die Schlepphebel hoch und legen Sie die Shims mit der Beschriftung nach unten in die Vertiefungen des jeweiligen Federtellers (Abbildungen 8.13 a und b) – vertauschen Sie die Shims nicht, da sonst das Ventilspiel nicht mehr stimmt.

31 Die Lagerflächen der Nockenwellen und des Zylinderkopfs müssen absolut sauber sein, dann wird hier sowie auf den Nocken Motoröl aufgetragen; achten Sie darauf, dass der Schmierstoff nicht auf die Kontaktflächen des Zylinderkopfs zu den Lagerdeckeln oder in die Schraubenbohrungen gelangt. Positionieren Sie bei der Einlassnockenwelle des hinteren Zylinderkopfs der Zentrifugen-Konus (Abbildung 8.5) und das Winkelstück der Motorentlüftung links in die Welle (siehe Abbildung).

32 Prüfen Sie erneut, ob der bearbeitete Zylinderkopf im Verdichtungs-OT steht und die Kurbelwelle arretiert ist (siehe Schritt 28).

33 Beim Einbau der Nockenwellen in den hinteren Zylinderkopf wird die mit AH oder EXRE markierte Auslass-Nockenwelle mit der Markierung am Ritzel nach vorn und bündig zur Dichtfläche zeigend hinten eingelegt – legen Sie dabei die hinten stramm gehaltene Steuerkette über das Ritzel (siehe Abbildungen). Legen Sie dann die mit EH oder INRE markierte Einlass-Nockenwelle mit der Markierung am Ritzel nach hinten und bündig zur Dichtfläche zeigend vorn in den Zylinderkopf – legen Sie dabei die hinten und oben stramm gehaltene Steuerkette über das Ritzel (siehe Abbildungen). Jeglicher Durchhang der Steuerkette muss jetzt zwischen der Einlassnockenwelle und der Kurbelwelle im vorderen Trum liegen, um später vom Steuerkettenspanner aufgenommen zu werden.

34 Beim Einbau der Nockenwellen in den vorderen Zylinderkopf wird die mit EV oder INFR markierte Einlass-Nockenwelle mit der Markierung am Ritzel nach vorn und bündig zur Dichtfläche zeigend hinten eingelegt – legen Sie dabei die hinten stramm gehaltene Steuerkette über das Ritzel. Legen Sie dann die mit AV oder EXFR markierte Auslass-Nockenwelle mit der Markierung am Ritzel nach hinten und bündig zur Dichtfläche zeigend vorn in den Zylinderkopf – legen Sie dabei die hinten und oben stramm gehaltene Steuerkette über das Ritzel. Jeglicher Durchhang der Steuerkette muss jetzt zwischen der Auslassnockenwelle und der Kurbelwelle im vorderen Trum liegen, um später vom Steuerkettenspanner aufgenommen zu werden.

35 Achten Sie darauf, den richtigen Nockenwellen-Lagerdeckel zu verwenden (siehe Schritt 9) und tragen Sie Motoröl in den gereinigten Lagersitzen auf. Die Passstifte müssen im Lagerdeckel stecken (siehe Abbildung). Setzen Sie den Lagerdeckel auf, sodass die Stifte korrekt in den Zylinderkopf greifen, und drehen Sie seine korrekt zugeordneten Schrauben zunächst handfest ein (siehe Abbildungen). Ziehen Sie zunächst alle Schrauben in der Mitte beginnend schrittweise und über Kreuz mit 10 Nm an, ziehen Sie dann die (größeren) M8-Schrauben mit 18 Nm an.

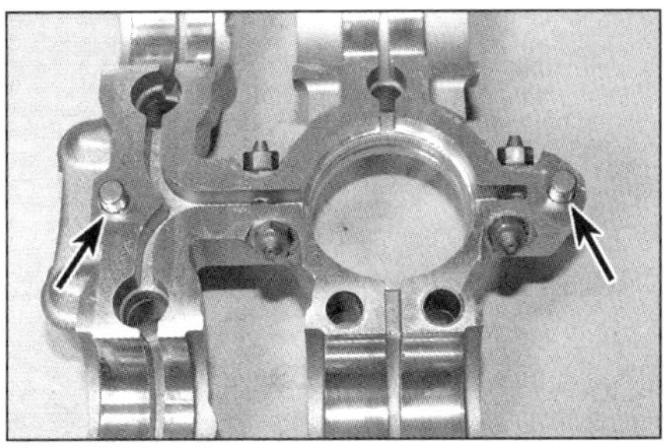

8.35a Die Passstifte müssen im Nockenwellen-Lagerdeckel stecken.

8.35b Setzen Sie den Lagerdeckel über die Nockenwellen auf – die Passstifte müssen in den Zylinderkopf greifen.

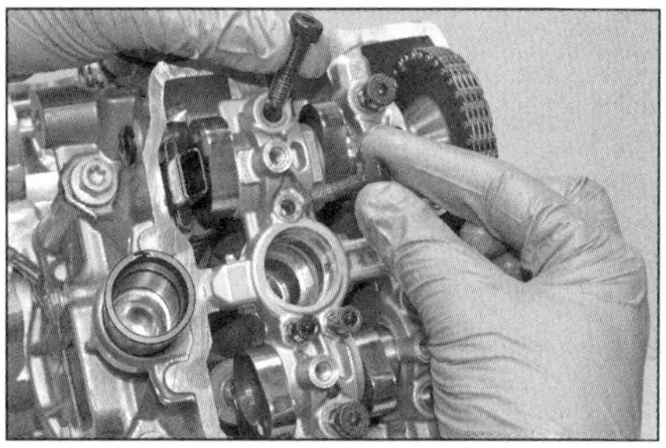

8.35c Installieren Sie anschließend die verschieden großen Schrauben in den Deckel und ziehen Sie sie wie beschrieben an.

36 Drücken Sie die Steuerketten-Spannerschiene mit einem durch die Kettenspannerbohrung eingeführten Stück Holz gegen die Kette, um diese zu spannen. Prüfen Sie nun (bei weiterhin installierter Kurbelwellen-Arretierung), ob die Steuerzeitenmarkierungen der Nockenwellenritzel **exakt** positioniert sind (Abbildungen 8.4c oder d). Die Kette kann leicht um einen Zahn versetzt aufliegen, ohne dass dadurch die Markierungen drastisch abweichen; falls sie umgesetzt werden muss, ist hierfür die entsprechende Nockenwelle aus- und wieder einzubauen und die Ausrichtung zu wiederholen. Sobald sicher ist, dass die Steuerzeitenmarkierungen korrekt sind, kann die Kurbelwellen-Arretierung entfernt werden.

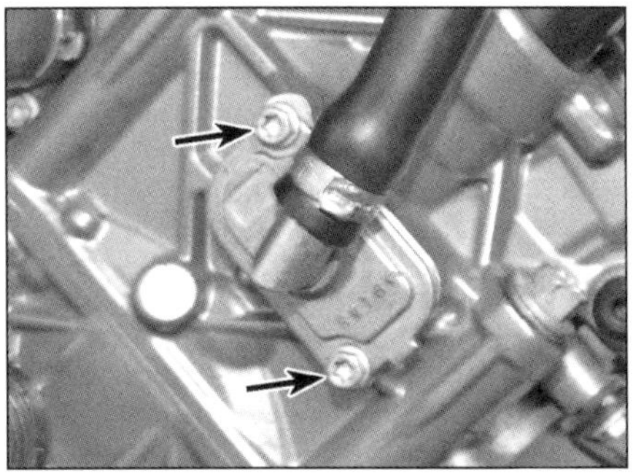

9.6 Schrauben des Sekundärluft-Zungenventildeckels

Achtung: Bereits bei leicht abweichenden Steuerzeiten können während des ersten Motorstarts Kolben und Ventile zusammenstoßen und schwere Schäden hervorrufen!

37 Installieren Sie den Steuerkettenspanner (siehe Sektion 7).

38 Falls demontiert, müssen die Gewinde der Schrauben der oberen Steuerketten-Führungsschiene gereinigt und mit frischer Sicherungspaste (z.B. Loctite 243) versehen werden, bevor sie mit 10 Nm angezogen werden (Abbildung 8.8).

39 Installieren Sie den ggf. erneuerten O-Ring und den Zündkerzenkanal und ölen Sie ihn ein. Schieben Sie die Hülse vollständig in den Kanal (Abbildungen 8.7b und a).

40 Falls auch die Nockenwellen des anderen Zylinderkopfs installiert werden müssen, ist die Steuerkette stramm zu halten und die Kurbelwelle entsprechend zu verdrehen und zu sichern, sodass dieser Zylinder im Verdichtungs-OT steht (siehe Schritt 28). Installieren Sie die Komponenten wie in den Schritten 29 bis 39 beschrieben. Entnehmen Sie zum Schluss die Kurbelwellen-Arretierung.

41 Drehen Sie die Kurbelwelle zwei volle Umdrehungen vorwärts (gegen den Uhrzeigersinn) und prüfen Sie, ob sich alles korrekt bewegt und bei fluchtenden Steuerzeitenmarkierungen des jeweiligen Zylinders die Kurbelwellen-Arretierung wieder installiert werden kann (siehe Schritt 4) (Abbildungen 8.4b, c und d). Kontrollieren Sie das Ventilspiel (siehe Kapitel 1, Sektion 24).

42 Installieren Sie den mit einem neuen O-Ring versehenen Stopfen in den Lichtmaschinendeckel und ziehen Sie ihn mit 8 Nm an (Abbildung 8.4a). Installieren Sie die Verschlussschraube ggf. mit einer neuen Dichtung in die Arretierbohrung (Abbildung 8.1a) und ziehen Sie sie sorgfältig an.

43 Installieren Sie die Zündkerzen (siehe Kapitel 1, Sektion 25) und den/die Ventildeckel (siehe Sektion 6).

9 Zylinderköpfe
Ausbau und Einbau

Anmerkung: *Der vordere Zylinderkopf kann bei im Rahmen sitzenden Motor demontiert werden. Für die Demontage des hinteren Zylinderkopfs muss der Motor ausgebaut sein (siehe Sektion 4).*

Vorderer Zylinderkopf

Ausbau-Vorbereitung bei eingebautem Motor

1 Demontieren Sie den Wasserkühler (siehe Kapitel 3, Sektion 5).

2 Demontieren Sie die Krümmer/Sammler-Baugruppe (siehe Kapitel 4, Sektion 12).

3 Demontieren Sie das Drosselklappengehäuse und nötigenfalls den Einlassstutzen (siehe Kapitel 4, Sektion 4).

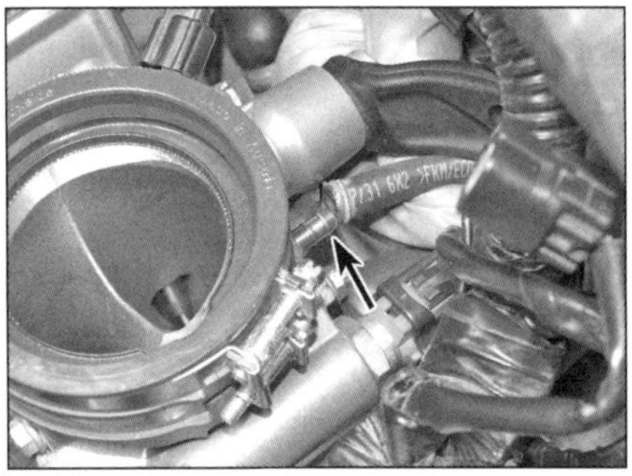

9.7 Ziehen Sie den Verdunstungsregelungs-Schlauch von seinem Stutzen am Einlasstrakt.

9.10 Vorderen Schrauben der rechten Motorhalterung

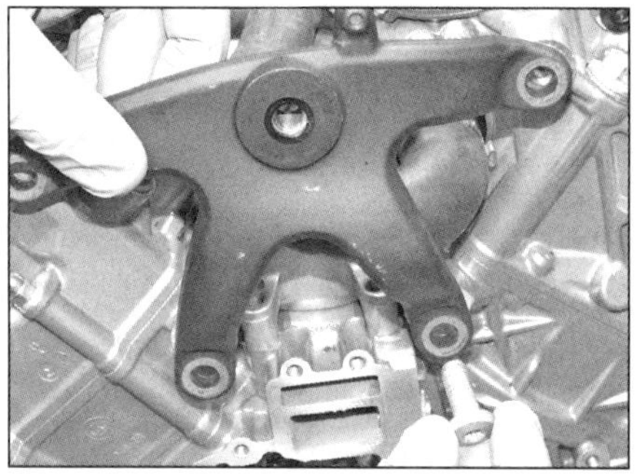

9.12a Lösen Sie die vier Schrauben der rechten ...

9.12b ... und der linken Motorhalterung, um sie zu entnehmen.

9.15a Lösen Sie zuerst die zwei M6-Muttern ...

9.15b ... und dann schrittweise und über Kreuz die vier M11-Schrauben.

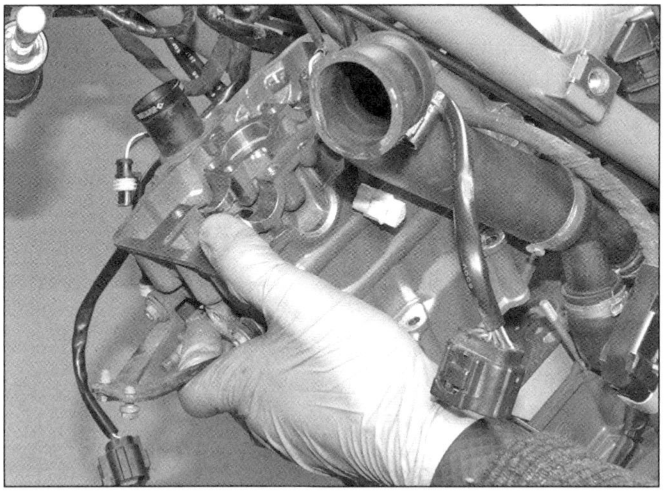

9.16a Ausbau des vorderen Zylinderkopf bei eingebautem Motor

9.16b Ausbau des hinteren Zylinderkopfs – nur bei ausgebautem Motor möglich

4 Entfernen Sie den Thermostaten (siehe Kapitel 3, Sektion 4).

5 Trennen Sie die Stecker des Kühlmittel-Temperatursensors und des Öldruckschalters (Abbildungen 4.14a und b).

6 Befreien Sie den Deckel des Sekundärluft-Zungenventils (siehe Abbildung).

7 Trennen Sie ggf. den Schlauch der Verdunstungsregelung vom Einlassstutzen (siehe Abbildung).

8 Demontieren Sie die Nockenwellen und nötigenfalls auch die Shims und die Schlepphebel (siehe Sektion 8).

9 Demontieren Sie bei Modellen ab 2017 ggf. die Resonanzkammer – beim Einbau werden neue O-Ringe benötigt.

10 Lösen Sie an beiden Seiten die vorderen Schrauben der Motorhalterung (siehe Abbildung).

beide Zylinderköpfe

Ausbau-Vorbereitung bei ausgebautem Motor

11 Befreien Sie den Motor aus dem Rahmen (siehe Sektion 4).

12 Demontieren Sie beide Motorhalterungen (siehe Abbildungen).

13 Demontieren Sie die Nockenwellen und nötigenfalls auch die Shims und die Schlepphebel (siehe Sektion 8).

14 Demontieren Sie bei Modellen ab 2017 ggf. die Resonanzkammer – beim Einbau werden neue O-Ringe benötigt.

Zylinderkopf-Demontage

15 Jeder Zylinderkopf ist mit zwei M6-Muttern und vier M11-Schrauben – jeweils samt Scheiben – gesichert. Lösen Sie zuerst die Muttern samt Scheiben (siehe Abbildung). Lockern Sie dann schrittweise und über Kreuz die Schrauben; wenn alle locker sind, werden sie samt Scheiben entnommen (siehe Abbildung) – die Schrauben müssen samt Scheiben beim Einbau durch Neuteile ersetzt werden (die Muttern dürfen wiederverwendet werden).

16 Heben Sie den Zylinderkopf über die M6-Stehbolzen und führen Sie die Steuerkette durch den Schacht, um sie so über den Zylinder zu legen, dass sie nicht in den Motorschacht fällt (siehe Abbildungen). Falls sich der Zylinderkopf nicht löst, muss er mit einem weichen Hammer oder Holz rundherum leicht abgeklopft werden. Versuchen Sie nicht, den Zylinderkopf abzuhebeln – Sie würden dabei die Dichtflächen zerstören.

17 Entnehmen Sie die Zylinderkopfdichtung (Abbildung 9.23b) – beim Einbau wird ein Neuteil benötigt. Stellen Sie nötigenfalls die zwei Passstifte sicher – sie können im Zylinder (Abbildung 9.23a) oder unten im Kopf stecken.

18 Reinigen Sie die Dichtflächen des Kopfes und des Zylinders mit einem geeigneten Lösungsmittel. Entfernen Sie sämtliche Dichtungsreste. Wird ein Schaber eingesetzt, muss aufgepasst werden, dass nicht das relativ weiche Aluminium abgetragen wird. Dichtungsreste dürfen nicht ins Motorgehäuse, die Zylinderbohrung oder Öl- und Wasserkanäle geraten.

19 Kontrollieren Sie die Zylinderkopfdichtung sowie die Dichtflächen des Zylinderkopfes und des Zylinders auf Anzeichen von Undichtigkeiten, die einen Verzug anzeigen können. Wechseln Sie nach Sektion 10, Schritt 14 und überprüfen Sie den Verzug des Zylinderkopfes.

20 Demontieren Sie nötigenfalls und je nach Zylinderkopf den Öldruckschalter (siehe Kapitel 8, Sektion 16), den Kühltemperatursensor (siehe Kapitel 3, Sektion 3), den Thermostaten (siehe Kapitel 3, Sektion 4) und das Sekundärluft-Zungenventil (siehe Kapitel 4, Sektion 14).

Einbau

21 Die Dichtflächen des Zylinderkopfs und des Motorgehäuses müssen absolut sauber sein.

22 Installieren Sie alle in Schritt 20 entfernten Komponenten – dies ist auch nach dem Einbau des jeweiligen Zylinderkopfs möglich.

23 Stecken Sie ggf. die Passstifte in den Zylinder (siehe Abbildung). Legen Sie die **neue** Zylinderkopfdichtung so auf, dass alle Bohrungen fluchten (siehe Abbildung) – verwenden Sie **niemals** die alte Dichtung wieder!

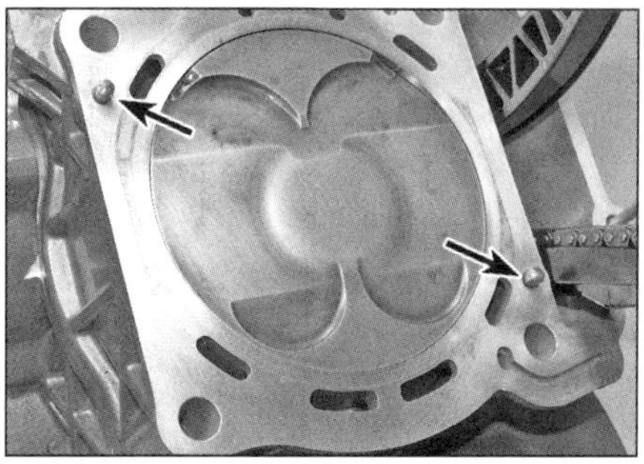

9.23a Die Passstifte müssen im Zylinder stecken.

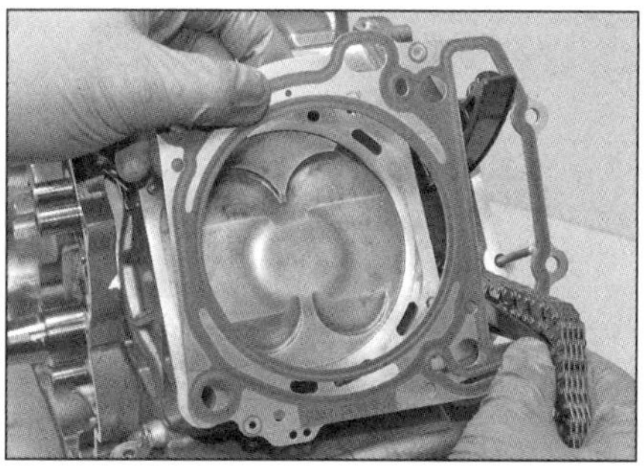

9.23b Legen Sie die neue Zylinderkopfdichtung über die Passhülsen auf den Zylinderblock.

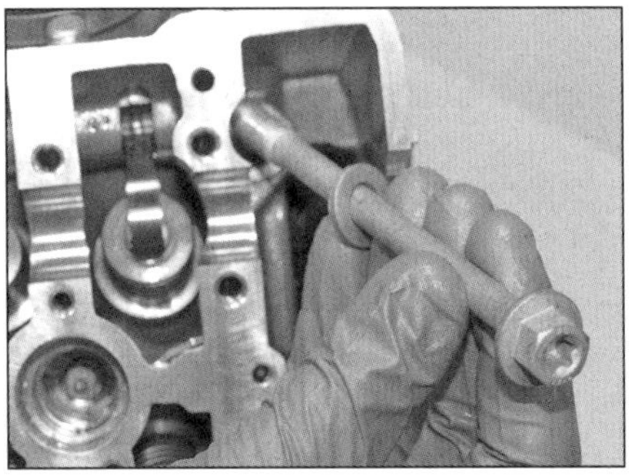

9.25a Installieren Sie die neuen und eingeölten Schrauben und Scheiben.

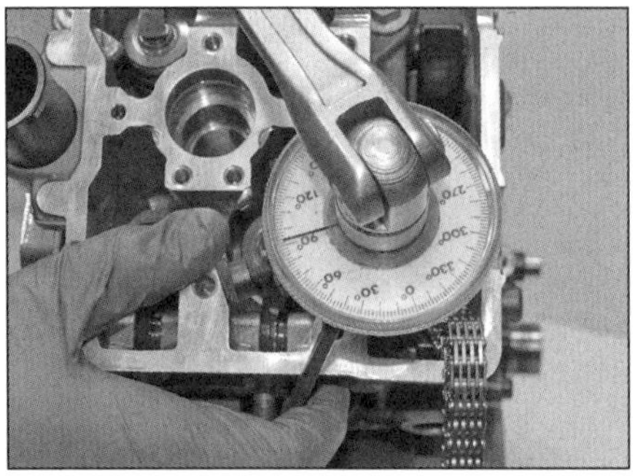

9.25b Verwenden Sie für die letzten beiden Durchgänge nötigenfalls eine Gradscheibe.

24 Richten Sie den Zylinderkopf zum Zylinder aus und führen Sie die Steuerkette durch den Schacht. Setzen Sie den Zylinderkopf dann über die Passstifte auf den Zylinder (Abbildungen 9.16b und a).

25 Rüsten Sie die **neuen** Zylinderkopfschrauben mit den **neuen** Scheiben aus und schmieren Sie sowohl die Gewinde und Unterseiten der Schraubenköpfe wie auch die Scheiben mit Motoröl (siehe Abbildung). Drehen Sie die Schrauben zunächst handfest ein (Abbildung 9.15b). Ziehen Sie die Schrauben zunächst schrittweise und über Kreuz mit 15 Nm und dann in einem zweiten Durchgang mit 30 Nm an. Ziehen Sie sie im dritten Durchgang wieder über Kreuz eine Viertelumdrehung (90°) weiter und schließlich im vierten Durchgang erneut um 90° weiter (siehe Abbildung).

26 Legen Sie die Scheiben auf die Stehbolzen am Steuerkettenschacht, drehen Sie die M6-Muttern auf und ziehen Sie sie mit 9 Nm an (Abbildung 9.15a)

27 Montieren Sie alle verbliebenen Komponenten in der umgekehrten Ausbaureihenfolge. Ziehen Sie die Schrauben der Motorhalterungen mit 45 Nm an.

10 Zylinderkopf und Ventile
Überholen

Spezialwerkzeug: *Für diese Arbeit ist eine für Motorradmotoren geeignete Ventilfederpresse unerlässlich.*

1 Aufgrund der Komplexität dieser Arbeit und der notwendigen Werkzeuge und Ausrüstungen müssen die meisten Motorradbesitzer Arbeiten an den Ventilen, Ventilsitzen und Ventilführungen einer professionellen Werkstatt überlassen. Allerdings kann man eine Abschätzung über die Dichtigkeit der Ventile und Sitze erhalten, indem eine kleine Menge Lösungsmittel in jeden Ventilkanal gefüllt und dabei beobachtet wird, ob diese am Ventil vorbei in den Brennraum sickert (was ein nicht korrekt sitzendes und abdichtendes Ventil anzeigt).

2 Der Heimwerker kann mithilfe einer geeigneten Ventilfederpresse die Ventile ausbauen, die Bauteile reinigen und auf Verschleiß kontrollieren. Solange die Ventilsitze nicht nachgeschnitten werden müssen, können die Ventile zudem eingeschliffen und wieder installiert werden.

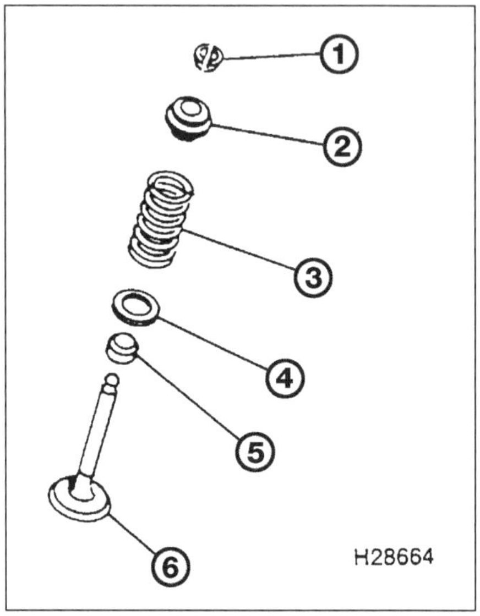

10.5 Ventil-Bauteile

1 Keile	*4 Federsitz*
2 Federteller	*5 Ventilschaftdichtung*
3 Ventilfeder	*6 Ventil*

3 Die Werkstatt kann zudem die Ventile und Ventilsitze überarbeiten oder austauschen und die Ventilführungen erneuern.

4 Nach erfolgter Ventilüberholung ist der Zylinderkopf in einem neuwertigen Zustand. Wenn Sie den Kopf zurückerhalten, sollten Sie ihn vor dem Einbau sorgfältig reinigen und von Metallspänen und Schleifmittelresten befreien, die von der Überholung stammen können. Wenn möglich, sollten alle Löcher und Kanäle mit Druckluft ausgeblasen werden.

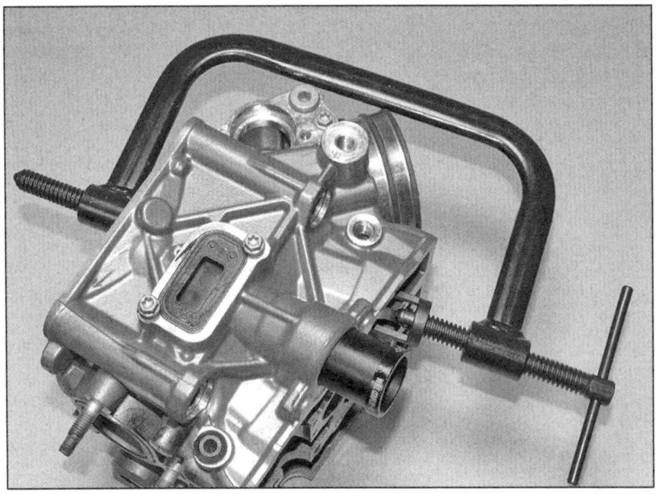

10.6a Drücken Sie die Ventilfeder mithilfe der Federpresse zusammen ...

10.6b ... – achten Sie darauf, dass die Presse korrekt gegen den Federteller ...

10.6c ... und den Ventilteller drückt.

10.7a Entfernen Sie die Keile wie beschrieben.

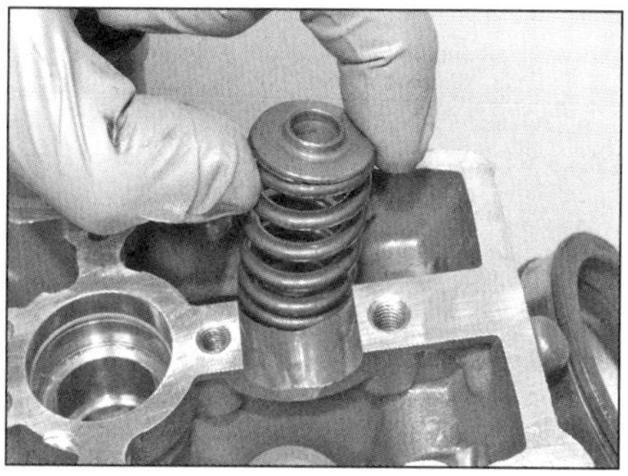

10.7b Entfernen Sie den Federteller und die Ventilfeder, ...

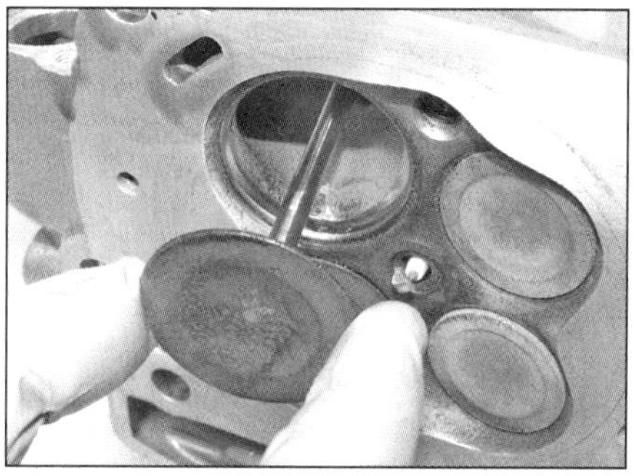

10.7c ... drücken Sie dann das Ventil herunter, um es herauszuziehen.

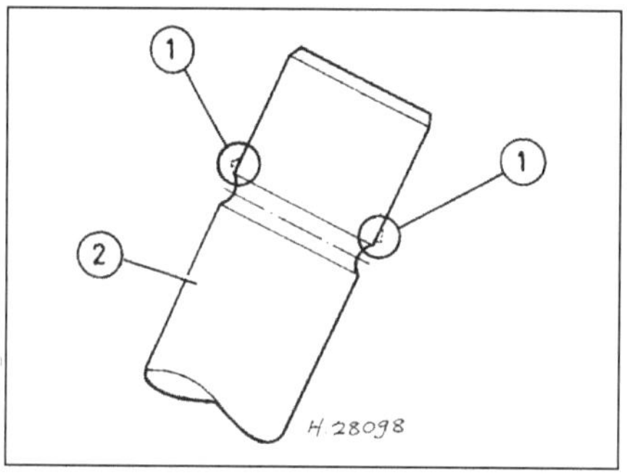

10.7d Falls das Ventil klemmt, müssen alle Grate (1) an den Keilnuten des Ventilschaftes (2) geglättet werden.

10.8a Ziehen Sie die Ventilschaftdichtung von der Ventilführung ...

10.8b ... und entfernen Sie den Federsitz.

Zerlegen

5 Vor Arbeitsbeginn muss sichergestellt sein, dass die Ventile und ihre zugehörigen Bauteile so gelagert werden können, dass später jedes Teil wieder genau an seinen Platz im Zylinderkopf gebaut werden kann (siehe Abbildung). Verwenden Sie entweder den bereits für die Shims verwendeten Behälter oder beschaffen Sie neue, um die 8 Ventile samt Kleinteile unterbringen und später wieder korrekt zuordnen zu können. Alternativ können beschriftete Plastikbeutel benutzt werden.

6 Richten Sie die Federpresse zu den beiden Enden des ersten Ventils aus – achten Sie auf ihren korrekten Sitz (siehe Abbildung). An der Oberseite muss der Adapter etwa die gleiche Größe haben wie der Federteller – falls er zu klein ist, wird es schwierig, die Ventilschaft-Keile aus- und einzubauen (siehe Abbildung). An der Unterseite (im Brennraum) muss darauf geachtet werden, dass die Presse nur auf das Ventil drückt – und nicht gegen das Aluminium des Kopfes (siehe Abbildung) – verwenden Sie nötigenfalls eine Distanzhülse. Komprimieren Sie die Feder nicht stärker als nötig.

7 Entfernen Sie mit einer Zange, einer Pinzette, einem Magneten oder einem mit Fett bestrichenen Schraubendreher die Keile (siehe Abbildung). Lösen sie vorsichtig die Federpresse und entfernen Sie den Federteller und die Feder – merken Sie sich die Einbaulagen (siehe Abbildungen). Ziehen Sie das Ventil nach unten aus dem Kopf – falls es in der Führung klemmt und sich nicht hindurchziehen lässt, muss es zurückgedrückt und im Bereich um die Keilnut mit einer sehr feinen Feile oder einem Nassschleifstein entgratet werden (siehe Abbildung).

8 Ziehen Sie mit einer Zange die Ventilschaftdichtung von der Ventilführung und entsorgen sie (alte Dichtungen dürfen NIEMALS wiederverwendet werden). Jetzt kann der Federsitz unter Beachtung seiner Einbaulage befreit werden – hierzu eignet sich ein Magnet sehr gut (siehe Abbildungen).

9 Wiederholen Sie die Prozedur an den anderen Ventilen und achten Sie darauf, dass die Einzelteile genau wieder dem entsprechenden Kanal im Zylinderkopf zugeordnet werden.

10 Als Nächstes wird der Zylinderkopf mit Lösungsmittel gereinigt und sorgfältig getrocknet. Druckluft beschleunigt das Trocknen und sorgt dafür, dass alle Löcher und Ecken sauber werden.

Anmerkung: *Der Brennraum darf nicht mit einem rotierenden Drahtbürstenaufsatz gereinigt werden, da hierbei Aluminium abgetragen würde.*

11 Reinigen Sie alle Ventil-Bauteile mit Lösungsmittel und trocknen Sie sie sorgfältig. Reinigen Sie zurzeit immer nur die Teile eines Ventils, um Verwechslung zu vermeiden.

12 Schaben Sie alle Kohleablagerungen von den Ventilen. Reinigen Sie Ventilteller und Schaft anschließend mit einem Drahtbürstenaufsatz für die Bohrmaschine. Achten Sie darauf, dass die Ventile nicht durcheinandergeraten.

Kontrolle

13 Inspizieren Sie den Zylinderkopf sorgfältig auf Risse und andere Beschädigungen. Falls Risse festgestellt werden, muss der Zylinderkopf ausgetauscht werden. Kontrollieren Sie die Gleitflächen der Nockenwellenlager auf Verschleiß und Klemmspuren, begutachten Sie ebenso die Nockenwellen und Lagerdeckel auf Verschleiß (siehe Sektion 8).

14 Mithilfe einem Präzisions-Richtwinkel und einer 0,05-mm-Fühlerlehre (der Wert des maximalen Verzugs) wird die Dichtfläche des Zy-

10.15a Kontrollieren Sie die Dichtflächen des Ventils und des Sitzrings.

10.15b Messen Sie die Breite des Ventilsitzes.

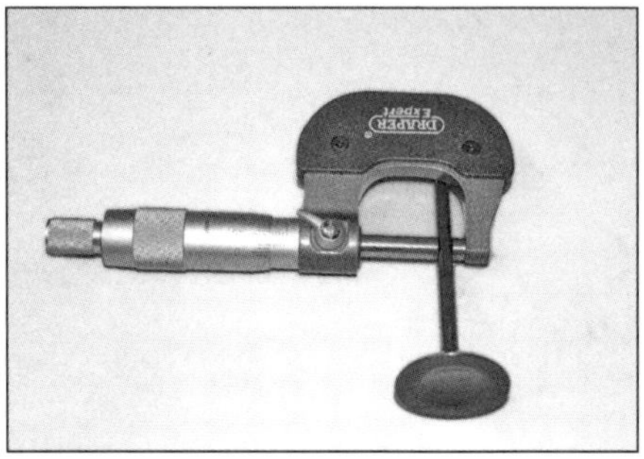

10.16a Messen Sie den Ventilschaft-Durchmesser ...

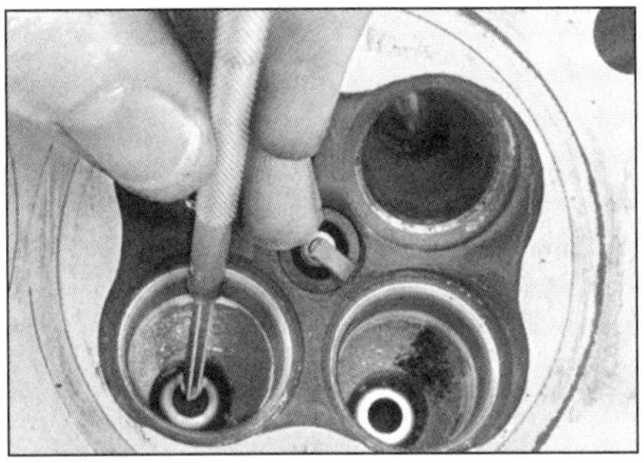

10.16b ... und den Innendurchmesser der Ventilführung.

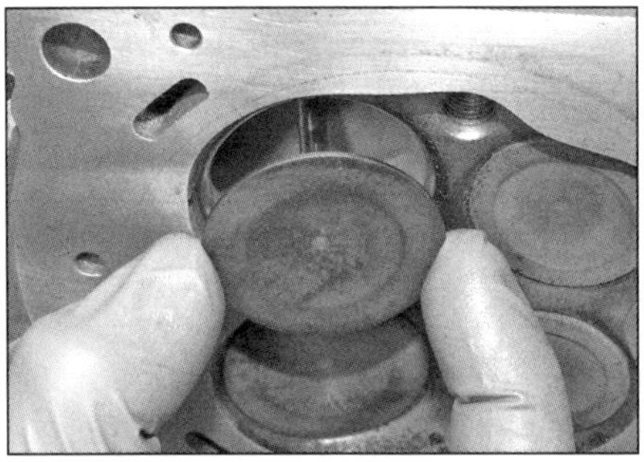

10.16c Wackeln Sie das Ventil in alle Richtungen, um Verschleiß festzustellen.

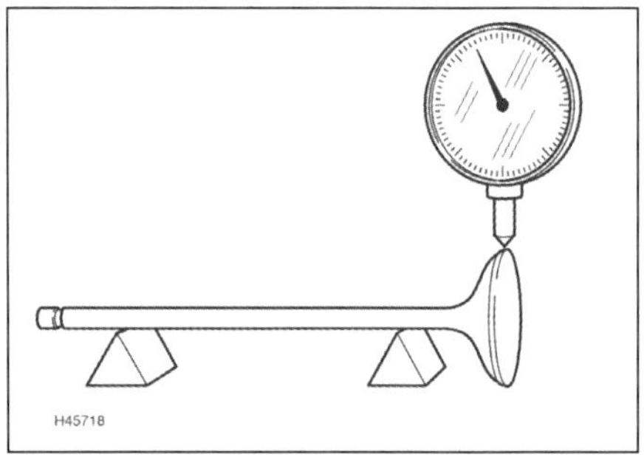

10.18 Ermitteln Sie mit Messinstrumenten den Verzug des Ventiltellers.

linderkopfes vermessen. Wechseln Sie zu Sektion 3 in den *Werkzeug- und Werkstatt-Tipps* im Anhang, um genaue Angaben zur Messung des Zylinderkopf-Verzugs zu erhalten. Wenn der Zylinderkopf verzogen ist, kann er ggf. geplant werden – konsultieren Sie hierzu eine KTM-Werkstatt oder einen Motoren-Spezialisten. Bei zu großem Verzug ist er durch einen neuen zu ersetzen.

15 Begutachten Sie die Ventilsitze im Brennraum und die Dichtflächen der Ventile (siehe Abbildung). Falls sie Ausbrüche, Risse oder Verbrennungen zeigen, übersteigt dies die notwendige Arbeit die Möglichkeiten eines Hobbyschraubers. Messen Sie die Breite der Ventilsitze (siehe Abbildung) und vergleichen Sie die Ergebnisse mit den Vorgaben in den technischen Daten – beachten Sie die unterschiedlichen Werte für Ein- und Auslassventile; falls sie irgendwo breiter als vorgegeben sind oder ungleichmäßig verlaufen, ist eine Überholung in einer Fachwerkstatt notwendig.

16 Messen Sie den Ventilschaft-Durchmesser eines Ventils (siehe Abbildung). Befreien Sie seine Ventilführung von sämtlichen Kohleablagerungen, indem Sie von unten eine Reibahle einführen und ausschließlich im Uhrzeigersinn drehen. Ermitteln Sie nun den Innendurchmesser der Ventilführung an beiden Enden und in der Mitte, um ungleichmäßigen Verschleiß festzustellen (siehe Abbildung). Vergleichen Sie die Messwerte mit den Angaben in den technischen Daten und ersetzen Sie alle übermäßig verschlissenen Komponenten. Falls eine Ventilführung innerhalb der Toleranzwerte liegt aber ungleichmäßig verschlissen ist, muss sie dennoch ersetzt werden. Wiederholen Sie die Prozedur an den anderen Ventilen. Falls keine Messgeräte vorhanden sind, kann das Einschieben und Wackeln des Ventils in seine Führung einen groben Überblick über den Verschleiß geben (siehe Abbildung). Der Austausch von Ventilführungen sollte von einer Fachwerkstatt durchgeführt werden.

17 Inspizieren Sie sorgfältig den Ventilteller, den Schaft und die Keilnute auf Risse, Löcher sowie verbrannte Stellen.

18 Drehen Sie das Ventil und prüfen Sie dabei, ob es verzogen sein könnte und ersetzt werden muss. Legen Sie das Ventil ggf. auf Prismenblöcke und ermitteln Sie mit einer Messuhr den Verzug des Ventiltellers (siehe Abbildung) – ersetzen Sie das Ventil, falls der in den technischen Daten angegebene Wert überschritten wird. Kontrollieren Sie das Ende des Ventilschafts und die Keilnuten auf Ausbrüche und übermäßigen Verschleiß und ersetzen Sie das Ventil nötigenfalls.

19 Kontrollieren Sie die Enden der Ventilfedern auf Verschleiß und Ausbrüche. Messen Sie die freie Länge der Federn (siehe Abbildung). Stellen Sie die Feder aufrecht hin und prüfen Sie, ob sie verzogen ist – ist eine Feder kürzer als in den technischen Daten angegeben, so ist sie erlahmt und alle Federn müssen als Set ausgetauscht werden.

Anmerkung: *Wenn eine Feder ermüdet ist, werden auch die anderen Federn bald verschlissen sein. Ermüdete Federn können die Ventile bei hohen Drehzahlen keine vorschriftsmäßig schließenden Ventile sicherstellen, sodass die Gefahr bestünde, dass Ventile und Kolben sich berühren. Dies würde schwere Motorschäden nach sich ziehen!*

20 Kontrollieren Sie die Federsitze, Federteller und Keile auf sichtbaren Verschleiß und Brüche. Alle fragwürdigen Teile müssen ersetzt werden, da ein Ausfall bei laufendem Motor große Schäden hervorrufen kann.

21 Wenn die Inspektion erkennen lässt, dass keine Überholung notwendig ist, können die Bauteile des Ventiltriebs wieder in den Zylinderkopf installiert werden.

Zusammenbau

22 Das sogenannte Läppen (Einschleifen) der Ventilsitze ist nur nötig, nachdem diese nachgeschnitten wurden; diese Aufgaben sollten einer Fachwerkstatt überlassen werden. Beachten Sie auch, dass die Einlassventile von R-Modellen ab 2017 sowie GT-Modellen ab 2019 aus Titan bestehen und mit einer Chromschicht überzogen sind.

23 Zurzeit immer nur an einem Ventil arbeitend, wird der Federsitz an seinen Platz im Zylinderkopf gelegt – der Bund muss nach oben zeigen und in die Feder greifen können (Abbildung 10.8b).

24 Stecken Sie die neue innen mit Öl geschmierte Ventilschaftdichtung auf die Ventilführung und drücken Sie sie mit dem Daumen

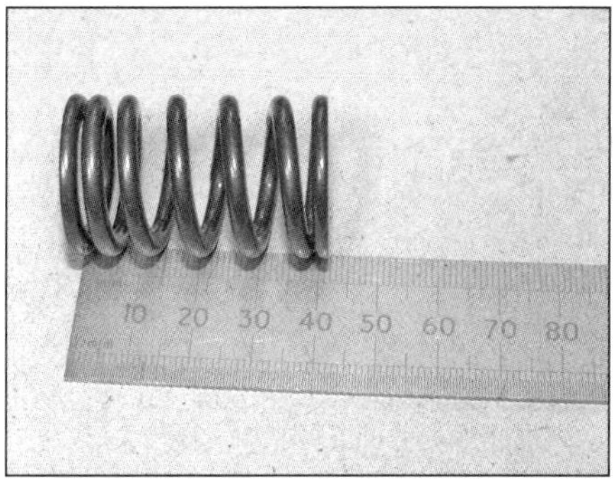

10.19 Messen Sie die freie Länge aller Ventilfedern.

10.24a Installieren Sie die neue Ventilschaftdichtung z. B. mit einem Schraubendreher als Führung ...

10.24b ... und drücken Sie sie mit dessen Griff herunter, bis sie einrastet.

oder einem geeigneten Steckschlüssel auf die Führung, bis sie fühlbar eingerastet ist (siehe Abbildungen). Auf keinen Fall darf die Dichtung verkantet, gedreht oder wieder abgezogen werden, da sie dann das Ventil nicht mehr korrekt abdichtet.

25 Schmieren Sie den Ventilschaft mit Motoröl und stecken Sie das Ventil drehend in die Führung, um die Dichtung nicht zu beschädigen (Abbildung 10.7d). Kontrollieren Sie, ob es sich frei auf und ab bewegen lässt.

26 Jetzt werden die Ventilfeder mit den engeren Wicklungen voran und der Federteller mit dem Doppelbund nach unten in die Feder installiert (siehe Abbildungen).

27 Geben Sie etwas Fett innen an die Keile, um sie an das Ventil »kleben« zu können (siehe Abbildung). Drücken Sie die Feder mit der korrekt sitzenden Federpresse nur so weit wie nötig zusammen, um die Keile montieren zu können (siehe Schritt 6) (Abbildungen 10.6a, b und c). Bringen Sie die Keile nacheinander mithilfe eines gefetteten Schraubendrehers in Position. Achten Sie darauf, dass die Keile korrekt in den Nuten sitzen, und lösen Sie vorsichtig die Presse (siehe Abbildungen).

28 Wiederholen Sie die Prozedur an den anderen Ventilen. Denken Sie daran, die Bauteile einer Ventilbaugruppe zusammenzuhalten, damit sie in die alten Positionen montiert werden können.

29 Stützen Sie den Zylinderkopf so auf Holzblöcken, dass die sich öffnenden Ventile nicht die Werkbank berühren können, und schlagen Sie sanft mit einem Hammer und einem Messingdorn (oder anderem weichen Material) oben auf die Ventilschäfte, damit die Keile sich besser in die Nuten setzen können.

> **Praxis TiPP**
> ***Kontrollieren Sie die Dichtigkeit der Ventile durch das Einfüllen von Lösungsmittel in den jeweiligen Kanal. Wenn die Flüssigkeit am Ventil vorbei in den Brennraum läuft, muss die Ventilbaugruppe wieder zerlegt und ggf. von einem Fachbetrieb begutachtet werden.***

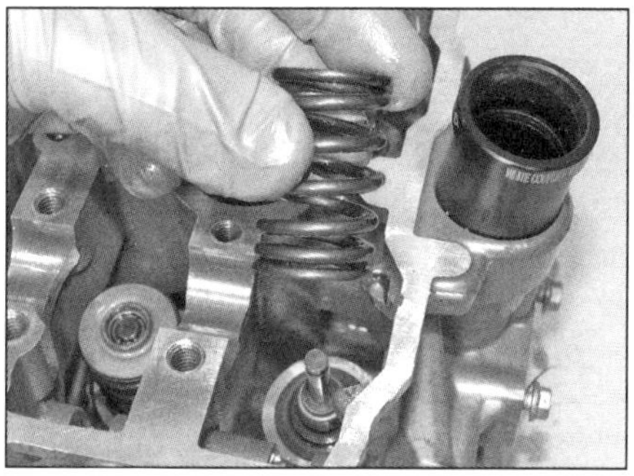

10.26a Installieren Sie die Ventilfeder mit den engeren Wicklungen voran ...

10.26b und legen Sie den Federteller mit dem Doppelbund nach unten in die Feder.

10.27a Positionieren Sie die Keile richtig herum an der Nut des Ventilschafts ...

10.27b ... und prüfen Sie nach dem Lösen der Federpresse, ob sie korrekt in ihrer Nut sitzen und den Federteller halten.

30 Nach der Montage des Zylinderkopfes und der Nockenwellen muss das Ventilspiel kontrolliert und eventuell eingestellt werden (siehe Kapitel 1, Sektion 24).

11 Zylinder

Anmerkung: *Die Zylinder müssen zusammen mit den Kolben demontiert werden, da diese erst danach aus ihnen befreit werden können.*

Ausbau

1 Demontieren Sie den Zylinderkopf (siehe Sektion 9).

2 Markieren Sie ggf. den Zylinder und seinen Kolben (vorn oder hinten), um beides wieder korrekt positionieren zu können. Falls der Kolben des zu entfernenden Zylinders noch nicht im oberen Totpunkt steht, muss die Kurbelwellen-Arretierung entfernt, die Steuerkette straff gehalten und der Zylinder heruntergedrückt werden, um die Kurbelwelle in die entsprechende Position drehen zu können; installieren Sie die Arretierung wieder.

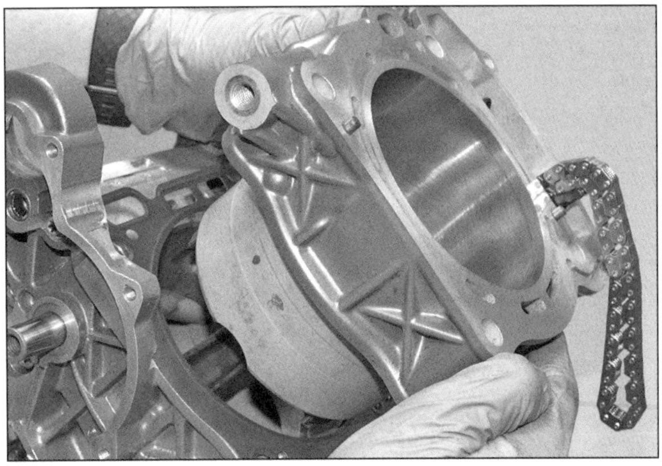

11.3a Heben Sie den Zylinder nur soweit an, ...

11.3b ... bis die Kolbenbolzen-Sicherungsringe zugänglich sind.

3 Ziehen Sie den Zylinder weit genug vom Motorgehäuse, um Zugang zu den Kolbenbolzen-Sicherungsringen zu erhalten (siehe Abbildungen) – aber nicht so weit, dass die Kolbenringe unten herausspringen! Falls der Zylinder klemmt, muss er rundherum mit einem weichen Hammer abgeklopft werden, damit sich die Dichtung löst (versuchen Sie keinesfalls, ihn abzuhebeln, da dies die Dichtfläche zerstören würde!).

4 Stopfen Sie Lappen um das Pleuel herum und in den Steuerkettenschacht, damit kein Sicherungsring in den Motor fallen kann und das Pleuel nach dem Abnehmen des Kolbens nicht gegen das Gehäuse schlägt. Hebeln Sie am hinteren Zylinder den linken Kolbenbolzen-Sicherungsring vorsichtig heraus (am vorderen Zylinder den rechten) und drücken Sie den Kolbenbolzen von der anderen Seite durch den Kolben, um diesen vom Pleuel zu befreien und den Zylinder samt Kolben entnehmen zu können (siehe Abbildungen). Befreien Sie nötigenfalls den anderen Kolbenbolzen-Sicherungsring – alle ausgebauten Sicherungsringe müssen beim Einbau durch Neuteile ersetzt werden.

11.4a Hebeln Sie vorsichtig den Sicherungsring heraus, ...

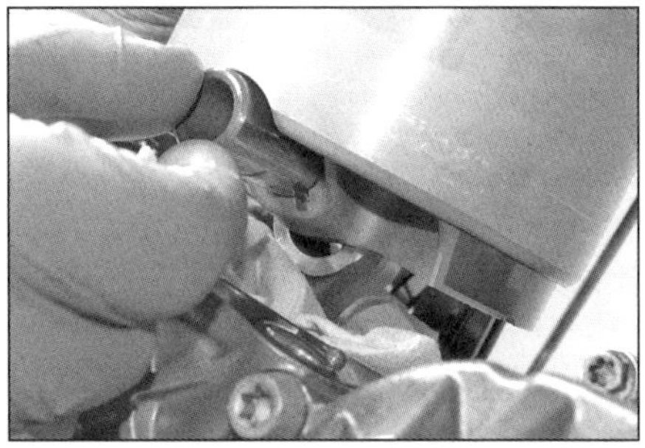

11.4b ... drücken Sie den Kolbenbolzen heraus und entnehmen Sie den Zylinder samt Kolben.

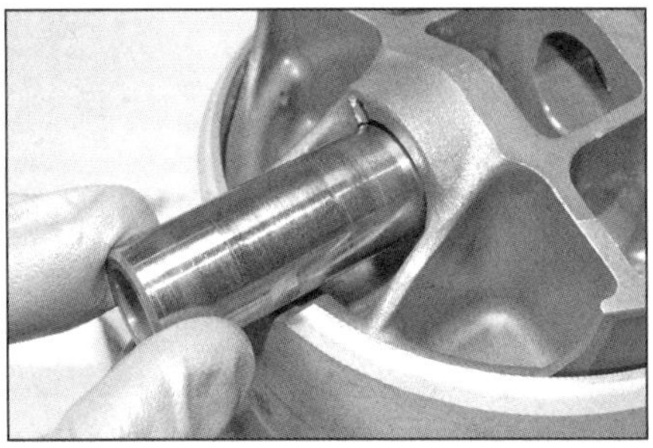

11.5a Ziehen Sie den Kolbenbolzen aus dem Kolben ...

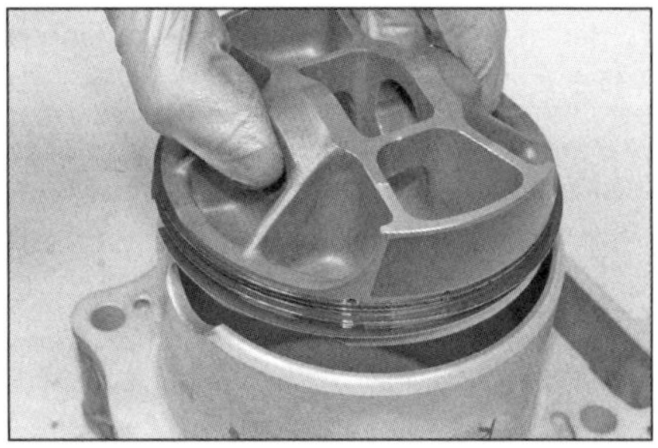

11.5b ... und diesen nach unten aus dem Zylinder.

Praxis TIPP ***Falls der Kolbenbolzen fest im Kolben steckt, kann sein Sitz mit einem Heißluftgebläse erwärmt werden, damit sich das Aluminium ausdehnt und den Bolzen freigibt. Falls der Kolbenbolzen mit einem Ausziehwerkzeug befreit werden muss (siehe*** **Werkzeug- und Werkstatt-Tipps** ***im Anhang), ist dabei die Gleitfläche des Kolbens zu schützen.***

5 Befreien Sie nötigenfalls den Kolbenbolzen aus dem Kolben und diesen aus dem Zylinder (siehe Abbildungen) – beispielsweise, um den Kolben und/oder den Zylinder zu kontrollieren oder neue Kolbenringe zu installieren; um kein Risiko mit gebrochenen Kolbenringen einzugehen, kann der Kolben ansonsten im Zylinder verbleiben. Beachten Sie den Pfeil auf dem Kolbenboden, der zur Auslassseite zeigen muss (Abbildung 11.14b).

6 Entnehmen Sie die Zylinderfußdichtung (Abbildung 11.13) – beim Einbau wird ein Neuteil benötigt. Stellen Sie nötigenfalls die Passstifte sicher – sie können im Motorgehäuse oder unten im Zylinder stecken.

7 Entfernen Sie sämtliche Dichtungsreste vom Zylinder und dem Motorgehäuse – achten Sie beim Einsatz eines Schabers darauf, dass die Dichtflächen nicht beschädigt werden und kein Material in den Motor fällt.

Kontrolle

Anmerkung: *Falls die unten beschriebenen Verschleißkontrollen auf einen schadhaften Zylinder hinweisen oder dieser einen anderen Schaden aufweist, muss der Zylinder erneuert werden – Aufbohren ist nicht möglich. Der Zylinder ist nicht separat, sondern nur zusammen mit dem Kolben, Kolbenbolzen, Kolbenringen und Sicherungsringen als Set erhältlich. Falls bei der Kontrolle nur am Kolben Verschleiß festgestellt wurde, kann dieser samt Kolbenbolzen, Kolbenringen und Sicherungsringen separat beschafft werden. KTM verbaut Kolben und Zylinder in zwei Größen (siehe* techni-

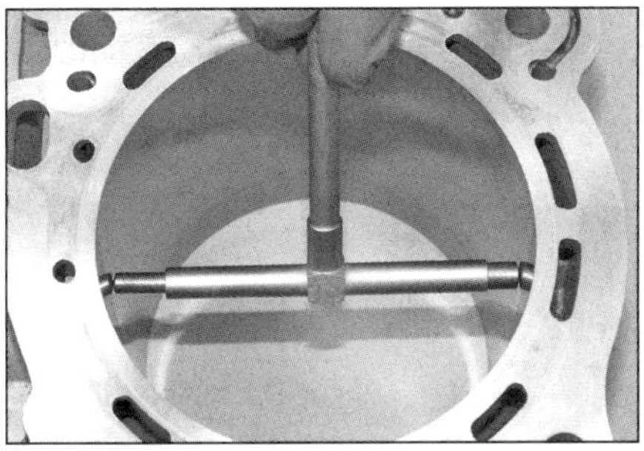

11.8a Vermessen Sie mit einem speziellen Innen-Messgerät ...

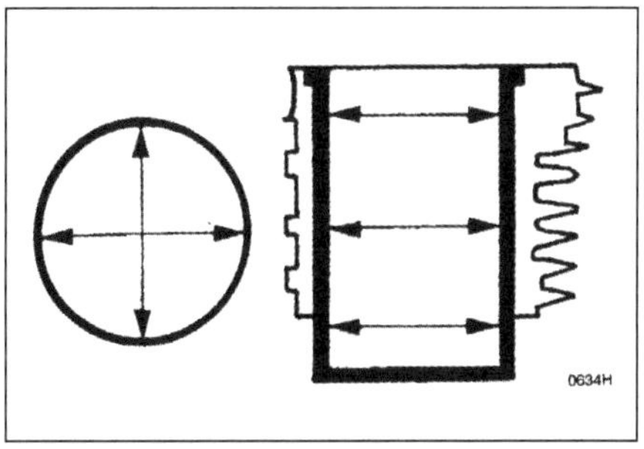

11.8b ... die Zylinderbohrungen an insgesamt sechs Stellen.

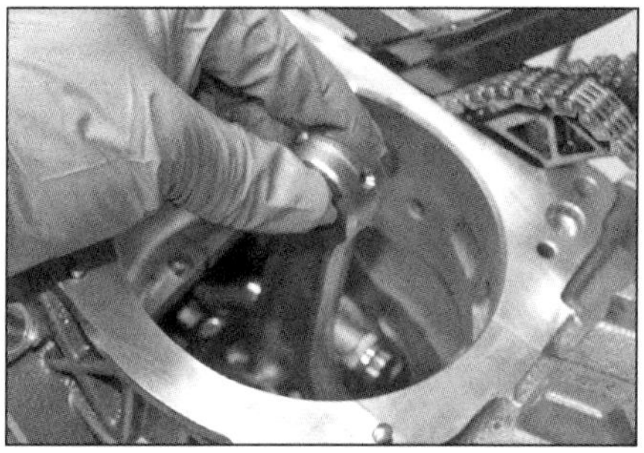

11.12a Positionieren Sie das Pleuel im OT ...

sche Daten), *die zusammenpassen müssen. Die Größenmarkierung des Zylinders ist je nach Baujahr entweder oben am Steuerkettenschacht oder außen an der Zylinderbuchse angebracht; die Größe des Kolbens ist auf dessen Boden markiert (Abbildungen 11.14a und b). Achten Sie bei Messungen darauf, diese mit der korrekten Größen-Angabe zu vergleichen. Achten Sie bei der Beschaffung eines neuen Kolbens (zum Einbau in den vorhandenen Zylinder) auf dessen korrekte Größe.*

8 Mit Präzisionsmessgeräten kann der Verschleiß, die Kegel- und Ovalförmigkeit der Zylinderbohrungen überprüft werden. Messen Sie dazu im oberen Bereich (aber noch unterhalb der Position des oberen Kolbenrings im OT) in der Mitte und unten (aber noch oberhalb der Position des Ölabstreifrings im UT) – je einmal in Fahrtrichtung und einmal parallel zur Kurbelwelle (siehe Abbildungen). Errechnen Sie anhand der Differenzen zwischen diesen sechs Ergebnissen und mithilfe der Angaben in den technischen Daten den Verschleiß – beachten Sie die Anmerkung oben.

9 Ermitteln Sie den Durchmesser des Kolbens (siehe Sektion 12, Schritt 6) und errechnen Sie mit den Ergebnissen das Kolben-Spiel; falls es über den Vorgaben der technischen Daten liegt, muss herausgefunden werden, ob der Kolben oder der Zylinder verschlissen ist – oder beides (beachten Sie die Anmerkung oben).

10 Mithilfe einem Präzisions-Richtwinkel und einer 0,05-mm-Fühlerlehre (der Wert des maximalen Verzugs) wird die obere Dichtfläche des Zylinders vermessen. Wechseln Sie zu Sektion 3 in den *Werkzeug- und Werkstatt-Tipps* im Anhang, um genaue Angaben zur Messung des Zylinderkopf-Verzugs zu erhalten. Falls der Zylinder verzogen ist, kann er ggf. geplant werden – konsultieren Sie hierzu eine KTM-Werkstatt oder einen Motoren-Spezialisten. Bei zu großem Verzug ist er durch einen neuen zu ersetzen.

11 Prüfen Sie den festen Sitz der Stehbolzen im Motorgehäuse – falls einer locker ist, muss er mithilfe zwei gegeneinander verkonterter Muttern herausgeschraubt werden, dann werden sein Gewinde und das im Gehäuse gereinigt und der Stehbolzen mit frischer Sicherungspaste versehen, bevor er wieder eingedreht und angezogen wird.

11.12b ... und installieren Sie die Kurbelwellen-Arretierung.

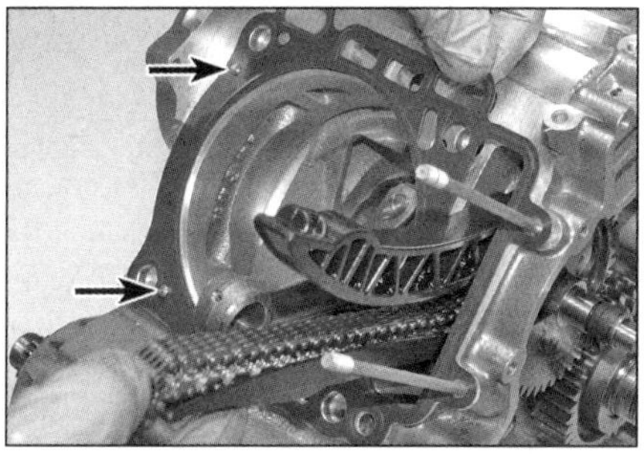

11.13 Legen Sie die neue Zylinderfußdichtung über die zwei Passstifte (Pfeile).

11.14a Die Größenangabe des Zylinders (hier an der Laufbuchse, sie kann auch oben am Steuerkettenschacht angebracht sein) ...

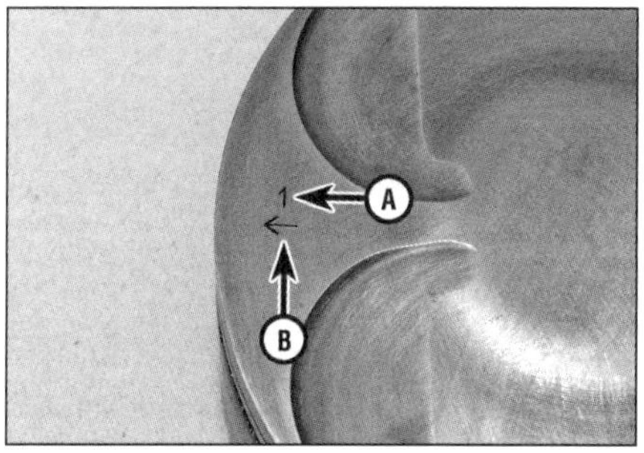

11.14b ... muss zur Größenangabe des Kolbens (A) passen. Der Pfeil (B) muss jeweils zur Auslassseite zeigen.

2

Einbau

Anmerkung: *Die Kolbenbolzen-Sicherungsringe dieses Motors sind sehr stabil und schwierig einzubauen, sodass wir die Verwendung des nicht sehr teuren KTM-Spezialwerkzeugs empfehlen; falls dies nicht zur Hand ist, müssen zwei Personen mit drei Schraubendrehern hantieren (siehe Schritt 18) (zwar kann man die Ringe auch alleine mit einer Spitzzange installieren, doch besteht hierbei die Gefahr, einen Ring zu verbiegen.*

12 Falls die Kurbelwellen-Arretierung nicht installiert ist oder der zu bearbeitende Zylinder nicht im OT steht, wird die Kurbelwelle so gedreht, dass das Pleuel in der höchsten Position steht, und die Arretierung eingeschoben (siehe Abbildungen). Stützen Sie das Motorgehäuse gut ab und umlegen Sie das Pleuel mit Lappen. Die Dichtflächen des Motorgehäuses und des Zylinders müssen absolut sauber sein.

13 Stecken Sie ggf. die Passstifte ins Motorgehäuse und führen Sie die Steuerkette durch die neue Zylinderfußdichtung, um diese darüberzulegen (siehe Abbildung) – benutzen Sie niemals die alte Zylinderfußdichtung wieder!

14 Prüfen Sie, ob die Größenangabe am Kolben zu derjenigen des Zylinders passt (siehe Abbildungen) und beide Teile wieder an ihre ursprüngliche Positionen gelangen (Schritt 2). Der Pfeil am vorderen Kolben muss nach vorn zeigen, der des hinteren Kolbens nach hinten. Schmieren Sie die Zylinderbohrung und die Kolbenringe mit frischem Motoröl und prüfen Sie, ob die Öffnungen der drei Kolbenringe um 120° zueinander versetzt liegen.

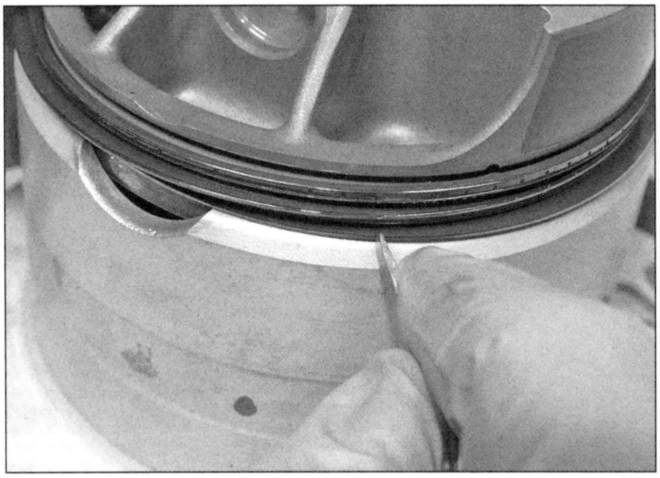

11.16a Drücken Sie die Kolbenringe nacheinander zusammen, um den Kolben in den Zylinder einzuführen.

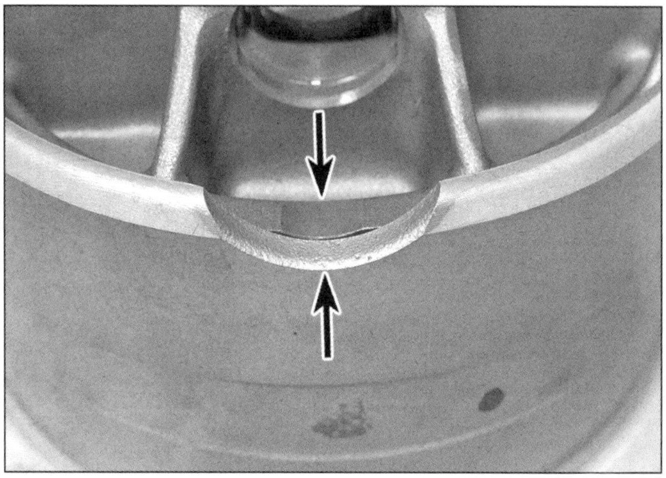

11.16b Richten Sie die Ausschnitte des Kolbens und der Zylinder-Laufbuchse zueinander aus.

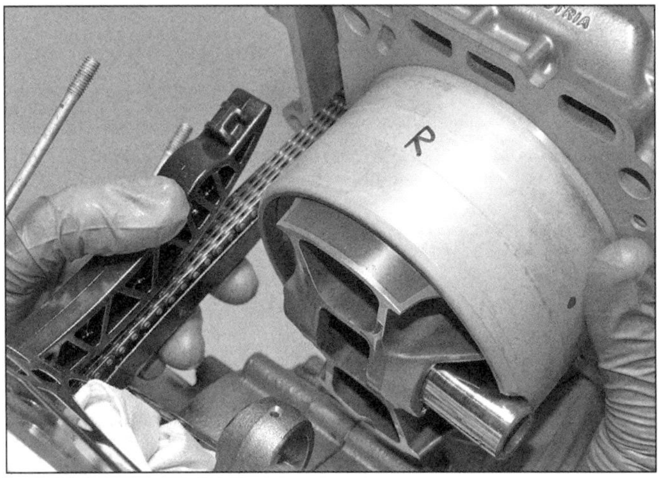

11.18a Führen Sie die Steuerkette durch den Zylinder und setzen Sie diesen über den Schienen und den Stehbolzen ab. Richten Sie den Kolben über dem oberen Pleuelauge aus und drücken Sie den Kolbenbolzen hindurch.

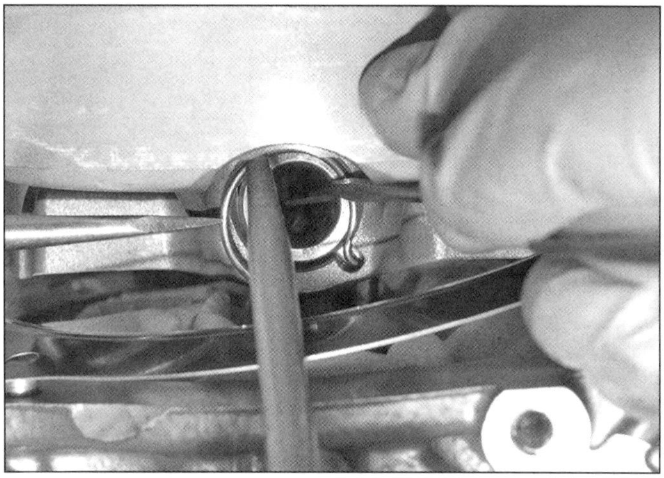

11.18b Ohne KTM-Werkzeug muss das umgebogene Ende des Sicherungsrings mit einem Schraubendreher in seinem Ausschnitt gehalten werden, ...

15 Falls beide Kolbenbolzen-Sicherungsringe entfernt wurden, muss beim hinteren Kolben rechts und beim vorderen Kolben links ein neuer Ring installiert werden – verwenden Sie hierzu möglichst das KTM-Spezialwerkzeug oder drei Schraubendreher (siehe Anmerkung oben und Schritt 18). Verwenden Sie niemals alte Sicherungsringe wieder! Prüfen Sie, ob der Sicherungsring rundherum in seiner Nut und das umgebogene Ende in der Vertiefung liegt (Abbildung 11.3b).

16 Richten Sie den Kolben so aus, dass der Pfeil auf seinem Boden zur Auslass-Seite zeigt (Abbildung 11.14b) und die Ausschnitte für den Kolbenbolzen auf der gleichen Seite liegen (Abbildung 11.16b). Führen Sie den Kolben von unten in den Zylinder ein und drücken Sie die Kolbenringe nacheinander zusammen, um sie in die Bohrung einzuführen, während gleichzeitig der Kolben mit leichtem Druck hineingeschoben wird (siehe Abbildung) – all dies muss mit besonderer Vorsicht geschehen, damit keiner der Kolbenringe bricht. Nachdem alle Kolbenringe eingeführt sind, wird der kleine Ausschnitt des Kolbens zum Ausschnitt in der Zylinderbuchse ausgerichtet (siehe Abbildung).

17 Schmieren Sie den Kolbenbolzen, seine Bohrungen im Kolben und das obere Pleuelauge mit frischem Motoröl. Führen Sie den Kolbenbolzen auf der Seite ohne Sicherungsring in den Kolben ein, aber lassen Sie ihn nicht nach innen hineinragen (Abbildung 11.5a).

18 Schieben Sie die Zylinder/Kolben-Baugruppe über die Stehbolzen auf (siehe Abbildung), richten Sie den Kolben über dem oberen Pleuelauge aus und drücken Sie den Kolbenbolzen hindurch (Abbildung 11.4b). Sichern Sie den Kolbenbolzen mit dem zweiten Sicherungsring – falls das KTM-Werkzeug nicht zur Hand ist, muss der Ring von zwei Personen mit drei Schraubendrehern installiert werden: Sichern Sie das umgebogene Ende mit einem Schraubendreher in seinem Ausschnitt, drücken Sie die Mitte des Rings mit dem zweiten Schraubendreher herunter und führen Sie mit dem dritten Schraubendreher sein Ende in die Nut des Kolbens ein (siehe Abbildungen).

19 Prüfen Sie den korrekten Sitz der Zylinderfußdichtung und setzen Sie den Zylinder vollständig über die Passstifte ab (siehe Abbildung).

20 Entfernen Sie die Kurbelwellen-Arretierung, halten Sie den Zylinder herunter und drehen Sie die Kurbelwelle, um sicherzugehen, dass sich der Kolben sanft auf und ab bewegt. Falls jetzt der andere Zylinder samt Kolben montiert werden soll, muss dessen Pleuel dafür im OT positioniert werden. Bringen Sie andernfalls den soeben aufgesetzten Zylinder wieder in den OT und arretieren Sie die Kurbelwelle, um den Zylinderkopf zu montieren (siehe Sektion 9).

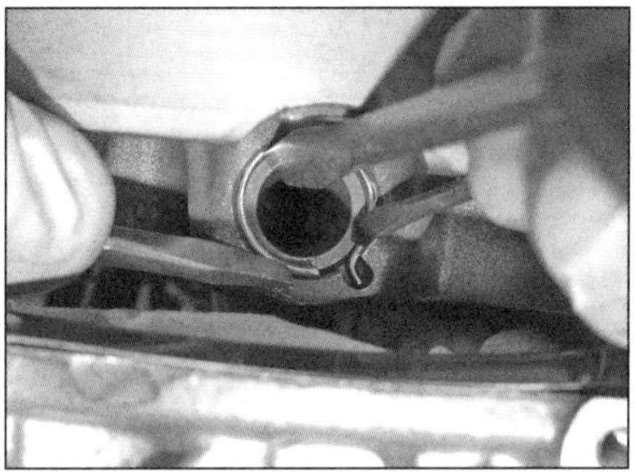

11.18c ... dann wird die Mitte des Rings mit dem zweiten Schraubendreher heruntergedrückt und mit dem dritten sein Ende in die Nut des Kolbens eingeführt.

11.19 Drücken Sie den Zylinder über die Passstifte bis auf die Zylinderfußdichtung herunter.

12 Kolben und Ringe

1 Demontieren Sie den Zylinder und befreien Sie den Kolben daraus (siehe Sektion 11).

Kolben

2 Befreien Sie vorsichtig die Kolbenringe vom Kolben (Abbildungen 12.13a und b, 12.12 sowie 12.11d, c und b) – sie dürfen hierbei nicht geknickt oder verkantet werden. Beachten Sie die Einbaulage der einzelnen Ringe, wenn sie wiederverwendet werden sollen. Die Oberseiten der Kolbenringe sollten mit Identifikations-Markierungen versehen sein (Abbildung 12.8).
3 Schaben Sie die Ölkohle vom Kolbenboden. Eine weiche Drahtbürste oder feines Schmirgelleinen kann zur Nacharbeit verwendet werden. Benutzen Sie keinesfalls einen Drahtbürstenaufsatz auf einer Bohrmaschine, das Kolbenmaterial ist sehr weich und würde abgetragen werden. Die Kolbenring-Nuten können mit einem Spezialwerkzeug, aber auch mit einem abgebrochenen Stück eines alten Kolbenringes von Kohleresten befreit werden. Seien Sie vorsichtig, dass kein Kolben-Metall entfernt wird oder die Seiten der Nut gequetscht oder eingekerbt werden. Sobald die Kohleablagerungen beseitigt sind, wird jeder Kolben mit Lösungsmittel gereinigt und anschließend getrocknet. Gehen Sie sicher, dass die Ölrücklaufbohrungen in der Nut des Ölabstreifrings sauber sind.
4 Begutachten Sie den Kolben sorgfältig auf Brüche am Hemd, an den Bolzenaugen und um die Kolbenringnuten. Normaler Kolbenverschleiß zeigt sich in gleichmäßige senkrechte Spuren auf der Lauffläche und leichtem Spiel des oberen Kolbenrings in seiner Nut. Falls das Hemd Riefen oder Klemmspuren zeigt, kann der Motor an Überhitzung gelitten haben und/oder eine abnormale Verbrennung sorgte für extrem hohe Arbeitstemperatur. Kontrollieren Sie auch die Nuten der Sicherungsringe auf mögliche Beschädigungen.
5 Ein Loch im Kolbenboden ist ein Zeichen für abnormale Verbrennung (durch Frühzündung). Verbrannte Stellen am Rand des Bodens weisen auf Klingeln oder Klopfen hin. Wenn eines dieser Probleme existiert, müssen die Gründe beseitigt werden, damit die Schäden sich nicht fortsetzen (siehe *Fehlersuche* im Anhang).

Anmerkung: *KTM verwendet Zylinder und Kolben in zwei Größen (siehe* technische Daten*) – diese müssen zusammenpassen. Die Größenmarkierung des Zylinders ist je nach Baujahr entweder oben am Steuerkettenschacht oder außen an der Zylinderbuchse angebracht; die Größe des Kolbens ist auf dessen Boden markiert (Abbildungen 11.14a und b). Achten Sie bei Messungen darauf, diese mit der korrekten Größen-Angabe zu vergleichen. Achten Sie bei der Beschaffung eines neuen Kolbens (zum Einbau in den vorhandenen Zylinder) auf dessen korrekte Größe.*

6 Messen Sie den Kolben-Durchmesser etwa 6 mm oberhalb des unteren Rands sowie rechtwinklig zum Kolbenbolzen und vergleichen Sie das Ergebnis mit den Angaben in den technischen Daten (siehe Anmerkung oben) (siehe Abbildung). Falls der Kolben verschlissen ist, muss auch die Zylinderbohrung und das Kolbenspiel überprüft werden (siehe Sektion 11), um herauszufinden, ob auch der Zylinder erneuert werden muss.
7 Reinigen Sie den Kolbenbolzen und prüfen Sie, ob er eine absolut glatte Oberfläche aufweist. Geben Sie frisches Motoröl auf den Kolbenbolzen, schieben Sie ihn in den Kolben und fühlen Sie, ob Spiel vorhanden ist (siehe Abbildung). Messen Sie den Außendurchmesser des Kolbenbolzens (an den Rändern) sowie den Innendurchmesser seiner Bohrungen im Kolben und vergleichen Sie das Ergebnis mit den technischen Daten. Falls noch nicht geschehen, sollte auch die Passung des Kolbenbolzens im oberen Pleuelauge ermittelt werden (siehe Sektion 27) (siehe Abbildung). Ersetzen Sie alle Bauteile, die außerhalb der Verschleißgrenzen liegen. Einem neuen Kolben sind stets ein Kolbenbolzen, Kolbenringe und Sicherungsringe beigefügt.

Kolbenringe

Anmerkung: *Generell ist es empfehlenswert, die Kolbenringe bei jeder Motorüberholung zu erneuern. Kontrollieren Sie vor dem Einbau neuer Ringe das Spiel in den Nuten (Schritt 9) und das Stoßspiel (Schritt 10), um herauszufinden, ob der Kolben und/oder der Zylinder verschlissen ist. Sowohl ein neuer Kolben als auch eine neue Zylinder/Kolben-Baugruppe wird mit neuen Kolbenringen ausgeliefert.*

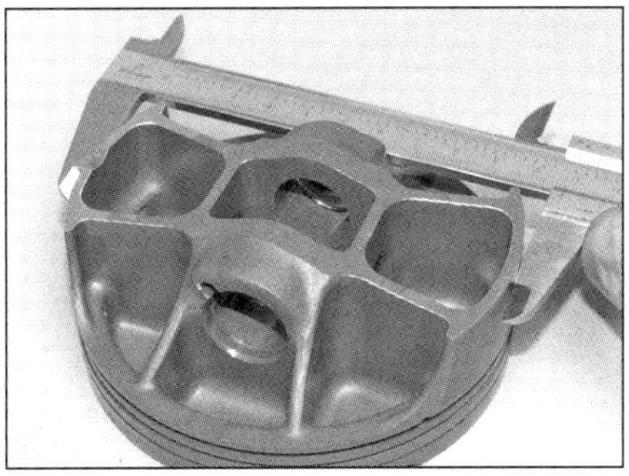

12.6 Messen Sie den Kolben-Durchmesser etwa 6 mm oberhalb des unteren Rands sowie rechtwinklig zum Kolbenbolzen.

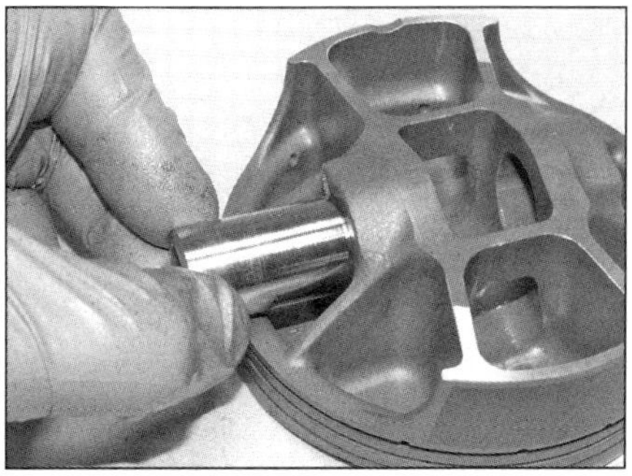

12.7a Der Kolbenbolzen darf weder im Kolben ...

12.7b ... noch im oberen Pleuelauge fühlbares Spiel aufweisen.

8 Die Kolbenringe sind an einem Ende markiert – diese Markierungen müssen sich oben befinden (siehe Abbildung).

9 Messen Sie mithilfe einer Fühlerlehre das Spiel der Kolbenringe in den jeweiligen Nuten des Kolbens (siehe Abbildung) – verwechseln Sie die Ringe nicht. Messen Sie das Spiel an drei oder vier Stellen rundherum – falls es die Vorgaben (0,08 mm für beide Kompressionsringe und 0,06 mm für den Ölabstreifring) übersteigt, muss der Kolben samt Ringen erneuert werden.

10 Messen Sie das Stoßspiel aller Kolbenringe, indem Sie sie nacheinander in die Zylinderbohrung einschieben und mithilfe des Kolbens innerhalb seines Arbeitsbereichs rechtwinklig ausrichten und mit einer Fühlerlehre den Abstand zwischen den Ring-Enden ermitteln (siehe Abbildungen) – falls es die Vorgaben (0,5 mm für den oberen Kompressionsring und 0,6 mm für die beiden unteren Ringe) übersteigt, muss zunächst die Zylinderbohrung auf Verschleiß überprüft werden (siehe Sektion 11) – ist sie in Ordnung, müssen neue Kolbenringe verwendet werden. Bei zu geringem Stoßspiel muss geprüft werden, ob die Ringe zum Zylinder passen (die Ringe dehnen sich bei laufendem Motor aus und könnten verklemmen und den Zylinder stark beschädigen!)

Einbau

11 Der Ölabstreifring muss als unterer zuerst an den Kolben installiert werden. Er besteht aus zwei Teilen: dem Expander und dem äußeren Ring. Zuerst wird der Expander geöffnet, in die untere Nut gesetzt und wieder geschlossen (siehe Abbildungen). Installieren Sie dann den äußeren Ring mit »E TOP« nach oben rundherum über den Expander (siehe Abbildungen); prüfen Sie, ob beide Teile rundherum korrekt in der Kolbennut sitzen.

Achtung: Kolbenringe bestehen aus spröden Material und können leicht zerbrechen!

12 Führen Sie als Nächstes den zweiten Kompressionsring – ebenfalls mit »E TOP« nach oben – in die mittlere Kolbennut ein (siehe Abbildung); verwenden Sie dazu möglichst eine Fühlerlehre, um ihn möglichst wenig zu dehnen (Abbildung 12.13b).

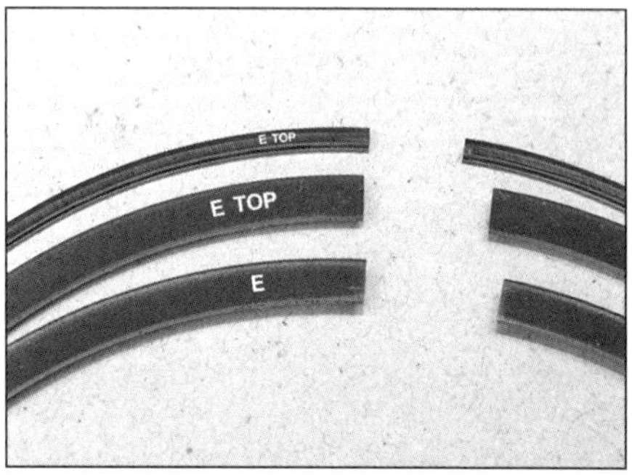

12.8 Die Oberseite aller Kolbenringe ist markiert: Der obere Kompressionsring trägt nur ein »E«, der zweite Kompressionsring und der Ölabstreifring sind mit »E TOP« markiert.

12.9 Messen Sie mithilfe einer Fühlerlehre das Spiel des Kolbenrings in seiner Kolbennut.

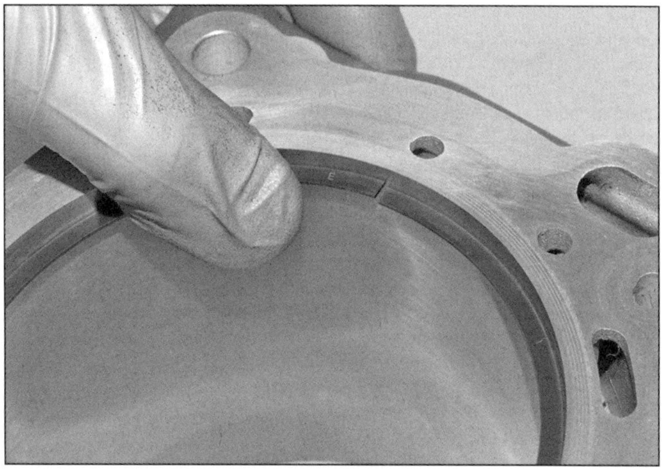

12.10a Installieren Sie den Kolbenring in die Zylinderbohrung, ...

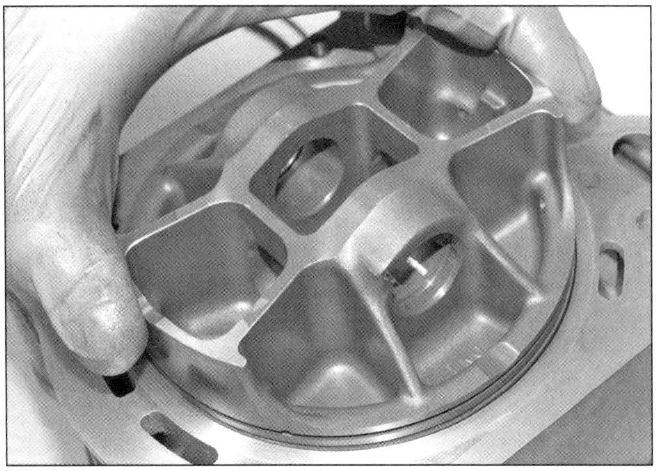

12.10b ... richten Sie ihn mit dem Kolben rechtwinklig aus ...

12.10c ... und messen Sie das Stoßspiel mit einer Fühlerlehre.

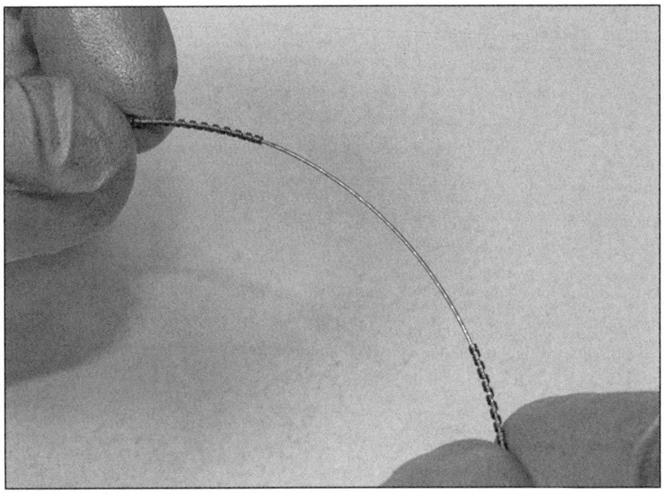

12.11a Ziehen Sie die Expander-Enden auseinander, ...

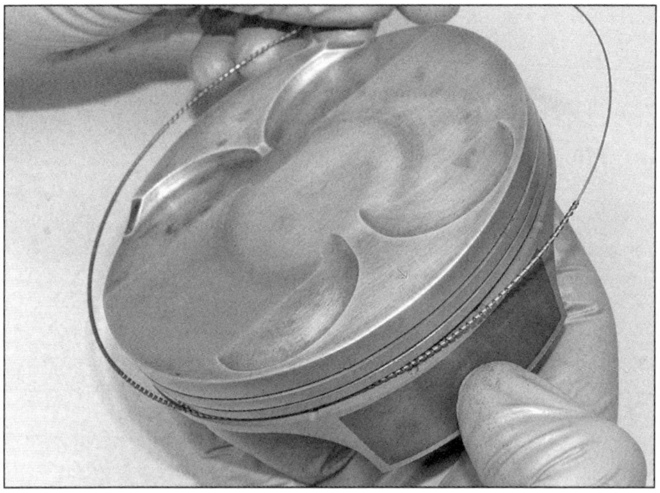

12.11b ... führen Sie ihn in die untere Nut ein ...

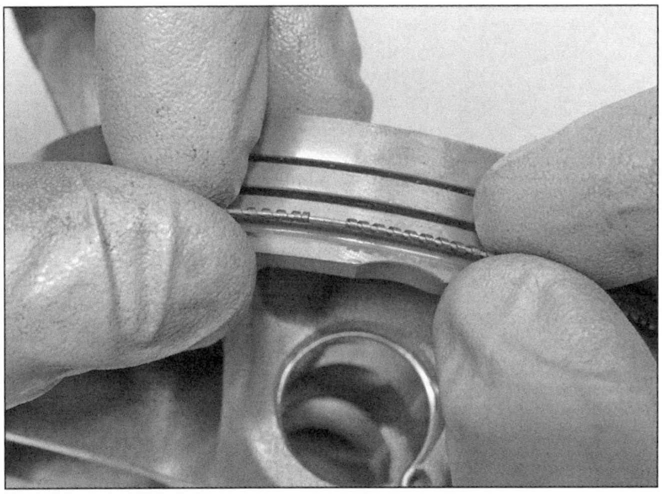

12.11c ... und schieben Sie den Expander wieder zusammen.

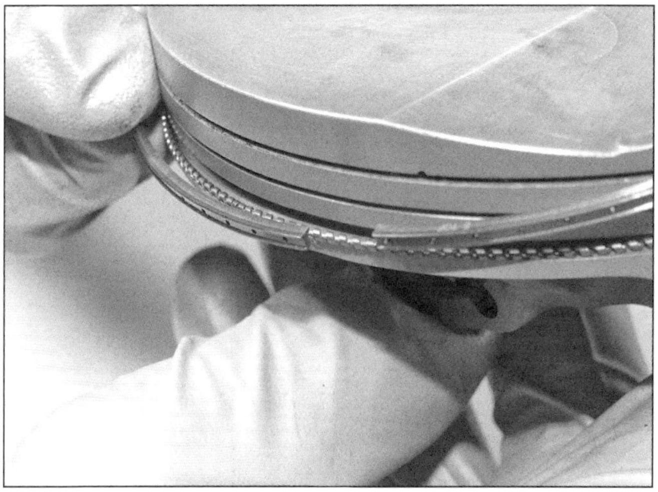

12.11d Installieren Sie den äußeren Ölabstreifring (E TOP nach oben!) über den Expander ...

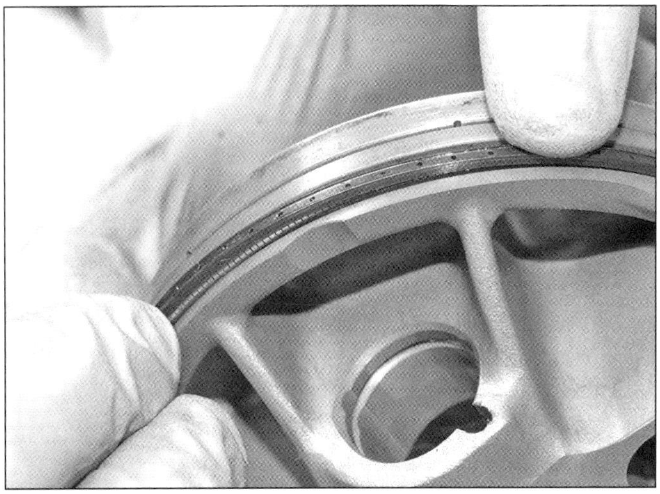

12.11e ... und führen Sie ihn rundherum in die Kolbennut ein.

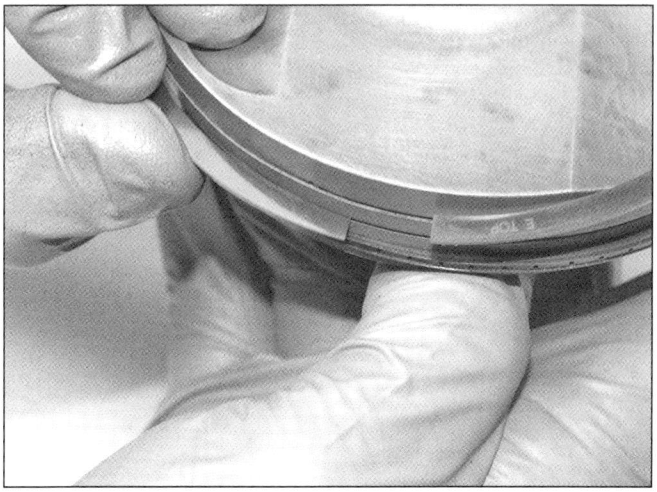

12.12 Installieren Sie den zweiten Kompressionsring in die mittlere Kolbennut ...

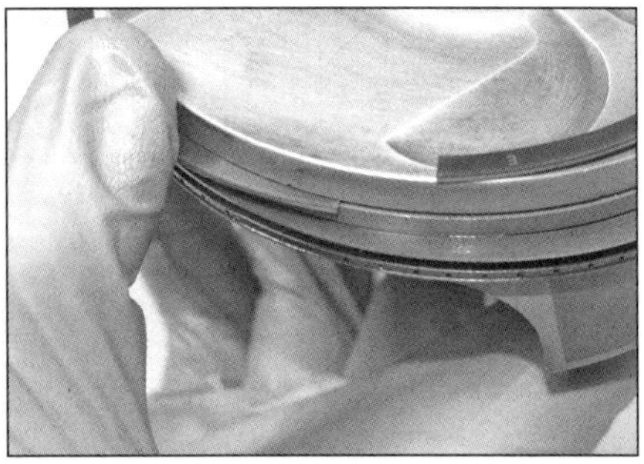

12.13a ... und den oberen Kompressionsring in die obere Kolbennut.

12.13b Mithilfe einer Fühlerlehre lassen sich Kompressionsringe leicht und sicher installieren (und auch entfernen).

13 Installieren Sie den oberen Kompressionsring (oben mit »E« markiert) in die obere Kolbennut (siehe Abbildungen).

14 Wenn die Ringe korrekt installiert sind, müssen sie sich frei und ohne zu haken bewegen lassen. Verdrehen Sie die Ringstöße anschließend um jeweils 120° zueinander.

15 Führen Sie den Kolben in den Zylinder ein und montieren Sie diesen (siehe Sektion 11).

13 Lichtmaschinenrotor, Anlasserfreilauf, Drehmomentbegrenzer und Zwischenrad

Ausbau

1 Lassen Sie das Motoröl ab (siehe Kapitel 1, Sektion 12).

2 Befreien Sie den Kupplungs-Ausrückzylinder vom Motor (siehe Sektion 16, Schritt 31) und sichern Sie ihn abseits des Arbeitsbereichs – der Hydraulikschlauch muss nicht getrennt werden.

3 Demontieren Sie die Verkabelungs-Blende (Abbildungen 4.17a und b) und den Motorritzel-Deckel (siehe Abbildung).

4 Verfolgen Sie die aus dem Lichtmaschinendeckel kommende Verkabelung bis zum Dreifachstecker und trennen Sie diesen (siehe Abbildung).

5 Lösen Sie die Schrauben des Lichtmaschinendeckels – beachten Sie die Positionen der zwei längeren Schrauben (siehe Abbildung). Ziehen Sie den Deckel ab (klopfen Sie ihn nötigenfalls rundherum ab, um die Dichtung zu lösen) – der darin sitzende Stator wird von den Rotor-Magneten zurückgehalten (Abbildung 13.30a). Die äußere Scheibe der Zwischenradwelle verbleiben sollte darauf verbleiben (Abbildung 13.9a) und muss nötigenfalls vom Lager im Deckel sichergestellt werden.

6 Entnehmen Sie die Deckeldichtung und stellen Sie – falls locker – die zwei Passhülsen aus den Sitzen der längeren Schrauben sicher (Abbildung 13.29a).

7 Entfernen Sie den Drehmomentbegrenzer samt Scheibe (siehe Abbildung) – falls er im Deckel steckt, muss er daraus befreit werden;

13.3 Lösen Sie die zwei Schrauben (die obere sichert auch die Kabelführung) und entnehmen Sie den Motorritzel-Deckel.

13.4 Trennen Sie den Lichtmaschinenstecker.

13.5 Der Lichtmaschinendeckel ist mit zehn Schrauben gesichert – beachten Sie die zwei längeren (A).

13.7 Beachten Sie die zwischen dem inneren Rad des Drehmomentbegrenzers und dem Motorgehäuse.

13.8 Lösen Sie die zwei Schrauben und entnehmen Sie die Führung – beachten Sie ihre Position zwischen dem Zahnrad und dem Rotor.

13.9a Entnehmen Sie die äußere Scheibe, ...

13.9b ... das Zwischenrad, ...

13.9c ... sein Nadellager ...

13.9d ... und die innere Scheibe von der Achse.

13.10a Lösen Sie die Schrauben des Kurbelwellenrotors ...

13.10b ... und ziehen Sie den Kabelstopfen heraus, um den Sensor aus dem Arbeitsbereich zu befreien.

13.11a Setzen Sie den Metallbandschlüssel so an, dass die Erhebungen des Sensorrings nicht beschädigt werden.

13.11b Halten Sie den Rotor und lösen Sie dessen Bolzen.

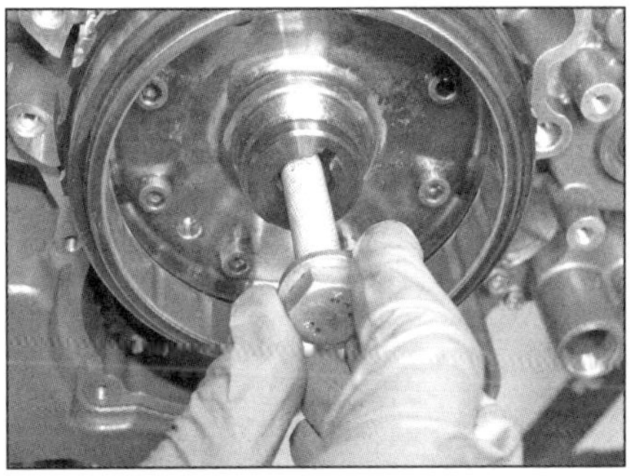

13.12a Drehen Sie den Bolzen in die Kurbelwelle, aber geben Sie dem Rotor Platz, um abgezogen werden zu können.

13.12b Drehen Sie das Abzieher-Gehäuse auf die Rotornabe, ...

13.12c ... halten Sie es und ziehen Sie den Abzieherbolzen an, um den Rotor zu lösen.

2

die Scheibe kann am Lagersitz im Motorgehäuse kleben und muss nötigenfalls dort entnommen werden.

8 Entfernen Sie die Führung des Anlasser-Freilaufrads (siehe Abbildung).

9 Entfernen Sie die Zwischenrad-Komponenten (siehe Abbildungen).

10 Demontieren Sie den Kurbelwellensensor und lagern Sie ihn abseits des Rotors (siehe Abbildungen).

11 Um den Bolzen des Lichtmaschinenrotors aus der Kurbelwelle zu lösen, muss der Rotor blockiert werden – hierzu eignet sich ein hochwertiger Metallband-Schlüssel samt Verlängerung und der Bolzen kann mit einem Schlagschrauber gelöst werden. Halten Sie den Rotor und lösen Sie den Bolzen (siehe Abbildungen).

12 Um den Rotor vom Konus der Kurbelwelle zu ziehen, wird ein Abzieher benötigt. KTM bietet unter den Teilenummern 61229008100 und 75029021000 entsprechende Werkzeuge an, alternativ kann ein passender Abzieher samt Ersatz-Rotorbolzen im Fachhandel beschafft werden; der Ersatzbolzen wird zum Schutz des Gewinde in die Kurbelwelle gedreht (hierfür könnte auch der Original-Rotorbolzen verwendet werden, doch darauf würde der Abzieher Spuren hinterlassen). Drehen Sie den Bolzen in die Kurbelwelle, aber geben Sie dem Rotor unter dem Bolzenkopf genügend Platz, um abgezogen werden zu können (siehe Abbildung). Drehen Sie dann das Abzieher-Gehäuse auf die Rotornabe, halten Sie es und schrauben Sie den Abzieherbolzen hinein, um den Rotor zu lösen (siehe Abbildungen) – falls er sehr fest sitzt, kann mit sanften Schlägen auf den vorgespannten Abzieher geklopft werden, um ihn zu lockern. Falls das Freilauf-Zahnrad nicht zusammen mit dem Rotor abgezogen wird, muss es von der Kurbelwelle gezogen werden. Stellen Sie den im Konus sitzenden Keil sicher, falls er locker ist (Abbildung 13.21).

13 Der Ausbau des Lichtmaschinenstators aus dem Deckel ist in Kapitel 8, Sektion 27 beschrieben.

13.14 Prüfen Sie die Funktion des Anlasser-Freilaufs: Das Zahnrad darf sich nur linksherum drehen lassen.

13.15 Begutachten Sie die Spreizrollen im Freilauf und die Gleitfläche der Zahnradnabe.

13.16 Kontrollieren Sie das Nadellager sowie seine Gleitfläche auf der Kurbelwelle.

13.18 Lager des Drehmomentbegrenzers im Lichtmaschinendeckel

13.21 Der Keil muss in der Nut des Konus stecken.

13.22 Schieben Sie die korrekt ausgerichtete Rotor/Freilauf-Baugruppe auf die Kurbelwelle.

Kontrolle

14 Legen Sie den Rotor auf die Werkbank und prüfen Sie, ob sich das Freilaufrad frei gegen den Uhrzeigersinn drehen lässt und im Uhrzeigersinn blockiert (siehe Abbildung). Ziehen Sie das Zahnrad leicht nach links drehend aus dem Freilauf.

15 Inspizieren Sie die im Freilaufgehäuse sitzenden Spreizrollen und ihre Gleitfläche auf der Zahnradnabe (siehe Abbildung). Sind Schäden, Ausbrüche oder Abflachungen festzustellen oder lässt sich das Zahnrad nicht wie in 14 beschrieben drehen, muss der gesamte Rotor samt Freilauf ersetzt werden – die Spreizrollen sind nicht separat erhältlich. Falls die Zahnradnabe beschädigt ist, muss das Zahnrad (samt beigefügtem Lager) ersetzt werden.

16 Kontrollieren Sie das Nadellager sowie seine Gleitfläche auf der Kurbelwelle (siehe Abbildung). Falls das Lager oder seine Gleitfläche auf der Nabe verschlissen sind, müssen entsprechende Teile ersetzt werden (erkundigen Sie sich beim KTM-Händler, ob das Lager ggf. separat erhältlich ist).

17 Kontrollieren Sie die Zähne des Drehmomentbegrenzer- und des Zwischenrads sowie die entsprechenden Gegenstücke am Freilaufrad und an der Anlasserwelle. Schadhafte Zahnräder oder der gesamte Anlasser müssen ausgetauscht werden.

13.23a Installieren Sie den Rotorbolzen samt Scheibe, ...

13.23b ... blockieren Sie den Rotor wie beim Ausbau und ziehen Sie den Bolzen mit 115 Nm an.

18 Kontrollieren die Lager des Drehmomentbegrenzers im Motorgehäuse und außen auf dessen Welle (siehe Abbildung und Abbildung 13.7) sowie das Lager und die Welle des Zwischenrads (Abbildung 13.9c). Verschlissene und beschädigte Komponenten müssen ersetzt werden. Der Ausbau und Einbau von Lagern ist in Sektion 5 der *Werkzeug- und Werkstatt-Tipps* im Anhang beschrieben.

Einbau

19 Entfernen Sie die alte Dichtung von den Kontaktflächen des Lichtmaschinendeckels und des Motorgehäuses.

20 Falls demontiert, muss der Lichtmaschinenstator in den Deckel installiert werden (siehe Kapitel 8, Sektion 27).

21 Reinigen Sie den Konus der Kurbelwelle und den Sitz im Rotor mit Lösungsmittel und installieren Sie ggf. den Keil in seine Nut (siehe Abbildung).

22 Installieren Sie das Freilaufrad in den Freilauf (Abbildung 13.14) – drehen Sie es dabei leicht links herum. Richten Sie die Nut im Rotor zum Keil der Kurbelwelle aus und schieben Sie die Baugruppe auf (siehe Abbildung).

23 Installieren Sie den Rotorbolzen samt Scheibe, blockieren Sie den Rotor wie beim

13.24 Bevor die Sensorschrauben angezogen werden, muss der Abstand auf 0,4 mm eingestellt werden.

13.28 Der gesamte Anlasser-Antrieb muss korrekt ineinander greifen.

Ausbau und ziehen Sie den Bolzen mit 115 Nm an (siehe Abbildungen).

24 Versehen Sie den Gummistopfen des Kurbelwellensensor-Kabels mit Dichtmasse und drücken Sie ihn in seinen Ausschnitt im Motorgehäuse (Abbildung 13.10a). Reinigen Sie die Gewinde der Sensorschrauben und tragen Sie frische Sicherungspaste auf. Positionieren Sie den Sensor und drehen Sie die Schrauben zunächst nur handfest ein. Führen Sie eine 0,4-mm-Fühlerlehre zwischen der Sensorspitze und einem der Auslöser am Rotor ein, um den korrekten Abstand einzustellen, und ziehen Sie die Schrauben sorgfältig an (siehe Abbildung).

25 Schmieren und installieren Sie die Zwischenrad-Komponenten – das Zahnrad muss in das Freilaufrad greifen (Abbildungen 13.9d, c, b und a).

26 Reinigen Sie die Gewinde der Freilaufrad-führungs-Schrauben und tragen Sie frische Sicherungspaste auf. Installieren Sie die Führung auf die Hülsen, sodass sie zwischen Freilaufrad und Rotor greift, und ziehen Sie die Schrauben mit 10 Nm an (Abbildung 13.8).

27 Schmieren Sie die Enden der Drehmomentbegrenzer-Welle und ihre Lager mit Motoröl und schieben Sie die Scheibe innen auf die Welle (Abbildung 13.7). Positionieren Sie die Welle im Lager des Motorgehäuses und lassen Sie die Zahnräder in die Anlasserwelle und das Zwischenrad greifen.

28 Prüfen Sie, ob alle Komponenten korrekt installiert wurden (siehe Abbildung).

29 Stecken Sie ggf. die Passhülsen ins Motorgehäuse und legen Sie die neue Deckeldichtung darüber (siehe Abbildungen) – niemals darf die alte Dichtung wiederverwendet werden!

30 Positionieren Sie den Lichtmaschinendeckel so, dass die Wellen des Zwischenrads und des Drehmomentbegrenzer-Rads in ihre Bohrung oder das Lager greifen, und setzen Sie ihn über die Passhülsen ans Motorgehäuse – er wird von den Rotormagneten angezogen (siehe Abbildung). Installieren Sie (bis auf die zwei für die Verkabelungs-Blende) die Deckelschrauben – die zwei längeren werden durch die Passhülsen geführt. Ziehen Sie die Schrauben schrittweise und über Kreuz bis zum Drehmoment von 10 Nm an (siehe Abbildung und Abbildung 13.5).

31 Verbinden Sie den Lichtmaschinen-Stecker (Abbildung 13.4).

13.29a Legen Sie die neue Dichtung über die zwei Passhülsen …

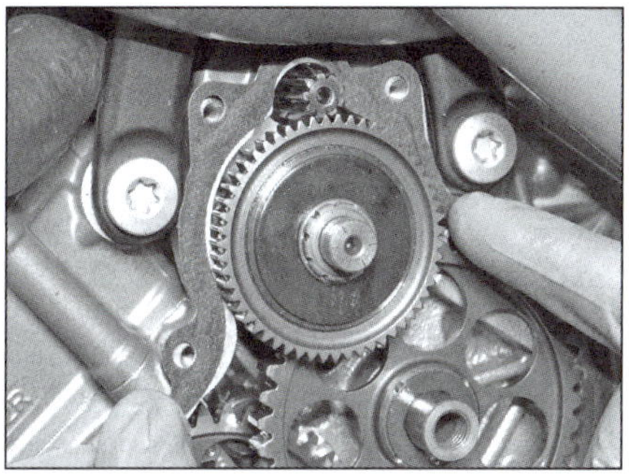

13.29b … und hinter das Drehmomentbegrenzer-Zahnrad, sodass sie zu allen Bohrungen ausgerichtet ist.

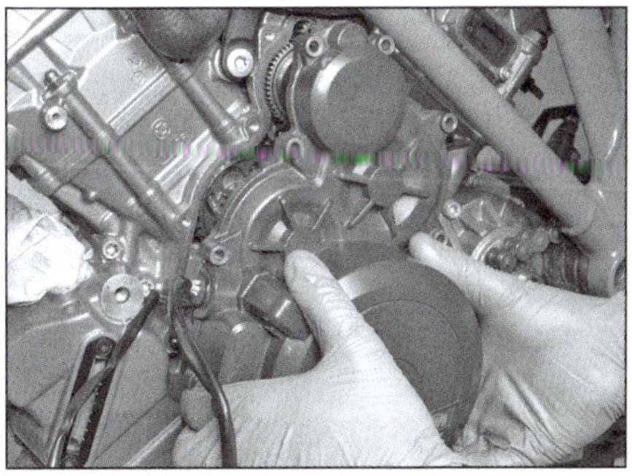

13.30a Setzen Sie den Lichtmaschinendeckel korrekt über die Wellen und Passhülsen auf.

13.30b Installieren Sie die zwei längeren Schrauben durch die Passhülsen.

32 Montieren Sie den Motorritzel-Deckel (Abbildung 13.3). Setzen Sie die Verkabelungs-Blende an und ziehen Sie deren zwei Schrauben mit 10 Nm an (Abbildungen 4.17b und a).

33 Montieren Sie den Kupplungs-Ausrückzylinder (siehe Sektion 16).

34 Füllen Sie Motoröl auf (siehe Kapitel 1, Sektion 12).

14.3 Schrauben des äußeren Kupplungsdeckels

14.4 Ziehen Sie die Dichtung aus der Nut des Kupplungsdeckels.

14.5 Installieren Sie zuerst den Knick der Dichtung in Knick der Deckel-Nut.

14 Kupplungsdeckel

1 Es gibt zwei Kupplungsdeckel: den äußeren Deckel und den Hauptdeckel. Soweit nur an der Kupplung gearbeitet werden muss, reicht die Demontage des äußeren Deckels. Falls die Kupplung für den Zugang zu dahinterliegenden Komponenten (z.B. der Ölpumpe, dem Öldruckregler, dem Schaltmechanismus und dem Primärtriebrad) demontiert werden muss, ist der Hauptdeckel zu entfernen.

Äußerer Kupplungsdeckel

Ausbau

2 Stellen Sie einen Sammelbehälter rechts unter den Motor, um etwas austretendes Öl aufzunehmen.

3 Lösen Sie die fünf Schrauben des äußeren Deckels (siehe Abbildung) – beachten Sie deren unterschiedliche Längen. Nehmen Sie den Deckel ab (klopfen Sie ihn nötigenfalls rundherum vorsichtig ab, damit sich die Dichtung löst).

4 Entnehmen Sie die Dichtung (siehe Abbildung) – bei Einbau muss eine neue verwendet werden.

Einbau

5 Drücken Sie die neue Dichtung rundherum in die Nut des Kupplungsdeckels (siehe Abbildung).

6 Setzen Sie den Deckel an und installieren Sie die Schrauben so in die Bohrungen, dass alle vor dem Greifen ihrer Gewinde gleich weit herausragen. Ziehen Sie die Schrauben dann schrittweise und über Kreuz bis zum Drehmoment von 10 Nm an (Abbildung 14.3).

Haupt-Kupplungsdeckel

Ausbau

7 Lassen Sie das Motoröl und das Kühlmittel ab (siehe Kapitel 1, Sektion 12 und 15).

8 Demontieren Sie den Wasserpumpendeckel und das Pumpenrad (siehe Kapitel 3, Sektion 6).

9 Demontieren Sie den äußeren Kupplungsdeckel (siehe oben).

10 Befreien Sie **beim R-Modell ab 2017 und allen GT-Modellen** den Schaltwellen-Sensor (Abbildung 4.20).

11 Lösen Sie die sieben verbliebenen Schrauben des Hauptdeckels (siehe Abbildung) – beachten Sie deren unterschiedliche Längen. Drücken Sie das Bremspedal herunter und nehmen Sie den Deckel ab (klopfen Sie ihn nötigenfalls rundherum vorsichtig ab, damit sich die Dichtung löst).

12 Entnehmen Sie die Dichtung – bei Einbau muss eine neue verwendet werden. Stellen Sie nötigenfalls die Passhülsen sicher (Abbildung 14.20).

13 Entfernen Sie das Zungenventil (siehe Abbildung).

14 Die Dichtungen, die Hülse und der O-Ring der Wasserpumpenwelle müssen nach der Demontage erneuert werden – alle Teile sind als Set erhältlich. Hebeln Sie den äußeren Dichtring heraus, befreien Sie den Seegerring und hebeln Sie den inneren Dichtring heraus (siehe Abbildungen). Entfernen Sie die Hülse und den O-Ring von der Wasserpumpenwelle (siehe Abbildung).

15 Kontrollieren Sie das Lager der Wasserpumpenwelle und ersetzen Sie es nötigenfalls (siehe Kapitel 3, Sektion 6).

14.11a Schrauben des Haupt-Kupplungsdeckels

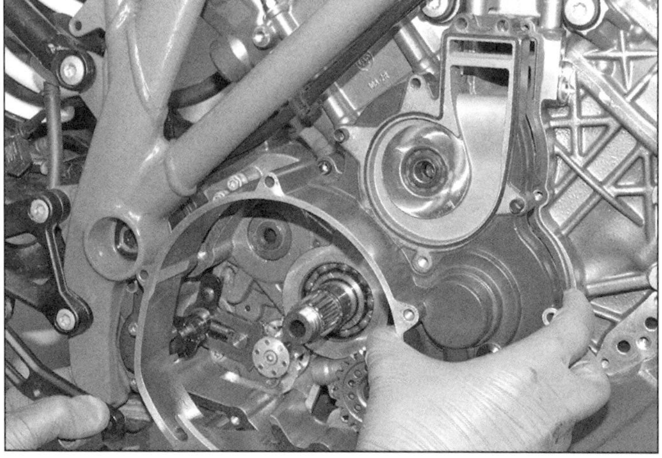

14.11b Drücken Sie das Bremspedal herunter und nehmen Sie den Haupt-Kupplungsdeckel ab.

14.13 Befreien Sie das Zungenventil aus dem Motorgehäuse.

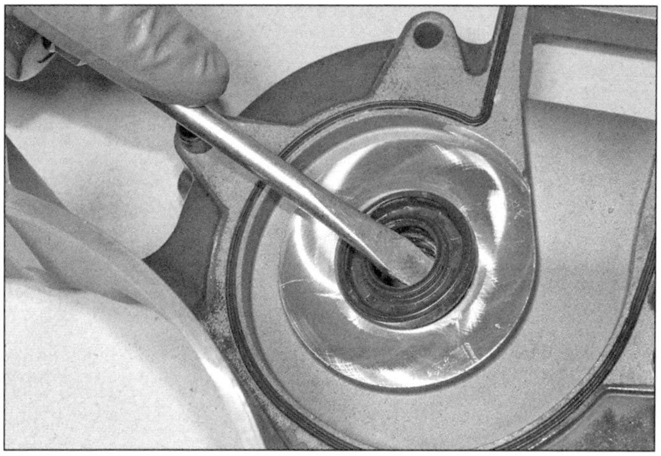

14.14a Hebeln Sie mit einem Schraubendreher den äußeren Dichtring heraus, ...

14.14b ... befreien Sie den Seegerring und hebeln Sie den inneren Dichtring heraus.

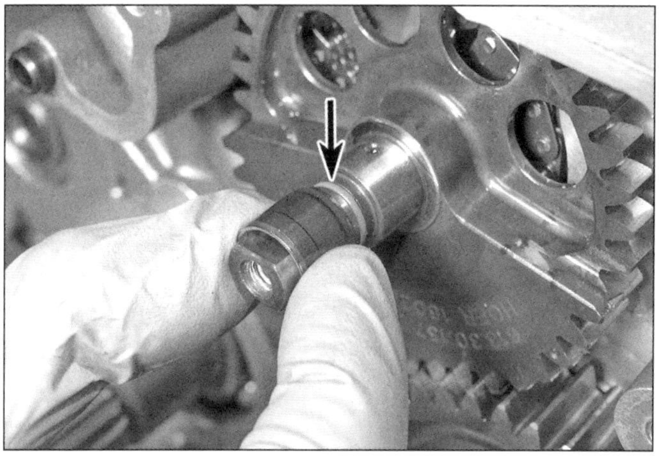

14.14c Ziehen Sie die Hülse und den O-Ring von der Wasserpumpenwelle.

Einbau

16 Installieren Sie ggf. das neue Wasserpumpenwellen-Lager (siehe Kapitel 3, Sektion 6).

17 Installieren Sie den neuen inneren Wasserpumpenwellen-Dichtring mit der konkaven Seite nach außen und sichern Sie ihn mit dem Seegerring (Abbildung 14.14b). Installieren Sie den neuen äußeren Dichtring mit der konkaven Seite nach außen bündig in seinen Sitz (siehe Abbildung). Installieren Sie die neue Hülse in die Dichtringe des Deckels (siehe Abbildung). Positionieren Sie den neuen O-Ring in der Nut der Welle (siehe Abbildung).

18 Befreien Sie die Dichtflächen des Motorgehäuses und des Kupplungsdeckels von altem Dichtmaterial.

14.17a Installieren Sie den neuen äußeren Dichtring mit der Vertiefung nach außen bündig in seinen Sitz.

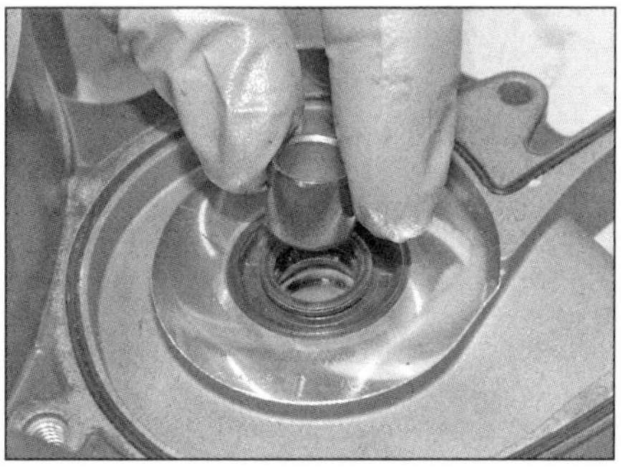

14.17b Installieren Sie die neue Hülse in die Dichtringe.

14.17c Positionieren Sie den neuen O-Ring in der Nut der Welle.

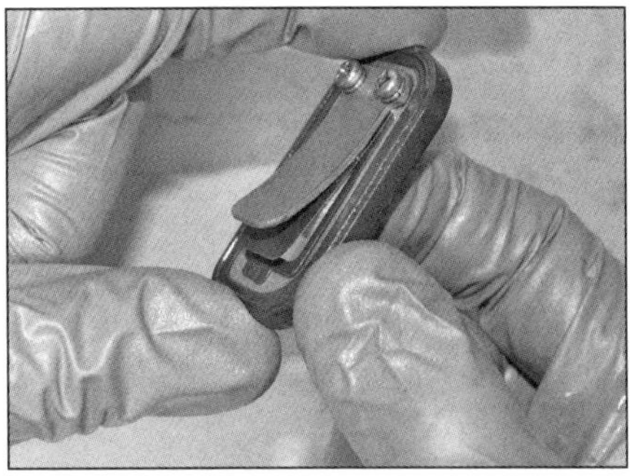

14.19 Drücken Sie die Ventilzunge aus ihrem Sitz und kontrollieren Sie, ob dieser sauber ist.

14.20 Legen Sie die neue Kupplungsdeckeldichtung über die Passhülsen.

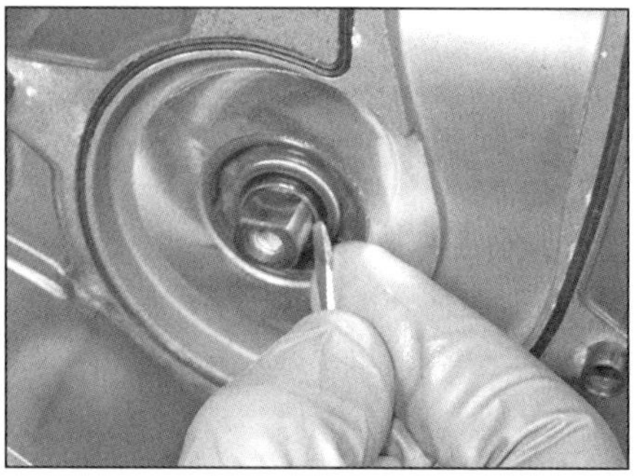

14.21a Drücken Sie die Hülse auf die Wasserpumpenwelle, sodass sie sich nicht aus den Dichtringen herausschiebt.

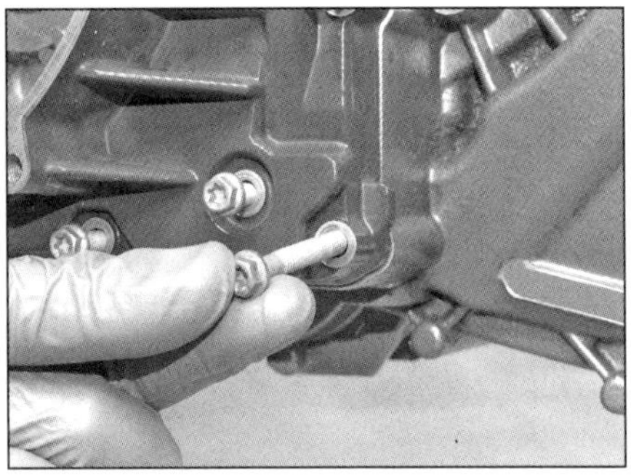

14.21b Die längere Kupplungsdeckel-Schraube kommt in die untere vordere Ecke.

15.2a Lösen Sie die Schrauben und entnehmen Sie die Federplatte ...

15.2b ... sowie die Kupplungsfedern.

19 Drücken Sie die Zunge des Zungenventils aus seinem Sitz, um zu testen, dass sie nicht verklebt ist (siehe Abbildung). Montieren Sie das Zungenventil (Abbildung 14.13).

20 Installieren Sie ggf. die Passhülsen, legen Sie die neue Dichtung auf und richten Sie sie zu den Schraubenbohrungen aus (siehe Abbildung) – verwenden Sie niemals die alte Dichtung wieder!

21 Setzen Sie den Kupplungsdeckel über die Wasserpumpenwelle und die Passhülsen an den Motor (Abbildung 14.11b) und drücken Sie die Hülse auf die Wasserpumpenwelle, sodass sie sich nicht aus den Dichtringen herausschiebt (siehe Abbildung). Prüfen Sie, ob der Deckel rundherum anliegt, kontrollieren Sie, ob die Hülse bis zum Anschlag auf die Welle geschoben ist, sodass ihr äußerer Rand bündig zum Dichtring sitzt. Installieren Sie alle Schrauben – die längere kommt in die untere vordere Ecke (siehe Abbildung) – zunächst handfest und ziehen Sie sie dann schrittweise und über Kreuz bis zum Drehmoment von 10 Nm an (Abbildung 14.11a).

22 Reinigen Sie **beim R-Modell ab 2017 und allen GT-Modellen** die Gewinde der Schaltwellensensor-Schrauben, tragen Sie frische Sicherungspaste (z. B. Loctite 243) auf, setzen Sie den Sensor an und ziehen Sie die Schrauben mit 6 Nm an (Abbildung 4.20).

23 Montieren Sie den äußeren Kupplungsdeckel (siehe oben).

24 Montieren Sie den das Wasserpumpenrad und den Pumpendeckel und (siehe Kapitel 3, Sektion 6).

25 Füllen Sie Motoröl und Kühlmittel auf (siehe Kapitel 1, Sektion 12 und 15).

15 Kupplung

Spezialwerkzeug: Zum Zentrieren der Kupplung wird ein spezielles Werkzeug benötigt – siehe Schritt 6.

Ausbau

1 Demontieren Sie den äußeren oder den Haupt-Kupplungsdeckel (siehe Sektion 14).

2 Hindern Sie die Kupplung von Hand oder mit einem Lappen am Mitdrehen und lockern Sie schrittweise und über Kreuz die (nicht sehr fest sitzenden) Federplattenschrauben, bis die Federn entlastet sind. Drehen Sie die Schrauben heraus und entnehmen Sie die Federplatte und die Federn (siehe Abbildungen).

3 Entnehmen Sie die Druckplatte samt der äußeren Belag- und Stahlscheiben (siehe Abbildung).

4 Falls nicht nur die Kupplungsscheiben ausgetauscht, sondern die gesamte Kupplung demontiert werden soll, müssen der Motorritzeldeckel, die Kettenführung, die Ausrückzylinder-Platte, die Druckstangen-Führung und der in der Druckstange steckende Stift entfernt werden (siehe Kapitel 6, Sektion 21, Schritte 1, 2 und 5). Ziehen Sie die Druckstange nach rechts heraus (siehe Abbildung).

5 Entnehmen Sie alle Belag- und Stahlscheiben und legen Sie sie in der korrekten Reihenfolge ab (siehe Abbildung) – sie unterscheiden sich und müssen bei der Wiederverwendung in der alten Reihenfolge installiert werden. Entfernen Sie die Geräuschdämm-Feder und ihren Federsitz (Abbildungen 15.26b und a). Falls nur die Kupplungsscheiben kontrolliert und/oder ausgetauscht werden sollen, müssen nur die Schritte 10 und 11 sowie 20 ff beachtet werden.

6 Um die Kupplungsmutter lösen zu können, muss die Kupplungsnabe blockiert werden; bei eingebautem Motor kann das Getriebe in einen hohen Gang geschaltet und die Fußbremse betätigt werden (siehe Abbildung), bei ausgebautem Motor wird ein spezielles Haltewerkzeug benötigt – KTM bietet unter der Teilenummer 51129003000 ein Werkzeug an, wir haben die im Zubehör erhältliche Alternative vom EBC verwendet (siehe Abbildungen). Lösen Sie bei blockierter Kupplungsnabe die Mutter und entnehmen Sie die Scheibe (Abbildung 15.25a).

15.3 Entnehmen Sie die Druckplatte samt der äußeren Kupplungsscheiben.

15.4 Ziehen Sie die Kupplungs-Druckstange nach rechts heraus.

15.5 Mithilfe eines Hakens lassen sich die Kupplungsscheiben als Paket herausziehen.

15.6a Die Kupplungsnabe kann bei eingebautem Motor mithilfe der Fußbremse (und eingelegtem hohen Gang) blockiert werden.

15.6b Bei ausgebautem Motor kann dieses Spezialwerkzeug von EBC ...

15.6c ... oder ein Universal-Kupplungshalter verwendet werden.

15.9 Ziehen Sie den Kupplungskorb ab.

7 Ziehen Sie die Kupplungsnabe von der Getriebeeingangswelle und entnehmen Sie die Anlaufscheibe (Abbildungen 15.24b und a).

8 Falls auch das Primärtriebrad demontiert werden soll, muss jetzt dessen Mutter gelockert werden (siehe Sektion 20).

9 Ziehen Sie den Kupplungskorb ab (siehe Abbildung) und entnehmen Sie das Nadellager sowie die Scheibe (Abbildungen 15.21b und a).

2

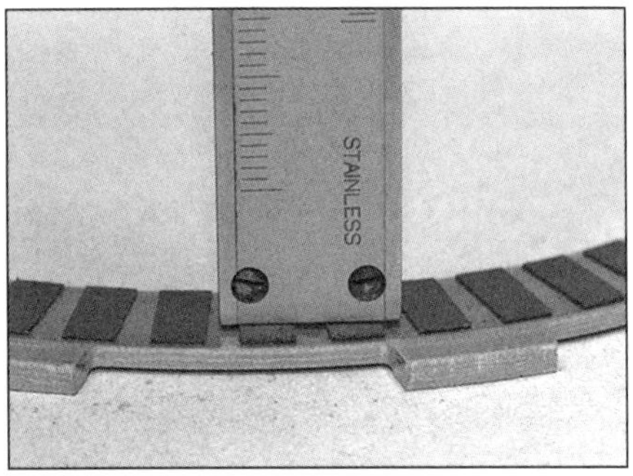

15.10a Messen Sie die Stärke des Belagmaterials.

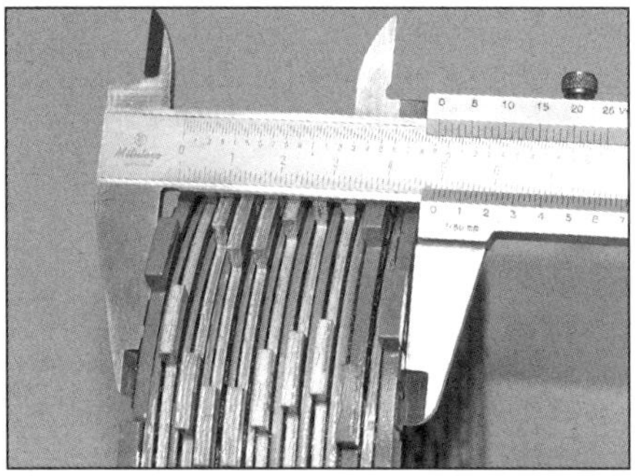

15.10b Messen Sie die Stärke des gesamten Kupplungsscheiben-Pakets.

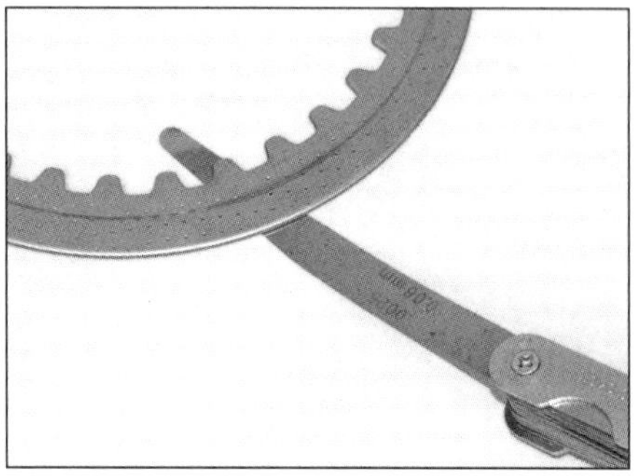

15.11 Kontrollieren Sie die Stahlscheiben auf Verzug.

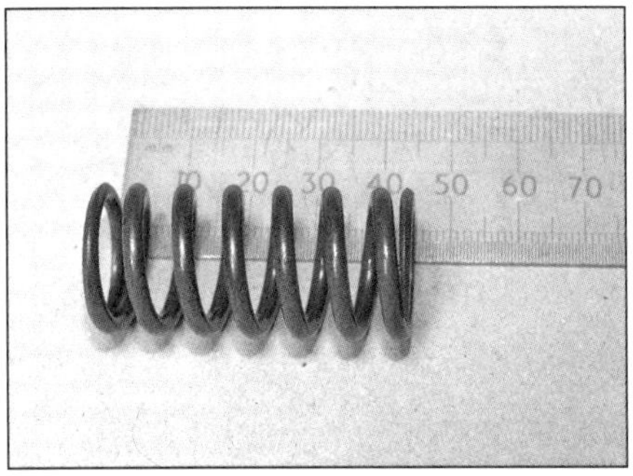

15.12 Messen Sie die Länge aller Kupplungsfedern.

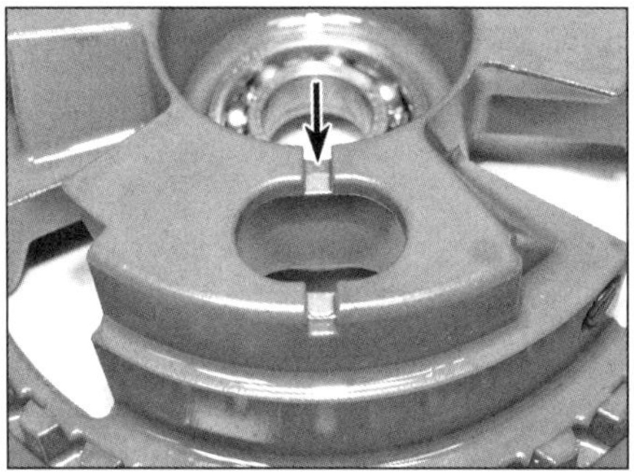

15.13 Kontrollieren Sie die Kupplungsfeder-Sitze in der Druckplatte.

15.14a Kontrollieren Sie die Laschen der Belagscheiben und die Nuten im Kupplungskorb.

15.14b Kontrollieren Sie die Zungen der Stahlscheiben und die Nuten in der Kupplungsnabe.

15.15 Inspizieren Sie das Nadellager und seine Lagerflächen im Kupplungskorb und auf der Eingangswelle.

15.16a Inspizieren Sie den Druckstangenkopf und das Ausrücklager.

Kontrolle

10 Nach einer großen Laufleistung ist es normal, dass die Kupplungsscheiben verschleißen und zu rutschen beginnen. Messen Sie mithilfe eines Messschiebers die Stärke des Belagmaterials (siehe Abbildung). Wenn es auf irgendeiner Scheibe unter der Verschleißgrenze von 0,5 mm liegt, müssen alle Belagscheiben als Satz ausgewechselt werden. Dies gilt ebenfalls, wenn Scheiben verbrannt oder verglast sind. Legen Sie alle Belag- und Stahlscheiben zusammen und messen Sie die Stärke des gesamten Pakets (siehe Abbildung) – falls weniger als 46,0 mm festgestellt werden, müssen alle Scheiben als Set ersetzt werden.

11 Die Stahlscheiben dürfen keine Anzeichen starker Erwärmung (Blaufärbung) oder Ausbrüche aufweisen. Kontrollieren sie mithilfe einer Fühlerlehre den Verzug der Scheiben, indem Sie sie auf eine ebene Oberfläche legen (siehe Abbildung). Zwar gibt KTM keine Vorgaben, doch wenn eine der Scheiben 0,3 mm oder mehr verzogen oder angelaufen ist, sollten alle Stahlscheiben als Satz ausgewechselt werden.

12 Messen Sie die freien Längen aller Kupplungsfedern (siehe Abbildung). Stellen Sie die Federn auf eine ebene Fläche, um ihren Verzug zu ermitteln. Falls eine Feder kürzer als 43,5 mm (R-Modelle bis 2016); 45,7 mm (GT-Modelle bis 2018) bzw. 45,8 mm (R-Modelle ab 2017, GT-Modelle ab 2019) oder übermäßig verzogen ist, müssen alle Federn als Set ausgetauscht werden.

13 Kontrollieren Sie die Federplatte auf Risse. Inspizieren Sie die Federsitze in der Druckplatte auf Verzug – sie können an den Seiten zusammengedrückt werden, bis ihre offenen Enden aus der Nut befreit sind (siehe Abbildung).

14 Kontrollieren Sie die Belagscheiben-Laschen und deren Führungen am Kupplungs-

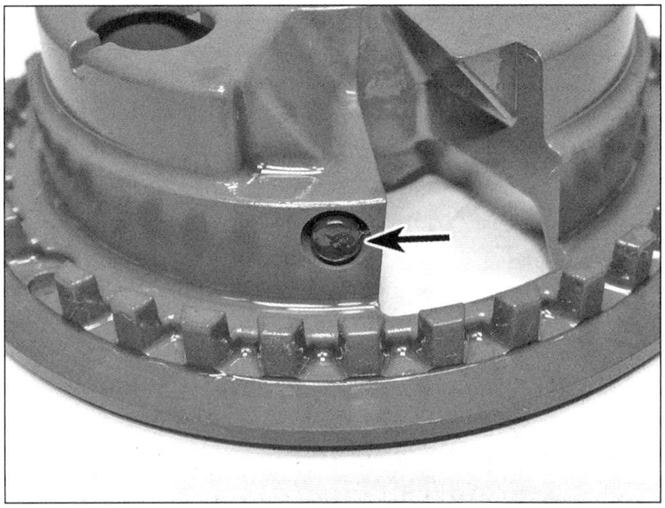

15.16b Einer der drei Druckplatten-Dämpfer

15.18 Kontrollieren Sie Gleitbereiche des Anti-Hopping-Mechanismus

korb auf Riefen und Abdrücke (siehe Abbildung). Überprüfen Sie ebenso den Verschleiß an den Zungen der Stahlscheiben und der Kupplungsnabe (siehe Abbildung). Ein solcher Verschleiß äußert sich in Kupplungsrutschen und langsamem Einrücken beim Schalten, da die Scheiben haken, wenn die Druckplatte ausgerückt wird. Minimaler Verschleiß kann mit einer feinen Feile geschlichtet werden – ist er zu groß, müssen die entsprechenden Bauteile ausgetauscht werden.

15 Inspizieren Sie das Nadellager und seine Lagerflächen im Kupplungskorb und auf der Eingangswelle (siehe Abbildung).

15.19a Das (größere) Primärrad ist in den Kupplungskorb integriert, ...

15.19b ... wogegen das Ölpumpen-Antriebsrad abgezogen werden kann – beachten Sie die zwei Zapfen.

15.21a Legen Sie die Scheibe auf ...

15.21b ... und schieben Sie das eingeölte Nadellager auf die Getriebeeingangswelle.

16 Inspizieren Sie die Druckplatte auf Verschleiß und Schäden. Prüfen Sie, ob sich das Ausrücklager sanft drehen lässt und sein Außenring fest in der Druckplatte sitzt (siehe Abbildung). Das Ausrücklager kann mit einem geeigneten Steckschlüssel von außen her aus der Druckplatte ausgetrieben werden; treiben Sie das neue Lager von innen mit einem Steckschlüssel, der nur seinen Außenring berührt, vollständig in seinen Sitz. Kontrollieren Sie die Druckplattendämpfer (siehe Abbildung) – KTM empfiehlt, beim Austausch des Kupplungsscheiben-Pakets die Dämpfer ebenfalls zu ersetzen.

17 Kontrollieren Sie den Druckstangenkopf auf Verschleiß (Abbildung 15.16a). Rollen Sie die Druckstange auf einer ebenen Fläche, um zu prüfen, ob sie verzogen ist.

18 Kontrollieren Sie Gleitbereiche des Anti-Hopping-Mechanismus an der Druckplatte und der Kupplungsnabe auf Verschleiß und Beschädigungen (siehe Abbildung).

19 Inspizieren Sie die Zähne der Primärtriebräder hinten am Kupplungskorb und vorn an der Kurbelwelle auf Verschleiß und ausgebrochene Zähne (siehe Abbildungen). Das Rad des Kupplungskorbs ist in diesen integriert, sodass er nötigenfalls komplett ersetzt werden muss. Beachten Sie für den Austausch des vorderen Primärtrieb-Antriebsrads die Hinweise in Sektion 20. Kontrollieren Sie ebenfalls das hinten am Kupplungskorb sitzende Ölpumpen-Antriebsrad sowie das Ölpumpenrad (siehe Sektion 22).

Einbau

20 Befreien Sie die Dichtflächen des Motorgehäuses und des Kupplungsdeckels von altem Dichtmaterial.

21 Schmieren Sie das Kupplungsnaben-Nadellager mit Motoröl und schieben Sie die Scheibe sowie das Lager auf die Getriebewelle (siehe Abbildungen).

22 Prüfen Sie, ob das Ölpumpen-Antriebsrad korrekt über den Zapfen an der Rückseite des Kupplungskorbs sitzt (Abbildungen 15.19b und a), und schieben Sie diesen auf die Getriebewelle – beide Zahnräder müssen dabei in ihre Gegenstücke greifen und der Kupplungskorb bündig zum Nadellager sitzen (siehe Abbildungen).

23 Falls das vordere Primärtrieb-Antriebsrad demontiert war, muss jetzt dessen Mutter angezogen werden (siehe Sektion 20).

24 Schieben Sie die Anlaufscheibe gefolgt von der Kupplungsnabe auf die Getriebeeingangswelle (siehe Abbildungen).

25 Reinigen Sie das Gewinde der Kupplungsmutter und tragen Sie frische Sicherungspaste (z. B. Loctite 243) auf. Installieren Sie die Scheibe und die Mutter, blockieren Sie die Kupplung wie in Schritt 6 und ziehen Sie die Mutter mit 120 Nm an (siehe Abbildung). Prüfen Sie anschließend, ob sich die Kupplungsnabe frei drehen lässt.

26 Installieren Sie den Sitz der Geräuschdämm-Feder und dann die Feder, sodass ihr äußerer Rand vom Sitz abhebt (siehe Abbildungen).

27 Das Kupplungsscheiben-Paket besteht aus zehn Belagscheiben und neun Stahlscheiben. Drei der Belagscheiben und eine Stahlscheibe weisen einen größeren Innendurchmesser auf (siehe Abbildungen). Eine dieser drei Belagscheiben kommt nach innen über die Geräuschdämmfeder und deren Sitz; die zwei anderen gehören mit der zwischen ihnen liegenden Stahlscheibe mit größerem Innendurchmesser ganz nach außen. Stellen Sie das Paket in dieser Reihenfolge zusammen.

15.22a Schieben Sie den Kupplungskorb auf, sodass alle Zahnräder ineinander greifen ...

15.22b ... und der Korb bündig zum Außenrand des Nadellagers aufliegt.

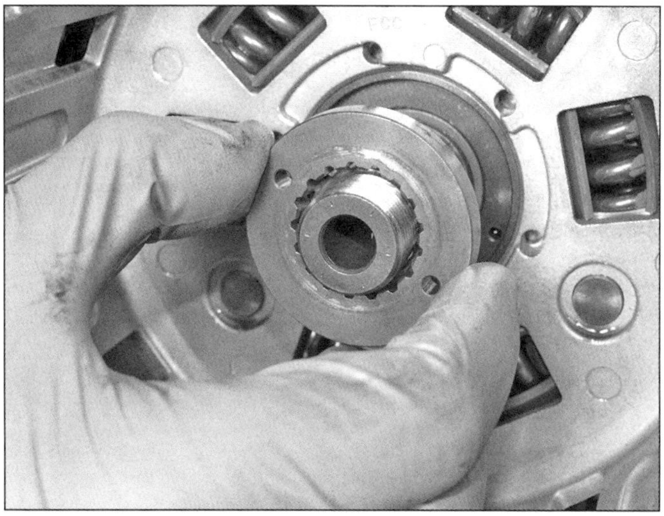

15.24a Schieben Sie die Anlaufscheibe ...

15.24b ... gefolgt von der Kupplungsnabe auf die Getriebewelle.

15.25a Installieren Sie die Scheibe und die Mutter ...

15.25b ... und ziehen Sie diese bei blockierter Kupplung mit 120 Nm an.

15.26a Installieren Sie den Sitz der Geräuschdämm-Feder ...

15.26b ... und dann die Feder, ...

15.26c ... sodass ihr äußerer Rand vom Sitz abhebt.

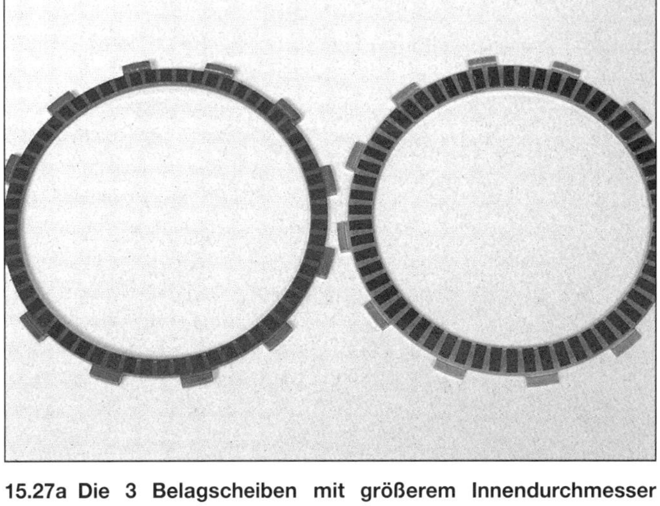

15.27a Die 3 Belagscheiben mit größerem Innendurchmesser (links) ...

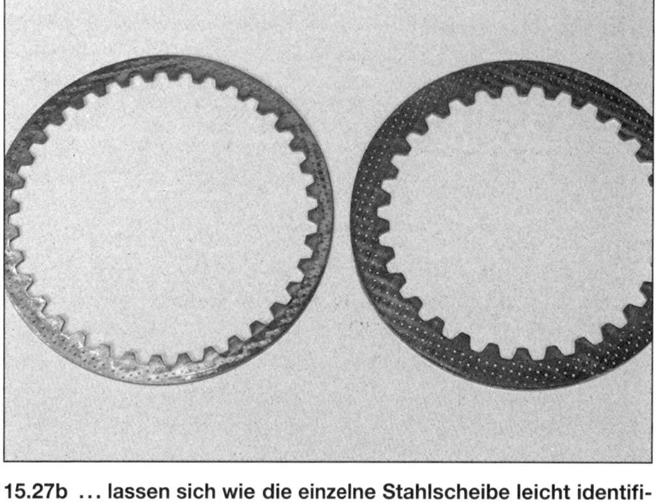

15.27b ... lassen sich wie die einzelne Stahlscheibe leicht identifizieren.

15.28a Installieren Sie zuerst eine Belagscheibe mit größerem Innendurchmesser, ...

15.28b ... dann abwechselnd alle Standard-Stahlscheiben ...

15.28c ... und Standard-Belagscheiben.

15.28d Legen Sie schließlich die zweite Belagscheibe mit größerem Innendurchmesser in die Kupplung ...

15.28e ... und die dritte ...

15.28f ... gefolgt von der Stahlscheibe mit größerem Innendurchmesser an die Rückseite der Druckplatte.

15.30a Die Laschen der äußeren Belagscheibe müssen in den versetzt angeordneten flachen Nuten liegen.

15.30b Die Kupplungsscheiben dürfen bei angedrückter Druckplatte kein Spiel aufweisen.

16.7 Die Druckstange ragt mit dem schmaleren Ende aus der Manschette heraus.

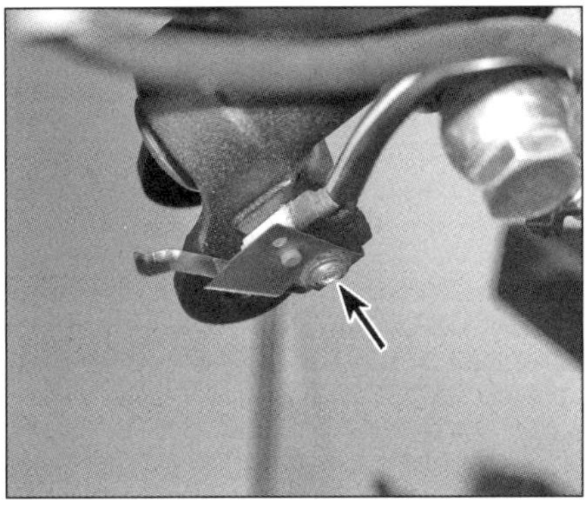

16.8 Lösen Sie die Schraube und befreien Sie den Schalter - beachten Sie seine Einbaulage.

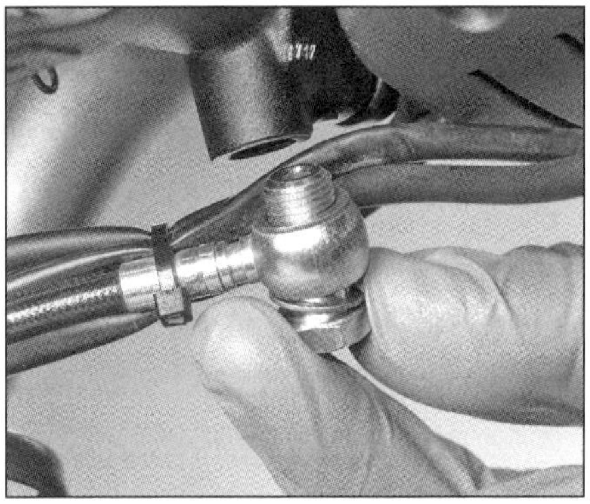

16.10 Beachten Sie die Dichtscheiben an beiden Seiten des Anschlussauges.

28 Schmieren Sie alle Scheiben vor dem Einbau mit Motoröl und stellen Sie das Paket folgendermaßen zusammen: Legen Sie ein der drei Belagscheibe mit größerem Innendurchmesser um die Geräuschdämmfeder und deren Sitz. Legen Sie dann abwechselnd alle Stahlscheiben und Belagscheiben mit Standard-Innendurchmesser auf. Legen Sie dann die zweite Belagscheibe mit größerem Innendurchmesser auf (siehe Abbildungen). Installieren Sie die letzte Belagscheibe gefolgt von der letzten Stahlscheibe mit jeweils größerem Innendurchmesser an die Druckplatte (siehe Abbildungen).

29 Falls entfernt, wird die Druckstange in die Getriebewelle geschoben (Abbildung 15.4). Es folgen der Druckstangen-Stift, die Führung, die Ausrückzylinder-Platte, die Kettenführung und der Motorritzeldeckel (siehe Kapitel 6, Sektion 21, Schritte 13 und 2). Montieren Sie dann den Ausrückzylinder (siehe Sektion 16).

30 Das Lager, die Dämpfer und die Federsitze müssen korrekt in der Druckplatte sitzen (Abbildungen 15.16a und b sowie 15.13). Schmieren Sie das Lager mit Motoröl. Richten Sie die Druckplatte so auf der Kupplung aus, dass die Laschen der äußeren Belagscheibe versetzt zu den anderen in den flachen Nuten des Kupplungskorbs liegen. Prüfen Sie, ob alle Kupplungsscheiben bei angedrückter Druckplatte gegeneinander drücken (siehe Abbildungen).

31 Installieren Sie die Kupplungsfedern, die Federplatte und die Schrauben. Halten Sie den Kupplungskorb und ziehen Sie die Schrauben schrittweise und über Kreuz mit 12 Nm an (Abbildung 15.2b und a).

32 Montieren Sie die Kupplungsdeckel (siehe Sektion 14).

16 Kupplungs-Ausrückmechanismus

1 Die hydraulisch betätigte Kupplung schließt den am Lenker sitzenden Geberzylinder, den Druckschlauch und den links am Motor sitzenden Ausrückzylinder ein. Das System erfordert normalerweise außer den regelmäßigen Inspektionen (siehe Kapitel 1, Sektion 7) und der täglichen Kontrolle des Flüssigkeitspegels im Ausgleichsbehälter keine Wartung.

2 Ein schwammiges Gefühl im Kupplungshebel weist auf eingedrungene Luft hin, sodass das System entlüftet werden muss (siehe Schritt 35).

3 Falls irgendwo Kupplungsflüssigkeit austritt, muss zunächst die Festigkeit der Schlauchanschlüsse überprüft werden. Ersetzen Sie nötigenfalls die an beiden Seiten jedes Anschlussauges liegenden Dichtscheiben. Leckt der Geberzylinder, hilft ein Reparaturset; in defekter Ausrückzylinder muss bei allen Modellen durch ein Neuteil ersetzt werden, da keine Einzelteile erhältlich sind.

4 Halten Sie frische Bremsflüssigkeit vom Typ DOT 4 oder DOT 5.1 bereit – niemals darf DOT 5.1 verwendet werden! Weiterhin werden Lappen und ein Sammelbehälter für die alte Hydraulikflüssigkeit benötigt.

Geberzylinder

Ausbau

5 Entfernen Sie den linken Rückspiegel (siehe Kapitel 7, Sektion 3).

6 Entfernen Sie den Kupplungshebel (siehe Kapitel 5, Sektion 5).

7 Ziehen Sie die Druckstange aus der Gummimanschette – merken Sie sich die Einbaurichtung (siehe Abbildung).

8 Befreien Sie den Kupplungsschalter unten vom Geberzylinder (siehe Abbildung).

9 Positionieren Sie den Lenker so, dass der Deckel des Kupplungs-Ausgleichsbehälters möglichst waagerecht steht.

10 Lösen Sie die Kupplungsschlauch-Anschlussschraube und trennen Sie die Leitung unter Beachtung ihrer Ausrichtung vom Geberzylinder (siehe Abbildung) – seien Sie auf austretende Hydraulikflüssigkeit vorbereitet. Umwickeln Sie den Schlauch mit einem Plastikbeutel oder sorgen Sie mit einer eingedrehten Schraube bzw. einer speziellen Klemme dafür, dass keine Flüssigkeit austreten und kein Schmutz eindringen kann (Abbildungen 3.2a und b in 6, Sektion 3). Sichern Sie den Schlauch aufrecht. Entsorgen Sie die Dichtscheiben – später werden neue benötigt.

16.11a Lösen Sie die Klemmschraube ...

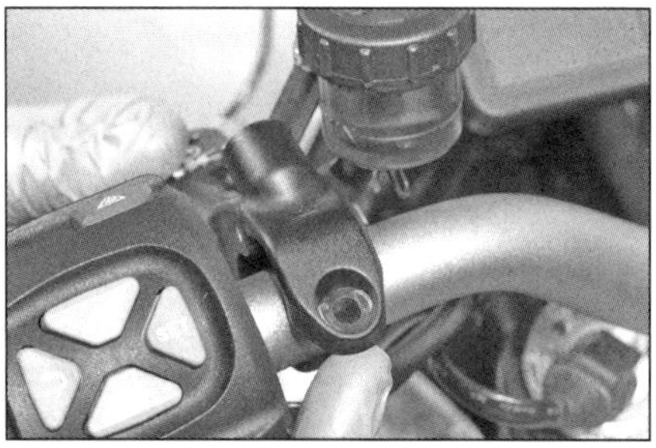

16.11b ... und schwenken Sie das Klemmstück hoch, um den Geberzylinder vom Lenker zu befreien.

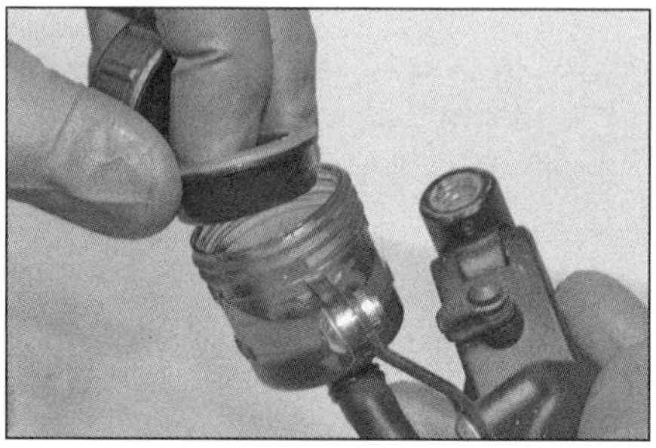

16.12a Entfernen Sie den Deckel, die Platte und die Manschette ...

16.12b ... und gießen Sie die Hydraulikflüssigkeit in den Sammelbehälter.

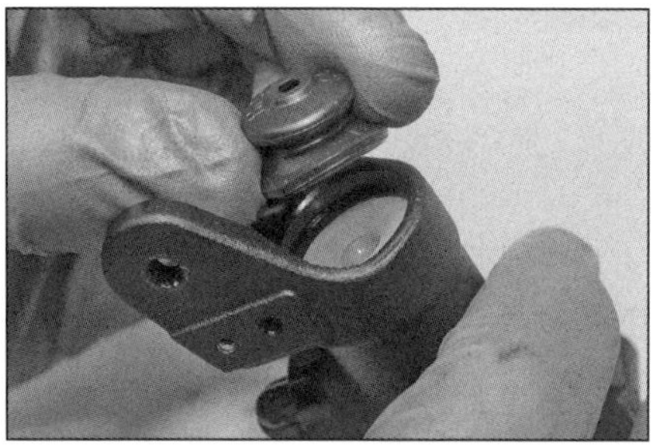

16.14 Befreien Sie die Gummimanschette.

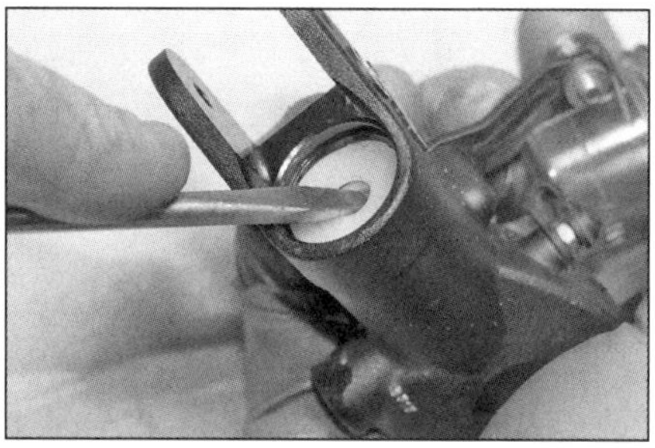

16.15a Führen Sie einen kleinen Schraubendreher in die Bohrung der Kunststoffscheibe ein ...

16.15b ... und hebeln Sie sie damit heraus.

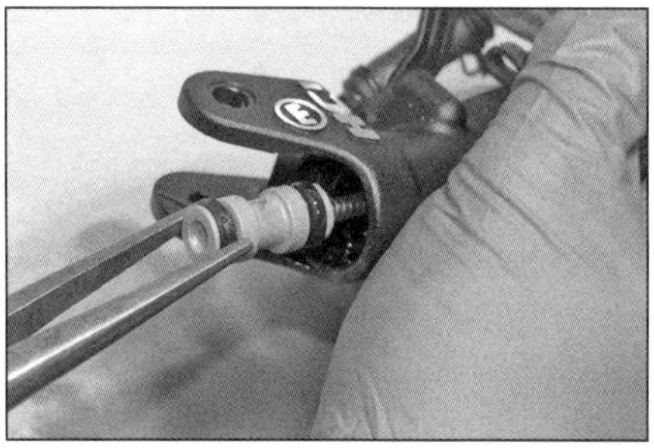

16.15c Ziehen Sie den Kolben samt Federn aus dem Geberzylinder.

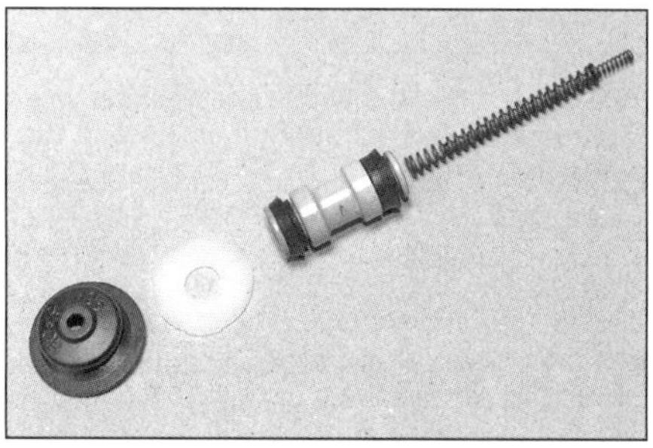

16.18 Komponenten des Reparatursets

16.19a Die beiden Kolben-Dichtungen müssen wie gezeigt sitzen.

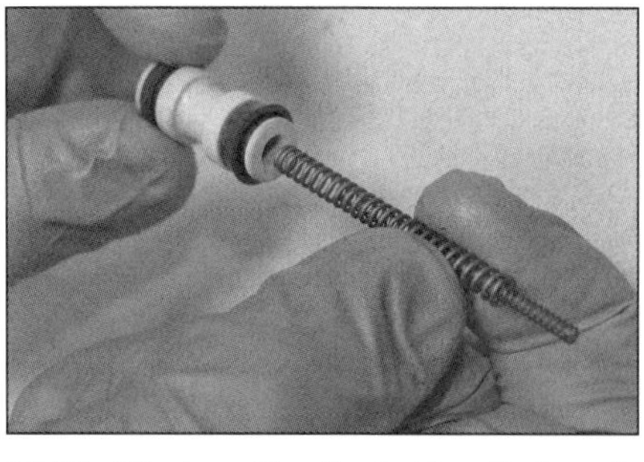

16.19b Stecken Sie die beiden Federn in den Kolben, ...

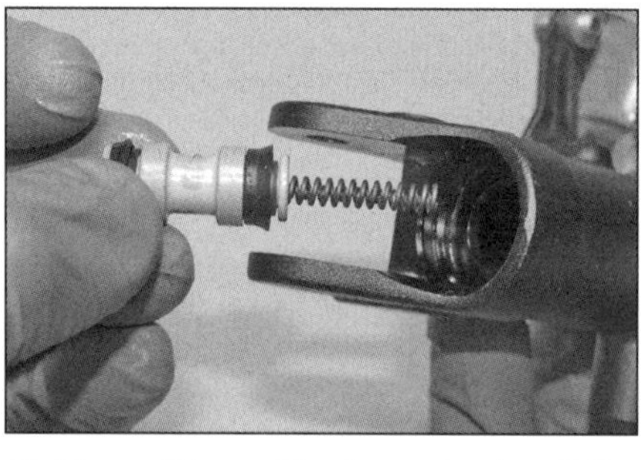

16.19c ... führen Sie diesen in den Zylinder ...

11 Lösen Sie die Klemmschraube des Geberzylinders, öffnen Sie die Klemme und heben Sie den Geberzylinder vom Lenker ab (siehe Abbildungen).

12 Drehen Sie den Deckel des Ausgleichsbehälters ab, entnehmen Sie die Platte und die Manschette und gießen Sie die Hydraulikflüssigkeit in den Sammelbehälter (siehe Abbildungen). Wischen Sie Reste aus dem Behälter.

13 Falls es Probleme mit der Kupplungsfunktion gegeben hat, muss geprüft werden, ob

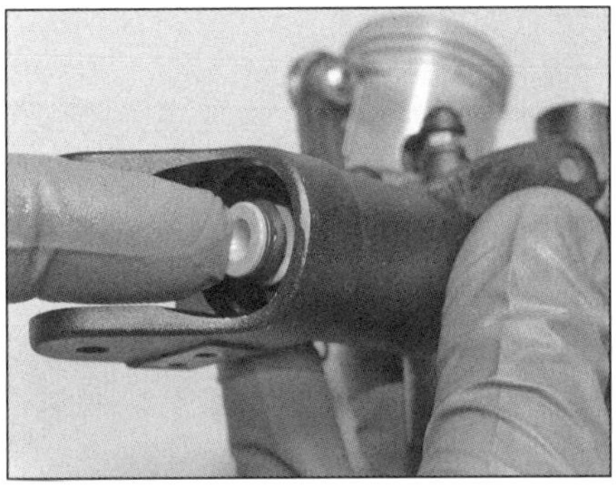

16.19d ... und drücken Sie ihn hinein, ohne dass die Dichtungen umklappen.

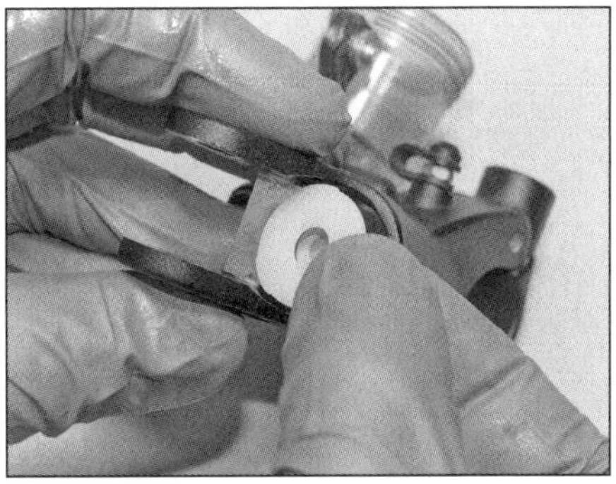

16.20a Positionieren Sie die Kunststoffscheibe über der Zylinderbohrung ...

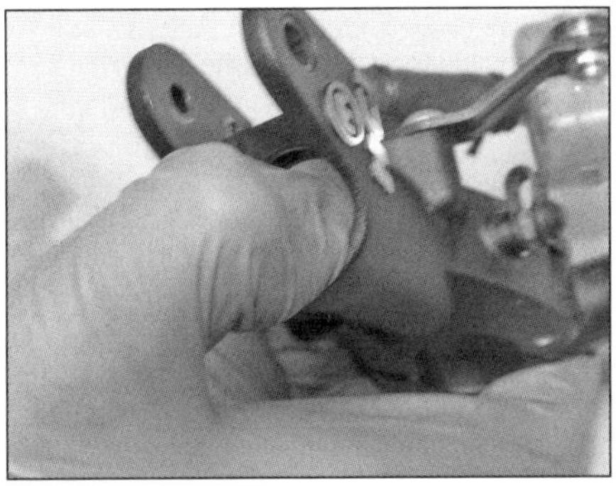

16.20b ... und drücken Sie sie von Hand ...

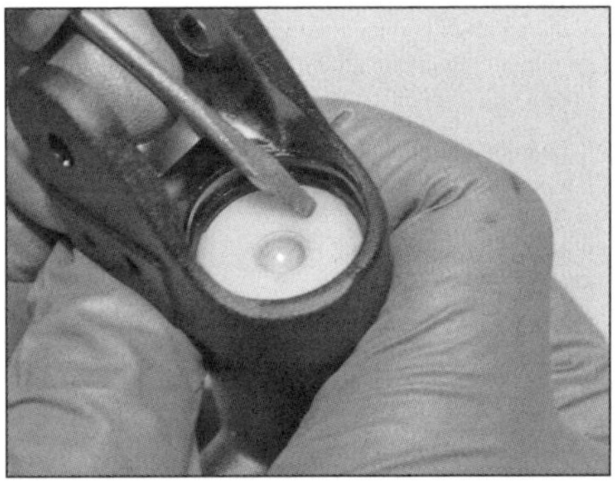

16.20c ... oder mithilfe eines Schraubendrehers ein, bis sie rundherum einrastet.

sich der Kolben sanft gegen die Feder eindrücken lässt und wieder herausgeschoben wird – falls er rau läuft oder klemmt, muss der Geberzylinder überholt werden:

Überholen

14 Entfernen Sie die vor dem Kolben liegende Manschette (siehe Abbildung).

15 Die Kolben-Baugruppe ist mit einer Kunststoffscheibe gesichert, deren drei Laschen in einer Nut sitzen – hebeln Sie die Scheibe mit einem kleinen Schraubendreher heraus und befreien Sie den Kolben samt Federn (siehe Abbildungen).

16 Reinigen Sie die Geberzylinder-Bohrung mit frischer Hydraulikflüssigkeit. Blasen Sie alle Kanäle möglichst mit gefilterter und ölfreier Druckluft aus.

Achtung: Benutzen Sie zum Reinigen von Hydraulikteilen auf keinen Fall Lösungsmittel auf Petroleumbasis!

17 Kontrollieren Sie die Geberzylinder-Bohrung auf Korrosion, Riefen, Kerben und andere Schäden und ersetzen Sie den Geberzylinder nötigenfalls durch ein Neuteil. Überprüfen Sie bei einem schadhaften Geberzylinder auf jeden Falls auch den Ausrückzylinder.

18 Das Reparaturset enthält die Manschette, die Kunststoffscheibe, den Kolben mit allen Dichtungen und die Federn – verwenden Sie ungeachtet des Zustands der alten Teile alle Neuteile (siehe Abbildung).

19 Falls die Dichtungen noch nicht am Kolben sitzen, müssen sie mit den breiteren Seiten nach innen zeigend montiert werden (siehe Abbildung). Installieren Sie die innere Feder in die äußere und stecken Sie sie in die Bohrung am inneren Ende des Kolbens (siehe Abbildung). Schmieren Sie den Kolben und seine Dichtungen mit frischer Bremsflüssigkeit und schieben Sie ihn mit den Federn voran in den Zylinder – die Dichtungen dürfen dabei nicht umklappen (siehe Abbildungen).

20 Drücken Sie die Kunststoffscheibe in ihre Nut – helfen Sie nötigenfalls mit einem kleinen Schraubendreher vorsichtig nach (siehe Abbildungen) – ihre Laschen müssen rundherum in der Nut sitzen.

21 Installieren Sie die Manschette in den Zylinder (Abbildung 16.14).

Einbau

22 Setzen Sie den Geberzylinder am Lenker an – richten Sie die Klemmverbindung zu den Markierungen an der Lenker-Unterseite aus (siehe Abbildung). Schwenken Sie das Klemmstück herunter und ziehen Sie die Schraube sorgfältig an (Abbildungen 16.11b und a).

23 Richten Sie den Kupplungsschlauch wie beim Ausbau notiert zum Stutzen aus, rüsten Sie das Anschlussauge an beiden Seiten mit neuen Dichtscheiben aus (Abbildung 16.10) und ziehen Sie die Anschlussschraube mit 25 Nm an.

24 Montieren Sie den Kupplungsschalter (siehe Abbildung).

25 Führen Sie die Druckstange durch die Manschette in den Kolben ein (Abbildung 16.7). Montieren Sie den Kupplungshebel (siehe Kapitel 5, Sektion 5).

26 Montieren Sie den Rückspiegel (siehe Kapitel 7, Sektion 3).

27 Füllen Sie frische Bremsflüssigkeit auf und entlüften Sie die Kupplungshydraulik (siehe unten).

28 Kontrollieren Sie alles auf Undichtigkeit und prüfen Sie vor der ersten Fahrt die Funktion der Kupplung.

Ausrückzylinder

29 Der Kupplungs-Ausrückzylinder sitzt zwischen dem Lichtmaschinendeckel und dem Motorritzeldeckel links am Motor.

30 Falls die Kupplung trotz eines funktionierenden Geberzylinders schwergängig ist, wird wahrscheinlich im Ausrückzylinder ein Defekt vorliegen. Da es keine Reparaturmöglichkeit gibt, muss ein nicht korrekt funktionierender Ausrückzylinder ersetzt werden.

16.22 Richten Sie die Kontaktfläche des Geberzylinders zur axialen Linie und den Außenrand zur radialen Linie aus.

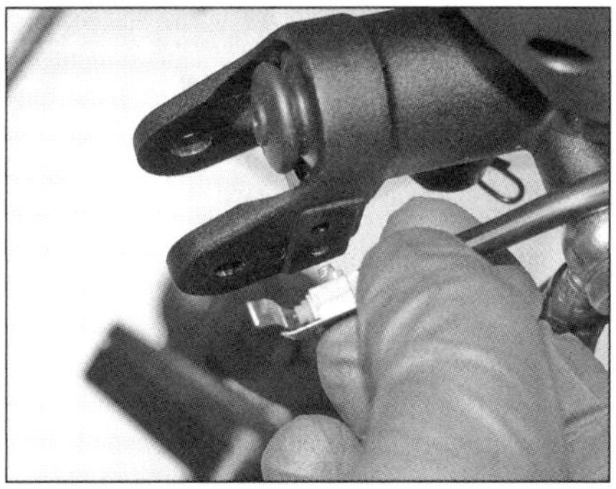

16.24 Positionieren Sie den Stift des Schalters in der Bohrung ohne Gewinde.

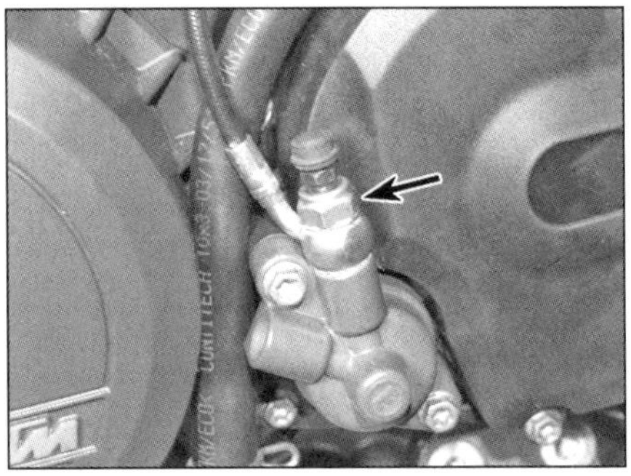

16.31 Die Kupplungsschlauch-Anschlussschraube am Ausrückzylinder ist mit einer Entlüftungsschraube samt Kappe versehen.

16.32a Lösen Sie die zwei Schrauben ...

16.32b ... und befreien Sie den Ausrückzylinder von der Druckstange.

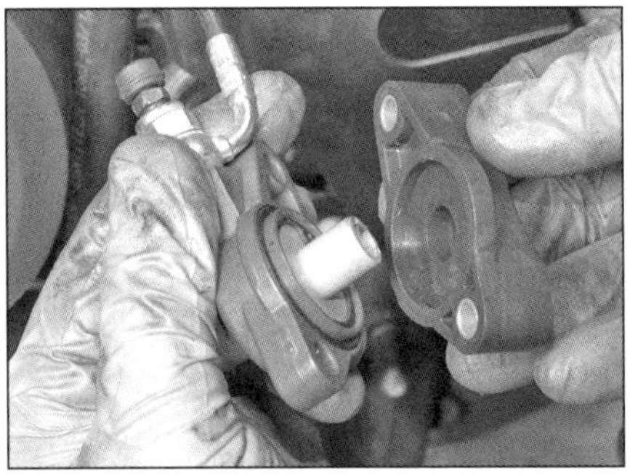

16.32c Entfernen Sie das Distanzstück ...

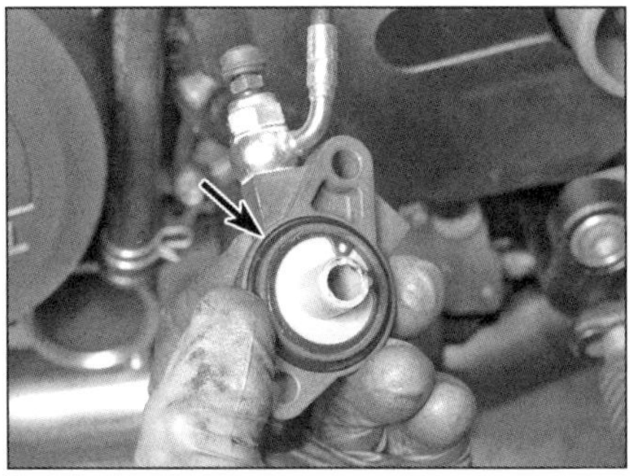

16.32d ... und den O-Ring.

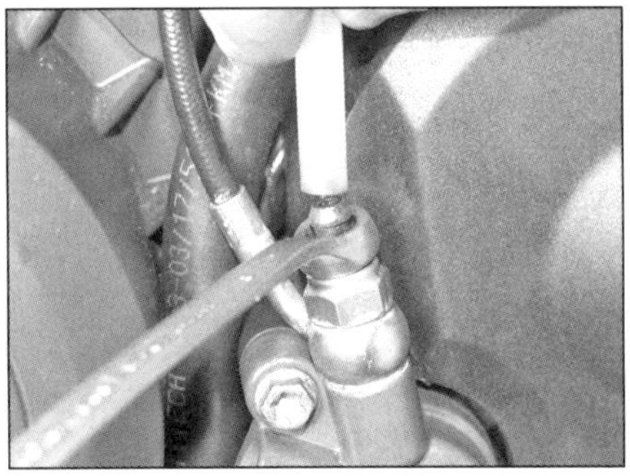

16.36a Verbinden Sie den Entlüftungsschlauch mit der in der Ausrückzylinder-Anschlussschraube sitzenden Entlüftungsschraube.

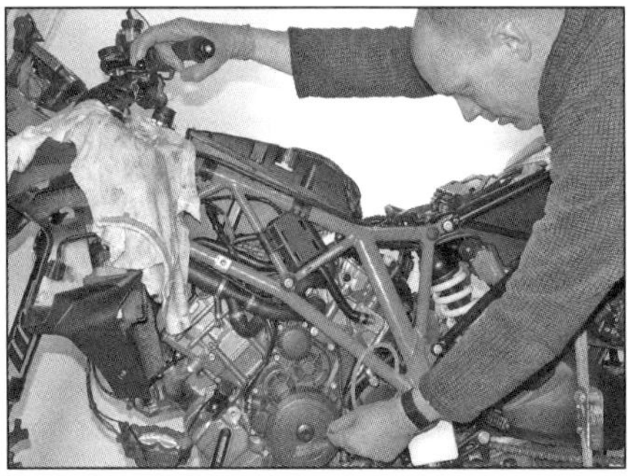

16.36b Das Entlüften der Kupplungshydraulik kann ohne Assistent erledigt werden.

Ausbau

31 Lösen Sie die Kupplungsschlauch-Anschlussschraube und trennen Sie die Leitung unter Beachtung ihrer Ausrichtung vom Ausrückzylinder (siehe Abbildung) – seien Sie auf austretende Hydraulikflüssigkeit vorbereitet. Umwickeln Sie den Schlauch mit einem Plastikbeutel oder sorgen Sie mit einer eingedrehten Schraube bzw. einer speziellen Klemme dafür, dass keine Flüssigkeit austreten und kein Schmutz eindringen kann (Abbildungen 3.2a und b in 6, Sektion 3). Sichern Sie den Schlauch aufrecht. Entsorgen Sie die Dichtscheiben – später werden neue benötigt.

Achtung: Betätigen Sie nicht den Kupplungshebel, wenn der Schlauch entfernt ist oder der Ausrückzylinder mit angeschlossenem Schlauch vom Lichtmaschinendeckel befreit wurde.

32 Lösen Sie die Schrauben des Ausrückzylinders und ziehen Sie diesen von der Druckstange (siehe Abbildungen). Entfernen Sie das Distanzstück und den O-Ring (siehe Abbildungen) – falls der O-Ring gequetscht oder spröde ist, muss er beim Einbau erneuert werden.

33 Kontrollieren Sie die Komponenten des Ausrückzylinders. Ein Zerlegen ist unnötig, da keine Einzelteile erhältlich sind und bei irgendwelchen Schäden der gesamte Zylinder (samt beigefügtem Distanzstück und O-Ring) ersetzt werden muss.

Einbau

34 Der Einbau entspricht der umgekehrten Ausbaureihenfolge – beachten Sie dabei folgende Punkte:

- Kontrollieren Sie den O-Ring des Ausrückzylinders und ersetzen Sie ihn nötigenfalls (Abbildung 16.32d).
- Richten Sie die Bohrung des Distanzstücks zur Druckstange aus und drücken Sie den Ausrückzylinder nötigenfalls auf seinen Sitz, da sich der Kolben möglicherweise etwas herausgedrückt hat (Abbildung 16.32b). Ziehen Sie die Ausrückzylinder-Schrauben mit 10 Nm an (Abbildung 16.32a).
- Richten Sie den Kupplungsschlauch wie beim Ausbau notiert zum Stutzen aus (Abbildung 16.31), rüsten Sie das Anschlussauge an beiden Seiten mit neuen Dichtscheiben aus (Abbildung 16.10) und ziehen Sie die Anschlussschraube (nicht die Entlüftungsschraube!) mit 25 Nm an.
- Entlüften Sie die Kupplungshydraulik (siehe unten).
- Kontrollieren Sie alles auf Undichtigkeit und prüfen Sie vor der ersten Fahrt die Funktion der Kupplung.

Entlüften der Kupplungshydraulik

35 Das Entlüften der Kupplung besagt, dass alle Luftblasen aus dem Geberzylinder, der Leitung und dem Ausrückzylinder entfernt werden. Entlüften ist immer notwendig, wenn eine Hydraulik-Verbindung gelöst oder eine Komponente oder Leitung gewechselt wurde. Lecks im System können ebenfalls das Eindringen von Luft ermöglichen – aber sie zeigen auch durch auslaufende Flüssigkeit das Problem an und weisen auf eine dringend notwendige Reparatur hin. Entleeren Sie die Hydraulik vor dem Tausch von Komponenten vollständig. Die Hydraulikflüssigkeit muss nach KTM-Vorgaben alle zwei Jahre erneuert werden.

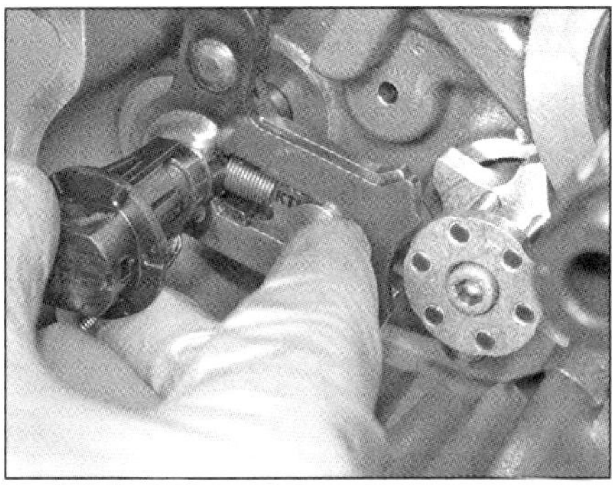

17.3a Ziehen Sie den Schaltarm von der Schaltwalze weg ...

17.3b ... und ziehen Sie die Schaltwellen-Baugruppe heraus – beachten Sie die Scheibe (Pfeil).

17.5 Beachten Sie, wie die Feder-Enden eingehängt sind und die Rolle in der Leerlauf-Vertiefung des Schaltsterns liegt. Lösen Sie dann die Schraube (Pfeil) und entfernen Sie den Arretierhebel.

36 Das Entlüften der Kupplung entspricht der Tätigkeit an der Handbremse – beachten Sie also die Hinweise in Kapitel 6, Sektion 11 und verfahren Sie am Ausrückzylinder wie am Bremssattel (siehe Abbildungen).

17 Schaltmechanismus

Ausbau

1 Schalten Sie das Getriebe in den Leerlauf. Demontieren Sie die Kupplung (siehe Sektion 15).

2 Demontieren Sie den Schalthebel samt Schaltgestänge sowie den Schaltwellenhebel (siehe Kapitel 5, Sektion 3). Reinigen Sie das Ende der Welle.

3 Notieren Sie, wie die Enden der Schaltwellen-Rückholfeder an beiden Seiten des Motorgehäuse-Angusses liegen, und wie die Klauen des Schaltarms auf den Stiften am Ende des Schaltsterns liegen. Ziehen Sie den Schaltarm von der Schaltwalze weg und ziehen Sie die Schaltwellen-Baugruppe heraus (siehe Abbildung) – stellen Sie dabei nötigenfalls die Scheibe vom Gehäuse sicher.

4 Bei R-Modellen ab 2017 und allen GT-Modellen sitzt rechts an der Welle ein Magnet für den Schaltwellen-Positionssensor – lösen Sie nötigenfalls dessen Clips und ziehen Sie ihn ab.

5 Beachten Sie am Arretierhebel die Positionen der Feder-Enden und die Lage der Rolle im Leerlauf-Ausschnitt des Schaltsterns, lösen Sie dann die Schraube und entfernen Sie den Hebel (siehe Abbildung). Entfernen Sie die Feder und die Hülse vom Hebel – beachten Sie ihre Einbaupositionen (Abbildungen 17.11b und a).

6 Hebeln Sie mit einem geeigneten Werkzeug den Schaltwellen-Dichtring links aus dem Motorgehäuse (siehe Abbildung) – beim Einbau wird ein Neuteil benötigt.

Kontrolle

7 Kontrollieren Sie den Schaltklauenarm auf Risse, Verzug und Verschleiß an den Schaltklauen; inspizieren Sie genauso die Stifte am Schaltstern (siehe Abbildung). Der Arm muss sich sanft nach oben verschieben lassen und mit Federkraft wieder zurückkehren (siehe Abbildung). Überprüfen Sie auch die Arretierhebel-Rolle auf freie Drehbarkeit und die Ausschnitte des Schaltsterns auf Anzeichen von Verschleiß oder Beschädigungen (siehe Abbildung) – ersetzen Sie alle schadhaften Teile. Der Schaltstern kann nötigenfalls nach dem Lösen der zentralen Schraube von der Schaltwalze getrennt werden; beim Einbau muss die Erhebung des Schaltsterns in den Ausschnitt der Schaltwalze positioniert werden. Reinigen Sie das Gewinde der Schaltstern-Schraube und bestreichen Sie sie mit mittelfester Sicherungspaste (Loctite), bevor Sie die Schraube mit 18 Nm anziehen.

17.6 Demontieren Sie den Schaltwellen-Dichtring – z. B. mit einem solchen Haken.

17.7a Kontrollieren Sie die Schaltklauen und die Stifte des Schaltsterns ...

17.7b ... sowie die Funktion des Schaltklauenarms und seiner Feder.

17.7c Die Rolle des Arretierhebels muss sich frei drehen lassen.

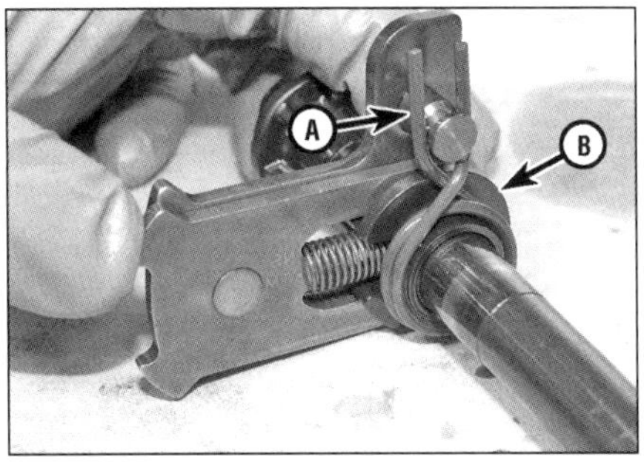

17.8 Schaltwellen-Rückholfeder (A) samt Führung (B)

17.9 Das Schaltwellen-Lager sitzt in der linken Motorgehäusehälfte

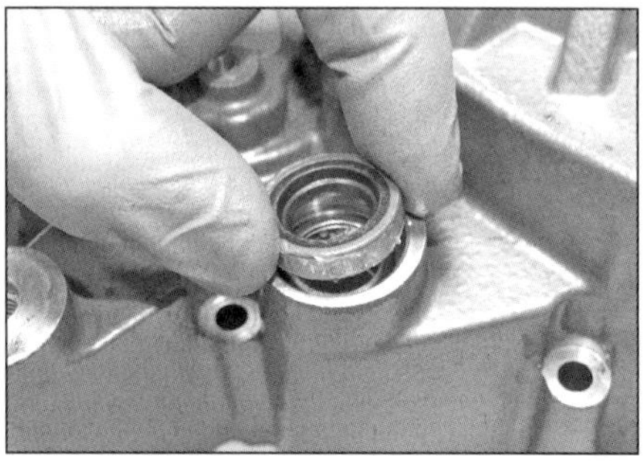

17.10a Installieren Sie den neuen Schallwellen-Dichtring ...

17.10b ... und treiben Sie ihn mit einem Steckschlüssel ...

17.10c ... oder einem Holz bündig in seinen Sitz.

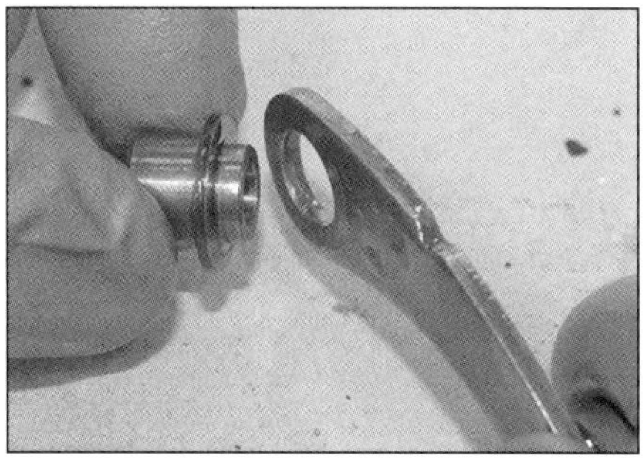

17.11a Stecken Sie die Hülse mit dem kürzeren Ende in den Arretierhebel ...

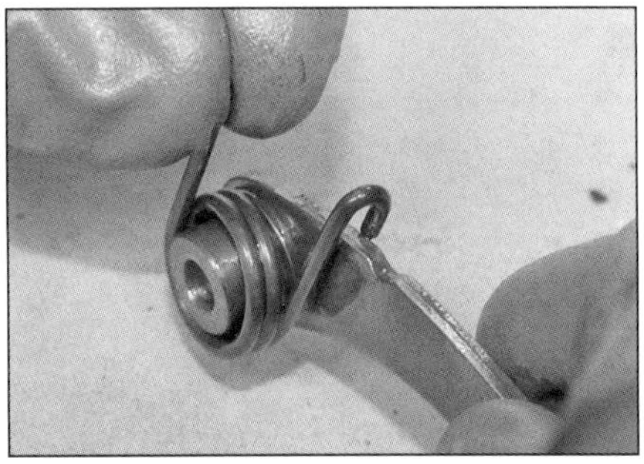

17.11b ... und installieren Sie dann die Feder.

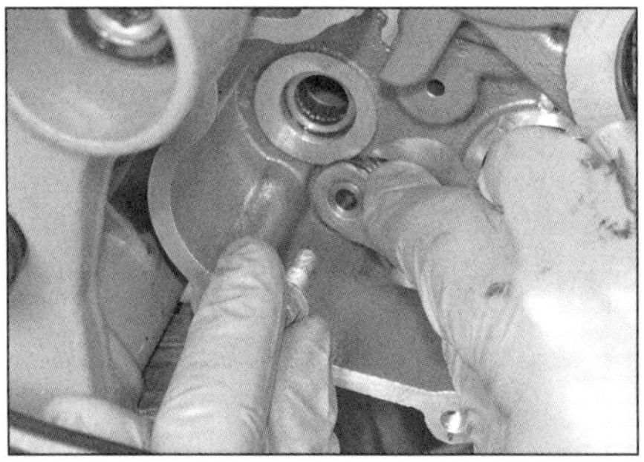

17.11c Positionieren Sie den Hebel und drehen Sie die Schraube teilweise ein, ...

17.11d drücken Sie dann den Hebel herunter und legen Sie die Rolle in die Leerlauf-Vertiefung des Schaltsterns.

8 Inspizieren Sie die Rückholfeder auf Ermüdung, Verschleiß und Beschädigungen und ersetzen Sie schadhafte Komponenten. Zum Entfernen der Schaltwellenfeder muss zunächst die Scheibe abgezogen werden, dann werden die Enden der Feder aus der Nut befreit und die Feder von ihrer Führung auf der Welle gezogen (siehe Abbildung). Entfernen Sie nötigenfalls die Führung – beachten Sie, wie der Ausschnitt über der Schaltarm-Feder sitzt. Installieren Sie die Führung, schieben Sie die neue Feder auf und positionieren Sie deren Enden in der Nut des Stifts. Schieben Sie die Scheibe gegen die Führung. Kontrollieren Sie auch die Arretierhebelfeder auf Ermüdung und Beschädigungen (Abbildung 17.11b).

9 Die Schaltwelle muss gerade und unbeschädigt sein – falls die Welle verbogen ist, kann sie vielleicht gerichtet werden – bei einer beschädigten Kerbverzahnung muss sie ausgewechselt werden. Kontrollieren Sie das Schaltwellen-Lager in der linken Motorgehäusehälfte (siehe Abbildung).

Einbau

10 Pressen oder treiben Sie den neuen Schallwellen-Dichtring von Hand oder mit einem passenden Steckschlüssel mit der markierten Seite nach außen zeigend senkrecht und bündig in seinen Sitz (siehe Abbildungen).

11 Stecken Sie die Hülse in den Arretierhebel und positionieren Sie die Feder darüber (siehe Abbildungen). Reinigen Sie das Gewinde der Arretierhebel-Schraube und bestreichen Sie es mit frischer Sicherungspaste (Loctite). Bringen Sie den Arretierhebel in Position und drehen Sie seine Schraube teilweise ein. Legen Sie die Rolle des Hebels in die Leerlauf-Vertiefung des Schaltsterns und schwenken Sie das Ende der Feder in seinen Sitz; ziehen Sie die Schraube nun mit 10 Nm an (siehe Abbildungen). Prüfen Sie, ob der Hebel und die Feder-Enden korrekt positioniert sind (Abbildung 17.5).

12 Schieben Sie **beim R-Modell ab 2017 und allen GT-Modellen** ggf. den Magnethalter auf die Welle, richten Sie den Anguss zum Ausschnitt der Welle aus und drücken Sie ihn auf, bis die Clips über dem Ring liegen.

13 Prüfen Sie, ob die Schaltwellen-Rückholfeder korrekt positioniert ist (Abbildung 17.8), und schieben Sie ggf. die Scheibe auf die Welle (Abbildung 17.3b). Versehen Sie die Dichtlippe des Schaltwellen-Dichtrings links im Mo-

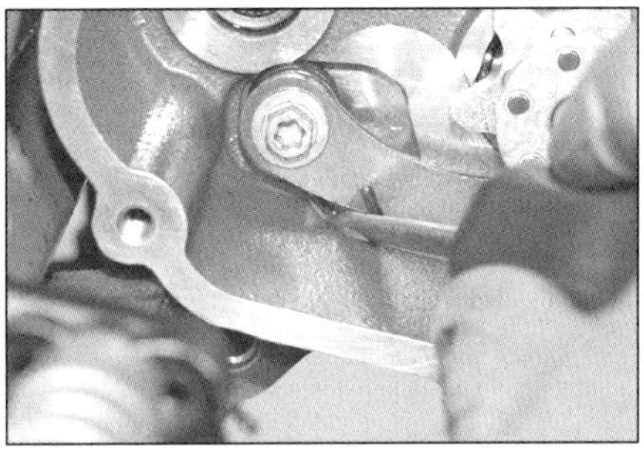

17.11e Hebeln Sie das Ende der Feder hoch, sodass sie bündig zu ihrem Sitz liegt, ...

17.11f ... und ziehen Sie die Schraube mit 10 Nm an – drücken Sie dabei gegen das Feder-Ende, damit sie in ihrem Sitz verbleibt.

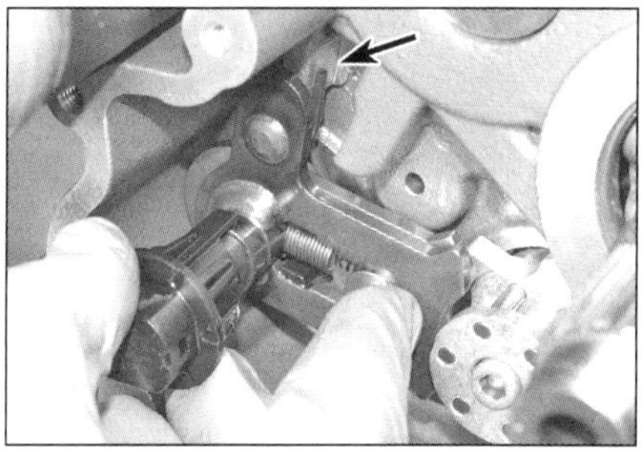

17.13 Die Enden der Rückholfeder müssen an beiden Seiten des Gehäuse-Vorsprungs liegen (Pfeil).

18.4a Wenn der hintere Zylinder im Verdichtungs-OT steht, fluchten die Lochmarkierungen am Kurbelwellen-Zahnrad mit denen des Ausgleichsrads ...

18.4b ... und des vorderen Steuerkettenritzels.

18.5a Ziehen Sie die äußere Scheibe, ...

18.5b ... das Ausgleichsrad, ...

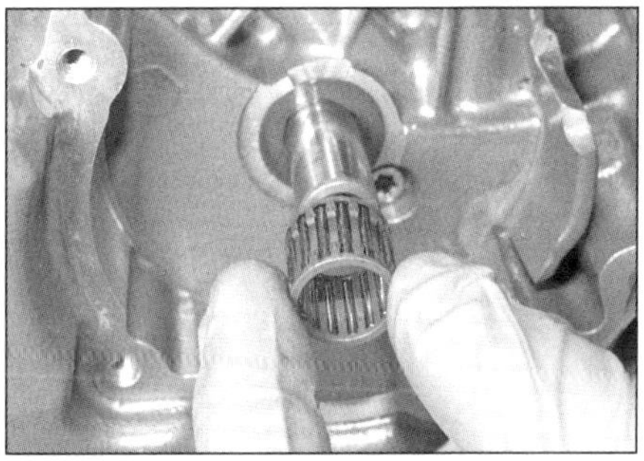

18.5c ... das Nadellager ...

18.5d ... und die innere Scheibe vom Lagerzapfen.

torgehäuse mit etwas Fett und umwickeln Sie die Verzahnung der Welle mit einer Lage dünnen Klebebands. Schieben Sie die Welle vollständig ein, bis die Verzahnung links herausragt (Abbildung 17.3b). Drücken Sie den Schaltarm zur Seite, um ihn von der Schaltwalze zu befreien. Prüfen Sie, ob die Enden der Rückholfeder an beiden Seiten des Gehäuse-Vorsprungs liegen (siehe Abbildung), und lösen Sie den Schaltarm, damit die Schaltklauen gegen die Stifte des Schaltsterns drücken.

14 Montieren Sie die Kupplung (siehe Sektion 15).

15 Entfernen Sie das Klebeband von der Schaltwellenverzahnung, installieren Sie den Schaltwellenhebel, das Schaltgestänge und den Schalthebel (siehe Kapitel 5, Sektion 3).

18 Ausgleichsgewicht (des vorderen Zylinders)

1 Im Motor drehen sich zwei Ausgleichsgewichte, um dessen Vibrationen zu minimieren – jeweils eins pro Zylinder. Das in dieser Sektion behandelte Ausgleichsgewicht des vorderen Zylinders wird links von der Kurbelwelle per Zwischenrad angetrieben; das Ausgleichsgewicht für den hinteren Zylinder ist in dessen Steuerkettenritzel integriert – dies wird in Sektion 19 behandelt.

Ausbau

2 Bringen Sie den hinteren Zylinder in den Verdichtungs-OT (siehe Sektion 8, Schritte 1 bis 8).

3 Demontieren Sie den Lichtmaschinenrotor (siehe Sektion 13).

4 Beachten Sie die Ausrichtungen der Lochmarkierungen an den Zahnrädern der Kurbelwelle, des Ausgleichsgewichts und des vorderen Steuerkettenritzels (siehe Abbildungen).

5 Entfernen Sie die äußere Scheibe, das Ausgleichsrad, das Nadellager und die innere Scheibe (siehe Abbildungen).

19.4a Wenn der hintere Zylinder im Verdichtungs-OT steht, fluchtet die Lochmarkierung am Primärtriebrad mit derjenigen des Steuerkettenrads.

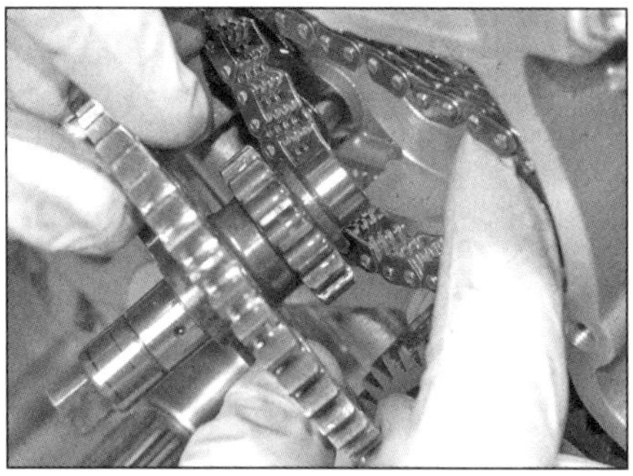

19.4b Ziehen Sie das Steuerkettenrad ab, befreien Sie die Kette vom Ritzel ...

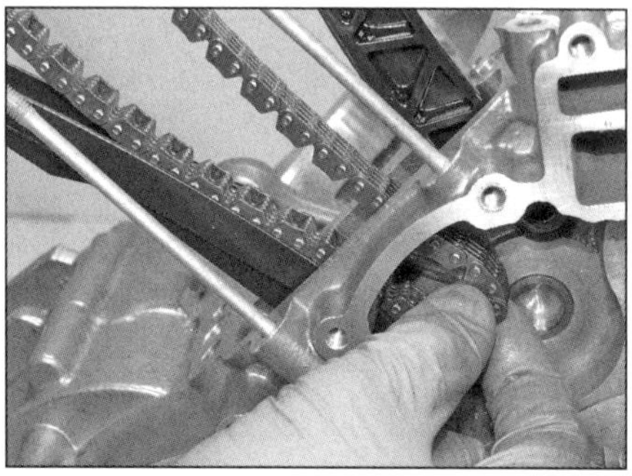

19.4c ... und entnehmen Sie die Kette.

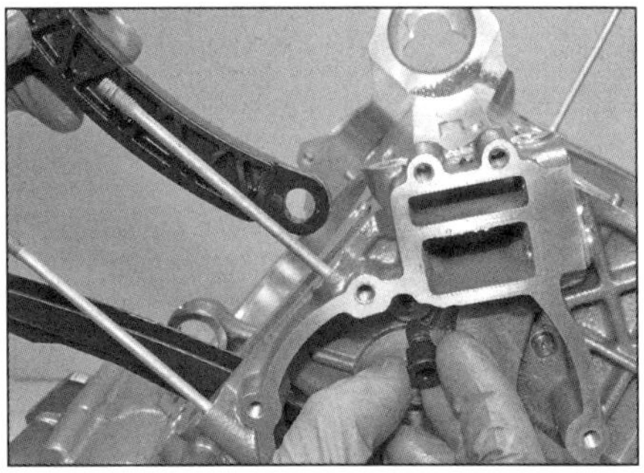

19.5a Lösen Sie den Lagerbolzen und entnehmen Sie die Steuerketten-Spannerschiene.

19.5b Lösen Sie den Lagerbolzen und entnehmen Sie die Steuerketten-Führungsschiene.

19.11a Entnehmen Sie die äußere Scheibe, ...

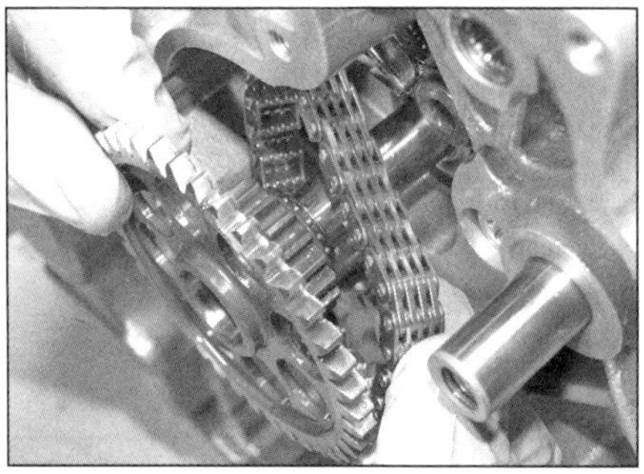

19.11b ... ziehen Sie das Steuerkettenrad samt Nadellager ab, befreien Sie die Steuerkette vom Ritzel an dessen Rückseite ...

19.11c ... und entnehmen Sie die Kette.

19.11d Ziehen Sie die innere Scheibe vom Lagerzapfen.

Kontrolle

6 Kontrollieren die Zähne auf Verschleiß und Beschädigungen – falls Ausbrüche oder andere Schäden feststellt werden, muss das entsprechende Zahnrad erneuert werden. Bevor das Kurbelwellenrad abgezogen werden kann (siehe Sektion 23), muss das Steuerkettenrad entfernt werden (siehe Sektion 19).

7 Kontrollieren Sie das Nadellager, den Lagerzapfen und die Bohrung im Ausgleichsrad auf Verschleiß und ersetzen Sie schadhafte Teile.

Einbau

8 Richten Sie die Lochmarkierungen am Kurbelwellenrad, am Zahnrad des vorderen Steuerkettenritzels (Abbildung 18.4b) und am Ausgleichsrad (Abbildung 8.5b) zueinander aus

9 Schmieren Sie den Ausgleichsgewicht-Zapfen und das Nadellager mit Motoröl. Schieben Sie die innere Scheibe und das Lager auf den Zapfen (Abbildungen 18.5d und c).

10 Schieben Sie das Ausgleichsrad mit der Lochmarkierung nach außen und zur Markierung des Kurbelwellenrads zeigend auf (Abbildungen 18.5b und 18.4a). Installieren Sie die äußere Scheibe (Abbildung 18.5a).

11 Montieren Sie den Lichtmaschinenrotor (siehe Sektion 13) und alle zur Positionieren des Motors im Verdichtungs-OT entfernten Komponenten (siehe Sektion 8).

19 Steuerkette, Ritzel und Schienen

Ausbau

Hinterer Zylinder

1 Demontieren Sie die Nockenwellen des hinteren Zylinders (siehe Sektion 8). Falls auch der Zylinderkopf demontiert werden muss, sollte dies jetzt geschehen (siehe Sektion 9); dasselbe gilt für den Zylinder samt Kolben (siehe Sektion 11) – ansonsten bleiben die Komponenten montiert. Achten Sie darauf, dass der hintere Zylinder im Verdichtungs-OT steht und die Kurbelwelle entsprechend arretiert ist; in dieser Stellung sind die Lochmarkierung am Primärtriebrad und am Steuerkettenrad (mit Ausgleichsgewicht) zueinander ausgerichtet (Abbildung 19.4a).

2 Demontieren Sie den Haupt-Kupplungsdeckel (siehe Sektion 14).

3 Markieren Sie die Außenseite der Steuerkette mit Farbe, um sie später wieder genauso einbauen zu können.

4 Ziehen Sie das Steuerkettenrad ab, befreien Sie die Steuerkette vom Ritzel an dessen Rückseite und entnehmen Sie die Kette (siehe Abbildungen).

5 Entfernen Sie die Steuerketten-Spannerschiene und die Führungsschiene (siehe Abbildungen).

19.12a Lösen Sie den Lagerbolzen und entnehmen Sie die Steuerketten-Führungsschiene.

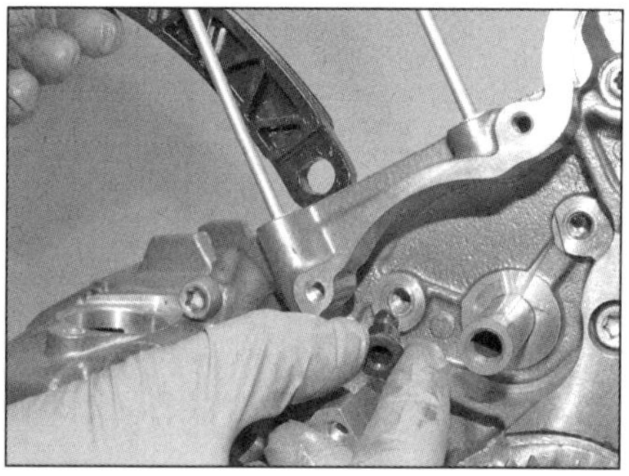

19.12b Lösen Sie den Lagerbolzen und entnehmen Sie die Steuerketten-Spannerschiene.

Vorderer Zylinder

6 Demontieren Sie die Nockenwellen des vorderen Zylinders (siehe Sektion 8). Falls auch der Zylinderkopf demontiert werden muss, sollte dies jetzt geschehen (siehe Sektion 9); dasselbe gilt für den Zylinder samt Kolben (siehe Sektion 11) – ansonsten bleiben die Komponenten montiert.

7 Entfernen Sie die Kurbelwellen-Arretierung, drehen Sie die Kurbelwelle um 285° gegen den Uhrzeigersinn (rückwärts), sodass der hintere Zylinder im Verdichtungs-OT steht, und arretieren Sie die Kurbelwelle wieder.

8 Demontieren Sie den Lichtmaschinenrotor (siehe Sektion 13).

9 Markieren Sie die Außenseite der Steuerkette mit Farbe, um sie später wieder genauso einbauen zu können.

10 Beachten Sie die Ausrichtungen der Lochmarkierungen an den Zahnrädern der Kurbelwelle, des Ausgleichsgewichts und des vorderen Steuerkettenritzels (Abbildungen 18.4a und b).

11 Entfernen Sie die äußere Scheibe, ziehen Sie das Steuerkettenrad samt Nadellager ab, befreien Sie die Steuerkette vom Ritzel an dessen Rückseite und entnehmen Sie die Kette (siehe Abbildungen). Ziehen Sie die innere Scheibe vom Lagerzapfen (siehe Abbildung).

12 Entfernen Sie die Steuerketten-Führungsschiene und die Spannerschiene (siehe Abbildungen).

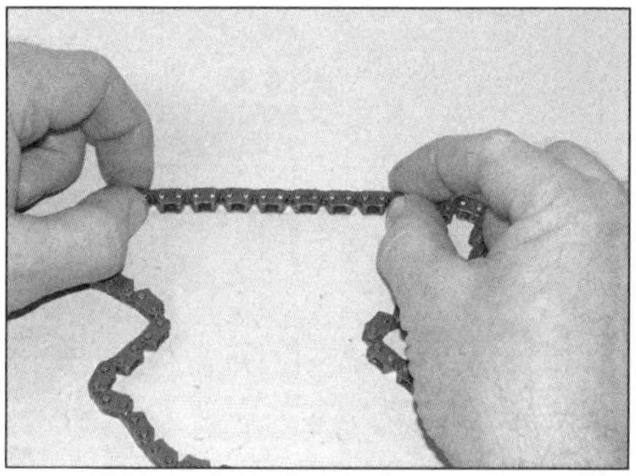

19.13 Die Glieder der Steuerkette dürfen weder klemmen noch Spiel aufweisen.

19.16 Im vorderen Steuerkettenrad sitzt ein doppelreihiges Nadellager.

Kontrolle

13 Außer bei Ölmangel verschleißt die Steuerkette nur unwesentlich. Falls Glieder klemmen oder locker sind, muss die Kette erneuert werden (siehe Abbildung). Inspizieren Sie die Ritzel auf Verschleiß und ausgebrochene Zähne. Ersetzen Sie die Steuerkette samt Ritzel immer als Set.

14 Kontrollieren Sie die Gleitflächen und Ränder der Schienen auf starken Verschleiß, tiefe Nuten, Risse und andere Schäden und ersetzen Sie sie nötigenfalls.

15 Kontrollieren Sie die Welle des hinteren Steuerkettenrads und ihre Lagerbohrungen auf Verschleiß.

16 Kontrollieren Sie das Nadellager des vorderen Steuerkettenrads und seine Laufflächen im Zahnrad und auf dem Lagerzapfen auf Verschleiß (siehe Abbildung).

Einbau

17 Der Einbau der Schienen, der Steuerketten und ihrer Antriebsräder entspricht der umgekehrten Ausbaureihenfolge – beachten Sie dabei folgende Punkte:

- Sowohl bei der Montage des vorderen als auch des hinteren Steuerkettenrads muss der hintere Zylinder im Verdichtungs-OT stehen und die Kurbelwelle entsprechend arretiert sein.
- Reinigen Sie die Gewinde des Spannerschienen- und Führungsschienen-Lagerbolzen (Bundschrauben), bestreichen Sie es mit mittelfester Sicherungspaste (Loctite). Die Sicherungspaste darf nicht an die Lagerbereiche der Schraube oder der Schiene gelangen. Ziehen Sie die Lagerbolzen mit 15 Nm an.
- Schmieren Sie das Wellen-Ende des hinteren Steuerkettenrads mit Motoröl, legen Sie die Steuerkette (ggf. mit der Farbmarkierung nach außen) um das Ritzel und führen Sie die Welle so in ihre Bohrung ein, dass die Lochmarkierungen wie gezeigt fluchten (Abbildungen 19.4c, b und a).
- Prüfen Sie bei der Montage des vorderen Steuerkettenrads, ob die Lochmarkierungen am Kurbelwellenrad und am Ausgleichsgewicht fluchten (Abbildung 18.4a). Schmieren Sie den Lagerzapfen und das Nadellager im Zahnrad mit Motoröl. Schieben Sie die innere Scheibe auf (Abbildung 19.11d). Legen Sie die Steuerkette (ggf. mit der Farbmarkierung nach außen) um den Lagerzapfen (Abbildung 19.11c) und auf das Ritzel, sobald das Steuerkettenrad aufgeschoben wird (Abbildung 19.11b) – dabei muss dessen Markierung zu der am Kurbelwellenrad ausgerichtet werden (Abbildung 18.4b). Legen Sie die äußere Scheibe auf (Abbildung 19.11a).
- Installieren Sie die verbliebenen Komponenten entsprechend der Hinweise in den verschiedenen Sektionen.

20 Primärtriebrad

Ausbau

1 Demontieren Sie den Haupt-Kupplungsdeckel (siehe Sektion 14).

2 Falls der hintere Zylinder nicht bereits im Verdichtungs-OT steht und seine Nockenwellen, Steuerketten und das Antriebsrad nicht entfernt sind, muss die Kurbelwellen-Arretierung entfernt werden, um die Kurbelwelle mit einem an der Primärrad-Mutter angesetzten Werkzeug im Uhrzeigersinn gedreht werden,

20.3a Blockieren Sie den Primärtrieb von unten ...

20.3b ... und lockern Sie die Primärrad-Mutter IM UHRZEIGER-SINN.

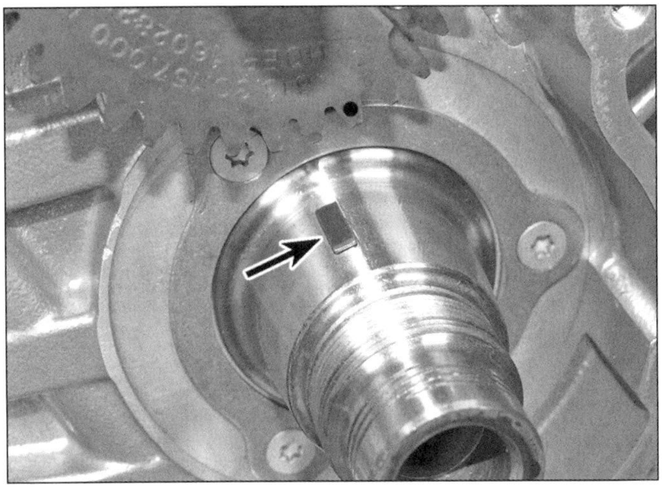

20.7 Mit dem hinteren Zylinder im Verdichtungs-OT müssen der Kurbelwellen-Keil (Pfeil) und die Lockmarkierung am Steuerkettenrad wie gezeigt positioniert sein.

20.8a Führen Sie das Primärrad über den Keil und richten Sie die Lochmarkierungen zueinander aus.

20.8b Installieren Sie die Scheibe und drehen Sie die Mutter handfest auf.

20.9a Installieren Sie die Scheibe und das Lager auf die Getriebewelle, ...

20.9b ... schieben Sie den Kupplungskorb auf und lassen Sie die Primär-Zahnräder ineinander greifen.

20.9c Blockieren Sie die Primär-Zahnräder von oben ...

20.9d ... und ziehen Sie die Mutter links herum mit 130 Nm an.

21.2a Ölkühler-Schrauben

21.2b Der Ölkühler sitzt oben auf zwei Stutzen.

bis die Lochmarkierung am Primärrad zu derjenigen am hinteren Steuerkettenrad fluchtet (Abbildung 19.4a).

3 Um die Kurbelwelle beim Lockern der Primärradmutter am Mitdrehen zu hindern, müssen die Zähne beider Primärtriebräder mit unten eingelegtem festem Stoff oder Weichmetall-Teilen (Aluminium oder Kupfer – aber **niemals** Stahl!) blockiert werden (siehe Abbildung). Lösen Sie die Mutter **im Uhrzeigersinn – sie hat ein Linksgewinde!** (siehe Abbildung). Entnehmen Sie die Blockierung.

4 Demontieren Sie die Kupplung (siehe Sektion 15).

5 Drehen Sie die Mutter ab und entnehmen Sie die Scheibe (Abbildung 20.8b). Das Primärtriebrad kann sehr fest auf dem Konus der Kurbelwelle sitzen. Erwärmen Sie zunächst das Primärrad mit einem Heißluftgebläse und setzen Sie an seiner Rückseite Hebel an – dies hat bei dem von uns fotografierten Motorrad gereicht, um das Rad zu lockern. Falls das Rad sehr fest sitzt, wird der KTM-Abzieher (bestehend aus den Teilenummern 78029033100, 61229018000 und 61229017000) benötigt, da nur dessen speziell geformten Arme hinter das Zahnrad greifen können; eventuell lassen sich diese Arme (die letzte Teilenummer) auch an einen vorhandenen Abzieher montieren. Nachdem das Primärrad abgezogen ist, kann nötigenfalls der Keil der Kurbelwelle sichergestellt werden (Abbildung 20.7).

Kontrolle

6 Kontrollieren Sie die Zähne des Primärrads sowie des Abtriebsrades hinten am Kupplungskorb (Abbildung 15.19a) – bei Verschleiß oder Beschädigungen muss das Primärrad oder der Kupplungskorb ausgetauscht werden.

Einbau

7 Drücken Sie ggf. den Keil in die Nut der Kurbelwelle und – falls die Nockenwellen, Steuerketten und Steuerkettenräder nicht montiert sind – drehen Sie die Kurbelwelle so, dass der hintere Zylinder im Verdichtungs-OT steht und der Keil wie gezeigt positioniert ist (siehe Abbildung). Falls die Nockenwellen, Steuerketten und das hintere Steuerkettenrad installiert sind und sich der hintere Zylinder bereits im Verdichtungs-OT befindet, wird die Lochmarkierung am Steuerkettenrad wie gezeigt positioniert sind.

8 Schieben Sie das Primärrad mit der Lochmarkierung nach außen und der Nut zum Keil ausgerichtet auf die Kurbelwelle – die Lochmarkierungen beider Zahnräder müssen dabei fluchten (siehe Abbildung). Reinigen Sie die Gewinde der Welle und der Mutter und tragen Sie Sicherungspaste (Loctite) auf. Legen Sie die Scheibe auf und drehen Sie die Mutter zunächst locker auf (siehe Abbildung).

9 Montieren Sie übergangsweise die Scheibe, das Nadellager und den Kupplungskorb (siehe Abbildungen). Blockieren Sie die zwei Primär-Zahnräder nun mit dem Lappen oder Weichmetall-Teil von oben und ziehen Sie die Mutter **gegen den Uhrzeigersinn** mit 130 Nm an (siehe Abbildungen). Entnehmen Sie die Blockierung.

10 Montieren Sie alle anderen Komponenten in der umgekehrten Ausbaureihenfolge.

21 Ölkühler

Ausbau

1 Lassen Sie das Motoröl ab (siehe Kapitel 1, Sektion 12).

2 Lösen Sie die fünf Schrauben des Ölkühlers, ziehen Sie diesen von seinen Stutzen und gießen Sie darin befindliche Ölreste in einen Sammelbehälter (siehe Abbildungen).

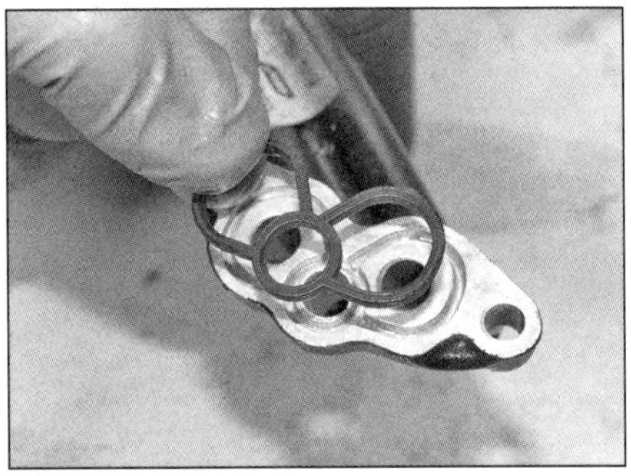

21.3a Entfernen Sie die Gummidichtung vom Ölkühler …

21.3b … und die O-Ringe von den Stutzen.

21.4 Die mittlere der drei unteren Ölkühler-Schrauben hat ein M8-Gewinde.

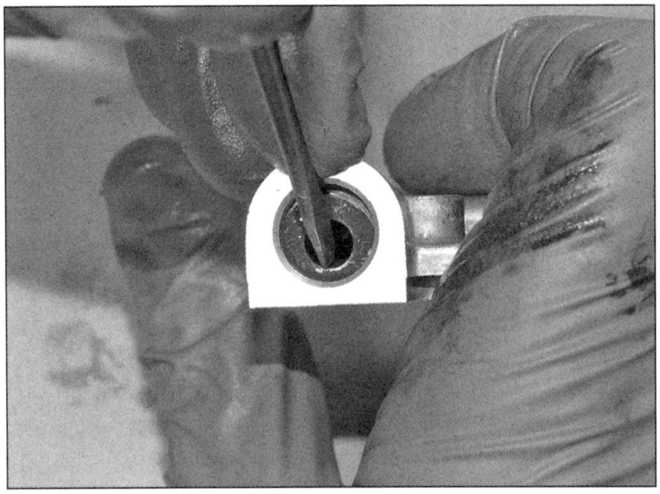

22.4 Schieben Sie die Scheibe heraus – sie wird von der Feder unter Last gesetzt.

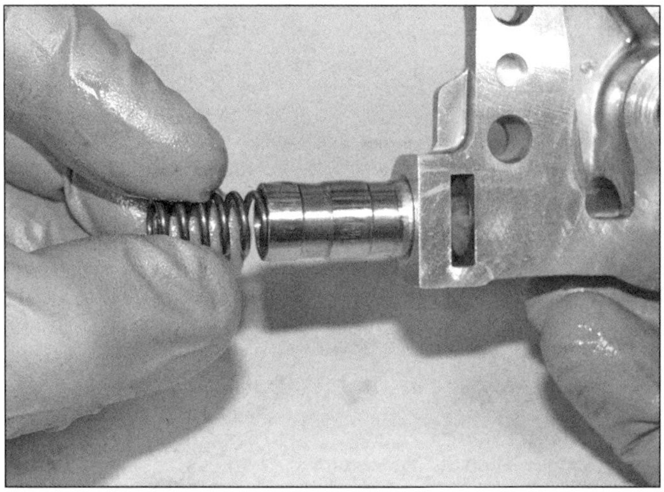

22.5 Entnehmen Sie die Feder samt Kolben.

22.7a Befreien Sie die Sicherungsscheibe aus ihrer Nut, …

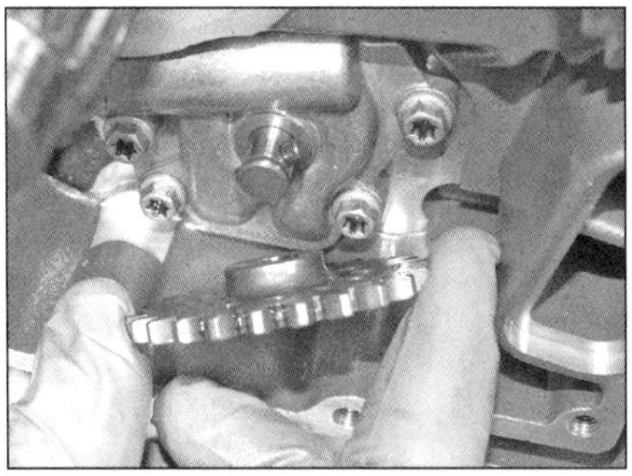

22.7b … ziehen Sie das Zahnrad unter Beachtung seiner Einbaurichtung ab, …

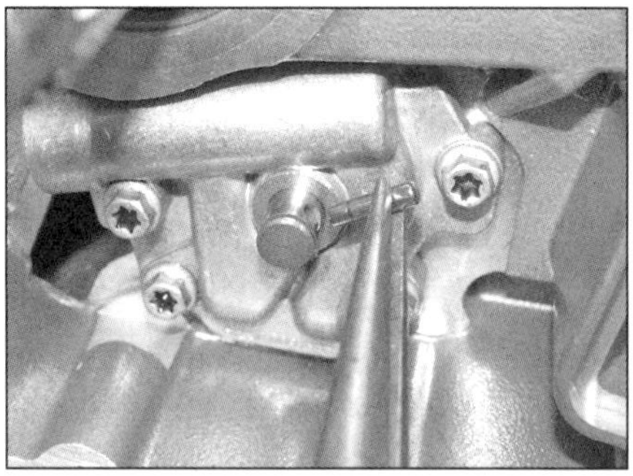

22.7c … ziehen Sie den Mitnehmerstift aus der Welle …

3 Entfernen Sie die Gummidichtung vom Ölkühler und die O-Ringe von den Stutzen (siehe Abbildungen) – beim Einbau werden Neuteile benötigt.

Einbau

4 Der Einbau entspricht der umgekehrten Ausbaureihenfolge. Rüsten Sie die im Motorgehäuse sitzenden Stutzen mit neuen O-Ringen und den Ölkühler mit einer neuen Gummidichtung aus (Abbildungen 21.3b und a). Ziehen Sie alle Ölkühlerschrauben mit 6 Nm an, ziehen Sie die mittlere der drei unteren Schrauben (mit M8-Gewinde) mit 15 Nm an (siehe Abbildung).

5 Füllen Sie Motoröl auf (siehe Kapitel 1, Sektion 12). Starten Sie den Motor und kontrollieren Sie den Bereich um den Ölkühler auf Undichtigkeiten.

22 Ölpumpen und Druckregler

1 Der Motor ist mit drei Ölpumpen ausgerüstet: Die Druckpumpe zur Versorgung aller Schmierstellen sitzt rechts am Motor hinter der Kupplung; zwei Saugpumpen fördern das Öl aus dem Kurbelgehäuse in den ins Gehäuse

22.7d ... und entnehmen Sie die Scheibe.

22.8 Lösen Sie die vier Schrauben des Druckpumpen-Deckels und entnehmen Sie diesen.

22.9a Entnehmen Sie den Außenrotor ...

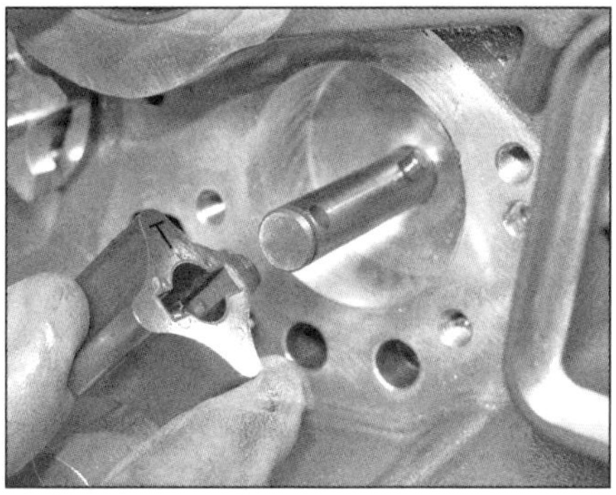

22.9b ... sowie den Innenrotor der Druckpumpe ...

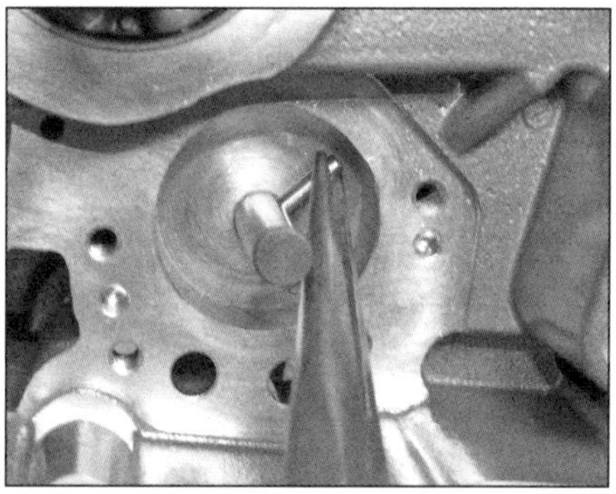

22.9c und ziehen Sie den Mitnehmerstift aus der Welle.

22.11a Entfernen Sie die drei Pumpendeckel-Schrauben der linken Saugpumpe, ...

integrierten Öltank zurück – eine befindet sich links am Motor, die andere innerhalb des Motorgehäuses. Der Druckregler befindet sich im Druckpumpen-Deckel.

Ausbau

Druckregler

2 Demontieren Sie die Kupplung (siehe Sektion 15).
3 Demontieren Sie den Druckpumpen-Deckel (siehe Schritt 7 und 8).
4 Schieben Sie mit einem kleinen Schraubendreher die Feder-Sicherungsscheibe heraus (siehe Abbildung).
5 Ziehen Sie die Feder und den Kolben heraus (siehe Abbildung).

22.11b ... drehen Sie zwei M7-Schrauben in die dafür vorgesehenen Gewinde ...

22.11c ... und drücken Sie damit den Pumpendeckel ab.

Druckpumpe

6 Demontieren Sie die Kupplung (siehe Sektion 15).
7 Befreien Sie am Pumpen-Zahnrad die Sicherungsscheibe, ziehen Sie das Rad von der Welle, befreien Sie den Mitnehmerstift und entnehmen Sie die Scheibe (siehe Abbildungen).
8 Lösen Sie die vier Schrauben des Pumpendeckels und entnehmen Sie diesen (siehe Abbildung) – beachten Sie die Passstifte (Abbildung 22.32).
9 Entnehmen Sie den Außenrotor und den Innenrotor – beachten Sie deren T-Markierungen, die nach innen zeigen müssen. Ziehen Sie den Mitnehmerstift aus der Pumpenwelle (siehe Abbildungen)

Linke Saugpumpe

10 Lassen Sie das Motoröl ab (siehe Kapitel 1, Sektion 12).
11 Lösen Sie die drei Schrauben des über dem Ölfilter sitzenden Pumpendeckels (siehe Abbildung). Drehen Sie zwei M7-Schrauben in die Gewindebohrungen des Deckels, bis sie das Motorgehäuse berühren. Ziehen Sie die Schrauben nun schrittweise und gleichmäßig an, um den Deckel abzudrücken (siehe Abbildungen) – beachten Sie die Dichtung und die Passstifte (Abbildung 22.28). Entfernen Sie die M7-Schrauben.

2

22.12a Entnehmen Sie den Außenrotor ...

22.12b ... sowie den Innenrotor der linken Saugpumpe ...

22.12c und ziehen Sie den Mitnehmerstift aus der Welle.

22.14a Heben Sie die Pumpenwelle und den Innenrotor der mittleren Saugpumpe heraus, ...

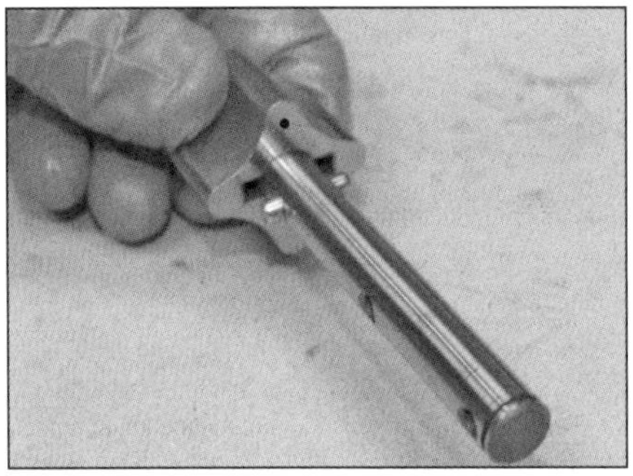

22.14b ... ziehen Sie den Rotor von der Welle ...

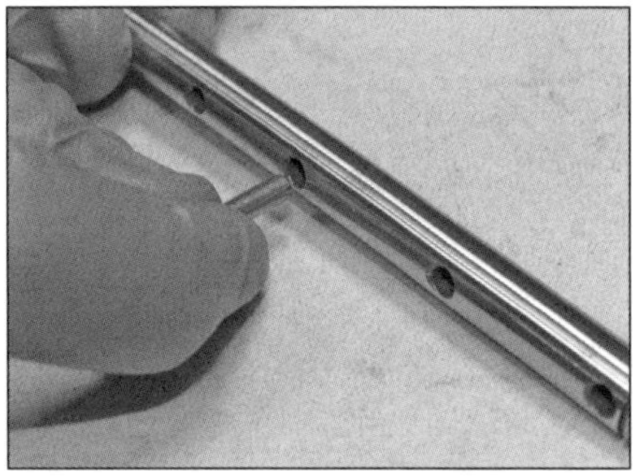

22.14c ... und befreien Sie den Mitnehmerstift.

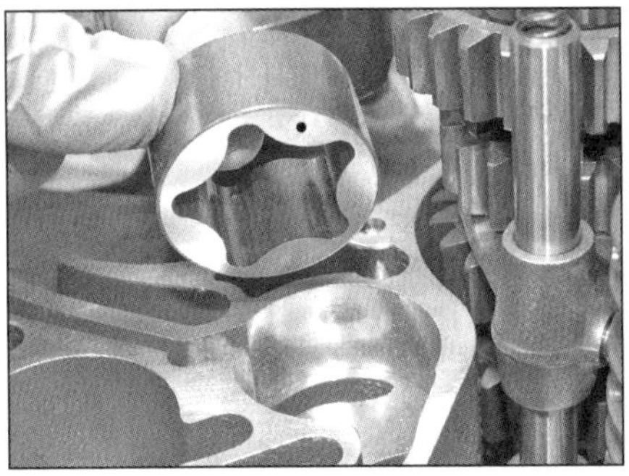

22.15 Entfernen Sie den Außenrotor der mittleren Saugpumpe.

22.18a Messen Sie das Spiel zwischen den Spitzen des Innenrotors und dem Außenrotor – gezeigt an der mittleren Saugpumpe.

22.18b Messen Sie das Spiel zwischen dem Außenrotor und dem Gehäuse.

22.18c Messen Sie das Axialspiel beider Rotoren.

12 Entnehmen Sie den Außenrotor und den Innenrotor – beachten Sie deren Lochmarkierungen, die nach innen zeigen müssen. Ziehen Sie den Mitnehmerstift aus der Pumpenwelle (siehe Abbildungen)

Mittlere Saugpumpe

13 Trennen Sie das Motorgehäuse (siehe Sektion 23) – die Pumpe befindet sich in der linken Gehäusehälfte.

14 Heben Sie die Pumpenwelle und den Innenrotor heraus, ziehen Sie dann den Rotor von der Welle und befreien Sie den Mitnehmerstift (siehe Abbildungen).

15 Ziehen Sie den Außenrotor aus dem Gehäuse (siehe Abbildung) – beachten Sie seine Lochmarkierung, die nach innen zeigen muss.

Kontrolle

16 Reinigen Sie alle Komponenten mit Lösungsmittel.

17 Kontrollieren Sie die Pumpenkammern und Rotoren auf Riefen und andere Beschädigungen. Werden Schäden oder hoher Verschleiß festgestellt, muss die Pumpe erneuert werden – Einzelteile sind nicht erhältlich.

18 Installieren Sie die jeweiligen Rotor-Paare und ihre Welle in ihre Kammer (siehe unten) und messen Sie mit einer Fühlerlehre das Spiel zwischen den Spitzen des Innenrotors und dem Außenrotor (siehe Abbildung) – der Abstand darf 0,25 mm nicht übersteigen. Wieder-

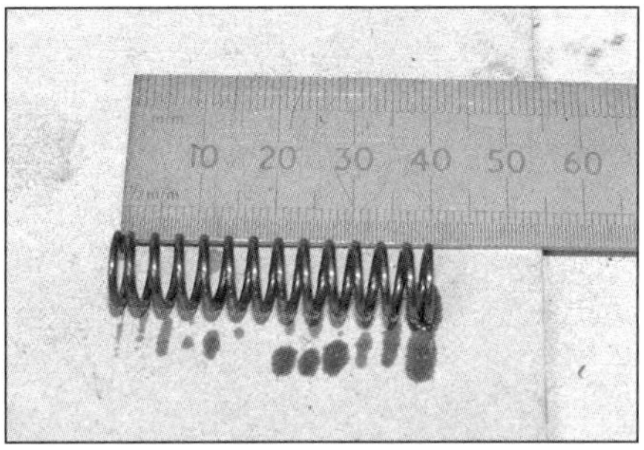

22.20 Messen Sie die freie Länge der Druckregler-Feder.

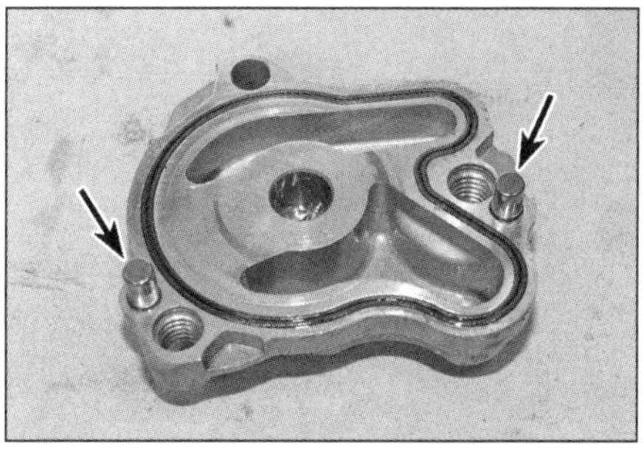

22.28 Die neue Dichtung muss in der Nut liegen und die Passstifte in ihren Bohrungen stecken.

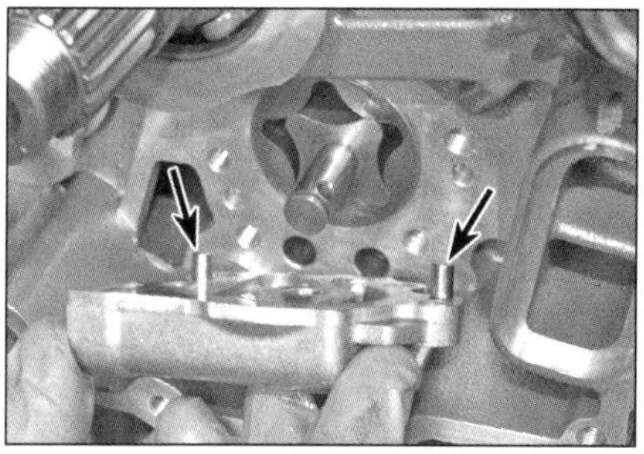

22.32 Passstifte des Druckpumpen-Deckels (Pfeile)

holen Sie die Messung zwischen dem Außenrotor und dem Gehäuse (siehe Abbildung) – hier darf maximal 0,4 mm Spiel ermittelt werden. Legen Sie einen Richtscheit über die den Kammer-Rand und die Rotoren und ermitteln Sie deren Axialspiel (siehe Abbildung) – hier darf der Spalt nicht größer als 0,25 mm sein. Falls irgendwo höhere Werte ermittelt wurden, müssen die entsprechenden Pumpenrotoren durch Neuteile ersetzt werden.

19 Kontrollieren Sie die Zähne des Ölpumpen-Zahnrads und seines Gegenstücks hinten am Kupplungskorb (Abbildung 15.19b) auf Ausbrüche, Verschleiß und andere Schäden und ersetzen Sie entsprechende Teile.

20 Befreien Sie die Feder aus dem Druckregler-Kolben und messen Sie ihre freie Länge (siehe Abbildung) – falls sie kürzer als 39 mm ist, muss sie erneuert werden.

Einbau

21 Alle Komponenten müssen absolut sauber sein. Schmieren Sie die Rotoren und ihre Welle vor dem Einbau ausgiebig mit frischem Motoröl.

Mittlere Saugpumpe

22 Führen Sie den Außenrotor mit der Lochmarkierung voran in seine Kammer ein (Abbildung 22.15).

23 Positionieren Sie die Ölpumpenwelle mit der Nut für die Sicherungsscheibe nach rechts zeigend und schieben Sie den Mitnehmerstift in die dritte Bohrung von rechts ein (Abbildung 22.14c). Schieben Sie den Innenrotor von links mit den Ausschnitten voran auf die Welle und richten Sie diese über dem Mitnehmerstift aus (Abbildung 22.14b).

24 Schieben Sie die Welle mit dem Nut-Ende voran in den Außenrotor und das Motorgehäuse und lassen Sie den Innenrotor in den Außenrotor gleiten (Abbildung 22.14a).

25 Verbinden Sie die Motorgehäusehälften (siehe Sektion 23).

Linke Saugpumpe

26 Schieben Sie den Mitnehmerstift in die Bohrung der Ölpumpenwelle ein (Abbildung 22.12c). Schieben Sie den Innenrotor mit den Ausschnitten voran auf die Welle und richten Sie diese über dem Mitnehmerstift aus (Abbildung 22.12b).

27 Schieben Sie den Außenrotor mit der Lochmarkierung voran über den Innenrotor in die Pumpenkammer (Abbildung 22.12a).

28 Rüsten Sie den Pumpendeckel mit einer neuen Dichtung aus. Die Passstifte müssen im Deckel stecken (siehe Abbildung). Reinigen Sie die Gewinde der Deckelschrauben und der Mutter und tragen Sie Sicherungspaste (Loctite) auf. Setzen Sie den Decken an und ziehen Sie die Schrauben mit 10 Nm an (Abbildung 22.11a).

29 Füllen Sie Motoröl auf (siehe Kapitel 1, Sektion 12).

Druckpumpe

30 Schieben Sie den Mitnehmerstift in die Bohrung der Ölpumpenwelle ein (Abbildung 22.9c). Schieben Sie den Innenrotor mit den Ausschnitten voran auf die Welle und richten Sie diese über dem Mitnehmerstift aus (Abbildung 22.9b).

31 Schieben Sie den Außenrotor mit der T-Markierung voran über den Innenrotor in die Pumpenkammer (Abbildung 22.9a).

32 Die Passstifte müssen im Pumpendeckel stecken (siehe Abbildung). Reinigen Sie die Gewinde der Deckelschrauben und der Mutter und tragen Sie Sicherungspaste (Loctite) auf. Setzen Sie den Decken an und ziehen Sie die Schrauben mit 10 Nm an (Abbildung 22.8).

22.33 Führen Sie die Sicherungsscheibe mit einer Zange in die Nut der Welle ein.

33 Schieben Sie die Scheibe auf die Welle und schieben Sie den Mitnehmerstift in seine Bohrung (Abbildungen 22.7d und c). Schieben Sie das Zahnrad mit den Ausschnitten voran auf die Welle und richten Sie diese über dem Mitnehmerstift aus (Abbildung 22.7b). Sichern Sie das Zahnrad mit der Sicherungsscheibe (siehe Abbildung).

34 Montieren Sie die Kupplung (siehe Sektion 15).

Druckregler

35 Schieben Sie die Feder in den Kolben und installieren Sie beides in den Ölpumpendeckel (Abbildung 22.5).

36 Drücken Sie die Feder ein und installieren Sie die Scheibe (siehe Abbildung).

37 Installieren Sie den Druckpumpendeckel (Schritte 32 und 33).

38 Montieren Sie die Kupplung (siehe Sektion 15).

23 Motorgehäuse Trennen und Zusammenbauen

Trennen

1 Um zu den Pleuelstangen, der Kurbelwelle, den Getriebewellen und der Schaltwalze samt Gabeln sowie allen dazugehörigen Lagern Zugang zu erhalten, muss der Motor ausgebaut und das Motorgehäuse getrennt werden.

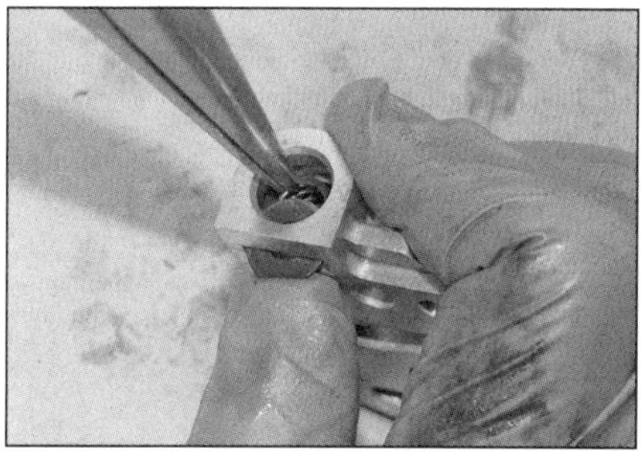

22.36 Drücken Sie die Feder ein und schieben Sie die Scheibe ein, um sie zu sichern.

2 Bevor die Gehäusehälften getrennt werden können, sind folgende Baugruppen zu entfernen:

- Ventildeckel (Sektion 6)
- Nockenwellen (Sektion 8)
- Zylinderköpfe (Sektion 9)
- Zylinder und Kolben (Sektion 11)
- Lichtmaschinenrotor (Sektion 13)
- Ausgleichsgewichte (Sektion 18)
- Kupplung (Sektion 15)
- Schaltmechanismus (Sektion 17)
- Steuerkette, Antriebsräder und Schienen (Sektion 19)
- Ölkühler (Sektion 21)
- Öl-Druckpumpe und linke Saugpumpe (Sektion 22)
- Getriebe- und Ölpegel-Sensoren (Kapitel 8)

3 Entfernen Sie den Schaltstern von der Schaltwalze, indem Sie die zentrale Schraube lösen (Abbildungen 23.29b und a).

4 Befreien Sie rechts an der Getriebeausgangswelle den Seegerring und entnehmen Sie die Scheibe (Abbildungen 23.28b und a).

5 Legen Sie den Motor mit der rechten Seite auf Hölzer, sodass die Wellen nicht die Werkbank berühren und der Motor waagerecht liegt.

6 Um das Ausgleichsgewicht-Antriebsrad links von der Kurbelwelle ziehen zu können, wird der bereits für das Primärrad verwendete KTM-Abzieher (bestehend aus den Teilenummern 78029033100, 61229018000 und 61229017000) benötigt, da nur dessen speziell geformten Arme hinter das Zahnrad greifen können. Setzen Sie den Abzieher an der Kurbelwelle und am Zahnrad an, erwärmen Sie die Zahnradnabe mit einem Heißluftgebläse und ziehen Sie das Rad ab. Lassen Sie die Kurbelwelle abkühlen und stellen Sie nötigenfalls den Keil sicher, falls er locker ist (siehe Abbildung).

7 Die Gehäusehälften sind mit Schrauben unterschiedlicher Stärken und Längen miteinander verbunden. Um die Schrauben ihren ur-

23.6 Keil im Sitz des Ausgleichsgewicht-Antriebsrad links in der Kurbelwelle

sprünglichen Positionen zuordnen zu können, sollten sie in eine entsprechend skizzierte Pappe gesteckt werden.

8 Lösen Sie die neunzehn M6-Schrauben und stecken Sie sie entsprechend ihrer Positionen in die vorbereitete Pappe – die vier 90 mm langen Schrauben müssen laut KTM beim Zusammenbau durch Neuteile ersetzt werden (siehe Abbildungen).

9 Lockern Sie jetzt schrittweise und über Kreuz die fünf M8-Schrauben (siehe Abbildung) und stecken Sie auch diese in die Pappe.

10 Heben Sie vorsichtig die linke Gehäusehälfte von der rechten (siehe Abbildung), klopfen Sie sie nötigenfalls rundherum mit einem weichen Hammer ab, um die Dichtung zu lösen.

Anmerkung: *Falls die Hälften sich nicht leicht trennen lassen, stellen Sie sicher, dass wirklich alle Befestigungen gelöst sind. Keinesfalls darf ein Hebel angesetzt werden, da damit die Dichtflächen zerstört würden! Die Kurbelwelle,*

23.8a Lösen Sie die insgesamt 14 M6-Schrauben im Außenbereich des Motorgehäuses (nur 8 sind hier gezeigt) ...

die Getriebewellen und die Schaltwalze samt Schaltgabeln verbleiben nach dem Trennen in der rechten Hälfte. Die Scheibe links auf der Getriebeeingangswelle (siehe Abbildung) kann in der linken Gehäusehälfte kleben und muss dort sichergestellt werden.

11 Stellen Sie ggf. die drei kleinen und die einzelne große Passhülse sicher (Abbildungen 23.21a und b).

12 Entfernen Sie nötigenfalls die mittlere Motoröl-Saugpumpe (siehe Sektion 22), die Schaltwalze samt Gabeln (siehe Sektion 28, die Getriebewellen (siehe Sektion 29) und die Kurbelwelle (siehe Sektion 26) aus der rechten Motorgehäusehälfte. Die Lager der Schaltwalze und der Getriebewellen sollten nur ausgebaut werden, wenn sie ersetzt werden müssen.

13 Ziehen Sie das Öl-Sprührohr heraus – beachten Sie seine Einbaulage und die O-Ringe (siehe Abbildung).

14 Hebeln Sie mit einem geeigneten Werkzeug den Ausgangswellen-Dichtring aus der

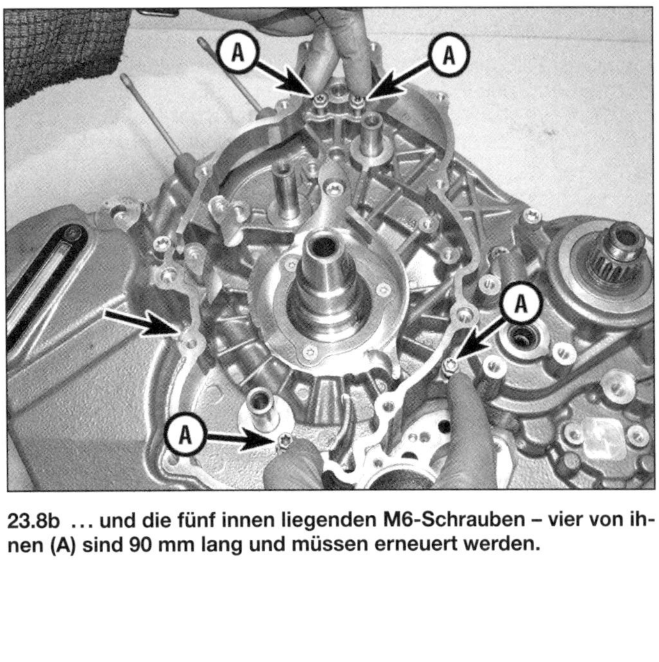

23.8b ... und die fünf innen liegenden M6-Schrauben – vier von ihnen (A) sind 90 mm lang und müssen erneuert werden.

23.9 Die fünf M8-Motorgehäuseschrauben

linken Gehäusehälfte (siehe Abbildung). Befreien Sie den Schaltwellen-Dichtring (siehe Sektion 17).

15 Beseitigen Sie sämtliche Dichtungsreste von den Kontaktflächen der Gehäusehälften. Reinigen Sie die Gehäusehälften (siehe Sektion 24).

Zusammenbau

16 Installieren Sie einen neuen Ausgangswellen-Dichtring (siehe Abbildungen) und den neuen Schaltwellen-Dichtring (siehe Sektion 17).

17 Schmieren Sie alle Lager beider Gehäusehälften mit frischem Motoröl.

18 Rüsten Sie das Öl-Sprührohr mit neuen O-Ringen aus und installieren Sie es mit dem Stift in den Gehäuse-Ausschnitt (siehe Abbildungen).

19 Montieren Sie alle in Schritt 12 erwähnten Komponenten samt ihrer Lager in die rechte Gehäusehälfte; ersetzen Sie nötigenfalls die Lager der linken Gehäusehälfte. Die Scheibe muss links auf der Getriebeeingangswelle liegen (Abbildung 23.10b) und die Federn müssen in den Enden der Schaltgabel-Achsen stecken (Abbildung 28.17a).

20 Reinigen Sie die Dichtflächen beider Gehäusehälften mit Lösungsmittel und sauberen Lappen.

21 Installieren Sie ggf. die drei kleinen und die einzelne große Passhülse (siehe Abbildungen).

23.10a Heben Sie vorsichtig die linke Gehäusehälfte von der rechten.

23.10b Die Scheibe muss links auf der Getriebeeingangswelle liegen.

23.13 Ziehen Sie das Öl-Sprührohr aus der rechten Gehäusehälfte.

23.14 Hebeln Sie den Ausgangswellen-Dichtring aus der linken Gehäusehälfte.

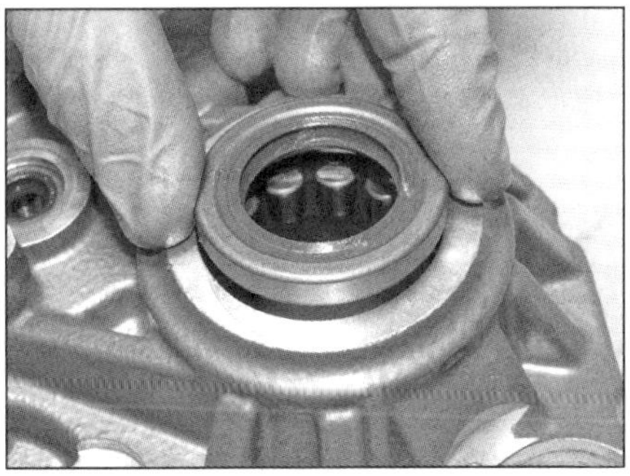

23.16a Setzen Sie den neuen Ausgangswellen-Dichtring mit der Beschriftung nach außen zeigend an ...

23.16b ... und treiben Sie ihn mit einem geeigneten Werkzeug senkrecht ein, bis er bündig zum Gehäuse-Bund sitzt.

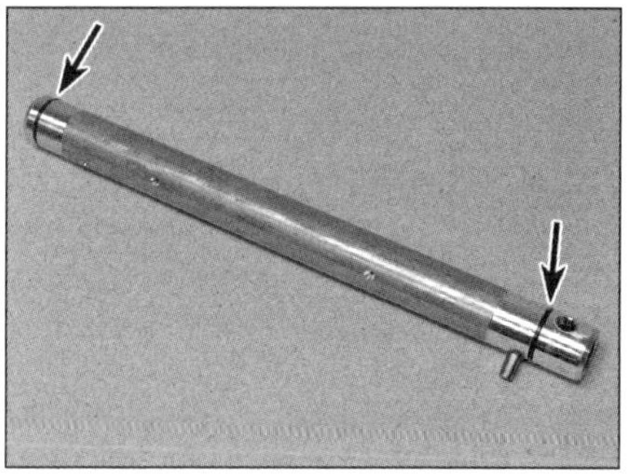

23.18a Rüsten Sie das Öl-Sprührohr an beiden Seiten mit neuen O-Ringen aus ...

2

23.18b ... und richten Sie seinen Stift zum Ausschnitt in der rechten Gehäusehälfte aus.

23.21a Positionen der drei kleinen Passhülsen am Kurbelgehäuse ...

23.21b ... und der großen Passhülse hinten am Motorgehäuse

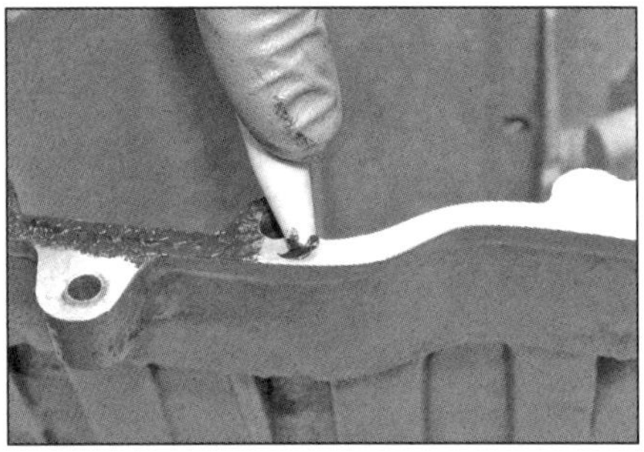

23.22a Tragen Sie Dichtmasse ...

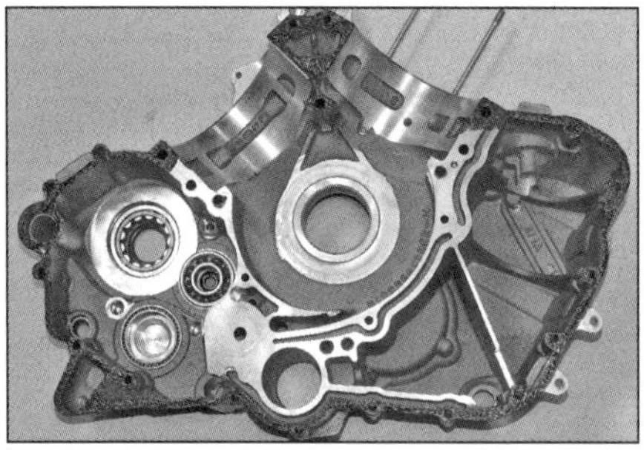

23.22b ... in den gezeigten Bereichen der linken Gehäusehälfte auf.

23.28a Legen Sie die Scheibe auf das rechte Ende der Getriebeausgangswelle ...

23.28b ... und installieren Sie den Seegerring rundherum in seine Nut.

23.29a Richten Sie den Schaltstern korrekt zur Schaltwalze aus ...

23.29b ... und Installieren Sie die mit Sicherungspaste bestrichene Schraube.

22 Verteilen Sie geeignetes Dichtmittel (z.B. *Loctite 5910, erkundigen Sie sich andernfalls im Fachhandel)* dünn auf den äußeren Bereichen der linken Gehäusehälfte (siehe Abbildungen).

Achtung: Zu dick aufgetragenes Dichtmittel würde sich beim Zusammenbau des Motorgehäuses herausdrücken und kann möglicherweise Ölkanäle verstopfen. Das Dichtmittel darf nicht zu nahe (2 bis 3 mm) an Lagerschalen, Gleitflächen oder Öldüsen aufgebracht werden.

23 Prüfen Sie, ob alle Komponenten und ihre Lager in den rechten Gehäusehälften installiert sind. Setzen Sie die linke Gehäusehälfte vorsichtig über die Passhülsen auf (Abbildung 23.10a).

24 Kontrollieren Sie, ob die Gehäusehälften rundherum Kontakt haben.

Achtung: Die Gehäusehälften müssen sich ohne Kraftaufwand verbinden lassen. Wenn sie nicht richtig passen, muss die linke Hälfte abgehoben und das Problem untersucht werden. Versuchen Sie nicht, das Gehäuse mit den Gehäuseschrauben zusammenzuziehen – dies würde zu Brüchen und zur Zerstörung des Gehäuses führen!

25 Reinigen Sie die Gewinde der fünf M8-Schrauben (Abbildung 23.9), drehen Sie sie zunächst handfest ein und ziehen Sie sie dann schrittweise und über Kreuz bis zum Drehmoment von 18 Nm an.

26 Reinigen Sie die Gewinde der neunzehn M6-Schrauben – bedenken Sie, dass die zwei 90 mm langen Exemplare erneuert werden müssen (Abbildungen 23.8a und b) – und installieren Sie sie in ihre vorgegebenen Bohrungen (sodass alle vor dem Greifen der Gewinde gleich weit herausschauen) Drehen Sie sie zunächst handfest ein und ziehen Sie sie dann schrittweise und über Kreuz bis zum Drehmoment von 10 Nm an.

27 Stellen Sie den Motor aufrecht hin und stützen Sie ihn gut ab.

28 Legen Sie die Scheibe auf das rechte Ende der Getriebeausgangswelle und installieren Sie den Seegerring in seine Nut (siehe Abbildungen).

29 Installieren Sie den Schaltstern über die Schaltwalze – dies ist nur in einer Position möglich (siehe Abbildung). Reinigen Sie das Gewinde der Schaltstern-Schraube, tragen Sie frische Sicherungspaste (Loctite) auf und ziehen Sie sie mit 18 Nm an (siehe Abbildung).

30 Prüfen Sie, ob die Kurbelwelle und die Getriebewellen sich sanft und leicht drehen lassen. Die Getriebewellen müssen sich im Leerlauf unabhängig voneinander drehen lassen. Drehen Sie die Schaltwalze von Hand weiter, um bei drehenden Getriebewellen die Funktion der Schaltung zu testen. Bei Hinweisen auf übermäßiger Steifigkeit, Klemmneigung, rauem Lauf oder anderen Problemen müssen diese beseitigt werden, bevor weitergearbeitet wird.

31 Legen Sie den Motor wieder mit der rechten Seite auf Hölzern ab. Der Keil für das Ausgleichsgewicht-Antriebsrad muss in der Nut des linken Kurbelwellenstumpfs stecken (Abbildung 23.6). Legen Sie das Antriebsrad (mit der Lochmarkierung nach oben) auf ein Stück Holz und erhitzen Sie es auf ca. 200 °C (siehe Warnhinweis). Falls vorhanden, sollte sein Sitz auf dem Wellenstumpf zusätzlich mit Kältespray behandelt werden (siehe Abbildungen). Greifen Sie das Zahnrad mit einem geeigneten Werkzeug, richten Sie die Nut zum Keil aus und schieben Sie es vollständig auf die Kurbelwelle, sodass die Bunde der Welle und des Zahnrads fluchten (siehe Abbildungen) – wenn der Temperaturunterschied groß genug war, wird es bis zum Anschlag auf die Welle rutschen.

Warnung: Halten Sie alle erforderlichen Werkzeuge bereit und sorgen Sie dafür, dass durch das Erhitzen keine Schäden entstehen. Schützen Sie ihre Hände mit hitzefesten Handschuhen.

32 Stellen Sie den Motor wieder aufrecht hin und montieren Sie alle in Schritt 2 entfernten Komponenten.

24 Motorgehäuse
Reinigung und Kontrolle

1 Nachdem das Motorgehäuse getrennt worden ist, werden alle in Sektion 23 beschriebenen Komponenten entfernt.

2 Entfernen Sie alle Öldüsen aus beiden Gehäusehälften (siehe Abbildungen). Befreien Sie die Kupplungs-Öldüse aus der linken Gehäusehälfte (siehe Kapitel 1, Sektion 7, Schritt 6).

23.31a Das Zahnrad muss mit einer Lötlampe oder einem Heißluftgebläse stark erhitzt werden.

23.31c Greifen Sie das Zahnrad z. B. mit einem solchen Ölfilterschlüssel und richten Sie es zur Kurbelwelle aus.

3 Reinigen Sie die Motorgehäusehälften sorgfältig mit Lösungsmittel und blasen Sie sie mit Druckluft aus – besondere Beachtung müssen hierbei die Ölkanäle und Düsen finden.
4 Befreien Sie die Dichtflächen von altem Dichtungsmaterial. Kleinste Beschädigungen der Dichtflächen können mit einem feinen Schleifstein geschlichtet werden.

Achtung: Seien Sie sehr vorsichtig, die Dichtflächen nicht einzukerben oder abzutragen, da der Motor dadurch nicht mehr öldicht sein wird. Kontrollieren Sie die Motorgehäuseteile sorgfältig auf Brüche und andere Beschädigungen.

5 Kleine Brüche oder Löcher in Leichtmetallgehäusen können provisorisch mit Epoxyd-Harz repariert werden. Permanente Reparaturen können nur mit speziellen Schweißverfahren ausgeführt werden und nur ein Spezialist ist in der Lage, wirtschaftliche und praktische Aspekte abzuwägen. Wenn eine irreparable Beschädigung vorliegt, müssen die Gehäuseteile als Satz ausgetauscht werden.
6 Beschädigte Gewinde können kostengünstig wiederhergestellt werden, wenn man nach entsprechendem Aufbohren einen Gewindeeinsatz (z. B. *Heli-Coil*) einschraubt.
7 Abgerissene Schrauben und Bolzen können normalerweise mit Linksausdrehern demontiert werden, deren kegelförmiges Linksgewinde sich in ein vorsichtig vorgebohrtes Loch in der Schraube einfrisst und diese herauszieht. Falls Sie befürchten, hierbei an die Grenzen ihrer Fähigkeiten zu gelangen, sollten Sie lieber eine Fachwerkstatt aufsuchen, bevor Sie das sehr teure Gehäuse zerstören.

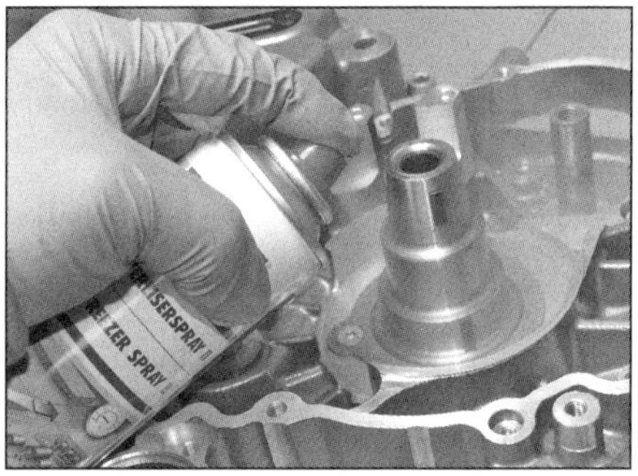

23.31b Zusätzlich kann der Wellenstumpf mit Kältespray abgekühlt werden.

23.31d Das vollständig aufgeschobene Zahnrad muss bündig zum Wellen-Bund sitzen.

Praxis TiPP

Wechseln Sie zu Sektion 2 in den Werkzeug- und Werkstatt-Tipps im Anhang, um Details über Gewindeeinsätze, Stehbolzen- und Linksausdreher zu erfahren.

8 Installieren Sie die Öldüsen in die Gehäusehälften (Abbildungen 24.2a und b), vergessen Sie nicht die Kupplungs-Öldüse (siehe Kapitel 1, Sektion 7).
9 Installieren Sie alle anderen Komponenten und Baugruppen entsprechend der Hinweise in den Sektionen dieses und anderer Kapitel an die Gehäusehälften, bevor Sie diese zusammensetzen.

24.2a Schrauben Sie die zwei Kolbenkühlungs-Öldüsen jedes Zylinders heraus ...

25 Kurbelwellen- und Pleuelfußlager
Allgemeine Information

1 Auch wenn die Haupt- und Pleuellager normalerweise bei einer Motorüberholung ersetzt werden, sollten die alten Bauteile für eine genaue Begutachtung aufbewahrt werden, um aus Ihnen wertvolle Informationen über den Zustand des Motors zu ziehen.
2 Lagerschäden beruhen zumeist auf Ölmängel, Schmutz oder Fremdkörper im Motor, Motorüberlastung und/oder Korrosion. Ungeachtet des Grundes für die Lagerschäden muss dieser vor der Motormontage korrigiert werden, um eine Wiederholung auszuschließen.
3 Zu einer Begutachtung der Lager werden alle Lagerschalen entsprechend ihrer Positionen an der Kurbelwelle auf eine saubere Oberfläche gelegt. Dieses erlaubt Ihnen, ein erkanntes Lagerproblem dem entsprechenden Kurbelzapfen zuzuordnen.
4 Schmutz und andere Fremdkörper können auf unterschiedliche Weise in den Motor gelangen. Sie können beim Zusammenbau zurückgelassen werden oder durch den Filter bzw. die Motorentlüftung eindringen. Die Partikel gelangen mit dem Öl in die Lager. Oftmals finden sich Metallsplitter als Bearbeitungsrückstände oder Verschleißspuren. Ablagerungen verbleiben auch nach Überholungen in Motorkomponenten, besonders wenn die Teile nicht sorgfältig gereinigt wurden. Solche Teilchen arbeiten sich auf jeden Fall in das weiche Lagermaterial ein und können leicht erkannt werden. Große Partikel werden jedoch nicht in das Lager eingebettet, sondern kerben und zerkratzen die Lager und Zapfen. Der beste Schutz gegen diese Lager-Ausfälle ist sorgfältiges Reinigen und absolute Sauberkeit bei der Motormontage. Ebenso müssen natürlich regelmäßig das Öl und der Ölfilter gewechselt werden.

24.2b ... und die äußere Öldüse aus der rechten Gehäusehälfte.

5 Ölmangel und eine Unterbrechung der Schmierung haben eine Reihe von zusammenhängenden Gründen: Extreme Hitze verdünnt das Öl, Überlastung drückt das Öl aus den Lagern und überhöhtes Lagerspiel oder eine verschlissene Ölpumpe lässt den nötigen Druck des Schmiersystems zusammenbrechen. Blockierte Ölleitungen lassen ein Lager trocken laufen und schnell zerstören. Lagerschalen besitzen zwar sogenannte »Notlaufeigenschaften«, aber nur für die jeweils ersten Sekunden nach dem Anlassen – wird jedoch bei hohen Drehzahlen einmal die Schmierung für Zehntelsekunden unterbrochen, können Schalen und Zapfen bereits schrottreif sein. Das Lagermaterial wird vom Schild abgetragen und die durch die Reibung entstehende starke Hitze zerstört den Wellenzapfen.

> **Praxis TiPP** ***Beachten Sie zur Fehlersuche bei Lagern die Hinweise in Sektion 5 der* Werkzeug- und Werkstatt-Tipps *im Anhang.***

6 Auch die Fahrweise hat einen direkten Einfluss auf die Laufzeiten von Lagern. Vollgas bei niedrigen Drehzahlen und hohe Belastung beanspruchen die Lager stark, da diese dazu neigen, den Ölfilm abzuquetschen. Diese Zustände belasten die Lager stark und erzeugen feine Ermüdungsbrüche in der Oberfläche. Eventuell kann das Lagermaterial ausbrechen und selbst weitere Schäden erzeugen. Kurzstreckenbetrieb führt zu Korrosion der Lager, da der Motor keine ausreichende Betriebstemperatur erreicht, um Kondenswasser und aggressive Gase zu vertreiben. Diese Produkte sammeln sich im Motoröl und bilden Säure und Schlamm. Wenn dieses Öl in die Lager gelangt, greift die Säure die Lager an und lässt das Material korrodieren.

7 Eine nachlässige Lagermontage während des Motorzusammenbaus kann ebenso zu Problemen führen. Fest sitzende Lager führen zu geringem Lagerspiel und einem unzureichenden Schmierfilm. Hinter einer Lagerschale verbleibender Schmutz oder Fremdteile verbiegen die Schale und sorgen für punktuellen Verschleiß.

8 Um Lagerprobleme zu vermeiden, müssen alle Teile vor dem Einbau sorgfältig gereinigt, mehrmals überprüft, genau vermessen und anschließend mit frischem Motoröl geschmiert werden.

26 Kurbelwelle und Hauptlager

Ausbau

1 Trennen Sie die Motorgehäusehälften (siehe Sektion 23).

2 Heben Sie die Kurbelwelle aus der rechten Gehäusehälfte (siehe Abbildung).

3 Demontieren Sie nötigenfalls die Pleuel (siehe Sektion 27).

26.2 Heben Sie die Kurbelwelle aus der rechten Gehäusehälfte – beachten Sie die Ausrichtung der Pleuel.

26.5 Kontrollieren Sie die Hauptlagerschalen.

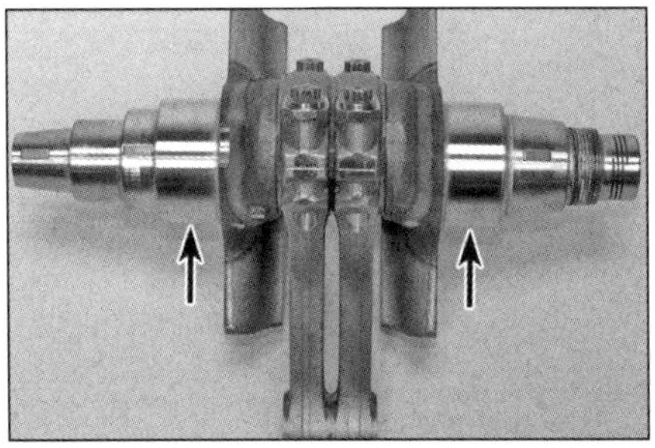

26.6 Kurbelwellen-Hauptlagerzapfen

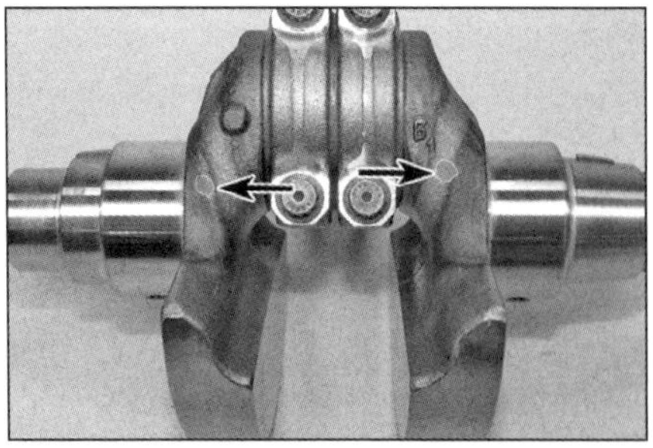

26.8 Auf den Kurbelwangen der neuen Kurbelwelle sind die Farbcodes der Hauptlagerschalen markiert.

Kontrolle und Austausch der Lagerschalen

4 Reinigen Sie die Kurbelwelle mit Lösungsmittel, sprühen Sie es mit Druck durch alle Ölkanäle und blasen Sie anschließend alles mit Druckluft durch und trocken.

5 Kontrollieren Sie die Hauptlagerschalen in den Motorgehäusehälften und die Stützlagerschalen im Kupplungsdeckel (siehe Sektion 25) (siehe Abbildung). Falls Lagerschalen riefig oder stark abgerieben sind, müssen neue Lagerschalen installiert werden. Verfärbungen sind Hinweise auf starke Hitze, die durch Schmiermangel entsteht. Stellen Sie sicher, dass die Ölpumpen und der Öldruckregler sowie die Ölkanäle und -Bohrungen in Ordnung sind, bevor der Motor wieder zusammengebaut wird. Hautlagerschalen müssen stets als Set ausgetauscht werden.

6 Messen Sie mit einer Mikrometerschraube den Durchmesser beider Hauptlagerzapfen (siehe Abbildung) – soweit beide Zapfen mindestens 52,965 mm stark und nicht beschädigt sind, können mithilfe der Tabelle in Schritt 7 neue Lagerschalen ausgewählt werden. Falls ein Lagerzapfen unter den Vorgaben liegt, muss die Kurbelwelle durch ein Neuteil ersetzt werden (erkundigen Sie sich zuvor bei Spezialbetrieben, ob das Aufschweißen und Abdrehen von Material eine Alternative ist). Anhand der Farbmarkierungen auf der Kurbelwelle müssen entsprechende Lagerschalen ausgewählt werden (Schritt 8). Falls Lagerschalen ausgetauscht werden müssen, sollte dies einer KTM-Werkstatt überlassen werden, die für diese Arbeit entsprechende Werkzeuge hat – der Heimwerker ist mit dieser Aufgabe überfordert.

Auswahl der Hauptlagerschalen

7 Für eine bereits gelaufene Kurbelwelle können Hauptlagerschalen entsprechend der in Schritt 6 gemessenen Lagerzapfen-Durchmesser ausgewählt werden – beachten Sie hierfür die folgende Tabelle:

Hauptlagerzapfen-Durchmesser	Lagerschalen-Farbcode
52,965 bis 52,975 mm	gelb
52,976 bis 52,985 mm	blau
52,986 bis 52,995 mm	rot

8 Falls eine neue Kurbelwelle eingebaut werden soll, müssen die zwei Farbcodes auf deren Kurbelwangen beachtet und Lagerschalen mit dem gleichen Farbcode beschafft werden (siehe Abbildung).

Einbau

9 Montieren Sie ggf. die Pleuel an den Hubzapfen (siehe Sektion 27).

10 Schmieren Sie das Hauptlager in der rechten Gehäusehälfte mit frischem Motoröl. Senken Sie die Kurbelwelle so ins Gehäuse ab, dass das untere (rechte) Pleuel zur vorderen Zylinderöffnung und das obere (linke) Pleuel

zur hinteren Zylinderöffnung ausgerichtet ist (Abbildung 26.2).
11 Verbinden Sie die Motorgehäusehälften (siehe Sektion 23).

27 Pleuel und Pleuellager

Ausbau

Anmerkung: *Die Pleuelfüße werden mithilfe von Dehnschrauben zusammengehalten, die nach dem Anziehen nicht wiederverwendet werden dürfen – beschaffen Sie Neuteile, bevor Sie mit der Arbeit beginnen. Die alten Schrauben können jedoch für die Radialspiel-Kontrolle verwendet werden.*

1 Bauen Sie die Kurbelwelle aus (siehe Sektion 26).
2 Bevor die Pleuel von der Kurbelwelle getrennt werden, sollte mit einer Fühlerlehre ihr Axialspiel (der Spalt zwischen dem Pleuelfuß und der Kurbelwange) gemessen werden. Schieben Sie beide Pleuel zu einer Seite und messen Sie die Breite des auf der anderen Seite entstehenden Spalts (siehe Abbildung) – falls mehr als 0,4 mm ermittelt werden, muss Schritt 9 beachtet werden.
3 Markieren Sie mit Farbe oder einem Filzstift die Zugehörigkeit der Pleuelfußhälften und des jeweiligen Pleuels zu seinem Zylinder – das rechte Pleuel ist für den vorderen Zylinder und das linke für den hinteren. Beachten Sie die zwei kleinen Angüsse unten an der Pleuelstange und den einzelnen Anguss an der unteren Pleuelfußhälfte, die jeweils nach außen zeigen müssen (siehe Abbildung).
4 Halten Sie die Kurbelwelle und lockern Sie die Pleuelfußschrauben ein Stück weit, klopfen Sie dann auf die Schraubenköpfe, um den Pleuelfuß zu trennen (siehe Abbildungen). Drehen Sie die Schrauben vollständig heraus und entnehmen Sie das Pleuel samt Deckel – die Lagerschalen verbleiben entweder in ihren Sitzen oder müssen separat entnommen werden (Abbildung 27.11a). Halten Sie die Pleuelhälften und ihre Lagerschalen zusammen, damit sie später wieder korrekt installiert werden können.

Kontrolle

5 Kontrollieren Sie die Pleuel auf Risse und andere sichtbare Schäden. Lassen Sie die Pleuel im Zweifelsfall von einer KTM-Werkstatt auf Verzug kontrollieren.
6 Schieben Sie den eingeölten Kolbenbolzen ins obere Pleuelauge und versuchen Sie, daran zu wackeln, um mögliches Spiel zu ermitteln (Abbildung 12.7b). Messen Sie den Außendurchmesser des Kolbenbolzens und den Innendurchmessers des Pleuelauges an ihren Kontaktflächen der Bolzen darf nicht dünner als 19,995 mm sein und das Pleuelauge nicht größer als 20,013 mm; bei stärkerem Verschleiß sind entsprechende Teile zu ersetzen.
7 Kontrollieren Sie die Pleuelfuß-Lagerschalen (siehe Sektion 25) – falls sie riefig oder stark abgerieben sind, müssen alle vier Lagerschalen beider Pleuel erneuert werden. Kontrollieren Sie bei beschädigten Lagerschalen auch den Hubzapfen.
8 Verfärbungen sind Hinweise auf starke Hitze, die durch Schmiermangel entsteht. Stellen Sie sicher, dass die Ölpumpen und der Öldruckregler sowie die Ölkanäle und -Bohrungen in Ordnung sind, bevor der Motor wieder zusammengebaut wird.
9 Falls in Schritt 2 zu großes Axialspiel ermittelt wurde, muss die Breite beider Pleuelfüße und des Hubzapfen gemessen werden. Ist ein Pleuel schmaler als 20,95 mm oder beträgt die Breite des Hubzapfens mehr als 42,15 mm, müssen das/die Pleuel und/oder die Kurbelwelle erneuert werden.

Kontrolle des Lagerspiels

10 Unabhängig davon, ob die alten Lagerschalen wiederverwendet oder Neuteile verwendet werden, sollte vor dem Zusammenbau das Lagerspiel kontrolliert werden. Zu diesem Zweck gibt es im Fachhandel Quetschmessstreifen namens »Plastigauge«. Kontrollieren Sie ein Pleuel zurzeit und achten Sie darauf, dass es an der richtigen Seite des Hubzapfens sitzt (siehe Schritt 3).
11 Befreien Sie die Lagerschalen aus ihren Sitzen im Pleuel und der unteren Pleuelfußhälfte (siehe Abbildung). Reinigen Sie beide Seiten der Lagerschalen und die Sitze in beiden Gehäusehälften mit Lösungsmittel. Drücken Sie die Lagerschalen in ihre Positionen, die Laschen an jeder Schale müssen in die Nuten des Sitzes einrasten (siehe Abbildung). Gehen Sie sicher, dass die Lager in ihren originalen Positionen sitzen, und passen Sie auf, die Lageroberflächen nicht mit den Fingern zu berühren.

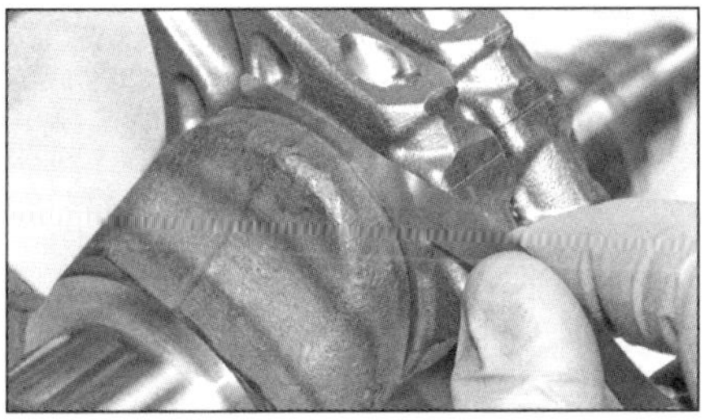

27.2 Messen Sie das Axialspiel der Pleuel auf dem Hubzapfen.

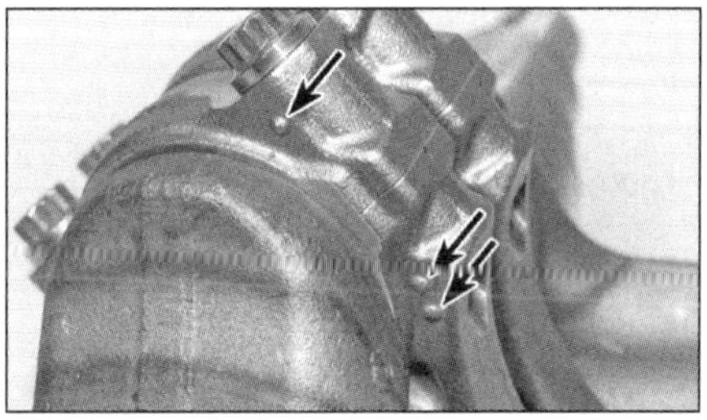

27.3 Die Angüsse unten an der Pleuelstange und der unteren Pleuelfußhälfte müssen zur jeweiligen Kurbelwange zeigen.

27.4a Lösen Sie die Pleuelfußschrauben ein Stück weit ...

27.4b ... und klopfen Sie auf ihre Köpfe, um den Pleuelfuß zu trennen.

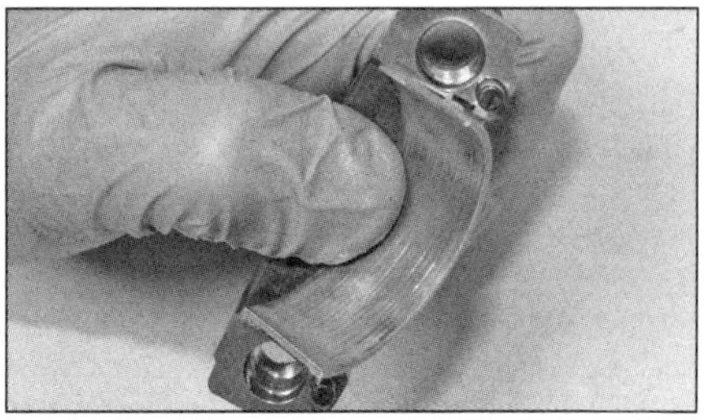

27.11a Die Lagerschalen lassen sich seitlich aus ihren Sitzen drücken.

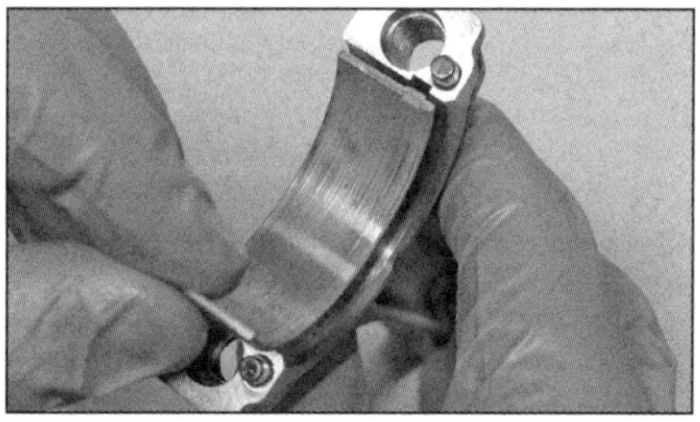

27.11b Lassen Sie die Laschen der Lagerschale in ihrer Nut einrasten und drücken Sie sie in ihren Sitz. Acheten Sie auf die Passstifte im Pleuel.

2

27.12 Legen Sie den Messstreifen längs zur Welle auf den Hubzapfen.

27.14 Ermitteln Sie anhand der Breite des gequetschten Messstreifens das Lagerspiel.

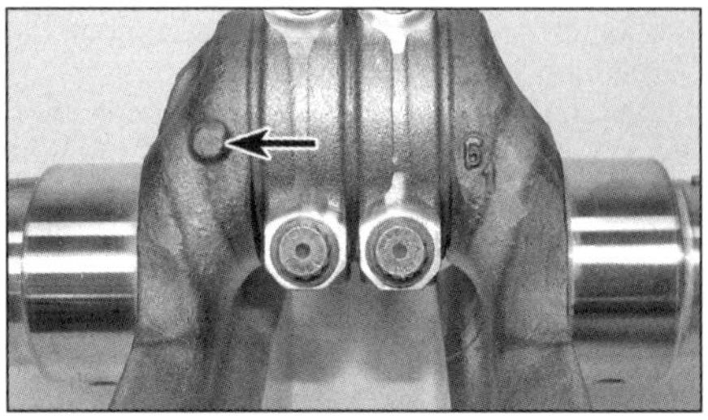

27.17 Auf der Kurbelwange der neuen Kurbelwelle ist der Farbcode der Hubzapfen-Lagerschalen markiert.

27.18a Verbinden Sie das korrekt ausgerichtete Pleuel über dem Hubzapfen ...

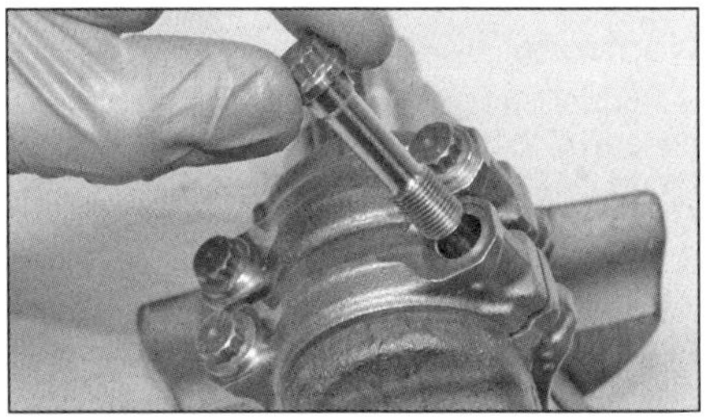

27.18b ... und ziehen Sie es mit den Schrauben vollständig zusammen.

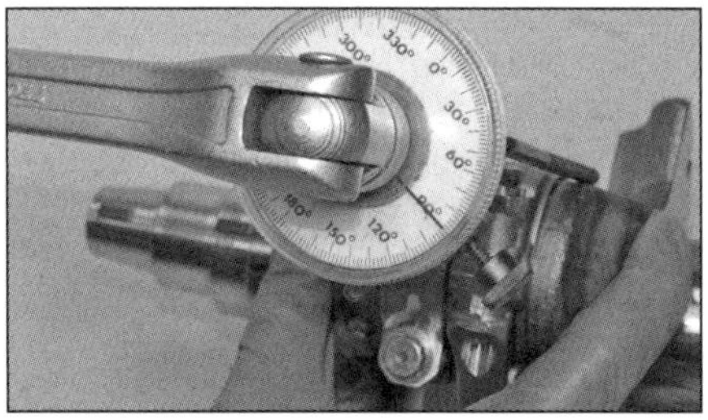

27.18c Verwenden Sie zum endgültigen Anzug der Pleuelfußschrauben nötigenfalls eine Gradscheibe.

12 Schneiden Sie einen Quetschmessstreifen ab, der etwas kürzer als die Lagerbreite des Hubzapfens sein müssen, und legen Sie sie ihn längs auf seiner entsprechenden Seite auf (siehe Abbildung). Setzen Sie jetzt das korrekt ausgerichtete Pleuel an (Angüsse nach außen) – es darf keinesfalls auf dem Hubzapfen gedreht werden! Die untere Pleuelhälfte sitzt stramm auf den Passstiften, sodass sie gleichmäßig mit den Schrauben angezogen werden muss. Nachdem die Pleuelhälften verbunden sind, werden die Schrauben in drei Durchgängen zunächst mit 25 Nm, dann mit 30 Nm angezogen und schließlich um eine Viertelumdrehung (90°) weitergedreht – verwenden Sie hierfür nötigenfalls eine Gradscheibe (Abbildungen 27.18a, b und c).

13 Lösen Sie die Pleuelfußschrauben wieder und trennen Sie das Pleuel vom Hubzapfen – achten Sie weiterhin darauf, es nicht zu drehen.

14 Vergleichen Sie die gequetschten Streifen mit der Skala auf der Packung, um das Lagerspiel zu ermitteln (siehe Abbildung). Wiederholen Sie die Messung mit dem anderen Pleuel an dessen Seite des Hubzapfens. Nach Beendigung der Messung muss der gequetschte Plastikstreifen vorsichtig aus der Lagerschale und vom Hubzapfen entfernt werden – hierzu reicht normalerweise ein Fingernagel.

15 Falls das Lagerspiel die Verschleißgrenze von 0,08 mm übersteigt, können die Lagerschalen oder der Hubzapfen verschlissen sein. Messen Sie den Durchmesser des Hubzapfens im Bereich des entsprechenden Pleuels – falls er dünner als 41,978 mm ist, muss die Kurbelwelle erneuert werden; liegt er darüber, müssen mithilfe der Tabelle in Schritt 16 zwei neue Lagerschalen beschafft werden. Bei einer neuen Kurbelwelle ist der Lagerschalen-Farbcode an einer der Kurbelwangen angegeben (Schritt 17).

Auswahl der Pleuellagerschalen

16 Für eine bereits gelaufene Kurbelwelle können Pleuellagerschalen entsprechend der in Schritt 15 gemessenen Hubzapfen-Durchmesser ausgewählt werden – beachten Sie hierfür die folgende Tabelle:

Hubzapfen-Durchmesser	Lagerschalen-Farbcode
41,978 bis 41,989 mm	gelb
41,990 bis 42,000 mm	blau
42,001 bis 42,011 mm	rot

17 Falls eine neue Kurbelwelle eingebaut werden soll, muss der einzelne Farbcode auf dem Anguss der Kurbelwange beachtet und Lagerschalen mit dem gleichen Farbcode beschafft werden (siehe Abbildung).

Einbau

Anmerkung: *Für den endgültigen Zusammenbau werden neue Pleuelschrauben benötigt. Lassen Sie beim Anziehen der Schrauben entweder einen Assistenten die Kurbelwelle gut festhalten oder klemmen Sie sie in einen mit weichen Backen ausgerüsteten Schraubstock. NIEMALS dürfen die Pleuel eingeklemmt werden!*

18 Installieren Sie die Lagerschalen in die Pleuelhälften, richten Sie dabei ihre Laschen zu den Nuten aus (Abbildung 27.11b). Die Passstifte müssen im Pleuel stecken. Schmieren Sie die Lagerschalen und den Hubzapfen mit frischem Motoröl. Setzen Sie das korrekt ausgerichtete Pleuel entsprechend seiner in Schritt 3 angebrachten Markierungen an (Angüsse nach außen) und drehen Sie die **neuen** Schrauben ein (siehe Abbildungen). Die untere Pleuelhälfte sitzt stramm auf den Passstiften, sodass sie gleichmäßig mit den Schrauben angezogen werden muss. Nachdem die Pleuelhälften verbunden sind, werden die Schrauben in drei Durchgängen zunächst mit 25 Nm, dann mit 30 Nm angezogen und schließlich um eine Viertelumdrehung (90°) weitergedreht – verwenden Sie hierfür nötigenfalls eine Gradscheibe (siehe Abbildung).

19 Montieren Sie das Pleuel des anderen Zylinders auf die gleiche Weise – alle Komponenten müssen mithilfe der zuvor angebrachten Markierungen an ihre originale Positionen gelangen. Prüfen Sie, ob sich beide Pleuel frei und sanft auf dem Hubzapfen drehen lassen – falls eines klemmt, muss es demontiert und erneut sein Lagerspiel kontrolliert werden.

20 Installieren Sie die Kurbelwelle (siehe Sektion 26).

28 Schaltwalze und Schaltgabeln

Ausbau

1 Bauen Sie den Motor aus (siehe Sektion 4) und trennen Sie die Motorgehäusehälften (siehe Sektion 23) – die Schaltwalze und die Schaltgabeln befinden sich in der rechten Gehäusehälfte.

28.4 Befreien Sie die Schaltwalze.

28.5 Entfernen Sie die unteren Federn der Schaltgabel-Achsen

28.7 Kontrollieren Sie den Eingriff der Schaltgabeln in die Getrieberad-Nuten.

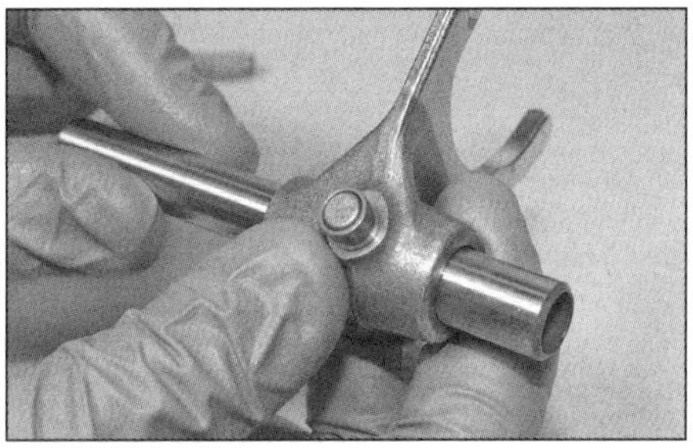

28.9 Prüfen Sie den Sitz der Schaltgabeln auf ihren Achsen.

28.11a Kontrollieren Sie die Schaltwalzen-Nuten und die Schaltgabel-Führungsrollen.

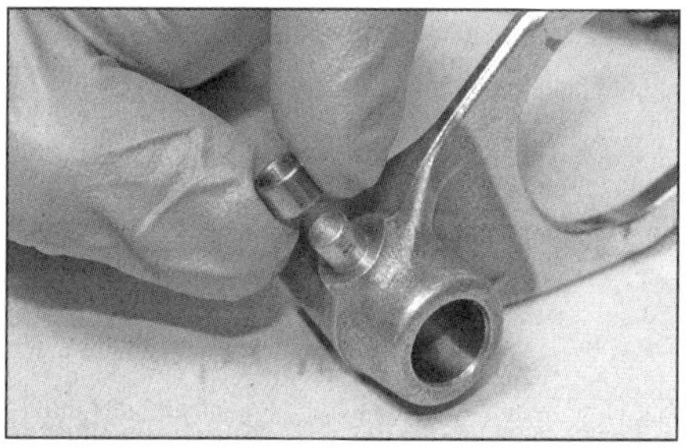

28.11b Die Führungsrollen lassen sich nötigenfalls separat ersetzen.

28.13a Führen Sie die Eingangswellen-Schaltgabel ...

28.13b ... und die beiden Ausgangswellen-Schaltgabeln ...

28.13c ... in ihre jeweiligen Getrieberad-Nuten ein.

2 Bevor die Schaltgabeln ausgebaut werden, sollten ihre Einbaupositionen markiert und notiert werden.

3 Ziehen Sie die Schaltgabel-Achsen heraus – beachten Sie die Federn in ihren oberen Enden – und schwenken Sie Schaltgabeln von der Schaltwalze weg, um ihre Führungsstifte aus deren Nuten zu befreien (Abbildungen 28.16e, d, c und b). Auch in den unteren Enden der Achsen sitzen Federn, die wahrscheinlich in den Gehäusebohrungen verbleiben, können aber auch in den Achsen stecken.

4 Heben Sie die Schaltwalze heraus (siehe Abbildung).

5 Entfernen Sie ggf. die Federn aus den Schaltgabelachsen-Bohrungen (siehe Abbildung).

6 Entfernen Sie die Schaltgabeln (Abbildungen 28.13c, b und a). Stellen Sie die auf den Führungsstiften sitzenden Rollen sicher (Abbildung 28.11b). Schieben Sie die Gabeln richtig herum auf ihre Achsen, damit nichts durcheinander gerät.

Kontrolle

7 Begutachten Sie die Schaltgabeln auf Anzeichen von Verschleiß und Beschädigung – dies gilt besonders an den Enden, womit sie in die Nuten der Getrieberäder greifen (siehe Abbildung). Ermitteln Sie mit einer Fühlerlehre das Spiel der Schaltgabeln in den Zahnrad-Nuten – falls mehr als 0,7 mm festgestellt werden, muss durch Messungen der Gabel-Breite (mindestens 4,85 mm) und der Nut-Weite (maximal 5,4 mm) ermittelt werden, was verschlissen ist und ersetzt werden muss.

8 Prüfen Sie genau, ob die Gabeln verbogen sind. Sind die Gabeln auf irgendeine Weise beschädigt oder ihre Enden verschlissen, müssen sie erneuert werden.

9 Kontrollieren Sie, ob die Gabeln korrekt auf ihrer Achse sitzen (siehe Abbildung). Sie sollen sich frei und mit leichtem Schlupf bewegen, aber kein spürbares Lagerspiel aufweisen. Ersetzen Sie ggf. schadhafte Gabeln oder Achsen. Überprüfen Sie, ob die Achsbohrungen im Motorgehäuse weder verschlissen noch beschädigt sind.

10 Jede Schaltgabel-Achse sollte durch Rollen auf einer ebenen Oberfläche auf Biegung überprüft werden – eine verbogene Achse verursacht schwergängiges Schalten und muss ersetzt werden.

11 Inspizieren Sie die Nuten der Schaltwalze und die Führungsrollen der Schaltgabeln auf Verschleiß und Schäden (siehe Abbildungen) – ersetzen Sie schadhafte Teile.

12 Kontrollieren Sie die Schaltwalzen-Lager im Motorgehäuse auf Verschleiß und Beschädigungen (Abbildungen 29.45a und b) – ersetzen Sie schadhafte Lager (siehe Sektion 29).

Einbau

13 Richten Sie die Schaltgabeln richtig herum in den Getrieberad-Nuten aus, aber halten Sie sie noch versetzt von ihren Achsen, damit die Führungsrollen beim Einbau der Schaltwalze nicht im Wege sind (siehe Abbildungen).

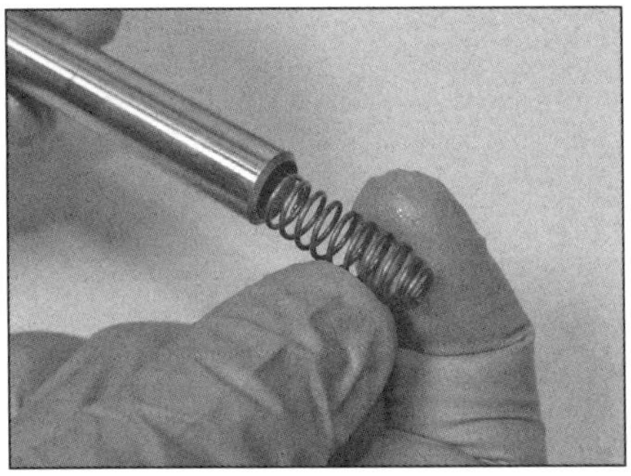

28.16a Installieren Sie die oberen Federn mit den breiten Enden voran in die Schaltgabelachsen.

28.16b Schwenken Sie die Eingangswellen-Schaltgabel herum, lassen Sie ihre Führungsrolle in die mittlere Nut der Walze gleiten ...

28.16c ... und führen Sie die Achse durch ihre Bohrung.

28.16d Positionieren Sie die beiden Ausgangswellen-Schaltgabeln in der unteren und oberen Nut der Schaltwalze ...

28.16e ... und installieren Sie auch deren Achse.

14 Stecken Sie die unteren Federn mit den breiten Enden voran in die Schaltgabelachsen-Bohrungen in der rechten Gehäusehälfte (Abbildung 28.5).

15 Schmieren Sie die Lager und Lagerzapfen an beiden Seiten der Schaltwalze mit Motoröl und positionieren Sie die Walze im rechten Lager (Abbildung 28.4).

16 Installieren Sie die oberen Federn mit den breiten Enden voran in die Schaltgabelachsen (siehe Abbildung). Positionieren Sie die Schaltgabel-Führungsrollen in den Nuten der Schaltwalze und schieben Sei die Achsen durch ihre Bohrungen und über die unteren Federn ins rechte Motorgehäuse (siehe Abbildungen).

17 Drehen Sie die Schaltwalze so, dass sie wie gezeigt in der Leerlauf-Stellung steht (siehe Abbildung), und prüfen Sie, ob sich beide Getriebewellen unabhängig voneinander drehen lassen (siehe Abbildungen).

18 Verbinden Sie die Motorgehäusehälften (siehe Sektion 23).

29 Getriebewellen, Lager und Ausgangswellen-Dichtring

Ausgangswellen-Dichtring

1 Falls der Ausgangswellen-Dichtring (hinter dem Motorritzel) undicht wird, kann er von außen gewechselt werden.

2 Demontieren Sie das Motorritzel (siehe Kapitel 6, Sektion 21) und reinigen Sie die Keilverzahnung der Ausgangswelle.

3 Hebeln Sie mit einem Schraubendreher oder anderem Werkzeug den alten Dichtring aus seinem Sitz und ziehen Sie ihn von der Welle (siehe Abbildung).

28.17a Richten Sie die Schaltwalze wie gezeigt aus ...

28.17b ... halten Sie dann jeweils eine Getriebewelle und prüfen Sie, ob sich die andere Welle frei in beide Richtungen drehen lässt.

29.3 Hebeln Sie den alten Dichtring heraus – beschädigen Sie dabei nicht seinen Sitz.

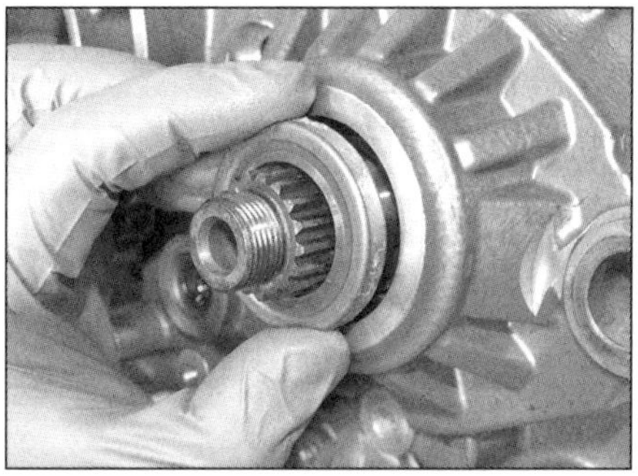

29.4a Setzen Sie den neuen Dichtring mit der Markierung nach außen zeigend an ...

29.4b ... und drücken Sie ihn von Hand ...

4 Umwickeln Sie möglichst die Welle mit einer Lage dünnen Isolierbands. Fetten Sie die Dichtlippe des neuen Dichtrings ein und schieben Sie ihn mit der Markierung nach außen zeigend auf, um ihn von Hand oder mit einem Steckschlüssel senkrecht in seinen Sitz zu drücken, bis er bündig sitzt (siehe Abbildungen). Entfernen Sie das Isolierband.
5 Montieren Sie das Motorritzel (siehe Kapitel 6, Sektion 21)

Getriebewellen

Ausbau

6 Bauen Sie den Motor aus (siehe Sektion 4) und trennen Sie die Motorgehäusehälften (siehe Sektion 23).
7 Demontieren Sie die Schaltwalze samt Schaltgabeln (siehe Sektion 28).
8 Heben Sie beide Getriebewellen gemeinsam aus der rechten Gehäusehälfte (siehe Abbildung) – beachten Sie die Scheibe am rechten Ende der Ausgangswelle (Abbildung 29.42d) – falls sie nicht auf der Welle sitzt, muss sie aus dem Gehäuse sichergestellt werden.
9 Die Getriebewellen können nötigenfalls zerlegt und auf Verschleiß oder Beschädigungen überprüft werden. Alle Teile sind beim KTM-Händler separat erhältlich, doch sollten Getrieberäder stets paarweise ersetzt werden.

Eingangswelle

Überholung

Praxis TiPP *Beim Zerlegen der Getriebewellen sollten die Teile auf eine Stange gesteckt oder ein Draht durch sie hindurch gezogen werden, um die richtige Reihenfolge und Einbaulage zu garantieren.*

Zerlegen

10 Ziehen Sie die Anlaufscheibe und das 2.-Gangrad links von der Welle (Abbildungen 29.26b und a).

29.4c oder mit einem Steckschlüssel senkrecht in seinen Sitz.

29.8 Heben Sie beide Getriebewellen gemeinsam heraus.

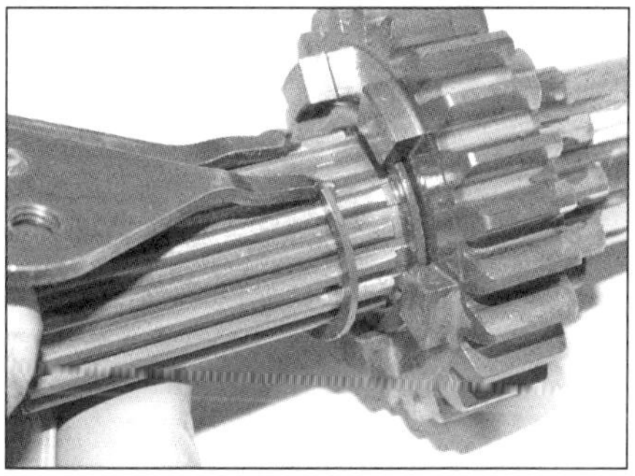

29.13 Befreien Sie den Seegerring mit einer Außenseegerringzange aus seiner Nut und ziehen Sie ihn von der Welle.

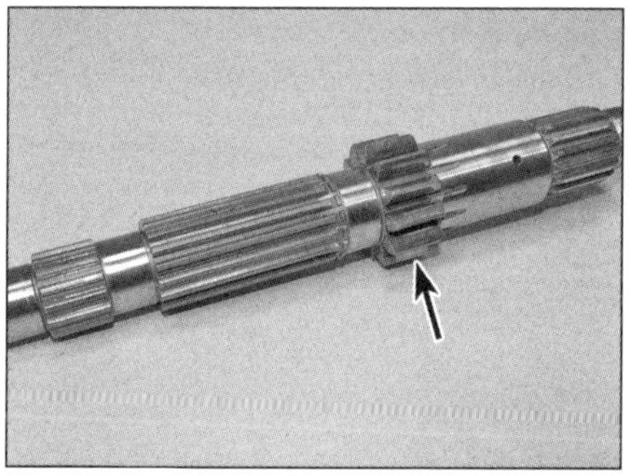

29.14 Das 1.-Gangrad ist Bestandteil der Eingangswelle.

11 Ziehen Sie das 6.-Gangrad ab (Abbildung 29.25c). Öffnen Sie das Nadellager, um es aus seinem Sitz befreien und abziehen zu können (Abbildung 29.25b). Ziehen Sie die Nutenscheibe ab (Abbildung 29.25a).
12 Ziehen Sie das kombinierte 3./4.-Gangrad ab – merken Sie sich seine Einbaurichtung (Abbildung 29.24).
13 Entfernen Sie den Seegerring (siehe Abbildung). Ziehen Sie die Scheibe, das 5.-Gangrad und sein Lager von der Welle (Abbildungen 29.23c, b und a).
14 Das 1.-Gangrad ist in die Welle integriert und kann nicht abgezogen werden (siehe Abbildung).

Kontrolle

15 Waschen Sie alle Bauteile in sauberem Lösungsmittel und trocknen Sie sie ab.
16 Kontrollieren Sie alle Zähne auf Ausbrüche, Lochbildung und andere augenfällige Beschädigungen oder Verschleiß. Alle beschädigten Zahnräder müssen ausgetauscht werden – ggf. als Paar.
17 Inspizieren Sie die Mitnehmer und Mitnehmernuten der Zahnräder auf Brüche, Absplitterungen und exzessiven Verschleiß, besonders auch auf abgerundete Ecken. Gehen Sie sicher, dass Zahnradpaare sauber ineinandergreifen. Falls Ersatz nötig wird, ist immer paarweise auszutauschen.

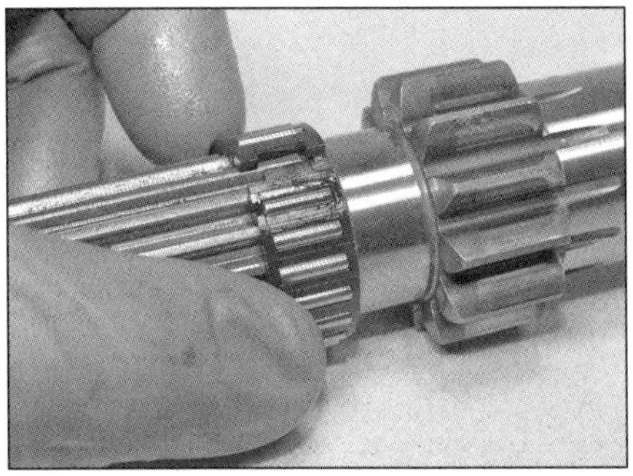

29.23a Installieren Sie das Nadellager in seinen Sitz, ...

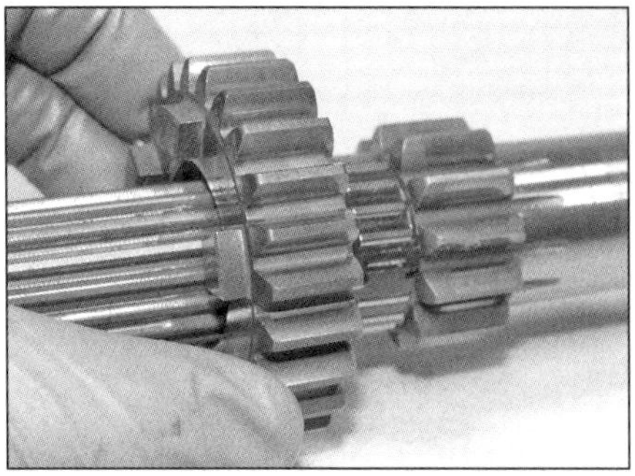

29.23b ... schieben Sie das 5.-Gangrad ...

29.23c ... und die Nutenscheibe auf die Welle.

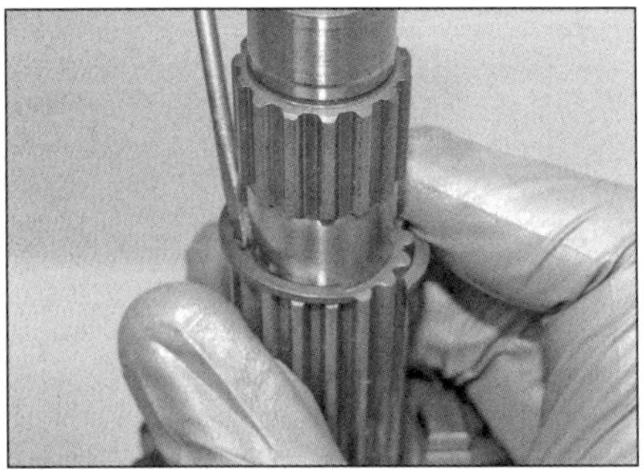

29.23d Hebel Sie den Seegerring mit einem kleinen Schraubendreher über die Keilverzahnung ...

29.23e ... und schieben Sie ihn auf. Er muss rundherum in seiner Nut sitzen.

29.24 Schieben Sie das kombinierte 3./4.-Gangrad auf.

29.25a Schieben Sie die Nutenscheibe auf, ...

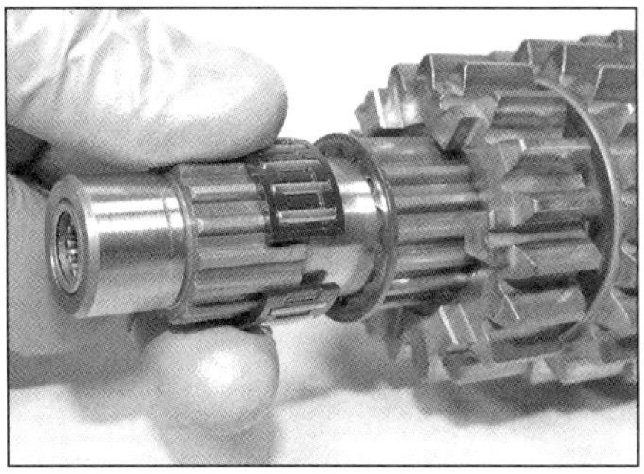

29.25b ... installieren Sie das Nadellager in seinen Sitz ...

29.25c ... und schieben Sie das 6.-Gangrad auf.

18 Kontrollieren Sie alle Räder, Buchsen und die Welle auf Riefen und blaue Verfärbung, die auf Überhitzung durch mangelhafte Schmierung zurückzuführen ist. Prüfen Sie, ob alle Ölbohrungen und Kanäle sauber sind. Ersetzen Sie alle beschädigten Komponenten.

19 Prüfen Sie, ob alle Räder sich frei aber ohne Spiel auf der Welle oder ihrem Lager drehen und gegebenenfalls verschieben lassen. Kontrollieren Sie, ob sich die Lager frei aber ohne übermäßiges Spiel auf der Welle drehen.

20 Eine Beschädigung der Welle ist sehr unwahrscheinlich, es sei denn, der Motor ist trocken gelaufen und hat gefressen, das Getriebe wurde unter sehr hoher Last gefahren, oder es liegt eine extrem hohe Laufleistung vor. Kontrollieren Sie die Oberfläche der Welle, besonders die Laufflächen der Zahnräder, und tauschen Sie die Welle aus, wenn Kerben oder Ausbrüche zu sehen sind oder anderer Verschleiß vorliegt.

21 Kontrollieren Sie alle Scheiben und Sicherungsringe und ersetzen Sie schadhafte Teile. Seegerringe sollten beim Zusammenbau generell durch Neuteile ersetzt werden.

Zusammenbau

22 Schmieren Sie während der Montage alle belasteten Teile der Welle, die Lager und die Zahnräder mit Motoröl. Spannen Sie die neuen Sicherungsringe und offene Lager nicht mehr als nötig und setzen Sie ausgestanzte Ringe und Scheiben mit der abgerundeten Seite zum Zahnrad und der flachen Seite zur Druckbelastung ein. Die Öffnungen der Seegerringe müssen zwischen erhabenen Bereichen der Welle liegen – beachten Sie dafür die Sektion 2 der *Werkzeug- und Werkstatt-Tipps* im Anhang.

23 Schieben Sie links das Lager und das 5.-Gangrad mit den Mitnehmern vom integrierten 1.-Gangrad weg zeigend auf (siehe Abbildungen). Schieben Sie die Nutenscheibe auf und sichern Sie alles mit dem korrekt sitzenden Seegerring (siehe Abbildungen).

24 Schieben Sie das kombinierte 3./4.-Gangrad mit dem größeren 4.-Gangrad voran gegen das 5.-Gangrad (siehe Abbildung).

25 Schieben Sie die Nutenscheibe gefolgt vom Nadellager und dem 6.-Gangrad (mit den Mitnehmerzapfen voran) auf die Welle (siehe Abbildungen).

26 Schieben Sie das 2.-Gangrad mit der abgerundeten Seite voran auf die Welle, schmieren Sie die Anlaufscheibe mit Fett und installieren Sie sie (siehe Abbildungen).
27 Überprüfen Sie, ob alle Bauteile korrekt installiert sind (siehe Abbildung).

Ausgangswelle
Überholung

> **Praxis TiPP** ***Beim Zerlegen der Getriebewellen sollten die Teile auf eine Stange gesteckt oder ein Draht durch sie hindurch gezogen werden, um die richtige Reihenfolge und Einbaulage zu garantieren.***

Anmerkung: *Zwei der hier verwendeten Sicherungsringe sind keine Standard-Seegerringe, sondern Spiral-Sicherungsringe. Um sie zu entfernen, wird ein kleiner Schraubendreher unter das abstehende äußere Ende gehakt und dies aus der Nut gehoben. Platzieren Sie den Schraubendreher dann hinter der ersten Lage und drehen Sie die Welle, sodass der Ring nach und nach aus seiner Nut befreit wird (Abbildungen 29.31a und b). Beim Einbau dieser Spiral-Sicherungsringe wird die gleiche Technik angewendet (Abbildungen 29.38b und c sowie 29.40d und e).*

Zerlegen

28 Falls der innere Lagerring des linken Wellenlagers auf der Welle verblieben ist, muss er abgezogen werden (Abbildung 29.43).
29 Ziehen Sie die Scheibe, das 1.-Gangrad, sein Lager und die Scheibe rechts von der Welle (Abbildungen 29.42d, c, b und a).
30 Ziehen Sie das 5.-Gangrad ab (Abbildung 29.41).
31 Entfernen Sie den Spiral-Sicherungsring (siehe Anmerkung oben) (siehe Abbildungen). Ziehen Sie die Nutenscheibe, das 4.-Gangrad und das Lager von der Welle (Abbildungen 29.40c, b und a).
32 Ziehen Sie das 3.-Gangrad samt Lager und Nutenscheibe von der Welle (Abbildungen 29.29c, b und a).

29.26a Installieren Sie das 2.-Gangrad ...

29.26b ... und die gefettete Anlaufscheibe.

29.27 Die zusammengebaute Getriebeeingangswelle muss so aussehen.

29.31a Heben Sie das Ende des Spiral-Sicherungsrings aus seiner Nut ...

29.31b ... und arbeiten Sie ihn rundherum heraus.

2

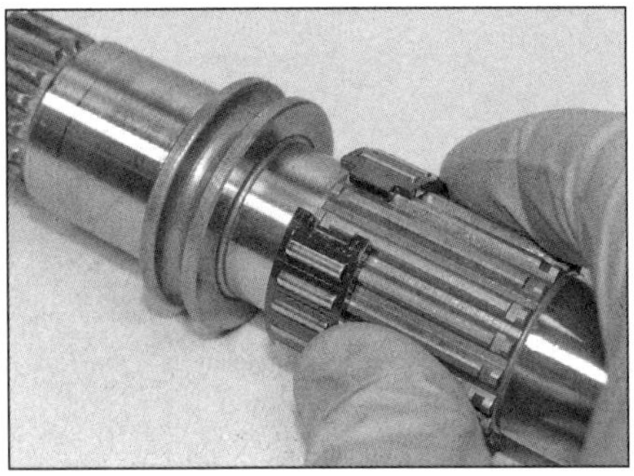

29.37a Installieren Sie das Nadellager in seinen Sitz ...

29.37b ... und schieben Sie das 2.-Gangrad darüber.

29.37c Schieben Sie die Nutenscheibe auf.

29.37d Sichern Sie alles mit dem Seegerring, ...

29.37e ... der korrekt in seiner Nut positioniert sein muss.

29.38a Schieben Sie das 6.-Gangrad auf ...

29.38b ... und sichern Sie es mit dem Spiral-Sicherungsring, ...

29.38c ... der rundherum korrekt in seiner Nut sitzen muss.

29.39a Schieben Sie die Nutenscheibe auf, ...

29.39b ... installieren Sie das Nadellager in seinen Sitz ...

29.39c ... und schieben Sie das 3.-Gangrad darüber.

29.40a Installieren Sie das Nadellager in seinen Sitz ...

29.40b ... und schieben Sie das 4.-Gangrad darüber.

29.40c Schieben Sie die Nutenscheibe auf.

29.40d Sichern Sie alles mit dem Spiral-Sicherungsring, ...

29.40e ... der korrekt in seiner Nut positioniert sein muss.

29.41 Installieren Sie das 5.-Gangrad mit der Schaltgabelnut voran auf die Welle.

29.42a Schieben Sie die Nutenscheibe auf, ...

29.42b ... Installieren Sie das Nadellager in seinen Sitz ...

29.42c ... und schieben Sie das 1.-Gangrad darüber.

29.42d Legen Sie zum Schluss die gefettete Scheibe auf.

33 Entfernen Sie den Spiral-Sicherungsring (siehe Anmerkung oben) und ziehen Sie das 6.-Gangrad ab (Abbildungen 29.38b und a).

34 Entfernen Sie den Seegerring und ziehen Sie die Scheibe, das 2.-Gangrad und sein Lager von der Welle (Abbildungen 29.37d, c, b und a).

Kontrolle

35 Wechseln Sie hierfür zu den Schritten 15 bis 21.

Zusammenbau

36 Schmieren Sie während der Montage alle belasteten Teile der Welle, die Lager und Zahnräder mit Motoröl. Spannen Sie die Sicherungsringe nicht mehr als nötig und setzen Sie ausgestanzte Ringe und Scheiben mit der abgerundeten Seite zum Zahnrad und der flachen Seite zur Druckbelastung ein. Die Öffnungen der Seegerringe müssen zwischen erhabenen Bereichen der Welle liegen – beachten Sie dafür die Sektion 2 der *Werkzeug- und Werkstatt-Tipps* im Anhang.

37 Installieren Sie das Lager auf und schieben Sie das 2.-Gangrad darüber (siehe Abbildungen). Schieben Sie die Nutenscheibe auf und installieren Sie den Seegerring, der korrekt in seiner Nut liegen muss (siehe Abbildungen).

38 Schieben Sie das 6.-Gangrad mit der Schaltgabelnut vom 2.-Gangrad weg zeigend auf und sichern Sie es mit dem korrekt in seiner Nut sitzenden Spiral-Sicherungsring (siehe Abbildungen).

39 Schieben Sie die Nutenscheibe, installieren Sie das Lager des 3.-Gangrades und schieben Sie das 3.-Gangrad darüber – seine Mitnehmernuten müssen zum 6.-Gangrad zeigen (siehe Abbildungen).

40 Installieren Sie das Lager des 4.-Gangrades und schieben Sie das 4.-Gangrad darüber – seine Mitnehmernuten müssen vom 3.-Gangrad weg zeigen. Es folgen Sie die Nutenscheibe und der korrekt in seiner Nut sitzende Spiral-Sicherungsring (siehe Abbildungen).

41 Installieren Sie das 5.-Gangrad mit der Schaltgabelnut zum 4.-Gangrad zeigend (siehe Abbildung).

42 Schieben Sie die Scheibe auf und installieren Sie das Lager des 1.-Gangrads. Schieben Sie das 1.-Gangrad mit den Mitnehmernuten zum 5.-Gangrad zeigend auf (siehe Abbildungen). Schmieren Sie die Anlaufscheibe mit Fett und installieren Sie sie auf die Welle (siehe Abbildung).

43 Installieren Sie den Lager-Innenring auf das linke Wellen-Ende und drücken oder klopfen Sie ihn vollständig auf (siehe Abbildung).
44 Überprüfen Sie, ob alle Bauteile korrekt installiert sind (siehe Abbildung).

Getriebewellen- und Schaltwalzen-Lager

⚠ ***Warnung: Tragen Sie bei der Arbeit am erhitzten Motorgehäuse geeignete Schutzhandschuhe***

45 Kontrollieren Sie die Getriebewellen- und Schaltwalzen-Lager in beiden Gehäusehälften – sie müssen sich sanft und frei drehen lassen (siehe Abbildungen). Beachten Sie die Sektion 5 der *Werkzeug- und Werkstatt-Tipps*, um mehr über den Aus- und Einbau von Wälzlagern zu erfahren.
46 Die Lager sollten nur ausgebaut werden, wenn sie ersetzt werden müssen. Lösen Sie vor dem Ausbau der Getriebewellen- und Schaltwalzen-Lager aus der rechten Gehäusehälfte deren Sicherungsschrauben (Abbildung 29.45a).
47 Erwärmen Sie das Motorgehäuse im Backofen auf 130 °C und klopfen Sie den Innenrand des Gehäuses auf einen Holzklotz, um die Lager zu lockern. Falls die Lager dabei nicht gleich herausfallen, müssen sie von außen ausgeklopft werden – setzen Sie dazu einen Steckschlüssel am inneren Lagerring an.
48 Neue Lager sollten zunächst über Nach ins Gefrierfach gelegt werden. Erwärmen Sie das Motorgehäuse wieder auf 130 °C, legen Sie es mit der Außenseite auf Hölzer und installieren Sie die Lager von innen – falls sie nicht gleich hineinrutschen, müssen sie mit einem am Außenring angesetzten Steckschlüssel senkrecht und bündig eingeklopft werden. Prüfen Sie nach dem Abkühlen des Gehäuses, ob die Lager fest darin sitzen.
49 Reinigen Sie die Gewinde der Sicherungsschrauben, versehen Sie sie mit frischer Sicherungspaste *(Loctite)* und drehen Sie sie sorgfältig in die rechte Gehäusehälfte.

Getriebewellen

Einbau

50 Die Anlaufscheibe muss mit Fett rechts auf die Ausgangswelle »geklebt« sein (Abbildung 29.42d). Auch auf der Eingangswelle muss mit der Anlaufscheibe ausgerüstet sein (Abbildung 29.26b). Der Lager-Innenring muss links auf der Ausgangswelle stecken (Abbildung 29.43).
51 Legen Sie die Wellen nebeneinander, sodass die Getrieberäder ineinander greifen. Greifen Sie beide Wellen und führen Sie sie in die rechte Gehäusehälfte ein (Abbildung 29.8).
52 Montieren Sie die Schaltwalze und die Schaltgabeln (siehe Sektion 28).
53 Bringen Sie das Getriebe in den Leerlauf und kontrollieren Sie, ob sich beide Getriebewellen unabhängig voneinander drehen lassen. Kontrollieren Sie die Schaltbarkeit des Getriebes, indem Sie mit einer Hand die Eingangswelle und mit der anderen die Schaltwalze drehen.
54 Verbinden Sie die Motorgehäusehälften (siehe Sektion 23).

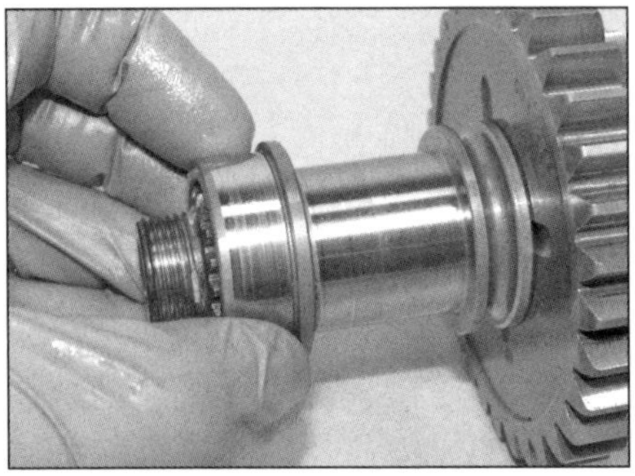

29.43 Installieren Sie den Lager-Innenring vollständig auf das linke Wellen-Ende

29.44 Die zusammengebaute Getriebeausgangswelle muss so aussehen.

30 Einfahrhinweise

1 Stellen Sie sicher, dass die Motoröl- und Kühlmittel-Pegel korrekt sind (siehe Kapitel 1, Sektion 11 und 13). Sorgen Sie dafür, dass sich im Tank Benzin befindet.
2 Schalten Sie die Zündung ein und den Killschalter auf ON. Bringen Sie das Getriebe in den Leerlauf.
3 Starten Sie den Motor und lasen Sie bei Leerlaufdrehzahl Betriebstemperatur erreichen.
4 Falls die Öldruck-Kontrolllampe nicht wenige Sekunden nach dem Starten des Motors erlischt, muss der Motor sofort gestoppt werden und die Ursache gefunden werden. Wenn ein Motor auch nur sehr kurze Zeit ohne Öl gefahren wird, entstehen Schäden größter Ausmaße.
5 Kontrollieren Sie sorgfältig alles auf Öl- und Kühlmittel-Undichtigkeiten. Überprüfen Sie vor der ersten Probefahrt besonders die Bremsen, die Kupplung und der Antrieb, aber auch die Instrumente ordentlich funktionieren.
6 Behandeln Sie die Maschine auf den ersten Kilometern vorsichtig, um sicherzugehen, dass überall im Motor Öl angekommen ist und sich alle neuen Teile zu setzen begonnen haben.
7 Große Sorgfalt ist geboten, wenn neue Kolben, Kolbenringe oder Lagerschalen eingebaut wurden. Im Falle neuer Kolben oder Kolbenringe muss die Maschine behandelt werden, als wäre sie neu. Das bedeutet, dass öfter geschaltet werden muss, um immer im optimalen Drehzahlbereich zu fahren, aber nicht über 6500/min gedreht werden darf, zudem sollte der Gasgriff auf den ersten 1000 km nicht vollständig geöffnet werden. Eine Geschwindigkeitsbegrenzung wird nicht vorgeschrieben, hauptsächlich sollen die Teile des Motors sich »einschleifen« und die Leistung langsam auf den ersten 1000 km gesteigert werden. Hat man bereits Erfahrungen mit der Maschine, wird man merken, wann der Motor sich frei dreht.
8 Lassen Sie den Motor nach der Probefahrt abkühlen und prüfen Sie den Öl- und Kühlmittelpegel (siehe Kapitel 1, Sektion 11 und 13).

29.45a Getriebewellen-, Schaltwalzen- und Schaltwellen-Lager in der rechten Motorgehäusehälfte – beachten Sie die Sicherungsschrauben der Getriebewellen- und Schaltwalzen-Lager.

29.45b Getriebewellen-, Schaltwalzen- und Schaltwellen-Lager in der linken Motorgehäusehälfte

Kapitel 3
Kühlsystem

Inhalt (in alphabetischer Reihenfolge, die Zahlen geben die Nummerierung in den grauen Feldern wieder)

Schwierigkeitsgrade

Leicht. Für Anfänger mit wenig Erfahrung geeignet.	**Relativ leicht.** Für Anfänger mit etwas Erfahrung geeignet.	**Relativ schwierig.** Geeignet für geübte Selbstschrauber.	**Schwer.** Geeignet für Selbstschrauber mit viel Erfahrung.	**Sehr schwer.** Geeignet für Experten und Profis.

Technische Daten

Kühlmittel

Kühlflüssigkeit-Typ	50% destilliertes Wasser und 50% Ethylen-Glykol mit Korrosionsschutz für Aluminium-Motoren (KTM empfiehlt *Motorex M3.0*-Kühlmittel)
Kühlflüssigkeit-Füllmenge	3,2 Liter

Anzugsdrehmomente

	Nm
Kühltemperatursensor	12
Thermostatdeckel-Schrauben	10
Wasserpumpendeckel-Schrauben	10
Wasserpumpenrad-Schraube	10

1 Allgemeine Informationen

1 Das Kühlsystem arbeitet mit einem Wasser/Frostschutz-Gemisch, welches die Aufgabe hat, die beim Verbrennungsvorgang entstehende Wärme abzuleiten und die Temperatur im Motor möglichst konstant zu halten. Dazu werden die Zylinder von Kühlmittel umspült, das mithilfe einer an die hintere Steuerkettenrad-Antriebswelle geflanschten Wasserpumpe durch die Thermostaten in den Wasserkühler gepumpt wird. Nachdem es dessen Lamellen passiert hat und abgekühlt wurde, gelangt es zur Wasserpumpe und wird wieder in den Motor gedrückt.

2 Bei kaltem Motor wird der Kühlkreislauf durch die an beiden Zylinderköpfen sitzende Thermostaten verkürzt – das Kühlmittel gelangt also nicht durch die Kühler. Nachdem die Betriebstemperatur im sogenannten inneren Kühlkreislauf erreicht ist, öffnet der Thermostat sein Ventil und das Kühlmittel durchströmt die Kühler. Durch diese Maßnahme gelangt der Motor schneller auf Betriebstemperatur. Ein am vorderen Zylinderkopf sitzender Temperatursensor gibt Informationen an die Temperaturanzeige im Cockpit sowie an das Steuergerät weiter. An der Rückseite des Wasserkühler sitzen zwei vom zentralen Steuergerät aktivierten Ventilatoren, die bei extremer Kühlmitteltemperatur Luft durch den Kühler saugen.

3 Das Kühlsystem ist teilweise abgedichtet und arbeitet bei Betrieb unter Druck. Der durch ein federunterstütztes Überdruckventil im rechts sitzenden Kühlerdeckel regulierte höhere Druck setzt den Siedepunkt herauf, damit das Kühlmittel unter widrigen Umständen nicht überkocht. Der Überlaufschlauch des Kühlsystems mündet in einen Ausgleichsbehälter, beim Abkühlen des Motors fließt das Kühlmittel automatisch wieder ins Kühlsystem zurück.

Warnung: Entfernen Sie bei heißem Motor NIEMALS den Kühlerdeckel! Das unter Druck stehende Kühlmittel kann bei Druckverlust plötzlich aufkochen, sodass heißer Dampf austritt und ernsthafte Verbrennungen verursacht. Nachdem der Motor ausreichend abgekühlt ist, muss ein dicker Lappen oder ein Handtuch um den Deckel gelegt werden. Entfernen Sie den Kühlerdeckel durch vorsichtiges Drehen nach links bis zum Anschlag. Wenn ein zischendes Geräusch hörbar wird, muss gewartet werden, bis es aufhört. Jetzt wird der Deckel heruntergedrückt und weiter nach links gedreht, bis er abgenommen werden kann.

2.5a Lösen Sie unten an der Ventilator-Baugruppe die Schraube ...

2.5b ... und beachten Sie, wie die oberen Zapfen in den Gummiösen stecken.

3.4 Stecker des Kühltemperatursensors

Achtung: Frostschutzmittel darf nicht mit der Haut oder Lackoberflächen in Berührung kommen. Wischen Sie Spritzer unverzüglich mit reichlich Wasser ab. Aus dem Mittel können giftige und explosive Gase entweichen, wenn es in offenen Behältern gelagert oder auf den Boden verschüttet wird. Kinder und Tiere können durch den süßen Geschmack irritiert werden und das Mittel trinken. Fragen Sie Ihren Fachhändler, wo Sie altes Frostschutzmittel entsorgen können.

Achtung: Benutzen Sie immer das vorgeschriebene Frostschutzmittel und mixen Sie im korrekten Verhältnis mit destilliertem Wasser. Das Mittel beinhaltet einen Korrosionsschutz, um das Kühlsystem zu schützen. Fehlt dieses, kann Rost entstehen und die feinen Leitungen des Kühlsystems blockieren. Durch den Einsatz von destilliertem Wasser wird die Bildung von Kalkablagerungen verhindert, welche ebenfalls die Kühlwirkung beeinträchtigen können.

2 Ventilatoren

Kontrolle

1 Hinter dem Wasserkühler sitzen zwei Ventilatoren. Falls sich die Ventilatoren beim überhitzenden Motor gar nicht oder aber bei offensichtlich falschen Temperaturen einschalten, muss, die Steuerelektronik von einer KTM-Werkstatt überprüft werden.

2 Falls nur ein Ventilator arbeitet, aber der andere nicht, wird dessen Motor defekt sein; um ihn zu testen, muss der Wasserkühler demontiert (siehe Sektion 5) und der entsprechende Kabelstecker befreit und getrennt werden (Abbildung 5.7c).

3 Verbinden Sie den Pluspol einer vollständig geladenen 12-Volt-Batterie mithilfe eines Überbrückungskabels mit dem Ventilatorstecker-Kontakt des roten Kabels (Anschluss 1) und den Minuspol mit dem Kontakt des schwarzen Kabels (Anschluss 2) – jetzt sollte der Ventilator laufen. Arbeitet er nicht (und sind die Kabel und Stecker zum Motor in Ordnung), ist der Ventilatormotor defekt und der gesamte Ventilator muss ersetzt werden – Einzelteile sind nicht erhältlich.

Ausbau und Einbau

4 Beachten Sie die Hinweise in Sektion 5 und befreien Sie den Wasserkühler – hierbei müssen weder das Kühlmittel abgelassen noch Schläuche getrennt werden.

5 Lösen Sie unten an der Ventilator-Baugruppe die Schraube und ziehen sie herunter, um die oberen Zapfen aus den Gummiösen zu befreien (siehe Abbildungen) – beschädigen Sie beim Entnehmen der Baugruppe nicht die Kühler-Lamellen.

6 Der Einbau entspricht der umgekehrten Ausbaureihenfolge.

3 Kühltemperatursensor

Kontrolle

1 Falls am Kühltemperatursensor oder seinem Stromkreis ein Problem auftritt, sollte im Cockpit eine Fehlerwarnung erscheinen – beachten Sie für Details die Hinweise in der Bedienungsanleitung sowie für Informationen zum Motorsteuergerät und zur Fehlerdiagnose die Hinweise in Kapitel 4, Sektion 6.

Ausbau und Einbau

Warnung: Der Motor muss vollständig abgekühlt sein, bevor diese Arbeit ausgeführt werden kann.

2 Der Kühltemperatursensor sitzt rechts am vorderen Zylinderkopf (Abbildung 3.4). Entleeren Sie das Kühlsystem (siehe Kapitel 1, Sektion 15).

3 Demontieren Sie das Drosselklappengehäuse (siehe Kapitel 4, Sektion 4).

4 Trennen Sie den Sensorstecker (siehe Abbildung).

5 Schrauben Sie den Sensor heraus – sein O-Ring muss beim Einbau erneuert werden.

6 Rüsten Sie den (neuen) Sensor mit einem neuen O-Ring aus, drehen Sie ihn in den Zylinderkopf und ziehen Sie ihn mit 12 Nm an. Verbinden Sie den Sensorstecker.

7 Montieren Sie das Drosselklappengehäuse (siehe Kapitel 4, Sektion 4).

8 Füllen Sie das Kühlsystem auf (siehe Kapitel 1, Sektion 15).

4 Thermostaten

1 Jeder Zylinderkopf ist mit einem eigenen Thermostaten ausgerüstet. Ein Thermostat arbeitet automatisch und normalerweise jahrelang zuverlässig. Im Falle eines Defektes kann das Ventil im offenen Zustand verklemmen – dann dauert es wesentlich länger, bis der Motor Betriebstemperatur erreicht. Andererseits kann das Ventil auch geschlossen blockieren, dann fließt die Kühlflüssigkeit nicht durch den Kühler und der Motor kann überhitzen. Keiner dieser Zustände ist akzeptabel und der Defekt muss unverzüglich behoben werden.

Ausbau

Warnung: Der Motor muss vollständig abgekühlt sein, bevor diese Arbeit durchgeführt werden darf.

2 Lassen Sie das Kühlmittel ab (siehe Kapitel 1, Sektion 15).

3 Um den Zugang zum Thermostaten des hinteren Zylinders zu verbessern, kann der Zungenventil-Deckel vom Zylinderkopf demontiert werden (siehe Abbildung).

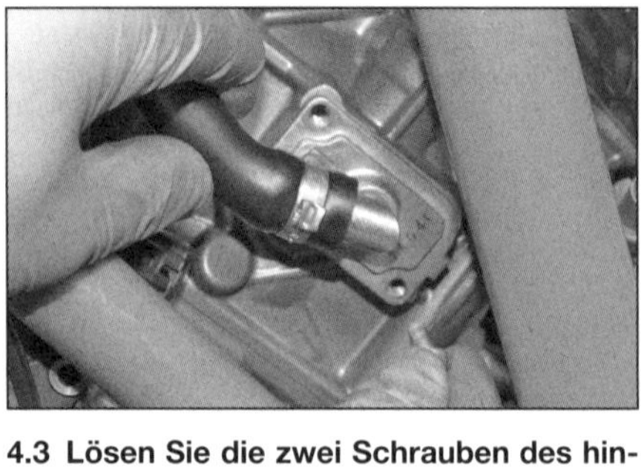

4.3 Lösen Sie die zwei Schrauben des hinteren Zungenventil-Deckels, um diesen beiseite zu verlagern.

4 Lösen Sie die Schrauben des Thermostatdeckels und verlagern Sie diesen beiseite (siehe Abbildungen).
5 Ziehen Sie den Thermostaten heraus – beachten Sie seine Einbaulage (siehe Abbildung).

Kontrolle

6 Inspizieren Sie die Dichtung des Thermostaten auf Beschädigungen und Alterungserscheinungen – bei einem Defekt muss der gesamte Thermostat ersetzt werden, da die Dichtung nicht separat erhältlich ist.
7 Führen Sie vor dem Test eine Sichtkontrolle durch. Wenn der Thermostat bei Raumtemperatur offen steht, ist er defekt und muss ersetzt werden.
8 Um die Funktion des Thermostaten prüfen zu können, werden ein mit kaltem Wasser gefüllten Topf und ein Herd benötigt. Hängen Sie den Thermostaten mit einem Stück Draht in das kalte Wasser, und halten Sie ein Thermometer (Messbereich bis über 100 °C) in die Nähe des Thermostaten (siehe Abbildung). Erwärmen Sie jetzt das Wasser. Weder das Thermometer noch der Thermostat dürfen den Topfboden berühren. Prüfen Sie, ob sich der Thermostat bei heißer werdendem Wasser zu öffnen beginnt – falls nicht, ist er defekt und muss ersetzt werden.

Praxis TiPP ***Falls der Thermostat nicht öffnet, kann er IM NOTFALL – und nach dem Abkühlen des Motors – ausgebaut, der Deckel wieder angeschraubt und dann weitergefahren werden (dies ist besser, als den Motor überhitzen zu lassen). Klemmt das Ventil im offenen Zustand, sollte der Thermostat eingebaut bleiben. In beiden Fällen muss beachtet werden, dass die Warmlaufzeit des Motors erheblich länger als üblich ist. Bauen Sie so schnell wie möglich einen funktionsfähigen Thermostaten ein.***

Einbau

9 Installieren Sie den Thermostaten mit der Entlüftungsbohrung nach oben zeigend in seinen Sitz (Abbildung 4.5).

4.4a Thermostatdeckel-Schrauben am vorderen Zylinder

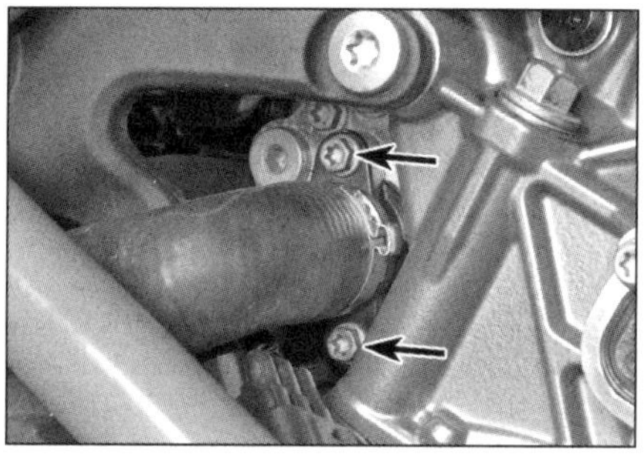

4.4b Thermostatdeckel-Schrauben am hinteren Zylinder

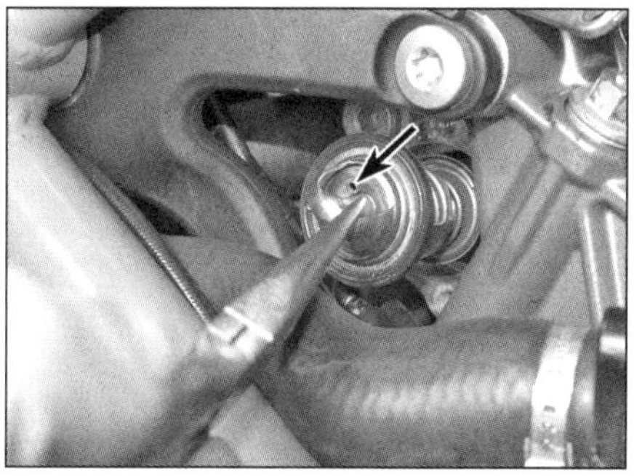

4.5 Ziehen Sie den Thermostaten heraus – seine Entlüftungsbohrung (Pfeil) liegt oben.

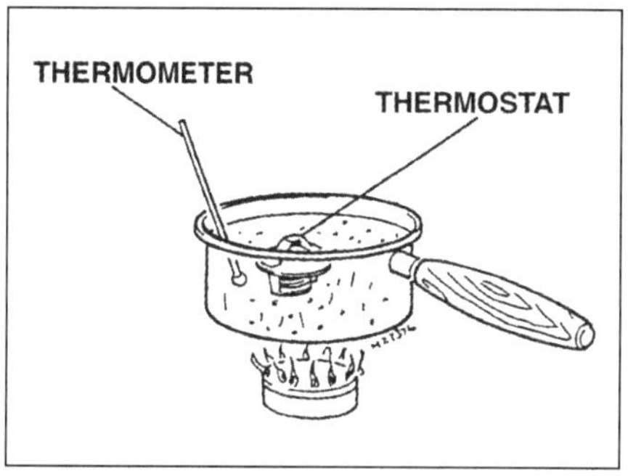

4.8 Aufbau für den Test des Thermostaten

10 Setzen Sie den Thermostatdeckel auf und ziehen Sie seine Schrauben mit 10 Nm an (Abbildungen 4.4a oder b).
11 Montieren Sie ggf. den Zungenventil-Deckel (Abbildung 4.3).
12 Füllen Sie das Kühlsystem auf (siehe Kapitel 1, Sektion 15).

5 Wasserkühler

Anmerkung: *Falls die Kühler im Zuge eines Motorausbaus demontiert werden müssen, sollten die Schläuche eher am Motor als am Kühler abgezogen und zusammen mit ihnen befreit werden – merken Sie sich die Verlegung der Schläuche.*

Ausbau

⚠ ***Warnung: Der Motor muss vollständig abgekühlt sein, bevor diese Arbeit durchgeführt werden darf.***

1 Lassen Sie das Kühlmittel ab (siehe Kapitel 1, Sektion 15).
2 Entfernen Sie die Tankverkleidungen (siehe Kapitel 7). Demontieren Sie beim GT-Modell die Luft-Ansaugstutzen und die Kühlerdeckel (siehe Kapitel 7, Sektion 3).
3 Trennen Sie die Hupen-Stecker und demontieren Sie nötigenfalls die Hupe (siehe Abbildung).
4 Trennen Sie **beim GT-Modell** den Stecker des Kurvenlicht-Steuergeräts und entfernen Sie dies nötigenfalls (siehe Abbildungen).

3

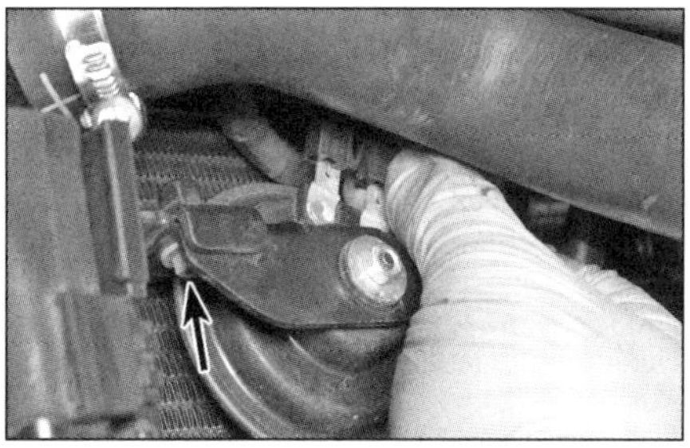

5.3 Hupen-Befestigungsschraube (Pfeil)

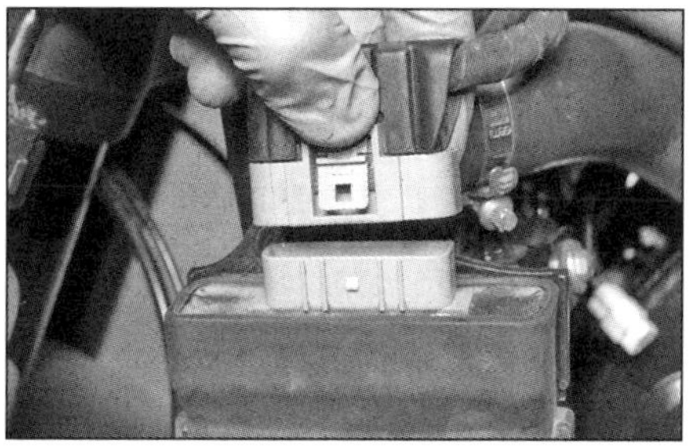

5.4a Trennen Sie beim GT-Modell den Stecker des Kurvenlicht-Steuergeräts ...

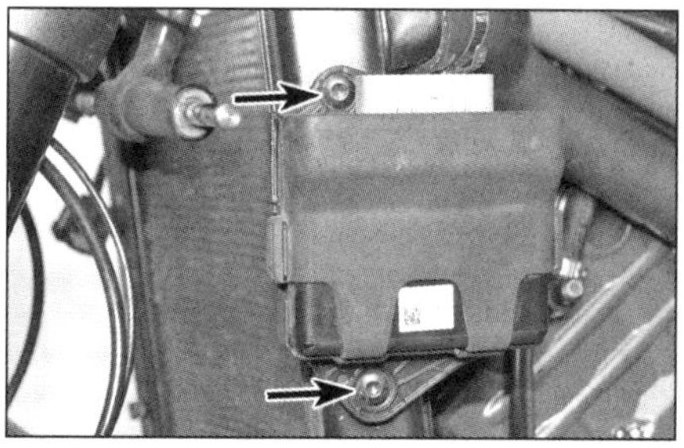

5.4b ... lösen Sie nötigenfalls dessen Schrauben und entfernen Sie es.

5.5a Lockern Sie die Schelle und ziehen Sie den linken Kühlerschlauch ab.

5.5b Der rechte Kühlerschlauch kann am Kühler ...

5.5c ... oder am Wasserpumpendeckel gelöst werden.

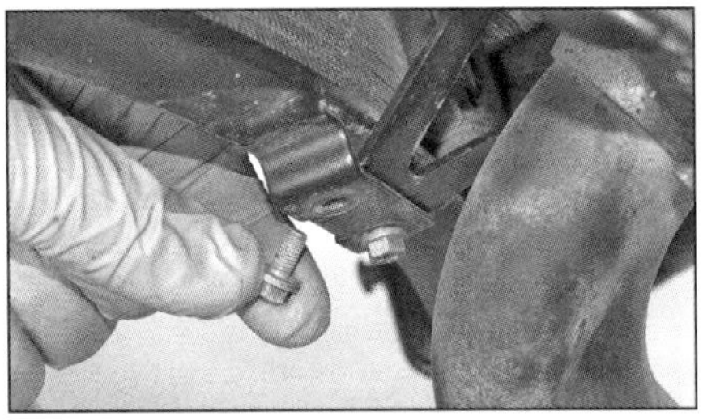

5.6 Lösen Sie die zwei unteren Kühlerschrauben.

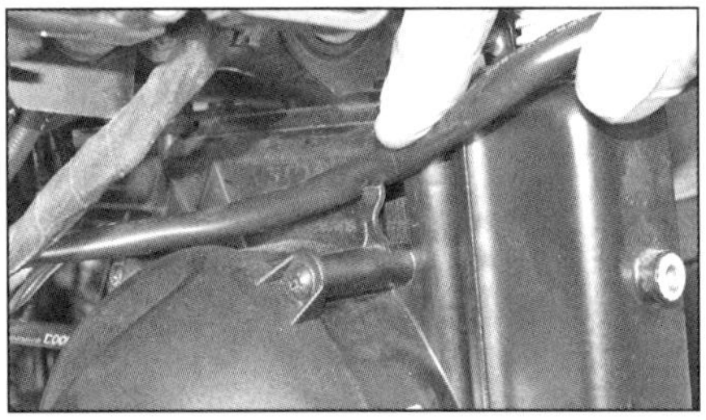

5.7a Befreien Sie die Verkabelung aus der Führung ...

5.7b ... und die Stecker von der Lüfterhutze, ...

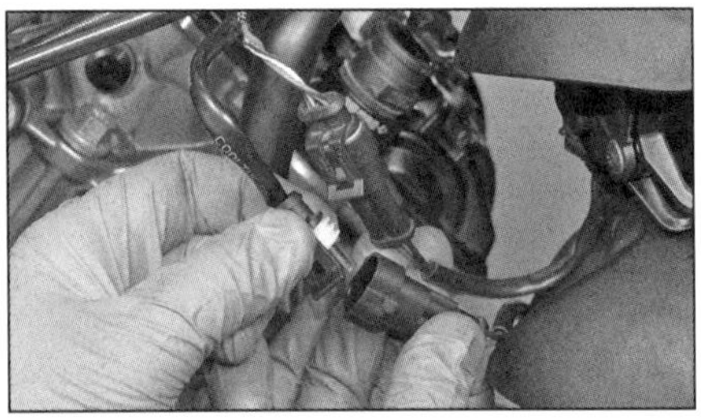

5.7c ... um sie zu trennen.

5.7d Befreien Sie den Luftfiltergehäuse-Ablaufschlauch.

5.8a Lösen Sie links und rechts die oberen Befestigungsschrauben des Kühlers.

5 Ziehen Sie links am Kühler den Schlauch ab (siehe Abbildung). Der rechte Kühlerschlauch kann am Kühler oder dem Wasserpumpendeckel gelöst werden (siehe Abbildungen).
6 Lösen Sie die zwei unteren Befestigungsschrauben des Kühlers (siehe Abbildung).
7 Befreien Sie die Verkabelung von der Lüfterhutze (siehe Abbildung). Drücken Sie den Kühler nach vorn und befreien Sie die Ventilatorstecker, um sie zu trennen (siehe Abbildungen). Lösen Sie links an der Ventilator-Baugruppe den Luftfiltergehäuse-Ablaufschlauch (siehe Abbildung).
8 Lösen Sie links und rechts die oberen Befestigungsschrauben des Kühlers (siehe Abbildung). Ziehen Sie den Kühler nach links, um ihn vom linken Stutzen zu ziehen, und dann nach rechts, um ihn auch dort zu befreien und entnehmen zu können (siehe Abbildung) – beschädigen Sie dabei nicht die empfindlichen Lamellen.
9 Kontrollieren Sie die Gummiösen der oberen Aufnahmen auf Beschädigungen, Verformung und Alterungserscheinungen und ersetzen Sie sie nötigenfalls.
10 Kontrollieren Sie den Kühler auf Beschädigungen und entfernen Sie sämtlichen Schmutz, der die Kühlwirkung behindern kann. Falls die Lamellen verbogen sind, können sie eventuell mit einem kleinen Schraubendreher wieder gerichtet werden; wenn sie stark beschädigt oder abgebrochen sind, muss der Kühler ersetzt werden. Um den Kühler vollständig begutachten zu können, muss die Ventilator-Baugruppe demontiert werden (siehe Sektion 2).

Einbau

11 Der Einbau entspricht der umgekehrten Ausbaureihenfolge – beachten Sie dabei folgende Punkte:

- Die Kühlerschläuche müssen sich in einem guten Zustand befinden (siehe Kapitel 1) und korrekt mit ihren (ggf. neuen) Schellen gesichert werden.
- Die Gummiösen müssen in Ordnung sein und in ihren Aufnahmen stecken (Abbildungen 5.8a und b).
- Die Verkabelung der Ventilatoren und der Hupe müssen korrekt verlegt und sicher verbunden sein.
- Das Kühlsystem muss aufgefüllt (siehe Kapitel 1, Sektion 15) und anschließend auf Undichtigkeiten überprüft werden.

Kühlerdeckel-Prüfung

12 Wenn Probleme wie Überhitzung und Flüssigkeitsverlust auftreten, muss das Kühlsystem wie in Kapitel 1, Sektion 14 beschrieben überprüft werden. Der Öffnungsdruck des Kühlerdeckels muss von einer entsprechend ausgerüsteten KTM-Werkstatt getestet werden. Ist das Ventil defekt, muss es ersetzt werden.

6 Wasserpumpe

Ausbau

1 Lassen Sie das Kühlmittel ab (siehe Kapitel 1, Sektion 15). Belassen Sie den Sammelbehälter unter dem Pumpengehäuse, da beim Trennen des Schlauchs weiteres Kühlmittel austritt.
2 Lockern Sie am Stutzen des Pumpendeckels die Schlauchschelle und ziehen Sie den Kühlerschlauch ab (Abbildung 5.5c).
3 Demontieren Sie den Pumpendeckel (siehe Abbildungen). Befreien Sie die Gummidichtung (siehe Abbildung) – beim Einbau wird eine

neue Dichtung benötigt. Stellen Sie nötigenfalls lockere Passhülsen sicher (Abbildung 6.9a).

4 Kontrollieren Sie das montierte Pumpenrad auf übermäßiges Spiel im Gehäuse. Inspizieren Sie das Pumpengehäuse auf Korrosion und Ablagerungen und beseitigen Sie beides vorsichtig.

5 Demontieren Sie das Pumpenrad samt Scheibe von der Welle (siehe Abbildungen).

6 Um Zugang zu den Pumpenwellen-Dichtungen zu erhalten, muss der Haupt-Kupplungsdeckel demontiert werden (siehe Kapitel 2, Sektion 14) – dies beinhaltet den Ausbau der Dichtungen, da beim Einbau des Kupplungsdeckels sowohl neue Dichtungen als auch eine neue Wellen-Hülse samt O-Ring installiert werden müssen. Das Lager darf nur demontiert werden, wenn es ersetzt werden soll. Beachten Sie nötigenfalls die Einbautiefe des Lagers, stützen Sie den Innenrand des Deckels auf Hölzern und treiben Sie das Lager mit einem oben am Außenring angesetzten Steckschlüssel aus.

Einbau

7 Drücken oder treiben Sie nötigenfalls das neue Lager in den Haupt-Kupplungsdeckel und montieren Sie diesen (siehe Kapitel 2, Sektion 14).

8 Schieben Sie die Scheibe sowie das innere und äußere Pumpenrad-Segment korrekt ausgerichtet auf die Welle (Abbildungen 6.5c, b und a). Reinigen Sie das Gewinde der Pumpenrad-Schraube, tragen Sie frische Sicherungspaste *(Loctite)* auf und ziehen Sie sie mit 10 Nm an.

9 Stecken Sie ggf. die Passhülsen ins Gehäuse und drücken Sie eine neue Dichtung in die Nut (siehe Abbildungen). Reinigen Sie die Gewinde der Pumpendeckel-Schrauben, tragen Sie frische Sicherungspaste *(Loctite)* auf und ziehen Sie sie mit 10 Nm an (Abbildungen 6.3b und a).

10 Stecken Sie den Kühlerschlauch auf und sichern Sie ihn mit der sorgfältig angezogenen Schelle (Abbildung 5.5c).

11 Füllen Sie das Kühlsystem auf (siehe Kapitel 1, Sektion 15).

5.8b Ziehen Sie den Kühler zunächst vom linken Stutzen ...

5.8c ... und dann vom rechten Stutzen, um ihn zu befreien

7 Ausgleichsbehälter

Ausbau

R-Modelle

1 Der Kühlmittel-Ausgleichsbehälter sitzt links am Rahmen. Beschaffen Sie einen geeigneten Sammelbehälter, um das Kühlmittel aufzunehmen.

6.3a Lösen Sie die Schrauben ...

6.3b ... und entnehmen Sie den Wasserpumpendeckel.

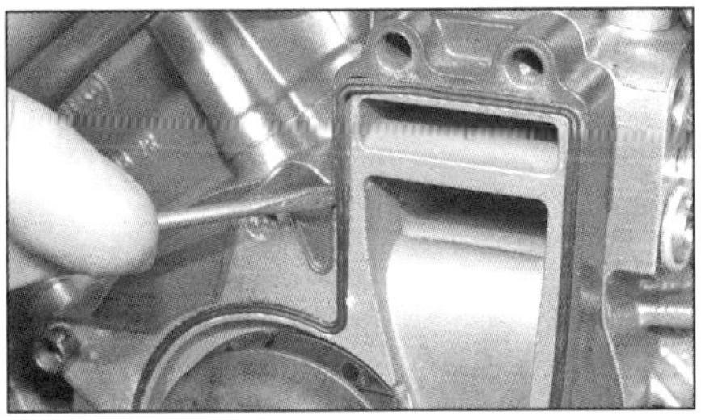

6.3c Befreien Sie die Gummidichtung mit einem kleinen Schraubendreher aus seiner Nut.

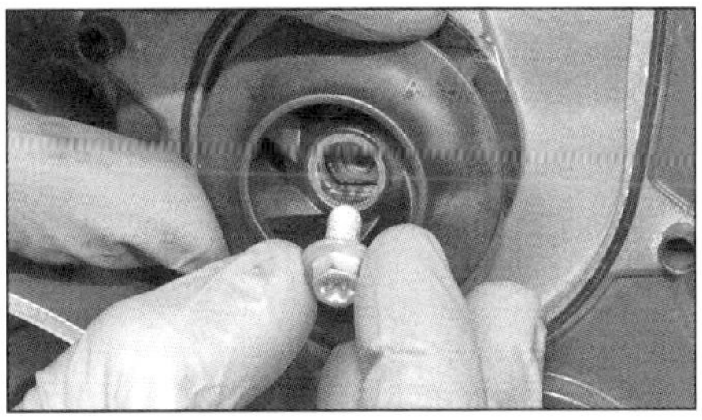

6.5a Lösen Sie die Schraube, entnehmen Sie das äußere ...

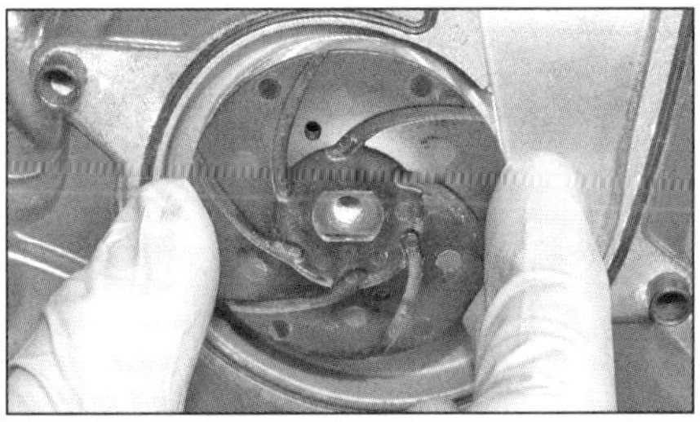

6.5b ... und innere Segment des Pumpenrads ...

6.5c ... und ziehen Sie die Scheibe ab.

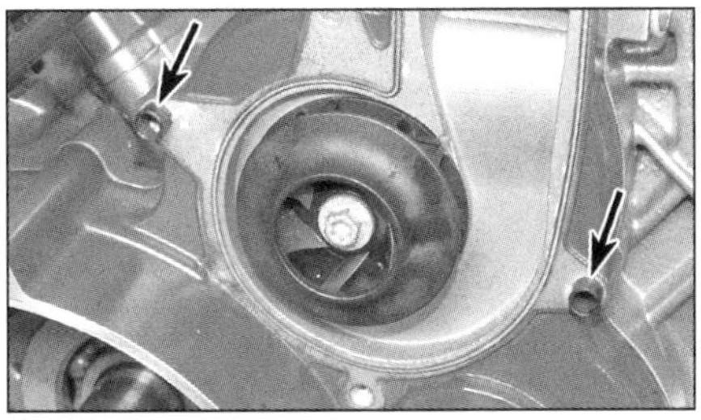

6.9a Pumpendeckel-Passhülsen

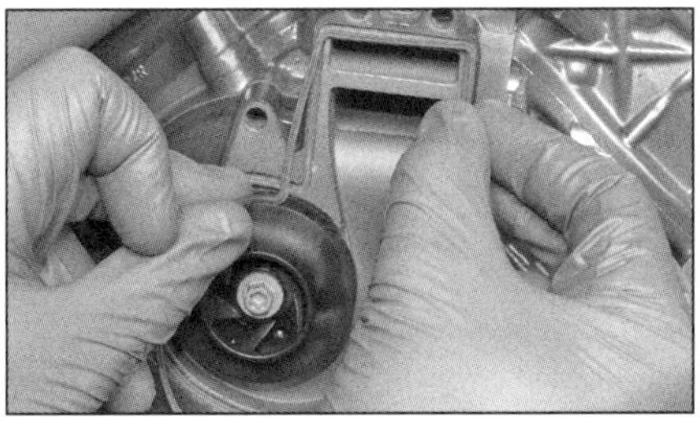

6.9b Drücken Sie eine neue Deckeldichtung in die Nut des Pumpengehäuses.

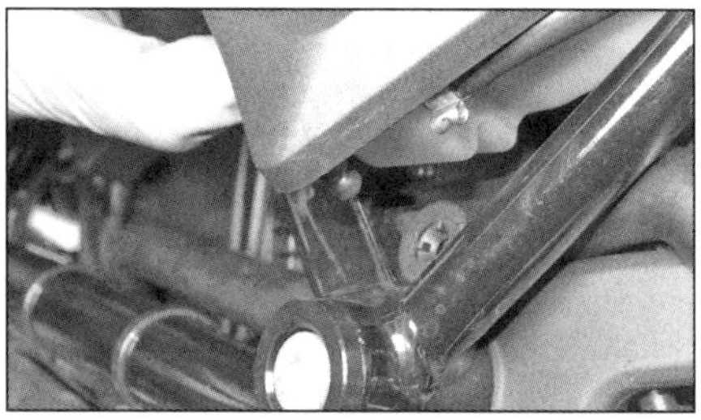

7.2a Ziehen Sie den unteren Zapfen der Abdeckung vorsichtig aus der Gummiöse ...

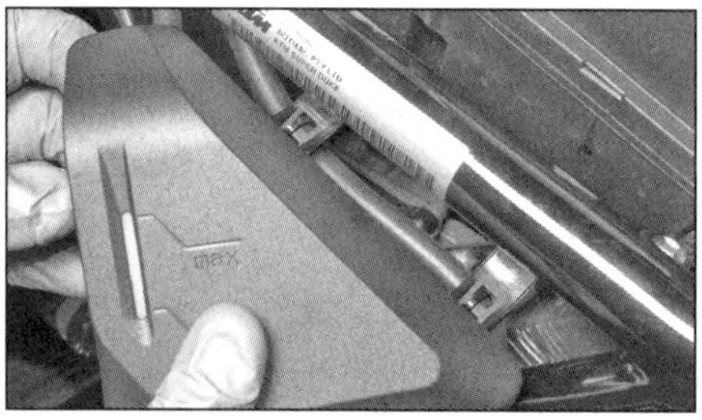

7.2b ... und hängen Sie sie oben am Rahmen aus.

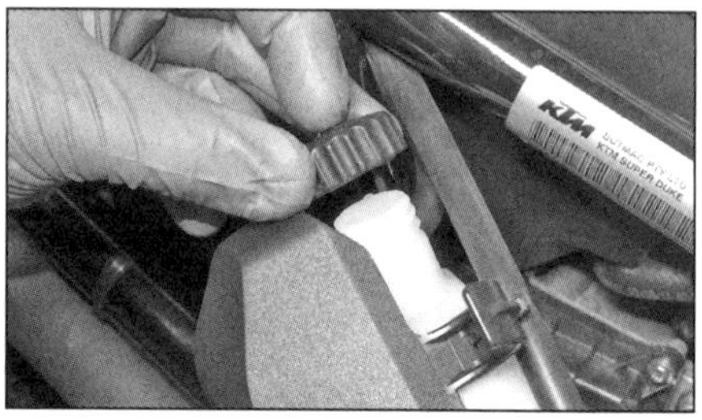

7.2c Öffnen Sie den Deckel und gießen Sie den Ausgleichsbehälter aus.

2 Befreien Sie die Abdeckung samt Behälter aus ihren Aufnahmen, öffnen Sie den Behälterdeckel und gießen Sie das Kühlmittel aus (siehe Abbildungen).
3 Befreien Sie den Ausgleichsbehälter von der Abdeckung und trennen Sie seine Schläuche.

GT-Modell

4 Der Kühlmittel-Ausgleichsbehälter befindet sich rechts hinter dem Kraftstofftank. Beschaffen Sie einen geeigneten Sammelbehälter, um das Kühlmittel aufzunehmen.
5 Demontieren Sie die rechte Tankabdeckung (siehe Kapitel 7, Sektion 3).
6 Entfernen Sie die untere Sektion der Kühlerverkleidung (siehe Abbildung). Lösen Sie die Schraube und befreien Sie den Behälter. Öffnen Sie den Behälterdeckel und gießen Sie das Kühlmittel aus (siehe Abbildungen).
7 Trennen Sie die Schläuche vom Ausgleichsbehälter (siehe Abbildung).

Einbau

8 Der Einbau entspricht der umgekehrten Ausbaureihenfolge – füllen Sie den Behälter vor der Montage **(R-Modell)** oder vor der Montage des Tankspoilers **(GT-Modell)** mit dem vorgeschriebenen Kühlmittel bis zur MAX-Linie auf (siehe Kapitel 1, Sektion 13).

8 Schläuche und Anschlüsse

Warnung: Der Motor muss vollständig abgekühlt sein, bevor irgendein Kühlerschlauch abgezogen wird.

Ausbau

1 Lassen Sie zunächst das Kühlmittel ab (siehe Kapitel 1, Sektion 15).

Anmerkung: *Seien Sie beim Entfernen von Kühlsystem-Komponenten auf austretende Kühlmittelreste vorbereitet.*

2 Die dicken Haupt-Kühlerschläuche sind mit Schraubschellen am Kühler und am Stutzen des Wasserpumpendeckels gesichert – lockern Sie diese (Abbildungen 5.5a, b und c). Die dünneren Ausgleichsbehälter-Schläuche sind mit Federschellen gesichert, deren Enden mit einer Zange zusammengedrückt werden müssen, um abgezogen werden zu können (Abbildung 7.7). Am T-Stück und den Thermostatdeckeln sind die Schläuche mit Einweg-Schellen gesichert, deren Ende vom Haken gehebelt werden müssen, um gelockert zu werden; als Ersatz können neue Einweg-Schellen mit einer speziellen Zange zusammengedrückt oder aber Schraubschellen verwendet werden. Um Zugang zu den Schellen der Thermostatdeckel zu erhalten, müssen diese von den Zylinderköpfen befreit werden (siehe Sektion 4).

Achtung: Die Kühler-Anschlüsse sind empfindlich. Ziehen Sie die Schläuche nicht mit zu viel Kraft ab.

3 Falls ein Schlauch sich nicht lösen lässt, muss versucht werden, ihn drehend abzuziehen. Wenn das auch nicht klappt, muss mit einem scharfen Messer ein Längsschnitt über dem Flansch gezogen werden, sodass der Schlauch abgeschält werden kann. Es ist immer besser, nur einen neuen Schlauch zu beschaffen als einen beschädigten Kühler ersetzen zu müssen

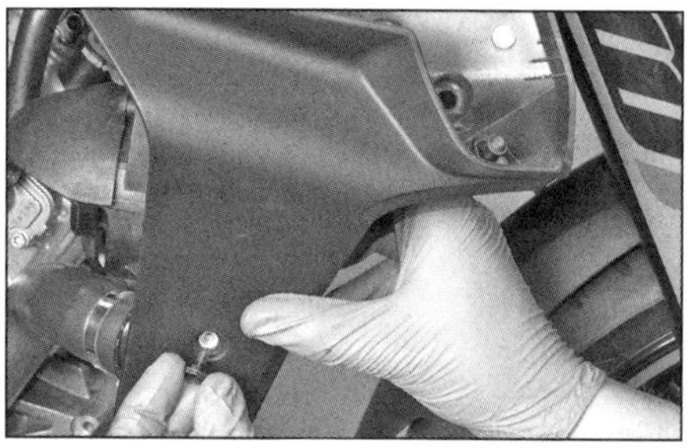

7.6a Lösen Sie die Schraube, um die untere Kühler-Abdeckung zu entnehmen – der Ausgleichsbehälter sitzt unten auf dem Gewindestutzen.

Einbau

4 Schieben Sie die Schelle über den Schlauch und stecken Sie diesen ggf. bis zur Begrenzung auf den entsprechenden Anschluss-Stutzen. Alle Schläuche müssen korrekt ausgerichtet sein, damit ihre vorgegebene Form beim Anziehen der Schellen nicht verziehen.

Praxis TiPP ***Wenn ein Schlauch schwer aufzuschieben ist, kann er zum Erweichen in heißes Wasser gehalten werden. Alternativ hilft die Verwendung von Seifenwasser als Schmiermittel.***

5 Drehen Sie den Schlauch in Position, bevor Sie die Schelle über den Stutzen schieben und ihn sichern.
6 Füllen Sie das Kühlsystem auf (siehe Kapitel 1, Sektion 15).

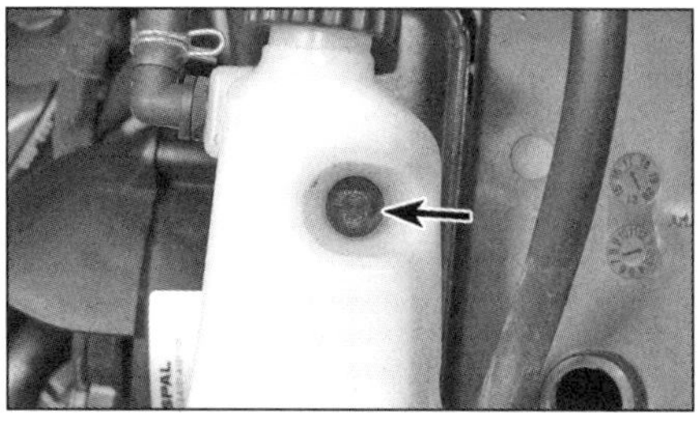

7.6b Lösen Sie die obere Schraube, um dem Behälter zu befreien, ...

7.6c ... und gießen Sie das darin befindliche Kühlmittel in den Sammelbehälter.

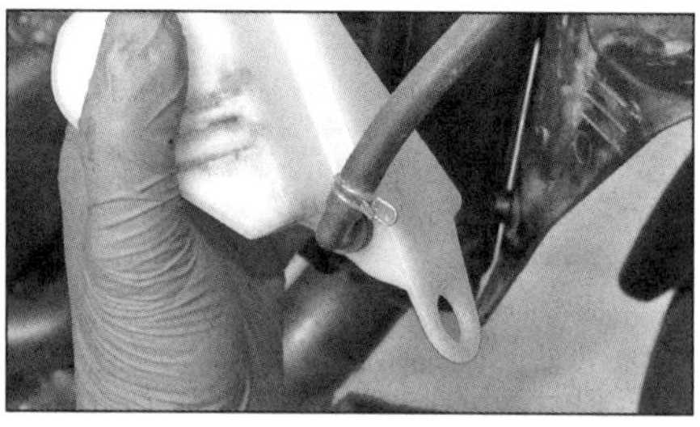

7.7 Öffnen Sie die Schellen aller Schläuche und ziehen Sie diese ab.

Kapitel 4
Motorsteuerung

Inhalt (in alphabetischer Reihenfolge, die Zahlen geben die Nummerierung in den grauen Feldern wieder)

Schwierigkeitsgrade

Leicht. Für Anfänger mit wenig Erfahrung geeignet.	**Relativ leicht.** Für Anfänger mit etwas Erfahrung geeignet.	**Relativ schwierig.** Geeignet für geübte Selbstschrauber.	**Schwer.** Geeignet für Selbstschrauber mit viel Erfahrung.	**Sehr schwer.** Geeignet für Experten und Profis.

Technische Daten

Kraftstoff

Zylindernummerierung	links: 1; rechts: 2
Typ	Super bleifrei (min. 95 Oktan)
Tankinhalt (inkl. ca. 3,5 Liter Reserve)	
R-Modelle	18,0 Liter
GT-Modelle	23,0 Liter

Kraftstoffsystem

Standgasdrehzahl	
R-Modelle bis 2016	1300 bis 1500/min
R-Modelle ab 2017	1400 bis 1600/min
GT-Modelle bis 2016	1250 bis 1450/min
GT-Modelle ab 2019	1350 bis 1550/min
Kraftstoffdruck bei Standgasdrehzahl	3,8 bis 4,2 bar
Einspritzdüsen-Widerstand	12,4 Ohm
Kurbelwellensensor-Widerstand	99,5 Ohm

Tankanzeige-Geber

Widerstand bei leerem Tank	ca. 10 Ohm
Widerstand bei vollem Tank	ca. 700 Ohm

Zündsystem

Zündkerzen-Typ	
R-Modelle bis 2016	
Primär-Zündkerzen	NGK LKAR9BI-9
Sekundär-Zündkerzen	NGK LMAR7A-9
R-Modelle ab 2017 und alle GT-Modelle	
Primär-Zündkerzen	NGK LKAR9BI-10
Sekundär-Zündkerzen	NGK LMAR7DI-10
Zündspulen	
Primärwicklungs-Widerstand	ca. 1,7 Ohm
Sekundärwicklungs-Widerstand	ca. 8,4 K-Ohm

Anzugsdrehmomente

	Nm
Auspuffanlage	
Hauptschalldämpfer-Befestigungsschraube	25
Krümmerflanschmuttern	25
Klemmschrauben	8
Benzinpumpen-Befestigungsschrauben	6
Lambdasonde	25
Sekundärluft-Zungenventildeckel-Schrauben	10

1 Allgemeine Informationen und Warnhinweise

Allgemeine Informationen

1 Alle Modelle sind mit einer komplexen Motorsteuerung ausgerüstet, die vom Motorsteuergerät (EECU = Engine Electronics Control Unit) und zentralen Steuergerät (CECU = Central Electronics Control Unit) überwacht wird.

Kraftstoffsystem

2 Das Kraftstoffsystem besteht aus dem Benzintank, der darin sitzenden Benzinpumpe (samt Druckregler, Filter und Ansaugsieb),der Kraftstoffleitung zu den Einspritzdüsen und den Drosselklappengehäusen mit 56 mm großen Luftdurchlässen. Die Einspritzung wird vom Motorsteuergerät anhand der Informationen diverser Sensoren aktiviert – beachten Sie für weitere Informationen die Hinweise in Sektion 6.

3 Alle Modelle sind mit einem im Tank sitzenden Geber und einer Tankanzeige im Cockpit ausgerüstet.

Zündsystem

4 Die elektronische Transistorzündung ist mit der Einspritzanlage kombiniert und beide werden mit dem Motorsteuergerät (EECU) geregelt. Die Zündanlage besteht aus dem Zündauslöser, dem Kurbelwellensensor (CKP) und vier separaten Zündspulen, die auch als Kerzenstecker der jeweils zwei Zündkerzen pro Zylinder dienen.

5 Die am Lichtmaschinenrotor (links auf der Kurbelwelle) sitzenden Auslöser aktivieren bei sich drehendem Motor magnetisch den am Motorgehäuse sitzenden Kurbelwellensensor. Dieser sendet ein Signal an das Steuergerät, welches die Zündspulen mit dem zur Bildung eines Zündfunken benötigten Stroms versorgt. Der Zündzeitpunkt ist nicht einstellbar.

6 Das Zündsystem ist mit einem Sicherheitsstromkreis ausgerüstet, der bei laufendem Motor die Zündung unterbricht, falls bei eingelegtem Gang der Seitenständer ausgeklappt ist. Der Stromkreis verhindert auch das Starten des Motors, falls ein Gang eingelegt ist und (bei eingeklappten Seitenständer) nicht die Kupplung gezogen wird.

Anmerkung: *Bauartbedingt können die Teile der Motorsteuerung zwar kontrolliert, aber nicht repariert werden. Wenn im Einspritz- oder Zündsystem Probleme auftreten, kann die fehlerhafte Komponente isoliert und durch ein Austauschteil ersetzt werden. Elektronikteile können oftmals nach dem Kauf nicht umgetauscht werden. Um unnötige Kosten zu vermeiden, sollten Sie absolut sicher gehen, dass das fehlerhafte Teil richtig identifiziert worden ist, bevor Sie ein Neuteil kaufen.*

Vorsichtsmaßnahmen

Warnung: Benzin ist leicht entzündlich, vor allem in Form von Dampf. Daher müssen unten stehende Vorsichtsmaßnahmen getroffen werden. Beachten Sie, dass Benzindampf schwerer ist als Luft und sich daher in schlecht belüfteten Ecken sammeln kann. Vermeiden Sie Hautkontakt und suchen Sie einen Arzt auf, wenn Benzin in die Augen gelangt ist oder verschluckt wurde. Tragen Sie immer eine Sicherheitsbrille und haben Sie einen geeigneten Feuerlöscher zur Hand.

7 Nachdem der Motor abgeschaltet wurde, steht das Kraftstoffsystem noch längere Zeit unter einem gewissen Druck, der beim Trennen von Anschlüssen mit Lappen aufgefangen werden muss. Bei getrennten Kraftstoffleitungen darf kein Schmutz in den Tank oder den Druckspeicher gelangen, da hierdurch die Einspritzanlage verstopft oder beschädigt werden kann. Vor dem Trennen oder Verbinden von Kabelsteckern der Motorsteuerung muss sichergestellt sein, dass die Zündung abgeschaltet ist – andernfalls kann das Steuergerät beschädigt werden.

8 Führen Sie Arbeiten am Kraftstoffsystem nur in gut belüfteten Räumen durch.

9 Stellen Sie sicher, dass sich keine offenen Flammen oder Funken (z. B. Zündanlagen) in der Nähe befinden, wenn Sie mit Benzin hantieren.

10 Beachten Sie absolutes Rauchverbot für jedermann bei Arbeiten am Kraftstoffsystem. Denken Sie an die Gefahr, die von brennenden Zigaretten ausgeht, und entfernen Sie sich zum Rauchen weit genug vom Arbeitsplatz.

11 Denken Sie daran, dass elektrische Geräte wie Schalter, Bohrmaschinen, Schleifböcke u. a. Funken produzieren. Vermeiden Sie daher den Betrieb solcher Geräte bei Arbeiten am Kraftstoffsystem und lüften Sie den Raum gründlich aus, bevor Sie damit beginnen.

12 Wischen Sie grundsätzlich verschüttetes Benzin auf und entsorgen Sie benzingetränkte Lappen und Tücher in einem feuersicheren Behälter (z. B. einem Stahlfass).

13 Benzin darf nur in dafür geprüften und luftdicht verschlossenen und beschrifteten Behältern gelagert werden. Die Menge der Vorratshaltung in Wohnhäusern ist gesetzlich begrenzt. Bewahren Sie auch demontierte Benzintanks mit geschlossenem Tankdeckel sicher auf.

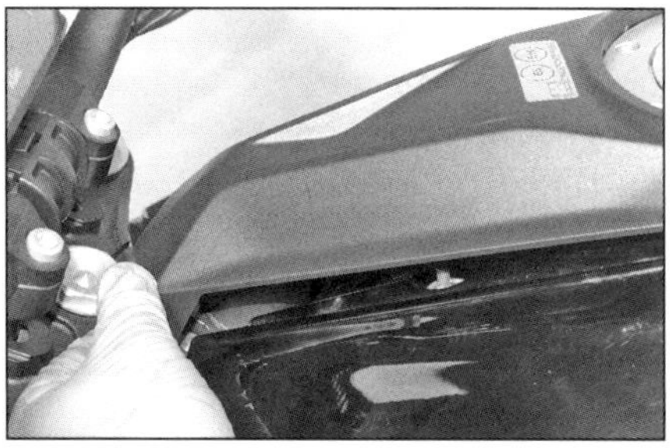

2.3a Heben Sie die Abdeckung an, ...

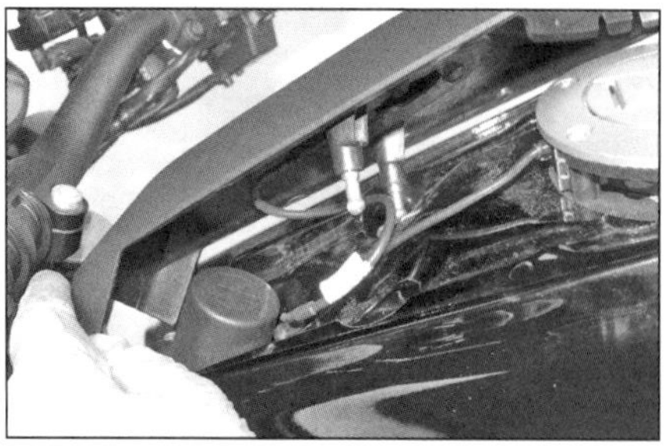

2.3b ... um die Zapfen zu befreien.

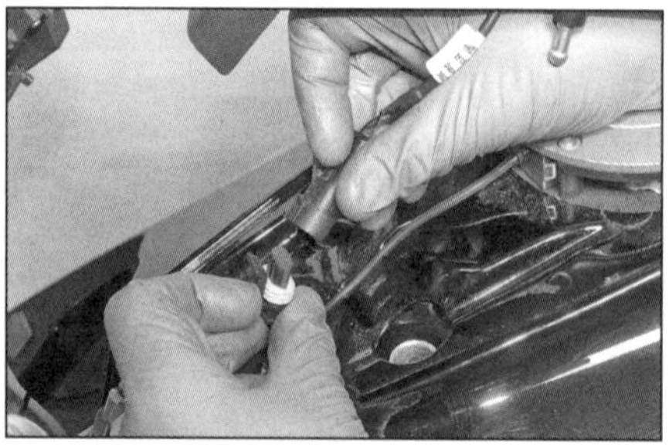

2.3c Trennen Sie bei einem Fahrzeug mit Funkschlüssel-Zündschloss den Antennenkabel-Stecker.

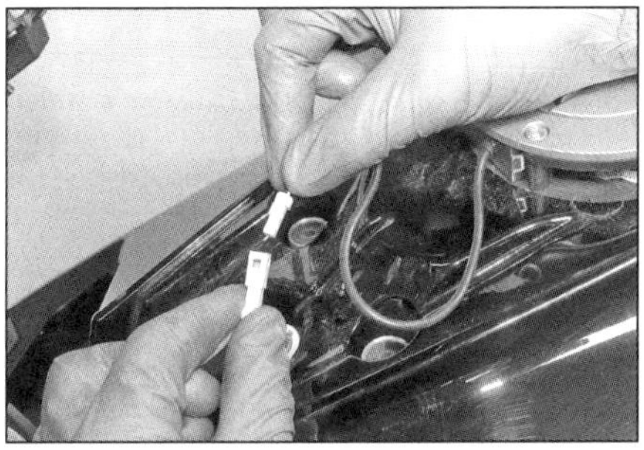

2.4 Stecker des Tankdeckel-Öffners (Modell mit Funkschlüssel-Zündschloss)

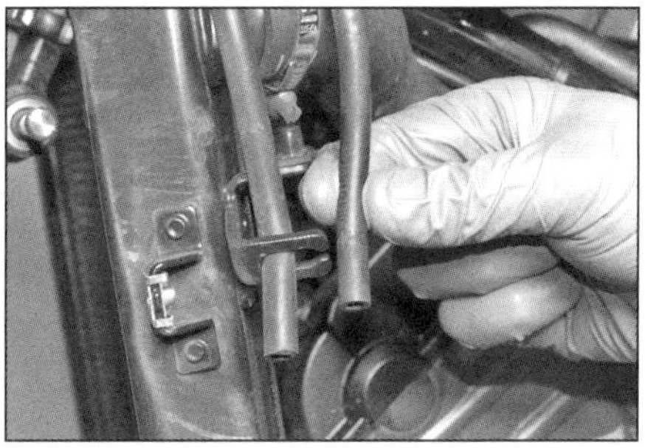

2.5a Befreien Sie den Belüftungsschlauch aus der Führung.

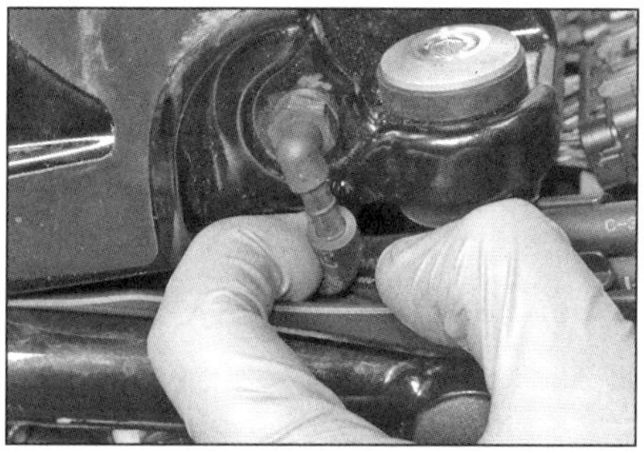

2.5b Ziehen Sie den Schlauch der Verdunstungsregelung hinten am Tank ab.

14 Lesen Sie sorgfältig die »Sicherheit Zuerst!«-Sektion am Anfang dieses Buchs, bevor Sie mit der Arbeit beginnen.

2 Tank

Warnung: Bei der Demontage des Tanks wird es sich nicht vermeiden lassen, dass Benzinreste verschüttet werden. Lesen Sie zunächst die Warnhinweise in Sektion 1 und halten Sie einige Lappen bereit. Nachdem der Tank demontiert wurde, sollte er auf Lappen abgelegt werden, um Schäden am Lack und Anschlüssen zu vermeiden. Versuchen Sie den Ausbau so zu legen, dass der Tank fast leer gefahren wurde; alternativ muss der Kraftstoff mit einer geeigneten Pumpe abgesaugt und in Kanistern gelagert werden.

R-Modelle

Ausbau

1 Demontieren Sie die Sitze und die Tankverkleidungen (siehe Kapitel 7).

2 Die Zündung muss ausgeschaltet und der Tankdeckel sicher verschlossen sein.

3 Befreien und entfernen Sie die Tankabdeckung. Trennen Sie bei einem Fahrzeug mit Funkschlüssel-System den Antennenkabel-Stecker (siehe Abbildungen).

4 Trennen Sie bei einem Fahrzeug mit Funkschlüssel-System den Stecker des Tankdeckel-Öffners (siehe Abbildung).

5 Befreien Sie den Belüftungsschlauch vom Kühler (siehe Abbildung). Ziehen Sie bei Modellen mit Verdunstungsregelung hinten am Tank den Schlauch ab (siehe Abbildung).

6 Säubern Sie den Schnellverbinder der Kraftstoffleitung äußerlich, damit kein Schmutz eindringen kann. Unterlegen Sie die Verbindung mit Lappen, um Benzinreste aufzunehmen. Drücken Sie die Arretierung ein und ziehen Sie den Anschluss ab (siehe Abbildungen). Dichten Sie beide Seiten des Schnellverbinders mit Folie oder einem Stück Latex-Handschuh sowie Gummibändern ab, damit kein Schmutz eindringen kann.

7 Halten Sie Hölzer bereit, um den Tank hinten ca. 10 cm vom Rahmen anheben zu können. Lösen Sie die Tank-Befestigungsschrauben (siehe Abbildung) und entnehmen Sie sie ggf. samt der oberen und unteren Gummibuchsen sowie der Hülsen. Heben Sie den Tank hinten an und stützen Sie ihn ab (siehe Abbildung).

2.6a Drücken Sie die Arretierung ein ...

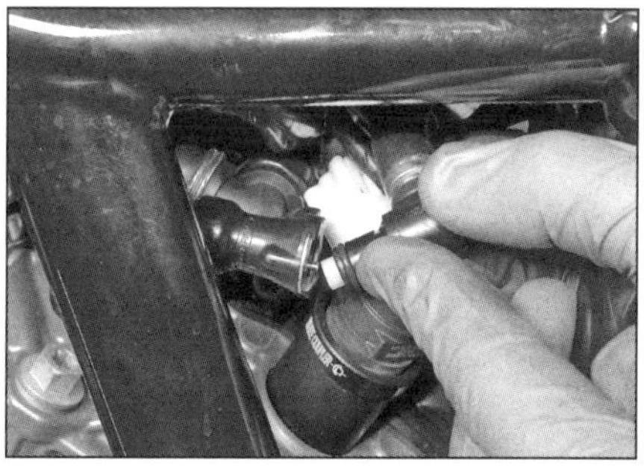

2.6b ... und ziehen Sie den Steckverbinder heraus.

2.7a Lösen Sie die Tank-Befestigungsschrauben, ...

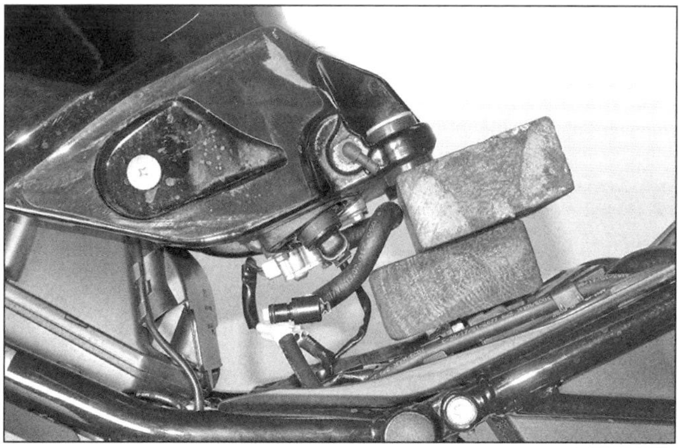

2.7b ... heben Sie den Tank hinten ca. 10 cm an und stützen Sie ihn mit Hölzern ab.

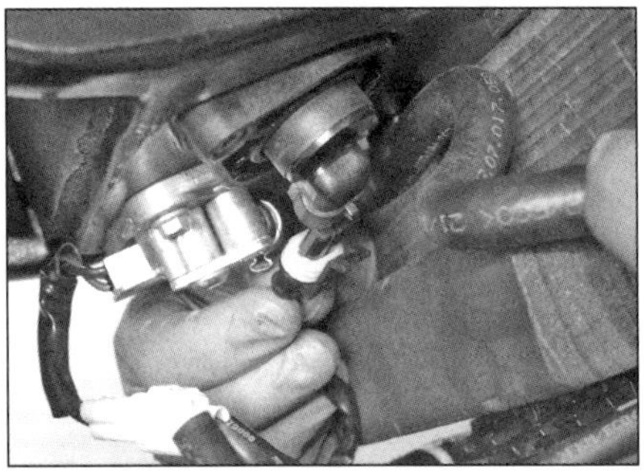

2.8a Trennen Sie die Stecker des Tankanzeige-Gebers …

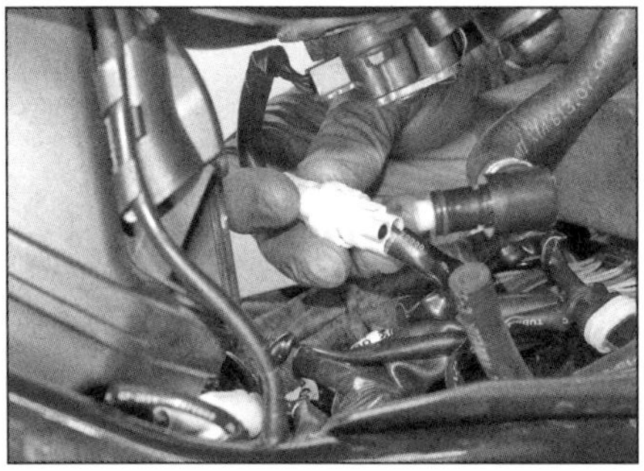

2.8b … und der Benzinpumpe.

2.9 Beachten Sie, wie der Tank um die Gummibuchsen des Rahmens positioniert ist.

2.23a Lösen Sie die Laschen …

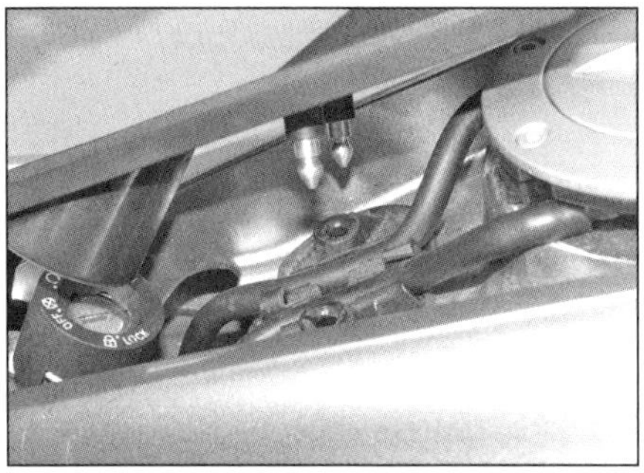

2.23b und heben Sie die Abdeckung an, um die Zapfen zu befreien.

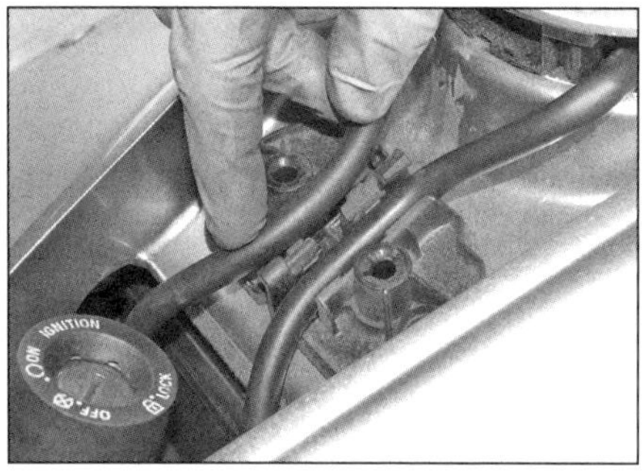

2.23c Befreien Sie die Belüftungsschläuche aus den Führungen …

8 Trennen Sie die Stecker des Tankanzeige-Gebers und der Benzinpumpe (siehe Abbildungen).

9 Entfernen Sie die Abstützung und ziehen Sie den Tank vorsichtig nach hinten, um seine vorderen Halterungen von den Gummibuchsen des Rahmens zu befreien, und heben Sie den Tank ab (siehe Abbildung).

10 Kontrollieren Sie alle Gummibuchsen und Schläuche auf Beschädigungen und Alterungserscheinungen und beschaffen Sie ggf. Neuteile.

Einbau

11 Je nachdem, wie der Tank gelagert wurde und wie voll er ist, kann Benzin in das Entlüftungsrohr gelangt sein, sodass saugfähige Lappen bereitgehalten werden sollten, um Benzin aus dem Entlüftungsschlauch aufzunehmen. Sobald der Tank aufrecht steht, wird sich das Rohr mit Luft füllen.

12 Positionieren Sie den Tank mit den Halterungen unter den Gummibuchsen des Rahmens (Abbildung 2.9). Heben Sie den Tank an und stützen Sie ihn wie zuvor ab (Abbildung 2.7b).

13 Verbinden Sie die Stecker der Benzinpumpe und des Tankanzeige-Gebers (Abbildungen 2.8b und a).

14 Entnehmen Sie die Abstützung und senken Sie ihn ab. Installieren Sie ggf. die Gummibuchsen und die Hülsen und installieren Sie die Schrauben (Abbildung 2.7a).

15 Entfernen Sie die Abdichtungen der Schnellverbinder. Prüfen Sie, ob der O-Ring korrekt in der Nut des Anschlusses sitzt und drücken Sie dies ein, bis er hörbar einrastet – er darf sich jetzt nicht mehr herausziehen lassen.

16 Sichern Sie den Entlüftungsschlauch in seiner Führung und verbinden Sie ggf. den Schlauch der Verdunstungsregelung (Abbildungen 2.5a und b).

17 Verbinden Sie bei einem Fahrzeug mit Funkschlüssel-System den Stecker des Tankdeckel-Öffners (Abbildung 2.4).

18 Montieren Sie die Tankabdeckung. Verbinden Sie bei einem Fahrzeug mit Funkschlüssel-System den Antennenkabel-Stecker (Abbildungen 2.3c und b).

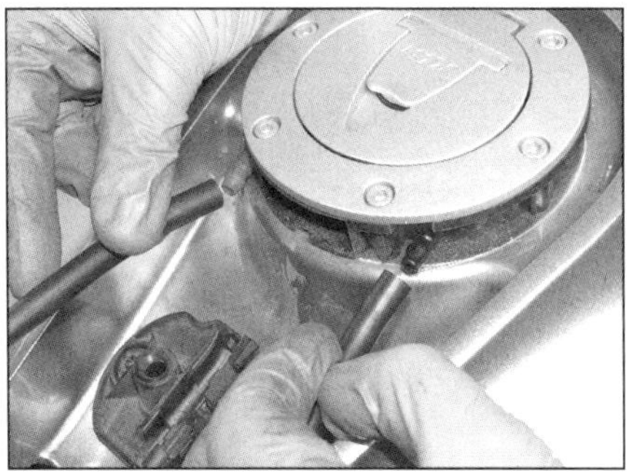

2.23d und ziehen Sie von ihren Stutzen.

19 Schalten Sie die Zündung ein, damit die Benzinpumpe das Kraftstoffsystem unter Druck setzt – aber starten Sie nicht den Motor. Wiederholen Sie dies mehrmals und kontrollieren Sie den Schnellverbinder auf Undichtigkeiten; notfalls muss dieser wieder getrennt (Schritt 6) und mit einem neuen O-Ring versehen werden.

20 Montieren Sie die Tankverkleidungen und die Sitze (siehe Kapitel 7).

GT-Modelle

Ausbau

21 Entfernen Sie die Sitze und alle Tankverkleidungen und Blenden (siehe Kapitel 7).

22 Die Zündung muss ausgeschaltet und der Tankdeckel sicher verschlossen sein.

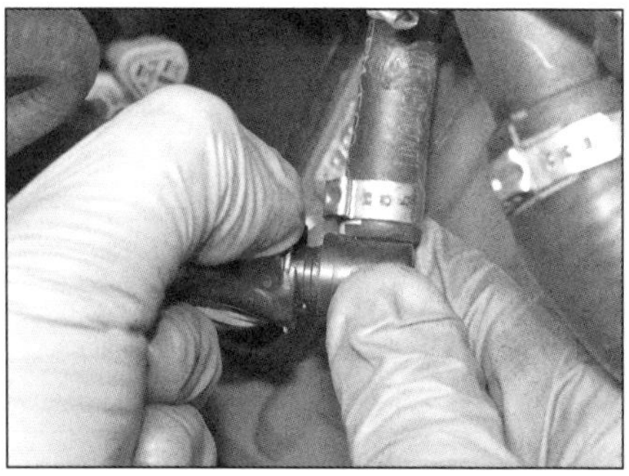

2.24a Drücken Sie die Arretierung ein …

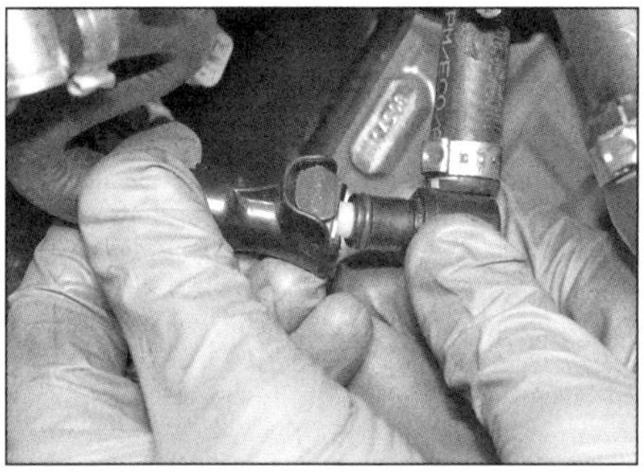

2.24b ... und ziehen Sie den Steckverbinder heraus.

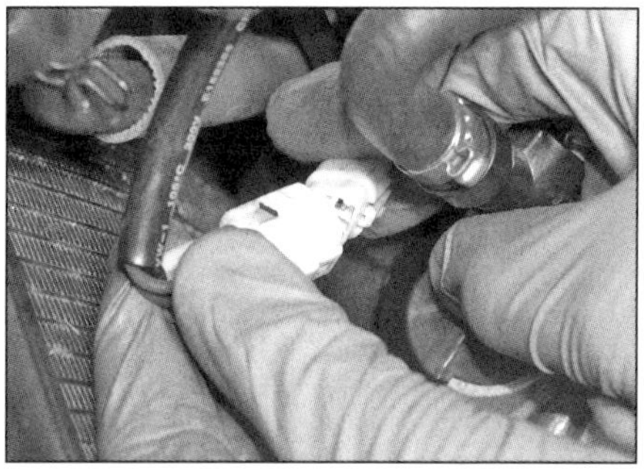

2.25a Trennen Sie die Stecker der Benzinpumpe ...

2.25b ... und des Tankanzeige-Gebers.

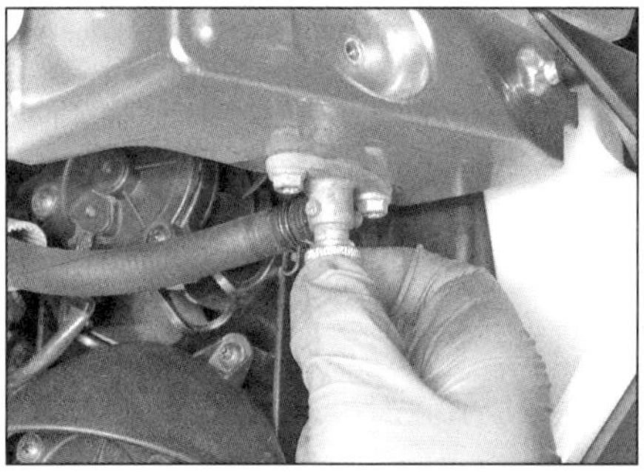

2.26a Verschließen Sie ZUERST mit den jeweiligen Rändelschrauben die Benzinhähne des Tanks.

2.26b Befreien Sie DANN an beiden Seiten die Schelle und ziehen Sie den Verbindungsschlauch ab.

2.27a Lösen Sie die vorderen und hinteren Tank-Befestigungsschrauben und entnehmen Sie ggf. die Hülsen und Buchsen ...

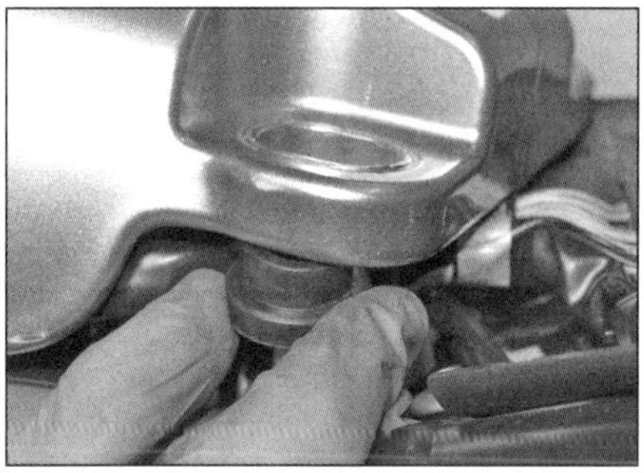

2.27b ... sowie die unteren Buchsen der hinteren ...

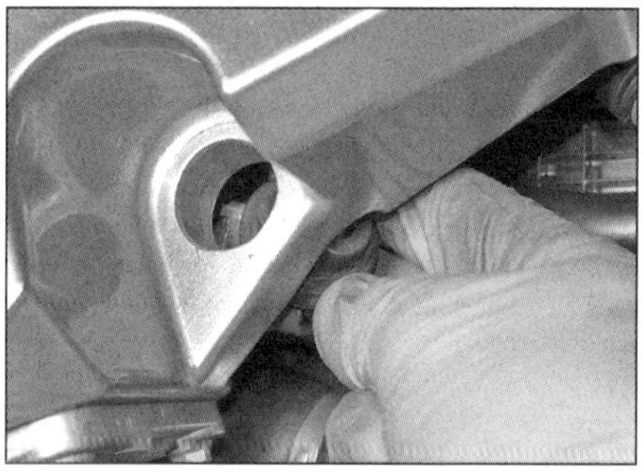

2.27c ... und seitlichen Aufnahmen.

2.28 Markieren Sie den Verbindungsschlauch, um ihn wieder richtig herum installieren zu können.

23 Befreien und entfernen Sie die Tankabdeckung (siehe Abbildungen). Lösen Sie beim Fahrzeug mit Funkschlüssel-System die Schraube der Antenne und befreien Sie diese vom Tank, trennen Sie dann den Stecker des Tankdeckel-Öffners und befreien Sie dessen Kabel aus der Führung. Befreien Sie bei allen Modellen die Belüftungsschläuche aus ihren Führungen und ziehen Sie sie ab (siehe Abbildungen).

24 Säubern Sie den Schnellverbinder der Kraftstoffleitung äußerlich, damit kein Schmutz eindringen kann. Unterlegen Sie die Verbindung mit Lappen, um Benzinreste aufzunehmen. Drücken Sie die Arretierung ein und ziehen Sie den Anschluss ab (siehe Abbildungen). Dichten Sie beide Seiten des Schnellverbinders mit Folie oder einem Stück Latex-Handschuh sowie Gummibändern ab, damit kein Schmutz eindringen kann.

25 Trennen Sie die Stecker der Benzinpumpe und des Tankanzeige-Gebers (siehe Abbildungen).

26 Schließen Sie beide Benzinhähne (siehe Abbildung). Lösen Sie an beiden Enden des Verbindungsschlauchs die Schellen und ziehen Sie den Schlauch ab – seien Sie auf etwas austretendes Benzin vorbereitet (siehe Abbildung).

27 Lösen Sie die Tank-Befestigungsschrauben (siehe Abbildung) und entnehmen Sie ggf. samt der oberen und unteren Gummibuchsen sowie der Hülsen (andernfalls könnten die unteren Buchsen herunterfallen (siehe Abbildungen). Heben Sie den Tank vorsichtig ab.

28 Entfernen Sie nötigenfalls den Verbindungsschlauch – merken Sie sich seine Einbauposition und Einbaurichtung (siehe Abbildung).

29 Kontrollieren Sie alle Gummibuchsen und Schläuche auf Beschädigungen und Alterungserscheinungen und beschaffen Sie ggf. Neuteile.

Einbau

30 Je nachdem, wie der Tank gelagert wurde und wie voll er ist, kann Benzin in das Entlüf-

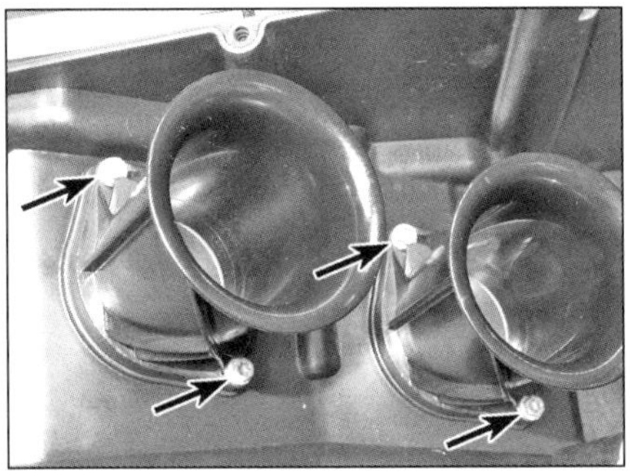

3.2a Lösen Sie die zwei Schrauben jedes Ansaugtrichters, ...

3.2b ... beachten Sie beim Abnehmen deren Hülsen.

3.3a Heben Sie das Gehäuse hinten an ...

3.3b ... und drücken Sie vorn die Einlassschächte heraus.

tungsrohr gelangt sein, sodass saugfähige Lappen bereitgehalten werden sollten, um Benzin aus dem Entlüftungsschlauch aufzunehmen. Sobald der Tank aufrecht steht, wird sich das Rohr mit Luft füllen.

31 Führen Sie ggf. den Verbindungsschlauch richtig herum über den vorderen Zylinderkopf zur anderen Tankseite (Abbildung 2.28).

32 Positionieren Sie den Tank auf dem Rahmen. Installieren Sie alle Buchsen und Hülsen und sichern Sie ihn mit den Schrauben (Abbildungen 2.27c, b und a).

33 Schließen Sie den Verbindungsschlauch an beiden Benzinhähnen an und sichern Sie ihn mit den Schellen (Abbildung 2.26b). Öffnen Sie die Benzinhähne (Abbildung 2.26a) und kontrollieren Sie alles auf Undichtigkeiten.

34 Verbinden Sie die Stecker der Benzinpumpe und des Tankanzeige-Gebers (Abbildungen 2.25a und b).

35 Entfernen Sie die Abdichtungen der Schnellverbinder. Prüfen Sie, ob der O-Ring korrekt in der Nut des Anschlusses sitzt und drücken Sie dies ein, bis er hörbar einrastet – er darf sich jetzt nicht mehr herausziehen lassen.

36 Verbinden Sie die Entlüftungsschläuche und sichern Sie sie in ihrer Führung (Abbildungen 2.23d und c). Verbinden Sie bei einem Fahrzeug mit Funkschlüssel-System den Stecker des Tankdeckel-Öffners und sichern Sie das Kabel in seiner Führung, montieren Sie dann die Antenne. Montieren Sie die Tankabdeckung (Abbildungen 2.23b und a).

37 Schalten Sie die Zündung ein, damit die Benzinpumpe das Kraftstoffsystem unter Druck setzt – aber starten Sie nicht den Motor. Wiederholen Sie dies mehrmals und kontrollieren Sie den Schnellverbinder auf Undichtigkeiten; notfalls muss dieser wieder getrennt (Schritt 24) und mit einem neuen O-Ring versehen werden.

38 Montieren Sie die Tankverkleidungen und Blenden sowie die Sitze (siehe Kapitel 7).

Reparatur

39 Reparaturarbeiten am Benzintank sollten von Fachbetrieben ausgeführt werden, da sie sehr schwierig und gefährlich sind. Auch nach dem Reinigen und Ausspülen des Tanks können explosive Gase zurückbleiben, die sich im Zuge der Arbeiten entzünden können.

40 Nach der Demontage des Tanks sollte er so gelagert werden, dass die ausströmenden Gase nicht durch Funken und Flammen entzündet werden können. Besondere Vorsicht ist in Räumen mit Gasheizungen geboten, da deren Zündflamme eine Explosion verursachen kann.

3 Luftfiltergehäuse

Ausbau

1 Entfernen Sie das Luftfilterelement (siehe Kapitel 1, Sektion 16).

2 Demontieren Sie die Ansaugtrichter (siehe Abbildungen)

3 Heben Sie das Gehäuse hinten an und befreien Sie vorn die Einlassschächte – merken Sie sich ihre Positionen (siehe Abbildungen).

4 Heben Sie das Gehäuse vorn an und trennen Sie den Ablaufschlauch. Heben Sie es weiter an, befreien Sie das Sekundärluft-Steuerventil aus seinem Halter und trennen Sie seinen Schlauch vom Stutzen; jetzt kann das Gehäuse entnommen werden (siehe Abbildungen). Bedecken Sie das Drosselklappengehäuse mit Lappen.

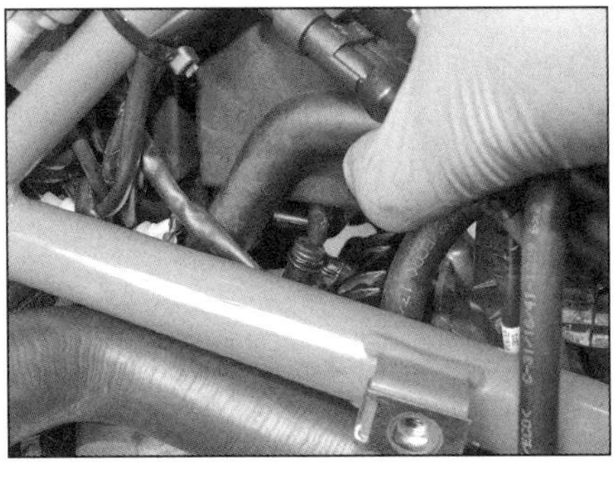

3.4a Ziehen Sie den Ablaufschlauch von seinem Stutzen.

3.4b Befreien Sie das Sekundärluft-Steuerventil aus seinem Halter und trennen Sie seinen Schlauch vom Stutzen.

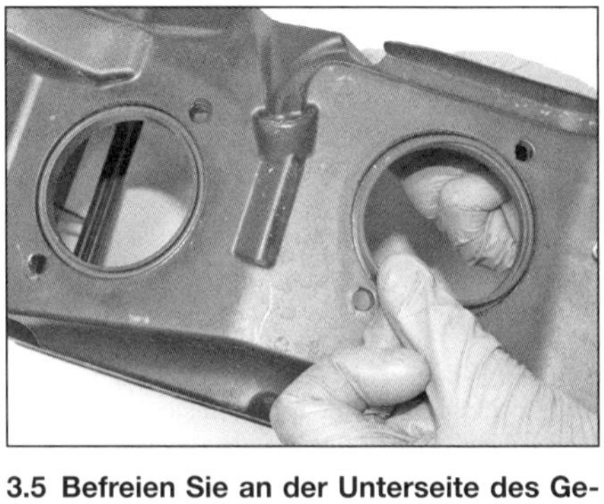

3.5 Befreien Sie an der Unterseite des Gehäuses die O-Ringe aus den Nuten.

3.6a Tragen Sie an den Haltelaschen und den beiden Schlauchstutzen etwas Vaseline auf, ...

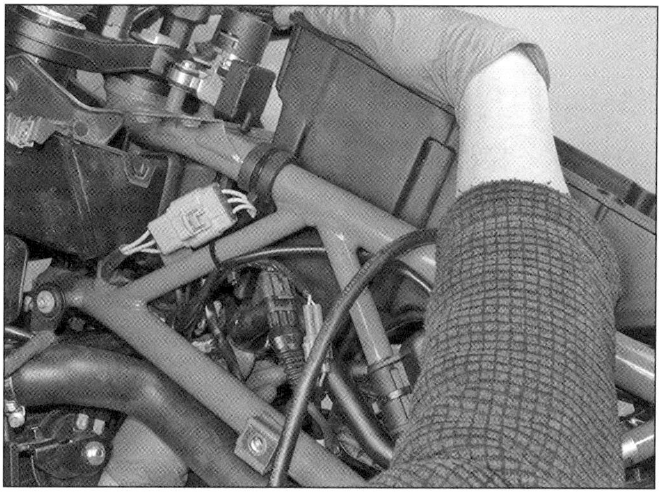

3.6b ... sodass sich das Ventil und die Schläuche beim Aufsetzen des Gehäuses leichter aufschieben lassen.

5 Befreien Sie an der Unterseite des Gehäuses die O-Ringe aus den Nuten (siehe Abbildung), kontrollieren Sie sie und ersetzen Sie sie nötigenfalls.

Einbau

6 Der Einbau entspricht der umgekehrten Ausbaureihenfolge – beachten Sie dabei folgende Punkte:

- Kontrollieren Sie die O-Ringe zum Drosselklappengehäuse (Abbildung 3.5) und ersetzen Sie sie nötigenfalls – sie müssen korrekt in ihren Nuten sitzen.
- Tragen Sie am Halter des Sekundärluft-Ventils sowie den beiden Schlauchstutzen etwas Vaseline auf (Abbildung 3.6a).
- Drücken Sie das Luftfiltergehäuse herunter, während Sie den Schlauch aufschieben und das Ventil installieren (Abbildung 3.6b).
- Die Einlassschächte müssen korrekt vorn ins Gehäuse greifen (Abbildung 3.6c).
- Die Ansaugtrichter sind identisch – vergessen Sie bei der Montage nicht die Hülsen (Abbildungen 3.2b und a).

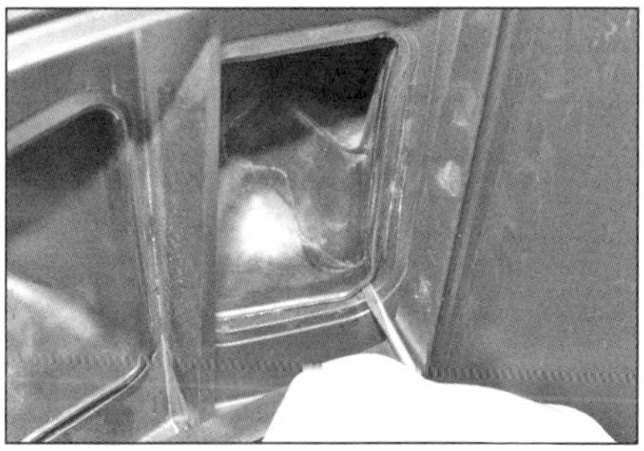

3.6c Führen Sie die Dichtlippen der Einlassschächte mit einem kleinen Schraubendreher hinter die Gehäusewand.

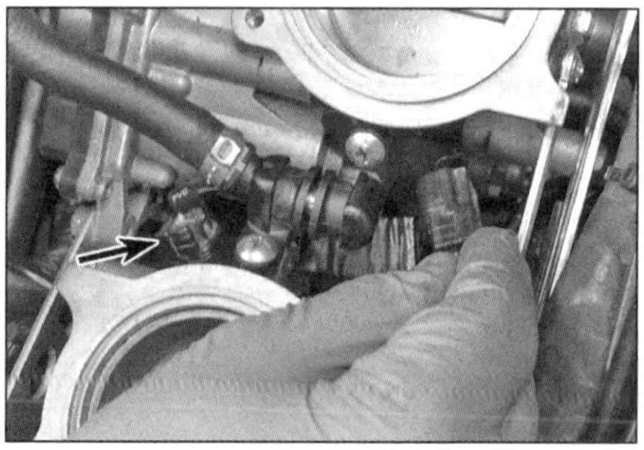

4.2 Trennen Sie die Einspritzdüsen-Stecker.

4 Drosselklappengehäuse

Warnung: Lesen Sie vor Arbeitsbeginn die Warnhinweise in Sektion 1.

Ausbau

1 Demontieren Sie das Luftfiltergehäuse (siehe Sektion 3).

2 Trennen Sie die Einspritzdüsen-Stecker (siehe Abbildung).

3 Trennen Sie die Stecker der Ansaugdruck-Sensoren (siehe Abbildung).

4 Befreien Sie **beim R-Modell** den Kühlmittel-Ausgleichsbehälter aus seiner Aufnahme (siehe Abbildungen).

4.3 Trennen Sie an beiden Enden des Drosselklappengehäuses die Stecker der Ansaugdruck-Sensoren.

4.4a Ziehen Sie den unteren Zapfen der Abdeckung vorsichtig aus der Gummiöse ...

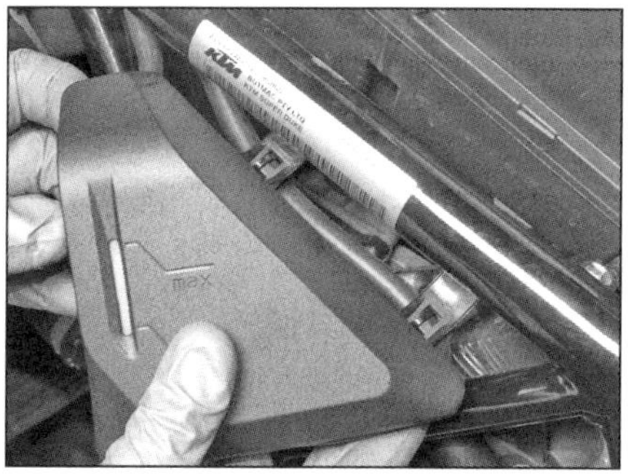

4.4b ... und hängen Sie sie oben am Rahmen aus, um den Behälter am Schlauch hängend aus dem Arbeitsbereich zu verlagern.

4.6a Lockern Sie die oberen Schellen ...

4.6b ... beider Einlassstutzen.

4.7a Befreien Sie das Drosselklappengehäuse aus beiden Einlassstutzen ...

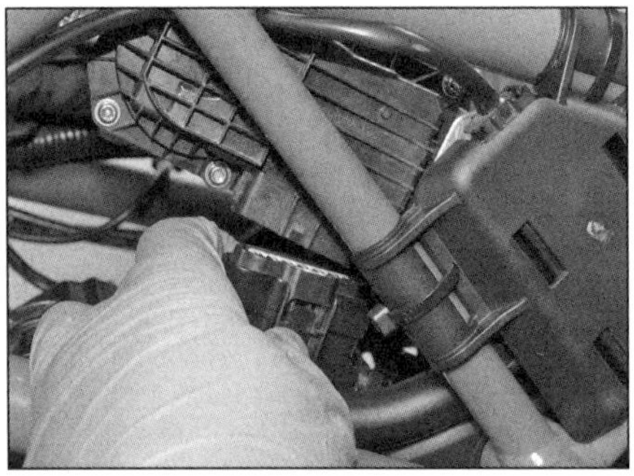

4.7b ... und trennen Sie den Stecker der Drosselklappensteuerung.

4.10a Richten Sie die Ausschnitte aus.

5 Lösen Sie **beim R-Modell ab 2017 und allen GT-Modellen** links am Motorrad die Schraube des Kabelbaum-Halters und verlagern Sie die Verkabelung beiseite, um Zugang zu den Drosselklappengehäuse-Schrauben des hinteren Zylinders zu erhalten.
6 Lockern Sie die oberen Schellen der Einlassstutzen (siehe Abbildungen).
7 Befreien Sie das Drosselklappengehäuse aus beiden Einlassstutzen und trennen Sie den Stecker der Drosselklappensteuerung (siehe Abbildungen).
8 Lockern Sie nötigenfalls die unteren Schellen der Einlassstutzen, um diese aus den Zylinderköpfen zu befreien. Kontrollieren Sie die Ansaugstutzen-Gummis, achten Sie vor allem auf Risse und ersetzen Sie sie nötigenfalls durch Neuteile.

Achtung: Bedecken oder verstopfen Sie die Einlasskanäle des Zylinderkopfes, damit nichts in den Motor fallen kann.

9 Demontieren Sie nötigenfalls die Ansaugdruck-Sensoren (siehe Sektion 7) und die Einspritzdüsen (siehe Sektion 5). Weitere Komponenten lassen sich nicht vom Drosselklappengehäuse demontieren und sind auch nicht als Einzelteile erhältlich.

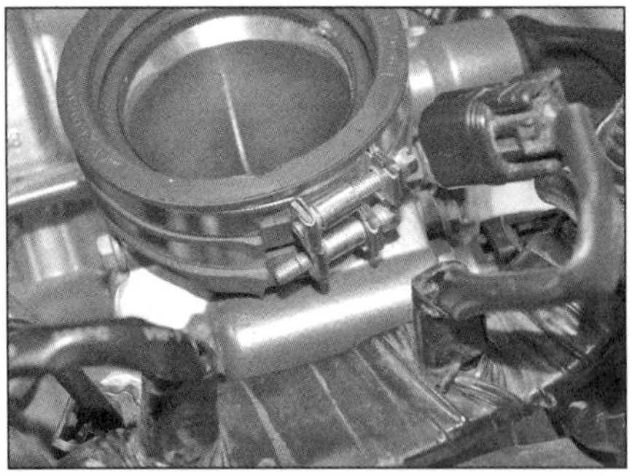

4.10b Lassen Sie die Schellen gegen die Erhebungen der Stutzen drücken.

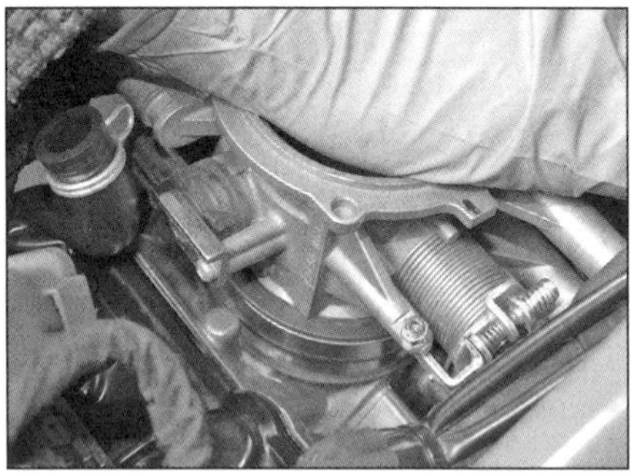

4.10c Drücken Sie das Drosselklappengehäuse vollständig in beide Ansaugstutzen.

Einbau

10 Der Einbau entspricht der umgekehrten Ausbaureihenfolge – beachten Sie dabei folgende Punkte:

- Montieren Sie ggf. die Ansaugstutzen an die Zylinderköpfe – richten Sie ihre Ausschnitte dabei korrekt aus (Abbildung 4.10a).
- Richten Sie die Schellen so aus, dass ihre inneren Enden an den Erhebungen der Ansaugstutzen anliegen (Abbildung 4.10b).
- Vergessen Sie nicht, mögliche Lappen aus den Einlässen zu entnehmen.
- Schmieren Sie die Stutzen innen mit etwas Motoröl, damit das Gehäuse besser hineinrutschen kann.
- Verbinden Sie zunächst den Stecker der Drosselklappensteuerung, bevor Sie das Gehäuse vollständig in die Stutzen schieben (Abbildungen 4.7b und 4.10c).
- Alle Kabelstecker müssen sicher verbunden sein.

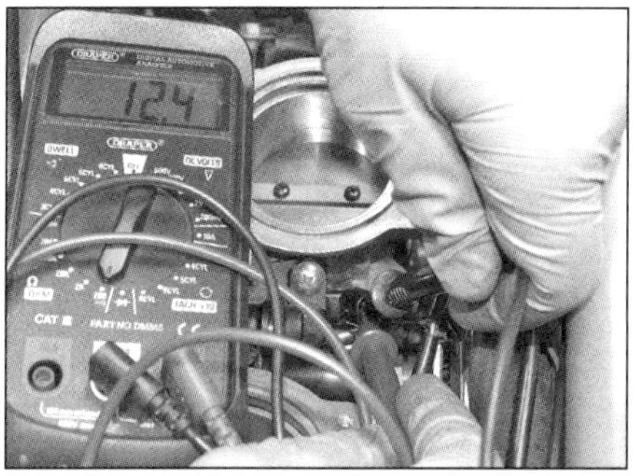

5.3 Prüfen Sie den Widerstand der beiden Einspritzdüsen.

5.7 Lösen Sie die Schrauben und befreien Sie die Einspritzdüsen-Baugruppe.

5.8 Befreien Sie die Dichtringe ggf. mit einem Haken aus den Einspritzdüsen-Sitzen.

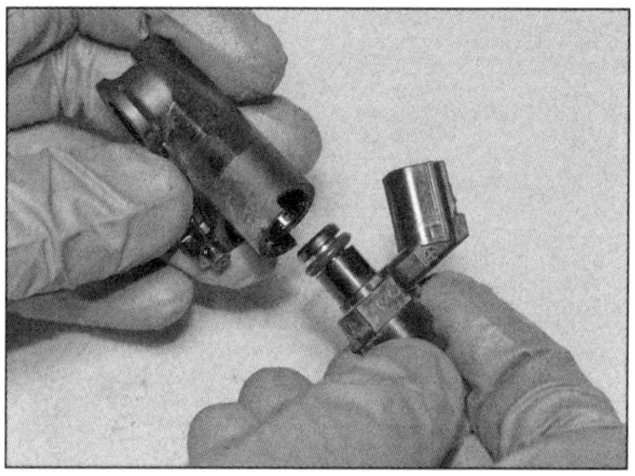

5.9 Ziehen Sie die Einspritzdüse aus ihrem Halter.

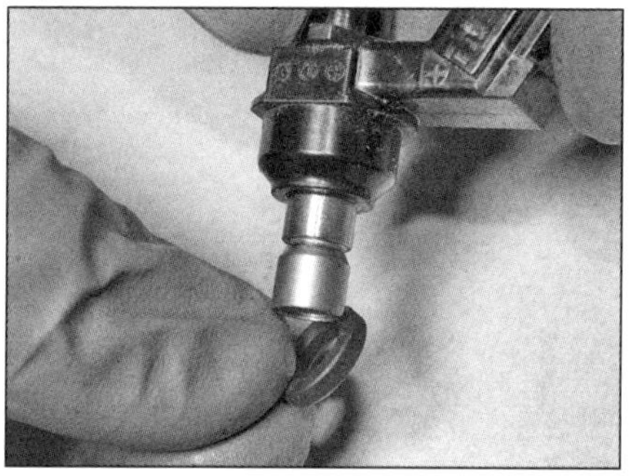

5.10 Rüsten Sie die Einspritzdüsen mit neuen eingeölten Dichtringen aus.

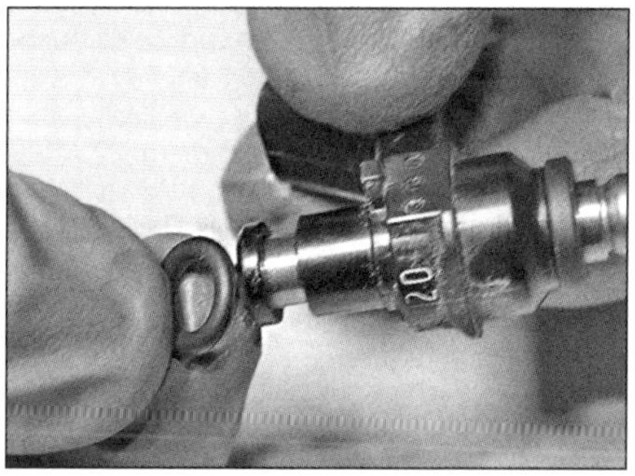

5.11 Installieren Sie den O-Ring in die obere Nut der Einspritzdüse.

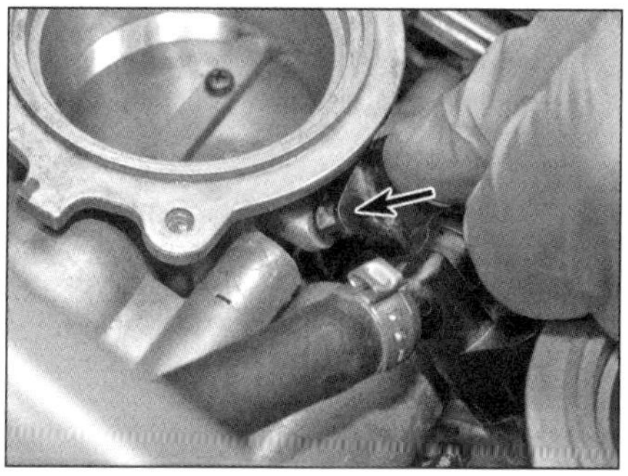

5.12 Der Stift des Halters (Pfeil) muss in die Bohrung der Aufnahme greifen.

5 Einspritzdüsen

Warnung: Lesen Sie vor Arbeitsbeginn die Warnhinweise in Sektion 1.

Kontrolle

Anmerkung: *Falls an einer Einspritzdüse oder ihrem Stromkreis ein Defekt vorliegt, wird im Cockpit eine Warnung angezeigt. Bringen Sie das Motorrad zu einer KTM-Werkstatt, wo mithilfe geeigneter Diagnoseausrüstung der exakte Fehler ausgelesen werden kann.*

1 Soweit der Motor läuft, wird er gestartet und im Standgas laufen gelassen. Prüfen Sie nacheinander die Funktion der Einspritzdüsen, indem Sie einen Schraubendreher oder andere Stange an die Düse halten und auf klickende Geräusche achten – falls an einer Düse keine Geräusche zu hören sind, ist entweder sie oder ihre Verkabelung defekt.
2 Falls der Motor nicht läuft, muss zunächst das Luftfiltergehäuse demontiert werden (siehe Sektion 3). Trennen Sie die Stecker der Einspritzdüsen (Abbildung 4.2).
3 Verbinden Sie ein Ohmmeter mit den beiden Kontakten der Einspritzdüse und messen Sie den Widerstand (siehe Abbildung) – es müssen 12,4 Ohm festgestellt werden; andernfalls muss die Einspritzdüse demontiert (siehe unten) und durch ein Neuteil ersetzt werden.

Ausbau

4 Demontieren Sie das Luftfiltergehäuse (siehe Sektion 3).
5 Trennen Sie die Stecker der Einspritzdüsen (Abbildung 4.2).
6 Reinigen Sie die Einspritzdüsen-Sitze (möglichst mit Druckluft), damit kein Schmutz in die Brennräume fällt.
7 Lösen Sie die Schrauben des Einspritzdüsen-Halters und heben Sie diesen samt der Düsen vorsichtig ab (siehe Abbildung).
8 Entfernen Sie die Dichtringe, die entweder in den Einspritzdüsen-Sitzen liegen (siehe Abbildung) oder an deren Mündungen verbleiben (Abbildung 5.10) – sie müssen später durch Neuteile ersetzt werden.
9 Ziehen Sie die Einspritzdüsen nötigenfalls aus ihren Haltern (siehe Abbildung) – die jetzt zugänglichen O-Ringe müssen später durch Neuteile ersetzt werden (Abbildung 5.11).

Einbau

10 Rüsten Sie die Einspritzdüsen mit neuen eingeölten Dichtringen aus (siehe Abbildung).
11 Falls die Einspritzdüsen aus ihren Haltern befreit wurden, müssen neue geschmierte O-Ringe in die oberen Nuten installiert werden (siehe Abbildung). Richten Sie die Düsen-Sockel zu den Ausschnitten der Halter aus und schieben Sie die Düsen ein, ohne dabei die O-Ringe aus ihren Positionen zu drücken (Abbildung 5.9).
12 Installieren Sie die Einspritzdüsen-Baugruppe – beide Düsen müssen in ihre Sitze gleiten und ihre Dichtungen in Position verbleiben. Der Stift des Halters muss in die Bohrung der Aufnahme greifen (siehe Abbildung). Sichern Sie alles mit den sorgfältig angezogenen Schrauben (Abbildung 5.7).
13 Verbinden Sie die Einspritzdüsenstecker (Abbildung 4.2).
14 Montieren Sie das Luftfiltergehäuse (siehe Sektion 3).
15 Starten Sie den Motor und kontrollieren Sie vor der ersten Fahrt die Dichtigkeit und die korrekte Funktion des Kraftstoffsystems.

6.6a Sechsstift-Diagnosestecker beim R-Modell von 2014 (bei entfernter Batterieabdeckung)

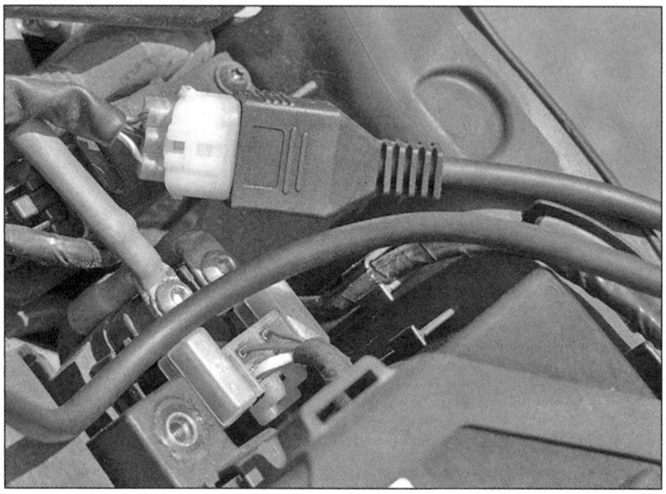

6.6b Entfernen Sie die Kappe vom Diagnosestecker und verbinden Sie das Diagnosegerät.

6 Motorsteuerung
Beschreibung und Fehlerdiagnose

Allgemeine Informationen

1 Alle Modelle sind mit einer komplexen Motorsteuerung ausgerüstet, die vom Motorsteuergerät (EECU = Engine Electronics Control Unit) überwacht wird.

2 Das System erhält und koordiniert Signale der folgenden Haupt-Sensoren:

- Drosselklappensensor (TP-Sensor)
- Gasgriff-Sensor
- Ansaugluftdrucksensor (MAP-Sensor)
- Ansauglufttemperatursensor (IAT-Sensor)
- Kühltemperatursensor (ECT-Sensor)
- Kurbelwellensensor (CKP-Sensor)
- Lambdasonde (λ-Sensor)

Anmerkung: *Je nach Modell beobachten weitere Sensoren den Schräglagenwinkel (Lean Angle) die Überschlagsneigung (Slope Angle), die Beschleunigung, die Geschwindigkeit, den Federweg, den atmosphärischen Druck und die Umgebungstemperatur.*

3 Anhand der erhaltenen Informationen berechnet das Steuermodul den besten Zünd- und Einspritz-Zeitpunkt sowie die erforderliche Kraftstoffmenge – Letzteres geschieht durch verschieden lange elektronische Impulse an die Einspritzdüsen, also über die Einspritzdauer. Diese Menge hängt davon ab, ob der Motor gestartet oder warm gefahren wird, im Standgas läuft, im Schiebebetrieb rollt oder unter Last arbeitet. Die Einspritzdüsen sitzen hinter den Drosselklappen im Drosselklappengehäuse.

4 Alle Modelle sind mit einer elektronischen Drosselklappensteuerung (»Ride by Wire«) ausgerüstet, bei der ein Gasgriff-Sensor am Lenker Informationen über die Position und die Drehrichtung des Gasgriffs an die Regelung der Drosselklappen weiterleitet.

Fehlerdiagnose

Anmerkung: *Die General-Warnleuchte und die Motor-Warnleuchte im Cockpit leuchten nach dem Einschalten der Zündung zusammen mit allen anderen Warnleuchten für einige Sekunden auf, um ihre Funktionsfähigkeit anzuzeigen.*

5 Falls das System anormale Sensordaten entdeckt oder beim Starten bzw. während der Fahrt ein Fehler auftritt, leuchtet entweder die General-Warnleuchte und die Motor-Warnleuchte im Cockpit auf oder spezifische Warnleuchten (Wegfahrsperre, Motortemperatur, Öldruck, ABS, Traktionskontrolle) leuchten auf oder blinken (je nach Modell und Umstände) und jeder relevante Fehlercode wird gespeichert. Bei Modellen mit TFT-Monitor kann je nach Fehler eine Kurzbeschreibung des Fehlers angezeigt werden oder ist über das Menü zugänglich. Beachten Sie für mehr Informationen zu den verschiedenen Cockpit-Displays und Funktionen die Hinweise in der Bedienungsanleitung (die nötigenfalls auch über *www.ktm.com* heruntergeladen werden kann.

6 Falls die Motor-Warnleuchte nicht erlischt oder während der Fahrt aufleuchtet, ist im Einspritzanlagen/Zündsystem ein Fehler aufgetreten – der Fehlercode wird im EECU gespeichert und kann mit einem speziellen Diagnosegerät ausgelesen werden und ggf. auch beseitigt werden. KTM-Werkstätten sind entsprechend ausgerüstet, doch es gibt auch Zubehör-Diagnosegeräte, mit denen zumindest Fehler ausgelesen werden können. Das Diagnosegerät

7.4 Lösen Sie die Schraube (Pfeil) der jeweiligen vorderen Rahmen-Abdeckung und entnehmen Sie diese.

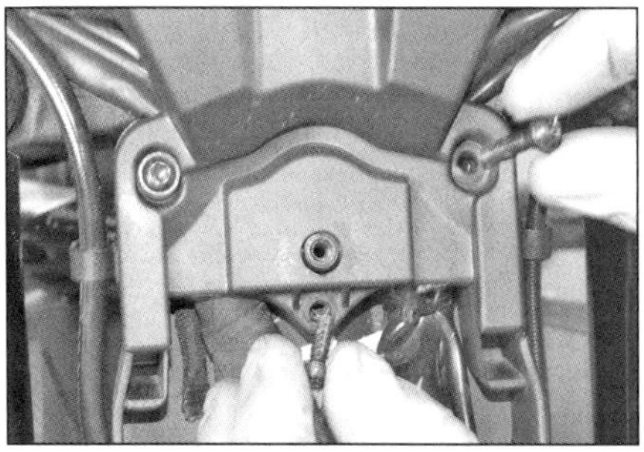

7.5a Lösen Sie die drei Schrauben, ...

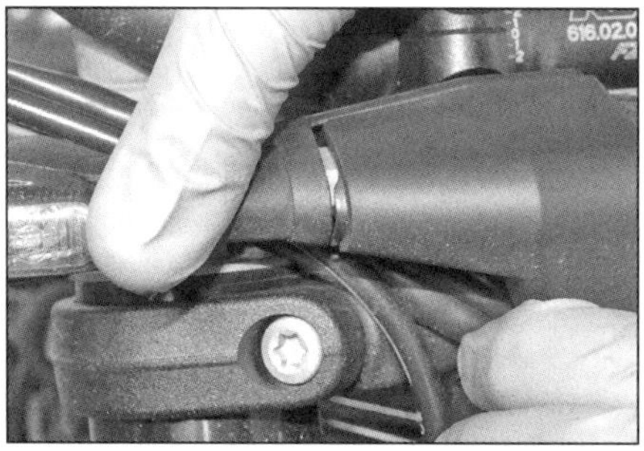

7.5b ... drücken Sie die Blinker etwas zurück, um die Laschen zu befreien, ...

wird mit dem Sechsstift-Diagnosestecker verbunden (siehe Abbildungen).

Anmerkung: *Beachten Sie hierfür auch die Elektrik-Fehlersuche in Kapitel 8, Sektion 2 sowie die Schaltpläne am Ende von Kapitel 8.*

7 Ohne Diagnoseausrüstung können nur wenige Tests durchgeführt werden, doch einige grundlegende Kontrollen sind möglich: Prüfen Sie zuerst, ob nicht die entsprechende Sicherung durchgebrannt ist (siehe Kapitel 8, Sektion 5). Stellen Sie dann sicher, dass alle Kabelstecker fest verbunden und frei von Korrosion sind – schlechte Kontakte sind mit Abstand die häufigsten Ursachen elektrischer Probleme. Kontrollieren Sie auch die Kabel selbst auf Unterbrechungen und andere Schäden – verwenden Sie hierfür einen Durchgangsprüfer, um die Verkabelung zwischen dem Bauteil, seinen Steckern und dem Steuergerät sowie ggf. Masse zu überprüfen (beachten Sie den entsprechenden Kabelbaum). Falls **beim R-Modell ab 2017 und GT-Modellen ab 2019** ein System-Defekt auftritt (statt einer einzelnen ausgefallenen Komponente), muss das Leistungs-Relais überprüft werden.

Achtung: Die CAN-BUS-Stromkreise sind in den Schaltplänen mit »CAN High« und »CAN Low« markiert. Diese Stromkreise dürfen nicht mit konventionellen Prüfgeräten und Prüfverfahren getestet werden!

8 Stellen Sie sicher, dass Fehler nicht durch schlechte Wartung auftreten – sorgen Sie also für einen sauberen Luftfilter, funktionsfähige Zündkerzen und ein korrektes Ventilspiel (siehe Kapitel 1). Es kann auch hilfreich sein, den/die entsprechenden Sensor(en) auszubauen (siehe Sektion 7), um die Sensorspitze von möglichen Verschmutzungen zu befreien.

7 Motorsteuerungssystem-Sensoren

Achtung: Bevor irgendwelche elektrischen Leitungen der Motorsteuerung getrennt oder verbunden werden, muss die Zündung abgeschaltet werden – andernfalls kann das Steuermodul beschädigt werden!

Drosselklappensensor (TP-Sensor) und Stellmotor

1 Der Drosselklappensensor ist in die elektronische Drosselklappensteuerung integriert, die wiederum Bestandteil des Drosselklappengehäuses ist, sodass dies bei einem defekten Sensor ersetzt werden muss (siehe Sektion 4).

Gasgriffsensor

2 Bei R-Modellen bis 2016 und GT-Modellen bis 2018 ist der Gasgriffsensor in das Gasgriffgehäuse am Lenker integriert. Bei R-Modellen ab 2017 und GT-Modellen ab 2019 sitzt der Sensor in einem eigenen Gehäuse am Lenker.
3 Demontieren Sie das Luftfiltergehäuse (siehe Sektion 3) und die Einlassstutzen (siehe Kapitel 7).
4 Entfernen Sie an beiden Seiten die vorderen Rahmen-Abdeckungen (siehe Abbildung).
5 Demontieren Sie bei allen R-Modellen den Scheinwerfer (siehe Kapitel 8, Sektion 8). Demontieren Sie **beim R-Modell ab 2017** die Instrumenten-Baugruppe (siehe Kapitel 8, Sektion 15), lösen Sei die vorderen Abdeckungs-Schrauben und befreien Sie die Abdeckung (siehe Abbildungen).
6 Verfolgen Sie die Verkabelung des rechten Schaltergehäuses oder Gasgriffsensor-Gehäuses sowie ggf. des Heizgriffs, befreien Sie sie aus allen Befestigungen und trennen Sie ihre(n) Stecker (siehe Abbildungen). Führen Sie die Kabel zum Gehäuse zurück – merken Sie sich ihre Verlegung.

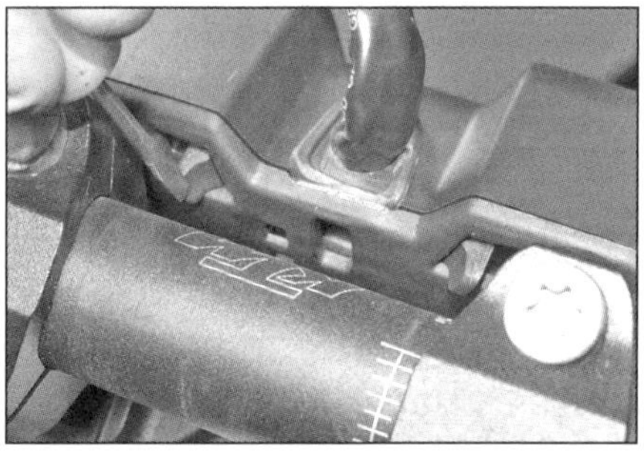

7.5c ... drücken Sie den die Clips beiseite, ...

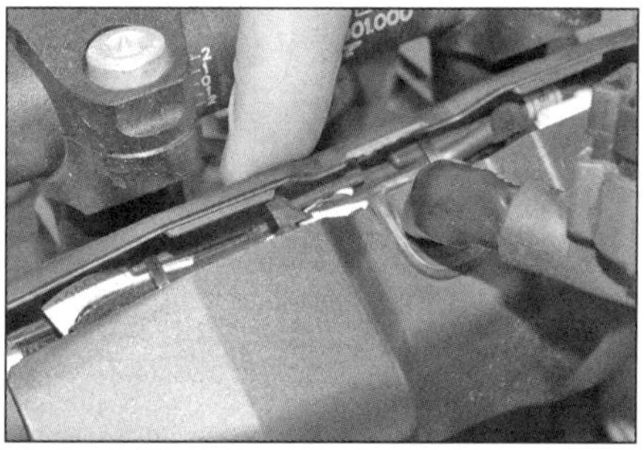

7.5d ... um die Abdeckung zu befreien ...

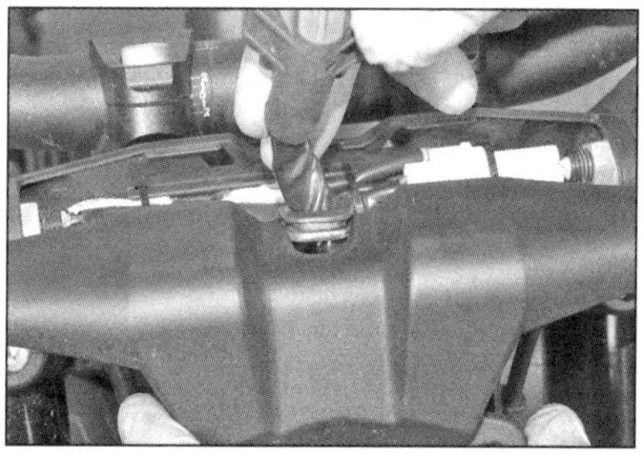

7.5e ... und den Kabelstopfen herauszuziehen,

7.6a Die Stecker der Lenker-Verkabelung befinden sich hinter dem Lenkkopf (gezeigt bei der 2017er-GT) ...

7.6b ... und die Heizgriff-Stecker sollten mit HEATED GRIP markiert sein.

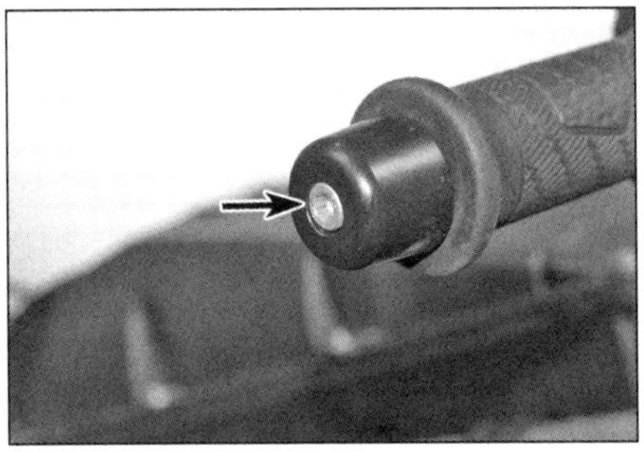

7.7a Lockern Sie die Schraube des rechten Lenkergewichts ...

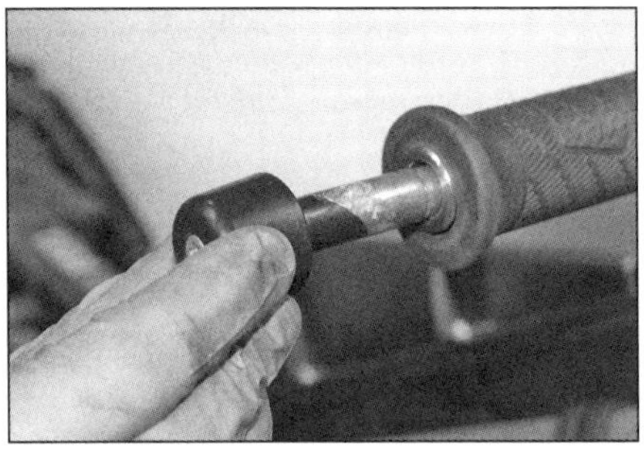

7.7b ... und befreien Sie dies aus dem Lenker.

7.8a Lösen Sie die Schrauben, ...

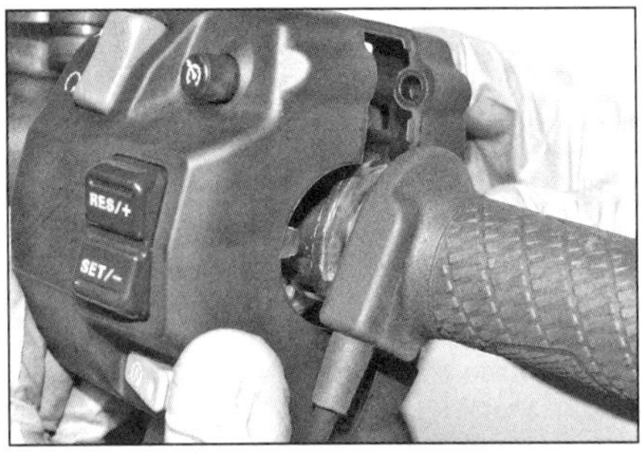

7.8b ... befreien Sie das Schaltergehäuse oder die Abdeckung ...

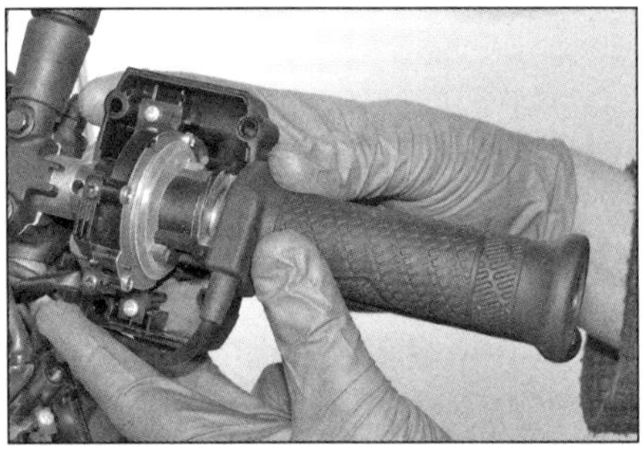

7.8c ... und ziehen Sie die Baugruppe vom Lenker.

7 Lockern Sie die Schraube des rechten Lenkergewichts und befreien Sie dies aus dem Lenker (siehe Abbildungen).

8 Lösen Sie die Schrauben des rechten Schaltergehäuses oder Gasgriffsensor-Gehäuses – merken Sie sich seine Einbaulage (siehe Abbildungen). Ziehen Sie das Gehäuse vom Lenker und befreien Sie den Gasgriff (siehe Abbildung).

9 Der Einbau entspricht der umgekehrten Ausbaureihenfolge. Der Gasgriff muss korrekt in den Sensor greifen und die Lasche am Schaltergehäuse oder der Abdeckung in der Nut des Gasgriffs liegen; der Stift des Gehäuses muss in die Bohrung des Lenkers greifen (siehe Abbildungen).

Ansaugluftdrucksensor (MAP-Sensor)

10 Jeder Zylinder verfügt über einen eigenen Ansaugluftdrucksensor - diese sitzen vorn und hinten am Drosselklappengehäuse. Demontieren Sie das Luftfiltergehäuse (siehe Sektion 3).

11 Trennen Sie den Sensorstecker (Abbildung 4.3).

12 Lösen Sie die Schraube und entfernen Sie die Platte und den Sensor (siehe Abbildung) – kontrollieren Sie den O-Ring und ersetzen Sie ihn nötigenfalls.

13 Der Einbau entspricht der umgekehrten Ausbaureihenfolge.

Ansauglufttemperatursensor (IAT-Sensor)

14 Demontieren Sie den Tank (siehe Sektion 2) – der Sensor sitzt oben am Luftfiltergehäuse.

15 Trennen Sie den Kabelstecker, lösen Sie die zwei Schrauben und befreien Sie den Sensor (siehe Abbildung).

16 Der Einbau entspricht der umgekehrten Ausbaureihenfolge.

Kühltemperatursensor (ECT-Sensor)

17 Beachten Sie die Hinweise in Kapitel 3, Sektion 3.

7.9a Der Gasgriff muss korrekt mit dem Sensor verbunden sein. Richten Sie die Baugruppe so aus, dass die Lenkerbohrung (Pfeil) zugänglich ist.

7.9b Richten Sie die Lasche (A) zur Nut (B) des Gasgriffs und den Stift (C) zur Lenkerbohrung (D) aus.

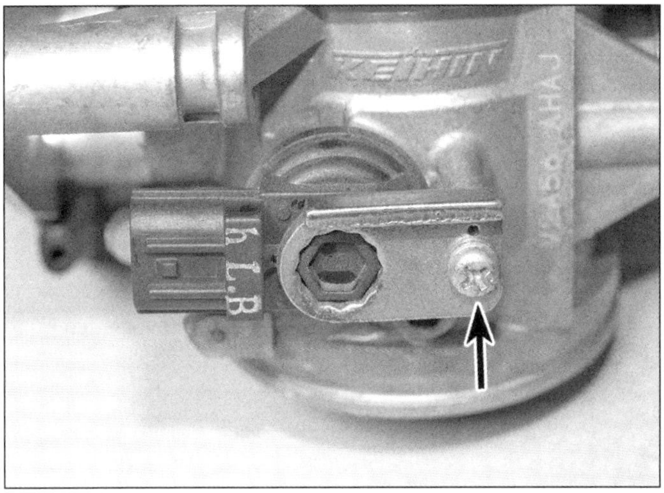

7.12 Schraube und Platte des Ansaugluftdrucksensors

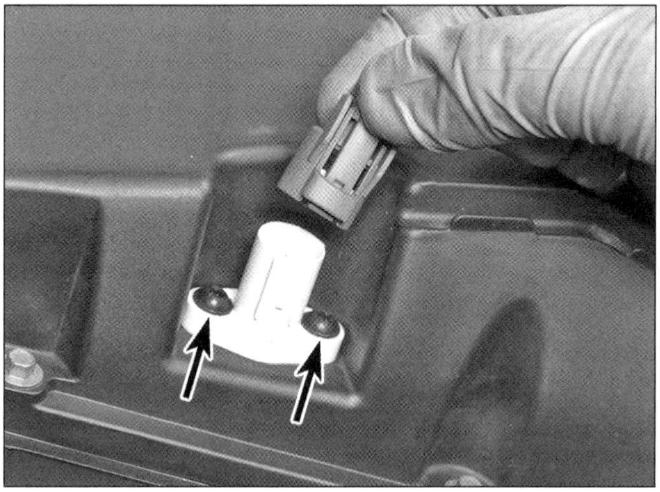

7.15 Stecker und Schrauben (Pfeile) des Ansauglufttemperatursensors

Lambdasonde

Anmerkung: *Die Lambdasonde ist sehr empfindlich und verträgt weder Schläge noch Reinigungsmittel. Lassen Sie die Auspuffanlage zunächst vollständig abkühlen.*

> **Werkzeug TIPP**
> ***Beschaffen Sie möglichst einen geschlitzten Steckschlüssel, um das Kabel durchführen zu können und die Sonde mit dem korrekten Drehmoment anziehen zu können.***

18 Jeder Zylinder ist in seinem Krümmer mit einer eigenen Lambdasonde ausgerüstet (siehe Abbildungen): Die des vorderen Zylinders sitzt rechts im Krümmer – entfernen Sie für den Zugang zum Stecker **beim R-Modell** die rechte Rahmenabdeckung (siehe Kapitel 7, Sektion 2) und **beim GT-Modell** den rechten Tankspoiler (siehe Kapitel 7, Sektion 3). Die Lambdasonde des hinteren Zylinders sitzt im hinteren Krümmer – demontieren Sie für den Zugang zum Stecker den Kraftstofftank (siehe Sektion 2).

19 Verfolgen Sie das Sondenkabel, befreien Sie es aus allen Befestigungen und trennen Sie seinen Stecker. Führen Sie das Kabel zur Sonde zurück und merken Sie sich seine Verlegung.

20 Schrauben Sie die Lambdasonde heraus (siehe Werkzeug-Tipp).

21 Der Einbau entspricht der umgekehrten Ausbaureihenfolge – die Lambdasonde wird mit 25 Nm angezogen.

Kurbelwellensensor (CKP-Sensor)

Ausbau

22 Der Sensor sitzt neben dem Lichtmaschinenrotor am Motorgehäuse – demontieren Sie für den Zugang den Lichtmaschinendeckel (siehe Kapitel 2, Sektion 13). Um **beim GT-Modell** Zugang zum Lichtmaschinendeckel zu erhalten, muss der linke Tankspoiler entfernt werden (siehe Kapitel 7, Sektion 3).

23 Verfolgen Sie das Sensorkabel, befreien Sie es aus allen Befestigungen und trennen Sie seinen Stecker (siehe Abbildung). Führen Sie das Kabel zum Sensor zurück und merken Sie sich seine Verlegung.

7.18a Die Lambdasonde des vorderen Zylinders ...

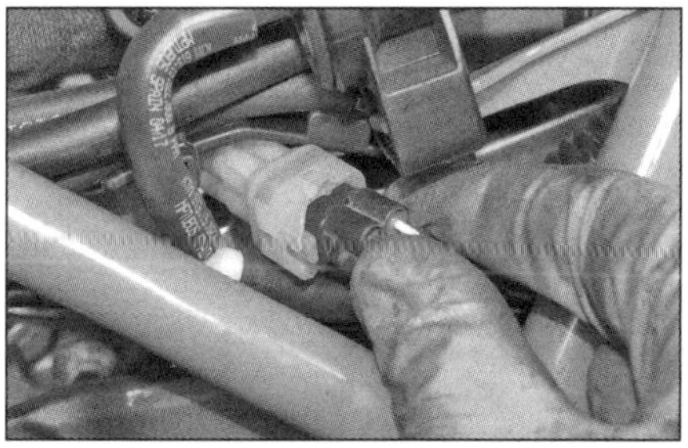

7.18b ... und ihr Kabelstecker.

4

7.18c Die Lambdasonde des hinteren Zylinders ...

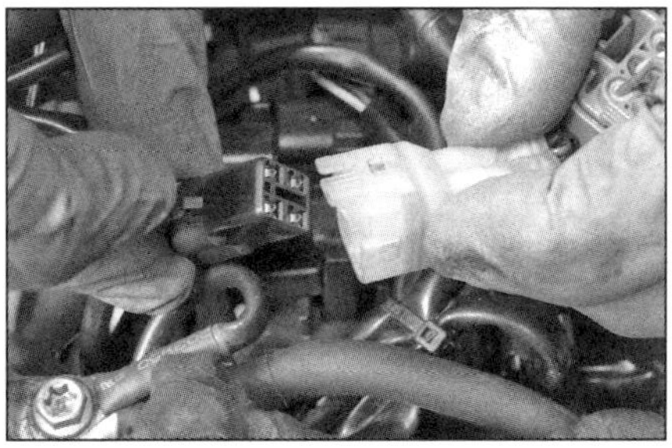

7.18d ... und ihr Kabelstecker.

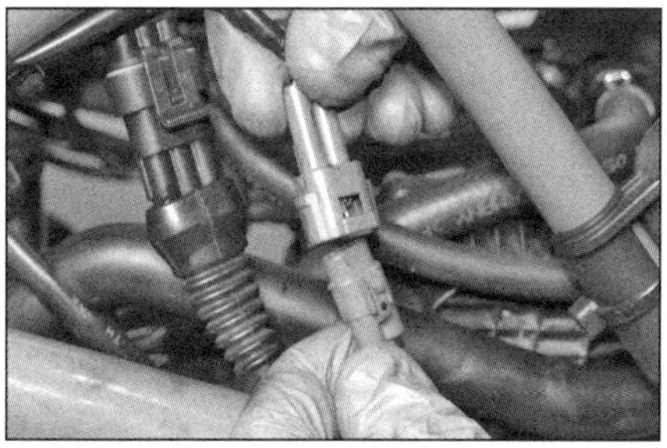

7.23 Trennen Sie den Stecker des Kurbelwellensensors.

24 Lösen Sie die Schrauben des Sensors, um ihn zu befreien, und ziehen Sie den Kabelstopfen aus dem Gehäuse-Ausschnitt (siehe Abbildung).

7.24a Lösen Sie die Schrauben, ...

7.24b ... befreien Sie den Kurbelwellensensor und ziehen Sie den Kabelstopfen heraus.

Einbau

25 Reinigen Sie die Gewinde der Sensor-Schrauben und tragen Sie frische Sicherungspaste *(Loctite)* auf. Versehen Sie den Kabelstopfen mit etwas Dichtmasse (z. B. *Loctite 5910)*.
26 Drücken Sie den Kabelstopfen in seinen Ausschnitt, installieren Sie den Sensor und drehen Sie die Schrauben zunächst handfest ein (Abbildungen 7.24b und a). Führen Sie ein Fühlerlehrenblatt der Stärke 0,4 mm zwischen der Sensorspitze und eine der Auslöser-Erhebungen am Rotor ein, um den korrekten Abstand einzustellen; ziehen Sie nun die Schrauben sorgfältig an (siehe Abbildung).
27 Verbinden und sichern Sie das korrekt verlegte Kabel (Abbildung 7.23).
28 Montieren Sie den Lichtmaschinendeckel (siehe Kapitel 2, Sektion 13) und beim GT-Modell die linke Tankblende.

8 Motorsteuergerät (EECU)

Anmerkung: *Details zum zentralen Steuergerät (CECU = Central Electronics Control Unit) finden sich in Kapitel 8, Sektion 29.*

Kontrolle

1 Falls am Motorsteuergerät ein Defekt auftritt, wird im Display eine Warnung erscheinen und das System muss mithilfe eines KTM-Diagnosegeräts überprüft werden. Falls ein neues Steuergerät installiert werden soll, muss dies mithilfe des KTM-Diagnosegeräts initialisiert werden.
2 Die Nummerierung der Kontaktstifte an den Steuergerät-Steckern A und B (siehe Abbildung) sind in den Schaltplänen wiedergegeben. Bei genauer Betrachtung der Stecker lassen sich die Anfangs- und End-Nummern identifizieren (siehe Abbildung).

Ausbau und Einbau

3 Die Zündung muss abgeschaltet sein. Demontieren Sie den Fahrersitz (siehe Kapitel 7).
4 Heben Sie das Steuergerät von seinen Haltelaschen und trennen Sie die Stecker (siehe Abbildungen).
5 Der Einbau entspricht der umgekehrten Ausbaureihenfolge – achten Sie auf korrekt gesicherte Stecker (siehe Abbildung).

9 Kraftstoffdruck-Prüfung

Warnung: Lesen Sie vor Arbeitsbeginn die Warnhinweise in Sektion 1.

Anmerkung: *Für diese Kontrolle werden ein Druckprüfer samt Adapter und passender Schläuche und Anschlüsse für die Schnellverbinder der Kraftstoffleitung benötigt (siehe Schritt 3). Zwar können bei KTM die entsprechenden Verbindungen und im Fachhandel die anderen Teile beschafft werden, doch es kann billiger sein, die Druckprüfung von einer entsprechend ausgerüsteten Fachwerkstatt durchführen zu lassen – zumal die Ausrüstung wahrscheinlich nie wieder benötigt wird. Mithilfe eines Diagnosegeräts lässt sich eine Benzinpumpe aktivieren, ohne dass dabei der Motor gestartet werden muss.*

1 Entfernen Sie **beim GT-Modell** die linke Tank-Blende (siehe Kapitel 7, Sektion 3).
2 Trennen Sie die Kraftstoffleitung (siehe Sektion 2, Schritt 6 oder 24).
3 Um einen Druckprüfer zwischen den getrennten Kraftstoffleitungen anzuschließen, muss ein ca. 15 cm langer Benzinschlauch an beiden Seiten mit den neuen Schnellverschluss-Hälften ausgerüstet, in der Mitte durchtrennt und dort mit einem T-Stück verbunden werden, an dessen offenes Ende das Messgerät angeschlossen wird; verbinden Sie dann die Schnellverschlüsse dieser Baugruppe mit denen des Motorrads.
4 Starten Sie den Motor und lassen Sie ihn im Standgas laufen. Lesen Sie am Messgerät den Kraftstoffdruck ab und schalten Sie den Motor wieder ab – es müssen 3,8 bis 4,2 bar ermittelt werden.
5 Falls der Druck deutlich über 4,2 bar liegt, wird der Druckregler in der Benzinpumpe oder die Pumpe selbst defekt sein, sodass eine

7.26 Stellen Sie den Sensor-Abstand auf 0,4 mm ein, bevor die Schrauben angezogen werden.

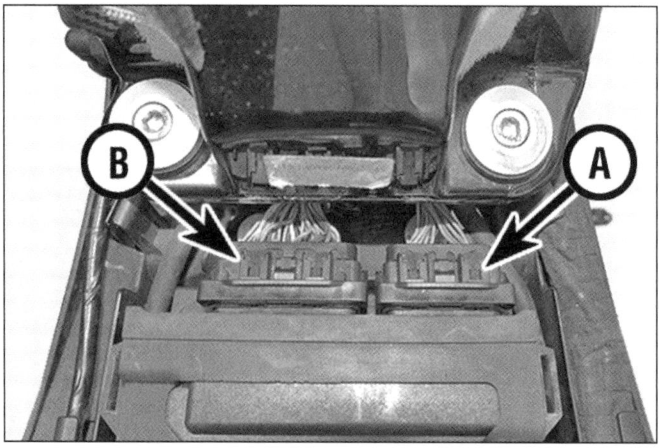

8.2a Steuergerät-Stecker A und B

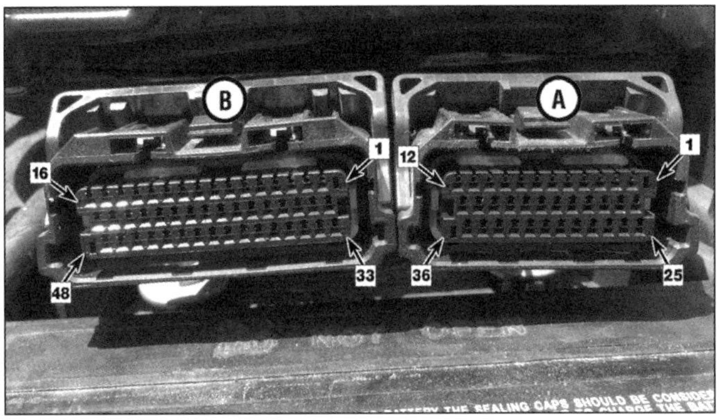

8.2b Position und Identifikation der Kontaktstift-Nummerierung

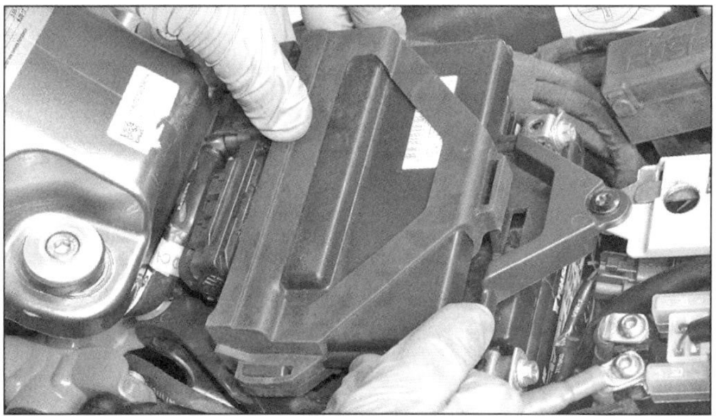

8.4a Heben Sie das Steuergerät an, um die Gummiabdeckung von den Laschen zu befreien.

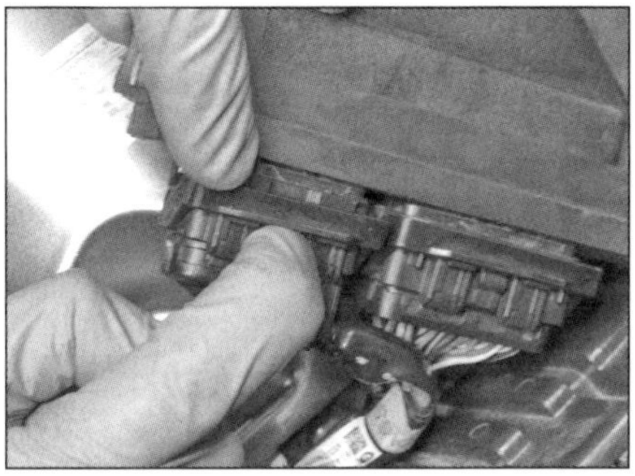

8.4b Drücken Sie die Arretierungen der Stecker ein und schwenken Sie die Hebel herum, um sie trennen zu können.

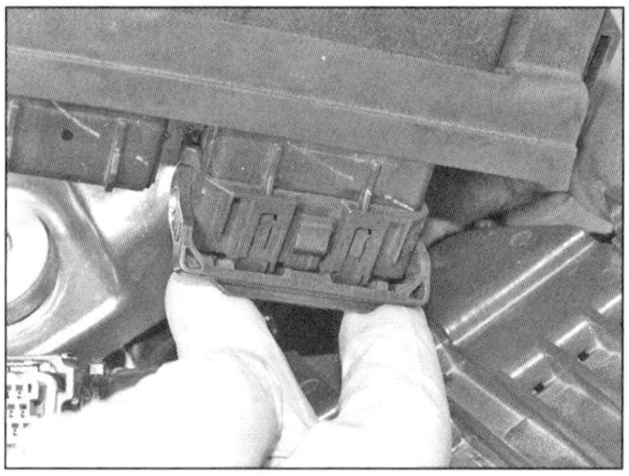

8.5 Positionieren Sie den Kabelstecker in seinem Kontakt, drücken Sie dann den Hebel herum, um ihn hineinzuziehen, bis der Hebel hinter der Arretierlasche einrastet.

neue Pumpe installiert werden muss (siehe Sektion 10).

6 Falls der Druck deutlich unter 3,8 bar liegt, muss zunächst geprüft werden, ob irgendwo Benzin leckt (durch den Geruch erkennbar). Wird kein Leck festgestellt, muss der Test mit geöffnetem Tankdeckel wiederholt werden – bei steigendem Druck wird die Tankentlüftung blockiert. Prüfen Sie auch, ob einer Tankentlüftungs-, Verdunstungsregelungs- oder Kraftstoffschläuche abgeklemmt oder verstopft ist. Demontieren Sie anschließend die Benzinpumpe (siehe Sektion 10), kontrollieren Sie das Ansaugsieb auf Verstopfung (was sehr unwahrscheinlich ist) und ersetzen Sie den Kraftstofffilter. Bleibt der Druck auch mit einem neuen Filter niedrig, wird der Druckregler in der Benzinpumpe oder die Pumpe selbst defekt sein, sodass eine neue Pumpe installiert werden muss (siehe Sektion 10).

7 Schalten Sie zum Schluss den Motor ab, entfernen Sie den Druckprüfer samt seiner Schläuche (seien Sie auf etwas austretendes Benzin vorbereitet) und verbinden Sie die Schnellverbindungen der Kraftstoffleitung.

8 Starten Sie den Motor und kontrollieren Sie den Arbeitsbereich auf Undichtigkeiten.

10 Benzinpumpe

Warnung: Lesen Sie vor Arbeitsbeginn die Warnhinweise in Sektion 1.

1 Die Benzinpumpe sitzt innerhalb des Tanks. Nach dem Einschalten der Zündung (Killschalter auf RUN) muss die Pumpe einige Sekunden hörbar laufen, bis das Kraftstoffsystem unter Druck gesetzt ist, dann schaltet sie sich bis zum Starten des Motors ab. Falls von der Pumpe nichts zu hören ist, muss geprüft werden, ob die Sicherung in Ordnung ist (siehe Kapitel 8, Sektion 5). Falls im Cockpit eine Warnung angezeigt wird (siehe Sektion 6), muss das System mithilfe einer geeigneten Diagnoseausrüstung überprüft werden.

Ausbau

Anmerkung: *Bei GT-Modellen kann die Benzinpumpe bei eingebautem Tank demontiert werden – dafür muss dieser allerdings komplett entleert sein. Falls sich im Tank noch etwas Benzin befindet, sollte er demontiert und für den Ausbau der Pumpe auf den Kopf gestellt werden.*

2 Entleeren Sie den Tank so weit wie möglich (z.B. mit einer geeigneten Pumpe) und demontieren Sie ihn (siehe Sektion 2). Legen Sie den Tank bei gut verschlossenem Tankdeckel auf Lappen ab. Falls **beim GT-Modell** der Tank nicht demontiert wird, müssen der linke Tankspoiler entfernt (siehe Kapitel 7, Sektion 3) und die Kraftstoffleitung sowie der Pumpenstecker getrennt werden (siehe Sektion 2, Schritt 24 und 25).

3 Reinigen Sie die Tank-Unterseite und die Pumpenplatte. Lösen Sie die Schrauben und heben Sie die Pumpen-Baugruppe vorsichtig aus dem Tank (siehe Abbildungen).

4 Beachten Sie die Einbaupositionen der O-Ringe und entfernen Sie sie – sie müssen spä-

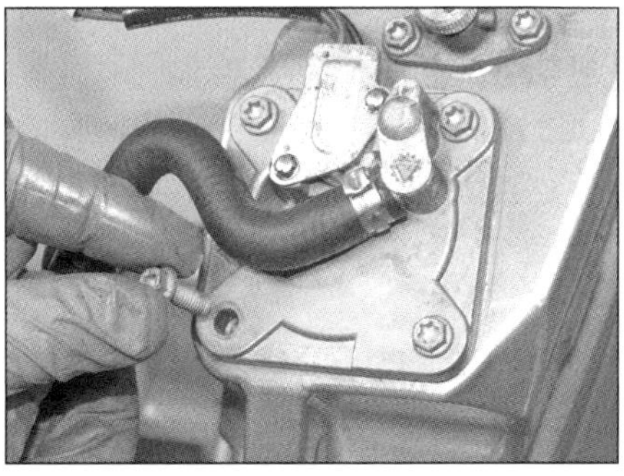

10.3a Lösen Sie die Schrauben der Pumpenplatte ...

10.3b ... und befreien Sie die Pumpen-Baugruppe vorsichtig aus dem Tank.

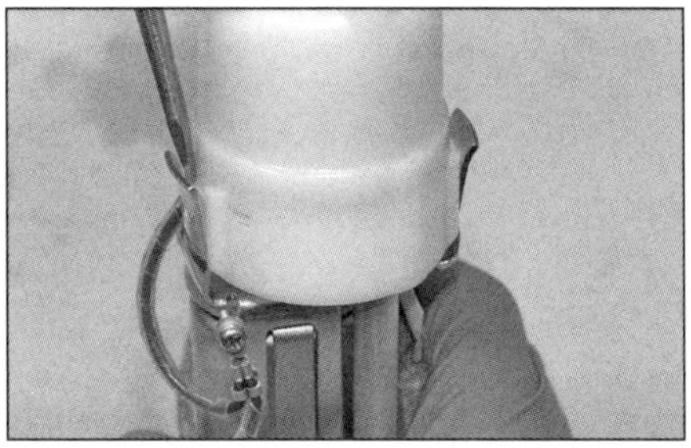

10.5a Befreien Sie die Klemmen von den Laschen des Filtergehäuses ...

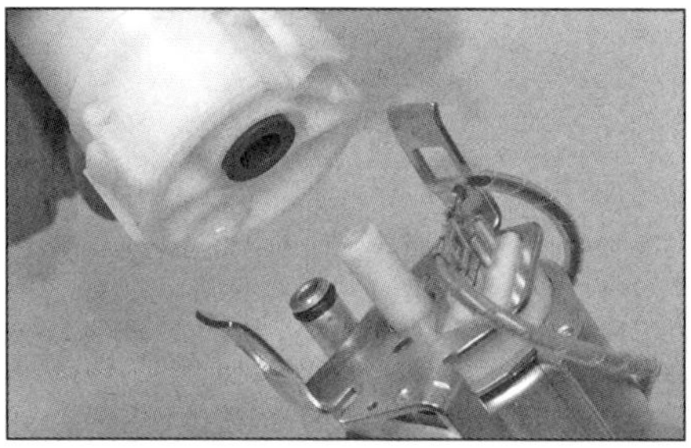

10.5b ... und ziehen Sie dies von der Pumpe.

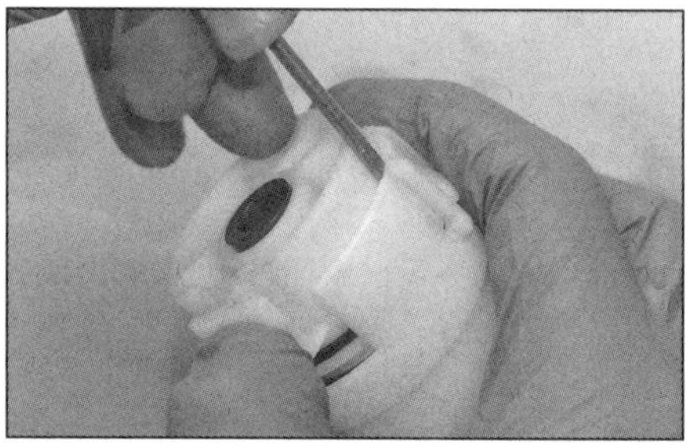

10.5c Lösen Sie die Laschen ...

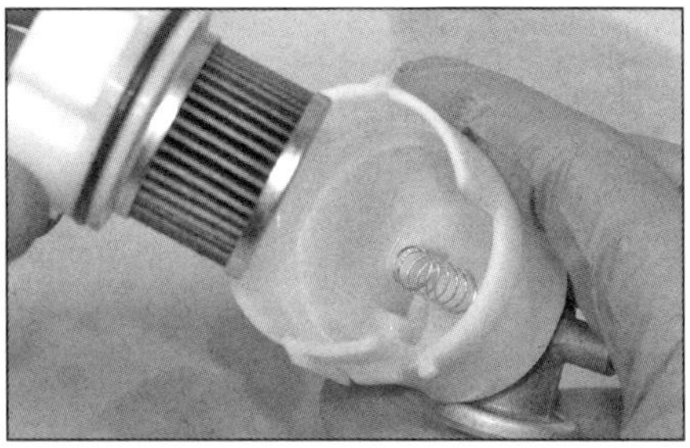

10.5d ... und entnehmen Sie den Filterhalter – beachten Sie die Feder.

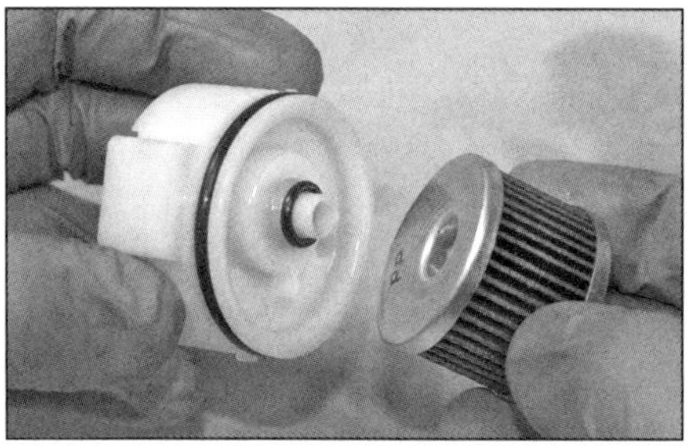

10.5e Ziehen Sie dann den Filter vom Halter ab.

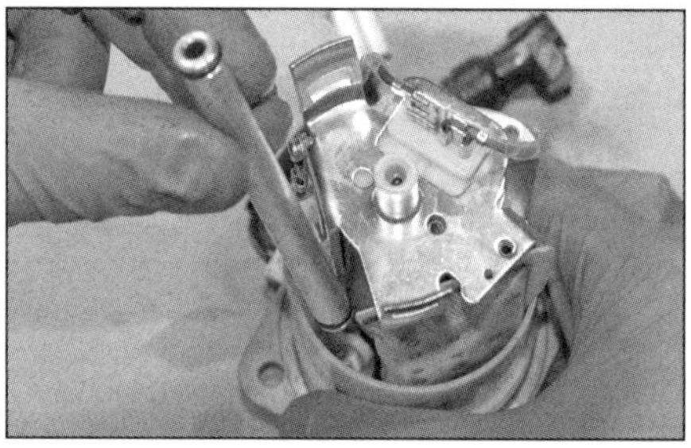

10.6 Ziehen Sie das Kraftstoffrohr aus der Pumpe.

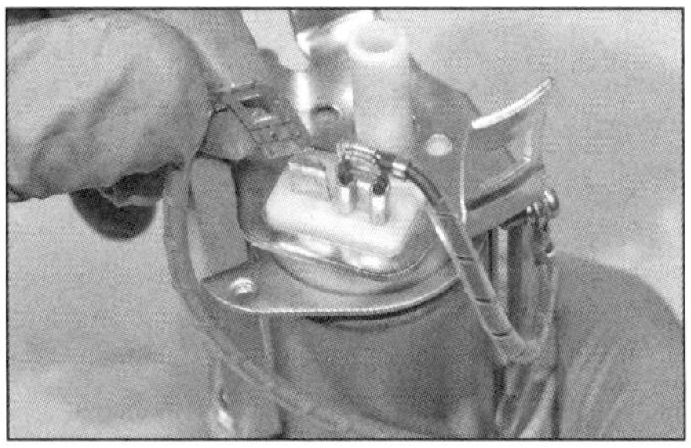

10.7a Trennen Sie die Kabelstecker ...

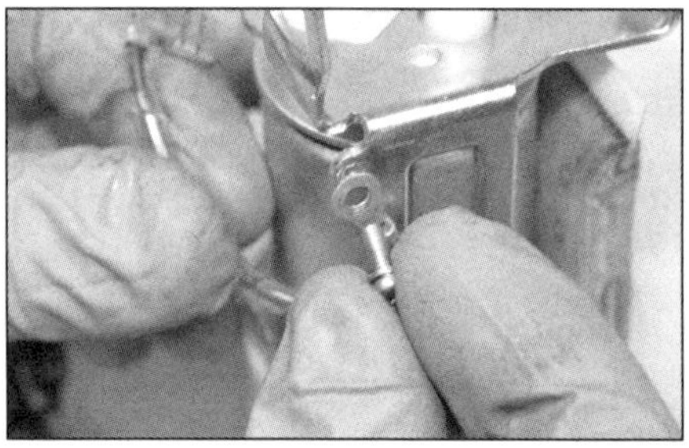

10.7b ... und lösen Sie die Schraube des Massekabels.

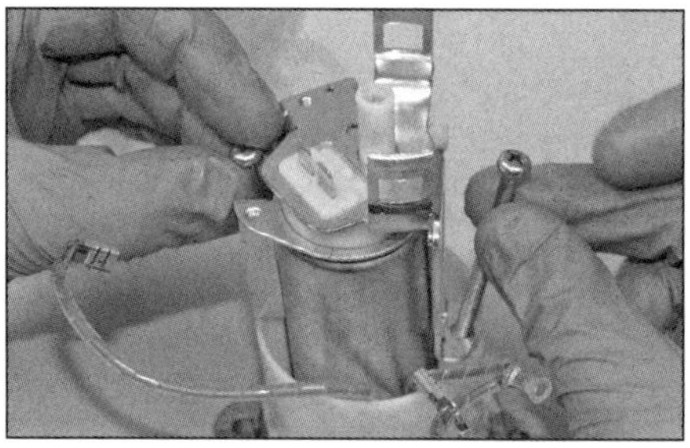

10.8a Lösen Sie die Schrauben ...

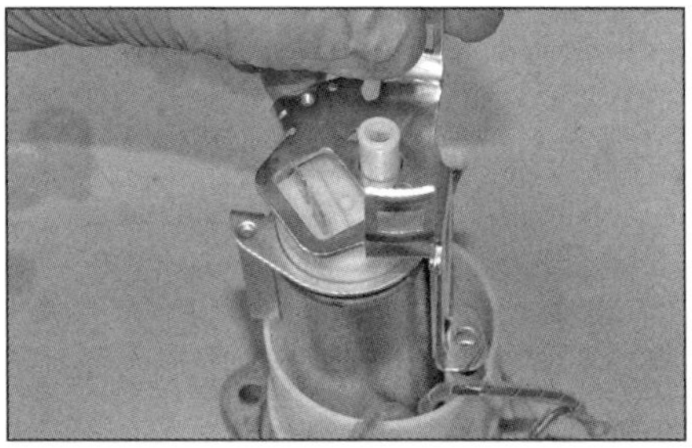

10.8b ... und entnehmen Sie den oberen ...

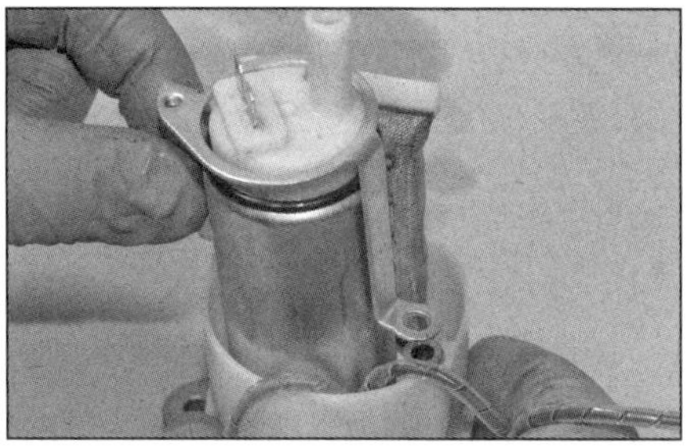

10.8c ... sowie den unteren Halter.

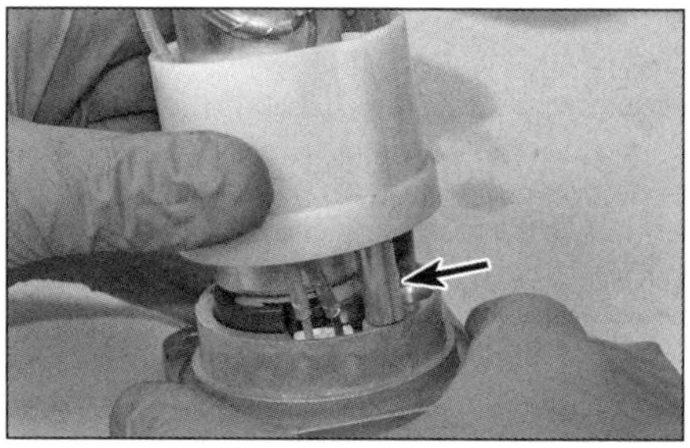

10.8d Ziehen Sie das untere Gehäuse ab und entnehmen Sie die Hülsen (nur eine gezeigt).

ter durch Neuteile ersetzt werden (Abbildung 10.17).

Filter- und Ansaugsieb-Wechsel

Anmerkung: *Alle erforderlichen Komponenten zum Austausch des Filters und des Ansaugsiebs werden nur gemeinsam als Set angeboten – Einzelteile sind nicht erhältlich. Verwenden Sie ungeachtet des Zustands der vorhandenen Komponenten alle Neuteile.*

5 Befreien Sie die Klemmen von den Laschen des Filtergehäuses und ziehen Sie dies von der Pumpe (siehe Abbildungen). Lösen Sie die Laschen und entnehmen Sie den Filterhalter aus dem Gehäuse – beachten Sie die Feder. Ziehen Sie dann den Filter vom Halter ab (siehe Abbildungen).

6 Ziehen Sie das Kraftstoffrohr aus der Pumpe (siehe Abbildung).

7 Trennen Sie die Kabelstecker und lösen Sie die Schraube des Massekabels (siehe Abbildungen).

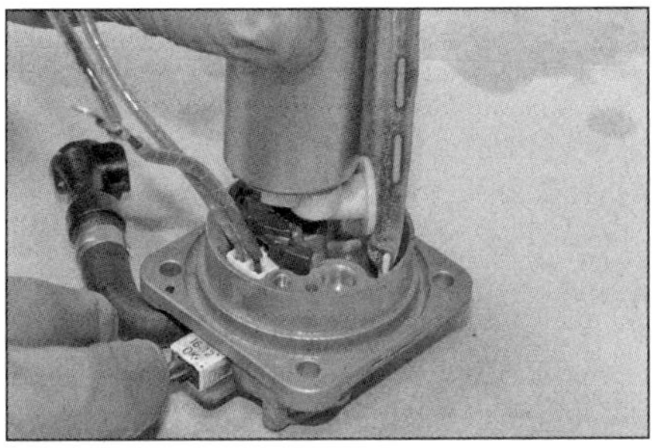

10.9a Entfernen Sie den Pumpenmotor, ...

10.9b ... die Dichtung ...

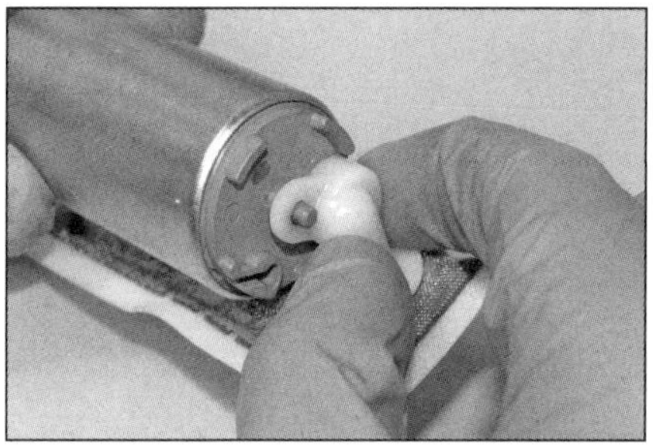

10.9c ... und das Ansaugsieb.

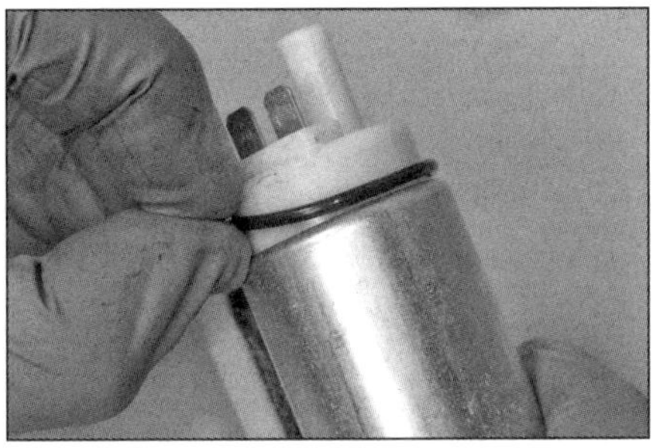

10.10 Entfernen Sie alle Dichtungen und O-Ringe und ersetzen Sie sie beim Einbau durch die im Set enthaltenen Neuteile.

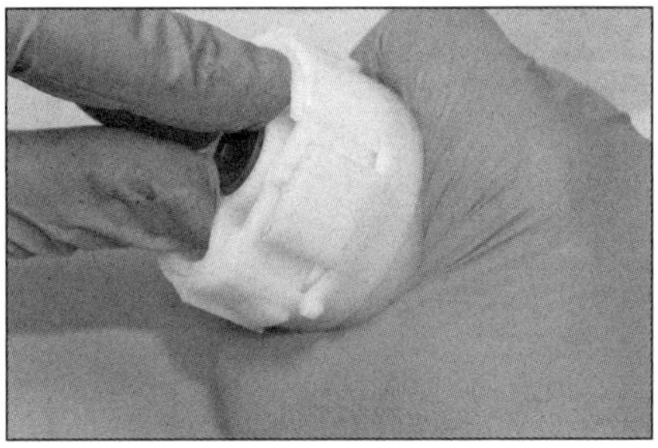

10.11 Der Filter-Halter muss hörbar im Gehäuse einrasten.

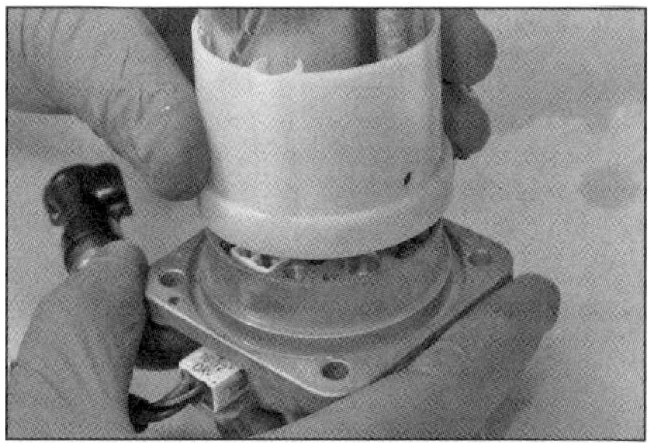

10.13a Richten Sie die Hülsen-Sitze zu den Schraubenbohrungen in der Grundplatte aus ...

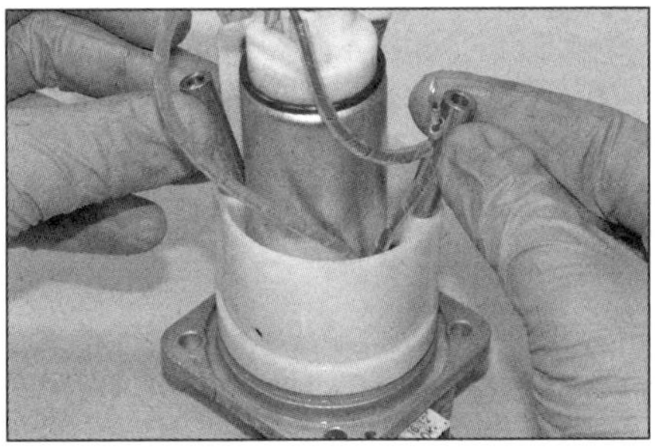

10.13b ... und führen Sie die Hülsen ein.

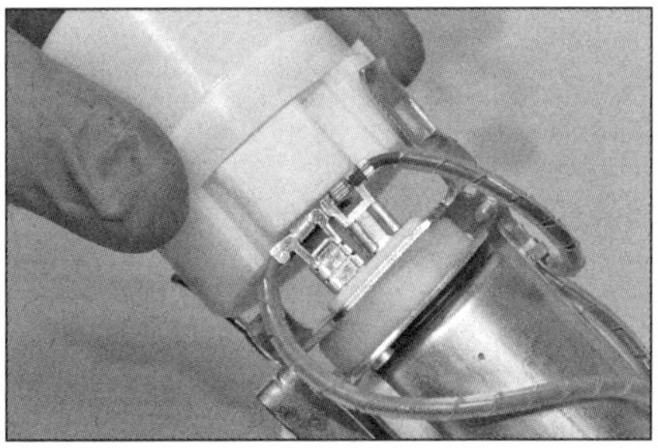

10.16 Richten Sie das Gehäuse wie gezeigt aus und drücken Sie es auf die Laschen des Halters.

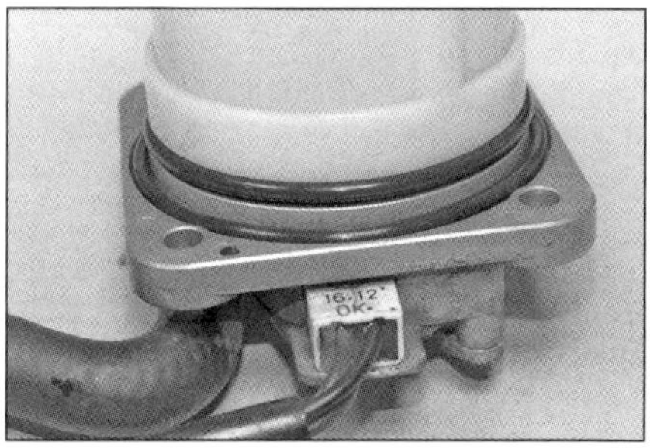

10.17 Die zwei O-Ringe müssen korrekt sitzen.

8 Lösen Sie die zwei Schrauben, um die beiden Halter zu entnehmen – beachten Sie ihre Einbaupositionen (siehe Abbildungen). Entfernen Sie das untere Gehäuse und die zwei Schrauben-Hülsen (siehe Abbildung).

9 Heben Sie den Pumpenmotor von der Grundplatte (siehe Abbildungen). Entnehmen Sie die Dichtung – entweder von der Grundplatte oder vom Ansaugsieb. Befreien Sie das Sieb vom Motor – merken Sie sich seine Einbauposition (siehe Abbildung).

10 Entfernen Sie die O-Ringe und die Dichtung vom Filterhalter und dem Gehäuse (Abbildungen 10.5b und e) sowie die O-Ringe vom Kraftstoffrohr (Abbildung 10.6) und vom Motor (siehe Abbildung). Sämtliche Dichtungen sind im Filter-Kit enthalten und müssen auch verwendet werden.

11 Setzen Sie den neuen Filter am Halter an (Abbildung 10.5e). Installieren Sie den Filter in das mit der Feder ausgerüstete Gehäuse (Abbildung 10.5d) und drücken Sie das Gehäuse ein, bis es einrastet (siehe Abbildung).

12 Installieren Sie das neue Ansaugsieb an den Pumpenmotor und rüsten Sie die Grundplatte mit der neuen Dichtung aus. Setzen Sie dann den Motor auf die Grundplatte (Abbildungen 10.9c, b und a).

13 Setzen Sie das untere Gehäuse so auf, dass die Hülsen-Sitze zu den Schraubenbohrungen in der Grundplatte ausgerichtet sind, und installieren Sie die Hülsen (siehe Abbildungen). Setzen Sie die Halter auf und installieren Sie die Schrauben (Abbildungen 10.8c, b und a).

14 Verbinden Sie die Kabelstecker und das Massekabel (Abbildungen 10.7b und a).

15 Installieren Sie das Kraftstoffrohr (Abbildung 10.6).

16 Richten Sie das Filtergehäuse zu den Haltern, dem Kraftstoffrohr und den Kabelanschlüssen aus (siehe Abbildung) und drücken Sie es auf, bis die Laschen einrasten.

Einbau

17 Die Dichtflächen der Grundplatte und des Tanks müssen absolut sauber und trocken sein. Installieren Sie die neuen O-Ringe (siehe Abbildung).

18 Manövrieren Sie die Pumpenbaugruppe vorsichtig in den Tank – richten Sie sie dabei korrekt aus (Abbildung 10.3b).

19 Installieren Sie die vier Schrauben und ziehen Sie sie schrittweise und über Kreuz mit 6 Nm an (Abbildung 10.3a).

20 Montieren Sie den Tank (siehe Sektion 2) oder verbinden Sie **beim GT-Modell** ggf. die Kraftstoffleitung sowie der Pumpenstecker, installieren Sie hier außerdem den Tankspoiler.

11 Tankanzeige-Geber

Kontrolle

1 Demontieren Sie den Tankanzeige-Geber (siehe unten). Schalten Sie ein Multimeter auf den Ohm-Messbereich und verbinden Sie seine Klemmen mit den Geber-Kontakten. Ermitteln Sie den Widerstand bei aufrecht stehendem Geber (Schwimmer in Leer-Position) und bei auf dem Kopf stehendem Geber (Schwimmer in Voll-Position) (siehe Abbildungen) Falls die Ergebnisse stark von den Vorgaben (Tank leer: ca. 10 Ohm; Tank voll: ca. 700 Ohm) abweicht, muss der Geber durch ein Neuteil ersetzt werden.

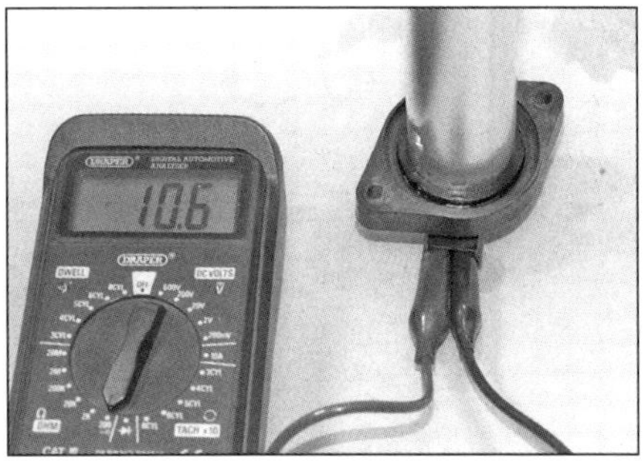

11.1a Messen Sie den Widerstand bei aufrecht stehendem Geber (Schwimmer in Leer-Position) ...

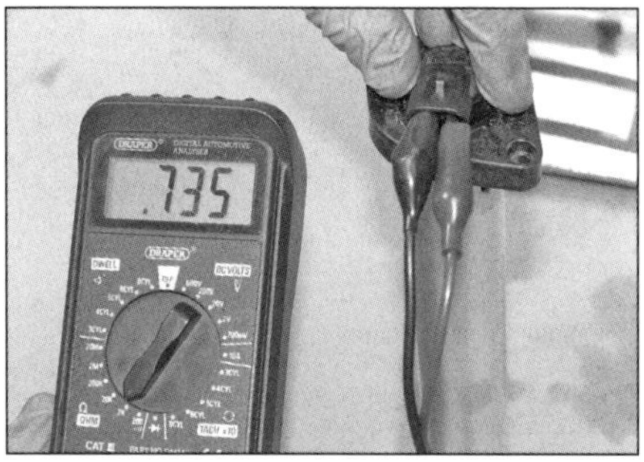

11.1b ... und bei auf dem Kopf stehendem Geber (Schwimmer in Voll-Position).

Ausbau und Einbau

Anmerkung: *Bei GT-Modellen kann der Tankanzeige-Geber bei eingebautem Tank demontiert werden – dafür muss dieser allerdings komplett entleert sein. Falls sich im Tank noch etwas Benzin befindet, sollte er demontiert und für den Ausbau des Gebers auf den Kopf gestellt werden.*

2 Entleeren Sie den Tank so weit wie möglich (z.B. mit einer geeigneten Pumpe) und demontieren Sie ihn (siehe Sektion 2). Legen Sie den Tank bei gut verschlossenem Tankdeckel auf Lappen ab. Falls **beim GT-Modell** der Tank nicht demontiert wird, müssen der rechte Tankspoiler entfernt (siehe Kapitel 7, Sektion 3) und der Geberstecker getrennt werden (siehe Sektion 2, Schritt 25).

3 Reinigen Sie die Tank-Unterseite und die Pumpenplatte. Lösen Sie die Schrauben und heben Sie den Geber vorsichtig aus dem Tank (siehe Abbildungen).

4 Entnehmen Sie die Dichtung unter Beachtung ihrer Einbaurichtung (siehe Abbildung) – beim Einbau wird eine neue benötigt.

5 Installieren Sie die neue Dichtung in die Nut der Geber-Grundplatte (Abbildung 11.4). Manövrieren Sie den Geber in den Tank, richten Sie ihn wie in Abbildung 11.3a gezeigt aus und ziehen Sie die Schrauben schrittweise an. Montieren Sie den Tank und kontrollieren Sie den Bereich um den Geber auf Undichtigkeiten.

12 Auspuffanlage

Warnung: Wenn der Motor kürzlich in Betrieb war, ist der Auspuff sehr heiß. Lassen Sie ihn einige Zeit abkühlen, bevor Sie mit der Arbeit beginnen.

Praxis TiPP ***Auspuffbefestigungen neigen zum Korrodieren, sodass ihre Schrauben oder Muttern fest gehen. Es ist ratsam, sie einige Stunden vor dem Lösen mit Kriechöl einzusprühen.***

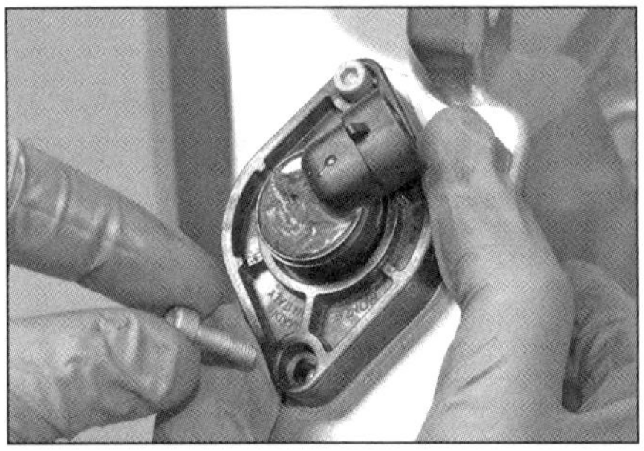

11.3a Lösen Sie die zwei Schrauben ...

11.3b ... und befreien Sie den Tankanzeige-Geber vorsichtig aus dem Tank.

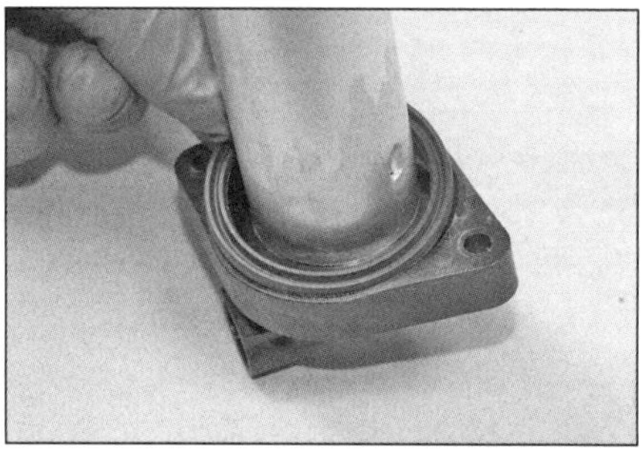

11.4 Die Dichtung liegt mit den Dichtlippen nach außen zeigend in ihrer Nut.

12.1 Lösen Sie die Klemmschraube, die den Endschalldämpfer am Vorschalldämpfer sichert.

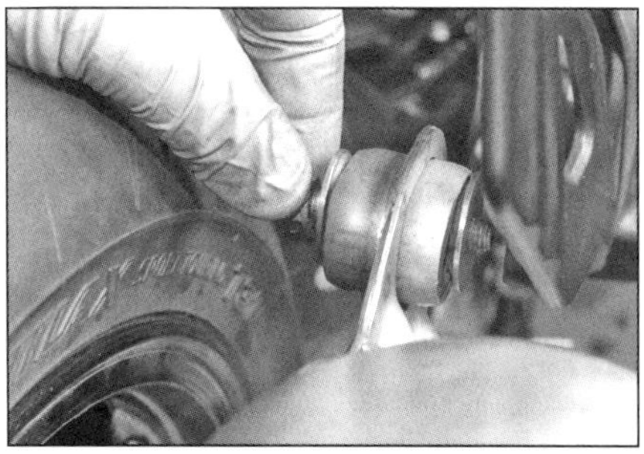

12.2a Lösen Sie die Schraube ...

12.2b ... und ziehen Sie den Endschalldämpfer ab.

12.2c In der Gummibuchse steckt an jeder Seite eine Hülse.

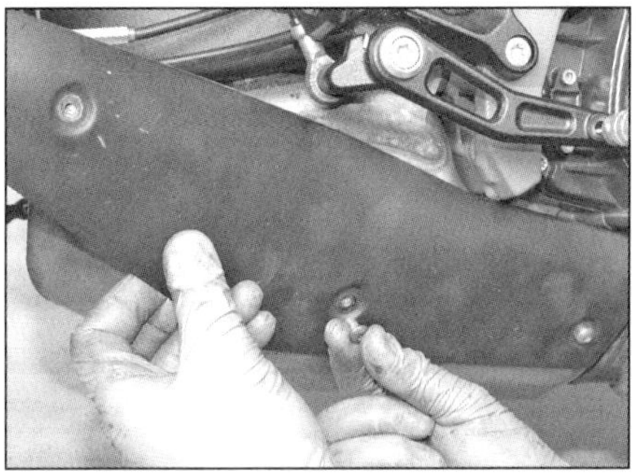

12.6 Lösen Sie die Schrauben und entnehmen Sie den Hitzeschild.

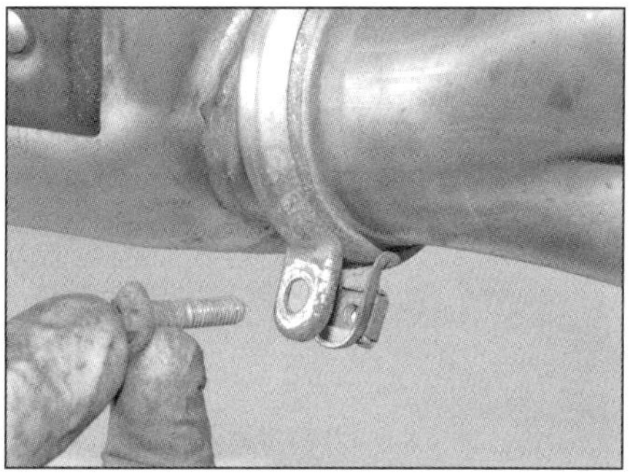

12.8 Lösen Sie die Klemmschraube zum Sammlerrohr.

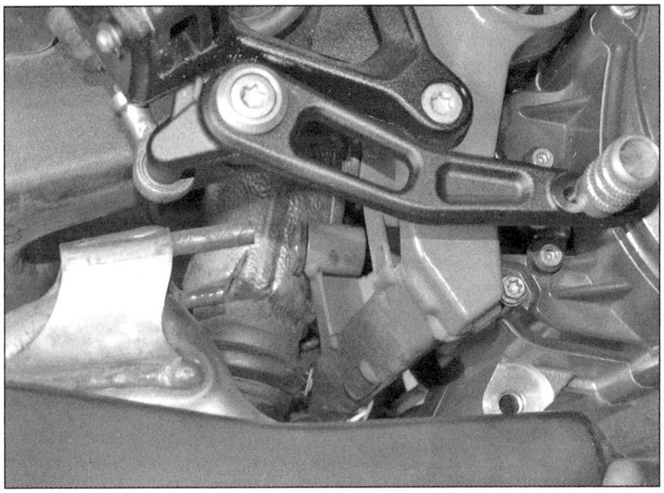

12.9 Beachten Sie, wie die Zapfen des Vorschalldämpfers in den Rahmen-Aufnahmen stecken.

12.15 Klemmschraube an der Verbindung zwischen den Haupt-Krümmerrohren und dem hinteren Krümmer

Ausbau

Endschalldämpfer

1 Lösen Sie die Klemmschraube, die den Endschalldämpfer am Vorschalldämpfer sichert, öffnen Sie das Klemmstück und schieben Sie sie nach vorn vom Schalldämpfer ab (siehe Abbildung).
2 Lösen Sie die Schalldämpfer-Befestigungsschraube und befreien Sie den Endschalldämpfer vom Vorschalldämpfer – beachten Sie die Hülsen in der Gummibuchse (siehe Abbildungen).
3 Kontrollieren Sie den Dichtring am Vorschalldämpfer – falls er beschädigt, verformt oder anderweitig undicht ist, muss er ersetzt werden.
4 Kontrollieren Sie das Klemmstück und alle anderen Befestigungs-Komponenten und ersetzen Sie sie nötigenfalls.

Vorschalldämpfer

5 Entfernen Sie den Endschalldämpfer (siehe oben).
6 Demontieren Sie nötigenfalls den Hitzeschild (siehe Abbildung).
7 Demontieren Sie **beim R-Modell ab 2017 und allen GT-Modellen** den Auspuffklappen-Stellmotor (siehe Sektion 13) – die Seilzüge können angeschlossen bleiben.
8 Lösen Sie die Klemmschraube zum Sammlerrohr, öffnen Sie das Klemmstück und schieben Sie es nach vorn vom Vorschalldämpfer (siehe Abbildung).
9 Ziehen Sie den Vorschalldämpfer nach hinten, um ihn vom Sammlerrohr und seine Zapfen aus den Aufnahmen am Rahmen zu befreien; entnehmen Sie ihn dann ggf. samt Auspuffklappen-Stellmotor (siehe Abbildung)

Anmerkung: *Zwischen dem Vorschalldämpfer und der Schwinge ist nicht viel Platz – dieser kann vergrößert werden, wenn ein Assistent das Heck des Motorrads herunterdrückt. Beachten Sie die Hülsen in den Buchsen der Rahmen-Aufnahmen.*

10 Kontrollieren Sie den Dichtring am Vorschalldämpfer – falls er beschädigt, verformt oder anderweitig undicht ist, muss er ersetzt werden.
11 Kontrollieren Sie das Klemmstück sowie die Hülsen und Buchsen in den Rahmen-Aufnahmen und ersetzen Sie sie nötigenfalls.
12 Trennen Sie nötigenfalls die Auspuffklappen-Seilzüge (siehe Sektion 13).

Haupt-Krümmer

13 Demontieren Sie den End- und den Vorschalldämpfer (siehe oben).
14 Entfernen Sie **beim R-Modell** die rechte Rahmenabdeckung, um Zugang zum Kabelstecker der vorderen Lambdasonde zu erhalten (siehe Kapitel 7, Sektion 2); demontieren Sie **beim GT-Modell** den rechten Tankspoiler (siehe Kapitel 7, Sektion 3). Verfolgen Sie das Sondenkabel, befreien Sie es aus allen Befestigungen und trennen Sie seinen Stecker (Abbildung 7.18b). Führen Sie das Kabel zur Sonde zurück und merken Sie sich seine Verlegung.
15 Lösen sie an der Verbindung zwischen den Haupt-Krümmerrohren und dem hinteren Krümmer die Klemmschraube, öffnen Sie die Klemme und schieben Sie sie entweder auf den Krümmer oder entfernen Sie sie (siehe Abbildung).

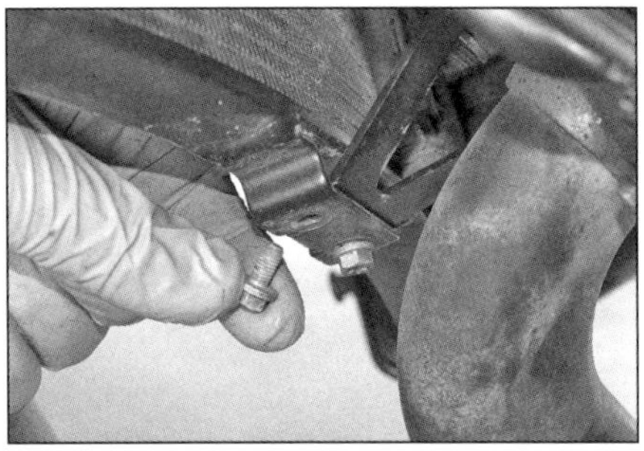

12.16 Lösen Sie die zwei unteren Wasserkühler-Befestigungsschrauben, um den Kühler nach vorn zu schieben.

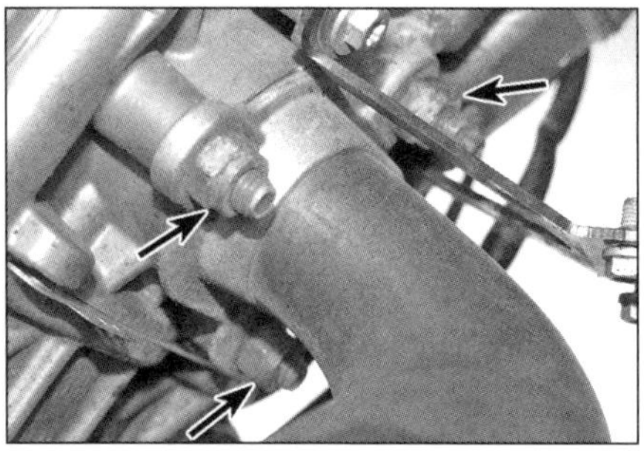

12.17a Lösen Sie die drei vorderen Krümmerflanschmuttern ...

12.17b ... und ziehen Sie den Krümmer vom Zylinderkopf ...

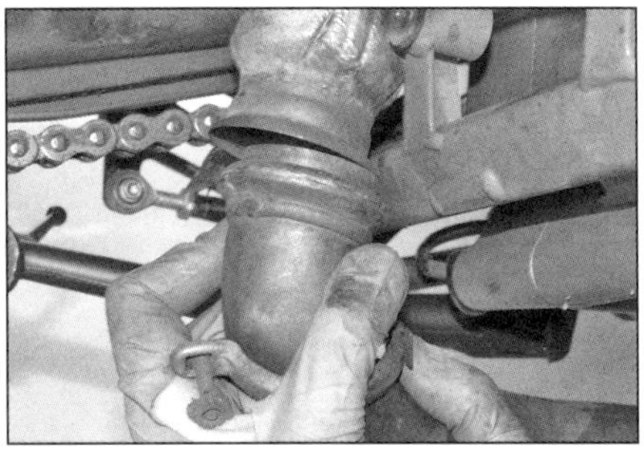

12.17c ... sowie aus dem hinteren Krümmer.

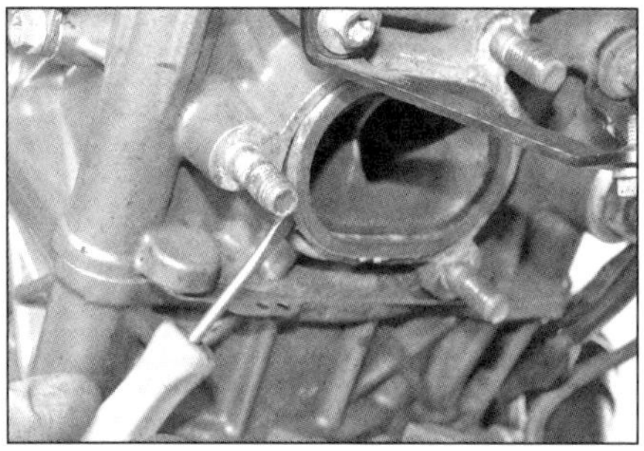

12.18 Befreien Sie die Krümmerflanschdichtung aus dem Zylinderkopf.

12.22a Lösen Sie die drei hinteren Krümmerflanschmuttern ...

12.22b ... und ziehen Sie den Krümmer vom Zylinderkopf ...

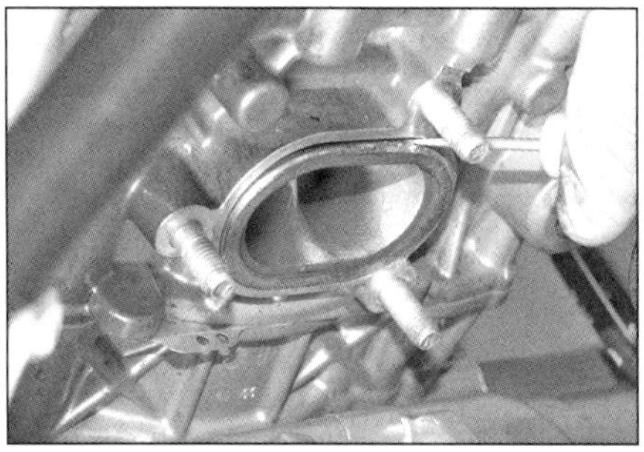

12.23 Befreien Sie die Krümmerflanschdichtung aus dem Zylinderkopf.

12.24 Installieren Sie neue Krümmerflanschdichtungen.

16 Lösen Sie die zwei unteren Wasserkühler-Befestigungsschrauben und drücken Sie den Kühler nach vorn (siehe Abbildung). Zur Verbesserung des Zugangs kann der Kühler-Halter vom Zylinderkopf demontiert werden.

17 Lösen Sie die Muttern, die den vorderen Krümmerflansch am Zylinderkopf sichern. Ziehen Sie den Krümmer von den Stehbolzen und aus dem hinteren Krümmerrohr, um ihn zu entnehmen (siehe Abbildungen).

18 Befreien Sie die Krümmerflanschdichtung aus dem Zylinderkopf (siehe Abbildung) – beim Einbau muss eine neue verwendet werden. Kontrollieren Sie den Dichtring zum hinteren Krümmer auf Schäden und Verformungen und ersetzen Sie ihn nötigenfalls.

19 Kontrollieren Sie die Klemme und die Krümmerflanschmuttern und ersetzen Sie schadhafte Teile.

Hinterer Krümmer

20 Um Zugang zur hinteren Lambdasonde zu erhalten, muss bei allen Modellen der Tank demontiert werden (siehe Sektion 2). Verfolgen Sie das Sondenkabel, befreien Sie es aus allen Befestigungen und trennen Sie seinen Stecker (Abbildung 7.18d). Führen Sie das Kabel zur Sonde zurück und merken Sie sich seine Verlegung.

21 Demontieren Sie den Haupt-Krümmer (siehe oben).

22 Lösen Sie die Muttern, die den Krümmerflansch am hinteren Zylinderkopf sichern. Ziehen Sie den Krümmer von den Stehbolzen, um ihn zu entnehmen (siehe Abbildungen).

23 Befreien Sie die Krümmerflanschdichtung aus dem Zylinderkopf (siehe Abbildung) – beim Einbau muss eine neue verwendet werden. Kontrollieren Sie die Krümmerflanschmuttern und ersetzen Sie sie nötigenfalls.

Einbau

24 Der Einbau entspricht der umgekehrten Ausbaureihenfolge – beachten Sie dabei folgende Punkte:

- Ersetzen Sie alle beschädigten, verzogenen oder gealterten Befestigungsgummis durch Neuteile. Ersetzen Sie stark korrodierte Schellen, Hülsen, Muttern, Schrauben und Scheiben durch Neuteile. Installieren Sie die Hülsen in die Gummibuchsen.
- Die neuen Krümmerflanschdichtungen können mit etwas Fett in die Zylinderköpfe »geklebt« werden (siehe Abbildung).
- Rüsten Sie die Verbindungen zwischen dem Haupt-Krümmer und dem hinteren Krümmer, zum Vorschalldämpfer und zum End-

schalldämpfer nötigenfalls mit neuen Dichtringen aus

- Versehen Sie alle Schrauben und Muttern mit Kupferpaste, um sie vor Korrosion zu schützen.
- Drehen Sie die hinteren und vorderen Krümmerflanschmuttern zunächst handfest auf. Ziehen Sie zuerst die Klemmschraube zwischen den Krümmern mit 8 Nm und dann die Krümmerflanschmuttern mit 25 Nm an.
- Ziehen Sie an der Verbindung vom Sammler zum Vorschalldämpfer die Klemmschraube mit 8 Nm an.
- Drehen Sie die Endschalldämpfer-Befestigungsschraube zunächst handfest auf. Ziehen Sie zuerst die Klemmschraube zwischen dem Vor- und dem Endschalldämpfer mit 8 Nm und dann die Befestigungsschraube mit 25 Nm an.
- Vergessen Sie nicht, das Kabel der Lambdasonde korrekt zu verlegen und den Stecker anzuschließen.
- Starten Sie den Motor und prüfen Sie die Auspuffanlage auf Undichtigkeit.

13 Auspuffklappe

1 R-Modelle ab 2017 und alle GT-Modelle sind mit einem Auspuffklappen-System ausgerüstet, bei dem ein rechts am Rahmen sitzender und vom Motorsteuergerät aktivierter Stellmotor per Seilzüge eine im Vorschalldämpfer sitzende Auspuffklappe steuert und so die Abgasströmung (bzw. deren Widerstand) reguliert, um den Drehmomentverlauf des Motors zu optimieren.

Auspuffklappen-Stellmotor

2 Demontieren Sie den Ausgleichsbehälter der Fußbremse, um ihn zu verlagern (siehe Abbildung). Trennen Sie den Stellmotor-Stecker. Demontieren Sie das innere Hitzeschutzblech vom Motor, lösen Sie dessen Schraube und ziehen Sie den Motor heraus; anschließend kann seine äußere Abdeckung entnommen werden (siehe Abbildungen).

3 Die Seilzüge sind mit unterschiedlich großen Nippeln in der Betätigung eingehängt, sodass sie nicht vertauscht werden können. Ziehen Sie die Seilzughüllen aus dem Stellmotor-Gehäuse und befreien Sie die Nippel aus der Betätigung (siehe Abbildungen).

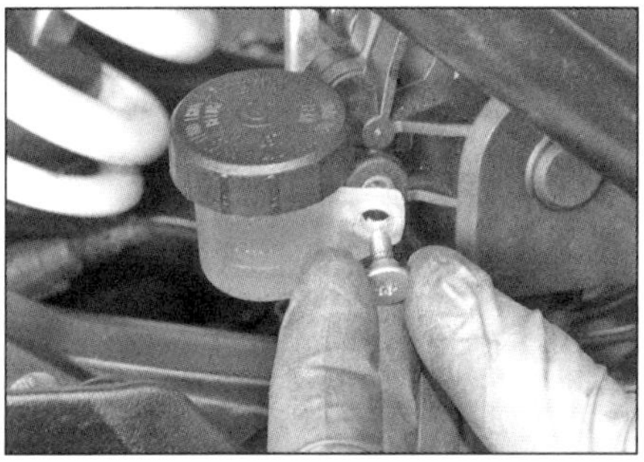

13.2a Lösen Sie die Schraube und verlagern Sie den Ausgleichsbehälter der Fußbremse beiseite.

13.2b Trennen Sie den Stellmotor-Stecker.

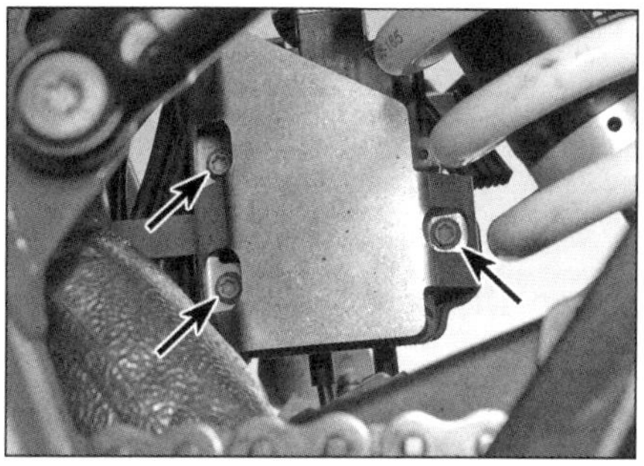

13.2c Lösen Sie die drei Schrauben ...

13.2d ... und entnehmen Sie das Hitzeschutzblech.

13.2e Lösen Sie die Schraube, ...

13.2f ... ziehen Sie den Stellmotor heraus ...

13.2g ... und entnehmen Sie seine äußere Abdeckung.

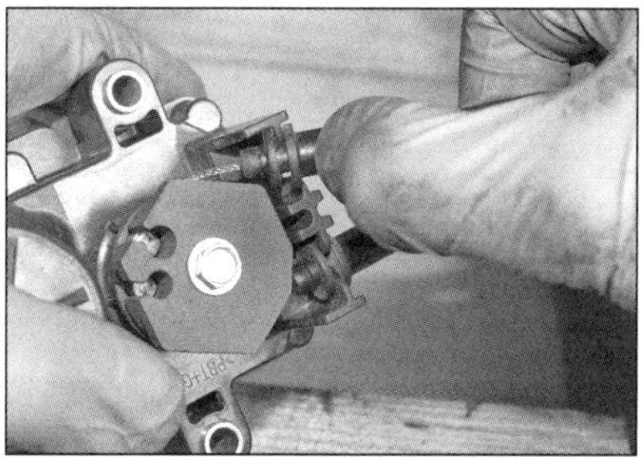

13.3a Ziehen Sie die Seilzughüllen aus dem Stellmotor-Gehäuse ...

13.3b ... und befreien Sie die Nippel aus der Betätigung.

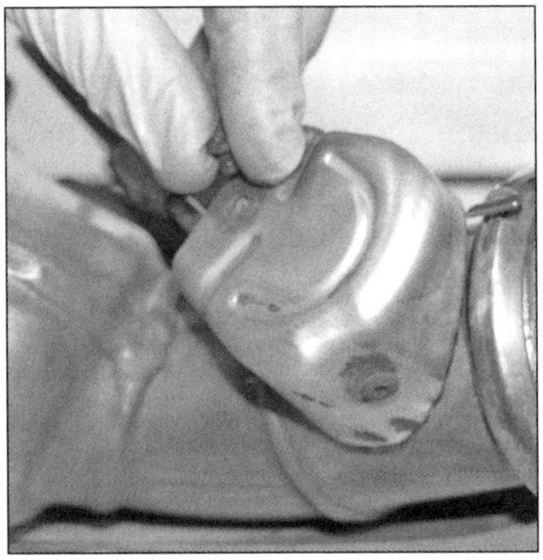

13.7 Lösen Sie die Schrauben und entnehmen Sie die Abdeckung.

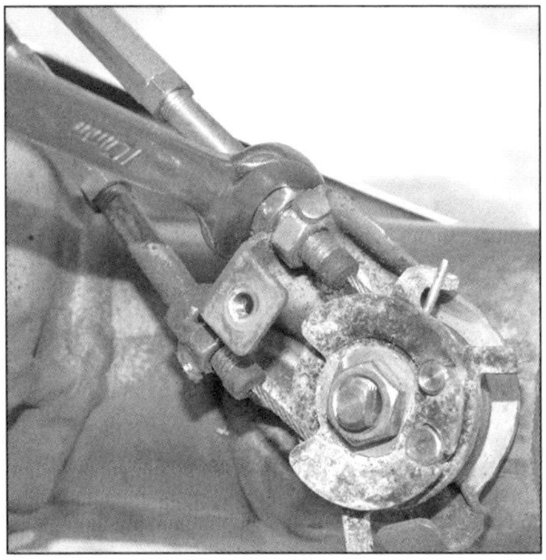

13.8a Lockern Sie die Kontermutter ...

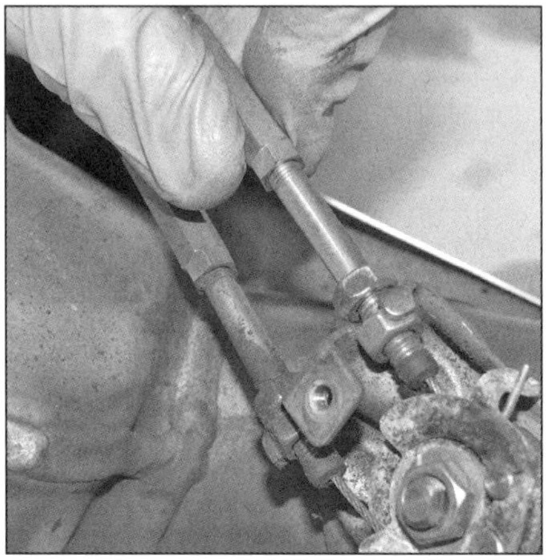

13.8b ... und drehen Sie die Einstellmutter heraus, ...

4 Der Einbau entspricht der umgekehrten Ausbaureihenfolge – hängen Sie die Nippel in die passenden Aufnahmen ein.

Auspuffklappen-Seilzüge

Ausbau

5 Demontieren Sie das Hinterrad (siehe Kapitel 6, Sektion 17), um Zugang zu den Seilzug-Anschlüssen der Auspuffklappe zu erhalten.
6 Demontieren Sie den Stellmotor und hängen Sie die Seilzüge aus (siehe oben).
7 Entfernen Sie am Vorschalldämpfer die Abdeckung der Auspuffklappen-Betätigung (siehe Abbildung).
8 Die Seilzüge sind mit unterschiedlich großen Nippeln in der Betätigung eingehängt, sodass sie nicht vertauscht werden können. Lockern Sie die Kontermutter und drehen Sie die Einstellmutter heraus, bis die vom Blech gesicherte Mutter befreit ist. Ziehen Sie den Seilzug heraus und befreien Sie den Nippel aus der Betätigung (siehe Abbildungen). Wiederholen Sie dies mit dem anderen Seilzug.

Einbau

9 Hängen Sie die Nippel in die passenden Aufnahmen der Auspuffklappen-Betätigung ein und positionieren Sie die Einsteller so in den Widerlagern, dass an beiden Seiten etwa gleich viel Gewinde vorhanden ist.
10 Verbinden Sie die Seilzüge mit dem Stellmotor und montieren Sie diesen (siehe oben).
11 Demontieren Sie für die Einstellung der Seilzüge den Endschalldämpfer (siehe Sektion 12). Lockern Sie die Kontermuttern der Einsteller und verdrehen Sie diese so, dass beide Seilzüge Spiel aufweisen (Abbildungen 13.8a und b). Drehen Sie jetzt den Einsteller des Schließerzugs heraus, um das Spiel zu eliminieren, aber den Seilzug noch nicht unter Spannung zu setzen; ziehen Sie die Kontermutter an. Drehen Sie dann den Einsteller des Öffnerzugs heraus, um das Spiel zu eliminieren, aber den Seilzug noch nicht unter Spannung zu setzen – die Auspuffklappe muss weiterhin am Anschlag anliegen. Ziehen Sie die Kontermutter an.
12 Montieren Sie die Abdeckung der Auspuffklappen-Betätigung an den Vorschalldämpfer (Abbildung 13.7).
13 Montieren Sie das Hinterrad (siehe Kapitel 6, Sektion 17).
14 Nach Arbeiten an der Auspuffklappe schreibt KTM eine Kontrolle ihrer Einstellung per Diagnosegerät vor – lassen Sie dies ggf. von einer KTM-Werkstatt durchführen.

14 Sekundärluftsystem

Funktion

1 Das System nutzt den durch die pulsierenden Abgase entstehenden Unterdruck, um durch ein Magnetventil (unterhalb des Luftfiltergehäuses) und Zungenventile (jeweils am Zylinderkopf) Frischluft aus dem Luftfilter in die Auslasskanäle zu saugen, wo sie sich mit heißen Abgasen vermischt. Der dabei zugeführte Sauerstoff lässt bisher unverbrannte Kohlenwasserstoffe und Kohlenmonoxide zu Wasser und Kohlendioxid verbrennen, sodass die Emissionswerte verbessert werden. Das Magnetventil wird vom Motorsteuergerät überwacht.
2 Unter normalen Betriebsbedingungen ist das Ventil geöffnet. Die Zungenventile innerhalb des Ventildeckels sorgen dafür, dass Luft nur in Richtung Auslasskanäle strömen kann, aber Abgase nicht durch das Magnetventil in das Luftfiltergehäuse gelangen.

Testen

3 Demontieren Sie das Luftfiltergehäuse (siehe Sektion 3). Prüfen Sie, ob der Schlauch des Sekundärluftsystems sauber ist – Rußablagerungen weisen auf Defekte im System hin.
4 Trennen Sie den Stecker des Magnetventils (Abbildung 14.7a). Reinigen Sie das Ende des Luftfilterschlauchs und blasen Sie hinein – die Luft muss durch das Magnetventil und die Zungenventile strömen. Legen Sie mithilfe von Überbrückungskabeln am Magnetventil Batteriespannung an und wiederholen Sie den Test – es darf keine Luft hindurchströmen. Trennen Sie die Batterie wieder. Falls das Ventil nicht wie beschrieben arbeitet, ist es defekt.
5 Saugen Sie jetzt am Luftfilter-Ende des Schlauchs – wenn die Zungenventile korrekt schließen, darf keine Luft angesaugt werden; andernfalls müssen die Zungenventile demontiert werden (siehe unten), um zu prüfen, ob die Zungen rundherum korrekt sitzen. Drücken Sie die Zungen vorsichtig hoch – sie dürfen nicht am Sitz kleben (siehe Abbildungen). Reinigen Sie die Grundplatten und Ventilgehäuse. Montieren Sie die Zungenventile und testen Sie das System erneut. Schadhafte Ventile müssen ersetzt werden.

Austausch der Komponenten

Magnetventil

6 Demontieren Sie das Luftfiltergehäuse (siehe Sektion 3).
7 Lösen Sie die Schrauben der Zungenventil-Deckel (Abbildung 14.9a). Trennen Sie den Magnetventil-Stecker und befreien Sie das Ventil samt Schläuchen und Zungenventil-Deckeln (siehe Abbildungen). Die Schläuche sind mit Einweg-Schellen gesichert, die ersetzt werden müssen.
8 Der Einbau entspricht der umgekehrten Ausbaureihenfolge.

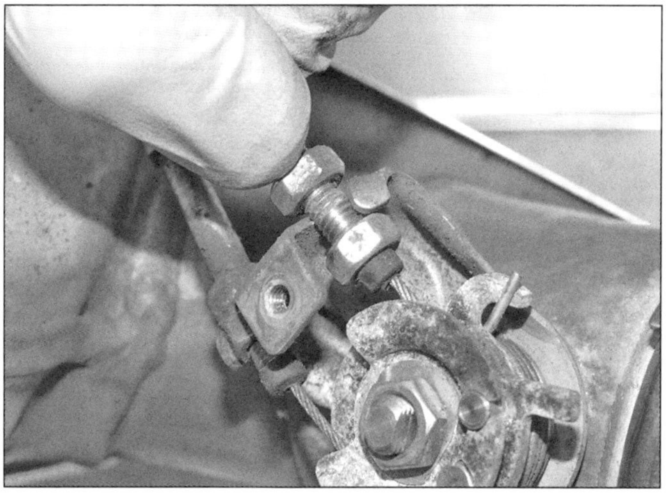

13.8c ... bis die vom Blech gesicherte Mutter befreit ist und der Seilzug aus dem Widerlager gezogen ...

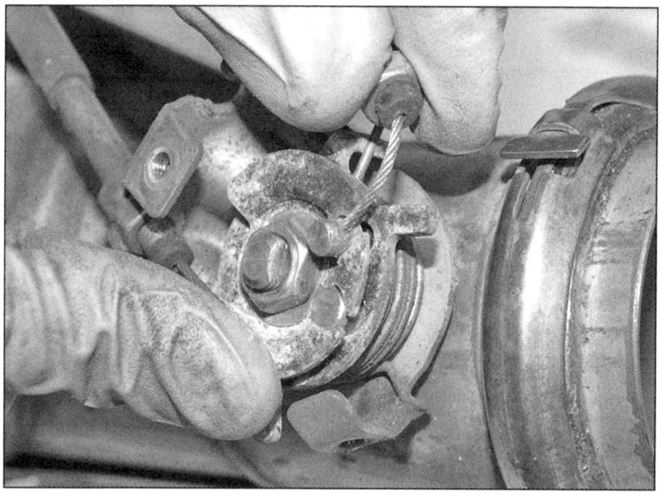

13.8d ... und der Nippel aus der Betätigung befreit werden kann.

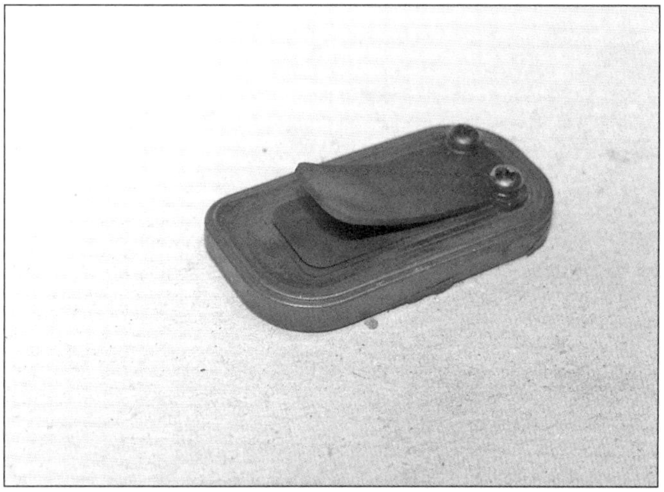

14.5a Zwischen den Zungen und ihren Sitzen darf kein Spalt erkennbar sein.

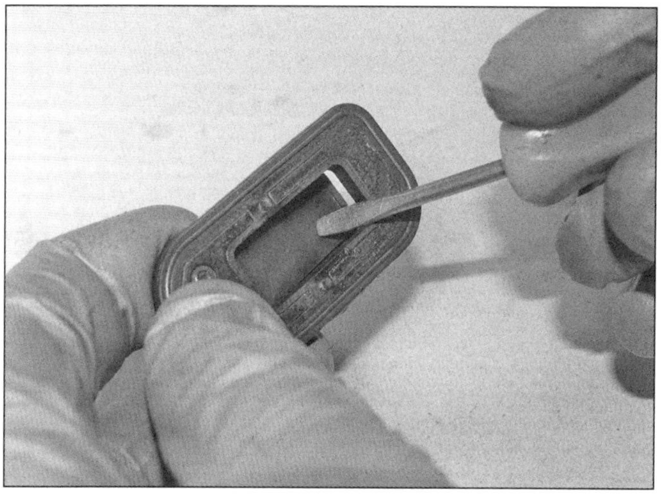

14.5b Drücken Sie die Zungen vorsichtig hoch – sie dürfen nicht am Sitz kleben.

14.7a Trennen Sie den Magnetventil-Stecker ...

14.7b ... und befreien Sie das Ventil samt der Schläuche.

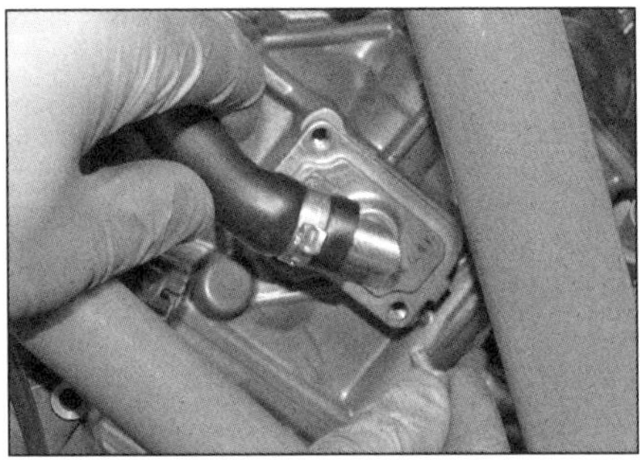

14.9a Demontieren Sie den Deckel ...

Zungenventile

9 Je ein Zungenventil sitzt rechts am vorderen Zylinderkopf und links am hinteren Zylinderkopf. Lösen Sie die Schrauben und entnehmen Sie den Deckel. Befreien Sie das Zungenventil unter Beachtung seiner Einbaurichtung (siehe Abbildungen).

10 Der Einbau entspricht der umgekehrten Ausbaureihenfolge – die Zungenventil-Komponenten und ihre Gehäuse müssen sauber sein und die Ventile sowie ihre Grundplatten korrekt sitzen. Ziehen Deckel-Schrauben mit 10 Nm an.

15 Katalysator

Allgemeine Informationen

1 Im Vorschalldämpfer der Auspuffanlage ist ein Katalysator integriert, der die im Motor entstehenden giftigen Abgase in relativ harmlose Gase umwandeln soll, bevor sie aus dem Auspuff entlassen werden.

14.9b ... und entnehmen Sie das Zungenventil (gezeigt am hinteren Zylinderkopf).

2 Durch eine auf feinen Gittermaschen angebrachte spezielle Metallbeschichtung wandelt der Katalysator Stickoxide in Stickstoff und Sauerstoff sowie unverbrannte Kohlenwasserstoffe und Kohlenmonoxide in Wasser und Kohlendioxide um. Die Wirksamkeit des Katalysators wird durch Ablagerungen von Ölkohle, Öl oder Blei beeinträchtigt.

3 Beim hier eingesetzten Dreiwege-Katalysator ermittelt eine Lambdasonde den Rest-Sauerstoffgehalt der Abgase und das damit verbundene Motorsteuergerät (EECU) passt die Einspritzung und Zündung entsprechend an, um optimale Abgaswerte zu erzielen.

Vorsichtsmaßnahmen

4 Der Katalysator arbeitet automatisch und erfordert praktisch keine Wartung. Trotzdem sollten folgende Hinweise beachtet werden:

- Tanken Sie immer bleifreien Kraftstoff und verwenden Sie keine Kraftstoffzusätze – bereits kleine Mengen verbleiten Benzins zerstören den Katalysator.
- Halten Sie das Kraftstoff- und Zündsystem in einem guten Zustand. Wird ein unkorrektes Benzin/Luft-Gemisch vermutet, muss das System mithilfe eines Abgas-Analysegerätes untersucht werden.
- Wenn der Motor Fehlzündungen produziert, muss dies unverzüglich behoben werden, da der Katalysator dadurch zerstört wird.
- Benutzen Sie keine Kraftstoff- oder Öl-Zusätze (Additive) – diese können Substanzen enthalten, die den Katalysator beschädigen.
- Wenn der Motor Öl verbrennt und blaue Abgaswolken produziert, muss er unverzüglich repariert werden, da der Katalysator dadurch zerstört wird.
- Behandeln Sie die ausgebaute Auspuffanlage vorsichtig – der Katalysator und die Lambdasonde vertragen keine Schläge oder Stürze.

16 Verdunstungsregelungs-System (EVAP)

Allgemeine Informationen

1 Das **beim R-Modell ab 2017 und allen GT-Modellen** verwendete System namens *Evaporative Emission Control System* (EVAP) ist nötig, um die Abgasnorm EURO 4 einzuhalten. Das System minimiert das Austreten von Benzindämpfen aus dem Tank in die Atmosphäre. Der Tank ist dazu abgedichtet und bei abgeschaltetem Motor entstehende Dämpfe werden in einem Aktivkohlebehälter gespeichert, von wo sie bei laufendem Motor mithilfe eines Absaugventils in das Drosselklappengehäuse geführt werden, um in die normale Verbrennung zu gelangen. Das Absaugventil wird vom Zentralen Steuergerät (CECU) überwacht.

2 Das Absaugventil muss getestet werden, falls ein Problem beim Heißstart des Motors auftritt.

16.4 Absaugventil der Verdunstungsregelung

16.6 Aktivkohlebehälter der Verdunstungsregelung – gezeigt am GT-Modell

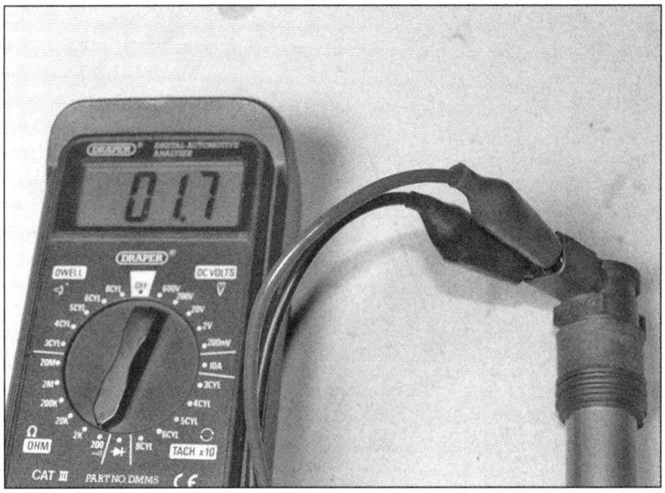

18.3 Ermitteln Sie an den Steckerkontakten den Primärwicklungs-Widerstand der Zündspule.

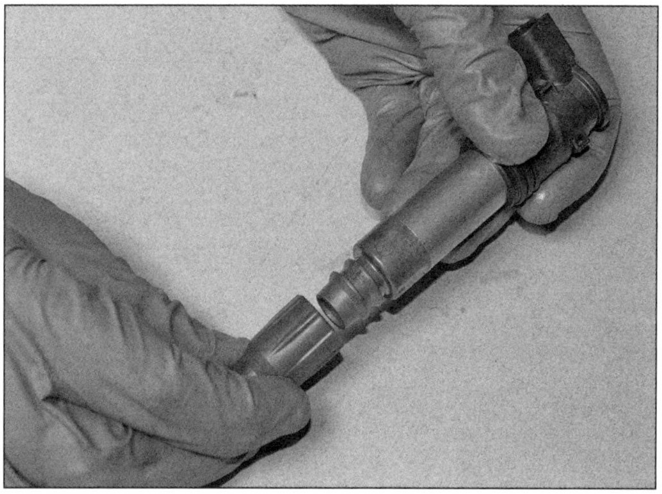

18.4a Ziehen Sie die Isolierung ab ...

Test

Absaugventil

3 Demontieren Sie **beim R-Modell** die rechte Rahmenabdeckung (siehe Kapitel 7, Sektion 2). Entfernen Sie **beim GT-Modell** den rechten Tankspoiler (siehe Kapitel 7, Sektion 3).
4 Trennen Sie am Ventil den Stecker, befreien Sie das Ventil und ziehen Sie die Schläuche ab (siehe Abbildung).
5 Prüfen Sie die Funktion des Ventils, indem Sie durch den Einlass (Behälterschlauch) blasen – das Ventil darf keine Luft durchlassen.

Aktivkohlebehälter

6 Der unter dem Beifahrersitz montierte Behälter kann nicht getestet werden (siehe Abbildung). Falls er aus irgendeinem Grund beschädigt ist, muss er durch ein Neuteil ersetzt werden.

17 Zündsystem
Kontrolle

Anmerkung: *Falls im Cockpit eine Fehlerwarnmeldung angezeigt wird (siehe Sektion 6), muss das System mithilfe eines geeigneten Diagnosegeräts überprüft werden.*

1 Da das Zündsystem völlig wartungsfrei ist und nicht eingestellt werden kann, können Fehlfunktionen nur auf Defekte in den einzelnen Komponenten oder in der Verkabelung zurückgeführt werden. Wahrscheinlicher ist die zweite Ursache. Bei Fehlfunktionen müssen die Zündungsbauteile in systematischer Reihenfolge wie folgt überprüft werden – die Batterie muss dafür vollständig geladen sein.
2 Zündungs-Defekte können in zwei Kategorien unterschieden werden: solche, die beide Zylinder betreffen und jene, die nur an einem Zylinder auftreten. Die unten aufgeführten Defekte sind entsprechend ihrer Wahrscheinlichkeit sortiert. Arbeiten Sie sich systematisch durch die Liste und beachten Sie die entsprechenden Sektionen, um Kontrollen ohne das KTM-Diagnosegerät durchzuführen.

- Lockere, korrodierte oder beschädigte elektrische Steckverbindungen, gebrochene Kabel im Zündsystem
- Schadhafte Zündkerze, verschlissene oder korrodierte Kerzenelektroden, falscher Elektrodenabstand (siehe Kapitel 1, Sektion 25)
- Defekte Zündspule(n) (siehe Sektion 18)
- Defekter Kurbelwellensensor (siehe Sektion 7)
- Defekter Sicherheits-Stromkreis (siehe Kapitel 1, Sektion 18)
- Defekter Kill- oder Zündschalter (siehe Kapitel 8).
- Defektes Motorsteuergerät (siehe Sektion 8).

3 Wenn alle oben beschriebenen Möglichkeiten keinen Grund des Problems erkennen lassen, sollte sie Zündanlage von einer KTM-Werkstatt getestet werden – diese verfügt über ein Testgerät, das eine Diagnose der Zündanlage erstellen kann.

18 Zündspulen

Kontrolle

Anmerkung: *Falls im Cockpit eine Fehlerwarnmeldung angezeigt wird (siehe Sektion 6), muss das System mithilfe eines geeigneten Diagnosegeräts überprüft werden.*

1 Entfernen Sie die Zündspule(n) (siehe unten).
2 Unterziehen Sie die Zündspule(n) einer Sichtkontrolle auf lockere, beschädigte oder verschmutzte Anschlüsse, Risse und andere Beschädigungen.
3 Messen Sie mithilfe eines auf den Ohm-Bereich geschalteten Messgeräts den Primärwicklungs-Widerstand der Zündspule, indem Sie es mit den Primär-Kontakten verbinden (siehe Abbildung) – es müssen ca. 1,7 Ohm festgestellt werden. Bei stark abweichenden Ergebnissen wird die Zündspule wahrscheinlich defekt sein.
4 Messen Sie mithilfe eines auf den K-Ohm-Bereich geschalteten Messgeräts den Sekundärwicklungs-Widerstand der Zündspule, indem Sie zunächst unten das Isolierstück abziehen und dann ein Kabel mit dem Kontakt im Zündkerzenstecker und das andere mit einem der Primärwicklungs-Kontakte verbinden (siehe Abbildungen) – falls dabei nicht ca. 8,4 K-Ohm festgestellt werden, wird die Zündspule wahrscheinlich defekt sein.

Ausbau und Einbau

5 Befreien Sie für den Zugang zu den Zündspulen des vorderen Zylinders den Wasserkühler aus seinen Aufnahmen und verlagern

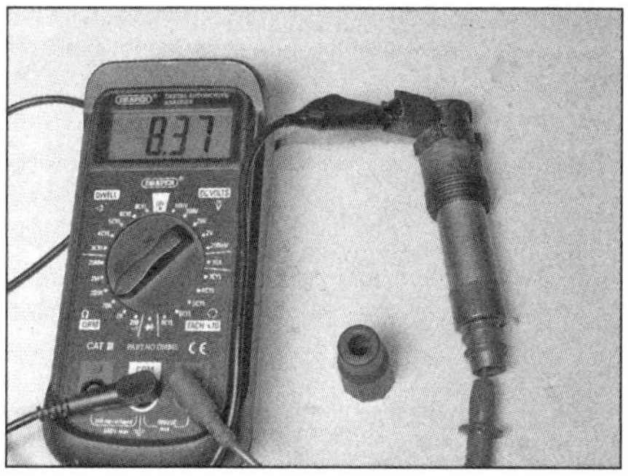

18.4b ... und verbinden Sie das auf den Messbereich K-Ohm geschaltete Multimeter wie gezeigt.

18.6a Lösen Sie die Schraube, um die Massekabel zu befreien – GT-Modelle

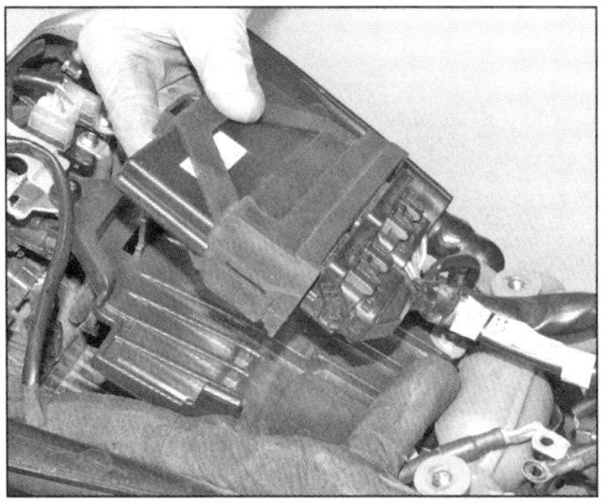

18.6b Heben Sie das Steuergerät aus seinen Aufnahmen und hängen Sie es beiseite.

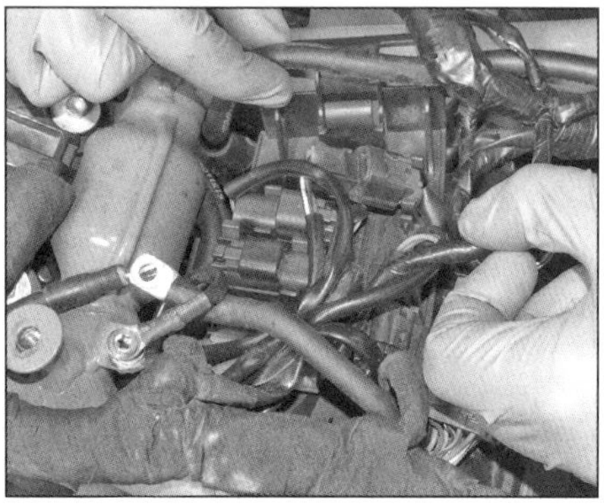

18.6c Befreien Sie die Kabel, Stecker und Schläuche oben am Halter ...

Sie ihn mit angeschlossenen Schläuchen etwas nach vorn (siehe Kapitel 3, Sektion 5).

6 Die Sekundär-Zündspule des hinteren Zylinders ist ohne weitere Demontagen zugänglich; für den Zugang zur Primär-Zündspule muss allerdings das Luftfiltergehäuse entfernt werden (siehe Sektion 3). Verlagern Sie **beim R-Modell** die über dem Ventildeckel verlaufende Verkabelung – öffnen Sie nötigenfalls Kabelbinder. Lösen Sie **beim GT-Modell** die Massekabel vom Rahmen (siehe Abbildung). Befreien Sie das Motorsteuergerät (siehe Abbildung). Befreien Sie die Stecker und Schläuche vom Halter und entfernen Sie diesen (siehe Abbildungen).

7 Ziehen Sie den Zündspulenstecker ab (siehe Abbildung). Reinigen Sie den oberen Bereich der Zündspule und ziehen Sie sie heraus – drehen Sie sie dabei, um die Dichtung zu lösen (siehe Abbildung). Die Kabelstecker der Primär-Zündspulen sind schwarz, diejenigen der Sekundär-Zündspulen weiß.

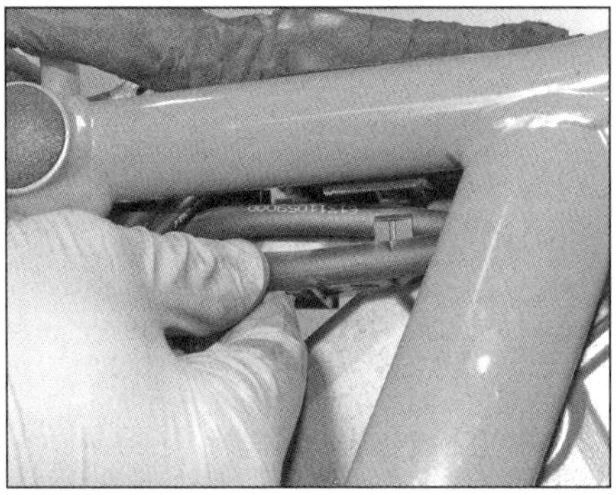

18.6d ... und seitlich am Halter ...

18.6e ... und entfernen Sie diesen.

8 Installieren Sie die Zündspulen und alle anderen Komponenten in der umgekehrten Ausbaureihenfolge. Drücken Sie die Zündspulen vollständig auf die Zündkerzen. An die mittig sitzenden Primär-Zündspulen werden die schwarzen Stecker angeschlossen; an die seitlich sitzenden Sekundär-Zündspulen die weißen Stecker (Abbildung 18.7a). Alle Kabel und Schläuche müssen korrekt verlegt und gesichert sein.

18.7a Ziehen Sie den Zündspulenstecker ab ...

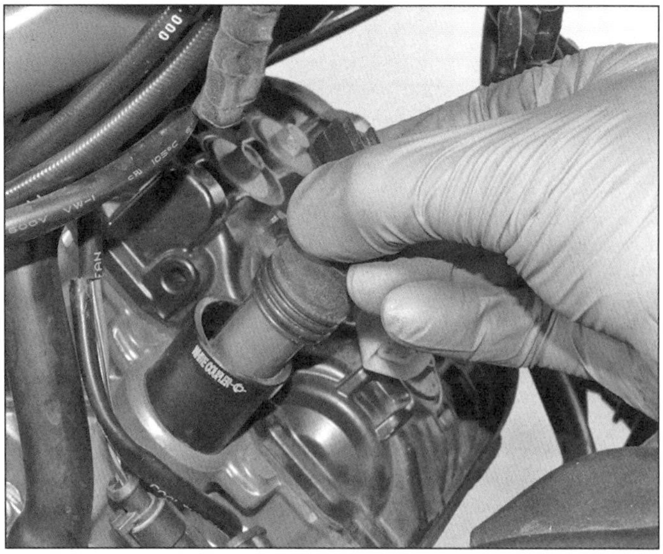

18.7b ... und befreien Sie die gereinigte Zündspule aus dem Zylinderkopf.

Kapitel 5
Rahmen und Radaufhängungen

Inhalt (in alphabetischer Reihenfolge, die Zahlen geben die Nummerierung in den grauen Feldern wieder)

Schwierigkeitsgrade

Leicht. Für Anfänger mit wenig Erfahrung geeignet.	**Relativ leicht.** Für Anfänger mit etwas Erfahrung geeignet.	**Relativ schwierig.** Geeignet für geübte Selbstschrauber.	**Schwer.** Geeignet für Selbstschrauber mit viel Erfahrung.	**Sehr schwer.** Geeignet für Experten und Profis.

Technische Daten

Gabel

Gabelöl-Typ	SAE 4W-Gabelöl
Gabelöl-Füllmenge (pro Holm)	
R-Modelle bis 2016	660 ml
R-Modelle ab 2017	680 ml
GT-Modelle	
rechter Holm	410 ml
linker Holm	670 ml
Freie Federlänge – siehe auch Sektion 8	
R-Modelle bis 2016	253 mm mit Distanzrohr(en)
R-Modelle ab 2017	255 mm mit Distanzrohr(en)
GT-Modell 2016	333 mm mit Distanzrohr(en)
GT-Modelle ab 2017	335 mm mit Distanzrohr(en)
Tauchrohr-Verzug (max.)	0,20 mm

Anzugsdrehmomente

	Nm
Bremsleitungs-Anschlussschrauben	25
Bremspedal-Gelenkbolzen	20
Gabel – Dämpferpatronenschraube	25
Gabel-Verschlussschraube	40
Gabelbrücken-Klemmschrauben	
obere Brücke	18
untere Brücke	15
Heckrahmen-Schrauben (GT-Modelle)	45
Lenker-Klemmschrauben	20
Lenkerhalter-Muttern	40
Lenkkopflager-Einstellring (R-Modelle bis 2016)	siehe Sektion 9
Lenkschaft-Klemmschraube – R-Modelle ab 2017, alle GT-Modelle	20
R-Modelle bis 2016	50
R-Modelle ab 2017 und alle GT-Modelle	18
Lenkschaftschraube	
R-Modelle bis 2016	50
R-Modelle ab 2017 und alle GT-Modelle	18
Lenkungsdämpfer-Schrauben	8
Schalthebel-Klemmschraube	20

Schaltgestängehebel-Schrauben	
M6-Schraube (innen)	18
M8-Schraube (außen)	10
Schwingenbolzenmutter	130
Seitenständer-Gelenkbolzen	35
Seitenständer – Schrauben der äußeren Halterung	45
Stoßdämpferbolzen	80

1 Allgemeine Informationen

1 Alle Modelle sind mit einem Gitterrohr-Rahmen aus Stahl mit dem Motor als tragendes Element ausgerüstet. Der Heckrahmen ist angeschraubt.

2 Das Vorderrad steckt in einer WP-Upside-down-Teleskopgabel mit 48 mm Tauchrohrdurchmesser und interner Dämpferpatrone. Die Gabel der R-Modelle ist in der Druckdämpfung (linker Holm) und der Zugdämpfung (rechter Holm) einstellbar. Bei GT-Modellen übernimmt eine semi-elektronische Steuerung diese Aufgaben.

3 Das Hinterrad wird in einer Leichtmetall-Einarmschwinge geführt, die sich über ein direkt angelenktes Zentralfederbein gegen den Rahmen abstützt. Bei R-Modellen sind die Federvorspannung sowie die Zugdämpfung und die Druckdämpfung (langsam und schnell separat) einstellbar. Bei GT-Modellen übernimmt eine semi-elektronische Steuerung diese Aufgaben.

4 Der Schwingen-Lagerbolzen ist durch den Rahmen und den Motor geführt.

2 Rahmen
Kontrollen und Reparatur

1 Dem Rahmen braucht bis auf Ausbesserungen an der Lackierung normalerweise keine Aufmerksamkeit beigemessen zu werden – solange er nicht bei einem Unfall beschädigt wurde. Nur wenige Spezialisten sind in der Lage, einen verzogenen Rahmen zu reparieren und wieder zu richten – und selbst diese raten bei schweren Schäden oft zum Austausch des Rahmens, weil Segmente überlastet sein können.

2 Nachdem eine Maschine sehr viele Kilometer zurückgelegt hat, sollte der gesamte Rahmen auf Anzeichen von Brüchen oder Rissen an den Schweißnähten begutachtet werden. Lockere Motorhaltebolzen können ihre Aufnahmen ausgeschlagen oder verbogen haben. Kleine Beschädigungen können je nach Ausmaß und Art eventuell von Spezialisten geschweißt werden.

3 Beachten Sie, dass ein verbogener Rahmen Fahrwerksprobleme hervorruft. Falls ein Verzug infolge eines Unfalls festgestellt wird, muss der Rahmen von sämtlichen Anbauteilen befreit werden, um ihn komplett kontrollieren und vermessen zu können.

3 Fußrasten, Bremspedal und Schalthebel

Fußrasten

Ausbau

1 Beachten Sie vor der Demontage einer Fahrerfußraste die Einbaulage der Rückholfeder (siehe Abbildung). Ziehen Sie unten die Sicherungsscheibe vom Lagerzapfen, treiben Sie diesen nach oben heraus und entnehmen Sie die Fußraste (Abbildungen 3.2a, b und c).

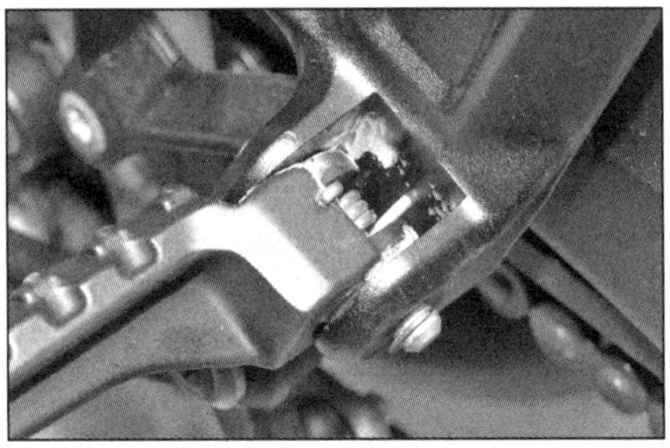

3.1 Beachten Sie bei den Fahrerfußrasten die Ausrichtung der Feder zur Raste und zur Bohrung im Rahmen.

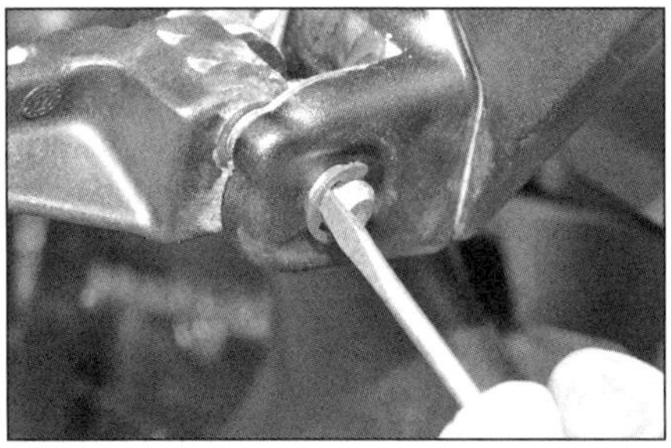

3.2a Hebeln Sie mit einem kleinen Schraubendreher die Sicherungsscheibe aus der Nut des Zapfens, ...

3.2b ... treiben Sie diesen durch den Träger ...

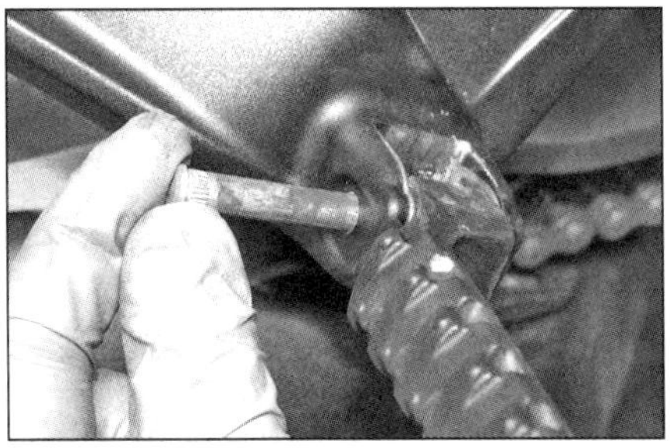

3.2c ... und ziehen Sie ihn oben heraus, ...

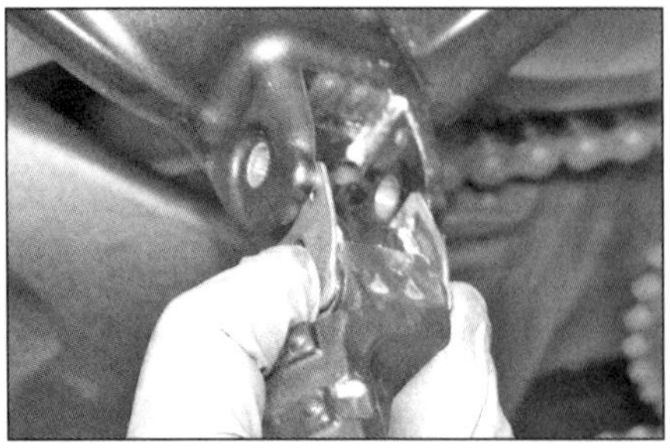

3.2d entnehmen Sie dann die Beifahrerfußraste samt ihrer Arretierbleche.

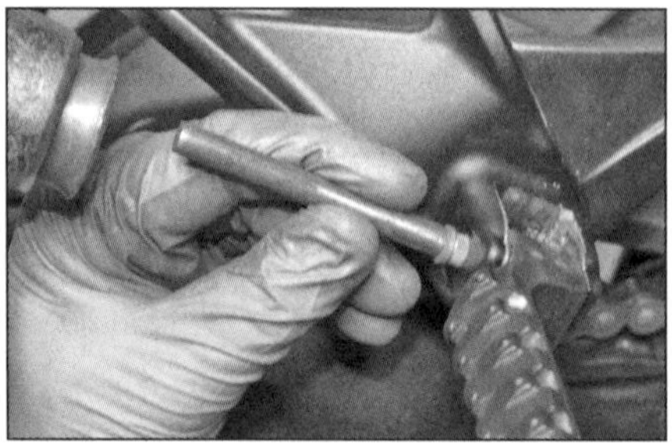

3.3a Treiben Sie den Lagerzapfen vollständig ein ...

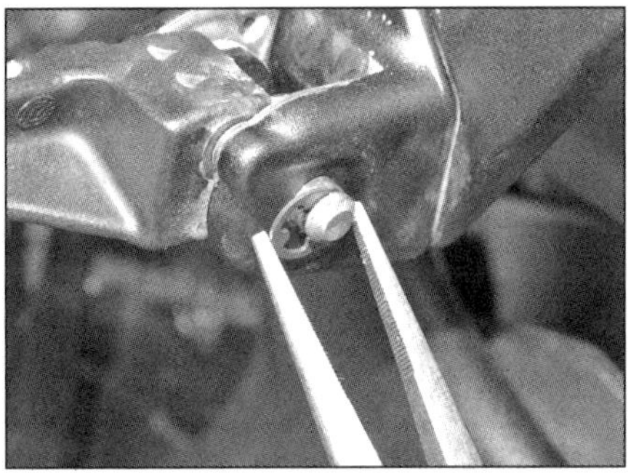

3.3b ... und sichern Sie ihn mit der per Zange korrekt in seiner Nut eingerasteten Sicherungsscheibe.

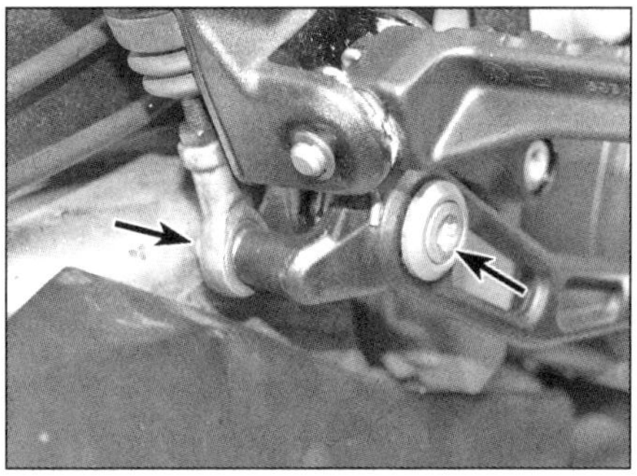

3.4 Druckstangengelenk-Schraube und Bremspedal-Lagerbolzen

3.5 Lösen Sie die zwei Schrauben des rechten Fußrastenträgers und entnehmen Sie diesen.

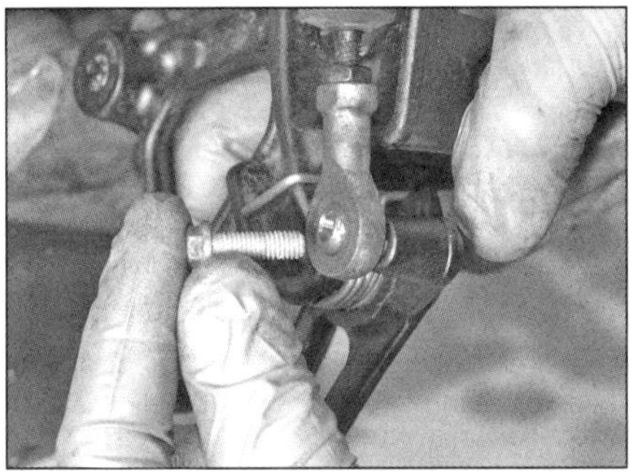

3.6 Halten Sie das Bremspedal gegen die Federspannung in Position und lösen Sie die Druckstangengelenk-Schraube.

3.7a Befreien Sie das Bremspedal ...

3.7b ... und merken Sie sich, wie die Feder um den Halter positioniert ist.

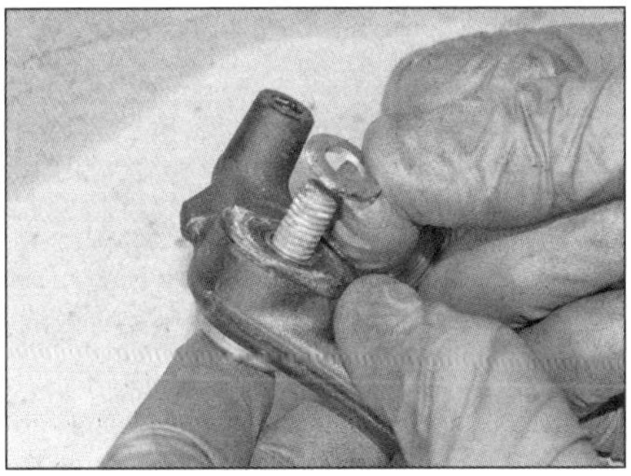

3.8a Entfernen Sie die innere Scheibe ...

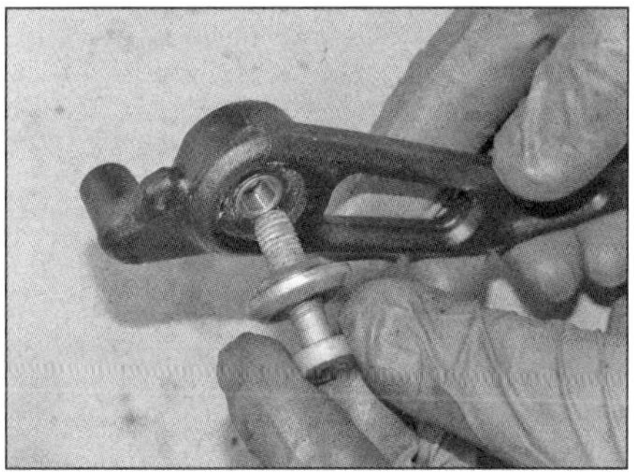

3.8b ... und ziehen Sie den Lagerbolzen samt angeschrägter äußerer Scheibe aus dem Pedal.

3.9 Die zwei Kugellager des Bremspedals werden nötigenfalls nach innen ausgetrieben und von innen installiert.

2 Um eine Beifahrerfußraste zu demontieren, muss unten am Lagerzapfen die Sicherungsscheibe entfernt werden, dann wird der Zapfen herausgezogen und die Fußraste samt Arretierblechen entnommen (siehe Abbildungen).

Einbau

3 Der Einbau entspricht der umgekehrten Ausbaureihenfolge. Schmieren Sie Lagerzapfen mit etwas Fett. Treiben Sie den Lagerzapfen vollständig ein und sichern Sie ihn mit der korrekt in seiner Nut eingerasteten Sicherungsscheibe (siehe Abbildungen).

Bremspedal

Ausbau

4 Lockern Sie den Bremspedal-Lagerbolzen und die Druckstangengelenk-Schraube (siehe Abbildung).

5 Demontieren Sie den Fußrastenträger (siehe Abbildung).

6 Drehen Sie die Druckstangengelenk-Schraube heraus (siehe Abbildung).

7 Drehen Sie den Bremspedal-Lagerbolzen aus dem Halter und entnehmen Sie das Bremspedal samt Feder (siehe Abbildungen).

8 Entfernen Sie die innere Scheibe, befreien Sie den Bolzen aus dem Pedal und entnehmen Sie die äußere Scheibe (siehe Abbildungen).

9 Kontrollieren Sie die im Bremspedal sitzenden Kugellager und erneuern Sie sie nötigenfalls (siehe Abbildung) – stützen Sie das Pedal dazu auf seiner Innenseite ab und setzen Sie am Innenring des äußeren Lagers einen Steckschlüssel an, um beide Lager auszutreiben (Abbildung 3.20b). Treiben Sie die neuen Lager mit einem Steckschlüssel, der nur den Außenring berührt, von innen ein, bis sie bündig sitzen (Abbildung 3.20b). Ein neues Bremspedal ist bereits mit neuen Lagern ausgerüstet.

3.12 Die Enden der Bremspedal-Feder müssen wie gezeigt positioniert sein.

3.16 Befreien Sie das Schaltgestänge vom Schaltwellenhebel.

3.17 Gelenkbolzen mit äußerer und innerer Scheibe

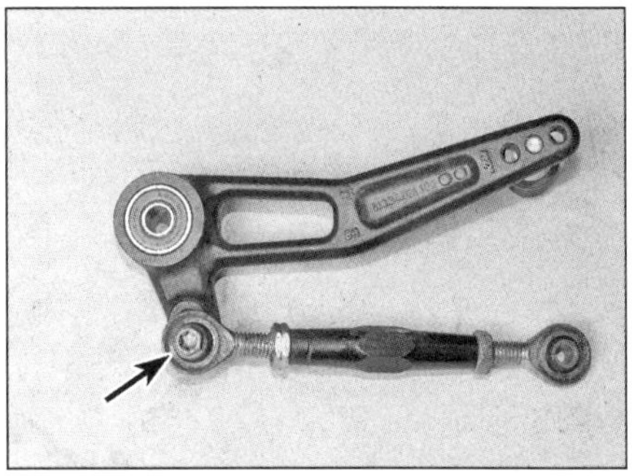

3.18 Lösen Sie die Schraube und trennen Sie das Gestänge vom Schalthebel.

3.19a Beachten Sie die Ausrichtung der Guss-Markierung zum Rahmen.

Einbau

10 Befreien Sie das Bremspedal und seine Gelenke von alten Fettresten. Tragen Sie frisches Fett an der Innenseite der äußeren Scheibe und an beiden Seiten der inneren Scheibe sowie unter der Feder und am Druckstangengelenk auf. Reinigen Sie das Gewinde des Pedalbolzens und tragen Sie frische Sicherungspaste auf. Installieren Sie den Bolzen mit der angeschrägten äußeren Scheibe in das Pedal und legen Sie die innere Scheibe auf (Abbildungen 3.8b und a).

11 Installieren Sie die Feder korrekt ausgerichtet über ihren Sitz (Abbildung 3.7b).

12 Installieren Sie das Pedal – heben Sie dabei die Feder oben über seine Erhebung. Drehen Sie den Bolzen handfest ein (siehe Abbildung).

13 Drücken Sie das Pedal gegen die Federkraft herunter, bis sein Gewinde zum Druckstangen-Gelenk ausgerüstet ist und die Schraube installiert werden kann (Abbildung 3.6).

14 Montieren Sie den Fußrastenträger und ziehen Sie seine Schrauben sorgfältig an (Abbildung 3.5). Ziehen Sie jetzt den Bremspedal-Bolzen mit 20 Nm und die Druckstangengelenk-Schraube sorgfältig an.

15 Die Höhe des Bremspedals und die Position seines Fußstücks kann geringfügig individuell angepasst werden – beachten Sie die Hinweise in Kapitel 1, Sektion 6.

Schalthebel

Ausbau

16 Lösen Sie die Schraube des Schaltgestänges und trennen Sie dies vom Schaltwellenhebel (siehe Abbildung).

17 Lösen Sie den Gelenkbolzen des Schalthebels und entfernen Sie diesen samt der inneren Scheibe (siehe Abbildung).

18 Befreien Sie nötigenfalls das Schaltgestänge vom Schalthebel (siehe Abbildung).

19 Falls der Schaltwellenhebel demontiert werden soll, muss zunächst die Motorritzel-Abdeckung entfernt werden (siehe Kapitel 6, Sektion 21). Notieren Sie zunächst die Ausrichtung seiner Guss-Markierung (Abbildung 3.22a) zum Rahmen (siehe Abbildung). Lösen Sie die zwei Schrauben des Hebels, merken Sie sich die Positionen aller Scheiben und ziehen Sie den Hebel vom der Schaltwelle (siehe Abbildungen).

20 Kontrollieren Sie die im Schalthebel und dem Schaltwellenhebel sitzenden Kugellager

3.19b Lösen Sie die Schrauben ...

3.19c ... und befreien Sie den Hebel vom der Schaltwelle.

und erneuern Sie sie nötigenfalls – stützen Sie den Schalthebel dazu auf seiner Innenseite ab und setzen Sie am Innenring des äußeren Lagers einen Steckschlüssel an, um beide Lager auszutreiben. Treiben Sie die neuen Lager mit einem Steckschlüssel, der nur den Außenring berührt, von innen ein, bis sie bündig sitzen (siehe Abbildungen). Ein neuer Hebel ist bereits mit neuen Lagern ausgerüstet. Der Schaltwellenhebel ist mit einem einzelnen Kugellager ausgerüstet – beachten Sie zunächst seine Einbautiefe. Das von uns fotografierte Lager saß so locker, dass es von Hand herausgedrückt werden konnte – treiben Sie ein fester sitzendes Lager wie beim Schalthebel aus und ein (siehe Abbildung).

Einbau

21 Reinigen Sie die Keilverzahnung der Schaltwelle. Befreien Sie die Hebel und alle Gelenke von alten Fettresten. Tragen Sie frisches Fett an der Schaltwelle und den Kontaktflächen aller Scheiben und Schrauben/Bolzen auf.

22 Schieben Sie den Schaltwellenhebel so auf, dass seine Guss-Markierung wie beim Ausbau positioniert ist (Abbildungen 3.19c und a). Reinigen Sie die Gewinde der Schaltwellenhebel-Schrauben und tragen Sie frische Sicherungspaste auf. Installieren Sie beide Schrauben mit den korrekt positionierten und ggf. ausgerichteten Scheiben und ziehen Sie zuerst die äußere M8-Schraube mit 10 Nm an und dann die innere M6-Schraube mit 18 Nm an (siehe Abbildungen).

23 Montieren Sie ggf. das Schaltgestänge an den Schalthebel (Abbildung 3.18).

24 Reinigen Sie das Gewinde der Schalthebel-Gelenkbolzens und tragen Sie frische Sicherungspaste auf. Installieren Sie den Bolzen mit der angeschrägten äußeren Scheibe in den Hebel und legen Sie die innere Scheibe auf. Ziehen Sie den Bolzen mit 20 Nm an (Abbildung 3.17).

25 Verbinden Sie das Schaltgestänge mit dem Schaltwellenhebel (Abbildung 3.16).

26 Stellen Sie nötigenfalls die Höhe des Schalthebels durch Lockern der Kontermuttern und Verdrehen des Gestänges ein (siehe Abbildung) – die hintere Mutter hat ein Linksgewinde und muss entgegen der normalen Drehrichtung gelöst werden. Achten Sie darauf, das Mittelteil nicht zu weit von den Gewinden der Kugelköpfe zu drehen. Ziehen Sie die Kontermuttern wieder an. Auch das Fußstück kann nach dem Lösen der Schraube in drei Positionen am Hebel angeordnet werden (siehe Abbildung).

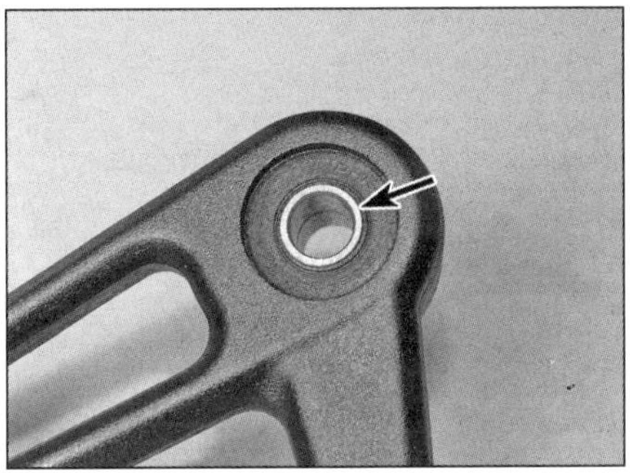

3.20a Die zwei Kugellager des Bremspedals werden nötigenfalls mit einem am Innenring angesetzten Steckschlüssel nach innen ausgetrieben ...

3.20b ... und mit einem am Außenrand sitzenden Steckschlüssel von innen installiert.

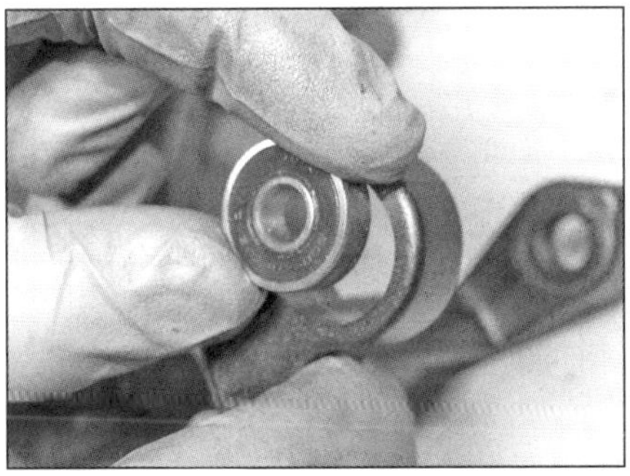

3.20c Der Schaltwellenhebel ist mit nur einem Kugellager ausgerüstet.

3.22a Die Scheibe der äußeren Schraube muss mit der Fase nach innen zeigen und gefettet sein.

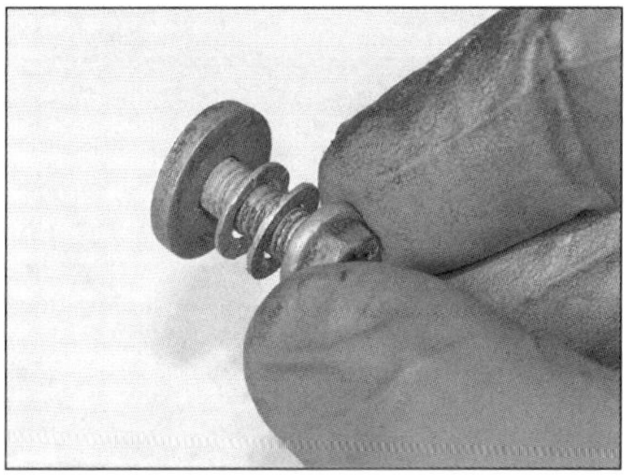

3.22b Rüsten Sie die innere Schraube mit den Scheiben in der richtigen Reihenfolge aus ...

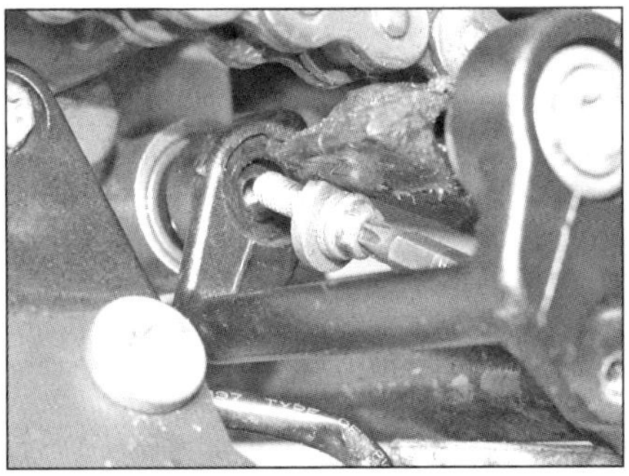

3.22c ... und installieren Sie sie.

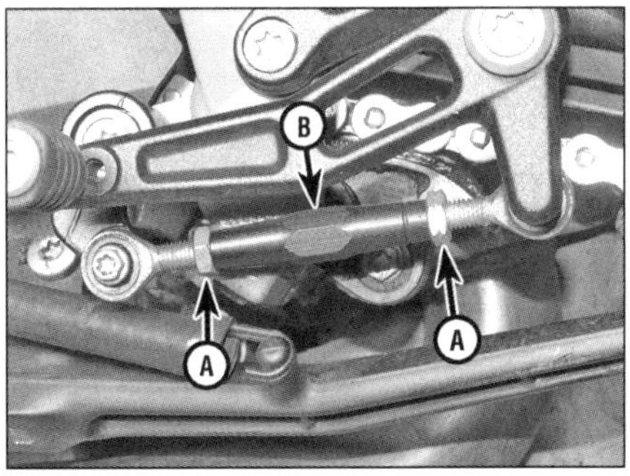

3.26a Lockern Sie die Muttern (A) – die hintere hat ein Linksgewinde – und verdrehen Sie das Mittelteil nach Bedarf.

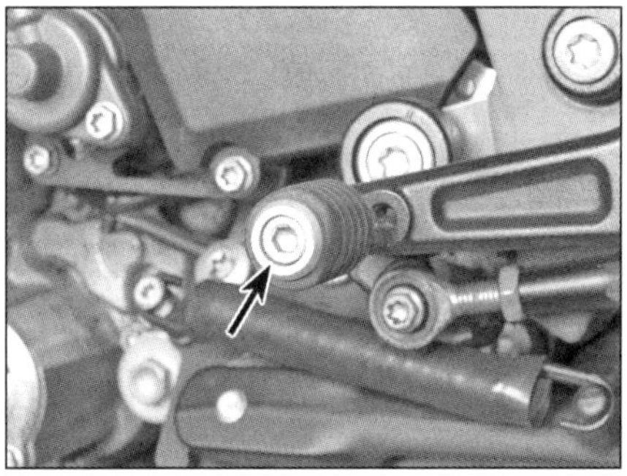

3.26b Lösen Sie die Schraube des Fußstücks, um es nötigenfalls am Schalthebel umzusetzen.

4.2a Lösen Sie die zwei Schrauben ...

4.2b ... und befreien Sie den äußeren Halter samt Ständer und Abschirmblech.

4.2c Lösen Sie die zwei Schrauben und entnehmen Sie den Seitenständerschalter.

4 Seitenständer

Ausbau

1 Stützen Sie das Motorrad mit einer geeigneten Vorrichtung sicher ab (siehe Kapitel 1, Sektion 3, Schritt 2).

2 Lösen Sie die zwei Schrauben des äußeren Seitenständer-Halters und entnehmen Sie diesen samt Ständer und Abschirmblech. Befreien Sie dann den Seitenständerschalter – merken Sie sich seine Einbaulage (siehe Abbildungen).

3 Lösen Sie den Gelenkbolzen, befreien Sie den Ständer und hängen Sie die Federn aus (siehe Abbildungen).

Einbau

4 Reinigen Sie den Ständer, seinen Halter und den Gelenkbolzen. Die Gewinde des Bolzens und des Halters müssen absolut sauber und fettfrei sein.

5 Tragen Sie an den Gleitflächen des Bolzens und des Ständers Fett auf. Versehen Sie das Bolzengewinde mit Sicherungspaste. Hängen Sie die Federn ein und schieben Sie den Ständer über den Halter, richten Sie ihn mit einem Hebel gegen die Federspannung zu der Bohrung des Halters aus, installieren Sie den Gelenkbolzen und ziehen Sie ihn mit 35 Nm an (siehe Abbildungen).

6 Montieren Sie den Seitenständerschalter (Abbildung 4.2c). Versehen Sie die Gewinde der Halter-Schrauben mit Sicherungspaste, setzen Sie das Abschirmblech und den Halter an und ziehen Sie die Schrauben mit 45 Nm an (Abbildungen 4.2b und a).

7 Prüfen Sie die Funktion des Seitenständers und seines Schalters (siehe Kapitel 1, Sektion 18).

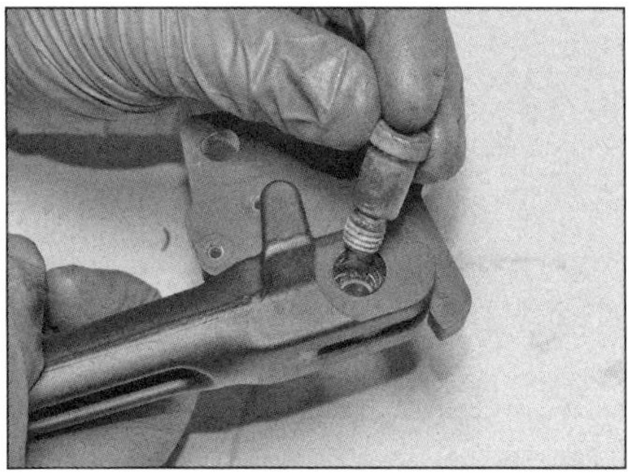

4.3a Lösen Sie den Gelenkbolzen, ...

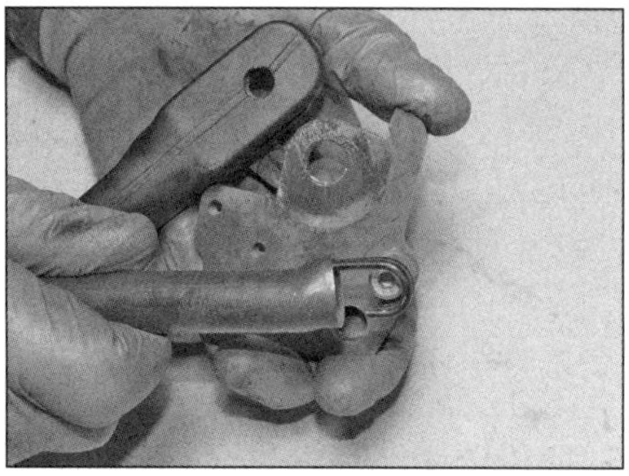

4.3b ... trennen Sie den Ständer vom Halter und hängen Sie die Federn aus.

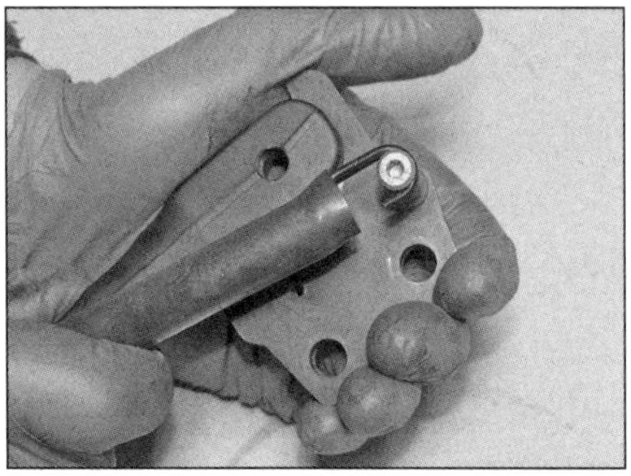

4.5a Hängen Sie die Federn ein und schieben Sie den Ständer über den Halter.

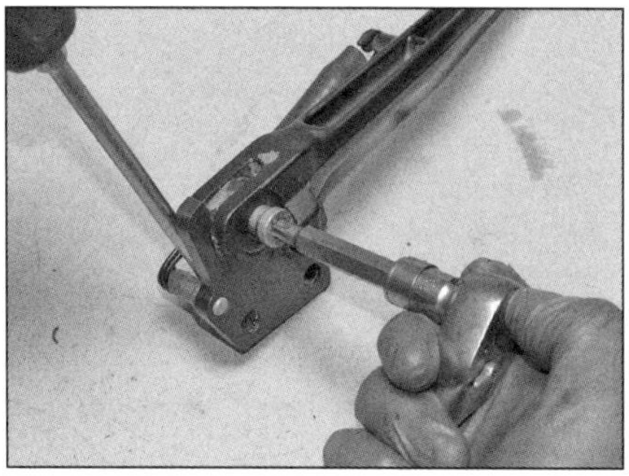

4.5b Richten Sie die Bohrungen mit einem Hebel aus und installieren Sie den Gelenkbolzen.

5 Lenker und Hebel

Lenker

Demontage

1 Demontieren Sie den Gasgriff-Sensor (siehe Kapitel 4, Sektion 7).

2 Demontieren Sie das/die Lenkerschalter-Gehäuse (siehe Kapitel 8, Sektion 18).

3 Entfernen Sie die Rückspiegel (siehe Kapitel 7).

4 Bevor der Handbremszylinder demontiert wird, muss seine Ausrichtung am Lenker notiert werden (Abbildung 5.8c). Lösen Sie die Klemmschrauben der Handbremszylinder-Baugruppe und positionieren Sie diese abseits des Lenkers – halten Sie den Ausgleichsbehälter aufrecht, um das Auslaufen von Bremsflüssigkeit zu vermeiden und keine Luft in die Hydraulik eindringen zu lassen. Setzen Sie den Hydraulikschlauch und das Kabel nicht unter Last (siehe Abbildung).

5 Bevor der Kupplungs-Geberzylinder demontiert wird, muss seine Ausrichtung am Lenker notiert werden (Abbildung 5.8d). Lösen Sie die Klemmschraube, öffnen Sie die Klemme und positionieren Sie die Baugruppe abseits des Lenkers – halten Sie den Ausgleichsbehälter aufrecht, um das Auslaufen von Flüssigkeit zu vermeiden und keine Luft in die Hydraulik eindringen zu lassen. Setzen Sie den Hydraulikschlauch und Schalterkabel nicht unter Last (siehe Abbildungen).

5.4 Klemmschrauben der Handbremszylinder-Baugruppe

5.5a Lösen Sie die Klemmschraube ...

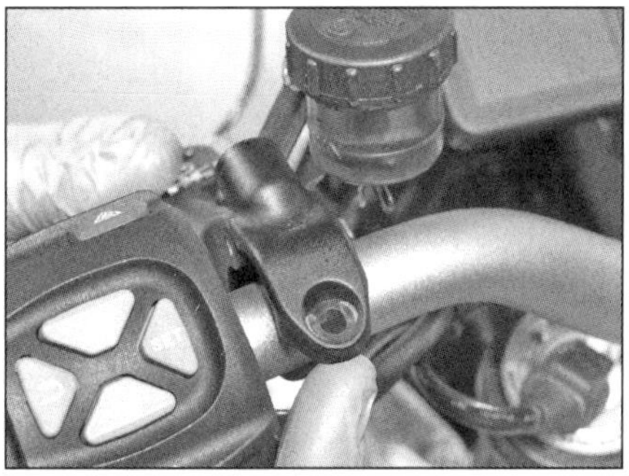

5.5b ... und schwenken Sie das Klemmstück hoch, um den Kupplungs-Geberzylinder zu befreien.

6 Notieren Sie die Ausrichtung des Lenkers zu seinen Aufnahmen (Abbildungen 5.8a oder b). Lösen Sie die Lenker-Klemmschrauben, entnehmen Sie die Klemme(n) und heben Sie den Lenker ab (siehe Abbildungen).

7 Lösen Sie nötigenfalls die Schrauben der Lenkerhalter an der Unterseite der oberen Gabelbrücke, um diese zu befreien – notieren Sie, in welcher Position (vorn oder hinten) die Lenkerhalter montiert waren.

Einbau

8 Die Montage des Lenkers erfolgt in der umgekehrten Demontagereihenfolge – beachten Sie dabei folgende Punkte:

- Reinigen Sie ggf. die Gewinde der Lenkerhalter-Schrauben und tragen Sie Sicherungspaste auf. Positionieren Sie die Halter in der gewünschten Position – der höhere Bereich des Halters muss vorn liegen. Installieren Sie die Schrauben und ziehen Sie sie mit 40 Nm an.
- Richten Sie die Markierungen des mittig angesetzten Lenkers zum Klemmbereich der Halter aus (Abbildungen 5.8a oder b). Ziehen Sie zuerst die vorderen und dann die hinteren Klemmschrauben mit 20 Nm an, sodass die Spalten an den Klemmstücken hinten entstehen (Abbildung 5.6a).
- Setzen Sie das Handbremszylinder-Klemmstück mit der Rückspiegel-Aufnahme nach oben und der Klemmfläche mit der Markierung am Lenker fluchtend an (Abbildung 5.8c). Ziehen Sie zuerst die obere und dann die untere Klemmschraube sorgfältig an.
- Setzen Sie den Kupplungs-Geberzylinder mit der Klemmfläche mit der Markierung am Lenker fluchtend an (Abbildung 5.8d). Ziehen Sie die Klemmschraube sorgfältig an.
- Prüfen Sie vor der ersten Fahrt die Funktion des Gasgriffs, der Bremse und der Kupplung sowie aller Schalter.

Handbremshebel

9 Lösen Sie unten am Halter die Kontermutter des Gelenkbolzens, drehen Sie diesen heraus und entnehmen Sie den Hebel – beachten Sie seine Ausrichtung zur Druckstange (siehe Abbildungen).

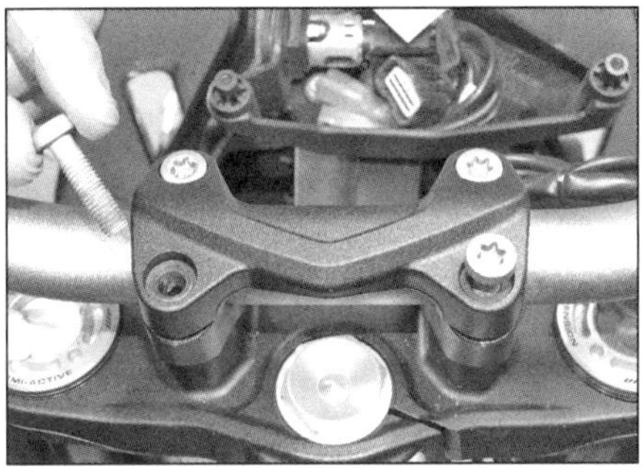

5.6a Lösen Sie die Schrauben, ...

5.6b ... heben Sie das Klemmstück ab und entnehmen Sie den Lenker.

5.8a Markierungen zum Ausrichten des Lenkers – R-Modelle

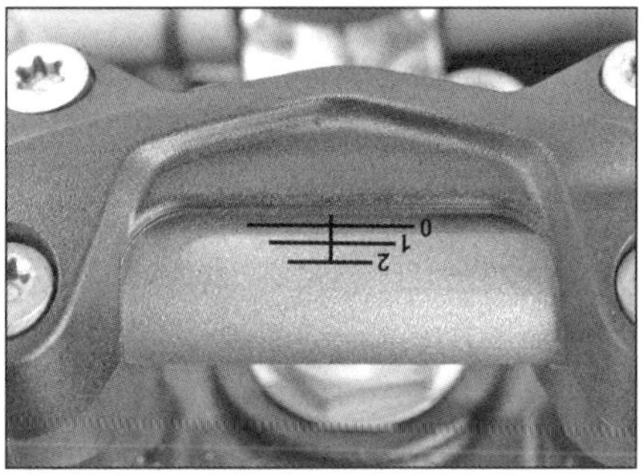

5.8b Markierungen zum Ausrichten des Lenkers – GT-Modelle

5.8c Richten Sie die Klemmfläche des Handbremszylinders zur Linie am Lenker aus.

5.8d Richten Sie die Klemmfläche des Kupplungs-Geberzylinders zur axialen Linie am Lenker und seinen Außenrand zur radialen Linie aus.

5

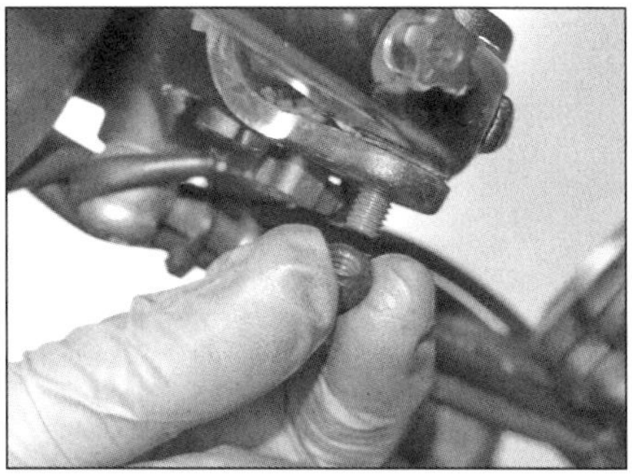

5.9a Lösen Sie an der Unterseite die Mutter, ...

5.9b ... drehen Sie den Gelenkbolzen heraus ...

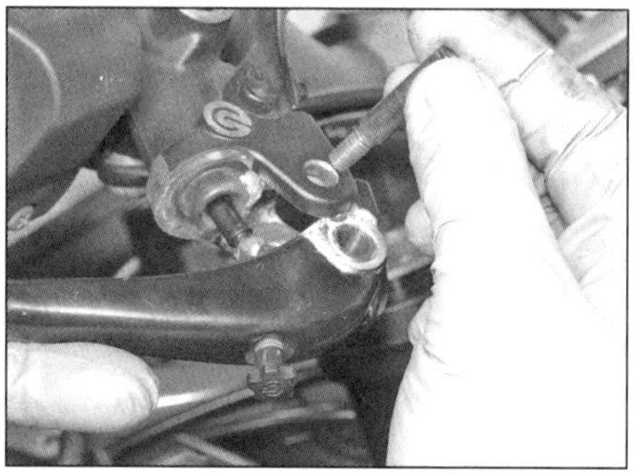

5.9c ... und entnehmen Sie den Bremshebel.

5.10 Kontrollieren Sie die im Handbremszylinder steckende Gummimanschette.

5.11 Die Manschette muss korrekt in der Nut der Druckstange sitzen.

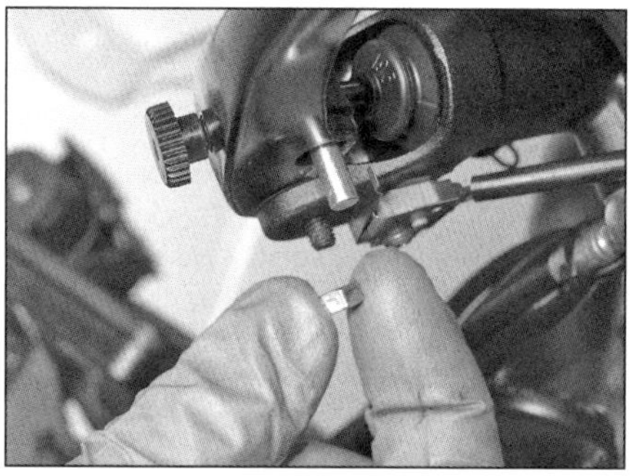

5.12a Lösen Sie an der Unterseite die Mutter, ...

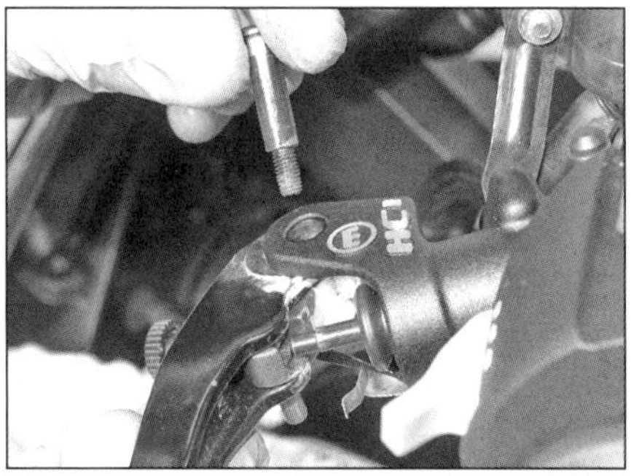

5.12b ... drücken Sie den Gelenkbolzen heraus und entnehmen Sie den Kupplungshebel.

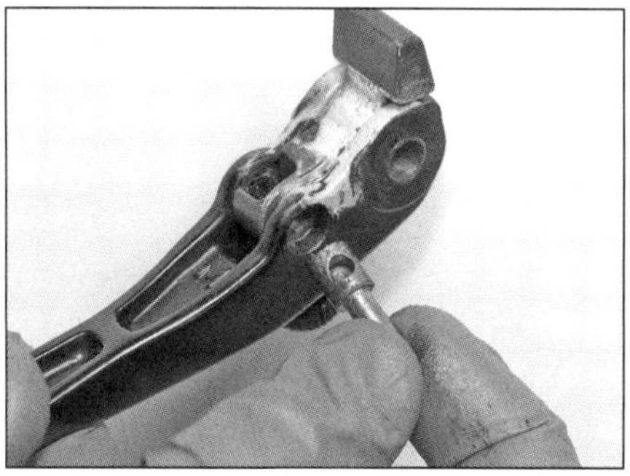

5.12c Beachten Sie den Druckstangensitz im Kupplungshebel und ziehen Sie ihn heraus.

6.3a Lösen Sie an beiden Seiten die vorderen und hinteren Schrauben, ...

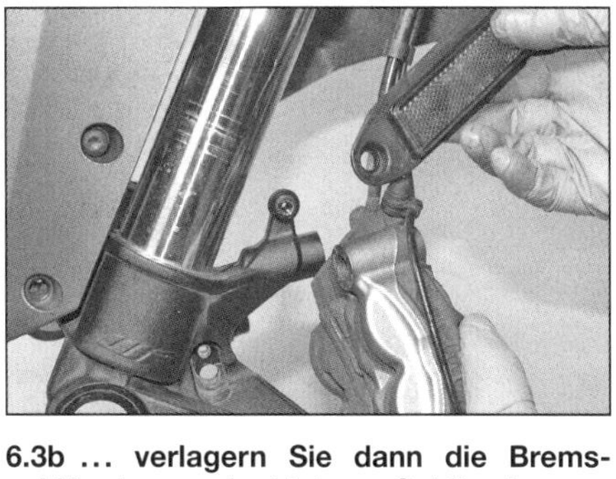

6.3b ... verlagern Sie dann die Bremsschläuche aus der hinteren Sektion heraus.

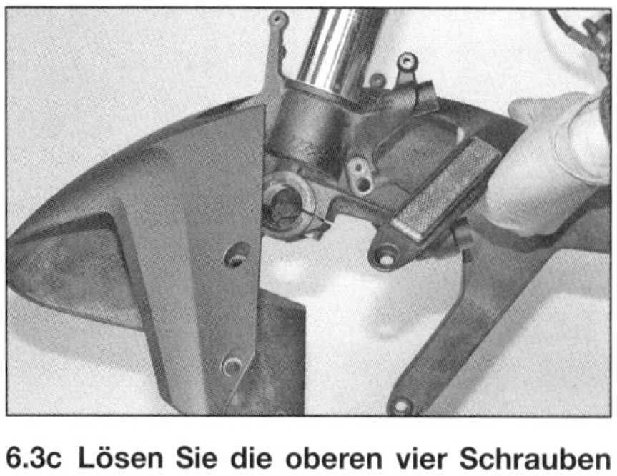

6.3c Lösen Sie die oberen vier Schrauben und befreien Sie das Schutzblech wie gezeigt.

10 Kontrollieren Sie die im Handbremszylinder steckende Gummimanschette auf Schäden und Alterungserscheinungen (siehe Abbildung) und ersetzen Sie sie nötigenfalls durch ein Neuteil. Achten Sie auf den korrekten Sitz der Manschette.

11 Der Einbau entspricht der umgekehrten Ausbaureihenfolge. Tragen Sie an den Kontaktflächen des Handbremshebels und der Spitze der Bremszylinder-Druckstange sowie am Gelenkbolzen Silikon-Schmiermittel auf. Ziehen Sie den Gelenkbolzen handfest an, kontern Sie ihn und ziehen Sie die Kontermuttern an. Kontrollieren Sie, ob die Druckstange vollständig in der Manschette steckt und deren Lippe in der Nut sitzt (siehe Abbildung).

Kupplungshebel

12 Lösen Sie unten am Halter die Kontermutter des Gelenkbolzens, drücken Sie diesen heraus und entnehmen Sie den Hebel – beachten Sie seine Ausrichtung zur Druckstange (siehe Abbildungen). Entfernen Sie den Druckstangen-Sitz aus dem Hebel (siehe Abbildung).

13 Der Einbau entspricht der umgekehrten Ausbaureihenfolge. Tragen Sie an den Kontaktflächen des Kupplungshebels und der Spitze der Kupplungszylinder-Druckstange sowie am Druckstangensitz und am Gelenkbolzen Silikon-Schmiermittel auf (Abbildung 5.12c). Der Hebel muss korrekt auf der Druckstange stecken (Abbildung 5.12b). Drücken Sie den Gelenkbolzen einn, kontern Sie ihn und ziehen Sie die Kontermuttern an (Abbildung 5.12a).

6 Gabel
Ausbau und Einbau

Ausbau

1 Entfernen Sie **beim GT-Modell** zur Verbesserung des Zugangs und zum Schutz vor Beschädigungen die Tankspoiler (siehe Kapitel 7, Sektion 3).

2 Bauen Sie das Vorderrad aus (siehe Kapitel 6, Sektion 16).

3 Demontieren Sie das Vorderradschutzblech (siehe Abbildungen). Sichern Sie die an den Leitungen angeschlossenen Bremssättel außerhalb des Arbeitsbereichs.

4 Notieren Sie die Verlegung aller durch die Gabel führenden Bremsleitungen und Kabel.

5 Trennen Sie **beim GT-Modell** den Stecker der semiaktiven Fahrwerkregelung oben am Standrohr (siehe Abbildung).

6 Lockern Sie die Klemmschrauben der oberen Gabelbrücke (siehe Abbildung).

7 Notieren Sie die Einbaulage des Standrohrs in der oberen Gabelbrücke – ab Werk liegt die zweite Linie bündig zur Oberseite der Brücke (Abbildung 6.10a).

8 Lösen und entfernen Sie die untere Klemmschraube der unteren Gabelbrücke. Lockern Sie die obere Schraube und hebeln Sie die Klemmöffnung vorsichtig mit einem großen Schraubendreher auf, um den Gabelholm nach unten herauszuziehen – drehen Sie ihn dabei nötigenfalls (siehe Abbildungen).

Praxis TiPP ***Falls die Standrohre fest in den Gabelbrücken sitzen, wird der Bereich mit Kriechöl eingesprüht und diesem etwas Zeit zum Einwirken gegeben, bevor der nächste Ausbauversuch gestartet wird.***

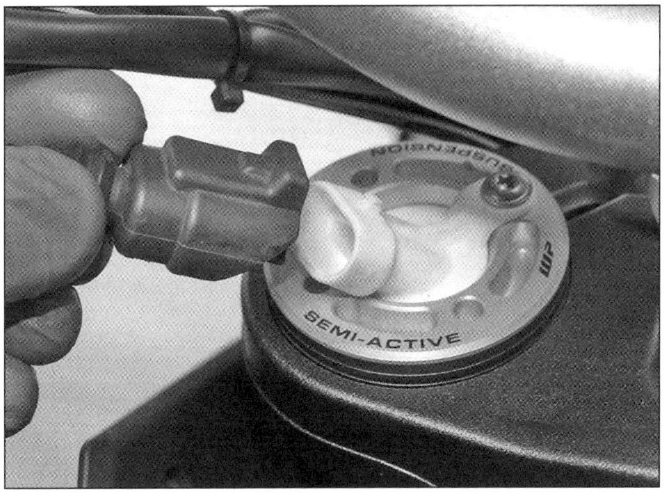

6.5 Trennen Sie oben am Standrohr den Stecker – GT-Modell

6.6 Klemmschrauben der oberen Gabelbrücke

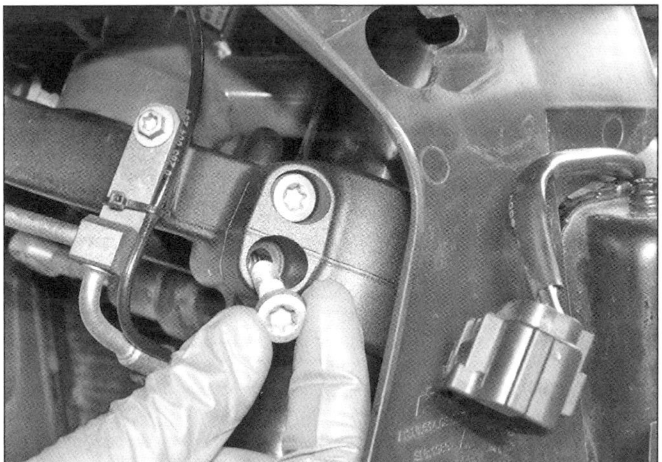

6.8a Entfernen Sie die untere Standrohr-Klemmschrauben der unteren Gabelbrücke und lockern Sie die obere ...

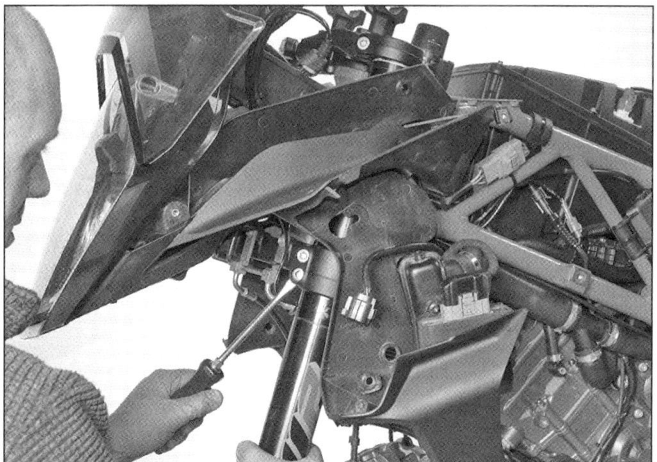

6.8b ... hebeln Sie die Klemmöffnung vorsichtig auf und ziehen Sie den Holm heraus.

6.10a Die zweite Linie des Standrohrs muss bündig zur oberen Brücke sitzen.

6.10b Richten Sie beim GT-Modell die Stecker-Kontakte um 45° nach hinten und außen zeigend aus.

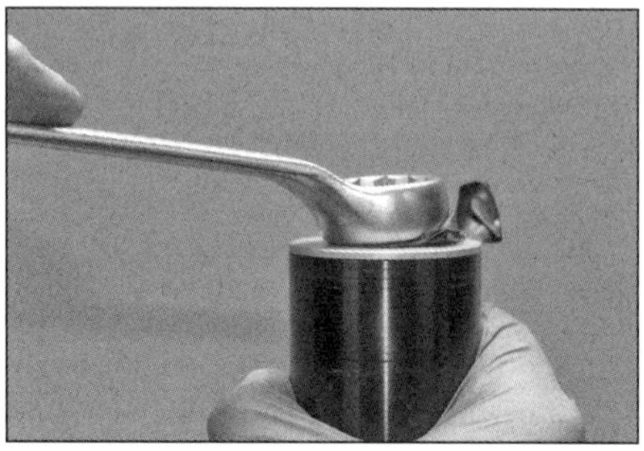
7.4a Umwickeln Sie beim R-Modell die Verschlussschraube mit einer Lage Isolierband und lösen Sie sie mit einem Ringschlüssel.

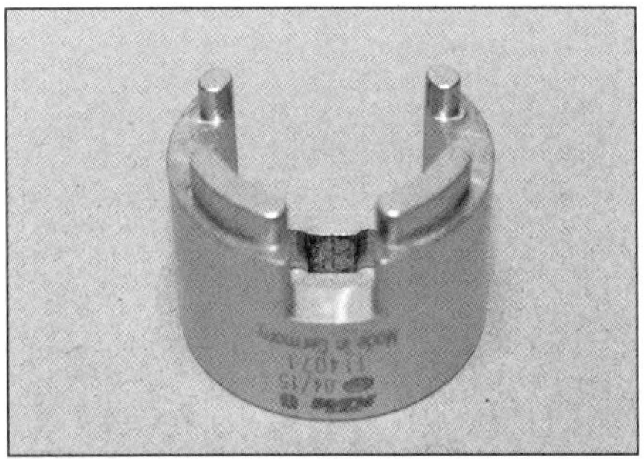
7.4b Beim GT-Modell wird zum Lösen der Verschlussschraube dieser Spezial-Schlüssel benötigt – mit anderen Werkzeugen würde der aus weichem Leichtmetall bestehende Verschluss beschädigt werden.

7.4c Setzen Sie das KTM-Werkzeug mithilfe einer Ratsche an und lösen Sie den Verschluss.

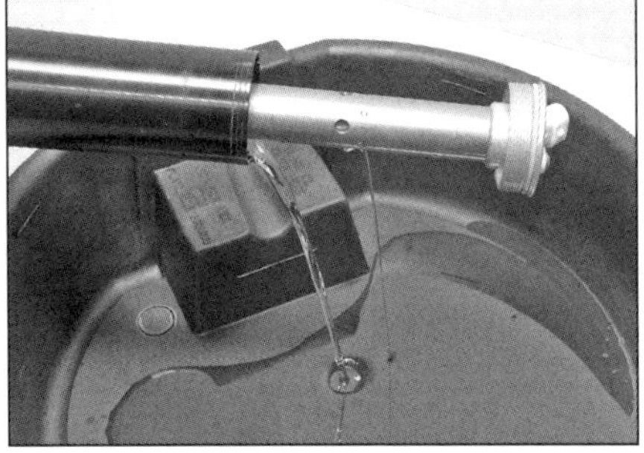
7.5 Gießen Sie das Gabelöl aus.

Einbau

9 Entfernen Sie Schmutz und Korrosion vom Standrohr und aus den Gabelbrücken. Achten Sie beim Einbau der Gabelholme darauf, dass alle Kabel und Schläuche wie beim Ausbau notiert verlegt sind. **Beim R-Modell** kommt der Gabelholm mit dem roten Dämpfungseinsteller-Sockel nach rechts und derjenige mit dem weißen Einsteller nach links. **Beim GT-Modell** kommt der Gabelholm mit dem roten Stecker-Anschluss nach rechts und derjenige mit dem weißen Anschluss nach links.

10 Schieben Sie den Gabelholm durch die untere in die obere Gabelbrücke (Abbildung 6.8b). Richten Sie den zweiten Ring des Standrohrs bündig zur oberen Brücke aus, **beim GT-Modell** müssen die Stecker-Anschlüsse nach hinten und etwa 45° nach außen zeigen (siehe Abbildungen). Ziehen Sie die Klemmschrauben der unteren Gabelbrücke mit 15 Nm an.

11 Ziehen Sie jetzt die Klemmschrauben der oberen Gabelbrücke mit 18 Nm an (Abbildung 6.6).

12 Verbinden Sie **beim GT-Modell** den Stecker der semiaktiven Fahrwerkregelung oben am Standrohr (Abbildung 6.5).

13 Montieren Sie das Vorderradschutzblech (Abbildungen 6.3c, b und a).

14 Montieren Sie das Vorderrad (siehe Kapitel 6, Sektion 16).

15 Montieren Sie **beim GT-Modell** die Tankspoiler (siehe Kapitel 7, Sektion 3).

16 Prüfen Sie vor der ersten Fahrt die Funktion der Gabel und der Vorderradbremse.

7 Gabel
Ölwechsel

Spezialwerkzeug: *Um beim GT-Modell die obere Verschlussschraube lösen und wieder anziehen zu können, wird das KTM-Spezialwerkzeug T14071 benötigt (Abbildung 7.4b).*

1 Gabelöl altert mit der Zeit und verliert seine dämpfende und schmierende Eigenschaft, sodass es gelegentlich erneuert werden muss (auch wenn KTM keine Wechselintervalle angibt). Wechseln Sie immer das Gabelöl beider Gabelholme gleichzeitig.

2 Bauen Sie einen Gabelholm aus (siehe Sektion 6).

3 Drehen Sie **beim R-Modell** die Dämpferverstellung auf die Minimalposition (siehe Sektion 14) – zählen Sie dabei die Klicks und notieren Sie die Zahl, um die Dämpfung später wieder auf ihren ursprünglichen Wert zu bringen. Umwickeln Sie die obere Verschlussschraube mit einer Lage Isolierband, um ihre Oberfläche zu schützen.

4 Halten Sie den Gabelholm und drehen Sie die Verschlussschraube aus dem Standrohr (siehe Abbildungen) – falls sie sehr fest sitzt, muss ein Assistent den Holm halten oder dieser im Bereich der unteren Gabelbrücke vorsichtig in einen mit weichen Backen ausgerüsteten Schraubstock gespannt werden. Die Verschlussschraube verbleibt von einer Kontermutter gesichert an der Dämpferstange. Schieben Sie das Standrohr bis zum Anschlag auf das Tauchrohr.

5 Gießen Sie das Gabelöl in einen Sammelbehälter (siehe Abbildung). Pumpen Sie mit dem Standrohr und der Dämpferstange einige Male, um möglichst viel Öl herauszubekommen (siehe Abbildung). Stellen Sie den Gabelholm eine Zeit lang verkehrt herum in den Behälter, um das Öl abtropfen zu lassen, und pumpen Sie anschließend erneut.

Anmerkung: *Falls das Gabelöl Metallpartikel enthält, müssen die Gleitbuchsen auf Verschleiß überprüft werden (siehe Sektion 8).*

6 Stellen Sie den zusammengeschobenen Gabelholm aufrecht hin und füllen Sie langsam Gabelöl ein (siehe Abbildung). Pumpen Sie einige Male mit dem Tauchrohr.

7 Kontrollieren Sie den O-Ring der Verschlussschraube auf Beschädigungen und Alterungserscheinungen und erneuern Sie ihn nötigenfalls (siehe Abbildung). Schmieren Sie den O-Ring mit Gabelöl, ziehen Sie das Standrohr heraus und drehen Sie die Verschlussschraube hinein. Halten Sie das Standrohr und ziehen Sie den Verschluss mit 40 Nm an.

8 Stellen Sie **beim R-Modell** die Dämpferverstellung wieder auf den ursprünglichen Wert (siehe Sektion 14).

9 Montieren Sie den Gabelholm (siehe Sektion 6). Stellen Sie die Federvorspannung und die Zugdämpfung ein (siehe Sektion 14).

8 Gabel
Überholen

Austausch des Gabel-Dichtrings und der Gleitbuchsen

alle Modelle

Spezialwerkzeug: *Für den Austausch der unteren Dichtrings (Schritt 16) wird das KTM-Spezialwerkzeug T14040S oder ein vergleichbarer Eintreiber für 48 mm Rohrdurchmesser benötigt.*

Zerlegen

1 Zerlegen Sie die Gabelholme immer einzeln, um Verwechslungen von Teilen zu vermeiden, was nach der Montage zu einem erhöhten Verschleiß führen würde. Lagern Sie alle Komponenten in getrennten und markierten Behältern.

2 Bauen Sie einen Gabelholm aus (siehe Sektion 6) und gießen Sie das Gabelöl aus (siehe Sektion 7).

3 Legen Sie den Gabelholm mit den Bremssattel-Aufnahmen nach links zeigend auf die Werkbank. Drücken Sie den Holm herunter und lockern Sie die unten im Tauchrohr sitzende Dämpferpatronenschraube (siehe Abbildung). Kontrollieren Sie die Dichtscheibe und ersetzen Sie nötigenfalls die Schraube samt Scheibe (siehe Abbildung) (beide Teile sind nicht separat erhältlich).

4 Ziehen Sie die Dämpferpatrone aus dem Standrohr (siehe Abbildungen). Halten Sie den Gabelholm über den Sammelbehälter und lassen Sie restliches Öl ablaufen.

5 Hebeln Sie vorsichtig die Staubdichtung unten aus dem Standrohr (siehe Abbildung)

6 Hebeln Sie dann mit einem kleinen Schraubendreher vorsichtig den Sicherungsdraht des Dichtrings aus dem Standrohr – zerkratzen Sie dabei nicht die Oberfläche des Tauchrohrs (siehe Abbildungen).

7.6 Füllen Sie das Gabelöl langsam ein, um Blasenbildung zu vermeiden.

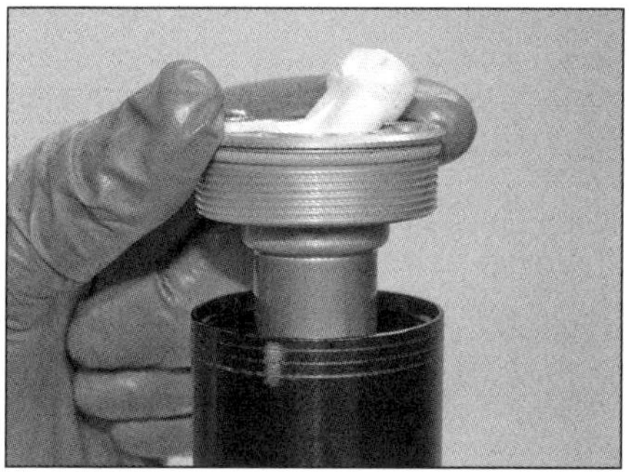

7.7 Kontrollieren und schmieren Sie den O-Ring und drehen Sie dann den Verschluss ins Standrohr.

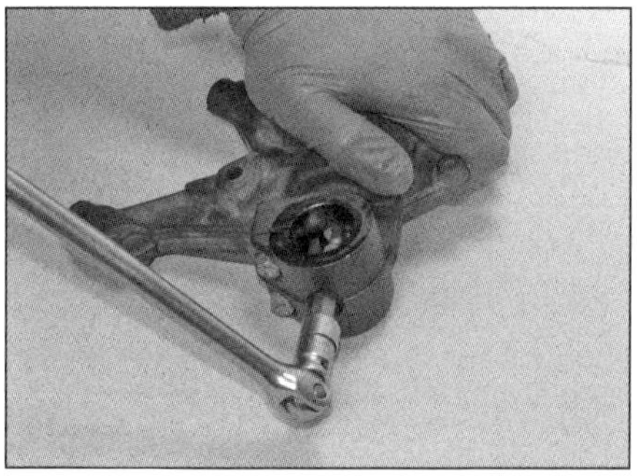

8.3a Lockern Sie die Dämpferpatronenschraube.

8.3b Kontrollieren Sie die Dichtscheibe und beschaffen Sie nötigenfalls eine neue Schraube samt Scheibe.

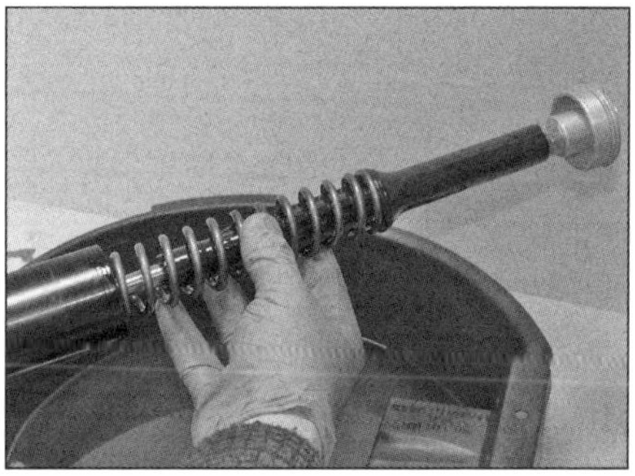

8.4a Ziehen Sie die Dämpferpatrone aus dem Standrohr – R-Modell

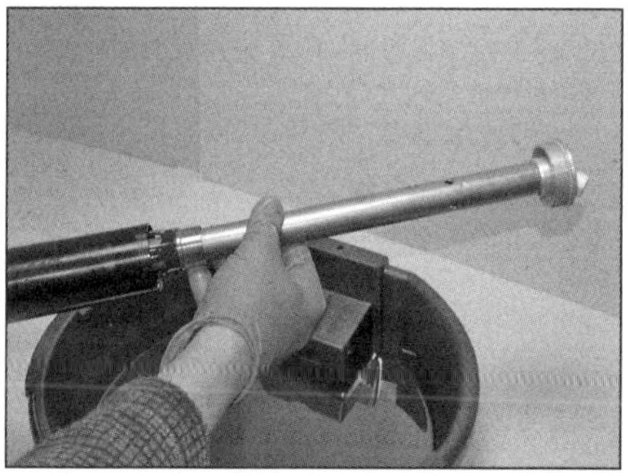

8.4b Ziehen Sie die Dämpferpatrone aus dem Standrohr – GT-Modell

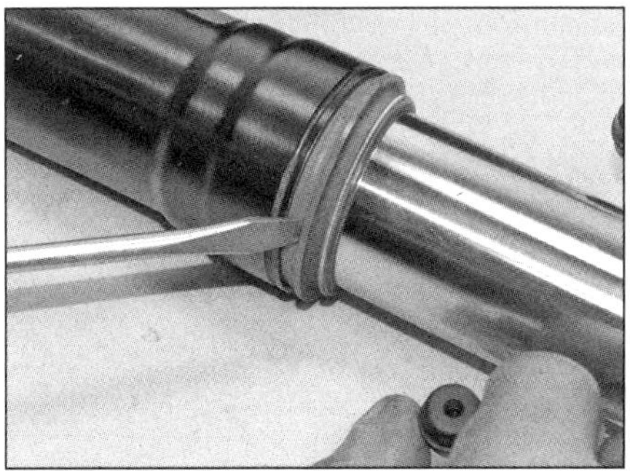

8.5 Hebeln Sie mit einem Schraubendreher die Staubdichtung ab.

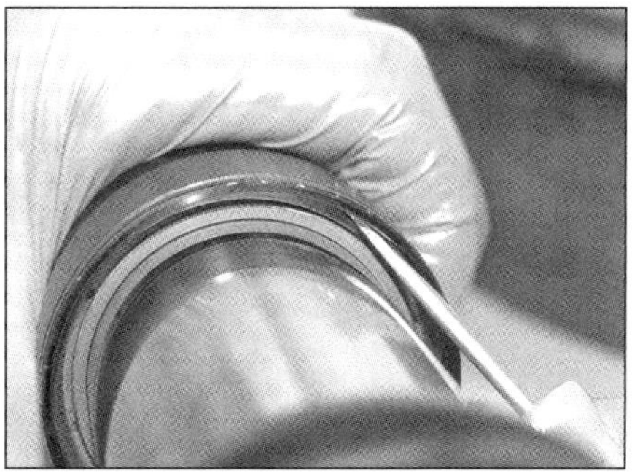

8.6a Setzen Sie einen kleinen Schraubendreher hinter dem Ausschnitt an ...

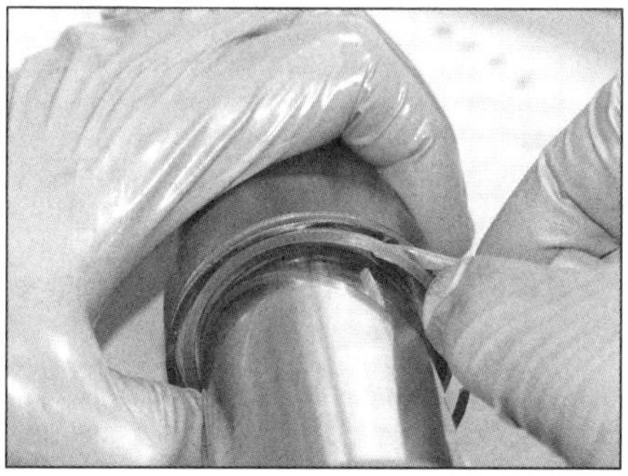

8.6b ... und hebeln Sie die Drahtsicherung vorsichtig heraus.

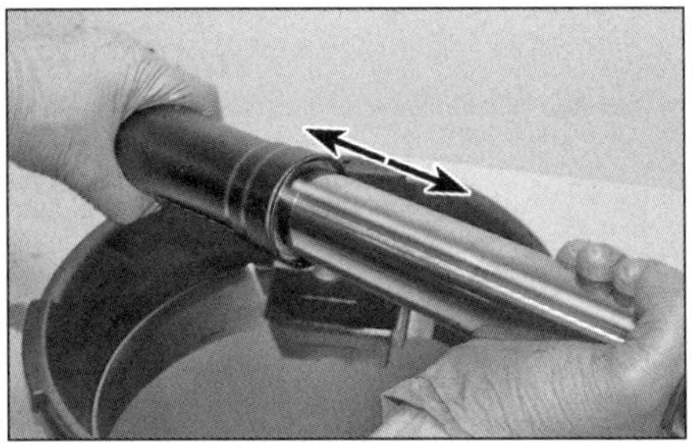

8.7a Ziehen Sie die beiden Rohre zum Trennen mehrmals kräftig auseinander, ...

8.7b ... um den Dichtring, die Scheibe und die untere Buchse aus dem Standrohr zu ziehen.

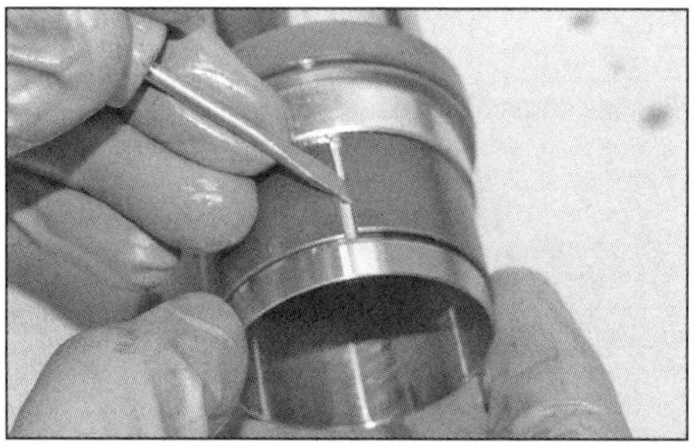

8.8 Hebeln Sie vorsichtig die Enden der oberen Buchse auseinander, um sie samt der anderen Komponenten zu entfernen.

8.12 Überprüfen Sie die Gleitflächen der inneren und äußeren Buchsen

8.13a Kleben Sie die Kanten mit Isolierband ab, um den Dichtring zu schützen.

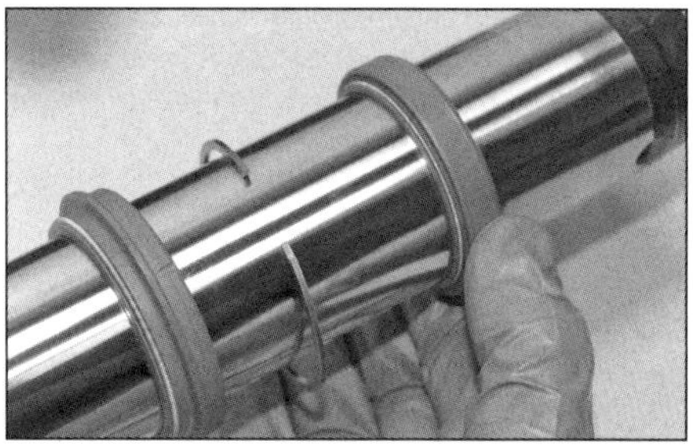

8.13b Schieben Sie die neue Staubdichtung, den Sicherungsring und den Dichtring korrekt ausgerichtet auf das Tauchrohr.

8.13c Schieben Sie die neue Scheibe ...

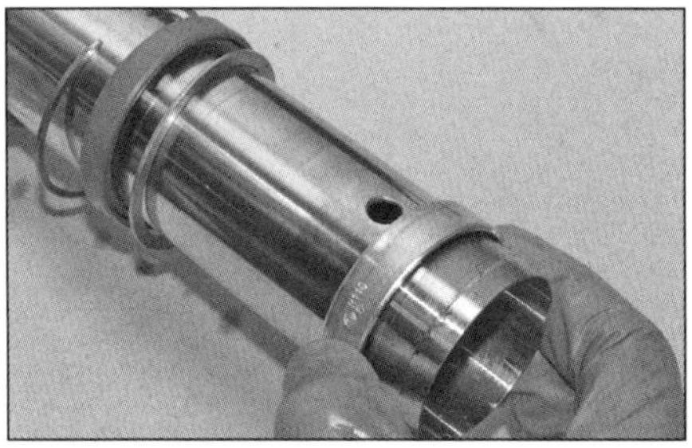

8.13d ... und die untere Buchse auf.

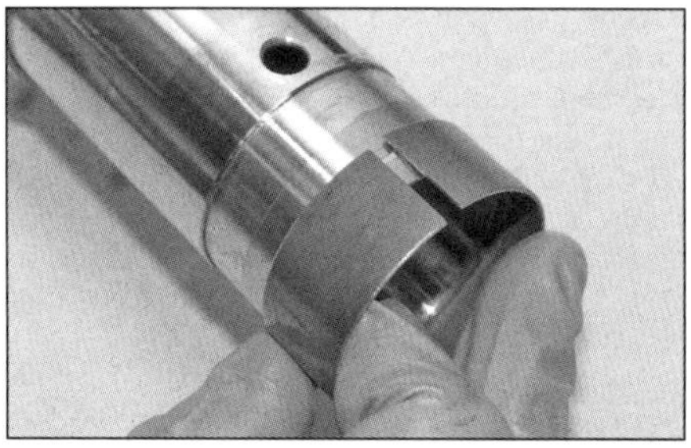

8.13e Spreizen Sie die obere Buchse etwas, um sie aufzuschieben.

7 Um die beiden Gabelrohre zu trennen, müssen der Dichtring und die untere Gleitbuchse aus dem Standrohr befreit werden. Weil die am Tauchrohr sitzende obere Buchse nicht durch die ins Standrohr gepresste untere Buchse passt, kann sie als Ausziehwerkzeug benutzt werden. Greifen Sie das Standrohr mit der einen Hand und das Tauchrohr mit der anderen und schieben Sie die Teile zusammen; ziehen Sie sie dann kräftig auseinander, sodass die obere die untere Buchse und den Dichtring herausdrückt. Wiederholen Sie dies, bis die Rohre getrennt sind (siehe Abbildungen).

8 Hebeln Sie mit einem Schraubendreher vorsichtig die Enden der oberen Buchse auseinander und schieben Sie diese aus ihrem Sitz am Standrohr (siehe Abbildung). Ziehen Sie die untere Buchse, die Dichtring-Scheibe, den Dichtring, den Sicherungsring und die Staubdichtung vom Tauchrohr – merken Sie sich die Einbaurichtungen. Der Dichtring und die Staubdichtung müssen auf jeden Fall durch Neuteile ersetzt werden. KTM empfiehlt, auch die (nicht sehr teuren) Gleitbuchsen ungeachtet ihres Zustands nach jedem Ausbau zu erneuern.

Kontrolle

9 Reinigen Sie alle Teile in Lösungsmittel und blasen Sie sie möglichst mit Druckluft aus.

10 Begutachten Sie das Tauchrohr auf Kerben, Kratzer, abblätternde Beschichtung und extremen oder abnormalen Verschleiß und ersetzen Sie es nötigenfalls. Kontrollieren Sie das Tauchrohr mithilfe von Prismenblöcken und einer Messuhr auf Verzug (siehe Abbildung). Ein mehr als 0,2 mm verzogenes Rohr darf nicht gerichtet, sondern muss ersetzt werden.

11 Kontrollieren Sie das Standrohr auf Risse. Begutachten Sie den Dichtring-Sitz im Standrohr auf Kerben, Beulen und Riefen – solche Schäden können zu Undichtigkeit führen. Kontrollieren Sie auch die Dichtringscheibe auf Schäden und Verzug und ersetzen Sie sie nötigenfalls.

12 Überprüfen Sie die Gleitflächen der Buchsen (also die innere Fläche der unteren und die Außenfläche der oberen Buchse) (siehe Abbildung) – sie müssen überall mit Teflon beschichtet sein. Falls die graue Gleitschicht auf mehr als 75% der Fläche verschwunden ist oder Riefen erkennbar sind, müssen die Buchsen ersetzt werden.

Anmerkung: *KTM empfiehlt, die (nicht sehr teuren) Gleitbuchsen ungeachtet ihres Zustands nach jedem Ausbau zu erneuern.*

Zusammenbau

Anmerkung: *Gabel-Dichtringe werden nur als komplettes Set samt Staubdichtungen, Sicherungsringen und allen Scheiben für beide Ga-*

8.14 Schieben Sie das Tauchrohr vollständig ins Standrohr.

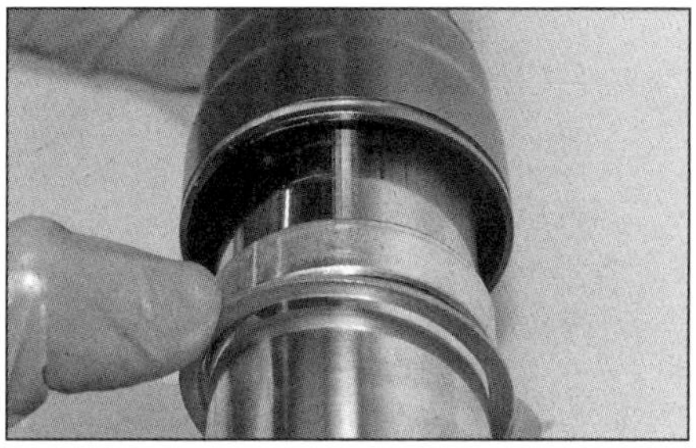

8.16a Schieben Sie die untere Buchse ins Standrohr und legen Sie die Scheibe auf.

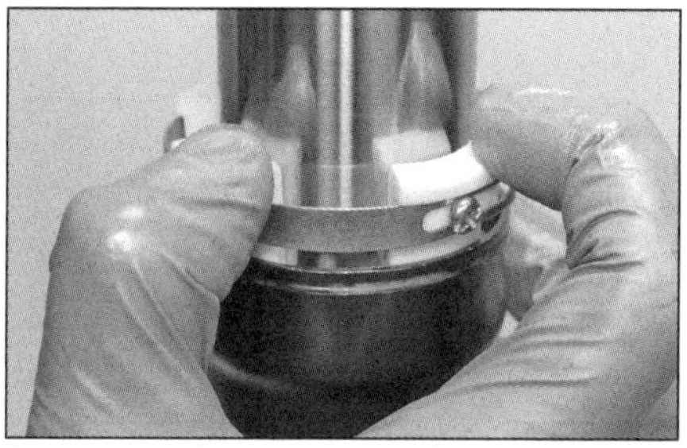

8.16b Positionieren Sie den Eintreiber um das Standrohr über der Scheibe, ...

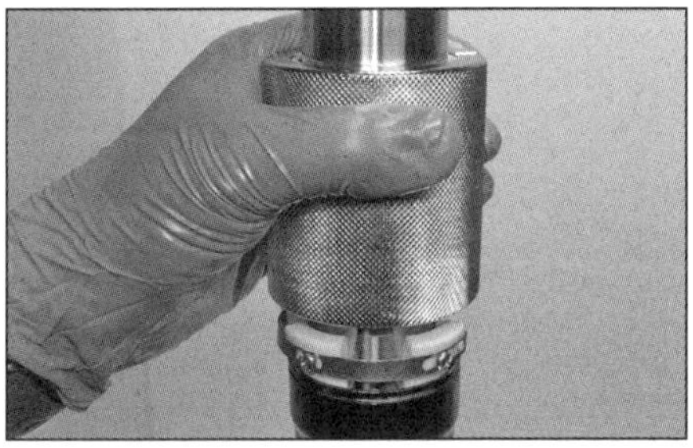

8.16c ... setzen Sie den Gleithammer an und treiben Sie die Buchse in ihren Sitz (und der Eintreiber den Außenrand des Standrohrs berührt).

8.16d Schieben Sie den Dichtring ins Standrohr, ...

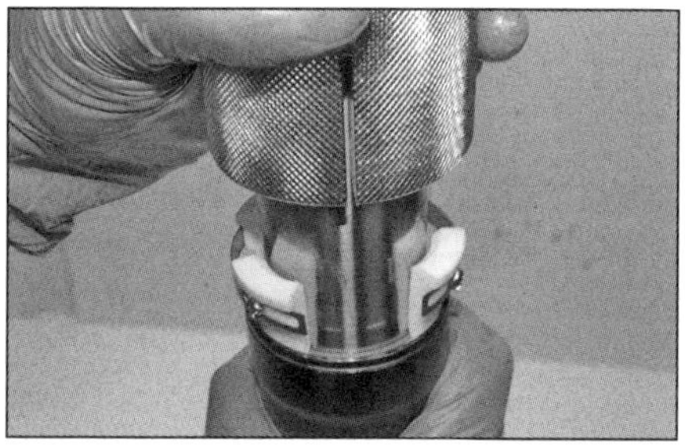

8.16e ... setzen Sie den Eintreiber wieder an und treiben Sie den Dichtring und die Buchse vollständig ein, ...

8.16f ... bis die Nut für den Sicherungsring rundherum frei liegt.

8.17a Drücken Sie den Sicherungsdraht vorsichtig zusammen

8.17b ... führen Sie ihn rundherum in seine Nut ein ...

belholme angeboten – verwenden Sie stets alle Neuteile. Die Führungsbuchsen eines Gabelholms werden ebenfalls als Set angeboten, können aber auch einzeln beschafft werden.

13 Umwickeln Sie die Kanten an der Vertiefung für die obere Buchse im Tauchrohr mit einer Lage dünnen Isolierbands, um die Dichtring-Lippe zu schützen (siehe Abbildung). Schmieren Sie das Isolierband und die Dichtring-Lippe mit etwas Öl. Schieben Sie die neue Staubdichtung, den Sicherungsdraht und den neuen Dichtring auf das Tauchrohr – achten Sie darauf, dass alle Teile richtig herum montiert werden (siehe Abbildung). Entfernen Sie das Isolierband, schmieren Sie die Buchsen und schieben Sie die neue Dichtscheibe sowie die untere Buchse auf das Tauchrohr. Installieren Sie die neue obere Buchse in ihren Sitz (siehe Abbildung).

14 Schieben Sie das Tauchrohr vollständig ins Standrohr (siehe Abbildung). Stellen Sie den Gabelholm verkehrt herum auf die Werkbank und lassen Sie einen Assistenten die aufgeschobenen Komponenten oben (weg vom Standrohr) halten.

Anmerkung: *Wärmen Sie den Sitz der unteren Buchse im Standrohr mit einem Heißluftgebläse auf ca. 50 °C auf, um die Montage der Buchse zu erleichtern.*

15 Bei Verwendung des KTM-Spezialwerkzeugs T14040S wird die untere Buchse in das Standrohr geschoben und mit dem langen Ende des Werkzeugs senkrecht eingedrückt oder eingetrieben, bis ihr Außenrand bündig zu seiner Vertiefung sitzt. Schieben Sie die Scheibe auf, führen Sie den Dichtring herunter und drücken oder klopfen Sie ihn mi dem kurzen Ende des Werkzeugs in den Sitz des Standrohrs, bis die Sicherungsring-Nut rundherum frei liegt (Abbildung 8.16f).

16 Bei Verwendung eines anderen Dichtring-Eintreibers werden die untere Buchse und die Scheibe in das Standrohr geschoben, dann der Eintreiber um das Tauchrohr auf der Scheibe positioniert und der Gleithammer angesetzt, um die untere Buchse so weit wie möglich in das Standrohr zu treiben (siehe Abbildungen). Heben Sie die Scheibe an, um zu prüfen, ob die Buchse senkrecht sitzt, und legen Sie die Scheibe wieder auf. Schieben Sie den Dichtring herunter, drücken Sie ihn oben ins Standrohr und treiben Sie in seinen Sitz, bis die Sicherungsring-Nut rundherum frei liegt (siehe Abbildungen).

17 Installieren Sie die Drahtsicherung rundherum in ihre Nut (siehe Abbildungen).

8.18 … und drücken Sie die neue Staubdichtung darüber.

8.20a Installieren Sie die Dämpferpatrone.

8.20b Installieren Sie die Dämpferpatronenschraube und ziehen Sie sie mit 25 Nm an.

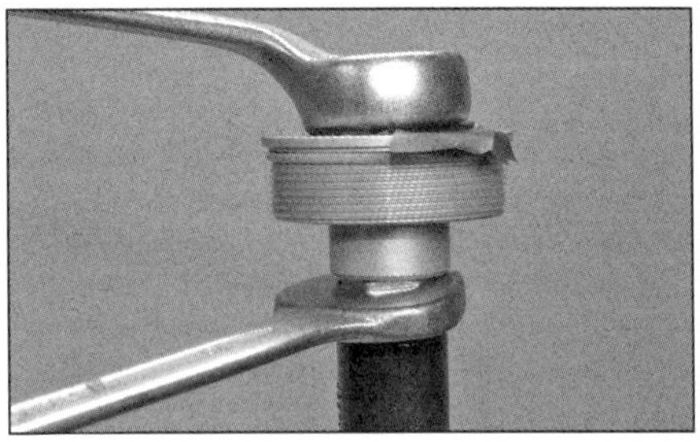

8.24a Kontern Sie die mit einem Maulschlüssel die Kontermutter und lockern Sie mit einem Ringschlüssel die Verschlussschraube.

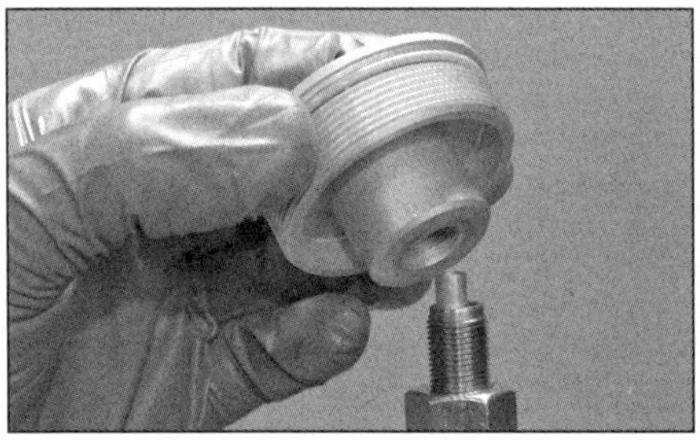

8.24b Drehen Sie den Verschluss ab …

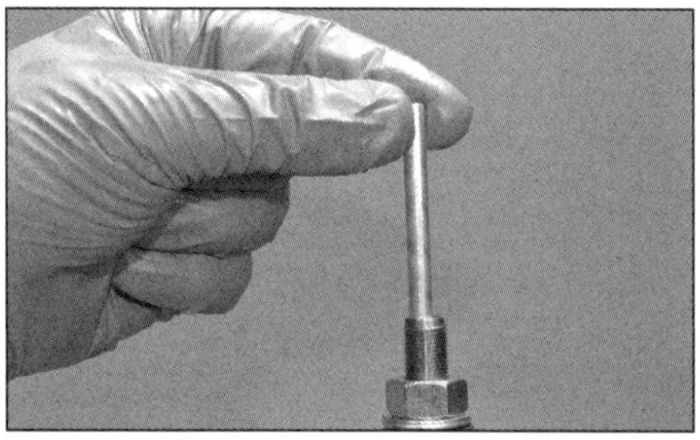

8.24c … und ziehen Sie die Dämpfer-Einstellstange heraus.

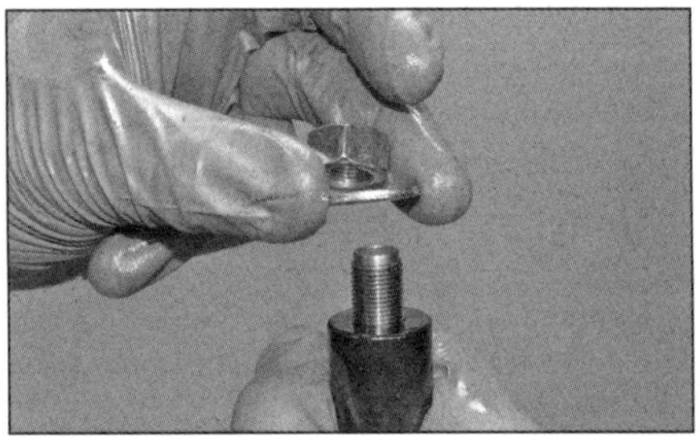

8.25a Halten Sie die Führung herunter, während Sie die Mutter lösen und die Scheibe entnehmen.

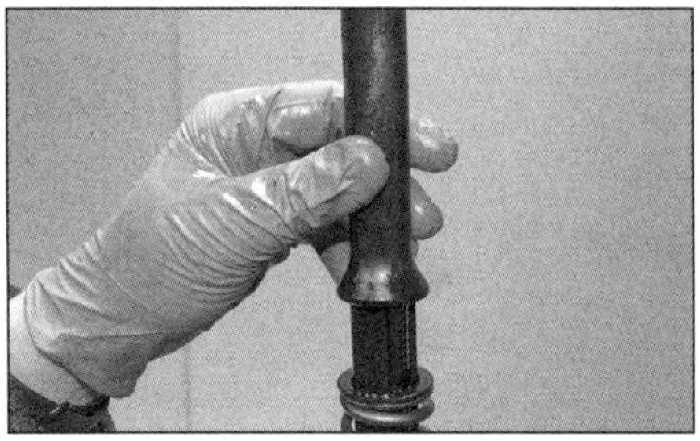

8.25b Entfernen Sie die Führung, …

8.25c … alle Distanzringe …

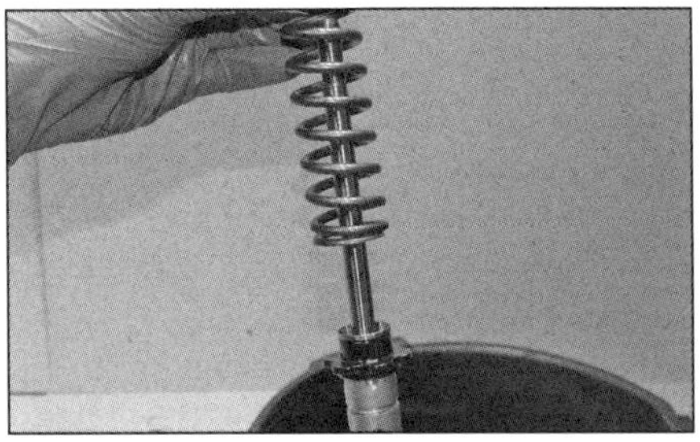

8.25d … und die Gabelfeder.

8.26 Messen Sie die freie Länge der Gabelfeder und addieren Sie die vorhandenen Distanzscheiben.

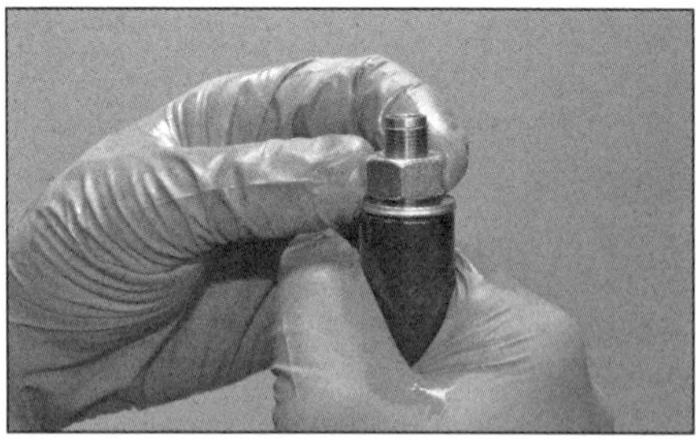

8.29 Drehen Sie die Mutter vollständig auf, aber ziehen Sie sie nicht an.

18 Drücken Sie die neue Staubdichtung in ihren Sitz im Standrohr (siehe Abbildung).

19 Falls beide Gabelholme zerlegt wurden, muss sichergestellt werden, die richtige Dämpferpatrone zuzuordnen: Bei R-Modellen ist die rechte Patrone unten mit R markiert und der Dämpfer mit einem roten Einsteller versehen, die mit einem L markierte linke Patrone ist mit einem weißen Einsteller ausgerüstet; **beim GT-Modell** ist die rechte Patrone unten mit R markiert und der Dämpfer mit einem roten Steckanschluss versehen, die mit einem L

8.33a Halten Sie die Kontermutter (A) und lockern Sie die Buchse (B) ...

8.33b ... mit einem geeigneten Zapfenschlüssel, der in die Bohrungen greift – hier ein Modell von Motion Pro.

markierte linke Patrone ist mit einem weißen Steckanschluss und der Feder ausgerüstet.

20 Legen Sie den Gabelholm mit den Bremssattel-Aufnahmen nach rechts zeigend auf die Werkbank. Schieben Sie die Dämpferpatrone vollständig in den Gabelholm (siehe Abbildung). Prüfen Sie, ob die Dichtscheibe korrekt unter dem Kopf der Dämpferpatronenschraube liegt (Abbildung 8.3b), installieren Sie sie unten ins Tauchrohr und ziehen Sie sie mit 25 Nm an (siehe Abbildungen).

21 Wechseln Sie zu Sektion 7, um Gabelöl aufzufüllen und den Zusammenbau abzuschließen.

22 Montieren Sie den Gabelholm (siehe Sektion 6).

Gabelfedern R-Modelle

Ausbau

23 Demontieren Sie den Gabelholm, gießen Sie das Öl aus und entfernen Sie die Dämpferpatrone (Schritte 1 bis 4).

24 Kontern Sie die mit einem Maulschlüssel die Kontermutter und lockern Sie mit einem Ringschlüssel die Verschlussschraube. Drehen Sie den Verschluss ab und ziehen Sie die Dämpferstange heraus (siehe Abbildungen).

25 Drücken Sie die Feder-Führung herunter, lösen Sie die Mutter und entnehmen Sie die Scheibe. Entspannen Sie vorsichtig die Feder (siehe Abbildung). Entfernen Sie die Feder-Führung, den/die Vorspannungs-Distanz-Ring(e) und die Feder (siehe Abbildungen).

Kontrolle

26 Kontrollieren Sie die Feder auf Brüche und andere Beschädigungen. Messen Sie ihre freie Länge und addieren Sie die Gesamtstärke aller vorhandenen Distanzringe hinzu; vergleichen Sie den Gesamtwert mit den Angaben in den technischen Daten (siehe Abbildung) – falls er zu niedrig ist, müssen Distanzringe hinzugefügt werden, bis der Wert stimmt. KTM bietet Distanzring-Sets an. Falls der Wert zu hoch ist, müssen Distanzringe entnommen werden, bis er wieder stimmt.

27 Kontrollieren Sie die Dämpferpatrone und die Stange auf Schäden und Verschleiß. Halten Sie das Patronengehäuse und pumpen Sie mit der Stange – sobald Verschleiß oder Beschädigungen festgestellt werden oder die Stange sich nicht sanft im Gehäuse bewegen lässt, muss der Dämpfer ersetzt werden.

Einbau

28 Halten Sie die Dämpferstange vollständig herausgezogen und installieren Sie die Feder (Abbildung 8.25d). Legen Sie alle erforderlichen Distanzringe auf die Feder und Schieben Sie die Führung darüber (Abbildungen 8.25c und b).

29 Drücken Sie die Führung herunter, um die Feder zu komprimieren, und halten Sie die Dämpferstange hoch. Legen Sie die Scheibe auf und drehen Sie die Mutter vollständig auf (siehe Abbildung).

30 Führen Sie die Dämpfer-Einstellstange ein (Abbildung 8.24c). Drehen Sie den Verschluss vollständig auf die Dämpferstange (Abbildung 8.24b). Kontern Sie die Verschlussschraube und ziehen Sie mit einem Maulschlüssel die Mutter dagegen, um sie zu kontern (Abbildung 8.24a).

31 Installieren Sie die Dämpferpatrone, füllen Sie Gabelöl auf und montieren Sie den Gabelholm (Schritte 19 bis 22).

Gabelfeder GT-Modelle (nur im linken Gabelholm)

Spezialwerkzeug: *Für diese Arbeit wird ein (verstellbarer) Zapfenschlüssel benötigt – KTM bietet hierfür das Werkzeug T103 an.*

Ausbau

32 Demontieren Sie den Gabelholm, gießen Sie das Öl aus und entfernen Sie die Dämpferpatrone (Schritte 1 bis 4).

33 Kontern Sie die mit einem Maulschlüssel die Kontermutter und lockern Sie mit einem Zapfenschlüssel die Buchse (siehe Abbildungen) – drehen Sie sie anschließend ab.

34 Drücken Sie die Feder-Führung herunter, lösen Sie die Mutter und entnehmen Sie die Scheibe. Entspannen Sie vorsichtig die Feder (Abbildung 8.25a). Entfernen Sie die Feder-Führung, den/die Vorspannungs-Distanz-Ring(e) und die Feder (Abbildungen 8.25b, c und d).

Kontrolle

35 Beachten Sie hierfür die Hinweise in den Schritten 26 und 27.

Einbau

37 Halten Sie die Dämpferstange vollständig herausgezogen und installieren Sie die Feder (Abbildung 8.25d). Legen Sie alle erforderlichen Distanzringe auf die Feder und Schieben Sie die Führung darüber (Abbildungen 8.25c und b).

38 Drücken Sie die Führung herunter, um die Feder zu komprimieren, und halten Sie die Dämpferstange hoch. Legen Sie die Scheibe auf und drehen Sie die Mutter vollständig auf (Abbildung 8.29).

39 Drehen Sie die Buchse vollständig auf die Dämpferstange (Abbildung 8.33). Kontern Sie die Buchse mit dem Zapfenschlüssel und ziehen Sie mit einem Maulschlüssel die Mutter dagegen, um sie zu kontern.

40 Installieren Sie die Dämpferpatrone, füllen Sie Gabelöl auf und montieren Sie den Gabelholm (Schritte 19 bis 22).

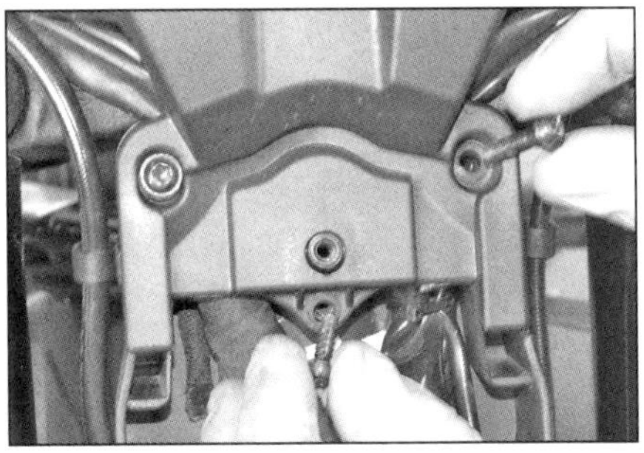

9.2a Lösen Sie die drei Schrauben, ...

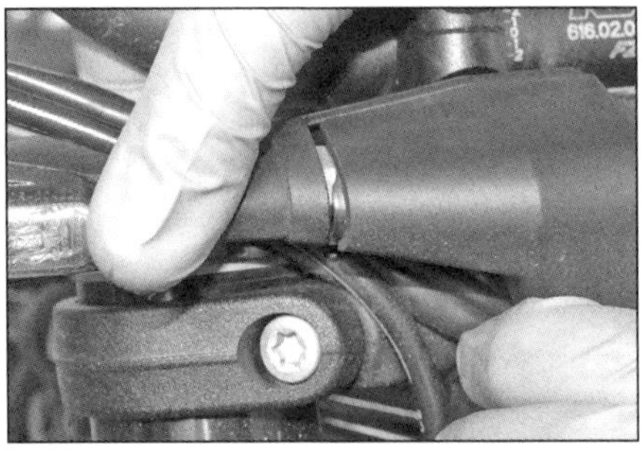

9.2b ... drücken Sie die Blinker etwas zurück, um die Laschen zu befreien, ...

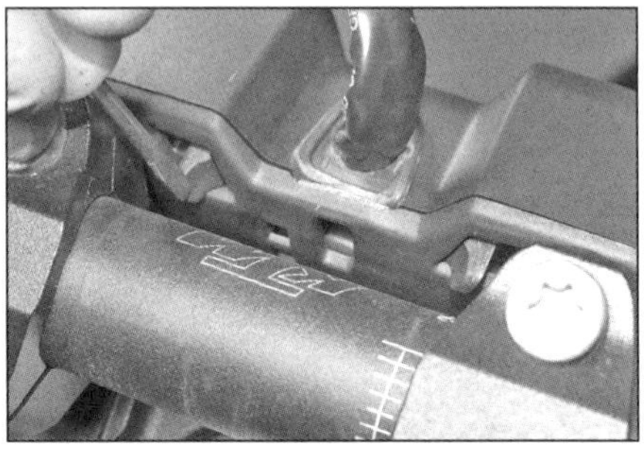

9.2c ... drücken Sie den die Clips beiseite, ...

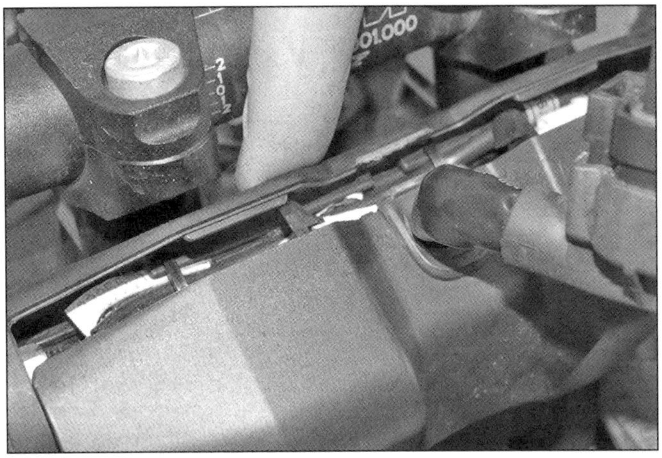

9.2d ... um die Abdeckung zu befreien ...

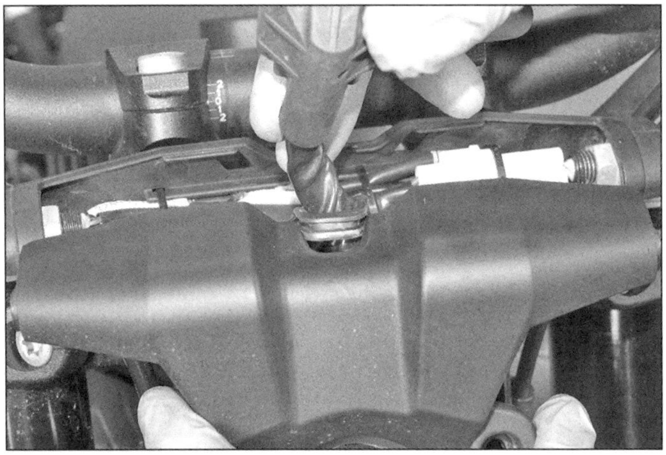

9.2e ... und den Kabelstopfen herauszuziehen.

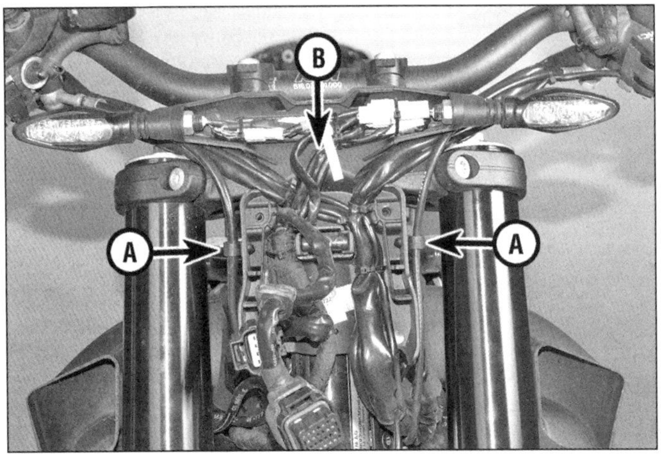

9.2f Befreien Sie die Hydraulikschlauch-Führungen (A) und lösen Sie die Schraube (B).

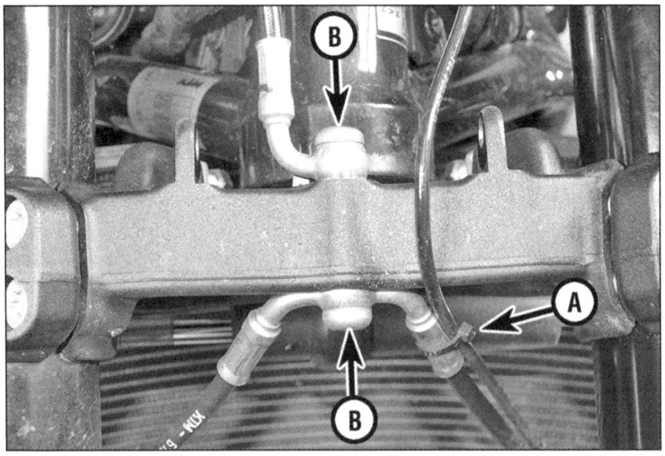

9.2g Schneiden Sie den Kabelbinder (A) auf, befreien Sie die Kabel-Clips und lösen Sie die Bremsleitungs-Anschlussschrauben (B).

9 Lenkschaft

Ausbau

1 Demontieren Sie **beim R-Modell bis 2016** den Scheinwerfer und die Instrumenten-Baugruppe (siehe Kapitel 8, Sektion 8 und 15). Lösen Sie die Schrauben der Scheinwerferverkleidung und entfernen Sie diese. Befreien Sie die Bremsleitung und verlagern Sie sie beiseite. Beachten Sie die Position des Lenkers in seiner Klemme (Abbildung 5.8a). Entfernen Sie die Klemme (Abbildungen 5.6a und b), entnehmen Sie den Lenker, umwickeln Sie ihn mit Lappen und sichern Sie ihn mit einem Kabelbinder an einer Seite. Befreien und entnehmen Sie die Tankdeckel-Abdeckung (Abbildungen 9.2h und i). Demontieren Sie die Gabelholme (siehe Sektion 6).

2 Demontieren Sie **beim R-Modell ab 2017** die Instrumenten-Baugruppe (siehe Kapitel 8, Sektion 15), lösen Sei die vorderen Abde-

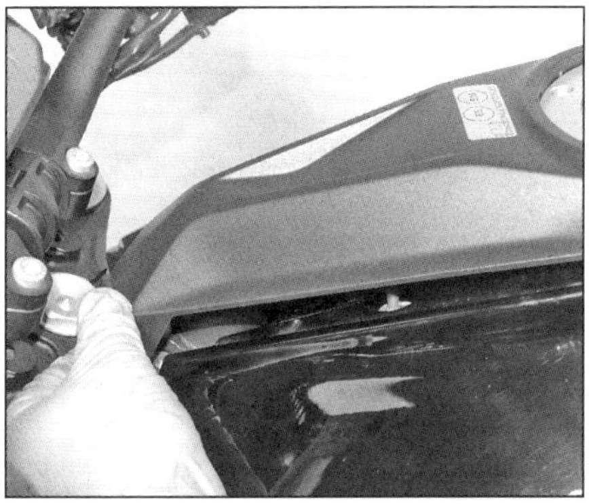

9.2h Heben Sie die Tankdeckel-Abdeckung an, ...

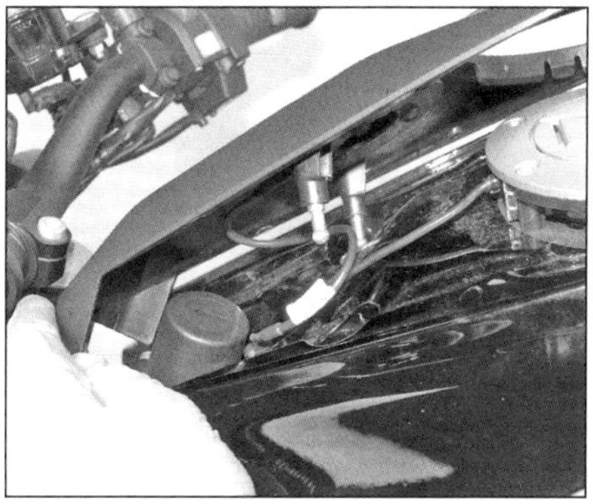

9.2i ... um die Zapfen zu befreien, ...

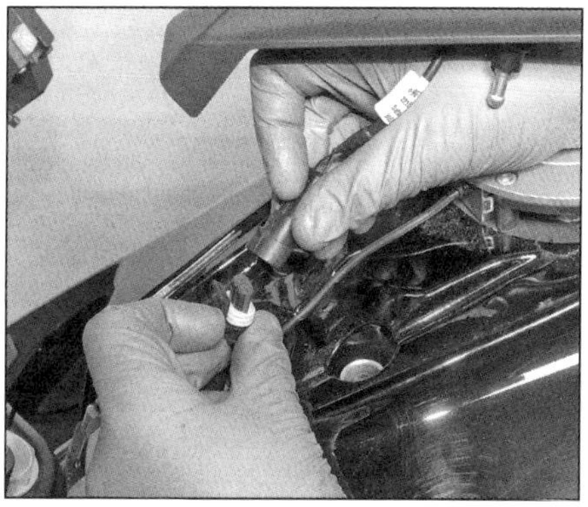

9.2j ... trennen Sie dann den Stecker des Antennenkabels.

9.3a Der auf dem Instrumententräger gelagerte und gesicherte Lenker

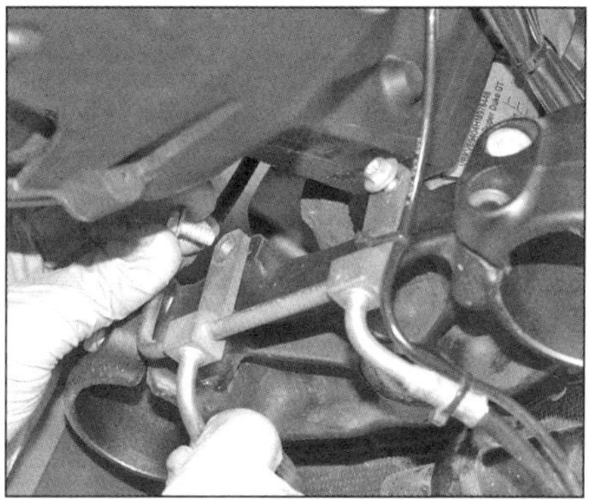

9.3b Die Bremsleitungs-Halterung ist beim GT-Modell mit zwei Schrauben an der unteren Gabelbrücke gesichert.

ckungs-Schrauben und befreien Sie die Abdeckung (siehe Abbildungen). Lassen Sie die Bremsflüssigkeit der Vorderradbremse ab (siehe Kapitel 6, Sektion 11). Demontieren Sie die Gabelholme (siehe Sektion 6). Befreien Sie die Brems- und Kupplungsschlauch-Führungen aus dem Abdeckungs-Halter und lösen Sie die Schraube, die den Halter an der oberen Gabelbrücke sichert (siehe Abbildung). Öffnen Sie am unteren linken Bremsschlauch den Kabelbinder und befreien Sie die Kabel-Clips vom Schlauch. Lösen Sie an der unteren Gabelbrücke die Bremsleitungs-Anschlussschrauben und befreien Sie die Leitungen – beachten Sie die Dichtscheiben (beim Einbau werden neue benötigt) und seien Sie auf etwas austretende Bremsflüssigkeit vorbereitet (siehe Abbildung). Umwickeln Sie die Leitungen mit Lappen. Beachten Sie die Position des Lenkers in seiner Klemme (Abbildung 5.8a). Entfernen Sie die Klemme (Abbildungen 5.6a und b), entnehmen Sie den Lenker, umwickeln Sie ihn mit Lappen und sichern Sie ihn mit einem Kabelbinder an einer Seite. Befreien und entnehmen Sie die Tankdeckel-Abdeckung, trennen Sie dabei das Antennenkabel (siehe Abbildungen).

3 Entfernen Sie **beim GT-Modell** die Instrumente-Baugruppe (siehe Kapitel 8, Sektion 15). Beachten Sie die Position des Lenkers in seiner Klemme (Abbildung 5.8a). Entfernen Sie die Klemme (Abbildungen 5.6a und b), entnehmen Sie den Lenker, umwickeln Sie ihn mit Lappen und sichern Sie ihn mit einem Kabelbinder an einer Seite (siehe Abbildung). Demontieren Sie die Gabelholme (siehe Sektion 6). Befreien Sie die Bremsleitungs-Halterung von der unteren Gabelbrücke (siehe Abbildung).

4 Trennen Sie den Lenkungsdämpfer von der unteren Gabelbrücke (siehe Sektion 11).

5 Schützen Sie **beim R-Modell bis 2016** die Lenkschaft-Schraube mit einer Lage Isolierband und lösen Sie sie (siehe Abbildung). Heben Sie die obere Gabelbrücke vom Lenkschaft. Markieren Sie die Ausrichtung des Lenkkopflager-Einstellrings zum Rahmen, um beim Einbau einen groben Hinweis auf seine Festigkeit zu erhalten; außerdem sollten beim Lösen die Umdrehungen auf dem Lenkschaftgewinde gezählt und notiert werden. Stützen Sie die untere Gabelbrücke und lösen Sie mit einem Hakenschlüssel den Einstellring, um ihn abzuschrauben. Senken Sie die untere Gabelbrücke samt Lenkschaft vorsichtig aus dem Lenkkopf ab.

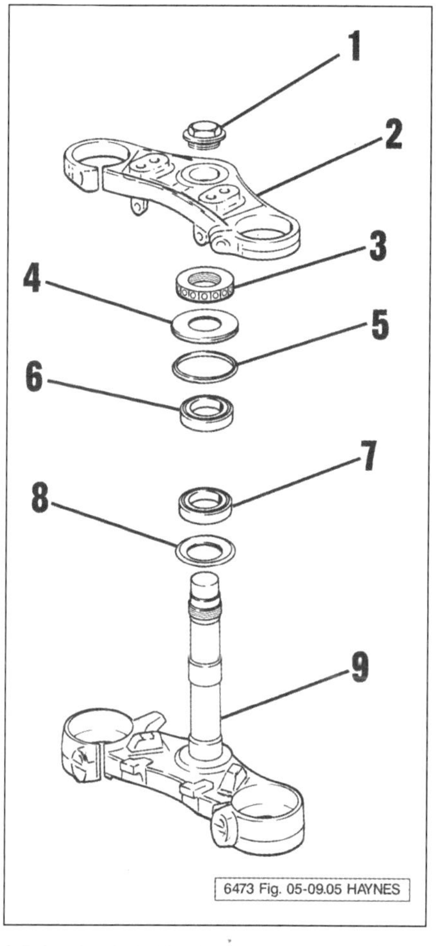

9.5 Lenkschaft-Komponenten beim R-Modell bis 2016

1 Lenkschaft-Schraube
2 obere Gabelbrücke
3 Einstellring
4 Lagerdeckel
5 Dichtring
6 oberes Lenkkopflager
7 unteres Lenkkopflager
8 Dichtring
9 Lenkschaft und untere Gabelbrücke

6 Lösen Sie **beim R-Modell ab 2017 und allen GT-Modellen** die Lenkschaft-Klemmschraube (siehe Abbildung). Schützen Sie die Lenkschaft-Schraube mit einer Lage Isolierband, lösen Sie sie und entnehmen Sie sie ggf. samt der Scheibe (siehe Abbildung). Sichern Sie nötigenfalls die untere Gabelbrücke mit Kabelbindern am Rahmen, damit sie nicht herunterfällt; beim von uns fotografierten Modell steckte der Schaft allerdings fest im Lenkkopf. Heben Sie die obere Gabelbrücke vom Lenkschaft und entnehmen Sie den Lagerdeckel (siehe Abbildungen). Befreien Sie nun die untere Gabelbrücke samt Lenkschaft vorsichtig aus dem Lenkkopf – wir mussten auf den Schaft klopfen, um ihn zu lösen (siehe Abbildungen). Entfernen Sie den Lager-Dichtring, die innere Lagerschale und das Lager oben aus dem Lenkkopf (siehe Abbildung).

7 Entfernen Sie das untere Lager vom Lenkschaft (siehe Abbildung).

8 Befreien Sie die Kugelkäfige und Lagerschalen vom alten Fett und kontrollieren Sie alles auf Beschädigungen und Verschleiß (siehe Sektion 10). Demontieren sie die oben und unten im Lenkkopf sitzenden äußeren Lagerschalen und die unten auf dem Lenkschaft sitzende innere Lagerschale nur, wenn sie ausgetauscht werden müssen.

9.6a Lösen Sie beim R-Modell ab 2017 und allen GT-Modellen die Lenkschaft-Klemmschraube.

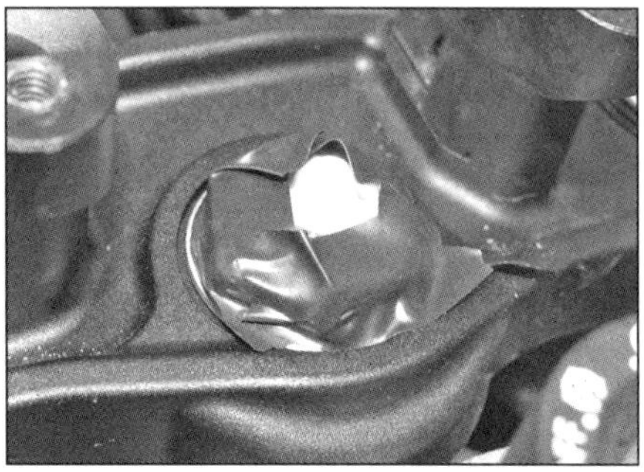

9.6b Schützen Sie die Lenkschaft-Schraube mit einer Lage Isolierband.

9.6c Lösen Sie die Lenkschaft-Schraube und entnehmen Sie sie ggf. samt der Scheibe, ...

9.6d ... heben Sie die obere Gabelbrücke ab ...

Einbau

9 Verteilen Sie eine ausreichende Menge zähflüssiges Lagerfett auf den Lagerschalen und arbeiten Sie es gut in beide Lagerkäfige ein. Schmieren Sie auch den Dichtring.

10 Schieben Sie den unteren Kugelkäfig über den Lenkschaft (Abbildung 9.7).

11 Legen Sie **beim R-Modell bis 2016** den Dichtring, das obere Lager und den Lagerdeckel oben in den Lenkkopf (Abbildung 9.6h). Heben Sie vorsichtig die untere Gabelbrücke mit dem Lenkschaft in den Lenkkopf – drücken Sie dabei nicht das obere Lager heraus. Drehen Sie den Einstellring auf (Abbildung 9.6g). Ziehen Sie den Einstellring mithilfe eines passenden Adapters mit 10 Nm an, ansonsten nach Gefühl. Lockern Sie den Ring wieder um 60° (eine sechstel Umdrehung) und prüfen Sie, ob sich die untere Gabelbrücke sanft von Anschlag zu Anschlag schwenken lässt (dies kann sich durch die fehlende Gabel samt Rad etwas stramm anfühlen). Das Lenkkopflagerspiel lässt sich am besten nach der Montage aller Komponenten kontrollieren und einstellen (siehe Kapitel 1, Sektion 20). Montieren Sie die obere Gabelbrücke auf den Lenkschaft (Abbildung 9.6d), installieren Sie die Lenkschaft-Schraube handfest (Abbildung 9.6c). Schieben Sie übergangsweise einen der Gabelholme ein, um die Gabelbrücken zueinander auszurichten, und sichern Sie ihn lediglich in der unteren Gabelbrücke, indem Sie deren Klemmschrauben anziehen (siehe Sektion 6). Ziehen Sie nun die Lenkschaft-Schraube mit 50 Nm an.

12 Schieben Sie **beim R-Modell ab 2017 und allen GT-Modellen** die untere Gabelbrücke mit dem Lenkschaft in den Lenkkopf und sichern Sie sie dort (Abbildung 9.6g). Legen Sie das obere Lager und den inneren Lagerring über den Schaft in den Lenkkopf – klopfen Sie sie nötigenfalls sanft auf (drücken Sie dabei die untere Brücke hoch, um sicherzustellen, dass beide Lager in den äußeren Lagerschalen liegen (siehe Abbildungen). Legen Sie den Dichtring und den Lagerdeckel auf (Abbildung 9.6e) und setzen Sie die obere Gabelbrücke auf (Abbildung 9.6d). Installieren Sie die Lenkschaft-Schraube (ggf. samt Scheibe) zunächst handfest (Abbildung 9.6c). Schieben Sie übergangsweise einen der Gabelholme ein, um die Gabelbrücken zueinander auszurichten, und sichern Sie ihn ledig-

9.6e ... und entnehmen Sie den Lagerdeckel.

9.6f Klopfen Sie nötigenfalls auf den Schaft, um ihn zu lösen, ...

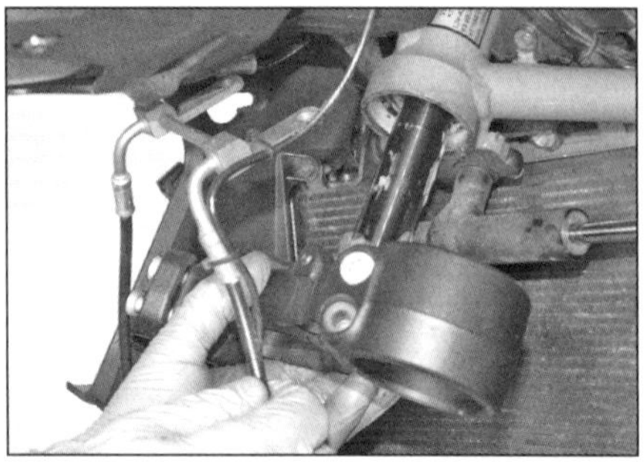

9.6g ... und ziehen Sie ihn nach unten heraus.

9.6h Entfernen Sie den Lager-Dichtring, die innere Lagerschale und das Lager oben aus dem Lenkkopf.

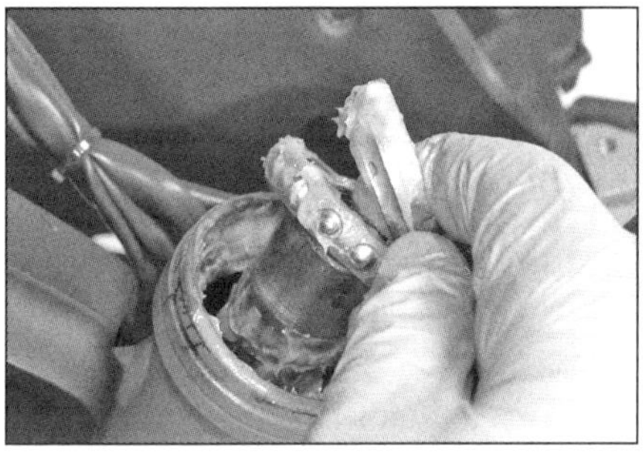

9.12a Installieren Sie das obere Lager samt Innenring über den Lenkschaft ...

lich in der unteren Gabelbrücke, indem Sie deren Klemmschrauben anziehen (siehe Sektion 6). Ziehen Sie nun die Lenkschaft-Schraube mit 18 Nm an (siehe Abbildung). Prüfen Sie, ob sich die Gabelbrücken sanft von Anschlag zu Anschlag schwenken lassen (dies kann sich durch die fehlende Gabel samt Rad etwas stramm anfühlen). Das Lenkkopflagerspiel lässt sich am besten nach der Montage aller Komponenten kontrollieren und einstellen (siehe Kapitel 1, Sektion 20).

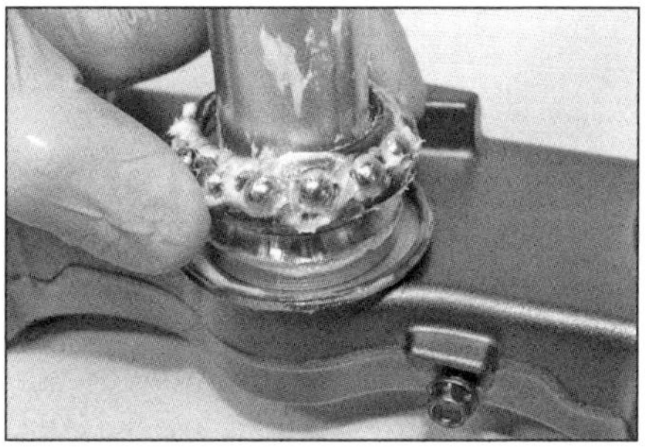

9.7 Entfernen Sie das untere Lager vom Lenkschaft.

9.12b ... und klopfen Sie den Innenring bei gehaltener unterer Gabelbrücke auf.

Achtung: Üben Sie beim Anziehen des Einstellrings keinen hohen Druck auf die Lenkkopflager aus – diese können hierbei beschädigt werden!

13 Richten Sie die Markierungen des mittig angesetzten Lenkers zum Klemmbereich der Halter aus (Abbildungen 5.8a oder b). Ziehen Sie zuerst die vorderen und dann die hinteren Klemmschrauben mit 20 Nm an, sodass die Spalten an den Klemmstücken hinten entstehen (Abbildung 5.6a).

14 Installieren Sie bis auf den Lenkungsdämpfer alle verbliebenen Komponenten in der umgekehrten Ausbaureihenfolge. Verwenden Sie an beiden Seiten der Bremsleitungs-Anschlüsse von R-Modellen ab 2017 neue Dichtscheiben und ziehen Sie die Anschlussschrauben mit 25 Nm an. Befüllen und entlüften Sie die Vorderradbremse (siehe Kapitel 6, Sektion 11).

15 Führen Sie eine erneute Kontrolle des Lenkkopflagerspiels durch und stellen Sie es nötigenfalls ein (siehe Kapitel 1, Sektion 20). Montieren Sie zum Schluss den Lenkungsdämpfer (siehe Sektion 11).

10 Lenkkopflager

Kontrolle

1 Demontieren Sie den Lenkschaft (siehe Sektion 9).

2 Entfernen Sie alte Fettreste aus den Lagern und Schalen und kontrollieren Sie sie auf Verschleiß:

3 Die äußeren Lagerschalen oben und unten im Lenkkopf müssen glatt und ohne Eindrücke sein (siehe Abbildung). Inspizieren Sie die Rollen oder Kugeln auf Verschleiß, Schäden und Verfärbung und überprüfen Sie ihren Käfig auf Brüche oder Risse. Wenn irgendwelche Anzeichen von Verschleiß an einem Teil festgestellt werden, müssen beide Lenkkopflager als Satz ausgewechselt werden. Demontieren Sie die äußeren Lagerschalen oben und unten im Lenkkopf sowie den auf den Lenkschaft gepressten unteren Innenring nur, wenn die Teile ersetzt werden sollen – einmal ausgebaut, **müssen** sie erneuert werden.

Ersetzen

Anmerkung: *KTM bietet alle erforderlichen Komponenten zum Austausch der Lenkkopflager sowohl als Set wie auch separat an*

9.12c Ziehen Sie die Lenkschaftschraube mit 18 Nm an.

10.3 Kontrollieren Sie die äußeren Lagerschalen oben und unten im Lenkkopf auf Verschleiß und Schäden.

10.4a Treiben Sie die obere Lagerschale mit einem von unten angesetzten Dorn heraus …

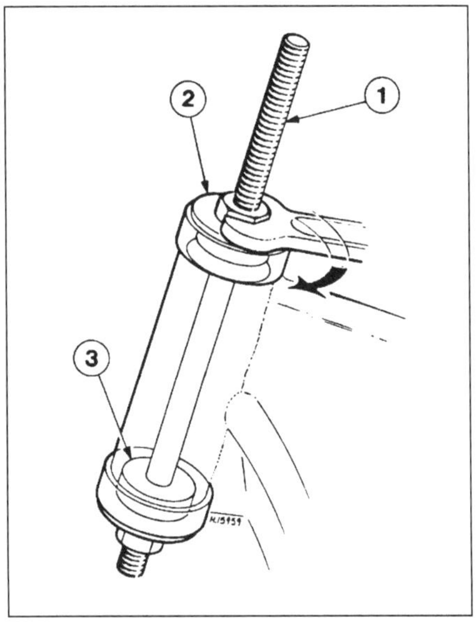

10.5 Lenkkopflager-Einziehvorrichtung
1 Lange Schraube oder Gewindestange
2 Dicke Scheibe
3 Führung für unteren Lagerring

4 Die äußeren Lagerschalen sind in den Lenkkopf eingepresst und können mit einem geeigneten Dorn ausgetrieben werden (siehe Abbildungen) – dies muss gleichmäßig rundherum geschehen, damit sie nicht verkanten.

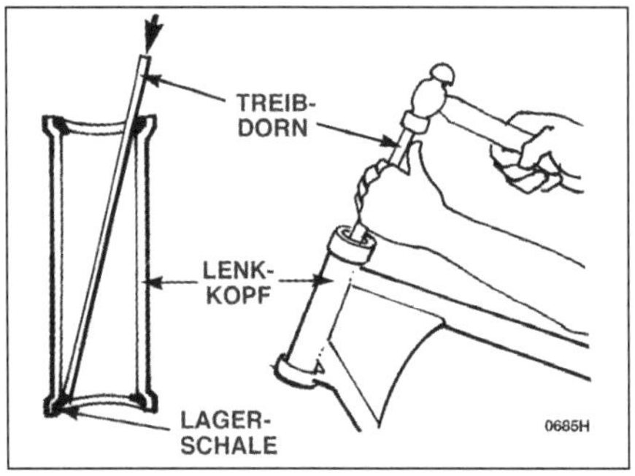

10.4b … und die untere Lagerschale entsprechend von oben

5 Die neuen äußeren Lagerschalen können mit einer Einziehvorrichtung in den Lenkkopf gepresst (siehe Abbildung) oder mit einem entsprechend großen Rohr oder Steckschlüssel eingetrieben werden. Achten Sie darauf, dass die Scheibe des Einziehers oder der Rand des Treibers nur den äußeren Rand des Lagers und niemals die Lagerlauffläche berührt.

Praxis TiPP ***Der Einbau neuer Lagerschalen kann vereinfacht werden, wenn man sie über Nacht in die Kühltruhe legt. Sie schrumpfen dadurch und lassen sich leichter einbauen. Alternativ kann Kältespray verwendet werden.***

6 Der untere Lagerinnenring darf nur vom Lenkschaft demontiert werden, wenn er ausgetauscht werden soll. Drehen Sie zum Schutz des Gewindes die Lenkschaft-Schraube ein, legen Sie die Gabelbrücke auf ihre Vorderseite und klopfen Sie den Ring mithilfe eines Meißels ab (siehe Abbildung) – erwärmen Sie ihn zuvor mit einem Heißluftgebläse. Falls der Ring fest sitzt, ist es nötig, einen Abzieher anzusetzen. Nötigenfalls muss der Ring mit einer kleinen Schleifmaschine (»Dremel«) geöffnet werden – beschädigen Sie dabei nicht die Gabelbrücke oder den Lenkschaft! Suchen Sie nötigenfalls eine Fachwerkstatt auf.

7 Entnehmen Sie die Staubdichtung und ersetzen Sie sie durch ein Neuteil – der äußere Bund muss nach oben zeigen.
8 Installieren Sie einen neuen unteren Lager-Innenring über den Lenkschaft. Klopfen Sie den Ring mit einem Rohr, das nicht die Lager-Gleitflächen berührt, in seine Position (siehe Abbildung); durch Erhitzen des Rings und Abkühlen des Lenkschaftes wird die Arbeit erleichtert. Benützen Sie nötigenfalls eine hydraulische Presse.
9 Montieren Sie den Lenkschaft (siehe Sektion 9).

11 Lenkungsdämpfer

Kontrolle

1 Der Lenkungsdämpfer sitzt unterhalb der unteren Gabelbrücke. Schwenken Sie die Lenkung von Anschlag zu Anschlag, um zu ermitteln, ob Spiel zwischen dem Lenkungsdämpfer und seinen Aufnahmen besteht.
2 Falls Spiel ermittelt wurde, muss die Festigkeit der Aufnahmen kontrolliert werden (Abbildungen 11.6 und 11.7). Sind sie fest, können die Aufnahmen oder der Dämpfer selbst verschlissen sein; auch kann das Spiel zwischen der Dämpferstange und dem Dämpfergehäuse bestehen.
3 Prüfen Sie, ob sich die Dämpferstange sanft und ohne Klemmneigung im Gehäuse verschieben lässt.
4 Kontrollieren Sie die Dämpferstange auf Ausbrüche und Korrosion. Das Dämpfergehäuse muss an beiden Seiten öldicht sein.
5 Falls am Lenkungsdämpfer irgendein Defekt festgestellt wird, muss er durch ein Neuteil ersetzt werden – Einzelteile sind nicht erhältlich.

Ausbau und Einbau

6 Lösen Sie die Schraube, die den Dämpferstangen-Kugelkopf an der unteren Gabelbrücke sichert (siehe Abbildung).
7 Lösen Sie die Schrauben, mit denen die Lenkungsdämpfer-Aufnahme am Rahmen gesichert ist (siehe Abbildung).
8 Der Einbau entspricht der umgekehrten Ausbaureihenfolge. Fetten Sie den Dämpfer-

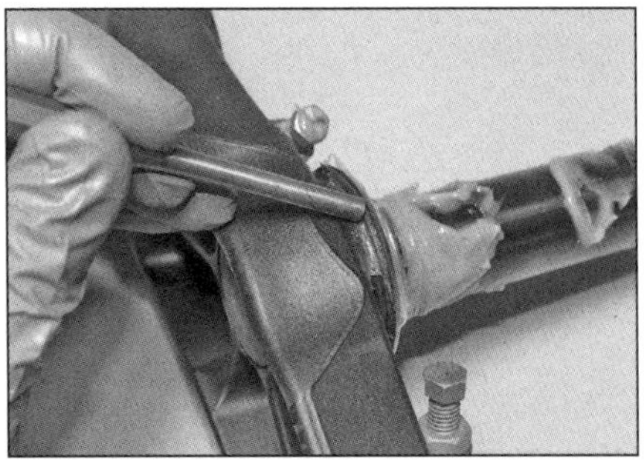

10.6a Demontieren Sie den unteren Lager-Innenring mit einem Meißel oder Dorn …

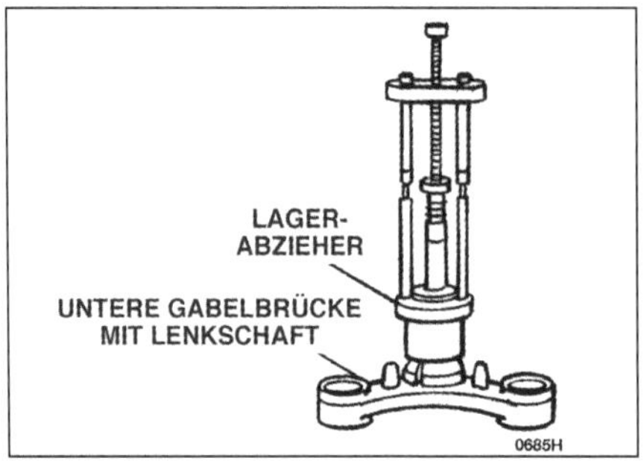

10.6b … oder mit einem speziellen Abzieher.

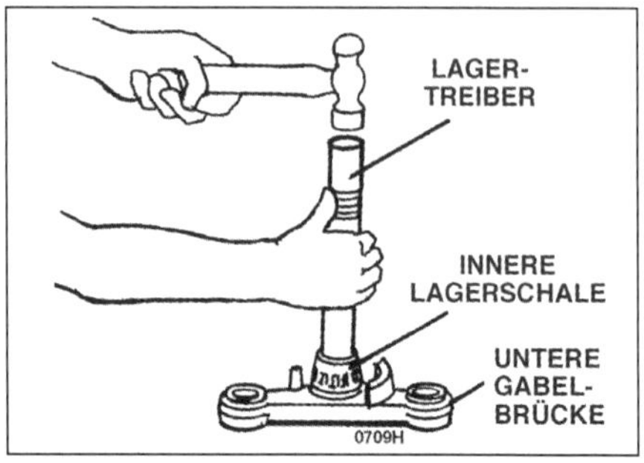

10.8 Treiben Sie das neue Lager mit einem geeigneten Treiber oder Rohr auf.

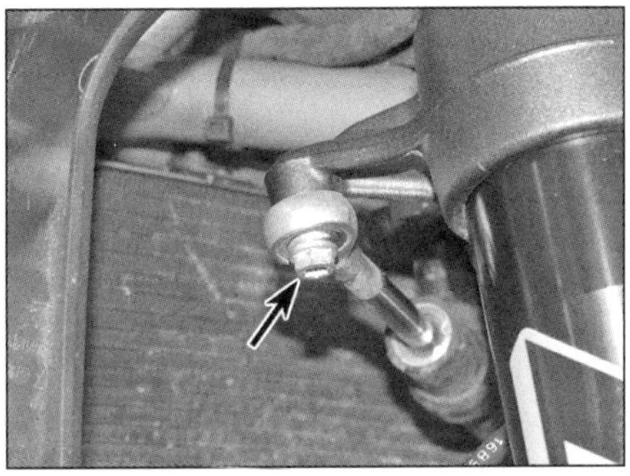

11.6 Schraube des Dämpferstangen-Kugelkopfs

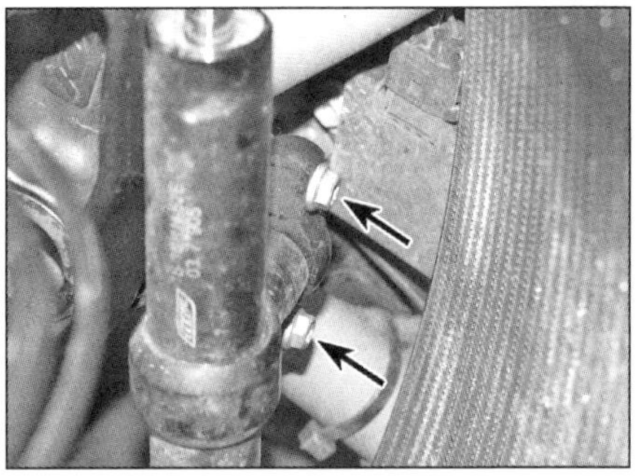

11.7 Schrauben, mit denen die Lenkungsdämpfer-Aufnahme am Rahmen gesichert ist

stangen-Kugelkopf. Reinigen Sie die Gewinde aller Schrauben und versehen Sie sie mit mittelfester Sicherungspaste, bevor Sie sie mit 8 Nm anziehen.

12 Stoßdämpfer

Ausbau

1 Demontieren Sie den Hitzeschutz des Vorschalldämpfers (siehe Abbildung). Heben Sie das Motorrad mit einem Heck-Montageständer an (siehe Kapitel 1, Sektion 3, Schritt 2). Stützen Sie den Rahmen nun an beiden Seiten mit geeigneten Böcken ab (siehe Abbildung) und entfernen Sie den Montageständer. Sorgen Sie dafür, dass das Motorrad nicht umkippen oder nach vorn rollen kann.

2 Demontieren Sie **beim GT-Modell** den Tank (siehe Kapitel 4, Sektion 2). Befreien Sie das Motorsteuergerät (EECU) und die Batterieabdeckung (siehe Abbildungen). Trennen Sie die Kabelstecker vom Stoßdämpfer (siehe Abbildungen). Lockern Sie die oberen Schrauben des Rahmenhecks und entfernen Sie die unteren. Schwenken Sie das Heck hoch und sichern Sie es mit einem am Beifahrergriff und Rahmen eingehängten Spanngurt (siehe Abbildungen).

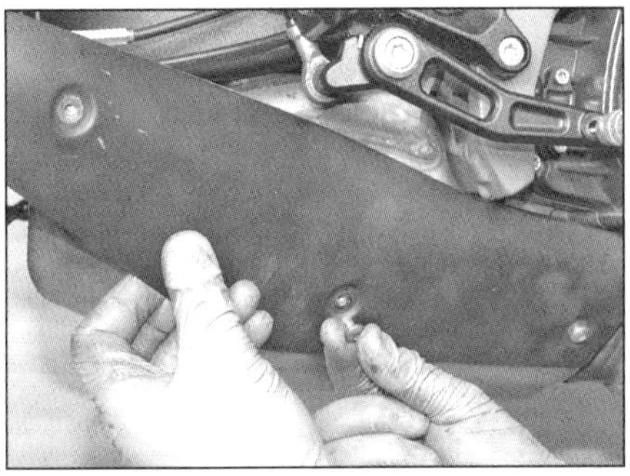

12.1a Lösen Sie die drei Schrauben und entnehmen Sie den Hitzeschutz.

12.1b Stützen Sie das Motorrad mit geeigneten Böcken ab.

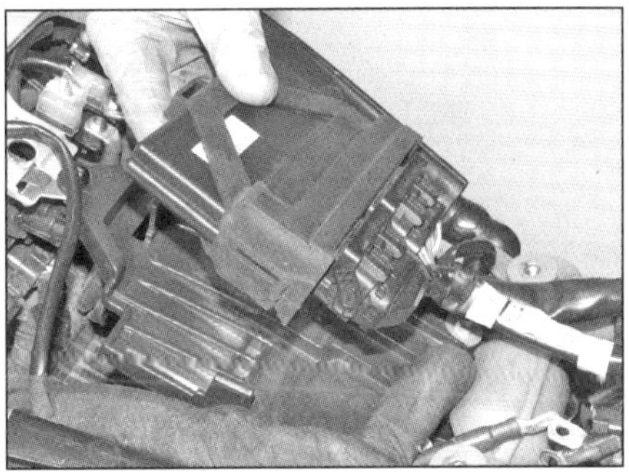

12.2a Heben Sie das Motorsteuergerät (EECU) aus seine Aufnahme und hängen Sie es beiseite herunter.

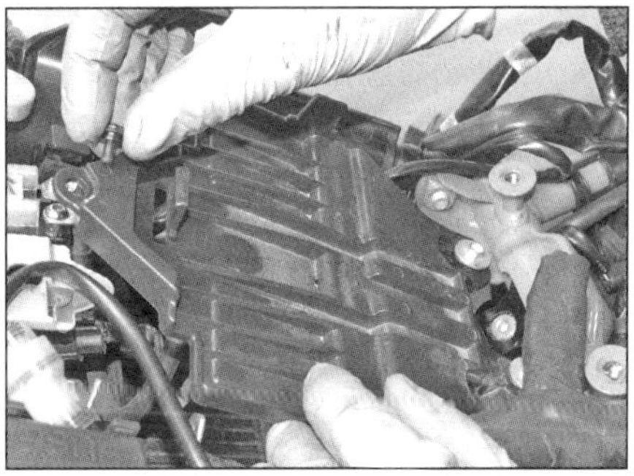

12.2b Lösen Sie die Schraube und entnehmen Sie die Batterieabdeckung – beachten Sie, wie ihre Schlitze vorn unter die Schraubenköpfe greifen.

12.2c Trennen Sie den Stecker oben am Stoßdämpfer ...

12.2d ... und den Stecker unten am Stoßdämpfer.

12.2e Lockern Sie die oberen und entfernen Sie die unteren Heckrahmen-Schrauben, ...

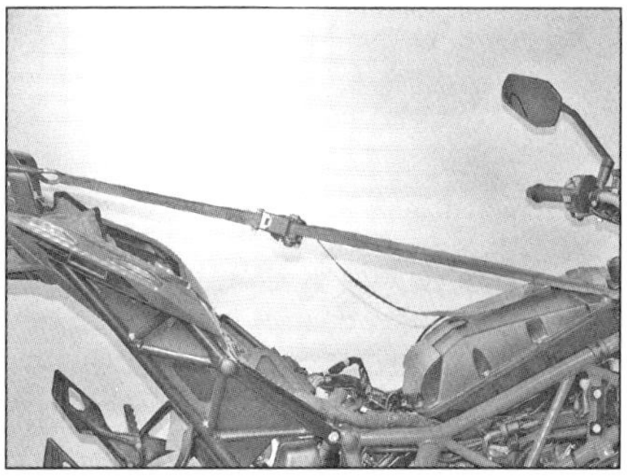

12.2f ... und das Heck wie gezeigt anzuheben und zu sichern.

12.4a Befreien Sie die Stopfen aus dem Rahmen, ...

12.4b ... lösen Sie links den oberen Stoßdämpferbolzen.

12.4c Falls der Dämpfer fest in seiner Aufnahme sitzt, muss hier ein Holz angesetzt werden, ...

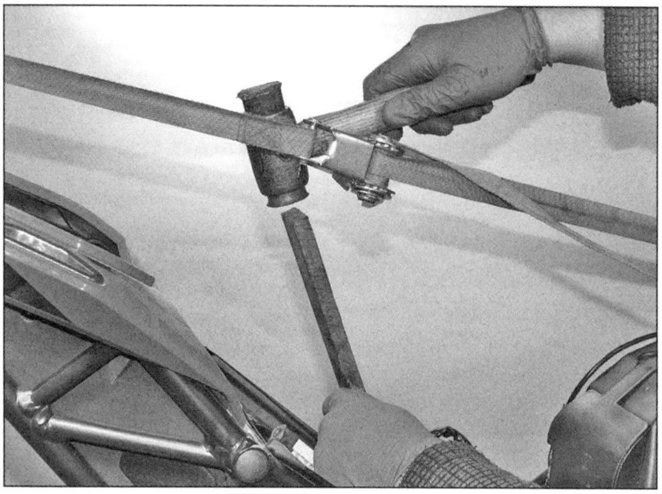

12.4d ... um ihn herauszuklopfen – lassen Sie ihn nicht herunterfallen!

3 Demontieren Sie die Schwinge (siehe Sektion 13).

4 Befreien Sie links und rechts am Rahmen die vor den oberen Rahmenheck-Aufnahmen sitzenden Stopfen (siehe Abbildung). Lösen Sie den dahinter sitzende oberen Stoßdämpferbolzen und ziehen Sie den Stoßdämpfer aus seiner oberen Aufnahme – falls er fest darin sitzt, muss er mit einem Holz herausgeklopft werden (siehe Abbildungen). Lassen Sie den Stoßdämpfer nicht auf den Boden fallen!

Kontrolle

5 Für den WP-Stoßdämpfer sind zwar Einzelteile erhältlich und **beim R-Modell** lässt sich auch die Feder relativ leicht demontieren (siehe Schritt 8), doch überfordern Zerlegungsarbeiten die Fähigkeiten der meisten Hobbyschrauber – lassen Sie den Dämpfer von einer KTM-Werkstatt oder einem auf WP-Komponenten spezialisierten Fachbetrieb überholen. Bei GT-Modellen muss die (sehr harte) Feder für den Ausbau stark komprimiert werden, sodass auch diese Tätigkeit von Fachleuten erledigt werden sollte.

6 Inspizieren Sie das Stoßdämpfergehäuse auf sichtbare Beschädigungen, die Dämpferstange auf und Undichtigkeiten sowie die Feder auf lockeren Sitz, Risse und Anzeichen von Ermüdung.

7 Kontrollieren Sie die in den oberen und unteren Stoßdämpferaugen sitzende Lager auf Verschleiß und Beschädigung (siehe Abbildung). KTM bietet Lager-Kits an, die von einer KTM-Werkstatt oder einem auf WP-Komponenten spezialisierten Fachbetrieb installiert werden sollten.

8 Bevor **beim R-Modell** die Feder demontiert wird, muss ihre komprimierte Länge gemessen werden, um beim Einbau einen Hinweis auf die Vorspannung zu erhalten. Lockern Sie dann die Klemmschraube über dem Einstellring (Abbildung 14.5a) und drehen Sie diesen mit dem Hakenschlüssel aus dem Bordwerkzeug hoch, bis die Feder entspannt ist. Stellen Sie den Stoßdämpfer auf den Kopf und befreien Sie die Federauflage, um die Scheibe und die Feder entnehmen zu können. Installieren Sie die Teile in der umgekehrten Ausbaureihenfolge und drehen Sie den Einsteller gegen die Feder, bis die zuvor gemessene komprimierte Länge erreicht ist oder die Einstellung entsprechend der Vorgaben und des Fahrstils stimmen (siehe Sektion 14).

Einbau

9 Der Einbau entspricht der umgekehrten Ausbaureihenfolge – beachten Sie dabei folgende Punkte:

- Drücken Sie zunächst die Buchse in der oberen Stoßdämpferaufnahme zurück, um den Einbau zu erleichtern. Führen Sie dazu einen Treibdorn durch das Loch rechts im Rahmen ein, setzen Sie ihn an der links sit-

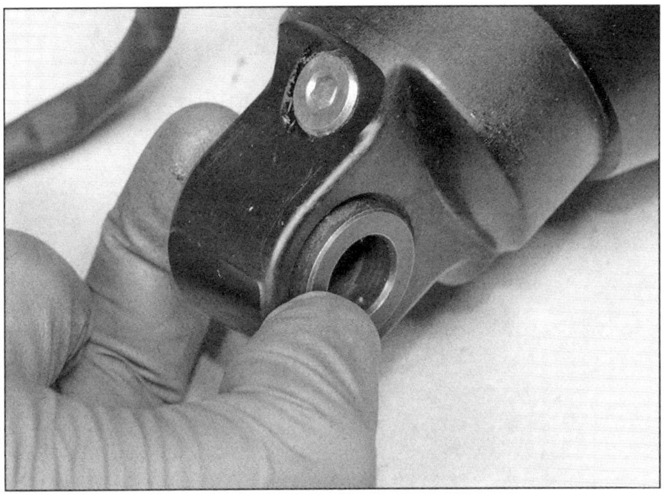

12.7 Kontrollieren Sie die Lager in beiden Stoßdämpferaugen

12.9a Treiben Sie die Buchse wie gezeigt nach links, ...

12.9b ... bis sie bündig zum Rahmen sitzt.

12.9c Richten Sie den Stoßdämpfer aus und installieren Sie von links seinen oberen Bolzen.

zenden Buchse an und klopfen Sie sie hinein, bis sie bündig zum Rahmen sitzt (Abbildungen 12.9a und b). Beim Anziehen des Stoßdämpferbolzens wird die Buchse wieder gegen den Stoßdämpfer herausgedrückt und ihn fest verklemmen.

13.5 Lösen Sie die Schraube der Bremsschlauch-Führung.

- Schmieren Sie das Gewinde des Stoßdämpferbolzens mit Fett, richten Sie das obere Lager des Dämpfers zur Buchse aus und drehen Sie den Bolzen handfest ein (Abbildung 12.9c). Montieren Sie die Schwinge (siehe Sektion 13) und ziehen Sie alle Stoßdämpferbolzen mit 80 Nm an.
- Senken Sie **beim GT-Modell** den Heckrahmen ab und ziehen Sie seine vier Befestigungsschrauben mit 45 Nm an (Abbildung 12.2e).

13 Schwinge

Ausbau

1 Demontieren Sie den Hitzeschutz des Vorschalldämpfers (Abbildung 12.1a). Heben Sie das Motorrad mit einem Heck-Montageständer an (siehe Kapitel 1, Sektion 3, Schritt 2). Stützen Sie den Rahmen nun an beiden Seiten mit geeigneten Böcken ab (Abbildung 12.1b) und entfernen Sie den Montageständer. Sorgen Sie dafür, dass das Motorrad nicht umkippen oder nach vorn rollen kann.

2 Demontieren Sie **beim R-Modell ab 2017 und allen GT-Modellen** den Auspuffklappen-Stellmotor (siehe Kapitel 4, Sektion 14) – die Seilzüge müssen dabei nicht getrennt werden.

3 Je nachdem. Ob die Schwinge samt durchgeführter Kette oder ohne sie ausgebaut werden soll, muss entweder das Motorritzel demontiert (siehe Kapitel 6, Sektion 21) oder Sie die Kette getrennt werden (siehe Kapitel 6, Sektion 20).

4 Demontieren Sie das Hinterrad (siehe Kapitel 6, Sektion 17).

5 Befreien Sie die Bremsleitung und das Kabel des Radsensors von der Schwinge (siehe Abbildung).

5

13.6a Lösen Sie die Schraube rechts vorn, ...

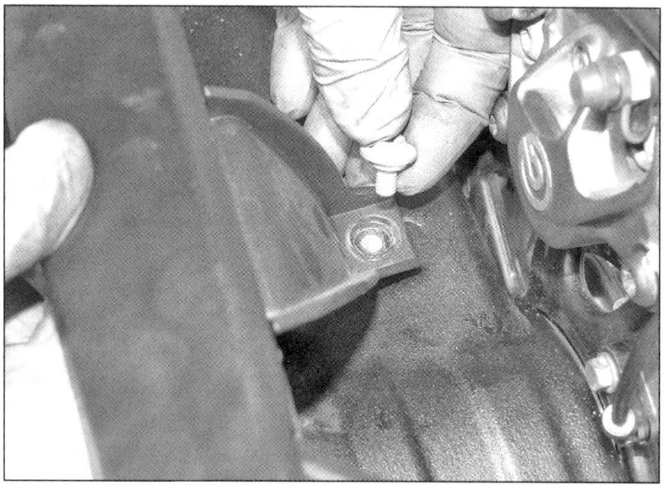

13.6b ... die Schraube an der Innenseite ...

13.6c ... und die Schraube links vorn.

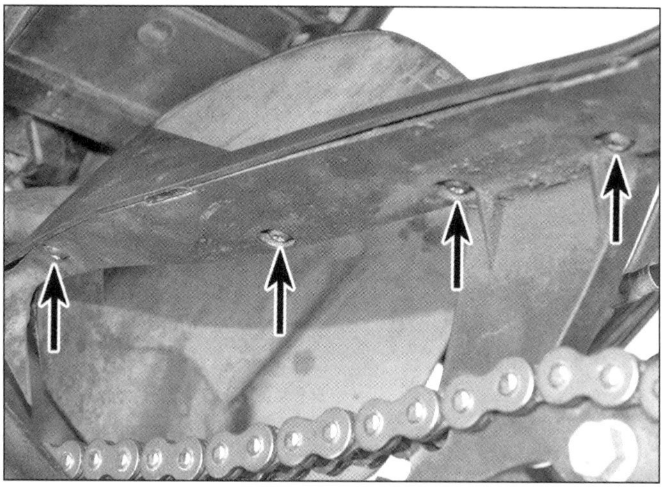

13.6d Befreien Sie den Innenkotflügel und lösen Sie die vier Schrauben, ...

6 Befreien Sie den Innenkotflügel von der Schwinge, entfernen Sie die Abdeckung an der Unterseite und befreien Sie die Bremsleitung und das Kabel – merken Sie sich deren Verlegung (siehe Abbildungen).
7 Demontieren Sie nötigenfalls den Hinterradmitnehmer, die Hinterachse und die Radnabe von der Schwinge (siehe Kapitel 6, Sektion 22); falls die Teile montiert bleiben sollen, müssen der Hinterradsensor und der Bremssattel befreit werden (siehe Abbildungen).
8 Trennen Sie **beim GT-Modell** den Kabelstecker unten am Stoßdämpfer (Abbildung 12.2d). Lösen Sie bei allen Modellen den Bolzen, der den Stoßdämpfer an der Schwinge sichert (Abbildung 13.24).
9 Lösen Sie links am Schwingenbolzen die Mutter, drücken Sie den Bolzen ein und ziehen Sie ihn rechts heraus (siehe Abbildung). Ziehen Sie die Schwinge zurück – der Stoßdämpfer kann fest in seiner unteren Aufnahme sitzen, sodass sie wie gezeigt mit einem Holz zurück geklopft werden muss; falls die Kette nicht getrennt wurde, muss die Schwinge so abgewinkelt werden, dass sie von der Getriebewelle gehoben werden kann und zusammen mit der Schwinge befreit wird (siehe Abbildungen).

13.6e ... um die untere Abdeckung zu entfernen und den Bremsschlauch und das Kabel zu befreien, ...

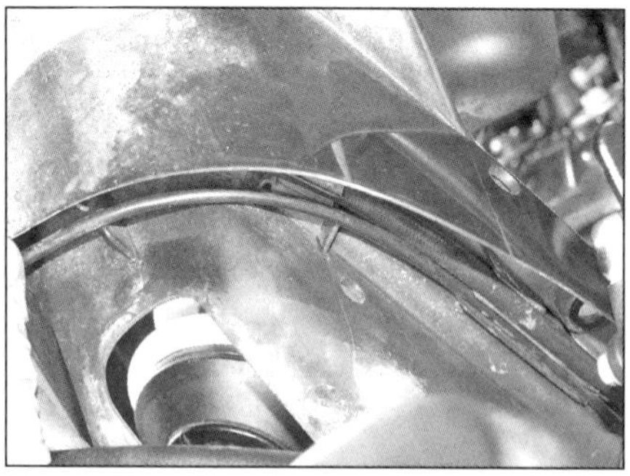

13.6f ... merken Sie sich ihre Verlegung.

13.7a Lösen Sie die Schraube und ziehen Sie den Radsensor heraus.

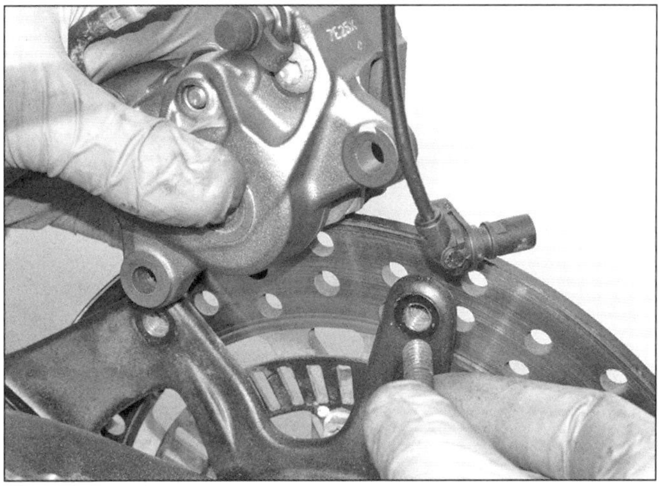

13.7b Lösen Sie die Schrauben des Bremssattels, heben Sie diesen von der Bremsscheibe und sichern Sie ihn mit angeschlossener Bremsleitung abseits des Arbeitsbereichs.

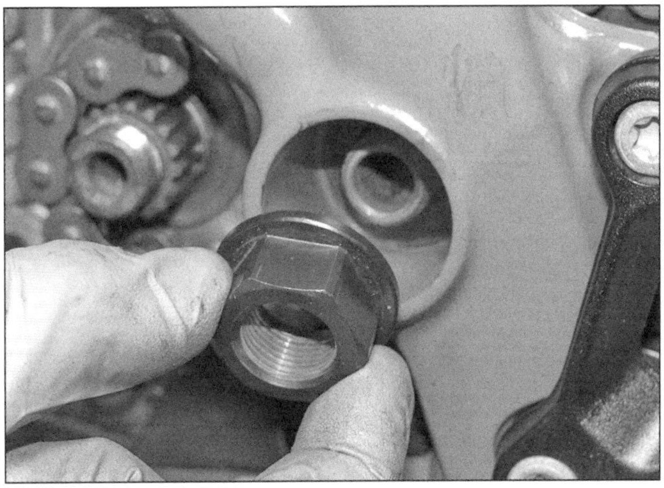

13.9a Lösen Sie links die Mutter ...

13.9b ... und ziehen Sie rechts den Schwingenbolzen heraus.

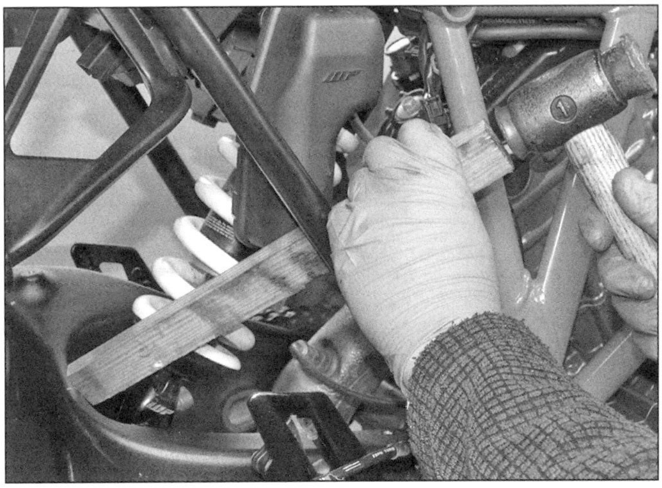

13.9c Treiben Sie die Schwinge nötigenfalls mit einem Holz nach hinten, um sie vom Stoßdämpfer zu befreien.

13.9d Heben Sie die Kette von der Getriebewelle und führen Sie sie zwischen Motor und Rahmen hindurch, um sie samt Schwinge zu entfernen.

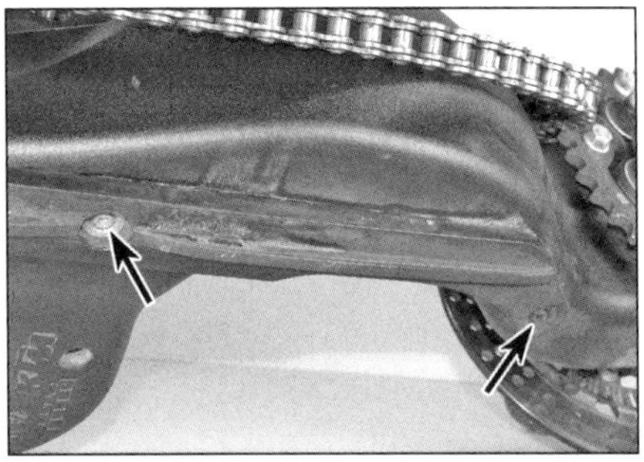

13.10a Die Kettengleitschiene besteht aus zwei Segmenten: dem Vorderteil, das mit zwei Schrauben an der Unterseite ...

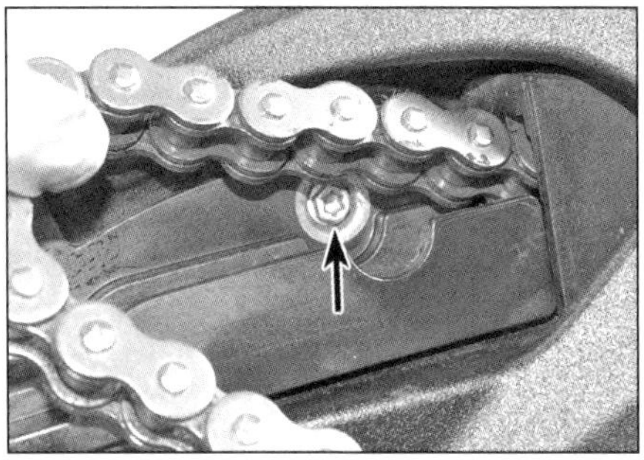

13.10b ... und einer Schraube oben gesicherten ist; ...

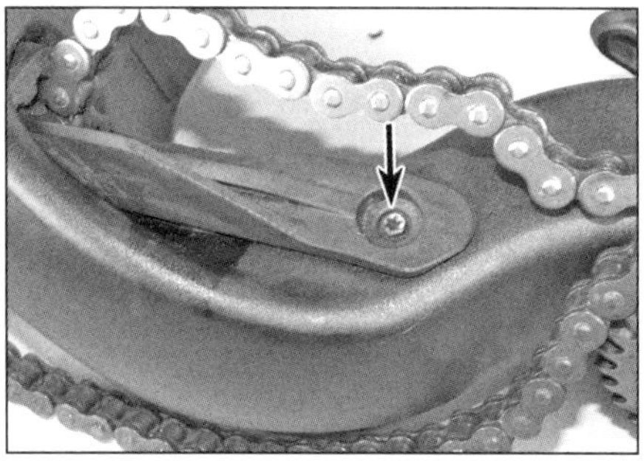

13.10c ... und dem hinten mit einer Schraube gesicherten Hinterteil.

13.10d Schraube des Federwegsensor-Magnethalters

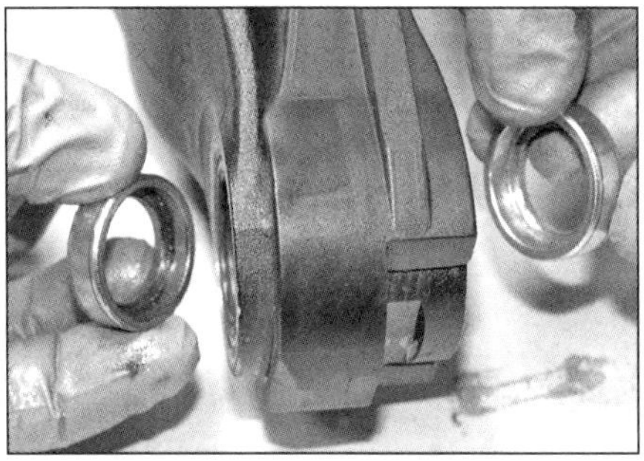

13.11a Entfernen Sie die Distanzhülsen ...

13.11b ... und ziehen Sie die Lagerhülse heraus.

13.14 Kontrollieren Sie an beiden Seiten der Schwinge die Fettdichtungen und das Nadellager.

13.15a Hebeln Sie an beiden Seiten der Schwinge die Dichtringe heraus ...

13.15b ... und entfernen Sie links die zwei Scheiben.

10 Entfernen Sie nötigenfalls die Kettengleitschiene und **beim GT-Modell** den Magnethalter des Federwegsensors (siehe Abbildungen). Eine stark verschlissene oder beschädigte Kettengleitschiene muss erneuert werden.

Kontrolle

11 Entnehmen Sie an beiden Seiten jeder Schwingenlagerung die Distanzhülsen und ziehen Sie die Lagerhülsen heraus (siehe Abbildungen).

12 Reinigen Sie sorgfältig die Schwinge und alle Schwingenlager-Komponenten und entfernen Sie Korrosion und Fettreste.

13 Inspizieren Sie die Schwinge penibel auf tiefe Riefen, Risse oder andere Beschädigungen.

14 Kontrollieren Sie die vier Dichtringe und die zwei Nadellager (siehe Abbildung) – diese müssen sich nach dem Einführen der Hülsen sanft und spielfrei drehen lassen (beachten Sie die Hinweise in Sektion 5 der *Werkzeug- und Werkstatt-Tipps* im Anhang, um mehr über Nadellager zu erfahren). Begutachten Sie alle Komponenten penibel auf Verschleiß (Riefen) und Beschädigungen (Risse, Verformungen).

15 Falls neue Dichtringe und/oder Lager installiert werden sollen, müssen die alten Dichtringe mit einem Haken oder Schraubendreher herausgehebelt werden (siehe Abbildung). Entfernen Sie an beiden Seiten des linken Lagers die Scheiben (siehe Abbildung). KTM bietet alle erforderlichen Schwingenlager-Komponenten als Set an.

16 Befreien Sie die Lager mit einem Innenabzieher, einem Austreiber oder einer Ausziehvorrichtung (siehe Sektion 5 der *Werkzeug- und Werkstatt-Tipps* im Anhang); nötigenfalls muss eine hydraulische Presse zum Einsatz kommen oder die Schwinge zu einer KTM-Werkstatt gebracht werden. Einmal ausgebaute Lager müssen durch Neuteile ersetzt werden.

17 Die neuen Lager müssen bündig in ihre Sitze gepresst oder gezogen werden – Eintreiben würde sie beschädigen. Schmieren Sie die Lager mit Fett.

18 Schmieren Sie die Scheiben des linken Lagers mit Fett und »kleben« Sie sie links und rechts ans Lager (Abbildung 13.15b). Drücken Sie die neuen Dichtringe mit den Markierungen nach außen vor die Lager (siehe Abbil-

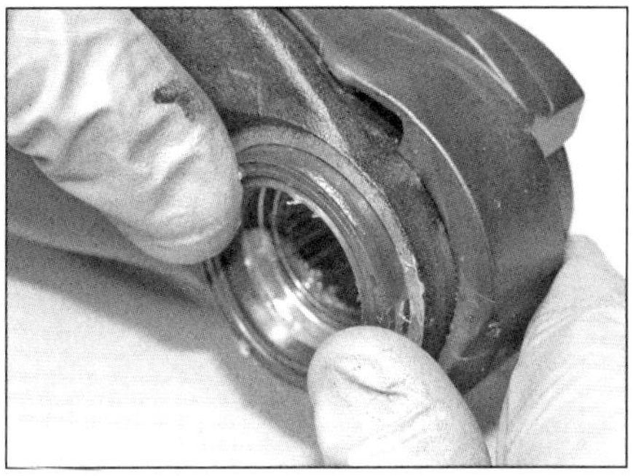

13.18 Drücken Sie die neuen Dichtringe von Hand bündig in ihre Sitze.

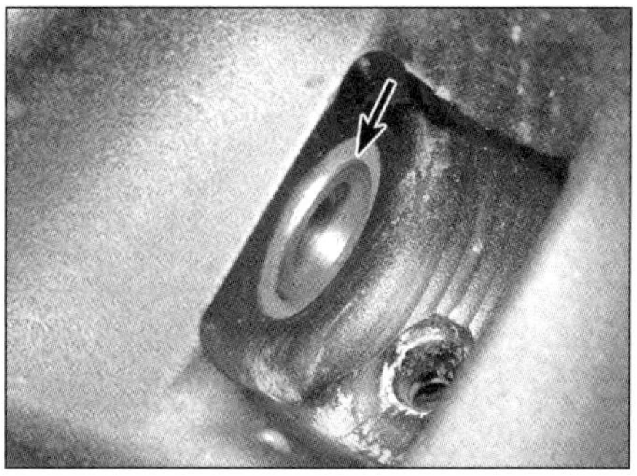

13.20a Die Hülse (Pfeil) muss bündig in ihren Sitz gedrückt werden, ...

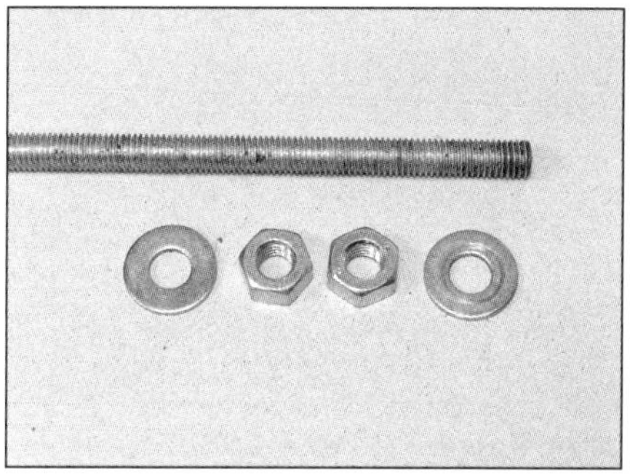

13.20b ... was mithilfe eines aus einer mindestens 6 cm langen M8- oder M10-Schraube (oder Gewindestange) samt Muttern und Scheiben selbstgebauten Werkzeugs geschehen soll.

dung). Fetten Sie die Lager- und Distanzhülsen. Schieben Sie die kürzere Hülse in das linke Lager und die längere in das rechte (Abbildung 13.11b). Drücken Sie die Distanzhülsen in die Dichtringe (Abbildung 13.11a).

Einbau

19 Montieren Sie ggf. die Ketten-Gleitschiene und **beim GT-Modell** den Magnethalter des Federwegsensors an die Schwinge (Abbildungen 13.10a, b, c und d).

20 Drücken Sie zunächst die Buchse in der unteren Stoßdämpferaufnahme zurück, um den Einbau der Schwinge zu erleichtern (siehe Abbildung) – hierfür wird ein selbstgebautes Werkzeug aus einer mindestens 6 cm lange Schraube oder einer Gewindestange der Stärke M8 oder M10, zwei passenden Muttern und zwei Scheiben, die gegen die Buchse drücken können, benötigt (siehe Abbildung). Führen Sie die Schraube oder Gewindestange durch die Schraubenbohrung durch eine Scheibe, drehen Sie die zwei Muttern auf und legen Sie die zweite Scheibe auf (siehe Abbildungen). Drehen Sie die Muttern jetzt auseinander, sodass eine Scheibe gegen die Schwinge und die andere gegen die hineinragende Buchse drückt (siehe Abbildung). Halten Sie die Mutter der gegen die Schwinge drückenden Scheibe und ziehen Sie die andere Mutter gegen die Scheibe der Hülse, um diese bündig in ihren Sitz zu drücken (siehe Abbildung). Lockern Sie die Muttern und entfernen Sie die Werkzeug-Komponenten.

21 Reinigen Sie den Schwingenbolzen und schmieren Sie ihn mit Fett.

22 Falls die Antriebskette durch die Schwinge geführt ist, muss sie vorn über das Lager gelegt werden, Bringen Sie die Schwinge dann in Position, sodass die Kette zwischen Motor und Rahmen eingeführt und über die Getriebewelle gelegt werden kann (Abbildung 13.9d). Richten Sie die Schwingenlager zwischen dem Motor und dem Rahmen aus – dabei wird der Stoßdämpfer in seine untere Aufnahme geführt (siehe Abbildung). Schieben Sie von rechts den Schwingenbolzen ein (Abbildung 13.9b). und richten Sie seine Abflachungen zum Sitz im Rahmen aus (siehe Abbildung).

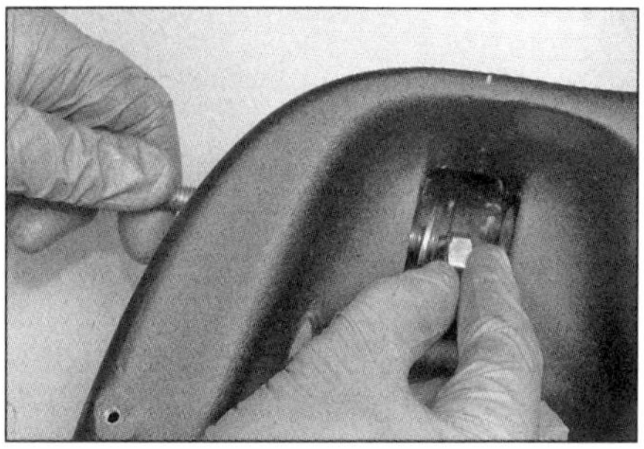

13.20c Führen Sie die Schraube oder Stange durch die Schraubenbohrung ein, legen Sie eine Scheibe auf und drehen Sie die erste Mutter auf, ...

13.20d ... es folgen die zweite Mutter und die zweite Scheibe.

13.20e Drehen Sie die Muttern in die gezeigten Positionen ...

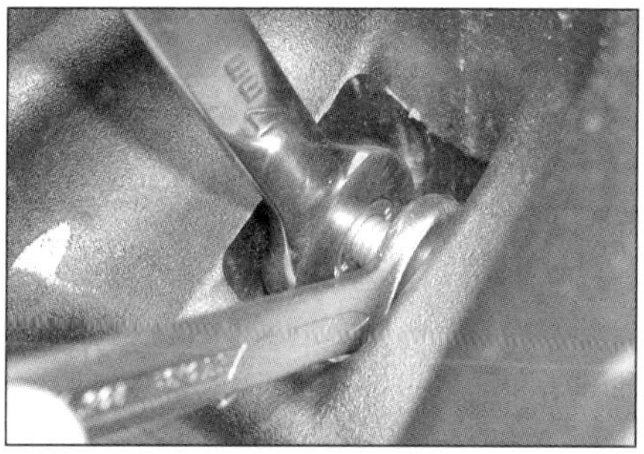

13.20f ... und drücken Sie damit die Hülse in ihren Sitz.

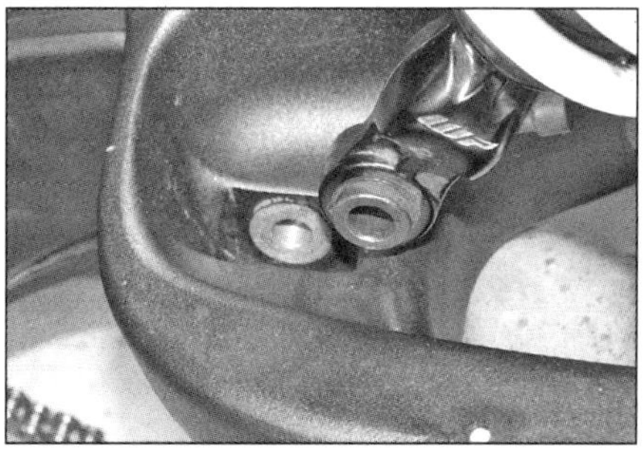

13.22a Führen Sie den Stoßdämpfer beim Positionieren der Schwinge in seine untere Aufnahme ein.

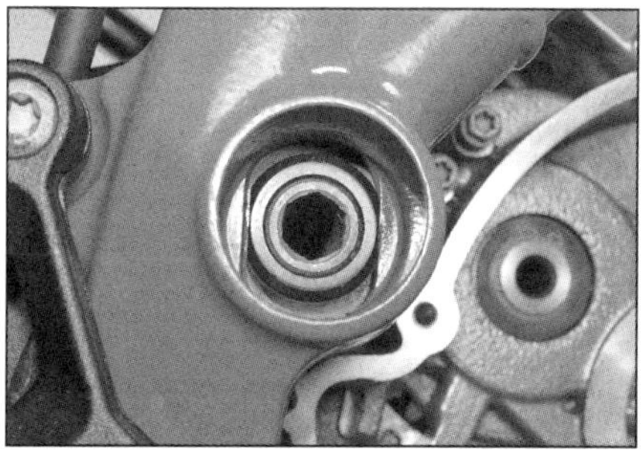

13.22b Richten Sie die Abflachungen des Schwingenbolzens zum Sitz im Rahmen aus.

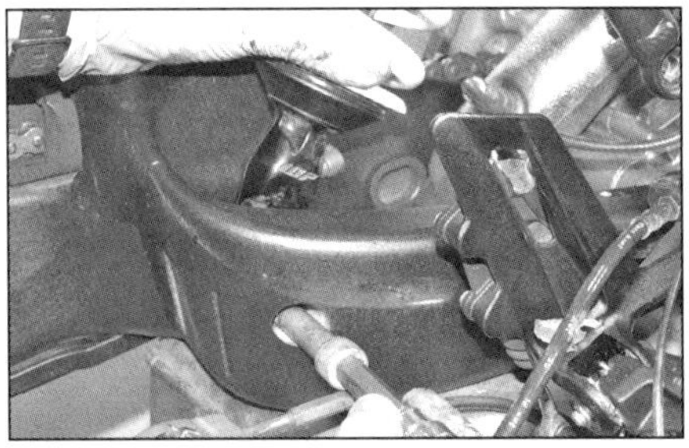

13.24 Richten Sie den Stoßdämpfer aus und installieren Sie seinen Bolzen von rechts.

23 Installieren Sie die Schwingenbolzenmutter ziehen Sie sie mit 130 Nm an (Abbildung 13.9a). Prüfen Sie, ob sich die Schwinge sanft auf und ab bewegen lässt.
24 Schmieren Sie den unteren Stoßdämpfer-Bolzen mit Fett. Richten Sie die das untere Lager des Dämpfers zur Buchse aus, drehen Sie den Bolzen von rechts ein und ziehen Sie ihn mit 80 Nm an (siehe Abbildung).
25 Montieren Sie alle verbliebenen Komponenten in der umgekehrten Ausbaureihenfolge.

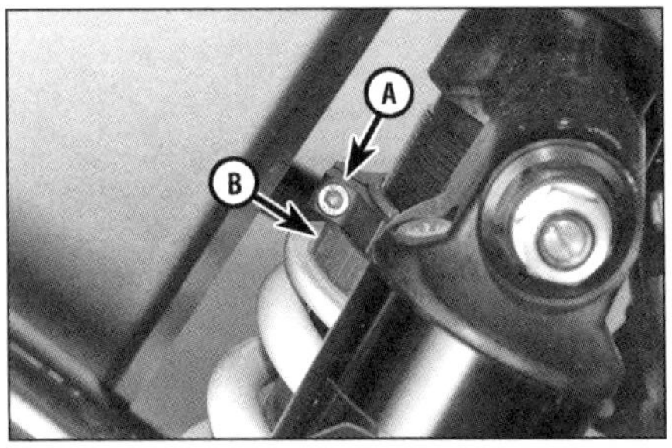

14.5a Klemmschraube (A) und Einstellring für die Federvorspannung

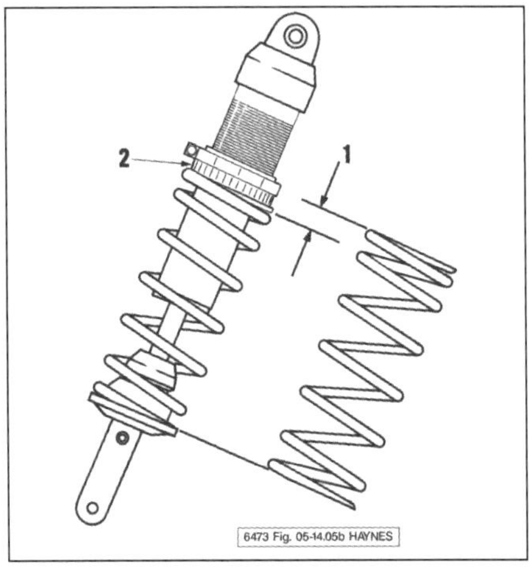

14.5b Mit Federvorspannung (1) ist die Längen-Differenz zwischen der per Einstellring (2) entspannten und der komprimierten Feder gemeint. Der Stoßdämpfer ist zur Verdeutlichung ohne Ausgleichsbehälter gezeigt.

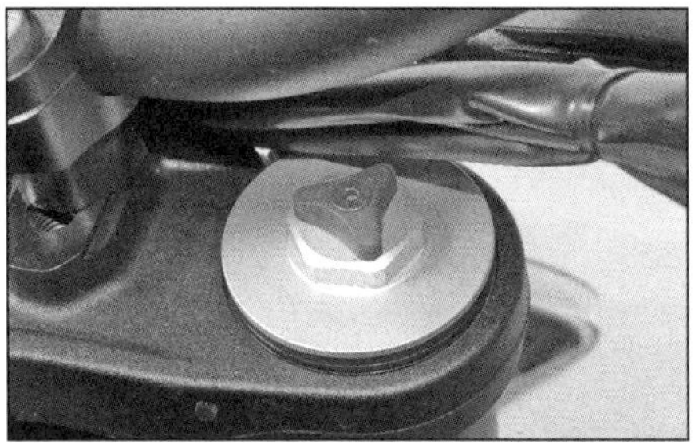

14.1a Der rote Zugdämpfungs-Einsteller am rechten Gabelholm

26 Kontrollieren Sie vor der ersten Fahrt den Kettendurchhang (siehe Kapitel 1, Sektion) und prüfen Sie die Funktion der Hinterradfederung sowie der Bremse.

14 Federelemente
Einstellung (R-Modelle)

Gabel

1 Die Gabel ist im rechten Holm in der Zugdämpfung (roter Einsteller) und im linken Holm in der Druckdämpfung (weißer Einsteller) verstellbar (siehe Abbildungen). Drehen Sie die Einsteller im Uhrzeigersinn, um die Dämpfung zu verstärken, und links herum, um sie zu verringern. Zur Feststellung der aktuellen Einstellung wird der jeweilige Einsteller nach rechts gedreht und dabei die Klicks bis zum Anschlag gezählt. Stellen Sie ihn dann auf den gewünschten oder von KTM empfohlenen Wert (siehe Schritt 2 oder 3) nach links zurück – die Schritte gelten sowohl für die Zug- als auch die Druckdämpfung.
2 Bei **R-Modellen bis 2016** wird der jeweilige Einsteller bis zum Anschlag im Uhrzeigersinn gedreht. Drehen Sie ihn um 12 Klicks zurück, um die Standard-Einstellung zu erreichen. Für Fahrten mit voller Nutzlast oder eine sportliche Einstellung wird der Einsteller nur 7 Klicks nach links gedreht; für ein komfortables Fahrwerk wird der Einsteller 17 Klicks nach links gedreht.
3 Bei **R-Modellen ab 2017** wird der jeweilige Einsteller bis zum Anschlag im Uhrzeigersinn gedreht. Drehen Sie ihn um 12 Klicks zurück, um die Standard-Einstellung zu erreichen. Für Fahrten mit voller Nutzlast oder eine sportliche Einstellung wird der Einsteller nur 9 Klicks nach links gedreht; für ein komfortables Fahrwerk wird der Einsteller 15 Klicks nach links gedreht.

Hinterradstoßdämpfer

4 Der Stoßdämpfer ist in der Federvorspannung und seine Dämpfung in der Zugdämpfung sowie der langsamen und schnellen Druckdämpfung einstellbar.

Anmerkung: *Die Geschwindigkeit der Druckdämpfung betrifft die Bewegung der Dämpferstange im Stoßdämpfer-Gehäuse (abhängig von der Größe der Unebenheit) und nicht das gefahrene Tempo.*

14.1b Der weiße Druckdämpfungs-Einsteller am rechten Gabelholm

Federvorspannung

5 Die Federvorspannung wird mit kleineren der dem Bordwerkzeug beigefügten Hakenschlüssel eingestellt. Lockern Sie zunächst die Klemmschraube oberhalb des Einstellrings und drehen Sie diesen dann hoch, um die Federvorspannung zu verringern, oder herunter, um sie zu verstärken (siehe Abbildung). Zur Ermittlung der aktuellen Einstellung muss zunächst die Länge der komprimierten Feder gemessen werden; drehen Sie dann den Einsteller hoch, bis die Feder entlastet ist, und messen Sie erneut die Länge der Feder (siehe Abbildung) – die Differenz zwischen den beiden Ergebnissen beschreibt die Vorspannung. Drehen Sie mit dem Einstellring die gewünschte oder von KTM empfohlene Vorspannung (siehe Schritt 6 oder 7) ein.
6 Drehen Sie **beim R-Modell bis 2016** den Einstellring hoch, bis die Feder gerade entspannt ist. Für die Standard-Vorspannung muss die Feder nun 5 mm komprimiert werden; für eine sportliche Einstellung wird sie um 6 mm und für hohe Beladung um 7 mm vorgespannt.
7 Drehen Sie **beim R-Modell ab 2017** den Einstellring hoch, bis die Feder gerade entspannt ist. Für die Standard/Komfort/Sport-Vorspannung muss die Feder nun 8 mm komprimiert werden; für hohe Beladung wird sie um 9 mm vorgespannt.

Zugdämpfung

8 Die Zugdämpfung wird an der Schlitzschraube rechts unten am Stoßdämpfer eingestellt (siehe Abbildung). Drehen Sie die Schraube im Uhrzeigersinn, um die Zugdämpfung zu erhöhen und nach links, um sie zu verringern. Zur Feststellung der aktuellen Einstellung wird die Schraube nach rechts gedreht und dabei die Klicks bis zum Anschlag gezählt. Stellen Sie sie dann auf den gewünschten oder von KTM empfohlenen Wert (siehe Schritt 9 oder 10) nach links zurück.
9 Bei **R-Modellen bis 2016** wird die Schraube bis zum Anschlag im Uhrzeigersinn gedreht. Drehen Sie sie um 12 Klicks zurück, um die Standard-Einstellung zu erreichen. Für Fahrten mit hoher Beladung oder eine sportliche

14.8 Zugdämpfungs-Einstellschraube rechts unten am Stoßdämpfer

14.11 Schlitzschraube am Ausgleichsbehälter zur Einstellung der langsamen Druckdämpfung

14.14 Der Sechskant am Ausgleichsbehälter dient zur Einstellung der schnellen Druckdämpfung

Einstellung wird die Schraube nur um 9 Klicks nach links gedreht; für ein komfortables Fahrwerk wird sie um 15 Klicks nach links gedreht.
10 Bei **R-Modellen ab 2017** wird die Schraube bis zum Anschlag im Uhrzeigersinn gedreht. Drehen Sie sie um 12 Klicks zurück, um die Standard-Einstellung zu erreichen. Für Fahrten mit hoher Beladung oder eine sportliche Einstellung wird die Schraube nur um 10 Klicks nach links gedreht; für ein komfortables Fahrwerk wird sie um 15 Klicks nach links gedreht.

Langsame (Low Speed) Druckdämpfung

11 Die langsame Druckdämpfung wird an der Schlitzschraube rechts am Stoßdämpfer-Ausgleichsbehälter eingestellt (siehe Abbildung). Drehen Sie die Schraube im Uhrzeigersinn, um die Druckdämpfung zu erhöhen, und nach links, um sie zu verringern. Zur Feststellung der aktuellen Einstellung wird die Schraube nach rechts gedreht und dabei die Klicks bis zum Anschlag gezählt. Stellen Sie sie dann auf den gewünschten oder von KTM empfohlenen Wert (siehe Schritt 12 oder 13) nach links zurück.
12 Bei **R-Modellen bis 2016** wird die Schraube bis zum Anschlag im Uhrzeigersinn gedreht. Drehen Sie sie um 15 Klicks zurück, um die Standard-Einstellung zu erreichen. Für Fahrten mit hoher Beladung oder eine sportliche Einstellung wird die Schraube nur um 10 Klicks nach links gedreht; für ein komfortables Fahrwerk wird sie um 18 Klicks nach links gedreht.
13 Bei **R-Modellen ab 2017** wird die Schraube bis zum Anschlag im Uhrzeigersinn gedreht. Drehen Sie sie um 15 Klicks zurück, um die Standard-Einstellung zu erreichen. Für Fahrten mit hoher Beladung oder eine sportliche Einstellung wird die Schraube nur um 12 Klicks nach links gedreht; für ein komfortables Fahrwerk wird sie um 20 Klicks nach links gedreht.

Schnelle (High Speed) Druckdämpfung

14 Die schnelle Druckdämpfung wird am Sechskant rechts am Stoßdämpfer-Ausgleichsbehälter eingestellt (siehe Abbildung). Drehen Sie den Sechskant im Uhrzeigersinn, um die Druckdämpfung zu erhöhen, und nach links, um sie zu verringern. Zur Feststellung der aktuellen Einstellung wird der Sechskant nach rechts gedreht und dabei die Anzahl der Umdrehungen bis zum Anschlag gezählt. Stellen Sie sie dann auf den gewünschten oder von KTM empfohlenen Wert (siehe Schritt 15 oder 16) nach links zurück.
15 Bei **R-Modellen bis 2016** wird der Sechskant bis zum Anschlag im Uhrzeigersinn gedreht. Drehen Sie sie um 1,5 Umdrehungen zurück, um die Standard/Komfort-Einstellung zu erreichen. Für Fahrten mit hoher Beladung oder eine sportliche Einstellung wird der Sechskant nur um eine volle Umdrehung nach links gedreht.
16 Bei **R-Modellen ab 2017** wird der Sechskant bis zum Anschlag im Uhrzeigersinn gedreht. Drehen Sie sie um 1,5 Umdrehungen zurück, um die Standard/Komfort/Sport-Einstellung zu erreichen. Für Fahrten mit hoher Beladung wird der Sechskant nur um eine volle Umdrehung nach links gedreht.

15 Federungs-Elektronik (GT-Modelle)

Federelemente-Steuergerät

1 Trennen Sie die Batterie vom Bordnetz (siehe Kapitel 8, Sektion 3). Entfernen Sie die Heckverkleidungen (siehe Kapitel 7, Sektion 3).
2 Befreien Sie die Sitz-Entriegelung und den Aktivkohlebehälter von der Heckrahmenbrücke (siehe Abbildung). Entfernen Sie an beiden Seiten des Rahmenhecks die zwei Stopfen, lösen Sie die Schrauben der Rahmenbrücke, entnehmen Sie diese und trennen Sie den Stecker des Schwingen-Beschleunigungssensors (siehe Abbildungen).

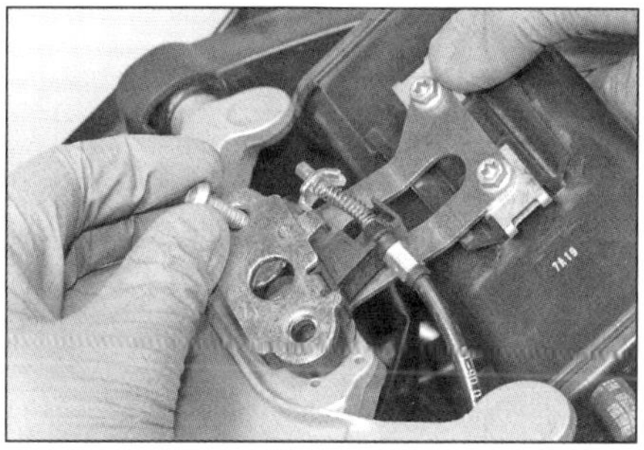

15.2a Lösen Sie die Schrauben der Sitz-Entriegelung und entnehmen Sie diese samt Aktivkohlebehälter.

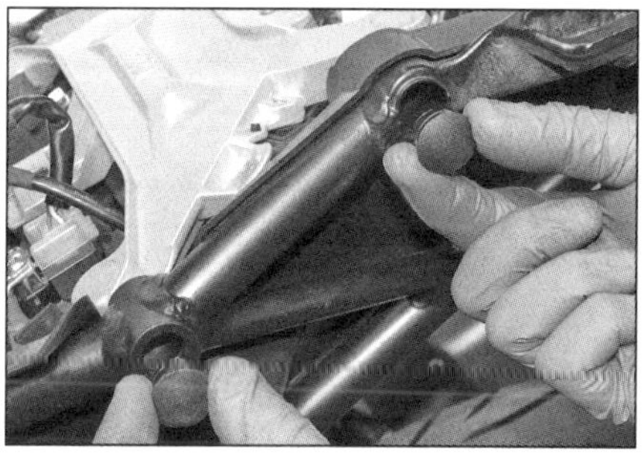

15.2b Entfernen Sie an beiden Seiten des Rahmenhecks die zwei Stopfen, ...

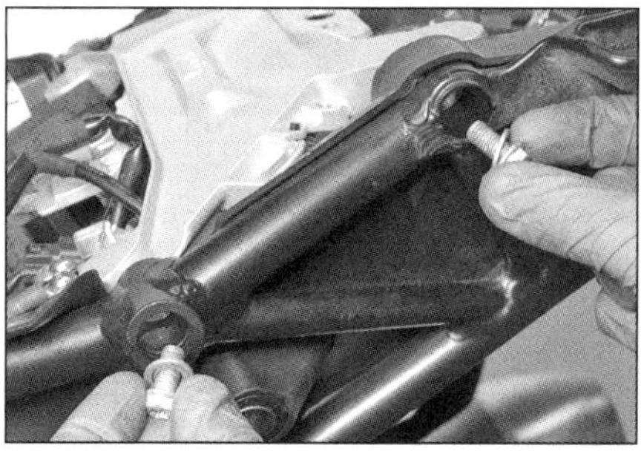

15.2c ... lösen Sie die Schrauben, entnehmen Sie die Scheiben, ...

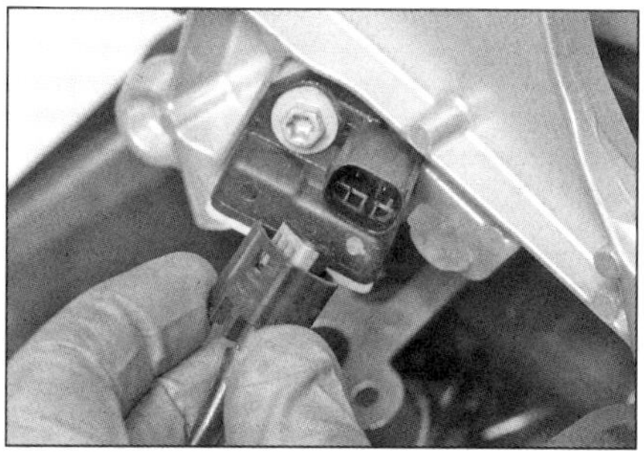

15.2d ... befreien Sie die Rahmenbrücke und trennen Sie den Stecker des Schwingen-Beschleunigungssensors.

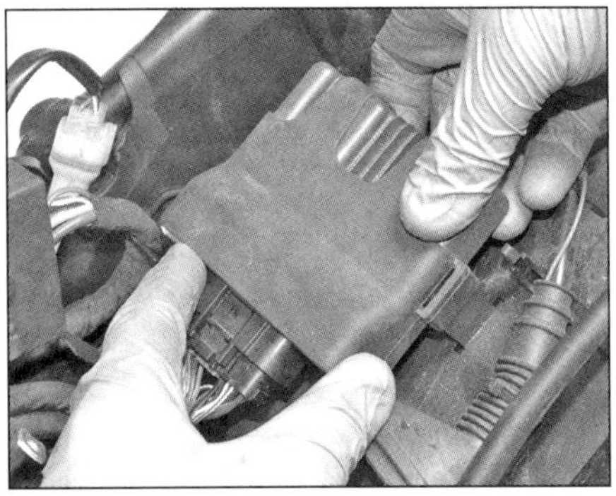

15.3a Befreien Sie das Federelemente-Steuergerät von den Laschen ...

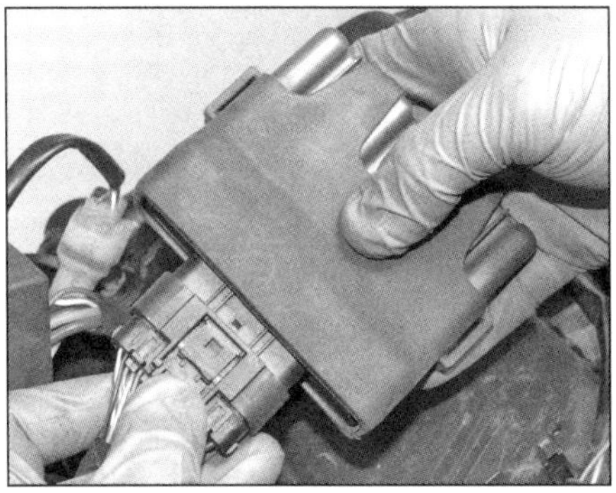

15.3b ... und trennen Sie seinen Kabelstecker

15.6 Der Gabel-Beschleunigungssensor sitzt innen hinter dem Lenkkopf.

3 Befreien Sie das Federelemente-Steuergerät und trennen Sie seinen Kabelstecker (siehe Abbildungen).

Beschleunigungs-Sensoren

Gabel

5 Entfernen Sie das Luftfiltergehäuse (siehe Kapitel 4, Sektion 3) und die Ansaugstutzen (siehe Kapitel 7, Sektion 3).
6 Lösen Sie die Schraube des innen hinter dem Lenkkopf sitzenden Sensors, befreien Sie diesen und trennen Sie seinen Stecker (siehe Abbildung).
7 Der Einbau entspricht der umgekehrten Ausbaureihenfolge.

Schwinge

8 Verschaffen Sie sich Zugang zum unterhalb der Heckrahmenbrücke sitzenden Sensor (Schritte 1 und 2).
9 Lösen Sie die Schraube und entfernen Sie den Sensor (siehe Abbildung).
10 Der Einbau entspricht der umgekehrten Ausbaureihenfolge.

Federweg-Sensoren

Gabel-Positionssensor

11 Der Sensor sitzt im linken Gabelholm.

Schwingen-Positionssensor

12 Demontieren Sie den Tank (siehe Kapitel 4, Sektion 2).
13 Befreien und trennen Sie den Sensorstecker (siehe Abbildung). Führen Sie das Kabel zum Sensor zurück, befreien Sie es dabei aus allen Befestigungen und merken Sie sich seine Verlegung.
14 Lösen Sie die Schraube des hinten am Motorgehäuses sitzenden Sensors und entnehmen Sie diesen (siehe Abbildungen).

15.9 Der Schwingen-Beschleunigungssensor sitzt unterhalb der Heckrahmen-Brücke.

15.14a Lösen Sie die zwei Schrauben ...

15 Der Einbau entspricht der umgekehrten Ausbaureihenfolge – der Sensor muss korrekt auf den Passhülsen sitzen (Abbildung 15.14b).

15.13 Stecker des Schwingen-Positionssensors

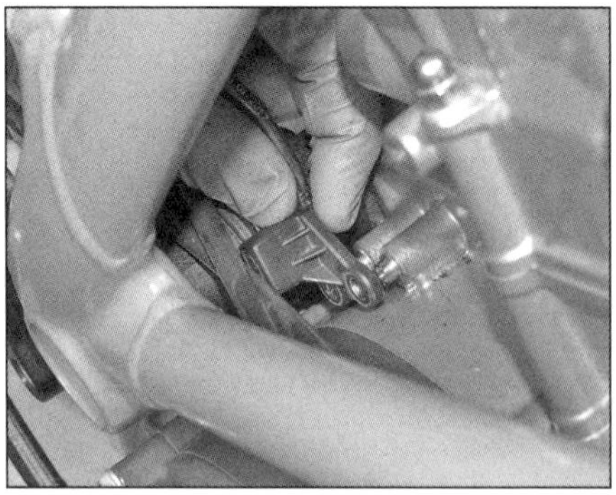

15.14b ... und befreien Sie den Sensor von den zwei Passhülsen seiner Aufnahme am Motorgehäuse.

Kapitel 6
Bremsen, Räder und Endantrieb

Inhalt (in alphabetischer Reihenfolge, die Zahlen geben die Nummerierung in den grauen Feldern wieder)

Schwierigkeitsgrade

Leicht. Für Anfänger mit wenig Erfahrung geeignet.	**Relativ leicht.** Für Anfänger mit etwas Erfahrung geeignet.	**Relativ schwierig.** Geeignet für geübte Selbstschrauber.	**Schwer.** Geeignet für Selbstschrauber mit viel Erfahrung.	**Sehr schwer.** Geeignet für Experten und Profis.

Technische Daten

Bremsen

Bremsflüssigkeit	DOT 4 oder DOT 5.1 (keinesfalls DOT 5!)

Bremsscheiben

Bremsscheibenstärke (min.)	4,5 mm

ABS

Radsensor-Abstand zu Sensorring	0,5 bis 1,8 mm

Reifen

Luftdruck	siehe Kapitel 1, Sektion 21
Reifengrößen*	
Vorderrad	120/70 ZR 17 MC (58W)
Hinterrad	190/55 ZR 17 MC (75W)

** Beachten Sie die Eintragungen in Ihren Fahrzeugpapieren und der Bedienungsanleitung, wenden Sie sich im Zweifel an einen KTM-Händler, einen Reifenhändler, den TÜV oder die DEKRA.*

Endantrieb

Ketten-Typ	525 (5/8 x 5/16) X-Ringkette, 112 Glieder
Antriebsketten-Durchhang	siehe Kapitel 1, Sektion 3
Kettenrad-Größen (Anzahl der Zähne)	vorn 17, hinten 38 Zähne

Anzugsdrehmomente

	Nm
Bremsscheiben-Schrauben (vorn/hinten)	30
Bremsschlauch-Anschlussschrauben	25
Hinterradmutter	250
Hinterradbremssattel-Befestigungsschrauben	25
Kettenblattkupplungs-Gummidämpfer-Muttern	45

Kettenblattkupplungs-Mutter	200
Kettenblatt-Muttern	36
Motorritzel-Mutter	100
Vorderachsschraube	45
Vorderachsen-Klemmschrauben	15
Vorderradbremssattel-Befestigungsschrauben	45

1 Allgemeine Informationen

1 Alle Modelle sind mit Leichtmetall-Gussrädern ausgerüstet, die nur mit schlauchlosen Reifen bestückt werden dürfen.
2 Vorn und hinten verzögern hydraulisch betätigte Scheibenbremsen von Brembo die Räder. Vorn wirken zwei radial montierte Vierkolben-Festsättel auf zwei 320 mm große schwimmend gelagerte Bremsscheiben, während die fest verschraubte hintere Bremsscheibe (240 mm Durchmesser) von einem Zweikolben-Bremssattel umgriffen wird.
3 Ein Anti-Blockier-System (ABS) ist serienmäßig vorhanden.
4 Der Antrieb des Hinterrades erfolgt über eine Dichtringkette, an der Kettenblatt-Kupplung zum Hinterrad sitzen Ruckdämpfer.

Achtung: Scheibenbremsen-Bauteile erzwingen selten eine Demontage. Zerlegen Sie keine Komponenten, wenn es nicht unbedingt nötig ist. Wenn die Wirkung einer Hydraulik-Bremsanlage schwach wird, muss das betreffende System demontiert, entleert, gereinigt und dann sorgfältig gefüllt und entlüftet werden. Innereien der Bremsen dürfen keinesfalls mit Lösungsmitteln gereinigt werden, da hierdurch die Dichtungen quellen und zerstört werden. Verwenden Sie zum Reinigen nur frische DOT-4-Bremsflüssigkeit. Passen Sie beim Arbeiten mit Bremsflüssigkeit besonders auf, sie nicht in die Augen zu bekommen. Auch Lack und Plastikteile sind gefährdet.

2 Vorderrad-Bremsbeläge

Achtung: Betätigen Sie nicht die Bremse, solange der Bremssattel von der Bremsscheibe befreit ist!

1 Befreien Sie den Radsensor aus der linken Bremssattel-Aufnahme (siehe Abbildung).
2 Lösen Sie die zwei Bremssattel-Schrauben und ziehen Sie den Sattel von der Bremsscheibe (siehe Abbildungen).
3 Schieben Sie einen Bremsbelag zur Mitte, bis die Laschen an seinen Enden aus den Nuten des Bremssattel befreit sind, und entnehmen Sie den Belag (siehe Abbildungen). Falls der Platz für den Ausbau des ersten Bremsbelags nicht ausreicht, müssen die Bremsbeläge auseinander gehebelt werden, um die Kolben in ihre Bohrungen zu drücken (siehe Abbildungen). Entnehmen Sie den anderen Bremsbelag (siehe Abbildung).
4 Kontrollieren Sie die Oberflächen der Beläge auf Verunreinigungen und prüfen Sie, ob die Stärke des Belagmaterials noch nicht unter

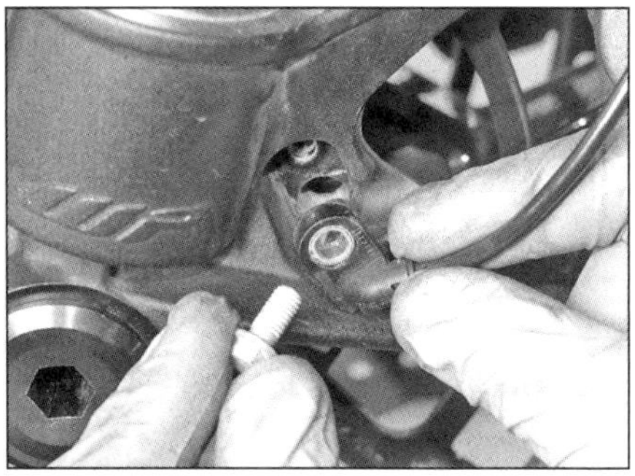

2.1 Lösen Sie die Schraube und ziehen Sie den Radsensor aus der linken Bremssattel-Aufnahme.

der Verschleißgrenze von 1 mm liegt (siehe Kapitel 1, Sektion 5). Ersetzen Sie alle Beläge der gesamten Vorderradbremse immer als Satz, auch wenn nur einer nahe oder unterhalb der Verschleißgrenze liegt. Falls ein Belag ungleichmäßig verschlissen ist, weist dies auf einen klemmenden Kolben hin (Schritte 6 und 7). Außerdem müssen die Bremsbeläge ersetzt werden, wenn sie mit Öl oder Fett verschmutzt, stark eingekerbt oder durch Schmutz oder Sand beschädigt wurden.

Anmerkung: *Es ist kaum möglich, Bremsbeläge vollständig zu entfetten – wenn sie in irgendeiner Weise verunreinigt sind, müssen sie ersetzt werden.*

2.2a Lösen Sie die zwei Bremssattel-Schrauben ...

2.2b ... und ziehen Sie den Sattel ab.

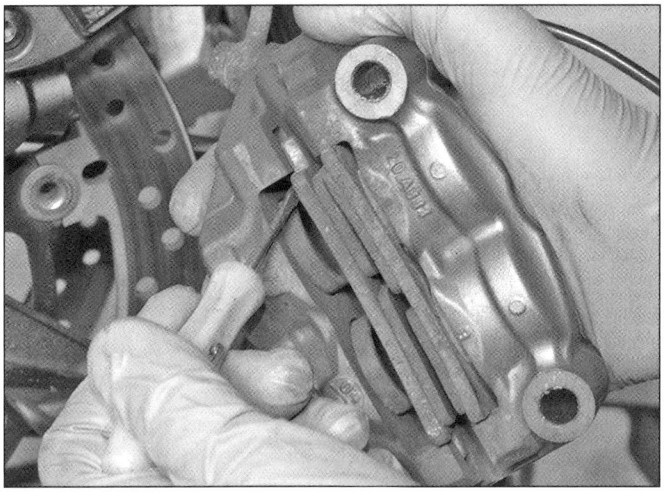

2.3a Schieben Sie einen Bremsbelag zur Mitte ...

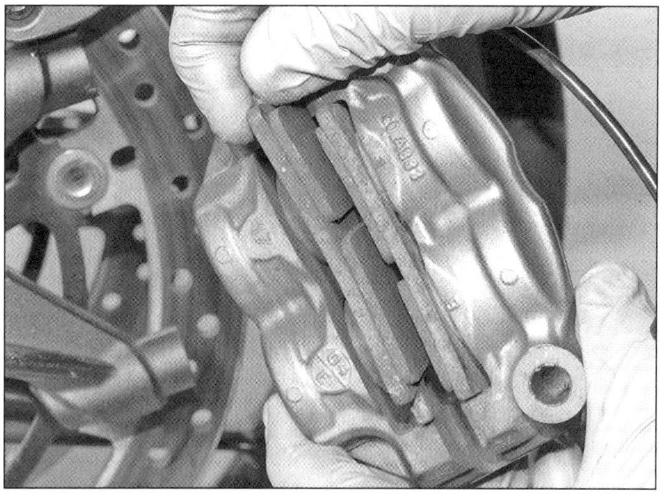

2.3b ... und ziehen Sie ihn heraus.

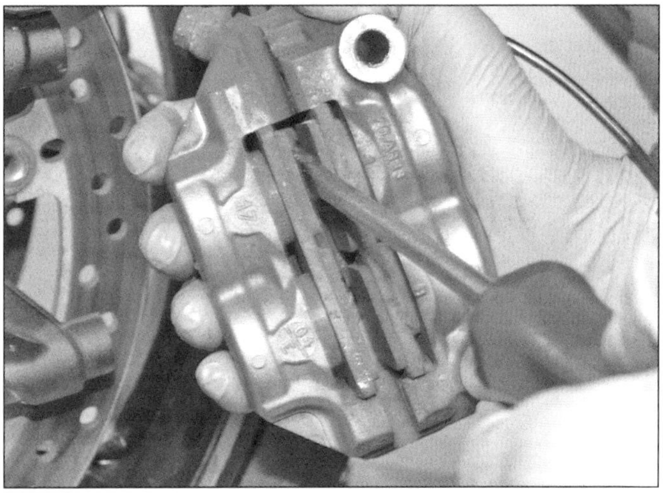

2.3c Hebeln Sie nötigenfalls die Beläge auseinander, um die Kolben etwas einzudrücken.

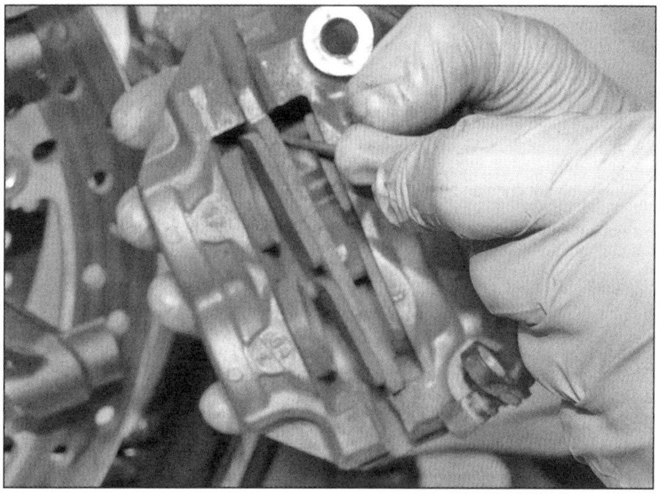

2.3d Entfernen Sie den zweiten Bremsbelag auf die gleiche Weise.

5 Wenn die Bremsbeläge in gutem Zustand sind, werden Sie mit einer vollkommen fett- und ölfreien feinen Drahtbürste sorgfältig gereinigt. Arbeiten Sie mit einem spitzen Werkzeug eingearbeitete Partikel aus dem Material und schleifen Sie verglaste Stellen mit Schmirgelleinen ab. Leichte Verunreinigungen können mit Bremsenreiniger-Spray behandelt werden.

6 Befreien Sie nötigenfalls die Belagfeder aus dem Bremssattel – merken Sie sich die Einbaulage (Abbildung 2.9a). Reinigen Sie die freiliegenden Bereiche der Kolben, damit ihre Dichtungen nicht durch Ablagerungen beschädigt werden können. Falls neue Bremsbeläge installiert werden sollen, müssen für deren Platzbedarf die Kolben vollständig in den Sattel gedrückt werden; soweit die alten Bremsbeläge weiterverwendet werden sollen, reicht es, die Kolben ein kleines Stück einzudrücken. Drücken Sie die Kolben möglichst von Hand ein, verwenden Sie nötigenfalls ein Stück Holz als Hebel (siehe Abbildung) oder beschaffen Sie ein spezielles Bremskolben-Rückstellwerkzeug (Abbildung 6.6b). Es kann nötig sein, den Deckel des Handbremsen-Ausgleichsbehälters samt Manschette entfernen zu müssen, damit etwas Bremsflüssigkeit abgesaugt werden kann (siehe Sektion 11). Falls sich die Kolben sehr schwierig zurückdrücken lassen, muss die Kappe des Entlüftungsventils entfernt, ein Schlauch auf das Ventil gesteckt und sein anderes Ende in einen Sammelbehälter gehalten werden; öffnen Sie das Ventil und versuchen Sie erneut, die Kolben einzudrücken – achten Sie darauf, keine Luft ins Bremssystem zu saugen, da es dann entlüftet werden muss (siehe Sektion 11). Sobald die Kolben vollständig eingedrückt sind, wird das Ventil geschlossen, der Schlauch abgezogen und die Kappe aufgesteckt. Montieren Sie den Ausgleichsbehälterdeckel samt Manschette.

7 Falls ein Kolben fest sitzt, müssen zunächst die anderen mit Hölzern oder Kabelbindern blockiert werden, um dann durch Betätigen des Bremshebels zu testen, ob sich der Kolben überhaupt bewegt. Falls er sich herausbewegen, aber nicht eindrücken lässt, wird er

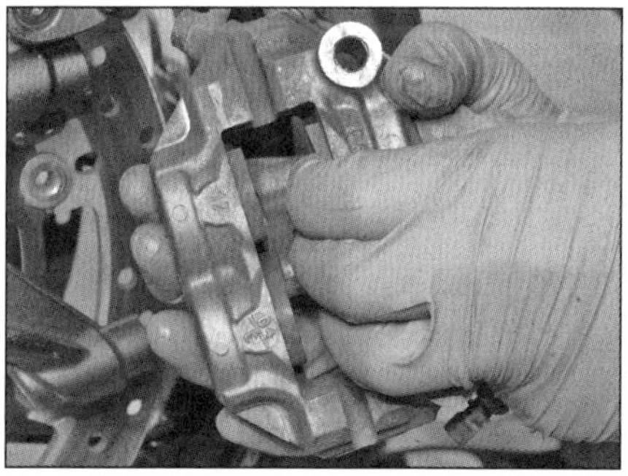

2.6 Drücken Sie die Kolben mithilfe einer der beschriebenen Methoden in den Bremssattel.

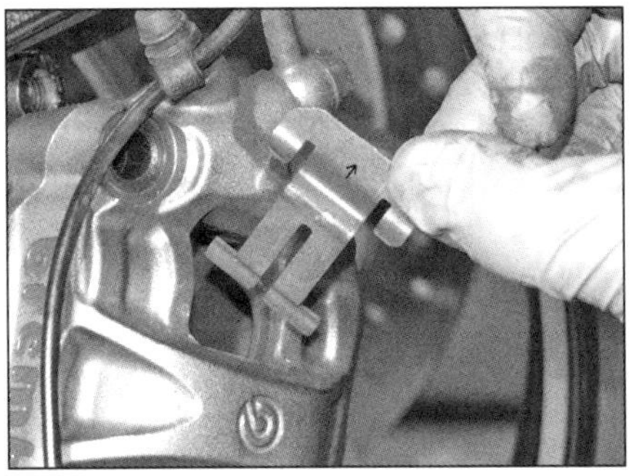

2.9a Der Pfeil der Belagfeder muss nach oben zeigen ...

2.9b ... und die Feder korrekt ausgerichtet sein.

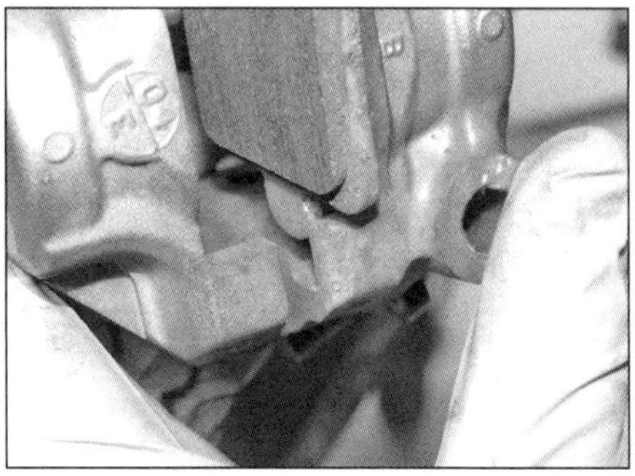

2.10a Installieren Sie die Beläge mit den Laschen in die Nuten ...

wahrscheinlich durch versteckte Korrosion behindert. Generell empfiehlt sich bei Problemen mit den Kolben eine Überholung des Bremssattels (siehe Sektion 3).

8 Kontrollieren Sie den Zustand der Bremsscheiben (siehe Sektion 4).

9 Reinigen Sie ggf. die Belagfeder und installieren Sie sie in den Bremssattel – der Pfeil muss in die normale Drehrichtung der Bremsscheibe zeigen (siehe Abbildungen).

10 Installieren Sie die Bremsbeläge nacheinander mit dem Belagmaterial nach innen zeigend in die Mitte des Bremssattels, drücken Sie sie gegen die Feder und schieben Sie sie in den Nuten zu den Kolben (siehe Abbildungen).

11 Schieben Sie den Bremssattel auf die Bremsscheibe, sodass die Beläge an beiden Seiten liegen (Abbildung 2.2b). Reinigen Sie die Gewinde der Bremssattel-Schrauben, bestreichen Sie sie mit mittelfester Sicherungspaste *(Loctite)* und drehen Sie sie zunächst handfest ein (Abbildung 2.2a). Pumpen Sie am Bremshebel, um die Beläge in Kontakt zur Bremsscheibe zu bringen, halten Sie den Bremshebel gezogen (oder binden Sie ihn gegen den Lenker) und ziehen Sie die Schrauben mit 45 Nm an.

12 Installieren Sie nach der Montage des linken Bremssattels den Vorderradsensor (Abbildung 2.1).

13 Kontrollieren Sie den Bremsflüssigkeitsstand und füllen Sie nötigenfalls auf (siehe Kapitel 1, Sektion 4).

14 Prüfen Sie vor der ersten Fahrt die Funktion der Bremse – neue Bremsbeläge entwickeln erst nach einigen sanften Bremsmanövern ihre volle Leistung.

3 Vorderradbremssättel

Anmerkung: *Für die Bremssättel werden sowohl Dichtring-Sets als auch Kolben-Sets angeboten. Falls ein Bremssattel undicht ist oder ein Kolben fest sitzt, muss das entsprechende Reparaturset beschafft werden.*

Warnung: Bremsflüssigkeit greift Lack und Kunststoff an. Bedecken Sie daher gefährdete Oberflächen mit Lappen und wischen Sie Spritzer umgehend mit reichlich Wasser ab.

Halten Sie einen Behälter bereit, um die abgelassene Bremsflüssigkeit aufnehmen zu können.

Ausbau

Achtung: Betätigen Sie nicht die Bremse, solange der Bremssattel von der Bremsscheibe befreit ist!

1 Um Zugang zur Bremsleitungs-Anschlussschraube zu erhalten, müssen die Schrauben des Vorderrad-Kotflügels gelöst und dieser mit der unteren vorderen Schraube in der Aufnahme der oberen Schraube gesichert werden (siehe Abbildung).

2 Öffnen Sie am linken Bremssattel die Kappe des Entlüftungsventils, um das Kabel des Radsensors zu befreien. Lösen Sie die Bremsschlauch-Anschlussschraube und befreien Sie die Leitung unter Beachtung ihrer Ausrichtung (siehe Abbildung). Dichten Sie die Leitung mit einer Schlauchklemme oder einer Schraube samt Mutter und Dichtscheiben oder einem speziellen Anschlussaugen-Dichtwerkzeug ab (siehe Abbildungen), alternativ können sie auch mit Frischhaltefolie umwickelt werden. Beim Anschließen werden neue Dichtscheiben benötigt.

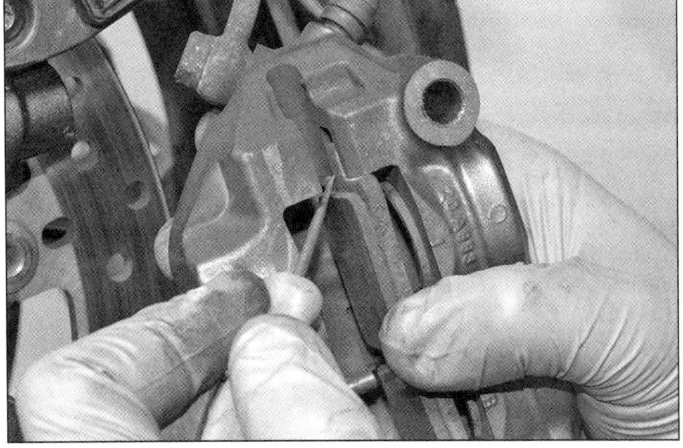

2.10b ... drücken Sie sie gegen die Feder und verschieben Sie sie zu ihren Kolben.

3.1 Heben Sie das befreite Schutzblech an und sichern Sie es wie gezeigt, um Zugang zur Bremsleitungs-Anschlussschraube (Pfeil) zu erhalten.

3.2a Lösen Sie die Bremsschlauch-Anschlussschraube ...

3.2b Zum Abdichten des Anschlussauges können eine Schraube samt Mutter und die alten Dichtscheiben ...

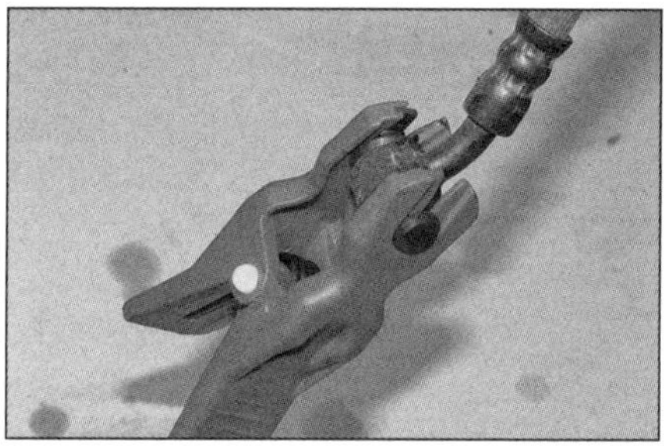

3.2c ... oder eine solche Federklemme mit konischen Gummis verwendet werden.

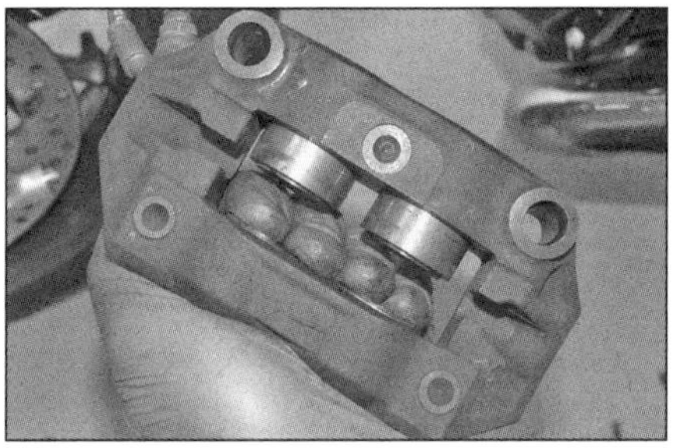

3.4a Drücken Sie die Kolben einer Seite in ihre Bohrungen ...

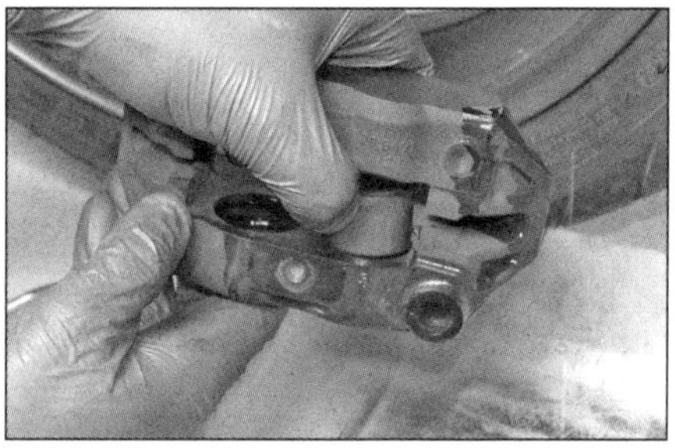

3.4b ... und befreien Sie die gegenüberliegenden Kolben.

3.5a Hebeln Sie vorsichtig die Staubdichtung ...

3.5b ... und die Kolbendichtung heraus.

3.6 Installieren Sie die neuen Kolbendichtungen von Hand korrekt in die unteren Nuten.

3.8a Installieren Sie die Kolben in ihre ursprüngliche Bohrungen ...

3.8b ... und drücken Sie sie von Hand vollständig ein.

3 Lösen Sie die zwei Bremssattelschrauben und ziehen Sie den Sattel von der Bremsscheibe (siehe Sektion 2); gießen Sie die restliche Bremsflüssigkeit in den Sammelbehälter.

Überholung

4 Drücken Sie die Kolben einer Seite vollständig in ihre Bohrungen und halten Sie sie dort. Entfernen Sie die gegenüberliegenden Kolben mit einem speziellen Ausbauwerkzeug oder bedecken Sie sie mit Lappen und setzen Sie am Bremsleitungs-Anschluss Druckluft an, um sie herauszudrücken (siehe Abbildungen). Gießen Sie Bremsflüssigkeitsreste in den Sammelbehälter. Falls nicht sowieso neue Kolben installiert werden sollen, müssen die Gleitflächen der vorhandenen Kolben auf Defekte untersucht werden, die Schäden an den Dichtringen verursachen können. Soweit die Kolben wiederverwendet werden können, müssen sie entsprechend ihrer Einbaulage markiert werden.

5 Entfernen Sie mit einem Holz- oder Plastikwerkzeug die Staubdichtungen aus den oberen Nuten und die Kolbendichtungen aus den unteren Nuten der Sattelbohrungen, um diese nicht zu beschädigen (siehe Abbildungen). Die Dichtungen müssen auf jeden Fall ersetzt werden.

6 Schmieren Sie die neuen Kolbendichtungen mit sauberer Bremsflüssigkeit und setzen Sie sie in die inneren Nuten der Sattelbohrungen (siehe Abbildung).

7 Schmieren Sie die neuen Staubdichtungen mit Silikonpaste und setzen Sie sie in die äußeren Nuten der entsprechenden Bohrung.

8 Schmieren Sie die Kolben außen mit Bremsflüssigkeit und setzen Sie sie entsprechend ihrer zuvor markierten Position mit der geschlossenen Seite voran in die Sattelbohrungen, ohne die Dichtungen aus den Nuten zu drücken (siehe Abbildung). Drücken Sie sie mit den Daumen senkrecht bis auf den Boden (siehe Abbildung). Wischen Sie überschüssige Bremsflüssigkeit ab, da sie Schmutz binden würde.

4.2 Messen Sie die Stärke der Bremsscheibe.

4.3 Prüfen Sie den Scheibenverzug mit einer Messuhr.

4.5 Vorderrad-Bremsscheiben sind mit 6 Schrauben gesichert (links samt ABS-Sensorring).

9 Wiederholen Sie die Prozedur mit den Kolben der anderen Seite des Bremssattels.

Einbau

10 Installieren Sie den Bremssattel und die Bremsbeläge (siehe Sektion 2).

11 Schließen Sie die Bremsleitungen unter Verwendung neuer Dichtscheiben an beiden Seiten des Anschlussauges an (Abbildung 5.10). Richten Sie die Bremsleitung wie bei der Demontage notiert aus und ziehen Sie die Anschlussschraube mit 25 Nm an (Abbildung 3.2a). Sichern Sie links das Sensorkabel an der Kappe des Entlüftungsventils.

12 Füllen Sie ggf. Bremsflüssigkeit auf und entlüften Sie das System (siehe Sektion 11).

13 Montieren Sie den Vorderrad-Kotflügel.

14 Kontrollieren Sie alles auf Undichtigkeit und prüfen Sie vor der ersten Fahrt die Funktion der Bremse.

5.3 Der Bremslichtschalter sitzt mit zwei Arretierzapfen in Bohrungen des Handbremszylinders – hebeln Sie ihn mit einem kleinen Schraubendreher vorsichtig heraus.

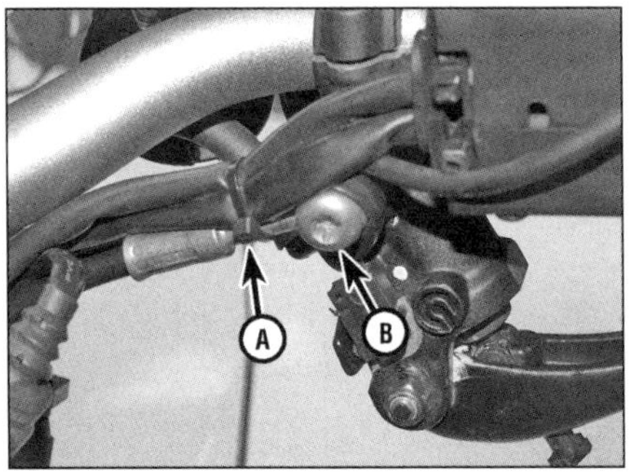

5.4 Kabelbinder (A) und Bremsleitungs-Anschlussschraube (B) am Handbremszylinder

4 Vorderrad-Bremsscheiben

Kontrolle

1 Begutachten Sie den Zustand der Bremsscheiben-Oberfläche auf Kerben und andere Beschädigungen. Leichte Kratzer sind nach Gebrauch normal und behindern nicht die Funktion der Bremse, tiefe Kerben und starker Abrieb reduzieren jedoch die Bremswirkung und erhöhen den Belagverschleiß. Wenn eine Scheibe stark riefig ist, muss sie ersetzt werden.

2 Die Scheibe darf nicht dünner als 4,5 mm verschlissen sein. Die Stärke kann in der Mitte des Bremsbelag-Kontaktbereichs mit einer Bügelmessschraube gemessen werden (siehe Abbildung) – messen Sie nicht am Außenrand, wo kein Verschleiß stattfindet. Ersetzen Sie die Bremsscheibe nötigenfalls.

3 Um den Scheibenverzug zu kontrollieren, muss das Motorrad so abgestützt werden, dass das Rad nicht den Boden berührt. Befestigen Sie eine Messuhr so an der Gabel, dass der Messdorn die Scheibe etwa 10 mm unter ihrem Außenrand abtasten kann (siehe Abbildung). Drehen Sie das Rad langsam und beobachten Sie die Messuhr-Nadel. Wenn der Schlag größer als 0,2 mm ist, müssen zunächst die Radlager auf erhöhtes Spiel kontrolliert werden (siehe Kapitel 1, Sektion 21) – falls sie verschlissen sind, müssen sie ersetzt (siehe Sektion 18) und diese Kontrolle wiederholt werden. Wenn immer noch starker Verzug vorliegt, muss die Scheibe demontiert (Schritte 4 und 5) und ihr Sitz an der Radnabe auf Korrosion überprüft und diese ggf. entfernt werden. Auch kann es helfen, die Bremsscheibe um ein Loch zu versetzen und nach dem Anziehen der Schrauben erneut auf Verzug zu kontrollieren. In den meisten Fällen muss die Bremsscheibe jedoch ersetzt werden – fragen Sie bei einem Fachbetrieb nach, ob es möglich ist, sie überarbeiten zu lassen.

Ausbau

4 Bauen Sie das Rad aus (siehe Sektion 16). Legen Sie die Felge auf Hölzern ab (Legen Sie das Rad niemals auf die untere Bremsscheibe!), sodass die zu bearbeitende Bremsscheibe oben liegt.

5 Wenn die alte Scheibe wiederverwendet werden soll, muss ihre Einbaulage am Rad markiert werden, sodass sie in der ursprünglichen Position und an der gleichen Seite wieder montiert werden kann. Lösen Sie die Bremsscheibenschrauben schrittweise über Kreuz, um ein Verziehen der Bremsscheibe zu vermeiden. Heben Sie die Scheibe (links samt Sensorring) vom Rad (siehe Abbildung).

Einbau

6 Stellen Sie vor der Montage der Bremsscheibe sicher, dass sich auf ihrem Sitz weder Korrosion noch Schmutz abgelagert haben, da hierdurch die Scheibe nicht flach aufliegt und beim Bremsen ein Rubbeln verursacht und/oder verzieht. Falls links der Sensorring nicht flach aufliegt, kann dies zu Problemen beim ABS führen.

7 Bauen Sie die Scheibe so an das Rad, dass die eingeschlagenen Beschriftungen außen liegen und – falls Sie die originale Bremsscheibe installieren – die zuvor angebrachten Markierungen zur Radnabe ausgerichtet sind.

8 Verwenden Sie neue Schrauben oder reinigen Sie die Gewinde der alten Bremsscheiben-Schrauben und tragen Sie mittelfeste Sicherungspaste *(Loctite)* auf, bevor sie schrittweise und über Kreuz bis zum Drehmoment von 30 angezogen werden. Reinigen Sie die Bremsscheiben mit Aceton oder Bremsenreiniger. Falls eine neue Bremsscheibe verwendet wird, muss deren Schutzüberzug entfernt werden – zudem sind neue Bremsbeläge zu montieren.

5.5 Lösen Sie die Schrauben, entnehmen Sie das Klemmstück und heben Sie den Handbremszylinder ab.

5.9 Richten Sie die Klemmöffnung zur Linie am Lenker aus.

9 Bauen Sie das Rad ein (siehe Sektion 16).
10 Betätigen Sie mehrmals den Bremshebel, um die Beläge an die Scheibe zu drücken. Kontrollieren Sie den Abstand zwischen dem Vorderradsensor und dem Sensorring (siehe Sektion 12).
11 Prüfen Sie vor der ersten Fahrt die Funktion der Bremse – neue Bremsbeläge entwickeln erst nach einigen sanften Bremsmanövern ihre volle Leistung.

5 Handbremszylinder

Anmerkung: *Für den Handbremszylinder sind keine Überhol- oder Reparatursets erhältlich – falls er undicht ist oder sein Kolben klemmt, muss die komplette Baugruppe ersetzt werden.*

Warnung: Bremsflüssigkeit greift Lack und Kunststoff an. Bedecken Sie daher gefährdete Oberflächen mit Lappen und wischen Sie Spritzer umgehend mit reichlich Wasser ab. Halten Sie einen Behälter bereit, um die abgelassene Bremsflüssigkeit aufnehmen zu können.

Ausbau

1 Demontieren Sie rechts den Rückspiegel (siehe Kapitel 7).
2 Demontieren Sie den Handbremshebel (siehe Kapitel 5, Sektion 5).
3 Demontieren Sie den Bremslichtschalter (siehe Abbildung).
4 Lockern Sie die Schrauben des Ausgleichsbehälter-Deckels. Öffnen Sie den Kabelbinder, der die Verkabelung an der Bremsleitung sichert (siehe Abbildung). Lösen Sie die Bremsschlauch-Anschlussschraube und befreien Sie die Leitung unter Beachtung ihrer Ausrichtung. Dichten Sie die Leitung mit einer Schlauchklemme oder einer Schraube samt Mutter und Dichtscheiben oder speziellen Anschlussaugen-Dichtwerkzeugen ab (Abbildungen 3.2b oder c), alternativ kann sie auch mit Frischhaltefolie umwickelt werden. Beim Anschließen werden neue Dichtscheiben benötigt.
5 Beachten Sie die Ausrichtung des Handbremszylinders zum Lenker (Abbildung 5.9). Lösen Sie die zwei Handbremszylinder-Klemmschrauben und entnehmen Sie das Klemmstück. Heben Sie den Handbremszylinder ab (siehe Abbildung).
6 Entfernen Sie den Ausgleichsbehälter-Deckel samt Manschette und gießen Sie die Bremsflüssigkeit in den Sammelbehälter. Wischen Sie Flüssigkeitsreste mit einem sauberen Lappen aus dem Reservoir. Reinigen Sie die Manschette.
7 Befreien Sie nötigenfalls den Ausgleichsbehälter vom Handbremszylinder.

Einbau

8 Montieren Sie ggf. den Ausgleichsbehälter an den Handbremszylinder, schieben Sie den Schlauch auf und sichern Sie ihn mit der Schelle (Abbildung 5.5).
9 Richten sie den Handbremszylinder mit der Klemmung zur Markierung unten am Lenker aus (siehe Abbildung). Setzen Sie das Klemmstück mit der Rückspiegel-Aufnahme nach oben zeigend an (Abbildung 5.5) und ziehen Sie zuerst die obere Schraube und dann die untere sorgfältig an, sodass der Spalt unten liegt.
10 Schließen Sie das an beiden Seiten mit neuen Dichtscheiben versehene und korrekt ausgerichtete Bremsleitungsauge an (siehe Abbildung), richten Sie den Anschluss korrekt aus und ziehen Sie die Anschlussschraube mit 25 Nm an (Abbildung 5.4).
11 Montieren Sie den Bremslichtschalter (siehe Abbildung). Sichern Sie sein Kabel mit einem neuen Kabelbinder an der Bremsleitung (Abbildung 5.4).
12 Montieren Sie den Bremshebel (siehe Kapitel 5, Sektion 5) und den Rückspiegel (siehe Kapitel 7).
13 Füllen Sie Bremsflüssigkeit auf und entlüften Sie die Bremse (siehe Sektion 11).
14 Kontrollieren Sie das System auf Undichtigkeiten und prüfen Sie vor der ersten Fahrt die Funktion der Bremse.

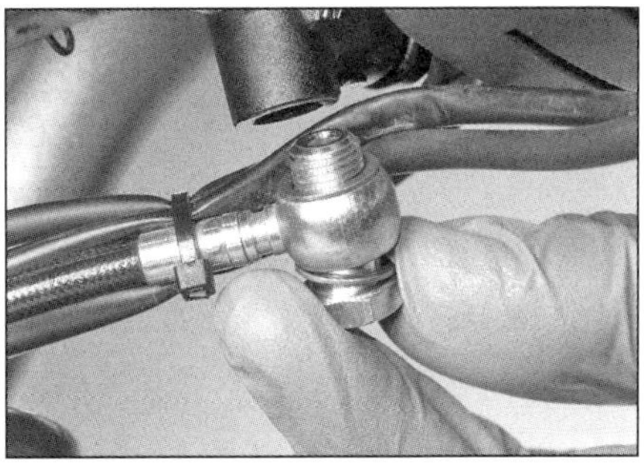

5.10 Verwenden Sie an beiden Seiten des Anschlussauges neue Dichtscheiben.

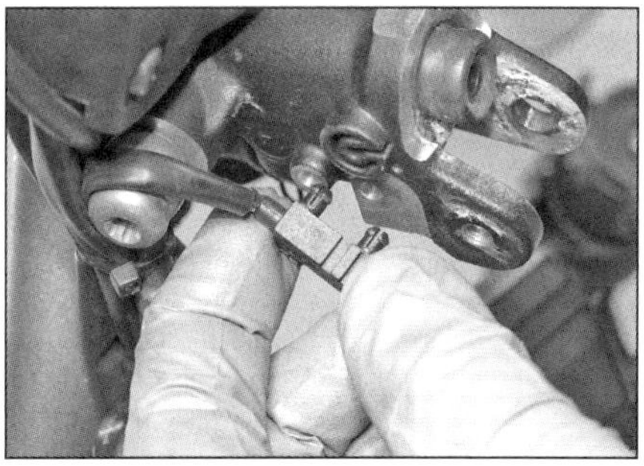

5.11 Drücken Sie die Arretierstifte des Bremslichtschalters in die Bohrungen des Handbremszylinders, bis sie einrasten.

6 Hinterrad-Bremsbeläge

Achtung: Betätigen Sie bei demontiertem Bremssattel nicht das Bremspedal!

1 Befreien Sie den Hinterradsensor (siehe Abbildung).

2 Ziehen Sie am Bremsbelagstift den Sicherungsring heraus, treiben Sie den Stift mit einem Dorn aus und entnehmen Sie die Bremsbelagfeder (siehe Abbildungen).

3 Lösen Sie die Bremssattel-Schrauben, ziehen Sie den Sattel von der Bremsscheibe und entnehmen Sie die Bremsbeläge (siehe Abbildungen).

4 Kontrollieren Sie die Oberflächen der Beläge auf Verunreinigungen und prüfen Sie, ob die Stärke des Belagmaterials noch nicht unter der Verschleißgrenze von 1 mm liegt (siehe Kapitel 1, Sektion 5). Ersetzen Sie beide Beläge der Hinterradbremse immer als Satz, auch wenn nur einer nahe oder unterhalb der Verschleißgrenze liegt. Falls die Beläge ungleich verschlissen sind, weist dies auf einen klemmenden Kolben hin (Schritte 6 und 7). Außerdem müssen die Bremsbeläge ersetzt werden, wenn sie mit Öl oder Fett verschmutzt, stark eingekerbt oder durch Schmutz oder Sand beschädigt wurden.

Anmerkung: *Es ist kaum möglich, Bremsbeläge vollständig zu entfetten – wenn sie in irgendeiner Weise verunreinigt sind, müssen sie ersetzt werden.*

5 Wenn die Bremsbeläge in gutem Zustand sind, werden Sie mit einer vollkommen fett-

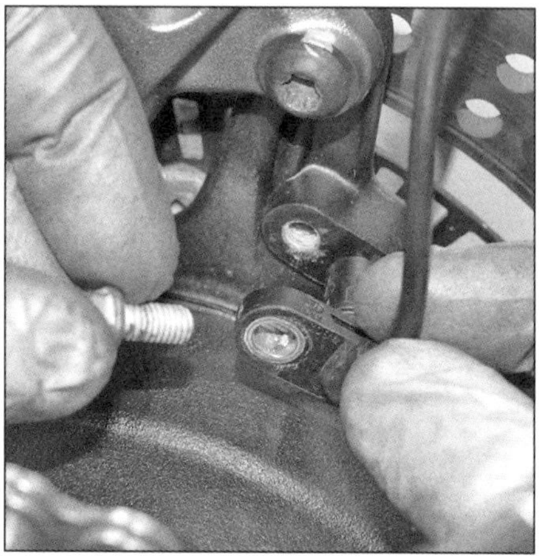

6.1 Lösen Sie die Schraube und ziehen Sie den Sensor aus dem Bremssattelträger.

6.2a Ziehen Sie mit einer Zange den Sicherungsring heraus, ...

6.2b ... treiben Sie den Stift von rechts mit einem Dorn, der etwas dünner als der Stift ist, aus ...

6.2c ... und ziehen Sie ihn nach links heraus, ...

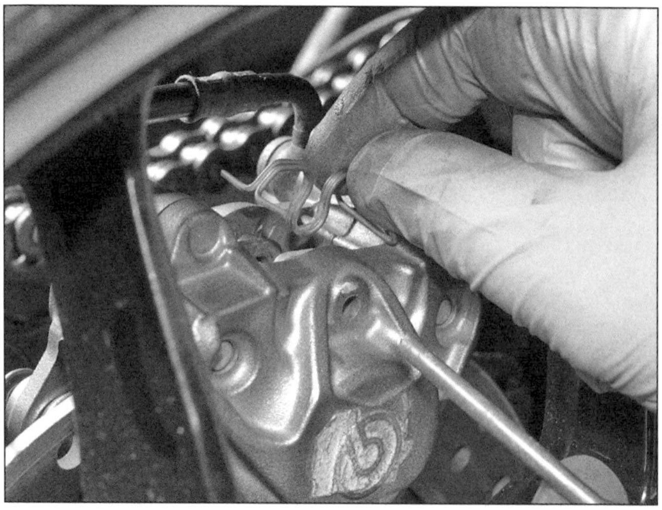

6.2d ... um Sie die Bremsbelagfeder entnehmen zu können.

6.3a Lösen Sie die Bremssattel-Schrauben, ziehen Sie den Sattel von der Bremsscheibe ...

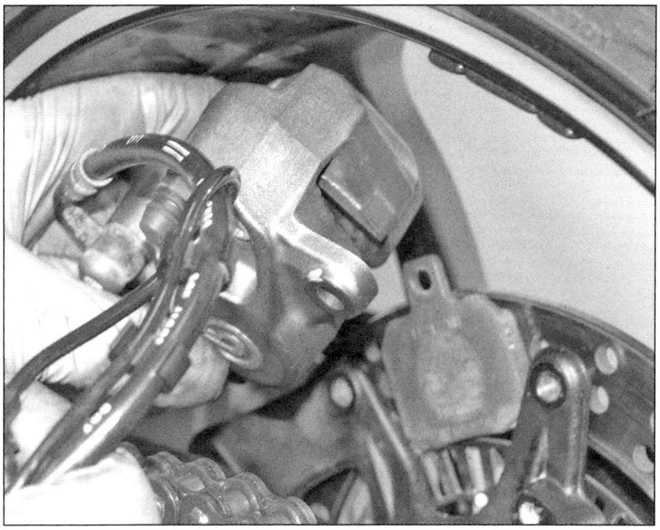

6.3b ... und entnehmen Sie die an der Scheibe verbleibenden Bremsbeläge.

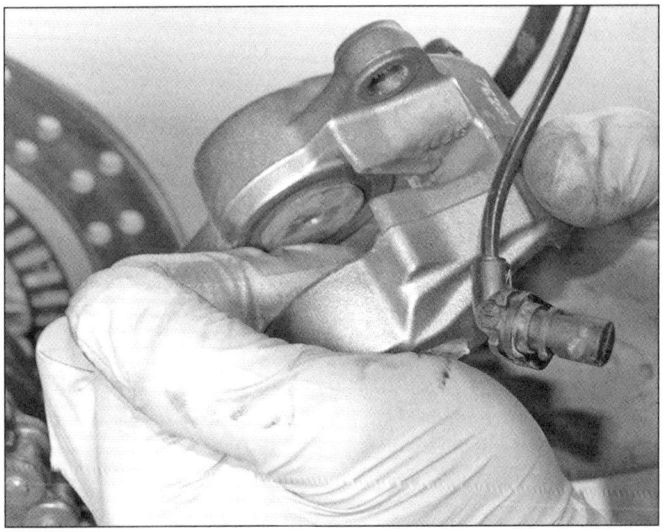

6.6a Drücken Sie die Kolben mithilfe einer der beschriebenen Methoden ...

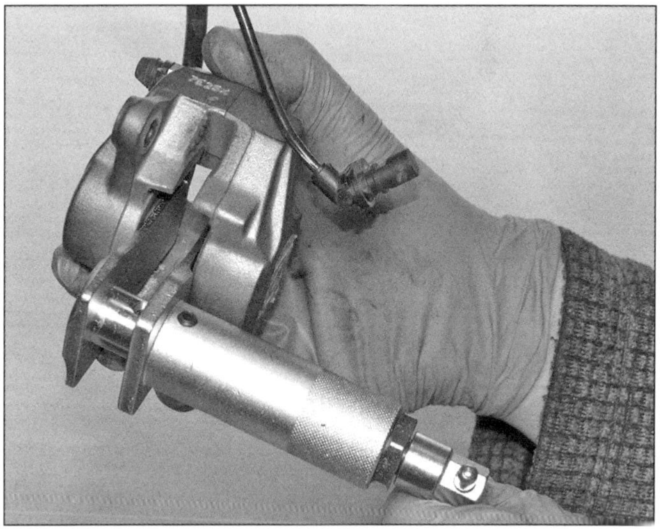

6.6b ... oder einem speziellen Bremskolben-Werkzeug in den Bremssattel.

und ölfreien feinen Drahtbürste sorgfältig gereinigt. Arbeiten Sie mit einem spitzen Werkzeug eingearbeitete Partikel aus dem Material und schleifen Sie verglaste Stellen mit Schmirgelleinen ab. Leichte Verunreinigungen können mit Bremsenreiniger-Spray behandelt werden.

6 Reinigen Sie die freiliegenden Bereiche der Kolben, damit ihre Dichtungen nicht durch Ablagerungen beschädigt werden können. Falls neue Bremsbeläge installiert werden sollen, müssen für deren Platzbedarf die Kolben vollständig in den Sattel gedrückt werden; soweit die alten Bremsbeläge weiterverwendet werden sollen, reicht es, die Kolben ein kleines Stück einzudrücken. Drücken Sie die Kolben möglichst von Hand ein, verwenden Sie nötigenfalls ein Stück Holz als Hebel oder beschaffen Sie ein spezielles Bremskolben-Rückstellwerkzeug (Sen). Es kann nötig sein, den Deckel des Fußbremsen-Ausgleichsbehälters samt Platte und Manschette entfernen zu müssen, damit etwas Bremsflüssigkeit abgesaugt werden kann (siehe Sektion 11). Falls sich die Kolben sehr schwierig zurückdrücken lassen, muss die Kappe des Entlüftungsventils entfernt, ein Schlauch auf das Ventil gesteckt und sein anderes Ende in einen Sammelbehälter gehalten werden; öffnen Sie das Ventil und versuchen Sie erneut, die Kolben einzudrücken – achten Sie darauf, keine Luft ins Bremssystem zu saugen, da es dann entlüftet werden muss (siehe Sektion 11). Sobald die Kolben vollständig eingedrückt sind, wird das Ventil geschlossen, der Schlauch abgezogen und die Kappe aufgesteckt. Montieren Sie den Ausgleichsbehälterdeckel samt Platte und Manschette.

7 Falls ein Kolben fest sitzt, muss zunächst der andere mit einem Stück Holz oder einem Kabelbinder blockiert werden, dann wird durch Betätigen des Bremspedals getestet, ob sich der Kolben überhaupt bewegt. Falls er sich herausbewegen, aber nicht eindrücken lässt, wird er wahrscheinlich durch versteckte Korrosion behindert. Generell empfiehlt sich bei Problemen mit den Kolben eine Überholung des Bremssattels (siehe Sektion 7).

8 Kontrollieren Sie die Bremsscheibe (siehe Sektion 8).

6.9a Installieren Sie den inneren Bremsbelag ...

6.9b ... und schieben Sie den Belagstift so weit ein, um ihn zu halten.

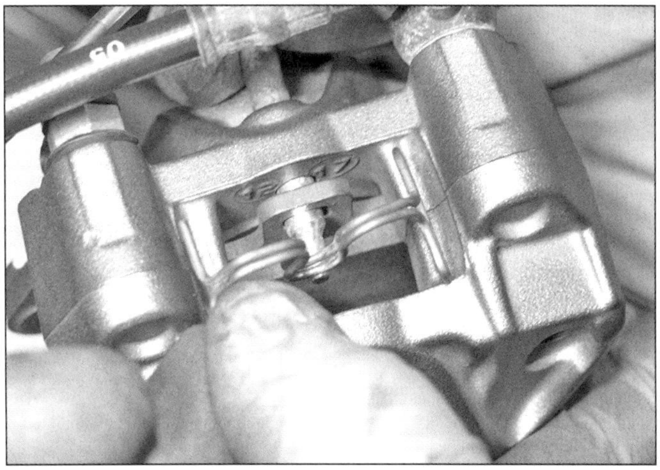

6.9c Installieren Sie die Belagfeder ...

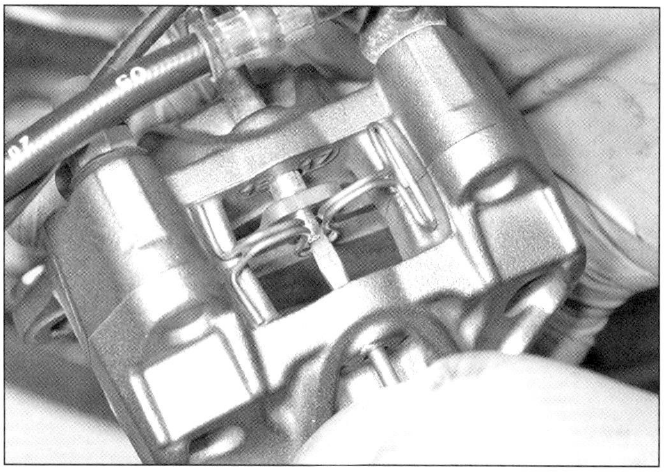

6.9d ... und drücken Sie sie in der Mitte herunter, um den Stift über sie hinwegzuschieben.

6.9e Installieren Sie den äußeren Belag ...

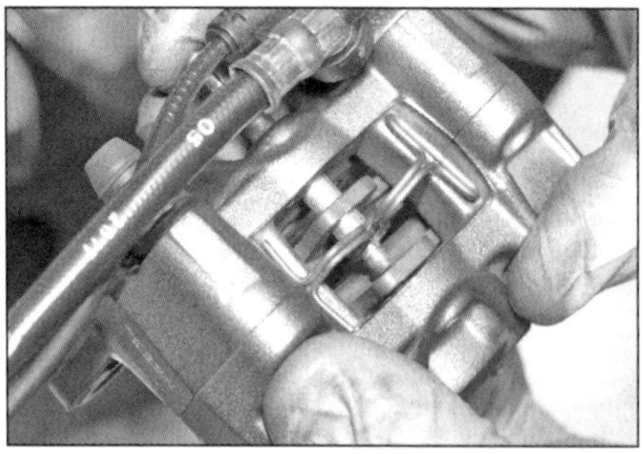

6.9f ... und drücken Sie den Belagstift vollständig ein.

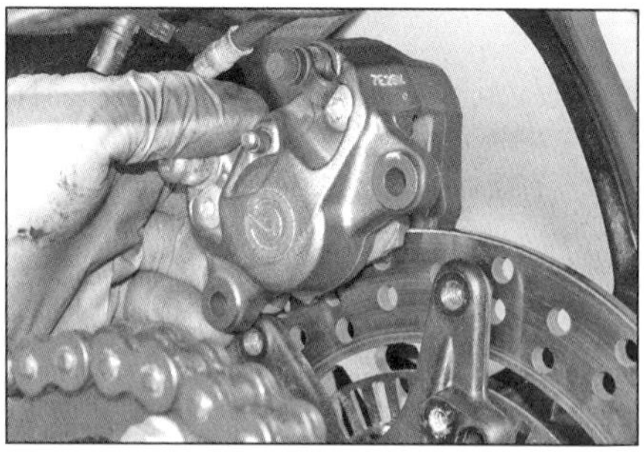

6.10a Schieben Sie den Bremssattel auf ...

9 Installieren Sie den inneren Bremsbelag in den Bremssattel und schieben Sie den Belagstift so weit ein, um ihn zu halten (siehe Abbildungen). Installieren Sie die Belagfeder und drücken Sie sie mit einem kleinen Schraubendreher in der Mitte herunter, um den Stift über sie hinwegzuschieben (siehe Abbildungen). Installieren Sie den äußeren Belag und drücken Sie den Belagstift vollständig ein (siehe Abbildungen).

10 Schieben Sie den Bremssattel auf die Bremsscheibe, sodass diese zwischen den Belägen sitzt (siehe Abbildung). Reinigen Sie die Gewinde der Bremssattel-Schrauben, tragen Sie mittelfeste Sicherungsmasse *(Loctite)* auf und ziehen Sie sie mit 25 Nm an (siehe Abbildung).

11 Treiben Sie den Belagstift von links vollständig ein und installieren Sie rechts die Sicherungsscheibe in ihre Nut (siehe Abbildung und Abbildung 6.2a).

12 Installieren Sie den Radsensor (Abbildung 6.1).
13 Kontrollieren Sie den Bremsflüssigkeitsstand und füllen Sie nötigenfalls auf (siehe Kapitel 1, Sektion 4).
14 Prüfen Sie vor der ersten Fahrt die Funktion der Bremse – neue Bremsbeläge entwickeln erst nach einigen sanften Bremsmanövern ihre volle Leistung.

7 Hinterradbremssattel

Anmerkung: *Für den Bremssattel wird sowohl ein Dichtring-Set als auch ein Kolben-Set angeboten. Falls der Bremssattel undicht ist oder ein Kolben fest sitzt, muss das entsprechende Reparaturset beschafft werden.*

Warnung: Bremsflüssigkeit greift Lack und Kunststoff an. Bedecken Sie daher gefährdete Oberflächen mit Lappen und wischen Sie Spritzer umgehend mit reichlich Wasser ab. Halten Sie einen Behälter bereit, um die abgelassene Bremsflüssigkeit aufnehmen zu können.

Ausbau

Achtung: Betätigen Sie nicht die Bremse, solange der Bremssattel von der Bremsscheibe befreit ist!

1 Stellen Sie einen Auffangbehälter unter den Bremssattel, lösen Sie die Bremsschlauch-Anschlussschraube und befreien Sie die Leitung unter Beachtung ihrer Ausrichtung (siehe Abbildung). Dichten Sie die Leitung mit Schlauchklemmen oder Schrauben, Muttern und Dichtscheiben oder speziellen Anschlussaugen-Dichtwerkzeugen ab (Abbildungen 3.2b und c), alternativ kann sie auch mit Frischhaltefolie umwickelt werden. Beim Anschließen werden neue Dichtscheiben benötigt.
2 Demontieren Sie den Bremssattel (siehe Sektion 6). Gießen Sie Bremsflüssigkeitsreste in den Sammelbehälter.

Überholen

3 Beachten Sie die Hinweise in Sektion 3 – das Überholen entspricht der Prozedur am Vorderrad-Bremssattel, nur befindet sich hier an jeder Seite nur ein Kolben.

Einbau

4 Installieren Sie die Bremsbeläge und den Bremssattel (siehe Sektion 6).
5 Schließen Sie die Bremsleitung an – verwenden Sie dabei unbedingt neue Dichtscheiben (Abbildung 5.10). Richten Sie die Leitung wie beim Trennen notiert aus und ziehen Sie die Anschlussschraube mit 25 Nm an (Abbildung 7.1)
6 Füllen Sie ggf. Bremsflüssigkeit auf und entlüften Sie das System (siehe Sektion 11).
7 Prüfen Sie vor der ersten Fahrt die Dichtigkeit und die Funktion der Bremse.

6.10b ... und installieren Sie die mit *Loctite* versehenen Schrauben.

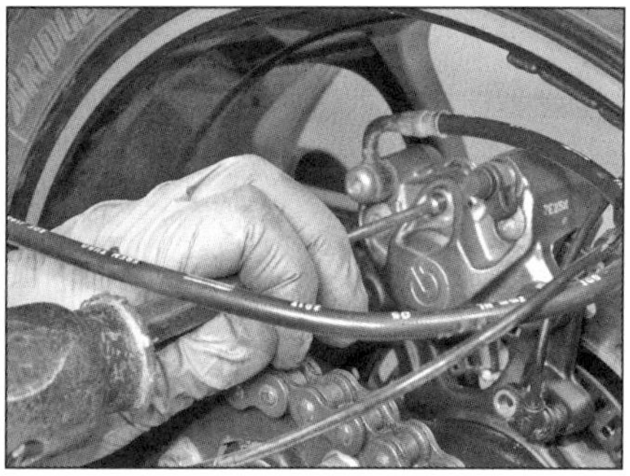

6.11 Treiben Sie den Belagstift von links vollständig ein.

8 Hinterrad-Bremsscheibe

Kontrolle

1 Wechseln Sie hierfür nach Sektion 4, um ihre Oberfläche und den Verschleiß (die Stärke) zu kontrollieren – auch diese Bremsscheibe muss mindestens 4,5 mm stark sein. Falls ein Verzug vermutet wird, kann dies schlecht mit einer Messuhr überprüft werden – demontieren Sie stattdessen die Bremsscheibe und kontrollieren Sie sie auf einer absolut ebenen Fläche.

Ausbau

2 Demontieren Sie das Hinterrad (siehe Sektion 17).
3 Entfernen Sie die Kettenblatt-Kupplung (siehe Sektion 22).
4 Befreien Sie den Hinterradsensor (Abbildung 6.1). Lösen Sie die Bremssattel-Schrauben und ziehen Sie den Sattel von der Bremsscheibe (siehe Abbildung).
5 Ziehen Sie die aus der Achse und dem Bremsscheiben-Träger bestehende Bautruppe aus der Radnabe – merken Sie sich die Einbaurichtung (siehe Abbildung). Entfernen Sie links die Hülse aus der Nabe (siehe Abbildung).

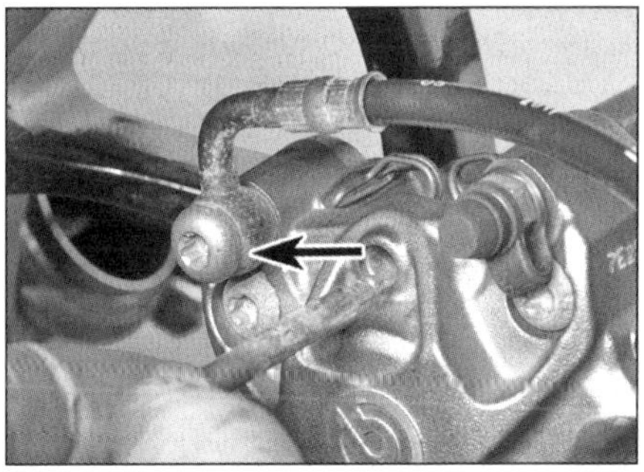

7.1 Bremsschlauch-Anschlussschraube der Hinterradbremse

8.4 Lösen Sie die Bremssattel-Schrauben und ziehen Sie den Sattel von der Bremsscheibe.

8.5a Ziehen Sie die aus der Achse und dem Bremsscheiben-Träger bestehende Bautruppe aus der Radnabe ...

8.5b ... und entfernen Sie links die Hülse.

6

8.6 Die Hinterrad-Bremsscheibe ist mit fünf Schrauben am Träger gesichert.

9.1 Befreien Sie den Ausgleichsbehälter der Fußbremse und entleeren Sie ihn.

9.2 Der Fußrastenträger ist mit zwei Schrauben am Rahmen gesichert.

6 Wenn die alte Scheibe wiederverwendet werden soll, muss ihre Einbaulage am Träger markiert werden, sodass sie in derselben Position wieder montiert werden kann. Lösen Sie die Bremsscheibenschrauben schrittweise über Kreuz und entnehmen Sie diese samt Sensorring (siehe Abbildung).

Einbau

7 Befreien Sie die Achse, die Hülse und die Dichtringe der Radnabe von alten Fettresten.

8 Stellen Sie vor der Montage der Bremsscheibe sicher, dass sich auf ihrem Träger weder Korrosion noch Schmutz abgelagert haben, da hierdurch die Scheibe nicht flach aufliegt und beim Bremsen ein Rubbeln verursacht und/oder verzieht. Falls eine nicht korrekt aufliegende Bremsscheibe festgeschraubt wird, kann sie dauerhaft verziehen – das gleiche gilt für den Sensorring.

9 Setzen Sie die Bremsscheibe mit der Beschriftung zum Träger zeigend an und richten Sie ggf. die zuvor angebrachten Markierungen aus. Legen Sie den Sensorring auf die Bremsscheibe (Abbildung 8.6).

10 Reinigen Sie die Gewinde der Bremsscheiben-Schrauben und tragen Sie mittelfeste Sicherungspaste auf, bevor sie schrittweise und über Kreuz bis zum Drehmoment von 30 angezogen werden. Reinigen Sie die Bremsscheibe mit Aceton oder Bremsenreiniger. Wenn eine neue Bremsscheibe verwendet wird, muss deren Schutzüberzug entfernt werden – zudem sind neue Bremsbeläge zu montieren.

11 Schmieren Sie die Achse, die Dichtringe der Radnabe und die Hülse mit Langzeitfett und installieren Sie die Hülse (Abbildung 8.5b).

12 Schieben Sie die aus der Achse und dem Bremsscheiben-Träger bestehende Bautruppe vollständig in die Radnabe (Abbildung 8.5a).

13 Schieben Sie den Bremssattel über die Bremsscheibe – die Beläge müssen an beiden Seiten anliegen (Abbildung 8.4). Reinigen Sie die Gewinde der Bremssattel-Schrauben, tragen Sie mittelfeste Sicherungsmasse *(Loctite)* auf und ziehen Sie sie mit 25 Nm an. Montieren Sie den Radsensor (Abbildung 6.1).

14 Installieren Sie die Kettenblatt-Kupplung (siehe Sektion 22).

15 Montieren Sie das Hinterrad (siehe Sektion 17).

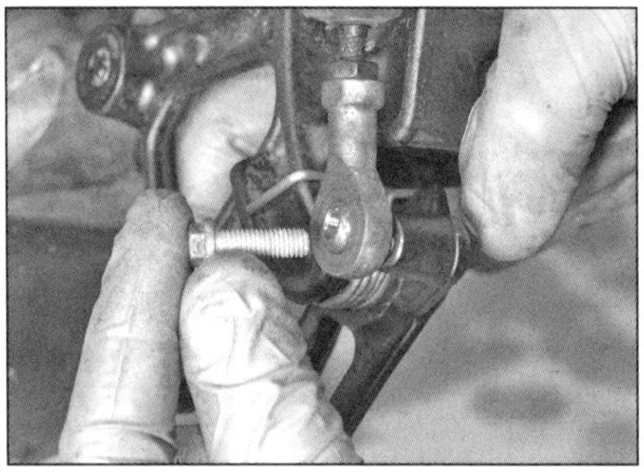

9.3 Lösen Sie die Druckstangen-Schraube.

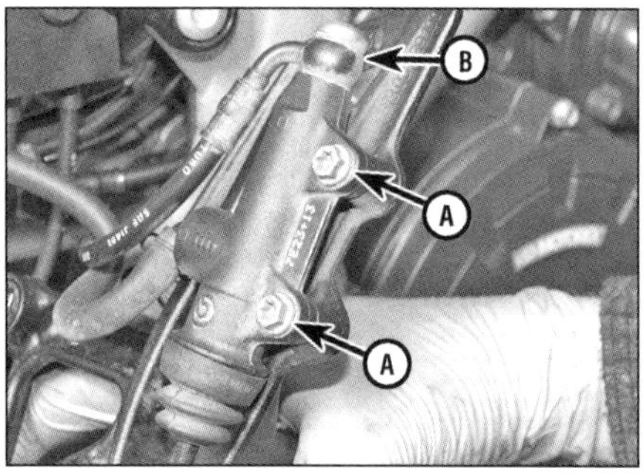

9.4 Fußbremszylinder-Befestigungsschrauben (A), Bremsleitungs-Anschlussschraube (B) – gezeigt am GT-Modell

16 Betätigen Sie mehrmals die Fußbremse, um die Beläge an die Scheibe zu drücken.

17 Prüfen Sie vor der ersten Fahrt die Funktion der Bremse – neue Bremsbeläge entwickeln erst nach einigen sanften Bremsmanövern ihre volle Leistung.

9 Fußbremszylinder

Anmerkung: *Für den Fußbremszylinder sind keine Überhol- oder Reparatursets erhältlich – falls er undicht ist oder sein Kolben klemmt, muss die komplette Baugruppe ersetzt werden.*

Warnung: Bremsflüssigkeit greift Lack und Kunststoff an. Bedecken Sie daher gefährdete Oberflächen mit Lappen und wischen Sie Spritzer umgehend mit reichlich Wasser ab. Halten Sie einen Behälter bereit, um die abgelassene Bremsflüssigkeit aufnehmen zu können.

Ausbau

1 Lösen Sie die Schraube des Ausgleichsbehälters und befreien Sie diesen (siehe Abbildung). Lösen Sie den Deckel und entnehmen Sie diesen samt Platte und Manschette. Gießen Sie die Bremsflüssigkeit in den Sammelbehälter und wischen Sie Reste mit einem sauberen Lappen aus. Kontrollieren Sie die Manschette auf Beschädigungen und Verformung. Installieren Sie die Manschette, die Platte und den Deckel wieder auf den Behälter.

2 Demontieren Sie den rechten Fußrastenträger (siehe Abbildung).

3 Lösen Sie die Druckstangen-Schraube und befreien Sie den Fußbremszylinder vom Bremspedal (siehe Abbildung).

4 Lösen Sie die zwei Schrauben des Bremszylinders, um diesen samt Ausgleichsbehälter zu entnehmen (siehe Abbildung). Gießen Sie die restliche Bremsflüssigkeit in den Sammelbehälter. Lösen Sie oben am Fußbremszylinder die Bremsleitung (GT-Modelle) bzw. **beim R-Modell** den Bremslichtschalter (siehe Kapitel 8, Sektion 14) – umwickeln Sie die offenen Anschlüsse mit Lappen, um keinen Schmutz eindringen zu lassen.

5 Lösen Sie nötigenfalls am Bremszylinder die Schelle des Ausgleichsbehälterschlauchs und ziehen Sie diesen ab – seien Sie auf etwas austretende Bremsflüssigkeit vorbereitet. Inspizieren Sie den Schlauch auf Risse oder Alterungserscheinungen und ersetzen Sie ihn nötigenfalls.

Einbau

6 Sichern Sie ggf. den korrekt aufgeschobenen Ausgleichsbehälterschlauch mit der Schelle am Bremszylinderstutzen. Prüfen Sie,

ob der Schlauch auch am Behälter korrekt gesichert ist.

7 Montieren Sie den Bremszylinder an den Fußrastenträger und ziehen Sie die Schrauben sorgfältig an (Abbildung 9.4). Drücken Sie das Bremspedal herunter, um seine Aufnahme zur Druckstange auszurichten, und installieren Sie die Schraube (Abbildung 9.3).

8 Setzen Sie den Fußrastenträger am Rahmen an und ziehen Sie die Schrauben sorgfältig an (Abbildung 9.2). Prüfen Sie die Festigkeit der Bremszylinder- und Druckstangen-Schrauben.

9 Montieren Sie **beim R-Modell** den Bremslichtschalter (siehe Kapitel 8, Sektion 14).

10 Schließen Sie **beim GT-Modell** die Bremsleitung an – verwenden Sie dabei unbedingt neue Dichtscheiben, richten Sie die Leitung wie beim Trennen notiert aus und ziehen Sie die Anschlussschraube mit 25 Nm an.

11 Montieren Sie den Ausgleichsbehälter. Füllen Sie die Bremse mit frischer Bremsflüssigkeit auf und entlüften Sie sie (siehe Sektion 11). Setzen Sie die Manschette, die Platte und den Deckel auf den Ausgleichsbehälter.

12 Prüfen Sie vor der ersten Fahrt die Dichtigkeit und die Funktion der Bremse.

10 Bremsschläuche und Anschlüsse

Kontrolle

1 Um alle Bremsleitungen vollständig kontrollieren zu können, muss der Tank demontiert werden (siehe Kapitel 4, Sektion 2). Bei R-Modellen muss außerdem der Scheinwerfer entfernt werden (siehe Kapitel 8, Sektion 8).

2 Der Zustand aller Bremsleitungen muss regelmäßig kontrolliert werden (siehe Kapitel 1, Sektion 6).

Ausbau und Einbau

3 Entleeren Sie die entsprechende Bremse (siehe Sektion 11).

4 Demontieren Sie den Tank (siehe Kapitel 4, Sektion 2).

5 Demontieren Sie **beim R-Modell** für den Zugang zu den Leitungen der Vorderradbremse den Scheinwerfer (siehe Kapitel 8, Sektion 8). Demontieren Sie bei Modellen ab 2017 die Instrumente (siehe Kapitel 8, Sektion 15) und deren Abdeckung (siehe Kapitel 4, Sektion 7, Schritt 5). Um Zugang zu den Bremsleitungs-Anschlussschrauben der Vorderrad-Bremssättel zu erhalten, müssen die Schrauben des Vorderrad-Kotflügels gelöst und dieser mit der unteren vorderen Schraube in der Aufnahme der oberen Schraube gesichert werden (Abbildung 3.1).

6 Demontieren Sie für den Zugang zu den Leitungen der Hinterradbremse den Innenkotflügel von der Schwinge und entfernen Sie dessen Abdeckung (siehe Kapitel 5, Sektion 13, Schritt 6). Der Bremsschlauch zum Bremssattel kann nötigenfalls am Verbindungsstück zur Schwinge getrennt werden (Abbildung 10.7).

7 Befreien Sie das Sensorkabel vom Bremsschlauch und den Schlauch aus allen Clips und Führungen – oder befreien Sie die Führungen selbst. Falls der hintere Bremsschlauch getrennt werden soll, muss zunächst die Anschlussmutter gelockert werden, bevor die Schraube des Anschlussstücks aus der Schwinge gelöst wird (siehe Abbildung). Merken Sie sich die Verlegung der Bremsleitung.

8 Bedecken Sie umliegende Flächen mit Lappen, um Bremsflüssigkeits-Spritzer aufzunehmen. Beachten Sie die Ausrichtung der Ringanschlüsse an Geberzylinder und Bremssattel. Lösen Sie die Anschlussschraube an jeder Seite des Schlauchs (Abbildungen 3.2a, 5.4, 7.1, 9.4 sowie 13.16d oder 13.17c). Zwischen der hinteren Bremsleitung und dem Fußbremszylinder (R-Modelle) bzw. dem ABS-Modulator (GT-Modelle) sitzt der Bremslichtschalter (siehe Kapitel 8, Sektion 14). Die Dichtscheiben müssen bei der Montage durch Neuteile ersetzt werden. Betätigen Sie keinesfalls die Bremse, solange Leitungen getrennt sind.

9 Positionieren Sie die neue Bremsleitung so, dass sie korrekt ausgerichtet und nicht verdreht oder anderweitig unter Last gesetzt ist. Achten Sie auf eine korrekte Verlegung und sichern Sie sie mit allen Befestigungen und Führungen.

10 Achten Sie darauf, dass die Leitungen keine beweglichen Teile berühren. Wenn die Anschlüsse korrekt ausgerichtet sind, werden die mit neuen Dichtscheiben ausgerüsteten Anschlussschrauben installiert (Abbildung 5.10) und mit 25 Nm angezogen. Installieren Sie den hinteren Bremslichtschalter (siehe Kapitel 8, Sektion 14). Positionieren Sie das Anschlussstück an der Schwinge, drehen Sie die Anschlussmutter hinein und ziehen Sie sie mithilfe eines geeigneten Adapters mit 15 Nm an (Abbildung 10.7).

11 Füllen Sie die Anlage mit frischer Bremsflüssigkeit auf und entlüften Sie sie (siehe Sektion 11).

12 Montieren Sie alle entfernten Komponenten.

13 Prüfen Sie vor der ersten Fahrt sorgfältig die Funktion der Bremse.

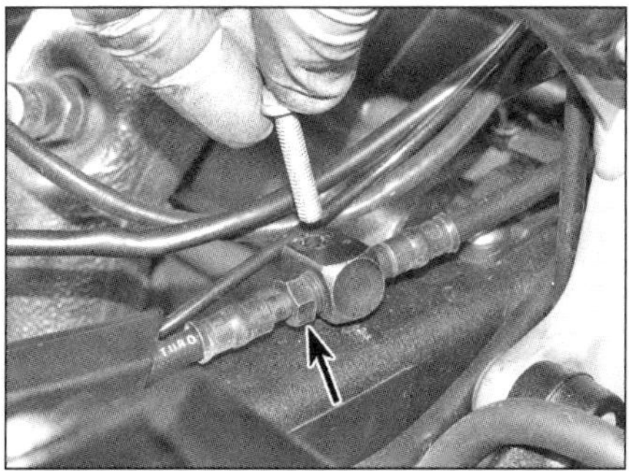

10.7 Lockern Sie ggf. zuerst die Anschlussmutter (Pfeil), bevor Sie die Schraube lösen.

11.3 Aufbau zum Entlüften eines Bremssattels

11 Bremsanlage Entlüften und Bremsflüssigkeitswechsel

Entlüftung

1 Entlüften der Bremse besagt, dass alle Luftblasen aus dem Bremsflüssigkeitsbehälter, den Leitungen und den Bremssätteln entfernt werden. Entlüften ist immer notwendig, wenn eine Hydraulik-Verbindung gelöst wurde, wenn eine Komponente oder Leitung gewechselt wurde, oder wenn ein Geberzylinder oder Sattel überholt wurde. Sind ein schwammiges Gefühl in der Bremse oder mangelhafte Bremsleistung nicht auf mechanische Defekte (z.B. klemmender Kolben im Bremssattel oder durch Korrosion klemmende Bremsbeläge) zurückzuführen, weist dies ebenfalls auf notwendiges Entlüften hin. Lecks im System können ebenfalls das Eindringen von Luft ermöglichen, aber sie zeigen auch durch auslaufende Flüssigkeit das Problem an und weisen auf eine dringend notwendige Reparatur hin.

2 Selbst erfahrene Profischrauber betrachten das Entlüften von Bremsen oft als »Schwarze Kunst«, weil sie manchmal große Probleme haben, einen festen Druckpunkt zu erreichen, wogegen mancher Anfänger überhaupt keine Schwierigkeiten damit hat. Besonders bei der Vorderradbremse besteht eines der Probleme darin, dass man gegen ein Naturgesetz arbeiten muss, wonach Luftblasen in Flüssigkeiten aufsteigen, beim Entlüften jedoch die Bremsflüssigkeit (einschließlich langsam darin aufsteigender Luftblasen) vom Geberzylinder zum Entlüftungsventil am darunterliegenden Bremssattel gepumpt werden muss. Luft kann sich auch in hohen Punkten der Leitung oder ABS-Komponenten sammeln.

3 Zum Entlüften der Bremsen mit der konventionellen Methode werden frische DOT-4- oder DOT 5.1-Bremsflüssigkeit, ein durchsichtiger Vinyl- oder Plastikschlauch und ein zum Teil mit sauberer Bremsflüssigkeit gefüllter Behälter benötigt, dazu Lappen und ein Ringschlüssel für das Entlüftungsventil. Im Fachhandel sind relativ preiswerte Entlüftungskits erhältlich, die aus dem Schlauch und einem Einwegventil bestehen – und die Arbeit beträchtlich erleichtern (siehe Abbildung).

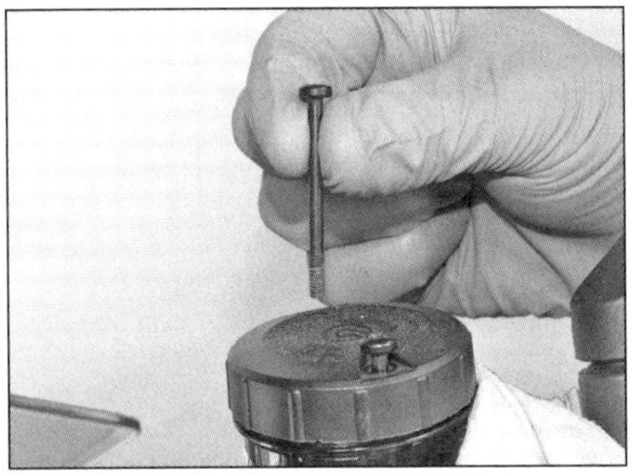

11.6a Lösen Sie die Schrauben ...

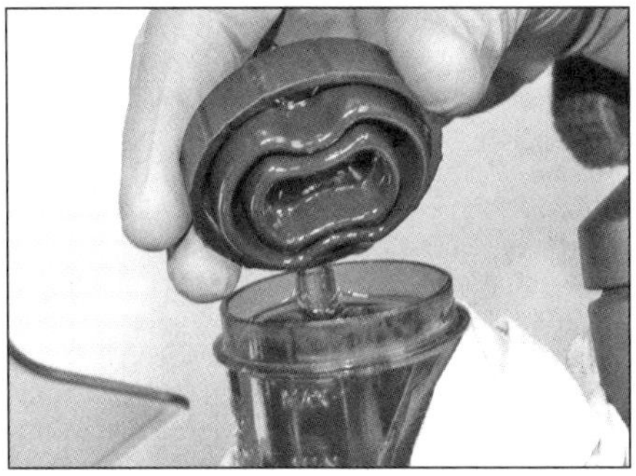

11.6b ... und heben Sie den Deckel ab – die Manschette sollte darin verbleiben.

11.7a Ziehen Sie die Kappen von den Entlüftungsventilen des Handbremszylinders ...

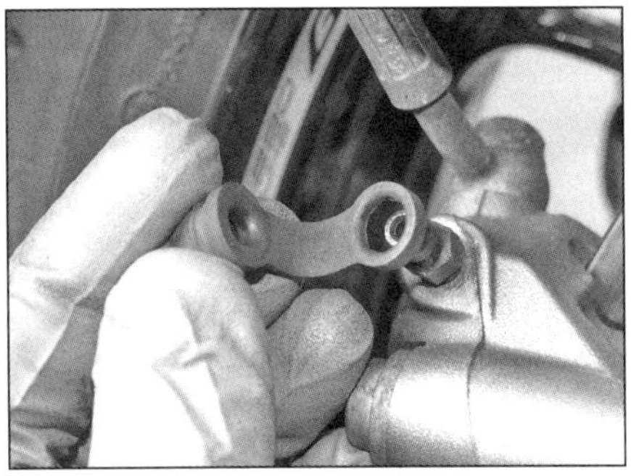

11.7b ... und der Bremssättel.

11.7c Setzen Sie einen Ringschlüssel am Ventil des Handbremszylinders an und stecken Sie den Schlauch auf.

11.7d Setzen Sie einen Ringschlüssel am Ventil des Bremssattels an und stecken Sie den Schlauch auf.

4 Decken Sie gefährdete Lackteile ab, die Bremsflüssigkeitsspritzer abbekommen könnten.

Achtung: Bremsflüssigkeit greift Lack und Kunststoff an! Decken Sie gefährdete Bereiche mit Lappen ab und waschen Sie Spritzer mit reichlich Seifenwasser ab.

Vorderradbremse

5 An der Vorderradbremse gibt es drei Entlüftungspunkte: einen am Handbremszylinder und je einer an den beiden Bremssätteln. Entlüften Sie zuerst den Handbremszylinder. Um Zugang zu den Entlüftungsschrauben der Vorderrad-Bremssättel zu erhalten, müssen die Schrauben des Vorderrad-Kotflügels gelöst und dieser mit der unteren vorderen Schraube in der Aufnahme der oberen Schraube gesichert werden (Abbildung 3.1).

6 Drehen Sie den Lenker so, dass der Ausgleichsbehälter möglichst geradesteht. Lösen Sie die Schrauben des Deckels und entfernen Sie diesen samt Manschette (siehe Abbildungen). Pumpen Sie langsam einige Male mit dem Hebel, bis keine aus der kleinen Bohrung am Boden des Behälters aufsteigenden Blasen mehr zu sehen sind.

7 Ziehen Sie an den Entlüftungsventil des Handbremszylinders und der Bremssättel die Staubkappen ab (siehe Abbildung) – welcher Bremssattel nach dem Handbremszylinder zu-

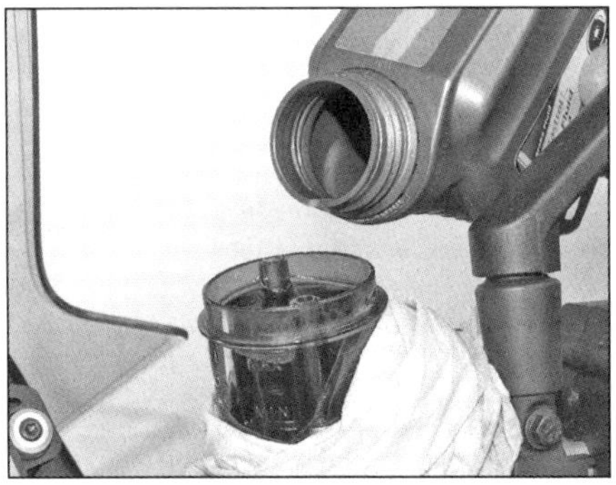

11.8 Halten Sie den Pegel im Ausgleichsbehälter stets über der unteren Markierung.

erst entlüftet wird, ist egal. Setzen Sie möglichst einen Ringschlüssel an, schieben Sie das eine Ende des durchsichtigen Schlauchs auf das Ventil und stecken Sie das andere Ende in die Bremsflüssigkeit des Sammelbehälters (siehe Abbildungen).

8 Kontrollieren Sie den Pegel im Ausgleichsbehälter und lassen Sie ihn während des Prozesses nicht unter die MIN-Markierung sinken (siehe Abbildung).

9 Pumpen Sie langsam drei- oder viermal mit dem Hebel und halten Sie ihn gezogen, während das Bremssattelventil eine Viertelumdrehung geöffnet wird (siehe Abbildungen) und

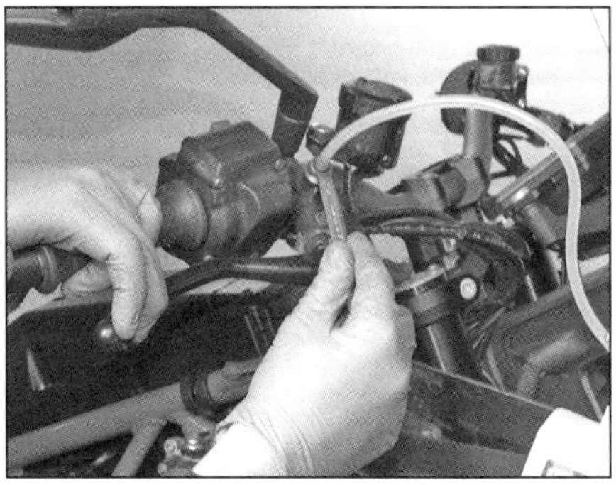

11.9a Entlüften des Handbremszylinders

(ggf. mit Luftblasen versetzte) Bremsflüssigkeit aus dem Sattel durch den Schlauch in den Behälter fließt – der Bremshebel kann jetzt an den Lenker gezogen werden.

10 Ziehen Sie das Entlüftungsventil leicht an und lösen Sie langsam die Bremse. Wiederholen Sie diesen Prozess, bis in der ausfließenden Bremsflüssigkeit keine Blasen mehr zu sehen sind und am Hebel oder Pedal ein Druckpunkt zu spüren ist. Zum Schluss wird der Entlüftungsschlauch abgenommen, das Ventil angezogen und die Staubkappe aufgesetzt. Entlüften Sie auf die gleiche Weise die beiden Bremssättel.

11.9b Entlüften eines Bremssattels

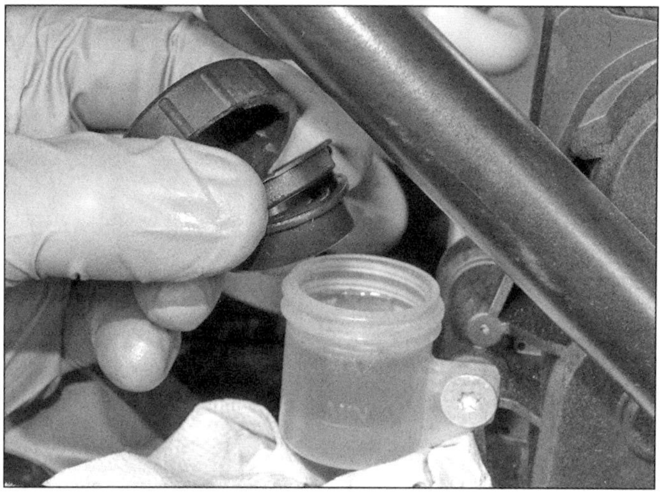

11.11 Öffnen Sie den Ausgleichsbehälter-Deckel und entnehmen Sie die Platte und die Manschette.

Hinterradbremse

11 Lösen Sie den Deckel des Ausgleichsbehälters und entfernen Sie diesen samt Platte und Manschette (siehe Abbildung). Betätigen Sie einige Male langsam das Bremspedal, um die im Fußbremszylinder steckenden Luftblasen zu befreien.

12 Ziehen Sie am Bremssattel die Gummikappe vom Entlüftungsventil (siehe Abbildung). Setzen Sie den Ringschlüssen an, schieben Sie das eine Ende des durchsichtigen Schlauchs auf das Ventil und stecken Sie das andere Ende in die Bremsflüssigkeit des Sammelbehälters.

13 Kontrollieren Sie den Flüssigkeitsstand im Ausgleichsbehälter. Lassen Sie den Pegel während des Prozesses nicht unter die MIN-Markierung sinken (siehe Abbildung).

14 Pumpen Sie einige Male langsam mit dem Pedal und halten Sie es gedrückt, während das Bremssattelventil eine Vierteldrehung geöffnet wird (siehe Abbildung) und (ggf. mit Luftblasen versetzte) Bremsflüssigkeit aus dem Sattel durch den Schlauch in den Behälter fließt – das Bremspedal lässt sich weiter nach unten bewegen.

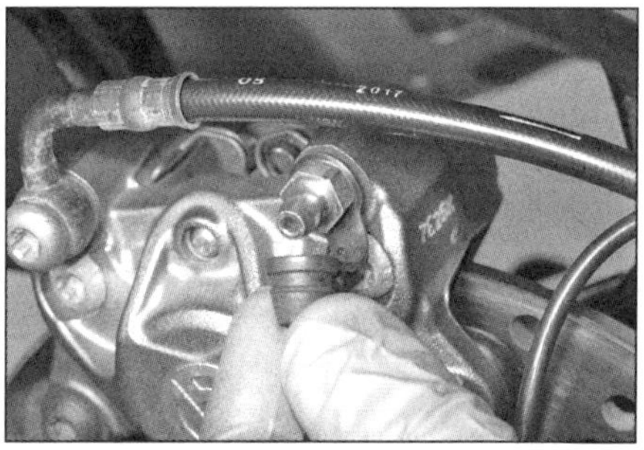

11.12a Ziehen Sie die Kappe vom Entlüftungsventil ...

15 Ziehen Sie das Entlüftungsventil wieder an und lösen Sie das Bremspedal langsam. Wiederholen Sie die Prozedur, bis keine Luftblasen mehr austreten und ein Druckpunkt spürbar ist. Füllen Sie nötigenfalls den Aus-

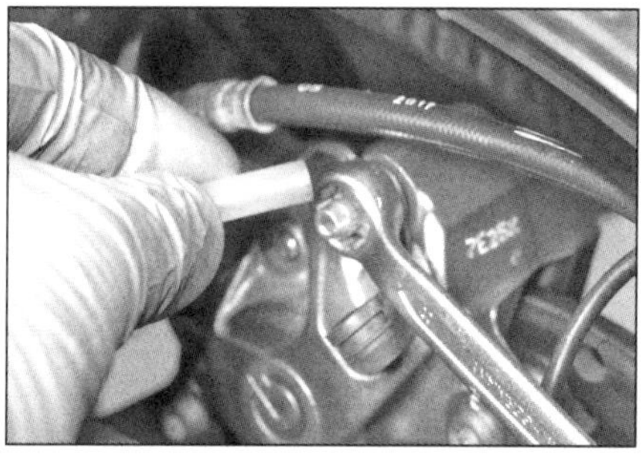

11.12b ... Setzen Sie einen Ringschlüssel am Ventil an und stecken Sie den Schlauch auf.

11.13 Der Pegel im Ausgleichsbehälter darf nie unter die untere Markierung absinken.

11.14 Entlüften der Hinterradbremse

gleichsbehälter auf. Ziehen Sie das Entlüftungsventil an.

Beide Bremsen

16 Falls es nicht möglich ist, im Hebel oder Pedal einen Druckpunkt zu finden, muss der Tank demontiert werden (siehe Kapitel 4, Sektion 2), um nach hohen Punkten im Bremssystem zu suchen, in denen sich Luft sammeln kann. Befreien Sie entsprechende Leitungen und klopfen Sie sie ab, damit sich Blasen lösen können (aber verbiegen Sie dabei keine Rohre). Demontieren Sie nötigenfalls den Geberzylinder und/oder den/die Bremssättel und bewegen Sie die Teile so, dass mögliche Luftblasen zum Entlüftungsventil aufsteigen – beachten Sie zur Demontage die entsprechenden Sektionen. Es ist nicht möglich, den Modulator oder das Verteilerventil zu befreien, da hierfür Bremsleitungen getrennt werden müssen, was für noch mehr Luft im System sorgt – bringen Sie das Motorrad nötigenfalls zu einer KTM-Werkstatt.

17 Falls weiterhin Probleme bestehen, kann die Flüssigkeit aufgeschäumt sein. Zur Abhilfe kann die Bremse unter Druck gesetzt werden, indem der Bremshebel an den Lenker gebunden und das Pedal belastet wird. Achtung: Zu viel Druck kann die Dichtungen der Bremszylinder und Bremssättel beschädigen. Lassen Sie die Bremsflüssigkeit für einige Stunden in Ruhe, damit die kleinen Blasen entweder aufsteigen oder sich zu größeren Blasen verbinden, die sich beim erneuten Entlüften leichter herausspülen lassen.

18 Falls das Entlüften der Bremse mit herkömmlichen Werkzeugen und Methoden nicht zu befriedigenden Ergebnissen führt, kann auch ein im Fachhandel erhältliches Vakuum-Entlüftungswerkzeug (z. B. die »Mityvac«) benutzt werden – beachten Sie die beigefügte Anleitung (siehe Abbildung). Diese Pumpe saugt die Bremsflüssigkeit am Entlüftungsventil ab und viele Anwender sind von der in der Bremsflüssigkeit auftretenden Luftmenge verwirrt. Doch oft wird diese erst durch das Gewinde des Entlüftungsventils gesogen (Luft bietet dem Vakuum weniger Widerstand als Bremsflüssigkeit) und ist ein Hinweis darauf, dass mit zu viel Unterdruck gearbeitet wird oder das Entlüftungsventil zu locker ist. Eine Möglichkeit, dies Problem zu umgehen, besteht darin, das Entlüftungsventil herauszudrehen und sein Gewinde mit PTFE-Band zu umwickeln – die hierbei austretende Bremsflüssigkeit muss mit Lappen aufgesaugt werden.

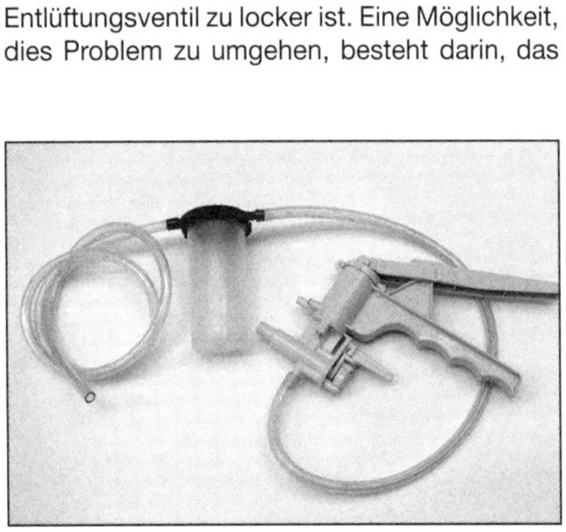

11.18 Ein Vakuum-Entlüftungsgerät

19 Nachdem die Bremse erfolgreich entlüftet wurde, wird am Bremshebel oder Pedal ein fester Druckpunkt spürbar sein, sobald die Bremse betätigt wird. Der Bremshebel darf sich nicht bis zum Lenker ziehen lassen und das Pedal darf sich nicht bis an den Anschlag drücken lassen.

20 Entfernen Sie zum Schluss die Entlüftungs-Ausrüstung, ziehen Sie alle Entlüftungsventile sorgfältig an und stecken Sie die Staubkappe auf. Füllen Sie nach dem Entlüften den Ausgleichsbehälter auf und montieren Sie die Manschette, die Platte (nur hinten) und den Deckel (Abbildungen 11.6b oder 11.11). Wischen Sie Bremsflüssigkeits-Spritzer weg.

21 Montieren Sie nach dem Entlüften der Vorderrad-Bremssättel den Kotflügel.

22 Prüfen Sie vor der ersten Fahrt die Funktion der Bremse(n).

Bremsflüssigkeitswechsel

23 Der Wechsel der Bremsflüssigkeit ist ein ähnlicher Prozess wie das Entlüften der Bremse und erfordert das gleiche Material, außerdem ggf. eine Pumpe zum Entleeren der Ausgleichsbehälter. Stellen Sie sicher, dass der Sammelbehälter groß genug ist, die gesamte alte Flüssigkeit aufnehmen zu können.

24 Decken Sie gefährdete Lackteile ab, die Bremsflüssigkeitsspritzer abbekommen könnten. Verbinden Sie die zur Entlüftung verwendete Ausrüstung mit dem entsprechenden Bremssattel. Entfernen Sie den Behälterdeckel, die Platte und die Manschette und saugen Sie die Bremsflüssigkeit aus dem Behälter (Abbildungen 11.6a und b oder 11.11). Wischen Sie den Ausgleichsbehälter mit Haushaltstüchern sauber und füllen Sie frische Bremsflüssigkeit auf (Abbildungen 11.8 oder 11.13). Betätigen Sie die Bremse und öffnen Sie das Entlüftungsventil (Abbildungen 11.9b oder 11.14) – Bremsflüssigkeit wird durch den Entlüftungsschlauch austreten und der Hebel oder das Pedal wird sich bis zum Griffgummi bzw. Anschlag bewegen lassen.

25 Ziehen Sie das Entlüftungsventil wieder leicht an und lösen Sie langsam wieder die Bremse. Halten Sie den Ausgleichsbehälter immer gut gefüllt, damit keine Luft eintritt, was die Aufgabe deutlich in die Länge ziehen würde. Wiederholen Sie die Prozedur, bis am Entlüftungsventil frische Bremsflüssigkeit austritt.

Praxis TiPP ***Alte Bremsflüssigkeit ist deutlich dunkler als frische, sodass leicht erkannt werden kann, wann die Bremse mit frischer Flüssigkeit gefüllt ist.***

26 Entfernen Sie zum Schluss die verwendete Ausrüstung vom Entlüftungsventil, ziehen Sie es sorgfältig an und stecken Sie die Gummikappe auf. Füllen Sie den Ausgleichsbehälter auf und installieren Sie die Manschette, ggf. die Platte und den Deckel. Wischen Sie verschüttete Bremsflüssigkeit unverzüglich mit einem nassen Lappen ab und kontrollieren sie das ganze System auf Undichtigkeiten.

27 Prüfen Sie vor der ersten Fahrt die Funktion der Bremse(n).

Ablassen der Bremsflüssigkeit (für eine Überholung)

28 Das Ablassen der Bremsflüssigkeit ist ein ähnlicher Prozess wie das Entlüften der Bremse. Am schnellsten und einfachsten geht dies mit einer im Handel erhältlichen Vakuumpumpe (siehe Schritt 18) – folgen Sie den beiliegenden Herstellerangaben. Ist keine solche Pumpe zugänglich, müssen Sie der oben gegebenen Prozedur für den Wechsel der Flüssigkeit folgen, dürfen dabei aber den Ausgleichsbehälter nicht auffüllen.

29 Das Auffüllen ist wieder mit der Vakuumpumpe am einfachsten – jetzt muss darauf geachtet werden, dass immer genügend Bremsflüssigkeit im Ausgleichsbehälter steht. Ohne die Pumpe muss der Behälter anfangs aufgefüllt und dann den Hinweisen zum Entlüften gefolgt werden, bis am Entlüftungsschlauch keine Luftblasen mehr austreten.

12 ABS Funktion

1 Das Antiblockiersystem (ABS) verhindert, dass die Räder beim scharfen Bremsen oder auf rutschigem Untergrund blockieren, was meist unweigerlich zu einem Sturz führen würde. An beiden Rädern sitzen Sensoren, die Informationen über deren Umdrehungsgeschwindigkeit an das ABS-Steuergerät senden. Falls das Steuergerät erkennt, dass ein Rad langsamer wird als das andere und zu blockieren droht, verringert es den Bremsdruck ein Stück weit, um das Rad am Drehen zu halten. Das ABS ist mit einer Traktionsregelung kombiniert, beides kann über verschiedene Modi sowohl abgeschaltet als auch auf eine Supermoto-Einstellung justiert werden. R-Modelle ab 2017 und alle GT-Modelle sind mit einem sogenannten »Kurven-ABS« samt Traktionsregelung, Wheelie-Kontrolle und Berganfahrhilfe ausgerüstet – beachten Sie für Details die Bedienungsanleitung.

2 Das ABS wird beim Einschalten der Zündung aktiviert und führt eine Selbstkontrolle durch. Die ABS-Lampe im Cockpit leuchtet zunächst auf und erlischt bei einem funktionsfähigen System, sobald das Motorrad bewegt wird.

3 Falls die ABS-Lampe während der Fahrt weiter leuchtet oder aufzuleuchten beginnt, liegt im System ein Fehler vor und das ABS wird abgeschaltet – die Bremsen funktionieren

12.5a Ermittlung des Abstands zwischen Sensorspitze und Sensorring am Vorderrad ...

weiter normal wie bei einer Maschine ohne ABS. Beachten Sie für weitere Informationen die Hinweise in der Bedienungsanleitung.

Achtung: Das ABS kann Fehler diagnostizieren, die durch geänderte Reifengrößen, falsche Luftdruckwerte oder längere Fahrten über sehr schlechte Straßen hervorgerufen wurden. Auch ein während der Fahrt angehobenes Vorderrad (»Wheelie«) oder ein bei aufgebocktem Motorrad durch den Motor in Drehung versetztes Hinterrad kann zu einer Fehlermeldung führen. Schalten Sie stets zuerst die Zündung ab und wieder ein, damit sich das System zurücksetzt und eine erneute Selbstkontrolle durchführt. Falls die ABS-Leuchte danach erneut weiter leuchtet, kann tatsächlich ein Fehler vorliegen.

ABS

Kontrollen

4 Falls das ABS einen Fehler anzeigt, müssen zuerst die ABS-Sicherungen kontrolliert werden (siehe Kapitel 8, Sektion 5).

5 Falls der Fehler auf einen Sensor oder Sensorring hindeutet, muss mit einer Fühlerlehre der Abstand zwischen der Sensorspitze und dem Ring gemessen werden (siehe Abbildungen) – er muss zwischen 0,5 und 1,8 mm liegen. Der Abstand ist nicht einstellbar – falls er außerhalb der Vorgaben liegt, muss die Festigkeit der Sensor- und Ring-Schrauben geprüft werden. Prüfen Sie auch, ob keine Komponente beschädigt ist oder sich Schmutz an der Sensorspitze oder in den Ring-Nuten angesammelt hat. Beschädigte Teile müssen erneuert werden.

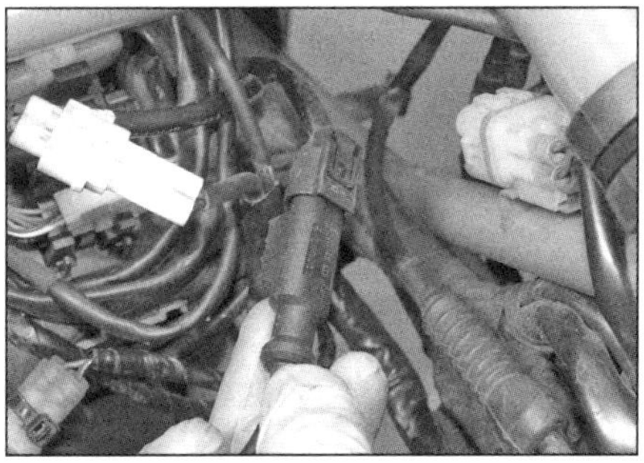

13.2 Stecker des Vorderradsensors

12.5b ... und am Hinterrad

6 Beachten Sie für eine allgemeine Elektrik-Fehlersuche und die benötigte Ausrüstung die Hinweise in Kapitel 8, Sektion 2 und kontrollieren Sie alle Kabel und Anschlüsse des durch den Fehlercode angezeigten Stromkreises – der Zugang zu den Komponenten ist in Sektion 14 beschrieben. Führen Sie alle Kontrollen bei abgeschalteter Zündung durch.

7 Falls die Ursache eines Fehlers auch nach sorgfältiger Kontrolle nicht gefunden werden kann, muss das ABS von einer KTM-Werkstatt überprüft werden.

13 ABS Komponenten

ABS-Komponenten

Anmerkung: *Achten Sie darauf, den Sensorring und die Sensorspitze nicht zu beschädigen, keine magnetisierten Werkzeuge in ihre Nähe zu bringen und ihnen keinen Stöße zuzufügen.*

Vorderradsensor

1 Demontieren Sie das Luftfiltergehäuse (siehe Kapitel 4, Sektion 3).

13.8 Stecker des Hinterradsensors

2 Befreien und trennen Sie den Sensor-Stecker (siehe Abbildung). Führen Sie das Kabel zum Sensor zurück, befreien Sie es dabei aus allen Führungen und Befestigungen und merken Sie sich seine Verlegung. Lösen Sie die Schraube des Sensors und ziehen Sie diesen heraus (Abbildung 2.1).

3 Die Sensorspitze, der Sitz des Sensors und der Sensorring müssen sauber und dürfen nicht beschädigt sind. Installieren Sie den Sensor und ziehen Sie die Schraube sorgfältig an. Verlegen Sie das Kabel wie beim Ausbau notiert zum Stecker, verbinden Sie es und sichern Sie es mit allen Befestigungen.

4 Prüfen Sie den Abstand zwischen Sensor und Ring (siehe Sektion 12, Schritt 5). Montieren Sie das Luftfiltergehäuse (siehe Kapitel 4, Sektion 3).

Vorderrad-Sensorring

5 Der Sensorring ist zusammen mit der linken Bremsscheibe an der Radnabe gesichert – beachten Sie für deren Ausbau die Hinweise in Sektion 4.

6 Prüfen Sie den Abstand zwischen Sensor und Ring (siehe Sektion 12, Schritt 5).

Hinterradsensor

7 Demontieren Sie den Innenkotflügel von der Schwinge und entfernen Sie dessen Abdeckung (siehe Kapitel 5, Sektion 13, Schritt 6).

8 Trennen und befreien Sie den Sensorstecker (siehe Abbildung).

9 Führen Sie das Kabel zum Sensor zurück, befreien Sie es dabei aus allen Führungen und Befestigungen und merken Sie sich seine Verlegung. Lösen Sie die Schraube des Sensors und ziehen Sie diesen heraus (Abbildung 6.1).

10 Die Sensorspitze, der Sitz des Sensors und der Sensorring müssen sauber und dürfen nicht beschädigt sind. Installieren Sie den Sensor und ziehen Sie die Schraube sorgfältig an. Verlegen Sie das Kabel wie beim Ausbau notiert zum Stecker, verbinden Sie es und sichern Sie es mit allen Befestigungen.

11 Prüfen Sie den Abstand zwischen Sensor und Ring (siehe Sektion 12, Schritt 5).

12 Montieren Sie den Innenkotflügel und dessen Abdeckung (siehe Kapitel 5, Sektion 13).

Hinterrad-Sensorring

13 Der Sensorring ist zusammen mit den Bremsscheiben-Schrauben an deren Träger gesichert – beachten Sie für deren Ausbau die Hinweise in Sektion 8.

14 Prüfen Sie den Abstand zwischen Sensor und Ring (siehe Sektion 12, Schritt 5).

ABS-Modulator/Steuergerät

Anmerkung: *Bevor der Modulator aus dem Motorrad demontiert werden kann, muss die gesamte Bremsflüssigkeit abgelassen werden (siehe Sektion 11). Der Modulator kann nicht zerlegt werden und es sind keine Ersatzteile erhältlich – bei einem Ausfall muss er ausgetauscht werden.*

13.16a Entfernen Sie den rechten Ansaugstutzen.

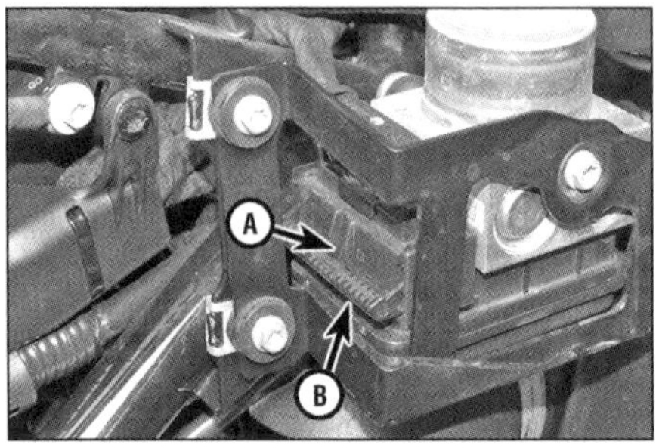

13.16b Drücken Sie die Arretierlasche (A), schwenken Sie den Hebel (B) hoch und trennen Sie den Modulator-Stecker.

13.16c Schrauben des Modulatorträgers

13.16d Die Anschlussschrauben befinden sich an der Innenseite des Modulators

13.17a Drücken Sie die Arretierlasche, schwenken Sie den Hebel hoch ...

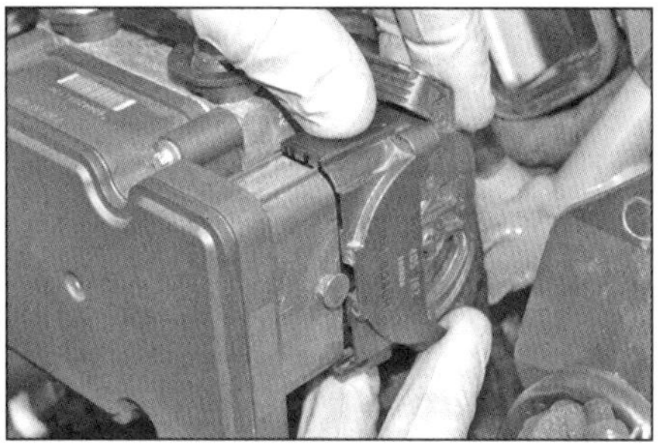

13.17b ... und trennen Sie den Modulator-Stecker.

13.17c Bremsleitungs-Anschlüsse (Pfeile) und Bremslichtschalter

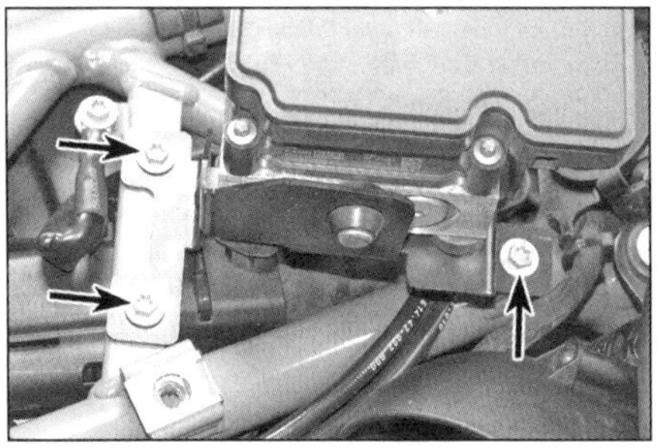

13.17d Befestigungsschrauben des Modulatorhalters

13.18 Verbinden Sie den Stecker mit seinem Anschluss, schwenken Sie den Hebel herunter und ziehen Sie daran, bis er hinter der Arretierlasche einrastet.

15 Demontieren Sie den Tank (siehe Kapitel 4, Sektion 2).

16 Entfernen Sie **beim R-Modell** den rechten Ansaugstutzen (siehe Abbildung). Befreien und trennen Sie den Modulator-Stecker (siehe Abbildung). Lösen Sie die Schrauben des Halters und entnehmen Sie die Modulator-Baugruppe (siehe Abbildung). Bedecken Sie umliegende Bereiche mit Lappen, damit abtropfende Bremsflüssigkeit keine Lackschäden hinterlässt. Lösen Sie die Bremsleitungs-Anschlussschrauben, merken Sie sich die Ausrichtung der Leitungen und entnehmen Sie den Modulator (siehe Abbildung). Dichten Sie die Leitungen mit Schlauchklemmen oder Schrauben, Muttern und Dichtscheiben oder speziellen Anschlussaugen-Dichtwerkzeugen ab (Abbildungen 3.2b und c), alternativ können sie auch mit Frischhaltefolie umwickelt werden. Beim Anschließen werden neue Dichtscheiben benötigt. Lösen Sie nötigenfalls die zwei Schrauben und trennen Sie den Modulator vom Halter – beachten Sie die Hülsen in den Gummiösen und ersetzen Sie sie, falls sie gerissen oder verhärtet sind.

17 Befreien und trennen Sie **beim GT-Modell** den Modulator-Stecker (siehe Abbildung). Bedecken Sie umliegende Bereiche mit Lappen, damit abtropfende Bremsflüssigkeit keine Lackschäden hinterlässt. Befreien Sie den Bremslichtschalter (siehe Kapitel 8, Sektion 14). Lösen Sie die Bremsleitungs-Anschlussschrauben, merken Sie sich die Ausrichtung der Leitungen (siehe Abbildung). Dichten Sie die Leitungen mit Schlauchklemmen oder Schrauben, Muttern und Dichtscheiben oder speziellen Anschlussaugen-Dichtwerkzeugen ab (Abbildungen 3.2b und c), alternativ können sie auch mit Frischhaltefolie umwickelt werden. Beim Anschließen werden neue Dichtscheiben benötigt. Lösen Sie die drei Schrauben der Modulator-Baugruppe (siehe Abbildung) und trennen Sie nötigenfalls den Modulator vom Halter.

18 Der Einbau entspricht der umgekehrten Ausbaureihenfolge – beachten Sie dabei folgende Punkte:

- Rüsten Sie die Anschlussaugen der Bremsleitungen an beiden Seiten mit neuen Dichtscheiben aus (Abbildung 5.10). Richten Sie die Schläuche korrekt aus und ziehen Sie die Anschlussschrauben mit 25 Nm an.
- Verbinden Sie den Modulatorstecker und sichern Sie ihn mit dem Hebel und der Lasche (siehe Abbildung).

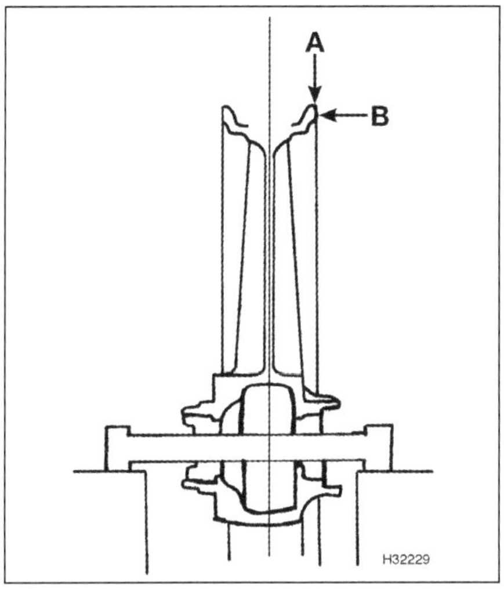

14.2 Kontrollieren Sie das Rad auf Höhenschlag (A) und Seitenschlag (B).

- Füllen Sie das Bremssystem auf und entlüften Sie es (siehe Sektion 11). Kontrollieren Sie das Bremssystem auf Dichtigkeit und prüfen Sie vor der ersten Fahrt die Funktion der Bremsen.

Achtung: Weil Bremsflüssigkeit Kunststoffe und Lacke angreift, müssen bei der Arbeit am Bremssystem entsprechende Oberflächen stets gut abgedeckt werden. Waschen Sie Spritzer mit reichlich Wasser ab.

14 Räder
Inspektion und Reparatur

1 Um eine vernünftige Inspektion der Räder durchführen zu können, ist das Motorrad so aufzustellen, dass das zu kontrollierende Rad frei drehbar ist. Stützen Sie die Maschine mit einer geeigneten Vorrichtung sicher ab und reinigen Sie die Räder sorgfältig, da Matsch und Schmutz die Inspektion stören und Schäden verdecken können. Führen Sie eine allgemeine Kontrolle der Räder (siehe Kapitel 1, Sektion 21) durch.
2 Befestigen Sie eine Messuhr an der Gabel und richten Sie den Messdorn seitlich gegen die Felge. Drehen sie das Rad langsam und kontrollieren Sie das Axial- (Seiten-) Schlag (siehe Abbildung) – KTM macht für einen maximalen Seitenschlag keine Angaben, doch falls mehr als 0,5 mm Schlag mm festgestellt werden, sollte eine Fachwerkstatt aufgesucht werden.
3 Das Hinterrad kann nicht im eingebauten Zustand auf Axialschlag überprüft werden
4 Um einen Radial- (Höhen-) Schlag akkurat messen zu können, muss das Rad ausgebaut und der Reifen demontiert werden. Bei im Schraubstock eingespannter Achse und einer Messuhr kann dann der Höhenschlag ermittelt werden – KTM mach auch hierzu keine Angaben, doch falls mehr als 1,0 mm Spiel festgestellt werden, sollte wieder eine Fachwerkstatt konsultiert werden.
5 Eine einfachere jedoch auch ungenauere Methode zum Ermitteln des Radialschlags ist durch das Befestigen eines festen Drahtes an der Gabel oder Schwinge zu erreichen, dessen Ende nahe an den Außenrand der Felge, wo der Reifen aufliegt, gebogen wird. Wenn das Rad in Ordnung ist, wird sich der Abstand zum Draht beim Drehen des Rades nicht verändern.
6 Bei übermäßigem Schlag muss zunächst kontrolliert werden, ob die Ursache nicht in verschlissenen Radlagern zu suchen ist – andernfalls bleibt nichts anderes übrig, als das Rad zu ersetzen.

15 Räder
Spurkontrolle

1 Falls die Räder aufgrund eines verzogenen Rahmens oder einer verbogenen Gabel nicht in Flucht laufen, können hierin die Ursachen für ein schlechtes und auch gefährliches Fahrverhalten der Maschine liegen. Wenn der Rahmen oder die Gabelbrücken verzogen sind, kann nur ein Rahmenricht-Spezialist weiterhelfen, oder die Baugruppen müssen getauscht werden.
2 Um die Spur kontrollieren zu können, wird neben einem Assistenten ein Seil oder eine absolut gerade Holzlatte und ein Lineal benötigt. Ebenfalls braucht man ein Lot.
3 Zur ordentlichen Kontrolle muss das Motorrad auf einer geeigneten Abstützung gerade ausgerichtet sein. Messen Sie die Breite beider Räder an der dicksten Stelle. Ziehen Sie den Wert des Vorderrades von dem des Hinterrads ab und teilen Sie den Wert durch zwei. Das Ergebnis ist der Wert, der bei den folgenden Messungen auf beiden Seiten der Räder herauskommen sollte.
4 Wenn ein Seil verwendet wird, muss der Assistent das eine Ende auf halber Höhe zwischen Boden und Hinterradachse halten, sodass es die hintere Seitenfläche des Reifens berührt.
5 Halten Sie das andere Ende des Seils am Vorderrad in die gleiche Höhe und bringen Sie es stramm gespannt in Berührung mit der vorderen Seitenfläche des Hinterrads. Drehen Sie das Vorderrad, bis es parallel mit dem Seil steht. Messen Sie den Abstand der Reifenflanken zum Seil (siehe Abbildung).
6 Wiederholen Sie die Prozedur auf der anderen Seite der Maschine. Der Abstand zwischen Vorderrad und Seil muss auf beiden Seiten gleich sein.
7 Wie erwähnt, kann man die Messung auch mit einer absolut geraden Holzlatte durchführen (siehe Abbildung). Die Ausführung bleibt die gleiche.

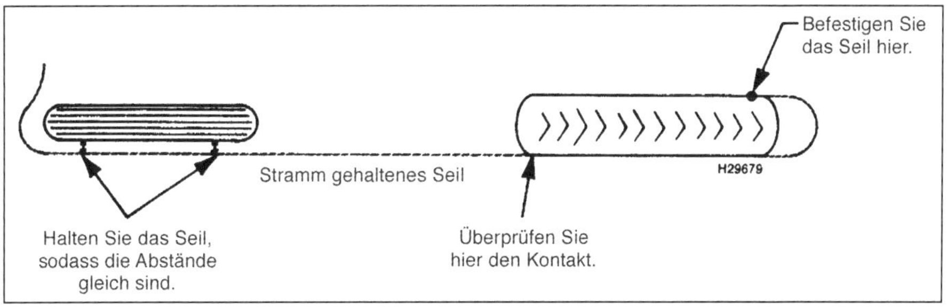

15.5 Spurkontrolle des Rades mithilfe eines Seils

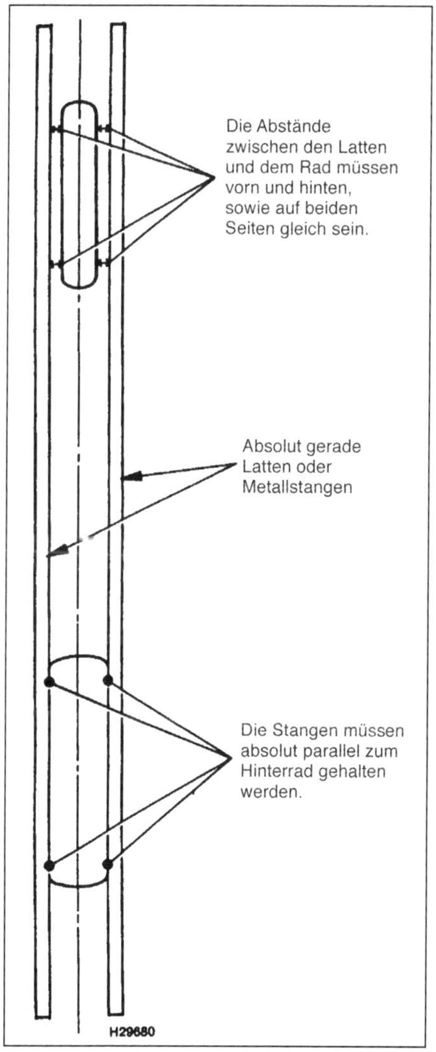

15.7 Spurkontrolle des Rades mithilfe von Holzlatten

6

16.3a Lockern Sie links die Achsen-Klemmschrauben (A) und dann die Verschlussschraube (B)

16.3b Lockern Sie rechts die Achsen-Klemmschrauben ...

16.3c ... und klopfen Sie auf die Verschlussschraube, um die Achse zu lockern.

16.4a Ziehen Sie die Achse nach rechts heraus ...

16.4b ... und manövrieren Sie das Rad nach vorn aus der Gabel.

16.5a Entfernen Sie rechts die kurze Distanzhülsen ...

8 Wenn der Abstand zwischen Reifen und Seil auf beiden Seiten variiert oder das Hinterrad nicht fluchtet, muss eine KTM-Werkstatt oder ein Rahmen-Spezialist konsultiert werden.

9 Wenn die Spur stimmt, können die Räder immer noch vertikal nicht in Flucht stehen.

10 Mit einem Lot oder einem entsprechenden Gewicht und einer Schnur wird am Hinterrad gemessen, ob es senkrecht steht. Hierfür wird die Schnur an der oberen Seitenfläche des Reifens angelegt und das Lot herabgelassen. Wenn die Schnur beide Reifenflanken gleichzeitig berührt, steht das Rad gerade. Wenn nicht, muss der Ständer unterlegt werden, bis das Rad senkrecht steht.

11 Wenn das Hinterrad senkrecht steht, wird das Vorderrad in gleicher Weise kontrolliert. Wenn beide Räder nicht vertikal gleich stehen, ist der Rahmen und/oder ein wesentlicher Teil der Federelemente verzogen.

16 Vorderrad

Ausbau

1 Stützen Sie das Motorrad mithilfe einer geeigneten Vorrichtung so ab, dass das Vorderrad nicht den Boden berührt. Achten Sie immer auf einen sicheren Stand. Unterlegen Sie den Motor ggf. mit Hölzern, um die Last besser zu verteilen und das Metall nicht zu zerkratzen

2 Befreien Sie den Radsensor (Abbildung 2.1). Lösen Sie die Bremssattel-Schrauben und ziehen Sie die Sättel von den Bremsscheiben (Abbildungen 2.2a und b) – es ist nicht nötig, die Bremsleitungen zu trennen.

Anmerkung: *Betätigen Sie nicht die Bremse, wenn die Bremssättel demontiert sind.*

3 Lockern Sie unten am linken Tauchrohr die Achsen-Klemmschrauben und drehen Sie dann die Verschlussschraube um etwa sechs Umdrehungen heraus (siehe Abbildung). Lockern Sie unten am rechten Tauchrohr die Achsen-Klemmschrauben (siehe Abbildung). Klopfen Sie mit einem weichen Hammer auf die Verschlussschraube, um die Achse zu lockern, drehen Sie den Verschluss heraus.

4 Entlasten Sie das Rad und ziehen Sie die Achse nach rechts heraus. Manövrieren Sie das Rad nach vorn aus der Gabel (siehe Abbildungen).

5 Entfernen Sie die Distanzhülsen aus beiden Seiten der Radnabe (siehe Abbildungen). Reinigen Sie die Hülsen, die Achse und die Dichtringe.

Achtung: Legen Sie das Rad nicht auf eine der Bremsscheiben, da sie dadurch verziehen kann. Legen Sie das Rad auf Blöcke, sodass die Felge das Gewicht des Rades stützt.

6 Kontrollieren Sie die Achse durch Rollen auf einer ebenen Oberfläche (z. B. einer Glasscheibe) auf Verzug. Wenn die Ausrüstung vorhanden ist, wird die Achse in Prismenblöcke gelegt und ihr Verzug gemessen – KTM macht zwar keine Angaben, doch wenn die Achse stärker als 0,2 mm verbogen ist, sollte sie ersetzt werden.

7 Kontrollieren Sie die Dichtringe und die Radlager (siehe Sektion 18).

Einbau

8 Schmieren Sie die Dichtringe und die Distanzhülsen innen mit Fett. Stecken Sie die Hülsen in die Dichtringe – rechts die kurze und links die lange (Abbildungen 16.5a und b).

9 Positionieren Sie das Rad richtig herum (mit dem Pfeil des Reifens in die normale Drehrichtung zeigend) zwischen den Gabelholmen (Abbildung 16.4b). Fetten Sie die Achse und das Gewinde der Verschlussschraube dünn ein.

10 Schieben Sie bei in Position gehaltenem Rad – die Distanzhülsen müssen dabei in Position bleiben – die Achse von rechts ein, bis sie bündig zur Aufnahme sitzt (Abbildung 16.4a). Drehen Sie links die Verschlussschraube ein und ziehen Sie sie mit 45 Nm an (siehe Abbildung) – klemmen Sie dazu nötigenfalls die Achse übergangsweise rechts ein, aber lockern Sie sie anschließend wieder

11 Senken Sie das Vorderrad auf den Boden ab. Schieben Sie die Bremssättel auf die Bremsscheibe, sodass die Bremsbeläge an beiden Seiten anliegen (Abbildung 2.2b). Reinigen Sie die Gewinde der Bremssattelschrauben, tragen Sie mittelfeste Sicherungspaste auf und drehen Sie sie zunächst handfest ein (Abbildung 2.2a). Installieren Sie den Radsensor (Abbildung 2.1). Pumpen Sie am Bremshebel, um die Beläge in Kontakt zur Bremsscheibe zu bringen, halten Sie den Bremshebel gezogen (oder binden Sie ihn gegen den Lenker) und ziehen Sie die Schrauben mit 45 Nm an.

12 Ziehen Sie die Bremse und komprimieren Sie mehrmals die Gabel, damit sich alles setzt und die Gabelholm spannungsfrei auf der Achse ausrichten.

13 Ziehen Sie nun die Klemmschrauben beider Gabelholme mit 15 Nm an (Abbildungen 16.3a und b).

14 Reinigen Sie die Bremsscheibe, kontrollieren Sie ggf. den Abstand zwischen dem Radsensor und dem Sensorring (siehe Sektion 12, Schritt 5) und prüfen Sie vor der ersten Fahrt die Funktion der Bremse.

16.5b ... und links die lange Hülse.

16.10 Drehen Sie links die Verschlussschraube in die Achse und ziehen Sie sie mit 45 Nm an.

17 Hinterrad

Ausbau

1 Entfernen Sie den Hitzeschutz vom Vorschalldämpfer (siehe Abbildung). Heben Sie das Motorrad mit einem Heck-Montageständer an (siehe Kapitel 1, Sektion 3, Schritt 2). Stützen Sie den Rahmen nun an beiden Seiten mit geeigneten Böcken ab (siehe Abbildung) und entfernen Sie den Montageständer. Sorgen Sie dafür, dass das Motorrad nicht umkippen oder nach vorn rollen kann.

2 Demontieren Sie den Endschalldämpfer (siehe Kapitel 4, Sektion 12).

3 Die Hinterradmutter ist mit zwei Drahtbügeln gesichert, die entfernt werden müssen (siehe Abbildungen).

4 Betätigen Sie die Fußbremse und lösen Sie die Hinterradmutter – hierfür wird ein 60-mm-Schlüssel oder ein ausreichend dimensionierten Rollgabelschlüssel benötigt (siehe Abbildung). Entfernen Sie die Scheibe (Abbildung 17.9a). Entfernen Sie **beim R-Modell bis 2016** den Konusring unter Beachtung seiner Einbaulage.

5 Ziehen Sie das Rad von seinen Mitnehmern und manövrieren Sie es aus dem Motorrad heraus (siehe Abbildung).

6 Befreien Sie die Achse, den Konusring (falls vorhanden), die Scheibe und die Mutter von alten Fettresten.

Einbau

7 Versehen Sie die Innenseite der Radnabe, die Achse und ihre Gewinde mit Fett.

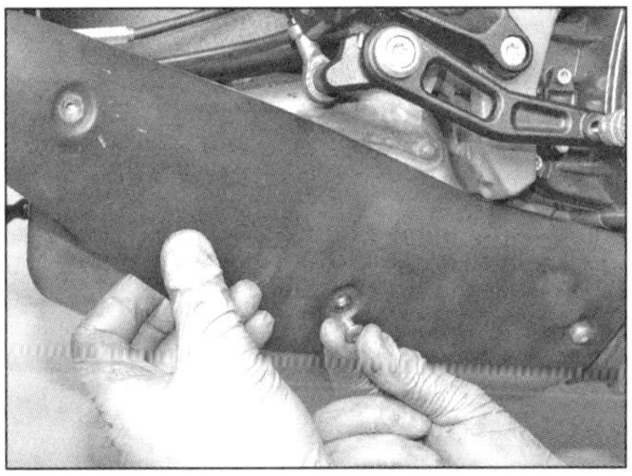

17.1a Lösen Sie die drei Schrauben und entnehmen Sie den Hitzeschutz.

17.1b Stützen Sie das Motorrad mit geeigneten Böcken ab.

17.3a Ziehen Sie den inneren Sicherungsdraht aus den Bohrungen und befreien Sie ihn aus der Achse.

17.3b Ziehen Sie den äußeren Sicherungsdraht aus der Achsbohrung und befreien Sie ihn von der Mutter.

17.4 Lösen Sie die Hinterradmutter – nötigenfalls mit einem Rollgabelschlüssel.

17.5 Ziehen Sie das Rad seitlich ab, um es von den Mitnehmern zu befreien.

17.8 Richten Sie die Bohrungen der Radnabe über den Mitnehmern aus.

17.9a Legen Sie die Scheibe auf, ...

17.9b ... drehen Sie die Mutter auf und ziehen Sie sie bei blockiertem Hinterrad mit 250 Nm an.

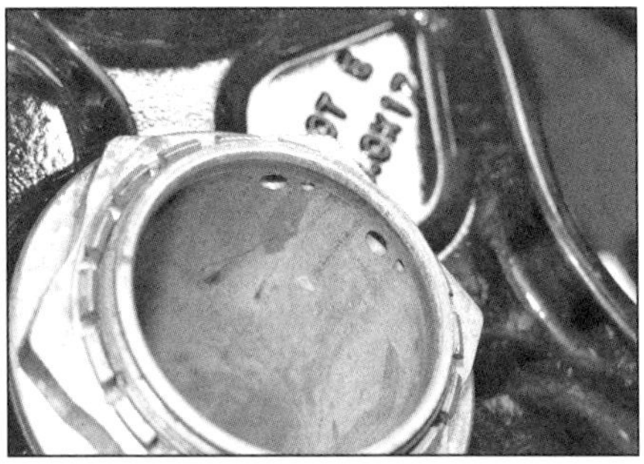

17.10a Eines der großen Löcher in der Achse exakt zu einem Ausschnitt der Mutter ausgerichtet sein, ...

17.10b ... dann wird der äußere Sicherungsdraht eingeführt und um die Nut der Mutter gelegt.

8 Setzen Sie das Rad korrekt ausgerichtet über den Mitnehmern an und schieben Sie es auf (siehe Abbildung).
9 Legen Sie **beim R-Modell bis 2016** den Konusring mit der flachen Seite nach außen auf. Legen Sie bei allen Modellen die Scheibe auf, drehen Sie die Mutter auf und ziehen Sie sie bei blockiertem Hinterrad mit 250 Nm an (siehe Abbildungen).
10 Prüfen Sie, ob eines der großen Löcher in der Achse exakt zu einem Ausschnitt der Mutter ausgerichtet ist (siehe Abbildung) – verdrehen Sie nötigenfalls die Mutter, um sie zum nächsten Loch auszurichten. Stecken Sie das umgebogene Ende des äußeren Sicherungsdrahts in die große Bohrung und legen Sie den Draht rundherum in die Nut der Mutter (siehe Abbildung). Führen Sie den inneren Sicherungsdraht in die Achse ein und stecken Sie dessen Enden in die kleinen Löcher (Abbildung 17.3a).

18 Radlager

Anmerkung: *Ersetzen Sie Radlager immer als Set – niemals einzeln. Vermeiden Sie den Einsatz von Hochdruckreinigern im Bereich der Radlager.*

Vorderradlager

1 Bauen Sie das Rad aus (siehe Sektion 16). Demontieren Sie nötigenfalls die Bremsscheiben samt Sensorring, um sie beim Austausch der Radlager nicht zu beschädigen (siehe Sektion 4). Stützen Sie das Rad mit der Felge auf Hölzern ab.
2 Inspizieren Sie die Dichtringe und Lager – deren Innenringe müssen sich sanft drehen lassen und der Außenring muss fest in der Nabe sitzen; beachten Sie hierzu die Sektion 5 der *Werkzeug- und Werkstatt-Tipps* im Anhang.

Anmerkung: *Die Radlager dürfen nur ausgebaut werden, wenn sie erneuert werden sollen.*

3 Falls neue Lager montiert werden müssen, müssen mit einem Schlitzschraubendreher oder einem speziellen Haken an beiden Seiten die Dichtringe herausgehebelt werden (siehe Abbildung) – beschädigen Sie dabei nicht die Nabe. Die Dichtringe müssen später durch Neuteile ersetzt werden.
4 Drücken Sie die zwischen den Lagern sitzenden Distanzhülse zur Seite, um den Innenring des unteren Lagers freizulegen und von oben einen Treibdorn anzusetzen und das Lager rundherum auszutreiben (siehe Abbildungen). Falls sich die Distanzhülse nicht bewegen lässt oder der Treibdorn nicht richtig angesetzt werden kann, müssen die Lager mit einem Ausziehwerkzeug ausgebaut werden, dessen Spreizvorrichtung zwischen dem Lager-Innenring und dem Distanzrohr verklemmt werden kann. Ziehen Sie entweder den Ausziehbolzen an oder treiben Sie bei fest hinuntergedrücktem Rad das Lager mithilfe eines Zughammers heraus. Nachdem das erste Lager entfernt ist, wird die zwischen den Lagern sitzende Distanzhülse entnommen.
5 Legen Sie das Rad auf die andere Seite und demontieren Sie das andere Lager auf die gleiche Weise oder treiben Sie es mit einem geeigneten Steckschlüssel von der anderen Seite aus.
6 Reinigen Sie die Radnabe mit Lösungsmittel und begutachten Sie die Lagersitze auf Riefen und Verschleiß. Sind die Sitze beschädigt, muss das Rad von einer Fachwerkstatt untersucht werden.
7 Installieren Sie die neuen Lager mit den abgedichteten Seiten nach außen. Installieren Sie zuerst das linke Lager. Benutzen Sie entweder ein altes Lager, einen Eintreiber oder eine geeignete Steckschlüssel-Nuss, die groß genug ist, nur den Außenring zu berühren, um das Lager senkrecht in seinen Sitz zu treiben (siehe Abbildung). Alternativ kann eine selbstgebaute Einziehvorrichtung eingesetzt werden – beachten Sie hierzu die Sektion 5 der *Werkzeug- und Werkstatt-Tipps* im Anhang.
8 Drehen Sie das Rad um und stecken Sie die Distanzhülse in die Nabe. Treiben Sie das rechte Radlager genauso in seinen Sitz, bis es an der Distanzhülse anliegt.
9 Installieren Sie die neuen Dichtringe von Hand oder mit einem Werkzeug, das nur den Außenrand berührt, bündig zur Radnabe (siehe Abbildung). Schmieren Sie die Dichtlippen mit Fett.
10 Montieren Sie ggf. die Bremsscheiben und den Sensorring (siehe Sektion 4). Reinigen Sie die Bremsscheiben mit Aceton oder Bremsenreiniger und bauen Sie das Rad ein (siehe Sektion 16).

Hinterradlager

11 Demontieren Sie das Rad und die Hinterachse samt Bremsscheibenträger (siehe Sektionen 17 und 8).

18.3 Hebeln Sie die Dichtringe aus der Radnabe.

18.4a Drücken Sie die Distanzhülse zur Seite, um den Lagerinnenring freizulegen, ...

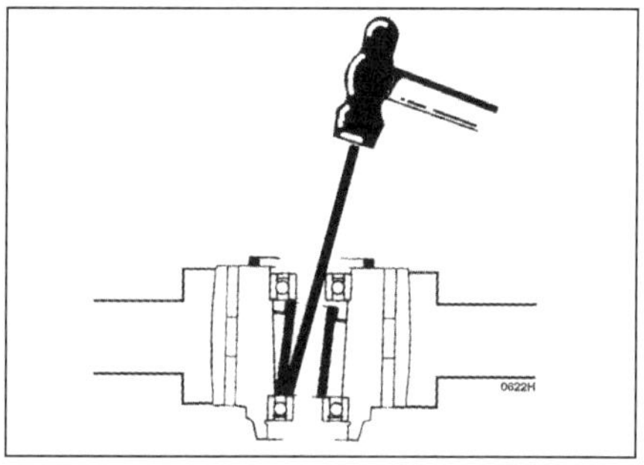

18.4b ... und treiben Sie das Lager wie gezeigt aus.

18.7 Treiben Sie das neue Lager mit einem passenden Steckschlüssel ein.

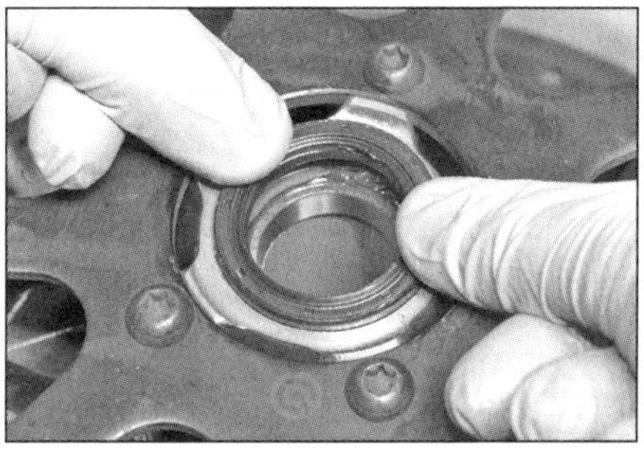

18.9 Drücken Sie den Dichtring bündig ein und fetten Sie seine Dichtlippe.

18.12a Entfernen Sie den Seegerring, ...

18.12b ... die Scheibe ...

18.12c ... und den O-Ring.

18.12d Entfernen Sie dann den Bremssattelträger ...

18.12e ... und die innere Scheibe.

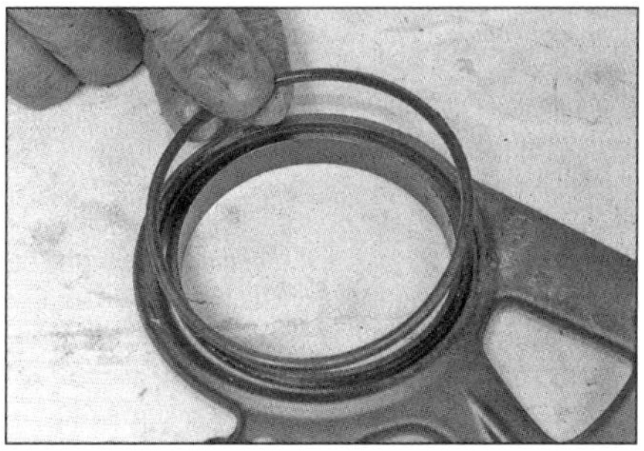

18.12f Entfernen Sie den O-Ring aus der Nut des Bremssattelträgers.

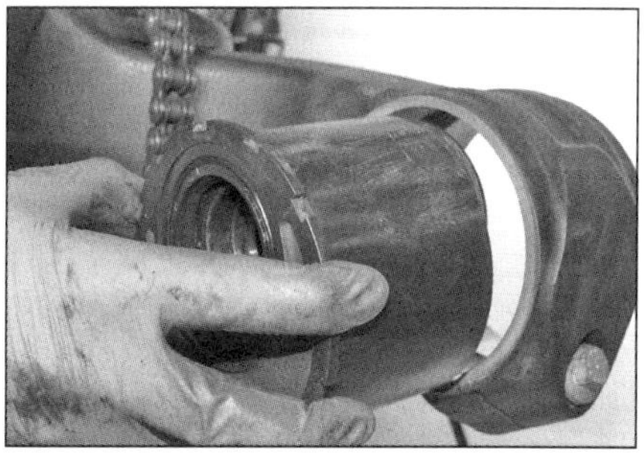

18.12g Ziehen Sie das Nabengehäuse aus der Schwinge.

12 Befreien den Seegerring rechts von der Radnabe und entnehmen Sie die äußere Scheibe und den O-Ring (siehe Abbildungen). Entfernen Sie den Bremssattelträger (siehe Abbildung) – beachten Sie seine Ausrichtung zur Schwinge (siehe Abbildung). Entfernen Sie die innere Scheibe und den O-Ring (siehe Abbildungen). Ziehen Sie das Nabengehäuse aus der Schwinge (siehe Abbildung).

18.15a Hebeln Sie links ...

18.15d Rechts ist ein Nadellager von einem Seegerring gesichert.

18.18b ... und drücken oder treiben Sie sie bündig in ihre Sitze.

13 Das Nabengehäuse beinhaltet links zwei Kugellager und rechts ein Nadellager (Abbildungen 18.5c und d). Die Lager sind in das Gehäuse eingepresst und für ihren Aus- und Einbau sind Spezialwerkzeuge erforderlich. Alle Einzelteile werden sowohl separat als auch als komplettes Nabengehäuse-Set angeboten.

14 Inspizieren Sie die Lager – beachten Sie hierzu die Sektion 5 der *Werkzeug- und Werkstatt-Tipps* im Anhang.

Anmerkung: *Die Radlager dürfen nur ausgebaut werden, wenn sie erneuert werden sollen.*

15 Hebeln Sie an beiden Seiten des Nabengehäuses die Dichtringe heraus – verwenden Sie dazu einen großen Schraubendreher oder speziellen Haken und beschädigen Sie nicht den Sitz in der Nabe (siehe Abbildungen) – die Dichtringe müssen beim Einbau durch Neuteile ersetzt werden. Entfernen Sie die links und rechts vor den Lagern sitzenden Seegerringe (siehe Abbildungen).

18.15b ... und rechts die Dichtringe aus dem Nabengehäuse.

18.18a Installieren Sie die Dichtringe mit den beschrifteten Seiten nach außen zeigend ...

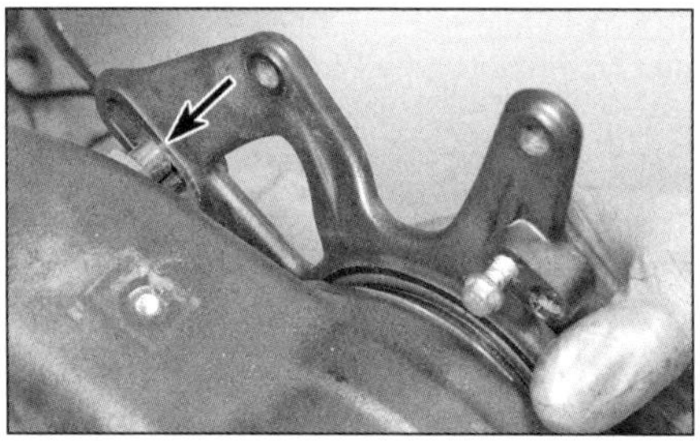

18.19 Richten Sie die Nut am Bremssattelträger zum Bremsanker-Führungszapfen der Schwinge aus.

16 Stützen Sie die linke Seite des Nabengehäuses auf Hölzern und pressen oder treiben Sie die Kugellager von innen heraus – beachten Sie hierzu die Sektion 5 der *Werkzeug- und Werkstatt-Tipps* im Anhang. Drehen Sie die Nabe um und pressen oder treiben Sie das Nadellager heraus.

17 Reinigen Sie sorgfältig die Lagersitze in der Nabe. Installieren Sie die neuen Lager – entweder mit einer geeigneten Presse oder einer Einzug-Einrichtung, die nur die Außenringe der Lager berührt. Falls die erforderliche Ausrüstung nicht vorhanden ist, sollte die Arbeit einer Fachwerkstatt überlassen werden – das Gehäuse ist bei unkorrekten Einbauversuchen leicht beschädigt.

18 Installieren Sie die Seegerringe korrekt in ihre Nuten vor den Lagern (Abbildungen 18.15c und d). Drücken oder treiben Sie die neuen Dichtringe bündig in ihre Sitze (siehe Abbildungen). Schmieren Sie das Nadellager und die Dichtring-Lippen mit Langzeitfett.

18.15c Links sind zwei Kugellager von einem Seegerring gesichert.

19 Prüfen Sie, ob der Bremsanker-Führungszapfen fest in der Schwinge sitzt, und schieben Sie das Nabengehäuse in die Schwinge (Abbildung 18.12g). Legen Sie die innere Scheibe auf die Nabe und den gefetteten O-Ring in die innere Nut des Bremssattelträgers (Abbildungen 18.12e und f). Setzen Sie den Bremssattelträger so an die Schwinge, dass seine Führungsnut über dem Bremsankerzapfen liegt (siehe Abbildung). Installieren Sie den gefetteten äußeren O-Ring und die Scheibe (Abbildungen 18.12c und b). Installieren Sie den Seegerring in die Nut der Radnabe (Abbildung 18.12a).

20 Montieren Sie die Hinterachse samt Bremsscheibenträger (siehe Sektionen 8).

19 Reifen

Allgemeine Informationen

1 Auf die an diesen Modellen verwendeten Räder müssen mit schlauchlose Reifen gezogen werden. Die Reifengrößen finden sich in den technischen Daten dieses Kapitels, im Fahrerhandbuch und in den Fahrzeugpapieren.

2 Wechseln Sie zu Kapitel 1, Sektion 21, um Räder und Reifen zu warten.

3 Die Auswahl neuer Reifen wird von den Eintragungen in den Fahrzeugpapieren bestimmt. Achten Sie darauf, dass Vorder- und Hinterreifen zusammenpassen, die Größe und Geschwindigkeitsangabe stimmen. Lassen Sie sich von einem KTM- oder Reifenhändler beraten (siehe Abbildung).

4 Es empfiehlt sich, Reifen bei einem Spezialisten wechseln zu lassen. Eine Werkstatt ist zusätzlich in der Lage, neue Reifen auszuwuchten.

20 Antriebskette

Anmerkung *1: Die Kette sollte stets zusammen mit den die Kettenrädern ausgetauscht werden (siehe Sektion 21) – eine neue Kette*

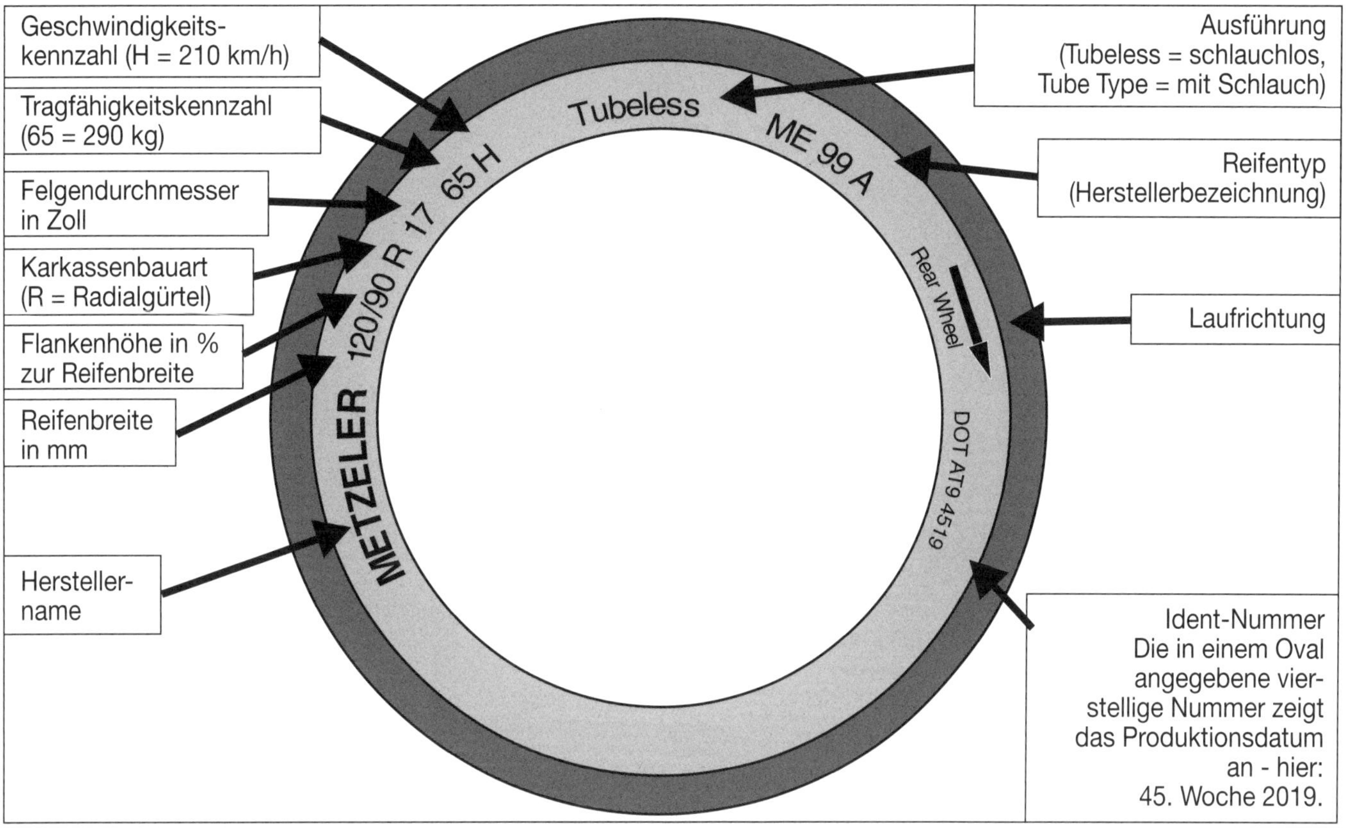

19.3 Übliche Reifen-Markierungen an einem Standard-Beispiel

auf alten Kettenrädern oder eine alte Kette auf neuen Kettenrädern sorgen für rapiden Verschleiß. Beachten Sie die Hinweise in Kapitel 1, Sektion 3, um Details zur Wartung und Überprüfung des Antriebsstrangs zu erhalten.

Spezialwerkzeug: *Die Kette muss mit einem speziellen Kettentrenn-/Nietwerkzeug geöffnet werden – verwenden Sie hierzu entweder das KTM-Werkzeug (Nr. 60029020000) oder ein im Zubehörhandel erhältlichen Werkzeug (aber nicht das billigste!). Nietschlossketten sind an den Verbindungen durch Vertiefungen in den Bolzen zu erkennen, die sich von den abgeflachten anderen Bolzen unterscheiden.*

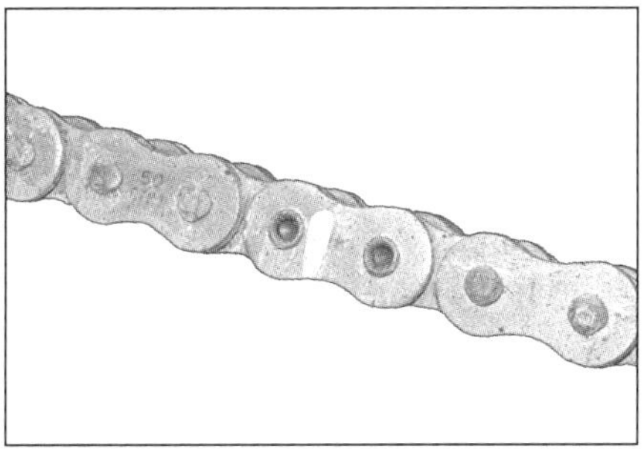

20.1 Ein Nietschloss lässt sich anhand der anders aussehenden Nietköpfe erkennen.

Ausbau

1 Stützen Sie das Motorrad mit einem Montageständer ab (siehe Kapitel 1, Sektion 3, Schritt 2). Bringen Sie das Nietschloss durch Drehen des Hinterrades in eine geeignete Position – die Mitte des unteren Kettentrums ist ideal (siehe Abbildung). Vergrößern Sie den Kettendurchhang (siehe Kapitel 1, Sektion 3).

2 Entfernen Sie den Innenkotflügel von der Schwinge (siehe Kapitel 5, Sektion 13, Schritt 6).

3 Demontieren Sie den Ritzeldeckel (siehe Sektion 21). Falls ein neues Ritzel montiert werden soll, muss jetzt bei gebremsten Hinterrad und eingelegtem hohen Gang die Ritzelmutter gelockert werden.

4 Trennen Sie die Kette mit einem geeigneten Werkzeug am Nietschloss – beachten Sie dazu die dem Werkzeug beigefügte Anleitung und die Sektion 8 der *Werkzeug- und Werkstatt-Tipps* im Anhang. Befreien Sie die Kette aus der Schwinge – beachten Sie dabei ihre Verlegung.

5 Falls neue Kettenräder montiert werden sollen, muss dies jetzt geschehen (siehe Sektion 21).

Einbau

Warnung: Benutzen Sie NIEMALS eine Kette mit einem Federclip-Schloss! Verwenden Sie immer das korrekte Werkzeug, um das Nietschloss zu sichern. Wenn Sie ein solches Werkzeug nicht besitzen oder Zweifel an Ihren Fähigkeiten haben, sollten Sie die Arbeit von einer Fachwerkstatt erledigen lassen. Eine durch ein fehlerhaft montiertes Schloss während der Fahrt abreißende Kette kann nicht nur große Schäden am Motorrad anrichten, sondern auch zu schwersten Verletzungen und/oder durch ein blockierendes Hinterrad zu einem Sturz führen!

Anmerkung: *Achten Sie darauf, eine von KTM vorgeschriebene Kette zu verwenden.*

6 Befreien Sie den Kettenschutz, die Schwinge, das Hinterrad und den Bereich um das Motorritzel von altem Kettenfett und Schmutz – hierzu eignen sich spezielle Kettenreiniger-Sprays oder Entfetter sowie eine alte Zahnbürste.

7 Führen Sie die Kette um/durch die Schwinge und um beide Kettenräder, halten Sie die Enden in der Mitte des unteren Trums zusammen.

8 Vernieten Sie die Kette, wie in Sektion 8 der *Werkzeug- und Werkstatt-Tipps* im Anhang beschrieben. Rüsten Sie beide Bolzen des Schlosses mit einem X-Ring aus, schieben Sie das Schloss von innen durch beide Ketten-Enden, legen Sie die anderen beiden X-Ringe auf und stecken Sie die Schloss-Lasche mit der Beschriftung nach außen darüber. Drücken Sie die Lasche mit dem Werkzeug so weit auf, bis die Bolzen um den vorgeschriebenen Wert herausragen. Vernieten Sie die Bolzen mit dem korrekten Werkzeug entsprechend der Anleitungen des Ketten- und des Werkzeugherstellers. Benutzen Sie keine Teile alter Nietschlösser ein zweites Mal!

9 Kontrollieren Sie die Vernietung. Bei gerissenen Bolzen-Köpfen müssen alle Teile des Kettenschlosses erneuert werden. Prüfen Sie, ob sich die Kettenglieder sanft schwenken lassen.

10 Ziehen Sie jetzt ggf. bei blockiertem Ritzel dessen Mutter mit 100 Nm an. Montieren Sie den Ritzel-Deckel (siehe Sektion 22).

11 Montieren Sie den Innenkotflügel (siehe Kapitel 5, Sektion 13).

12 Zum Schluss wird der Kettendurchhang eingestellt und die Kette geschmiert (siehe Kapitel 1, Sektion 3).

21.2a Beachten Sie, dass die obere Schraube auch die Schlauchführung sichert.

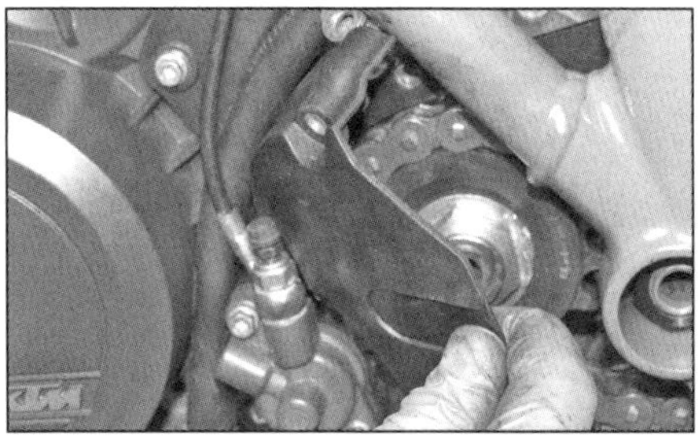

21.2b Entnehmen Sie den Ritzeldeckel.

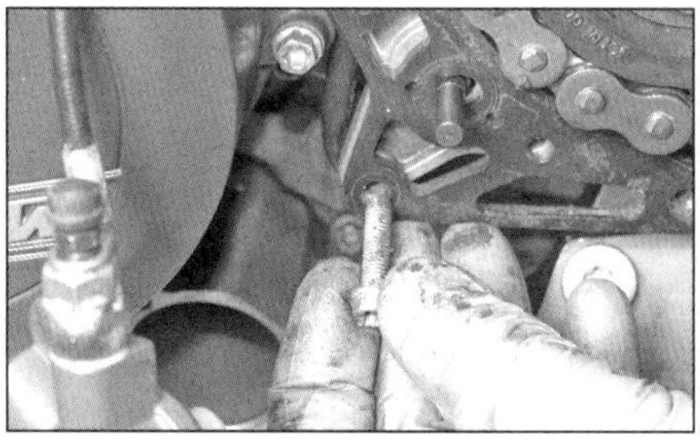

21.5a Lösen Sie die vordere ...

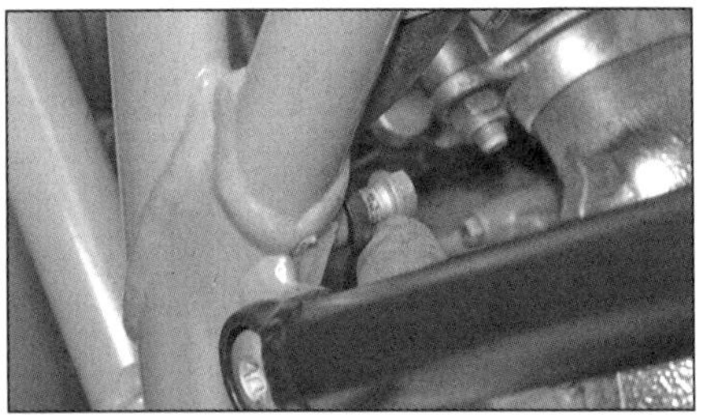

21.5b ... und die hintere Schraube, ...

21.5c ... um die Kettenführung zu entfernen.

21.5d Ziehen Sie die Platte samt Druckstangenführung.

21.6 Biegen Sie mit einem Dorn die Scheibe zurück, um die Ritzelmutter lösen zu können.

21.8 Heben Sie die Kette ab und ziehen Sie das Ritzel von der Getriebewelle – richten Sie dabei seine Zähne wie gezeigt zum Rahmen aus (Pfeil).

21.12a Legen Sie die Sicherungsscheibe auf, ...

21 Ritzeldeckel und Kettenräder

Anmerkung: *Die Kettenräder sollten stets zusammen mit der Kette ausgetauscht werden (siehe Sektion 20) – eine neue Kette auf alten Kettenrädern oder eine alte Kette auf neuen Kettenrädern sorgen für rapiden Verschleiß. Beachten Sie die Hinweise in Kapitel 1, Sektion 3, um Details zur Wartung und Überprüfung des Antriebsstrangs zu erhalten.*

Ritzeldeckel

1 Falls der Ritzeldeckel demontiert werden soll, um das Motorritzel ohne Trennen der Kette zu entfernen, muss zunächst der Kupplungs-Ausrückzylinder demontiert werden (siehe Kapitel 2, Sektion 16) – der Hydraulikschlauch kann angeschlossen bleiben. Falls die Kette getrennt werden soll, kann der Kupplungs-Ausrückzylinder montiert bleiben.

2 Lösen Sie die Schrauben des Ritzeldeckels und entnehmen Sie diesen (siehe Abbildungen).

3 Der Einbau entspricht der umgekehrten Ausbaureihenfolge.

Motorritzel

4 Demontieren Sie den Ritzeldeckel (Schritte 1 und 2).

5 Falls das Motorritzel ohne Trennen der Kette entfernt werden soll, müssen die Kettenführung entfernt und die Zylinderplatte sowie die Druckstangenführung befreit werden – der Stift am Ende der Druckstange kann dabei herausfallen (siehe Abbildungen), andernfalls muss er sichergestellt werden (Abbildung 21.13a).

6 Biegen Sie den Rand der Ritzelmutter-Sicherungsscheibe zurück (siehe Abbildung). Legen Sie einen hohen Gang ein und lassen Sie einen Assistenten die Fußbremse betätigen, und lösen Sie die Ritzelmutter. Entfernen Sie die Mutter samt Scheibe (Abbildungen 21.12b und a) – falls die Scheibe bereits an mehreren Stellen verbogen wurde, muss sie beim Einbau erneuert werden.

7 Erzeugen Sie maximalen Durchhang in der Antriebskette (siehe Kapitel 1, Sektion 3). Falls eine neue Kette montiert werden soll, muss die alte jetzt getrennt werden (siehe Sektion 20).

21.12b ... drehen Sie mit Sicherungspaste versehene Mutter auf und ziehen Sie sie mit 100 Nm an.

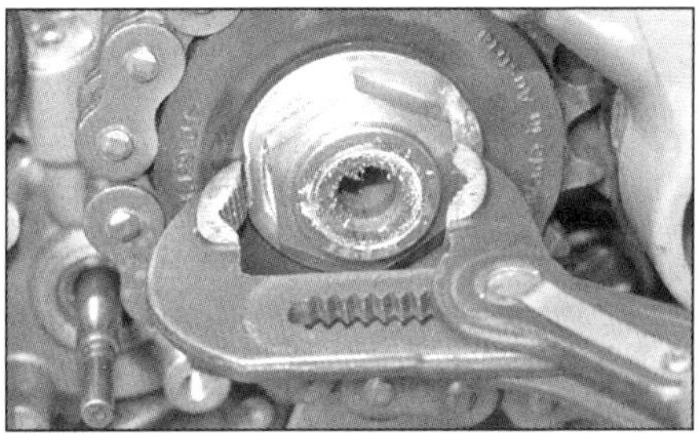

21.12c Biegen Sie zwei Seiten der Scheibe gegen die Mutter, um sie zu sichern.

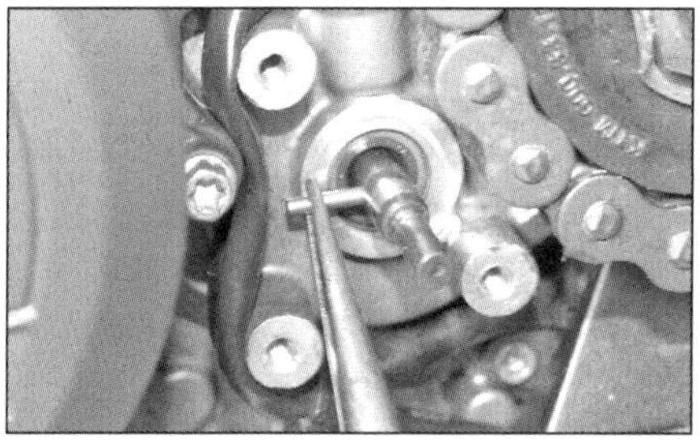

21.13a Installieren Sie den Stift in die Bohrung der Druckstange.

21.13b Installieren Sie die Führung über den Stift ...

21.13c ... und verdrehen Sie sie, sodass der Stift senkrecht steht.

21.13d Setzen Sie die Ausrückzylinder-Platte über die Zapfen der die Druckstangen-Führung.

Falls die Kette nicht getrennt werden soll, muss sie vom hinteren Kettenblatt gehoben werden (Abbildung 21.15). Falls das Kettenblatt ersetzt werden soll, muss dies jetzt geschehen (siehe unten).

8 Ziehen Sie ggf. die Kette nach vorn, um sie vom Ritzel zu heben, und ziehen Sie das Ritzel von der Getriebewelle (siehe Abbildung).

9 Reinigen Sie die Gewinde der Getriebewelle und der Ritzelmutter.

10 Schieben Sie das Ritzel mit der Markierung nach außen zeigend auf die Getriebewelle und legen Sie ggf. die Kette auf (Abbildung 21.8).

11 Montieren Sie ggf. das hintere Kettenblatt (siehe unten). Montieren Sie ggf. eine neue Kette (siehe Sektion 20). Falls die Kette nur vom Kettenblatt gehoben war, muss sie jetzt aufgelegt werden (Abbildung 21.15). Verringern Sie den Kettendurchhang auf den vorgegebenen Wert.

12 Legen Sie die ggf. neue Ritzelmutter-Sicherungsscheibe auf die Verzahnung der Welle (siehe Abbildung). Tragen Sie am Gewinde der Ritzelmutter mittelfeste Sicherungspaste auf, drehen Sie sie auf und ziehen Sie sie bei blockiertem Hinterrad mit 100 Nm an (siehe Abbildung). Biegen Sie mit einer Zange den Rand der Sicherungsscheibe gegen zwei Seiten der Mutter (siehe Abbildung).

13 Falls die Kupplungs-Druckstange entfernt wurde, muss sie jetzt so gedreht werden, dass die Bohrung im linken Ende waagerecht liegt und der Stift eingeschoben werden kann (siehe Abbildung). Entfernen Sie die Führung von der Ausrückzylinder-Platte und schieben Sie sie mit den Zapfen für die Platte nach außen

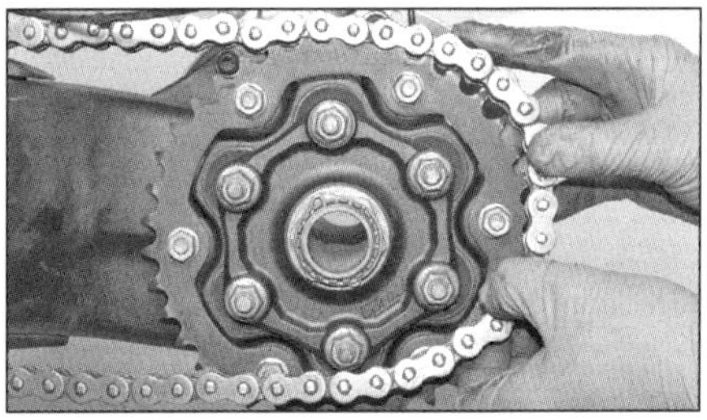

21.15 Heben Sie die Kette vom Kettenblatt.

zeigend über die Druckstange, sodass ihre Ausschnitte über den Stift greifen, verdrehen Sie sie dann, sodass der Stift senkrecht steht (siehe Abbildungen). Setzen Sie die Ausrückzylinder-Platte an die Druckstangen-Führung, sodass deren Zapfen in die Bohrungen der Platte greifen (siehe Abbildung). Installieren Sie die Kettenführung (Abbildungen 21.5c, b und a).

14 Montieren Sie den Ritzeldeckel (Schritt 3) und stellen Sie den Kettendurchhang ein (siehe Kapitel 1, Sektion 3).

Kettenblatt

15 Erzeugen Sie maximalen Durchhang in der Antriebskette (siehe Kapitel 1, Sektion 3). Heben Sie die Kette vom Kettenblatt (siehe Abbildung).

16 Betätigen Sie die Hinterradbremse, lösen Sie die (äußeren) Kettenblattmuttern und ziehen Sie das Kettenblatt von den Stehbolzen (siehe Abbildung) – beachten Sie seine Ausrichtung.

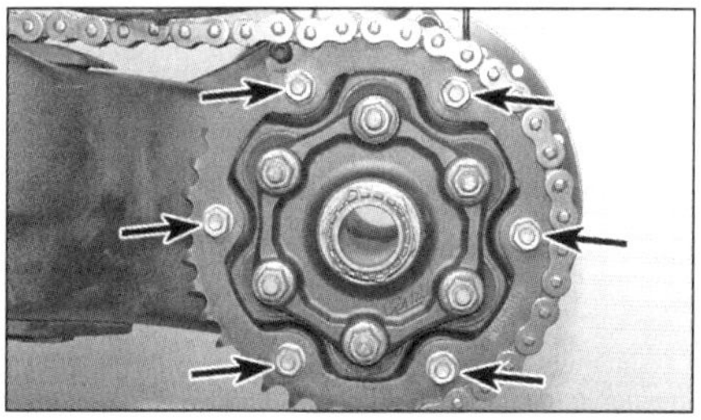

21.16 Kettenblattmuttern

17 Legen Sie das neue Kettenblatt mit der Beschriftung nach außen auf die Stehbolzen. Drehen Sie die Muttern zunächst handfest auf und ziehen Sie sie dann schrittweise und über Kreuz mit 36 Nm an.

18 Legen Sie die Kette um das Kettenblatt (Abbildung 21.15) und stellen Sie den Kettendurchhang ein (siehe Kapitel 1, Sektion 3).

22 Kettenblattkupplung, Ruckdämpfer und Kettenblatt-Träger

1 Demontieren Sie das Hinterrad (siehe Sektion 17).

2 Erzeugen Sie maximalen Durchhang in der Antriebskette (siehe Kapitel 1, Sektion 3). Heben Sie die Kette vom Kettenblatt (Abbildung 21.15) und demontieren Sie dies nötigenfalls (siehe Sektion 21).

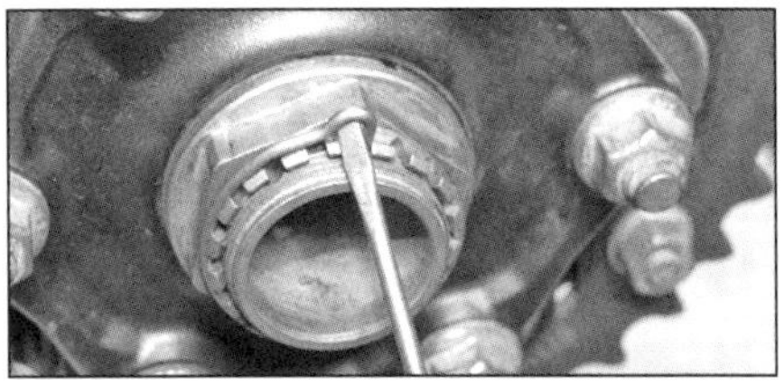

22.3a Ziehen Sie das umgebogene Ende des Sicherungsdrahts heraus und befreien Sie ihn von der Mutter.

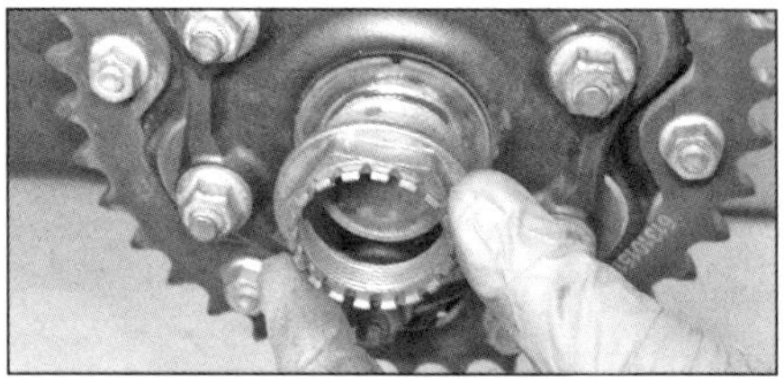

22.3b Lösen Sie die Mutter, ...

22.3c ... entfernen Sie die Scheibe ...

22.3d ... und ziehen Sie die Kettenblatt-Kupplung ab.

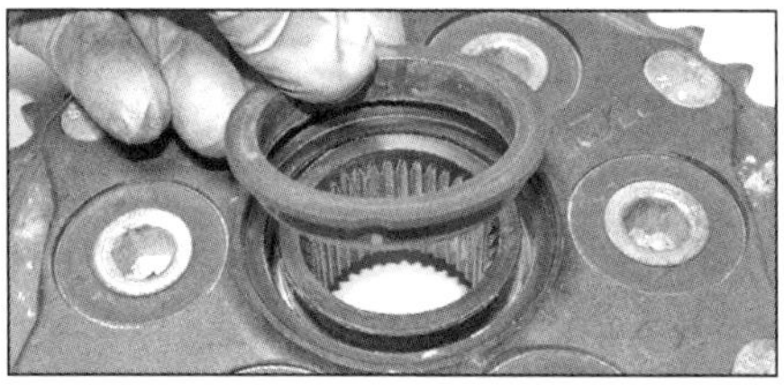

22.3e Entfernen Sie die Hülse aus der Kupplung.

22.5a Halten Sie den Ruckdämpfer und lockern Sie die Mutter.

22.5b Entfernen Sie die Kettenblatt-Kupplung ...

22.5c ... und ihre Hülse.

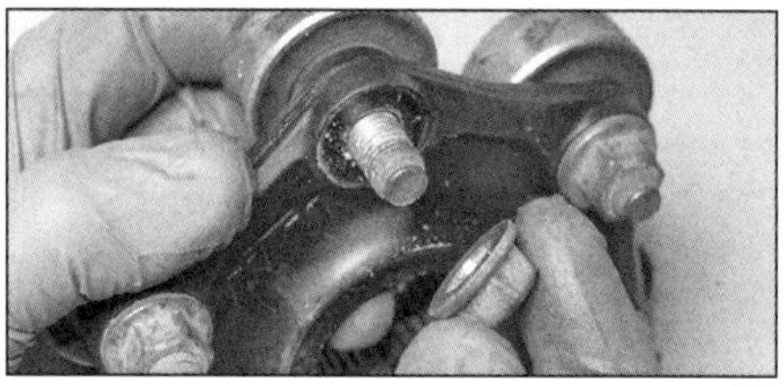

22.5d Schrauben Sie die Muttern ab ...

22.5e ... und entfernen Sie die Ruckdämpfer.

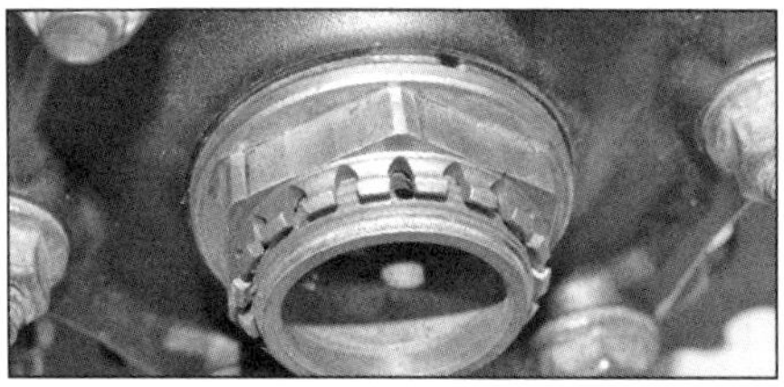

22.7a Eines der Löcher in der Achse exakt zu einem Ausschnitt der Mutter ausgerichtet sein, ...

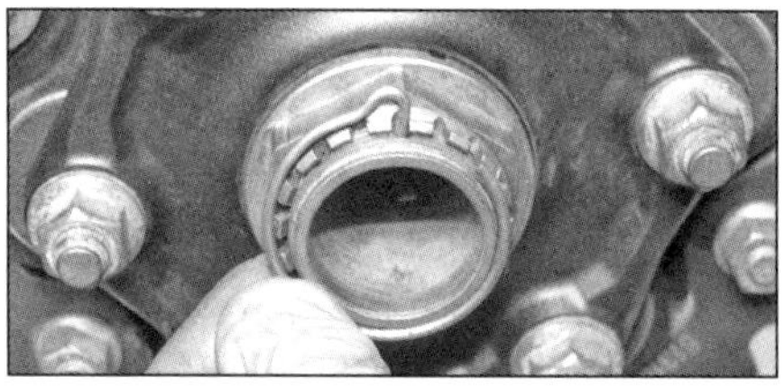

22.7b ... dann wird der Sicherungsdraht eingeführt und um die Nut der Mutter gelegt.

3 Befreien und entfernen Sie den Sicherungsdraht der Kupplungs-Mutter – merken Sie sich seine Einbaulage (siehe Abbildung). Lassen Sie einen Assistenten die Fußbremse betätigen und lockern Sie mit einem 41-mm-Schlüssel die Mutter. Entfernen Sie die Mutter samt Scheibe und ziehen Sie die Kettenblatt-Kupplung von der Achse (siehe Abbildungen) – stellen Sie nötigenfalls die in der Kupplung sitzende Hülse sicher (siehe Abbildung).

4 Kontrollieren Sie die Kettenblatt-Kupplung und den Kettenblatt-Träger auf Risse und andere Beschädigungen. Prüfen Sie, ob zwischen der Kupplung und dem Träger Spiel vorhanden ist, und ersetzen Sie nötigenfalls die Ruckdämpfergummis. Kontrollieren Sie die Verzahnung der Kupplung und der Hinterachse auf Verschleiß und Beschädigungen.

5 Falls neue Ruckdämpfergummis installiert werden sollen, muss ihre inneren Sechskante mit einem Inbusschlüssel gehalten und die Muttern gelöst werden (siehe Abbildung). Heben Sie die Kupplung nötigenfalls vom Kettenblatt-Träger (siehe Abbildung). Lösen Sie die Muttern und entfernen Sie die Ruckdämpfer (siehe Abbildungen).

6 Falls die alten Ruckdämpfer wiederverwendet werden sollen, müssen ihre Gewinde gereinigt werden. Stecken Sie die Dämpfer in die Kupplung (Abbildung 22.5e), tragen Sie an ihren Gewinden mittelfeste Sicherungspaste auf und drehen Sie die Muttern zunächst nur handfest auf (Abbildung 22.5d) – die Ruckdämpfer müssen zur exakten Ausrichtung des Kettenblatt-Trägers locker sein. Installieren Sie ggf. die Hülse in den Träger (Abbildung 22.5c). Installieren Sie die Kupplung an den Träger, halten Sie die Ruckdämpfer und ziehen Sie die Muttern mit 45 Nm an.

7 Installieren Sie ggf. die Hülse innen in die Kettenblatt-Kupplung (Abbildung 22.3e). Fetten Sie die Achsverzahnung ein und schieben Sie die Kettenblattkupplung auf die Achse (Abbildung 22.3d). Legen Sie die Scheibe auf und drehen Sie die Mutter handfest auf (Abbildungen 22.3c und b). Halten Sie die Fußbremse gedrückt und ziehen Sie die Kupplungs-Mutter mit 200 Nm an. Prüfen Sie nun, ob eines der Löcher in der Achse exakt zu einem Ausschnitt der Mutter ausgerichtet ist (siehe Abbildung) – verdrehen Sie nötigenfalls die Mutter, um sie zum nächsten Loch auszurichten. Stecken Sie das umgebogene Ende des Sicherungsdrahts in die Bohrung und legen Sie den Draht rundherum in die Nut der Mutter (siehe Abbildung).

8 Legen Sie die Kette um das Kettenblatt (Abbildung 21.15) und stellen Sie den Kettendurchhang ein (siehe Kapitel 1, Sektion 3).

Kapitel 7
Anbauteile

Inhalt (in alphabetischer Reihenfolge, die Zahlen geben die Nummerierung in den grauen Feldern wieder)

Schwierigkeitsgrade

Leicht. Für Anfänger mit wenig Erfahrung geeignet.	**Relativ leicht.** Für Anfänger mit etwas Erfahrung geeignet.	**Relativ schwierig.** Geeignet für geübte Selbstschrauber.	**Schwer.** Geeignet für Selbstschrauber mit viel Erfahrung.	**Sehr schwer.** Geeignet für Experten und Profis.

1 Allgemeine Informationen

1 In diesem Kapitel sind die nötigen Arbeitsschritte beschrieben, die zum Entfernen und Montieren der Anbau- und Verkleidungsteile am Motorrad nötig sind. Da bei vielen Wartungsarbeiten und Reparaturen Anbauteile entfernt werden müssen, sind die Arbeitsschritte hier zusammengefasst und werden in anderen Kapiteln erwähnt.

2 Im Falle einer Beschädigung von Anbauteilen ist es normalerweise üblich, diese Komponenten durch Neu- oder Gebrauchtteile zu ersetzen. Das Material, aus dem die Verkleidungsteile sind, lässt sich mit konventioneller Technik nicht reparieren. Es gibt jedoch einige Spezialisten, die Kunststoff wieder »schweißen« können. Es lohnt sich, hier Angebote einzuholen, bevor teure Neuteile verbaut werden.

3 Wenn die Demontage eines Verkleidungsteils ansteht, sollte es zunächst genau studiert und alle Befestigungen und Anschlüsse beachtet werden, um beim Einbau alles wieder korrekt an seinen Platz zu bekommen. Wenn alle sichtbaren Befestigungen entfernt worden sind, muss versucht werden, das Teil wie beschrieben abzuziehen – **aber nicht mit Gewalt.** Wenn es sich nicht entfernen lässt, muss vor einem erneuten Versuch überprüft werden, ob alle Befestigungen gelöst sind.

4 Beim Anbau von Verkleidungsteilen muss zuvor genau studiert werden, ob alle Befestigungen und angeschlossenen Teile wieder an ihren korrekten Platz gelangen. Achten Sie darauf, dass alle Befestigungen, wie auch alle Klemmen und Blindsteckmuttern in gutem Zustand sind. Alle verschlissenen oder beschädigten Teile müssen ersetzt werden, bevor die Komponente installiert wird. Prüfen Sie auch, ob alle Halterungen gerade sind und reparieren oder ersetzen Sie, bevor versucht wird, das Anbauteil zu montieren.

5 Ziehen Sie Befestigungs-Schrauben sorgfältig an, aber seien Sie vorsichtig, nichts zu überdrehen, da – nicht immer sofort – Belastungsbrüche oder Risse auftreten können.

2 R-Modelle

Beifahrersitz

1 Stecken Sie den Zündschlüssel ins Sitzbankschloss, drehen Sie ihn im Uhrzeigersinn und heben Sie den Sitz vorn an, um ihn nach vorn von den Zapfen zu ziehen (siehe Abbildung)

2 Der Einbau entspricht der umgekehrten Ausbaureihenfolge – der Sitz muss korrekt auf die Zapfen geschoben werden (siehe Abbildung). Drücken Sie den Sitz vorn herunter, damit die Verriegelung einrastet.

Fahrersitz

3 Entfernen Sie den Beifahrersitz (siehe oben).

4 Heben Sie den Fahrersitz hinten an, um seine Zapfen aus den Gummiösen zu befreien (siehe Abbildung). Ziehen Sie den Sitz nach hinten – beachten Sie, wie die Schlitze am Tank hinter die Schraubenköpfe greifen.

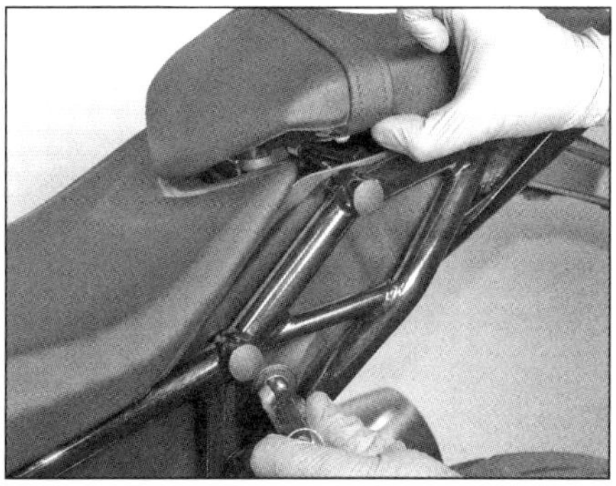

2.1 Entriegeln Sie den Beifahrersitz und heben Sie ihn vorn an.

2.2 Schieben Sie den Rücksitz nach hinten auf die Zapfen.

2.4 Heben Sie den Fahrersitz hinten an, um seine Zapfen aus den Gummiösen zu befreien.

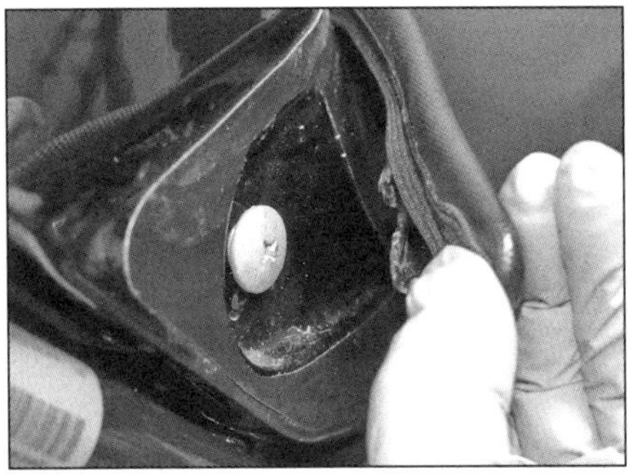

2.5 Richten Sie an beiden Seiten des Tanks die Schlitze hinter den Schraubenköpfen aus.

2.6a Vordere Schrauben des Tank-Spoilers beim R-Modell ab 2017

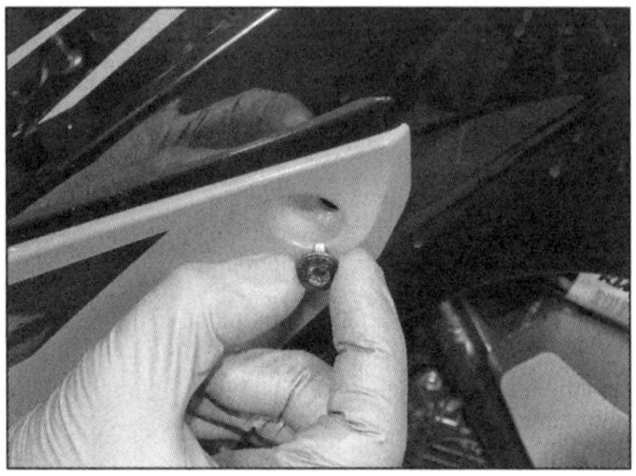

2.6b Hintere Schraube des Tank-Spoilers

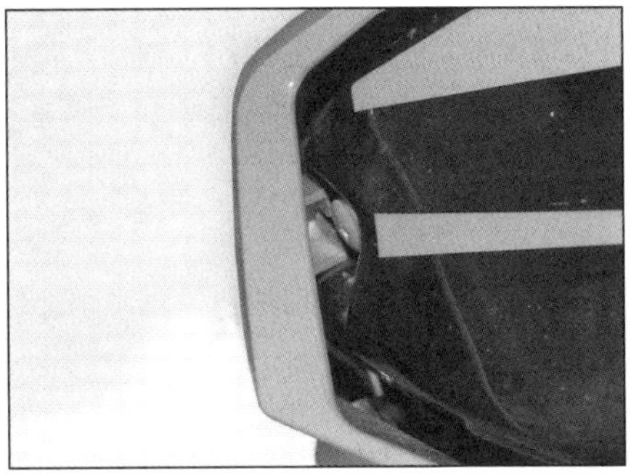

2.7 Richten Sie den Schlitz hinter dem Schraubenkopf aus.

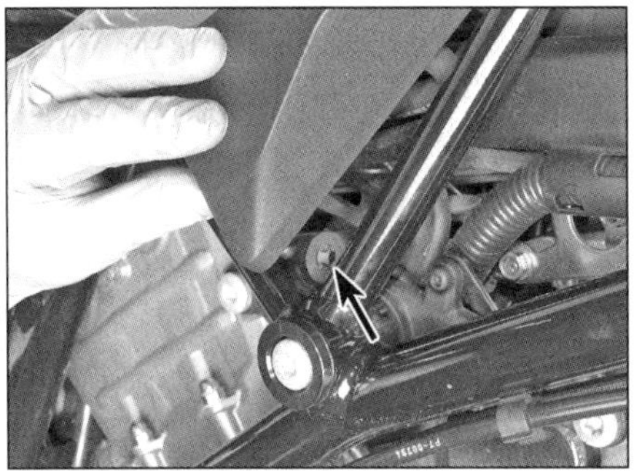

2.8a Befreien Sie unten den Kniepad-Zapfen ...

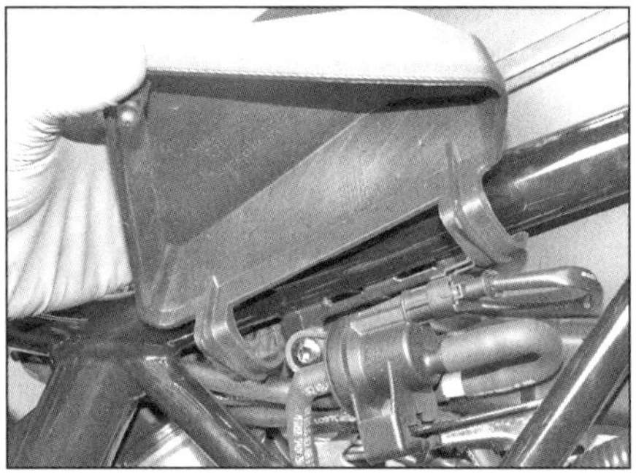

2.8b ... und hängen Sie ihn oben am Rahmen aus.

2.11 Befreien Sie den Ansaugstutzen aus dem Luftfiltergehäuse.

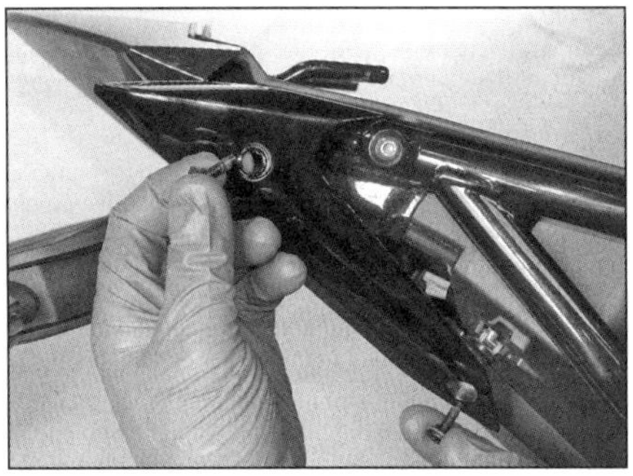

2.13 Schrauben der Heckverkleidung

5 Der Einbau entspricht der umgekehrten Ausbaureihenfolge – am Tank müssen die Schlitze hinter die Schraubenköpfe greifen (siehe Abbildung).

Tank-Spoiler

6 Lösen Sie die Schrauben des jeweiligen Spoilers (siehe Abbildungen), ziehen Sie nach vorn, um den Schlitz vom Schraubenkopf zu befreien, und entnehmen Sie ihn.

7 Der Einbau entspricht der umgekehrten Ausbaureihenfolge – am Tank muss der Schlitz hinter den Schraubenkopf greifen (siehe Abbildung).

Knie-Pad

8 Ziehen Sie den Pad unten ab, um seinen Zapfen aus der Gummiöse zu befreien. Schwenken Sie ihn dann hoch, um ihn am Rahmen auszuhängen (siehe Abbildungen).

9 Der Einbau entspricht der umgekehrten Ausbaureihenfolge.

Ansaugstutzen

10 Demontieren Sie den Tank-Spoiler (siehe oben).

11 Befreien Sie den Ansaugstutzen aus dem Luftfiltergehäuse (siehe Abbildung).

12 Der Einbau entspricht der umgekehrten Ausbaureihenfolge.

Heckverkleidung

13 Lösen Sie die zwei Schrauben der Verkleidung und entnehmen Sie sie (siehe Abbildung).

14 Der Einbau entspricht der umgekehrten Ausbaureihenfolge.

Vorderrad-Kotflügel

15 Beachten Sie die Hinweise in Sektion 3.

Rückspiegel

16 Beachten Sie die Hinweise in Sektion 3.

3 GT-Modelle

Beifahrersitz

1 Stecken Sie den Zündschlüssel ins Sitzbankschloss, drehen Sie ihn im Uhrzeigersinn, heben Sie den Sitz vorn an (siehe Abbildung) und ziehen Sie ihn nach vorn, um hinten seine Haken zu befreien (Abbildung 3.2). Falls eine Sitzheizung vorhanden ist, muss deren Verkabelung getrennt werden.

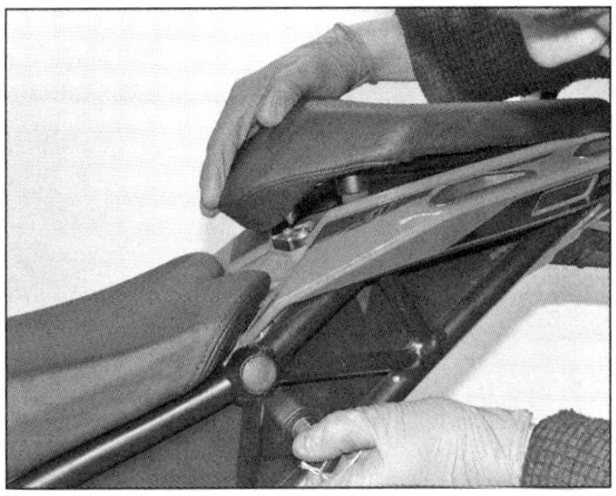

3.1 Entriegeln Sie den Beifahrersitz und heben Sie ihn vorn an.

3.2 Richten Sie die Haken des Rücksitzes an ihren Aufnahmen aus.

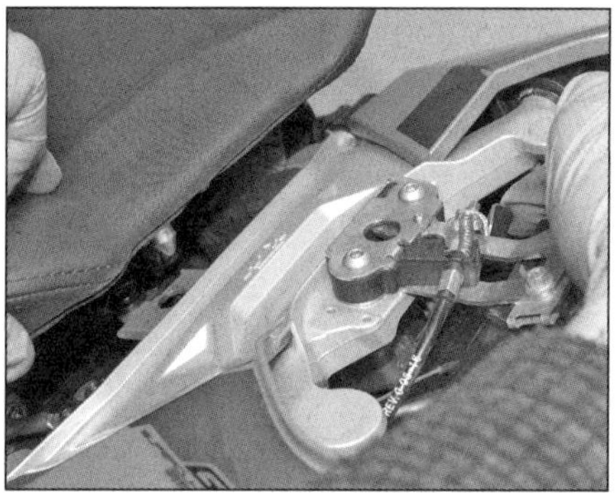

3.4 Drücken Sie den Öffnerhebel, heben Sie den Fahrersitz hinten an und ziehen Sie ihn nach hinten ab.

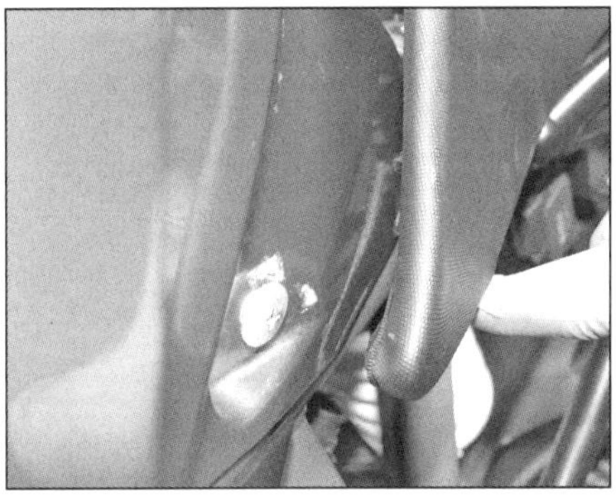

3.5 Richten Sie an beiden Seiten des Tanks die Schlitze hinter den Schraubenköpfen aus.

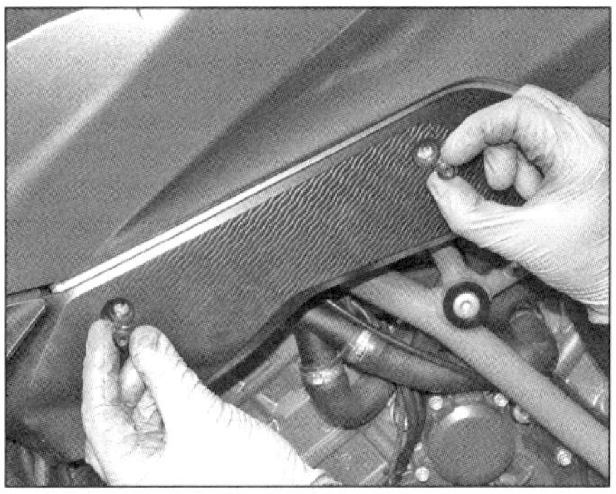

3.6 Lösen Sie die zwei Schrauben der Tankblende.

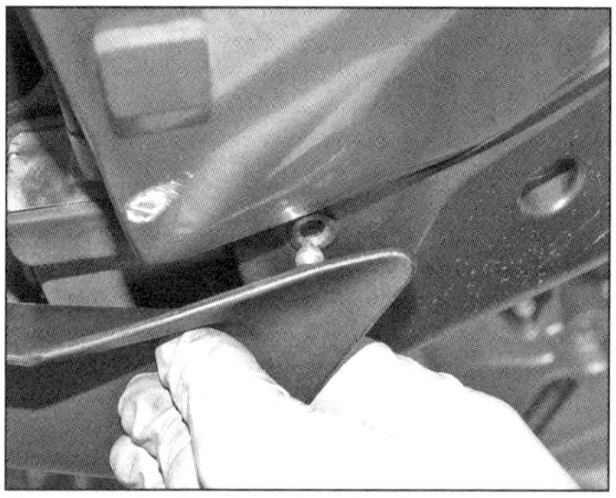

3.7 Ziehen Sie den Zapfen der Kühlerblende aus der Öse der Tankblende.

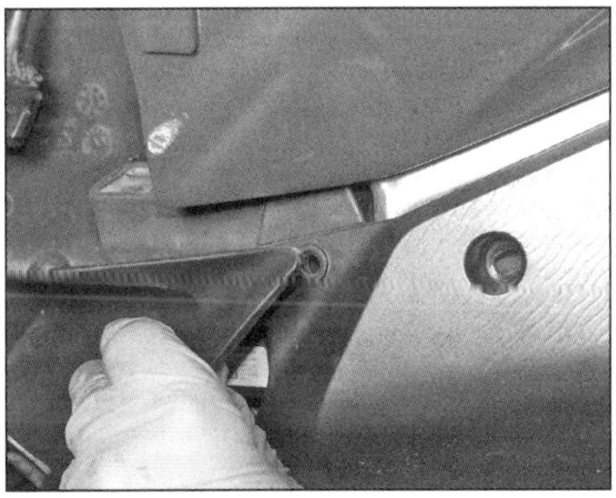

3.8 Die Lasche der Blende muss unter den Tank greifen.

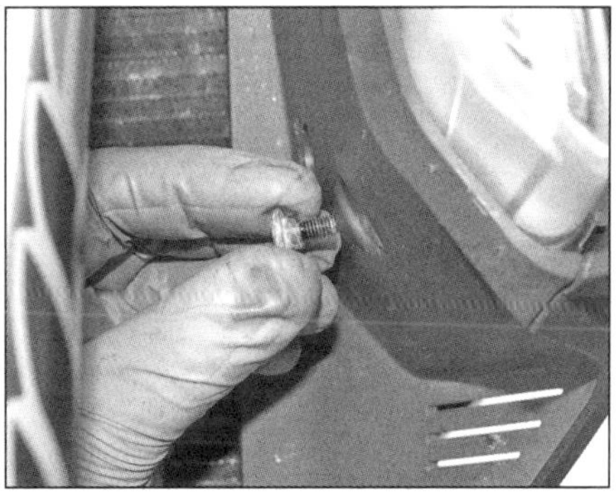

3.9a Vordere Schrauben des Tank-Spoilers

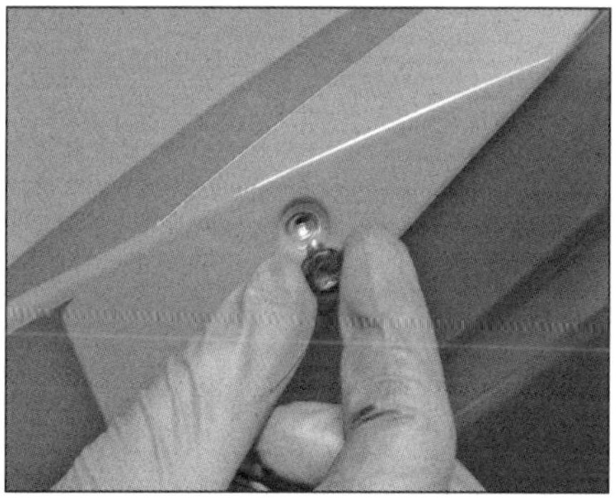

3.9b Hintere Schraube des Tank-Spoilers

2 Der Einbau entspricht der umgekehrten Ausbaureihenfolge – die Haken müssen korrekt eingehängt werden (siehe Abbildung). Drücken Sie den Sitz vorn herunter, damit die Verriegelung einrastet.

Fahrersitz

3 Entfernen Sie den Beifahrersitz (siehe oben).
4 Drücken Sie den Öffnerhebel und heben Sie den Fahrersitz hinten an (siehe Abbildung). Ziehen Sie den Sitz nach hinten – beachten Sie, wie die Schlitze am Tank hinter die Schraubenköpfe greifen. Falls eine Sitzheizung vorhanden ist, muss deren Verkabelung getrennt werden.
5 Der Einbau entspricht der umgekehrten Ausbaureihenfolge – am Tank müssen die Schlitze hinter die Schraubenköpfe greifen (siehe Abbildung). Drücken Sie den Sitz hinten herunter, damit er in seiner Arretierung einrastet.

Tank-Blenden

6 Lösen Sie die zwei Schrauben (siehe Abbildung).
7 Ziehen Sie die Kühlerblende hinten vorsichtig ab, um ihren Zapfen aus der Gummiöse in der Tankblende zu befreien, und diese entnehmen zu können (siehe Abbildung).
8 Der Einbau entspricht der umgekehrten Ausbaureihenfolge – die vordere Lasche muss korrekt unter den Tank greifen.

Tank-Spoiler

9 Lösen Sie die Schrauben des jeweiligen Spoilers (siehe Abbildungen).

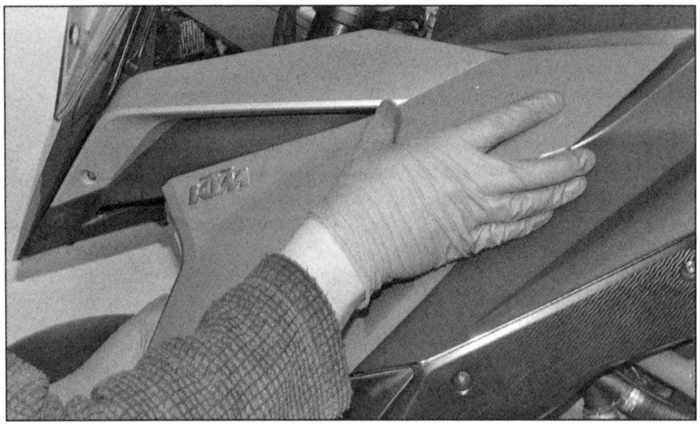

3.10a Schieben Sie den Spoiler nach vorn, …

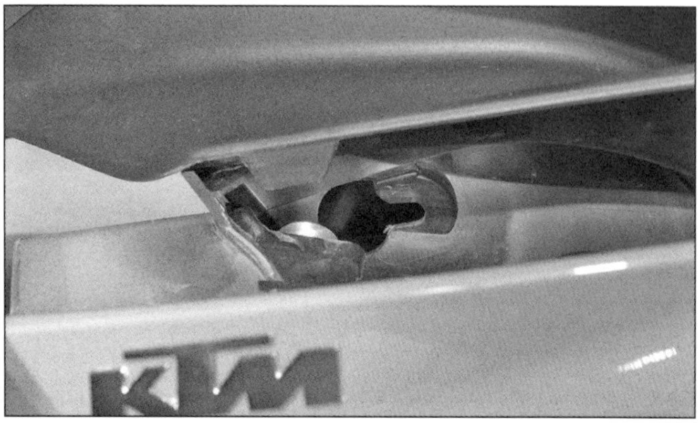

3.10b … um den Kopf der seitlich sitzenden Schraube aus der Nut der Kühlerblende …

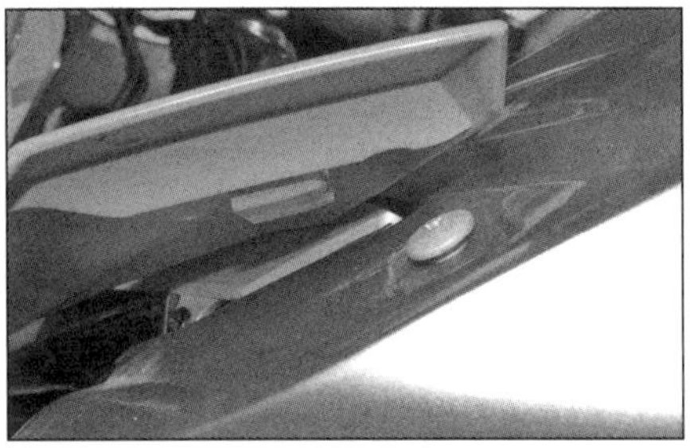

3.10c … und die obere Nut vom Schraubenkopf des Tanks zu befreien.

3.10d Trennen Sie den Kurvenlicht-Stecker.

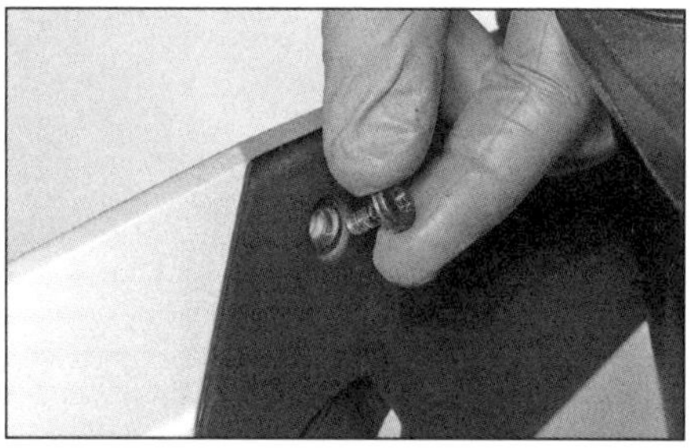

3.13a Lösen Sie die Schraube an der Innenseite, …

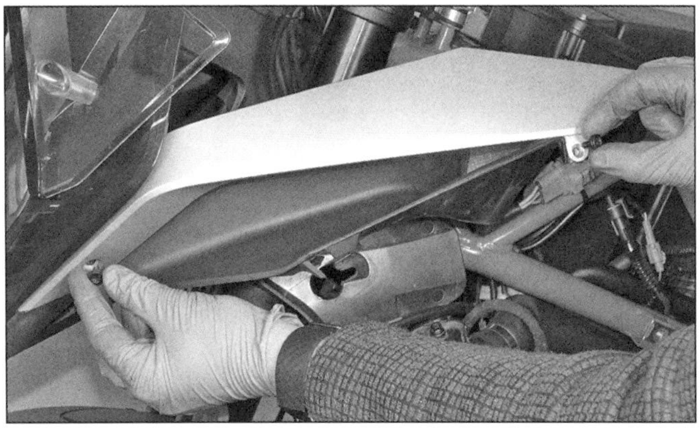

3.13b … die zwei Schrauben an der Außenseite …

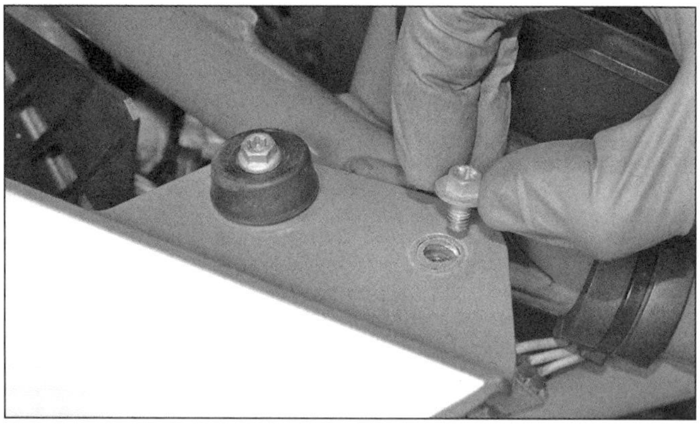

3.13c … und die zwei Schrauben an der Oberseite – beachten Sie die Gummibuchse an der vorderen.

3.14 Befreien Sie vorn die Lasche und entnehmen Sie die Cockpit-Blende.

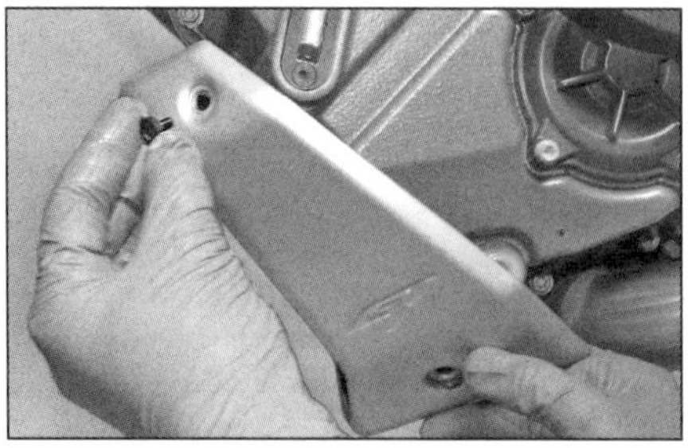

3.16 Lösen Sie die zwei Schrauben und entnehmen Sie die linke Spoiler-Blende.

3.17 Lösen Sie die Schrauben und entnehmen Sie den Motorspoiler.

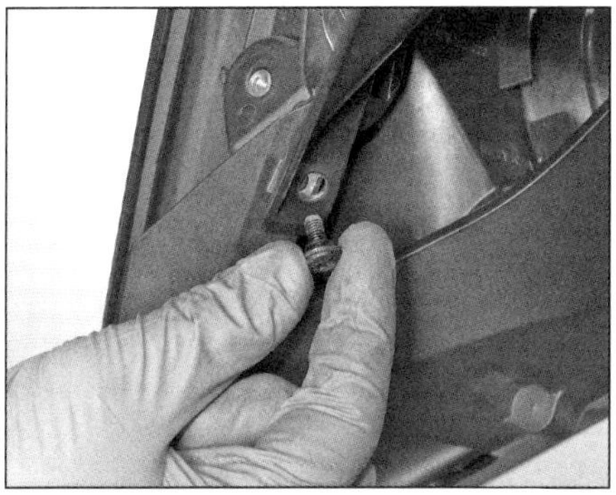

3.20a Lösen Sie die Schraube ...

3.20b ... und befreien Sie den Ansaugstutzen aus dem Luftfiltergehäuse.

3.21a Lösen Sie die zwei vorderen Schrauben ...

10 Schieben Sie bei Modellen bis 2018 den Spoiler nach vorn, um den Kopf der seitlich sitzenden Schraube aus der Nut der Kühlerblende und die obere Nut vom Schraubenkopf des Tanks zu befreien, trennen Sie dann den Kurvenlicht-Stecker und entnehmen Sie den Spoiler (siehe Abbildungen).
11 Schieben Sie bei Modellen ab 2019 den Spoiler nach vorn, um ihn innen aus seinen Befestigungen zu befreien.
12 Der Einbau entspricht der umgekehrten Ausbaureihenfolge – der Kurvenlicht-Stecker muss sicher verbunden sein.

Cockpit-Blende (Modelle bis 2018)

13 Lösen Sie die fünf Schrauben (siehe Abbildungen).
14 Ziehen Sie die Blende nach hinten, um ihre vordere Lasche zu befreien, und entnehmen Sie sie (siehe Abbildung).
15 Der Einbau entspricht der umgekehrten Ausbaureihenfolge.

Motorspoiler

16 Entfernen Sie links die seitliche Spoiler-Blende (siehe Abbildung).
17 Lösen Sie die zwei Schrauben, beachten Sie bei Modellen bis 2018 die Hülsen und entnehmen Sie den Spoiler (siehe Abbildung).

Ansaugstutzen und Kühlerblenden

Modelle bis 2018

19 Demontieren Sie den Tank-Spoiler und die Cockpit-Blende (siehe oben).
20 Lösen Sie die Schraube des Ansaugstutzens und befreien Sie ihn aus dem Luftfiltergehäuse (siehe Abbildungen) – merken Sie sich seine Einbauposition.
21 Lösen Sie die drei Schrauben der Kühlerblende und entnehmen Sie diese (siehe Abbildungen).
22 Der Einbau entspricht der umgekehrten Ausbaureihenfolge.

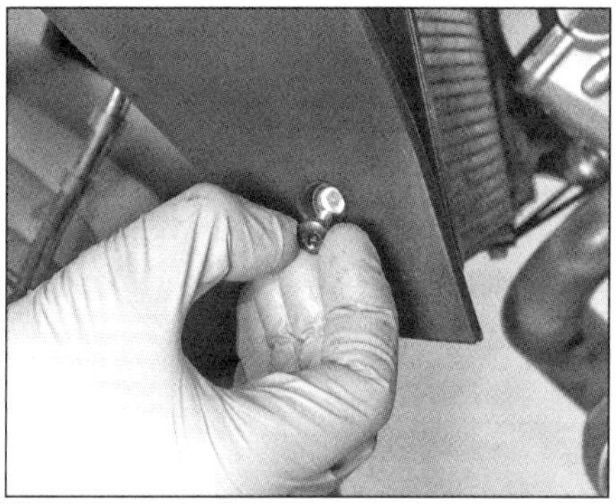

3.21b ... und die seitliche Schraube, ...

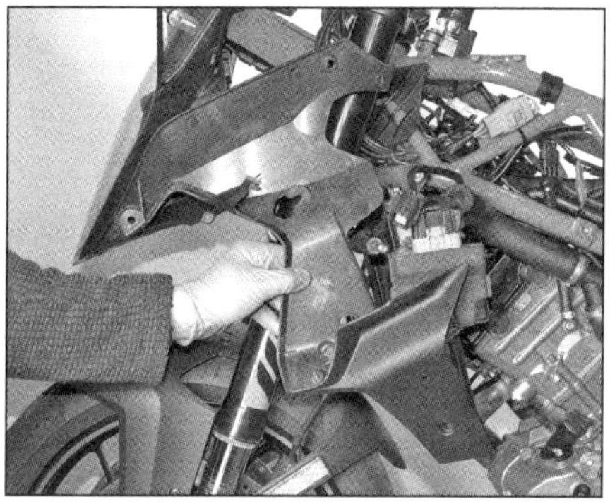

3.21c ... um die Kühlerblende nach vorn abzuziehen.

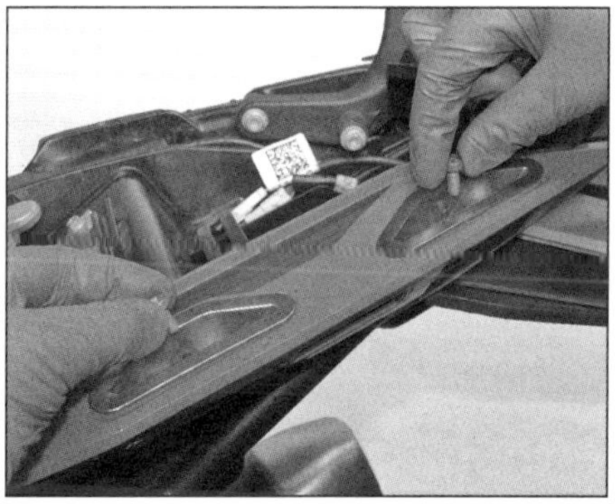

3.29a Lösen Sie die Schraube der jeweiligen Koffer-Aufnahme ...

3.29b ... und entnehmen Sie diese aus der Heckverkleidung.

Modelle ab 2019

23 Demontieren Sie den Tank-Spoiler (siehe oben).
24 Lösen Sie die Schraube des Ansaugstutzens und befreien Sie ihn aus dem Luftfiltergehäuse – merken Sie sich seine Einbauposition.
25 Trennen Sie dann den Kurvenlicht-Stecker.
26 Lösen Sie hinten die zwei Schrauben, mit denen die Kühlerblende oben am Rahmen gesichert ist.
27 Lösen Sie vorn die zwei Schrauben, um die Kühlerblende zu befreien und zu entnehmen.
28 Der Einbau entspricht der umgekehrten Ausbaureihenfolge.

Heckverkleidungen

29 Lösen Sie die Schrauben der zwei Koffer-Aufnahmen und entnehmen Sie diese (siehe Abbildungen).

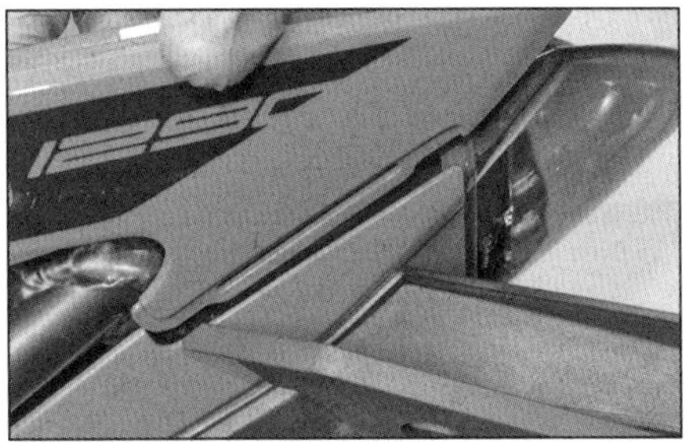

3.30a Befreien Sie hinten die Lasche ...

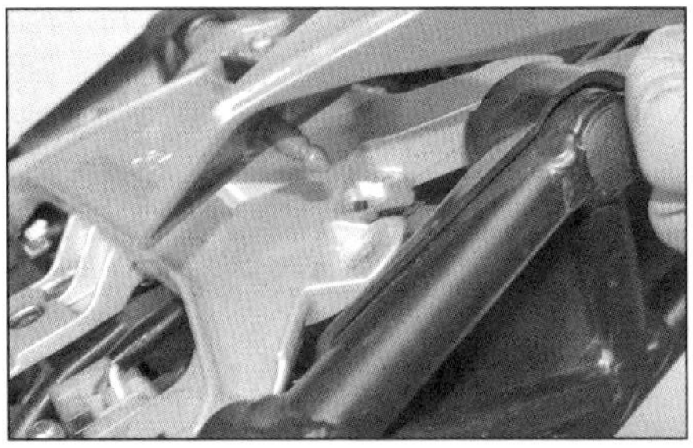

3.30b ... und vorn den Zapfen aus der Gummiöse.

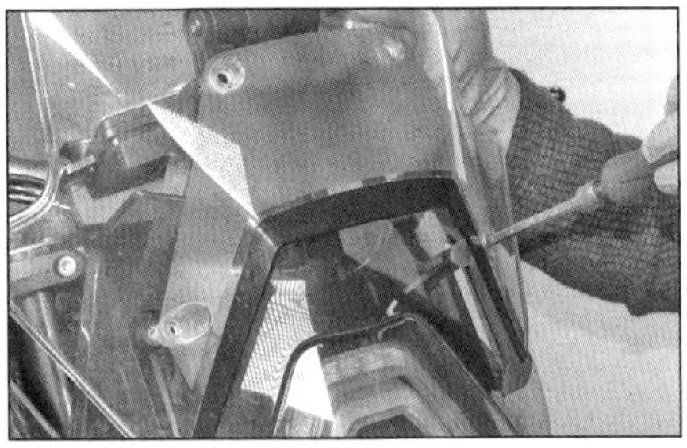

3.32 Lösen Sie die vier Schrauben des Windschilds.

3.34 Befreien Sie den Kotflügel vorsichtig aus der Gabel heraus.

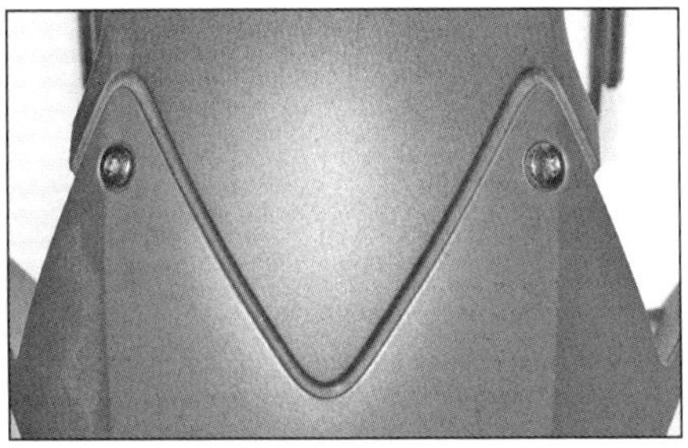

3.35 Verbindungsschrauben der Kotflügel-Sektionen

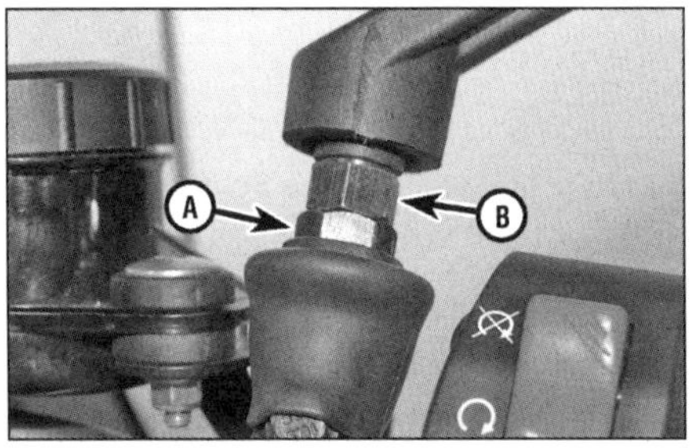

3.37 Ziehen Sie die Gummitülle herunter, um die Adapterschraube (A) und die Kontermutter (B) freizulegen.

3.39a Halten Sie die Adapterschraube und lockern Sie die Kontermutter im Uhrzeigersinn, ...

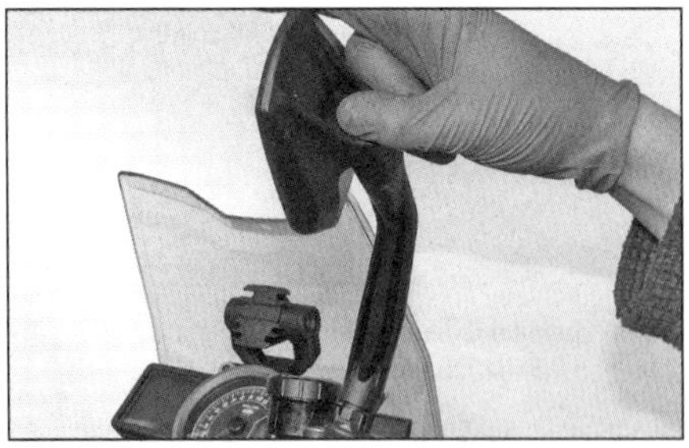

3.39b ... drehen Sie dann den Rückspiegel im Uhrzeigersinn aus dem Adapter

30 Befreien Sie hinten die Lasche und vorn den Zapfen aus der Gummiöse und entnehmen Sie die Verkleidung (siehe Abbildungen).

31 Der Einbau entspricht der umgekehrten Ausbaureihenfolge – die Ablaufbohrungen der Koffer-Aufnahmen müssen vorn liegen.

Windschild

32 Lösen Sie die vier Schrauben des Windschilds und entnehmen Sie dies (siehe Abbildung).

33 Der Einbau entspricht der umgekehrten Ausbaureihenfolge – ersetzen Sie ggf. spröde Gummibuchsen.

Vorderrad-Kotflügel

34 Lösen Sie an jeder Seite die drei Schrauben. Heben Sie den Kotflügel an und manövrieren Sie die hinteren Sektionen nacheinander aus der Gabel heraus – beachten Sie die Verlegung der Bremsschläuche (siehe Abbildung).

35 Lösen Sie nötigenfalls die zwei Schrauben, um die vordere Sektion des Kotflügels von der hinteren zu befreien (siehe Abbildung).

36 Der Einbau entspricht der umgekehrten Ausbaureihenfolge – die hintere Sektion muss außerhalb der Bremsleitungen liegen.

Rückspiegel

37 Ziehen Sie am Stutzen des Rückspiegels die Gummitülle herunter (siehe Abbildung).

38 Um den gesamten Rückspiegel zu entfernen, wird die Adapterschraube gelöst und aus der Aufnahme geschraubt (Abbildung 3.37).

39 Um den Spiegelschaft aus der Adapterschraube zu befreien, muss diese gehalten und die Kontermutter im Uhrzeigersinn gedreht werden (Linksgewinde!), dann kann der Rückspiegel – wieder im Uhrzeigersinn – aus der Adapterschraube gedreht werden (siehe Abbildungen).

40 Der Einbau entspricht der umgekehrten Ausbaureihenfolge – verkanten Sie den Rückspiegel nicht und drehen Sie ihn gegen den Uhrzeigersinn in den Adapter.

41 Um die Position des Rückspiegels einzustellen, muss die Adapterschraube gehalten und die Kontermutter im Uhrzeigersinn gelockert werden, dann wird der Spiegel wie gewünscht verdreht und die Kontermutter wieder gegen den Uhrzeigersinn angezogen (Abbildung 3.39a).

Kapitel 8
Elektrik

Inhalt (in alphabetischer Reihenfolge, die Zahlen geben die Nummerierung in den grauen Feldern wieder)

Schwierigkeitsgrade

Leicht. Für Anfänger mit wenig Erfahrung geeignet.	**Relativ leicht.** Für Anfänger mit etwas Erfahrung geeignet.	**Relativ schwierig.** Geeignet für geübte Selbstschrauber.	**Schwer.** Geeignet für Selbstschrauber mit viel Erfahrung.	**Sehr schwer.** Geeignet für Experten und Profis.

Technische Daten

Batterie

Typ	
R-Modelle	YTX14-BS (Blei-Gel-Akku)
GT-Modelle	YTZ14S (Blei-Gel-Akku)
Kapazität	
R-Modelle	12 V, 12 Ah
GT-Modelle	12 V, 11,2 Ah
Spannung	
Vollständig geladen	13,0 bis 13,2 Volt
Entladen	unter 12,3 Volt
Laderate	
Normalladung	ca. 1 A über 5 bis 10 Stunden
Schnellladung	max. 5 A über eine Stunde

Ladesystem

Statorspulen-Widerstand	0,15 bis 0,50 Ohm
Nominelle Ausgangsleistung	450 W
Geregelte Ausgangsspannung (DC)	13,5 bis 15,0 Volt bei 5000/min
Ungeregelte Ausgangsspannung (AC)	50 Volt bei 4000/min (min.)
Kriechstrom	1 mA (max.)

Sicherungen

R-Modelle bis 2016

Hauptsicherung (plus Ersatz)	30 A

1 – Stromversorgung f. Steuergeräte und Komponenten	10 A
2 – Dauer-Plus für Zusatzausrüstung (ACC1)	10 A
3 – ABS-Hydraulikeinheit	15 A
4 – ABS-Rücklaufpumpe	25 A

R-Modelle ab 2017

Hauptsicherung (plus Ersatz)	30 A
1 – »KTM Race-on«, Stromversorgung f. Steuergeräte und Komponenten	10 A
2 – Dauer-Plus für Zusatzausrüstung	10 A
3 – Dauer-Plus für Scheinwerfer	10 A
4 – Dauer-Plus für Scheinwerfer	10 A
5 – EECU	10 A
6 – ABS-Rücklaufpumpe	25 A
7 – ABS-Hydraulikeinheit	15 A

GT-Modelle bis 2018

Hauptsicherung (plus Ersatz)	30 A
1 – Stromversorgung f. Steuergeräte und Komponenten, Alarmanlage	10 A
2 – Steckdose, Kennzeichenbel., Diagnosestecker, Dauer-Plus für Zusatzausrüstung (ACC1)	10 A
3 – ABS-Hydraulikeinheit	15 A
4 – ABS-Rücklaufpumpe	25 A
5 – Stromversorgung, Steuereinheiten für Beleuchtung und Federelemente	15 A

GT-Modelle ab 2019

Hauptsicherung (plus Ersatz)	30 A
1 – »KTM Race-on«, Instrumente, Alarmanlage	10 A
2 – Zusatzausrüstung (ACC1)	10 A
3 – Rückleuchten, Kennzeichenbel., Lenkerschalter-Beleuchtung	10 A
4 – Scheinwerfer	10 A
5 – EECU, Zündspulen, Einspritzdüsen, Abgasregelung	10 A
6 – Federelemente-Steuergerät, Kurvenlichter	15 A
7 – ABS-Rücklaufpumpe	25 A
8 – ABS-Hydraulikeinheit	15 A
9 – Zusatzausrüstung (ACC2)	10 A

Lampen

Scheinwerfer	
R-Modelle bis 2016, GT-Modelle bis 2018	60/55 W H4
R-Modelle ab 2017, GT-Modelle ab 2019	LED
Kurvenlichter (GT-Modelle)	LED
Tagfahrlicht/Standlicht	LED
Bremslicht/Rücklicht	LED
Kennzeichenbeleuchtung	5 W sockellos
Blinker	
US-Modelle (GT nur hinten)	10 W RY10 (orange)
alle anderen Modelle	LED
Instrumentenbeleuchtung	LED
Kontrolllampen	LED

Anzugsdrehmomente

	Nm
Lichtmaschinenstator-Schrauben	10
Motorhalterungen und Motorbolzen	45
Öldruckschalter	10
Ölpegel/Temperatursensor	10
Seitenständer – Schrauben der äußeren Halterung	45
Seitenständer – Schrauben der inneren Halterung	
M8-Schrauben	25
M10-Schrauben	45

1 Allgemeine Informationen

1 Alle Modelle sind mit einer 12-Volt-Elektrik ausgerüstet. Die Baugruppe beinhaltet eine Dreiphasen-Wechselstromlichtmaschine und eine separate Regler/Gleichrichter-Einheit.

2 Der Regler begrenzt den Ladestrom, um die Anlage nicht zu überlasten, der Gleichrichter wandelt den in der Lichtmaschine produzierten Wechselstrom (AC) in Gleichstrom (DC) um, den die Verbraucher und die Batterie benötigen. Der Lichtmaschinenrotor sitzt links auf der Kurbelwelle, der Stator befindet sich im Lichtmaschinendeckel.

3 Der Anlasser sitzt zwischen den Zylindern oben am Motorgehäuse. Das Startersystem besteht aus dem Anlassermotor, der Batterie, dem Relais sowie verschiedenen Kabeln und Schaltern. Teile der Verkabelung gehören zum Sicherheitsstromkreis, der ein versehentliches Starten des Motors verhindert (siehe Kapitel 1, Sektion 18).

4 Ein Großteil der Bordelektrik wird vom Zentralen Steuergerät (Central Electronics Control Unit = CECU) überwacht. Die bei diesen Motorrädern verwendeten elektrischen und elektronischen Systeme sind komplex und die Testmöglichkeiten für den Hobbyschrauber sind begrenzt. Falls im Cockpit eine Fehlerwarnung erscheint (und auch nicht nach dem Aus- und Einschalten der Zündung verschwindet), muss das Motorrad mit einer speziellen Diagnoseausrüstung kontrolliert werden.

Anmerkung: *Beachten Sie, dass Elektroteile – einmal gekauft – normalerweise nicht mehr vom Händler umgetauscht werden. Um unnötige Kosten zu vermeiden, sollte ganz sicher gegangen werden, das fehlerhafte Teil genau identifiziert zu haben, bevor ein Ersatzteil gekauft wird.*

2 Elektrik
Fehlersuche

Anmerkung: *Das bordeigene Diagnosesystem erkennt Fehler in der Motorsteuerung sowie den CAN-BUS-Stromkreisen – diese Komponenten können nicht mit einer konventionellen Prüfausrüstung kontrolliert werden.*

Warnung: Um das Risiko von Kurzschlüssen zu verhindern, muss die Zündung stets ausgeschaltet und das Massekabel (–) der Batterie getrennt sein, bevor an irgendwelchen elektrischen Komponenten gearbeitet wird. Vergessen Sie nicht nach der Beendigung der Arbeit oder der Durchführung des Tests, die Anschlüsse wieder anzuschließen.

1 Ein typischer Stromkreis besteht aus einem Verbraucher, entsprechenden Schaltern und Relais sowie Kabeln und Steckern, die das Bauteil mit der Batterie und dem Rahmen (Masse) verbinden. Zur Lokalisierung eines Problems und als Hilfe bei den Kabelfarben können die Schaltpläne am Ende des Kapitels beachtet werden.

2 Bevor Sie einen defekten Stromkreis untersuchen, müssen Sie den Schaltplan studieren, um ein vollständiges Bild über die Bestandteile des Stromkreises zu erhalten. Probleme können beispielsweise dadurch eingekreist werden, indem man andere zum Stromkreis gehörende Komponenten auf ihre Funktion überprüft. Wenn mehrere Komponenten eines Stromkreises gleichzeitig ausfallen, ist es sehr wahrscheinlich, dass der Fehler in der Sicherung oder einem defekten Masseanschluss liegt, da mehrere Stromkreise oftmals an derselben Sicherung oder Masse angeschlossen sind. Masseanschlüsse lassen sich daran erkennen, dass Kabel direkt an den Rahmen oder den Motor geschraubt oder dort mit anderen Befestigungsschrauben gesichert sind (siehe Abbildung). Beachten Sie die Hinweise in Sektion 5, um die Sicherungen zu kontrollieren.

3 Elektrikprobleme sind oftmals auf Kleinigkeiten wie lockere oder korrodierte Stecker oder eine durchgebrannte Sicherung zurückzuführen. Bevor Sie sich auf die Fehlersuche begeben, sollten Sie stets die Sicherungen, Kabel und Stecker des betroffenen Stromkreises einer Sichtkontrolle unterziehen. Wackelkontakte können besonders frustrierend sein, da der Defekt niemals auftritt, wenn man ihn untersuchen will. In solchen Situationen macht es sich gut, alle Verbindungen des betreffenden Stromkreises unabhängig ihres optischen Zustandes zu reinigen. Wackeln Sie an allen Verbindungen und Kabeln, um lockere Stellen zu finden, die Wackelkontakte hervorrufen können.

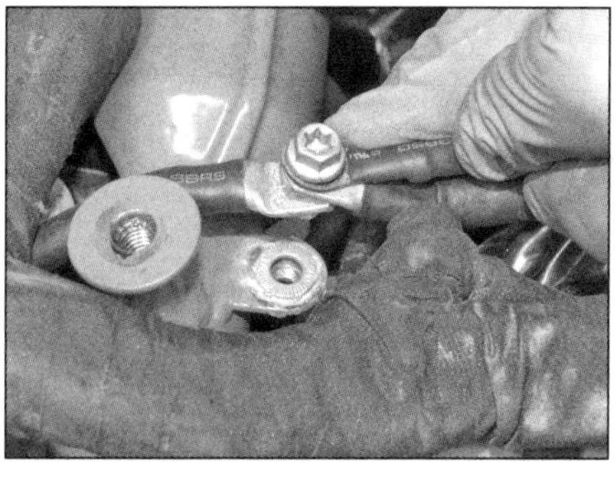

2.2 Diese hinten unter dem Tank sitzende Schraube sichert drei Massekabel am Rahmen.

4 Für Kontrollen am elektrischen System empfiehlt sich ein Multimeter – ein Mehrfachmessgerät, mit dem sich Spannungs-, Stromstärken- und Widerstandsmessungen durchführen lassen (siehe Abbildung). Leicht ablesbare digitale Ausführungen sind nicht teuer. Für einfache Prüfungen reicht auch ein Durchgangstester oder eine Prüflampe, doch können hiermit keine Messungen vorgenommen werden (siehe Abbildungen). Für manche Messungen werden zudem Überbrückungskabel benötigt, mit denen Verbraucher direkt an die Batterie geklemmt werden können.

Durchgangsprüfungen

5 Bei diesem Test wird ermittelt, ob der Strom durch einen Stromkreis fließen kann. Zum Testen eignen sich ein Durchgangsprüfer (der bei geschlossenem Stromkreis piept) oder das auf den Ohm Messbereich geschaltete Multimeter. Beide Geräte arbeiten mit einer eigenen Stromversorgung, sodass die Zündung abgeschaltet sein muss. Zur Sicherheit sollte auch der Masseanschluss (–) der Batterie getrennt werden – ganz besonders, wenn das Zündsystem überprüft wird.

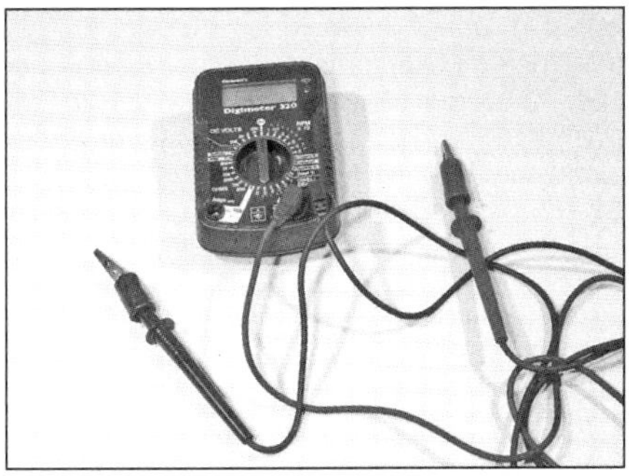

2.4a Ein digitales Multimeter eignet sich für alle elektrischen Prüfungen.

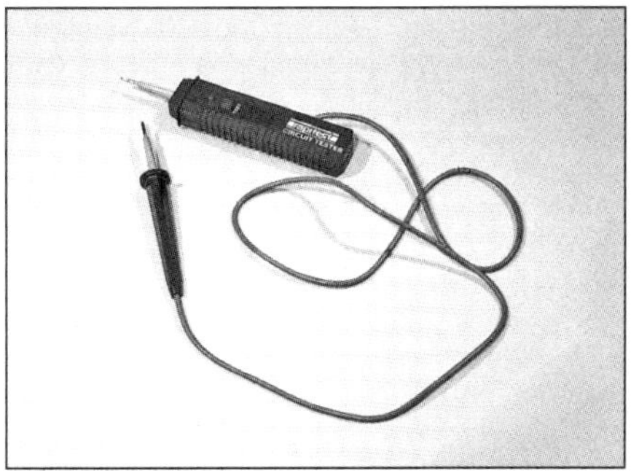

2.4b Ein batteriebetriebener Durchgangstester

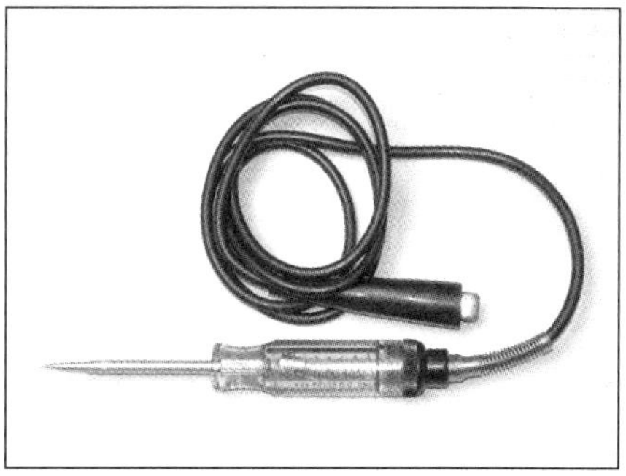

2.4c Eine einfache Prüflampe eignet sich für Spannungsprüfungen.

8

6 Schalten Sie das Multimeter auf die Durchgangs-Funktion (falls vorhanden) oder den Ohm-Messbereich. Halten Sie die beiden Spitzen der Prüfkabel zusammen – das Gerät sollte jetzt durch Piepen oder eine angezeigte Null Durchgang erkennen lassen. Schalten Sie nach dem Prüfen das Gerät aus, damit sich die Batterie nicht entlädt.

7 Ein Durchgangsprüfer kann auf die gleiche Weise benutzt werden – entweder piept er oder eine Lampe leuchtet auf, wenn Durchgang besteht.

8 Bei normalen Durchgangsprüfungen ist die Polarität des Messgerätes egal, allerdings muss beim Prüfen von Dioden oder Magnetschaltern darauf geachtet werden, den genauen Hinweisen über das Verbinden des Plus- und des Minus-Kabels zu folgen.

Durchgangsprüfung am Schalter

9 Scheint ein Schalter defekt zu sein, müssen seine Kabel bis zum Stecker verfolgt werden. Trennen Sie den Stecker und überprüfen Sie, ob seine Kontakte in Ordnung sind. Verschmutzte oder korrodierte Kontakte können Gründe für das Problem sein – reinigen Sie sie und versehen Sie sie mit etwas wasserverdrängendem Lösungsmittel wie WD40 oder Kontaktreiniger und geeignetem Schutzspray.

10 Wird ein Multimeter verwendet, muss es entweder auf die Durchgangs-Funktion (falls vorhanden) oder den Ohm-Messbereich geschaltet werden, dann werden die Prüfkabel-Spitzen mit den Stecker-Kontakten verbunden (siehe Abbildung). Einfache An/Aus-Schalter wie Bremslichtschalter haben nur zwei Kontakte, während kombinierte Schalter wie die Lenkerschalter über mehrere Kabelkontakte verfügen. Studieren Sie den entsprechenden Schaltplan (am Ende dieses Kapitels), um sicherzustellen, dass an den korrekten Kabelkontakten geprüft wird. Bei eingeschaltetem Schalter muss Durchgang bestehen, bei ausgeschaltetem Schalter darf kein Durchgang bestehen.

Durchgangsprüfung bei Kabeln

11 Viele elektrische Probleme sind auf beschädigte Kabel zurückzuführen, was oft an einer falschen Verlegung, Quetschung bei falscher Montage von Teilen sowie lockere oder korrodierte Stecker liegt.

12 Eine Durchgangsprüfung kann an einem einzelnen Kabel durchgeführt werden, nachdem man es an beiden Enden getrennt und hier die Prüfklemmen angeschlossen hat (siehe Abbildung). Ist ein Kabel in Ordnung, wird Durchgang angezeigt – besteht dieser nicht, wird das Kabel irgendwo gebrochen sein.

13 Um den Durchgang eines Massekabels zu Masse zu prüfen, wird eine Prüfklemme an den Massekontakt des Steckers und die andere an den Rahmen, den Motor oder (bei angeschlossenem Massekabel) an den Minuspol der Batterie gehalten. Ist das Kabel und sein Massekontakt in Ordnung, wird Durchgang angezeigt. Wird kein Durchgang festgestellt, wird ein Kabel gebrochen sein oder einen schlechten Massekontakt haben (siehe unten).

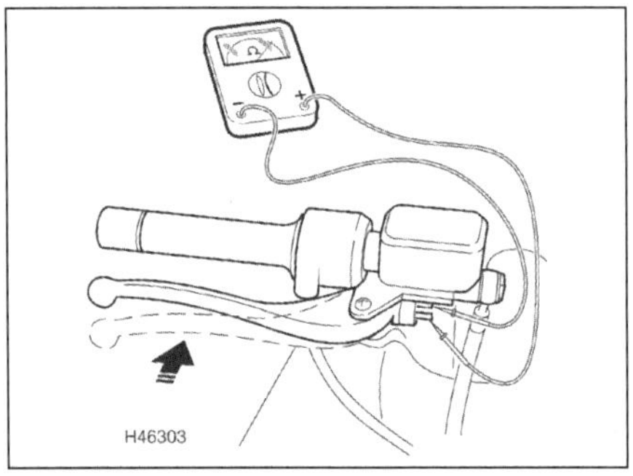

2.10 Prüfung eines Bremslichtschalters – bei betätigter Bremse muss Durchgang bestehen.

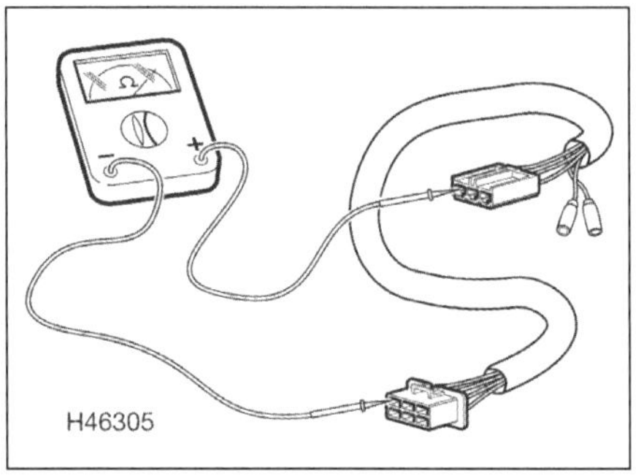

2.12 Prüfung eines Kabelbaums auf Durchgang

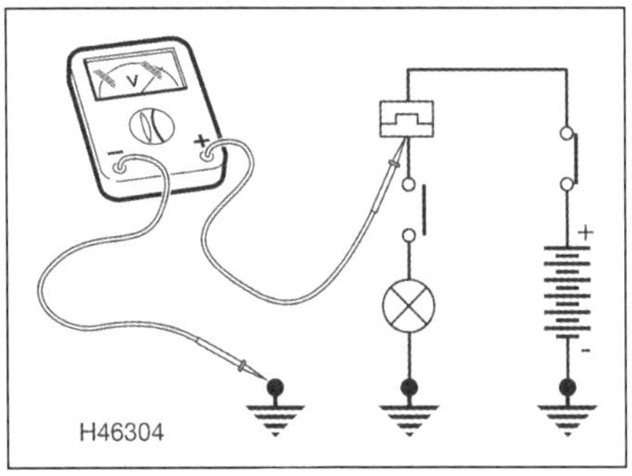

2.15 Schließen Sie bei der Spannungsprüfung das Messgerät parallel zum Stromfluss an.

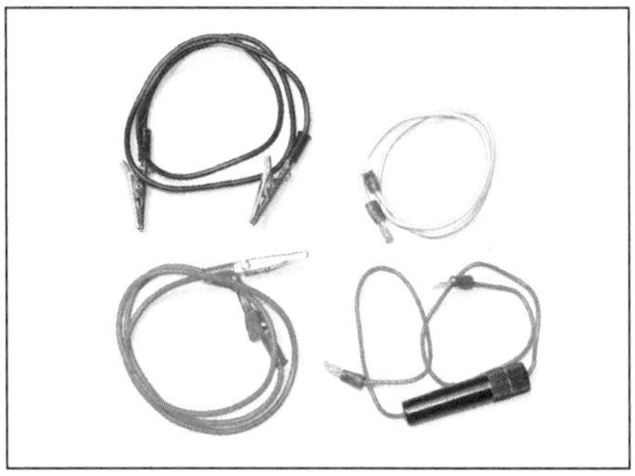

2.23 Verschiedene Überbrückungskabel (z. B. für Masse-Tests)

Spannungs-Prüfungen

14 Eine Spannungsprüfung kann belegen, ob der Strom einen Verbraucher erreicht. Schalten Sie das Multimeter auf den Volt-Messbereich für Gleichstrom (DC), um die Spannung hinter der Batterie oder des Gleichrichters zu prüfen, schalten sie es auf AC (Wechselstrom), um die Spannung der Lichtmaschine zu messen. Für den Gleichstrom-Bereich kann auch eine einfache Prüflampe verwendet werden, doch das Messgerät hat den Vorteil, den Wert der Spannung anzuzeigen.

15 Verbinden Sie die Prüfklemmen parallel zur vorhandenen Verkabelung (siehe Abbildung).

16 Identifizieren Sie zuerst den entsprechenden Stromkreis mithilfe des Schaltplans am Ende dieses Kapitels.

17 Wird ein Messgerät eingesetzt, muss zunächst sichergestellt sein, dass die Prüfklemmen korrekt daran angeschlossen sind – rot an Plus (+), schwarz an Minus (–). Schalten Sie das Messgerät auf den gewünschten Bereich (z. B. 0 bis 20 Volt DC). Verbinden Sie die rote Plusklemme mit dem stromführenden Kabel und die schwarze Minusklemme mit Masse am Motor oder Rahmen oder dem Minuspol der Batterie. Bei eingeschalteten Schaltern muss beispielsweise Batteriespannung oder ein anderer in den technischen Daten angegebener Wert angezeigt werden.

18 Wird eine Prüflampe eingesetzt (Abbildung 2.4c), muss die Plusklemme mit dem stromführenden Kabel und die Minusklemme mit Masse am Motor oder Rahmen oder dem Minuspol der Batterie verbunden werden – bei eingeschaltetem Stromkreis muss die Lampe leuchten.

19 Liegt keine Spannung an, muss man sich zur Stromquelle (z. B. der Batterie) vorarbeiten, um herauszufinden, wo das Problem liegt.

Masse-Prüfung

20 Masseverbindungen gibt es entweder direkt zur Befestigung am Rahmen oder Motor (wie z. B. den Anlasser oder Zündspulen, die nur einen Steckerkontakt für Plus haben) oder über Kabel zum Massekabel an der Batterie. Auch kann ein kurzes Kabel vom Verbraucher direkt zum Rahmen verlegt sein.

21 Korrosion ist genauso ein verbreiteter Grund für eine schlechte Masseverbindung, wie es lockere Anschlüsse sind.

22 Fallen alle oder mehrere Verbraucher gleichzeitig aus, muss die Festigkeit des Haupt-Massekabels (–) an der Batterie überprüft werden, außerdem sind das an den Motor geschraubte Massekabel sowie der/die Haupt-Massepunkt(e) am Rahmen zu kontrollieren (Abbildung 2.2). Bei Korrosion muss der Anschluss freigelegt und

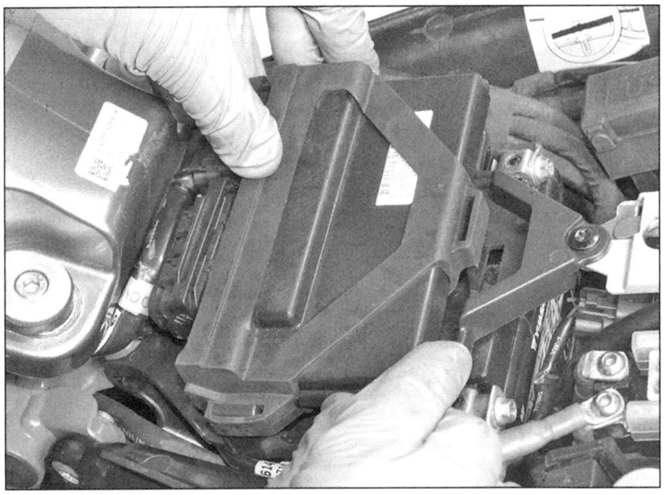

3.3a **Heben Sie das Motorsteuergerät aus seiner Halterung, halten Sie es hoch ...**

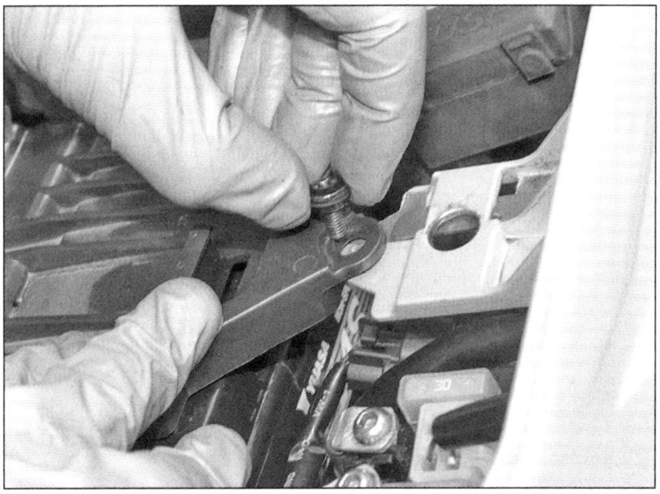

3.3b **... und lösen Sie die Schraube der Abdeckung, ...**

gereinigt werden, bis wieder blankes Metall zum Vorschein kommt. Verbinden Sie den Anschluss und tragen Sie etwas Polfett auf, um weiterem Rost vorzubeugen.

23 Um einen Verbraucher auf guten Masseschluss zu prüfen, muss sein Massekontakt oder sein Gehäuse übergangsweise mithilfe eines Überbrückungskabels (siehe Abbildung) mit dem Rahmen verbunden werden – arbeitet der Verbraucher jetzt, ist sein Masseschluss defekt.

24 Prüfen Sie bei einem Massekabel zunächst seine Anschlüsse auf Korrosion und lockere Kontakte, kontrollieren Sie dann das Kabel auf Durchgang (siehe Schritt 13).

> **Praxis TiPP** ***Bedenken Sie immer: Ein elektrischer Stromkreis soll Strom von der Quelle (der Batterie) durch Kabel, Schalter, Relais usw. zum Verbraucher (Lampe, Anlasser etc.) leiten, von dort aus geht es über die Masseverbindung zurück zur Batterie. Elektrische Probleme sind im Wesentlichen Unterbrechungen dieses Stromflusses.***

3 Batterie
Ausbau und Einbau

1 Die Zündung muss ausgeschaltet sein.
2 Entfernen Sie die Sitze (siehe Kapitel 7).
3 Befreien Sie das Motorsteuergerät und demontieren Sie die Batterieabdeckung (siehe Abbildungen).
4 Lösen Sie an der Batterie zuerst die Schraube des Massekabels (–) und trennen Sie dies vom Batteriepol. Heben Sie dann die rote Isolierung an, um Zugang zum Pluskabel zu erhalten und auch dessen Schraube zu lösen. Ziehen Sie die Batterie aus der Box (siehe Abbildungen).
5 Der Einbau entspricht der umgekehrten Ausbaureihenfolge. Reinigen Sie die Batteriepole mit einer Drahtbürste, feinem Sandpapier oder Stahlwolle. Verbinden Sie zuerst das rote Stromkabel mit dem Pluspol (+) und dann das Massekabel mit dem Minuspol (–). Beachten Sie die Hinweise in der Bedienungsanleitung, um die Uhr und das Datum einzustellen.

3.3c **... um deren vordere Nuten unter den Schraubenköpfen zu befreien und zu entnehmen.**

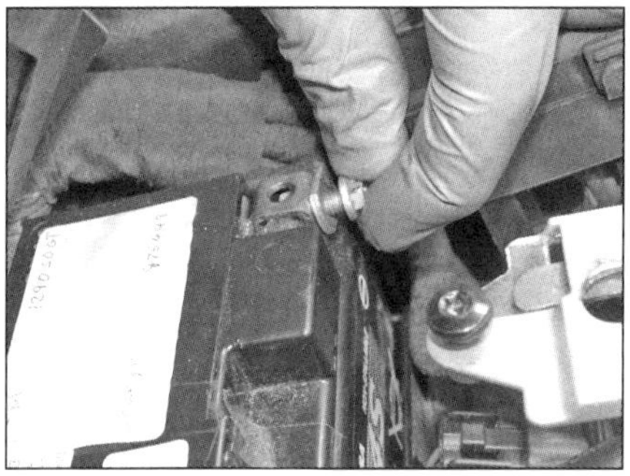

3.4a **Lösen Sie stets zuerst das Minuskabel (–) der Batterie ...**

3.4b **... und dann das Pluskabel (+).**

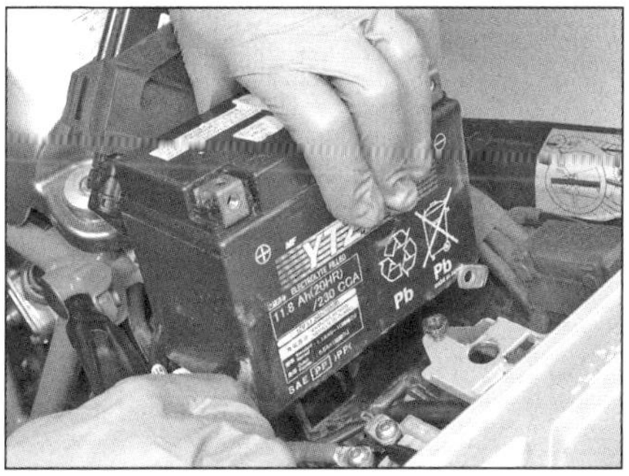

3.4c **Heben Sie die Batterie aus der Box.**

4 Batterie
Wartung und Laden

Achtung: Seien Sie auch bei Arbeiten an solchen abgedichteten Batterie extrem vorsichtig! Die Batteriesäure ist stark ätzend und beim Aufladen entstehen explosive Gase. Batteriesäure ist extrem korrosiv

4.2 Kontrolle der Batteriespannung

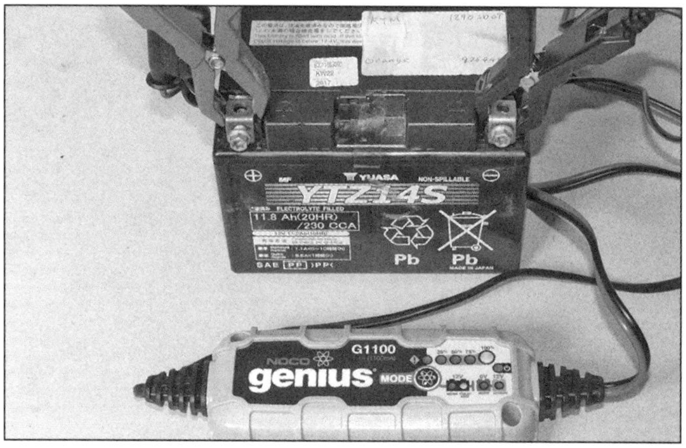

4.7 Eine mit einem Motorradladegerät geladene Batterie

und löst nach kürzester Zeit Lack und Metall an.

Kontrolle

1 Der serienmäßig verwendete Blei-Gel-Akku ist abgedichtet und »wartungsfrei«, benötigt daher keine regelmäßige Wartung. Dennoch sollten die folgenden Kontrollen durchgeführt werden:

2 Kontrollieren Sie den Ladezustand, indem Sie sich bei abgeschalteter Zündung Zugang zu den Batteriepolen verschaffen (siehe Sektion 3) und über diese die Spannung messen – mit der Plusklemme des Messgeräts am Pluspol und der Minusklemme am Minuspol (siehe Abbildung). Vollständig geladen muss die Batterie 13,0 bis 13,2 Volt aufweisen. Falls die Spannung unter 12,3 Volt liegt, muss die Batterie ausgebaut und wie unten beschrieben geladen werden.

3 Kontrollieren Sie die Batteriepole und Anschlüsse auf Korrosion und Festigkeit. Ist Korrosion vorhanden, müssen die Batteriepole wie oben beschrieben gereinigt und dann vor weiterer Korrosion geschützt werden (siehe *Praxis-Tipp*).

Praxis TiPP ***Korrosion der Batteriepole kann auf ein Minimum reduziert werden, wenn man sie nach dem Anschließen der Kabel mit Polfett oder Vaseline versieht. Für diesen Zweck sind auch Sprays erhältlich. Verwenden Sie kein Fett auf Mineral-Basis.***

4 Das Batteriegehäuse muss sauber gehalten werden, damit keine Kriechströme durch den Schmutz fließen und den Akku über längere Zeit entladen. Waschen Sie die Außenseite des Gehäuses mit einer Lösung aus Wasser und Soda. Spülen Sie die Batterie ordentlich ab und trocknen Sie sie. Achten Sie auf Risse im Gehäuse und wechseln Sie die Batterie sofort aus, wenn welche entdeckt werden. Falls Säure auf den Rahmen oder andere Metallteile gespritzt ist, muss sie sofort mit Sodalauge neutralisiert werden. Trocknen Sie alles ab und bessern Sie Lackschäden aus.

5 Falls das Motorrad für längere Zeit nicht benutzt wird, sollten die Batterieanschlüsse gelöst werden – Masse (–) zuerst. Laden Sie die Batterie alle vier bis sechs Wochen nach.

Laden

6 Bauen Sie die Batterie aus (siehe Sektion 3).

7 Verbinden Sie das Ladegerät mit der Batterie, BEVOR Sie es einschalten – gehen Sie dabei sicher, dass die Anschlüsse nicht verwechselt werden – die Plusklemme gehört an den Pluspol und die Minusklemme an den Minuspol (siehe Abbildung).

8 KTM empfiehlt, die Batterie mit 1,0 Ampere über fünf bis zu zehn Stunden zu laden, falls sie vollständig entladen war – oder bis die Spannung 13,2 Volt erreicht, nachdem das Ladegerät entfernt und der Batterie eine halbe Stunde Pause gegönnt wurde. Die tatsächliche Ladezeit hängt von der noch vorhandenen Ladung der Batterie ab; ein Überschreiten dieser Vorgaben kann dazu führen, dass die Batterie überhitzt und sich ihre Platten verziehen, sodass sie durch Kurzschlüsse zerstört wird. Am besten eignet sich ein »intelligentes« Ladegerät, das die Ladung ständig überwacht und seine Leistung entsprechend anpasst. Normale einfache Ladegeräte sollten nach einem möglicherweise stärkeren Anfangsladestrom auf ein niedriges sicheres Level absinken. Stoppen Sie sofort die Ladung, wenn die Batterie warm wird – weiteres Laden wird zu Beschädigungen führen. Im gut sortierten Fachhandel gibt es spezielle Ladegeräte für Motorradbatterien, die sich oft besonders gut für stark entladene MF-Batterien eignen – besonders bei nur gelegentlich genutzten Motorrädern stellen diese gar nicht teuren Geräte eine wertvolle Investition dar. Folgen Sie zum Laden den Hinweisen des Ladegerät-Herstellers. Manche Ladegeräte können dauerhaft an der Batterie angeschlossen bleiben, um sie stets in einem optimalen Ladezustand zu halten. Im Notfall darf die Batterie eine Stunde lang mit 5 Ampere geladen werden – beachten Sie auch (und vor allem) hier die Gefahren durch Überhitzung.

9 Falls sich eine geladene Batterie über kurze Zeit wieder entlädt, wird ein innerer Kurzschluss durch physikalische Beschädigung oder starke Sulfatierung vorliegen und es muss eine neue Batterie beschafft werden.

10 Installieren Sie die Batterie (siehe Sektion 3).

5 Sicherungen

1 Die Bordelektrik als Ganzes ist mit einer Hauptsicherung geschützt, während die verschiedenen Verbraucher mit Sicherung unterschiedlicher Stärken abgesichert sind (siehe *Technische Daten*).

2 Entfernen Sie für den Zugang zu den Sicherungen die Sitze (siehe Kapitel 7). Befreien Sie **beim R-Modell** das Motorsteuergerät und entfernen Sie den Batteriedeckel (Abbildungen 3.3a, b und c).

3 Die Hauptsicherung ist in das Anlasserrelais integriert – entfernen Sie für den Zugang die Abdeckung (siehe Abbildung). Neben der Hauptsicherung sitzt eine Ersatzsicherung.

5.3 Entfernen Sie die Abdeckung, um Zugang zur Hauptsicherung und ihrer Ersatzsicherung (Pfeil) zu erhalten.

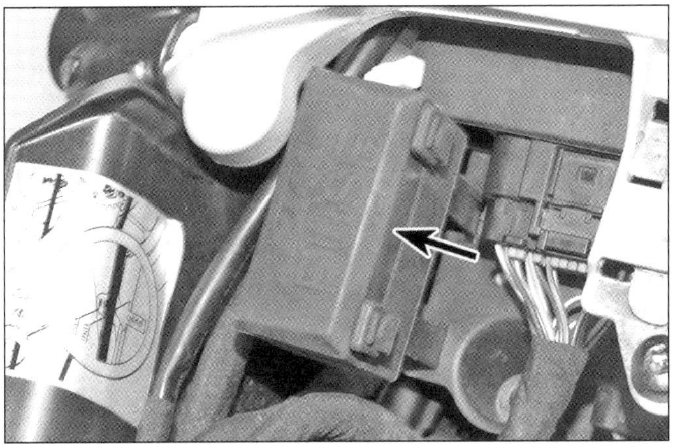

5.4a Die Sicherungsbox ist mit »FUSE« beschriftet – gezeigt beim GT-Modell

5.4b Lösen Sie die Gummilaschen, um den Deckel zu öffnen.

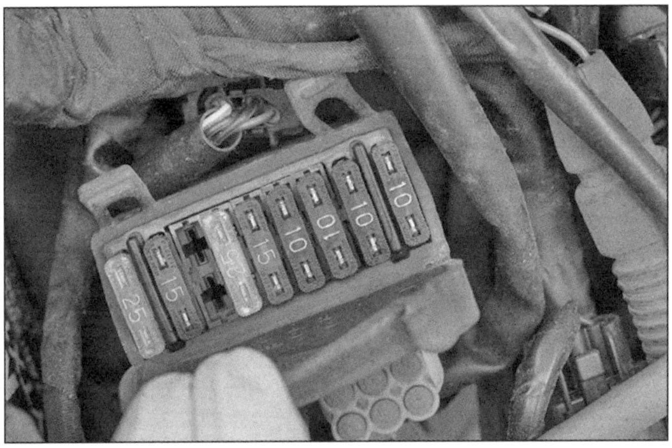

5.4c Sicherungen beim R-Modell von 2014

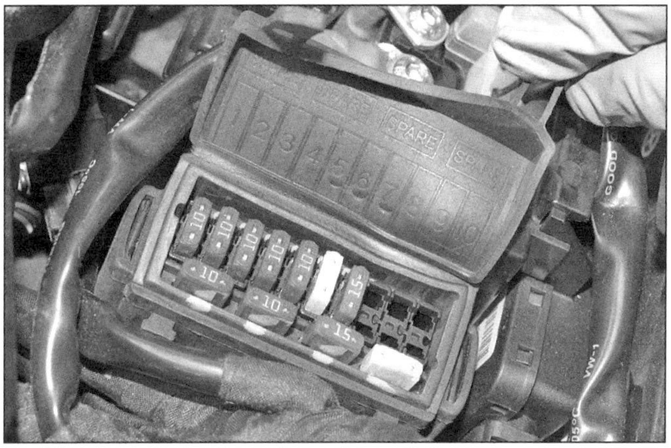

5.4d Sicherungen beim R-Modell von 2019

5.4e Sicherungen beim GT-Modell von 2017

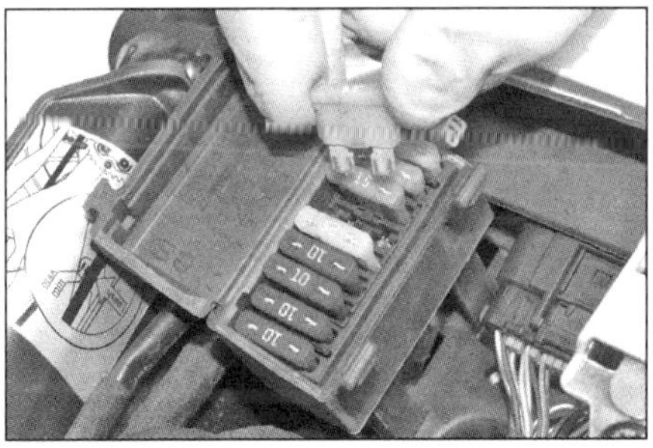

5.5a Ziehen Sie die Sicherung (ggf. mit einer Zange) heraus.

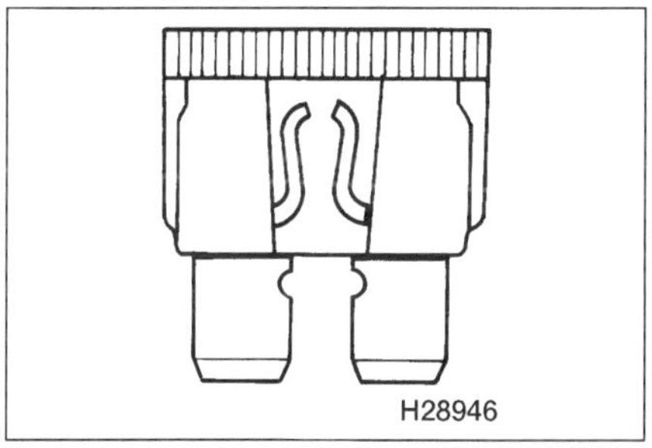

5.5b Eine durchgebrannte Sicherung kann am unterbrochenen Metallstreifen erkannt werden.

4 Alle anderen Sicherungen befinden sich in der Sicherungsbox (siehe Abbildung). Öffnen Sie die Deckel der Box, um Zugang zu den Sicherungen zu erhalten – ihre Nummer ist im Deckel angegeben (siehe Abbildungen). Informationen zu den Sicherungen finden sich in den technischen Daten am Anfang dieses Kapitels und in den Schaltplänen am Ende. Von jeder Absicherungsrate findet sich eine oder zwei Ersatzsicherungen (»SPARE«).

5 Die Sicherungen können ausgebaut und einer Sichtkontrolle unterzogen werden. Ziehen Sie die Sicherung mit den Fingern oder einer geeigneten Zange heraus (siehe Abbildung). Eine durchgebrannte Sicherung ist leicht an der Unterbrechung in der Drahtverbindung zwischen den beiden Kontakten zu erkennen (siehe Abbildung) – im Zweifelsfall muss sie mit einem Durchgangsprüfer oder Ohmmeter geprüft werden (siehe Sektion 2). Jede Sicherung ist deutlich mit dem Wert der maximalen Stromstärke markiert und darf nur durch eine gleich starke ersetzt werden. Nach dem Einsatz einer Ersatzsicherung muss hierfür umgehend Ersatz beschafft werden.

Warnung: Setzen Sie niemals eine stärkere Sicherung ein und überbrücken Sie die Anschlüsse niemals mit Draht oder Ähnlichem, für wie

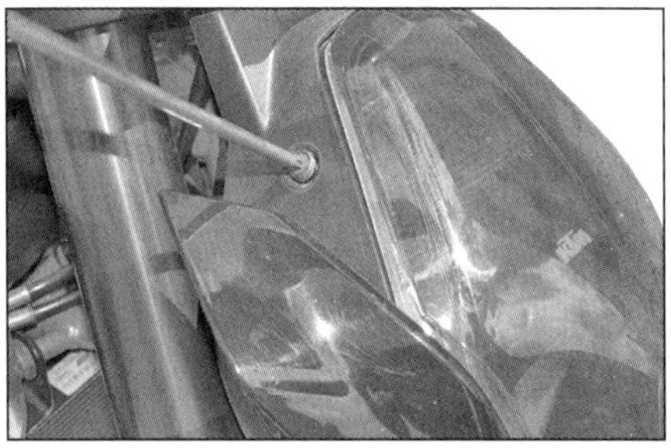

7.1 Der Scheinwerfer des R-Modells ist an beiden Seiten mit einer Schraube gesichert.

7.2a Befreien Sie den Stecker von den Lampen-Kontakten – R-Modell

7.2b Befreien Sie den Stecker von den Lampen-Kontakten – GT-Modell

7.3a Ziehen Sie die Gummikappe ab – R-Modell

7.3b Ziehen Sie die Gummikappe ab – GT-Modell

kurz auch immer. Die elektrische Anlage kann stark beschädigt werden oder in Brand geraten.

6 Falls eine neue Sicherung sofort wieder durchbrennt, muss der Kabelbaum sorgfältig auf den Grund des Kurzschlusses überprüft werden. Achten Sie auf blanke Leitungen und abgeriebene, geschmolzene oder verbrannte Isolationen.

7 Gelegentlich wird eine Sicherung ohne offensichtlichen Grund durchbrennen oder den Stromkreis unterbrechen. Ursache hierfür liegt in korrodierten Kontakten der Sicherung oder ihrer Halterung. Entfernen Sie diese Kontaktschwächen mit einer Drahtbürste oder Schleifpapier und sprühen Sie die Anschlüsse mit Kontaktspray ein.

6 Lichtanlage
Kontrolle

Anmerkung: *Wenn die Zündung für eine Kontrolle eingeschaltet werden muss, darf nicht vergessen werden, sie anschließend – und vor allem vor dem Ausbau irgendwelcher Komponenten – wieder auszuschalten.*

Anmerkung: *Beachten Sie die Hinweise zur Fehlersuche in Sektion 2 sowie die Schaltpläne am Ende des Kapitels.*

1 Traditionelle Glühlampen finden sich lediglich in den Scheinwerfern von R-Modellen bis 2016 und GT-Modellen bis 2018, ansonsten sitzen sie nur noch in den Blinkern von für den US-Markt vorgesehenen Modellen (beim GT-Modell nur hinten). Falls eine dieser Glühlampen ausfällt, muss zuerst die Lampe selbst, dann ihr Sockel in der Lampe und schließlich ihr Kabelstecker kontrolliert werden. Eine durchgebrannte Glühwendel lässt sich oft bei einer Sichtprüfung entdecken, manchmal aber auch erst mithilfe eines Durchgangsprüfers.

2 Alle anderen Lampen (einschließlich der Scheinwerfer bei R-Modellen ab 2017 und GT-Modellen ab 2019) arbeitet mit zahlreichen Licht-emittierende (Dioden (LED); falls eine Lampe komplett ausgefallen ist, liegt wahrscheinlich ein Stromkreis-Problem vor und es muss zuerst die Sicherung und dann der Kabelstecker kontrolliert werden. Falls einzelne LEDs ausgefallen sind, können diese nicht separat ersetzt werden – dies gilt prinzipiell auch für die Instrumenteneinheit, doch gibt es inzwischen Spezialbetriebe, die einzelne LED austauschen können.

3 Bei R-Modellen bis 2016 und GT-Modellen bis 2018 findet sich im Cockpit eine Lichtanlagen-Warnleuchte, die bei einem Defekt einen entsprechenden Hinweis gibt; **beim R-Modell ab 2017 und GT-Modellen ab 2019** übernimmt die General-Warnleuchte diese Aufgabe.

4 Falls kein sichtbarer Fehler gefunden wird, kann in der Bord-Elektronik ein Steuerstromkreis-Problem vorliegen, sodass das Motorrad für eine Diagnose zu einer KTM-Werkstatt gebracht werden muss.

7 Scheinwerferlampe (R-Modelle bis 2016, GT-Modelle bis 2018)

Anmerkung: *Die Halogenlampe des Scheinwerfers darf nicht am Glas angefasst werden, da Flecken das Leben der Lampe verkürzen. Wenn sie doch einmal berührt worden ist, muss sie (im kalten Zustand) sorgfältig mit einem in Spiritus getränkten Lappen abgewischt und vor dem Einbau getrocknet werden. Fassen Sie Lampen immer mit einem Taschentuch oder trockenem Lappen an, um ihre Lebensdauer zu verlängern.*

1 Lösen Sie **beim R-Modell** an beiden Seiten des Scheinwerfers die obere Schraube und schwenken Sie den Scheinwerfer nach vorn (siehe Abbildung).

2 Trennen Sie den Lampenstecker (siehe Abbildungen).

7.4a Lösen Sie die Drahtbügel ...

7.4b ... und befreien Sie die Lampe aus dem Scheinwerfer.

8.2a **Messen Sie den Abstand zwischen dem Scheinwerfer und der Blende, um einen Richtwert für die Leuchtweiteneinstellung zu erhalten.**

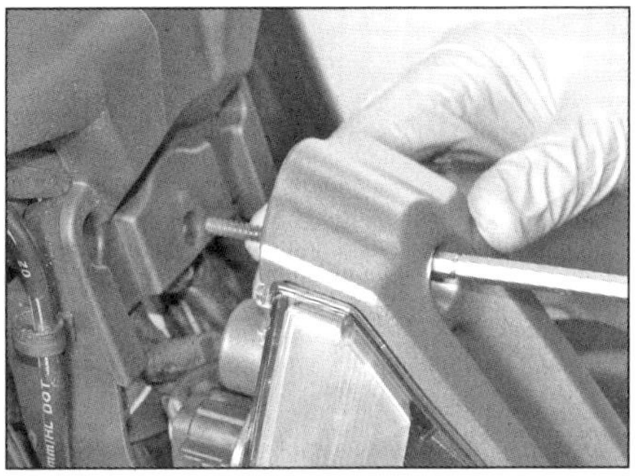

8.2b **Lösen Sie die Leuchtweiten-Verstellschraube und schwenken Sie den Scheinwerfer herunter.**

8.3 **Scheinwerfer-Stecker beim R-Modell ab 2017**

3 Ziehen Sie die Gummikappe ab (siehe Abbildungen).
4 Lösen Sie die Drahtbügel und befreien Sie die Lampe aus dem Scheinwerfer (siehe Abbildungen).
5 Führen Sie die neue Lampe in den Scheinwerfer ein – beachten Sie die Anmerkung oben und richten Sie ihre Laschen korrekt zu den Nuten aus. Sichern Sie die Lampe mit den Drahtbügeln (Abbildung 7.4a).

8.4a **Drücken Sie das äußere Blech des Clips vom Gelenkzapfen ...**

6 Stecken Sie die Gummikappe auf (Abbildungen 7.3a oder b).
7 Verbinden Sie den Lampenstecker (Abbildungen 7.2a oder b).
8 Schwenken Sie **beim R-Modell** den Scheinwerfer hoch und sichern Sie ihn mit den zwei Schrauben (Abbildung 7.1).
9 Prüfen Sie die Funktion der Lampe und stellen Sie die Leuchtweite ein (siehe Kapitel 1, Sektion 17).

8.4b **... und ziehen Sie den Clip ab.**

8 Scheinwerfer

R-Modelle

1 Lösen Sie **beim R-Modell bis 2016** an beiden Seiten des Scheinwerfers die obere Schraube und schwenken Sie den Scheinwerfer nach vorn (Abbildung 7.1).
2 Messen Sie **beim R-Modell ab 2017** den Abstand zwischen der Oberseite des Scheinwerfers und der dahinter liegenden Blende, um beim Einbau einen Richtwert zur Einstellung der Leuchtweite zu erhalten (siehe Abbildung). Lösen Sie die Leuchtweiten-Verstellschraube und schwenken Sie den Scheinwerfer herunter (siehe Abbildung).
3 Trennen Sie den/die Stecker des Scheinwerfers und des Tagfahrlichts sowie der Standlichtlampe (siehe Abbildung).
4 Lösen und entfernen Sie die Clips der Gelenkzapfen, drücken Sie diese heraus und entnehmen Sie den Scheinwerfer (siehe Abbildungen).

8.4c **Drücken Sie die Gelenkzapfen heraus ...**

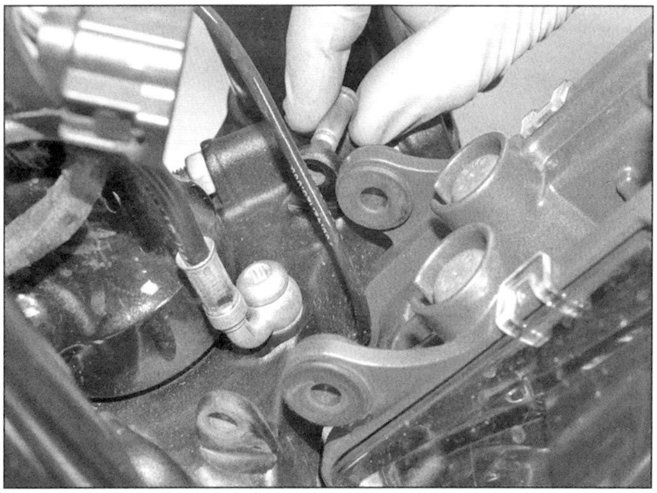

8.4d **... und entnehmen Sie den Scheinwerfer.**

8.8a Lösen Sie vorn an der Abdeckung die Schraube ...

8.8b ... und befreien Sie hinten die Lasche, um sie zu entnehmen.

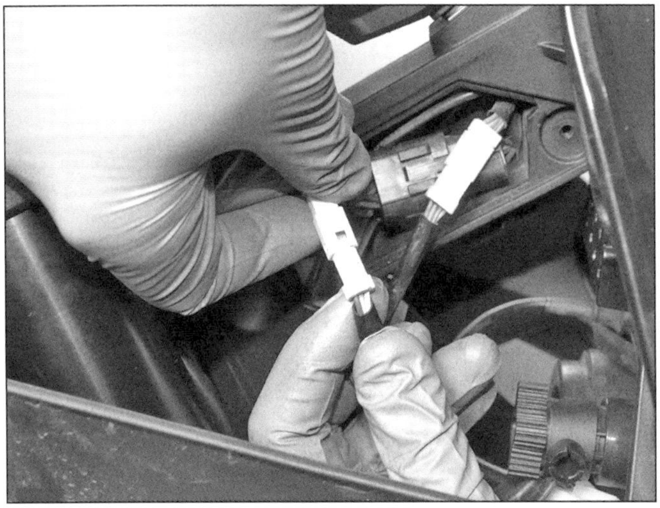

8.8c Trennen Sie den Tagfahrlicht/Standlicht-Stecker.

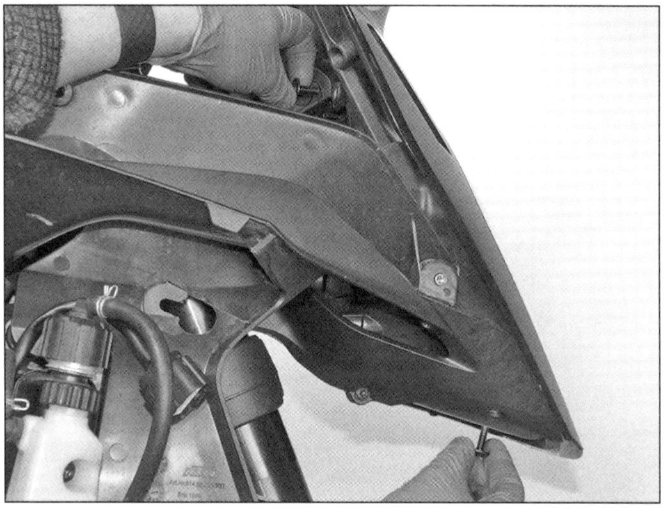

8.9a Lösen Sie die vier Schrauben ...

8.9b ... und entnehmen Sie den Scheinwerfer.

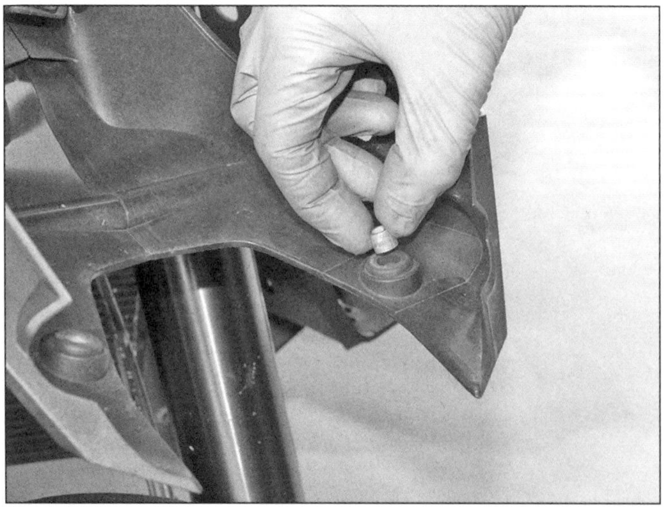

8.9c Stellen Sie lockere Hülsen aus den Tüllen sicher.

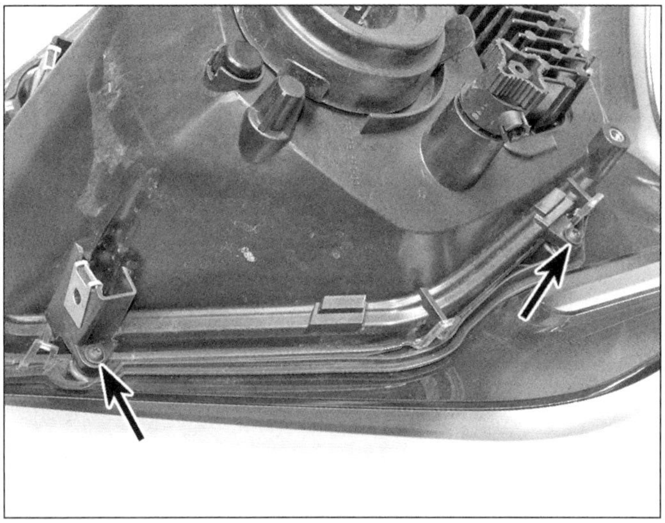

8.10a Lösen Sie an beiden Seiten die zwei Schrauben ...

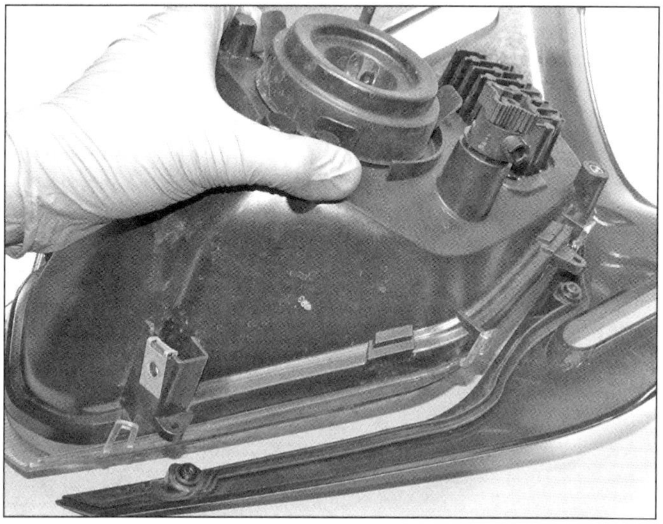

8.10b ... und heben Sie den Scheinwerfer aus der Blende.

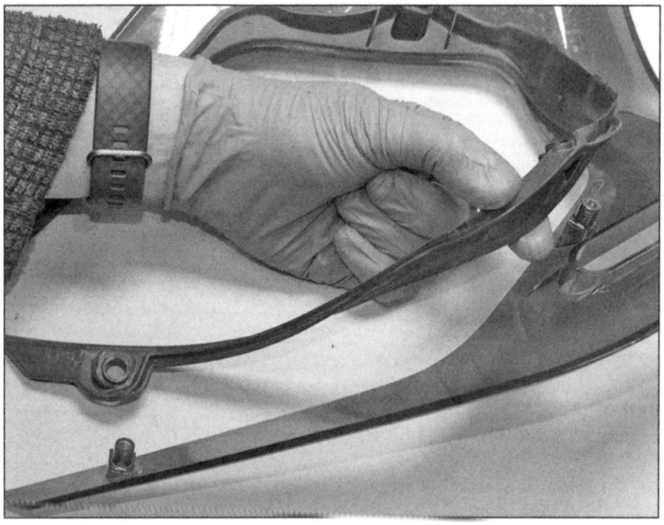

8.10c Der Scheinwerfer-Rahmen kann aus der Blende gehoben werden.

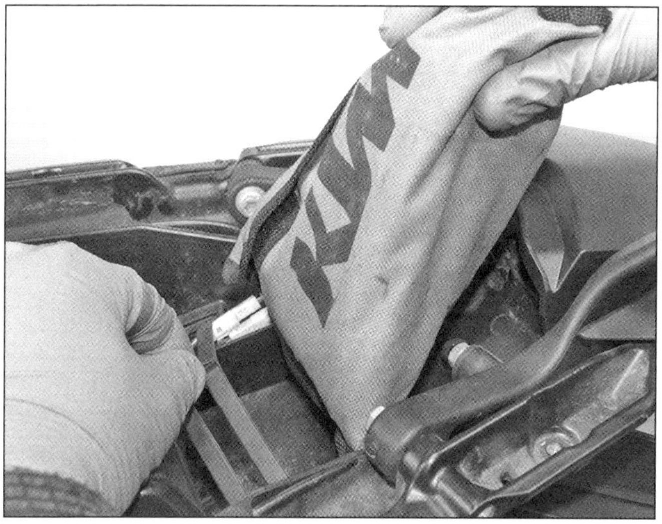

9.1 Entnehmen Sie das Bordwerkzeug.

5 Der Einbau entspricht der umgekehrten Ausbaureihenfolge – beide Gummitüllen müssen in Ordnung sein und in den Bohrungen des Scheinwerfers sitzen (Abbildung 8.4d). Schieben Sie die Gelenkzapfen von außen durch die Aufnahmen und die Tüllen und sichern Sie sie mit den korrekt sitzenden Clips (Abbildungen 8.4c, b und a). Prüfen Sie die Funktion aller Lampen und stellen Sie bei Modellen ab 2017 die Leuchtweite ein (siehe Kapitel 1, Sektion 17).

GT-Modelle

Modelle bis 2018

6 Entfernen Sie das Windschild (siehe Kapitel 7, Sektion 3).

7 Trennen Sie den Lampenstecker (Abbildung 7.2).

8 Entfernen Sie rechts am Scheinwerferhalter die Abdeckung (siehe Abbildungen). Ziehen Sie den Dreistift-Stecker des Tagfahrlichts und der Standlichtlampe heraus und trennen Sie ihn (siehe Abbildung).

9 Lösen Sie an beiden Seiten die zwei Schrauben und entnehmen Sie den Scheinwerfer (siehe Abbildungen) – beachten Sie die Hülsen in den Gummitüllen (siehe Abbildung).

10 Befreien Sie nötigenfalls den Scheinwerfer aus seiner Blende (siehe Abbildungen) – beachten Sie, wie deren Sektionen zusammengesetzt sind (siehe Abbildung).

Modelle ab 2019

11 Lösen Sie an jeder Seite die Schraube.

12 Lösen Sie die Leuchtweiten-Verstellschraube, ziehen Sie den Scheinwerfer nach vorn und trennen Sie den Lampenstecker.

13 Der Einbau entspricht der umgekehrten Ausbaureihenfolge – prüfen Sie die Funktion aller Lampen und stellen Sie bei Modellen ab 2019 die Leuchtweite ein (siehe Kapitel 1, Sektion 17).

9 Rücklicht

1 Entfernen Sie den Beifahrersitz. Demontieren Sie an einer Seite die Heckverkleidung (siehe Kapitel 7). Entnehmen Sie das Bordwerkzeug (siehe Abbildung).

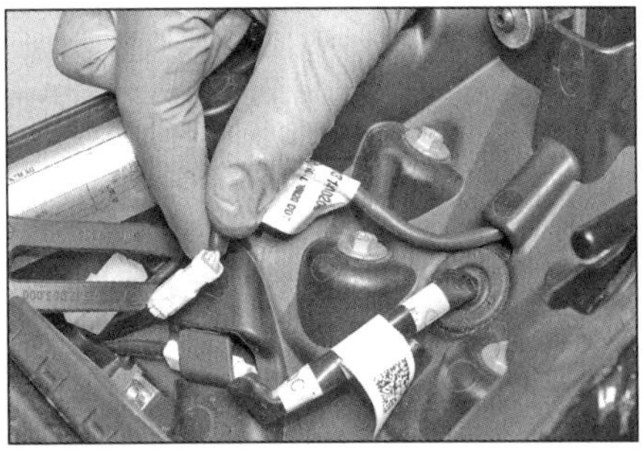

9.2a Trennen Sie den Rücklichtstecker – R-Modelle

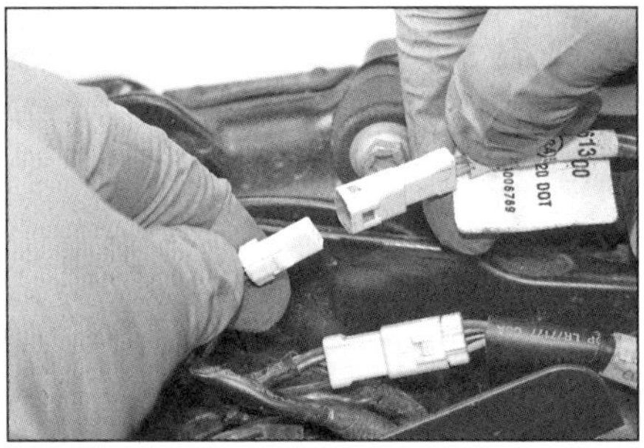

9.2b Trennen Sie den Rücklichtstecker – GT-Modelle

9.3a Hebeln Sie mit einem kleinen Schraubendreher den Gummistopfen heraus ...

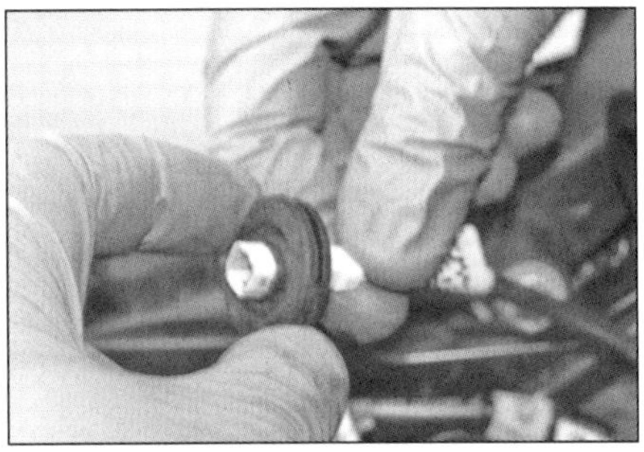

9.3b ... und ziehen Sie ihn vom Kabel ab.

9.4a Rücklicht-Schrauben beim R-Modell. Beachten Sie die Verlegung des Kabels.

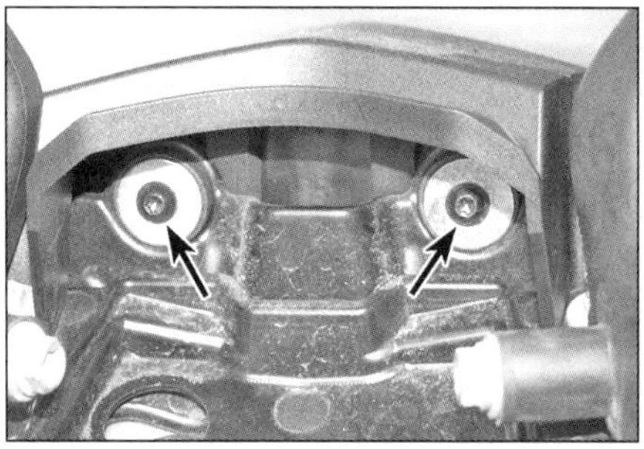

9.4b Rücklicht-Schrauben beim GT-Modell

2 Trennen Sie den Rücklichtstecker (siehe Abbildungen).
3 Befreien Sie den Gummistopfen aus seinem Sitz und ziehen Sie ihn vom Rücklichtkabel (siehe Abbildungen).
4 Lösen Sie die Rücklicht-Schrauben, beachten Sie die Scheiben und ziehen Sie das Rücklicht ab, um seine Zapfen aus den Gummiösen zu befreien (siehe Abbildungen) – ziehen Sie dabei das Kabel vorsichtig heraus und merken Sie sich seine Verlegung (siehe Abbildungen).
5 Der Einbau entspricht der umgekehrten Ausbaureihenfolge – prüfen Sie die Funktion des Rücklichts und des Bremslichts.

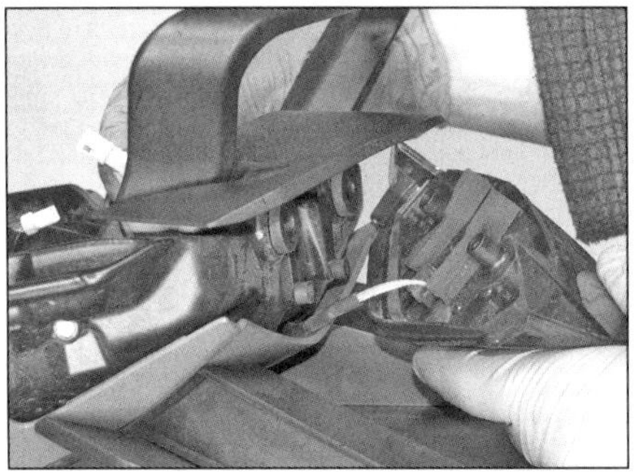

9.4c Ziehen Sie das Rücklicht ab und sein Kabel vorsichtig heraus, ...

9.4d ... beachten Sie beim GT-Modell die Verlegung des Kabels ...

10 Kurvenlicht mit Steuergerät und vordere Blinker (GT-Modelle)

Kurvenlicht und vordere Blinker

1 Demontieren Sie bei Modellen bis 2018 den Tank-Spoiler (siehe Kapitel 7, Sektion 3). Lösen Sie die drei Schrauben und befreien Sie die Lampen-Baugruppe vom Spoiler (siehe Abbildung).
2 Demontieren Sie bei Modellen ab 2019 den Tank-Spoiler (siehe Kapitel 7, Sektion 3). Lösen Sie innen die zwei Schrauben und hinten die drei Schrauben, um den Lampen-Halter zu befreien und den Stecker zu trennen. Lösen Sie nötigenfalls die Schrauben der Leuchte, um diese vom Halter zu lösen.

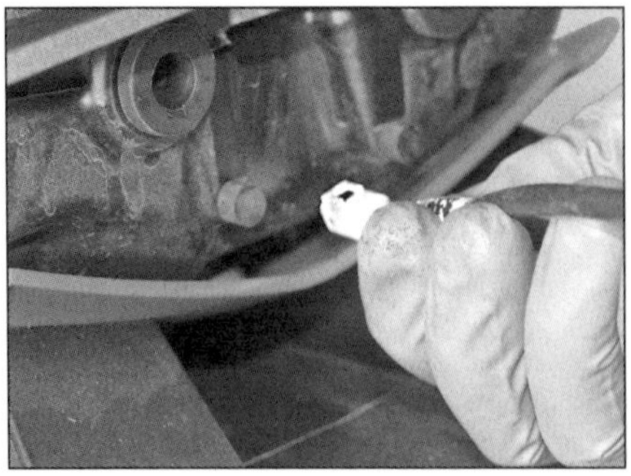

9.4e ... an beiden Seiten der Aufnahme.

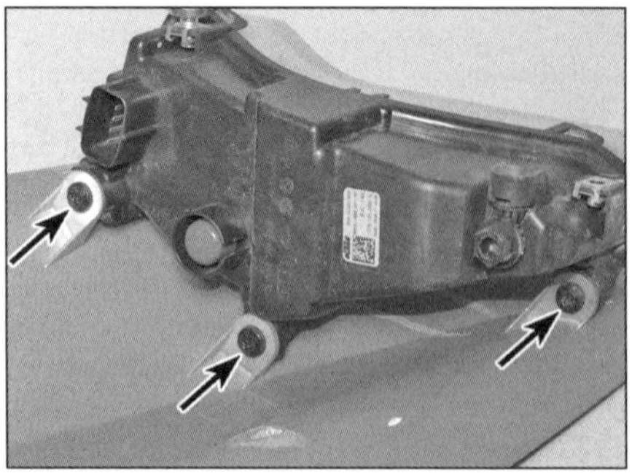

10.1 Schrauben der Kurvenlicht-Leuchte

3 Der Einbau entspricht der umgekehrten Ausbaureihenfolge – prüfen Sie die Funktion der Lampen – beachten Sie zum Kurvenlicht die Hinweise in der Bedienungsanleitung.

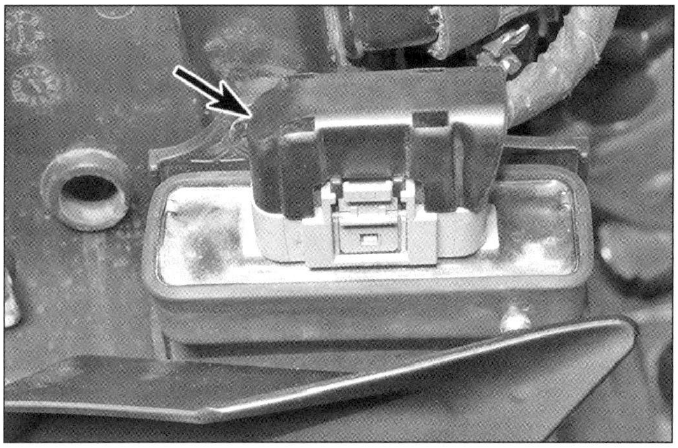

10.5 Kabelstecker des Kurvenlicht-Steuergeräts

11.2 Stecker und Schrauben der Kennzeichenbeleuchtung

Kurvenlicht-Steuergerät

4 Das Kurvenlicht-Steuergerät sitzt links am Wasserkühler. Demontieren Sie für den Zugang den Tank (siehe Kapitel 4, Sektion 2).

5 Trennen Sie den Kabelstecker vom Steuergerät (siehe Abbildung).

6 Heben Sie entweder das Steuergerät aus dem Halter oder befreien Sie es samt Halter aus der Aufnahme.

7 Der Einbau entspricht der umgekehrten Ausbaureihenfolge – prüfen Sie die Funktion des Kurvenlichts.

11 Kennzeichenbeleuchtung

1 Demontieren und zerlegen Sie die Heck-Sektion (siehe Sektion 13, ab Schritt 7).

2 Trennen Sie den Kennzeichenbeleuchtungs-Stecker, lösen Sie die zwei Schrauben und entnehmen Sie die Leuchte (siehe Abbildung).

3 Der Einbau entspricht der umgekehrten Ausbaureihenfolge – prüfen Sie die Funktion der Kennzeichenbeleuchtung.

12 Blinkerlampen (US-Modelle)

Anmerkung: *Lediglich für den US-Markt vorgesehen Modelle sind mit konventionellen Blinkerlampen ausgerüstet – GT-Modelle nur hinten.*

1 Lösen Sie die Schraube des Blinkerglases und befreien Sie es vom Gehäuse.

2 Drücken Sie die Lampe vorsichtig in ihre Fassung und drehen Sie sie nach links, um sie zu entfernen. Kontrollieren Sie die Kontakte des Sockels – wenn sie korrodiert sind, müssen sie gereinigt werden.

3 Richten Sie die Stifte der neuen Lampe zu den Schlitzen des Sockels aus, drücken Sie die Lampe hinein und drehen Sie sie im Uhrzeigersinn, um sie zu arretieren – beachten Sie, dass die orangen Lampen versetzt angeordnete Stifte haben, damit sie nicht durch Klarglas-Lampen ersetzt werden können; daher können sie nur in einer Position in den Sockel installiert werden.

4 Montieren Sie das Blinkerglas und sichern Sie es mit der Schraube – ziehen Sie diese nicht zu fest, da das Glas leicht zerbricht. Prüfen Sie die Funktion des Blinkers.

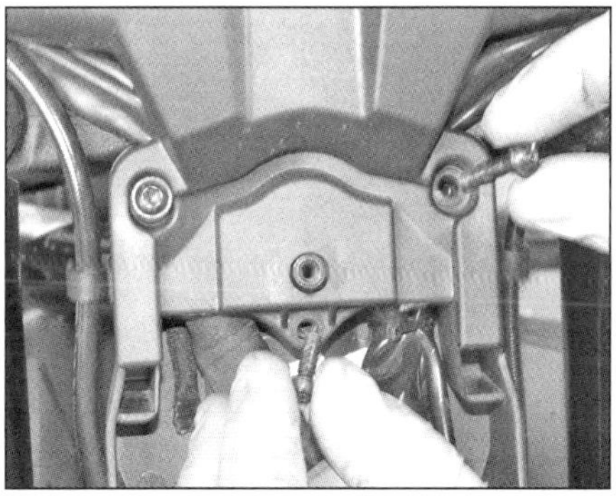

13.2a Lösen Sie die drei Schrauben, ...

13 Blinker-Baugruppen

R-Modelle

Vorn

1 Demontieren Sie den Scheinwerfer (siehe Sektion 8).

2 Trennen Sie **beim R-Modell ab 2017** den Instrumentenstecker (Abbildung 15.3). Lösen Sie die Schrauben der Frontblende und entfernen Sie diese (siehe Abbildungen).

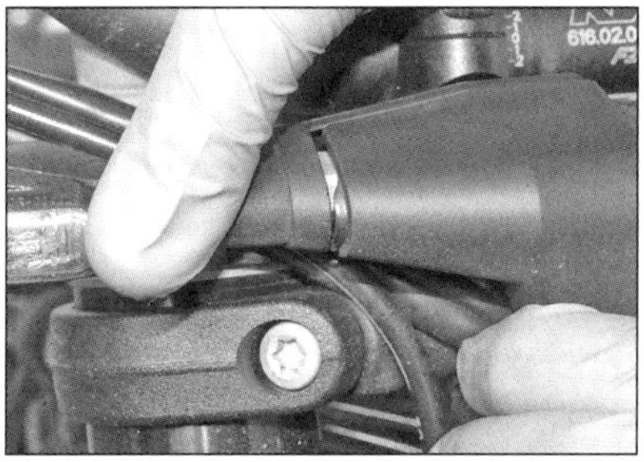

13.2b ... drücken Sie die Blinker leicht zurück, um die Laschen zu befreien, ...

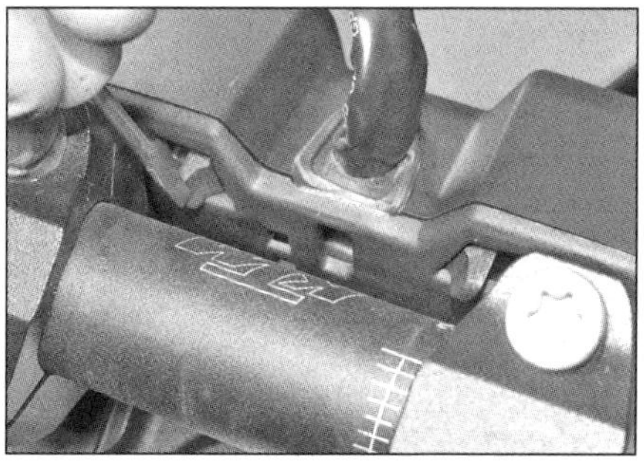

13.2c ... drücken Sie die Clips ein, um die Blende zu lösen, ...

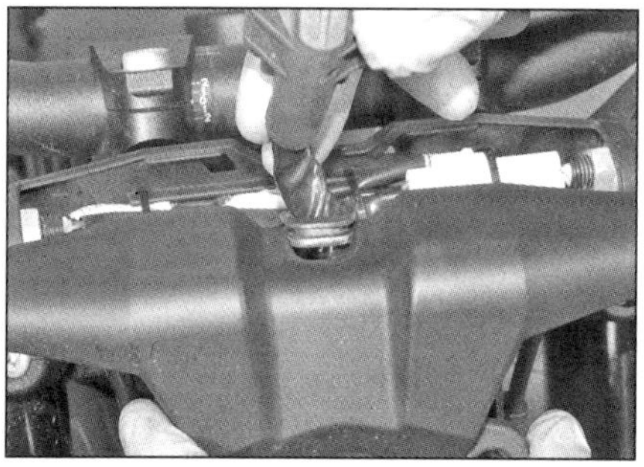

13.2d ... und befreien Sie den Kabel-Stopfen.

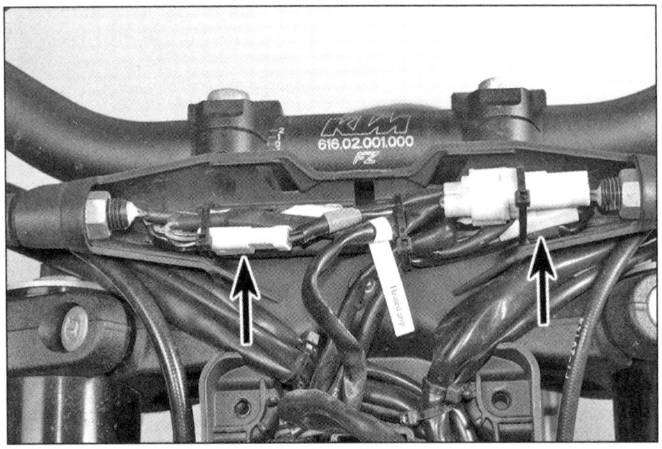

13.3 Blinker-Stecker (Pfeile) – der rechte Stecker ist mit grünem Klebeband umwickelt, der linke mit rotem.

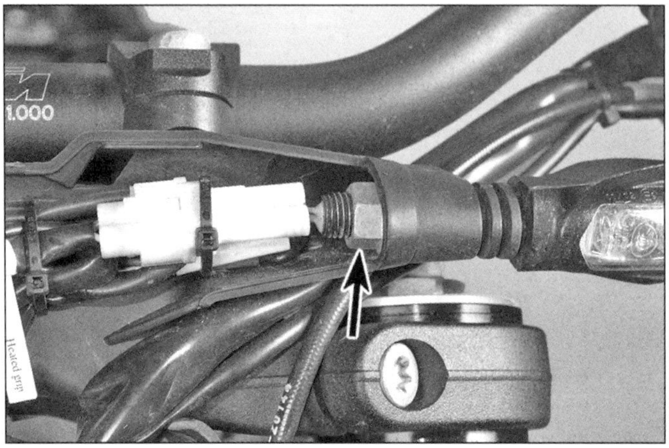

13.4 Blinkerschaft-Mutter

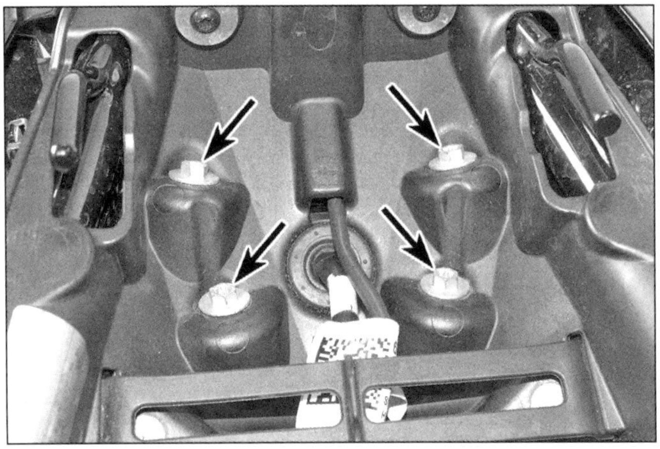

13.9a Die Schrauben der Heck-Innenverkleidung sind beim R-Modell von oben zugänglich ...

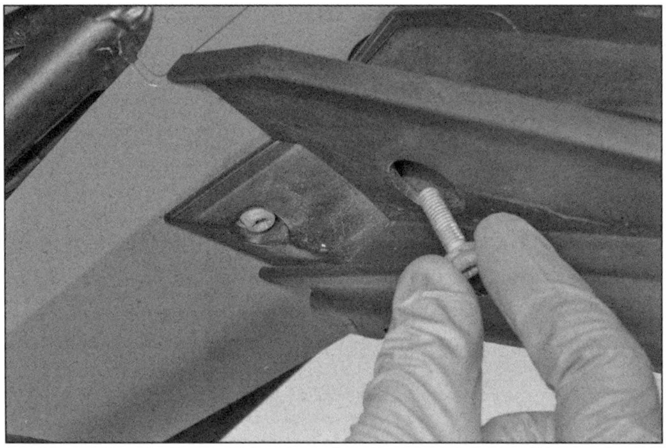

13.9b ... und beim GT-Modell von unten.

3 Befreien und trennen Sie den Blinkerstecker – merken Sie sich die Verlegung der Verkabelung (siehe Abbildung).

4 Lösen Sie die Mutter des Blinker-Schafts und ziehen Sie den Blinker heraus – beschädigen Sie nicht das Kabel (siehe Abbildung).

5 Der Einbau entspricht der umgekehrten Ausbaureihenfolge. Prüfen Sie die Funktion des Blinkers.

GT-Modelle

Vorn

6 Die Blinker sind in die Kurvenlicht-Leuchten integriert – siehe Sektion 10.

Hinten

7 Entfernen Sie den Beifahrersitz (siehe Kapitel 7). Entnehmen Sie das Bordwerkzeug (Abbildung 9.1).

8 Trennen Sie den Rücklichtstecker, befreien Sie den Gummistopfen aus seinem Sitz und ziehen Sie ihn vom Rücklichtkabel (Abbildungen 9.2a oder b sowie 9.3a und b).

9 Lösen Sie die Schrauben der Heck-Innenverkleidung und entnehmen Sie diese – beschädigen Sie beim Durchführen der Kabel nicht die Stecker und merken Sie sich ihre Verlegung (siehe Abbildungen).

10 Entfernen Sie das Kennzeichen und den Spritzschutz von der Heckverkleidung (siehe Abbildungen). Lösen Sie die Schrauben und trennen Sie die obere Sektion von der unteren – merken Sie sich die Verlegung der Verkabelung und trennen Sie nötigenfalls den Stecker der Kennzeichenbeleuchtung (siehe Abbildungen).

11 Trennen Sie den Blinkerstecker, lösen Sie die Mutter, entnehmen Sie die Scheibe und ziehen Sie den Blinker heraus – beschädigen Sie nicht das Kabel (siehe Abbildung).

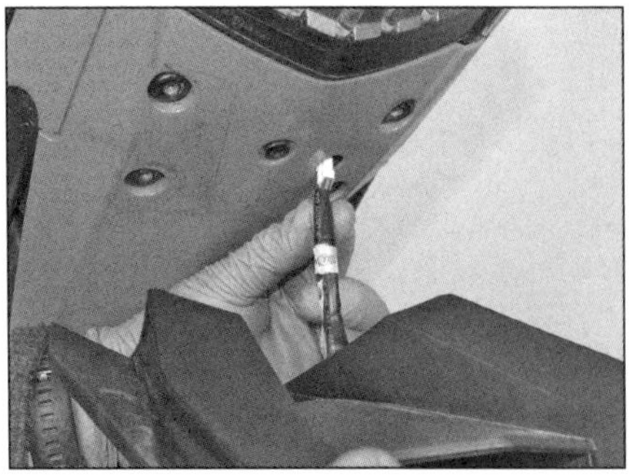

13.9c Ziehen Sie die Kabel vorsichtig durch die Verkleidung.

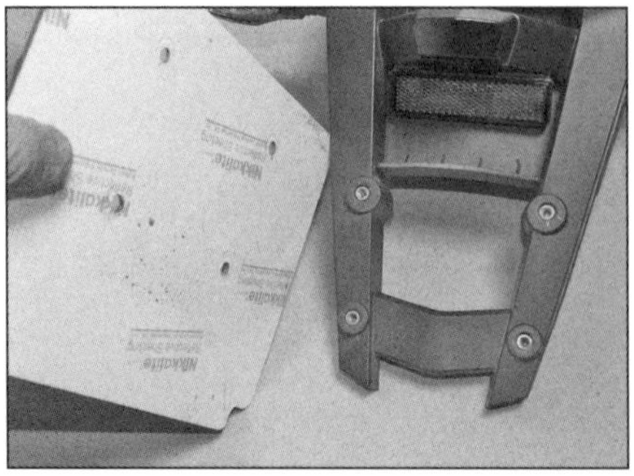

13.10a Entfernen Sie das Kennzeichen, ...

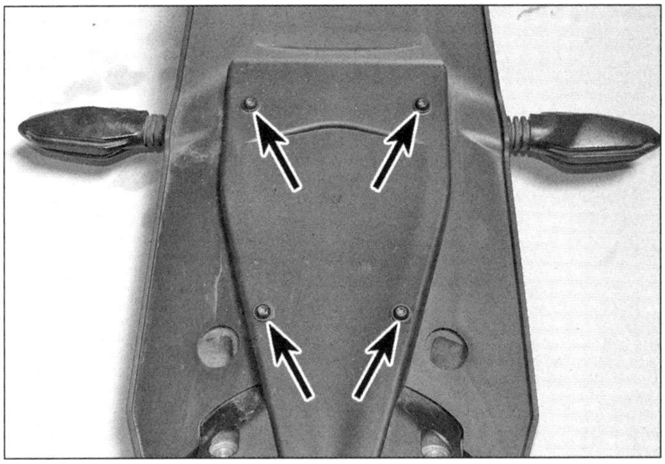

13.10b ... lösen Sie die Schrauben und entnehmen Sie den Spritzschutz.

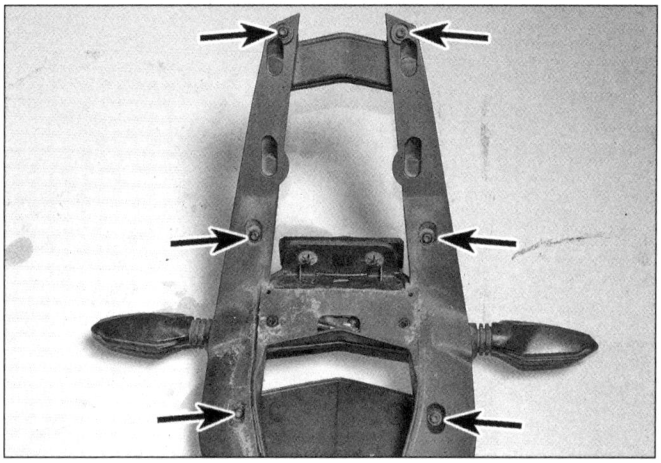

13.10c ... Lösen Sie die sechs Schrauben ...

12 Der Einbau entspricht der umgekehrten Ausbaureihenfolge – legen Sie zuerst die Unterlegscheiben und dann die Sicherungsscheiben auf. Prüfen Sie die Funktion des Blinkers.

14 Bremslichtschalter

Kontrolle

Anmerkung: *Beachten Sie die Hinweise zur Fehlersuche in Sektion 2 sowie die Schaltpläne am Ende des Kapitels.*

1 Der vordere Bremslichtschalter sitzt unten am Handbremszylinder (Abbildung 14.5a). Zum Trennen seines Kabelsteckers müssen das Luftfiltergehäuse (siehe Kapitel 4, Sektion 3) und die Ansaugstutzen demontiert werden (siehe Kapitel 7). Trennen Sie den Stecker (siehe Abbildung) und verbinden Sie die Klemmen eines Durchgangsprüfers mit den schalterseitigen Kontakten. Bei nicht betätigter Bremse darf kein Durchgang bestehen; bei gezogenem Hebel muss Durchgang bestehen – bei anderen Ergebnissen muss der Schalter demontiert und ersetzt werden – er ist nicht einstellbar.

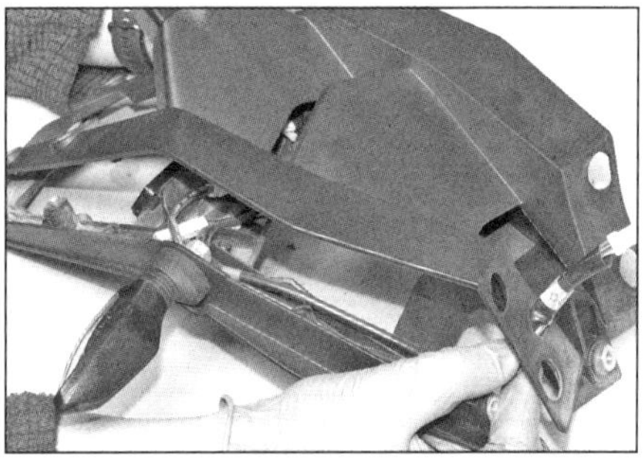

13.10d ... und trennen Sie die obere Sektion von der unteren, ...

13.10e ... merken Sie sich die Verlegung der Kabel – gezeigt am GT-Modell

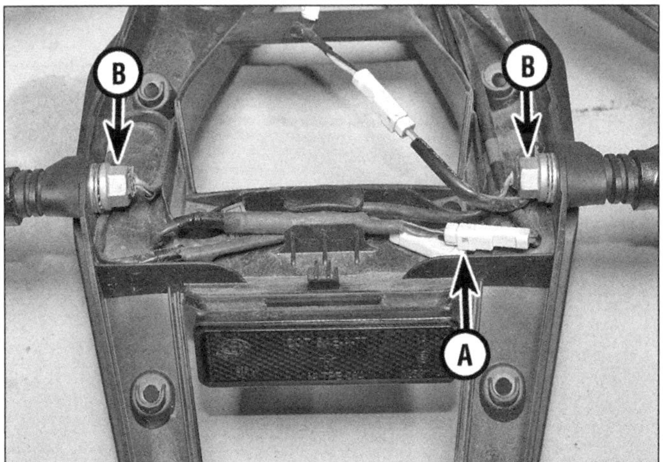

13.11 Blinker-Stecker (A) und Muttern (B)

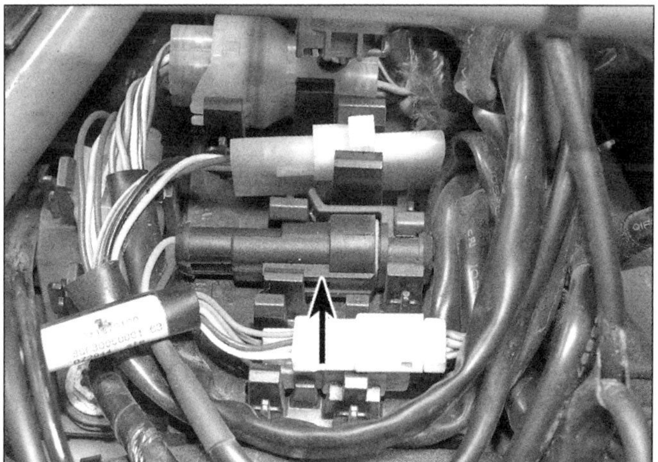

14.1 Stecker (A) und Schraube (B) des vorderen Bremslichtschalters

8

14.2a Stecker des hinteren Bremslichtschalters – R-Modell

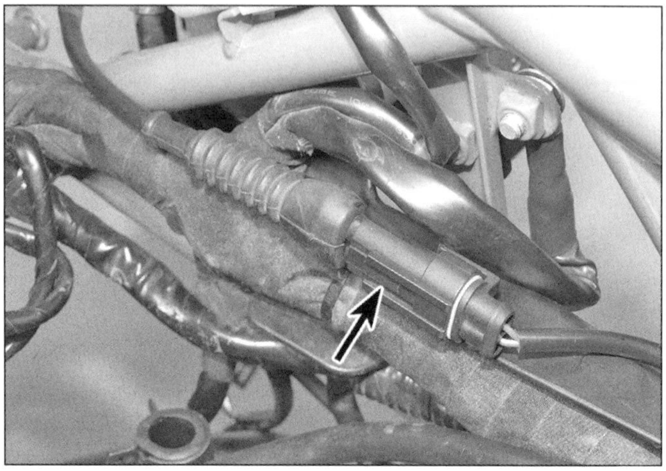

14.2b Stecker des hinteren Bremslichtschalters – GT-Modell

2 Der hintere Bremslichtschalter arbeitet hydraulisch; er sichert die Bremsleitung **beim R-Modell** oben am Fußbremszylinder und beim GT-Modell am ABS-Modulator (Abbildungen 14.8a oder b). Verfolgen Sie **beim R-Modell** das Kabel des Schalters und trennen Sie es am Stecker (siehe Abbildung). Entfernen Sie **beim GT-Modell** das Luftfiltergehäuse (siehe Kapitel 4, Sektion 3), um das Kabel vom Schalter zum Stecker zu verfolgen und dort zu trennen (siehe Abbildung). Verbinden Sie die Klemmen eines Durchgangsprüfers mit den schalterseitigen Kontakte. Bei nicht betätigter Bremse darf kein Durchgang bestehen; bei gedrücktem Pedal muss Durchgang bestehen – bei anderen Ergebnissen muss der Bremslichtschalter demontiert und ersetzt werden – er ist nicht einstellbar.

Ausbau und Einbau

Vorderrad-Bremslichtschalter

3 Demontieren Sie **beim R-Modell** den Scheinwerfer (siehe Sektion 8). Entfernen Sie **beim R-Modell ab 2017** auch die Instrumenten-Baugruppe (siehe Sektion 15). Lösen Sie dann die Schrauben der Front-Blende und entnehmen Sie diese (Abbildungen 13.2a bis d).

4 Trennen Sie den Bremslichtschalter-Stecker (Abbildung 14.1) und führen Sie das Kabel zum Schalter zurück – befreien Sie es aus allen Befestigungen und merken Sie sich seine Verlegung.

5 Hebeln Sie den Schalter mit einem kleinen Schraubendreher vorsichtig aus dem Handbremszylinder (siehe Abbildungen).

6 Der Einbau entspricht der umgekehrten Ausbaureihenfolge – achten Sie auf eine korrekte Verlegung des Kabels. Prüfen Sie die Funktion des Schalters.

Hinterrad-Bremslichtschalter

7 Trennen Sie den Bremslichtschalter-Stecker (Abbildungen 14.2a oder b) und führen Sie das Kabel zum Schalter zurück – befreien Sie es aus allen Befestigungen und merken Sie sich seine Verlegung.

8 Schrauben Sie den Bremslichtschalter aus dem Fußbremszylinder (R-Modelle) oder dem ABS-Modulator (GT-Modelle) und befreien Sie die Bremsleitung unter Beachtung ihrer Ausrichtung (siehe Abbildungen). Dichten Sie die Leitung mit einer Schlauchklemme oder einer Schraube, Mutter und Dichtscheiben, oder auch einem speziellen Anschlussaugen-Dichtwerkzeug ab (siehe Kapitel 6, Abbildungen 3.2b und c), alternativ kann sie auch mit Frischhaltefolie umwickelt werden. Beim Einbau werden neue Dichtscheiben benötigt.

9 Verbinden Sie beim Einbau die Bremsleitung mithilfe neuer Dichtscheiben (an beiden Seiten des Anschlussauges) mit dem Fußbremszylinder oder ABS-Modulator, drehen Sie den Bremslichtschalter hinein, richten Sie die Bremsleitung korrekt aus und ziehen Sie den Schalter sorgfältig an.

10 Verlegen Sie das Kabel zum Stecker, sichern Sie es und schließen Sie es an. Entlüften Sie die Hinterradbremse (siehe Kapitel 6, Sektion 11). Prüfen Sie die Funktion des Schalters.

14.5a Setzen Sie zwischen Bremslichtschalter und Handbremszylinder einen kleinen Schraubendreher an, ...

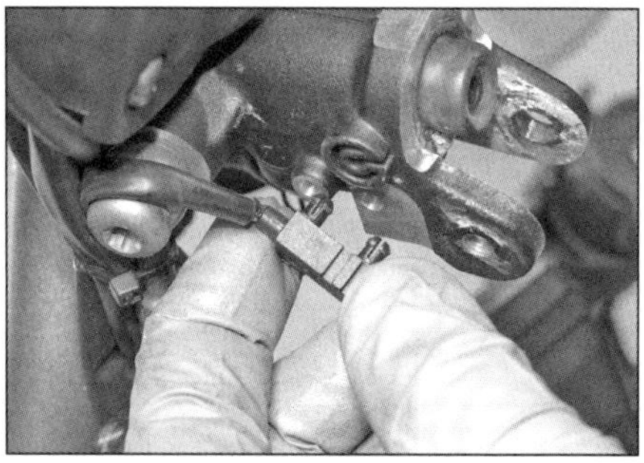

14.5b ... um seine zwei Zapfen aus ihren Bohrungen zu befreien.

14.8a Hinterrad-Bremslichtschalter – R-Modell

14.8b Hinterrad-Bremslichtschalter – GT-Modell

15.1a Lösen Sie die drei Instrumenten-Schrauben, ...

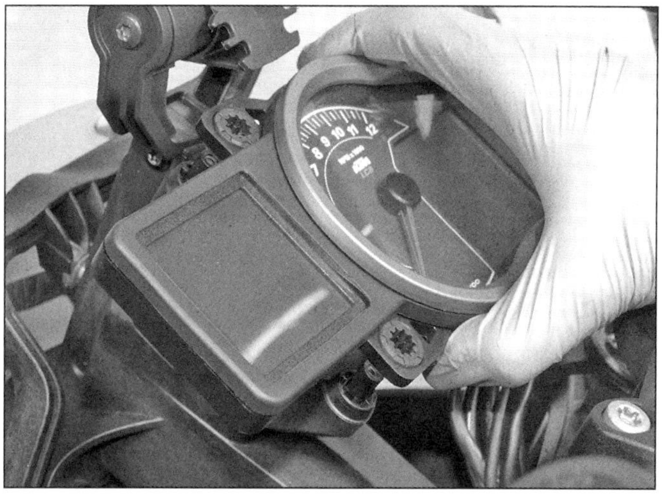

15.1b ... heben Sie das Instrument von seinen Zapfen ...

15 Instrumente
Ausbau und Einbau

R-Modelle bis 2016, GT-Modelle bis 2018

1 Lösen Sie die drei Schrauben und entnehmen Sie sie samt ihrer Scheiben. Heben Sie die Instrumenten-Baugruppe an und trennen Sie seinen Kabelstecker (siehe Abbildungen).

R-Modelle ab 2017, GT-Modelle ab 2019

2 Entfernen Sie **beim GT-Modell** das Windschild (siehe Kapitel 7, Sektion 3).
3 Trennen Sie den Instrumentenstecker (siehe Abbildung).
4 Lösen Sie die drei Schrauben und entnehmen Sie sie samt ihrer Scheiben. Heben Sie die Instrumenten-Baugruppe ab (siehe Abbildung).
5 Der Einbau entspricht der umgekehrten Ausbaureihenfolge – ersetzen Sie ggf. verhärtete oder anderweitig beschädigte Gummistopfen. Vergessen Sie nicht, die Schrauben mit den Scheiben auszurüsten.

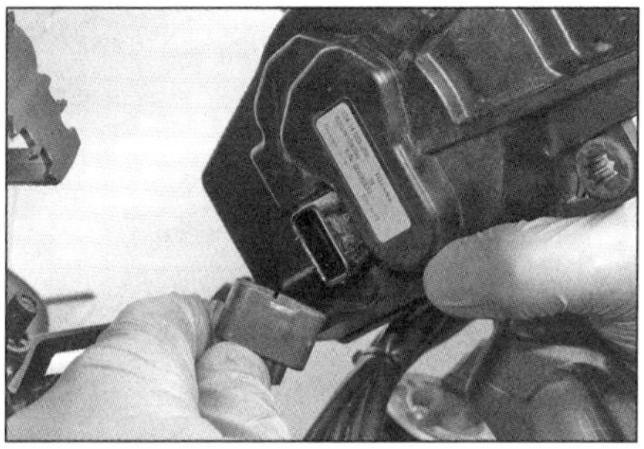

15.1c ... und trennen Sie den Instrumentenstecker.

15.3 Trennen Sie den Instrumentenstecker.

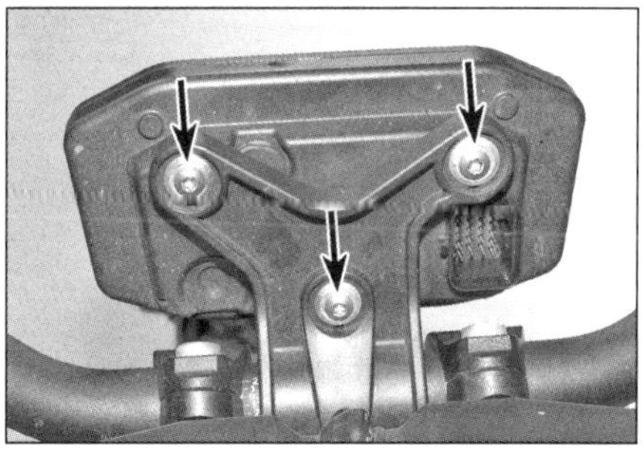

15.4 Schrauben der Instrumenten-Baugruppe

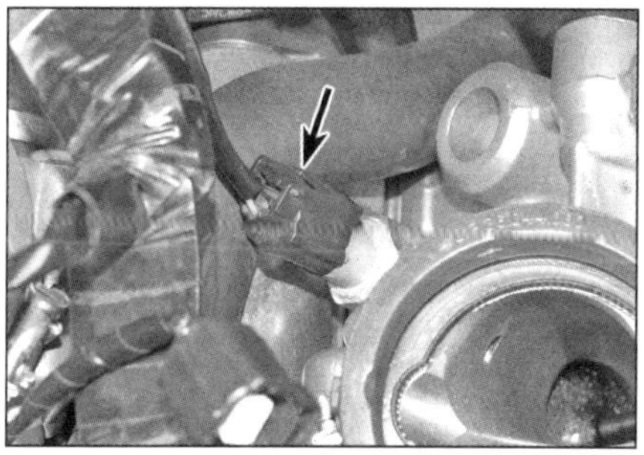

16.2 Stecker des Öldruckschalters

16 Öldruckschalter/Ölpegel- und Temperatursensor

1 Die Öldruck-Warnleuchte leuchtet nach dem Einschalten der Zündung auf und muss wenige Sekunden nach dem Start des Motors erlöschen. Die Ölpegel-Warnleuchte leuchtet nur, wenn der Pegel zu niedrig ist. Falls die Öldruck-Warnleuchte nicht erlischt oder bei laufendem Motor aufzuleuchten beginnt, oder falls die Ölpegel-Warnleuchte aufleuchtet, muss der Motor unverzüglich abgeschaltet werden, um eine Ölpegel-Kontrolle durchzuführen (siehe Kapitel 1, Sektion 11). Soweit der Pegel in Ordnung ist, wird eine Öldruckprüfung nötig (siehe Kapitel 2, Sektion 3).

Kontrolle
Öldruckschalter

2 Falls die Öldruck-Warnleuchte nach dem Einschalten der Zündung nicht aufleuchtet, aber alle anderen Instrumenten-Funktionen aktiv sind, muss das Drosselklappengehäuse demontiert (siehe Kapitel 4, Sektion 14) und der Stecker des Öldruckschalters abgezogen werden (siehe Abbildung). Verbinden Sie bei eingeschalteter Zündung den Kontakt des Steckers mithilfe eines Überbrückungskabels mit Masse (am Motorgehäuse) – wenn jetzt die Warnlampe leuchtet, ist der Schalter defekt.
3 Falls trotz korrekten Öldrucks die Warnleuchte nach dem Motorstart nicht erlischt oder bei laufendem Motor aufleuchtet, wird der Schalter defekt sein und muss erneuert werden.

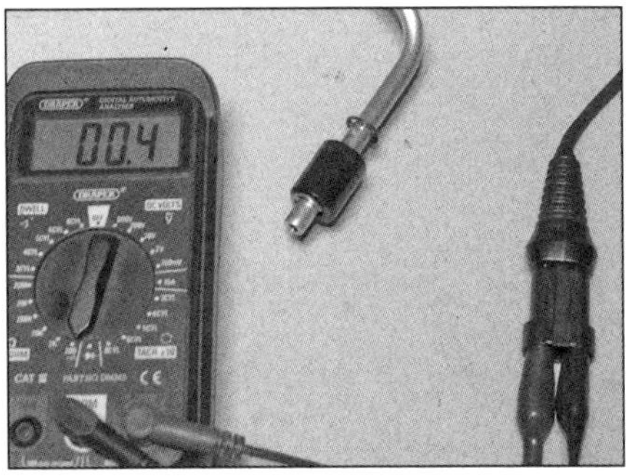

16.6a Bei unten stehendem Schwimmer darf nur ein geringer Widerstand abgelesen werden.

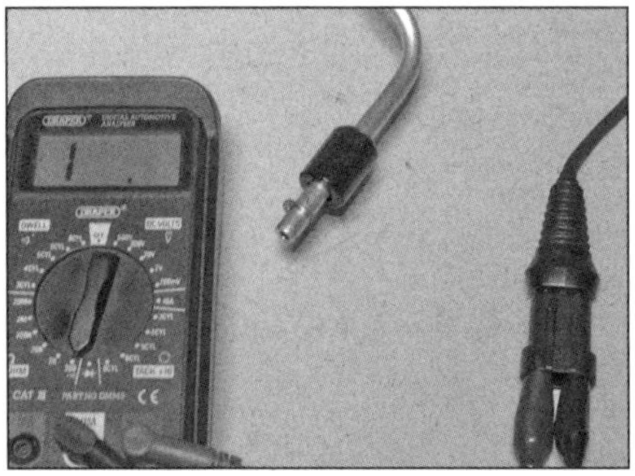

16.6b Bei oben stehendem Schwimmer darf kein Durchgang ermittelt werden.

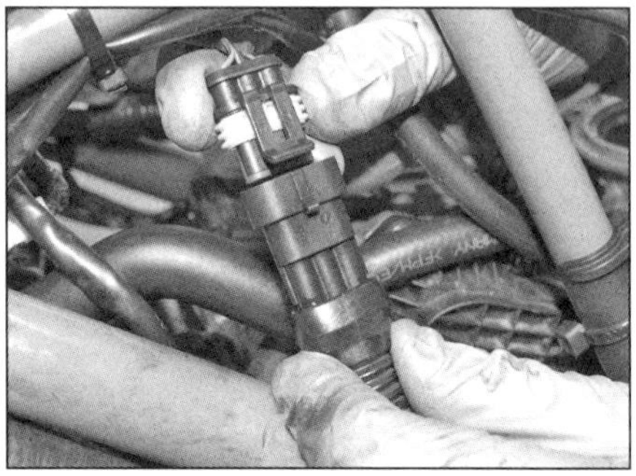

16.16 Kabelstecker des Ölpegel- und Temperatursensor

16.17a Lösen Sie die zwei Schrauben des Einfüllstutzens ...

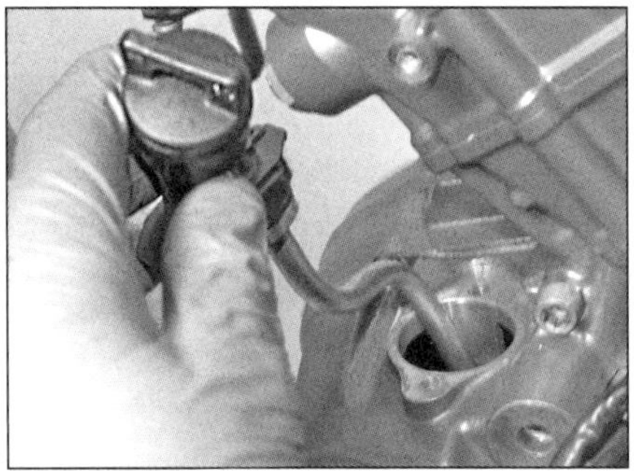

16.17b ... und befreien Sie diesen – beschädigen Sie beim Herausziehen nicht den Schwimmer.

16.18 Die zwei O-Ringe am Flansch des Sensors

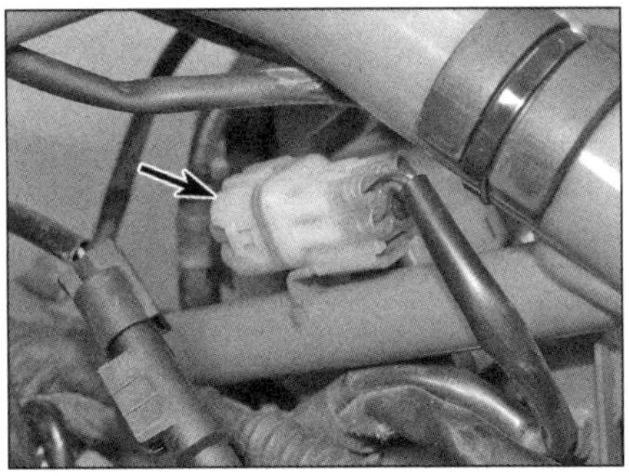

17.3a Zündschloss-Stecker beim 2017er GT-Modell

17.3b Zündschloss-Stecker eines R-Modells von 2019 mit Funkschlüssel-System

17.4a Zündschloss-Schrauben beim GT-Modell von 2017

17.4b Zündschloss-Schrauben eines R-Modells von 2019 mit Funkschlüssel-System

Ölpegel/Temperatursensor

4 Demontieren Sie den Sensor (siehe unten).

5 Prüfen Sie, ob sich der Schwimmer frei und sanft auf und ab bewegt.

6 Für die Kontrolle muss ein Durchgangsprüfer mit den äußeren Kontakten des Sensorsteckers verbunden werden: Bei unten stehendem Schwimmer muss Durchgang bestehen und bei oben stehendem Schwimmer darf kein Durchgang bestehen (siehe Abbildungen).

Ausbau und Einbau

Öldruckschalter

7 Der Öldruckschalter ist links hinten in den vorderen Zylinderkopf geschraubt. Demontieren Sie das Drosselklappengehäuse (siehe Kapitel 4, Sektion 4).

8 Ziehen Sie den Stecker vom Öldruckschalter (Abbildung 16.2).

9 Schrauben Sie den Öldruckschalter heraus – seien Sie auf etwas austretendes Öl vorbereitet. Der O-Ring muss beim Einbau erneuert werden.

10 Installieren Sie den mit einem neuen O-Ring ausgerüsteten Schalter und ziehen Sie ihn mit 10 Nm an.

11 Verbinden Sie den Stecker mit dem Öldruckschalter (Abbildung 16.2).

12 Montieren Sie das Drosselklappengehäuse (siehe Kapitel 4, Sektion 4).

13 Starten Sie den Motor und kontrollieren Sie den Bereich um den Schalter auf Undichtigkeiten. Prüfen Sie die Funktion des Schalters.

Ölpegel/Temperatursensor

14 Der Sensor sitzt im Einfüllstutzen des links vorn in den Motor integrierten Öltanks.
15 Entfernen Sie **beim GT-Modell** die linke Tankblende (siehe Kapitel 7, Sektion 3).
16 Verfolgen Sie das Kabel des Sensors und trennen Sie es am Stecker (siehe Abbildung). Führen Sie die Verkabelung zum Sensor zurück – befreien Sie sie aus allen Befestigungen und merken Sie sich die Verlegung.
17 Lösen Sie die Schrauben und befreien Sie den Sensor aus dem Öltank (siehe Abbildungen).
18 Kontrollieren Sie die zwei O-Ringe und erneuern Sie sie nötigenfalls (siehe Abbildung).
19 Führen Sie den Sensor vorsichtig in den Öltank ein, installieren Sie die Schrauben und ziehen Sie sie mit 10 Nm an (Abbildungen 16.17b und a).
20 Verlegen Sie das Kabel wie beim Ausbau notiert zum Stecker, sichern Sie es und verbinden Sie die Stecker (Abbildung 16.16).
21 Montieren Sie **beim GT-Modell** die Tankblende (siehe Kapitel 7, Sektion 3).

17 Zündschloss

Ausbau und Einbau

1 Trennen Sie auf jeden Fall den Masseanschluss (–) der Batterie, um keinen Kurzschluss zu verursachen (siehe Sektion 3).
2 Demontieren Sie den Tank (siehe Kapitel 4, Sektion 2).
3 Befreien und trennen Sie den Zündschloss-Stecker (siehe Abbildungen). Führen Sie die Verkabelung zum Zündschloss zurück – befreien Sie sie aus allen Befestigungen und merken Sie sich die Verlegung.
4 Das Zündschloss ist von mit speziellen Schrauben am Rahmen gesichert, die mit konventionellen Werkzeugen nicht wieder gelöst werden können (siehe Abbildungen) – um sie wieder zu lösen, müssen ihre Köpfe ausgebohrt oder die Schrauben mithilfe eines Meißels schrittweise herausgedreht werden.
5 Der Einbau entspricht der umgekehrten Ausbaureihenfolge – beschaffen Sie beim KTM-Händler neue Zündschloss-Schrauben – verwenden Sie keine normalen Schrauben. Ziehen Sie diese Schrauben an, bis die Köpfe abscheren. Verlegen Sie das Kabel wie beim Ausbau notiert zum Stecker, sichern Sie es und verbinden Sie die Stecker.

18 Lenkerschalter

1 Im Allgemeinen funktionieren die Schalter zuverlässig und problemlos. Wenn Probleme auftreten, liegt es oft an Schmutz und korrodierten Kontakten, aber auch Verschleiß und Brüche innerer Teile sind Möglichkeiten, die nicht übersehen werden dürfen. Wenn irgendeine Unterbrechung auftritt, muss der entsprechende Schalter samt angeschlossener Kabel ersetzt werden, da Einzelteile nicht erhältlich sind.

Ausbau

Rechtes Schaltergehäuse

2 Bei R-Modellen bis 2016 und GT-Modellen bis 2018 beinhaltet das rechte Schaltergehäuse auch den Gasgriff-Sensor, dessen Ausbau in Kapitel 4, Sektion 7 beschrieben ist.
3 Bei R-Modellen ab 2017 und GT-Modellen ab 2019 ist der Gasgriff-Sensor zwar vom Schaltergehäuse getrennt, muss aber zunächst entfernt werden (siehe Kapitel 4, Sektion 7), trennen Sie zugleich den/die Stecker des Schaltergehäuses. Lösen Sie die Gehäuseschrauben und befreien Sie die untere Hälfte vom Gehäuse. Markieren Sie die Ausrichtung des Gehäuses zum Lenker. Lösen Sie die Schaltergehäuse-Klemmschraube und ziehen Sie das Gehäuse vom Lenker.

Linkes Schaltergehäuse

4 Demontieren Sie das Luftfiltergehäuse (siehe Kapitel 4, Sektion 3) und die Ansaugstutzen (siehe Kapitel 7).

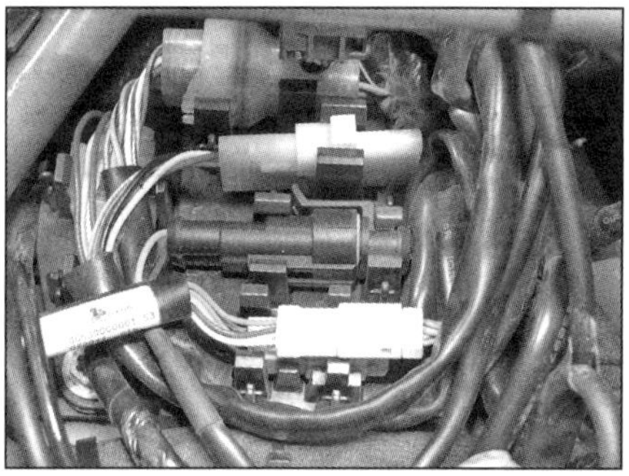

18.7 Trennen Sie hinter der Frontblende den/die relevanten Stecker des Lenkerschalters und ggf. des Heizgriffs.

5 Entfernen Sie **beim GT-Modell** rechts vorn am Rahmen die Abdeckung.
6 Demontieren Sie **beim R-Modell** den Scheinwerfer (siehe Sektion 8). Entfernen Sie **beim R-Modell ab 2017** auch die Instrumente (siehe Sektion 15). Lösen Sie dann die Schrauben der Frontblende und entfernen Sie diese (Abbildungen 13.2a bis d).
7 Verfolgen Sie die Verkabelung aus dem Schaltergehäuse und ggf. der Heizgriffe, befreien Sie sie aus allen Befestigungen und trennen Sie den/die Stecker (siehe Abbildung). Führen Sie die Verkabelung zum Schalter und Heizgriff zurück – merken Sie sich dabei ihre Verlegung.
8 Lockern Sie die Schraube des Lenkergewichts und entfernen Sie dies (Abbildungen 19.6a und b).
9 Entfernen Sie das Griffgummi – beachten Sie bei Modellen mit Heizgriffen die Hinweise in Sektion 19.
10 Lösen Sie die Gehäuseschrauben und befreien Sie die untere Hälfte vom Gehäuse (siehe Abbildungen). Markieren Sie die Ausrichtung des Gehäuses zum Lenker. Lösen Sie die Schaltergehäuse-Klemmschraube und ziehen Sie das Gehäuse vom Lenker (siehe Abbildung).
11 Der Einbau entspricht der umgekehrten Ausbaureihenfolge – ziehen Sie die Klemmschraube des linken Schaltergehäuses erst an, wenn das Griffgummi auf dem Lenker steckt und der Schalter korrekt positioniert werden kann (Abbildung 18.10c).

18.10a Lösen Sie die zwei Schrauben, ...

18.10b ... um die untere Gehäusehälfte zu entfernen.

18.10c Lösen Sie die Klemmschraube und ziehen Sie das Gehäuse ab.

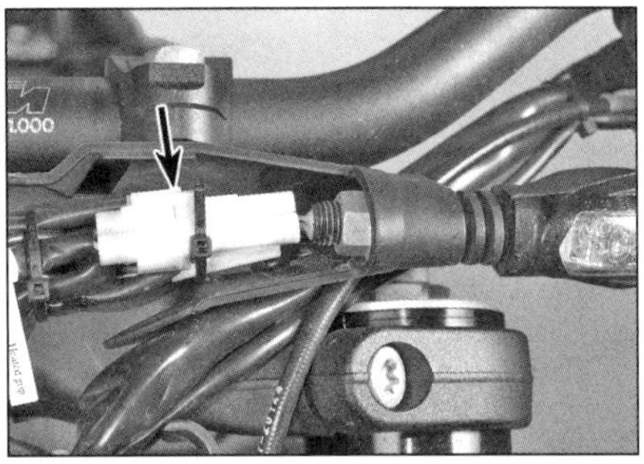

19.5a Heizgriff-Stecker beim R-Modell von 2019

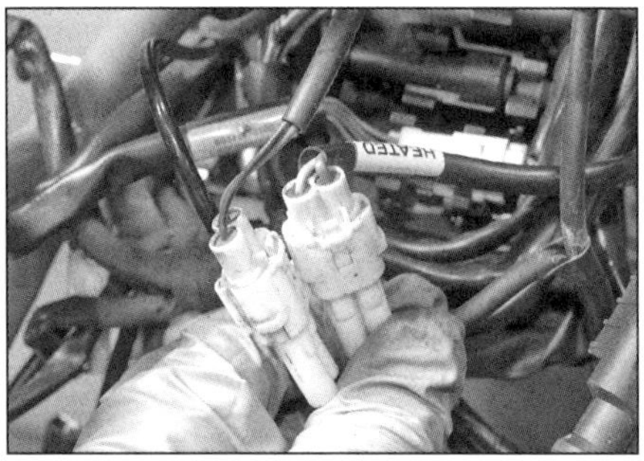

19.5b Heizgriff-Stecker beim GT-Modell von 2017

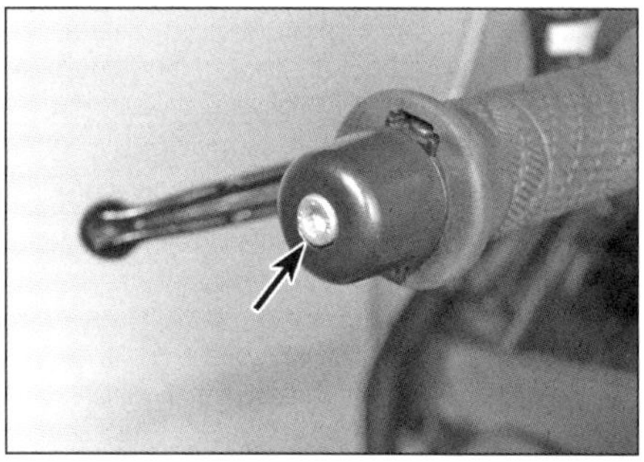

19.6a Lockern Sie die Schraube, ...

19.6b ... bis das Gewicht locker ist und aus dem Lenker gezogen werden kann.

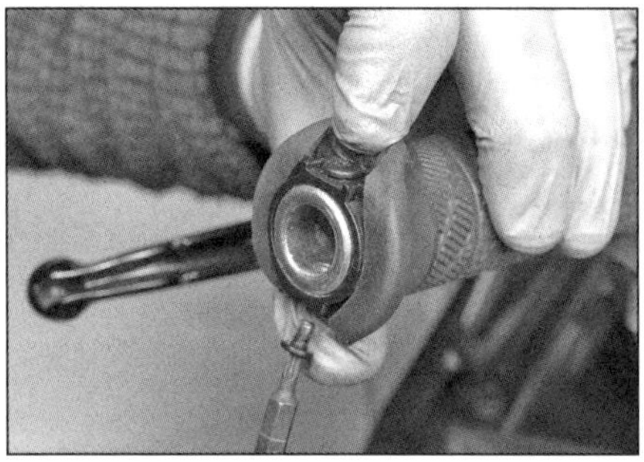

19.7a Lösen Sie oben und unten die Schrauben ...

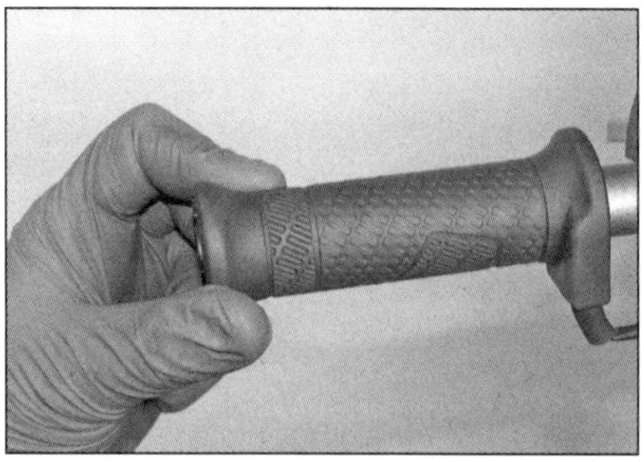

19.7b ... und ziehen Sie den Heizgriff ab.

19 Heizgriffe

Rechter Heizgriff

Ausbau

1 Der rechte Heizgriff muss zusammen mit dem Gasgriff-Sensor demontiert und später von ihm getrennt werden – beachten Sie die Hinweise in Kapitel 4, Sektion 7.

Linker Heizgriff

Ausbau

2 Demontieren Sie das Luftfiltergehäuse (siehe Kapitel 4, Sektion 3) und die Ansaugstutzen (siehe Kapitel 7).

3 Entfernen Sie **beim GT-Modell** rechts vorn am Rahmen die Abdeckung.

4 Demontieren Sie **beim R-Modell** den Scheinwerfer (siehe Sektion 8). Entfernen Sie beim R-Modell ab 2017 auch die Instrumente (siehe Sektion 15). Lösen Sie dann die Schrauben der Frontblende und entfernen Sie diese (Abbildungen 13.2a bis d).

5 Verfolgen Sie die Verkabelung des Heizgriffs, befreien Sie sie aus allen Befestigungen und trennen Sie den Stecker (siehe Abbildungen). Führen Sie die Verkabelung zum Heizgriff zurück – merken Sie sich dabei ihre Verlegung.

6 Lockern Sie die Schraube des Lenkergewichts und entfernen Sie dies (siehe Abbildungen).

7 Lösen Sie außen am Griff die zwei Schrauben und entnehmen Sie den Heizgriff (siehe Abbildungen).

Einbau

8 Der Einbau entspricht der umgekehrten Ausbaureihenfolge.

20 Getriebesensor und Getriebewellensensor

1 Befreien Sie die komplette Seitenständer-Baugruppe vom Motorrad – es müssen weder der Stecker des Seitenständerschalters getrennt noch die zwei äußeren Schrauben des Seitenständerträgers gelockert werden.

2 Entfernen Sie die Kabelabdeckung und trennen Sie den Stecker des Getriebesensors (siehe Abbildungen). Führen Sie die Verkabe-

20.2a Lösen Sie die zwei Schrauben, ...

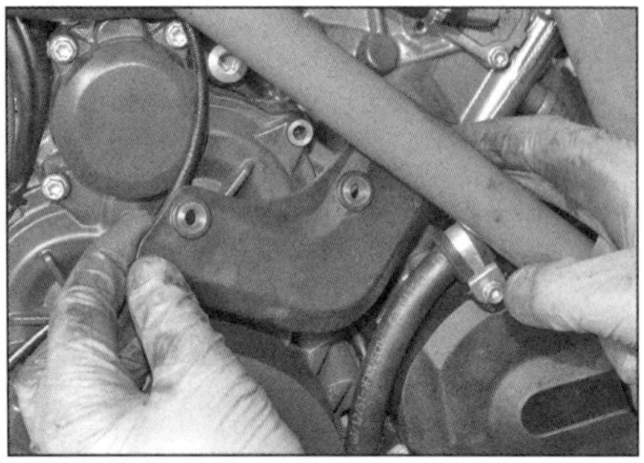

20.2b ... entnehmen Sie die Kabelabdeckung ...

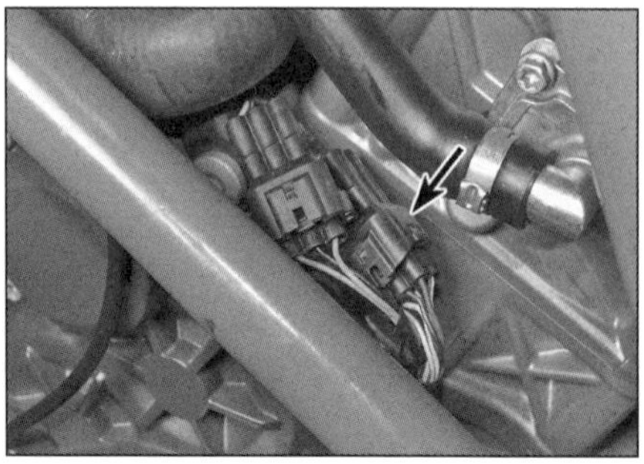

20.2c ... und trennen Sie den Stecker des Getriebesensors (Pfeil).

20.3 Lösen Sie die Schrauben des Getriebesensors.

20.6a Stecker des Schaltwellensensors – R-Modelle

20.6b Stecker des Schaltwellensensors – GT-Modelle

lung zum Sensor zurück – befreien Sie sie dabei aus allen Befestigungen und merken Sie sich ihre Verlegung.

3 Reinigen Sie den Bereich um den Sensor, lösen Sie die Schrauben und befreien Sie ihn (siehe Abbildung).

4 Der Einbau entspricht der umgekehrten Ausbaureihenfolge – prüfen Sie die Funktion des Sensors, indem Sie eine Kontrolle des Sicherheits-Stromkreises durchführen (siehe Kapitel 1, Sektion 18).

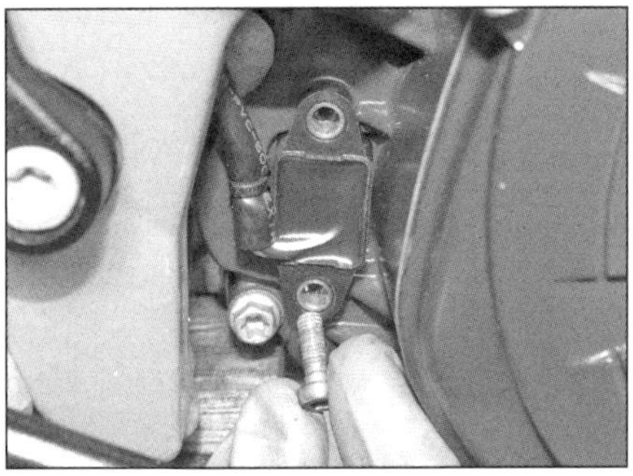

20.7 Lösen Sie die Schrauben des Getriebewellensensors.

Schaltwellensensor

5 Der Schaltwellensensor sitzt hinter dem Kupplungsdeckel rechts am Motorgehäuse (Abbildung 20.7). Demontieren Sie den Tank (siehe Kapitel 4, Sektion 2), um Zugang zum Sensorstecker zu erhalten.

6 Befreien und trennen Sie den Sensorstecker (siehe Abbildungen). Führen Sie die Verkabelung zum Sensor zurück – befreien Sie sie dabei aus allen Befestigungen und merken Sie sich ihre Verlegung.

7 Reinigen Sie den Bereich um den Sensor, lösen Sie die Schrauben und befreien Sie ihn (siehe Abbildung).

8 Der Einbau entspricht der umgekehrten Ausbaureihenfolge.

21 Seitenständerschalter

1 Der Seitenständerschalter sitzt am Halter des Ständers. Um ihn entfernen zu können, muss die gesamte Ständer-Baugruppe demontiert werden – stützen Sie das Motorrad dazu mit einem Montageständer ab (siehe Kapitel 1, Sektion 3, Schritt 2).

Ausbau

2 Demontieren Sie den Kupplungs-Ausrückzylinder (siehe Kapitel 2, Sektion 16) – der Kupplungsschlauch kann angeschlossen bleiben.

3 Entfernen Sie den Motorritzel-Deckel (siehe Kapitel 6, Sektion 21).

4 Entfernen Sie die Kettenführung (siehe Abbildungen).

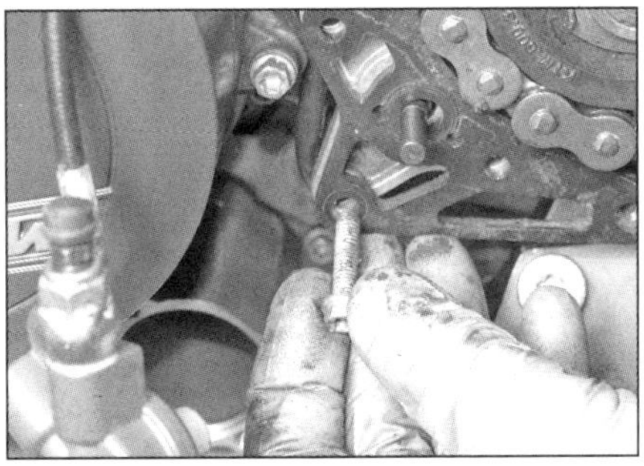

21.4a Lösen Sie die vordere ...

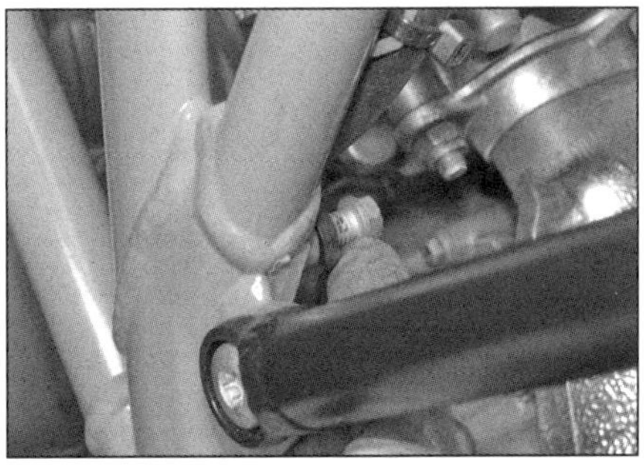

21.4b ... und die hintere Schraube ...

21.4c ... und entnehmen Sie die Kettenführung.

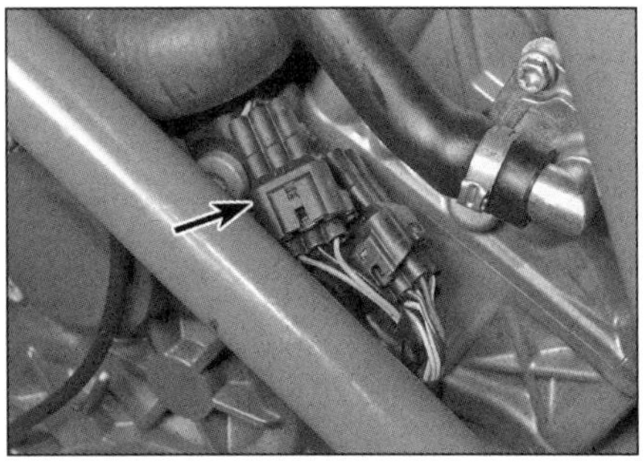

21.5 Stecker des Seitenständerschalters

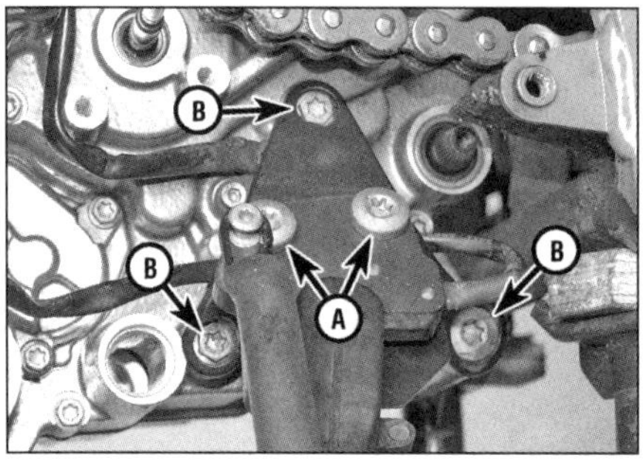

21.6 Lockern Sie die zwei äußeren Schrauben (A) und lösen Sie die drei inneren Schrauben (B).

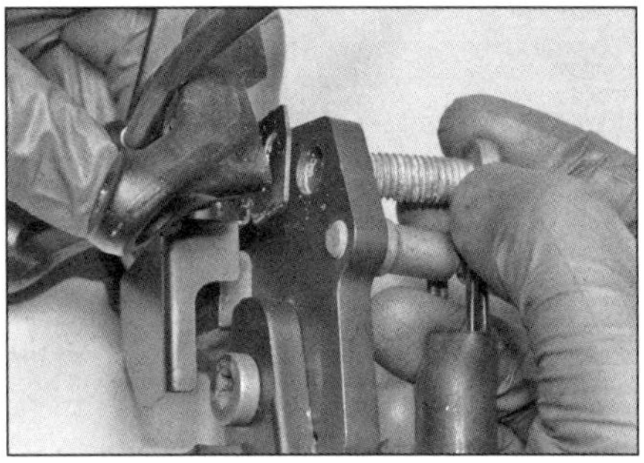

21.7a Lösen Sie die Schrauben, um die Halter zu trennen, ...

21.7b ... beachten Sie die Einbaulage des zwischen ihnen liegenden Abschirmblechs.

21.7c Lösen Sie die zwei Schrauben und entnehmen Sie den Halter.

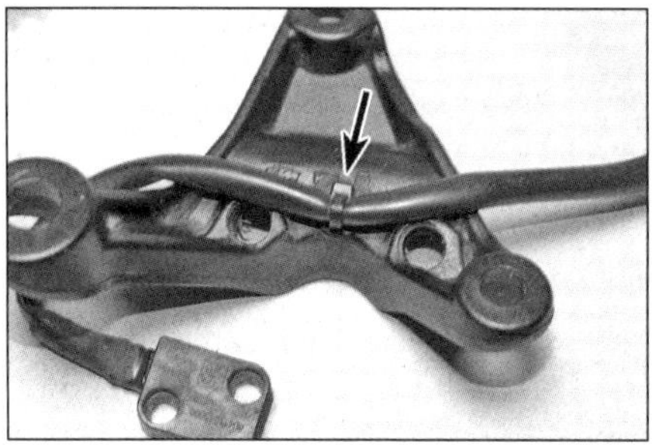

21.7d Kabelclip am äußeren Halter

5 Entfernen Sie die Kabelabdeckung (Abbildungen 20.2a und b) und trennen Sie den Stecker des Seitenständerschalters (siehe Abbildung). Führen Sie die Verkabelung zum Schalter zurück – befreien Sie sie dabei aus allen Befestigungen und merken Sie sich ihre Verlegung.

6 Lockern Sie die zwei äußeren Schrauben des Seitenständer-Halters und lösen Sie die drei inneren Schrauben, um die gesamte Seitenständer-Baugruppe zu entnehmen (siehe Abbildung).

7 Lösen Sie die äußeren Schrauben des Seitenständer-Halters, trennen Sie die Halter und entnehmen Sie das Abschirmblech (siehe Abbildungen) – merken Sie sich seine Einbauposition. Entfernen Sie den Schalter von der Rückseite des inneren Halters (siehe Abbildung). Befreien Sie entweder den Kabelclip vom äußeren Halter oder das Kabel aus dem Clip (sodass dieser im Halter verbleiben kann) (siehe Abbildung) – dies hängt davon ab, ob ein neuer Schalter montiert werden soll oder nicht. Falls der Clip zum Befreien des Kabels aufgeschnitten wird, muss ein neuer beschafft werden.

Einbau

8 Der Einbau entspricht der umgekehrten Ausbaureihenfolge – beachten Sie dabei folgende Punkte:

- Falls ein neuer Schalter installiert werden soll, muss der Kabel-Clip aufgeschnitten und durch ein Neuteil ersetzt werden – das Kabel muss an der durch den alten Clip markierten Stelle gesichert werden (Abbildung 21.7d).
- Reinigen Sie die Gewinde der Halter-Schrauben und tragen Sie frische Sicherungspaste auf (z. B. *Loctite 243)*.
- Achten Sie beim Positionieren der Ständer-Baugruppe ans Motorgehäuse darauf, dass die Verkabelung korrekt verlegt ist (Abbildung 21.6). Ziehen Sie am inneren Halter die M8-Schrauben mit 25 Nm und die M10-Schrauben mit 45 Nm an. Ziehen Sie die Schrauben des äußeren Halters mit 45 Nm an.
- Das Kabel bis zu den Steckern muss korrekt verlegt und gesichert sein.
- Prüfen Sie die Funktion des Schalters, indem Sie eine Kontrolle des Sicherheits-Stromkreises durchführen (siehe Kapitel 1, Sektion 18).

22 Kupplungsschalter

1 Der Kupplungsschalter sitzt unten am Kupplungshebelhalter.

Kontrolle

Anmerkung: *Beachten Sie die Hinweise zur Fehlersuche in Sektion 2 sowie die Schaltpläne am Ende des Kapitels.*

2 Um Zugang zum Stecker des Kupplungsschalters zu erhalten, muss das Luftfiltergehäuse demontiert werden (siehe Kapitel 4, Sektion 3), entfernen Sie dann die Ansaugstutzen (siehe Kapitel 7). Trennen Sie den Stecker (siehe Abbildung). Verbinden Sie die Klemmen des Ohmmeters oder Durchgangsprüfers mit den beiden Schalterkontakten. Bei gezogenem Kupplungshebel muss Durchgang (»0«), nach dem Lösen muss Unterbrechung (»1«) festgestellt werden. Bei anderen Ergebnissen ist der Schalter defekt und muss erneuert werden.

3 Wenn der Schalter in Ordnung ist, müssen die anderen Komponenten des Anlasserstromkreises (Seitenständerschalter, Getriebesensor) kontrolliert werden. Wenn alle Komponenten in Ordnung sind, müssen die Kabel und Stecker zwischen allen Bauteilen überprüft werden.

Ausbau und Einbau

4 Demontieren Sie **beim R-Modell** den Scheinwerfer (siehe Sektion 8). Entfernen Sie **beim R-Modell ab 2017** auch die Instrumente (siehe Sektion 15). Lösen Sie dann die Schrauben der Frontblende und entfernen Sie diese (Abbildungen 13.2a bis d).

5 Trennen Sie den Stecker des Kupplungsschalters (siehe Schritt 2). Führen Sie die Verkabelung zum Schalter zurück – befreien Sie sie aus allen Befestigungen und merken Sie sich ihre Verlegung.

6 Lösen Sie die Schraube und entfernen Sie den Schalter – beachten Sie seine Einbaulage (siehe Abbildungen).

7 Der Einbau entspricht der umgekehrten Ausbaureihenfolge. Prüfen Sie die Funktion

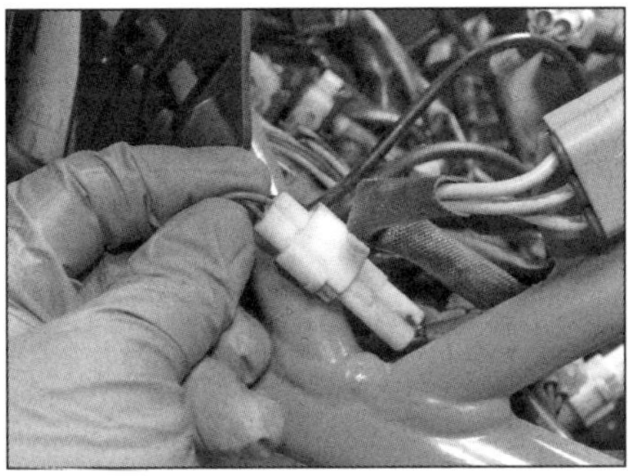

22.2 Stecker des Kupplungsschalters

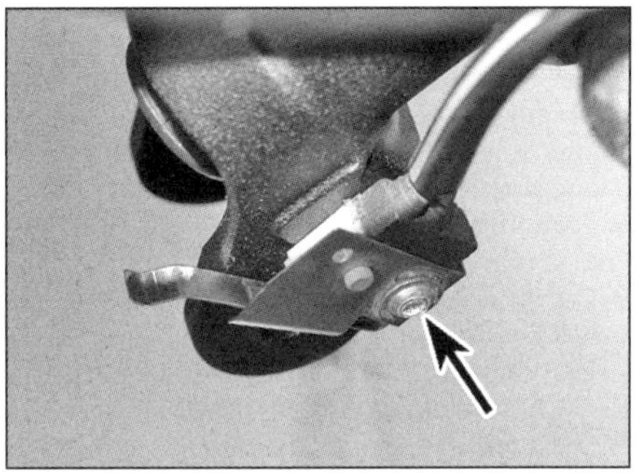

22.6a Schraube des Kupplungsschalters

22.6b Der Stift des Schalters muss in die Bohrung des Kupplungshebelhalters greifen.

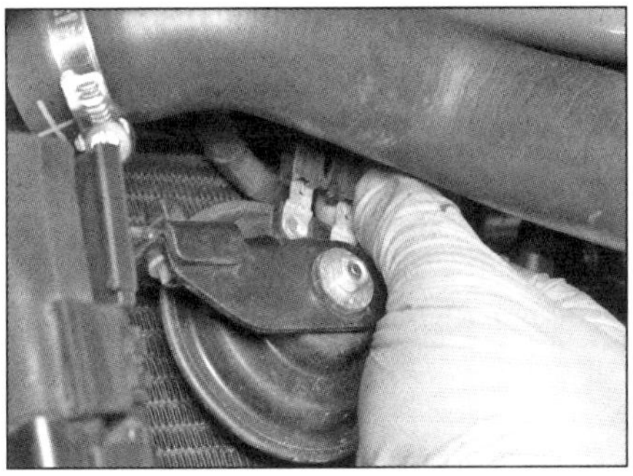

23.3 Ziehen Sie die Stecker von den Hupen-Kontakten.

des Schalters bzw. des Abschalt-Stromkreises (siehe Kapitel 1, Sektion 18).

23 Hupe

1 Die Hupe sitzt links hinter dem Kühler (Abbildung 23.3).

Kontrolle

Anmerkung: *Beachten Sie die Hinweise zur Fehlersuche in Sektion 2 sowie die Schaltpläne am Ende des Kapitels.*

2 Entfernen Sie den linken Tank-Spoiler (siehe Kapitel 7).

3 Ziehen Sie die Stecker von den Hupen-Kontakten (siehe Abbildung) und kontrollieren Sie ihn auf lockere Kontakte. Verbinden Sie die Hupe mithilfe zweier Überbrückungskabel direkt mit der Batterie – falls sie jetzt keinen deutlichen Ton abgibt, ist sie defekt und muss ersetzt werden.

Ausbau und Einbau

4 Entfernen Sie den linken Tank-Spoiler (siehe Kapitel 7).

5 Ziehen Sie die Stecker von den Hupen-Kontakten (Abbildung 23.3), lösen Sie die Schraube und entnehmen Sie die Hupe (siehe Abbildung).

23.5 Lösen Sie die Schraube und entnehmen Sie die Hupe.

6 Bauen Sie die Hupe an und ziehen Sie die Schraube sorgfältig an. Verbinden Sie die Kabelstecker und prüfen Sie die Funktion der Hupe.

24 Anlasserrelais

Kontrolle

Anmerkung: *Beachten Sie die Hinweise zur Fehlersuche in Sektion 2 sowie die Schaltpläne am Ende des Kapitels.*

24.2 Zum Anlasser führendes Kabel (A), von der Batterie kommendes Kabel (B)

1 Für den Zugang zum Anlasserrelais müssen zunächst die Sitze entfernt werden (siehe Kapitel 7), befreien Sie dann **beim R-Modell** das Motorsteuergerät und die Batterieabdeckung (Abbildungen 5.2a und b).

2 Lösen Sie die Schraube des zum Anlasser führenden Kabels und positionieren Sie es abseits des Relais (siehe Abbildung).

3 Drücken Sie bei eingeschalteter Zündung, Killschalter auf RUN und im Getriebe eingelegtem Leerlauf den Startknopf – im Relais muss es klicken.

4 Falls das Relais nicht klickt, muss die Zündung ausgeschaltet und das Relais ausgebaut (siehe Schritte 7 bis 11), um wie folgt getestet zu werden:

5 Prüfen Sie den Durchgang zwischen den Relais-Anschlüssen des Anlasserkabels und des Batteriekabels – es muss unendlicher Widerstand festgestellt werden (»1«). Jetzt wird der Pluspol einer vollständig geladene 12-Volt-Batterie mit einem Überbrückungskabel an den Relais-Kontakt D (des rot/blauen Kabels geklemmt, der Minuspol kommt an den Relais-Kontakt C (braunes Kabel) (siehe Abbildung). Zu diesem Zeitpunkt sollte im Relais ein Klicken zu hören sein und das Multimeter 0 Ohm (vollen Durchgang) anzeigen. Falls das Relais bei angelegter Batteriespannung nicht klickt und kein Durchgang angezeigt wird, muss es ersetzt werden.

6 Wenn das Relais in Ordnung ist, muss der Durchgang des Hauptkabels von der Batterie zum Relais geprüft werden. Kontrollieren Sie

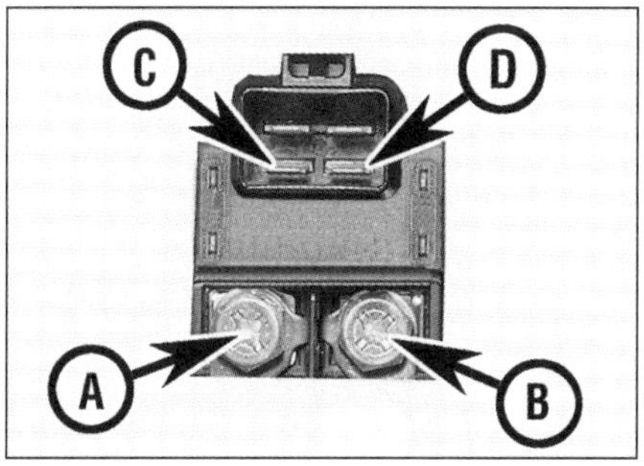

24.5 Identifikation der Relais-Kontakte – siehe Text

auch, ob die Anschlüsse und Stecker an beiden Enden des Kabels fest verbunden und frei von Korrosion sind.

Ausbau und Einbau

7 Trennen Sie die Batterie vom Bordnetz (siehe Sektion 3).
8 Trennen Sie den Relais-Stecker (siehe Abbildung).
9 Lösen Sie die Schrauben der zum Anlasser und zur Batterie führenden Kabel und befreien Sie diese (Abbildung 24.2).
10 Befreien Sie das Relais – falls es durch ein Neuteil ersetzt werden soll, müssen die Sicherungen umgesteckt werden (diese gehören beim neuen Relais nicht zum Lieferumfang).
11 Der Einbau entspricht der umgekehrten Ausbaureihenfolge – verbinden Sie zum Schluss zuerst den Stromanschluss (+) und erst dann den Masseanschluss (–) mit der Batterie.

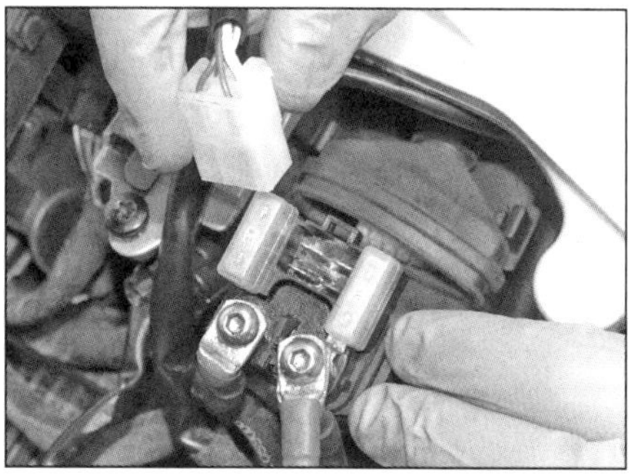

24.8 Trennen Sie den Relais-Stecker.

25 Anlasser

Kontrolle

1 Demontieren Sie den Anlasser (siehe unten).
2 Verbinden Sie eine geladenen Batterie mithilfe von Überbrückungskabeln mit dem Anlasser – zunächst den Pluspol (+) mit dem Gewindestutzen des Kabelanschlusses. Drücken Sie dann den Anlasser auf die Werkbank und verbinden Sie den Minuspol (–) mit einer der Befestigungslaschen. Wenn sich der Anlasser zu diesem Zeitpunkt zu drehen beginnt, wird er in Ordnung sein.
3 Falls der Anlasser gar nicht arbeitet oder der Verdacht besteht, dass er unter Last nicht richtig läuft, muss er erneuert werden – Einzelteile sind nicht erhältlich.

Ausbau

4 Der Anlasser sitzt zwischen den Zylindern oben am Motorgehäuse. Stützen Sie das Motorrad mit einem Heck-Montageständer ab (siehe Kapitel 1, Sektion 3, Schritt 2).
5 Demontieren Sie das Drosselklappengehäuse (siehe Kapitel 4, Sektion 4).
6 Demontieren Sie die Auspuffanlage (siehe Kapitel 4, Sektion 12).
7 Demontieren Sie den Wasserkühler (siehe Kapitel 3, Sektion 5).
8 Entfernen Sie den Schalthebel, das Schaltgestänge und den Schaltwellenhebel (siehe Kapitel 5, Sektion 3).
9 Maximieren Sie den Durchhang der Antriebskette (siehe Kapitel 1, Sektion 3).
10 Positionieren Sie einen Wagenheber und/oder Holzblöcke vorn unter dem Motor (auf jeden Fall muss das Motorgehäuse mit Holz geschützt werden) (siehe Abbildung). Falls ausschließlich Hölzer verwendet werden, muss eines davon exakt 15 mm stark sein, damit es später entfernt und der Motor entsprechend abgesenkt werden kann, um den Anlasser ausbauen zu können (falls der Motor weiter abgesenkt wird, schlägt er hinten am Rahmen an; weniger würde die Demontage des Anlassers unmöglich machen).
11 Entfernen Sie am vorderen Zylinderkopf den Deckel des Sekundärluft-Zungenventils (siehe Abbildung).
12 Lösen Sie an beiden Motorhalterungen die Schraube des Kabelbaumhalters (siehe Abbildungen). Demontieren Sie die rechten Motorhalterung (siehe Abbildung).
13 Trennen Sie den Stecker des Kühltemperatursensors (siehe Abbildung). Befreien Sie den Thermostatdeckel vom vorderen Zylinderkopf (siehe Abbildung).
14 Befreien Sie das Stromkabel vom Anlasser (siehe Abbildung).
15 Befreien Sie die Bremsschläuche aus der Führung am Rahmen und schrauben Sie die Führung ab (siehe Abbildung).
16 Lösen Sie den linken Motorbolzen (siehe Abbildung). Senken Sie jetzt den Motor um 15 mm ab (entweder mithilfe des Wagenhebers oder durch Entfernen des entsprechenden Holzes oder Keils) – er schwenkt dabei über den Schwingenbolzen herunter; achten Sie darauf, dass der Motor hinten nicht den Rahmen berührt (siehe Abbildung).
17 Lösen Sie die zwei Schrauben, die den Anlasser am Motorgehäuse halten – beachten Sie die Masseanschlüsse (siehe Abbildung). Ziehen Sie den Anlasser aus dem Motorgehäuse – hebeln Sie ihn nötigenfalls mit einem Schraubendreher heraus (siehe Abbildung). Befreien Sie den O-Ring vom Anlasserflansch – beim Einbau wird ein neuer benötigt

Einbau

18 Der Einbau entspricht der umgekehrten Ausbaureihenfolge – beachten Sie dabei folgende Punkte:

- Rüsten Sie die Nut des Anlasserflanschs mit einem neuen O-Ring aus (Abbildung 25.17c) und schmieren Sie diesen mit Motoröl.
- Bringen Sie den Anlasser in Position und schieben Sie ihn in das Motorgehäuse, sodass die Anlasserverzahnung in das Zahnrad des Drehmomentbegrenzers greift (Ab-

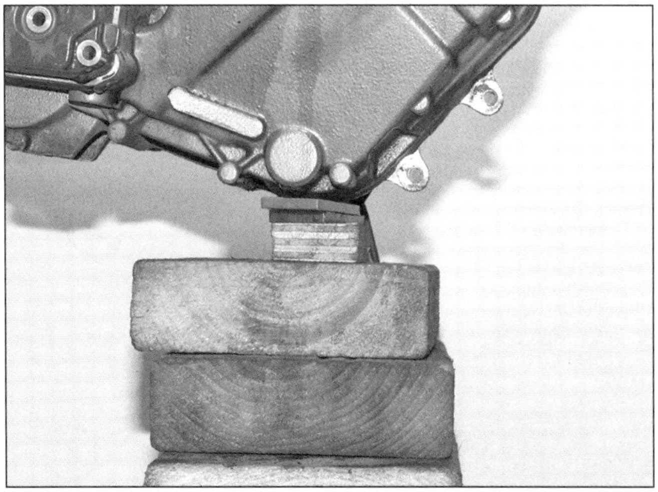

25.10 Hier können exakt 15 mm messende Kunststoffkeile entfernt werden, um den Motor entsprechend abzusenken.

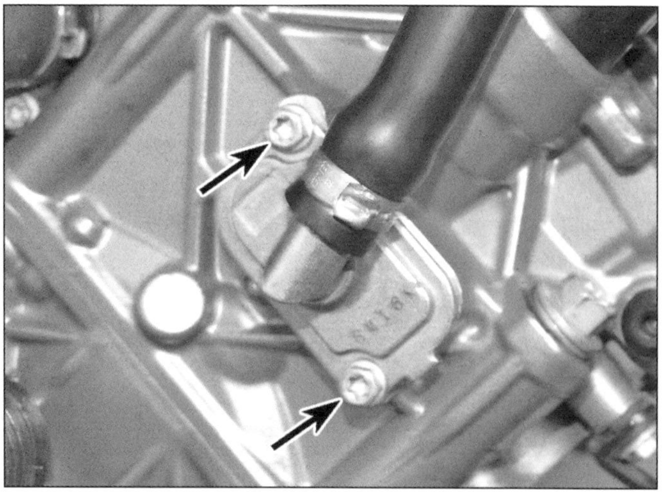

25.11 Lösen Sie die zwei Schrauben und befreien Sie den Sekundärluftventil-Deckel.

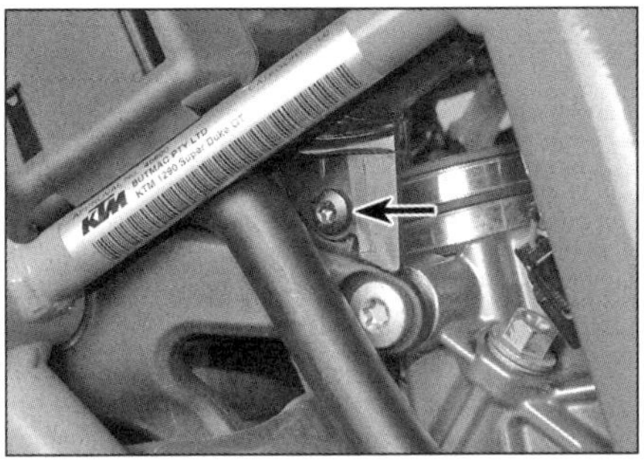

25.12a Schraube der Kabelbaumhalterung an der linken Motorhalterung

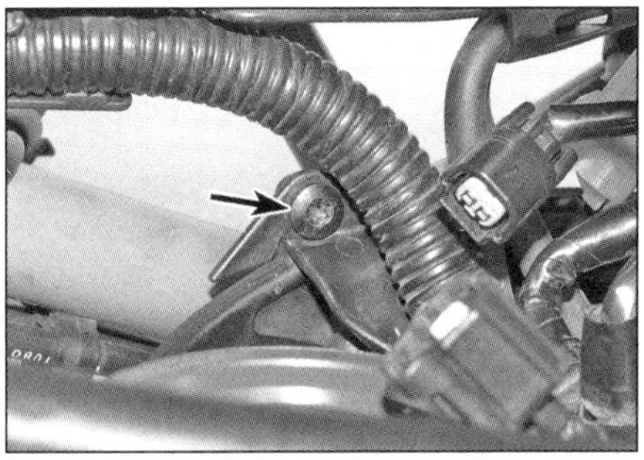

25.12b Schraube der Kabelbaumhalterung an der rechten Motorhalterung

25.12c Lösen Sie rechts den Motorbolzen – beachten Sie die Scheibe. Lösen Sie dann die Schrauben der Motorhalterung und ziehen Sie diese zwischen Motor und Rahmen heraus.

25.13a Stecker des Kühltemperatursensors

25.13b Lösen Sie die zwei Schrauben und befreien Sie den Thermostatdeckel.

25.14 Ziehen Sie die Gummikappe ab, lösen Sie die Mutter und befreien Sie das Anlasserkabel.

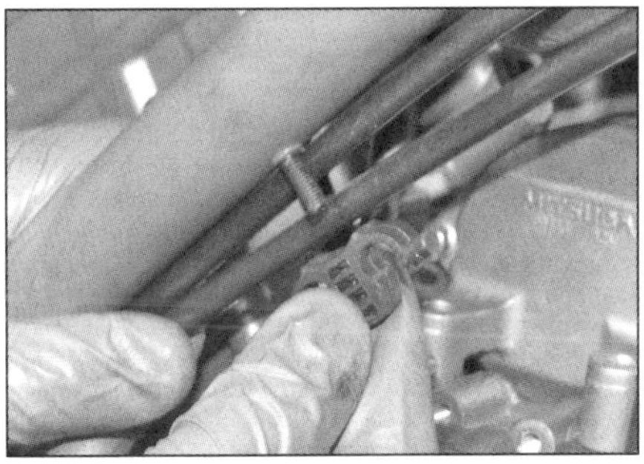

25.15 Befreien Sie die Bremsschläuche und entfernen Sie die Führung.

25.16a Lösen Sie links den Motorbolzen – beachten Sie die Scheibe.

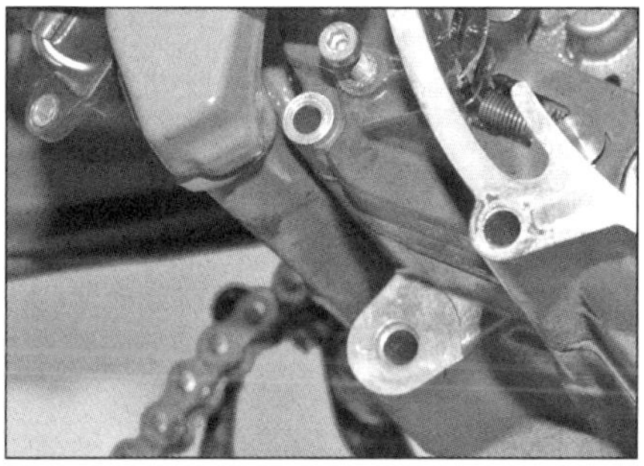

25.16b Achten Sie beim Absenken darauf, dass der Motor hinten nicht den Rahmen berührt.

25.17a Jede Anlasser-Schraube sichert auch ein Massekabel.

25.17b Befreien Sie den Anlasser vorsichtig aus dem Motorgehäuse ...

25.17c ... und entfernen Sie den O-Ring aus seiner Nut.

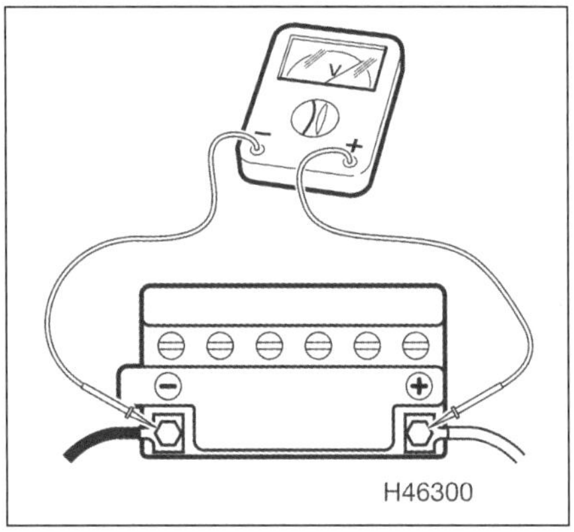

26.5 Verbinden Sie das Messgerät für den Ausgangsspannungs-Test wie gezeigt.

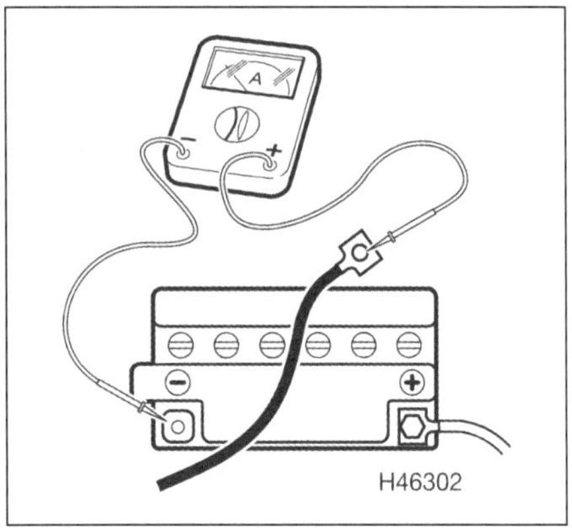

26.11 Kriechstrom-Kontrolle – verbinden Sie das Amperemeter wie gezeigt.

bildung 25.17b). Positionieren Sie die Massekabel, installieren Sie die Schrauben und ziehen Sie sie sorgfältig an (Abbildung 25.17a).

- Heben Sie den Motor an, um die Aufnahmen auszurichten, und ziehen Sie den linken Motorbolzen (Scheibe nicht vergessen!) mit 45 Nm an (Abbildung 25.16a).
- Bringen Sie die rechte Motorhalterung in Position und ziehen Sie ihre vier Schrauben mit 45 Nm an. Installieren Sie den rechten Motorbolzen samt Scheibe und ziehen Sie ihn mit 45 Nm an (Abbildung 25.12c).
- Beachten Sie für die weiteren Komponenten die Hinweise in den beim Ausbau angegebenen Sektionen.

26 Ladesystem
Test

1 Falls an der Funktion des Ladesystems Zweifel bestehen, sollte zunächst das System als Ganzes kontrolliert werden, danach die

26.7 Lichtmaschinenstecker

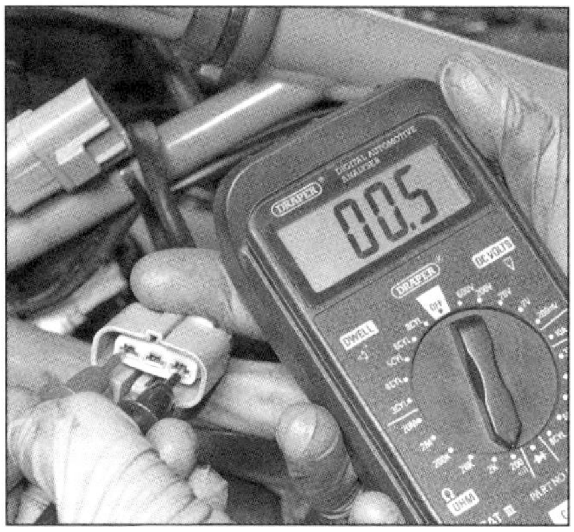

27.3 Messen Sie den Statorspulen-Widerstand zwischen jeweils zwei der drei Steckerkontakte.

einzelnen Komponenten. Vor dem Beginn der Kontrolle muss sichergestellt werden, dass die Batterie vollständig geladen ist und alle elektrischen Verbindungen sauber sind und fest sitzen (siehe Sektion 3 und 4).

2 Zur Kontrolle der Ausgangsleistung des Ladesystems und der Funktion der Komponenten des Ladesystems wird ein Multimeter (mit Stromspannungs-, Stromstärken- und Widerstands-Messmöglichkeiten) benötigt. Ist ein solches Gerät nicht zur Hand, sollte die Kontrolle einer Fachwerkstatt überlassen werden.

3 Folgen Sie bei den Tests sorgfältig den Hinweisen, um falsche Anschlüsse oder Kurzschlüsse zu vermeiden, die zu irreparablen Schäden an elektrischen Bauteilen führen können.

Test der geregelten Ausgangsleistung (Gleichstrom [DC])

4 Verschaffen Sie sich Zugang zur Batterie (siehe Sektion 3). Messen und notieren Sie bei abgeschalteter Zündung die Batteriespannung (siehe Sektion 4). Starten Sie den Motor und bringen Sie ihn auf Betriebstemperatur.

5 Schließen Sie das Multimeter bei im Standgas laufendem Motor und eingeschaltetem Fernlicht mit dem auf 0 – 20 Volt Gleichstrom (DC) eingestellten Messbereich an die beiden Pole der Batterie an – Plus an Plus, Minus an Minus (siehe Abbildung).

6 Erhöhen Sie langsam die Drehzahl des Motors auf 5000/min und beobachten Sie die Messgerät-Anzeige – die geregelte Spannung muss dabei von normaler Batteriespannung auf 13,5 bis 15 Volt ansteigen. Steigt die Spannung nicht über den in Schritt 4 gemessenen Wert, müssen die ungeregelte Ausgangsspannung (AC) und nötigenfalls der Widerstand der Lichtmaschinenspule überprüft werden (siehe Sektion 27). Liegt die ungeregelte Ausgangsspannung innerhalb der Vorgaben oder die geregelte Spannung über 15 Volt, kann in der Regler/Gleichrichter-Einheit ein Defekt vorliegen, sodass diese ausgetauscht werden muss (siehe Sektion 28).

Test der ungeregelten Ausgangsspannung (Wechselstrom [AC])

7 Demontieren Sie den Tank (siehe Kapitel 4, Sektion 2). Trennen Sie den Lichtmaschinenstecker und ziehen Sie den lichtmaschinenseitigen Stecker heraus, um ihn besser zugänglich zu machen (siehe Abbildung). Montieren Sie den Tank wieder.

8 Starten Sie den Motor. Verbinden Sie das auf den Messbereich 0 – 100 Volt (AC) geschaltete Messgerät nacheinander mit jeweils zwei der drei Steckerkontakte (sodass schließlich drei Ergebnisse vorliegen) (Abbildung 27.3) und erhöhen Sie jeweils die Drehzahl auf 4000/min. Soweit die Statorwicklungen in Ordnung sind, muss bei allen drei Messungen mindestens 50 Volt angezeigt werden. Prüfen Sie andernfalls die Verkabelung zwischen dem Stecker und dem Stator auf Beschädigungen und Kurzschlüsse. Prüfen Sie als Nächstes die Widerstände der einzelnen Statorspulen (siehe Sektion 27).

9 Falls die ungeregelte Ausgangsspannung bei einer der drei Messungen unter 50 Volt liegt oder ein Statorspulen-Widerstand nicht zwischen 0,15 und 0,5 Ohm liegt, wird der Stator defekt sein.

Kriechstrom-Test

Achtung: Schließen Sie das Amperemeter (Multimeter auf A-Messbereich) immer in Reihe, niemals parallel zur Batterie an, da es sonst beschädigt wird. Schalten Sie NICHT die Zündung an und betätigen Sie NIEMALS den Startknopf, wenn das Messgerät angeschlossen ist – der plötzliche fließende Strom würde das Gerät zerstören.

10 Trennen Sie den Minus-Anschluss (–) von der Batterie (siehe Sektion 3).

11 Schalten Sie das Multimeter auf den Ampere-Messbereich – zunächst auf den höchsten Messbereich und dann schrittweise herunter auf den Milliampere-Bereich (mA), um ein

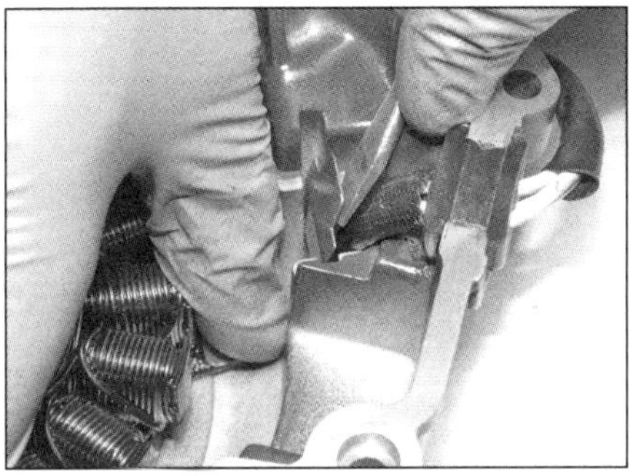

27.5a Drücken Sie mit einem Schraubendreher die Führung unten herunter, um ihre Ränder aus den Nuten zu befreien.

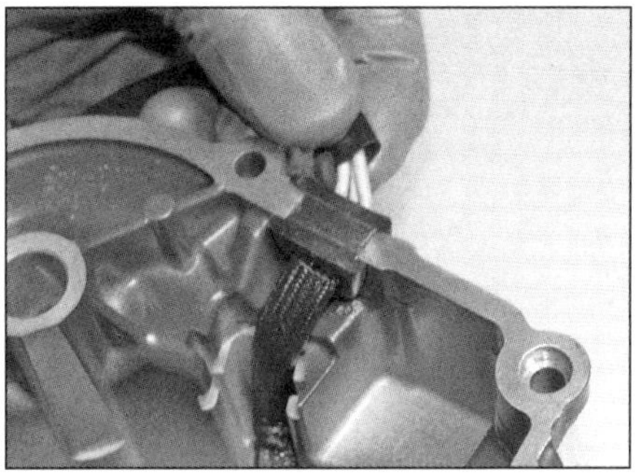

27.5b Ziehen Sie den Gummistopfen aus dem Ausschnitt des Deckels.

27.6 Stator-Schrauben

Durchbrennen der Geräte-Sicherung zu verhindern.

Anmerkung: *Viele Messgeräte sind mit einem ungesicherten Prüfkabel-Kontakt ausgerüstet, der mit bis zu 10 Ampere belastet werden darf – stecken Sie das Kabel entsprechend um. Verbinden Sie die Minusklemme mit dem Minus-Pol (–) der Batterie sowie die Plusklemme (+) mit dem getrennten Massekabel. (siehe Abbildung).*

12 Bei dieser Messung darf maximal 1 mA Stromstärke abzulesen sein. Wenn das Ergebnis höher (aber nicht auf zusätzliche Verbraucher wie eine Alarmanlage zurückzuführen) ist, liegt irgendwo im elektrischen System ein Kurzschluss vor. Trennen Sie das Messgerät und schließen Sie den Masseanschluss (–) der Batterie wieder an.
13 Falls Kriechströme festgestellt werden, müssen unter Verwendung der Schaltpläne am Ende des Kapitels systematisch einzelne elektrische Bauteile getrennt und der Test wiederholt werden, bis die Kriechstromquelle identifiziert ist.

27 Lichtmaschinenstator

Kontrolle

1 Demontieren Sie den Tank (siehe Kapitel 4, Sektion 2).
2 Trennen Sie den Lichtmaschinenstecker (Abbildung 26.7). Kontrollieren Sie die Steckerkontakte auf Korrosion und festen Sitz.
3 Zum Test des Statorspulen-Widerstands werden die Klemmen eines auf den Messbereich Ohm x 1 gestellten Multimeters mit je zwei der drei von der Lichtmaschine kommenden gelben Kabel verbunden, sodass drei Messergebnisse vorliegen, die zwischen 0,15 und 0,5 Ohm betragen müssen (siehe Abbildung). Bei anderen Ergebnissen müssen die Kabel zwischen dem Stator und der Stator selbst kontrolliert werden – keines der Kabel darf Durchgang zu Masse haben. Sind die Kabel in Ordnung, wird der Stator defekt sein.

Ausbau

4 Demontieren Sie den Lichtmaschinendeckel (siehe Kapitel 2, Sektion 13).
5 befreien Sie die Kabelführung und den Kabelstopfen (siehe Abbildungen).
6 Lösen Sie die vier Schrauben des Stators und entnehmen Sie diesen (siehe Abbildung).

Einbau

7 Setzen Sie den Stator so in den Deckel, dass der Gummistopfen zu seiner Nut ausgerichtet ist (Abbildung 27.6). Reinigen Sie die Gewinde der Statorschrauben, tragen Sie mittelfeste Sicherungspaste auf und ziehen Sie die Schrauben schrittweise mit 10 Nm an.
8 Versehen Sie den Gummistopfen mit geeigneter Dichtmasse und drücken Sie ihn in seine Nut im Deckel (Abb .27.5b). Bringen Sie die Kabelführung in Position, pressen Sie sie herunter und drücken Sie ihre äußeren oberen Ränder in die Nuten (Abbildung 27.5a).
9 Montieren Sie den Lichtmaschinendeckel (siehe Kapitel 2, Sektion 13).

28 Regler/Gleichrichter-Einheit

Kontrolle

1 Trennen Sie den Stecker der Regler/Gleichrichter-Einheit (Abbildung 28.3). Kontrollieren Sie die Steckerkontakte auf Korrosion und festen Sitz.
2 Führen Sie die in den Sektionen 26 und 27 beschriebenen Ausgangsleistungs-Tests und Widerstandsmessungen der Statorspulen durch – falls die Ergebnisse auf einen defekten Regler/Gleichtrichter hinweisen, muss dieser gegen ein Neuteil ausgetauscht werden.

> **Praxis TiPP** ***Hinweise auf einen defekten Regler sind Lampen mit drehzahlabhängiger Leuchtstärke, die ständig durchbrennen und eine überhitzende Batterie.***

Ausbau und Einbau

3 Trennen Sie den Stecker der Regler/Gleichrichter-Einheit (siehe Abbildung).
4 Lösen Sie die zwei Schrauben und entnehmen Sie die Baugruppe (siehe Abbildung).

28.3 Trennen Sie den Stecker der Regler/Gleichrichter-Einheit

28.4 Lösen Sie die Schrauben der Regler/Gleichrichter-Einheit – gezeigt beim GT-Modell

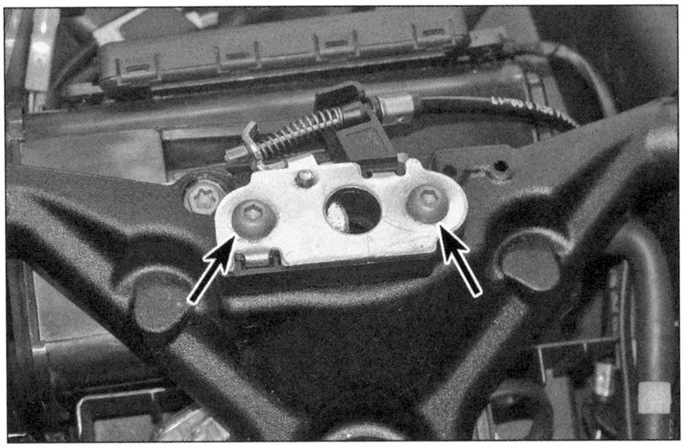

29.2a Lösen Sie die zwei Schrauben der Sitz-Entriegelung und verlagern Sie diese.

29.2b Lösen Sie die Schrauben des Steuergerät-Behälters.

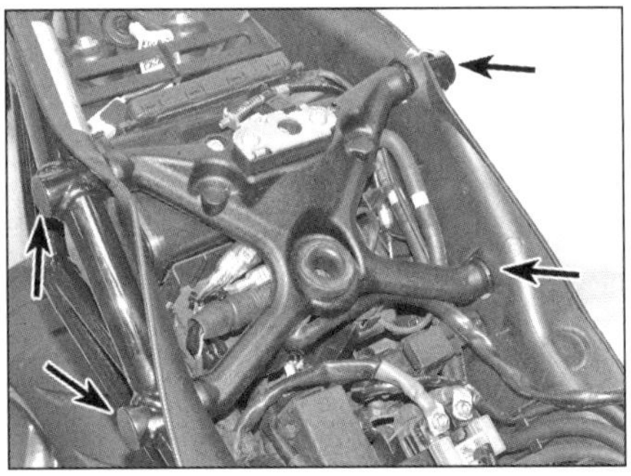

29.2c Die Schrauben der Kreuzversteifung sitzen hinter den Stopfen.

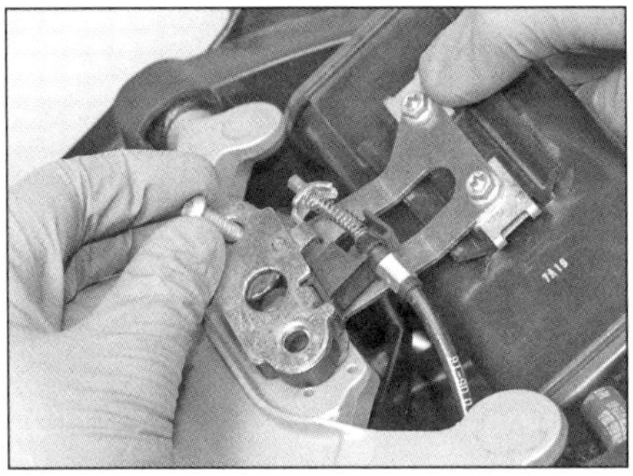

29.6a Lösen Sie die zwei Schrauben der Sitz-Entriegelung und des Aktivkohlebehälters.

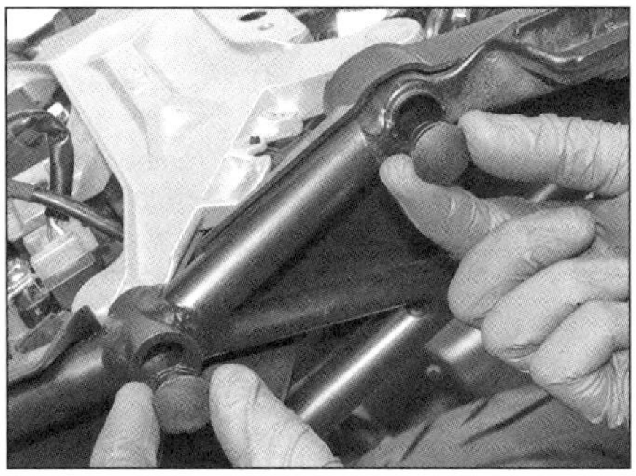

29.6b Ziehen Sie an beiden Seiten die zwei Stopfen heraus ....

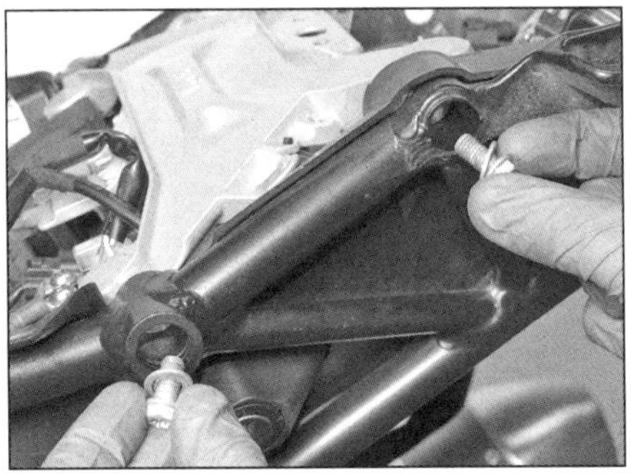

29.6c ... Lösen Sie die Schrauben (beachten Sie die Scheiben), ...

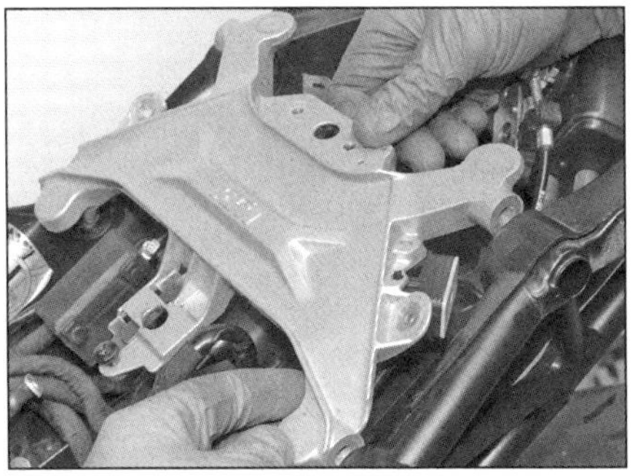

29.6d ... heben Sie die Kreuzversteifung heraus ...

29.6e ... und trennen Sie den Stecker des Beschleunigungssensors.

5 Der Einbau entspricht der umgekehrten Ausbaureihenfolge.

29 Zentrales Steuergerät (CECU)

R-Modelle

1 Trennen Sie die Batterie vom Bordnetz (siehe Sektion 3).

2 Befreien Sie die Sitz-Entriegelung von der Kreuzversteifung und lösen Sie die Schrauben des Steuergerät-Behälters (siehe Abbildungen). Entfernen Sie an beiden Seiten des Heckrahmen die Stopfen, lösen Sie die dahinter liegenden Schrauben der Kreuzversteifung und entnehmen Sie diese (siehe Abbildung).

3 Befreien Sie alle über dem Steuergerät-Halter liegenden Komponenten der Verdunstungsregelung. Lösen Sie die Schrauben des Halters, befreien Sie das Steuergerät und trennen Sie seinen Stecker.

4 Der Einbau entspricht der umgekehrten Ausbaureihenfolge.

GT-Modelle

5 Trennen Sie die Batterie vom Bordnetz (siehe Sektion 3).

6 Befreien Sie die Sitz-Entriegelung und die Komponenten der Verdunstungsregelung von der Kreuzversteifung (siehe Abbildung). Entfernen Sie an beiden Seiten des Heckrahmen die Stopfen, lösen Sie die dahinter liegenden

29.7 Befreien Sie alle Elektronik-Komponenten vom Halter des zentralen Steuergeräts.

29.8a Lösen Sie die vier Schrauben, ...

29.8b ... heben Sie den Steuergerät-Halter an und drehen Sie ihn um, um die Stecker trennen zu können.

29.8c Das Zentrale Steuergerät ist mit drei Schrauben im Halter gesichert.

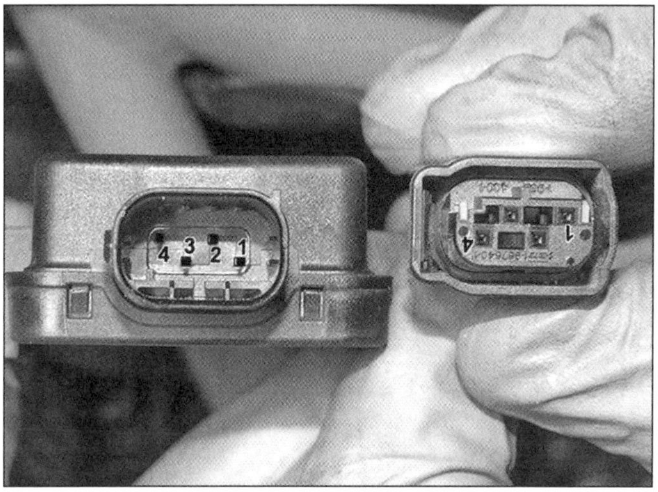

30.3 Beispiel einer Steckerkontakte-Nummerierung

Schrauben der Kreuzversteifung und entnehmen Sie diese – trennen Sie dabei den Stecker des Beschleunigungssensors (siehe Abbildungen).

7 Befreien Sie die Sicherungsbox, den Sensor, die Relais und das Federelemente-Steuergerät vom Halter des zentralen Steuergeräts (siehe Abbildung).

8 Lösen Sie die vier Schrauben des Steuergerät-Halters, heben Sie ihn ab und drehen Sie ihn um, um die Kabelstecker zu trennen (Saesn). Lösen Sie nötigenfalls die drei Schrauben, die das Steuergerät im Halter sichern, und entnehmen Sie es (siehe Abbildung).

9 Der Einbau entspricht der umgekehrten Ausbaureihenfolge.

30 Schaltpläne

1 Die Schaltpläne der unterschiedlichen Modelle erstrecken sich jeweils über zwei Seiten.

2 Bauteile, die zu einem einzelnen Zylinder gehören, sind mit »Zyl 1« (hinterer Zylinder) und »Zyl 2« (vorderer Zylinder) markiert.

3 Für das Motorsteuergerät, das Zentrale Steuergerät, die Instrumenten-Baugruppe, die Alarmanlage, das ABS-Steuergerät sowie **beim GT-Modell** das Kurvenlicht-Steuergerät und das Federelemente-Steuergerät sind die Steckerkontakte nummeriert. Ein Beispiel ist das in Kapitel 4, Sektion 8 beschriebene Motorsteuergerät. Auch bei diversen kleineren Steckern und deren Anschlüssen können die Kontakte mit Nummern versehen sein (siehe Abbildung).

4 Alle Steuergeräte und die Instrumente sind mit CAN-BUS *(Controlled Area Networking Bussystem)* verbunden. In den Schaltplänen werden CAN-L (Low) durch weiß/blaue Kabel und CAN-H (High) durch schwarz/blaue Kabel dargestellt.

5 Zubehör-Stecker finden sich vorn und hinten am Motorrad; diese sind mit ACC1 und ACC2 sowie der Absicherungsrate markiert (siehe Abbildungen).

30.5a Vordere Zubehör-Stecker – gezeigt am GT-Modell

30.5b Hintere Zubehör-Stecker

8

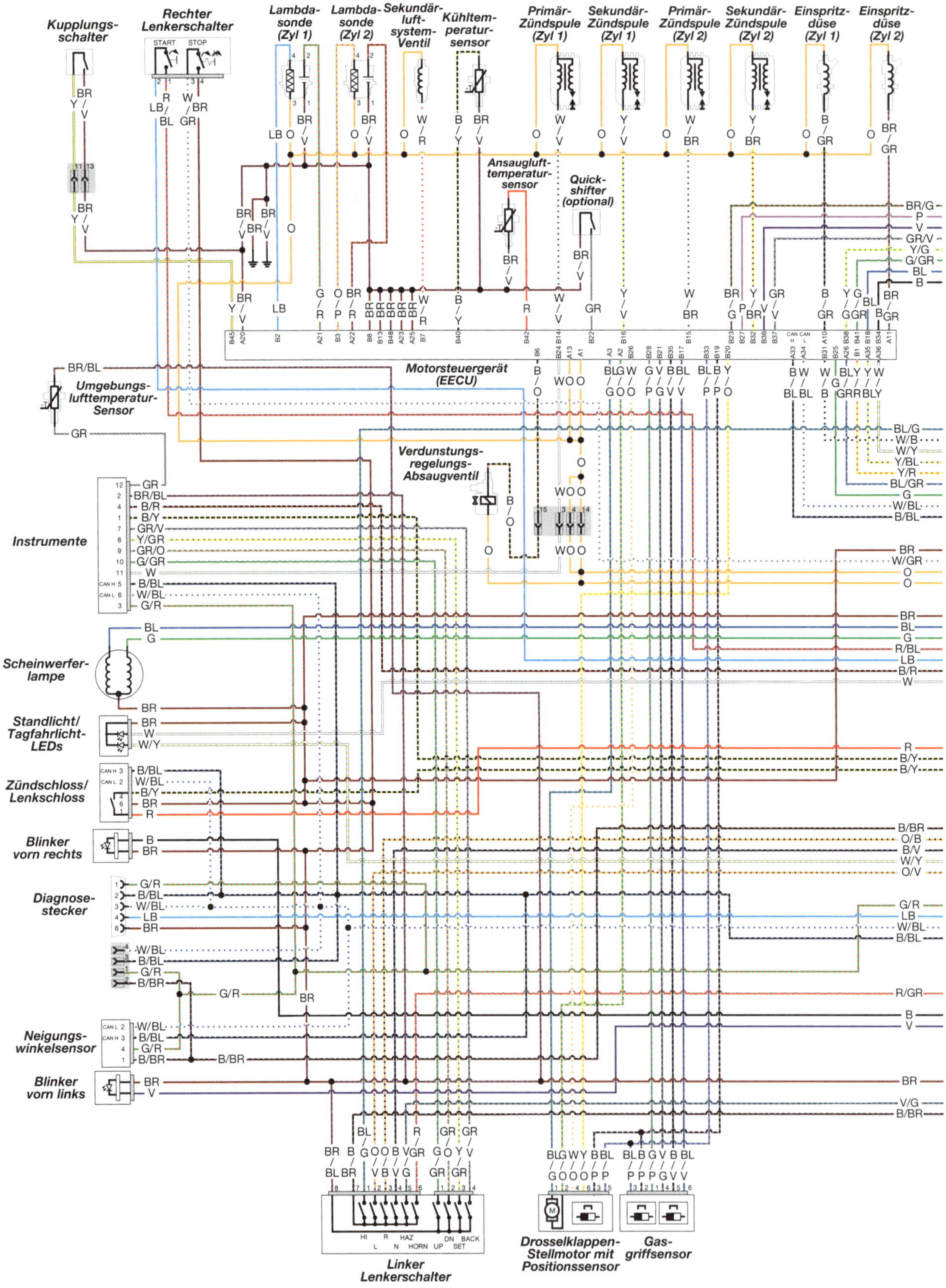

Super Duke R bis Modelljahr 2016

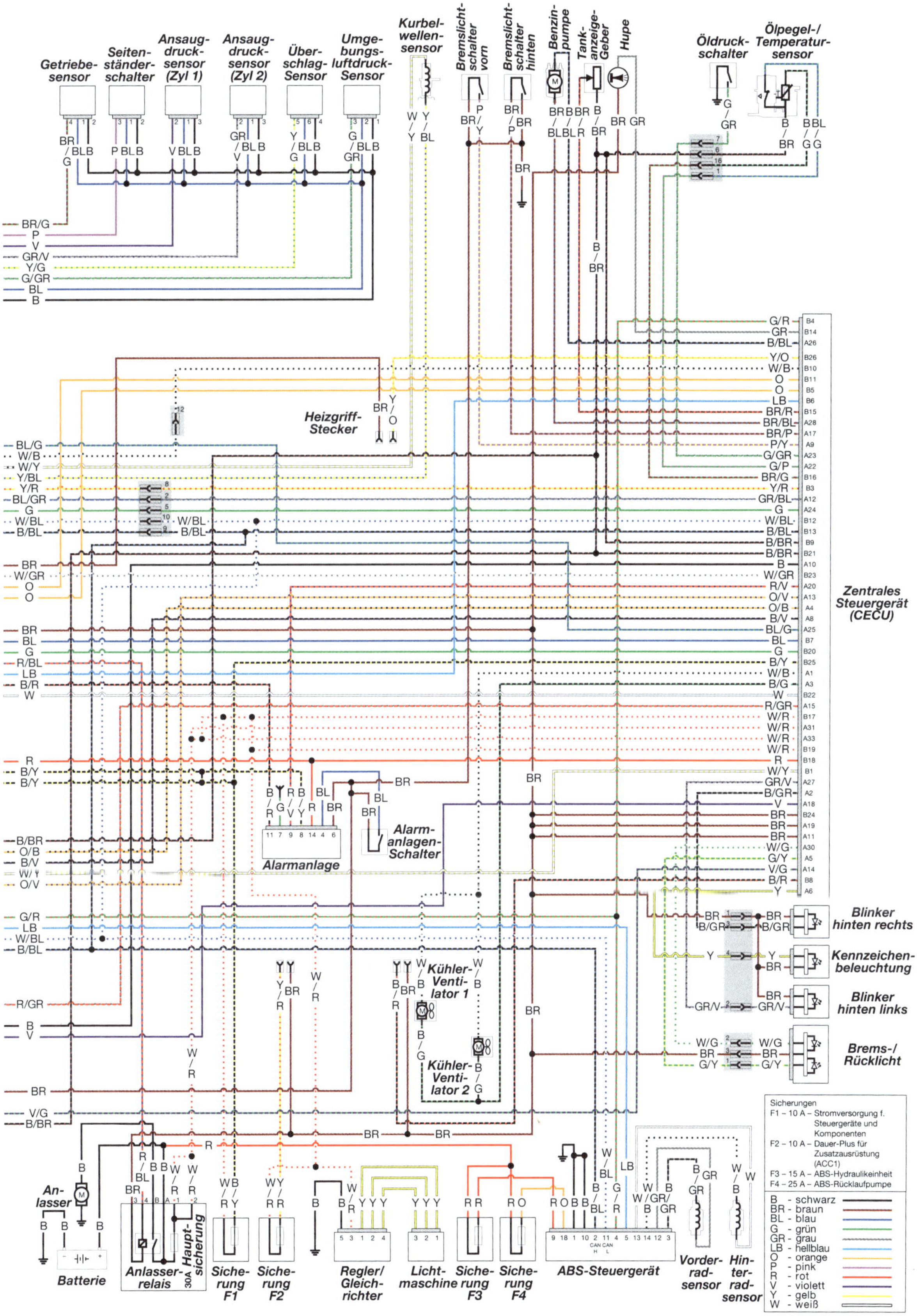

Super Duke R bis Modelljahr 2016

8

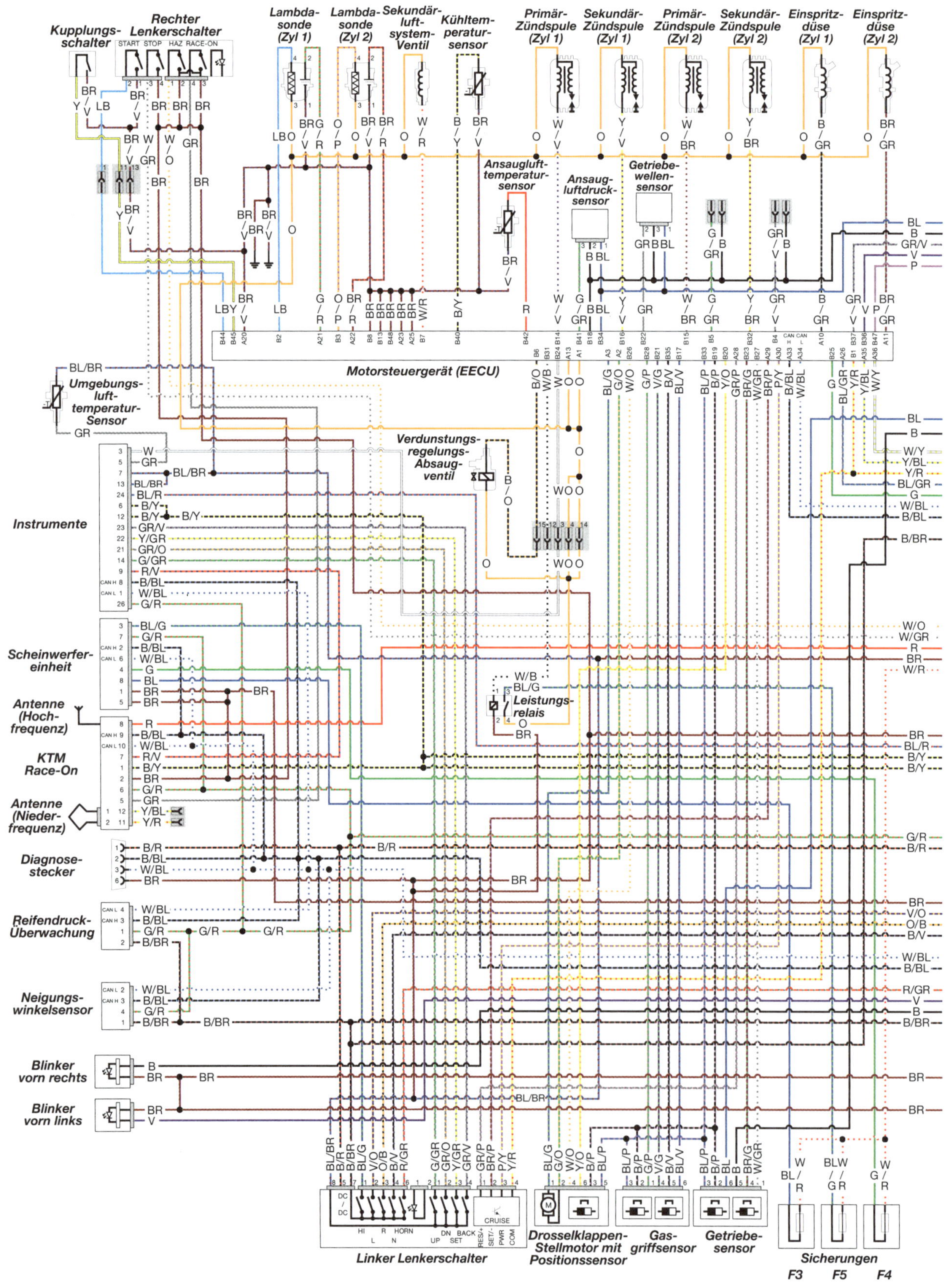

Super Duke R ab Modelljahr 2017

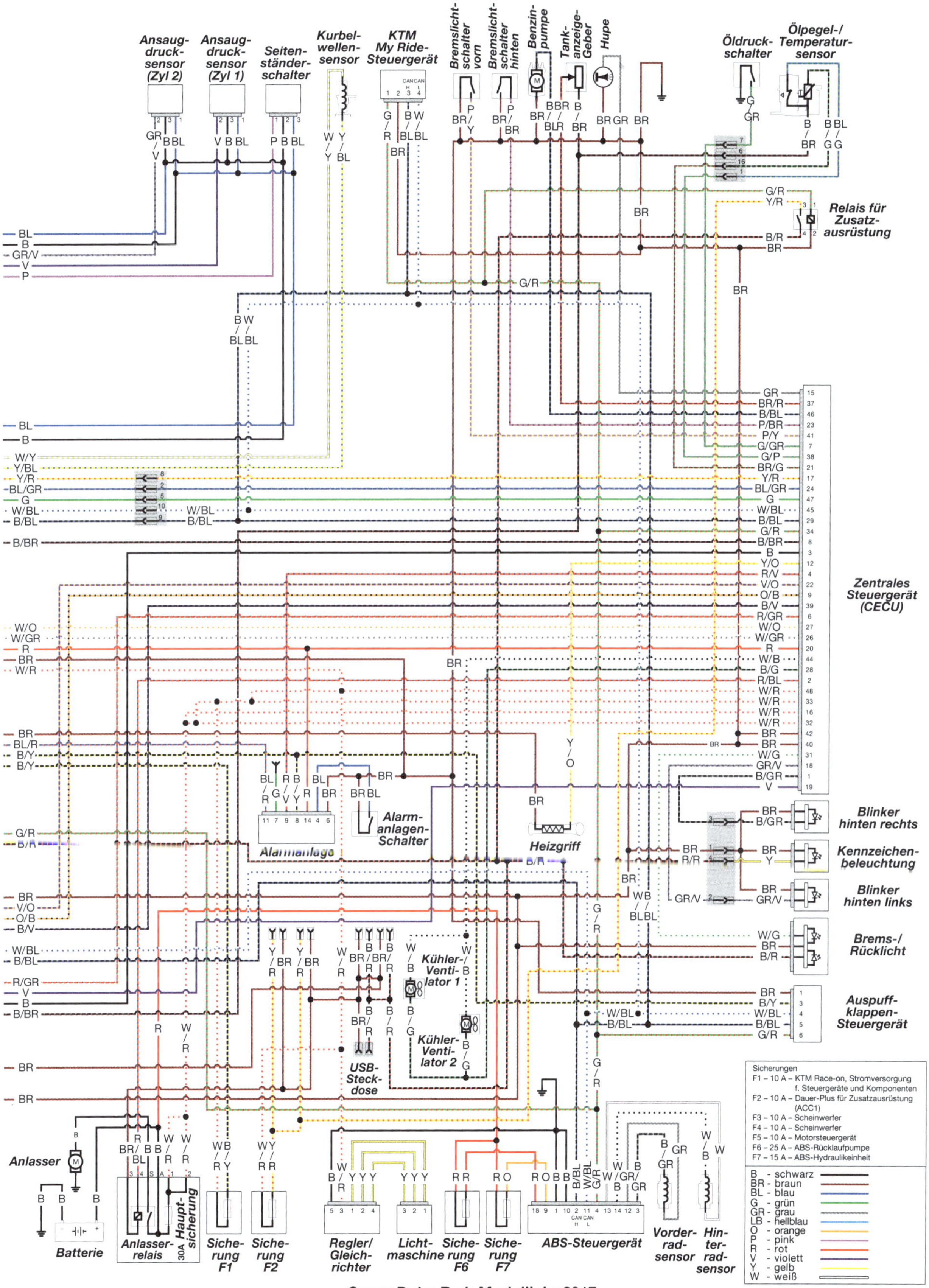

Super Duke R ab Modelljahr 2017

8

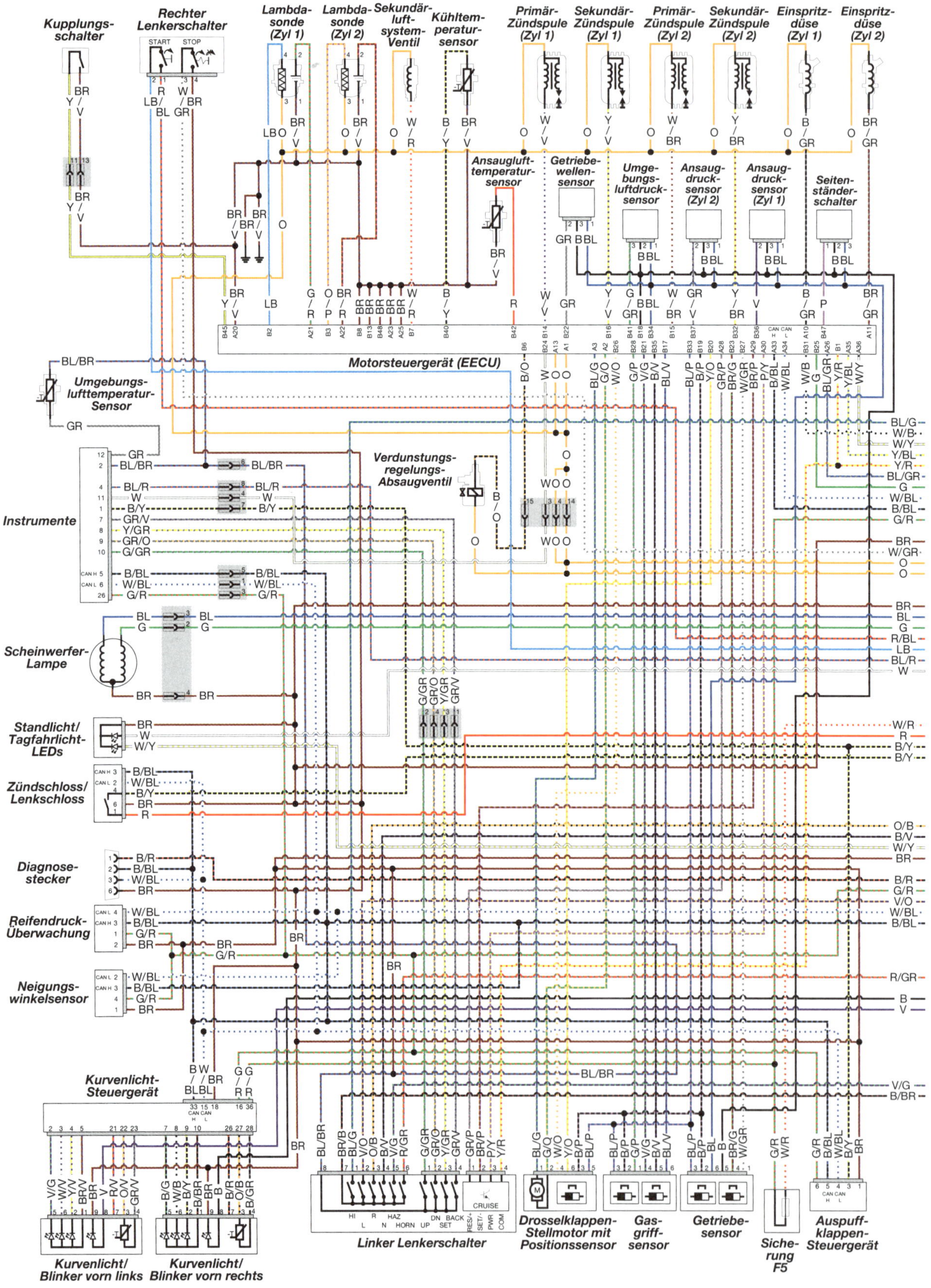

Super Duke GT bis Modelljahr 2018

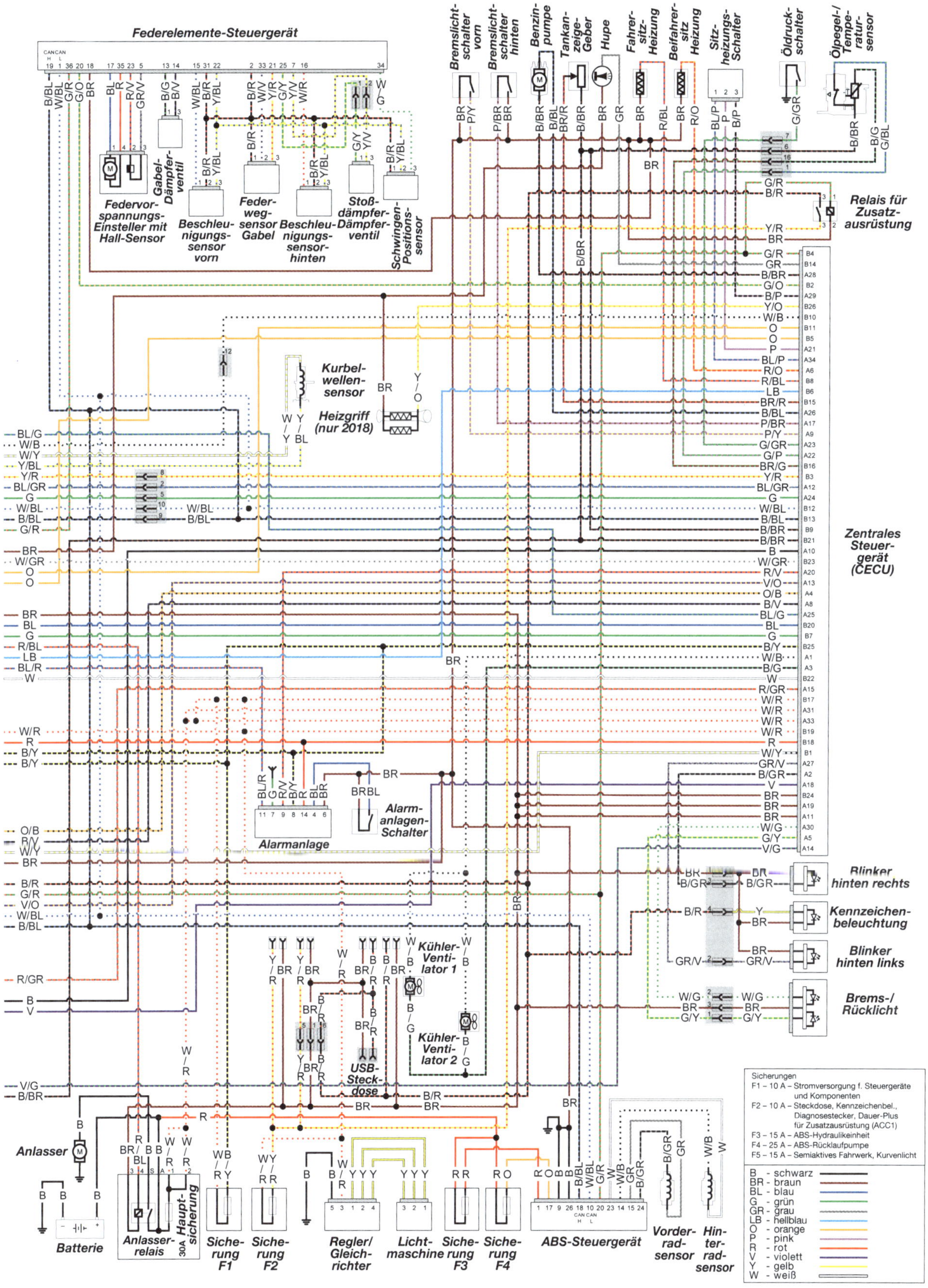

Super Duke GT bis Modelljahr 2018

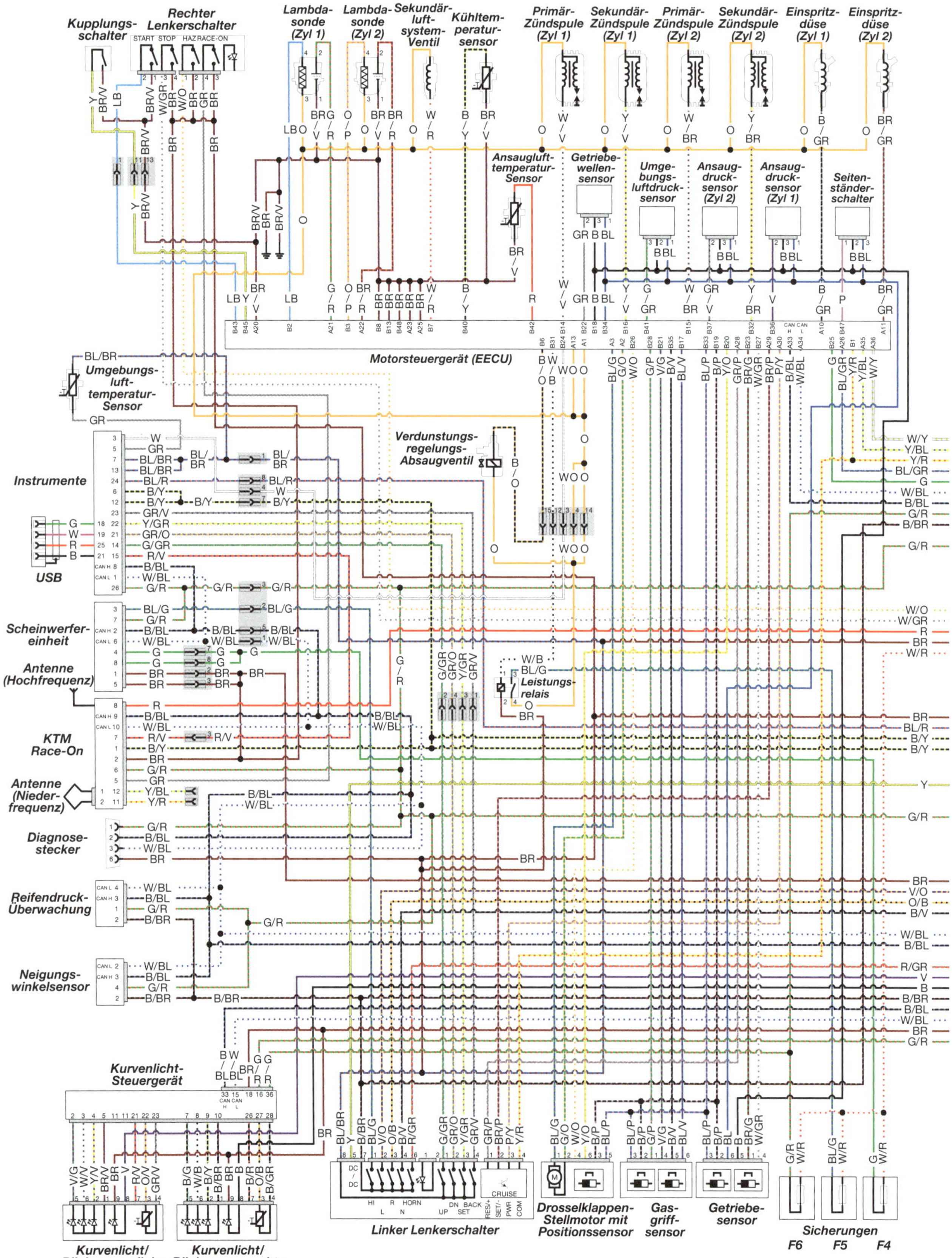

Super Duke GT ab Modelljahr 2019

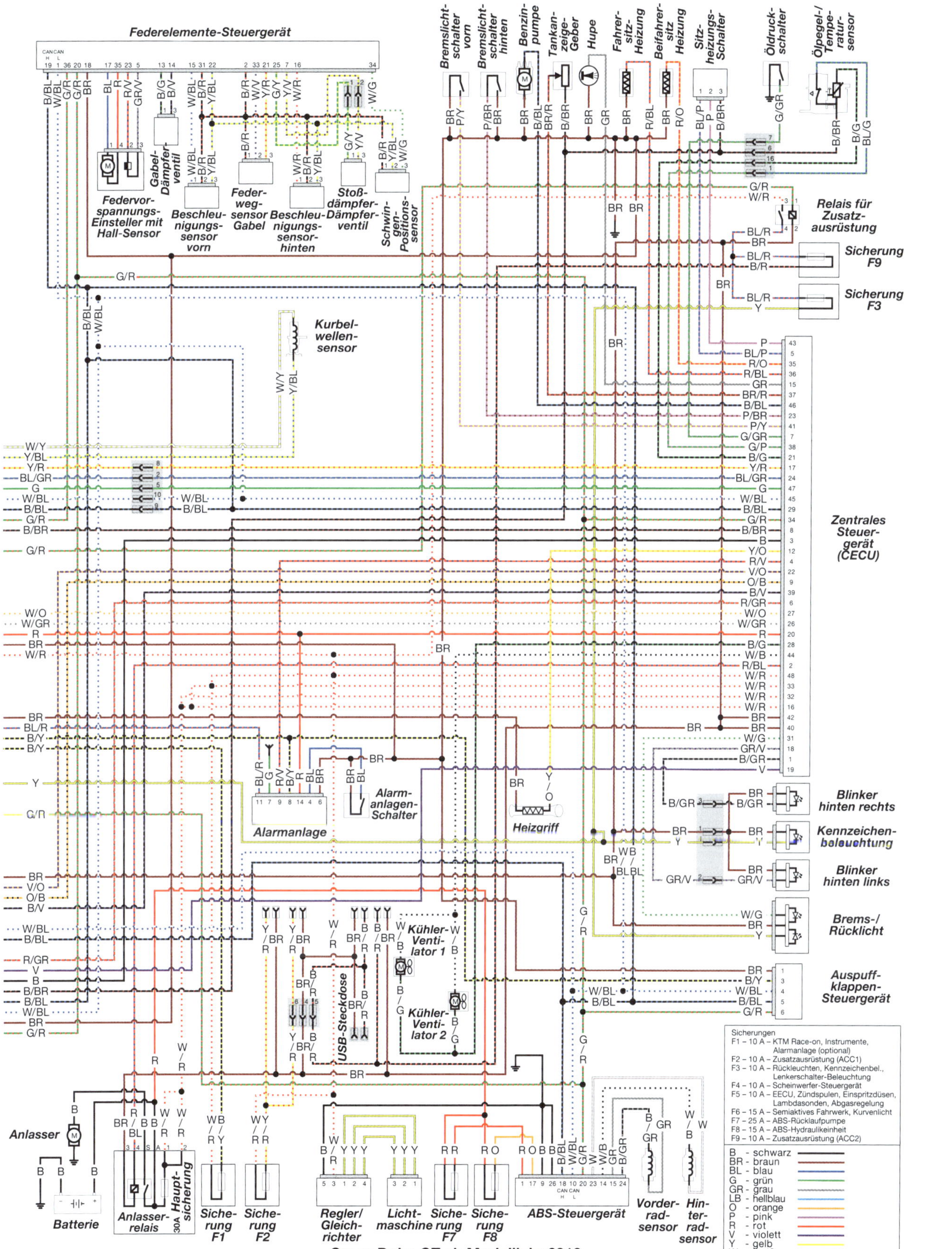

Super Duke GT ab Modelljahr 2019

Werkzeug- und Werkstatt-Tipps

Werkzeug-Kauf

Zur Wartung und Reparatur ist unbedingt ein Werkzeugsatz nötig. Obwohl die Anschaffung einer geeigneten Grundausrüstung zunächst etwas Geld kostet, macht sie sich schnell bezahlt, da man durch Eigenleistung Werkstattkosten spart. Bei steigender Erfahrung und Zutrauen kann zusätzliches Werkzeug beschafft werden, um große Reparaturen und Motorüberholungen durchführen zu können. Viele Spezialwerkzeuge sind teuer und werden nur selten benutzt, hierbei kann sich das Mieten lohnen bzw. der gemeinsame Kauf mit Freunden oder einem Club.

Eine Regel ist, besser gutes teures Qualitätswerkzeug zu kaufen, als billiges, welches schnell verschleißt und öfter erneuert werden muss – und dadurch die anfänglichen Ersparnisse schnell aufhebt.

Warnung: Um das Risiko zu vermindern, durch das Brechen schlechten Werkzeugs verletzt zu werden oder Bauteile zu beschädigen, muss immer auf stabile Qualität und die Erfüllung von Sicherheitsnormen geachtet werden.

Die folgende Werkzeugliste entspricht nicht den Wartungs- und Reparaturwerkzeugen des Herstellers und der Werkstätten, sondern stellt eine Empfehlung dar, welche Werkzeuge für einfache Arbeiten benötigt werden. Zusätzlich werden solche Dinge wie eine elektrische Bohrmaschine, eine Eisensäge, Feilen, Hämmer, ein Lötkolben und eine mit einem Schraubstock ausgerüstete Werkbank empfohlen. Obwohl nicht als Werkzeug klassifiziert, ist eine Sammlung von Schrauben, Muttern, Scheiben und Rohrstücken immer sehr nützlich.

Werks-Spezialwerkzeug

In unvermeidlichen Fällen ist die Benutzung von Spezialwerkzeug empfohlen. Wenn die Möglichkeit einer alternativen Verwendung besteht, ist diese beschrieben. Jedoch ist manchmal das Risiko einer Verletzung oder Beschädigung zu groß, sodass ein Spezialwerkzeug des Herstellers benutzt werden muss. Spezialwerkzeug ist normalerweise nur über den Motorradhandel zu bekommen und mit einer Werksnummer versehen. Einige der oft benutzten Werkzeuge, wie z.B. Rotorabzieher sind auch über den Zubehörhandel erhältlich.

Grundausstattung Wartungs- und Reparatur-Werkzeug

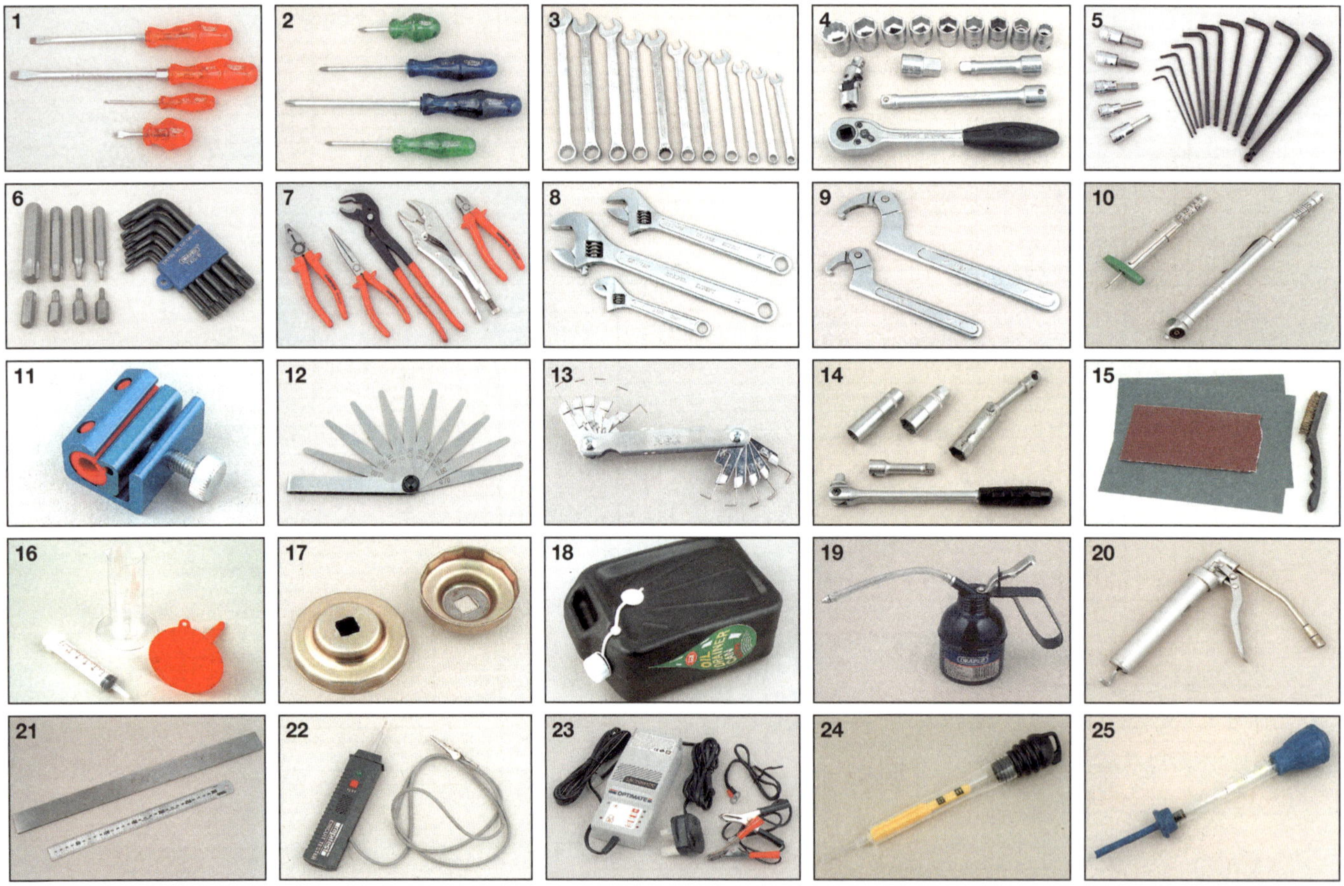

1 Schlitzschraubendrehersatz
6 Torxschlüsselsatz oder -bits
11 Bowdenzug-Öler
16 Trichter und Messbecher
21 Stahllineal und Winkel
2 Kreuzschraubendrehersatz
7 verschiedene Zangen, Gripzangen
12 Fühlerlehre
17 Bandschlüssel
22 Durchgangsprüfer
3 Gabel-/Ringschlüsselsatz
8 einstellbarer Rollgabelschlüssel
13 Mess- und Einstellgerät für Zündkerzenelektroden
18 Öl-Auffangbehälter
23 Batterieladegerät
4 Steckschlüsselsatz mit 3/8 oder ½ Zollantrieb (Knarrenkasten)
9 Hakenschlüssel (am besten einstellbar)
14 Zündkerzenschlüssel oder tiefer Knarreneinsatz
19 Ölkanne mit Pumpe
24 Hydrometer (zur Bestimmung der Batteriesäuredichte)
5 Inbus-Schlüsselsatz oder Steckeinsätze
10 Profiltiefenmesser, Luftdruckprüfgerät
15 Drahtbürste und Schleifpapier
20 Fettpresse
25 Frostschutztester (für wassergekühlte Motoren)

Werkzeug für Reparatur und Überholung

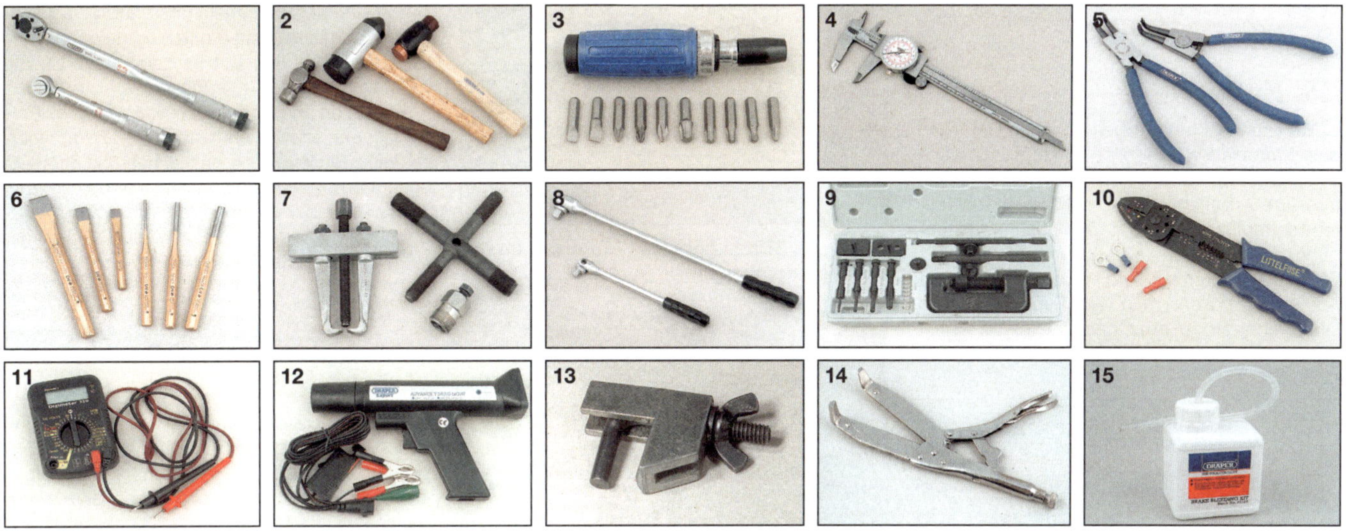

1 Drehmomentschlüssel (kleine und mittlere Ausführung)
6 Dorne und Meißel
11 Multimeter (für Volt, Ampere, Ohm)
2 Stahl-, Plastik- und Gummihammer
7 verschiedene Abzieher
12 Stroboskoplampe (für dynamische Zündungskontrolle)
3 Schlagschraubersatz
8 Gelenkgriff und Rohrverlängerung
13 Schlauchklemme
4 Schieblehre
9 Ketten-Trenn- und Montierwerkzeug
14 Kupplungs-haltewerkzeug
5 Seegerringzangen (für innen und außen)
10 Abisolierzange
15 Einpersonen-Bremsentlüftungssatz

Spezialwerkzeug

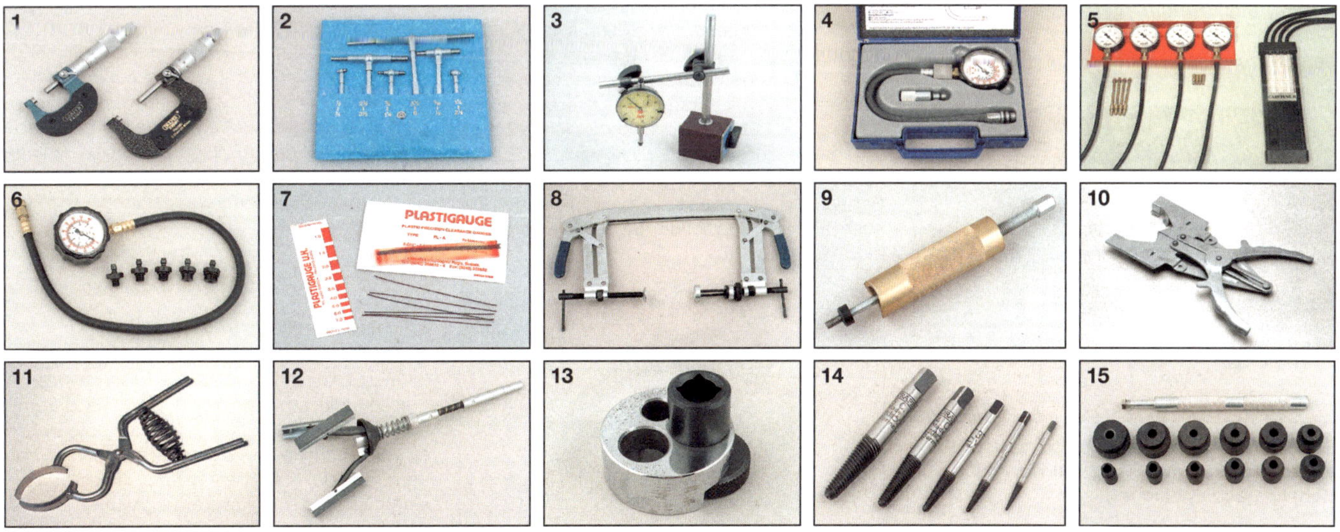

1 Mikrometerschrauben
6 Öldruck-Messgerät
11 Kolbenringklemme
2 Innenmessgeräte
7 Quetschmessstreifen für Lagerspielmessung
12 Zylinderhonsteine
3 Messuhr mit Halter
8 Ventilfederpresse
13 Bolzenausdreher
4 Zylinderkompressions-Messgerät
9 Kolbenbolzenauszieher
14 Linksausdrehersatz
5 Synchronisationsgerät
10 Kolbenringzange
15 Lagertreibersatz

1 Werkstatt
Ausrüstung und Einrichtung

Die Hebebühne

- Man kann sich die Arbeit an vielen Bauteilen des Motorrades erheblich erleichtern, wenn die Maschine mithilfe einer Hebebühne in eine günstige Arbeitshöhe gebracht wird. Die teuren hydraulischen oder pneumatischen Hebebühnen, wie man sie aus professionellen Werkstätten kennt, sind eine lohnenswerte Anschaffung, wenn man viele Reparaturen und Überholungen zu erledigen hat (siehe Abbildung 1.1).

1.1 Hydraulische Motorrad-Hebebühne

- Wenn das Motorrad angehoben wird, muss darauf geachtet werden, dass es gegen Herunterfallen gesichert wird. Die meisten Bühnen haben dazu eine einstellbare Vorderrad-Klemmung. Beim Einklemmen des Rades darf der Reifen oder die Felge nicht beschädigt werden, den besten Schutz bieten hier zwischengelegte Holzblöcke.
- Sichern Sie das Motorrad mit Spannriemen an der Bühne (siehe Abbildung 1.2). Wenn die Maschine nur einen Seitenständer besitzt und kippgefährdet ist, sollte sie auf einer passenden Stütze positioniert werden.

1.2 Mit z.B. an den Beifahrerfußrasten befestigten Spannriemen wird die Maschine vor dem Umfallen gesichert.

- Passende Stützen sind in unterschiedlichen Formen und Ausführungen im Fachhandel erhältlich. Zumeist wird die Maschine damit an der Hinterrad- oder Schwingenachse angehoben (siehe Abbildung 1.3). Um beide Räder zu entlasten, kann ein Wagenheber unter den Motor positioniert und das Vorderteil angehoben werden (siehe Abbildung 1.4).

1.3 Diese Stütze hebt das Motorrad an der Schwingenachse an.

1.4 Um Beschädigungen zu vermeiden, muss immer ein Stück Holz zwischen Wagenheber und Motor oder Rahmen liegen.

Rauch und Feuer

- Beachten Sie genau das Kapitel »Sicherheit geht vor!« am Anfang des Buches. Gehen Sie sicher, dass ein Feuerlöscher zur Hand ist, der für brennbare Flüssigkeiten geeignet ist – versuchen Sie auf gar keinen Fall, brennendes Benzin oder Öl mit Wasser zu löschen!
- Sorgen Sie dafür, dass immer ausreichende Belüftung sichergestellt ist. Wenn keine Abgas-Absauganlage vorhanden ist, darf der Motor nur außerhalb der Werkstatt gestartet werden.
- Wenn Sie mit Kraftstoff hantieren, muss durch gutes Lüften dafür gesorgt werden, dass sich keine zündfähigen Gasgemische bilden können. Das Gleiche gilt beim Aufladen von Batterien. Rauchen Sie nicht, und verbieten Sie auch anderen Personen, in der Werkstatt zu rauchen.

1.5 Benutzen Sie zum Lagern von Kraftstoff nur vorgeschriebene Kanister.

Flüssigkeiten

- Wenn Sie den Tank entleeren müssen, darf der Kraftstoff nur in geeigneten und verschließbaren Behältern und Kanistern gelagert werden (siehe Abbildung 1.5). Lagern Sie Benzin niemals in Gläsern oder Flaschen.
- Benutzen Sie entsprechende Motoren-Entfetter oder schwer entflammbare Lösungsmittel, wie z.B. Petroleum, um Öl, Fett und Schmutz zu entfernen – benutzen Sie niemals Benzin! Tragen Sie bei diesen Arbeiten Gummihandschuhe, und benutzen Sie diese Reinigungsmittel nur draußen oder in sehr gut belüfteten Räumen.

Staub-, Augen- und Handschutz

- Schützen Sie Atemwege und Lunge mit Staubmasken vor dem Eindringen von Staubpartikeln. Manche älteren Brems- oder Kupplungsbeläge enthalten Krebs erregendes Asbest – hantieren Sie auf jeden Fall sehr vorsichtig mit solchem Material. Schützen Sie Ihre Augen mit einer Schutzbrille vor Spritzern und Spänen (siehe Abbildung 1.6).

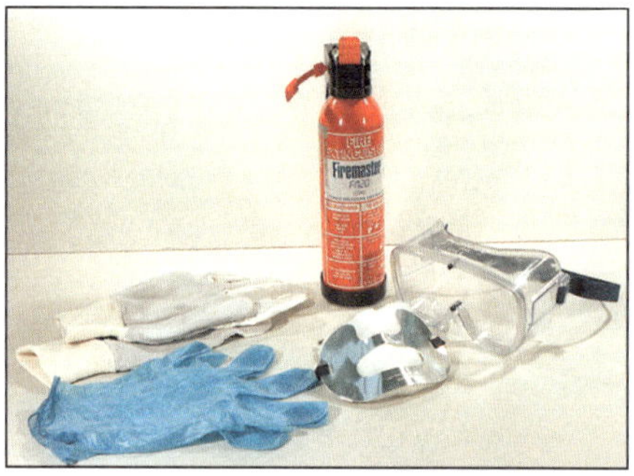

1.6 Ein Feuerlöscher, eine Schutzbrille, Staubmaske und Schutzhandschuhe sollten in der Werkstatt immer zur Hand sein.

- Schützen Sie Ihre Hände mit Gummihandschuhen vor dem Kontakt mit Lösungsmitteln, Benzin und Öl. Alternativ kann vor Arbeitsbeginn eine spezielle Schutzcreme auf die Hände aufgetragen werden. Wenn Sie mit heißen Teilen oder Flüssigkeiten hantieren, müssen hierfür geeignete Handschuhe getragen werden.

Die Entsorgung alter Flüssigkeiten

- Alte Reinigungs- und Bremsflüssigkeit, Kraftstoff und Öl dürfen nicht ins Erdreich oder in Wasserabflüsse gelangen. Füllen Sie die entsprechenden Flüssigkeiten in geeignete Behälter, und bringen Sie sie zu dem Händler, von dem Sie sie erworben haben. Unter Vorlage einer Quittung sind Händler verpflichtet, altes Öl und Bremsflüssigkeit wieder zurückzunehmen. Schütten Sie unterschiedliche Flüssigkeiten nicht zusammen in einen Behälter, da sie nur getrennt wieder aufbereitet werden können. Öliger und fettiger Schmutz kann zusammen mit dem Altöl abgegeben werden, alte Ölfilter können ebenfalls beim Händler entsorgt werden.

2 Befestigungen
Schrauben und Muttern

Typen und Anwendungen

Schrauben

- Köpfe von Maschinenschrauben gibt es in den Ausführungen Sechskant, Torx und Vielzahn – alle in Innen- und Außenversionen (siehe Abbildungen 2.1 und 2.2). Vielzahn-Schrauben werden im Motorradbau sehr selten verwendet. Schlitz- und Kreuzschlitzköpfe werden nur bei kleinen Schrauben verwendet, die keiner großen Belastung ausgesetzt sind. Längenangaben bei Schrauben werden von unterhalb des Kopfes bis zum Ende gemessen (siehe Abbildung 2.11).

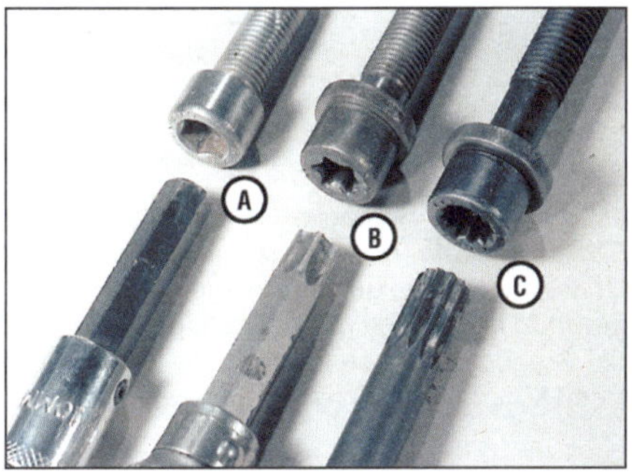

2.1 Innen-Sechskant (»Inbus«) (A), Torx (B) und Vielzahnschraubenköpfe (C) mit entsprechenden Werkzeugen

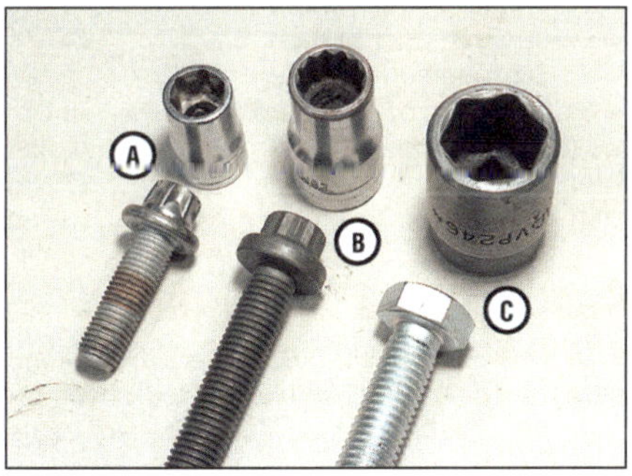

2.2 Außen-Torx (A), Zwölfkant- (B) und Sechskantschrauben (C) mit entsprechenden Steckschlüsseleinsätzen (»Nüssen«)

- Verschiedene Schrauben haben Zugfestigkeitsangaben auf ihren Köpfen. Je höher die Zahl, desto stabiler die Schraube. Hochfeste Schrauben tragen eine 10 oder höhere Zahl. Ersetzen Sie eine hochfeste Schraube niemals durch eine minderfeste.

Scheiben (siehe Abbildung 2.3)

- Unterlegscheiben werden zwischen Schraubenkopf und Bauteil gelegt, um Beschädigungen des Teils zu vermeiden und um die Last des Anzugsmoments zu verteilen. Spezielle Unterlegscheiben werden bei verschiedenen Gelegenheiten als Abstandhalter und Einstellscheibe eingesetzt. Kupfer- oder Aluminiumscheiben fungieren als Dichtungsringe, z.B. bei Ablassschrauben.

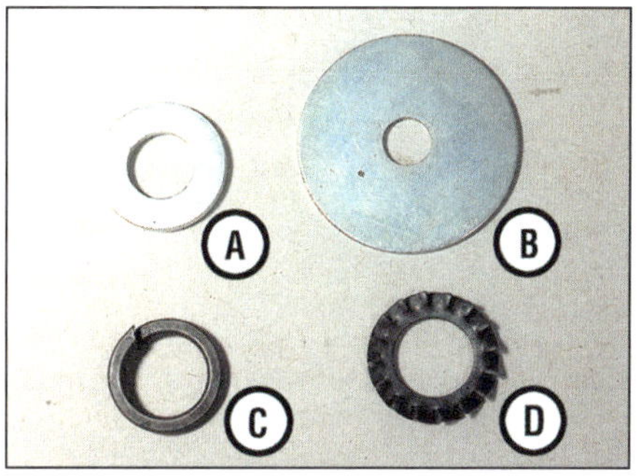

2.3 Unterlegscheibe (A), Kotflügelscheibe (B), Federring (C) und Sicherungsscheibe (D)

- Der offene Federring übt zwischen Schraube und Bauteil axialen Druck aus. Nach einmaligem Gebrauch muss er ersetzt werden. Wenn der Federring zusammen mit einer Unterlegscheibe verwendet wird, muss er zwischen diese und die Schraube gelegt werden.
- Sternförmige Sicherungsscheiben schneiden sich beim Linksherumdrehen in die Schraube und das Bauteil ein, um das Lösen der Schraube zu verhindern. Sie werden oft bei elektrischen Masseverbindungen am Rahmen verwendet.
- Konus- oder Fächerscheiben üben zwischen Schraube und Bauteil axialen Druck aus. Sie werden mit der flachen Seite auf das Bauteil gelegt, wenn sie abgeflacht sind, sind sie ermüdet und müssen ausgewechselt werden.
- Sicherungsbleche werden unter glatte Wellenmuttern gelegt, das Blech wird an einer oder mehreren Seiten der Mutter hochgebogen und gegen deren Sechskant gepresst, um ein Lösen zu verhindern. Ist das Blech nach mehrmaligem Gebrauch verschlissen, muss es ersetzt werden.
- Wellenscheiben werden eingesetzt, um Spiel auf Achsen aufzunehmen. Sie üben leichten Federdruck aus und verhindern das Hin- und Herschieben von Baugruppen, z.B. Kipphebeln auf ihren Wellen.

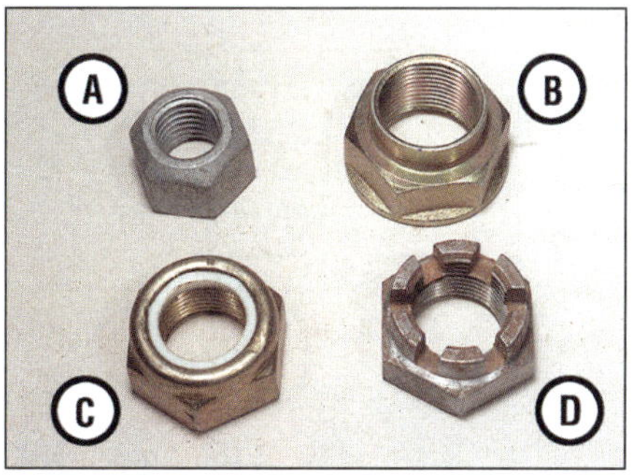

2.4 Sechskantmutter (A), Mutter mit Bund (B), selbstsichernde Mutter mit Nylon-Einsatz (C), Kronenmutter (D)

Muttern und Splinte

- Herkömmliche Muttern sind sechskantig (siehe Abbildung 2.4). Ihre Größenbezeichnungen richten sich nach dem Gewindedurchmesser und dessen Steigung. Hochfeste Muttern tragen auf einer Seite eine Zahl, die ihre Festigkeit angibt.
- Selbstsichernde Muttern haben entweder Nylon-Einsätze oder zwei Federstreifen, außerdem gibt es Muttern mit Bund, die sich mit einer Verzahnung sichern. Ihr aller Vorzug liegt darin, dass sie nicht durch Vibrationen zu lösen sind. Die Nylon- und Federausführungen können mehrmals universell eingesetzt werden und müssen erst ersetzt werden, wenn sie leichtgängig oder verschlissen sind. Die Bundausführungen müssen nach jedem Lösen ausgewechselt werden.
- Splinte werden zum Sichern von Kronenmuttern auf Achsen, aber auch gegen das Lösen normaler Sechskantmuttern eingesetzt, besonders an Radachsen und Bremsankern. Normale Splinte müssen wegen der Bruchgefahr nach jedem Gebrauch erneuert werden (siehe Abbildungen 2.5 und 2.6).

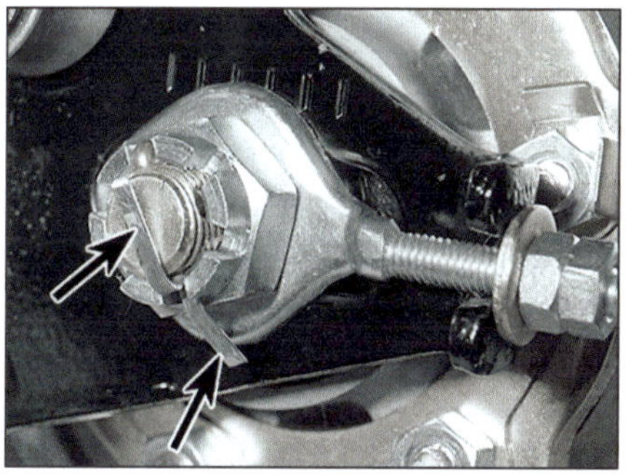

2.5 Biegen Sie Einwegsplinte bei Kronenmuttern wie gezeigt auseinander.

2.6 Biegen Sie Einwegsplinte bei normalen Muttern wie gezeigt auseinander.

Achtung: Wenn die Schlitze der Kronenmutter nach dem vorschriftsmäßigen Anziehen nicht mit der Splintbohrung in der Achse fluchten, muss sie so weit fester angezogen werden, bis der Splint durchgeführt werden kann – sie darf niemals gelockert werden.

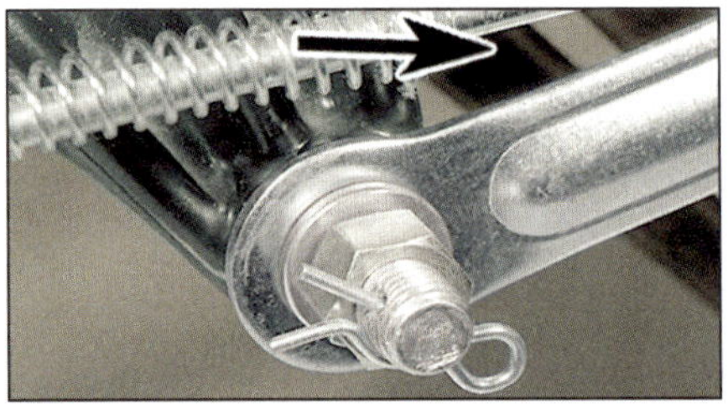

2.7 Federsplinte werden mit dem geschlossenen Ende in Fahrtrichtung (Pfeil) montiert.

- Federsplinte können öfter verwendet werden, solange sie nicht beschädigt sind. Installieren Sie Federsplinte immer mit dem geschlossenen Ende nach vorne (siehe Abbildung 2.7).

Sicherungsringe (siehe Abbildung 2.8)

- Sicherungsringe, die mit »Augen« zum besseren Aus- und Einbau versehen sind, werden auch Seegerringe genannt. Je nach Einsatzzweck auf Wellen oder in Bohrungen sitzen die Augen innen oder außen. Geschliffene Ringe können beidseitig verwendet werden, bei gestanzten Ringen (mit einer flachen und einer abgerundeten Seite) muss die flache Seite entstehenden Druck auf die Nut übertragen (siehe Abbildung 2.9).
- Benutzen Sie immer eine Seegerringzange zur Montage und Demontage, spannen Sie damit die Ringe nicht mehr als nötig. Drehen Sie die Ringe nach der Montage in ihrer Nut, um sicherzugehen, dass sie richtig sitzen. Wenn ein Sicherungsring auf eine Nutenwelle montiert wurde, muss die Öffnung mit einer Nut fluchten. So wird sichergestellt, dass die Enden gut gehalten werden (siehe Abbildung 2.10).

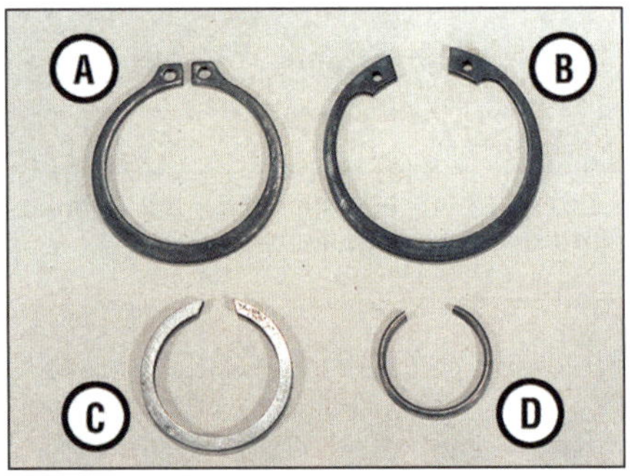

2.8 Wellen-Seegerring (A), Bohrungs-Seegerring (B), geschliffener Sicherungsring (C), Draht-Sicherungsring (D)

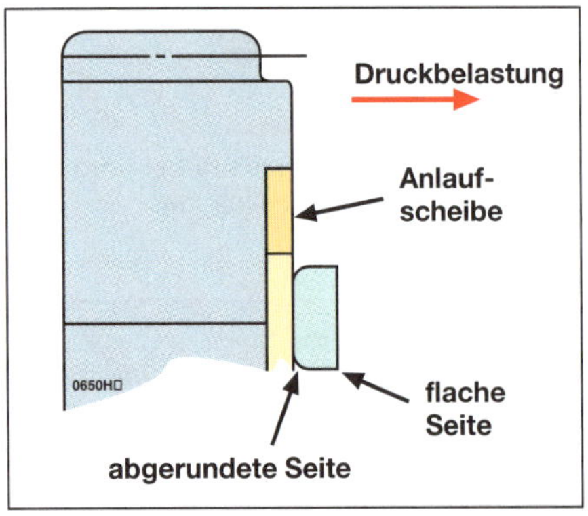

2.9 Korrekte Einbaulage eines gestanzten Sicherungsrings

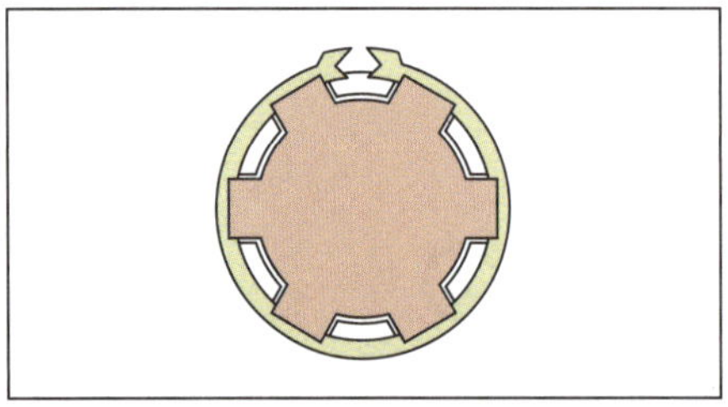

2.10 Die Öffnung des Sicherungsrings muss in einer Nut der Welle liegen.

- Sicherungsringe können durch den Druck von Bauteilen verschleißen und dadurch locker in ihren Nuten sitzen. Da hierdurch die Gefahr des Herausspringens steigt, sollten Sie regelmäßig nach jedem Ausbau ersetzt werden.
- Drahtsicherungsringe werden normalerweise zur Sicherung des Kolbenbolzens in die Nuten des Kolbens gesetzt. Sie können mit einer Spitzzange oder einem kleinen Schraubendreher ausgebaut werden. Kolbenbolzen-Sicherungsringe dürfen auf keinen Fall mehrmals verwendet werden.

Gewindedurchmesser und Gewindesteigung

- Der Durchmesser eines Gewindes wird außen an der Schraube oder des Bolzens gemessen. Fast alle Fahrzeughersteller benutzen heute metrische Gewinde nach ISO-Norm, eine M-6-Schraube hat einen Gewindedurchmesser von 6 mm. Diese Bezeichnung gilt auch für die entsprechende Mutter, hier muss der Durchmesser in den »Tälern« des Gewindes gemessen werden.
- Die Gewindesteigung bezeichnet den Abstand zwischen zwei Gewindegängen (siehe Abbildung 2.11). Sie wird in Millimetern angegeben, jedoch nur extra erwähnt, wenn sie von der Norm abweicht, d.h. eine M8-Schraube nicht wie üblich eine Steigung von 1,25 mm, sondern z.B. ein Feingewinde mit 1,0 mm Steigung hat – sie heißt dann M8 x 1,0. Mit zunehmendem Gewindedurchmesser wird auch die Steigung größer.

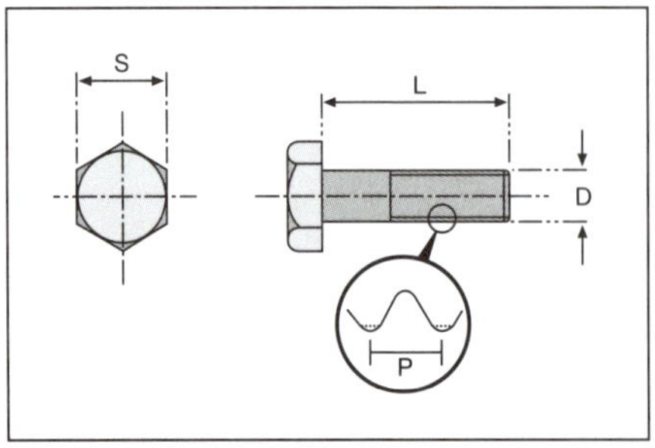

2.11 Schraubenlänge (L), Gewindedurchmesser (D), Gewindesteigung (P), Schlüsselweite (S)

2.12 Mit einer Gewindelehre kann die Steigung bestimmt werden.

- Zu bestimmten Gewindedurchmessern, -steigungen und -festigkeiten gehören entsprechende Schraubenköpfe mit Schlüsselweiten in Millimetern (siehe Abbildung 2.11). Bei Unsicherheit können Gewindesteigungen mit Gewindelehren gemessen werden (siehe Abbildung 2.12).

Schlüsselweite	∅ Gewinde x Steigung
8 mm	M 5 x 0,8 mm
8 mm	M 6 x 1,0 mm
10 mm	M 6 x 1,0 mm
12 mm	M 8 x 1,25 mm
14 mm	M10 x 1,25 mm
17 mm	M12 x 1,25 mm

- Die meisten Schrauben und Bolzen haben Rechtsgewinde, d.h. die Schraube oder Mutter wird im Uhrzeigersinn festgezogen. Linksgewinde finden sich ganz selten an Stellen, wo die Drehrichtung des Bauteils die Verbindung lösen könnte, z.B. bei einigen Ritzelmuttern.

Standard-Anzugsdrehmomente

M5 (Schraube oder Mutter)	5 Nm
M6 (Schraube oder Mutter)	10 Nm
M8 (Schraube oder Mutter)	21 Nm
M10 (Schraube oder Mutter)	35 Nm
M12 (Schraube oder Mutter)	55 Nm
M6 (Schraube oder Mutter mit Bund)	12 Nm
M8 (Schraube oder Mutter mit Bund)	27 Nm
M10 (Schraube oder Mutter mit Bund)	40 Nm

Festsitzende Gewinde

- Durch Feuchtigkeit, Salz und elektro-chemische Korrosion zwischen unterschiedlichen Metallen können freiliegende Schrauben im Laufe

2.13 Bereits ein leichter Schlag auf den Schraubenkopf reicht oft aus, ein korrodiertes Gewinde zu lösen.

2.14 Ein Schlagschrauber setzt die Wucht des Hammers in eine Drehbewegung um.

der Zeit schwer zu lösen sein. Mit normalen Methoden wird man in diesen Fällen wahrscheinlich den Schraubenkopf zerstören. Wenn man merkt, dass sich eine Schraube oder Mutter nicht wie üblich durch ein Knacken löst und dann leicht ausbauen lässt, sollte die übliche Demontage sofort gestoppt werden, bevor etwas zerstört wird.

- Bereits ein leichter Schlag auf den Schraubenkopf kann Korrosion und Spannungen im Gewinde lösen (siehe Abbildung 2.13).
- Kriechöl (z.B. *Caramba* oder *WD40*) kann als Rostlöser an die Verbindung gesprüht werden und über Nacht einsickern. Formt man mit Plastilin eine »Wanne« um die Schraube oder Mutter, kann die Verbindung sogar geflutet werden.
- Aufgrund der öligen Umgebung haben innerhalb des Motorgehäuses befindliche Schraubverbindungen kaum Korrosionsprobleme. Doch kann auch hier ein Schlagschrauber die Arbeit erleichtern, wenn festsitzende Schrauben gelöst werden sollen (siehe Abbildung 2.14).
- Korrosion zwischen Metallen (z.B. Stahl und Aluminium) kann durch Erwärmung gelockert werden. Da sich Aluminium stärker ausdehnt als Stahl, reißt die Verbindung auf und die Bohrung (im Aluminium) erweitert sich. Hitzeempfindliche Teile wie Dichtringe und Gummistopfen müssen zunächst entfernt werden, dann kann man z.B. mit einem Heißluftgebläse den Bereich um die Schraube erwärmen (siehe Abbildung 2.15). Alternativ kann man das Bauteil auf einer elektrischen Herdplatte, in einem Backofen, in kochendem Wasser oder mit einem Bügeleisen erwärmen. Benutzen Sie keine offene Flamme! Tragen Sie Handschuhe, um Hautverbrennungen zu vermeiden.

2.15 Erwärmen Sie den Bereich um die Schraubverbindung gleichmäßig.

2.16 Mit einem am Rand angesetzten Meißel wird die Schraube oder Mutter gelockert.

Achtung: Beachten Sie immer, dass das Gehäuseteil, in dem die Schraube sitzt, viel empfindlicher und teurer ist als die Schraube selbst. Wenn die Schraube gelockert ist, sollte sie nicht mit Gewalt herausgedreht werden. Um das Gewinde zu schonen, muss die Schraube bei starkem Widerstand vorsichtig vor- und zurückgedreht werden, bis sie locker ist.

- Als nächste Möglichkeit kann man die Schraube mit Hammer und Meißel losklopfen (siehe Abbildung 2.16). Hierdurch wird die Schraube oder Mutter zerstört, doch wichtiger ist, dass man das Bauteil nicht beschädigt.

Abgebrochene Schrauben und Stehbolzen

- Wenn das Gewinde zugänglich ist, kann man versuchen, es mit einer selbstsichernden Gripzange zu drehen. Mit einem Stehbolzendreher, der normalerweise bei Zylinderstehbolzen verwendet wird, lassen sich meist bessere Ergebnisse erzielen (siehe Abbildung 2.17). Stehbolzen lassen sich auch mit zwei verkonterten Muttern lösen (siehe Abbildung 2.18).

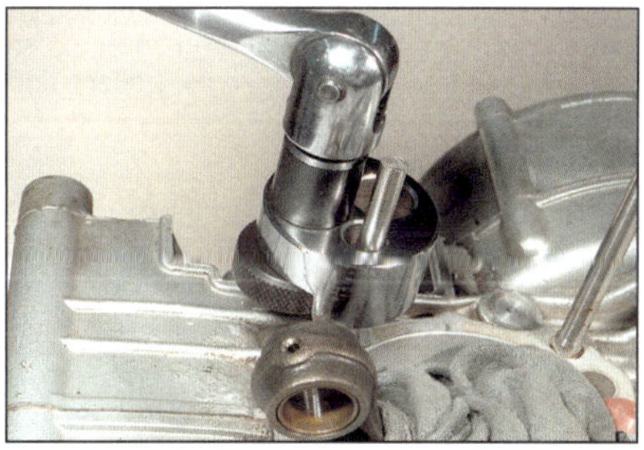

2.17 Mit einem Stehbolzendreher können auch festsitzende Schraubengewinde gelöst werden.

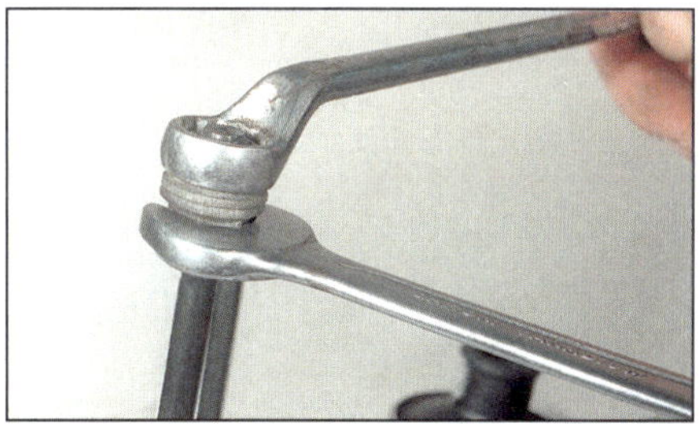

2.18 Nach dem Verdrehen zweier Muttern gegeneinander kann hiermit der Bolzen herausgeschraubt werden.

2.19 Achtung beim Vorbohren: nicht das weichere Gehäusematerial beschädigen.

- Eine bündig am Gehäuse abgerissene Schraube kann, wenn sie nicht allzu fest sitzt, nur mit einem Linksausdreher entfernt werden. Zunächst wird mit dem Körner in der Mitte des Gewindes eine Markierung geschlagen, aus der ein Bohrer nicht mehr abrutschen kann (siehe Abbildung 2.19). Wählen Sie den Bohrer etwa halb bis dreiviertel so groß wie der Innendurchmesser der Schraube, und bohren Sie ein dem Linksausdreher entsprechend tiefes Loch. Wählen Sie den größtmöglichen Linksausdreher, aber achten Sie darauf, die Wandung der Schraube oben nicht auseinanderzudrücken, da dadurch das Gewinde im Gehäuse beschädigt und das Herausdrehen erschwert wird.
- Drehen Sie den Linksausdreher links herum (gegen den Uhrzeigersinn) in die abgebrochene Schraube. Wenn er sich festgefressen hat, wird er automatisch den Gewinderest aus dem Gehäuse herausdrehen (siehe Abbildung 2.20).

Warnung: Linksausdreher sind sehr hart und können bei unvorsichtigem Umgang und in extrem festsitzenden Schraubenresten abbrechen. In diesem Fall sollte eine professionelle Werkstatt konsultiert werden.

2.20 Drehen Sie den Linksausdreher links herum in das Bohrloch, bis das Gewindestück herausgeschraubt ist.

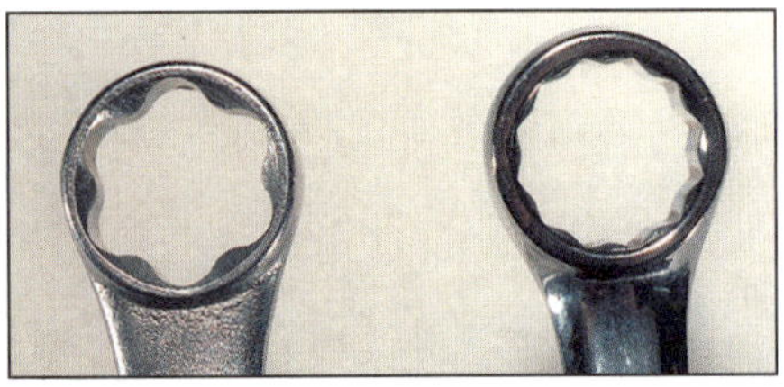

2.21 Besonders bei abgerundeten Köpfen sind Flächendruckschlüssel solchen mit Zwölfkant vorzuziehen.

- Alternativ, oder wenn das Gehäusegewinde zu stark beschädigt ist, kann die Schraube ganz herausgebohrt werden. Hierbei muss darauf geachtet werden, dass die Bohrung exakt zentriert und gerade sitzt und genau die vorgegebene Tiefe erreicht wird. Dann kann ein Übermaßgewinde eingebohrt oder ein Gewindeeinsatz (z.B. *Heli Coil*) hineingeschraubt werden. Bei Zweifel über die eigenen Fähigkeiten und in Anbetracht des Preises für ein neues Gehäuse sollte diese Arbeit gegebenenfalls einer Werkstatt überlassen werden.
- Schrauben und Muttern mit abgerundeten Sechskantköpfen sollten sehr vorsichtig mit exakten Ring- oder Steckschlüsseln gelöst werden. Diese sollten besser sechs als zwölf Kanten aufweisen. Als sehr gut haben sich auch Schlüssel erwiesen, die nicht die Kanten, sondern die Flächen der Köpfe belasten – sie werden u.a. unter dem Handelsnamen »Metrinch« vertrieben (siehe Abbildung 2.21)
- Schlitz- oder Kreuzschlitzschrauben werden häufig durch falsche Schraubendrehergrößen beschädigt, zudem können die Dreher auch verschlissen (abgerundet) sein. Inbus- und Torx-Schrauben sind dagegen kaum zu zerstören. Wenn die Schraube zugänglich ist, kann mann mit einer Eisensäge einen Schlitz in den Kopf sägen und sie mit einem passenden Schlitzschraubendreher lösen. Alternativ kann die Schraube mit Hammer und Meißel vorsichtig losgeklopft werden. Beschädigte Schrauben dürfen auf keinen Fall wieder eingesetzt und festgezogen werden.

Ein Klecks Ventileinschleifpaste auf der Schraube kann für den Schraubendreher das letzte Quäntchen Haftung bringen.

2.22 Zum Reinigen und Reparieren von Innengewinden muss ein passender (!) Gewindebohrer senkrecht (!) eingeschraubt werden.

2.23 Zum Nacharbeiten von Außengewinden wird ein Schneideisen aufgedreht.

Gewindereparatur

- Besonders in Aluminium kann ein Gewinde durch viel zu festes Anziehen, eingearbeiteten Schmutz oder auch Vibrationen lockerer Schrauben schnell zerstört werden. Das Gewinde kann komplett mit der Schraube herausfallen.
- Wenn ein Gewinde nur leicht beschädigt oder mit alter Schraubensicherungspaste verschmutz ist, kann es mit einem passenden Gewindebohrer repariert/gereinigt werden (siehe Abbildungen 2.22 und 2.23). Für Zündkerzengewinde gibt es spezielle Größen. Achten Sie darauf, dass der Bohrer den korrekten Durchmesser und die richtige Steigung hat, sonst wird das Gewinde zerstört. Das Gleiche gilt für Außengewinde. Hier kann mit einer passenden Gewindefeile oder einem Schneideisen nachgearbeitet werden (siehe Abbildung 2.24).
- Wenn um das beschädigte Innengewinde genügend Material vorhanden ist und eine größere Schraube eingesetzt werden kann, ist es möglich, das Loch passend zu vergrößern und ein größeres Gewinde einzuschneiden. Manchmal, z.B. bei Zündkerzen oder Ablassschrauben und bei wenig »Fleisch« um das Loch, ist dieser Schritt jedoch nicht möglich.
- Man muss dann auf Gewindeeinsätze zurückgreifen, die in das aufgebohrte defekte Gewinde eingesetzt werden und in die anschließend wieder Originalschrauben oder Zündkerzen einge-

2.24 Mit einer Gewindefeile können Außengewinde nachgebessert werden.

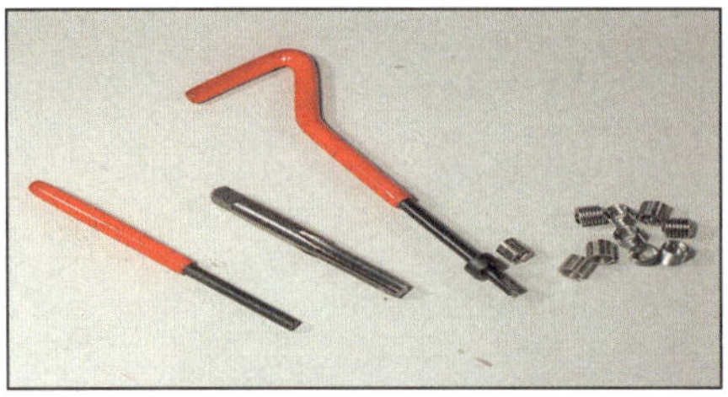

2.25 Dem Grund-Kit sind neben Gewindeeinsätzen auch die nötigen Spezialwerkzeuge beigefügt.

2.26 Bohren Sie zunächst das alte Gewinde auf (Lager und Dichtungen sollten besser abgedeckt sein).

2.27 Drehen Sie sorgfältig den Gewindeschneider hinein, . . .

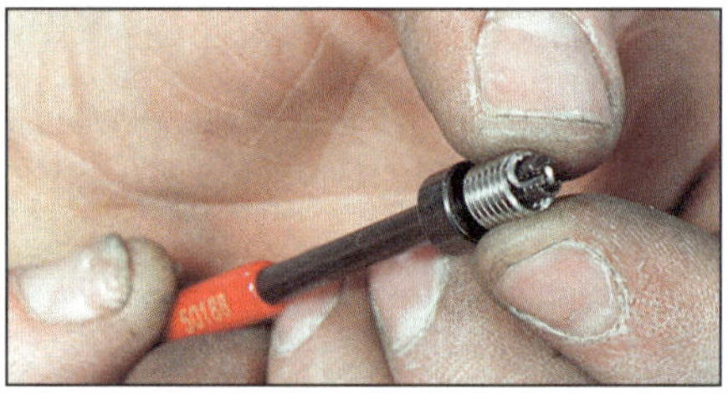

2.28 . . . setzen Sie den Einsatz in das Eindrehwerkzeug, . . .

2.29 . . . und schrauben Sie ihn in die Bohrung.

2.30 Brechen Sie zum Schluss die Lasche ab.

dreht werden können. Neben vielen anderen Einsätzen heißt das bekannteste Produkt »Heli Coil«. Eine Packung enthält einen Gewindebohrer, Einbauwerkzeuge und mehrere Einsätze (siehe Abbildung 2.25). Vergrößern Sie das Loch mit einem passenden Bohrer (siehe Abbildung 2.26), schneiden Sie vorsichtig das Gewinde ein (siehe Abbildung 2.27), und drehen Sie vorsichtig und mit leichtem Druck den Einsatz hinein (siehe Abbildungen 2.28 und 2.29). Wenn er viertel bis halbe Umdrehung vor dem Grund sitzt, wird das Werkzeug herausgezogen und mit der Stange die Eindrehlasche abgebrochen (siehe Abbildung 2.30).

- Es gibt Gewinde-Reparaturmittel auf Epoxidharzbasis. Sie sollten jedoch nur bei wenig belasteten Verbindungen eingesetzt werden.

Sicherungspaste und Dichtmasse

- Schraubensicherungspaste (bekannt unter dem Namen *Loctite*) wird an Verbindungen eingesetzt, wo durch Vibrationen Gefahr der Lockerung besteht, oder besonders sicherheitsrelevante Teile verloren gehen können. Außerdem wird sie verwendet, wo andere Schraubensicherungen, wie Bleche oder Splinte, nicht eingesetzt werden können.
- Vor dem Auftragen von Sicherungspaste müssen beide Gewinde sorgfältig von alten Resten gereinigt, entfettet und getrocknet werden. Es gibt zwei Arten von Schraubensicherungspasten: dauerfeste und lösbare (mittelfeste). Normalerweise wird mittelfeste Schraubensicherung verwendet, nur Zylinderstehbolzen werden oft mit dauerhafter Paste eingesetzt. Geben Sie einen oder zwei Tropfen auf die ersten Gewindegänge der einzusetzenden Schraube, setzen Sie sie ein, und ziehen Sie sie mit dem vorgeschriebenen Drehmoment fest. Geben Sie nicht zu viel Sicherungspaste auf das Gewinde, da sonst beim Ausbau ein Alugewinde mit herausgezogen werden kann.
- Es gibt Schrauben und Muttern, die mit einem trockenen Sicherungsmaterial überzogen sind. Diese Verbindungsteile müssen nach jeder Demontage ersetzt werden.
- Um Gewinde vor dem Korrodieren zu schützen, können sie mit Kupferpaste eingesetzt werden. Dieses empfiehlt sich besonders bei stark hitzebelasteten Teilen wie Zündkerzen, Krümmerflanschmuttern und Auspuffschrauben.

3.1 Fühlerlehren werden zum Ermitteln kleiner Spaltmaße benötigt. Ihr Maß ist auf einer Seite eingeätzt.

3 Messwerkzeuge und Messuhren

Fühlerlehren

- Fühlerlehren werden zum Ermitteln kleiner Spaltmaße und Spiele (z.B. Ventilspiel) benutzt (siehe Abbildung 3.1). Wo der Einsatz einer Messuhr unmöglich ist, kann man mit ihnen auch Seitenspiel von Wellen messen.
- Fühlerlehrensätze müssen vorsichtig behandelt und dürfen nicht verbogen oder beschädigt werden. In jedes Blatt ist auf einer Seite das entsprechende Maß eingeätzt. (Messen Sie das bei besonders billigen Fühlerlehren einmal nach!) Die Blätter sollten gegen Korrosion immer leicht eingeölt sein, damit sie nicht – im wahrsten Sinne – »aufblühen«.
- Wenn Sie irgendwo Spiel ermitteln wollen, gilt immer der Wert, bei dem das Blatt sich mit leichtem Druck durch die beiden Komponenten ziehen lässt. Es kann passieren, dass man manchmal zwei Fühlerlehren benötigt.

Bügelmessschrauben (Mikrometerschrauben)

- Mit einer Präzisionsmessschraube lassen sich Messgenauigkeiten von bis zu einem tausendstel Millimeter erzielen. Das empfindliche Gerät sollte immer in seinem Etui und nie lose im Werkzeugkasten aufbewahrt werden, da defekte Geräte falsche Messergebnisse zeigen, die eventuell teure Motorschäden nach sich ziehen können.
- Bügelmessschrauben werden zum Ermitteln von Außendurchmessern eingesetzt, es gibt sie in verschiedenen Messbereichen, normalerweise von 0 bis 25 mm, 25 bis 50 mm usw., immer in 25-mm-Schritten steigend. Zu großen Bügelmessschrauben gibt es austauschbare Zwischenstücke, um verschiedene Messungen durchführen zu können. Allgemein ist das größte benötigte Maß das des Kolbendurchmessers.
- Kleine Innendurchmesser können mit Innenmesslehren oder Dreipunkt-Innenmessschrauben ermittelt werden. Große Durchmesser, wie Zylinderbohrungen, lassen sich mit Messuhren oder Schnabelmessschrauben ermitteln. Alle diese Geräte sind sehr teuer, und es stellt sich die Frage, ob sich die Anschaffung für den Hobbyschrauber lohnt.

Bügelmessschrauben

Anmerkung: *Hier wird eine konventionelle mechanische Messschraube beschrieben. Einfacher abzulesen, aber auch erheblich teurer sind digitale Geräte.*

- Vor Beginn muss immer die Kalibrierung kontrolliert werden, d.h. das Gerät wird geschlossen (bei 0–25 mm) oder mit den entsprechenden (gereinigten!) Zwischenstücken versehen und auf Null-Maß gestellt (siehe Abbildung 3.2).

Beachten Sie hierzu die Bedienungsanleitung der Messschraube. Denken Sie immer daran,

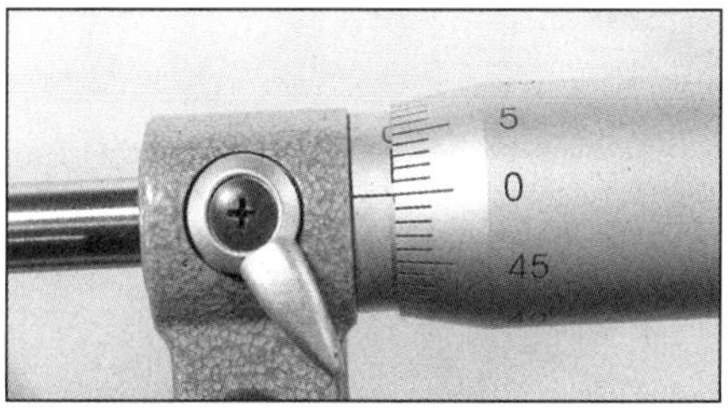

3.2 Kontrollieren Sie vor dem Gebrauch, ob die Messschraube auf Null kalibriert ist.

dass es sich hierbei um ein Präzisionsmessgerät handelt, das schonend behandelt werden muss.

- Achten Sie darauf, dass das zu messende Teil sauber ist. Drücken Sie den Amboss (1) gegen das Teil und drehen Sie die Trommel (2), bis die Spindel (3) das Teil an der gegenüberliegenden Seite leicht berührt (siehe Abbildung 3.3). Drehen Sie jetzt die Spindel mit der Ratsche (4) ein, bis sie überrutscht, schrauben Sie sie auf gar keinen Fall mit der Trommel fester – hierdurch kann das Instrument zerstört werden.
- Jetzt kann die Spindel mit dem Klemmhebel arretiert und die Bügelmessschraube vom zu messenden Teil genommen werden, dann wird das Ergebnis abgelesen. Zuerst wird die Grundmessung auf dem Schaft abgelesen, dann wird die Feinmessung auf der Trommel hinzugezählt. Anhand der Teilstriche auf dem Schaft werden in unserem Fall die ganzen und halben Millimeter abgelesen. Auf der Trommel sind die Hundertstelmillimeter-Markierungen zu sehen (je nach der Beschriftung auf dem Bügel und Genauigkeit der Messschraube können auch andere Werte abgelesen werden). Jede ganze Umdrehung bedeutet eine Veränderung um einen halben Millimeter. Der Teilstrich, der (direkt von oben betrachtet!) über der Linie liegt, zeigt einen Hundertstelmillimeter (0,01 mm) an. Zählen Sie das abgelesene Ergebnis zu der Schaftmessung hinzu.

In unserem Beispiel wird folgendes Messergebnis abgelesen (siehe Abbildung 3.4):

obere Schaft-Skala	2,00 mm
untere Schaft-Skala	0,50 mm
Trommel-Skala	0,45 mm
Messergebnis	**2,95 mm**

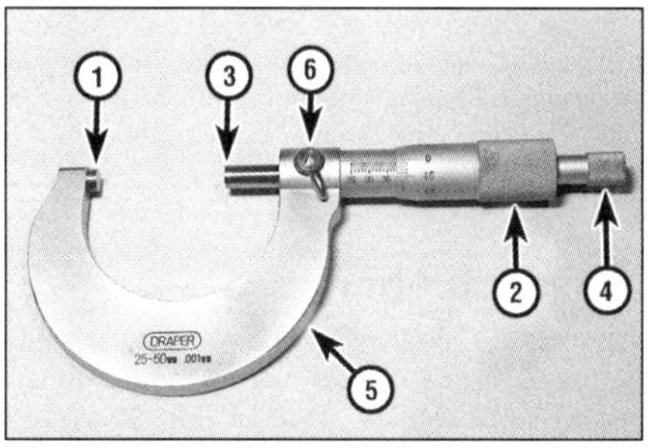

3.3 Bügelmessschrauben-Bauteile
1 Amboss, 2 Trommel, 3 Spindel, 4 Ratsche, 5 Bügel, 6 Feststellhebel

A

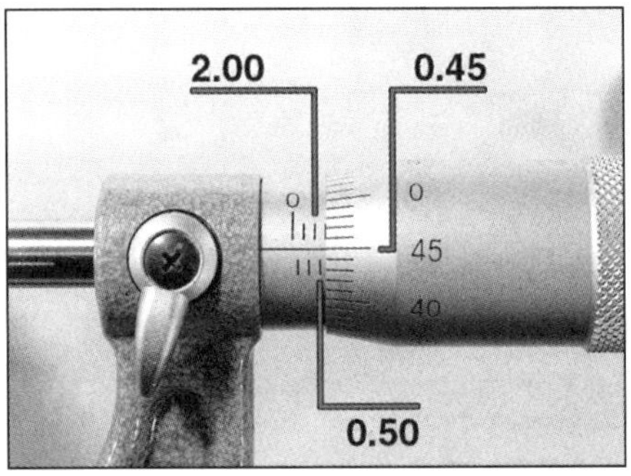

3.4 Das Messergebnis beträgt 2,95 mm.

• Einige Messgeräte haben eine Nonius-Skala auf ihrem Schaft, mit der es ermöglicht wird, auf tausendstel Millimeter genau zu messen. Zählen Sie zu dem oben abgelesenen Ergebnis den Wert hinzu, der mit einem Teilstrich auf der Trommel fluchtet. Anmerkung: Beim Ablesen des Nonius der 0,001-mm-Teilstriche muss genauestens von oben abgelesen werden. Drehen Sie die Messschraube gegebenenfalls zu sich hin. In unserem Beispiel wird folgendes Messergebnis abgelesen (siehe Abbildungen 3.5 und 3.6):

untere Schaft-Skala (große Striche)	46,000 mm
untere Schaft-Skala (kleine Striche)	0,500 mm
Trommel-Skala	0,490 mm
fluchtende Linie (Nonius)	0,004 mm
Messergebnis	**46,994 mm**

Innenmessgeräte

• Für das Ausmessen von Bohrungen benötigt man Innenmessgeräte. Da Messschrauben sehr teuer sind, kann man auf einen Satz verstellbarer Innenfühler zurückgreifen, die mit einer Bügelmessschraube vermessen werden.
• Mit Teleskop-Messlehren können z.B. Pleuelaugen und Kolbenbolzenbohrungen vermessen werden. Schieben Sie die saubere Lehre ein, spannen Sie sie auseinander, sichern Sie sie, und ziehen Sie sie aus der Bohrung (siehe Abbildung 3.7). Messen Sie das Ergebnis mit einer Bügelmessschraube (siehe Abbildung 3.8).
• Sehr kleine Bohrungen, wie Ventilführungen, können mit Bohrungsfühlern vermessen werden. Schieben Sie die saubere Lehre ein, spannen Sie sie so weit auseinander, bis sie leicht gleitet, sichern Sie sie, und ziehen Sie sie aus der Bohrung (siehe Abbildung 3.9). Messen Sie das Ergebnis mit einer Bügelmessschraube (siehe Abbildung 3.10).

Messschieber

Anmerkung: *Beschrieben werden hier konventionelle Nonius- und Uhren-Messschieber, Digital-Messschieber sind leichter abzulesen und kosten inzwischen nicht mehr viel.*

• Ein Messschieber arbeitet nicht so genau wie eine Bügelmessschraube, dafür ist er leichter

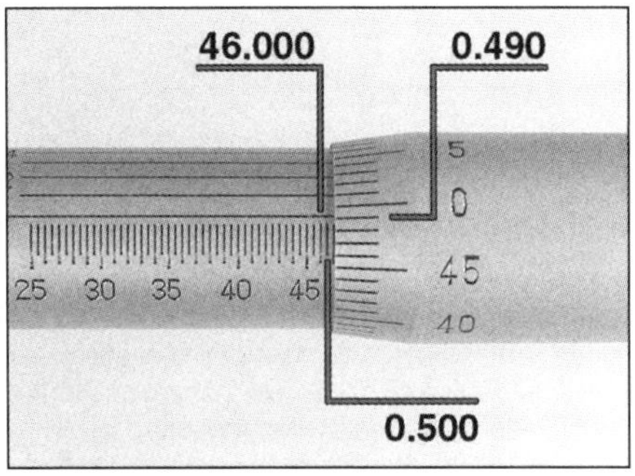

3.5 Auf dem Schaft und der Trommel werden 46,99 mm abgelesen, . . .

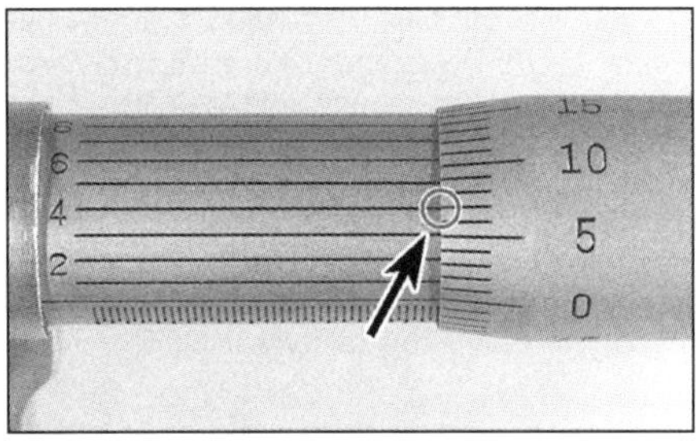

3.6 . . . dazu kommen 0,004 mm aufgrund der fluchtenden Linien.

zu bedienen und vielseitig für Außen-, Innen- und Tiefenmessungen einsetzbar. Für viele Messungen, wie z.B. Kupplungsbeläge oder Ventilfedern, reicht er völlig aus.
• Lösen Sie zunächst die Klemmschraube (1), und schieben Sie das Gerät soweit auseinander, dass die Schnäbel (2) über bzw. die Kreuzspitzen (3) in das zu messende Teil passen (siehe Abbildung 3.11). Schieben Sie das Gerät, eventuell mit der Feineinstellung (4), bis auf bei-

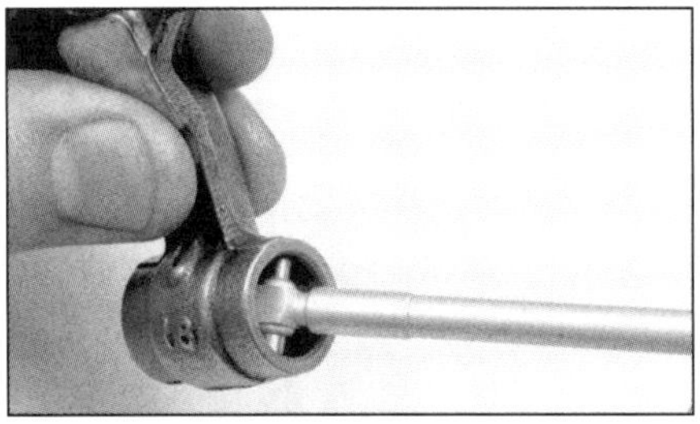

3.7 Spannen Sie die Teleskop-Messlehre in der Bohrung auseinander, arretieren Sie sie, . . .

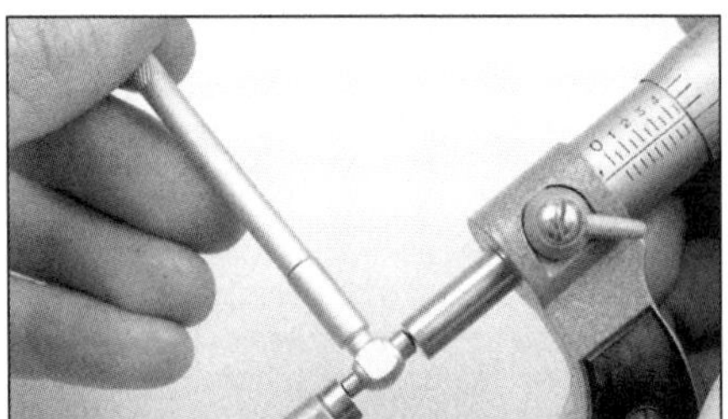

3.8 . . . und messen Sie das Ergebnis mit der Bügelmessschraube.

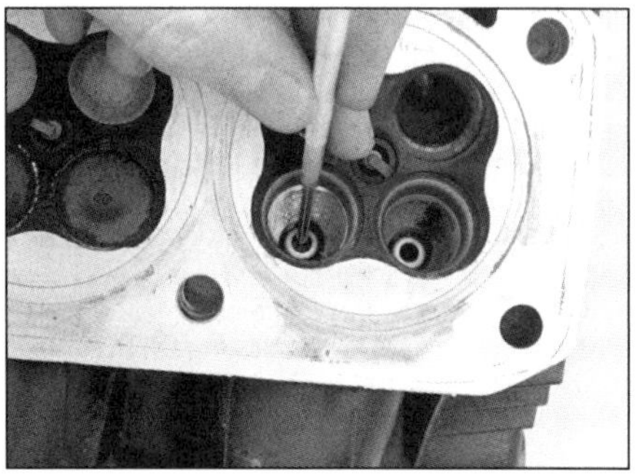

3.9 Spannen Sie den Bohrungsfühler in das Loch, und arretieren Sie ihn, . . .

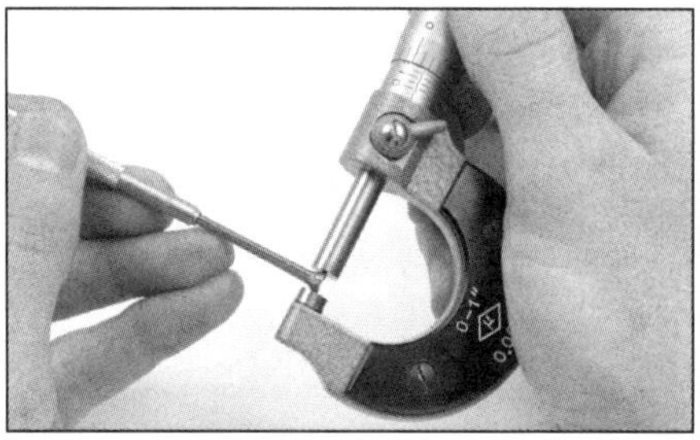

3.10 . . . messen Sie das Gerät dann mit einer Bügelmessschraube.

den Seiten leichter Kontakt entsteht, und ziehen Sie die Klemmschraube wieder an. Jetzt werden auf der festen Skala (6) als Grundmessung die ganzen Millimeter abgelesen, die links der Null auf der Schieberskala (5) liegen. Als Nächstes wird auf der Schieberskala der Strich identifiziert, der genau mit einem Strich auf der festen Skala fluchtet, jeder Strich steht normalerweise für 0,02 oder sogar 0,01 Millimeter. Addieren Sie den abgelesenen Wert zu der Grundmessung hinzu, und Sie haben das Messergebnis. In unserem Beispiel wird folgendes Messergebnis abgelesen (siehe Abbildung 3.12):

Grundmessung	55,00 mm
Feinmessung	0,92 mm
Messergebnis	**55,92 mm**

• Einige Messschieber sind zur Feinmessung mit einer Messuhr ausgerüstet. Achten Sie darauf, dass der Messschieber sauber sein muss. Schieben Sie ihn zuerst zusammen und kontrollieren Sie, ob die Messuhr auf Null steht, gegebenenfalls muss am Außenring nachgestellt werden. Lösen Sie zunächst die Klemmschraube (1), und schieben Sie das Gerät soweit auseinander, dass die Schnäbel (2) über bzw. die Kreuzspitzen (3) in das zu messende Teil passen (siehe Abbildung 3.13). Schieben Sie das Gerät, eventuell mit der Feineinstellung (4), bis auf beiden Seiten leichter Kontakt entsteht, und ziehen Sie die Klemmschraube wieder an. Jetzt werden auf der festen Skala (5) als Grundmessung die ganzen Millimeter abgelesen, die links der Schieberskala (6) erscheinen. Als Nächstes wird die Position der Nadel in der Uhr (7) ermittelt, jeder Teilstrich

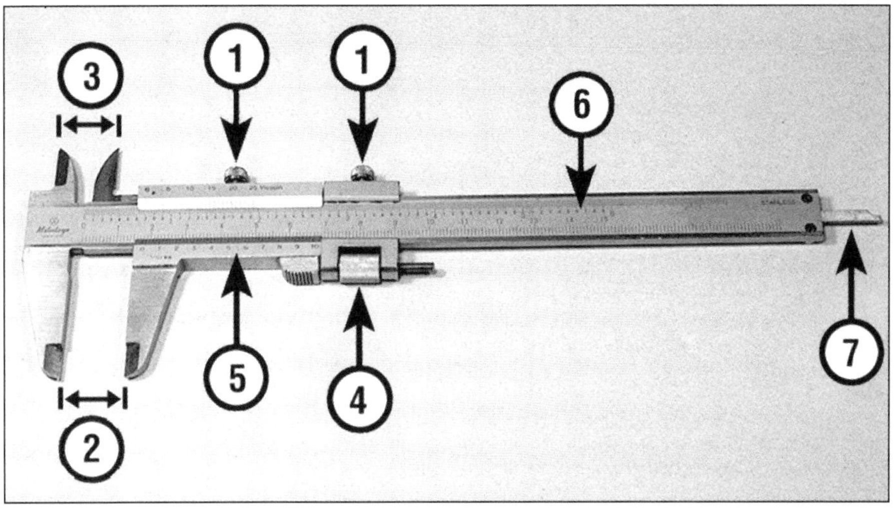

3.11 Bauteile eines Messschiebers (Nonius-Ablesung)
1 Klemmschraube
2 Außenmess-Schnäbel
3 Innenmess-Kreuzspitzen
4 Feineinstellung
5 Schieberskala
6 feste Skala
7 Tiefenmessdorn

entspricht hier 0,05 mm. Addieren Sie diesen Wert zu der Grundmessung, um das Messergebnis zu erhalten.

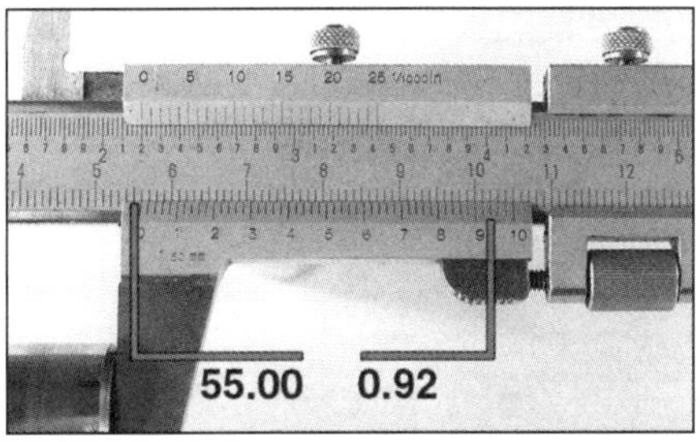

3.12 Das Messergebnis beträgt 55,92 mm.

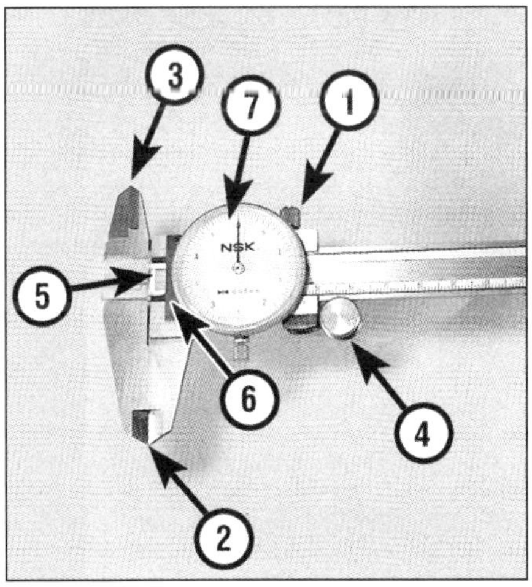

3.13 Bauteile eines Messschiebers (Uhr-Ablesung)
1 Klemmschraube
2 Außenmess-Schnäbel
3 Innenmess-Kreuzspitzen
4 Feineinstellung
5 feste Skala
6 Schieberskala
7 Messuhr

In unserem Beispiel wird folgendes Messergebnis abgelesen (siehe Abbildung 3.14):

Grundmessung	55,00 mm
Feinmessung	0,95 mm
Messergebnis	**55,95 mm**

Quetschmessstreifen

- Die unter dem Markennamen Plastigauge bekannten Kunststoffstreifen werden zwischen zwei Oberflächen gepresst. Anschließend wird anhand ihrer Quetschbreite mit einer Skala das Spiel zwischen den Oberflächen ermittelt.
- Üblicherweise wird mit Quetschmessstreifen das Radialspiel in Gleitlagern von Kurbel- und Nockenwellenlagern sowie zwischen Hubzapfen und Pleuellagern ermittelt. Im Folgenden wird Letzteres als Beispiel beschrieben.
- Gehen Sie vorsichtig mit den Quetschmessstreifen um, damit sich keine verzerrten Messergebnisse zeigen. Schneiden Sie mit einem scharfen Messer einen Streifen davon ab, der etwas kürzer ist als die Breite der Lagerschale, und legen Sie ihn parallel zur Welle in das Lager oder auf die Welle (siehe Abbildung 3.15). Montieren Sie vorsichtig beide Lagerschalen, und setzen Sie das Pleuel zusammen. Ziehen Sie, ohne das Pleuel auf der Kurbelwelle zu drehen, die Schrauben oder Muttern mit dem vorgeschriebenen Drehmoment fest. Dann wird alles vorsichtig wieder gelockert und der Quetschmessstreifen begutachtet.
- Der Streifen wird mit der an der Packung befindlichen Skala verglichen und das entsprechende Lagerspiel abgelesen (siehe Abbildung 3.16). Entfernen Sie anschließend alle Messstreifenreste mit dem Fingernagel.

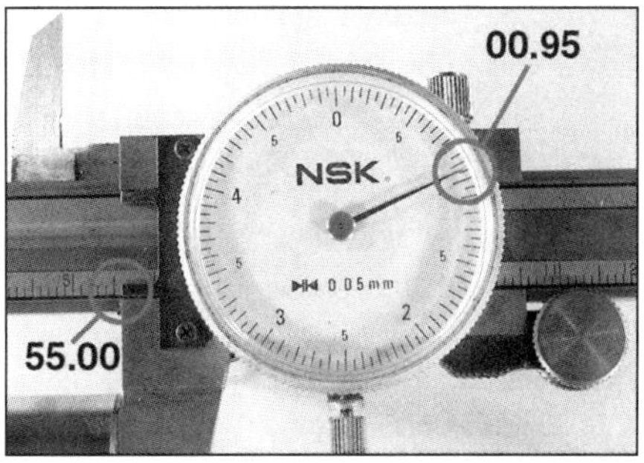

3.14 Das Messergebnis beträgt 55,95 mm.

Achtung: Um ein korrektes Messergebnis zu erhalten, müssen alle vom Motorradhersteller vorgeschriebenen Anzugs-Drehmomente und -Reihenfolgen genauestens eingehalten werden.

Messuhren und Verzugsmessung

- Mithilfe einer Messuhr können kleinste Bewegungen ermittelt werden. Typische Einsatzzwecke sind Messungen von Unrundlauf, Seitenspiel oder Kolbenpositionen zur Zündeinstellung bei Zweitaktmotoren. Zu einem Messuhr-Set gehört eine Vielzahl von Tastern, Adaptern und Befestigungsmöglichkeiten.

3.15 Der Plastigauge-Streifen wird längs auf die Lageroberfläche gelegt.

- Im Ruhezustand der Uhr muss die Nadel auf Null stehen, gegebenenfalls muss am Ring nachjustiert werden.
- Prüfen Sie, ob der Messbereich der Uhr für die zu erwartende Bewegung ausreicht. Die meisten Uhren haben neben der großen Feinmessanzeige mit 0,01- oder 0,001-mm-Einteilung einen kleinen Zeiger, der ganze Millimeter misst. Zählen Sie zuerst die ganzen Millimeter und dann die Hundertstel oder Tausendstel dazu.

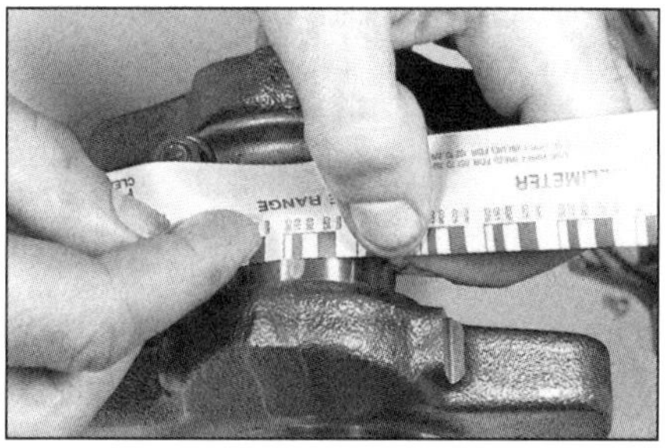

3.16 Messen Sie die Breite der gequetschten Messstreifen.

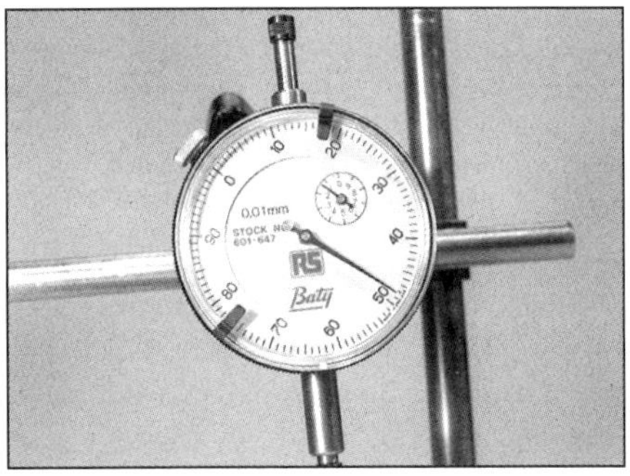

3.17 Das Messergebnis beträgt 1,48 mm.

In unserem Beispiel wird folgendes Messergebnis abgelesen (siehe Abbildung 3.17):

Grundmessung	1,00 mm
Feinmessung	0,48 mm
Messergebnis	**1,48 mm**

• Wenn der Unrundlauf von Wellen ermittelt werden soll, muss die Welle in den V-förmigen Ausschnitten von stabilen Prismenblöcken liegen und die Messuhr an einem Stativ rechtwinkelig zur Welle montiert werden. Lassen Sie den Taster in der Wellenmitte aufliegen, und drehen Sie langsam die Welle. Beobachten Sie dabei die Anzeige (siehe Abbildung 3.18). Führen Sie ggf. an verschiedenen Stellen der Welle Messungen durch, und merken Sie sich den maximalen Schlag.

Anmerkung: *Das abgelesene Ergebnis stellt den totalen Unrundlauf der Welle dar. Einige Hersteller geben in ihren* Technischen Daten *den maximalen Wert zu einer Seite an, sodass das Ergebnis halbiert werden muss.*

• Das Seitenspiel (Axialspiel) einer Welle kann nach dem sicheren Befestigen der Messuhr am Gehäuse gemessen werden, der Taster wird dabei auf das Wellenende gesetzt. Dann wird die Welle mit der Hand hin- und hergedrückt und anhand der Bewegung des Zeigers das Spiel abgelesen (siehe Abbildung 3.19).

• Zur exakten Zündzeitpunktbestimmung bei mehrzylindrigen Zweitakt-Motoren wird eine Messuhr so platziert, dass der Taster durch

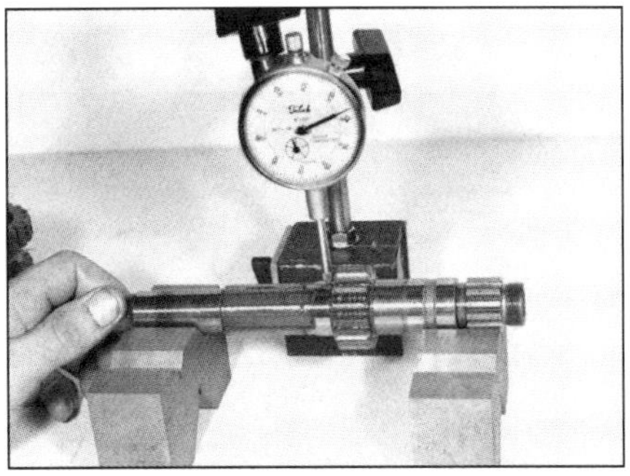

3.18 Messen Sie den Unrundlauf der Welle mit einer Messuhr.

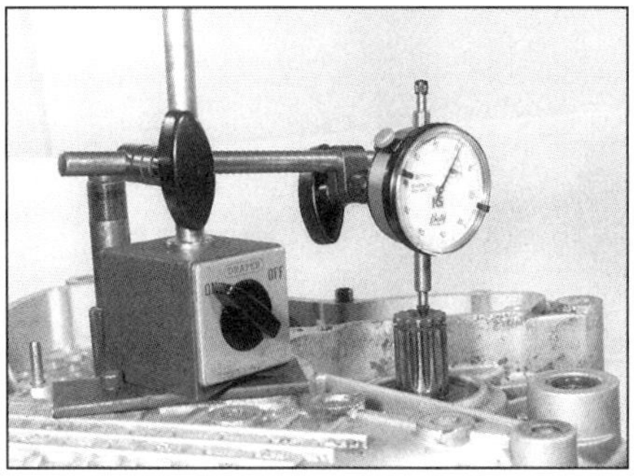

3.19 Hier wird das Axialspiel einer Welle vermessen.

das Zündkerzengewinde auf den Kolben zum Liegen kommt. Justieren Sie die Uhr im oberen Totpunkt des Kolbens auf Null, und beachten Sie die Betriebsanleitung.

Zylinder-Kompressionsmessgerät

• Kompressionsuhren gibt es mit verschiedenen Anschlüssen: Entweder mit einem konusförmigen Gummi, das in die Kerzenbohrung gedrückt werden muss, oder mit passendem Gewinde zum Einschrauben – Letztere ist zu empfehlen. Der Messbereich der Uhr sollte bei Benzinmotoren bis 20 bar gehen.

• Nach dem Entfernen der Zündkerzen wird die Kompression bei drehendem, aber nicht laufendem Motor gemessen (siehe Abbildung 3.20). Führen Sie den Kompressionstest so durch, wie es in der Ausrüstung zur Fehlersuche beschrieben wird. Das Messgerät wird den Druck so lange halten, bis das Ventil per Hand geöffnet wird.

Öldruck-Messgerät

• Um den Öldruck des Motors zu ermitteln, wird ein Öldruck-Messgerät benötigt, die meisten von ihnen sind mit verschiedenen Adaptern ausgerüstet, sodass sie in alle Anschlussgewinde geschraubt werden können (siehe Abbildung 3.21). Wenn der vom Hersteller vorgesehene Anschluss an einer externen Öldruckleitung liegt, muss eine spezielle Ersatz-Ölleitung verwendet werden, um Ölmangel an verschiedenen Komponenten auszuschließen.

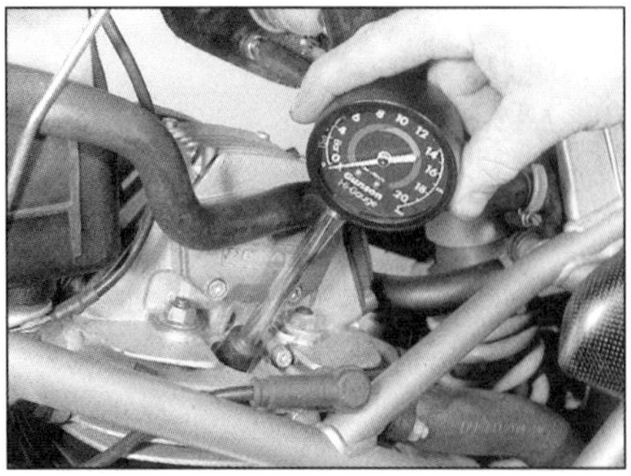

3.20 Ein Kompressionstester mit Gummi-Konus muss kräftig in die Bohrung gedrückt werden.

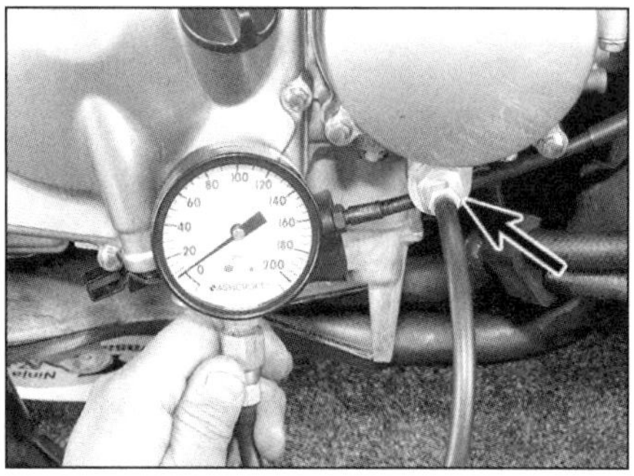

3.21 Öldruck-Messuhr und Anschluss-Adapter (Pfeil)

• Der Öldruck wird bei mit einer bestimmten Drehzahl laufendem Motor gemessen. Oftmals sind die vorgeschriebenen Werte sowohl bei kaltem als auch bei warmem Motor angegeben.

Haarlineale und Verzug

• Zur Kontrolle einer ebenen Dichtfläche auf Verzug muss ein Haarlineal oder ein Präzisions-Stahllineal über die Fläche gelegt und vorhandene Spalte mit einer Fühlerlehre vermessen werden (siehe Abbildung 3.22). Messen Sie diagonal zum Bauteil und zwischen Befestigungsbohrungen (siehe Abbildung 3.23).

• Kontrollieren Sie verschiedene Bauteile, wie Kupplungsreibscheiben auf einer ebenen Fläche (z.B. einem Spiegel), auf Verzug.

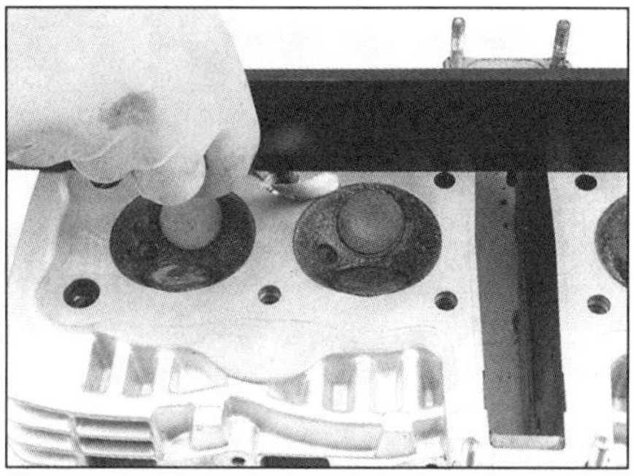

3.22 Messen Sie mit einem Präzisionslineal und einer Fühlerlehre den Verzug der Dichtfläche.

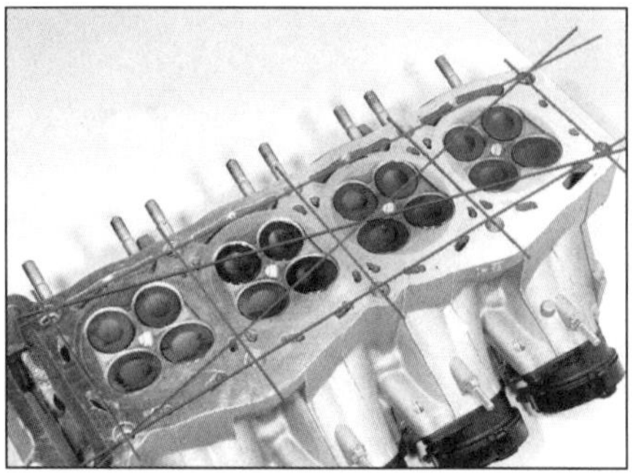

3.23 Kontrollieren Sie die Dichtflächen in diesen Richtungen auf Verzug.

4 Drehmoment und Hebel

Was ist das Drehmoment?

- Mit Drehmoment ist die Drehkraft gemeint, die auf eine Welle wirkt. Das Drehmoment wird bestimmt durch die Länge des Hebels und die auf dessen Ende wirkende Kraft. Die Maßeinheit 1 Nm (Newton pro Meter) bedeutet eine Kraft von einem Newton (ca. 100 g) auf einen ein Meter langen Hebel, ist der Hebel nur 10 cm lang, muss er schon mit 1000 g belastet werden.
- Die vom Hersteller angegebenen Drehmomente sollen sicherstellen, dass sich eine Verbindung weder lockert noch durch zu festes Anziehen Bauteile beschädigt werden. Sie beziehen sich auf die Belastung, die Zugfähigkeit und Größe des Gewindes und das Material, in dem es halten soll.
- Bei einem zu geringen Drehmoment besteht die Gefahr, dass die Verbindung sich im Betrieb löst, zu starkes Drehmoment kann die Verbindungsteile überlasten und beschädigen, sodass sie ab- oder ausreißen. Beachten Sie daher immer die Anzugsdrehmomente in den *Technischen Daten* des jeweiligen Kapitels oder die in diesen *Werkzeug- und Werkstatt-Tipps* angegebenen Standardanzugsdrehmomente.

Der automatische Drehmoment-Schlüssel

- Kontrollieren Sie die Kalibrierung und Funktionsfähigkeit des Drehmomentschlüssels (der für das verlangte Drehmoment ausgelegt sein muss). Oftmals sind auf dem Drehmomentschlüssel mehrere Maßeinheiten angegeben (Nm, kpm oder lbf/in und lbf/ft), verwechseln Sie die Maßeinheiten nicht!
- Stellen Sie den Schlüssel auf das verlangte Drehmoment ein (siehe Abbildung 4.1). Wenn Ihr Drehmomentschlüssel nicht die angegebene Maßeinheit aufweist, muss anhand von Tabellen umgerechnet werden. Wenn Hersteller eine Empfehlung aussprechen (8–10 Nm), sollte die Verbindung mit dem mittleren Wert angezogen werden. Genauso hätte man 9 Nm ± 1 Nm angeben können. Viele Drehmomentschlüssel können nach Einstellen des Wertes arretiert werden, sodass beim Anziehen der Wert nicht verändert werden kann.
- Setzen Sie die Schraube oder Mutter an, und ziehen Sie sie leicht fest. Das Gewinde muss sauber und frei von alten Sicherungskomponenten sein. Wenn nicht anders erwähnt, müssen die Gewinde trocken sein – unter bestimmten Umständen sind eingeölte oder mit Schraubensicherung versehene Gewinde nötig, dann sind entsprechende Drehmomente berücksichtigt.
- Ziehen Sie die Verbindung fest, bis der Drehmomentschlüssel mit einem Klicken automatisch auslöst und damit anzeigt, dass das gewünschte Drehmoment erreicht ist. Kontrollieren Sie ein zweites Mal die Festigkeit der Verbindung. Wird ein Bauteil mit unterschiedlichen Gewindedurchmessern befestigt, müssen immer zuerst die größeren Verbindungen mit den höheren Drehmomenten festgezogen werden.
- Nachdem die Arbeit mit dem Drehmomentschlüssel beendet ist, muss die vorhandene Arretierung gelöst und die Einstellung auf Null gestellt werden – legen Sie den Schlüssel nicht vorgespannt beiseite. Benutzen Sie keinen Drehmomentschlüssel zum Lösen von Verbindungen.

Anziehen mit Winkelmessscheibe

- Manche Hersteller schreiben vor, Schraubverbindungen nach dem Anziehen mit einem vorgegebenen Drehmoment noch um einen bestimmten Winkel nachzuziehen.

4.2 Die aufsetzbare Winkelscheibe wird auf Null arretiert, bevor die Verbindung entsprechend nachgezogen wird.

- Mit einer Winkelmessscheibe (siehe Abbildung 4.2) oder einem Winkelmesser kann der gewünschte Winkel bestimmt und entsprechend nachgezogen werden (siehe Abbildung 4.3).

Lockerungsreihenfolge

- Wenn mehrere Schrauben oder Muttern eine Komponente sichern, sollten sie alle gleichmäßig Schritt für Schritt gelöst werden, sodass nicht zum Schluss die gesamte Last auf einer Verbindung liegt und das Bauteil verbiegen oder verziehen kann.
- Wenn vom Hersteller eine Anzugsreihenfolge vorgegeben ist, müssen die Verbindungen entgegengesetzt gelöst werden. Ansonsten werden Verbindungen schrittweise von außen nach innen gelockert (siehe Abbildung 4.4).

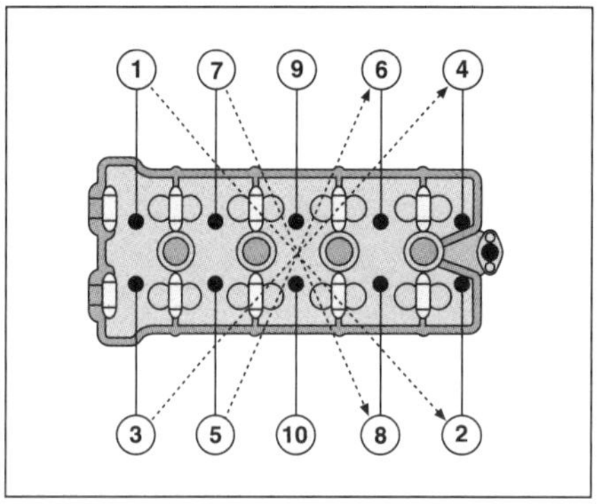

4.4 Beim Lösen von Schraubverbindungen muss Sie von außen nach innen arbeiten.

Anzugsreihenfolge

- Wenn mehrere Schrauben oder Muttern eine Komponente sichern, sollten alle gleichmäßig Schritt für Schritt angezogen werden, sodass nicht zu Anfang die gesamte Last auf einer Verbindung liegt und Dichtungen zerstört werden oder das Bauteil verbiegen oder verziehen kann. Besonders wichtig ist ein gleichmäßiges Anziehen bei großflächigen und festen Verbindungen wie Zylinderköpfen oder Motorgehäusen.
- Normalerweise wird vom Hersteller eine Anzugsreihenfolge entweder als Zeichnung oder auch direkt am Bauteil markiert, angegeben. Wenn nicht, wird in der Mitte begonnen und schritt- und kreuzweise nach außen gearbeitet

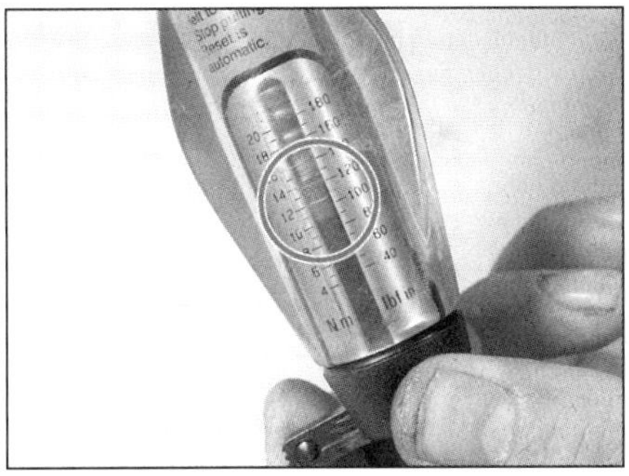

4.1 Stellen Sie den Drehmomentschlüssel auf das gewünschte Anzugsmoment ein, in diesem Fall auf 12 Nm.

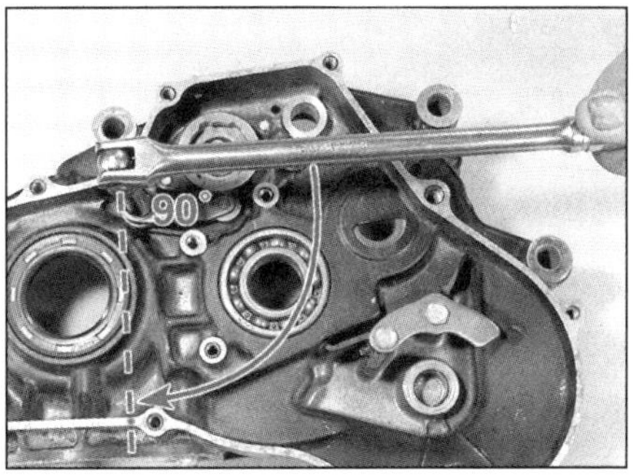

4.3 Man kann den Winkel auch per Auge oder Geodreieck bestimmen.

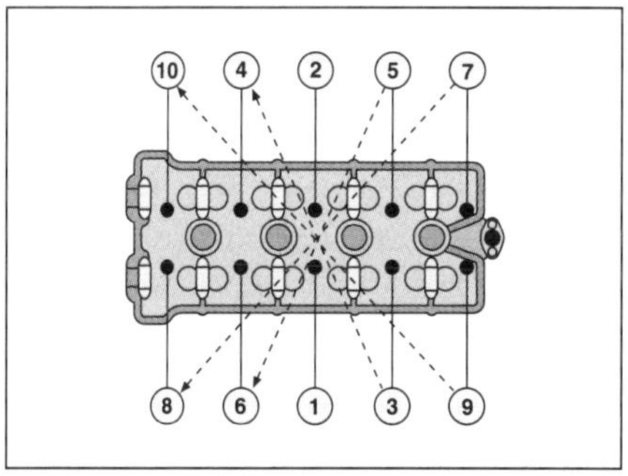

4.5 Typische Anzugsreihenfolge von Schrauben oder Muttern einer großflächigen Verbindung

(siehe Abbildung 4.5). Beginnen Sie mit handfestem Anziehen aller Verbindungen, setzen Sie dann den Drehmomentschlüssel an, und ziehen Sie alles schrittweise und über Kreuz fester, bis alle Anzugsdrehmomente stimmen. Nur so ist gewährleistet, dass die Verbindung hält und nichts beschädigt wird. Wichtige Verbindungen wie Zylinderköpfe haben oftmals zwei oder drei Anzugsschritte, bis alles endgültig festgezogen wird.

Der richtige Hebel

- Verwenden Sie Werkzeuge im richtigen Winkel. Ziehen Sie Schlüssel wenn möglich immer zu sich hin, wenn Verbindungen gelöst werden sollen. Wenn das nicht möglich ist, darf das Werkzeug nicht von der Hand umschlungen sein (siehe Abbildung 4.6) – der Schlüssel kann abrutschen oder die Verbindung sich plötzlich lösen, und Ihre Finger an scharfen Kanten gequetscht oder aufgerissen werden.

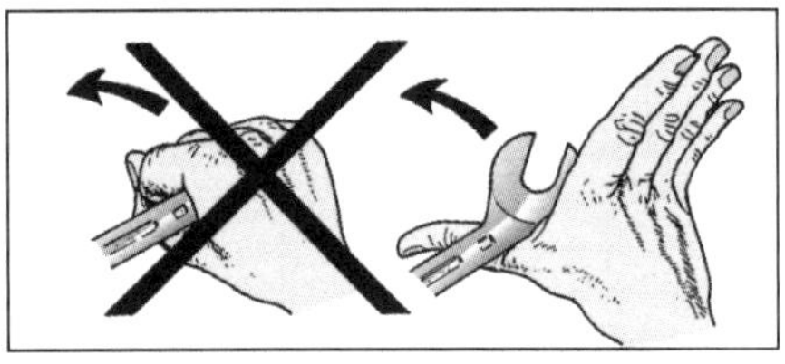

4.6 Wenn Sie den Schlüssel nicht zu sich ziehen können, drücken Sie ihn mit geöffneter Hand.

- Bei sehr festen Verbindungen kann eine Hebelverlängerung durch ein Rohr oder Stange helfen, sie zu lösen. Normalerweise sind Werkzeuge jedoch so ausgelegt, dass mit ihnen alle entsprechenden Verbindungen gelöst werden können. Wie Sie festgegangene Verbindungen lösen können, ist unter Punkt 2 beschrieben. Inbusschrauben und deren Gewinde können sehr leicht zerstört werden, wenn man einen Inbusschlüssel mit einem Rohr verlängert. Beim Anziehen sollten Verlängerungen generell nie benutzt werden, da man sich mit der eingesetzten Kraft leicht verschätzen kann.

5 Lager

Wälzlager – Aus- und Einbau

Treiber und Steckschlüsselnüsse

- Bevor man mit dem Ausbau eines Lagers beginnt, muss man sich vergewissern, in welche Richtung es demontiert wird. Einige Gehäuse haben angegossene Nuten oder Halteplatten. Überprüfen Sie Identifikations-Markierungen an den Lagern, und messen Sie ggf. ihre Einbautiefe im Gehäuse. Merken Sie sich die Einbaurichtung, wenn das Lager auf einer Seite abgedichtet ist.

5.1 Mit einem Lagertreiber, der nur den äußeren Ring berührt, wird das Lager eingetrieben.

5.2 Auch eine passende Nuss kann hierfür verwendet werden. Verkanten Sie das Lager nicht!

- Wälzlager können mit einem passenden Austreib-Werkzeug oder einer Steckschlüsselnuss, deren Durchmesser etwas kleiner als der Außendurchmesser des Lagers ist, aus dem Gehäuse geschlagen werden. Stützen Sie das Gehäuse rund um das Lager mit Holzblöcken ab, um es vor Verzug zu schützen. Nach ein paar Schlägen mit einem schweren Hammer auf den Treiber sollte das Lager aus dem Gehäuse fallen. Wenn der Zugang, z.B. bei Radlagern, erschwert ist, muss das Lager mit einem Treibdorn im Kreis herum ausgeschlagen werden, damit es nicht im Sitz verkantet.
- Mit der gleichen Ausrüstung können auch neue Lager eingetrieben werden. Stützen Sie auch hier das Gehäuse mit Holzblöcken ab. Setzen Sie das Lager senkrecht – und bei einseitiger Abdichtung richtig herum, die Beschriftung zeigt normalerweise immer nach außen – in die Bohrung, und treiben Sie es ein. Wird hierbei der Käfig, Dichtring oder innerer Lagerring berührt, ist das Lager zerstört (siehe Abbildungen 5.1 und 5.2).
- Kontrollieren Sie, ob der Innenring sich nach der Montage frei drehen lässt.

5.3 Dieser Lagerabzieher ist mit einer Trennvorrichtung versehen, die unter das Lager geklemmt wird.

Abzieher und Zughammer

- Wenn ein Lager auf eine Welle gepresst ist, kann man es meist nur mit einem Abzieher wieder herunterbekommen (siehe Abbildung 5.3). Gehen Sie sicher, dass die Abzieher-Arme sicher hinter das Lager greifen und nicht abrutschen können. Wenn kein Platz zum Abziehen ist, kann es manchmal nötig sein, das dahinter liegende Zahnrad zusammen mit dem Lager abzuziehen (siehe Abbildung 5.4).

5.4 Wenn hinter dem Lager kein Platz für die Abzieherarme ist, kann z.B. das dahinter liegende Zahnrad mit abgezogen werden.

Achtung: Gehen Sie sicher, dass sich die Spindel des Abziehers immer in der Mitte der Welle befindet und beim Anziehen nicht abrutscht. Achten Sie darauf, dass die Welle nicht beschädigt wird.

- Setzen Sie den Abzieher so an, dass die Spindel sich in der Mitte der Welle abdrückt und nicht abrutscht, wenn das Lager abgezogen wird.
- Wenn das Lager auf die Welle getrieben wird, darf der äußere Ring und der Käfig oder Dichtring nicht berührt werden. Mithilfe eines Steck-

5.5 Benutzen Sie zum Auftreiben des Lagers ein Rohr, das etwas größer ist als die Welle und nur den inneren Lagerring berührt.

5.6 Nach dem Einführen wird der Auszieher aufgespreizt, sodass er hinter den Innenring greift.

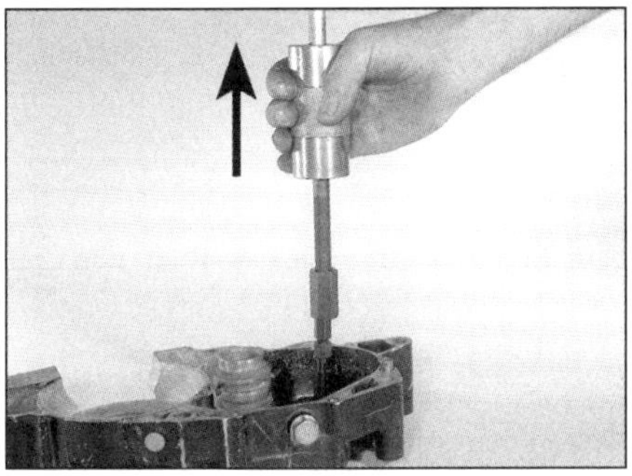

5.7 Dann kann ein Zughammer aufgeschraubt und durch dessen nach oben geschlagenes Gewicht das Lager ausgetrieben werden.

schlüssels oder passenden Rohrs, das nur den inneren Lagerring berührt, kann das Lager bis auf seinen Sitz geschlagen werden (siehe Abbildung 5.5).

• Lager, die in Sacklöchern stecken, können nicht ausgeschlagen werden. Hier wird ein Innenauszieher benötigt, der in das Lager gesteckt und dann aufgespreizt wird (siehe Abbildung 5.6). Dieser Auszieher wird zusammen mit dem Lager entweder mit einem Abzieher herausgezogen oder mit einem Zughammer herausgetrieben (siehe Abbildung 5.7).

• Es kann auch möglich sein, dass das Lager durch sein Eigengewicht aus dem Gehäuse fällt, nachdem dieses wie unten beschrieben erhitzt worden ist. Legen Sie das Gehäuse, um die Dichtfläche nicht zu beschädigen, so auf eine nicht zu harte Oberfläche, dass das Lager nach unten herausfallen kann. Tragen Sie beim Erwärmen Handschuhe, und klopfen Sie dabei das Gehäuse regelmäßig auf die Oberfläche, um das Lager leichter herausfallen zu lassen (siehe Abbildung 5.8).

• Lager können genauso in Sacklöcher montiert werden, wie es oben beschrieben ist.

5.8 Schlagen Sie das erwärmte Gehäuse mehrmals auf Holzblöcke, um das Lager herausfallen zu lassen.

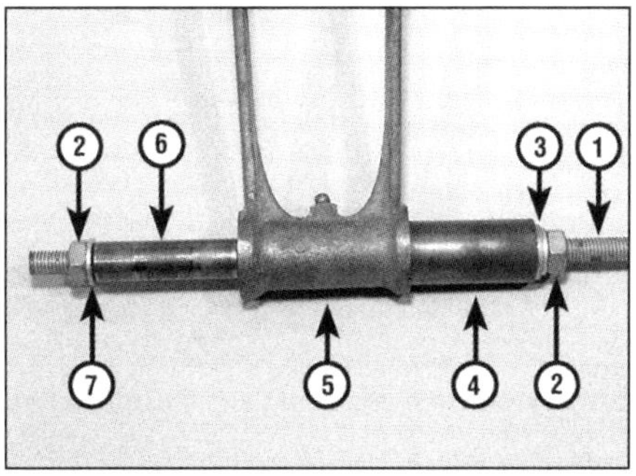

5.9 Hier soll eine Lagerbuchse gewechselt werden.

1 lange Schraube oder Gewindestange
2 Muttern
3 Scheiben mit größerem Außendurchmesser als Rohr-Innendurchmesser
4 Rohr mit zur Buchse passendem Durchmesser
5 Hebelarm mit Lagerbuchse
6 Rohr mit etwas kleinerem Durchmesser als Lagerbuchse
7 Scheibe mit etwas kleinerem Außendurchmesser als Lagerbuchse

Einziehvorrichtungen

• Lager oder Buchsen, die z.B. in obere Pleuelaugen oder andere Hebel eingepresst sind, können nicht ohne Beschädigung des Bauteils ausgeschlagen werden. Auch Gummibuchsen lassen sich schlecht durch Schläge aus- und eintreiben. Wenn man Zugang zu einer maschinellen Presse hat, kann man hiermit arbeiten, falls nicht, muss zum Aus- und Einziehen von Buchsen ein Werkzeug angefertigt werden.

• Man benötigt eine lange Schraube mit Mutter (oder eine Gewindestange mit zwei Muttern), ein Stück Rohr, das einen größeren Innendurchmesser als die Buchse hat, ein weiteres Stück Rohr mit einem kleineren Außendurchmesser als die Buchse und eine Reihe verschiedener Scheiben (siehe Abbildungen 5.9 und 5.10). Die Rohre müssen länger sein als die Buchse.

• Das gleiche Werkzeug, ohne Rohre, kann man zum Einziehen der Buchse benutzen (siehe Abbildung 5.11).

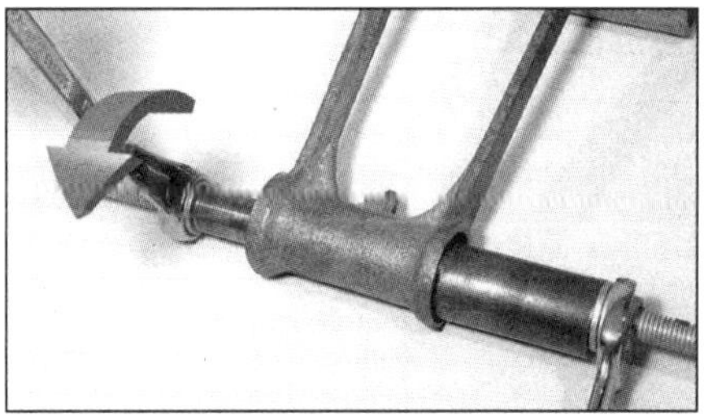

5.10 Hier wird die Lagerbuchse aus dem Hebel gezogen.

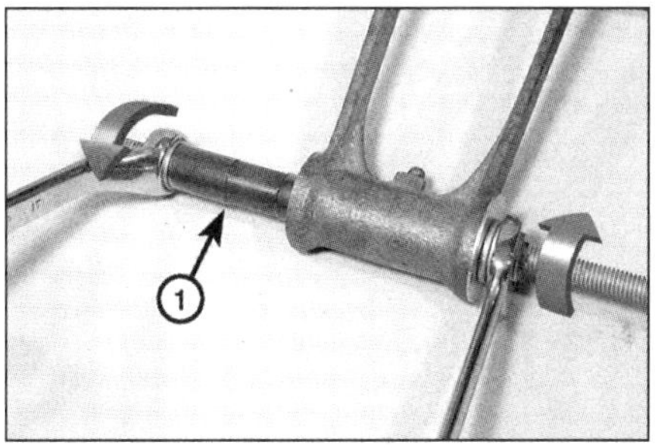

5.11 Die neue Lagerbuchse (1) wird in das Bauteil gezogen.

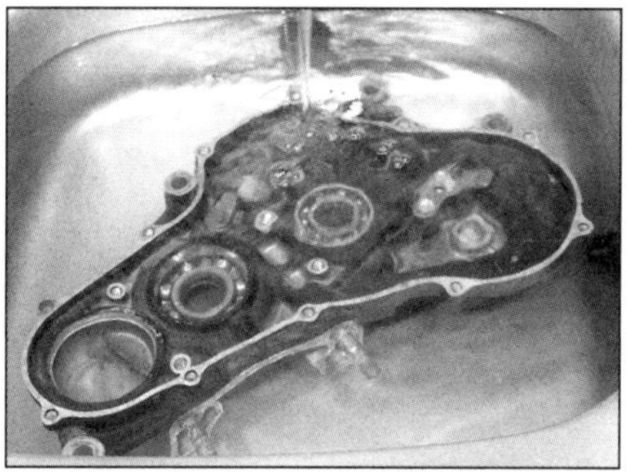

5.12 Passt das Teil in einen Topf, kann es in kochendem Wasser erwärmt werden. Schützen Sie danach die Stahlteile vor Rost!

Ausdehnung durch Erwärmung

• Wenn der Lageraußenring fest im Leichtmetallgehäuse steckt, kann dieses erwärmt werden, um das Lager zu lockern. Aluminium dehnt sich bei Erwärmung mehr aus als Stahl, also darf auch das Lager warm werden. Es gibt verschiedene Möglichkeiten der Erwärmung, doch sollte man auf offene Brennerflammen verzichten, da das Material sich verziehen oder sogar schmelzen kann.

• Man kann das Teil in einem auf nicht mehr als 100 °C erwärmten Backofen oder in kochendem Wasser erwärmen (siehe Abbildung 5.12). Eine gezielte Erhitzung ist mit einem Heißluftgebläse, wie es zum Abbeizen verwendet wird, oder einem Bügeleisen zu erreichen (siehe Abbildung 5.13).

5.13 Die Umgebung des Lagers kann mit einem Heißluftgebläse erwärmt werden. Schützen Sie Dichtungen vor direkter Hitze!

A

> ⚠ ***Warnung:** Bei all diesen Methoden müssen zur Vermeidung von Verbrennungen Handschuhe getragen werden.*

- Beim Erhitzen des ganzen Gehäuses muss darauf geachtet werden, dass Kunststoffteile, wie Leerlaufschalter, beschädigt werden könnten – bauen Sie sie vorher aus.
- Bauen Sie unverzüglich nach dem Erhitzen das Lager aus. Sie werden merken, dass es sehr leicht auszutreiben ist oder gar von allein herausfallen wird.
- Auch zur Erleichterung des Einbaus neuer Lager kann das Gehäuse erhitzt werden. Die Motorradhersteller haben oft die Gehäuse entsprechend konstruiert und benutzen diese Methode bei der Motormontage.
- Zur leichteren Montage kann man das Lager auch über Nacht in die Kühltruhe legen, damit sie sich zusammenziehen. Empfohlen wird diese Methode z.B. bei den Lagerschalen, die in den Lenkkopf getrieben werden.

Lagertypen und Markierungen

- An Motorrädern findet man Gleitlagerschalen und Wälzlager (Nadellager, Kegellager und Kugellager) in verschiedenen Größen (siehe Abbildungen 5.14 und 5.15). Die Rollen (Kugeln, Kegel oder Nadeln) der Wälzlager sitzen meistens in Käfigen, doch gibt es auch offene Lager.
- Gleitlager werden normalerweise bei Kurbelwellen und Pleuelfüßen verwendet, da sie hohe Druckbelastung aushalten, auch die Fertigung des Kurbeltriebs wird dadurch erheblich erleichtert. Sie benötigen konstanten Öldruck, da sie sonst schnell fressen. Sie sind zumeist aus gesinterter (selbstschmierender) Phosphor-Bronze, um beim Motorstart, wenn erst Öldruck aufgebaut wird, Notlaufeigenschaften zu besitzen.

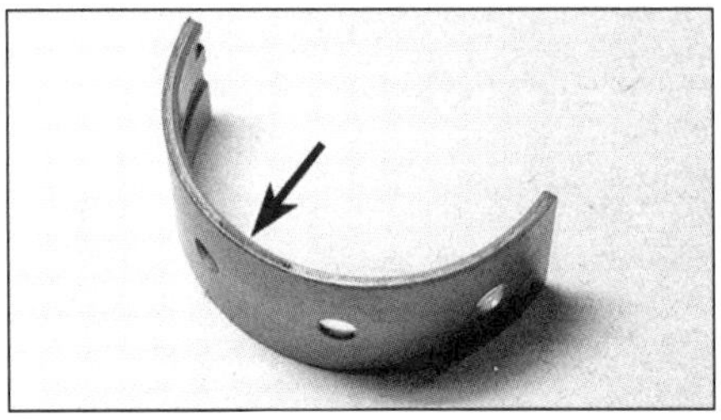

5.14 Gleitlager-Schalen gibt es glatt oder mit Nuten. Normalerweise sind sie mit Farb-Codes markiert.

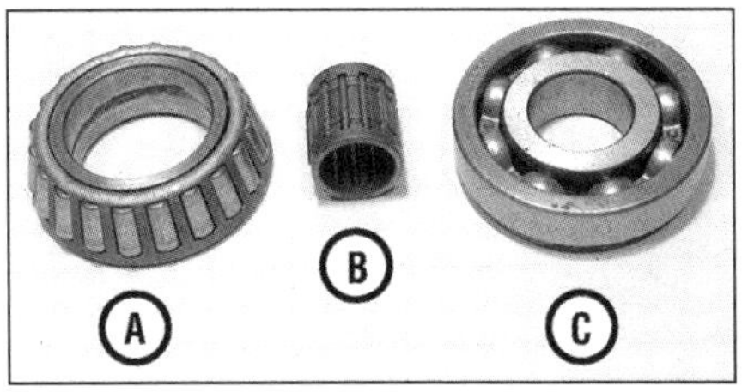

5.15 Kegelrollenlager (A), Nadellager (B) und Kugellager (C), alle mit Käfig

5.16 Typische Markierung eines Kugellagers

- Wälzlager besitzen einen inneren und einen äußeren Ring, zwischen denen Rollen oder Kugeln laufen. Sie benötigen konstante Schmierung mit Öl oder Fett, aber keinen Öldruck, und halten axiale Belastungen aus. Kugellager sind nur komplett als Bauteil zu montieren, die meisten Nadellager und Kegellager bestehen aus getrennt zu montierenden Innen- und Außenringen. Letztere halten hohe axiale Belastungen aus und werden deshalb oft in Lenkköpfen eingesetzt.
- Wälzlager sind im Gegensatz zu Gleitlagern Normteile, die bei bekannter Markierung (anhand derer das Maß, die Belastbarkeit und der Typ bestimmt werden können) im Fachhandel besorgt werden können (siehe Abbildung 5.16).
- Metallbuchsen bestehen üblicherweise aus Phosphorbronze, in Stoßdämpferaugen werden Gummibuchsen verwendet, in billigen Schwingenlagerungen fristen Plastikbuchsen ein kurzes Dasein.

Fehlersuche bei Lagern

- Wenn sich ein Lageraußenring im Lagersitz gedreht hat, ist das Gehäuse beschädigt. Wenn noch nicht allzu viel Material abgetragen ist, kann man das Lager mit Spezialkleber einsetzen.

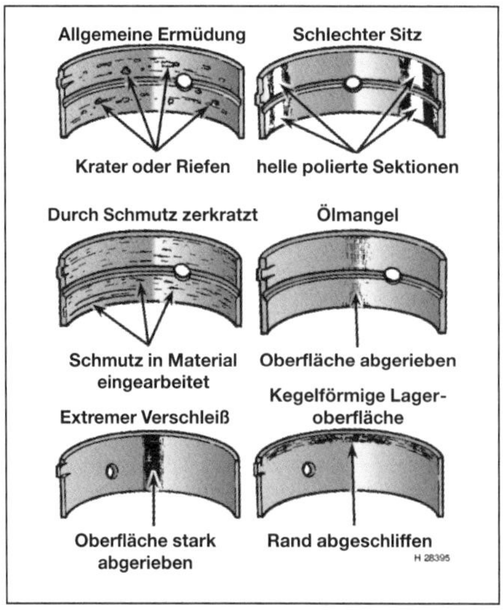

5.17 Typische Lager-Schäden

5.18 Diese Kugeln haben deutliche Abdrücke – das Lager ist defekt.

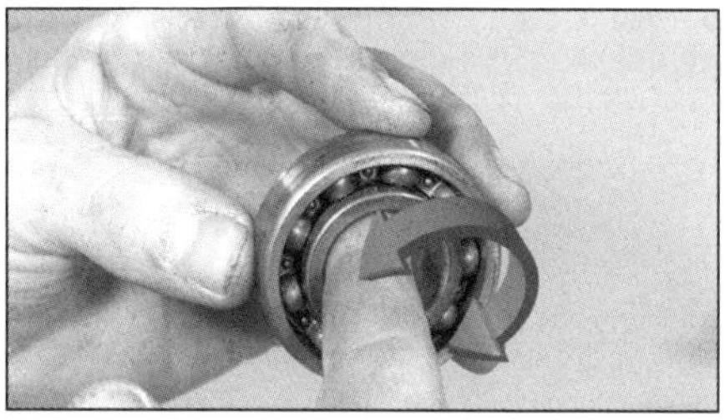

5.19 Halten Sie den äußeren Ring, und drehen Sie den inneren Ring dicht am Ohr.

- Gleitlagerschalen können durch Ölmangel, Korrosion oder Fremdteilchen im Öl beschädigt werden (siehe Abbildung 5.17). Kleine Teilchen werden in die Lageroberfläche eingearbeitet, während große Teile die Schale und die Welle zerkratzen. Wird das Motorrad viel auf Kurzstrecken eingesetzt, kann sich der Motor nur ungenügend erwärmen, und dadurch entstehendes Kondenswasser sorgt für mangelnde Schmierung und kann das Lager korrodieren lassen.
- Kugel- und Rollenlager können durch Überhitzung (bei Ölmangel) und eindringenden Schmutz zerstört werden, Kegelrollenlager drücken sich bei zu hoher Last ein. Wälzlager unterliegen auch bei vorschriftsmäßiger Benutzung einem gewissen Verschleiß. Wenn ein Wälzlager nicht auf beiden Seiten abgedichtet ist, kann es in Petroleum von alten Fettresten befreit und anschließend getrocknet werden, sodass bei einer Sichtinspektion schadhafte Kugeln, Käfige und Laufflächen entdeckt werden können (siehe Abbildung 5.18).
- Ein Kugellager kann auf Verschleiß kontrolliert werden, wenn man sich seinen Rundlauf genau anhört. Geben Sie dünnes Öl in das Lager, und drehen Sie den Innenring dicht am Ohr (siehe Abbildung 5.19). Es sollten keine Laufgeräusche festzustellen sein. Wenn es hakt oder rau läuft, ist es verschlissen.

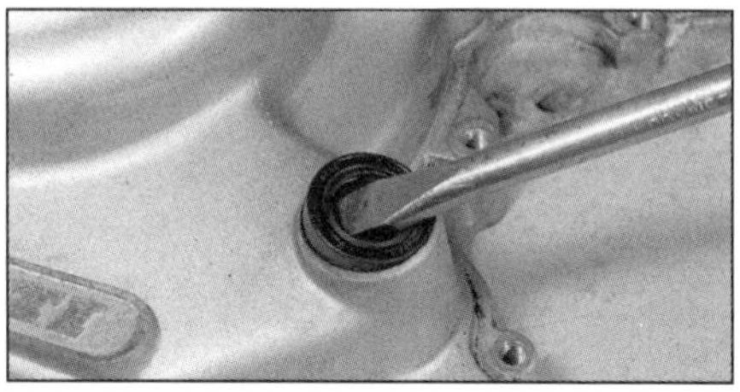

6.1 Dichtringe werden beim Aushebeln zerstört – verwenden Sie sie niemals wieder!

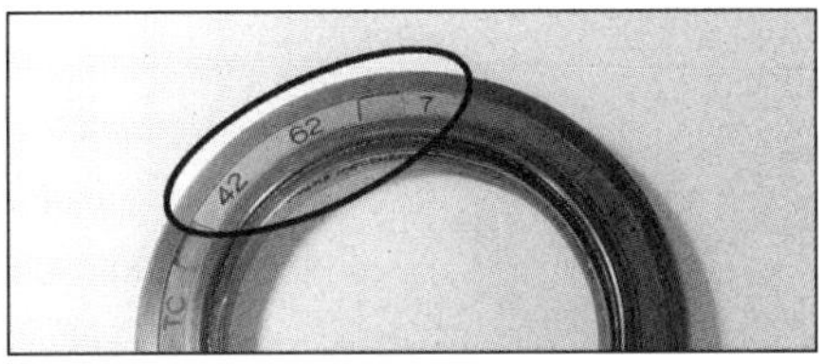

6.2 Diese Dichtring-Markierungen geben die Innengröße, die Außengröße und die Breite an.

6 Dichtringe

Aus- und Einbau

- Wellen-Dichtringe (auch »Simmerringe« genannt) sollten bei jeder Demontage der entsprechenden Baugruppe erneuert werden, da die Dichtlippen mit der Zeit verschleißen und das Material altert.
- Dichtringe können mit einem großen Schlitzschraubendreher aus ihrem Sitz gehebelt werden (siehe Abbildung 6.1). Achten Sie beim Ausbau darauf, dass der Dichtring nicht durch Seegerringe oder Draht gesichert ist.
- Neue Dichtringe werden normalerweise mit den markierten Seiten nach außen und der Federseite gegen die Flüssigkeit eingebaut. Sonderformen dichten z.B. Kurbelgehäuse von Zweitaktmotoren in beide Richtungen ab.
- Mit einem nur außen am Ring anliegenden Lagertreiber oder Steckschlüssel wird der neue Dichtring senkrecht an seinen Platz getrieben – Schläge auf die Dichtfläche zerstören den Ring.

Dichtringtypen und Markierungen

- Dichtringe sind normalerweise mit einfachen Dichtlippen ausgerüstet. Doppeldichtungen werden verwendet, wenn beidseitig Flüssigkeit oder Gas gegeneinander abgedichtet werden müssen.
- Dichtringe härten nach langer Zeit aus. Wenn das Motorrad lange gestanden hat, hilft nur ein Auswechseln aller Dichtringe.
- Dichtringe sind meistens Normteile. Doch außer den angegebenen Maßen (siehe Abbildung 6.2) sind sie aus für ihre Einsatzzwecke entsprechendem Material konstruiert.

7 Dichtungen und Dichtmasse

Dichtungs- und Dichtmassentypen

- Um das Austreten von Flüssigkeiten und Überdruck zu verhindern, werden Komponenten gegeneinander abgedichtet. Aluminium- oder Kupferdichtungen findet man häufig an Zylinderköpfen, die meisten Dichtungen sind aus Papier. Wenn die Dichtflächen der Gehäuse nicht beschädigt sind, können die Dichtungen trocken angesetzt werden, mit etwas Fett oder Dichtmasse können sie eventuell für die Montage in Position gehalten werden.
- Mit Silikondichtmasse können kleine Löcher oder Unregelmäßigkeiten ausgeglichen werden. Durch Zusammenziehen der Gehäuseteile wird Silikon zur Seite herausgepresst. Man kann zwar damit Papierdichtungen ersetzen, doch muss zuvor kontrolliert werden, ob die Dicke des Papiers nicht für bestimmte Bauteile wichtig ist. Silikon sollte nicht bei hohen Temperaturen oder Benzinberührung eingesetzt werden.
- Dauerelastische, anhärtende oder aushärtende Dichtmasse kann zusammen mit Dichtungen oder direkt zwischen Metall-Dichtflächen eingesetzt werden. Für bestimmte Zwecke werden bestimmte Dichtmassen benötigt: Dauerelastische Dichtmasse kann an fast allen Verbindungen eingesetzt werden, anhärtende Masse an rauen oder beschädigten Dichtungen, und aushärtende Dichtmasse wird an immer bestehenden Verbindungen oder bei hohen Temperaturen und hohem Druck verwendet.

Anmerkung: *Kontrollieren Sie zunächst, ob die verwendeten Papierdichtungen mit Dichtmasse imprägniert sind, bevor Sie zusätzliche Dichtmasse auftragen.*

- Überprüfen Sie, ob die ausgewählte Dichtmasse den Ansprüchen der Dichtung genügt, d.h. hohe Temperaturen oder Benzin aushalten. Einige Anbieter verkaufen Dichtmassen in verschiedenen Farben, sodass man für seinen Motor die unauffälligste aussuchen sollte.
- Geben Sie nicht zu viel Dichtmasse auf die Flächen, da sie sich nicht nur nach außen, wo sie abgewischt werden kann, sondern auch nach innen drücken kann, wo abgefallenes Material im Extremfall Ölkanäle verstopfen kann.

7.1 Wenn Hebellaschen vorhanden sind, kann hier vorsichtig mit einem Schraubendreher auseinander gehebelt werden.

7.2 Klopfen Sie mit einem weichen Hammer die Dichtungs-Umgebung ab – zerstören Sie keine Kühlrippen.

Viele Bauteile werden mit einer oder zwei Passhülsen zwischen den Dichtflächen zusammengefügt. Wenn eine Passhülse sich nicht entfernen lässt, darf sie nicht mit Zangen gegriffen werden, da sie dabei verbogen und zerstört wird. Legen Sie zur Stabilisierung eine eng sitzende Steckschlüsselnuss oder einen passenden Kreuzschlitzschraubendreher hinein, und greifen Sie die Hülse dann mit der Zange.

Öffnen einer Dichtverbindung

- Alter, Hitze, Druck und die Verwendung aushärtender Dichtmasse können dafür sorgen, dass zwei zusammenhängende Bauteile alleine mit Fingerkraft kaum wieder auseinander zu bekommen sind. Doch dürfen keine Hebel

7.3 Dichtungsreste können mit einem Dichtungsschaber, . . .

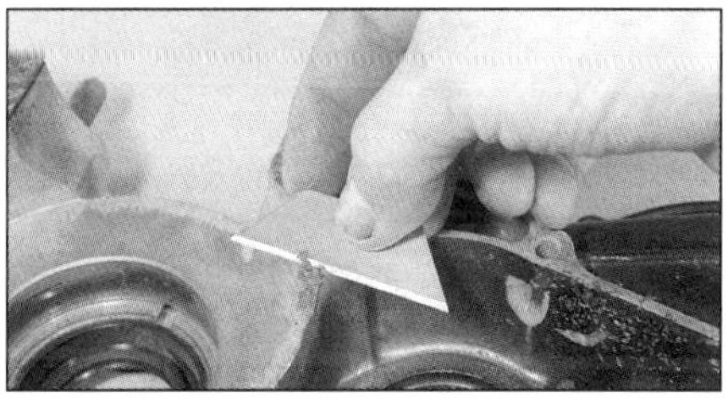

7.4 . . . einer Messerklinge . . .

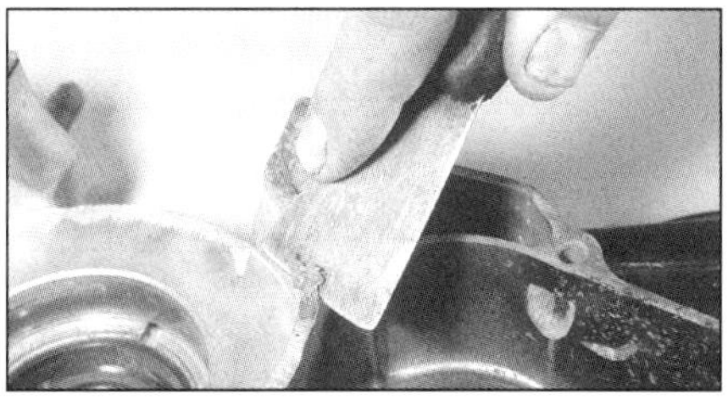

7.5 . . . oder einem Spachtel entfernt werden.

A

7.6 Mit um eine Flachfeile gewickeltem feinen Schleifpapier wird die Dichtfläche gereinigt.

benutzt werden, wenn hierfür keine Hebelstellen vorgesehen sind (siehe Abbildung 7.1), da sonst die Dichtflächen beschädigt werden.

- Mithilfe eines Gummi- oder Kunststoffhammers (siehe Abbildung 7.2) oder aber eines Stahlhammers mit Holzstück wird in der Nähe der Dichtflächen gegen die Bauteile geklopft. Schlagen Sie nicht gegen filigrane Gussteile wie Kühlrippen, da sie abbrechen können. Zeigt diese Methode Erfolg, können die Gehäusehälften mit einem dazwischen geschobenen Holzstück auseinandergedrückt werden.

> ***Achtung: Wenn die Verbindung sich gar nicht lösen lässt, kontrollieren Sie, ob wirklich alle Schrauben gelöst sind.***

Entfernen alter Dichtungen

- Papierdichtungen lassen sich zumeist relativ rückstandsfrei entfernen. Übrig gebliebene Reste müssen vor dem Auflegen einer neuen Dichtung gründlich entfernt werden.
- Kratzen Sie alle Dichtungsreste sorgfältig und vorsichtig ab, hobeln Sie dabei kein Aluminium ab, und kerben Sie es nicht ein (siehe Abbildungen 7.3, 7.4 und 7.5). Hartnäckige Rückstände können mit Dichtungsentferner aus der Sprühdose entfernt werden. Zum Schluss der Reinigung müssen die Dichtflächen mit sehr feinem Schleifpapier (siehe Abbildung 7.6) oder einem Topfschwamm gereinigt werden.
- Alte Dichtmasse kann je nach Typ abgekratzt oder abgepult werden. Beachten Sie, dass es chemische Dichtungsentferner gibt, die die Arbeit erleichtern, doch müssen sie für die vorhandene Dichtungsmasse ausgelegt sein.

8 Ketten

Trennen und Verbinden von Antriebsketten

- Antriebsketten für größere Motorräder sind endlos, d.h. sie haben kein Schloss zum Öffnen. Soll die Kette gewechselt werden, muss die alte mit einem Kettentrenner geöffnet, und die neue nach dem Aufziehen ordentlich ver-

8.1 Drücken Sie mit dem Kettentrenner den Bolzen durch die Kette, . . .

8.2 . . . entfernen Sie den Bolzen, nehmen Sie das Werkzeug ab, . . .

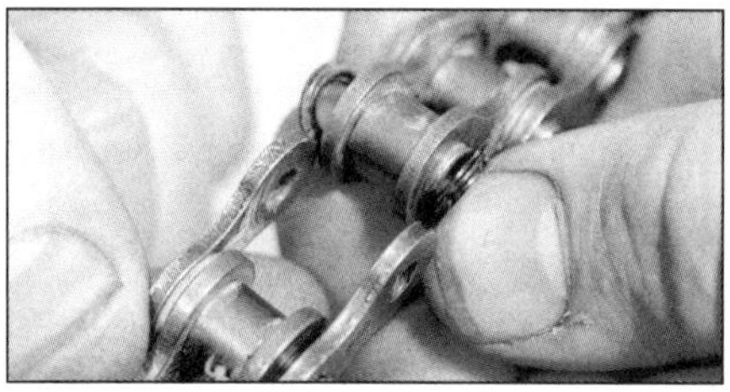

8.3 . . . und öffnen Sie die Kette.

nietet werden. Federclip-Schlösser dürfen nur im Notfall verwendet werden. Zum Trennen und Vernieten gibt es neben den gezeigten Werkzeugen eine Vielzahl anderer – lesen Sie vor dem Arbeiten deren Gebrauchsanweisungen.

- Drehen Sie die Kette, und suchen Sie das Nietschloss. Im Gegensatz zu den anderen Bolzen, die am Rand abgeplattet sind, sind seine Bolzen durch zentrale Schläge aufgespreizt

> ⚠ ***Warnung: Eine Antriebskette ist über lange Zeit und unter widrigen Umständen einer sehr hohen Belastung ausgesetzt. Nur mit einer korrekten Vernietung kann sie die gewünschte Lebensdauer erreichen. Eine abreißende Kette stellt für Mensch und Maschine eine große Gefahr dar!***

(siehe Abbildung 8.9). Positionieren Sie das Schloss zwischen die Ritzel, und setzen Sie an einen Bolzen die Trennvorrichtung an (siehe Abbildung 8.1). Drücken Sie den Bolzen durch die Kette (siehe Abbildung 8.2). Achten Sie bei einer O-Ringkette auf die entsprechenden Dichtungen (siehe Abbildung 8.3). Führen Sie die Prozedur am anderen Bolzen durch.

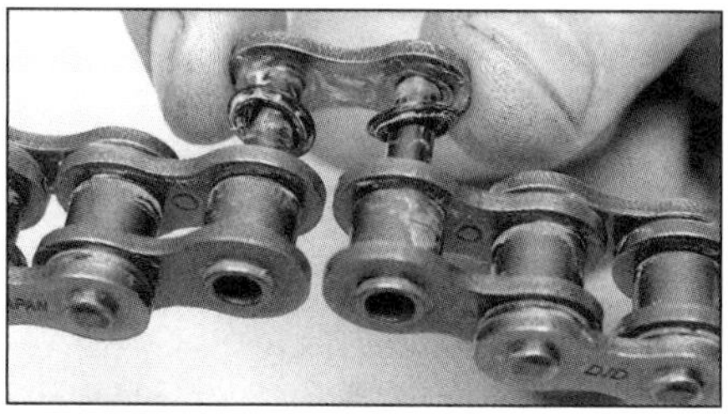

8.4 Drücken Sie das neue mit O-Ringen bestückte Schloss durch die Enden der Kette, . . .

8.5 . . . legen Sie neue O-Ringe über die Bolzenenden, . . .

8.6 . . . und legen Sie die neue Lasche auf.

> ***Achtung: Bei großen und sehr harten Ketten kann es nötig sein, die Vernietung der Bolzen abzufeilen oder abzuschleifen, bevor sie sich durch die Kette drücken lassen.***

- Überprüfen Sie, ob das neue Schloss in der Größe und Stärke der Kette entspricht – verwenden Sie niemals das alte Schloss wieder. Die Größen und Ausführungen der Ketten sind auf den Gliedern eingestanzt (siehe Abbildung 8.10).
- Legen Sie die Enden der Kette über das hintere Kettenrad. Legen Sie bei einer O-Ringkette je einen neuen O-Ring auf die Bolzen des Schlosses, und schieben Sie das Schloss

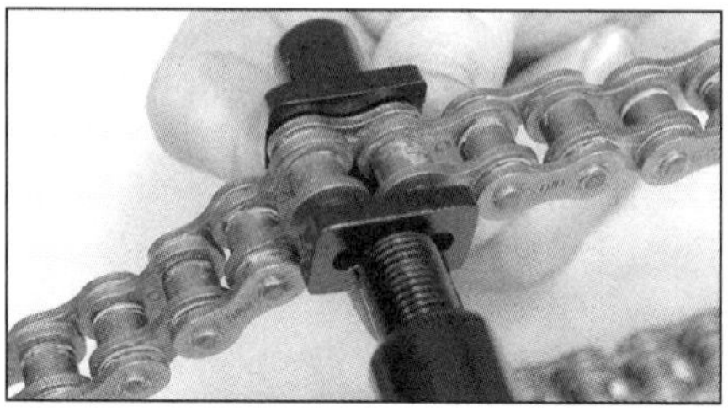

8.7 Mit einer solchen Klemme lässt sich die Lasche leicht in ihre Position schieben.

8.8 Mit dem Ketten-Verniet-Werkzeug wird pro Arbeitsgang ein Bolzen vollständig vernietet.

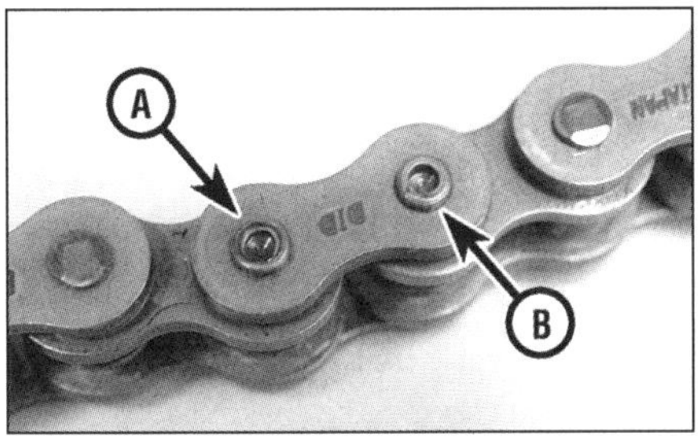

8.9 Korrekt vernieteter Bolzen (A), Bolzen noch nicht vernietet (B)

durch die beiden Kettenenden (siehe Abbildung 8.4). Legen Sie auf jedes Bolzenende einen neuen O-Ring und darüber die neue Lasche (siehe Abbildungen 8.5 und 8.6).

- Die Lasche lässt sich nicht mit der Hand aufschieben. Benutzen Sie entweder ein spezielles Werkzeug (siehe Abbildung 8.7), eine Zange oder Klemme, mit der Sie die Lasche über die Bolzen drücken können.
- Positionieren Sie das Verniet-Werkzeug der Anleitung entsprechend über dem Bolzen, und spreizen Sie ihn durch Einschrauben der Spindel auseinander (siehe Abbildungen 8.8 und 8.9). Wiederholen Sie die Prozedur am anderen Bolzen.

> ***Warnung: Kontrollieren Sie genau die Vernietung der Bolzen, und vergewissern Sie sich, dass die Lasche sich nicht lösen kann. Wenn die Bolzenenden reißen, muss ein neues Schloss verwendet werden.***

8.10 Typische Kettengröße und Typenmarkierung

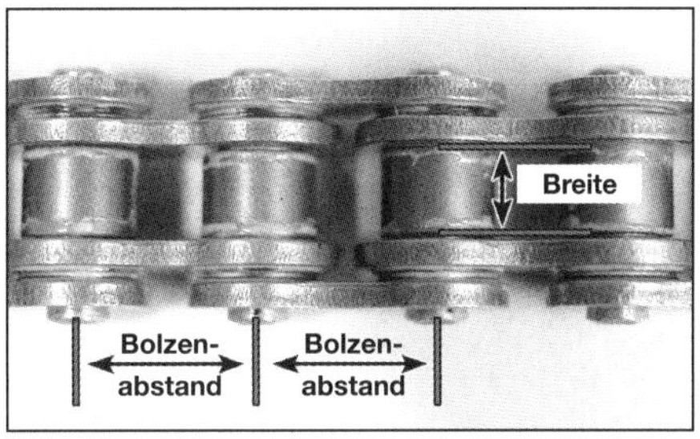

8.11 Maße zur Bestimmung der Kettengröße

Antriebsketten-Größen

- Die Kettengröße wird durch eine dreistellige Zahl angegeben, folgende Buchstaben stehen für den Kettentyp (siehe Abbildung 8.10). Die Typen sagen etwas über die Qualität und Stärke (Dicke der Laschen) aus, und ob es sich um eine O-Ring-Kette handelt.
- Die erste Ziffer gibt den Abstand der Bolzenmitten zueinander an (siehe Abbildung 8.11) – sie wird in Achtel-Zoll-Werten angeben:

Größenangabe beginnt mit 4 (z.B. 428):
Bolzenabstand = 4/8 (1/2) Zoll (12,7 mm)

Größenangabe beginnt mit 5 (z.B. 520):
Bolzenabstand = 5/8 Zoll (15,5 mm)

Größenangabe beginnt mit 6 (z.B. 630):
Bolzenabstand = 6/8 (3/4) Zoll (19,1 mm)

- Anhand der zweiten und dritten Ziffer kann die Breite der Rollen bestimmt werden, die ebenfalls in englischen Maßen angegeben ist, z.B. hat eine 525er Kette Rollen mit einer Breite von 5/16 Zoll (7,94 mm) (siehe Abbildung 8.11).

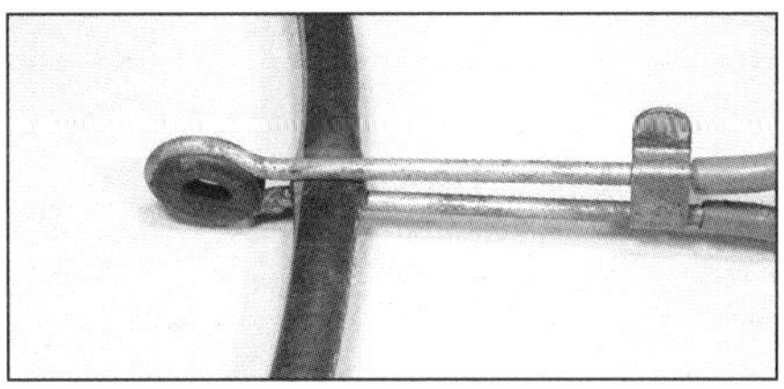

9.1 Schläuche können mit einer Bremsleitungsklemme, . . .

9.2 . . . einer Flügelmutter-Klemme, . . .

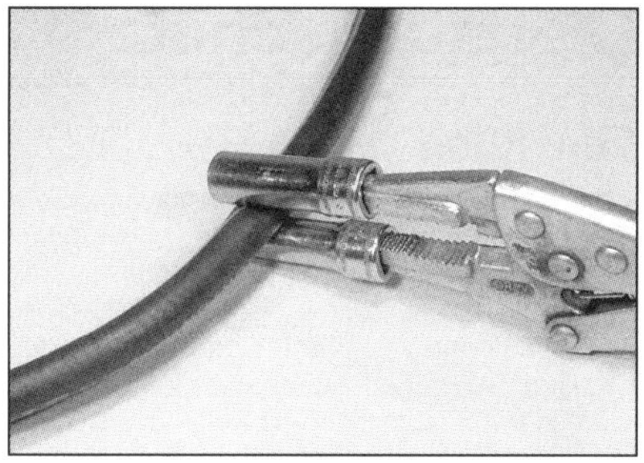

9.3 . . . auf einer Gripzange steckenden Nüssen . . .

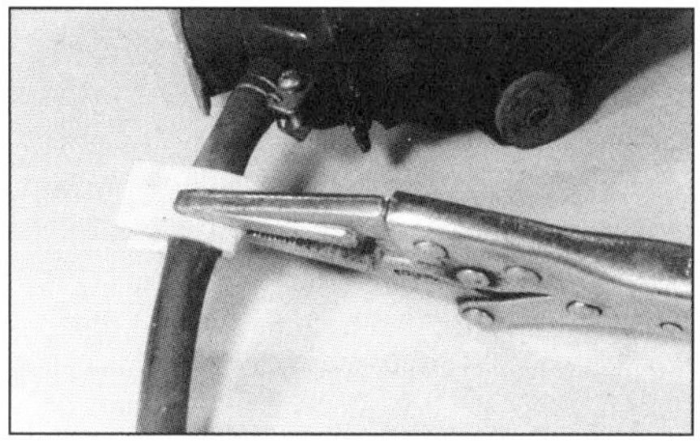

9.4 . . . oder unterlegter Pappe abgeklemmt werden.

9 Schläuche

Abklemmen zur Durchflussunterbrechung

- Dünne flexible Schläuche können abgeklemmt werden, damit man an bestimmten Bauteilen arbeiten kann. Welche Methode auch immer gewählt wird, das Schlauchmaterial darf nicht dauerhaft verbogen oder durch die Klemme beschädigt werden (vgl. Abb. 9.1–9.4).

Lösen und Aufschieben von Schläuchen

- Gehen Sie sicher, dass alle Klemmen und Schellen entfernt sind. Greifen Sie den Schlauch, und ziehen Sie ihn drehend vom Stutzen. Wenn der Schlauch im Laufe der Zeit ausgehärtet ist und sich nicht bewegt, schlitzen Sie ihn am Stutzen mit einem scharfen Messer längs auf, und ziehen Sie ihn dann ab.
- Widerstehen Sie der Versuchung, zur Erleichterung der Schlauchmontage die Anschlüsse mit Fett oder Seife einzuschmieren; es hilft zwar, doch kann dann am Stutzen auch Flüssigkeit leichter austreten. Besser ist es, das Schlauchende ggf. in heißem Wasser oder anderen Flüssigkeiten zu erwärmen und damit geschmeidig zu machen.

Diebstahlschutz

Einleitung

Ihr Fahrzeug kann eher gestohlen sein, als Sie zum Lesen diese Einleitung benötigen. Und es gibt kaum ein schlimmeres Gefühl, als zu der Stelle zurückzukehren, wo einmal Ihr Fahrzeug stand. Selbst wenn Sie ihre Maschine gegen Diebstahl versichert hatten, werden Sie nach dem ersten Schock noch die Unannehmlichkeiten bei der Polizei und der Versicherung zu spüren bekommen.

Fahrzeugdiebe unterscheiden sich in zwei Kategorien: Professionelle Auftrags- und Gelegenheitsdiebe. Profis sind auf bestimmte Marken und Modelle spezialisiert und suchen dann manchmal landesweit, um dieses Fahrzeug zu beschaffen. Gelegenheitsdiebe schauen dagegen nach leichten Zielen, die mit minimalem Aufwand und Risiko geknackt werden können. Während es unmöglich ist, die Maschine hundertprozentig gegen Profis zu sichern, kann man gegen die Gelegenheitsdiebe, die etwa die Hälfte aller Maschinen stehlen, einiges unternehmen.

Denken Sie daran, dass diese immer nach Gelegenheiten schauen – wenn also zwei ähnliche Fahrzeuge Seite an Seite parken, werden sie den Blick auf dasjenige richten, welches am wenigsten gesichert ist. Mit etwas Vorsorge kann man hier schon das Risiko eines Diebstahls deutlich reduzieren.

Ausrüstung

Es gibt für Motorräder reichlich spezielle Vorrichtungen zu kaufen, und die folgenden Texte fassen ihre Anwendungen und Plus- sowie Minuspunkte zusammen.

Wenn Sie sich für den für Ihre Zwecke optimalen Typ eines Sicherheitssystems entschieden haben, empfehlen wir Ihnen, einen oder mehrere der regelmäßig in der Motorradpresse durchgeführten Vergleichstests dieser Teile durchzulesen. In diesen Tests werden aktuelle Modelle verschiedener Hersteller in ihrer Sicherheit, ihre Bedienbarkeit und auf ihr Preis-/Leistungsverhältnis verglichen.

Die Kette und das Schloss müssen von guter Qualität und ausreichender Länge sein, um Ihr Motorrad an einen stabilen Gegenstand anschließen zu können.

Keines dieser Sicherheitssysteme kann einen vollständigen Schutz gewährleisten. Es wird empfohlen, mit zwei oder mehr der unten beschriebenen Vorrichtungen die Sicherheit Ihrer Maschine zu erhöhen (ein Schloss, eine Kette plus eine Alarmanlage sind nahezu ideal). Je mehr Sicherheitsmaßnahmen am Motorrad vorhanden sind, desto geringer ist die Wahrscheinlichkeit, dass es gestohlen wird.

Schloss und Kette

Plus: *Sehr flexibel einzusetzen; das Motorrad kann an nahezu alle immobilen Objekte angeschlossen werden. Bei manchen Ausführungen kann das Schloss einzeln als Bremsscheibenschloss eingesetzt werden (siehe unten).*

Minus: *Kann sehr schwer und unhandlich auf dem Motorrad zu transportieren sein, doch werden einige Typen mit Transportbeuteln geliefert, die man auf dem Rücksitz festschnallen kann.*

- Schwere Ketten und Schlösser sind eine ideale Sicherheitsvorrichtung (siehe Abbildung 1). Wenn das Motorrad geparkt wird, schließt man es mit der Kette an eine stabile und nicht zu entfernende Vorrichtung wie einen Laternenpfahl oder ein Geländer an. Hierdurch lässt sich die Maschine weder wegfahren noch mit einem Lieferwagen abtransportieren.
- Achten Sie beim Anlegen der Kette darauf, dass sie um den Rahmen oder die Schwinge verläuft (siehe Abbildungen 2 und 3). Legen Sie die Kette niemals nur um ein Rad; ein Dieb kann das Rad lösen und den Rest der Maschine abtransportieren. Versuchen Sie, die Kette so kurz wie möglich zu verlegen, um das Ansetzen von Werkzeugen zu erschweren, und halten Sie sie vom Boden fern, um das Auftrennen mit einem Meißel oder einem Beil zu verhindern. Positionieren Sie das Schloss so, dass der Schließzylinder nach unten zeigt, da es hierdurch für den Dieb schwierig wird, ihn zu erreichen.

Führen Sie die Kette durch den Rahmen und nicht nur durch ein Rad . . .

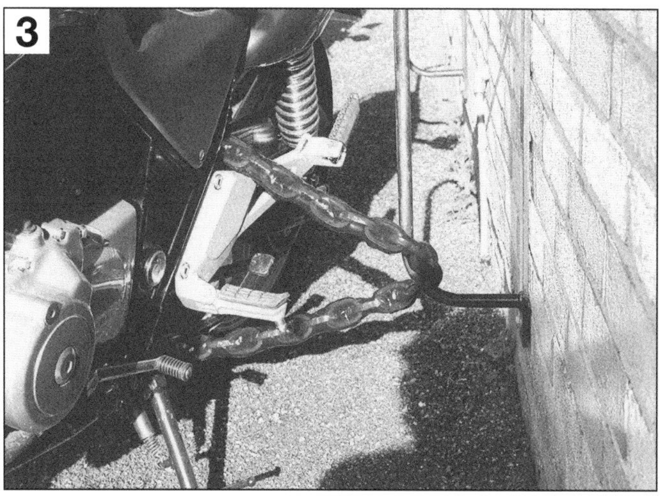

. . . und um einen stabilen Gegenstand.

Bügelschlösser

Plus: *Eine sehr effektive Abschreckung, mit der die Maschine an einem Mast oder Geländer gesichert werden kann. Die meisten Bügelschlösser werden mit einem Halter geliefert, der einen einfachen Transport ermöglicht.*

Minus: *Nicht so flexibel wie ein Kettenschloss.*

- Diese stabilen Schlösser werden ähnlich eingesetzt wie Kettenschlösser. Sie sind leichter als eine Kette samt Schloss, aber nicht so flexibel einzusetzen. Die Länge und die Form des Bügelschlosses beschränken das Einsatzgebiet (siehe Abbildung 4).

Bremsscheibenschlösser

Plus: *Klein, leicht und sehr leicht zu transportieren. Die meisten Modelle sind im Werkzeugfach unterzubringen.*

5

Ein typisches Bremsscheibenschloss wird durch eines der Löcher in der Scheibe gesteckt.

4

Wenn das Bügelschloss lang genug ist, kann die Maschine auch damit an einem festen Gegenstand gesichert werden.

Minus: *Schützt nicht vor dem Abtransport des Motorrades mit einem Lieferwagen. Das Vergessen des Schlosses kann beim Losfahren sehr unangenehm werden.*

- Diese Schlösser sind dazu konstruiert, in ein Loch in der Bremsscheibe gesteckt zu werden und das Rad beim Drehen zu blockieren (siehe Abbildung 5). Einige Ausführungen sind mit einer Alarmanlage ausgerüstet, die im abgeschlossenen Zustand durch Bewegung aktiviert wird. Diese wirkt nicht nur als Abschreckung gegen Diebe, sondern auch als Erinnerung an den Fahrer, das Schloss vor dem Losfahren herauszunehmen.
- Die Kombination aus einem Bremsscheibenschloss und einem Stück Drahtseil, das um einen Masten oder ein Geländer gelegt wird, bietet ein weiteres Sicherheitsplus (s. Abb. 6).

Alarmanlagen und Wegfahrsperren

Plus: *Einmal installiert, ist sie absolut mühelos zu bedienen. Manche Versicherungen bieten bei bestimmten Anlagen (und Auflagen) Rabatte.*

Minus: *Kann teuer und schwierig zu installieren sein. Kein System hindert den Dieb daran, das Motorrad mit einem Lieferwagen abzutransportieren.*

- Elektronische Alarmanlagen und Wegfahrsperren gibt es in unterschiedlichen Preisklassen. Es sind drei unterschiedliche Systeme erhältlich: reine Alarmanlagen, reine Wegfahrsperren und etwas teurere kombinierte Geräte (siehe Abb. 7).
- Eine Alarmanlage ist so konstruiert, dass sie ein Warngeräusch erzeugt, sobald am Motorrad herummanipuliert wird.
- Eine Wegfahrsperre schützt davor, dass das Motorrad ohne Schlüssel und/oder Codierung gestartet werden kann, indem sie die elektrische Anlage blockiert.
- Haben Sie sich für eine Anlage entschieden, sollten Sie die Einbaukosten beachten, wenn Sie die Montage nicht selbst erledigen können. Wenn das Motorrad nicht regelmäßig eingesetzt wird, muss auch der Stromverbrauch berücksichtigt werden, der bei allen Systemen über die Bordbatterie erfolgt. Eine von einer viel Strom verbrauchenden Anlage leer gesogene Batterie sorgt sowohl dafür, dass das Motorrad nicht gestartet werden kann, als auch dafür, dass die Alarmanlage nach einer gewissen Zeit nicht mehr funktioniert.

6

Ein mit einem Drahtseil kombiniertes Bremsscheibenschloss bietet zusätzlichen Schutz.

7

Ein typisches Alarm-/Wegfahrsperrensystem

8

Unverwechselbare Markierungen können überall angebracht werden – stets an einen gut sichtbaren Warnhinweis denken, der sehr abschreckend wirken kann.

9

Verkleidungsteile können mit eingeätzten Markierungen versehen werden . . .

10
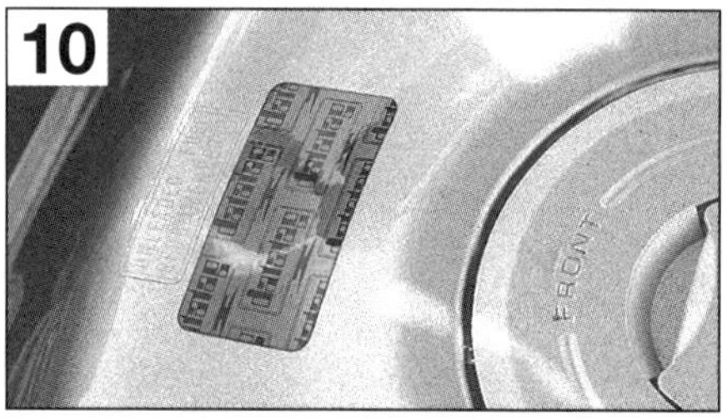

. . . auch hier stets den Warnhinweis des Herstellers des Diebstahlschutzes gut sichtbar anbringen.

Sicherungsmarkierungen

Plus: *Sehr billige und effektive Abschreckung. Manche Versicherungen bieten bei Sicherungsmarkierungen Rabatte im Teilkaskobereich.*

Minus: *Schützen nicht vor Gelegenheitsdieben, die einen Ausflug machen wollen.*

• Es gibt viele verschiedene Ausführungen an Sicherungsmarkierungen. Ideal ist es, so viele Teile am Motorrad wie möglich mit einer einzigen Nummer zu markieren (siehe Abbildungen 8, 9 und 10). Mit dem Satz wird ein Formular geliefert, auf dem Ihre persönlichen Daten und die Details des Motorrades eingetragen und in einem Register gespeichert werden. Dieses Register ermöglicht der Polizei, jeden rechtmäßigen Besitzer eines Motorrades oder Bauteils zu identifizieren, auch wenn alle anderen Formen der Identifikation entfernt sind. Bringen Sie immer einen gut sichtbaren Warnaufkleber zur Abschreckung am Motorrad an.

Bodenverankerungen, Radklemmen und Sicherungspfosten

Plus: *Eine exzellente Form der Sicherheit, die auch die entschlossensten Diebe abschrecken wird.*

Minus: *Schwierig zu installieren und evtl. teuer.*

• Während das Motorrad sich zu Hause befindet, ist es eine gute Idee, es sicher am Boden oder an der Wand zu verankern, selbst wenn es in einer gut gesicherten Garage steht. Zu diesem Zwecke werden eine Reihe verschiedener Bodenverankerungen, Radklemmen und Sicherungspfosten angeboten (siehe Abbildung 11). Diese Vorrichtungen werden entweder im Beton oder Stein verankert oder erhalten ein eigenes Fundament.

11

Zuhause bietet eine solide Bodenverankerung ein hohes Maß an Sicherheit.

Diebstahlschutz zu Hause

Ein großer Anteil der Motorräder wird beim Besitzer zu Hause gestohlen. Einige Dinge sollten beachtet werden, wenn die Maschine an ihrem Heimatstandort steht:

✓ Wenn möglich, sollte das Motorrad immer in der sicheren Garage stehen. Vertrauen Sie niemals dem serienmäßigen Garagenschloss. Bringen Sie am Tor einen zusätzlichen Schließmechanismus an, und denken Sie über eine Alarmanlage nach. Ein von einem Bewegungsmelder aktivierter Scheinwerfer ist auch für den eigenen Nutzen eine gute Investition.

✓ Sichern Sie das Motorrad immer am Boden oder an der Wand, auch wenn es in einer gut gesicherten Garage steht.

✓ Lassen Sie Ihr Motorrad nicht regelmäßig an der Straße stehen, versuchen Sie, es möglichst außer Sichtweite der Straße zu parken, wenn Sie keine Garage besitzen. Decken Sie ein frei stehendes Motorrad mit einer Plane ab, um seine Identität nicht sofort preiszugeben.

✓ Es ist nicht ungewöhnlich, dass ein Dieb einem Motorradfahrer nach Hause folgt, um herauszufinden, wo die Maschine abgestellt wird. Er wird dann später zurückkehren. Wenn Sie vermuten, dass Ihnen jemand folgt, sollten Sie zunächst zu einer Tankstelle, Eisdiele oder sonstigem fahren.

✓ Wenn Sie ein Motorrad verkaufen wollen, sollten Sie in der Anzeige nicht Ihre Adresse oder den Standplatz der Maschine angeben. Vereinbaren Sie mit Interessenten einen Treffpunkt abseits Ihrer Wohnung. Es ist bekannt, dass Diebe als potenzielle Käufer auftreten, um herauszufinden, wo die Maschine steht, und sie dann später »kostenlos« abholen.

Diebstahlschutz unterwegs

Genauso wichtig wie die Sicherheitsausrüstung an Ihrem Motorrad sind einige allgemeine Regeln, die beachtet werden sollten, wenn das Motorrad irgendwo geparkt werden soll.

✓ Parken Sie an einem belebten Platz.

✓ Benutzen Sie einen bewachten Autoparkplatz.

✓ Parken Sie nachts in einem beleuchteten Bereich, vorzugsweise direkt unterhalb einer Straßenlaterne.

✓ Lassen Sie das Lenkschloss einrasten – es bewirkt zwar nicht viel, sorgt aber dafür, dass die Versicherung zahlt.

✓ Sichern Sie das Motorrad mit einem zusätzlichen Schloss an einem stabilen unbeweglichen Gegenstand wie einer Laterne oder einem Geländer. Wenn dieses nicht möglich ist, sollten Motorräder »zusammengebunden« werden.

✓ Belassen Sie niemals Ihren Helm oder Gepäck auf dem Motorrad.

Schmiermittel und Flüssigkeiten

Speziell für den Einsatz an und in Motorrädern ist ein weiter Bereich an Schmiermitteln, Flüssigkeiten und Reinigungsmitteln entwickelt worden. Hier soll gezeigt werden, was es gibt, wofür es eingesetzt wird und welche Eigenschaften es hat.

Viertakt-Motoröl

- Motoröl ist zweifellos die wichtigste Komponente eines Viertaktmotors. Moderne Motorradmotoren stellen große Anforderungen an das Öl, weswegen dessen Auswahl sehr wichtig ist. Die Verwendung eines ungeeigneten Öls führt zu erhöhtem Motorverschleiß und kann mit einem ernsthaften Motorschaden enden. Bevor Sie Motoröl kaufen, müssen Sie beachten, welche Anforderungen der Motorradhersteller stellt. Hierbei wird sowohl eine Klassifikation als auch ein bestimmter Viskositätsbereich angegeben.
- Die Öl-Klassifikation wird durch die API-Rate (festgelegt durch das »**A**merican **P**etroleum **I**nstitute«) angegeben. Sie erscheint in Form von zwei Buchstaben, so z.B. als »SG«. Das S steht für »Spark«, d.h. fremdgezündete Motoren (die mit Benzin laufen). Der zweite Buchstabe liegt im Alphabet zwischen A und M und steht für die Leistungsfähigkeit des Öls. Je früher der Buchstabe, desto höher sind die Anforderungen an das Öl. Ein SG-Öl übersteigt also die Anforderungen eines SF-Öls.

Anmerkung: *Bei manchen Ölen ist eine zweite mit einem C beginnende Klassifikation angegeben, die für die Verwendung in Dieselmotoren (Compression Ignition = Selbstentzündung) steht und daher für den Einsatz in Motorrädern irrelevant ist.*

- Die »Viskosität« des Öls wird durch die SAE-Rate identifiziert (festgelegt durch die **S**ociety of **A**utomotive **E**ngineers). Alle modernen Motoren erfordern Mehrbereichsöle, und dort besteht die SAE-Rate aus zwei Nummern, hinter der ersten steht ein W, also z.B. 10W/40. Die erste Zahl steht für die Viskositätsrate des Öls bei niedrigen Temperaturen (W steht für Winter = getestet bei – 20 °C), die zweite Zahl steht für die Viskositätsrate des Öls bei hohen Temperaturen (getestet bei 100 °C). Je niedriger die Zahl, desto dünner das Öl. So steht ein 10W/40-Öl für einen besseren Kaltlauf als ein 15W/50-Öl.
- Neben dem Typ und der Viskosität gibt es drei unterschiedliche chemische Aufbauten des Motoröls. Man kann Öl auf mineralischer Basis, synthetisches Öl und ein Gemisch aus beiden Sorten – teilsynthetisch genannt – kaufen. Obwohl alle Öle eine ähnliche Viskosität und Klassifizierung haben, sind die Preise sehr unterschiedlich. Mineralöle sind die billigsten, Synthetiköle die teuersten Öle, teilsynthetische Öle liegen entsprechend dazwischen. Die Entscheidung liegt im Wesentlichen beim Besitzer, doch sollte bedacht werden, dass moderne Synthetiköle bessere Schmier- und Reinigungseigenschaften haben als traditionelle Mineralöle, und diese Eigenschaften auch länger behalten. Bedenken Sie, dass die Arbeitsumgebungen in einem modernen hochdrehenden Motorradmotor für ein Öl höchste Anforderungen bedeuten, und deswegen ein Synthetiköl empfehlenswert ist. Die Mehrkosten bei jedem Ölwechsel können langfristig viel Geld sparen, indem der Motorverschleiß verringert wird.
- Schließlich muss immer sichergestellt werden, dass das Öl für Ihr Motorrad geeignet ist. Motoröl ist normalerweise für Autos entwickelt worden und kann deswegen Additive oder Schmierstoffe enthalten, die in einem Motorradmotor mit Nasskupplung Kupplungsrutschen verursachen können.

Zweitakt-Motoröl

- Moderne Hochleistungszweitaktmotoren stellen hohe Anforderungen an ihr Öl. Um Klemmen oder Fressen im Motor zu vermeiden, ist es entscheidend, Qualitätsöle zu verwenden. Zweitaktöl unterscheidet sich stark von Viertaktöl. Das Öl schmiert ausschließlich die Kurbelwelle und den/die Kolben (Primärtrieb und Getriebe haben ihr eigenes Öl), dann muss es während der Verbrennung rückstandslos verschwinden.
- Die Japaner haben kürzlich ein Klassifizierungssystem für Zweitaktöle eingeführt, die JASO-Rate. Diese wird in Form von zwei Buchstaben, entweder FA, FB oder FC, angegeben. FA ist die niedrigste und FC die höchste Klassifikation. Stellen Sie sicher, dass das zu verwendende Öl den Empfehlungen des Herstellers entspricht.
- Neben dem Typ und der Viskosität gibt es drei unterschiedliche chemische Aufbauten des Zweitaktöls. Man kann Öl auf mineralischer Basis, synthetisches Öl und ein Gemisch aus beiden Sorten – teilsynthetisch genannt – kaufen. Die Preise sind sehr unterschiedlich. Mineralöle sind die billigsten, Synthetiköle die teuersten Öle, teilsynthetische Öle liegen entsprechend dazwischen. Die Entscheidung liegt im Wesentlichen beim Besitzer, doch sollte bedacht werden, dass moderne Synthetiköle bessere Schmiereigenschaften besitzen und sauberer verbrennen als traditionelle Mineralöle. Die Mehrkosten können langfristig viel Geld sparen, indem der Motorverschleiß verringert wird, die Leistung erhalten bleibt und Ablagerungen weitgehend vermieden werden.
- Wenn Sie einen Zweitaktmotor mit Getrenntschmierung besitzen, muss darauf geachtet werden, dass das Öl für den Betrieb in Pumpen geeignet ist. Viele Hochleistungszweitaktöle sind für Rennmaschinen konzipiert, bei denen sie direkt im Tank dem Benzin beigemischt werden. Diese Öle haben eine hohe Viskosität und sind nicht für Getrenntschmierungspumpen geeignet.

Getriebeöl

- Getriebeöl ist ein spezielles zähes Öl, das in Getrieben und Hinterradantrieben (bei Kardanwellen) eingesetzt wird und überall dort, wo hohe Reibkräfte und Temperaturen herrschen. Es ist in verschiedenen Viskositäten erhältlich.
- Bei allen Zweitaktmotoren werden das Getriebe und die Kupplung mit speziellem Öl geschmiert, welches entsprechend der Herstelleranweisung gewechselt werden muss.
- Obwohl bei den meisten Viertaktmaschinen der Motor, die Kupplung und das Getriebe mit der gleichen Ölversorgung geschmiert werden, gibt es auch Motorräder mit getrennt geschmierten Bauteilen und gegebenenfalls einer Trockenkupplung.
- Motorradhersteller empfehlen entweder ein Einbereichsgetriebeöl oder ein bestimmtes Motoröl, um das Getriebe zu schmieren.
- Getriebeöle sind speziell für ihren Einsatz zwischen Zahnflanken konzipiert. Die Viskosität dieser Öle ist durch eine SAE-Nummer angegeben, doch deren Messung unterscheidet sich von Motorölen. Als grober Hinweis gilt, dass ein SAE-90-Getriebeöl etwa die gleiche Viskosität wie ein SAE-50-Motoröl hat.

Kardanöl

- Bei mit einem Kardanantrieb ausgerüsteten Motorrädern hat dieser Endantrieb immer seine eigene Ölversorgung. Der Hersteller gibt hierfür eine Klassifizierung und eine Viskosität an.
- Diese Öle werden durch die Zahl hinter der API-Bezeichnung GL (für Gear Lubricant) klassifiziert, ein GL5-Öl ist besser als eines mit der Bezeichnung GL4. Stellen Sie sicher, dass Ihr Öl die vorgegebene Klassifikation zumindest einhält oder übertrifft und die korrekte Viskosität hat. Die Viskosität dieser Öle ist durch eine SAE-Nummer angegeben, doch deren Messung unterscheidet sich von Motorölen. Als grober Hinweis gilt, dass ein SAE-90-Kardanöl etwa die gleiche Viskosität wie ein SAE-50-Motoröl hat.
- Wenn die Benutzung eines druckfesten EP-Öls (Extreme Pressure) vorgeschrieben ist, muss Ihr Öl auch diesen Anforderungen entsprechen.

Gabelöl und Stoßdämpferflüssigkeit

- Konventionelle Teleskopgabeln arbeiten hydraulisch und erfordern dazu Gabelöl. Um die korrekte Funktion der Gabel sicherzustellen, muss das Gabelöl entsprechend der Herstelleranweisung ausgetauscht werden.
- Gabelöl ist in einer Vielzahl von Viskositäten erhältlich, welche durch die SAE-Rate zu identifizieren ist. Die Werte variieren von leichtem Öl (SAE 5) bis zu sehr dickem Öl (SAE 30). Wenn Sie Gabelöl kaufen, muss darauf geach-

tet werden, dass es den Herstelleranweisungen entspricht.

- Einige Schmiermittelhersteller produzieren auch eine Reihe hochwertiger Federungsflüssigkeiten, die Gabelöl ähnlich sind, aber hauptsächlich für den Einsatz im Wettbewerb bestimmt sind. Diese Flüssigkeiten können unterschiedliche Viskositätsraten haben, die nicht den SAE-Werten für normale Gabeln entsprechen. Im Zweifel müssen die Herstelleranweisungen beachtet werden.

Brems- und Kupplungsflüssigkeit

- Bremsflüssigkeit wird auch in hydraulischen Kupplungsbetätigungen eingesetzt und ist eine Hydraulikflüssigkeit, die einen sehr hohen Siede- und niedrigen Gefrierpunkt besitzt. Sie greift Gummi nicht, dafür aber Lack und Plastik stark an. Sie ist stark wasseranziehend (hygroskopisch) und altert daher durch Wasseraufnahme aus der Luft. Behälter sollten daher nicht offen stehen gelassen werden. Für den Rennsport ist Bremsflüssigkeit auf Silikonbasis erhältlich, auf die diese Eigenschaft nicht zutrifft, die aber Bremskomponenten aus anderem Material benötigt.
- Alle Scheibenbremsanlagen und einige Kupplungen werden hydraulisch betätigt. Um deren korrekte Funktion sicherzustellen, muss die Hydraulikflüssigkeit regelmäßig entsprechend der Herstelleranweisungen ausgetauscht werden.
- Brems- und Kupplungsflüssigkeit wird durch den DOT-Wert klassifiziert. Die meisten Motorradhersteller schreiben DOT-3 oder -4 vor. Diese beiden Flüssigkeiten basieren auf Glykol und können untereinander gemischt werden. DOT-4 übertrifft die Anforderungen von DOT-3. Es ist empfehlenswert, ein für DOT-3 vorgesehenes System mit DOT-4 zu befüllen – aber niemals anders herum, denn hierdurch wird die Bremswirkung beeinträchtigt.
- Einige Hersteller produzieren auch eine DOT-5-Hydraulikflüssigkeit auf Silikonbasis. Diese Bremsflüssigkeit darf nicht mit DOT-3- oder DOT-4-Flüssigkeit vermischt werden, da hierdurch die Wirkung des Hydrauliksystems stark beeinträchtigt wird.

Kühlmittel/Frostschutz

- Bei der Beschaffung von Kühlmittel oder Frostschutz muss unbedingt sichergestellt werden, dass es für einen Aluminiummotor geeignet ist und Korrosionsschutzmittel enthält, um das Verstopfen von Kühlmittelkanälen zu verhindern. Als allgemeine Regel gilt, dass die meisten Kühlmittel pur eingesetzt werden müssen und nicht verdünnt werden dürfen, und Frostschutz mit destilliertem Wasser verdünnt werden muss, um eine Lösung der gewünschten Stärke zu erhalten. Beachten Sie die Herstellerangaben auf der Flasche.
- Stellen Sie sicher, dass das Kühlmittel regelmäßig entsprechend der Herstellerangaben gewechselt wird.

Kettenschmiermittel

- Dieses wird zumeist als Spray angeboten, welches speziell für den Einsatz an Motorradketten entwickelt wurde. Es hat zum einen die Funktion, die Reibung zwischen der Kette und den Kettenrädern zu vermindern und zum anderen soll es einen Korrosionsschutz bilden. Der regelmäßige Einsatz von Kettenschmiermittel guter Qualität verlängert die Lebensdauer des Endantriebs und sorgt für einen minimalen Kraftverlust zwischen Motor und Hinterrad.
- Nach der Benutzung von Kettenspray muss einige Zeit gewartet werden, bis das Lösungsmittel verdunstet und das Schmiermittel eingezogen ist. Anderenfalls wird es durch die Fliehkraft wieder abgeschleudert und verschmutzt dabei noch die Felge. Achten Sie beim Einsatz von O-Ringketten darauf, dass das Spray dafür geeignet ist.
- Schmiermittel auf Silikonbasis pflegen und schützen Teile aus Gummi (Schläuche, Stopfen u.a.). Sie werden zur Schmierung von Schlössern und Scharnieren verwendet.

Entfetter und Reiniger

- Entfetter sind starke Lösemittel, um Fett und Ölschmiere zu entfernen. Sie sind in der Regel hochgiftig, können Lack und Kunststoffteile angreifen und sind entzündlich. Manche Lösemittel stehen außerdem in Verdacht, Krebs zu erregen. »Kaltreiniger« ist dagegen ein sanfter Entfetter auf Petroleumbasis, der wasserlöslich ist und daher abgewaschen werden kann, am besten über dem Ölabscheider einer Selbstwaschanlage.
- Es gibt viele verschiedene Reiniger und Entfetter, um Schmutz und Fett zu entfernen, wie es sich im normalen Einsatz ansammelt. Entfetter sind Lösungsmittel, die normalerweise als Spray oder als Flüssigkeit für den Einsatz in Spritzpistolen geliefert werden. Folgen Sie immer sorgfältig den Herstelleranweisungen, und tragen Sie eine Schutzbrille. Die meisten Lösungsmittel sind brennbar und dünsten giftige Gase aus – treffen Sie vor dem Einsatz entsprechende Vorkehrungen (siehe *Sicherheit geht vor*!).
- Für allgemeine Reinigungen können im Fachhandel erhältliche Reiniger und Entfetter benutzt werden. Diese Mittel müssen zumeist einige Zeit einwirken, bevor sie mit Wasser abgespült werden.

Bremsenreiniger ist ein Lösungsmittel, welches jegliche Öl-, Fett- und Schmutzreste aus Bremsenteilen entfernen kann. Es verdunstet schnell und bildet keine Rückstände.

Vergaserreiniger ist ein Spray, mit dem die hartnäckigen Rückstände und Gummiablagerungen entfernt werden können, wie man sie häufig in zu überholenden Vergasern findet. Es hinterlässt in der Regel einen leichten Ölfilm. Der Reiniger eignet sich nicht für elektrische Komponenten.

Dichtungsentferner ist zumeist ein Spray, mit dem hartnäckige Dichtungsreste beseitigt werden können, ohne dass die Gefahr besteht, die Gehäusefläche zu zerkratzen und damit die Dichtfläche zu beschädigen.

Unterbrecher-/Zündkerzen-Reiniger soll Ölfilm, Schmutz und Oxidation von Unterbrecherkontakten und Zündkerzenelektroden beseitigen. Er ist fett- und rückstandfrei. Er kann ebenfalls zur Reinigung von Vergaserdüsen verwendet werden.

Sprühöl

- Sprühöle gibt es in verschiedenen Ausführungen, und sie eignen sich auch zum Schmieren von Hebeln, Schaltern und freiliegenden Gelenken. Versuchen Sie ein Sprühmittel zu beschaffen, welches auf Trockenfilm basiert, da es eine trockene Oberfläche hinterlässt und nicht, wie Öl, Staub und Schmutz anzieht, wodurch die Verschleißrate wieder erhöht werden würde.
- Die meisten Sprühöle fungieren auch als Feuchtigkeitsverdränger und Schutzfilm in Schaltern und Kabelverbindungen oder als Rostlöser bei festen Schrauben.
- Kriechöl wird oft fälschlich als »Kontaktspray« bezeichnet, weil es auch Wasser verdrängen kann. Es ist zum schnellen Schmieren kleiner Lagerstellen und Konservieren von Maschinenteilen geeignet.
- Kontaktspray soll Oxidation von elektrischen Kontakten entfernen und sie gleichzeitig konservieren. Allerdings funktioniert das kaum, da Oxid nur mit Säure entfernt werden kann (solche Sprays gibt es), die Säure aber ihrerseits wieder das Metall angreift. Die üblichen soge-

nannten »Kontaktsprays« sind daher lediglich Kriechöle, von denen keine Reinigung der elektrischen Kontakte erwartet werden kann.

Fette

• Fette werden zum Schmieren von Gelenken und Lagern eingesetzt. Ein gutes Mehrbereichsfett ist für die meisten Anwendungen ausreichend, doch manche Hersteller schreiben den Einsatz spezieller Fette an Bauteilen wie Schwingen- und Anlenkhebellagerungen vor. Diese Fette können im Zubehörfachhandel erworben werden; die üblichen Spezialfette sind Molybdänfett, Lithiumfett, Graphitfett, Silikonfett und temperaturbeständige Kupferpaste.

Dichtmasse

• Dichtmassen können zusammen mit Dichtungen verwendet werden, um ihre Dichtigkeit zu verbessern. Oder sie werden direkt zum Abdichten zweier Metallflächen verwendet. Abhängig vom Typ härten sie entweder aus oder bleiben dauerelastisch.

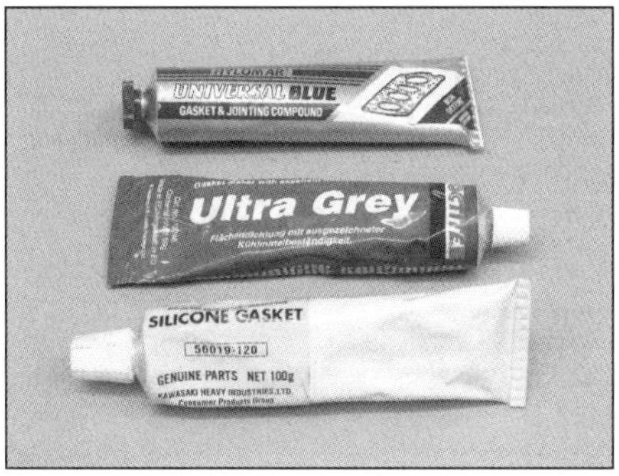

• Bei der Beschaffung von Dichtmasse muss sichergestellt sein, dass sie zur Verwendung an einem Verbrennungsmotor geeignet ist. Universaldichtstoffe aus dem Baumarkt können ähnlich aussehen, halten jedoch eventuell weder starke Hitze noch Kontakt mit Öl oder Kraftstoff aus (siehe *Werkzeug- und Werkstatt-Tipps* für weitere Informationen).

Schrauben-sicherung

• Diese Mittel werden zum Sichern von Gewinden in Positionen eingesetzt, wo sich Schrauben durch Vibrationen lösen können. Schraubensicherungsmasse kann im Fachhandel beschafft werden. Stellen Sie sicher, dass die Gewindegänge beider Komponenten vollständig sauber und trocken sind, bevor Sie das Mittel sparsam auftragen (siehe *Werkzeug- und Werkstatt-Tipps* für weitere Informationen).

Kraftstoff-Additive

• Mittel zum Schutz und zur Reinigung des Kraftstoffsystems gibt es in vielfältiger Auswahl. Diese Additive sind konzipiert, alle Ablagerungen in Vergasern und Einspritzanlagen zu entfernen und vor Verschleiß zu schützen, um das Kraftstoffsystem wirkungsvoll funktionieren zu lassen. Wenn ein Kraftstoff-Additiv verwendet wird, muss zuvor sichergestellt sein, dass es in Ihrem Motorrad eingesetzt werden kann, besonders wenn dieses mit einem Katalysator ausgerüstet ist.

• Sogenannte Oktan-Booster erhöhen die Klopffestigkeit des Treibstoffs. Sie können die Leistungsfähigkeit stark getunter Motoren verbessern, wenn diese mit einfachem Benzin betrieben werden – in Serienmotoren bringen sie nichts.

Wachse und Polituren

• Wachse und Polituren reinigen und konservieren lackierte Teile. Da es unterschiedliche Lackarten gibt, muss ausprobiert werden, ob die jeweilige Politur bzw. das Wachs dazu passt. Für Schutzflüssigkeiten, die kein Wachs, sondern Silikon oder Polymere enthalten, verspricht die Werbung einen vielfach längeren Schutz gegenüber Wachsen. In Tests konnte die längere Dauer des Schutzes jedoch nicht nachgewiesen werden.

Sicherheitscheck

Hauptuntersuchung

In Deutschland müssen Motorräder alle zwei Jahre zur Hauptuntersuchung nach § 29 der Straßenverkehrszulassungsordnung (StVZO). Diese Untersuchung wird im Volksmund als »TÜV« bezeichnet; das stammt noch aus der Zeit, als der Technische Überwachungsverein (TÜV bzw. TÜH) das Monopol auf Hauptuntersuchungen besaß. Das ist seit einigen Jahren nicht mehr der Fall. DEKRA und auch freie Sachverständige, die einer anerkannten Überwachungsorganisation wie KÜS oder GTÜ angeschlossen sind, dürfen die Hauptuntersuchung durchführen.

Gerade bei freien Sachverständigen hat dies seine Vorteile für den Fahrzeugbesitzer: Eine familiäre Atmosphäre, sehr kurze Wartezeiten und hohe Kompetenz unterscheiden diese kleinen Prüfbüros von den häufig anonymen und bürokratischen Prüfstellen der eingesessenen Organisationen.

TÜV/TÜH (alte Bundesländer) und DEKRA (neue Bundesländer) besitzen allerdings nach wie vor das Monopol für die Begutachtung von Änderungen am Fahrzeug, für die keine Gutachten vorliegen – etwa selbstgebaute Auspuffanlagen, Umbauten zum Gespann o.Ä.

Bei der Hauptuntersuchung werden Betriebs- und Verkehrssicherheit des Motorrades geprüft. Sachverstand des Prüfers vorausgesetzt – was leider nicht immer der Fall ist –, ist dies ein notwendiger Check im Interesse des Fahrzeugbesitzers. Doch unabhängig von dieser regelmäßigen Untersuchung sollte der Fahrer des Motorrades wissen, wo die sicherheitsrelevanten Baugruppen sitzen und sie selber prüfen können.

Praxis TiPP ***Wenn Sie ein gebrauchtes Motorrad kaufen möchten, so ist eine kürzlich durchgeführte Hauptuntersuchung (HU) keinesfalls eine Gewähr für den einwandfreien Zustand des Fahrzeugs. Motor, Getriebe und wesentliche Teile der Elektrik werden bei der HU nicht geprüft, und selbst wichtige Baugruppen wie Bremsen und Rahmen können von einem inkompetenten Prüfer falsch beurteilt worden sein.***

Elektrik

Beleuchtung

Prüfen Sie die Funktion aller Leuchten am Motorrad: Stand-, Abblend-, Fern-, Rück- und Bremslicht, Letzteres bei Fuß- und Handbremse. Das Gleiche gilt für die Blinker und eventuelle Zusatzleuchten wie Breit- oder Zusatzscheinwerfer, Nebelschlussleuchte oder Warnblinker. Häufig wird die Instrumentenbeleuchtung nicht beachtet (übrigens auch nicht bei der HU), doch auch bei einer Nachtfahrt möchte man doch wissen, wie schnell man fährt.

Scheinwerfereinstellung

Im Gegensatz zu Autos wird bei der HU die Scheinwerfereinstellung bei Motorrädern nicht überprüft. Tun Sie das daher selbst im eigenen Interesse; weder ist es angenehm, andere Verkehrsteilnehmer zu blenden, noch nachts lediglich das Vorderrad oder die Baumwipfel zu beleuchten.
Stellen Sie in einer Werkstatt, die ein Prüfgerät für PKW besitzt, den Scheinwerfer Ihres Motorrades ein. Achten Sie dabei darauf, dass Sie das Motorrad mit dem üblichen Fahrgewicht belasten (1).

Batterie

Auch der Zustand von Batterie, Sicherungen, Regler und Lichtmaschine ist sicherheitsrelevant. Stellen Sie sich beispielsweise vor, auf der Überholspur der Autobahn geht schlagartig der Motor aus, weil es an Zündfunken fehlt, oder nachts in der gleichen Situation bleibt plötzlich das Licht weg.

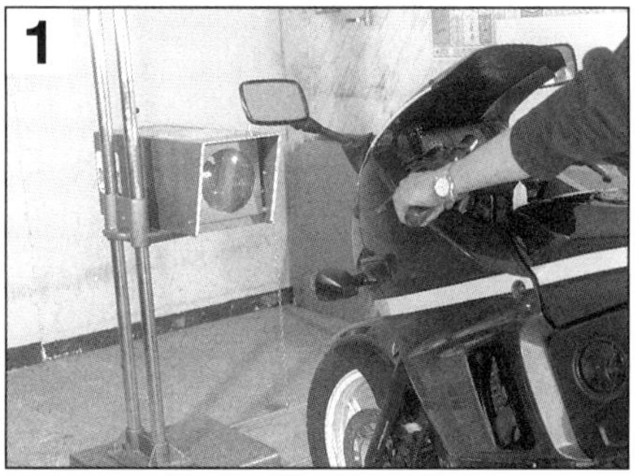

Prüfen der Scheinwerfereinstellung mit einem PKW-Prüfgerät

Auspuff und Antrieb

Auspuff

Auspuff und Schalldämpfer haben zugegebenermaßen wenig mit Sicherheit zu tun. Allerdings kann mit einer nicht genehmigten Änderung die Betriebserlaubnis des Fahrzeugs erlöschen, was bei einem Unfall – der noch nicht einmal selbst verschuldet sein muss – unangenehme Folgen haben kann: Fahren ohne Versicherungsschutz, eventuell Fahren ohne Führerschein (wenn das Motorrad serienmäßig leistungsbegrenzt und die Fahrerlaubnis darauf beschränkt war), Fahren ohne Betriebserlaubnis u.a. Stellen Sie also sicher, dass der angebaute Auspuff entweder serienmäßig oder eingetragen ist, dass die Anlage fest sitzt und keine Löcher oder Durchrostungen vorliegen.

Antrieb

Sehr viel mehr mit Sicherheit hat der Hinterradantrieb zu tun, obwohl er bei der HU nicht geprüft wird. Ist die Kette in ordentlichem Zustand und weist die richtige Spannung auf? Sind Ritzel und Kettenrad nicht übermäßig abgenutzt? Bei Kardanmaschinen: Ist der Hinterradantrieb öldicht? Ist die Mitnehmerverzahnung des Hinterrads in Ordnung? (Für diese Prüfung muss das Hinterrad ausgebaut werden.)

Lenkung und Radaufhängungen

Lenkung

- Schwenken Sie bei vom Boden abgehobenem Vorderrad die Lenkung von Anschlag zu Anschlag. Die Lenkergriffe und Schalter dürfen am Anschlag nicht den Tank berühren oder die Finger einklemmen. Ursachen hierfür können beschädigte Lenkanschläge am Rahmen oder der unteren Gabelbrücke, ein falsch eingestellter Lenker oder ein ungeeigneter Zubehör-Lenker sein.
- Die Lenkung muss sich sanft und ohne Einrastungen bewegen lassen. Die Lenkung kann durch schlecht verlegte Leitungen, zu fest angezogene oder verschlissene Lenkkopflager schwergängig werden.
- Greifen Sie die Gabel unten und versuchen Sie, sie vor und zurück zu bewegen (siehe Abbildung 2) – hierbei wird Spiel im Lenkkopflager fühlbar. In extremen Fällen können verschlissene Gabelbuchsen als Lenkkopflagerspiel fehlinterpretiert werden.
- Prüfen Sie, ob der Lenker sicher befestigt ist.
- Prüfen Sie den festen Sitz der Griffgummis (sie müssen links auf den Lenker und rechts auf das Drehgriff-Rohr geklebt sein).

Vorderradfederung

- Halten Sie bei auf dem Boden stehendem Motorrad den Bremshebel gezogen und drücken Sie einige Male die Gabel zusammen (siehe Abbildung 3) – die Dämpfung muss sanft und klemmfrei arbeiten.
- Inspizieren Sie die Bereiche über und unter den Gabel-Dichtringen (siehe Abbildung 4) – hier darf kein Öl ausgetreten sein.

Hinterradfederung

- Lassen Sie einen Assistenten das frei stehende Motorrad am Lenker halten. Drücken Sie das Heck herunter (siehe Abbildung 5) – der Stoßdämpfer muss sanft und klemmfrei arbeiten.
- Inspizieren Sie den Stoßdämpfer – an der Dämpferstange darf kein Öl austreten (siehe Abbildung 6).
- Stützen Sie das Motorrad unter dem Motor ab, sodass das Hinterrad nicht den Boden berührt. Greifen Sie das Hinterrad und versuchen Sie, es hochzuziehen (siehe Abbildung 7) – jegliches Spiel in der Schwingenlagerung oder den Stoßdämpferaufnahmen lässt sich hierbei erfühlen.

Bremsen, Räder und Reifen

Bremsen

- Betätigen Sie bei vom Boden abgehobenem Rad die Bremse und lösen Sie sie wieder – das Rad muss sich wieder frei drehen lassen (beachten Sie die Bremswirkung der leicht anliegenden Bremsbeläge und der Kette).
- Begutachten Sie die Bremsscheiben – sie müssen sicher befestigt sein, dürfen keine Risse aufweisen und dürfen nicht übermäßig verschlissen sein.
- Inspizieren Sie die Bremsbeläge (siehe Abbildung 8 und 9) – sie dürfen nicht übermäßig verschlissen sein.
- Kontrollieren Sie alle Bremsschläuche von oben bis unten. Lassen Sie einen Assistenten die Bremse betätigen und prüfen Sie, ob Blasen oder Risse feststellbar sind. Metall-Bremsleitungen oder Anschlüsse dürfen nicht korrodiert oder beschädigt sein.
- Prüfen Sie die Funktion der ABS-Warnleuchte
- Prüfen Sie die Bremswirkung – Luft im System erzeugt ein schwammiges Gefühl und verringert die Wirkung. Die Ausgleichsbehälter müssen mindestens bis zur unteren Markierung gefüllt sein. Der Bremshebel

Prüfen Sie das Lenkkopflagerspiel durch Wackeln an den unteren Gabel-Enden.

Drücken Sie die Gabel bei gezogener Vorderradbremse mehrmals zusammen, um ihre Funktion zu testen.

Durch die Dichtringe der Gabel darf kein Öl ausgetreten sein.

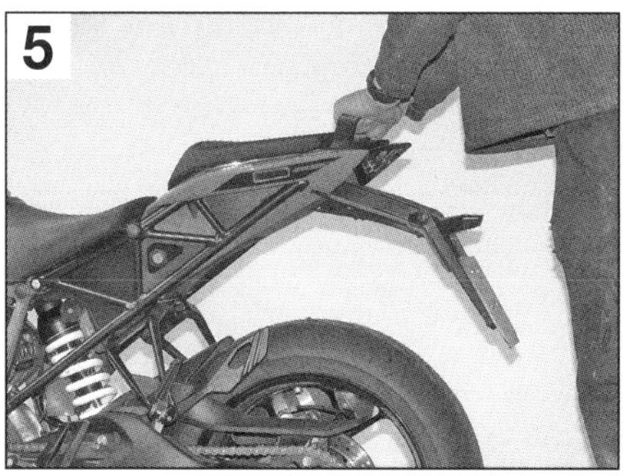

Drücken Sie das Heck herunter, um die Funktion der Stoßdämpfer zu prüfen.

Kontrollieren Sie den Hinterradstoßdämpfer auf Undichtigkeiten.

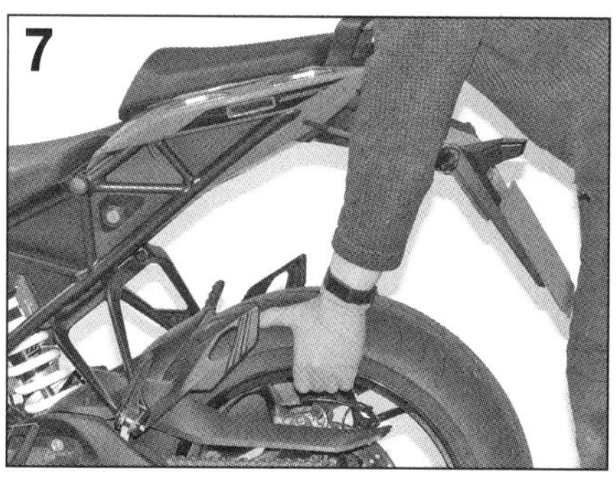

Prüfen Sie das Spiel in der Schwinge und den Stoßdämpfer-Aufnahmen.

und das Bremspedal dürfen nicht zu viel Spiel in ihren Aufnahmen aufweisen.

Räder und Reifen

- Die Felge darf keine Ausbrüche aufweisen
- Drehen Sie das vom Boden abgehobene Rad und prüfen Sie, ob weder die Felge noch der Reifen einen Schlag aufweisen.
- Versuchen Sie, das abgehobene Rad um die Achse zu kippen (siehe Abbildung 10) – jedes Spiel weist auf verschlissene Radlager hin.
- Ermitteln Sie an mehreren Stellen in der Reifen-Mitte die Profiltiefe (siehe Abbildung 11). Kontrollieren Sie den Reifen auf Beschädigungen und Risse in den Flanken.
- Kontrollieren Sie den Reifen-Typ. Vorder- und Hinterreifen müssen zusammenpassen und den Vorgaben in den Fahrzeugpapieren entsprechen. Schriftzüge wie »NOT FOR ROAD USE« oder »COMPETITION USE ONLY« weisen darauf hin, dass der Reifen ausschließlich auf Rennstrecken gefahren werden darf.
- Der Pfeil auf der Reifenflanke muss in die normale Drehrichtung (vorwärts) zeigen (siehe Abbildung 12).
- Die Vorderachse muss korrekt gesichert sein (siehe Abbildung 13). Hinten müssen die Hinterachsmutter (rechts) und die Kettenblattträger-Mutter (links) mit Drahtbügeln gesichert sein (siehe Abbildung 14).
- Prüfen Sie grob die Ausrichtung der Räder. In der Mitte beider Hinterrad-Reifenflanken angelegte Latten müssen am (schmaleren) geradeaus stehendem Vorderrad an beiden Seiten die gleichen Abstände aufweisen (siehe Abbildung 15), andernfalls kann der Rahmen, die Gabel oder die Schwinge verzogen sein. Beachten Sie für weitere Informationen die Hinweise in Kapitel 6, Sektion 15.

Allgemeine Kontrollen

- Prüfen Sie die Festigkeit alle Befestigungen, Verkleidungsteile, Sitze und Kotflügel.
- Alle Fußrasten, Lenkerhebel, das Bremspedal und der Ständer dürfen kein übermäßiges Spiel an den Aufnahmen aufweisen.
- Der Tankdeckel muss korrekt verschließbar sein.
- Weder der Motor, der Tank, das Kühlsystem noch die Bremsen dürfen Undichtigkeiten aufweisen.
- Der Rahmen und andere tragenden Komponenten dürfen keine starke Korrosion aufweisen, da diese ihre Festigkeit verringert.

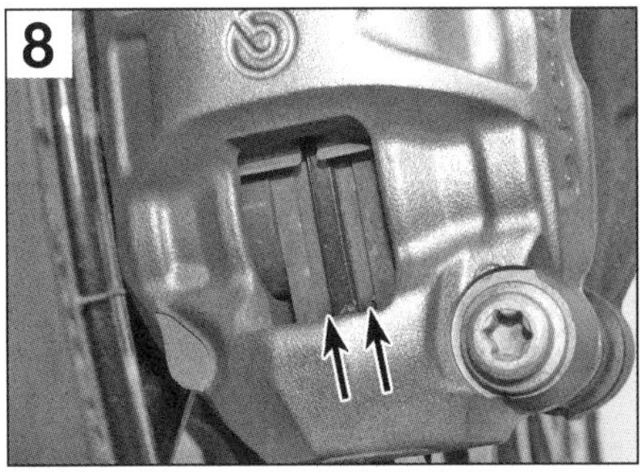

Die Bremsbeläge lassen sich im eingebauten Zustand kontrollieren. Viele Beläge sind mit Verschleißnuten ausgerüstet.

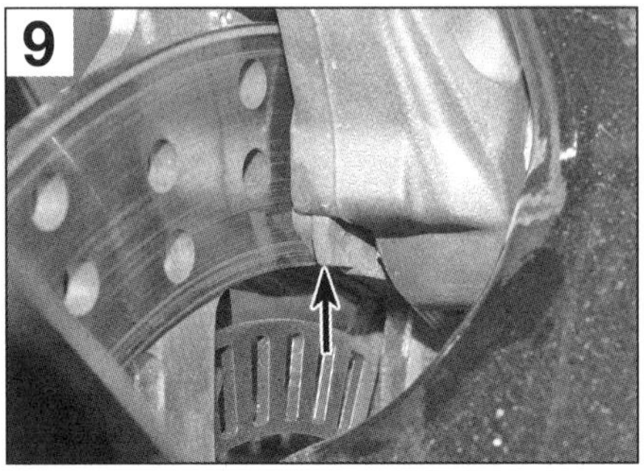

An den hinteren Belägen dürfen die umgebogenen Ecken der Trägerplatten nicht zu nahe an die Bremsscheibe gelangen.

Kontrollieren Sie das Radlagerspiel, indem Sie versuchen, das Rad um die Achse zu kippen.

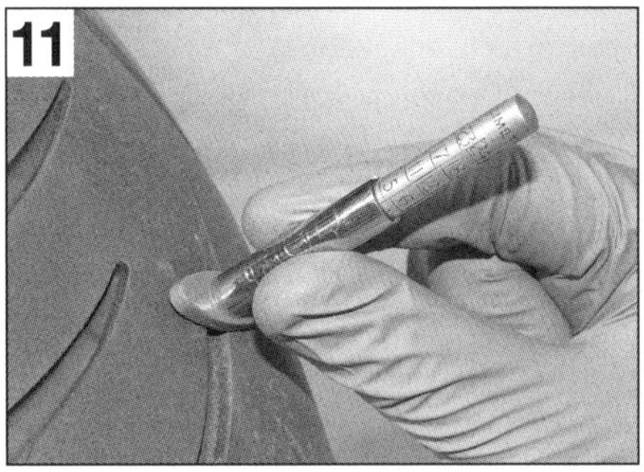

Ermitteln Sie die Profiltiefe.

Der Pfeil auf der Reifenflanke (manchmal mit »ROTATION« beschriftet) muss in die normale Drehrichtung zeigen.

Vorderachsen-Klemmschrauben (A) und Achs-Schraube (B)

Die Kronenmuttern der Hinterachse und des Kettenblatt-Trägers sind mit Drahtbügeln gesichert – rechts zusätzlich mit einem in der Achse sitzenden Draht.

Prüfen Sie die Ausrichtung der Räder.

Stilllegen

Es sind einige Dinge zu beachten, bevor man das Motorrad für längere Zeit stilllegt, etwa über den Winter. Das Fahrzeug abzustellen, ohne die beschriebenen Arbeiten auszuführen, bringt erhöhten Verschleiß und Schwierigkeiten beim »Ausmotten« mit sich.

1. Waschen und reinigen Sie das Motorrad gründlich. Führen Sie notwendige Reparaturen jetzt durch, da Sie nach dem Winter ja doch keine Lust dazu haben werden.
2. Fahren Sie das Motorrad warm. Legen Sie dazu an einem sonnigen Tag eine Tour von mindestens 20 Kilometer ein. Fahren Sie auf dem Rückweg an einer Tankstelle vorbei, tanken Sie randvoll und erhöhen Sie den Reifendruck um etwa 1 bar über den vorgeschriebenen Wert.
3. Stellen Sie das Motorrad an einem trockenen Platz ab, wo es längere Zeit stehen soll. Bocken Sie es so auf, dass kein Reifen den Boden berührt.
4. Führen Sie Motor-, Getriebe- und eventuell (bei Kardanmaschinen) Hinterradölwechsel durch. Das geht gut, weil der Motor jetzt noch warm ist. Altes Öl enthält aus Verbrennungsrückständen saure Bestandteile, die mit der Zeit Metall angreifen, daher sollte es nicht im Motorrad belassen werden.
5. Schmieren Sie die Antriebskette.
6. Verschließen Sie die Auspuffrohre mit Plastiktüten, oder stopfen Sie Lappen hinein, um Kondenswasser und damit Innenrost zu vermeiden (3).
7. Drehen Sie alle Zündkerzen heraus und füllen in jedes Loch etwa 20 ml (1 Esslöffel) frisches Motoröl. Legen Sie danach den höchsten Gang ein und drehen den Motor ein paar Mal mit dem Hinterrad durch. Das verteilt das Öl an die Zylinderwände und verhindert Rost. Schrauben Sie die Kerzen wieder ein (1).
8. Ölen Sie alle Bowdenzüge mit einer alten Spritze und Nähmaschinenöl (Beschreibung siehe vorne im Buch).
9. Schließen Sie die Benzinhähne, und entleeren Sie die Schwimmerkammern aller Vergaser, um Verharzung des Benzins zu vermeiden und um beim späteren Start gleich frisches Benzin aus dem Tank zur Verfügung zu haben (2).
10. Bauen Sie die Batterie aus (3) und stellen sie an einen kühlen, frostfreien, trockenen Ort (z.B. Keller). Laden Sie sie etwa alle vier Wochen mit einem Steckerladegerät einen Tag lang nach (Ladestrom max. 1/10 des Wertes der Batteriekapazität). Noch besser ist es, die Batterie ins Auto einzubauen (Parallelanschluss zur Autobatterie).
11. Konservieren Sie leicht rostende und Chromstellen des Motorrades mit Sprühöl oder Wachs.
12. Reinigen Sie den Luftfiltereinsatz und bauen ihn wieder ein.
13. Bedecken Sie das Motorrad mit einem alten Laken oder einem anderen Stoff. Plastikfolie ist nicht geeignet, weil sich darunter Kondenswasser bildet und das Fahrzeug rostet.

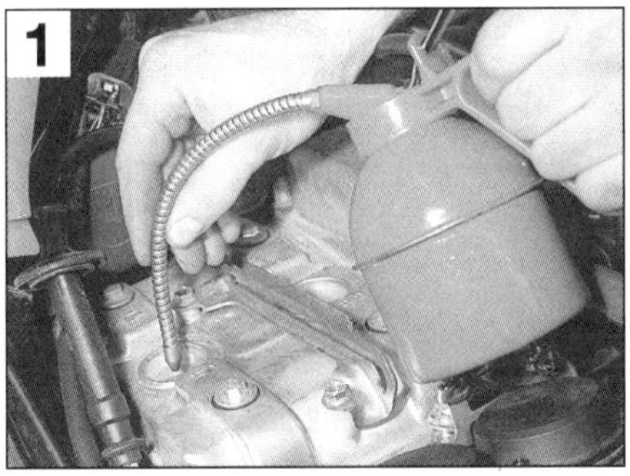

Etwas Motoröl in jedes Kerzenloch geben.

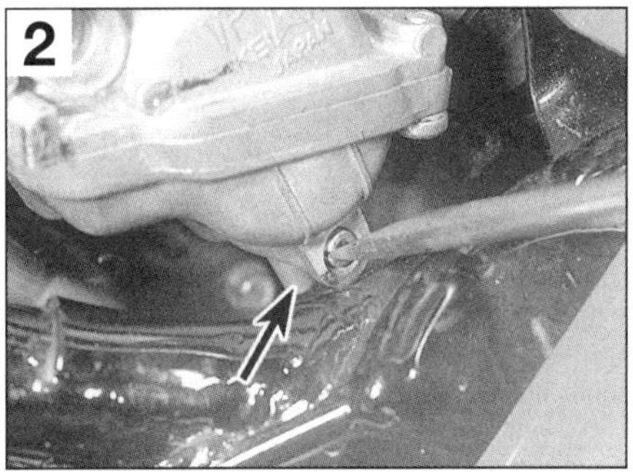

Die meisten Vergaser-Schwimmerkammern besitzen eine Schraube, mit der man das Benzin aus der Kammer ablassen kann.

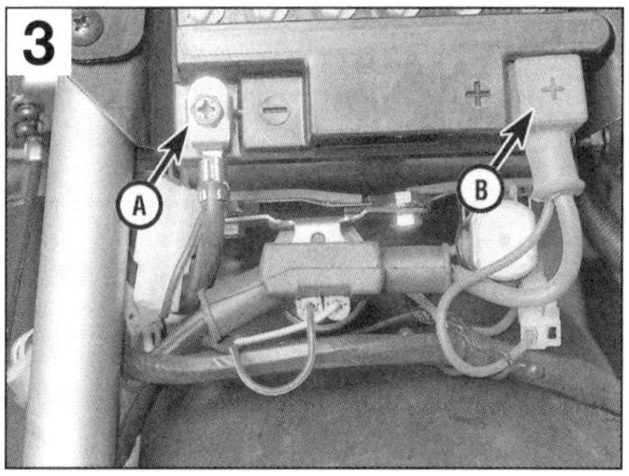

Batterie abklemmen, Minuspol (A) zuerst.

Inbetriebnahme

Haben Sie das Motorrad wie beschrieben gewissenhaft »eingemottet«, so ist der Start in die neue Saison kein Problem.

1. Bauen Sie die geladene Batterie wieder ein (Pluspol zuerst anschließen, Kupferpaste an den Polen nicht vergessen).
2. Wischen Sie überschüssiges Konservierungsöl und -wachs ab.
3. Kontrollieren Sie den Reifen-Luftdruck.
4. Entfernen Sie Plastiktüten bzw. Lappen von den Auspuffrohren.
5. Stellen Sie die Benzinhähne auf »ON« (bei normalen Hähnen) bzw. auf »PRI« (bei Unterdruck-Benzinhähnen), damit die Schwimmerkammern mit frischem Benzin gefüllt werden.
6. Ziehen Sie die Kupplung und befestigen Sie den Hebel mit einem Gummi am Handgriff. Nach längerer Standzeit können die Lamellen zusammenkleben (4).
7. Starten Sie den Motor und lassen ihn etwa eine Minute laufen. Stellen Sie dabei einen eventuellen Unterdruckbenzinhahn wieder auf »ON«.
8. Schalten Sie den Motor wieder aus und kontrollieren nach etwa einer Minute den Motorölstand. Bei Motoren mit Trockensumpf-Schmierung kann es nämlich sein, dass durch die lange Standzeit das Öl aus dem Öltank in den Motor gelaufen ist, sodass eine Kontrolle vor dem Laufenlassen ein falsches Ergebnis brächte. Lösen Sie den Kupplungshebel wieder.
9. Prüfen Sie die Funktion beider Bremsen. Vor allem müssen sie nach dem Bremsen die Räder wieder freigeben.

Das Motorrad ist jetzt bereit zur ersten Fahrt. Lassen Sie es langsam angehen, denn auch die Reflexe müssen erst wieder sitzen. Gute Fahrt!

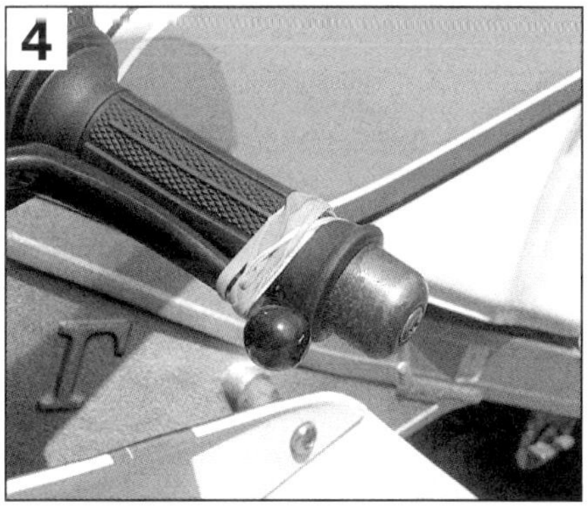

Der Kupplungshebel wird mit einem Gummi am Handgriff festgebunden.

A

Fehlersuche

Einleitung

Fahrzeugbesitzer, die alle Wartungsarbeiten entsprechend der Vorgaben erledigen, müssen in diese Sektion nicht allzu oft hineinschauen. Vorausgesetzt, dass Verschleiß und Alterung regelmäßig überprüft und entsprechende Teile erneuert werden, muss dank der Zuverlässigkeit moderner Komponenten heute kaum noch mit plötzlichen Ausfällen gerechnet werden; allerdings steigt die Wahrscheinlichkeit mit zunehmendem Alter und hoher Laufleistung immer mehr an. Störungen entstehen üblicherweise nicht als Ergebnis eines plötzlichen Ausfalls, sondern entwickeln sich mit der Zeit. Gerade größeren technischen Defekten gehen zumeist charakteristische Symptome über Hunderte oder gar Tausende von Kilometern voraus. Bauteile, die gelegentlich ohne Vorwarnung ausfallen, sind oft klein und können leicht repariert oder ausgetauscht werden.

Bei jeder Fehlersuche liegt der erste Schritt in der Entscheidung, wo mit der Untersuchung begonnen werden soll. Manchmal ist dies offensichtlich, doch hin und wieder ist auch etwas Detektivarbeit nötig. Besitzer, die ein halbes Dutzend planlose Einstellungen vornehmen oder willkürlich Teile tauschen, mögen beim Behandeln von Ausfällen (oder deren Symptomen) erfolgreich sein, sind aber nicht klüger, wenn der Defekt zurückkehrt; zudem haben sie am Ende mehr Geld und Zeit als nötig investiert. Eine ruhige und logische Herangehensweise ist langfristig gesehen deutlich zufriedenstellender. Stets müssen Warnsignale und Abnormalitäten aller Art berücksichtigt werden, die in der Zeit vor dem Ausfall bemerkt wurden: Leistungsmangel, hohe oder niedrige Anzeigewerte, ungewöhnliche Gerüche usw. Zudem muss bedacht werden, dass Ausfälle von Bauteilen wie Sicherungen oder Zündkerzen zumeist nur Hinweise auf tatsächliche Defekte sind.

Die folgenden Seiten stellen einen einfachen Leitfaden zu den üblichen Problemen dar, die im normalen Fahrbetrieb auftreten können. Diese Probleme und ihre möglichen Ursachen sind nach den verschiedenen Komponenten oder Systemen (Motor, Kühlung usw.) geordnet. Das Kapitel, in dem das Problem behandelt wird, ist in Klammern angegeben. Wo auch immer der Defekt liegt – es gelten stets gewisse Grundprinzipien:

Überprüfen Sie den Defekt. Hier geht es einfach darum, vor Arbeitsbeginn die Symptome mit Sicherheit zu erkennen. Dies ist besonders wichtig, falls man einen Fehler für jemand anderes finden muss, der das Problem vielleicht nicht exakt beschreiben konnte.

Übersehen Sie nicht das Wesentliche. Lässt sich das Fahrzeug beispielsweise nicht starten, sollte auch überprüft werden, ob Kraftstoff im Tank ist (Vertrauen Sie gerade hierbei nie den Worten anderer oder der Tankanzeige). Falls ein Elektrik-Ausfall festgestellt wird, muss zuerst auf getrennte Stecker oder lockere Kabel geachtet werden, bevor die Prüfausrüstung ausgepackt wird.

Heilen Sie das Leiden, nicht die Symptome. Eine entladene Batterie durch eine vollständig geladene zu ersetzen, kann zunächst die Heimreise sicherstellen, doch wenn die zugrunde liegende Ursache nicht behandelt wird, ist die neue Batterie bald wieder leer. Genauso macht der Austausch einer verölten Zündkerze durch ein Neuteil das Motorrad erst einmal wieder mobil, doch auch der Grund für diese Verschmutzung (solange es nicht ein falscher Wärmewert war) muss rasch gefunden und behoben werden.

Nehmen Sie nichts als gegeben hin. Vergessen Sie vor allem niemals, dass auch eine »neue« Komponente defekt sein kann (besonders, wenn sie schon monatelang im Tankrucksack durchgeschüttelt wurde). Schließen Sie auch keine Komponenten bei der Fehlerdiagnose aus, nur weil sie neu sind oder erst kürzlich installiert wurden. Wenn schließlich ein größerer Defekt diagnostiziert wurde, wird man möglicherweise feststellen, dass alle Beweise von Anfang an darauf hingewiesen haben.

Motor lässt sich nur schwierig oder gar nicht starten

- ☐ Anlasser dreht nicht
- ☐ Anlasser dreht, aber Motor dreht nicht mit
- ☐ Anlasser will drehen, aber Motor blockiert
- ☐ Benzinzufuhr unterbrochen
- ☐ Motor »abgesoffen«
- ☐ Zündfunke schwach oder nicht vorhanden
- ☐ Kompression niedrig
- ☐ Motor springt kurz an und geht wieder aus/Standgas ungleichmäßig

Motor läuft schlecht bei niedrigen Drehzahlen

- ☐ Zündfunke schwach
- ☐ Kraftstoff/Luft-Gemisch inkorrekt
- ☐ Kompression niedrig
- ☐ Beschleunigung schwach

Schlechter Motorlauf oder geringe Leistung bei hohen Drehzahlen

- ☐ Zündzeitpunkt falsch
- ☐ Kraftstoff/Luft-Gemisch inkorrekt
- ☐ Kompression niedrig
- ☐ Klopfen oder Klingeln
- ☐ Verschiedene Gründe

Überhitzung

- ☐ Kühlprobleme
- ☐ Zündzeitpunkt inkorrekt
- ☐ Kraftstoff/Luft-Gemisch inkorrekt
- ☐ Kompression zu hoch
- ☐ Motorlast zu hoch
- ☐ Motorschmierung unzureichend
- ☐ Verschiedene Gründe

Kupplungsprobleme

- ☐ Kupplung rutscht durch
- ☐ Kupplung trennt nicht vollständig

Getriebeprobleme

- ☐ Gänge lassen sich nicht einlegen oder Schalthebel kehrt nicht zurück
- ☐ Gänge springen heraus
- ☐ Gänge werden übersprungen

Ungewöhnliche Motorgeräusche

- ☐ Klopfen oder Klingeln
- ☐ Kolbenkippen oder Klappern
- ☐ Ventiltrieb-Geräusche
- ☐ Andere Geräusche

Ungewöhnliche Antriebs-Geräusche

- ☐ Kupplungs-Geräusche
- ☐ Getriebe-Geräusche
- ☐ Endantrieb-Geräusche

Ungewöhnliche Fahrwerkgeräusche

- ☐ Geräusche von vorn
- ☐ Geräusche von hinten
- ☐ Geräusche beim Bremsen

Öldruck-Warnlampe leuchtet auf

- ☐ Unzureichende Schmierung
- ☐ Elektrik-Fehler

Auspuff-Rauch

- ☐ Weißer oder hellblauer Rauch
- ☐ Schwarzer Rauch (fettes Gemisch)
- ☐ Brauner Rauch (mageres Gemisch)

Schlechtes Fahrverhalten, Instabilität

- ☐ Lenkung schwergängig
- ☐ Lenkerflattern oder starke Vibrationen
- ☐ Motorrad zieht zu einer Seite
- ☐ Federelemente schlecht dämpfend

Bremsenprobleme

- ☐ Bremswirkung gering
- ☐ Bremshebel oder Bremspedal pulsiert
- ☐ Bremse schleift
- ☐ ABS-Probleme

Elektrikprobleme

- ☐ Batterie tot oder schwach
- ☐ Batterie überladen (überhitzt)

Motor lässt sich nur schwierig oder gar nicht starten

Anlasser dreht nicht

- ☐ Killschalter steht auf OFF
- ☐ Sicherung durchgebrannt – (Kapitel 8, Sektion 5).
- ☐ Batteriespannung niedrig – Batterie kontrollieren und laden oder ersetzen (Kapitel 8, Sektion 4).
- ☐ Batterie-Anschlüsse locker oder korrodiert – reinigen und/oder anziehen (Kapitel 8, Sektion 3).
- ☐ Anlasser defekt – Stromversorgung zum Anlasser prüfen; Kabel müssen frei von Korrosion und sicher verbunden sein; Anlasserrelais muss beim Drücken des Startknopfs klicken – dreht dabei der Anlasser nicht, ist er oder das Hauptkabel zur Batterie defekt; nötigenfalls reparieren oder ersetzen (Kapitel 8, Sektion 24 und 25).
- ☐ Anlasserrelais defekt – Stromversorgung zum Relais prüfen; Kabel müssen frei von Korrosion und sicher verbunden sein; Relais prüfen – interne Korrosion oder Funkenbildung kann dafür sorgen, dass auch bei einem beim Drücken des Startknopfs klickenden Relais nicht genügend Strom zum Anlasser geleitet wird (Kapitel 8, Sektion 24).
- ☐ Startknopf defekt; Kontakte können feucht, korrodiert oder verschmutzt sein – zerlegen und reinigen (Kapitel 8, Sektion 18).
- ☐ Stromkreis unterbrochen oder Kurzschluss – alle Anschlüsse und Kabel prüfen, um sicherzugehen, dass sie trocken, fest verbunden und nicht korrodiert sind; auch gebrochene oder abisolierte Kabel können Kurzschlüsse verursachen (Kapitel 8, Sektion 2).
- ☐ Zündschloss oder Killschalter defekt – kontrollieren und reinigen, nötigenfalls austauschen (Kapitel 8, Sektion 17 oder 18).
- ☐ Getriebeschalter, Leerlaufschalter Seitenständerschalter oder Kupplungsschalter defekt – Verkabelung und Schalter selbst kontrollieren (Kapitel 8, Sektion 20, 21 und 22).
- ☐ Einspritzanlagen-Abschaltung durch Systemfehler (Kapitel 4, Sektion 6).

Anlasser dreht, aber Motor dreht nicht mit

- ☐ Anlasserfreilauf defekt – kontrollieren und reparieren oder ersetzen (Kapitel 2, Sektion 13).
- ☐ Untersetzungsrad- oder Freilaufrad-Verzahnung beschädigt – kontrollieren und schadhafte Teile ersetzen (Kapitel 2, Sektion 13).

Anlasser will drehen, aber Motor blockiert

- ☐ Motor aufgrund von starkem Verschleiß, internen Schäden oder Schmiermangel festgegangen – Ursachen: Kolbenfresser, Lagerschaden, gerissene oder übergesprungene Steuerkette, Getriebeschaden (Kapitel 2).

Benzinzufuhr unterbrochen

- ☐ Tank leer
- ☐ Tankbelüftungs-Schlauch oder Verdunstungsregelung verstopft – reinigen und ausblasen oder ersetzen (Kapitel 4, Sektion 2).
- ☐ Benzinpumpe defekt oder verstopft (Kapitel 4, Sektion 10).
- ☐ Motorsteuergerät defekt (Kapitel 4).
- ☐ Benzinschlauch geknickt – Zustand und Verlegung des Schlauchs kontrollieren und ggf. ersetzen (Kapitel 4).
- ☐ Benzinpumpen-Stromkreis unterbrochen – alle Komponenten des Stromkreises kontrollieren (Kapitel 4).
- ☐ Einspritzdüse verstopft – falls alle Düsen verstopft sind, kann sehr schlechter Kraftstoff mit ungewöhnlichen Additiven die Ursache sein oder es sind andere Fremdstoffe in den Tank gelangt. Falls das Motorrad mehrere Monate nicht gefahren wurde, können Ablagerungen dazu führen, dass Einspritzdüsen-Nadeln in ihren Sitzen kleben. Entleeren Sie den Tank und das Kraftstoffsystem und unterziehen Sie die Einspritzdüsen einer Ultraschall-Reinigung oder ersetzen Sie sie (Kapitel 4, Sektion 5).

Motor »abgesoffen«

- ☐ Einspritzdüsen-Nadelventil verschlissen oder klemmt offen. Schmutz oder andere Partikel haben dafür gesorgt, dass die Düsennadel nicht richtig sitzt; Systemdruck zu hoch – zuerst Einspritzdüse dann Kraftstoffdruck kontrollieren (Kapitel 4, Sektion 5).
- ☐ Falsche Start-Technik – Motor sollte sich bei jeder Temperatur stets ohne Gasgeben starten lassen.

Zündfunke schwach oder nicht vorhanden

- ☐ Zündschloss oder Killschalter stehen auf OFF
- ☐ Zündschloss oder Killschalter durch Feuchtigkeit, Korrosion, Beschädigungen oder übermäßigen Verschleiß kurzgeschlossen – Schalter ggf. öffnen und mit Kontaktspray reinigen oder nötigenfalls ersetzen (Kapitel 8, Sektion 18).
- ☐ Batteriespannung niedrig – kontrollieren und ggf. laden oder ersetzen (Kapitel 8, Sektion 4).
- ☐ Zündkerze verschmutzt, defekt oder verschlissen – reinigen oder ersetzen (Kapitel 1).
- ☐ Zündspule oder Zündkabel defekt – kontrollieren (Kapitel 1).
- ☐ Zündspule hat schlechten Kontakt – festen Sitz auf Zündkerze prüfen (Kapitel 4, Sektion 18).
- ☐ Zündkerzen mit falschen Wärmewerten oder vom falschen Typ – kontrollieren und ggf. austauschen (Kapitel 1, Sektion 25).
- ☐ Zündspule defekt – kontrollieren (Kapitel 4, Sektion 18).
- ☐ Kurbelwellensensor defekt (Kapitel 4, Sektion 7).
- ☐ Motorsteuergerät defekt – kontrollieren lassen (Kapitel 4, Sektion 6 und 8).
- ☐ Alle Anschlüsse und Kabel prüfen, um sicherzugehen, dass sie trocken, fest verbunden und nicht korrodiert sind; auch gebrochene oder abisolierte Kabel können Kurzschlüsse verursachen (Kapitel 4 und 8).

Kompression niedrig

- ☐ Zündkerze locker – ausbauen und Gewinde kontrollieren; korrekt installieren und anziehen (Kapitel 1, Sektion 25).
- ☐ Zylinderkopf nicht fest genug angezogen. Hierbei wird auf Dauer die Zylinderkopfdichtung beschädigt – kontrollieren und ggf. ersetzen, Zylinderkopf-Schrauben mit korrekten Drehmomenten anziehen (Kapitel 2, Sektion 9).

☐ Ventilspiel inkorrekt (zu geringes Spiel kann das vollständige Schließen des Ventils verhindern) – Einstellen (Kapitel 1, Sektion 24).
☐ Zylinder und/oder Kolben (einschließlich Kolbenringen) verschlissen. Hoher Verschleiß lässt Kompressionsdruck an den Kolbenringen vorbeiströmen – Motor überholen (Kapitel 2, Sektion 11).
☐ Kolbenringe verschlissen, ermüdet, gebrochen oder verklemmt – gebrochene oder klemmende Ringe sind üblicherweise durch hohen Benzin- und Ölverbrauch sowie Ölkohleablagerungen im Brennraum und starke Rauchentwicklung erkennbar. Zylinder und Kolben samt Ringen kontrollieren (Kapitel 2, Sektion 12).
☐ Kolbenringe haben zu viel Spiel in ihren Nuten – Kolben sind ausgeschlagen und müssen ersetzt werden (Kapitel 2, Sektion 12).
☐ Zylinderkopfdichtung beschädigt – durch locker sitzendem Zylinderkopf oder starken Ölkohleablagerungen im Brennraum (höhere Verdichtung und Klopfen/Klingeln). Zylinderkopf-Schrauben mit korrekten Drehmomenten anziehen kann helfen, ansonsten Dichtung ersetzen (Kapitel 2, Sektion 9).
☐ Zylinderkopf durch Überhitzung oder falsch angezogene Zylinderkopf-Schrauben verzogen – Dichtfläche planen lassen oder Zylinderkopf ersetzen (Kapitel 2, Sektion 9).
☐ Ventilfeder ermüdet oder gebrochen – ersetzen (Kapitel 2, Sektion 10).
☐ Ventil sitzt nicht richtig. Ventil kann verbogen (Motor überdreht oder Ventilspiel falsch), verbrannt (schlechte Verbrennung) oder mit Ölkohleablagerungen versetzt sein (schlechte Verbrennung oder Ölverbrennung) – reinigen oder ersetzen und Ventilsitze läppen oder schleifen (Kapitel 2, Sektion 10).

Motor springt kurz an und geht wieder aus/Standgas ungleichmäßig

☐ Standgasdrehzahl falsch – Standgasregelung defekt (Kapitel 1, Sektion 9)
☐ Zündungsprobleme (Kapitel 4, Sektion 6 und 17)
☐ Einspritzanlagen-Probleme (Kapitel 4, Sektion 6)
☐ Benzin verunreinigt (Ablagerungen oder Wasser, chemische Veränderung durch langes Lagern im Tank) – Tank und Kraftstoffsystem entleeren (Kapitel 4, Sektion 2).
☐ Motor zieht Nebenluft – auf lockere Verbindungen im Einlasstrakt, lockeren oder beschädigten Sekundärluft-Schlauch oder Drosselklappensynchronisations-Schlauchstopfen kontrollieren (Kapitel 4, Sektion 4).
☐ Luftfilter verstopft – reinigen oder erneuern (Kapitel 1, Sektion 16).

Motor läuft schlecht bei niedrigen Drehzahlen

Zündfunke schwach

☐ Batteriespannung niedrig – kontrollieren und ggf. laden oder ersetzen (Kapitel 8, Sektion 4).
☐ Zündkerze verschmutzt, defekt oder verschlissen – reinigen oder ersetzen (Kapitel 1, Sektion 25).
☐ Zündspule oder Zündkabel defekt – kontrollieren (Kapitel 1).
☐ Zündspule/Kerzenstecker hat schlechten Kontakt – festen Sitz auf Zündkerze prüfen
☐ Zündkerzen mit falschen Wärmewerten oder vom falschen Typ – kontrollieren und ggf. austauschen (Kapitel 1, Sektion 25).
☐ Zündspulenstecker locker oder korrodiert – kontrollieren und reinigen (Kapitel 4).
☐ Zündspule defekt – kontrollieren (Kapitel 4, Sektion 18).
☐ Motorsteuergerät defekt – kontrollieren lassen (Kapitel 4, Sektion 6 und 8).

Kraftstoff/Luft-Gemisch inkorrekt

☐ Tankbelüftungsschlauch oder Verdunstungsregelung verstopft – reinigen und ausblasen oder ersetzen
☐ Benzinpumpe oder Druckregler defekt oder interner Pumpenfilter verstopft (Kapitel 4, Sektion 18).
☐ Benzinschlauch geknickt – Zustand und Verlegung des Schlauchs kontrollieren und ggf. ersetzen (Kapitel 4, Sektion 2).
☐ Einspritzdüse verstopft – falls alle Düsen verstopft sind, kann sehr schlechter Kraftstoff mit ungewöhnlichen Additiven die Ursache sein oder es sind andere Fremdstoffe in den Tank gelangt. Falls das Motorrad mehrere Monate nicht gefahren wurde, können Ablagerungen dazu führen, dass Einspritzdüsen-Nadeln in ihren Sitzen kleben. Entleeren Sie den Tank und das Kraftstoffsystem und unterziehen Sie die Einspritzdüsen einer Ultraschall-Reinigung oder ersetzen Sie sie (Kapitel 4, Sektion 5).
☐ Motor zieht Nebenluft – auf lockere Verbindungen zwischen Drosselklappengehäuse und Einlassstutzen oder beschädigte Dichtung kontrollieren (Kapitel 4, Sektion 4).
☐ Luftfilterelement verstopft, schlecht abgedichtet oder nicht vorhanden (Kapitel 1, Sektion 16)

Kompression niedrig

Anmerkung: *Prüfen Sie dies mit einer Kompressionskontrolle (siehe Kapitel 2, Sektion 3).*

☐ Zündkerze locker – ausbauen und Gewinde kontrollieren; korrekt installieren anziehen (Kapitel 1, Sektion 25).
☐ Zylinderkopf nicht fest genug angezogen. Hierbei wird auf Dauer die Zylinderkopfdichtung beschädigt – kontrollieren und ggf. ersetzen, Zylinderkopf-Schrauben mit korrekten Drehmomenten anziehen (Kapitel 2, Sektion 9).
☐ Ventilspiel inkorrekt (zu geringes Spiel kann das vollständige Schließen des Ventils verhindern) – Einstellen (Kapitel 1, Sektion 24).
☐ Zylinder und/oder Kolben (einschließlich Kolbenringen) verschlissen. Hoher Verschleiß lässt Kompressionsdruck an den Kolbenringen vorbeiströmen – Motor überholen (Kapitel 2, Sektion 11).
☐ Kolbenringe verschlissen, ermüdet, gebrochen oder verklemmt – gebrochene oder klemmende Ringe sind üblicherweise durch hohen Benzin- und Ölverbrauch sowie Ölkohleablagerungen im Brennraum und starke Rauchentwicklung erkennbar. Zylinder und Kolben samt Ringen kontrollieren (Kapitel 2, Sektion 12).
☐ Kolbenringe haben zu viel Spiel in ihren Nuten – Kolben sind ausgeschlagen und müssen ersetzt werden (Kapitel 2, Sektion 12).
☐ Zylinderkopfdichtung beschädigt – durch locker sitzendem Zylinderkopf oder starken Ölkohleablagerungen im Brennraum (höhere Verdichtung und Klopfen/Klingeln). Zylinderkopf-Schrauben mit korrekten Drehmomenten anziehen kann helfen, ansonsten Dichtung ersetzen (Kapitel 2, Sektion 9).
☐ Ventilfeder ermüdet oder gebrochen – ersetzen (Kapitel 2, Sektion 24).
☐ Ventil sitzt nicht richtig. Ventil kann verbogen (Motor überdreht oder Ventilspiel falsch), verbrannt (schlechte Verbrennung) oder mit Ölkohleablagerungen versetzt sein (schlechte Verbrennung oder Ölverbrennung) – reinigen oder ersetzen (Kapitel 2, Sektion 24).

Beschleunigung schwach

☐ Zündverstellung arbeitet nicht – Kurbelwellensensor oder Motorsteuergerät defekt (Kapitel 4, Sektion 7 und 8).
☐ Motoröl zu »zäh« (hohe Viskosität) – höhere Viskositätswerte als 10/W50 können die Ölpumpe schädigen und die Motorreibung erhöhen. Öl ablassen und korrektes Öl auffüllen (Kapitel 1, Sektion 12).
☐ Bremse schleift – klemmender Bremssattel-Kolben durch Korrosion, verzogene Bremsscheibe, verbogene Radachse (Kapitel 6).

Schlechter Motorlauf oder geringe Leistung bei hohen Drehzahlen

Zündzeitpunkt inkorrekt

- ☐ Zündspule/Kerzenstecker hat schlechten Kontakt – festen Sitz auf Zündkerze und gut gesicherte Kabel prüfen (Kapitel 4, Sektion 18).
- ☐ Zündkerze verschmutzt, defekt oder verschlissen – reinigen oder ersetzen (Kapitel 1, Sektion 25)
- ☐ Zündkerze mit falschem Wärmewert – kontrollieren und ggf. ersetzen (Kapitel 1, Sektion 25)
- ☐ Zündspule oder Zündkabel defekt – kontrollieren (Kapitel 4, Sektion 18)
- ☐ Motorsteuergerät defekt – testen lassen und nötigenfalls ersetzen (Kapitel 4)

Kraftstoff/Luft-Gemisch inkorrekt

- ☐ Tankbelüftungsschlauch oder Verdunstungsregelung verstopft – reinigen und ausblasen oder ersetzen (Kapitel 4, Sektion 2).
- ☐ Benzinpumpe defekt oder verstopft (Kapitel 4, Sektion 10).
- ☐ Benzinschlauch geknickt – Zustand und Verlegung des Schlauchs kontrollieren und ggf. ersetzen (Kapitel 4, Sektion 2).
- ☐ Einspritzdüse verstopft – falls alle Düsen verstopft sind, kann sehr schlechter Kraftstoff mit ungewöhnlichen Additiven die Ursache sein oder es sind andere Fremdstoffe in den Tank gelangt. Falls das Motorrad mehrere Monate nicht gefahren wurde, können Ablagerungen dazu führen, dass Einspritzdüsen-Nadeln in ihren Sitzen kleben. Entleeren Sie den Tank und das Kraftstoffsystem und unterziehen Sie die Einspritzdüsen einer Ultraschall-Reinigung oder ersetzen Sie sie (Kapitel 4, Sektion 5).
- ☐ Motor zieht Nebenluft – auf lockere Verbindungen zwischen Drosselklappengehäuse und Einlassstutzen oder beschädigte Dichtung kontrollieren (Kapitel 4, Sektion 4).
- ☐ Luftfilterelement verstopft, schlecht abgedichtet oder nicht vorhanden (Kapitel 1, Sektion 16)

Kompression niedrig

Anmerkung: *Prüfen Sie dies mit einer Kompressionskontrolle (siehe Kapitel 2, Sektion 3).*

- ☐ Zündkerze locker – ausbauen und Gewinde kontrollieren; korrekt installieren und korrekt anziehen (Kapitel 1, Sektion 25).
- ☐ Zylinderkopf nicht fest genug angezogen. Hierbei wird auf Dauer die Zylinderkopfdichtung beschädigt – kontrollieren und ggf. ersetzen, Zylinderkopf-Schrauben mit korrekten Drehmomenten anziehen (Kapitel 2, Sektion 9).
- ☐ Ventilspiel inkorrekt (zu geringes Spiel kann das vollständige Schließen des Ventils verhindern) – Einstellen (Kapitel 1, Sektion 24).
- ☐ Zylinder und/oder Kolben (einschließlich Kolbenringen) verschlissen. Hoher Verschleiß lässt Kompressionsdruck an den Kolbenringen vorbeiströmen – Motor überholen (Kapitel 2, Sektion 11).
- ☐ Kolbenringe verschlissen, ermüdet, gebrochen oder verklemmt – gebrochene oder klemmende Ringe sind üblicherweise durch hohen Benzin- und Ölverbrauch sowie Ölkohleablagerungen im Brennraum und starke Rauchentwicklung erkennbar. Zylinder und Kolben samt Ringen kontrollieren (Kapitel 2, Sektion 12).
- ☐ Kolbenringe haben zu viel Spiel in ihren Nuten – Kolben sind ausgeschlagen und müssen ersetzt werden (Kapitel 2, Sektion 12).
- ☐ Zylinderkopfdichtung beschädigt – durch locker sitzendem Zylinderkopf oder starken Ölkohleablagerungen im Brennraum (höhere Verdichtung und Klopfen/Klingeln). Zylinderkopf-Schrauben mit korrekten Drehmomenten anziehen kann helfen, ansonsten Dichtung ersetzen (Kapitel 2, Sektion 9).
- ☐ Zylinderkopf durch Überhitzung oder falsch angezogene Zylinderkopf-Schrauben verzogen – Dichtfläche planen lassen oder Zylinderkopf ersetzen (Kapitel 2, Sektion 9).
- ☐ Ventilfeder ermüdet oder gebrochen – ersetzen (Kapitel 2, Sektion 10).
- ☐ Ventil sitzt nicht richtig. Ventil kann verbogen (Motor überdreht oder Ventilspiel falsch), verbrannt (schlechte Verbrennung) oder mit Ölkohleablagerungen versetzt sein (schlechte Verbrennung oder Ölverbrennung) – reinigen oder ersetzen und Ventilsitze läppen oder schleifen (Kapitel 2, Sektion 10).

Klopfen oder Klingeln

- ☐ Ölkohleablagerungen im Brennraum – eventuell mit Kraftstoff-Additiv zu beseitigen, ansonsten Zylinderkopf für mechanische Reinigung demontieren (Kapitel 2, Sektion 9).
- ☐ Kraftstoff von schlechter Qualität (Kapitel 4, Sektion 2) oder überlagert – Tank entleeren.
- ☐ Zündkerze mit falschem Wärmewert (Zündkerze wird zu heiß und führt zu Frühzündungen) – kontrollieren und ggf. ersetzen (Kapitel 1, Sektion 25)
- ☐ Kraftstoff/Luft-Gemisch falsch (Motor wird zu heiß) – Einspritzanlage kontrollieren lassen, Nebenluft-Quellen schließen.

Verschiedene Gründe

- ☐ Drosselklappe öffnet nicht vollständig – auf Fehlercode zum Drosselklappensystem prüfen (Kapitel 4, Sektion 6).
- ☐ Kupplung schleift aufgrund lockerer oder verschlissener Komponenten (Kapitel 2, Sektion 15).
- ☐ Zündverstellung arbeitet nicht – Kurbelwellensensor oder Motorsteuergerät defekt (Kapitel 4, Sektion 7 und 8)
- ☐ Motoröl zu »zäh« (hohe Viskosität) – höhere Viskositätswerte als 10/W30 können die Ölpumpe schädigen und die Motorreibung erhöhen. Öl ablassen und korrektes Öl auffüllen (Kapitel 1, Sektion 12).
- ☐ Bremse schleift – klemmender Bremssattel-Kolben durch Korrosion, verzogene Bremsscheibe, verbogene Radachse (Kapitel 6).

Überhitzung

Kühlprobleme

- ☐ Kühlmittelpegel niedrig – kontrollieren und ggf. Kühlmittel auffüllen (Kapitel 1, Sektion 13)
- ☐ Thermostat klemmt geschlossen – kontrollieren und ggf. ersetzen (Kapitel 3, Sektion 4)
- ☐ Leck im Kühlsystem – Schläuche und Kühler auf Undichtigkeiten überprüfen und ggf. reparieren oder ersetzen (Kapitel 1, Sektion 14).
- ☐ Kühlerdeckel (Druckventil) defekt – ersetzen und Druckprüfung durchführen lassen (Kapitel 1, Sektion 14).
- ☐ Kühlmittelkanäle verstopft – Kühlsystem entleeren, spülen und auffüllen (Kapitel 1, Sektion 15)
- ☐ Luftblasen im Kühlsystem – üblicherweise nach dem Entleeren und Auffüllen. Falls weniger als die vorgegebene Kühlmittel-Menge aufgefüllt werden konnte: System entleeren und langsam neu auffüllen; Fahrzeug zu beiden Seiten kippen, um Luftblasen aufsteigen zu lassen (Kapitel 1, Sektion 15).
- ☐ Wasserpumpe defekt – kontrollieren (Kapitel 3, Sektion 6).
- ☐ Kühlerlamellen verstopft – von der Rückseite her vorsichtig mit Druckluft ausblasen (Kapitel 1, Sektion 14).
- ☐ Ventilator oder Kühltemperatursensor defekt (Kapitel 3, Sektion 2 oder 3).

Zündzeitpunkt inkorrekt

- ☐ Zündspulen-Verkabelung falsch angeschlossen (Kapitel 4, Sektion 18)
- ☐ Zündkerze verschmutzt, defekt oder verschlissen – reinigen oder ersetzen (Kapitel 1, Sektion 25)

☐ Zündkerze mit falschem Wärmewert – kontrollieren und ggf. ersetzen (Kapitel 1, Sektion 25)
☐ Zündspule oder Zündkabel defekt – kontrollieren (Kapitel 4, Sektion 18)
☐ Zündspule hat schlechten Kontakt – festen Sitz auf Zündkerze prüfen.
☐ Motorsteuergerät defekt – testen und nötigenfalls ersetzen (Kapitel 4, Sektion 8)

Kraftstoff/Luft-Gemisch inkorrekt

☐ Tankbelüftungsschlauch oder Verdunstungsregelung verstopft – reinigen und ausblasen oder ersetzen (Kapitel 4, Sektion 2).
☐ Benzinpumpe defekt oder verstopft (Kapitel 4, Sektion 2).
☐ Benzinschlauch geknickt – Zustand und Verlegung des Schlauchs kontrollieren und ggf. ersetzen (Kapitel 4, Sektion 2).
☐ Einspritzdüse verstopft – falls alle Düsen verstopft sind, kann sehr schlechter Kraftstoff mit ungewöhnlichen Additiven die Ursache sein oder es sind andere Fremdstoffe in den Tank gelangt. Falls das Motorrad mehrere Monate nicht gefahren wurde, können Ablagerungen dazu führen, dass Einspritzdüsen-Nadeln in ihren Sitzen kleben. Entleeren Sie den Tank und das Kraftstoffsystem und unterziehen Sie die Einspritzdüsen einer Ultraschall-Reinigung oder ersetzen Sie sie (Kapitel 4, Sektion 5).
☐ Motor zieht Nebenluft – auf lockere Verbindungen zwischen Drosselklappengehäuse und Einlassstutzen oder beschädigte Dichtung kontrollieren (Kapitel 4, Sektion 4).
☐ Luftfilterelement verstopft, schlecht abgedichtet oder nicht vorhanden (Kapitel 1, Sektion 16)

Kompression zu hoch

Anmerkung: *Prüfen Sie dies mit einer Kompressionskontrolle (siehe Kapitel 2, Sektion 3).*

☐ Ölkohleablagerungen im Brennraum – eventuell mit Kraftstoff-Additiv zu beseitigen, ansonsten Zylinderkopf für mechanische Reinigung demontieren (Kapitel 2, Sektion 9).
☐ Zylinderkopf nach Verzug falsch geplant oder falsche Zylinderkopfdichtung installiert (Kapitel 2, Sektion 9).

Motorlast zu hoch

☐ Kupplung schleift aufgrund lockerer oder verschlissener Komponenten (Kapitel 2, Sektion 15).
☐ Motorölpegel zu hoch – sorgt für zu hohen Druck im Motorgehäuse und ineffektive Motorleistung. Auf korrekten Pegel ablassen (Kapitel 1, Sektion 11).
☐ Motoröl zu »zäh« (hohe Viskosität) – höhere Viskositätswerte als 10/W50 können die Ölpumpe schädigen und die Motorreibung erhöhen.
☐ Reifendruck zu niedrig – kontrollieren (Kapitel 1, Sektion 21)
☐ Bremse schleift – klemmender Bremssattel-Kolben durch Korrosion, verzogene Bremsscheibe, verbogene Radachse (Kapitel 6).

Motorschmierung unzureichend

☐ Motoröl-Pegel zu niedrig (Ölpumpe zieht gelegentlich Luft) – kontrollieren und ggf. Motoröl nachfüllen (Kapitel 1, Sektion 11).
☐ Motoröl zu alt – Öl ablassen und frisches Öl auffüllen (Kapitel 1, Sektion 12).
☐ Motoröl mit falscher Viskosität oder vom falschen Typ – Öl ablassen und korrektes Öl auffüllen (Kapitel 1, Sektion 12).
☐ Öldruck zu schwach – kontrollieren (Kapitel 2, Sektion 3).
☐ Ölfilter verstopft – erneuern (Kapitel 2, Sektion 12)

Verschiedene Gründe

☐ Modifikationen an Auspuffanlage. Viele Zubehör-Schalldämpfer haben mehr Durchlass, sodass das Gemisch abmagert und der Motor heißer wird. Bei der Montage von Zubehör-Auspuffanlagen stets nachfragen, ob das Kraftstoffsystem angepasst werden muss.

Kupplungsprobleme

Kupplung rutscht

☐ Kupplungsbeläge verschlissen oder Scheiben verzogen – Kupplung überholen (Kapitel 2, Sektion 15).
☐ Kupplungsfedern ermüdet oder gebrochen (Überhitzung durch Kupplungsrutschen) – Federn erneuern (Kapitel 2, Sektion 15).
☐ Kupplungs-Ausrückmechanismus defekt – defekte Teile ersetzen (Kapitel 2, Sektion 16)
☐ Kupplungsnabe oder Kupplungskorb ungleichmäßig verschlissen, sodass Scheiben keinen guten Kontakt haben – beschädigte oder verschlissene Komponenten ersetzen (Kapitel 2, Sektion 15)
☐ Motoröl vom falschen Typ oder mit falschen Additiven (z. B. »Leichtlauföl«) – ablassen und durch spezielles Motoröl für Motorradmotoren ersetzen (nötigenfalls wiederholen) (Kapitel 1, Sektion 12)

Kupplung trennt nicht vollständig

☐ Kupplungs-Ausrückmechanismus defekt – Teile erneuern (Kapitel 2, Sektion 16).
☐ Kupplungsbeläge verzogen oder beschädigt, dadurch kein Kraftschluss und mangelhafte Beschleunigung – Kupplung überholen (Kapitel 2, Sektion 15).
☐ Kupplungsfedern ermüdet oder gebrochen – Federn erneuern (Kapitel 2, Sektion 15).
☐ Motoröl gealtert. Altes und verdünntes Öl sorgt für schlechte Kupplungsscheiben-Schmierung, dadurch kein Kraftschluss – Öl und Filter wechseln (Kapitel 1, Sektion 12).
☐ Motoröl zu »zäh« (hohe Viskosität) – höhere Viskositätswerte als 10/W30 können die Kupplungsscheiben verkleben lassen – Öl und Filter wechseln (Kapitel 1, Sektion 12).
☐ Kupplungskorb-Lager auf Getriebewelle gefressen durch Schmiermangel, extremer Verschleiß oder Beschädigungen – Kupplung überholen und ggf. Getriebewelle ersetzen (Kapitel 2, Sektion 15).
☐ Kupplungsmutter locker, sorgt für nicht korrekt ausgerichteten Kupplungskorb zu Kupplungsnabe, dadurch schlechter Kraftschluss, keine kontinuierliche Einstellung möglich – Kupplung überholen (Kapitel 2, Sektion 15).

Getriebeprobleme

Gänge lassen sich nicht einlegen oder Schalthebel kehrt nicht zurück

☐ Kupplung trennt nicht korrekt (siehe oben).
☐ Arretierhebel-Feder im Schaltmechanismus ermüdet oder gebrochen, Rolle an Hebel gebrochen oder verschlissen – Feder oder Hebel erneuern (Kapitel 2, Sektion 17).
☐ Schaltgabel(n) verbogen, verschlissen oder festgegangen – Getriebe überholen (Kapitel 2, Sektion 28)
☐ Zahnrad/Zahnräder klemmen auf Getriebewelle, oft durch Schmiermangel oder stark verschlissene Getriebelager oder -Buchsen – Getriebe überholen (Kapitel 2, Sektion 29)
☐ Schaltwalze klemmt, oft durch Schmiermangel oder starken Verschleiß – Walze und/oder Lager ersetzen (Kapitel 2, Sektion 28).
☐ Schalthebel-Rückholfeder ermüdet oder gebrochen – ersetzen (Kapitel 2, Sektion 17).
☐ Schaltgestänge gebrochen, Verzahnung auf Welle oder an Schalthebel durch lockere Klemmschraube oder Sturz verschlissen – schadhafte Teile ersetzen (Kapitel 2, Sektion 17)

Gänge springen heraus

☐ Schaltgabel(n) verschlissen (Kapitel 2, Sektion 28).
☐ Schaltgabelnut(en) in Schaltwalze verschlissen (Kapitel 2, Sektion 28).

□ Mitnehmer oder Nuten an/in Zahnrädern verschlissen oder beschädigt – kontrollieren und ersetzen (Kapitel 2, Sektion 29).

Gänge werden übersprungen

□ Arretierhebel-Feder im Schaltmechanismus ermüdet oder gebrochen, Rolle an Hebel gebrochen oder verschlissen – Feder oder Hebel erneuern (Kapitel 2, Sektion 17).
□ Schalthebel-Rückholfeder ermüdet oder gebrochen – ersetzen (Kapitel 2, Sektion 17).

Ungewöhnliche Motorgeräusche

Klopfen oder Klingeln

□ Ölkohleablagerungen im Brennraum – eventuell mit Kraftstoff-Additiv zu beseitigen, ansonsten Zylinderkopf für mechanische Reinigung demontieren (Kapitel 2, Sektion 9).
□ Kraftstoff von schlechter Qualität (Kapitel 4, Sektion 2) oder überlagert – Tank entleeren.
□ Zündkerze mit falschem Wärmewert (Zündkerze wird zu heiß und führt zu Frühzündungen) – kontrollieren und ggf. ersetzen (Kapitel 1, Sektion 25)
□ Kraftstoff/Luft-Gemisch falsch (Motor wird zu heiß) – Einspritzanlage kontrollieren lassen, Nebenluft-Quellen schließen (Kapitel 4).

Kolbenkippen oder Klappern

□ Kolben-Spiel im Zylinder zu groß durch übermäßigen Verschleiß an Kolben, Kolbenringen und Zylinder – kontrollieren und überholen/ersetzen (Kapitel 2, Sektion 11 und 12).
□ Kolbenring(e) verschlissen, gebrochen oder verklemmt – Motor überholen (Kapitel 2, Sektion 12).
□ Kolbenbolzen oder dessen Bohrung(en) verschlissen oder festgegangen (sehr hohe Laufleistung oder Schmiermangel) – beschädigte Teile ersetzen (Kapitel 2, Sektion 12).
□ Kolbenfresser (durch Überhitzung oder Schmiermangel) – Ursache herausfinden, Zylinder, Kolben und Ringe ersetzen (Kapitel 2, Sektion 11 und 12).
□ Pleuelfuß oder oberes Pleuelauge hat zu viel Spiel (sehr hohe Laufleistung oder Schmiermangel) – beschädigte Teile ersetzen (Kapitel 2, Sektion 27).
□ Pleuel verbogen (durch Überdrehen des Motors, Startversuche bei extrem abgesoffenem Motor oder Motorschaden) – Motor überholen (Kapitel 2, Sektion 27).

Ventiltrieb-Geräusche

□ Ventilspiel unkorrekt – kontrollieren und einstellen (Kapitel 1, Sektion 24).
□ Ventilfeder ermüdet oder gebrochen – ersetzen (Kapitel 2, Sektion 10).
□ Nockenwelle oder Nockenwellenlager im Zylinderkopf verschlissen oder beschädigt, üblicherweise durch Ölmangel bei hohen Drehzahlen, falsches oder zu altes Motoröl. Da keine Übermaß-Lagerschalen erhältlich sind müssen der Zylinderkopf und die Lagerdeckel erneuert werden (Kapitel 2, Sektion 8 und 9

Andere Geräusche

□ Zylinderkopfdichtung undicht – bei laufendem Motor rundherum auf austretende Gase kontrollieren. Dichtung ggf. ersetzen (Kapitel 2, Sektion 9).
□ Krümmerflansch an Zylinderkopf undicht, durch unkorrekte Montage, lockere Muttern oder beschädigte Dichtung – alle Auspuffbefestigungen gleichmäßig und sorgfältig nachziehen. Nötigenfalls Dichtungen erneuern (Kapitel 4, Sektion 12).

□ Kurbelwelle durch Überdrehen, andere Motorschäden oder Sturz auf eines der Kurbelwellen-Enden verzogen – Motor überholen (Kapitel 2, Sektion 26).
□ Motorhalterungen locker – alle Bolzen und Muttern korrekt anziehen (Kapitel 2, Sektion 4).
□ Kurbelwellenlager verschlissen – Motor überholen (Kapitel 2, Sektion 26).
□ Steuerkette verschlissen oder Steuerkettenspanner defekt, Spanner- oder Führungsschiene verschlissen (Kapitel 2, Sektion 7 und 19).

Ungewöhnliche Antriebsgeräusche

Kupplungs-Geräusche

□ Kupplungsscheiben haben übermäßiges Spiel im Kupplungskorb (Kapitel 2, Sektion 15)
□ Kupplungskorb-Verzahnung auf Getriebeeingangswellen-Verzahnung verschlissen (Kapitel 2, Sektion 15).
□ Kupplungs-Ausrücklager verschlissen (Kapitel 2, Sektion 15)

Getriebe-Geräusche

□ Lager verschlissen, möglicherweise auch Wellen verschlissen – Getriebe überholen (Kapitel 2, Sektion 29).
□ Zahnräder verschlissen oder Zähne ausgebrochen (Kapitel 2, Sektion 29).
□ Metallpartikel (aus verschlissener oder beschädigter Kupplung oder schadhaftem Schaltmechanismus) sammeln sich zwischen den Zähnen der Zahnräder und führen so zu frühem Lager-Verschleiß (Kapitel 2, Sektion 29).
□ Ölpegel zu niedrig, sodass im Getriebe heulende Geräusche entstehen (Kapitel 1, Sektion 11).

Endantrieb-Geräusche

□ Antriebskette sehr locker oder stark verschlissen, Kettenräder ungleichmäßig verschlissen – Kettendurchhang einstellen (Kapitel 1, Sektion 3) oder Kette samt Kettenrädern ersetzen (Kapitel 6, Sektion 20 und 21).
□ Motorritzel oder Kettenblatt locker – Mutter/Muttern korrekt anziehen (Kapitel 6, Sektion 21).
□ Kettenblatt verzogen – ersetzen (Kapitel 6, Sektion 21).
□ Ruckdämpfer im Hinterrad-Mitnehmer verschlissen – ersetzen (Kapitel 6, Sektion 22).

Ungewöhnliche Fahrwerkgeräusche

Geräusche von vorn

□ Gabelöl-Pegel zu niedrig oder falsche Viskosität. Kann spritzende Geräusche und schlechte Dämpfung hervorrufen (Kapitel 5, Sektion 7).
□ Gabelfeder ermüdet oder gebrochen, erzeugt klickende oder kratzende Geräusche; Gabelöl enthält viele Metallpartikel (Kapitel 5, Sektion 8).
□ Lenkkopflager locker oder beschädigt (klackt beim Bremsen) – kontrollieren und einstellen oder erneuern (Kapitel 1, Sektion 20).
□ Gabelbrücken-Klemmschrauben locker – Festigkeitsprüfung und ggf. Anzug mit dem korrekten Drehmoment (Kapitel 5, Sektion 6).
□ Gabel verbogen, durch Sturz oder Unfall – Tauchrohre austauschen (Kapitel 5, Sektion 8).
□ Vorderachse oder Achs-Klemmschraube locker – Festigkeitsprüfung und ggf. Anzug mit dem korrekten Drehmoment (Kapitel 6, Sektion 16).

☐ Radlager locker oder beschädigt – kontrollieren und ggf. ersetzen (Kapitel 1, Sektion 21).

Geräusche von hinten

☐ Stoßdämpfer undicht, Ölaustritt durch beschädigte Dichtung – Stoßdämpfer ersetzen oder durch Fachbetrieb überholen lassen (Kapitel 5, Sektion 12).
☐ Stoßdämpfer durch internen Schaden defekt – Stoßdämpfer ersetzen oder durch Fachbetrieb überholen lassen (Kapitel 5, Sektion 12).
☐ Stoßdämpfer verbogen – ersetzen (Kapitel 5, Sektion 12).
☐ Radlager locker oder verschlissen – kontrollieren und ggf. ersetzen (Kapitel 1, Sektion 21).

Geräusche beim Bremsen

☐ Quietschen durch Staub auf Bremsbelägen (oft verbunden mit verglastem Belagmaterial) – reinigen oder ersetzen (Kapitel 6, Sektion 2 und 6).
☐ Quietschen Rattern durch verölte oder mit Bremsflüssigkeit kontaminierte Bremsbeläge – ersetzen (Kapitel 6, Sektion 2 und 6).
☐ Verglastes Belagmaterial (durch lange Kontamination durch Öl oder Bremsflüssigkeit oder zu heiß gewordene Bremse) – vorsichtig mit einer feinen Feile entfernen (niemals mit Sandpapier o. ä., da der Abrieb die Bremsscheibe beschädigen kann) oder ersetzen (Kapitel 6, Sektion 2 und 6).
☐ Bremsscheibe verzogen (kann zu Rattern, Klicken oder drehzahlabhängigem Quietschen führen – fühlbar durch pulsierenden Bremshebel) – kontrollieren und ggf. ersetzen (Kapitel 6, Sektion 4 und 8).
☐ Radlager locker oder beschädigt – kontrollieren und ggf. ersetzen (Kapitel 1, Sektion 21).
☐ Gabel schlecht ausgerichtet, sodass Bremssattel oder Befestigung die Bremsscheibe berührt – Vorderachsen-Klemmschraube lockern und Gabel korrekt ausrichten (Kapitel 5, Sektion 6).

Öldruck- oder Ölpegelwarnlampe leuchtet auf

Unzureichende Schmierung

☐ Ölpegel zu niedrig – auf Undichtigkeit und andere Probleme kontrollieren und mit vorgeschriebenem Öl auffüllen (Kapitel 1, Sektion 11).
☐ Ölpumpe defekt, Ansaugsieb verstopft oder Druckregler beschädigt – Öldruckprüfung durchführen (Kapitel 2, Sektion 3).
☐ Motoröl zu dünn, sehr altes Öl oder falsche Viskosität – durch korrektes Öl ersetzen (Kapitel 1, Sektion 12).
☐ Nockenwellen- oder Kurbelwellenlager verschlissen (Kapitel 2, Sektion 8 und 26), dadurch abfallender Öldruck. Starker Verschleiß durch Ölmangel bei hohen Drehzahlen, durch zu niedrigen Ölpegel oder falsche Viskosität (Kapitel 1, Sektion 12).

Elektrik

☐ Öldruckschalter oder Ölpegelsensor defekt – Schalter/Sensor kontrollieren und nötigenfalls ersetzen (Kapitel 8, Sektion 16).
☐ Öldruck-Warnleuchte (LED) oder Stromkreis defekt – Verkabelung kontrollieren (Kapitel 8, Sektion 2).

Auspuff-Rauch

Weißer oder hellblauer Rauch

☐ Weißer Dampf bei kaltem Motor weist lediglich auf verdampfendes Kondenswasser hin – hört bei aufgewärmtem Motor auf.
☐ Hellblauer Rauch (verbranntes Motoröl) durch verschlissene Kolbenringe (sodass Öl in den Brennraum gelangt) – Kolbenringe ersetzen (Kapitel 2, Sektion 12).
☐ Zylinder durch hohen Verschleiß oder Kolbenfresser (durch Überhitzung oder Schmiermangel) beschädigt – Ursache herausfinden, dann Zylinder, Kolben und Ringe ersetzen (Kapitel 2, Sektion 11).
☐ Ventilschaftdichtung verschlissen – Ventile ausbauen und Dichtungen ersetzen (Kapitel 2, Sektion 10).
☐ Ventilführung verschlissen – Zylinderkopf überholen oder ersetzen (Kapitel 2, Sektion 10).
☐ Motorölpegel zu hoch, sodass Öl durch die Motorentlüftung in den Ansaugtrakt oder an den Kolbenringen vorbei in den Brennraum gelangt (und der Verbrennung zugeführt wird) – Ölpegel korrigieren (Kapitel 1, Sektion 11 und 12).
☐ Zylinderkopfdichtung zwischen Ölkanal und Zylinder gerissen, sodass Öl in den Brennraum gelangt – Dichtung erneuern und Zylinderkopf auf Verzug kontrollieren (Kapitel 2, Sektion 9).
☐ Ungewöhnlich hoher Druck im Motor, sodass Öl an den Kolbenringen vorbei in den Brennraum gelangt – oft aufgrund einer verstopften Motorentlüftung (Kapitel 1, Sektion 16), eines defekten Motorgehäuse-Zungenventils (Kapitel 2, Sektion 14) oder eines Defekts an den Motorentlüftungs-Komponenten an der Einlassnockenwelle des hinteren Zylinders (Kapitel 2, Sektion 8).

Schwarzer Rauch (fettes Gemisch)

☐ Luftfilter verstopft – reinigen oder erneuern (Kapitel 1, Sektion 16)
☐ Einspritzanlage defekt (Kapitel 4, Sektion 6).

Brauner Rauch (mageres Gemisch)

☐ Luftfilter schlecht abgedichtet oder nicht vorhanden (Kapitel 1, Sektion 16).
☐ Einspritzanlage defekt (Kapitel 4, Sektion 6).

Schlechtes Fahrverhalten, Instabilität

Lenkung schwergängig

☐ Lenkkopflager-Einstellring zu fest angezogen – einstellen (Kapitel 1, Sektion 20).
☐ Lenkkopflager beschädigt (Lenkung bewegt sich rau) – Lager ersetzen (Kapitel 5, Sektion 9 und 10).
☐ Lagerschalen verschlissen oder eingedrückt (Verschleiß oft nur in Geradeaus-Position – Lenkung rastet hier regelrecht ein) – Lager ersetzen (Kapitel 5, Sektion 9 und 10).
☐ Lenkkopflager schlecht geschmiert (Fett härtet mit der Zeit aus oder wird durch Hochdruckreiniger ausgewaschen) – zerlegen, kontrollieren und neu schmieren oder ersetzen (Kapitel 5, Sektion 9 und 10).
☐ Lenkschaft verbogen (Unfall, Bordsteinkante, tiefes Schlagloch) – schadhafte Teile ersetzen (Kapitel 5, Sektion 9).
☐ Reifendruck vorn zu niedrig – kontrollieren (Kapitel 1, Sektion 21).

Lenkerflattern oder starke Vibrationen

☐ Reifen verschlissen – kontrollieren (Kapitel 1, Sektion 21).
☐ Schwingenlager verschlissen – kontrollieren und schadhafte Teile ersetzen (Kapitel 5, Sektion 13).
☐ Felge(n) verzogen oder beschädigt – kontrollieren und ggf. Speichen nachspannen oder Räder ersetzen (Kapitel 6, Sektion 14).
☐ Rad/Räder nicht oder schlecht gewuchtet – kontrollieren und vom Fachhändler wuchten lassen.

- ☐ Radlager verschlissen, kann zu Flattern und schlechtem Fahrverhalten führen – kontrollieren und ggf. ersetzen (Kapitel 6).
- ☐ Gabel-Klemmschrauben oder Lenkerbefestigungen locker – korrekt anziehen (Kapitel 5, Sektion 6).
- ☐ Motorhalterungen locker (zunehmende Vibrationen bei steigenden Drehzahlen) – korrekt anziehen (Kapitel 2, Sektion 4).

Lenker zieht zu einer Seite

- ☐ Rahmen verzogen (durch Unfall oder Sturz) – Rahmen ggf. austauschen.
- ☐ Räder laufen nicht in Flucht (falsch positionierte Distanzhülsen oder verzogener Lenkschaft) (Kapitel 6, Sektion 15).
- ☐ Gabel verbogen (durch Unfall) – schadhafte Teile ersetzen (Kapitel 5, Sektion 8).
- ☐ Schwinge verbogen oder verdreht (durch Unfall) – ersetzen (Kapitel 5, Sektion 13).

Schlecht dämpfende Federelemente

☐ Zu hart:
Gabelöl-Pegel zu hoch – ablassen (Kapitel 5, Sektion 7)
Gabelöl-Viskosität zu hoch – ersetzen (Kapitel 5, Sektion 7)
Gabelholm verbogen (klemmt oder hohes Losbrechmoment) (Kapitel 5, Sektion 8)
Interne Gabel-Komponente(n) beschädigt (Kapitel 5, Sektion 8)
Stoßdämpfer-Federvorspannung zu hoch (Kapitel 5, Sektion 14)
Stoßdämpfer verbogen oder beschädigt (Kapitel 5, Sektion 12)
Reifendruck zu hoch (Kapitel 1, Sektion 21)

☐ Zu weich:
Gabelöl-Pegel zu niedrig – ablassen (Kapitel 5, Sektion 7)
Gabelöl-Viskosität zu niedrig – ersetzen (Kapitel 5, Sektion 7)
Gabelfeder ermüdet oder gebrochen (Kapitel 5, Sektion 8)
Interner Gabel-Schaden oder Ölaustritt – ggf. Dichtring ersetzen (Kapitel 5, Sektion 8)
Interner Stoßdämpfer-Schaden oder Ölaustritt – ersetzen (Kapitel 5, Sektion 12)
Stoßdämpfer-Federvorspannung zu niedrig (Kapitel 5, Sektion 14)

Bremsenprobleme

Bremswirkung gering

- ☐ Bremsflüssigkeitspegel zu niedrig – auffüllen (Kapitel 1, Sektion 4)
- ☐ Luft im Bremssystem (durch zu weit abgesunkenen Pegel im Ausgleichsbehälter) (Kapitel 1, Sektion 6) oder Undichtigkeiten – Problem beseitigen und Bremse entlüften (Kapitel 1, Sektion 11)
- ☐ Bremsbeläge oder Bremsscheibe verschlissen – kontrollieren und ersetzen (Kapitel 6, Sektion 2, 4, 6 und 8).
- ☐ Bremsbeläge verölte oder mit Bremsflüssigkeit kontaminiert – ersetzen und Bremsscheibe sorgfältig reinigen (Kapitel 6, Sektion 2 und 6). Ursache für Verölen finden und reparieren (Gabel-Dichtringe, Bremssattel-Dichtungen) und alles mit Bremsenreiniger säubern.
- ☐ Bremsflüssigkeit gealtert oder kontaminiert – Bremssystem entleeren, frisch auffüllen und entlüften (Kapitel 6, Sektion 11).
- ☐ Bremszylinder oder Bremssattel verschlissen oder beschädigt – kontrollieren und reparieren oder ersetzen (Kapitel 6, Sektion 5 und 9).
- ☐ Bremszylinder-Bohrung riefig oder Kolbenfeder gebrochen – Bremszylinder ersetzen (Kapitel 6, Sektion 5 oder 9).
- ☐ Bremsscheibe verzogen – ersetzen (Kapitel 6, Sektion 4 und 8).
- ☐ ABS defekt (Kapitel 6, Sektion 12)

Bremshebel oder Bremspedal pulsiert

- ☐ Bremsscheibe verzogen – ersetzen (Kapitel 6, Sektion 4 oder 8).
- ☐ Achse verbogen – ersetzen (Kapitel 6, Sektion 16 oder 17).
- ☐ Bremssattel locker – Schrauben anziehen (Kapitel 6, Sektion 3 oder 7).
- ☐ Felge verzogen oder beschädigt – kontrollieren und ggf. ersetzen (Kapitel 1, Sektion 21).
- ☐ Radlager verschlissen oder beschädigt – ersetzen (Kapitel 1, Sektion 21).
- ☐ ABS defekt (Kapitel 6, Sektion 12)

Bremse schleift

- ☐ Bremszylinder-Kolben klemmt – Bremszylinder ersetzen (Kapitel 6, Sektion 5 oder 9).
- ☐ Bremshebel oder Pedal klemmt – Gelenk schmieren (Kapitel 5, Sektion 3 und 5).
- ☐ Bremssattel-Kolben klemmt – reinigen oder ersetzen (Kapitel 6, Sektion 2, 3, 6 und 7).
- ☐ Bremsbeläge beschädigt (Belagmaterial hat sich von Träger gelöst) – ersetzen (Kapitel 6, Sektion 2 oder 6).
- ☐ Bremsbeläge falsch installiert (Kapitel 6, Sektion 2 oder 6)
- ☐ Bremssattel falsch montiert (Kapitel 6, Sektion 3 oder 7).
- ☐ ABS defekt (Kapitel 6, Sektion 12)

ABS-Probleme

- ☐ Systemfehler wird durch während der Fahrt aufleuchtende ABS-Warnlampe angezeigt. Manchmal hilf Anhalten und Aus- und Einschalten der Zündung; ansonsten Fehlercode auslesen und Problem identifizieren (Kapitel 6, Sektion 12).

Elektrikprobleme

Batterie tot oder schwach

- ☐ Batterie defekt (Platten sulfatiert, Kurzschlüsse durch Ablagerungen, Wackelkontakt durch gebrochene Batteriepole) – ersetzen (Kapitel 8, Sektion 4)
- ☐ Batteriepole – schlechte oder wackelnde Kontakte (Kapitel 8, Sektion 3).
- ☐ Last zu hoch – durch zusätzliche Verbraucher.
- ☐ Zündschloss defekt (Interner Kurzschluss oder keine Abschaltung) – erneuern (Kapitel 8, Sektion 17)
- ☐ Regler/Gleichrichter defekt (Kapitel 8, Sektion 28).
- ☐ Lichtmaschinen-Statorspule defekt (Kapitel 8, Sektion 26, 27).
- ☐ Ladesystem defekt – auf übermäßige Kriechströme prüfen (Kapitel 6, Sektion 26)
- ☐ Kabelbaum defekt (Kurzschluss oder Unterbrechung am Zündschloss-, Ladesystem- oder Beleuchtungs-Stromkreis (Kapitel 8, Sektion 2).

Batterie überladen (überhitzt)

- ☐ Regler/Gleichrichter defekt – Batterie wird warm und beginnt zu gasen (Blei-Akku riecht nach faulen Eiern) (Kapitel 8, Sektion 26 und 28).
- ☐ Batterie defekt – kontrollieren und ggf. ersetzen (Kapitel 8, Sektion 4).
- ☐ Batterie-Kapazität zu niedrig, falscher Typ oder falsche Größe. Original-Batterie installieren, die auf Laderate abgestimmt ist (Kapitel 8, Sektion 3).

Erklärung technischer Begriffe

A

ABE Allgemeine Betriebserlaubnis eines Fahrzeugs.

Asbest Natürliches Mineral in Faserform mit hoher Hitzebeständigkeit. Früher in Bremsbelägen und Dichtungen verwendet, heute wegen Krebsgefahr durch andere Materialien ersetzt.

ABS Antiblockier-System. Elektronisches oder mechanisches System, das das Blockieren von Rädern beim Bremsen verhindern soll.

Abzieher Spezialwerkzeug, das Lager oder Zahnräder von Wellen oder aus Gehäusebohrungen zieht.

Akkumulator Chemischer Stromspeicher, landläufig *Batterie* genannt.

Ampere (sprich: Ampehr) Einheit für Stromstärke. Abkürzung: A.

Amperestunden (Ah) Kapazität eines Akkumulators (Batterie).

Anlaufscheibe Unterlegscheibe zwischen zwei sich gegeneinander bewegenden Teilen auf einer Welle.

Anti-Dive Wörtlich: »Eintauch-Verhinderer«. In die Vorderradbremse integriertes System, das das Eintauchen der Telegabel beim Bremsen verhindern soll.

API American Petroleum Institute. Ein Qualitätsmaß für Viertakt-Motorenöle.

ATF Automatic Transmission Fluid. Dünnflüssiges Öl für Automatik-Getriebe, wird oft auch als Dämpferöl in Telegabeln verwendet.

Aufbohren Größerdrehen einer Bohrung, z.B. des Zylinders. Erfordert Übermaßkolben.

axial In Längsrichtung einer Achse wirkend.

B

bar Einheit für Luftdruck. Faustregel für Motorradreifen: 2,5 bar.

Batteriesäure Schwefelsäure bestimmter Dichte und Reinheit.

Benzin-Luft-Gemisch Das Gemisch aus Benzinnebel und Luft, das Vergaser oder Einspritzanlage erzeugen, und dessen Volumenverhältnis erfahrungsgemäß bei 1 : 14,7 liegen sollte, um optimal verbrennen zu können.

Blinkrelais Schalter, der unter Spannung automatisch und regelmäßig an- und ausschaltet. Mechanische und elektronische Bauformen.

Bowdenzug (Sprich: Baudenzug.) Flexibler Seilzug zur mechanischen Fernbetätigung. Beispiel: Gaszug, Kupplungszug, Chokezug. Besteht aus Hülle und Seele.

Buchse An beiden Enden offene Hülse, die im Maschinenbau meist als Lager dient.

Büchse An nur einem Ende offene Hülse, die im Maschinenbau als Verstärkung von Sacklöchern oder als Lager dient.

D

Diagonalreifen Reifen, bei dem die Karkassenfäden schräg zur Laufrichtung liegen.

Dichtring Wellendichtring für rotierende (manchmal auch lineare, siehe Telegabel) Bewegung. Auch: Simmerring (geschützte Bezeichnung der Firma Freudenberg).

Dichtung Flächendichtung zwischen Gehäusehälften, Deckeln oder anderen Maschinenbauteilen. Kann aus unterschiedlichen Materialien bestehen, je nach Einsatzzweck.

Diode Elektronisches Ventil. Lässt Strom nur in einer Richtung passieren. Halbleiterbauteil.

dohc (double overhead camshaft). Doppelte obenliegende Nockenwelle. Bauform der Ventilsteuerung.

Drehmoment Maß für die Kraft, mit der etwas (Kurbelwelle, Schraube) gedreht wird. Einheit: Newtonmeter (Nm), Kraft mal Hebelarm.

E

E-Starter Elektrischer Starter, Anlasser.

Einbereichsöl Öl mit nur einer Viskosität, z.B. SAE 50W.

Einspritzsystem Im Gegensatz zum Vergaser, der das Benzin durch Luftströmung passiv vernebeln lässt, spritzt die Einspritzung den Kraftstoff in exakter Menge in den Ansaugstutzen oder direkt in den Brennraum ein. Sehr aufwändig und teuer, aber genau und kraftstoffsparend.

Elektrodenabstand Spalt zwischen den Zündkerzenelektroden, der ab und zu nachgestellt werden muss. Meist 0,6 bis 0,8 mm breit.

Endloskette Antriebskette, deren Enden nicht zerstörungsfrei getrennt werden können.

F

Federkeil (Auch: Scheibenfeder.) Halbmondförmiger Metallkeil, der, in die Nut einer Welle gelegt, das darüber geschobene Bauteil (Zahnrad, Lichtmaschine) formschlüssig mit der Welle verbindet.

Federscheibe Gewellte Unterlegscheibe aus Federstahl, die Mutter bzw. Schraube am Losdrehen hindern soll.

Flüssige Schraubensicherung Flüssigkeit, von der ein paar Tropfen auf ein Gewinde gegeben und dann die Mutter/Schraube eingedreht wird. Die Flüssigkeit erhärtet unter Luftabschluss und sichert damit die Mutter/Schraube. Verbindung ist mit Schraubenschlüssel wieder lösbar.

Frostschutz Zusatz zum Kühlwasser, der den Gefrierpunkt senkt. Auf Alkohol- oder Glykol-Basis.

Fühlerlehre Auch: Ventillehre. Satz mit verschieden dicken Metallplättchen, die zur Bestimmung von kleinen Innenmaßen dienen.

G

Gabelbrücken Dreieckige Metallklemmen ober- und unterhalb des Lenkkopfs zur Aufnahme der Standrohre.

Gleichrichter Elektronisches Halbleiterbauteil (»Diodenplatte«) zum Umformen der von der Lichtmaschine gelieferten Wechselspannung in Gleichspannung.

Gleichstrom Stromfluss ohne Änderung der Polarität.

Gleitlager Lagerschalen aus bronzebeschichtetem Kupfer oder aus Sintermaterial. Funktioniert nur mit Öldruck: Die Welle gleitet auf einem dünnen Ölfilm in der Lagerbohrung ohne Materialberührung. Verwendung als Kurbelwellen- und Nockenwellenlager. Billig, schnell austauschbar und leise, aber empfindlich und mit hohem Reibwiderstand.

H

Halogenlampe Scheinwerferbirne besonderer Bauform, die mit Halogengas gefüllt ist, um den Niederschlag von verdampfendem Metall der Glühwendel an der Glaswand zu verhindern. Bauformen als H1-, H3- und H4-Birnen.

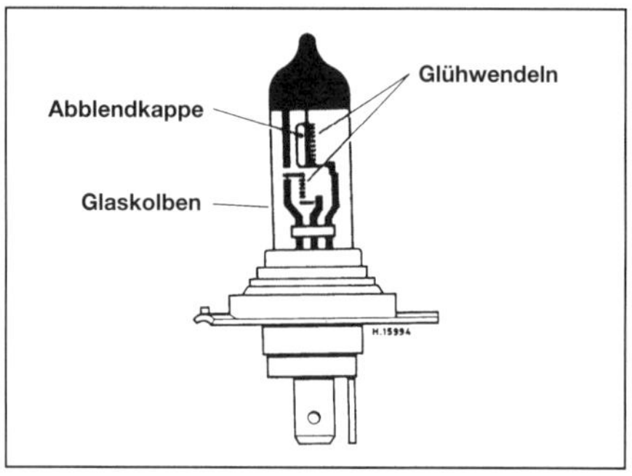

Halogen-Scheinwerferbirne

Hauptlager Lager der Kurbelwelle im Motorgehäuse.

Helicoil Spiralförmiger Gewindeeinsatz zur Reparatur ausgerissener Gewinde, wenn wenig Material vorhanden ist, sodass das Loch nur wenig ausgebohrt werden kann.

Einschrauben eines Helicoil-Gewindeeinsatzes in ein Zündkerzenloch

Hochspannung Spannung im Sekundärstromkreis des Zündsystems zur Produktion des Zündfunkens. Liegt zwischen 15.000 und 35.000 Volt bei sehr geringer Stromstärke. Unangenehm, aber nicht gefährlich.
Honen Überschleifen der Oberfläche eines Zylinders, wobei feine diagonale Riefen entstehen, in denen das Motoröl zur Kolbenschmierung haften kann.
Hydraulik Ein mit Flüssigkeit gefülltes System von Leitungen, um Druck zu übertragen. Üblich an (Scheiben-)Bremsen und manchen Kupplungen.
hygroskopisch Wasseranziehend. Trifft auf Bremsflüssigkeit zu.
Hypoidverzahnung Bauform eines Kegeltriebes (siehe Kegelrad), bei der Antriebs- und Abtriebsachse nicht in einer Ebene liegen, sodass die Zähne von Kegel- und Tellerrad in speziellen Kurven (Hypoidkurven) geschliffen werden müssen. Aufwendig und teuer, aber leise und belastbar. Benötigt spezielles Schmieröl (Hypoidöl).

I

IC Integratet circuit, integrierter Schaltkreis. Halbleiterbauteil.
Inbusschlüssel Schlüssel für Innensechskantschrauben.

K

Kabelbaum Durch Schutzschlauch zusammengefasste Kabel, die entlang einer Strecke im Motorrad verlegt sind, z.B. am Rahmen entlang.
Kardanwelle Welle, die mit einem Kreuz- oder Gleichlaufgelenk ihre Drehrichtung um einige Winkelgrade ändern kann. Wurde bei Motorrädern mit Wellenantrieb mit Einführung der Hinterradfederung nötig.
Katalysator Mit Edelmetall beschichtetes Bauteil im Auspuff, das auf chemisch-katalytischem Weg schädliche Abgasbestandteile (Stickoxide, Kohlenwasserstoffe u.a.) in unschädliche umwandeln soll. Wirkung und Nebenwirkungen sind umstritten.
Kegelrad Zusammen mit dem Tellerrad bildet es ein Getriebe, das Drehbewegungen um 90° umlenkt (siehe Abbildung).

Kegel- und Tellerrad zum Umlenken einer Drehbewegung um 90°

Kegelrollenlager Lager mit Innen- und Außenring, Kegelrollen als Wälzkörper. Hohe axiale und radiale Belastbarkeit. Verwendung als Lenkkopf-, Schwingen- und Radlager. Lagerspiel muss eingestellt werden.
Kickstarter Fußbetätigter Hebel zum Durchdrehen des Motors, um ihn zu starten.
Killschalter Not-Aus-Schalter, bei den meisten Motorrädern am rechten Lenkerende. Funktioniert als Kurzschluss- oder Zündunterbrechungs-Schalter. In Deutschland nicht vorgeschrieben.
km Abkürzung für Kilometer.
km/h Abkürzung für Kilometer pro Stunde. Geschwindigkeitseinheit.
Kolbenbolzen (Hohler) Bolzen als Verbindung zwischen Kolben und Pleuelauge. Darf weder im Pleuelauge noch im Kolben Klemmsitz haben. Oberfläche poliert und gehärtet.
Kompression Verringerung des Volumens und Erhöhung des Drucks im Brennraum durch den aufwärtsgehenden Kolben. Kompression wird als Verhältniszahl genannt, z.B. 1 : 10 = zehn Volumenteile Benzin-Luft-Gemisch werden auf ein Volumenteil zusammengepresst.
Kontermutter Mutter, die fest gegen eine andere geschraubt wird, um durch die dadurch hervorgerufene Spannung im Gewinde die zweite am Losdrehen zu hindern.
Kronenmutter Mutter mit zinnenartigen Zacken an einem Ende. Zusammen mit einem Querloch im zugehörigen Gewinde kann die Mutter mit einem Splint gegen Aufdrehen gesichert werden.
Kugellager Lager mit Innen- und Außenring, Kugeln als Wälzkörper. Häufigste Ausführung: Radialrillen-Kugellager. Kann fast nur radiale Kräfte aufnehmen.

L

Lager Mechanische Verbindung zwischen zwei sich gegeneinander bewegenden Maschinenteilen.
Läppen Materialabtrag mit äußerst feinem Schmirgelleinen (Läppleinen). Kurz vor dem Polieren.
LCD Liquid crystal display. Flüssigkristall-Anzeige. Bekannt von Armbanduhren, setzt sie sich langsam auch in Kraftfahrzeug-Instrumenten durch.
LED Light emitting diode. Leuchtdiode. Wird als verschleißfreier und stromsparender Ersatz für Kontrolllämpchen verwendet.
Lenkkopfwinkel, auch Steuerkopfwinkel, Winkel zwischen der gedachten Verlängerung des Lenkkopfs (nicht der Telegabel!) und der Horizontalen.
Lichtmaschine Stromgenerator im Kraftfahrzeug. Unterschiedliche Bauarten möglich.

M

Manschette Topfförmiger Gummiring, der in Bremszylindern für Dichtigkeit beim Betätigen sorgt.
Masse Bezeichnung des Minuspols am Kraftfahrzeug, der außer bei alten englischen Fahrzeugen am Rahmen (Masse) liegt.
Mehrbereichsöl Öle mit speziellen Legierungen, die die Schmierfähigkeit bei unterschiedlichen Temperaturen gewährleisten. Diese Eigenschaft wird in Viskositätsgrenzen ausgedrückt, z.B. SAE 20W50. D.h., dass das Öl bei niedrigen Temperaturen die Viskosität von 20, bei hohen von 50 besitzt.
Mikrometerschraube Messgerät für Längen, das durch feine Einteilung bis tausendstel Millimeter anzeigt. Verwendet zum Messen von Durchmessern, z.B. Kolben, Kolbenbolzen, Ventilschäften u.a.
Multimeter Elektrisches Messinstrument, das Spannung, Widerstand, oft auch Stromstärke und Kapazität messen kann.

N

Nachlauf Strecke vom Aufstandspunkt des Vorderrads zur Kreuzung der Verlängerung des Lenkkopfs mit dem Boden. Der Nachlauf bestimmt wesentlich die Handlichkeit (geringer N.) bzw. die Spurstabilität (großer N.).
Nadellager Lager mit nadelähnlichen Wälzkörpern. Kann hohe, aber nur radiale Kräfte aufnehmen. Verwendung als Pleuellager.
Nasse Zylinderlaufbuchsen Bauform eines wassergekühlten Motors, bei dem die Zylinderlaufbuchsen nicht in den Block eingeschrumpft sind, sondern direkt vom Kühlmittel umspült werden.
Nm Newtonmeter. Maßeinheit für Drehmoment (Kraft mal Weg).
Nylstop-Mutter Mutter mit einem Nylonring in einem Ende. Der Ring wird mit auf das Gewinde geschraubt und sichert die Mutter. Solche selbstsichernden Muttern sind höchstens zweimal zu verwenden.

O

O-Ring-Kette Antriebskette, bei der die Rollen gegen die Laschen mit O-Ringen (Gummi-Dichtringen) abgedichtet sind.
ohc (overhead camshaft). Obenliegende Nockenwelle. Bauform der Ventilsteuerung.
Ohm Einheit für elektrischen Widerstand.
Ohmmeter Widerstandsmessgerät.
ohv (overhead valve). Obenliegende Ventile. Bauform der Gassteuerung beim Viertaktmotor.
Oktanzahl Maß für den Widerstand eines Kraftstoffs gegen Selbstentzündung.
OT Oberer Totpunkt. Höchster Punkt der Kolbenbahn im Zylinder.

P

Pferdestärken (PS) Veraltete Einheit für Leistung. Heute ersetzt durch Watt (W). 1 PS = 0,36 kW.

Plastigauge Dünner Plastikstreifen zum Messen von Gleitlagerspiel.
Pleuel (auch: Pleuelstange) Verbindungsstange zwischen Kolben und Kurbelwelle.
Pleuelauge Obere Bohrung im Pleuel, in der der Kolbenbolzen sitzt.
Pleuelfuß Untere Bohrung im Pleuel, in der der Hubzapfen der Kurbelwelle sitzt.
Primärantrieb Antrieb der Kurbelwelle zum Getriebe.
Primärspannung Spannung im Primärstromkreis des Zündsystems. Bei Batteriezündungen 12 Volt, bei Hochspannungskondensatorzündungen (CDI) etwa 400 Volt bei relativ hoher Stromstärke. CDI-Primärspannung daher gefährlich.
PTFE Polytetrafluorethylen. Markenname: Teflon (Firma Dupont). Extrem gleitfähiger und reaktionsarmer Kunststoff. Kann nur in sehr aufwändigen Verfahren mit Metall verbunden werden.

R

radial Senkrecht zu einer Achse wirkend.
Radialreifen Reifen, bei dem die Karkassenfäden in Laufrichtung liegen.
Radstand Abstand zwischen den Senkrechten durch die Radachsen.
Regler Mechanisches oder elektronisches Bauteil im Kraftfahrzeug, das die von der Lichtmaschine gelieferte Spannung im Netz konstant hält, die Lichtmaschine vor Überlastung schützt und den Ladezustand der Batterie regelt.
Relais (Sprich: Relee.) Elektromagnetischer, fernsteuerbarer Schalter. Wird zur Schaltung von hohen Strömen eingesetzt.
Ruckdämpfer Gummiteile in der Hinterradnabe, die den Ruck plötzlicher Lastwechsel zwischen Kettenrad und Nabe dämpfen (siehe Abbildung). Manchmal werden auch rein metallische Ruckdämpfer konstruiert, z.B. in der Kupplung oder am Getriebeausgang (Knagge).

Gummi-Ruckdämpfer in der Hinterradnabe

S

SAE Society of Automotive Engineers. Standard für Flüssigkeits-Viskosität.
Schaltgabeln Gabelförmige Metallteile, die beim Schalten die Zahnräder auf den Getriebewellen hin und her schieben.
Schaltklauen Radiale Verbindungszapfen zwischen Getriebezahnrädern. Die Zapfenflanken sind schräg gefräst (hinterschnitten), damit sich der Eingriff unter Last nicht lösen kann.
Schieblehre Messgerät für Längen, das durch feine Einteilung bis hunderstel Millimeter anzeigt.
Schraubenfeder Spiralförmig gewickelte Feder in Zylinderform. Verwendung als Gabel- und Ventilfeder.
Seegerring Radial federnder Ring, der zur Sicherung eines Bauteils in eine Nut gesetzt wird.
Shim Stahlplättchen spezifischer Stärke, das bei direkt auf die Ventile wirkender Nockenwelle (oft bei dohc-Motoren) als Scheibe dazwischengelegt wird und das Ventilspiel bestimmt.
Sicherung Feiner Draht (Schmelzsicherung) oder Automat, der bei zu hohem Strom in einem Stromkreis (z.B. durch Kurzschluss) den Stromkreis unterbricht.
Simmerring Siehe Dichtring.
Spiel Strecke, mit der sich zwei Bauteile voneinander wegbewegen können, ohne auf Widerstand zu stoßen.
Standrohr Teil der Telegabel, der verchromt und poliert ist und in das Tauchrohr eintaucht.
Steuerkette Antriebsmöglichkeit der Nockenwelle. Billig, aber relativ verschleißanfällig.
Steuerkettenspanner Mechanische Spannvorrichtung, die die Längenausdehnung der Steuerkette ausgleicht.
Stirnräder Antriebsmöglichkeit der Nockenwelle: Zahnradkaskade zwischen Kurbel- und Nockenwelle. Teuer, aber genau und verschleißarm.
sv (side valve). Seitliche Ventile. Bauform der Gassteuerung beim Viertaktmotor (sehr alt).

T

Tauchrohr Teil der Telegabel, in den das Standrohr eintaucht.
Teflon Siehe PTFE.
Telegabel Häufigste Bauart der Vorderradführung und -federung, die aus Stand- und Tauchrohren besteht.
Tellerrad Siehe Kegelrad.
Thyristor Halbleiterbauteil mit hoher elektrischer Belastbarkeit. Verwendung als elektronischer, verschleißfreier Schalter.
Torx Speziell geformtes, sechskantiges Schraubenkopfprofil.
Transistor Halbleiterbauteil, in Zündboxen, Reglern und elektronischen Blinkrelais verbaut.
TWI Treadwear Indicator. Reifenverschleißmarke.

U

U/min. Alte Abkürzung für »Umdrehungen pro Minute«, Drehzahl. Heute: 1/min oder min^{-1}
Unterdruckuhren Messinstrumente, mit denen der Unterdruck in den Ansaugstutzen zwischen Vergaser und Zylinderkopf gemessen werden kann. Erforderlich zum Synchronisieren von Vergasern bei Mehrzylindermotoren.
Unwucht Unterschiedliche Masseverteilung auf dem Umfang eines rotierenden Teils (Rad, Kurbelwelle u.a.). Kann durch Gegengewichte ausgeglichen werden.
Upside-down-Gabel »Umgedrehte« Telegabel, bei der die Standrohre unten und die Tauchrohre oben sind.
UT Unterer Totpunkt. Unterster Punkt der Kolbenbahn im Zylinder.

V

Ventillehre Siehe auch: Fühlerlehre.
Viskosität Fließfähigkeit von Schmierstoffen. Die Viskosität von SAE 5 ist sehr hoch (dünnflüssiges Öl), SAE 90 ist sehr dickflüssig.
Volt Einheit für elektrische Spannung.

W

Watt Einheit für Leistung (W).
Wechselstrom Ständig und regelmäßig die Polung ändernder Stromfluss.
Welle Runder, sich drehender Stab im Maschinenbau.
Widerstand Elektrische Größe, gemessen in Ohm.
Winkel-Anzugsmoment Drehmoment, ausgedrückt in Winkelgraden.
Winkelgradscheibe Messscheibe mit einem Winkelkreis von 360°, mit der sich, auf ein Kurbelwellenende montiert, die Kolbenstellung in Winkelgraden der Kurbelwelle angeben lässt.

Z

Zahnriemen Flacher Antriebsriemen, dessen Innenseite gezahnt ist und damit in entsprechende Zahnräder eingreifen kann. Verwendung als Nockenwellenantrieb und (seltener) als Hinterradantrieb.
Zündreihenfolge Die Reihenfolge, in der Mehrzylindermotoren ihre einzelnen Zylinder zünden. Wird ab Zylinder Nummer eins gezählt.
Zündzeitpunkt Punkt in der Kolbenbahn kurz vor Ende des Verdichtungstakts, bei dem der Zündfunke das Gemisch entzündet. Wird in »Millimeter vor OT« oder in Winkelgraden der Kurbelwelle gemessen.